Fundamentos de
Máquinas Elétricas

C466f   Chapman, Stephen J.
        Fundamentos de máquinas elétricas / Stephen J.
        Chapman ; tradução: Anatólio Laschuk. – 5. ed. – Porto
        Alegre : AMGH, 2013.
        xx, 684 p. : il. color. ; 25 cm.

        ISBN 978-85-8055-206-5

        1. Engenharia elétrica. 2. Máquinas elétricas. I. Título.

                                                    CDU 621.313

Catalogação na publicação: Ana Paula M. Magnus – CRB10/2052

Stephen J. Chapman
BAE Systems Australia

Fundamentos de Máquinas Elétricas

5ª EDIÇÃO

Tradução:
Anatólio Laschuk
Mestre em Ciência da Computação pela UFRGS
Professor aposentado pelo Departamento de Engenharia Elétrica da UFRGS

McGraw Hill

bookman

AMGH Editora Ltda.
2013

Obra originalmente publicada sob o título
Electric Machinery Fundamentals, 5th Edition
ISBN 0073529540/9780073529547

Original edition copyright ©2012, The McGraw-Hill Companies, Inc., New York 10020. All rights reserved.

Portuguese language translation copyright ©2013, AMGH Editora Ltda., a Grupo A Educação S.A. company.

Gerente editorial: *Arysinha Jacques Affonso*

Colaboraram nesta edição:

Editora: *Verônica de Abreu Amaral*

Capa: *Maurício Pamplona* (arte sobre capa original)

Preparação de originais: *Gabriela Barboza*

Editoração: *Techbooks*

Reservados todos os direitos de publicação, em língua portuguesa, à
AMGH EDITORA LTDA., uma parceria entre GRUPO A EDUCAÇÃO S.A. e
McGRAW-HILL EDUCATION
Av. Jerônimo de Ornelas, 670 – Santana
90040-340 – Porto Alegre – RS
Fone: (51) 3027-7000   Fax: (51) 3027-7070

É proibida a duplicação ou reprodução deste volume, no todo ou em parte, sob quaisquer formas ou por quaisquer meios (eletrônico, mecânico, gravação, fotocópia, distribuição na Web e outros), sem permissão expressa da Editora.

Unidade São Paulo
Av. Embaixador Macedo Soares, 10.735 – Pavilhão 5 – Cond. Espace Center
Vila Anastácio – 05095-035 – São Paulo – SP
Fone: (11) 3665-1100   Fax: (11) 3667-1333

SAC 0800 703-3444 – www.grupoa.com.br

IMPRESSO NO BRASIL
PRINTED IN BRAZIL
Impresso sob demanda na Meta Brasil a pedido de Grupo A Educação.

O autor

Stephen J. Chapman obteve o título de *Bachelor of Science* em engenharia elétrica na Louisiana State University (1975) e o de *Master of Science in Engineering* em engenharia elétrica na University of Central Florida (1979), tendo prosseguido com seus estudos de pós-graduação na Rice University.

De 1982 a 1988, ele serviu como oficial da Marinha Americana, tendo sido designado para lecionar engenharia elétrica na U.S. Naval Nuclear Power School em Orlando, na Flórida. De 1980 a 1982, esteve vinculado à University of Houston, onde conduziu o programa de sistemas de potência no College of Technology.

De 1982 a 1988 e de 1991 a 1995, foi membro do corpo técnico do Lincoln Laboratory no Massachusetts Institute of Technology, tanto na unidade principal em Lexington, Massachusetts, como na unidade de campo no atol de Kwajalein, na República das Ilhas Marshall. Enquanto lá esteve, realizou pesquisas com sistemas de processamento de sinais de radar. No final de sua permanência na unidade de campo de Kwajalein, ele passou a liderar os quatro grandes radares de instrumentação e telemetria (TRADEX, ALTAIR, ALCOR e MMW).

De 1998 a 1991, o autor foi engenheiro de pesquisas na Shell Development Company em Houston, no Texas, onde realizou pesquisas na área de processamento de sinais sísmicos. Ele também esteve vinculado à University of Houston, onde continuou a lecionar em tempo parcial.

Atualmente, Chapman é gerente de modelagem de sistemas e de análise operacional na BAE Systems, em Melbourne.

O autor é membro sênior do Institute of Electrical and Electronic Engineers (e de diversas sociedades que o compõem). Ele também é membro da instituição Engineers Australia, na Austrália.

*Para minha filha Sarah Rivkah Chapman,
que certamente usará este livro nos seus
estudos na Swinburne University,
em Melbourne.*

Prefácio

Nos anos que decorreram desde que a primeira edição de *Fundamentos de Máquinas Elétricas* foi publicada, houve rápidos progressos no desenvolvimento de pacotes maiores e mais sofisticados de acionamento de motores em estado sólido. A primeira edição deste livro afirmava que o motor CC era o preferido para aplicações que exigissem velocidade variável. Isso não é mais verdadeiro atualmente. Agora, o sistema mais frequentemente escolhido para aplicações de controle de velocidade é o motor de indução CA combinado com um acionamento em estado sólido. Os motores CC foram largamente relegados a aplicações especiais nas quais se dispõe facilmente de uma fonte CC de alimentação, como nos sistemas elétricos automotivos.

Para refletir essas mudanças, a terceira edição deste livro foi amplamente reestruturada, de modo que o material sobre motores e geradores CA passou a ser coberto nos Capítulos 3 a 6, antecedendo o material sobre máquinas CC. Além disso, em comparação com as edições anteriores, o material sobre máquinas CC foi reduzido. Nesta edição, essa mesma estrutura básica permanece sendo adotada.

Como reforço para o aprendizado do estudante, foram incluídos no início de cada capítulo os objetivos de aprendizagem.

O Capítulo 1 fornece uma introdução aos conceitos básicos de máquinas elétricas e conclui aplicando esses conceitos a uma máquina CC linear, que é o exemplo mais simples possível de uma máquina. O Capítulo 2 cobre os transformadores, que não são máquinas rotativas, mas compartilham técnicas semelhantes de análise.

Após o Capítulo 2, o professor poderá escolher entre máquinas CC ou CA para ensinar primeiro. Os Capítulos 3 a 6 cobrem as máquinas CA, e os Capítulos 7 e 8 cobrem as máquinas CC. Essas sequências de capítulos são completamente independentes entre si, de modo que um professor pode cobrir o material na ordem que melhor se adequar a suas necessidades. Por exemplo, uma disciplina de um semestre concentrada basicamente em máquinas CA poderia consistir em partes dos Capítulos 1, 2, 3, 4, 5 e 6, com o tempo restante dedicado às máquinas CC. Uma disciplina de um semestre dedicada basicamente às máquinas CC poderia consistir em partes dos capítulos 1, 2, 7 e 8, com o tempo restante dedicado às máquinas CA. O Capítulo 9 é dedicado aos motores monofásicos e de propósitos especiais, como os motores universais, os motores de passo, os motores CC sem escovas e os motores de polos sombreados.

Os problemas propostos e os de fim de capítulo foram revisados e corrigidos. Desde a última edição, 70% ou mais dos problemas são novos ou foram modificados desde a edição anterior.

Nos últimos anos, ocorreram modificações profundas nos métodos utilizados para se ensinar máquinas elétricas aos engenheiros eletricistas e aos estudantes de tecnologia elétrica. Ferramentas analíticas excelentes, tais como MATLAB*, tornaram-se amplamente disponíveis nos currículos de engenharia das universidades. Essas ferramentas tornam simples a realização de cálculos muito complexos, permitindo que os estudantes explorem interativamente o modo de comportamento dos problemas. *Fundamentos de Máquinas Elétricas* faz uso criterioso de MATLAB para reforçar a experiência de aprendizagem do estudante, sempre que apropriado. Por exemplo, os estudantes podem usar MATLAB no Capítulo 6 para calcular as características de conjugado *versus* velocidade dos motores de indução e para explorar as propriedades dos motores de indução de dupla gaiola de esquilo.

Este livro não ensina MATLAB. Presume-se que o estudante já tenha se familiarizado com ele a partir de trabalhos anteriores. Além disso, o livro *não* depende de que o estudante tenha acesso a MATLAB. Se estiver disponível, MATLAB proporcionará um recurso adicional à experiência de aprendizagem. Entretanto, se ele não estiver disponível, os exemplos envolvendo MATLAB poderão ser simplesmente omitidos e o restante do texto ainda fará sentido.

Este livro nunca teria se tornado possível sem o auxílio de dezenas de pessoas durante os últimos 25 anos. Para mim, é gratificante ver que ele permanece popular após todo esse tempo. Muito disso deve-se ao excelente retorno proporcionado pelos leitores que o revisaram. Para esta edição, eu gostaria especialmente de agradecer:

Ashoka K.S. Bhat
University of Victoria

William Butuk
Lakehead University

Shaahin Filizadeh
University of Manitoba

Jesús Fraile-Ardanuy
Universidad Politécnica de Madrid

Riadh Habash
University of Ottawa

Floyd Henderson
Michigan Technological University

---

* MATLAB é uma marca registrada de The MathWorks, Inc.
The MathWorks, Inc., 3 Apple Hill Drive, Natick, MA 01760-2098 USA
E-mail: info@mathworks.com; www.mathworks.com

Rajesh Kavasseri
North Dakota State University

Ali Keyhani
The Ohio State University

Andrew Knight
University of Alberta

Xiaomin Kou
University of Wisconsin–Platteville

Ahmad Nafisi
*California Polytechnic State University,
San Luis Obispo*

Subhasis Nandi
University of Victoria

M. Hashem Nehrir
Montana State University–Bozeman

Ali Shaban
*California Polytechnic State University,
San Luis Obispo*

Kuang Sheng
Rutgers University

Barna Szabados
McMaster University

Tristan J. Tayag
Texas Christian University

Rajiv K. Varma
The University of Western Ontario

Stephen J. Chapman
Melbourne, Victoria, Austrália

Sumário resumido

Capítulo 1	Introdução aos princípios de máquinas	1
Capítulo 2	Transformadores	65
Capítulo 3	Fundamentos de máquinas CA	152
Capítulo 4	Geradores síncronos	191
Capítulo 5	Motores síncronos	271
Capítulo 6	Motores de indução	307
Capítulo 7	Fundamentos de máquinas CC	404
Capítulo 8	Motores e geradores CC	464
Capítulo 9	Motores monofásicos e para aplicações especiais	565
Apêndice A	Circuitos trifásicos	613
Apêndice B	Passo de uma bobina e enrolamentos distribuídos	639
Apêndice C	Teoria dos polos salientes das máquinas síncronas	659
Apêndice D	Tabelas de constantes e fatores de conversão	669
Índice		671

Sumário

Capítulo 1   Introdução aos princípios de máquinas   1

     1.1   Máquinas elétricas e transformadores na vida diária   1
     1.2   Observação sobre unidades e notação   2
     1.3   Movimento de rotação, lei de Newton e relações de potência   3
     1.4   O campo magnético   8
     1.5   Lei de Faraday – tensão induzida a partir de um campo magnético variável no tempo   28
     1.6   Produção de força induzida em um condutor   33
     1.7   Tensão induzida em um condutor que se desloca dentro de um campo magnético   34
     1.8   A máquina linear CC – um exemplo simples   36
     1.9   Potências ativa, reativa e aparente em circuitos CA monofásicos   47
     1.10   Síntese do capítulo   53
     Perguntas   54
     Problemas   55
     Referências   64

Capítulo 2   Transformadores   65

     2.1   Por que os transformadores são importantes à vida moderna?   66
     2.2   Tipos e construção de transformadores   67
     2.3   O transformador ideal   69
     2.4   Teoria de operação de transformadores monofásicos reais   77
     2.5   O circuito equivalente de um transformador   86
     2.6   O sistema de medições por unidade   94
     2.7   Regulação de tensão e eficiência de um transformador   99
     2.8   Derivações de um transformador e regulação de tensão   108
     2.9   O autotransformador   109
     2.10   Transformadores trifásicos   116
     2.11   Transformação trifásica usando dois transformadores   126
     2.12   Especificações nominais de um transformador e problemas relacionados   134

2.13	Transformadores de instrumentação	140
2.14	Síntese do capítulo	142
	Perguntas	143
	Problemas	144
	Referências	151

Capítulo 3 Fundamentos de máquinas CA 152

3.1	Uma espira simples em um campo magnético uniforme	153
3.2	O campo magnético girante	160
3.3	Força magnetomotriz e distribuição de fluxo em máquinas CA	169
3.4	Tensão induzida em máquinas CA	172
3.5	Conjugado induzido em uma máquina CA	178
3.6	Isolação dos enrolamentos em uma máquina CA	182
3.7	Fluxos e perdas de potência em máquinas CA	182
3.8	Regulação de tensão e regulação de velocidade	186
3.9	Síntese do capítulo	187
	Perguntas	187
	Problemas	188
	Referências	190

Capítulo 4 Geradores síncronos 191

4.1	Aspectos construtivos dos geradores síncronos	192
4.2	A velocidade de rotação de um gerador síncrono	197
4.3	A tensão interna gerada por um gerador síncrono	197
4.4	O circuito equivalente de um gerador síncrono	198
4.5	O diagrama fasorial de um gerador síncrono	202
4.6	Potência e conjugado em geradores síncronos	205
4.7	Medição dos parâmetros do modelo de gerador síncrono	208
4.8	O gerador síncrono operando isolado	213
4.9	Operação em paralelo de geradores síncronos	224
4.10	Transitórios em geradores síncronos	244
4.11	Especificações nominais de um gerador síncrono	251
4.13	Síntese do capítulo	261
	Perguntas	262
	Problemas	263
	Referências	270

Capítulo 5	**Motores síncronos**		271
5.1	Princípios básicos de operação de um motor		271
5.2	Operação do motor síncrono em regime permanente		275
5.3	Partida de motores síncronos		290
5.4	Geradores síncronos e motores síncronos		297
5.5	Especificações nominais do motor síncrono		298
5.6	Síntese do capítulo		299
	Perguntas		300
	Problemas		300
	Referências		306
Capítulo 6	**Motores de indução**		307
6.1	Construção do motor de indução		309
6.2	Conceitos básicos do motor de indução		311
6.3	O circuito equivalente de um motor de indução		315
6.4	Potência e conjugado em motores de indução		321
6.5	Características de conjugado *versus* velocidade do motor de indução		328
6.6	Variações nas características de conjugado *versus* velocidade do motor de indução		343
6.7	Tendências de projeto de motores de indução		353
6.8	Partida de motores de indução		357
6.9	Controle de velocidade de motores de indução		363
6.10	Acionamento de estado sólido para motores de indução		372
6.11	Determinação dos parâmetros do modelo de circuito		380
6.12	O gerador de indução		388
6.13	Especificações nominais do motor de indução		393
6.14	Síntese do capítulo		394
	Perguntas		396
	Problemas		397
	Referências		403
Capítulo 7	**Fundamentos de máquinas CC**		404
7.1	Uma espira simples girando entre faces polares curvadas		404
7.2	Comutação em uma máquina simples de quatro espiras		416
7.3	Comutação e construção da armadura em máquinas CC reais		421

7.4	Problemas de comutação em máquinas reais	433
7.5	A tensão interna gerada e as equações de conjugado induzido para máquinas CC reais	445
7.6	A construção de máquinas CC	449
7.7	Fluxo de potência e perdas nas máquinas CC	455
7.8	Síntese do capítulo	458
	Perguntas	458
	Problemas	459
	Referências	461

Capítulo 8 Motores e geradores CC   464

8.1	Introdução aos motores CC	465
8.2	O circuito equivalente de um motor CC	467
8.3	A curva de magnetização de uma máquina CC	468
8.4	Os motores de excitação independente e em derivação	469
8.5	O motor CC de ímã permanente	491
8.6	O motor CC série	493
8.7	O motor CC composto	500
8.8	Partida dos motores CC	505
8.9	O sistema Ward-Leonard e os controladores de velocidade de estado sólido	514
8.10	Cálculos de eficiência do motor CC	524
8.11	Introdução aos geradores CC	526
8.12	Gerador de excitação independente	528
8.13	O gerador CC em derivação	534
8.14	O gerador CC série	540
8.15	O gerador CC composto cumulativo	543
8.16	O gerador CC composto diferencial	547
8.17	Síntese do capítulo	551
	Perguntas	552
	Problemas	553
	Referências	564

Capítulo 9 Motores monofásicos e para aplicações especiais   565

9.1	O motor universal	566
9.2	Introdução aos motores de indução monofásicos	569
9.3	Partida de motores de indução monofásicos	578
9.4	Controle de velocidade de motores de indução monofásicos	588

9.5	O modelo de circuito de um motor de indução monofásico	590
9.6	Outros tipos de motores	597
9.7	Síntese do capítulo	609
	Perguntas	610
	Problemas	611
	Referências	612

Apêndice A Circuitos trifásicos 613

A.1	Geração de tensões e correntes trifásicas	613
A.2	Tensões e correntes em um circuito trifásico	617
A.3	Relações de potência em circuitos trifásicos	622
A.4	Análise de sistemas trifásicos equilibrados	625
A.5	Diagramas unifilares	632
A.6	Utilizando o triângulo de potência	632
	Perguntas	635
	Problemas	636
	Referências	638

Apêndice B Passo de uma bobina e enrolamentos distribuídos 639

B.1	O efeito do passo de uma bobina nas máquinas CA	639
B.2	Enrolamentos distribuídos em máquinas CA	648
B.3	Síntese do apêndice	656
	Perguntas	657
	Problemas	657
	Referências	658

Apêndice C Teoria dos polos salientes das máquinas síncronas 659

C.1	Desenvolvimento do circuito equivalente de um gerador síncrono de polos salientes	660
C.2	Equações de conjugado e potência em uma máquina de polos salientes	666
	Problemas	667

Apêndice D Tabelas de constantes e fatores de conversão 669

Índice 671

capítulo

1

Introdução aos princípios de máquinas

OBJETIVOS DE APRENDIZAGEM

- Aprender os fundamentos da mecânica de rotacional: velocidade angular, aceleração angular, conjugado e a lei de Newton para a rotação.
- Aprender como produzir um campo magnético.
- Compreender os circuitos magnéticos.
- Compreender o comportamento dos materiais ferromagnéticos.
- Compreender a histerese nos materiais ferromagnéticos.
- Compreender a lei de Faraday.
- Compreender como se produz uma força induzida em um fio condutor.
- Compreender como se produz uma tensão induzida em um fio condutor.
- Compreender o funcionamento de uma máquina linear simples.
- Ser capaz de trabalhar com as potências ativa, reativa e aparente.

1.1 MÁQUINAS ELÉTRICAS E TRANSFORMADORES NA VIDA DIÁRIA

Uma **máquina elétrica** é um dispositivo que pode converter tanto a energia mecânica em energia elétrica como a energia elétrica em energia mecânica. Quando tal dispositivo é usado para converter energia mecânica em energia elétrica, ele é denominado *gerador*. Quando converte energia elétrica em energia mecânica, ele é denominado *motor*. Como qualquer máquina elétrica é capaz de fazer a conversão da energia em ambos os sentidos, então qualquer máquina pode ser usada como gerador ou como motor. Na prática, quase todos os motores fazem a conversão da energia de uma forma em outra pela ação de um campo magnético. Neste livro, estudaremos somente máquinas que utilizam o campo magnético para realizar tal conversão.

O *transformador* é um dispositivo elétrico que apresenta uma relação próxima com as máquinas elétricas. Ele converte energia elétrica CA de um nível de tensão em energia elétrica CA de outro nível de tensão. Em geral, eles são estudados juntamente com os geradores e motores, porque os transformadores funcionam com base nos mesmos princípios, ou seja, dependem da ação de um campo magnético para que ocorram mudanças no nível de tensão.

No cotidiano da vida moderna, esses três tipos de dispositivos elétricos estão presentes em todos os lugares. Nas casas, os motores elétricos acionam refrigeradores, *freezers*, aspiradores de ar, processadores de alimentos, aparelhos de ar condicionado, ventiladores e muitos outros eletrodomésticos similares. Nas indústrias, os motores produzem a força motriz para mover praticamente todas as máquinas. Naturalmente, para fornecer a energia utilizada por todos esses motores, há necessidade de geradores.

Por que motores e geradores elétricos são tão comuns? A resposta é muito simples: a energia elétrica é uma fonte de energia limpa e eficiente, fácil de ser transmitida a longas distâncias e fácil de ser controlada. Um motor elétrico não requer ventilação constante nem combustível na forma que é exigida por um motor de combustão interna. Assim, o motor elétrico é muito apropriado para uso em ambientes onde não são desejáveis poluentes associados com combustão. Em vez disso, a energia térmica ou mecânica pode ser convertida para a forma elétrica em um local distanciado. Em seguida, a energia elétrica pode ser transmitida por longas distâncias até o local onde deverá ser utilizada e, por fim, pode ser usada de forma limpa em todas as casas, escritórios e indústrias. Os transformadores auxiliam nesse processo, reduzindo as perdas energéticas entre o ponto de geração da energia elétrica e o ponto de sua utilização.

1.2 OBSERVAÇÃO SOBRE UNIDADES E NOTAÇÃO

O projeto e estudo das máquinas e sistemas de potência elétricos estão entre as áreas mais antigas da engenharia elétrica. O estudo iniciou-se no período final do século XIX. Naquela época, as unidades elétricas estavam sendo padronizadas internacionalmente e essas unidades foram universalmente adotadas pelos engenheiros. Volts, ampères, ohms, watts e unidades similares, que são parte do sistema métrico de unidades, são utilizadas há muito tempo para descrever as grandezas elétricas nas máquinas.

Nos países de língua inglesa, no entanto, as grandezas mecânicas vêm sendo medidas há muito tempo com o sistema inglês de unidades (polegadas, pés, libras, etc.). Essa prática foi adotada no estudo das máquinas. Assim, há muitos anos, as grandezas elétricas e mecânicas das máquinas são medidas com diversos sistemas de unidades.

Em 1954, um sistema abrangente de unidades baseado no sistema métrico foi adotado como padrão internacional. Esse sistema de unidades tornou-se conhecido como o *Sistema Internacional* (SI) e foi adotado em quase todo o mundo. Os Estados Unidos são praticamente a única exceção – mesmo a Inglaterra e o Canadá já adotaram o SI.

Inevitavelmente, com o passar do tempo, as unidades do SI acabarão sendo padronizadas nos Estados Unidos. As sociedades profissionais, como o Institute of

Electrical and Electronics Engineers (IEEE), já padronizaram unidades do sistema métrico para serem usadas em todos os tipos de atividade. Entretanto, muitas pessoas cresceram usando as unidades inglesas, as quais ainda permanecerão sendo usadas diariamente por muito tempo. Hoje, os engenheiros e os estudantes de engenharia que atuam nos Estados Unidos devem estar familiarizados com os dois sistemas de unidades, porque durante toda a vida profissional eles se depararão com ambos os sistemas. Portanto, este livro inclui problemas e exemplos que usam unidades inglesas e do SI. A ênfase é nas unidades do SI, mas leva-se em consideração também o sistema mais antigo.

Notação

Neste livro, os vetores, os fasores elétricos e outras grandezas complexas são mostradas em negrito (por exemplo, **F**), ao passo que os escalares são mostrados em itálico (por exemplo, R). Além disso, um tipo especial de letra é usado para representar grandezas magnéticas, como a força magnetomotriz (por exemplo, $\mathcal{F}$).

1.3 MOVIMENTO DE ROTAÇÃO, LEI DE NEWTON E RELAÇÕES DE POTÊNCIA

Quase todas as máquinas elétricas giram em torno de um eixo, que é denominado *eixo* da máquina. Devido à natureza rotativa das máquinas, é importante ter um entendimento básico do movimento rotacional. Esta seção contém uma breve revisão dos conceitos de distância, velocidade, aceleração, lei de Newton e potência, tais como são aplicados às máquinas elétricas. Para uma discussão mais detalhada dos conceitos da dinâmica das rotações, veja as Referências 2, 4 e 5.

Em geral, é necessário um vetor tridimensional para descrever completamente a rotação de um objeto no espaço. No entanto, as máquinas normalmente giram em torno de um eixo fixo, de modo que sua rotação está restrita a uma única dimensão angular. Em relação a uma dada extremidade do eixo da máquina, o sentido de rotação pode ser descrito como *horário* (H) ou como *anti-horário* (AH). Para os objetivos deste livro, assume-se que um ângulo de rotação anti-horário é positivo e um ângulo horário é negativo. Para uma rotação em torno de um eixo fixo, como é o caso nesta seção, todos os conceitos ficam reduzidos a grandezas escalares.

Cada conceito importante do movimento rotacional é definido abaixo e está associado à ideia correspondente no movimento retilíneo.

Posição angular θ

A posição angular θ de um objeto é o ângulo com o qual ele está orientado, medido desde um ponto de referência arbitrário. A posição angular é usualmente medida em radianos ou graus. Corresponde ao conceito linear de distância ao longo de uma reta.

Velocidade angular ω

A velocidade angular é a taxa de variação da posição angular em relação ao tempo. Assume-se que ela é positiva quando ocorre no sentido anti-horário. A velocidade angular é o análogo rotacional do conceito de velocidade em uma reta. A velocidade linear unidimensional ao longo de uma reta é definida como a taxa de variação do deslocamento ao longo da reta (r) em relação ao tempo.

$$v = \frac{dr}{dt} \quad (1\text{-}1)$$

De modo similar, a velocidade angular ω é definida como a taxa de variação do deslocamento angular θ em relação ao tempo.

$$\omega = \frac{d\theta}{dt} \quad (1\text{-}2)$$

Se as unidades de posição angular forem radianos, então a velocidade angular será medida em radianos por segundo.

Quando os engenheiros trabalham com máquinas elétricas comuns, frequentemente usam outras unidades além de radianos por segundo para descrever a velocidade do eixo. Comumente, a velocidade é dada em rotações por segundo ou rotações por minuto. Como a velocidade é uma grandeza muito importante no estudo das máquinas, costuma-se usar símbolos diferentes para a velocidade quando ela é expressa em unidades diferentes. Usando esses símbolos diferentes, qualquer confusão possível em relação às unidades usadas é minimizado. Neste livro, os seguintes símbolos são usados para descrever a velocidade angular:

ω_m velocidade angular expressa em radianos por segundo (rad/s)
f_m velocidade angular expressa em rotações ou revoluções por segundo (rps)
n_m velocidade angular expressa em rotações ou revoluções por minuto (rpm)

Nesses símbolos, o índice m é usado para diferenciar uma grandeza mecânica de uma grandeza elétrica. Se não houver nenhuma possibilidade de confusão entre as grandezas mecânicas e elétricas, então frequentemente o índice será omitido.

Essas medidas de velocidade do eixo estão relacionadas entre si pelas seguintes equações:

$$n_m = 60 f_m \quad (1\text{-}3a)$$

$$f_m = \frac{\omega_m}{2\pi} \quad (1\text{-}3b)$$

Aceleração angular α

A aceleração angular é a taxa de variação da velocidade angular em relação ao tempo. Assume-se que ela será positiva se a velocidade angular estiver crescendo no sentido algébrico. A aceleração angular é o análogo rotacional do conceito de aceleração em uma reta. Assim como a aceleração retilínea unidimensional é definida pela equação

$$a = \frac{dv}{dt} \quad (1\text{-}4)$$

temos que a aceleração angular é definida por

$$\alpha = \frac{d\omega}{dt} \quad (1\text{-}5)$$

Se as unidades de velocidade angular forem radianos por segundo, então a aceleração angular será medida em radianos por segundo ao quadrado.

Conjugado τ

No movimento retilíneo, uma *força* aplicada a um objeto altera sua velocidade. Na ausência de uma força líquida ou resultante, sua velocidade é constante. Quanto maior for a força aplicada ao objeto, tanto mais rapidamente será variada sua velocidade.

Há um conceito similar para a rotação: quando um objeto está em rotação, sua velocidade angular é constante, a menos que um *conjugado* esteja presente atuando sobre si. Quanto maior for o conjugado aplicado ao objeto, tanto mais rapidamente irá variar a velocidade angular do objeto.

Que é conjugado? Sem ser rigoroso, ele pode ser denominado "força de fazer girar" um objeto. Intuitivamente, pode-se entender facilmente o conjugado. Imagine um cilindro que está livre para girar em torno de seu eixo. Se uma força for aplicada ao cilindro de tal modo que a sua reta de ação passa pelo eixo (Figura 1-1a), então o cilindro não entrará em rotação. Entretanto, se a mesma força for posicionada de tal modo que sua reta de ação passa à direita do eixo (Figura 1-1b), então o cilindro tenderá a girar no sentido anti-horário. O conjugado ou a ação de fazer girar o cilindro depende de (1) o valor da força aplicada e (2) a distância entre o eixo de rotação e a reta de ação da força.

O conjugado de um objeto é definido como o produto da força aplicada ao objeto vezes a menor distância entre a reta de ação da força e o eixo de rotação do objeto.

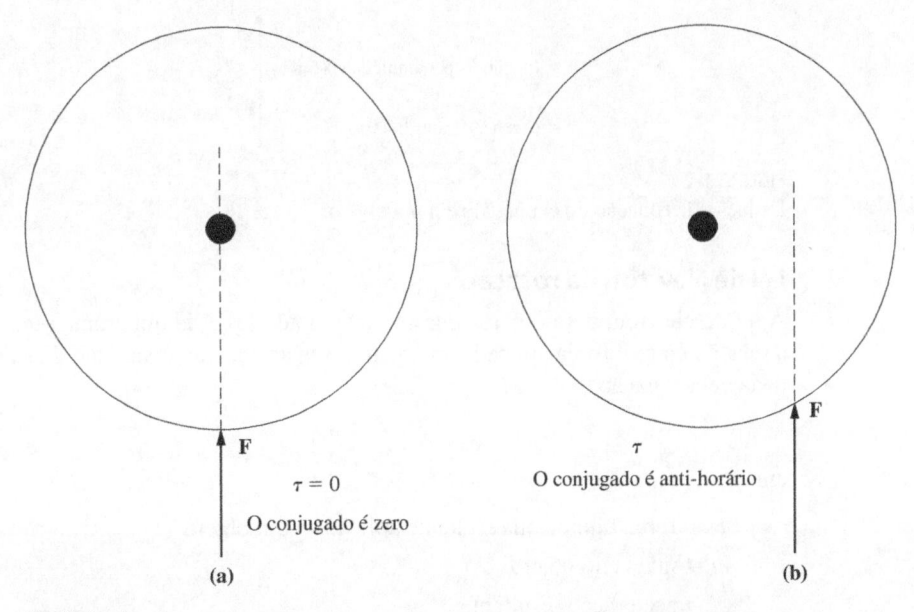

FIGURA 1-1
(a) Força aplicada a um cilindro de modo que ele passa pelo eixo de rotação. $\tau = 0$.
(b) Força aplicada a um cilindro de modo que a reta de ação não passa pelo eixo de rotação. Aqui τ é anti-horário.

Se **r** for um vetor que aponta desde o eixo de rotação até o ponto de aplicação da força e se **F** for a força aplicada, então o conjugado poderá ser descrito como

$$\tau = (\text{força aplicada})(\text{distância perpendicular})$$
$$= (F)(r \operatorname{sen} \theta)$$
$$= rF \operatorname{sen} \theta \qquad (1\text{-}6)$$

em que θ é o ângulo entre o vetor **r** e o vetor **F**. O sentido do conjugado será horário se ele tender a fazer com que a rotação seja horária e será anti-horário se ele tender a fazer com que a rotação seja anti-horária (Figura 1-2).

As unidades de conjugado são newton-metro em unidades do SI e libra-pé no sistema inglês.

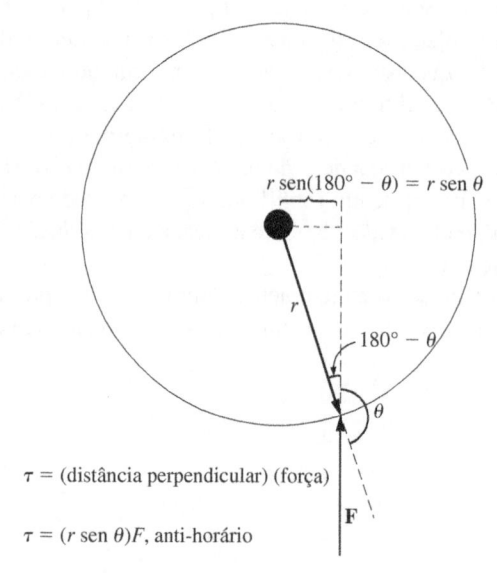

FIGURA 1-2
Dedução da equação do conjugado em um objeto.

Lei de Newton da rotação

A lei de Newton, para objetos que se movem ao longo de uma linha reta, descreve a relação entre a força aplicada ao objeto e sua aceleração resultante. Essa relação é dada pela equação

$$F = ma \qquad (1\text{-}7)$$

em que

$F = $ força líquida ou resultante aplicada a um objeto

$m = $ massa do objeto

$a = $ aceleração resultante

Em unidades do SI, a força é medida em newtons, a massa é medida em quilogramas e a aceleração, em metros por segundo ao quadrado. No sistema inglês, a força é medida em libras*, a massa é medida em *slugs*** e a aceleração, em pés por segundo ao quadrado.

Uma equação similar descreve a relação entre o conjugado aplicado a um objeto e sua aceleração resultante. Essa relação, denominada *lei da rotação de Newton*, é dada pela equação

$$\tau = J\alpha \qquad (1\text{-}8)$$

em que τ é o conjugado líquido aplicado, em newtons-metros ou libras-pés, e α é a aceleração angular resultante, em radianos por segundo ao quadrado. A grandeza J desempenha o mesmo papel que a massa de um objeto no movimento retilíneo. Recebe a denominação *momento de inércia* do objeto, sendo medido em quilogramas-metros ao quadrado ou *slugs*-pés ao quadrado. O cálculo do momento de inércia está além dos objetivos deste livro. Para informação a esse respeito, veja a Ref. 2.

Trabalho W

No movimento retilíneo, o trabalho é definido como a aplicação de uma *força* que se desloca por uma *distância*. Na forma de equação,

$$W = \int F\, dr \qquad (1\text{-}9)$$

onde assume-se que a força é colinear com o sentido do movimento. No caso especial de uma força constante aplicada de forma colinear com o sentido do movimento, essa equação torna-se simplesmente

$$W = Fr \qquad (1\text{-}10)$$

As unidades de trabalho são o joule no SI e o pé-libra no sistema inglês.

No movimento de rotação, o trabalho é a aplicação de um *conjugado* por um *ângulo*. Aqui, a equação do trabalho é

$$W = \int \tau\, d\theta \qquad (1\text{-}11)$$

e, se o conjugado for constante, teremos

$$W = \tau\theta \qquad (1\text{-}12)$$

Potência P

A potência é a taxa de produção de trabalho, ou o incremento de trabalho por unidade de tempo. A equação da potência é

$$P = \frac{dW}{dt} \qquad (1\text{-}13)$$

---

* N. de T.: No caso, trata-se de libra-força. Dependendo do contexto, a libra pode estar se referindo a uma força (libra-força) ou a uma massa (libra-massa).

** N. de T.: Unidade inglesa de massa que corresponde a 14,59 kg. Neste livro, sua denominação será mantida em inglês. Ela corresponde à arroba, uma antiga unidade portuguesa de medida que equivale a 14,69 kg.

Usualmente, sua unidade de medida é o joule por segundo (watt), mas também pode ser o pé-libra por segundo, ou ainda o HP (*horsepower*).

Por essa definição, e assumindo que a força é constante e colinear com o sentido do movimento, a potência é dada por

$$P = \frac{dW}{dt} = \frac{d}{dt}(Fr) = F\left(\frac{dr}{dt}\right) = Fv \quad (1\text{-}14)$$

De modo similar, assumindo um conjugado constante, a potência no movimento de rotação é dada por

$$P = \frac{dW}{dt} = \frac{d}{dt}(\tau\theta) = \tau\left(\frac{d\theta}{dt}\right) = \tau\omega$$
$$P = \tau\omega \quad (1\text{-}15)$$

A Equação (1-15) é muito importante no estudo de máquinas elétricas, porque ela pode descrever a potência mecânica no eixo de um motor ou gerador.

A Equação (1-15) será a relação correta entre potência, conjugado e velocidade se a potência for medida em watts, o conjugado em newtons-metros e a velocidade em radianos por segundo. Se outras unidades forem usadas para medir qualquer uma das grandezas anteriores, então uma constante deverá ser introduzida na equação para fazer a conversão de unidades. Na prática de engenharia dos Estados Unidos, ainda é comum medir o conjugado em libras-pés, a velocidade em rotações por minuto e a potência em watts ou HP (*horsepower*). Se os fatores de conversão adequados forem introduzidos em cada termo, então a Equação (1-15) irá se tornar

$$P\text{ (watts)} = \frac{\tau\text{ (libras-pés) } n\text{ (rpm)}}{7{,}04} \quad (1\text{-}16)$$

$$P\text{ (HP)} = \frac{\tau\text{ (libras-pés) } n\text{ (rpm)}}{5.252} \quad (1\text{-}17)$$

em que o conjugado é medido em libras-pés e a velocidade em rotações por minuto.

1.4 O CAMPO MAGNÉTICO

Como afirmado anteriormente, os campos magnéticos constituem o mecanismo fundamental pelo qual a energia é convertida de uma forma em outra nos motores, geradores e transformadores. Quatro princípios básicos descrevem como os campos magnéticos são usados nesses dispositivos:

1. Um fio condutor de corrente produz um campo magnético em sua vizinhança.
2. Um campo magnético variável no tempo induzirá uma tensão em uma bobina se esse campo passar através dessa bobina. (Esse é o fundamento da *ação de transformador*.)
3. Um fio condutor de corrente, na presença de um campo magnético, tem uma força induzida nele. (Esse é o fundamento da *ação de motor*.)
4. Um fio movendo-se na presença de um campo magnético tem uma tensão induzida nele. (Esse é o fundamento da *ação de gerador*.)

Esta seção descreve e elabora a produção de um campo magnético por meio de um fio que está conduzindo uma corrente, ao passo que as seções posteriores deste capítulo explicarão os demais três princípios.

Produção de um campo magnético

A lei fundamental que rege a produção de um campo magnético por uma corrente é a lei de Ampère:

$$\oint \mathbf{H} \cdot d\mathbf{l} = I_{líq} \qquad (1\text{-}18)$$

em que **H** é a intensidade do campo magnético que é produzido pela corrente líquida $I_{líq}$ e dl é um elemento diferencial de comprimento ao longo do caminho de integração. Em unidades do SI, I é medida em ampères e H é medida em ampères-espiras por metro. Para melhor compreender o significado dessa equação, é útil aplicá-la ao exemplo simples da Figura 1-3. Essa figura mostra um núcleo retangular com um enrolamento de N espiras de fio envolvendo uma das pernas do núcleo. Se o núcleo for composto de ferro ou de outros metais similares (coletivamente denominados *materiais ferromagnéticos*), então essencialmente todo o campo magnético produzido pela corrente permanecerá dentro do núcleo, de modo que na lei de Ampère o caminho de integração é dado pelo comprimento do caminho médio no núcleo l_n. A corrente líquida $I_{líq}$ que passa dentro do caminho de integração é então Ni, porque a bobina cruza o caminho de integração N vezes quando está conduzindo a corrente i. Assim, a lei de Ampère torna-se

$$Hl_n = Ni \qquad (1\text{-}19)$$

Aqui, H é a magnitude ou módulo do vetor **H** da intensidade de campo magnético. Portanto, o valor da intensidade de campo magnético no núcleo, devido à corrente aplicada, é

$$H = \frac{Ni}{l_n} \qquad (1\text{-}20)$$

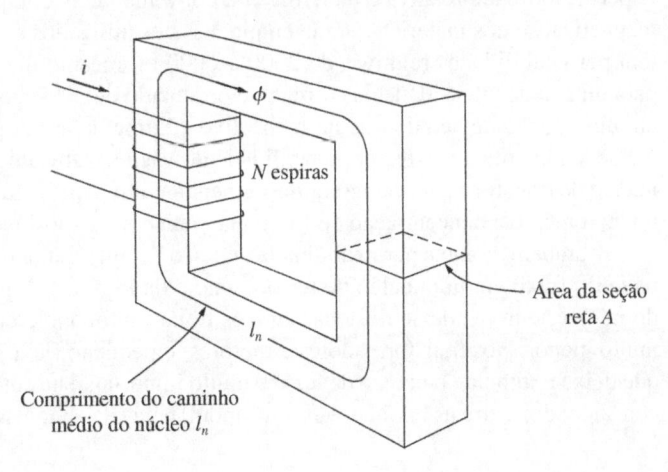

FIGURA 1-3
Núcleo magnético simples.

Em certo sentido, a intensidade de campo magnético **H** é uma medida do "esforço" que uma corrente está fazendo para estabelecer um campo magnético. A intensidade do fluxo de campo magnético produzido no núcleo depende também do material do núcleo. A relação entre a intensidade de campo magnético **H** e a densidade de fluxo magnético resultante **B** dentro de um material é dada por

$$\mathbf{B} = \mu \mathbf{H} \tag{1-21}$$

em que

H = intensidade de campo magnético

μ = *permeabilidade* magnética do material

B = densidade de fluxo magnético produzido resultante

Portanto, a densidade de fluxo magnético real produzido em um pedaço de material é dada pelo produto de dois fatores:

H, representando o esforço exercido pela corrente para estabelecer um campo magnético

μ, representando a facilidade relativa de estabelecer um campo magnético em um dado material

A unidade de intensidade de campo magnético é ampère-espira por metro, a unidade de permeabilidade é henry por metro e a unidade de densidade de fluxo resultante é weber por metro quadrado, conhecida como tesla (T).

A permeabilidade do vácuo é denominada μ_0 e seu valor é

$$\mu_0 = 4\pi \times 10^{-7} \text{ H/m} \tag{1-22}$$

A permeabilidade de qualquer outro material quando comparada com a permeabilidade do vácuo é denominada *permeabilidade relativa*:

$$\mu_r = \frac{\mu}{\mu_0} \tag{1-23}$$

A permeabilidade relativa é uma maneira conveniente de comparar a capacidade de magnetização dos materiais. Por exemplo, os aços utilizados nas máquinas modernas têm permeabilidades relativas de 2000 a 6000 ou mesmo mais. Isso significa que, para uma dada intensidade de corrente, é produzido de 2000 a 6000 vezes mais fluxo em um pedaço de aço do que no respectivo volume de ar. (A permeabilidade do ar é essencialmente a mesma permeabilidade do vácuo.) Obviamente, os metais de um núcleo de transformador ou motor desempenham um papel extremamente importante no incremento e concentração do fluxo magnético no dispositivo.

Também, como a permeabilidade do ferro é muito maior do que a do ar, a maior parte do fluxo em um núcleo de ferro, como o da Figura 1-3, permanece no interior do núcleo, em vez de se deslocar através do ar circundante cuja permeabilidade é muito menor. Nos transformadores e motores, o pequeno fluxo residual de dispersão que deixa realmente o núcleo de ferro é muito importante na determinação dos fluxos concatenados entre as bobinas e as auto-indutâncias das bobinas.

Em um núcleo, como o mostrado na Figura 1-3, o valor da densidade de fluxo é dado por

$$B = \mu H = \frac{\mu N i}{l_n} \qquad (1\text{-}24)$$

Agora, o fluxo total em uma dada área é dado por

$$\phi = \int_A \mathbf{B} \cdot d\mathbf{A} \qquad (1\text{-}25a)$$

em que $d\mathbf{A}$ é a unidade diferencial de área. Se o vetor de densidade de fluxo for perpendicular a um plano de área A e se a densidade de fluxo for constante através da área, então essa equação se reduzirá a

$$\phi = BA \qquad (1\text{-}25b)$$

Assim, o fluxo total do núcleo da Figura 1-3, devido à corrente i no enrolamento, é

$$\phi = BA = \frac{\mu N i A}{l_n} \qquad (1\text{-}26)$$

em que A é a área da seção reta do núcleo.

Circuitos magnéticos

Na Equação (1-26), vemos que a *corrente* em uma bobina de fio enrolado em um núcleo produz um fluxo magnético nesse núcleo. De certa forma, isso é análogo a uma tensão que em um circuito elétrico produz o fluxo de corrente. É possível definir um "circuito magnético" cujo comportamento é regido por equações análogas as de um circuito elétrico. Frequentemente, no projeto de máquinas elétricas e transformadores, utiliza-se o modelo de circuito magnético que descreve o comportamento magnético para simplificar o processo de projeto que, de outro modo, seria bem complexo.

Em um circuito elétrico simples, como o mostrado na Figura 1-4a, a fonte de tensão V alimenta uma corrente I ao longo do circuito através de uma resistência R. A relação entre essas grandezas é dada pela lei de Ohm:

$$V = IR$$

No circuito elétrico, o fluxo de corrente é acionado por uma tensão ou força eletromotriz. Por analogia, a grandeza correspondente no circuito magnético é denominada *força magnetomotriz* (FMM). A força magnetomotriz do circuito magnético é igual ao fluxo efetivo de corrente aplicado ao núcleo, ou

$$\mathcal{F} = Ni \qquad (1\text{-}27)$$

em que $\mathcal{F}$ é o símbolo da força magnetomotriz, medida em ampères-espiras.

Como uma fonte de tensão no circuito elétrico, a força magnetomotriz no circuito magnético também tem uma polaridade associada. O terminal *positivo* da fonte de FMM é o terminal de onde o fluxo sai e o terminal *negativo* da fonte de FMM é

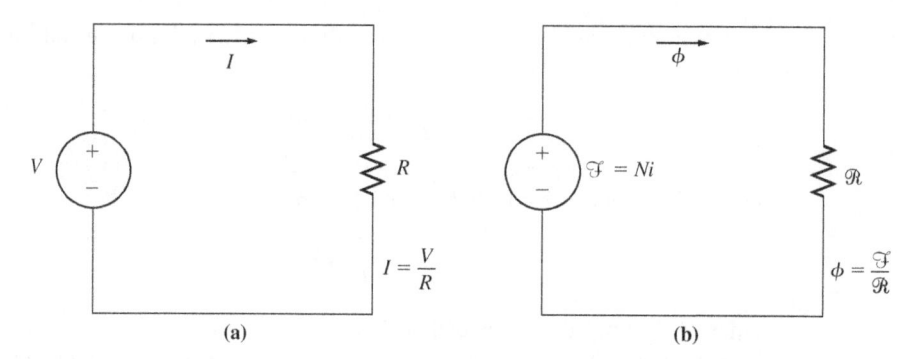

FIGURA 1-4
(a) Circuito elétrico simples. (b) Circuito magnético análogo a um núcleo de transformador.

o terminal no qual o fluxo volta a entrar. A polaridade da FMM de uma bobina pode ser determinada modificando-se a regra da mão direita: se os dedos da mão direita curvarem-se no sentido do fluxo de corrente em uma bobina, então o polegar apontará no sentido de FMM positiva (veja Figura 1-5).

No circuito elétrico, a tensão aplicada faz com que circule uma corrente I. De modo similar, em um circuito magnético, a força magnetomotriz aplicada faz com que um fluxo ϕ seja produzido. A relação entre tensão e corrente em um circuito elétrico é a lei de Ohm ($V = IR$). Do mesmo modo, a relação entre força magnetomotriz e fluxo é

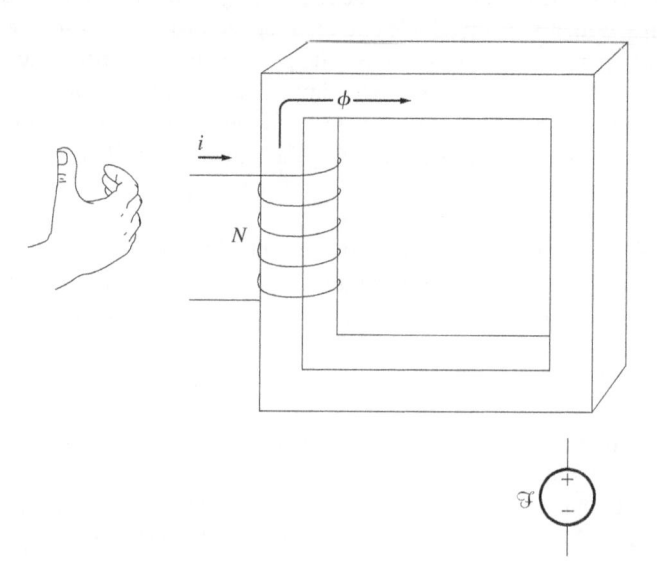

$$\mathcal{F} = \phi \mathcal{R} \tag{1-28}$$

FIGURA 1-5
Determinação da polaridade de uma fonte de força magnetomotriz em um circuito magnético.

em que

$\mathcal{F}$ = força magnetomotriz do circuito

ϕ = fluxo do circuito

$\mathcal{R}$ = *relutância* do circuito

A relutância de um circuito magnético é o equivalente da resistência elétrica, sendo a sua unidade o ampère-espira (A.e) por weber (Wb).

Há também um equivalente magnético da condutância. Assim como a condutância de um circuito elétrico é o inverso de sua resistência, a *permeância* $\mathcal{P}$ de um cima é o inverso de sua relutância:

$$\mathcal{P} = \frac{1}{\mathcal{R}} \qquad (1\text{-}29)$$

Desse modo, a relação entre a força magnetomotriz e o fluxo pode ser expressa como

$$\phi = \mathcal{F}\mathcal{P} \qquad (1\text{-}30)$$

Em certas circunstâncias, é mais fácil trabalhar com a permeância de um circuito magnético do que com sua relutância.

Qual é a relutância do núcleo da Figura 1-3? O fluxo resultante nesse núcleo é dado pela Equação (1-26):

$$\phi = BA = \frac{\mu N i A}{l_n} \qquad (1\text{-}26)$$

$$= Ni\left(\frac{\mu A}{l_n}\right)$$

$$\phi = \mathcal{F}\left(\frac{\mu A}{l_n}\right) \qquad (1\text{-}31)$$

Comparando a Equação (1-31) com a Equação (1-28), vemos que a relutância do núcleo é

$$\mathcal{R} = \frac{l_n}{\mu A} \qquad (1\text{-}32)$$

As relutâncias em um circuito magnético obedecem às mesmas regras que as resistências em um circuito elétrico. A relutância equivalente de diversas relutâncias em série é simplesmente a soma das relutâncias individuais:

$$\mathcal{R}_{eq} = \mathcal{R}_1 + \mathcal{R}_2 + \mathcal{R}_3 + \cdots \qquad (1\text{-}33)$$

De modo similar, relutâncias em paralelo combinam-se conforme a equação

$$\frac{1}{\mathcal{R}_{eq}} = \frac{1}{\mathcal{R}_1} + \frac{1}{\mathcal{R}_2} + \frac{1}{\mathcal{R}_3} + \cdots \qquad (1\text{-}34)$$

Permeâncias em série e em paralelo obedecem às mesmas regras que as condutâncias elétricas.

Quando são usados os conceitos de circuito magnético em um núcleo, os cálculos de fluxo são sempre aproximados – no melhor dos casos, eles terão uma exatidão

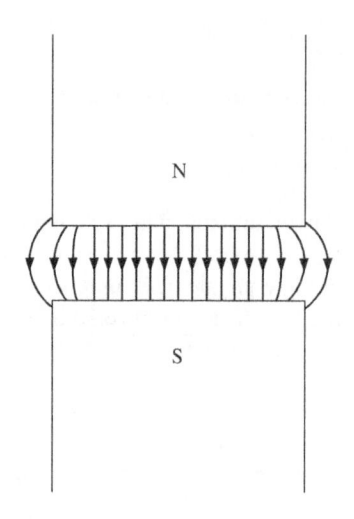

FIGURA 1-6
Efeito de espraiamento de um campo magnético no entreferro. Observe o aumento da área da seção reta do entreferro em comparação com a área da seção reta do metal.

de cerca de 5% em relação ao valor real. Há uma série de razões para essa falta inerente de exatidão:

1. O conceito de circuito magnético assume que todo o fluxo está confinado ao interior do núcleo magnético. Infelizmente, isso não é totalmente verdadeiro. A permeabilidade de um núcleo ferromagnético é de 2000 a 6000 vezes a do ar, mas uma pequena fração do fluxo escapa do núcleo indo para o ar circundante, cuja permeabilidade é baixa. Esse fluxo no exterior do núcleo é denominado *fluxo de dispersão* e desempenha um papel muito importante no projeto de máquinas elétricas.

2. Os cálculos de relutância assumem um certo comprimento de caminho médio e de área de seção reta para o núcleo. Essas suposições não são realmente muito boas, especialmente nos cantos.

3. Nos materiais ferromagnéticos, a permeabilidade varia com a quantidade de fluxo que já está presente no material. Esse efeito não linear será descrito em detalhe. Ele acrescenta outra fonte de erro à análise do circuito magnético, já que as relutâncias usadas nos cálculos de circuitos magnéticos dependem da permeabilidade do material.

4. Se houver entreferros de ar no caminho de fluxo do núcleo, a área efetiva da seção reta do entreferro de ar será maior do que a área da seção reta do núcleo de ferro de ambos os lados. A área efetiva extra é causada pelo denominado "efeito de espraiamento" do campo magnético no entreferro de ar (Figura 1-6).

Nos cálculos, pode-se compensar parcialmente essas fontes inerentes de erro. Para tanto, valores "corrigidos" ou "efetivos" de comprimento de caminho médio e de área de seção reta são usados no lugar dos valores reais de comprimento e área.

Há muitas limitações inerentes ao conceito de circuito magnético, mas ele ainda é a ferramenta de projeto mais facilmente usável que está disponível para os cálculos de fluxo, no projeto prático de máquinas. Cálculos exatos usando as equações de Maxwell são demasiadamente difíceis e, de qualquer forma, não são necessários porque resultados satisfatórios podem ser conseguidos usando esse método aproximado.

Os seguintes exemplos ilustram os cálculos básicos usados em circuitos magnéticos. Observe que nestes exemplos as respostas são dadas com três dígitos significativos.

EXEMPLO 1-1 Um núcleo ferromagnético é mostrado na Figura 1-7a. Três de seus lados têm larguras uniformes, ao passo que a largura do quarto lado é menor. A profundidade do núcleo (para dentro da página) é 10 cm e as outras dimensões são mostradas na figura. Uma bobina de 200 espiras está enrolada no lado esquerdo do núcleo. Assumindo uma permeabilidade relativa μ_r de 2500, quanto fluxo será produzido por uma corrente de 1 ampère?

Solução
Resolveremos este problema duas vezes, primeiro manualmente e depois usando um programa MATLAB. Mostraremos que ambas as abordagens produzem a mesma resposta.

Três lados do núcleo têm as mesmas áreas de seção reta, ao passo que o quarto lado tem uma área diferente. Assim, o núcleo pode ser dividido em duas regiões: (1) um lado menos espesso e (2) três outros lados tomados em conjunto. O respectivo circuito magnético desse núcleo está mostrado na Figura 1-7b.

O comprimento do caminho médio da região 1 é 45 cm e a área da seção reta é 10 × 10 cm = 100 cm². Portanto, a relutância da primeira região é

$$\mathcal{R}_1 = \frac{l_1}{\mu A_1} = \frac{l_1}{\mu_r \mu_0 A_1} \qquad (1\text{-}32)$$

$$= \frac{0{,}45 \text{ m}}{(2500)(4\pi \times 10^{-7})(0{,}01 \text{ m}^2)}$$

$$= 14.300 \text{ A} \cdot \text{e/Wb}$$

O comprimento do caminho médio da região 2 é 130 cm e a área da seção reta é 15 × 10 cm = 150 cm². Assim, a relutância da segunda região é

$$\mathcal{R}_2 = \frac{l_2}{\mu A_2} = \frac{l_2}{\mu_r \mu_0 A_2} \qquad (1\text{-}32)$$

$$= \frac{1{,}3 \text{ m}}{(2500)(4\pi \times 10^{-7})(0{,}015 \text{ m}^2)}$$

$$= 27.600 \text{ A} \cdot \text{e/Wb}$$

Portanto, a relutância total do núcleo é

$$\mathcal{R}_{eq} = \mathcal{R}_1 + \mathcal{R}_2$$
$$= 14.300 \text{ A} \cdot \text{e/Wb} + 27.600 \text{ A} \cdot \text{e/Wb}$$
$$= 41.900 \text{ A} \cdot \text{e/Wb}$$

A força magnetomotriz total é

$$\mathcal{F} = Ni = (200 \text{ A} \cdot \text{e/Wb})(1{,}0 \text{ A}) = 200 \text{ A} \cdot \text{e}$$

O fluxo total no núcleo é dado por

$$\phi = \frac{\mathcal{F}}{\mathcal{R}} = \frac{200 \text{ A} \cdot \text{e}}{41.900 \text{ A} \cdot \text{e/Wb}}$$

$$= 0{,}0048 \text{ Wb}$$

16 Fundamentos de Máquinas Elétricas

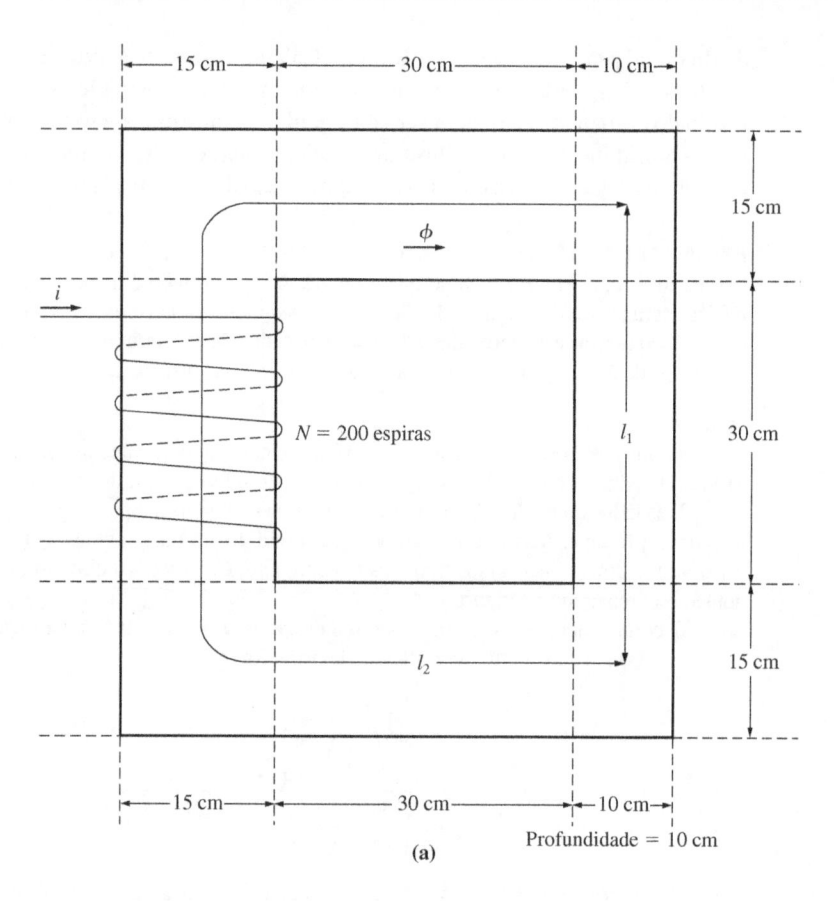

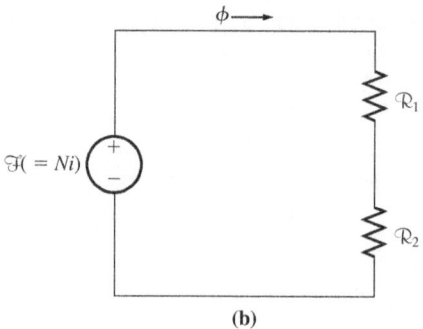

FIGURA 1-7
(a) O núcleo ferromagnético do Exemplo 1-1. (b) O respectivo circuito magnético de (a).

Se desejado, esse cálculo poderá ser executado usando um arquivo de programa em MATLAB (*M-file*). Um programa simples para calcular o fluxo do núcleo é mostrado a seguir.

```
% M-file: ex1_1.m
% M-file para o cálculo de fluxo do Exemplo 1-1.
l1 = 0.45;                  % Comprimento da região 1
l2 = 1.3;                   % Comprimento da região 2
```

```
a1 = 0.01;                % Área da região 1
a2 = 0.015;               % Área da região 2
ur = 2500;                % Permeabilidade relativa
u0 = 4*pi*1E-7;           % Permeabilidade do vácuo
n = 200;                  % Número de espiras no núcleo
i = 1;                    % Corrente em ampères

% Cálculo da primeira relutância
r1 = l1 / (ur * u0 * a1);
disp (['r1 = ' num2str(r1)]);

% Cálculo da segunda relutância
r2 = l2 / (ur * u0 * a2);
disp (['r2 = ' num2str(r2)]);

% Cálculo da relutância total
rtot = r1 + r2;

% Cálculo da FMM (mmf)
mmf = n * i;

% Finalmente, obtenha o fluxo (flux) no núcleo
flux = mmf / rtot;

% Mostre o resultado
disp (['Fluxo = ' num2str(flux)]);
```

Quando esse programa é executado, os resultados são:

```
>> ex1_1
r1 = 14323.9449
r2 = 27586.8568
Fluxo = 0.004772
```

Esse programa produziu o mesmo resultado que o nosso cálculo a mão, com o número de dígitos significativos do problema.

EXEMPLO 1-2 A Figura 1-8a mostra um núcleo ferromagnético cujo comprimento de caminho médio é 40 cm. Há um entreferro delgado de 0,05 cm no núcleo, o qual é inteiriço no restante. A área da seção reta do núcleo é 12 cm², a permeabilidade relativa do núcleo é 4000 e a bobina enrolada no núcleo tem 400 espiras. Assuma que o espraiamento no entreferro aumente a área efetiva da seção reta em 5%. Dada essa informação, encontre *(a)* a relutância total do caminho de fluxo (ferro mais entreferro) e *(b)* a corrente necessária para produzir uma densidade de fluxo de 0,5 T no entreferro.

Solução
O circuito magnético correspondente a esse núcleo é mostrado na Figura 1-8b.

(a) A relutância do núcleo é

$$\mathcal{R}_c = \frac{l_n}{\mu A_n} = \frac{l_n}{\mu_r \mu_0 A_n} \tag{1-32}$$

$$= \frac{0,4 \text{ m}}{(4000)(4\pi \times 10^{-7})(0,0012 \text{ m}^2)}$$

$$= 66.300 \text{ A} \cdot \text{e/Wb}$$

18 Fundamentos de Máquinas Elétricas

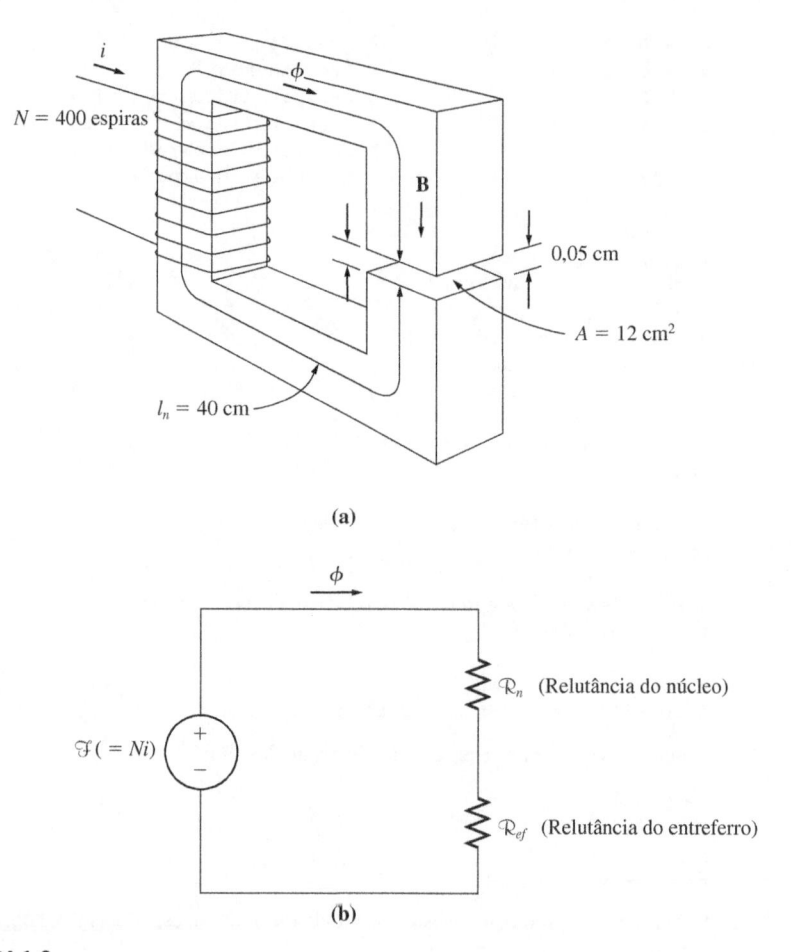

FIGURA 1-8
(a) O núcleo ferromagnético do Exemplo 1-2. (b) O respectivo circuito magnético de (a).

A área efetiva do entreferro é $1,05 \times 12$ cm² $= 12,6$ cm², de modo que a relutância do entreferro (ef) é

$$\mathcal{R}_{ef} = \frac{l_{ef}}{\mu_0 A_{ef}} \tag{1-32}$$

$$= \frac{0,0005 \text{ m}}{(4\pi \times 10^{-7})(0,00126 \text{ m}^2)}$$

$$= 316.000 \text{ A} \cdot \text{e/Wb}$$

Portanto, a relutância total do caminho de fluxo é

$$\mathcal{R}_{eq} = \mathcal{R}_n + \mathcal{R}_{ef}$$

$$= 66.300 \text{ A} \cdot \text{e/Wb} + 316.000 \text{ A} \cdot \text{e/Wb}$$

$$= 382.300 \text{ A} \cdot \text{e/Wb}$$

Observe que o entreferro contribui com a maior parte da relutância, embora seu caminho de fluxo seja 800 vezes mais curto do que o do núcleo.

(b) Da Equação (1-28), temos

$$\mathcal{F} = \phi \mathcal{R} \tag{1-28}$$

Como o fluxo $\phi = BA$ e $\mathcal{F} = Ni$, essa equação torna-se

$$Ni = BA\mathcal{R}$$

de modo que

$$i = \frac{BA\mathcal{R}}{N}$$

$$= \frac{(0,5 \text{ T})(0,00126 \text{ m}^2)(383.200 \text{ A} \cdot \text{e/Wb})}{400 \text{ e}}$$

$$= 0,602 \text{ A}$$

Observe nessa equação que, como foi necessário obter o fluxo de *entreferro*, então foi usada a área efetiva do entreferro.

EXEMPLO 1-3 A Figura 1-9a mostra de forma simplificada o rotor e o estator de um motor CC. O comprimento do caminho médio do estator é 50 cm e a área de sua seção reta é 12 cm². O comprimento do caminho médio do rotor é 5 cm e pode-se assumir que a área de sua seção reta é também 12 cm². Cada entreferro entre o rotor e o estator tem 0,05 cm de largura e a área da seção reta de cada entreferro (incluindo o espraiamento) é 14 cm². O ferro do núcleo tem permeabilidade relativa de 2000 e há 200 espiras de fio sobre o núcleo. Se a corrente no fio for ajustada para 1 A, qual será a densidade de fluxo resultante nos entreferros?

Solução
Para determinar a densidade de fluxo no entreferro, é necessário calcular primeiro a força magnetomotriz aplicada ao núcleo e a relutância total do caminho de fluxo. Com essas informações, pode-se encontrar o fluxo total no núcleo. Finalmente, conhecendo a área da seção reta dos entreferros, pode-se calcular a densidade de fluxo.

A relutância do estator é

$$\mathcal{R}_s = \frac{l_s}{\mu_r \mu_0 A_s}$$

$$= \frac{0,5 \text{ m}}{(2000)(4\pi \times 10^{-7})(0,0012 \text{ m}^2)}$$

$$= 166.000 \text{ A} \cdot \text{e/Wb}$$

A relutância do rotor é

$$\mathcal{R}_r = \frac{l_r}{\mu_r \mu_0 A_r}$$

$$= \frac{0,05 \text{ m}}{(2000)(4\pi \times 10^{-7})(0,0012 \text{ m}^2)}$$

$$= 16.600 \text{ A} \cdot \text{e/Wb}$$

A relutância dos entreferros é

$$\mathcal{R}_{ef} = \frac{l_{ef}}{\mu_r \mu_0 A_{ef}}$$

$$= \frac{0,0005 \text{ m}}{(1)(4\pi \times 10^{-7})(0,0014 \text{ m}^2)}$$

$$= 284.000 \text{ A} \cdot \text{e/Wb}$$

20 Fundamentos de Máquinas Elétricas

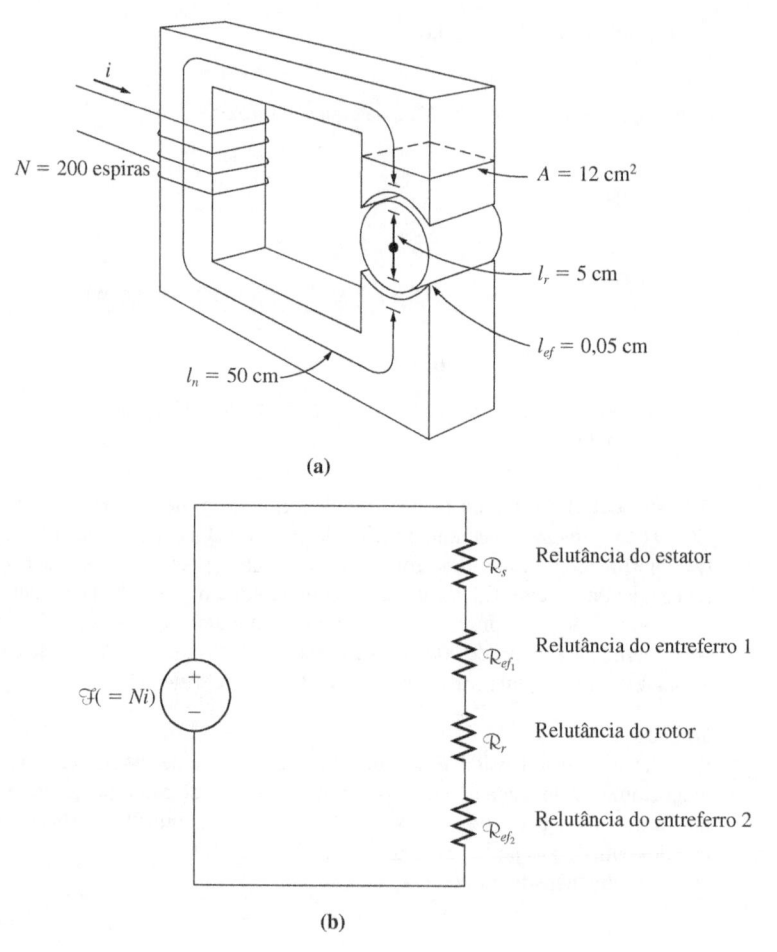

FIGURA 1-9
(a) Diagrama simplificado do rotor e do estator de um motor CC. (b) O respectivo circuito magnético de (a).

O respectivo circuito magnético dessa máquina está mostrado na Figura 1-9b. A relutância total do caminho de fluxo é, portanto,

$$\mathcal{R}_{eq} = \mathcal{R}_s + \mathcal{R}_{ef1} + \mathcal{R}_r + \mathcal{R}_{ef2}$$
$$= 166.000 + 284.000 + 16.600 + 284.000 \text{ A} \cdot \text{e/Wb}$$
$$= 751.000 \text{ A} \cdot \text{e/Wb}$$

A força magnetomotriz líquida aplicada ao núcleo é

$$\mathcal{F} = Ni = (200 \text{ e})(1,0 \text{ A}) = 200 \text{ A} \cdot \text{e}$$

Portanto, o fluxo total no núcleo é

$$\phi = \frac{\mathcal{F}}{\mathcal{R}} = \frac{200 \text{ A} \cdot \text{e}}{751.000 \text{ A} \cdot \text{e/Wb}}$$
$$= 0,00266 \text{ Wb}$$

Por fim, a densidade de fluxo magnético no entreferro do motor é

$$B = \frac{\phi}{A} = \frac{0{,}000266 \text{ Wb}}{0{,}0014 \text{ m}^2} = 0{,}19 \text{ T}$$

Comportamento magnético dos materiais ferromagnéticos

Anteriormente, nesta seção, a permeabilidade magnética foi definida pela equação

$$\mathbf{B} = \mu \mathbf{H} \tag{1-21}$$

Foi explicado antes que a permeabilidade dos materiais magnéticos é muito elevada, até 6000 vezes a permeabilidade do vácuo. Naquela análise e nos exemplos que se seguiram, assumiu-se que a permeabilidade era constante, independentemente da força magnetomotriz aplicada ao material. Embora a permeabilidade seja constante no vácuo, isso certamente *não* é verdadeiro para o ferro e outros materiais magnéticos.

Para ilustrar o comportamento da permeabilidade magnética em um material ferromagnético, aplique uma corrente contínua ao núcleo mostrado na Figura 1-3, começando com 0 A e lentamente subindo até a máxima corrente permitida. Quando se faz um gráfico do fluxo produzido no núcleo *versus* a força magnetomotriz que o produz, o resultado é como o da Figura 1-10a. Esse tipo de gráfico é denominado *curva de saturação* ou *curva de magnetização*. Inicialmente, um pequeno incremento na força magnetomotriz produz um grande incremento no fluxo resultante. Após um determinado ponto, contudo, novos incrementos na força magnetomotriz produzem incrementos relativamente menores no fluxo. No final, um aumento na força magnetomotriz produz quase nenhuma alteração. A região nessa figura onde a curva fica plana é denominada *região de saturação* e diz-se que o núcleo está *saturado*. Por outro lado, a região onde o fluxo varia muito rapidamente é denominada *região insaturada* ou *não saturada* da curva e diz-se que o núcleo está *não saturado*. A região de transição entre a região não saturada e a região saturada é denominada algumas vezes *joelho* da curva. Na região não saturada, observe que o fluxo produzido no núcleo relaciona-se linearmente com a força magnetomotriz aplicada e, na região de saturação, o fluxo aproxima-se de um valor constante que independe da força magnetomotriz.

Um outro gráfico estreitamente relacionado é mostrado na Figura 1-10b. Essa figura apresenta um gráfico da densidade de fluxo magnético **B** *versus* a intensidade de campo magnético **H**. Das Equações (1-20) e (1-25b), obtém-se

$$H = \frac{Ni}{l_n} = \frac{\mathcal{F}}{l_n} \tag{1-20}$$

$$\phi = BA \tag{1-25b}$$

Observa-se facilmente que, em qualquer núcleo, *a intensidade de campo magnético é diretamente proporcional à força magnetomotriz* e *a densidade de fluxo magnético é diretamente proporcional ao fluxo*. Portanto, a relação entre *B* e *H* tem a mesma forma que a relação entre fluxo e força magnetomotriz. A inclinação da curva de densidade de fluxo *versus* a intensidade de campo magnético para qualquer valor dado de *H* na Figura 1-10b é, por definição, a permeabilidade do núcleo para essa intensidade de campo magnético. A curva mostra que a permeabilidade é elevada e relativamente

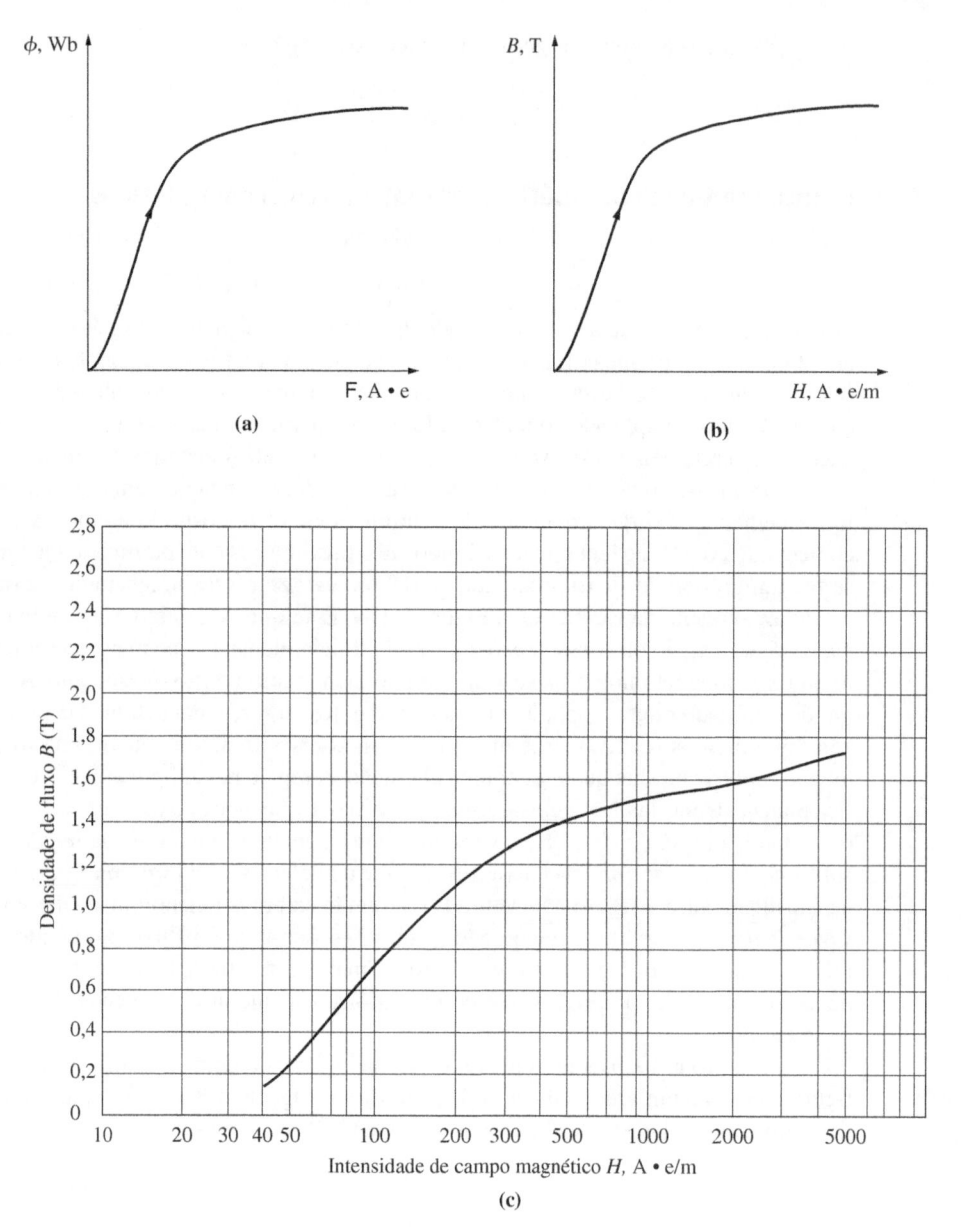

FIGURA 1-10

(a) Gráfico de uma curva de magnetização CC de um núcleo ferromagnético. (b) Curva de magnetização expressa em termos de densidade de fluxo e intensidade de campo magnético. (c) Curva de magnetização detalhada de uma peça típica de aço. (d) Gráfico de permeabilidade relativa μ_r em função da intensidade de campo magnético H para uma peça típica de aço.

(d)

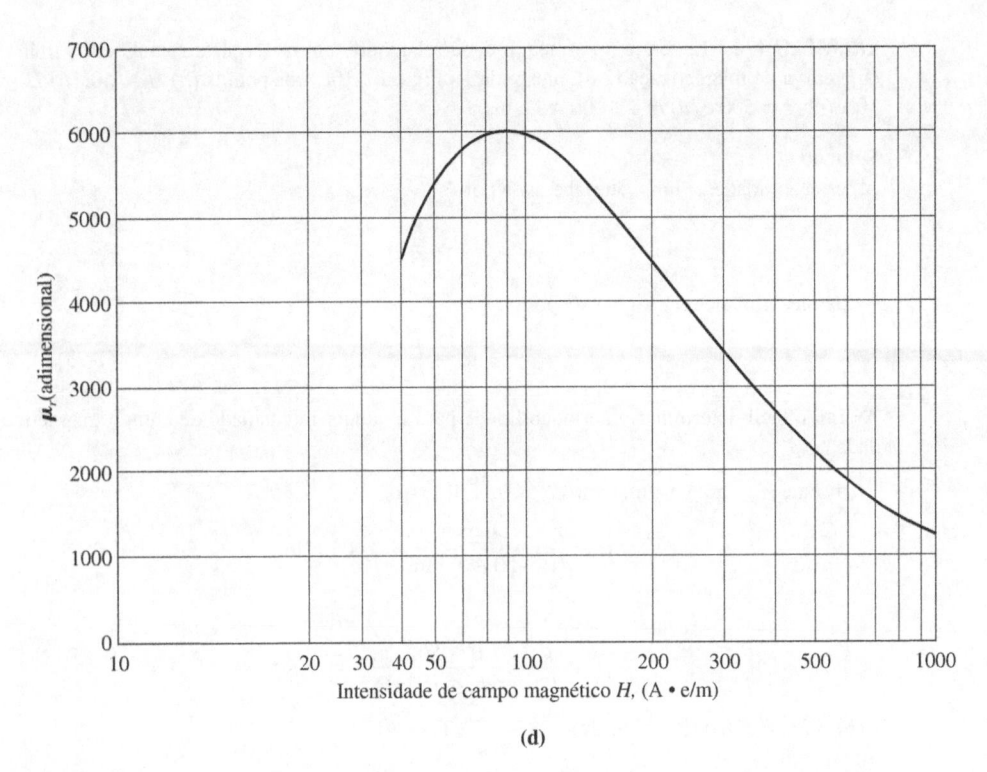

FIGURA 1-10
(*continuação*)

constante na região não saturada e, em seguida, decresce gradualmente até um valor bem baixo à medida que o núcleo torna-se fortemente saturado.

A Figura 1-10c é uma curva de magnetização para um bloco típico de aço, mostrado com mais detalhe e com a intensidade de campo magnético em escala logarítmica. Somente usando a escala logarítmica para a intensidade de campo magnético é que se pode incluir no gráfico a região da curva de saturação elevada.

Para uma mesma força magnetomotriz dada, a vantagem de utilizar material ferromagnético nos núcleos das máquinas elétricas e dos transformadores é que se pode conseguir muito mais fluxo usando o ferro do que o ar. Entretanto, se o fluxo resultante tiver que ser proporcional, ou aproximadamente proporcional, à força magnetomotriz aplicada, então o núcleo *deverá* estar operando na região não saturada da curva de magnetização.

Como os geradores e motores reais dependem de fluxo magnético para produzir tensão e conjugado, eles são projetados para produzir o máximo fluxo possível. Como resultado, a maioria das máquinas reais opera próximo do joelho da curva de magnetização e o fluxo magnético em seus núcleos não se relaciona linearmente com a força magnetomotriz que o produz. Essa não linearidade é a razão de muitos comportamentos peculiares que são apresentados pelas máquinas e que serão explicados nos próximos capítulos. Usaremos MATLAB para obter as soluções dos problemas que envolvem o comportamento não linear das máquinas reais.

EXEMPLO 1-4 Encontre a permeabilidade relativa de um material ferromagnético típico, cuja curva de magnetização está mostrada na Figura 1-10c, nos pontos *(a)* $H = 50$, *(b)* $H = 100$, *(c)* $H = 500$ e *(d)* $H = 1000$ A • e/m.

Solução
A permeabilidade de um material é dada por

$$\mu = \frac{B}{H}$$

e a permeabilidade relativa é dada por,

$$\mu_r = \frac{\mu}{\mu_0} \tag{1-23}$$

Assim, é fácil determinar a permeabilidade para qualquer intensidade de campo magnético dada.

(a) Para $H = 50$ A • e/m, temos $B = 0{,}25$ T. Logo,

$$\mu = \frac{B}{H} = \frac{0.25 \text{ T}}{50 \text{ A} \cdot \text{e/m}} = 0{,}0050 \text{ H/m}$$

e

$$\mu_r = \frac{\mu}{\mu_0} = \frac{0{,}0050 \text{ H/m}}{4\pi \times 10^{-7} \text{ H/m}} = 3980$$

(b) Para $H = 100$ A • e/m, temos $B = 0{,}72$ T. Logo,

$$\mu = \frac{B}{H} = \frac{0{,}72 \text{ T}}{100 \text{ A} \cdot \text{e/m}} = 0{,}0072 \text{ H/m}$$

e

$$\mu_r = \frac{\mu}{\mu_0} = \frac{0{,}0072 \text{ H/m}}{4\pi \times 10^{-7} \text{ H/m}} = 5730$$

(c) Para $H = 500$ A • e/m, temos $B = 1{,}40$ T. Logo,

$$\mu = \frac{B}{H} = \frac{1{,}40 \text{ T}}{500 \text{ A} \cdot \text{e/m}} = 0{,}0028 \text{ H/m}$$

e

$$\mu_r = \frac{\mu}{\mu_0} = \frac{0{,}0028 \text{ H/m}}{4\pi \times 10^{-7} \text{ H/m}} = 2230$$

(d) Para $H = 1000$ A • e/m, temos $B = 1{,}51$ T. Logo,

$$\mu = \frac{B}{H} = \frac{1{,}51 \text{ T}}{1000 \text{ A} \cdot \text{e/m}} = 0{,}00151 \text{ H/m}$$

e

$$\mu_r = \frac{\mu}{\mu_0} = \frac{0{,}00151 \text{ H/m}}{4\pi \times 10^{-7} \text{ H/m}} = 1200$$

Observe que, à medida que a intensidade do campo magnético é incrementada, a permeabilidade relativa cresce no início e então começa a diminuir. A permeabilidade relativa de um material ferromagnético típico em função da intensidade de campo magnético está mostrada na Figura 1-10d. Essa forma de curva é bem típica de todos os materiais ferromagnéticos. Pode-se ver facilmente da curva de μ_r *versus H* que a suposição de permeabilidade relativa constante feita nos Exemplos 1-1 a 1-3 é válida apenas dentro de um intervalo relativamente estreito de intensidades de campo magnético (ou forças magnetomotrizes).

No exemplo seguinte, não se assume que a permeabilidade relativa é constante. No lugar disso, a relação entre *B* e *H* é dada por um gráfico.

EXEMPLO 1-5 Um núcleo magnético quadrado tem um comprimento de caminho médio de 55 cm e uma área da seção reta de 150 cm². Uma bobina com 200 espiras é enrolada em torno de uma perna do núcleo. O núcleo é feito de um material cuja curva de magnetização é mostrada na Figura 1-10c.

(a) Quanta corrente é necessária para produzir 0,012 Wb de fluxo no núcleo?

(b) Qual é a permeabilidade relativa do núcleo nesse nível de corrente?

(c) Qual é sua relutância?

Solução

(a) A densidade de fluxo requerida no núcleo é

$$B = \frac{\phi}{A} = \frac{1,012 \text{ Wb}}{0,015 \text{ m}^2} = 0,8 \text{ T}$$

Da Figura 1-10c, a intensidade de campo magnético requerida é

$$H = 115 \text{ A} \cdot \text{e/m}$$

Da Equação (1-20), a força magnetomotriz necessária para produzir essa intensidade de campo magnético é

$$\mathcal{F} = Ni = Hl_n$$
$$= (115 \text{ A} \cdot \text{e/m})(0,55 \text{ m}) = 63,25 \text{ A} \cdot \text{e}$$

Assim, a corrente necessária é

$$i = \frac{\mathcal{F}}{N} = \frac{63,25 \text{ A} \cdot \text{e}}{200 \text{ e}} = 0,316 \text{ A}$$

(b) Para essa corrente, a permeabilidade do núcleo é

$$\mu = \frac{B}{H} = \frac{0,8 \text{ T}}{115 \text{ A} \cdot \text{e/m}} = 0,00696 \text{ H/m}$$

Portanto, a permeabilidade relativa é

$$\mu_r = \frac{\mu}{\mu_0} = \frac{0,00696 \text{ H/m}}{4\pi \times 10^{-7} \text{ H/m}} = 5.540$$

(c) A relutância do núcleo é

$$\mathcal{R} = \frac{\mathcal{F}}{\phi} = \frac{63,25 \text{ A} \cdot \text{e}}{0,012 \text{ Wb}} = 5.270 \text{ A} \cdot \text{e/Wb}$$

Perdas de energia em um núcleo ferromagnético

Em vez de aplicar uma corrente contínua ao enrolamento do núcleo, agora vamos aplicar uma corrente alternada e observar o que ocorre. A corrente que será aplicada está mostrada na Figura 1-11a. Assuma que inicialmente o fluxo é zero no núcleo. Quando a corrente começa a ser aumentada, o fluxo no núcleo percorre o caminho *ab* da Figura 1-11b. Essa é basicamente a curva de saturação mostrada na Figura 1-10. Entretanto, quando a corrente volta a diminuir, *o fluxo percorrido segue um caminho diferente daquele que foi percorrido quando a corrente foi incrementada.* À medida que a corrente diminui, o fluxo do núcleo segue o caminho *bcd* e depois, quando a corrente cresce novamente, o fluxo segue o caminho *deb*. Observe que a quantidade de fluxo presente no núcleo depende não só do valor da corrente aplicada ao enrolamento do núcleo, mas também da história prévia do fluxo no núcleo. Essa dependência da história anterior do fluxo e a impossibilidade resultante de se repetir os mesmos caminhos de fluxo é denominada *histerese*. O caminho *bcdeb* na Figura 1-11b, que é percorrido quando há mudança na intensidade da corrente aplicada, é denominado *laço de histerese*.

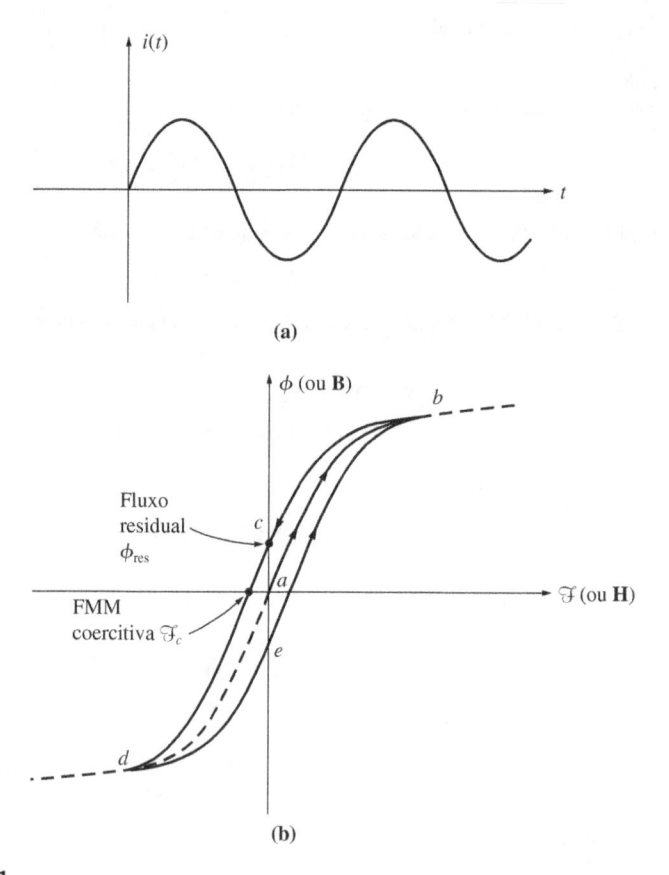

FIGURA 1-11
Laço de histerese traçado a partir do fluxo em um núcleo quando a corrente *i(t)* é aplicada nele.

Observe que, se uma força magnetomotriz elevada for aplicada primeiro ao núcleo e removida em seguida, então o fluxo no núcleo seguirá o caminho *abc*. Quando a força magnetomotriz é removida, o fluxo no núcleo *não* vai até zero. Em vez disso, um campo magnético permanece no núcleo. Esse campo magnético é denominado *fluxo residual* do núcleo. Os ímãs permanentes são produzidos exatamente dessa maneira. Para que o fluxo seja forçado a voltar a zero, um valor de força magnetomotriz conhecido como *força magnetomotriz coercitiva* $\mathcal{F}_c$ deve ser aplicado ao núcleo no sentido oposto.

Por que ocorre a histerese? Para compreender o comportamento dos materiais ferromagnéticos, é necessário conhecer um pouco sua estrutura. Nos átomos de ferro e de outros metais similares (cobalto, níquel e algumas de suas ligas), os campos magnéticos tendem a estar estreitamente alinhados entre si. No interior do metal, há inúmeras regiões minúsculas denominadas *domínios*. Em cada domínio, os átomos estão alinhados de forma que todos os seus campos magnéticos apontam no mesmo sentido, de modo que cada domínio dentro do material comporta-se como um pequeno ímã permanente. Um bloco inteiro de ferro pode aparentar não ter nenhum fluxo porque todos esses domínios estão orientados de forma aleatória dentro do material. A Figura 1-12 dá um exemplo da estrutura dos domínios no interior de um bloco de ferro.

Inicialmente, quando um campo magnético externo é aplicado a esse bloco de ferro, os domínios que estão apontando com o mesmo sentido que o campo crescem à custa dos domínios que apontam em outras direções. Os domínios que apontam no sentido do campo magnético crescem, porque os átomos em suas periferias sofrem rotação, mudando fisicamente de orientação e alinhando-se com o campo magnético aplicado. Esses átomos extras, alinhados com o campo, aumentam o fluxo magnético no ferro. Isso, por sua vez, faz com que mais átomos mudem de orientação e aumentem ainda mais a força do campo magnético. Esse efeito de realimentação positiva leva o ferro a ter uma permeabilidade muito mais alta do que a do ar.

À medida que o campo magnético externo continua crescendo, domínios inteiros alinhados na direção errada terminam se reorientando e formando um bloco único alinhado com o campo externo. Finalmente, quando quase todos os átomos e domínios

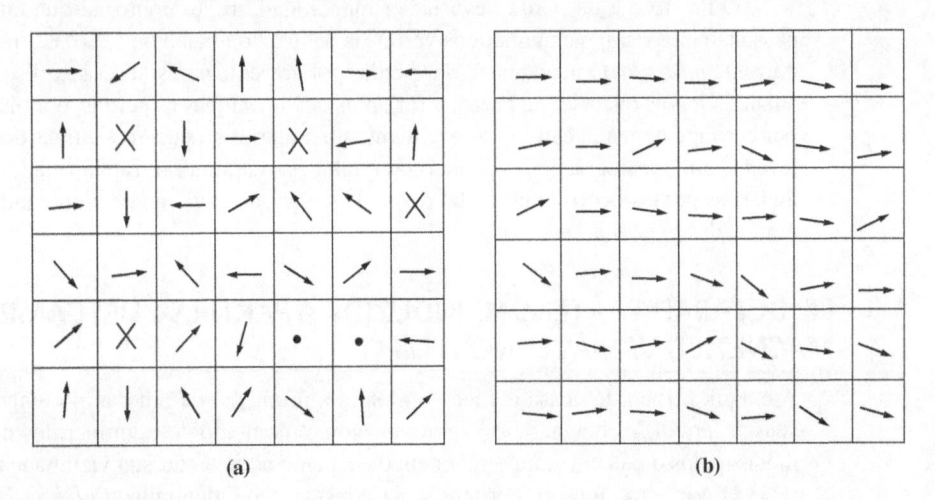

(a)   (b)

FIGURA 1-12
(a) Domínios magnéticos orientados aleatoriamente. (b) Domínios magnéticos alinhados na presença de um campo magnético externo.

no ferro estiverem alinhados com o campo externo, então qualquer incremento adicional na força magnetomotriz causará apenas o mesmo aumento de fluxo que ocorreria no vácuo. (Uma vez que tudo estiver alinhado, não é possível haver mais efeito de realimentação para reforçar o campo.) Neste ponto, o ferro tornou-se *saturado* com o fluxo. Essa é a situação na região de saturação da curva de magnetização da Figura 1-10.

A chave de explicação da histerese é que quando o campo magnético externo é removido, os domínios não voltam completamente a ter orientações aleatórias. Por que os domínios permanecem alinhados? Porque a rotação necessária para realinhar seus átomos requer *energia*. Originalmente, a energia para realizar o alinhamento foi fornecida pelo campo magnético externo. Quando o campo é removido, não há nenhuma fonte de energia para fazer com que os domínios sofram rotação de volta a suas posições originais. Agora, o bloco de ferro tornou-se um ímã permanente.

Uma vez que os domínios tenham sido realinhados, alguns deles permanecerão assim até que uma fonte de energia externa seja aplicada para mudá-los. Exemplos de fontes de energia externa, que podem alterar as fronteiras e/ou os alinhamentos dos domínios, são uma força magnetomotriz aplicada em outra direção, um choque mecânico intenso e um aumento de temperatura. Qualquer um desses eventos pode dar energia aos domínios e permitir que eles sofram realinhamento. (É por essa razão que um ímã permanente poderá perder seu magnetismo se cair no chão, se for submetido a uma batida de martelo ou se for aquecido.)

Um tipo comum de perda de energia em todas as máquinas e transformadores deve-se ao fato de que há necessidade de usar energia para fazer o realinhamento dos domínios no ferro. A *perda por histerese* em um núcleo de ferro é a energia necessária para realizar a reorientação dos domínios a cada ciclo de uma corrente alternada aplicada ao núcleo. Pode-se demonstrar que a área delimitada pelo laço de histerese, formado pela aplicação de uma corrente alternada ao núcleo, é diretamente proporcional à energia perdida em um dado ciclo CA. Quanto menores forem as excursões da força magnetomotriz aplicada ao núcleo, menores serão as áreas do laço de histerese resultante e, portanto, menores serão as perdas resultantes. A Figura 1-13 ilustra esse ponto.

Outra forma de perda deveria ser mencionada neste ponto, já que também é causada pelos campos magnéticos variáveis dentro do núcleo de ferro. É a perda por *corrente parasita*. O mecanismo das perdas por corrente parasita será explicado mais adiante, depois que a lei de Faraday for apresentada. Ambas as perdas, por histerese e por corrente parasita, causam aquecimento no material do núcleo e ambas devem ser levadas em consideração no projeto de qualquer máquina ou transformador. Como ambas as perdas ocorrem no metal do núcleo, elas são usualmente combinadas e denominadas *perdas no núcleo*.

1.5 LEI DE FARADAY – TENSÃO INDUZIDA A PARTIR DE UM CAMPO MAGNÉTICO VARIÁVEL NO TEMPO

Até aqui, o foco de nossa atenção tem sido a produção de um campo magnético e suas propriedades magnéticas. Agora, chegou o momento de examinarmos os vários modos pelos quais um campo magnético existente pode afetar sua vizinhança.

O primeiro efeito importante a ser considerado é denominado *lei de Faraday*. Constitui a base de funcionamento de um transformador. A lei de Faraday afirma que, se houver um fluxo passando através de uma espira de fio condutor, então uma tensão

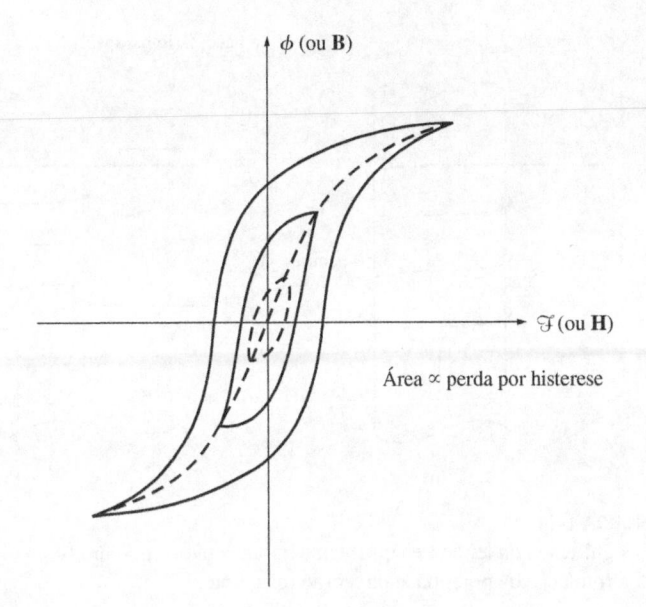

FIGURA 1-13
Efeito da magnitude das excursões de força magnetomotriz sobre a perda por histerese.

será induzida sendo diretamente proporcional à *taxa de variação* do fluxo em relação ao tempo. Na forma de equação, temos

$$e_{ind} = -\frac{d\phi}{dt} \quad (1\text{-}35)$$

em que e_{ind} é a tensão induzida em uma espira da bobina e ϕ é o fluxo que passa através da espira. Se uma bobina tiver N espiras e se o mesmo fluxo cruzar todas elas, então a tensão induzida na bobina inteira será dada por

$$\boxed{e_{ind} = -N\frac{d\phi}{dt}} \quad (1\text{-}36)$$

em que

e_{ind} = tensão induzida na bobina

N = número de espiras de fio da bobina

ϕ = fluxo que passa através da bobina

O sinal negativo nas equações é uma expressão da *lei de Lenz*. Essa lei afirma que o sentido com que a tensão cresce na bobina é tal que, se os terminais da bobina fossem colocados em curto-circuito, então seria produzida uma corrente que causaria um fluxo *oposto* à variação original de fluxo. Como a tensão induzida opõe-se à variação que a está produzindo, então incluiremos um sinal negativo na Equação (1-36). Para compreender claramente esse conceito, examine a Figura 1-14. Se a intensidade do fluxo mostrado na figura estiver *aumentando*, então a tensão que está sendo induzida na bobina tenderá a produzir um fluxo que se opõe a esse incremento. Uma corrente fluindo, como a mostrada na Figura 1-14b, produziria um fluxo que se oporia ao incremento. Desse modo, a

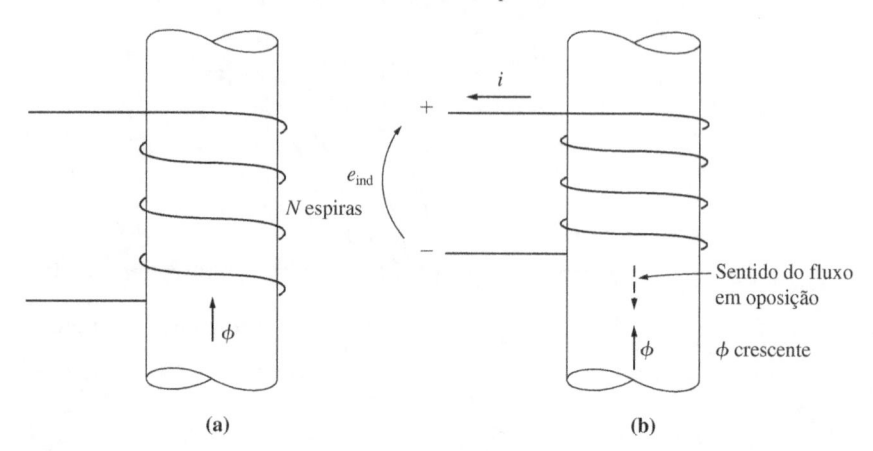

FIGURA 1-14
O significado da lei de Lenz: (a) Uma bobina envolvendo um fluxo magnético crescente; (b) determinação da polaridade da tensão resultante.

tensão na bobina deve ser produzida com a polaridade necessária para impulsionar essa corrente através do circuito externo. Portanto, a tensão deve ser criada com a polaridade mostrada na figura. Como a polaridade da tensão resultante pode ser determinada a partir de considerações físicas, o sinal negativo nas Equações (1-35) e (1-36) é frequentemente omitido. No restante deste livro, ele não será incluído na lei de Faraday.

Nos problemas práticos, há uma dificuldade importante em relação à Equação (1-36). Essa equação pressupõe que em todas as espiras da bobina está presente exatamente o mesmo fluxo. Infelizmente, o fluxo que escapa ou se dispersa do núcleo, indo para o ar circundante, impede que isso seja verdadeiro. Se os enrolamentos estiverem fortemente acoplados, de modo que a maior parte do fluxo que atravessa uma espira da bobina passa também através de todas as demais espiras, então a Equação (1-36) dará respostas válidas. Entretanto, se a dispersão for bem elevada ou se for necessário uma exatidão extrema, então será necessário uma expressão diferente que não faça tal suposição. O valor da tensão na i-ésima espira da bobina é sempre dado por

$$e_i = \frac{d(\phi_i)}{dt} \qquad (1\text{-}37)$$

Se houver N espiras na bobina, a tensão total na bobina será

$$e_{\text{ind}} = \sum_{i=1}^{N} e_i \qquad (1\text{-}38)$$

$$= \sum_{i=1}^{N} \frac{d(\phi_i)}{dt} \qquad (1\text{-}39)$$

$$= \frac{d}{dt}\left(\sum_{i=1}^{N} \phi_i\right) \qquad (1\text{-}40)$$

O termo entre parênteses na Equação (1-40) é denominado *fluxo concatenado* λ da bobina. A lei de Faraday pode ser também escrita em termos do fluxo concatenado como

$$e_{ind} = \frac{d\lambda}{dt} \quad (1\text{-}41)$$

em que

$$\lambda = \sum_{i=1}^{N} \phi_i \quad (1\text{-}42)$$

A unidade de fluxo concatenado é o weber-espira (Wb.e).

A lei de Faraday constitui a propriedade fundamental apresentada pelos campos magnéticos que estão presentes no funcionamento de um transformador. A lei de Lenz permite prever a polaridade das tensões induzidas nos enrolamentos do transformador.

A lei de Faraday também explica as perdas por corrente parasita mencionadas anteriormente. Um fluxo variável no tempo induz uma tensão no *interior* do núcleo ferromagnético, exatamente do mesmo modo que uma tensão é induzida em um fio que está enrolado em torno desse núcleo. Essas tensões fazem com que correntes fluam dentro no núcleo, formando caminhos circulares ou vórtices, de modo muito parecido com os pequenos redemoinhos que podem ser vistos próximos das margens de um rio quando a água está em movimento. É a forma de redemoinho dessas correntes que dá origem à denominação *correntes parasitas**, também denominadas *correntes de Foucault* ou *correntes de vórtice*. Essas correntes estão circulando em um material resistivo (o ferro do núcleo) e, sendo assim, elas devem dissipar energia. Essa energia perdida transforma-se em calor no interior do núcleo de ferro.

A quantidade de energia perdida devido às correntes parasitas depende do tamanho dos vórtices de corrente e da resistividade do material dentro do qual circulam as correntes. Quanto maior o vórtice, maior será a tensão induzida resultante (devido ao maior fluxo no interior do vórtice). Quanto maior a tensão induzida, maior será o fluxo de corrente resultante e, portanto, maiores serão as perdas do tipo I^2R. Por outro lado, quanto maior a resistividade do material em que as correntes fluem, menor será o fluxo de corrente para uma dada tensão induzida no vórtice.

Esses fatos dão-nos duas abordagens possíveis para reduzir as perdas por corrente parasita em um transformador ou máquina elétrica. Se um núcleo ferromagnético, submetido a um fluxo magnético alternado, for dividido em muitas camadas ou *lâminas* delgadas, então o tamanho máximo de um vórtice de corrente será reduzido, resultando uma tensão induzida menor, uma corrente menor e perdas menores. Essa redução é grosseiramente proporcional à espessura dessas lâminas, de modo que as mais finas são melhores. O núcleo é construído com muitas lâminas em paralelo. Uma resina isolante é usada entre elas, limitando os caminhos das correntes parasitas a áreas muito pequenas. Como as camadas isolantes são extremamente finas, há uma diminuição das perdas por correntes parasitas e um efeito muito pequeno sobre as propriedades magnéticas do núcleo.

---

* N. de T.: O autor está se referindo à expressão em inglês para corrente parasita (*eddy current*), associando-a com o termo redemoinho (*eddy*).

A segunda abordagem para reduzir as perdas por correntes parasitas consiste em aumentar a resistividade do material do núcleo. Frequentemente, isso é feito pela adição de um pouco de silício ao aço do núcleo. Para um dado fluxo, se a resistência do núcleo for mais elevada, então as correntes e as perdas I^2R serão menores.

Para controlar as correntes parasitas, podem-se usar lâminas ou materiais de alta resistividade. Em muitos casos, ambas as abordagens são utilizadas. Em conjunto, elas podem reduzir as perdas devido às correntes parasitas a tal ponto que se tornam muito inferiores às perdas por histerese no núcleo.

EXEMPLO 1-6 A Figura 1-15 mostra uma bobina de fio enrolado em torno de um núcleo de ferro. O fluxo no núcleo é dado pela equação

$$\phi = 0,05 \text{ sen } 377t \quad \text{Wb}$$

Se houver 100 espiras no núcleo, que tensão será produzida nos terminais da bobina? De qual polaridade será a tensão durante o intervalo em que o fluxo está *crescendo* de acordo com o sentido de referência mostrado na figura? Suponha que todo o fluxo magnético permaneça dentro no núcleo (isto é, assuma que o fluxo de dispersão é zero).

Solução
Quando o fluxo está crescendo no sentido de referência e usando o mesmo raciocínio desenvolvido na discussão das páginas 29-30, temos que o sentido da tensão deve ser de positivo para negativo, como mostra a Figura 1-15. A *magnitude* da tensão é dada por

$$e_{ind} = N\frac{d\phi}{dt}$$

$$= (100 \text{ espiras})\frac{d}{dt}(0,05 \text{ sen } 377t)$$

$$= 1885 \cos 377t$$

ou, alternativamente,

$$e_{ind} = 1885 \text{ sen}(377t + 90°) \text{ V}$$

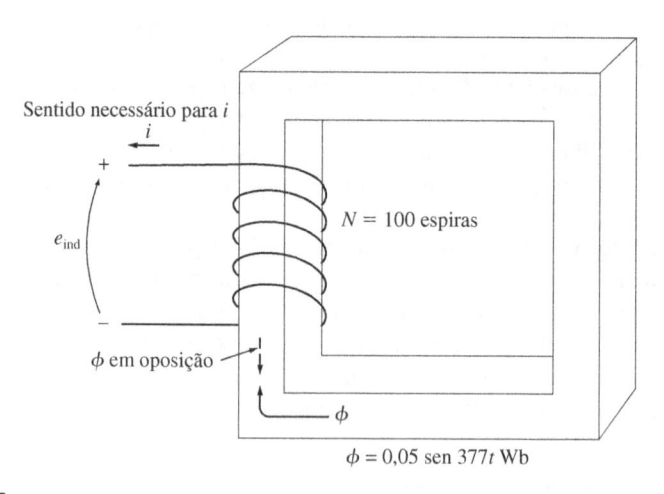

FIGURA 1-15
Núcleo do Exemplo 1-6. A figura mostra como determinar a polaridade da tensão nos terminais.

1.6 PRODUÇÃO DE FORÇA INDUZIDA EM UM CONDUTOR

Um segundo efeito importante de um campo magnético no seu entorno é que ele induz uma força em um fio que esteja conduzindo uma corrente dentro do campo. O conceito básico envolvido está ilustrado na Figura 1-16. A figura mostra um condutor que está presente no interior de um campo magnético uniforme de densidade de fluxo **B**, que aponta para dentro da página. O condutor tem l metros de comprimento e conduz uma corrente de i ampères. A força induzida no condutor é dada por

$$\mathbf{F} = i(\mathbf{l} \times \mathbf{B}) \tag{1-43}$$

em que

i = valor da corrente no fio condutor

$\mathbf{l}$ = comprimento do fio, com o sentido de **l** definido como igual ao sentido do fluxo de corrente

$\mathbf{B}$ = vetor densidade de fluxo magnético

O sentido da força é dado pela regra da mão direita: se o dedo indicador da mão direita apontar no sentido do vetor **l** e o dedo médio apontar no sentido do vetor **B** de densidade de fluxo, então o polegar apontará no sentido da força resultante sobre o fio. O valor da força é dado pela equação

$$F = ilB \operatorname{sen} \theta \tag{1-44}$$

em que θ é o ângulo entre o fio condutor e o vetor densidade de fluxo.

EXEMPLO 1-7 A Figura 1-16 mostra um fio conduzindo uma corrente na presença de um campo magnético. A densidade de fluxo magnético é 0,25 T, com o sentido para dentro da página. Se o fio condutor tiver 1,0 m de comprimento e estiver conduzindo 0,5 A de corrente no sentido do topo para baixo da página, quais serão o valor e o sentido da força induzida no fio?

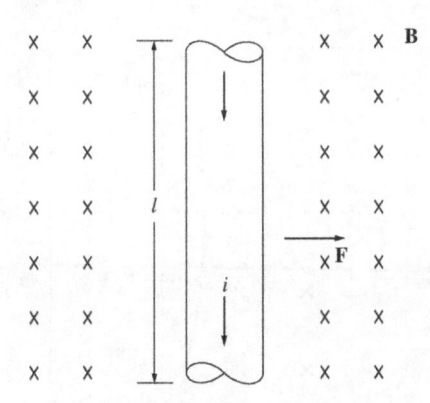

FIGURA 1-16
Fio condutor de corrente na presença de um campo magnético.

Solução

O sentido da força é dado pela regra da mão direita como sendo para a direita. O valor é dado por

$$F = ilB \operatorname{sen} \theta$$
$$= (0,5 \text{ A})(1,0 \text{ m})(0,25 \text{ T}) \operatorname{sen} 90° = 0,125 \text{ N} \qquad (1\text{-}44)$$

Portanto,

$$\mathbf{F} = 0,125 \text{ N, orientado para a direita}$$

A indução de uma força em um fio condutor por uma corrente na presença de um campo magnético é o fundamento da chamada *ação de motor*. Quase todo tipo de motor depende desse princípio básico para produzir as forças e conjugados que o colocam em movimento.

1.7 TENSÃO INDUZIDA EM UM CONDUTOR QUE SE DESLOCA DENTRO DE UM CAMPO MAGNÉTICO

Há uma terceira forma importante pela qual um campo magnético interage com seu entorno. Se um condutor estiver orientado adequadamente e se deslocando dentro de um campo magnético, então uma tensão será induzida nele. Essa ideia é apresentada na Figura 1-17. A tensão induzida no condutor é dada por

$$e_{\text{ind}} = (\mathbf{v} \times \mathbf{B}) \cdot \mathbf{l} \qquad (1\text{-}45)$$

em que

$\mathbf{v}$ = velocidade do condutor

$\mathbf{B}$ = vetor densidade de fluxo magnético

$\mathbf{l}$ = comprimento do condutor dentro do campo magnético

O vetor $\mathbf{l}$ tem a mesma direção do condutor e aponta para a extremidade que faz o menor ângulo com o vetor $\mathbf{v} \times \mathbf{B}$. A tensão no condutor é produzida de modo que o polo positivo aponta no mesmo sentido do vetor $\mathbf{v} \times \mathbf{B}$. Os exemplos seguintes ilustram esse conceito.

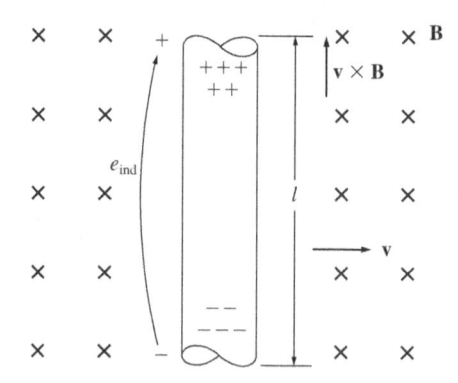

FIGURA 1-17
Condutor movendo-se na presença de um campo magnético.

EXEMPLO 1-8 A Figura 1-17 mostra um condutor deslocando-se com uma velocidade de 5,0 m/s para a direita, na presença de um campo magnético. A densidade de fluxo é 0,5 T para dentro da página e o condutor tem 1,0 m de comprimento, orientado como está mostrado. Quais são o valor e a polaridade da tensão induzida resultante?

Solução

O sentido do produto $\mathbf{v} \times \mathbf{B}$ neste exemplo é para cima. Portanto, a tensão no condutor será produzida com o polo positivo na parte de cima da página em relação à parte de baixo do condutor. O sentido do vetor $\mathbf{l}$ é para cima, para que se tenha o menor ângulo em relação ao vetor $\mathbf{v} \times \mathbf{B}$.

Como $\mathbf{v}$ é perpendicular a $\mathbf{B}$ e como $\mathbf{v} \times \mathbf{B}$ é paralelo a $\mathbf{l}$, o valor da tensão induzida reduz-se a

$$e_{ind} = (\mathbf{v} \times \mathbf{B}) \cdot \mathbf{l} \quad (1\text{-}45)$$
$$= (vB \operatorname{sen} 90°)\, l \cos 0°$$
$$= vBl$$
$$= (5{,}0 \text{ m/s})(0{,}5 \text{ T})(1{,}0 \text{ m})$$
$$= 2{,}5 \text{ V}$$

Portanto, a tensão induzida é de 2,5 V, positiva na parte de cima do condutor.

EXEMPLO 1-9 A Figura 1-18 mostra um condutor deslocando-se com uma velocidade de 10 m/s para a direita, na presença de um campo magnético. A densidade de fluxo é 0,5 T para fora da página e o condutor tem 1,0 m de comprimento, orientado como está mostrado. Quais são o valor e a polaridade da tensão induzida resultante?

Solução

O sentido do produto $\mathbf{v} \times \mathbf{B}$ é para baixo. O condutor não está orientado seguindo uma linha reta de cima para baixo, portanto, escolha o sentido de $\mathbf{l}$ como está mostrado para que se tenha

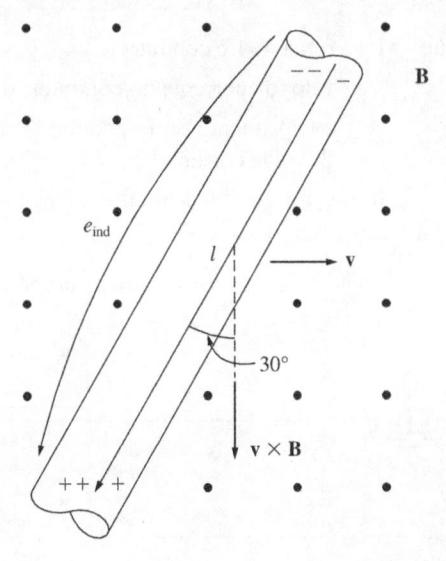

FIGURA 1-18
Condutor do Exemplo 1-9.

o menor ângulo com o sentido de **v** × **B**. A tensão é positiva na parte de baixo, em relação à parte de cima do condutor. O valor da tensão é

$$e_{ind} = (\mathbf{v} \times \mathbf{B}) \cdot \mathbf{l}$$
$$= (vB \operatorname{sen} 90°)\, l \cos 30°$$
$$= (10{,}0\ \text{m/s})(0{,}5\ \text{T})(1{,}0\ \text{m}) \cos 30°$$
$$= 4{,}33\ \text{V}$$

A indução de tensões em um condutor que se desloca dentro de um campo magnético é fundamental para o funcionamento de todos os tipos de geradores. Por essa razão, é denominada *ação de gerador*.

1.8 A MÁQUINA LINEAR CC – UM EXEMPLO SIMPLES

Uma *máquina linear CC* constitui a versão mais simples e mais fácil de entender uma máquina CC e, contudo, funciona seguindo os mesmos princípios e apresentando o mesmo comportamento dos geradores e motores reais. Portanto, ela serve como um bom ponto de partida para o estudo das máquinas.

A Figura 1-19 mostra uma máquina linear CC. Ela consiste em uma bateria, uma resistência e uma chave conectadas a um par de trilhos sem atrito. Ao longo do leito desses trilhos, está presente um campo magnético constante, de densidade uniforme e orientado para dentro da página. Uma barra de metal condutor está assentada sobre os trilhos.

Como funciona esse dispositivo incomum? Seu comportamento pode ser determinado a partir da aplicação de quatro equações básicas à máquina. Essas equações são

1. A equação da força induzida em um condutor na presença de um campo magnético:

$$\boxed{\mathbf{F} = i(\mathbf{l} \times \mathbf{B})} \qquad (1\text{-}43)$$

em que **F** = força no fio condutor
i = valor da corrente no condutor
l = comprimento do fio, com o sentido de **l** definido no sentido do fluxo da corrente
B = vetor densidade de fluxo magnético

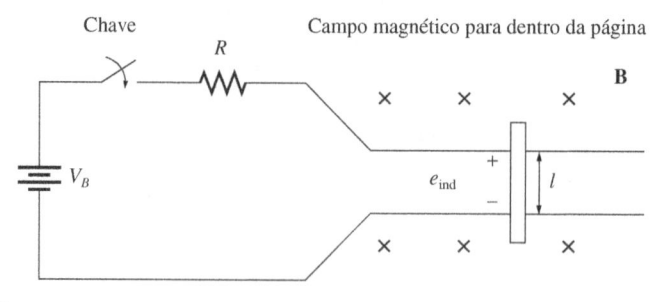

FIGURA 1-19
Uma máquina linear CC. O campo magnético aponta para dentro da página.

2. A equação da tensão induzida em um condutor que se desloca em um campo magnético:

$$e_{ind} = (\mathbf{v} \times \mathbf{B}) \cdot \mathbf{l} \qquad (1\text{-}45)$$

em que e_{ind} = tensão induzida no condutor
   $\mathbf{v}$ = velocidade do condutor
   $\mathbf{B}$ = vetor densidade de fluxo magnético
   $\mathbf{l}$ = comprimento do condutor dentro do campo magnético

3. Lei de Kirchhoff das tensões para essa máquina. Da Figura 1-19, essa lei resulta em

$$V_B - iR - e_{ind} = 0$$

$$V_B = e_{ind} + iR = 0 \qquad (1\text{-}46)$$

4. Lei de Newton para a barra assentada sobre os trilhos:

$$F_{liq} = ma \qquad (1\text{-}7)$$

Agora, exploraremos o comportamento básico dessa máquina CC simples usando essas quatro equações como ferramentas.

Dando partida à máquina linear CC

A Figura 1-20 mostra a máquina linear CC em condições de partida. Para dar partida a essa máquina, simplesmente feche a chave. Agora, uma corrente flui na barra, cujo valor é dado pela lei de Kirchhoff das tensões:

$$i = \frac{V_B - e_{ind}}{R} \qquad (1\text{-}47)$$

Como a barra está inicialmente em repouso, $e_{ind} = 0$, de modo que $i = V_B/R$. A corrente flui para baixo pela barra através dos trilhos. Contudo, a partir da Equação (1-43), uma corrente que circula através de um fio condutor na presença de um campo magnético induz uma força no fio. Devido à geometria da máquina, essa força é

$$F_{ind} = ilB \qquad \text{para a direita} \qquad (1\text{-}48)$$

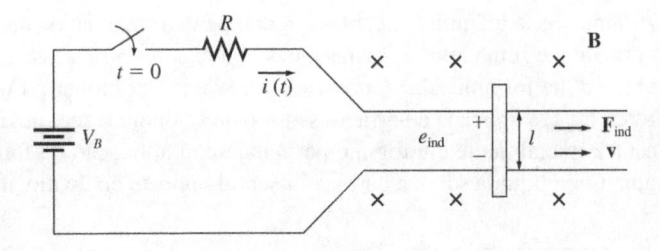

FIGURA 1-20
Dando partida a uma máquina linear CC.

Portanto, a barra acelerará para a direita (pela lei de Newton). Entretanto, quando a velocidade da barra começa a crescer, uma tensão aparece na barra. A tensão é dada pela Equação (1-45), que, no caso dessa geometria, reduz-se a

$$e_{ind} = vBl \qquad \text{positivo para cima} \qquad (1\text{-}49)$$

Agora a tensão diminui a corrente que flui na barra, porque pela lei de Kirchhoff das tensões tem-se

$$i\downarrow = \frac{V_B - e_{ind}\uparrow}{R} \qquad (1\text{-}47)$$

À medida que e_{ind} aumenta, a corrente i diminui.

No final, como resultado dessa ação, a barra atingirá uma velocidade constante de regime permanente*, tal que a força líquida sobre a barra torna-se zero. Isso ocorrerá quando e_{ind} tiver crescido até se igualar à tensão induzida V_B. Nesse momento, a barra estará se deslocando a uma velocidade dada por

$$V_B = e_{ind} = v_{ss}Bl$$
$$v_{ss} = \frac{V_B}{Bl} \qquad (1\text{-}50)$$

A barra continuará a se deslocar indefinidamente nessa velocidade sem carga, a menos que alguma força externa venha a perturbá-la. Quando é dada a partida no motor, a velocidade v, a tensão induzida e_{ind}, a corrente i e a força induzida F_{ind} podem ser representadas graficamente como se mostra na Figura 1-21.

Resumindo, na partida, a máquina linear CC comporta-se como segue:

1. Quando a chave é fechada, é produzida uma corrente dada por $i = V_B/R$.
2. O fluxo de corrente produz sobre a barra uma força dada por $F = ilB$.
3. A barra é acelerada para a direita, produzindo uma tensão induzida e_{ind} à medida que a velocidade aumenta.
4. Essa tensão induzida diminui o fluxo de corrente $i = (V_B - e_{ind}\uparrow)/R$.
5. Dessa forma, a força induzida é diminuída ($F = i\downarrow lB$) até que, no final, $F = 0$. Nesse ponto, $e_{ind} = V_B$, $i = 0$ e a barra se deslocará sem carga com velocidade constante $v_{ss} = V_B/Bl$.

Esse é precisamente o comportamento observado durante a partida de motores reais.

A máquina linear CC como motor

Assuma que a máquina linear está inicialmente funcionando nas condições de regime permanente sem carga descritas antes. Que acontecerá a essa máquina se uma carga externa lhe for aplicada? Para descobrir, vamos examinar a Figura 1-22. Aqui, uma força $\mathbf{F}_{carga}$ é aplicada à barra no sentido de se opor ao seu movimento. Como a barra estava inicialmente em regime permanente, a aplicação da força $\mathbf{F}_{carga}$ resultará em uma força líquida sobre a barra com sentido *oposto* ao do movimento ($\mathbf{F}_{líq} = \mathbf{F}_{carga} -$

---

* N. de T.: Quando for necessário se referir ao estado de regime permanente, será adotado o índice *ss*, como em V_{ss}, vindo do inglês *"steady state"* (regime permanente).

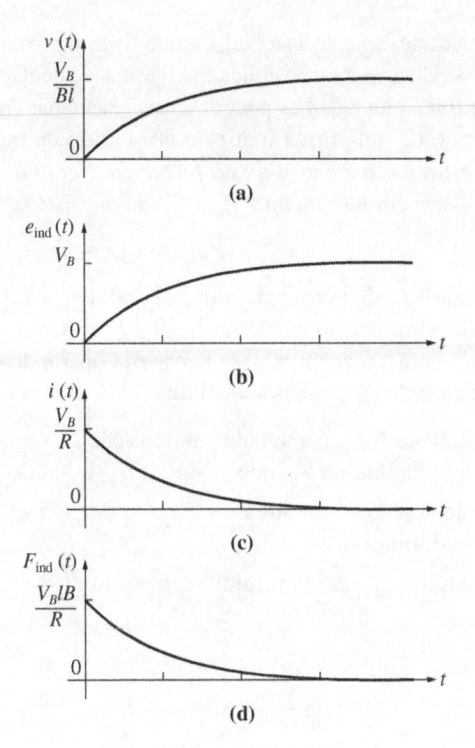

FIGURA 1-21
A máquina linear CC durante a partida. (a) Velocidade *v(t)* em função do tempo; (b) tensão induzida $e_{ind}(t)$; (c) corrente *i(t)*; (d) força induzida $F_{ind}(t)$.

F_{ind}). O efeito dessa força será o de diminuir a velocidade da barra. No entanto, tão logo a barra comece a perder velocidade, a tensão induzida na barra cai ($e_{ind} = v{\downarrow}Bl$). À medida que a tensão induzida diminui, o fluxo de corrente na barra aumenta:

$$i\uparrow = \frac{V_B - e_{ind}\downarrow}{R} \qquad (1\text{-}47)$$

Portanto, a força induzida também cresce ($F_{ind} = i\uparrow lB$). O efeito total dessa cadeia de eventos é que a força induzida cresce até que se torna igual e oposta à força de carga e a

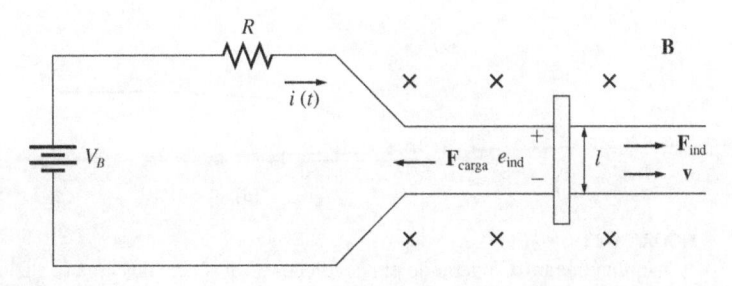

FIGURA 1-22
A máquina linear CC como motor.

barra começa novamente a se deslocar em regime permanente, mas com uma velocidade menor. Quando uma carga é aplicada à barra, a velocidade v, a tensão induzida e_{ind}, a corrente i e a força induzida F_{ind} podem ser representadas como nos gráficos da Figura 1-23.

Agora, há uma força induzida no sentido de movimento da barra. A potência também está sendo *convertida da forma elétrica para a forma mecânica* de modo a manter a barra em movimento. A potência que está sendo convertida é

$$P_{conv} = e_{ind}i = F_{ind}v \qquad (1\text{-}51)$$

Uma quantidade de potência elétrica igual a $e_{ind}i$ está sendo consumida na barra e substituída por potência mecânica igual a $F_{ind}v$. Como a potência é convertida da forma elétrica para a mecânica, essa barra está operando como um *motor*.

Resumindo esse funcionamento:

1. Uma força $\mathbf{F}_{carga}$ é aplicada em oposição ao sentido do movimento, o que causa uma força líquida $\mathbf{F}_{líq}$ que se opõe ao sentido desse mesmo movimento.
2. A aceleração resultante $a = F_{líq}/m$ é negativa, de modo que a velocidade da barra diminui ($v\downarrow$).
3. A tensão $e_{ind} = v\downarrow Bl$ diminui e, portanto, $i = (V_B - e_{ind}\downarrow)/R$ aumenta.

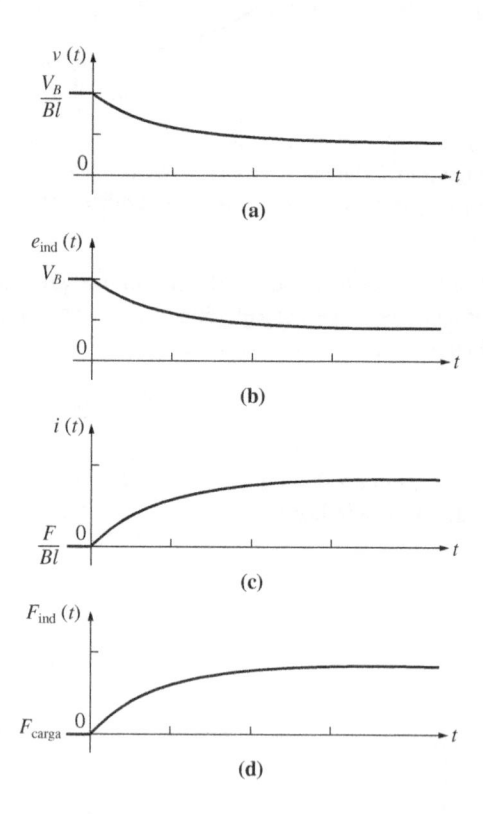

FIGURA 1-23
A máquina linear CC operando em condições de ausência de carga (a vazio) e, em seguida, com carga como em um motor. (a) Velocidade $v(t)$ em função do tempo; (b) tensão induzida $e_{ind}(t)$; (c) corrente $i(t)$; (d) força induzida $F_{ind}(t)$.

4. A força induzida $F_{ind} = i\uparrow lB$ aumenta até que $|F_{ind}| = |F_{carga}|$ com uma velocidade v menor.

5. Uma quantidade de potência elétrica $e_{ind}i$ e agora é convertida em potência mecânica $F_{ind}v$ e a máquina opera como motor.

Um motor CC real com carga opera de modo exatamente semelhante: quando uma carga é adicionada ao seu eixo, o motor começa a perder velocidade, o que reduz sua tensão interna e aumenta seu fluxo de corrente. O fluxo de corrente aumentado incrementa seu conjugado induzido e esse conjugado irá se igualar ao conjugado do motor em uma nova velocidade, mais baixa.

Observe que a potência convertida por esse motor linear da forma elétrica para a mecânica foi dada pela equação $P_{conv} = F_{ind}v$. A potência convertida da forma elétrica para a mecânica em um motor rotativo real é dada pela equação

$$P_{conv} = \tau_{ind}\omega \tag{1-52}$$

em que o conjugado induzido τ_{ind} é o análogo rotativo da força induzida F_{ind} e a velocidade angular ω é o análogo rotativo da velocidade linear v.

A máquina linear CC como gerador

Suponha que a máquina linear esteja novamente operando em condições de regime permanente sem carga. Desta vez, aplique uma força no *sentido do movimento* e veja o que acontecerá.

A Figura 1-24 mostra uma máquina linear com uma força aplicada $\mathbf{F}_{ap}$ no sentido do movimento. Agora, a força aplicada acelerará a barra no sentido do deslocamento e a velocidade v da barra aumentará. À medida que a velocidade aumenta, $e_{ind} = v\uparrow Bl$ também crescerá e será maior do que a tensão V_B da bateria. Com $e_{ind} > V_B$, a corrente inverte o sentido, sendo dada agora pela equação

$$i = \frac{e_{ind} - V_B}{R} \tag{1-53}$$

Agora, como a corrente na barra está fluindo *para cima*, ela produzirá nessa barra uma força dada por

$$F_{ind} = ilB \qquad \text{para a esquerda} \tag{1-54}$$

O sentido da força induzida é dado pela regra da mão direita. Essa força induzida opõe-se à força aplicada na barra.

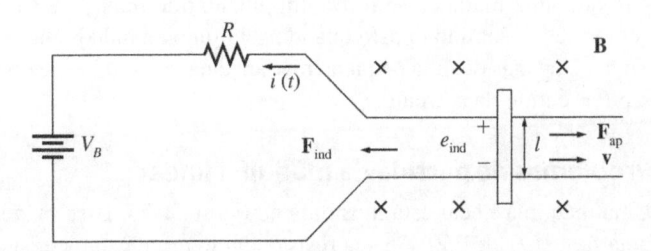

FIGURA 1-24
A máquina linear CC como gerador.

Finalmente, a força induzida será igual e oposta à força aplicada e a barra se moverá com uma velocidade *maior* do que antes. Observe que agora a *bateria está sendo carregada* porque a máquina linear serve de gerador, convertendo a potência mecânica $F_{ind}v$ em potência elétrica $e_{ind}i$.

Resumindo esse comportamento:

1. Uma força $\mathbf{F}_{ap}$ é aplicada no sentido do movimento; a força líquida $\mathbf{F}_{líq}$ atua no mesmo sentido desse movimento.
2. A aceleração $a = F_{líq}/m$ é positiva, de modo que a velocidade da barra aumenta ($v\uparrow$).
3. A tensão $e_{ind} = v\uparrow Bl$ aumenta e, portanto, $i = (e_{ind}\uparrow - V_B)/R$ também aumenta.
4. A força induzida $F_{ind} = i\uparrow lB$ aumenta até que $|\mathbf{F}_{ind}| = |\mathbf{F}_{carga}|$ com uma velocidade v maior.
5. Uma quantidade de potência mecânica igual a $F_{ind}v$ agora convertida em potência elétrica $e_{ind}i$ e a máquina opera como gerador.

Novamente, um gerador CC real comporta-se exatamente da seguinte maneira: Um conjugado é aplicado ao eixo *no sentido do movimento*, a velocidade do eixo aumenta, a tensão interna aumenta e a corrente flui para fora do gerador indo para a carga. Em um gerador rotativo real, a quantidade de potência mecânica convertida para a forma elétrica é dada novamente pela Equação (1-52):

$$P_{conv} = \tau_{ind}\omega \qquad (1\text{-}52)$$

É interessante que a mesma máquina opera *tanto como motor ou gerador*. A única diferença entre as duas está em que as forças externas aplicadas atuam no sentido do movimento (gerador) ou em oposição ao movimento (motor). Eletricamente, quando $e_{ind} > V_B$, a máquina atua como gerador e, quando $e_{ind} < V_B$, a máquina atua como motor. Independentemente de a máquina ser um motor ou um gerador, tanto a força induzida (ação de motor) e a tensão induzida (ação de gerador) estão sempre presentes em todos os instantes. Em geral, isso é verdadeiro em relação a todas as máquinas – ambas as ações estão presentes e serão apenas os sentidos relativos das forças externas em relação ao sentido do movimento que determinarão se a máquina no todo se comportará como um motor ou como um gerador.

Outro fato interessante deve ser observado: essa máquina era um gerador quando se movia rapidamente e um motor quando se movia mais lentamente. No entanto, ela sempre se movia no mesmo sentido, independentemente de ser um motor ou um gerador. Quando começam a estudar as máquinas elétricas, muitos estudantes esperam que uma máquina se mova em um sentido quando ela está funcionando como gerador e em sentido oposto quando está funcionando como motor. *Isso não ocorre.* Trata-se apenas de uma pequena mudança na velocidade de operação e de uma inversão no sentido da corrente.

Problemas de partida da máquina linear

Uma máquina linear está mostrada na Figura 1-25. Essa máquina é alimentada com uma fonte CC de 250 V e sua resistência interna R tem cerca de 0,10 Ω. (O resistor R representa a resistência interna de uma máquina CC real e esse valor de resistência interna é bem razoável para um motor CC de tamanho médio.)

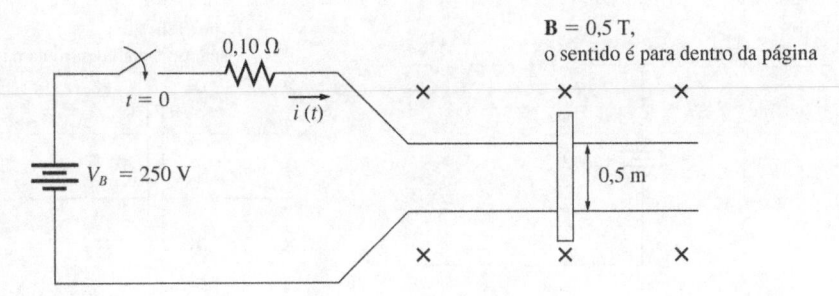

FIGURA 1-25
A máquina linear CC com os valores dos componentes ilustra o problema da corrente de partida excessiva.

Os dados reais usados nessa figura põem em evidência um problema importante que ocorre com as máquinas (e seu modelo linear simples). Nas condições de partida, a velocidade da barra é zero, de modo que $e_{ind} = 0$. A corrente na partida é

$$i_{partida} = \frac{V_B}{R} = \frac{250\ V}{0,1\ \Omega} = 2500\ A$$

Essa corrente é muito elevada, frequentemente acima de 10 vezes a corrente nominal da máquina. Tais correntes podem danificar gravemente um motor. Durante a partida, ambas as máquinas CA e CC reais sofrem de problemas similares devido às correntes elevadas.

Como tais danos podem ser evitados? No caso da máquina linear simples, o método mais fácil é inserir uma resistência extra no circuito durante a partida, diminuindo assim o fluxo de corrente até que uma tensão suficiente e_{ind} tenha sido produzida para limitá-la. A Figura 1-26 mostra uma resistência de partida inserida no circuito da máquina.

O mesmo problema existe em máquinas CC reais, sendo tratado precisamente da mesma forma – durante a partida, um resistor é inserido no circuito de armadura do motor. Nas máquinas CA reais, o controle da corrente de partida elevada é tratado usando técnicas diferentes, que serão descritas no Capítulo 6.

EXEMPLO 1-10 Na Figura 1-27a, a máquina linear CC mostrada tem uma tensão de bateria de 120 V, uma resistência interna de 0,3 Ω e uma densidade de fluxo magnético de 0,1 T.

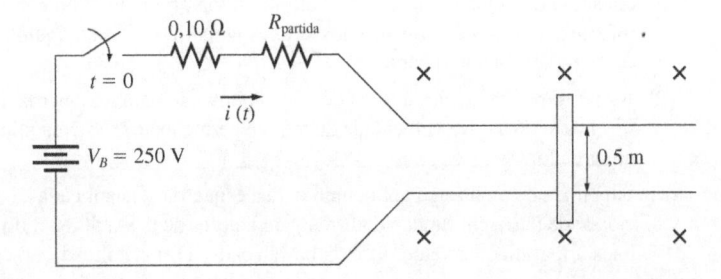

FIGURA 1-26
Uma máquina linear CC com um resistor extra em série que foi inserido para controlar a corrente de partida.

44 Fundamentos de Máquinas Elétricas

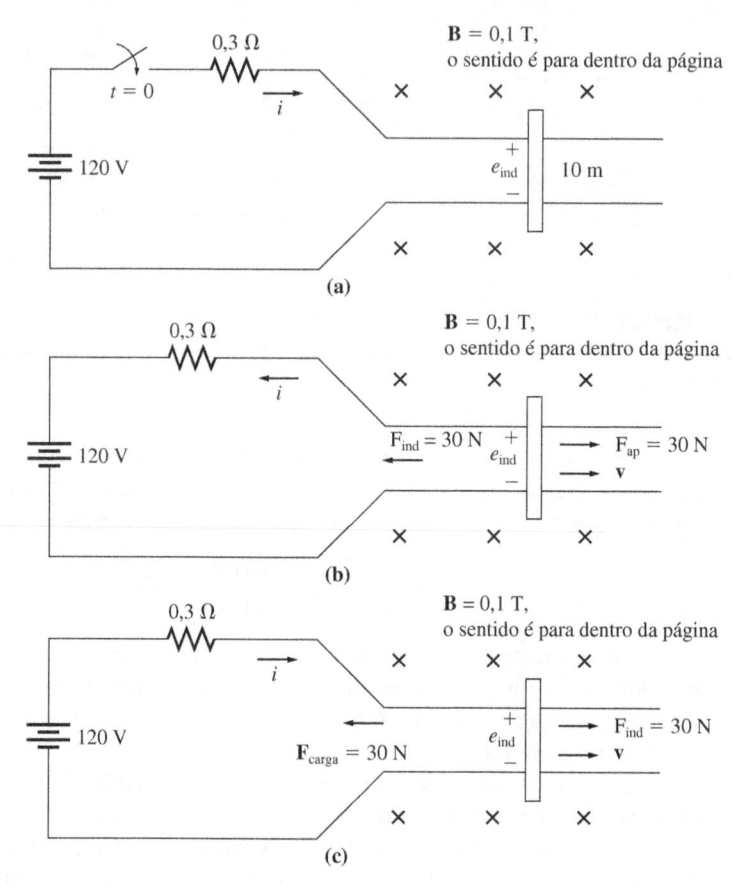

FIGURA 1-27
A máquina linear CC do Exemplo 1-10. (a) Condições de partida; (b) funcionando como gerador; (c) funcionando como motor.

(a) Qual é a corrente máxima de partida dessa máquina? Qual é a sua velocidade de regime permanente sem carga?

(b) Suponha que uma força de 30 N, apontando para a direita, fosse aplicada à barra. Qual seria a velocidade de regime permanente? Quanta potência a barra estaria produzindo ou consumindo? Quanta potência a bateria estaria produzindo ou consumindo? Explique a diferença entre esses dois últimos valores numéricos. Essa máquina estaria funcionando como motor ou como gerador?

(c) Agora, suponha que uma força de 30N, apontando para a esquerda, fosse aplicada à barra. Qual seria a nova velocidade de regime permanente? Essa máquina seria um motor ou um gerador?

(d) Suponha que uma força apontando para a esquerda seja aplicada à barra. Calcule a velocidade da barra em função da força para valores de 0 N a 50 N, indo em passos de 10 N. Faça um gráfico da velocidade da barra *versus* a força aplicada.

(e) Assuma que a barra esteja sem carga e que, repentinamente, entre em uma região onde o campo magnético está enfraquecido tendo o valor de 0,08 T. Com que velocidade a barra se deslocará?

Solução

(a) Nas condições de partida, a velocidade da barra é 0, de modo que $e_{ind} = 0$. Portanto,

$$i = \frac{V_B - e_{ind}}{R} = \frac{120 \text{ V} - 0 \text{ V}}{0{,}3 \text{ }\Omega} = 400 \text{ A}$$

Quando a máquina entra em regime permanente, $F_{ind} = 0$ e $i = 0$. Portanto,

$$VB = e_{ind} = v_{ss}Bl$$

$$v_{ss} = \frac{V_B}{Bl}$$

$$= \frac{120 \text{ V}}{(0{,}1 \text{ T})(10 \text{ m})} = 120 \text{ m/s}$$

(b) Consulte a Figura 1-27b. Se uma força de 30 N orientada para a direita for aplicada à barra, o regime permanente final ocorrerá quando a força induzida F_{ind} for igual e oposta à força aplicada F_{ap}, de modo que a força líquida na barra é zero:

$$F_{ap} = F_{ind} = ilB$$

Portanto,

$$i = \frac{F_{ind}}{lB} = \frac{30 \text{ N}}{(10 \text{ m})(0{,}1 \text{ T})}$$

$$= 30 \text{ A} \quad \text{fluindo para cima na barra}$$

A tensão induzida e_{ind} na barra deve ser

$$e_{ind} = V_B + iR$$
$$= 120 \text{ V} + (30\text{A})(0{,}3 \text{ }\Omega) = 129 \text{ V}$$

e a velocidade final de regime permanente deve ser

$$v_{ss} = \frac{e_{ind}}{Bl}$$

$$= \frac{129 \text{ V}}{(0{,}1 \text{ T})(10 \text{ m})} = 129 \text{ m/s}$$

A barra *produz* $P = (129 \text{ V})(30 \text{ A}) = 3870$ W de potência e a bateria *consome* $P = (120 \text{ V})(30 \text{ A}) = 3600$ W. A diferença entre esses dois números representa 270 W de perdas no resistor. Essa máquina está atuando como *gerador*.

(c) Consulte a Figura 1-25c. Desta vez, a força é aplicada para a esquerda e a força induzida aponta para a direita. Em regime permanente,

$$F_{ap} = F_{ind} = ilB$$
$$i = \frac{F_{ind}}{lB} = \frac{30 \text{ N}}{(10 \text{ m})(0{,}1 \text{ T})}$$
$$= 30 \text{ A} \quad \text{fluindo para baixo na barra}$$

A tensão induzida e_{ind} na barra deve ser

$$e_{ind} = V_B - iR$$
$$= 120 \text{ V} - (30 \text{ A})(0{,}3 \text{ }\Omega) = 111 \text{ V}$$

e a velocidade final deve ser

$$v_{ss} = \frac{e_{ind}}{Bl}$$

$$= \frac{111 \text{ V}}{(0,1 \text{ T})(10 \text{ m})} = 111 \text{ m/s}$$

Agora, essa máquina e atua como *motor*, convertendo energia da bateria em energia mecânica de movimento na barra.

(d) Esta tarefa é bem adequada para MATLAB. Tiraremos proveito dos cálculos com vetores de MATLAB para determinar a velocidade da barra para cada valor de força. O programa MATLAB (*M-file*) para realizar esse cálculo é simplesmente uma versão das etapas que foram executadas manualmente na parte *c*. O programa mostrado a seguir calcula a corrente, a tensão induzida e velocidade nessa ordem. A seguir, ele plota a velocidade *versus* a força na barra.

```
% M-file: ex1_10.m
% M-file para calcular o gráfico da velocidade de
% um motor linear em função da carga.
VB = 120;                % Tensão da bateria (V)
r = 0.3;                 % Resistência (ohms)
l = 1;                   % Comprimento da barra (m)
B = 0.6;                 % Densidade de fluxo (T)

% Seleção das forças que serão aplicadas à barra
F = 0:10:50;             % Força (N)

% Cálculo das correntes que fluem no motor.
i = F ./ (l * B);        % Corrente (A)

% Cálculo das tensões induzidas na barra.
eind = VB - i .* r;      % Tensão induzida (V)

% Cálculo das velocidades da barra.
v_bar = eind ./ (l * B); % Velocidade (m/s)

% Plota a velocidade da barra versus a força.
plot(F,v_bar);
title ('Gráfico de Velocidade versus Força Aplicada');
xlabel ('Força (N)');
ylabel ('Velocidade (m/s)');
axis ([0 50 0 200]);
```

O gráfico resultante é mostrado na Figura 1-28. Observe que a barra perde velocidade à medida que a carga aumenta.

(e) Se a barra estiver inicialmente sem carga, então $e_{ind} = V_B$. Se a barra atingir repentinamente uma região de campo magnético mais fraco, ocorrerá um transitório. Contudo, tão logo o transitório tenha passado, e_{ind} irá igualar novamente V_B.

Esse fato pode ser usado para determinar a velocidade final da barra. A *velocidade inicial* era 120 m/s. A *velocidade final* é

$$VB = e_{ind} = v_{ss}Bl$$

$$v_{ss} = \frac{V_B}{Bl}$$

$$= \frac{120 \text{ V}}{(0,08 \text{ T})(10 \text{ m})} = 150 \text{ m/s}$$

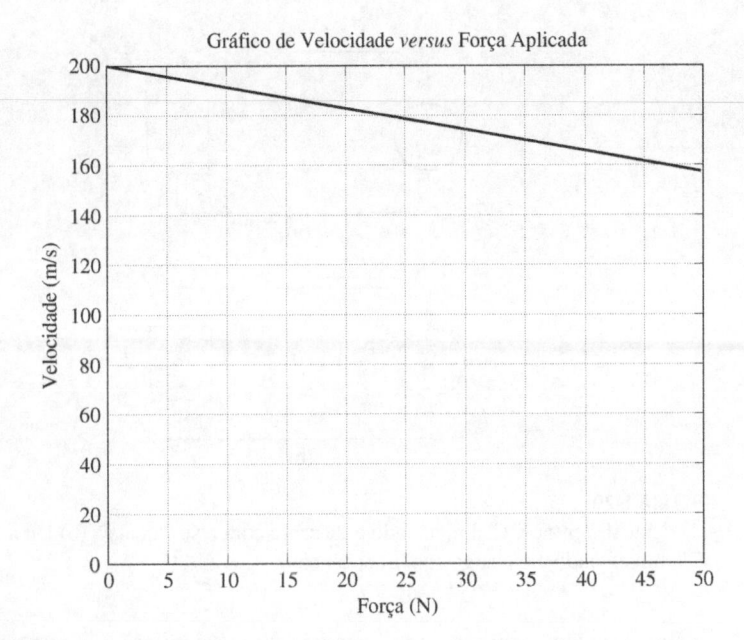

FIGURA 1-28
Gráfico de velocidade *versus* força para uma máquina linear CC.

Assim, quando o fluxo enfraquece no motor linear, a velocidade da barra aumenta. O mesmo comportamento ocorre em motores CC reais: quando o fluxo de campo de um motor CC enfraquece, ele gira mais rapidamente. Aqui, novamente, a máquina linear comporta-se de modo muito similar a um motor CC real.

1.9 POTÊNCIAS ATIVA, REATIVA E APARENTE EM CIRCUITOS CA MONOFÁSICOS

Esta seção descreve as relações entre potências ativa, reativa e aparente em circuitos CA monofásicos. Uma discussão similar para circuitos CA trifásicos pode ser encontrada no Apêndice A.

Em um circuito CC, tal como o mostrado na Figura 1-29a, a potência fornecida à carga CC é simplesmente o produto da tensão na carga vezes a corrente que circula nela.

$$P = VI \qquad (1\text{-}55)$$

Infelizmente, a situação nos circuitos CA senoidais é mais complexa, porque pode haver uma diferença de fase entre a tensão CA e a corrente CA fornecidas à carga. A potência *instantânea* fornecida a uma carga CA ainda será o produto da tensão instantânea vezes a corrente instantânea, mas a potência *média* fornecida à carga será afetada pelo ângulo de fase entre a tensão e a corrente. Agora, iremos explorar os efeitos dessa diferença de fase sobre a potência média fornecida a uma carga CA.

A Figura 1-29b mostra uma fonte de tensão monofásica que fornece potência a uma carga monofásica de impedância $\mathbf{Z} = Z\angle\theta\ \Omega$. Se assumirmos que a carga é

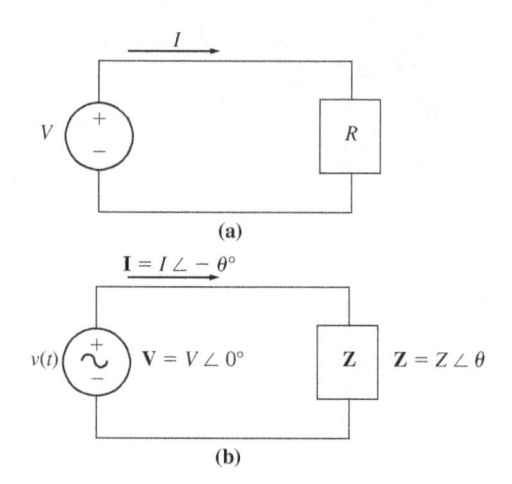

FIGURA 1-29
(a) Fonte de tensão CC alimentando uma carga com resistência R. (b) Uma fonte de tensão CA alimentando uma carga com impedância $\mathbf{Z} = Z \angle \theta\ \Omega$.

indutiva, então o ângulo de impedância θ da carga será positivo e a corrente estará atrasada em relação à tensão em θ graus.

A tensão aplicada a essa carga é

$$v(t) = \sqrt{2}V \cos \omega t \tag{1-56}$$

em que V é o valor eficaz (RMS) da tensão aplicada à carga e a corrente resultante é

$$i(t) = \sqrt{2}I \cos(\omega t - \theta) \tag{1-57}$$

em que I é o valor eficaz da corrente que circula na carga.

A potência instantânea fornecida a essa carga no instante t é

$$p(t) = v(t)i(t) = 2VI \cos \omega t \cos(\omega t - 0) \tag{1-58}$$

O ângulo θ nessa equação é o *ângulo de impedância* da carga. Para cargas indutivas, o ângulo de impedância é positivo e a forma de onda da corrente está atrasada em relação à forma de onda da tensão em θ graus.

Se aplicarmos identidades trigonométricas à Equação (1-58), poderemos manipulá-la chegando a uma expressão de forma

$$p(t) = VI \cos \theta\, (1 + \cos 2\omega t) + VI \operatorname{sen} \theta \operatorname{sen} 2\omega t \tag{1-59}$$

O primeiro termo dessa equação representa a potência fornecida à carga pela componente de corrente que está *em fase* com a tensão, ao passo que o segundo termo representa a potência fornecida à carga pela componente de corrente que está *90° fora de fase* em relação à tensão. As componentes dessa equação estão plotadas na Figura 1-30.

Observe que o *primeiro* termo da expressão da potência instantânea é sempre positivo. Contudo, esse termo produz pulsos de potência em vez de um valor constante. O valor médio desse termo é

$$P = VI \cos \theta \tag{1-60}$$

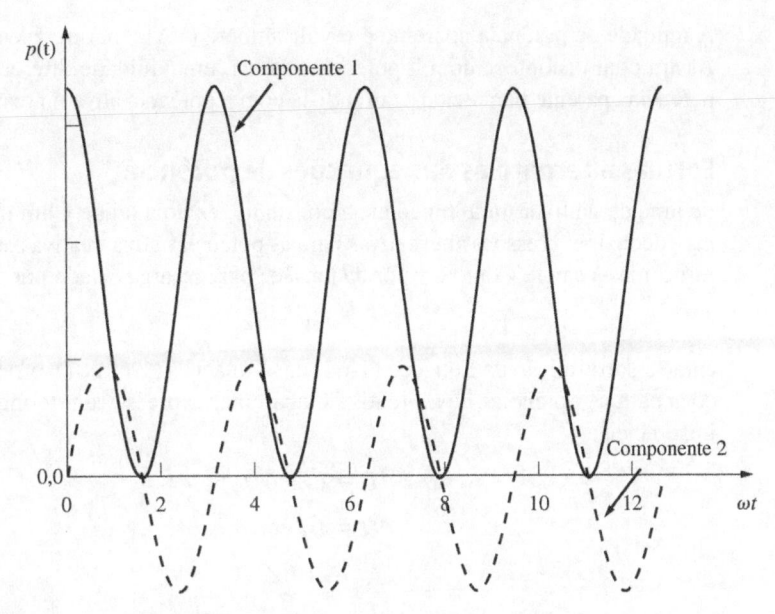

FIGURA 1-30
As componentes de potência fornecidas a uma carga monofásica *versus* tempo. A primeira componente representa a potência fornecida pela componente de corrente *em fase* com a tensão, ao passo que o segundo termo representa a potência fornecida pela componente de corrente *90° fora de fase* com a tensão.

que é a potência (P) *média* ou *ativa* fornecida à carga pelo primeiro termo da Equação (1-59). A unidade de potência ativa é o watt (W), em que $1\text{ W} = 1\text{ V} \times 1\text{ A}$.

Observe que o *segundo* termo da expressão de potência instantânea é positivo na metade do tempo e negativo na outra metade do tempo, de modo que a *potência média fornecida por esse termo é zero*. Esse termo representa a potência que é primeiro transferida da fonte para a carga e em seguida retornada da carga para a fonte. A potência que continuamente vai e vem entre a fonte e a carga é conhecida como *potência reativa* (Q). A potência reativa representa a energia que é primeiro armazenada e em seguida liberada do campo magnético de um indutor, ou do campo elétrico de um capacitor.

A potência reativa de uma carga é dada por

$$Q = VI \operatorname{sen} \theta \tag{1-61}$$

em que θ é o ângulo de impedância da carga. Por convenção, Q é positiva para cargas indutivas e negativa para cargas capacitivas, porque o ângulo de impedância θ é positivo para cargas indutivas e negativo para cargas capacitivas. A unidade de potência reativa é o volt-ampère reativo (var), em que $1\text{ var} = 1\text{ V} \times 1\text{ A}$. Embora as unidades dimensionais sejam as mesmas do watt, uma denominação própria é tradicionalmente atribuída à potência reativa para distingui-la da potência que é realmente fornecida a uma carga.

A potência aparente (S) fornecida a uma carga é definida como o produto da tensão na carga vezes a corrente que circula nessa carga. Essa é a potência que "parece" ser fornecida à carga se as diferenças de ângulo de fase entre a tensão e a corrente são ignoradas. Portanto, a potência aparente de uma carga é dada por

$$S = VI \tag{1-62}$$

A unidade de potência aparente é o volt-ampère (VA), em que 1 VA = 1 V × 1 A. Assim como acontece com a potência reativa, uma unidade diferente é atribuída à potência aparente para evitar confundi-la com a potência ativa ou reativa.

Formas alternativas das equações de potência

Se uma carga tiver uma impedância constante, então a lei de Ohm poderá ser usada para deduzir expressões alternativas para as potências ativa, reativa e aparente que são fornecidas à carga. Como o valor da tensão sobre a carga é dado por

$$V = IZ \tag{1-63}$$

então a substituição da Equação (1-63) nas Equações (1-60) a (1-62) produzirá equações para as potências ativa, reativa e aparente, expressas em termos de corrente e impedância:

$$P = I^2 Z \cos \theta \tag{1-64}$$

$$Q = I^2 Z \operatorname{sen} \theta \tag{1-65}$$

$$S = I^2 Z \tag{1-66}$$

em que Z é o módulo da impedância de carga, $|Z|$.

Como a impedância da carga Z pode ser expressa como

$$Z = R + jX = |Z|\cos \theta + j|Z|\operatorname{sen}\theta$$

vemos, a partir dessa equação, que $R = |Z| \cos \theta$ e $X = |Z| \operatorname{sen} \theta$, de modo que as potências ativa e reativa de uma carga também podem ser expressas como

$$P = I^2 R \tag{1-67}$$

$$Q = I^2 X \tag{1.68}$$

em que R é a resistência e X é a reatância da carga Z.

Potência complexa

Para simplificar os cálculos de computador, as potências ativa e reativa são representadas algumas vezes em conjunto na forma de uma *potência complexa* **S**, em que

$$\mathbf{S} = P + jQ \tag{1-69}$$

A potência complexa **S** fornecida a uma carga pode ser calculada a partir da equação

$$\mathbf{S} = \mathbf{V}\mathbf{I}^* \tag{1-70}$$

em que o asterisco representa o operador de conjugado complexo.

Para compreender essa equação, suponhamos que a tensão aplicada a uma carga seja $\mathbf{V} = V \angle \alpha$ e que a corrente através da carga seja $\mathbf{I} = I \angle \beta$. Então, a potência complexa fornecida à carga será

$$\mathbf{S} = \mathbf{V}\mathbf{I}^* = (V\angle\alpha)(I\angle -\beta) = VI \angle(\alpha - \beta)$$
$$= VI \cos(\alpha - \beta) + jVI \operatorname{sen}(\alpha - \beta)$$

O ângulo de impedância θ é a diferença entre o ângulo da tensão e o ângulo da corrente ($\theta = \alpha - \beta$), de modo que essa equação reduz-se a

$$S = VI \cos\theta + jVI \,\text{sen}\,\theta$$
$$= P + jQ$$

Relações entre ângulo de impedância, ângulo de corrente e potência

Como sabemos da teoria básica de circuitos, uma carga indutiva (Figura 1-31) tem um ângulo de impedância θ positivo, porque a reatância de um indutor é positiva. Se o ângulo de impedância θ de uma carga for positivo, o ângulo de fase da corrente que circula na carga estará *atrasado* em relação ao ângulo de fase da tensão na carga em θ graus.

$$\mathbf{I} = \frac{\mathbf{V}}{\mathbf{Z}} = \frac{V\angle 0°}{|Z|\angle\theta} = \frac{V}{|Z|} \angle -\theta$$

Além disso, se o ângulo de impedância θ de uma carga for positivo, então a potência reativa consumida pela carga será positiva (Equação 1-65) e diremos que a carga consome potência ativa e também potência reativa da fonte.

Por outro lado, uma carga capacitiva (Figura 1-32) tem um ângulo de impedância θ negativo, já que a reatância de um capacitor é negativa. Se o ângulo de impedância θ de uma carga for negativo, então o ângulo de fase da corrente que cir-

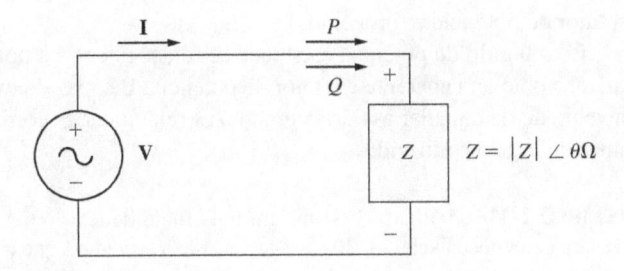

FIGURA 1-31
Uma carga indutiva tem um ângulo de impedância θ *positivo*. Essa carga produz uma corrente *atrasada* e consome uma potência ativa P e também uma potência reativa Q da fonte.

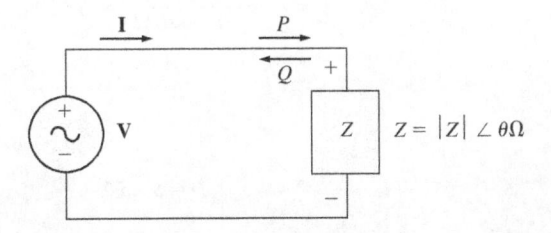

FIGURA 1-32
Uma carga capacitiva tem um ângulo de impedância θ *negativo*. Essa carga produz uma corrente *adiantada* e consome uma potência ativa P da fonte e ao mesmo tempo fornece uma potência reativa Q para a fonte.

cula na carga estará *adiantado* em relação ao ângulo de fase da tensão na carga em θ graus. Além disso, se o ângulo de impedância θ de uma carga for negativo, então a potência reativa Q consumida pela carga será *negativa* (Equação 1-65). Nesse caso, dizemos que a carga está consumindo potência ativa da fonte e fornecendo potência reativa à fonte.

O triângulo de potência

As potências ativa, reativa e aparente fornecidas a uma carga se relacionam entre si pelo *triângulo de potência*. A Figura 1-33 mostra um triângulo de potência. O ângulo no canto inferior esquerdo é o ângulo de impedância θ. O lado adjacente é a potência ativa P fornecida à carga, o lado oposto é a potência reativa Q fornecida à carga e a hipotenusa do triângulo é a potência aparente S da carga.

A quantidade θ é conhecida usualmente como o *fator de potência* de uma carga. O fator de potência é definido como a fração da potência aparente S que está verdadeiramente fornecendo potência ativa a uma carga. Assim,

$$FP = \cos \theta \tag{1-71}$$

em que θ é o ângulo de impedância da carga.

Observe que $\theta = \cos(-\theta)$, de modo que o fator de potência produzido por um ângulo de impedância de $+30°$ é exatamente o mesmo que o fator de potência produzido por um ângulo de impedância de $-30°$. Como não é possível distinguir se uma carga é indutiva ou capacitiva baseando-se apenas no fator de potência, costuma-se dizer também se a corrente está adiantada ou atrasada em relação à tensão sempre que um fator de potência é fornecido.

O triângulo de potência esclarece as relações entre a potência ativa, a potência reativa, a potência aparente e o fator de potência. É capaz de fornecer ainda um modo conveniente de calcular as várias grandezas relacionadas com a potência, quando algumas delas são conhecidas.

EXEMPLO 1-11 A Figura 1-34 mostra uma fonte de tensão CA, que fornece potência a uma carga de impedância $Z = 20\angle -30°$. Calcule a corrente **I** que circula na carga, o fator de potência da carga e as potências ativa, reativa, aparente e complexa que são fornecidas à carga.

Solução
A corrente fornecida a essa carga é

$$\mathbf{I} = \frac{\mathbf{V}}{Z} = \frac{120\angle 0° \text{ V}}{20\angle -30° \text{ Ω}} = 6\angle 30° \text{ A}$$

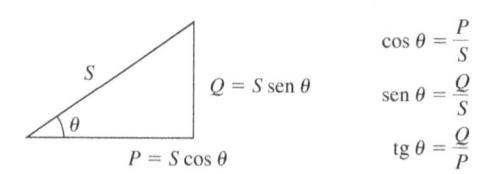

$$\cos \theta = \frac{P}{S}$$
$$\text{sen } \theta = \frac{Q}{S}$$
$$\text{tg } \theta = \frac{Q}{P}$$

$Q = S \text{ sen } \theta$
$P = S \cos \theta$

FIGURA 1-33
O triângulo de potência.

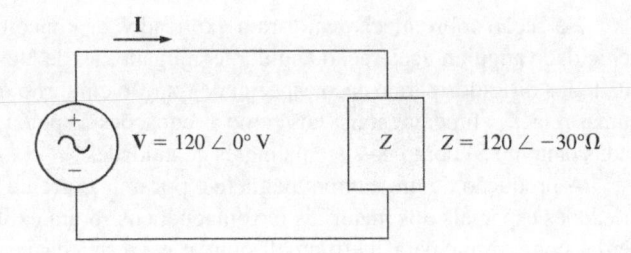

FIGURA 1-34
Circuito do Exemplo 1-11.

O fator de potência da carga é

$$FP = \cos \theta = \cos(-30°) = 0,866 \text{ adiantado} \qquad (1\text{-}71)$$

(Observe que essa carga é capacitiva, de modo que o ângulo de impedância θ é negativo e a corrente está *adiantada* em relação à tensão.)

A potência ativa fornecida à carga é

$$P = VI \cos \theta \qquad (1\text{-}60)$$
$$P = (120 \text{ V})(6 \text{ A}) \cos(-30°) = 623,5 \text{ W}$$

A potência reativa fornecida à carga é

$$Q = VI \operatorname{sen} \theta \qquad (1\text{-}61)$$
$$Q = (120 \text{ V})(6 \text{ A}) \operatorname{sen}(-30°) = -360 \text{ var}$$

A potência aparente fornecida à carga é

$$S = VI \qquad (1\text{-}62)$$
$$Q = (120 \text{ V})(6 \text{ A}) = 720 \text{ VA}$$

A potência complexa fornecida à carga é

$$\mathbf{S} = \mathbf{V}\mathbf{I}^*$$
$$= (120\angle 0° \text{ V})(6\angle -30° \text{ A})^*$$
$$= (120\angle 0° \text{ V})(6\angle 30° \text{ A}) = 720\angle 30° \text{ VA}$$
$$= 623,5 - j360 \text{ VA}$$

1.10 SÍNTESE DO CAPÍTULO

Este capítulo fez uma breve revisão de mecânica dos sistemas rotativos com um eixo simples e introduziu as fontes e os efeitos dos campos magnéticos que são importantes para compreender os transformadores, os motores e os geradores.

Historicamente, nos países de fala inglesa, o sistema inglês de unidades é usado para medir as grandezas mecânicas associadas às máquinas. Recentemente, as unidades do SI superaram o sistema inglês em quase todos os lugares do mundo, exceto nos Estados Unidos, onde rápidos progressos estão sendo feitos no sentido de adoção do SI. Como o Sistema Internacional está se tornando quase universal, os exemplos deste livro usam em sua maioria (mas não todos) o SI nas medições mecânicas. As grandezas elétricas são sempre medidas em unidades do SI.

Na seção sobre mecânica, foram explicados os conceitos de posição angular, velocidade angular, aceleração angular, conjugado, lei de Newton, trabalho e potência, todos dirigidos para o caso especial de rotação em torno de um eixo simples. Algumas relações fundamentais (tais como as equações de potência e velocidade) foram dadas tanto no SI como no sistema inglês de unidades.

A produção de um campo magnético por uma corrente foi explicada e as propriedades especiais dos materiais ferromagnéticos foram exploradas em detalhe. As perdas por corrente parasita foram discutidas e a forma da curva de magnetização e o conceito de histerese foram explicados em termos da teoria de domínios dos materiais ferromagnéticos.

A lei de Faraday afirma que em uma bobina de fio condutor será gerada uma tensão que é proporcional à taxa de variação do fluxo que atravessa a bobina. A lei de Faraday é o fundamento da denominada ação de transformador, que será explorada em detalhe no Capítulo 3.

Se um fio condutor de corrente estiver movendo-se dentro de um campo magnético com a orientação adequada, então haverá uma força induzida nele. Esse comportamento é a base da denominada ação de motor que ocorre em todas as máquinas reais.

Um condutor movendo-se através de um campo magnético, na orientação adequada, terá uma tensão induzida nele. Esse comportamento é o fundamento da denominada ação de gerador que ocorre em todas as máquinas reais.

Muitos dos atributos dos motores e geradores reais são ilustrados por uma máquina linear CC simples, a qual consiste em uma barra que se move no interior de um campo magnético. Quando uma carga é submetida à barra, a velocidade diminui e a máquina passa a operar como um motor, convertendo energia elétrica em energia mecânica. Quando uma força puxa a barra mais rapidamente do que quando em regime permanente sem carga, a máquina passa a atuar como um gerador, convertendo energia mecânica em energia elétrica.

Em um circuito CA, a potência ativa P é a potência média fornecida por uma fonte para a carga. A potência reativa Q é a componente da potência que é trocada alternadamente entre uma fonte e uma carga. Por convenção, potência reativa positiva é consumida por cargas indutivas ($+\theta$) e potência reativa negativa é consumida (ou potência reativa positiva é fornecida) por cargas capacitivas ($-\theta$). A potência aparente S é a potência que "parece" ser fornecida à carga se forem considerados somente os módulos das tensões e correntes.

PERGUNTAS

1.1 O que é conjugado? Que papel desempenha o conjugado no movimento rotativo das máquinas?

1.2 O que é a lei de Ampère?

1.3 O que é intensidade de campo magnético? O que é densidade de fluxo magnético? Como essas grandezas relacionam-se entre si?

1.4 Como o conceito de circuito magnético pode auxiliar no projeto de núcleos de transformadores e máquinas?

1.5 O que é relutância?

1.6 O que é material ferromagnético? Por que a permeabilidade dos materiais ferromagnéticos é tão elevada?

1.7 Como a permeabilidade relativa de um material ferromagnético varia com a força magnetomotriz?

1.8 O que é histerese? Explique a histerese em termos da teoria dos domínios magnéticos.

1.9 O que são perdas por corrente parasita? O que pode ser feito para minimizar as perdas por corrente parasita em um núcleo?

1.10 Por que todos os núcleos submetidos a variações CA de fluxo são laminados?

1.11 O que é a lei de Faraday?

1.12 Que condições são necessárias para que um campo magnético produza força em um fio condutor?

1.13 Que condições são necessárias para que um campo magnético produza tensão em um fio?

1.14 Por que a máquina linear é um bom exemplo do comportamento observado em máquinas CC reais?

1.15 A máquina linear da Figura 1-19 opera em regime permanente. O que aconteceria à barra se a tensão da bateria fosse aumentada? Explique com detalhes.

1.16 Exatamente de que forma uma diminuição de fluxo produz aumento de velocidade em uma máquina linear?

1.17 A corrente estará adiantada ou atrasada em relação à tensão em uma carga indutiva? A potência reativa da carga será positiva ou negativa?

1.18 O que são potências ativa, reativa e aparente? Em que unidades elas são medidas? Como elas se relacionam entre si?

1.19 O que é o fator de potência?

PROBLEMAS

1.1 O eixo de um motor está girando a uma velocidade de 1800 rpm. Qual é a velocidade do eixo em radianos por segundo?

1.2 Um volante com um momento de inércia de 4 kg • m² está inicialmente em repouso. Se um conjugado de 6 N • m (anti-horário) for aplicado repentinamente ao volante, qual será a velocidade do volante após 5 s? Expresse essa velocidade em radianos por segundo e em rotações por minuto.

1.3 Uma força de 10 N é aplicada a um cilindro de raio $r = 0,15$ m, como mostrado na Figura P1-1. O momento de inércia desse cilindro é $J = 4$ kg • m². Quais são o valor e o sentido do conjugado produzido no cilindro? Qual é a aceleração angular α do cilindro?

$r = 0,15$ m
$J = 4$ kg • m²

30°

r

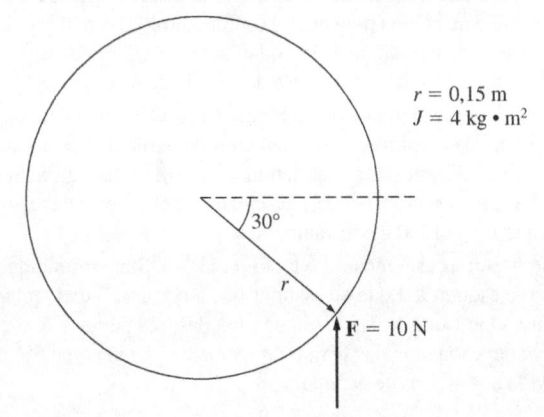

$F = 10$ N

FIGURA P1-1
Cilindro do Problema 1-3.

1.4 Um motor fornece 50 N • m de conjugado para sua carga. Se o eixo do motor estiver girando a 1500 rpm, qual será a potência mecânica fornecida à carga em watts? E em HP?

1.5 A Figura P1-2 mostra um núcleo ferromagnético. A profundidade (para dentro da página) do núcleo é 5 cm. As demais dimensões do núcleo estão mostradas na figura. Encontre o valor da corrente que produzirá um fluxo de 0,005 Wb. Com essa corrente, qual é a densidade do fluxo no lado superior do núcleo? Qual é a densidade do fluxo no lado direito do núcleo? Assuma que a permeabilidade relativa do núcleo é 800.

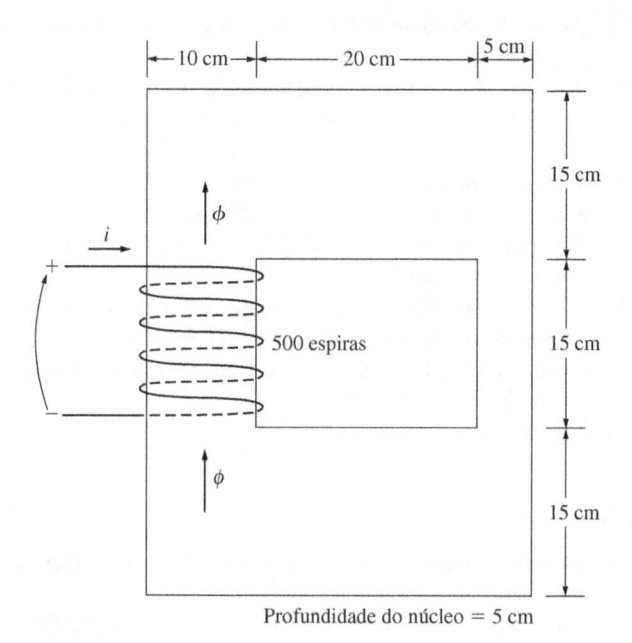

FIGURA P1-2
Núcleo dos Problemas 1-5 e 1-16.

1.6 Um núcleo ferromagnético com uma permeabilidade relativa de 1500 está mostrado na Figura P1-3. As dimensões são as mostradas no diagrama e a profundidade do núcleo é 5 cm. Os entreferros nos lados esquerdo e direito do núcleo são 0,050 cm e 0,070 cm, respectivamente. Devido ao efeito de espraiamento, a área efetiva dos entreferros é 5% maior do que o seu tamanho físico. Se na bobina houver 300 espiras enroladas em torno da perna central do núcleo e se a corrente na bobina for 1,0 A, quais serão os valores de fluxo para as pernas esquerda, central e direita do núcleo? Qual é a densidade de fluxo em cada entreferro?

1.7 Um núcleo de duas pernas está mostrado na Figura P1-4. O enrolamento da perna esquerda do núcleo (N_1) tem 600 espiras e o enrolamento da perna direita do núcleo (N_2) tem 200 espiras. As bobinas são enroladas nos sentidos mostrados na figura. Se as dimensões forem as mostradas, quais serão os fluxos produzidos pelas correntes $i_1 = 0,5$ A e $i_2 = 1,00$ A? Assuma que $\mu r = 1200$ é constante.

1.8 Um núcleo com três pernas está mostrado na Figura P1-5. Sua profundidade é 5 cm e há 100 espiras na perna esquerda. Pode-se assumir que a permeabilidade relativa do núcleo é 2000 e constante. Que fluxo existe em cada uma das três pernas do núcleo? Qual é a densidade de fluxo em cada uma das pernas? Assuma um aumento de 5% na área efetiva do entreferro devido aos efeitos de espraiamento.

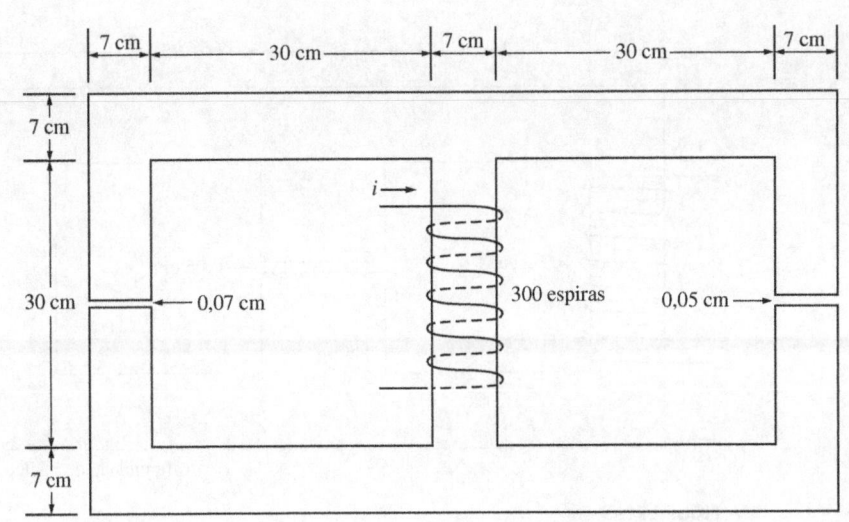

FIGURA P1-3
O núcleo do Problema 1-6.

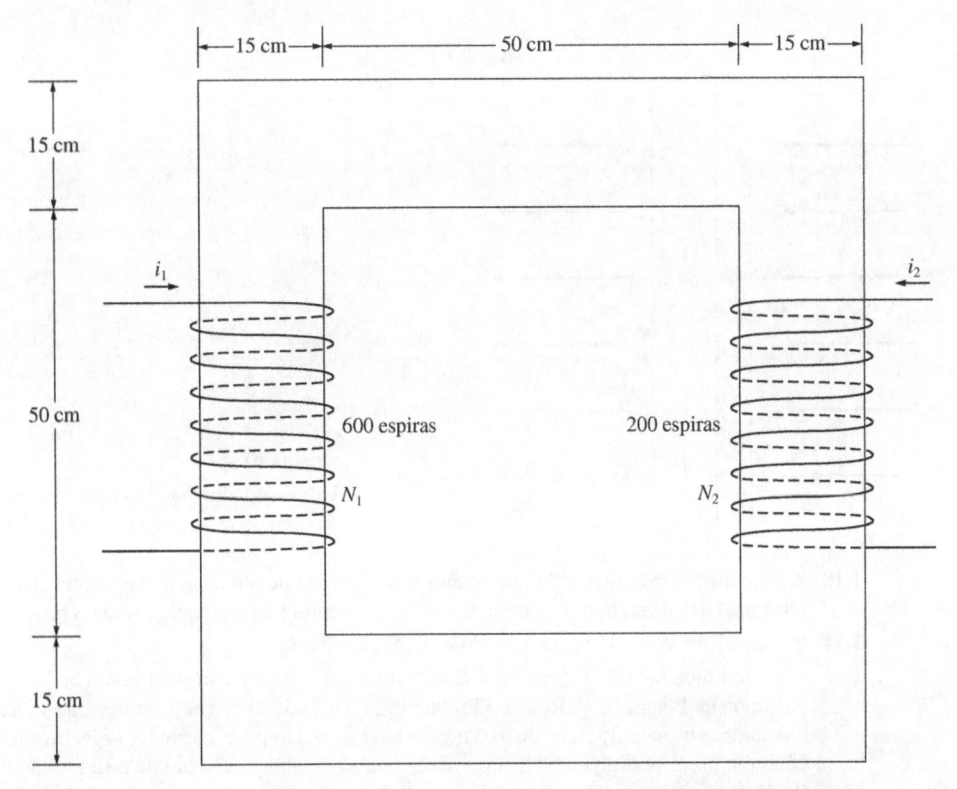

FIGURA P1-4
O núcleo dos Problemas 1-7 e 1-12.

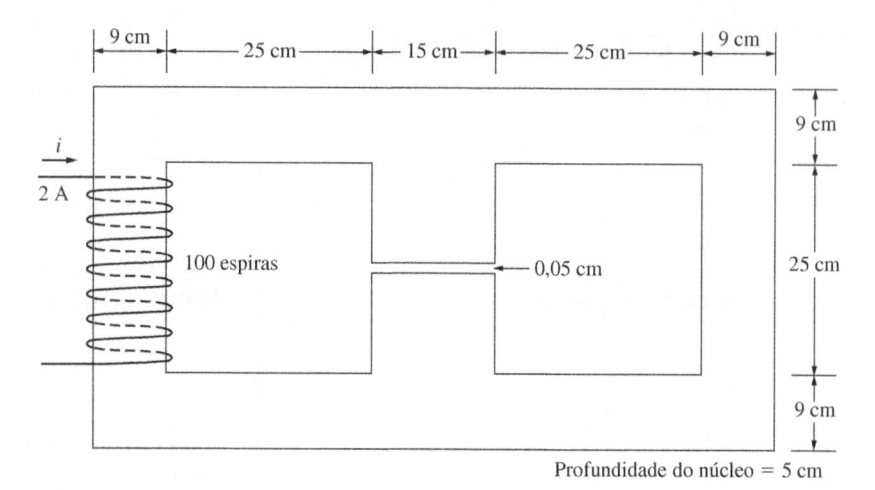

FIGURA P1-5
O núcleo do Problema 1-8.

1.9 A Figura P1-6 mostra um fio que conduz 2,0 A na presença de um campo magnético. Calcule o valor e o sentido da força induzida no fio.

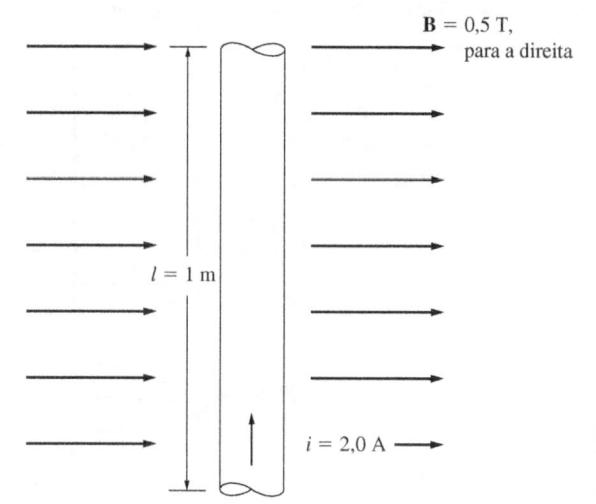

FIGURA P1-6
Um fio conduzindo uma corrente em um campo magnético (Problema 1-9).

1.10 A Figura P1-7 mostra um fio que se move na presença de um campo magnético. Com a informação dada na figura, determine o valor e o sentido da tensão induzida no fio.
1.11 Repita o Problema 1-10 para o condutor da Figura P1-8.
1.12 O núcleo mostrado na Figura P1-4 é feito de um aço cuja curva de magnetização está mostrada na Figura P1-9. Repita o Problema 1-7, mas desta vez *não* assuma que μ_r tem um valor constante. Quanto fluxo é produzido no núcleo pelas correntes especificadas? Qual é a permeabilidade relativa do núcleo nessas condições? Foi boa a suposição do Problema 1-7 de que a permeabilidade relativa era igual a 1200 para essas condições? Em termos gerais, ela é uma boa suposição?

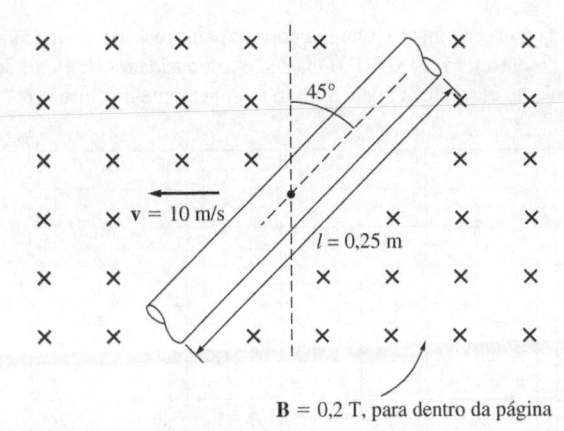

FIGURA P1-7
Um fio movendo-se em um campo magnético (Problema 1-10).

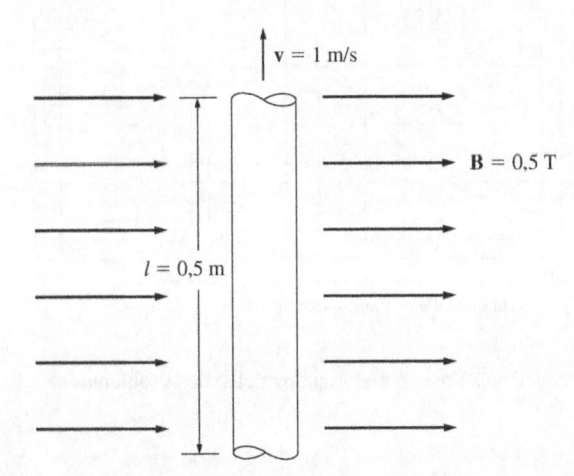

B = 0,2 T, para dentro da página

FIGURA P1-8
Um condutor movendo-se em um campo magnético (Problema 1-11).

1.13 Um núcleo com três pernas é mostrado na Figura P1-10. Sua profundidade é 5 cm e há 400 espiras na perna central. As demais dimensões estão mostradas na figura. O núcleo é composto de um aço cuja curva de magnetização está mostrada na Figura 1-10c. Responda às seguintes perguntas sobre esse núcleo:

(a) Que corrente é necessária para produzir uma densidade de fluxo de 0,5 T na perna central do núcleo?

(b) Que corrente é necessária para produzir uma densidade de fluxo de 1,0 T na perna central do núcleo? Essa corrente é o dobro da corrente da parte *(a)*?

(c) Quais são as relutâncias das pernas central e direita do núcleo para as condições da parte *(a)*?

(d) Quais são as relutâncias das pernas central e direita do núcleo para as condições da parte *(b)*?

(e) A que conclusões você pode chegar a respeito das relutâncias dos núcleos magnéticos reais?

1.14 Um núcleo magnético de duas pernas e um entreferro está mostrado na Figura P1-11. A profundidade do núcleo é 5 cm, o comprimento do entreferro do núcleo é 0,05 cm e o número de espiras no núcleo é 1.000. A curva de magnetização do material do núcleo está mostrada na Figura P1-9. Assuma um incremento de 5% na área efetiva do entreferro para compensar o espraiamento. Quanta corrente é necessária para produzir uma densidade de fluxo no entreferro de 0,5 T? Quais são as densidades de fluxo dos quatro lados no núcleo com essa corrente? Qual é o fluxo total presente no entreferro?

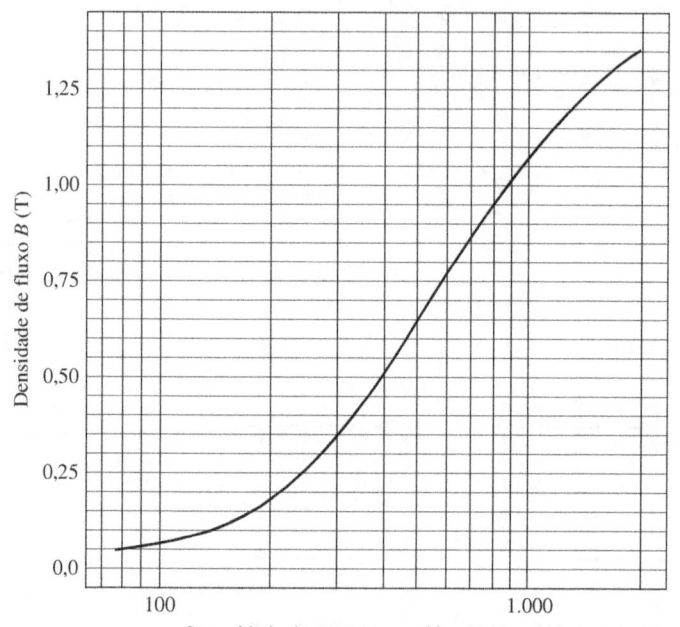

FIGURA P1-9
A curva de magnetização para o material do núcleo dos Problemas 1-12 e 1-14.

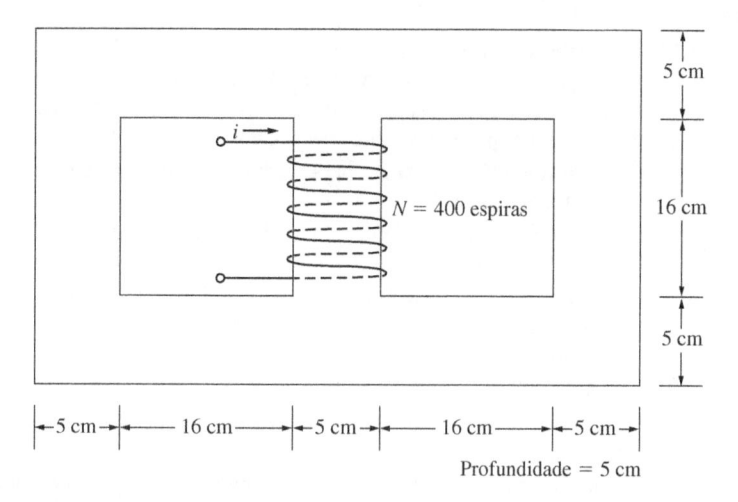

FIGURA P1-10
O núcleo do Problema 1-13.

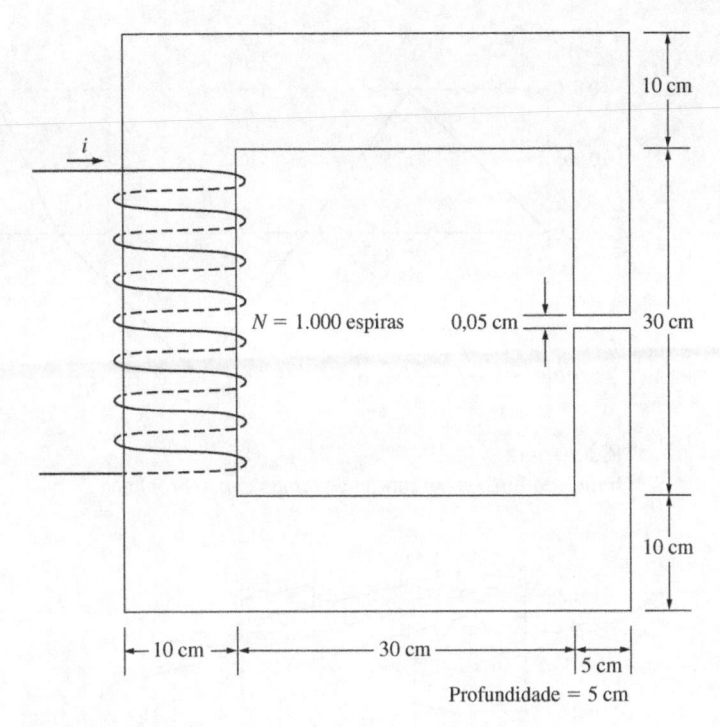

FIGURA P1-11
O núcleo do Problema 1-14.

1.15 Um núcleo de transformador com comprimento efetivo de caminho médio de 6 pol (polegadas) tem uma bobina de 200 espiras enrolada em torno de uma perna. A área de sua seção reta é 0,25 pol² (polegadas quadradas) e sua curva de magnetização é mostrada na Figura 1-10c. Se uma corrente de 0,3 A estiver circulando na bobina, qual será o fluxo total no núcleo? Qual é a densidade de fluxo?

1.16 O núcleo mostrado na Figura P1-2 tem o fluxo ϕ mostrado na Figura P1-12. Faça um gráfico da tensão presente nos terminais da bobina.

1.17 A Figura P1-13 mostra o núcleo de um motor CC simples. A curva de magnetização do metal desse núcleo está na Figura 1-10c e d. Assuma que a área da seção reta de cada entreferro seja 18 cm² e que a largura de cada entreferro é 0,05 cm. O diâmetro efetivo do núcleo do rotor é 5 cm.

 (a) Queremos construir uma máquina com densidade de fluxo tão grande quanto possível e ao mesmo tempo evitar a saturação excessiva no núcleo. O que seria uma densidade de fluxo máxima razoável para esse núcleo?
 (b) Qual seria o fluxo total no núcleo para a densidade de fluxo da parte (a)?
 (c) A corrente de campo máxima possível para essa máquina é 1 A. Determine um número razoável de espiras de fio para fornecer a densidade de fluxo desejada e ao mesmo tempo não exceder a corrente máxima disponível.

1.18 Assuma que a tensão aplicada à carga é $\mathbf{V} = 208\angle -30°$ V e que a corrente que circula na carga é $\mathbf{I} = 2\angle 20°$ A.
 (a) Calcule a potência complexa $\mathbf{S}$ consumida por essa carga.
 (b) Essa carga é indutiva ou capacitiva?
 (c) Calcule o fator de potência dessa carga.

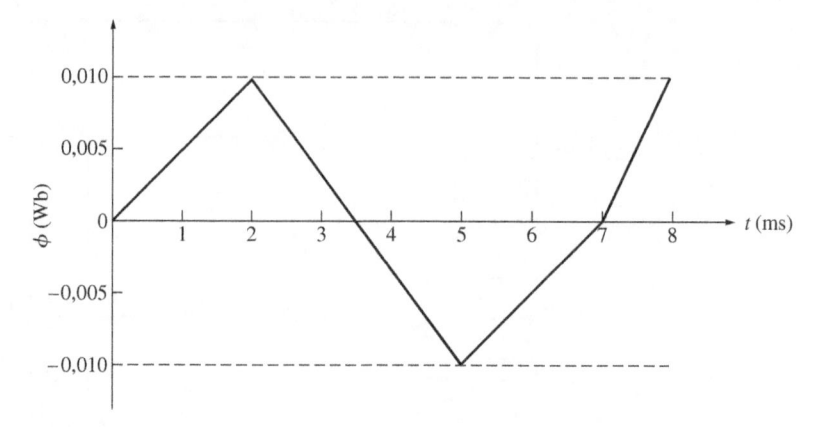

FIGURA P1-12
Gráfico do fluxo ϕ em função do tempo para o Problema 1-16.

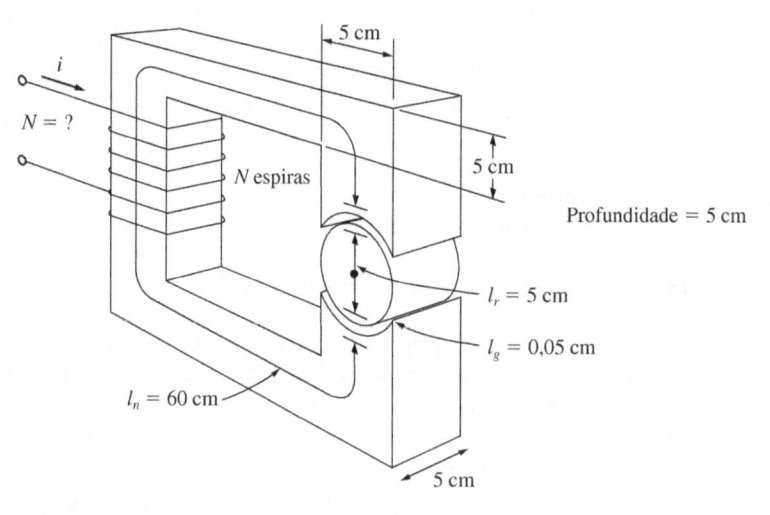

FIGURA P1-13
O núcleo do Problema 1-17.

1.19 A Figura P1-14 mostra um sistema de potência CA monofásico simples com três cargas. A fonte de tensão é $\mathbf{V} = 240\angle 0°$ V e as impedâncias das três cargas são

$$Z_1 = 10\angle 30° \,\Omega \qquad Z_2 = 10\angle 45° \,\Omega \qquad Z_3 = 10\angle 90° \,\Omega$$

Responda às seguintes questões sobre esse sistema de potência.
(a) Assuma que a chave mostrada na figura está inicialmente aberta. Calcule a corrente **I**, o fator de potência e as potências ativa, reativa e aparente que são fornecidas pela fonte.
(b) Quanta potência ativa, reativa e aparente é consumida por cada carga com a chave aberta?

(c) Agora suponha que a chave mostrada na figura seja fechada. Calcule a corrente **I**, o fator de potência e as potências ativa, reativa e aparente que são fornecidas pela fonte.

(d) Quanta potência ativa, reativa e aparente é consumida por cada carga com a chave fechada?

(e) O que aconteceu com a corrente que fluía da fonte quando a chave foi fechada? Por quê?

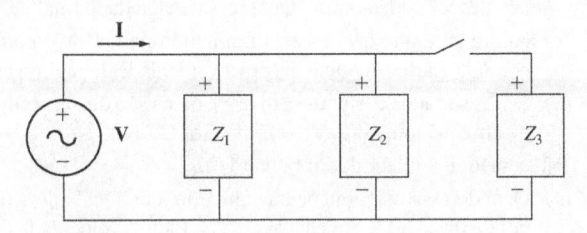

FIGURA P1-14
O circuito do Problema 1-19.

1.20 Demonstre que a Equação (1-59) pode ser obtida da Equação (1-58) usando identidades trigonométricas simples.

$$p(t) = v(t)i(t) = 2VI \cos \omega t \cos(\omega t - \theta) \quad (1\text{-}58)$$

$$p(t) = VI \cos \theta \, (1 + \cos 2\omega t) + VI \sin \theta \sin 2\omega t \quad (1\text{-}59)$$

Sugestão: As seguintes identidades serão úteis:

$$\cos \alpha \cos \beta = \frac{1}{2}[\cos(\alpha - \beta) + \cos(\alpha + \beta)]$$
$$\cos(\alpha - \beta) = \cos \alpha \cos \beta + \sin \alpha \sin \beta$$

1.21 A máquina linear mostrada na Figura P1-15 tem uma densidade de fluxo magnético de 0,5 T para dentro da página, uma resistência de 0,25 Ω, um comprimento de barra de $l = 1{,}0$ m e uma tensão de bateria de 100 V.

(a) Qual é a força inicial na barra durante a partida? Qual é o fluxo de corrente inicial?

(b) Qual é a velocidade de regime permanente sem carga da barra?

(c) Se a barra for carregada com uma força de 25 N em oposição ao sentido do movimento, qual é a nova velocidade de regime permanente? Qual é a eficiência da máquina nessas circunstâncias?

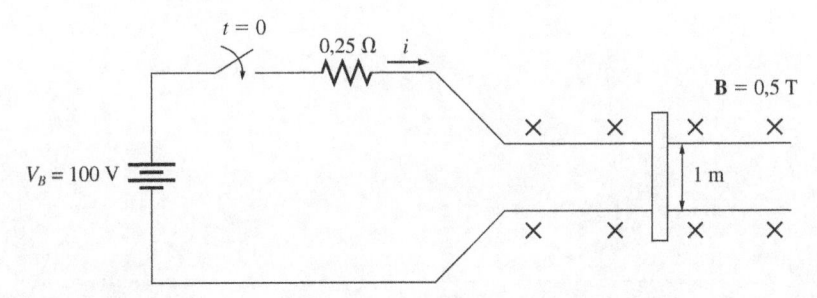

FIGURA P1-15
A máquina linear do Problema 1-21.

1.22 Uma máquina linear tem as seguintes características:

$\mathbf{B} = 0{,}5$ T para dentro da página $R = 0{,}25\ \Omega$

$l = 0{,}5$ m $V_B = 120$ V

(a) Se uma carga de 20 N por aplicada a essa barra, opondo-se ao sentido do movimento, qual será a velocidade de regime permanente da barra?

(b) Se a barra deslocar-se até uma região onde a densidade de fluxo cai para 0,45 T, que acontecerá com a barra? Qual será a velocidade final de regime permanente?

(c) Agora suponha que V_B seja diminuída para 100 V com tudo mais permanecendo como na parte (b). Qual é a nova velocidade de regime permanente da barra?

(d) Dos resultados das partes (b) e (c), quais são dois métodos de controlar a velocidade de uma máquina linear (ou um motor CC real)?

1.23 Para a máquina linear do Problema 1-22:

(a) Quando essa máquina opera como um motor, calcule a velocidade da barra para cargas de 0 N a 30 N em passos de 5 N. Plote a velocidade da barra em função da carga.

(b) Assuma que o motor está funcionando com uma carga de 30 N. Calcule e plote a velocidade da barra para as densidade de fluxo magnético de 0,3 T a 0,5 T em passos de 0,05 T.

(c) Assuma que o motor funciona em condições de ausência de carga (a vazio) com uma densidade de fluxo de 0,5 T. Qual é a velocidade da barra? Agora aplique uma carga de 30 N à barra. Qual é a nova velocidade da barra? *Que valor de densidade de fluxo seria necessário* para fazer com que a velocidade da barra com carga fosse a mesma que ela tinha quando sem carga?

REFERÊNCIAS

1. Alexander, Charles K., and Matthew N. O. Sadiku: *Fundamentals of Electric Circuits*, 4th ed., Mc-Graw-Hill, New York, 2008.
2. Beer, F., and E. Johnston, Jr.: *Vector Mechanics for Engineers: Dynamics*, 7th ed., McGraw-Hill, New York, 2004.
3. Hayt, William H.: *Engineering Electromagnetics*, 5th ed., McGraw-Hill, New York, 1989.
4. Mulligan, J. F.: *Introductory College Physics*, 2nd ed., McGraw-Hill, New York, 1991.
5. Sears, Francis W., Mark W. Zemansky, and Hugh D. Young: *University Physics*, Addison-Wesley, Reading, Mass., 1982.

capítulo

2

Transformadores

OBJETIVOS DE APRENDIZAGEM

- Compreender a finalidade de um transformador em um sistema de potência.
- Conhecer as relações de tensão, corrente e impedância nos enrolamentos de um transformador ideal.
- Compreender como os transformadores reais aproximam-se do funcionamento de um transformador ideal.
- Ser capaz de explicar como as perdas no cobre, o fluxo de dispersão, a histerese e as correntes parasitas são modeladas nos circuitos equivalentes de transformador.
- Usar um circuito equivalente de transformador para encontrar as transformações de tensão e corrente em um transformador.
- Ser capaz de calcular as perdas e a eficiência de um transformador.
- Ser capaz de deduzir o circuito equivalente de um transformador a partir de medidas.
- Compreender o sistema por unidade de medidas.
- Ser capaz de calcular a regulação de tensão de um transformador.
- Compreender o autotransformador.
- Compreender os transformadores trifásicos, incluindo casos especiais em que apenas dois transformadores são usados.
- Compreender as especificações nominais de um transformador.
- Compreender os transformadores de instrumentação – transformadores de potencial e transformadores de corrente.

Um *transformador* é um dispositivo que converte, por meio da ação de um campo magnético, a energia elétrica CA de uma dada frequência e nível de tensão em energia elétrica CA de mesma frequência, mas outro nível de tensão. Ele consiste em duas ou mais bobinas de fio enroladas em torno de um núcleo ferromagnético comum. Essas bobinas (usualmente) não estão conectadas diretamente entre si. A única conexão entre as bobinas é o fluxo magnético comum presente dentro do núcleo.

Um dos enrolamentos do transformador é ligado a uma fonte de energia elétrica CA e o segundo (e possivelmente um terceiro) enrolamento do transformador fornece energia às cargas. O enrolamento do transformador ligado à fonte de energia é denominado *enrolamento primário* ou *enrolamento de entrada* e o enrolamento conectado às cargas é denominado *enrolamento secundário* ou *enrolamento de saída*. Se houver um terceiro enrolamento, ele será denominado *enrolamento terciário*.

2.1 POR QUE OS TRANSFORMADORES SÃO IMPORTANTES À VIDA MODERNA?

O primeiro sistema de distribuição de energia elétrica dos Estados Unidos foi um sistema CC de 120 V inventado por Thomas A. Edison para fornecer energia a lâmpadas incandescentes. A primeira estação geradora de energia elétrica de Edison entrou em operação na cidade de Nova York em setembro de 1882. Infelizmente, seu sistema gerava e transmitia energia elétrica com tensões tão baixas que se tornavam necessárias correntes muito elevadas para fornecer quantidades significativas de energia. Essas correntes elevadas causavam quedas de tensão e perdas energéticas muito grandes nas linhas de transmissão, restringindo severamente a área de atendimento de uma estação geradora. Na década de 1880, as usinas geradoras estavam localizadas a poucos quarteirões umas das outras para superar esse problema. O fato de que, usando

FIGURA 2-1
O primeiro transformador moderno prático, construído por William Stanley em 1885. Observe que o núcleo é constituído de chapas individuais de metal (lâminas). (*Cortesia da General Electric Company.*)

sistemas de energia CC de baixa tensão, a energia não podia ser transmitida para longe significava que as usinas geradoras deveriam ser pequenas e localizadas pontualmente sendo, portanto, relativamente ineficientes.

A invenção do transformador e o desenvolvimento simultâneo de estações geradoras de energia CA eliminaram para sempre essas restrições de alcance e de capacidade dos sistemas de energia elétrica. Idealmente, um transformador converte um nível de tensão CA em outro nível de tensão sem afetar a potência elétrica real fornecida. Se um transformador elevar o nível de tensão de um circuito, ele deverá diminuir a corrente para manter a potência que chega ao dispositivo igual à potência que o deixa. Portanto, a energia elétrica CA pode ser gerada em um local centralizado, em seguida sua tensão é elevada para ser transmitida a longa distância, com perdas muito baixas, e finalmente sua tensão é abaixada novamente para seu uso final. Em um sistema de energia elétrica, as perdas de transmissão são proporcionais ao quadrado da corrente que circula nas linhas. Desse modo, usando transformadores, uma elevação da tensão de transmissão por um fator de 10 permitirá reduzir as perdas de transmissão elétrica em 100 vezes devido à redução das correntes de transmissão pelo mesmo fator. Sem o transformador, simplesmente não seria possível usar a energia elétrica em muitas das formas em que é utilizada hoje.

Em um sistema moderno de energia elétrica, a energia é gerada com tensões de 12 a 25 kV. Os transformadores elevam a tensão a um nível entre 110 kV e aproximadamente 1.000 kV para realizar a transmissão a longa distância com perdas muito baixas. Então, os transformadores abaixam a tensão para a faixa de 12 a 34,5 kV para fazer a distribuição local e finalmente permitir que a energia elétrica seja usada de forma segura em lares, escritórios e fábricas com tensões tão baixas quanto 120 V.

2.2 TIPOS E CONSTRUÇÃO DE TRANSFORMADORES

A finalidade principal de um transformador é a de converter a potência elétrica CA de um nível de tensão em potência elétrica CA de mesma frequência e outro nível de tensão. Os transformadores também são usados para outros propósitos (por exemplo, amostragem de tensão, amostragem de corrente e transformação de impedância). Contudo, este capítulo será dedicado primariamente ao transformador de potência.

Os transformadores de potência são construídos com um núcleo que pode ser de dois tipos. Um deles consiste em um bloco retangular laminado simples de aço com os enrolamentos do transformador envolvendo dois lados do retângulo. Esse tipo de construção é conhecido como *núcleo envolvido* e está ilustrado na Figura 2-2. O outro tipo consiste em um núcleo laminado de três pernas com os enrolamentos envolvendo a perna central. Esse tipo de construção é conhecido como *núcleo envolvente* e está ilustrado na Figura 2-3. Em ambos os casos, o núcleo é construído com lâminas ou chapas delgadas, eletricamente isoladas entre si para minimizar as correntes parasitas.

Em um transformador real, os enrolamentos primário e secundário envolvem um o outro, sendo o enrolamento de baixa tensão o mais interno. Essa disposição atende a dois propósitos:

1. Simplifica o problema de isolar o enrolamento de alta tensão do núcleo.
2. Resulta muito menos fluxo de dispersão do que seria o caso se os dois enrolamentos estivessem separados de uma distância no núcleo.

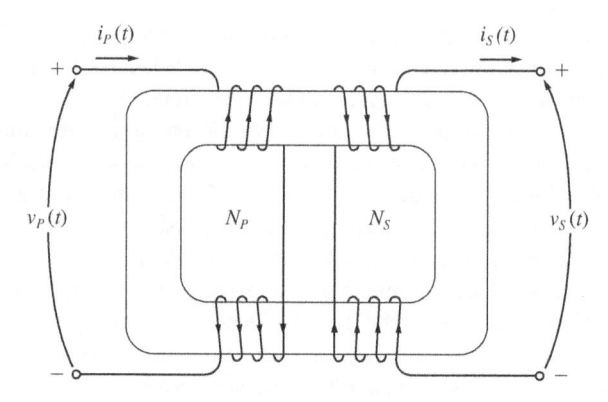

FIGURA 2-2
Construção de transformador do tipo núcleo envolvido.

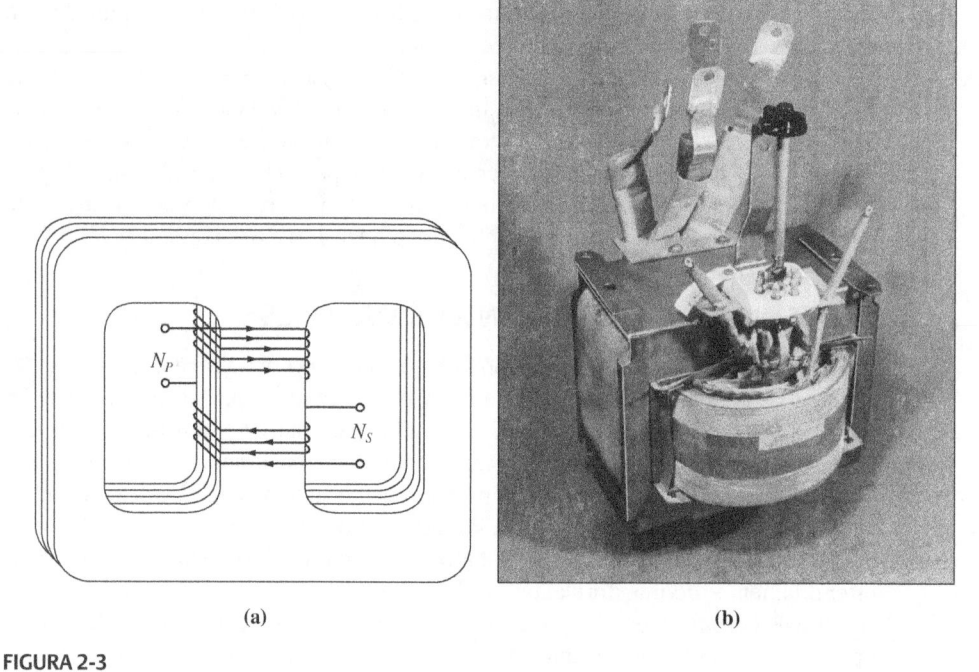

FIGURA 2-3
(a) Construção de transformador do tipo núcleo envolvente. (b) Um típico transformador de núcleo envolvente. (*Cortesia da General Electric Company.*)

Os transformadores de potência recebem diversos nomes, dependendo do uso que é feito nos sistemas de potência elétrica. Um transformador conectado à saída de uma unidade geradora e usado para elevar a tensão até o nível de transmissão (110+ kV) é denominado algumas vezes *transformador da unidade de geração*. Na outra extremidade da linha de transmissão, o denominado *transformador da subestação* abaixa a tensão do nível de transmissão para o nível de distribuição (de 2,3 a 34,5 kV). Finalmente, o transformador que recebe a tensão de distribuição é denominado *transformador de distribuição*. Esse transformador abaixa a tensão de distribuição para o nível final, que é a tensão realmente utilizada (110, 127, 220 V, etc.). Todos esses dispositivos são essencialmente o mesmo – a única diferença entre eles está na finalidade da utilização.

Além dos diversos transformadores de potência, dois transformadores de finalidade especial são usados para medir a tensão e a corrente nas máquinas elétricas e nos sistemas de potência elétrica. O primeiro desses transformadores especiais é um dispositivo especialmente projetado para tomar uma amostra de alta tensão e produzir uma baixa tensão secundária que lhe é diretamente proporcional. Esse transformador é denominado *transformador de potencial*. Um transformador de potência também produz uma tensão secundária diretamente proporcional à sua tensão primária. A diferença entre um transformador de potencial e um de potência é que o transformador de potencial é projetado para trabalhar apenas com uma corrente muito pequena. O segundo tipo de transformador especial é um dispositivo projetado para fornecer uma corrente secundária muito menor do que, mas diretamente proporcional, sua corrente primária. Esse dispositivo é denominado *transformador de corrente*. Esses dois transformadores de finalidade especial serão discutidos em uma seção mais adiante deste capítulo.

2.3 O TRANSFORMADOR IDEAL

Um *transformador ideal* é um dispositivo sem perdas com um enrolamento de entrada e um enrolamento de saída. As relações entre a tensão de entrada e a tensão de saída e entre a corrente de entrada e a corrente de saída são dadas por duas equações simples. A Figura 2-4 mostra um transformador ideal.

O transformador mostrado na Figura 2-4 tem N_P espiras de fio no lado do enrolamento primário e N_S espiras de fio no lado do secundário. A relação entre a tensão $v_P(t)$ aplicada no lado do enrolamento primário do transformador e a tensão $v_S(t)$ produzida no lado do secundário é

$$\boxed{\frac{v_P(t)}{v_S(t)} = \frac{N_P}{N_S} = a} \qquad (2\text{-}1)$$

em que a é definido como a *relação de espiras* ou de *transformação* do transformador:

$$a = \frac{N_P}{N_S} \qquad (2\text{-}2)$$

A relação entre a corrente $i_P(t)$ que entra no lado primário do transformador e a corrente $i_S(t)$ que sai do lado secundário do transformador é

$$\boxed{N_P i_P(t) = N_S i_S(t)} \qquad (2\text{-}3a)$$

ou

$$\boxed{\frac{i_P(t)}{i_S(t)} = \frac{1}{a}} \qquad (2\text{-}3b)$$

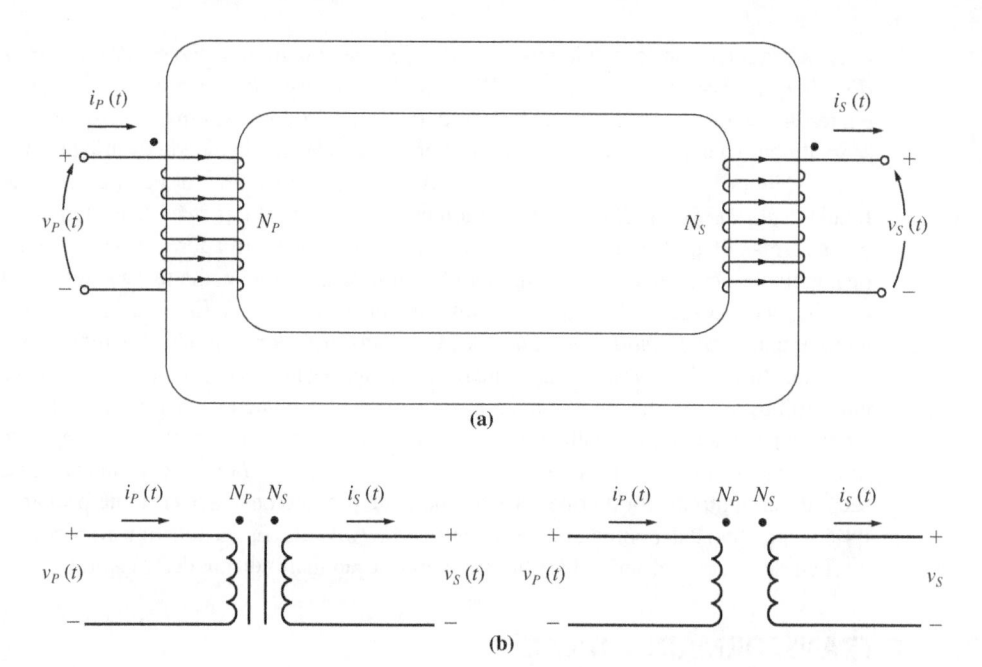

FIGURA 2-4
(a) Desenho esquemático de um transformador ideal. (b) Símbolos esquemáticos de um transformador. Algumas vezes, o núcleo de ferro é mostrado no símbolo e outras vezes, não.

Em termos de grandezas fasoriais, essas equações são

$$\frac{\mathbf{V}_P}{\mathbf{V}_S} = a \quad (2\text{-}4)$$

e

$$\frac{\mathbf{I}_P}{\mathbf{I}_S} = \frac{1}{a} \quad (2\text{-}5)$$

Observe que o ângulo de fase de $\mathbf{V}_P$ é o mesmo que o ângulo de $\mathbf{V}_S$ e o ângulo de fase de $\mathbf{I}_P$ é o mesmo que o ângulo de fase de $\mathbf{I}_S$. A relação de espiras do transformador ideal afeta as *magnitudes* das tensões e correntes, mas não os seus *ângulos*.

As Equações (2-1) a (2-5) descrevem as relações entre as magnitudes e ângulos das tensões e correntes dos lados primários e secundário do transformador, mas elas deixam uma pergunta sem resposta: se fosse dado que a tensão do circuito primário é positiva em um terminal específico da bobina, qual seria a *polaridade* da tensão do circuito secundário? Nos transformadores reais, poderíamos dizer qual seria a polaridade do secundário somente se o transformador fosse aberto e seus enrolamentos examinados. Para evitar essa necessidade, os transformadores utilizam a *convenção do ponto* ou *da marca*. Os pontos (pequenas marcas circulares) que aparecem em uma das terminações de cada enrolamento da Figura 2-4 indicam a polaridade da tensão e da corrente no lado do enrolamento secundário do transformador. A relação é a que segue:

1. Se a *tensão* primária for positiva no terminal com ponto (marca) do enrolamento, em relação ao terminal sem ponto, então a tensão secundária também será positiva no terminal com ponto. As polaridades de tensão são as mesmas em relação aos pontos de cada lado do núcleo.
2. Se a *corrente* primária do transformador fluir para *dentro* do terminal com ponto no enrolamento primário, então a corrente secundária fluirá para *fora* do terminal com ponto no enrolamento secundário.

O significado físico da convenção do ponto e a razão pela qual as polaridades comportam-se dessa forma serão explicadas na Seção 2.4, que trata do transformador real.

Potência em um transformador ideal

A potência ativa de entrada $P_{entrada}$ fornecida ao transformador pelo circuito primário é dada pela equação

$$P_{entrada} = V_P I_P \cos \theta_P \qquad (2\text{-}6)$$

em que θ_P é o ângulo entre a tensão primária e a corrente primária. A potência ativa $P_{saída}$ fornecida pelo circuito secundário do transformador à sua carga é dada pela equação

$$P_{saída} = V_S I_S \cos \theta_S \qquad (2\text{-}7)$$

em que θ_S é o ângulo entre a tensão secundária e a corrente secundária. Como em um transformador ideal os ângulos entre tensão e corrente não são afetados, então temos $\theta_P = \theta_S = \theta$. Os enrolamentos primário e secundário de um transformador ideal têm o *mesmo fator de potência*.

De que forma a potência que entra no circuito primário do transformador compara-se com a potência que sai pelo outro lado? Isso pode ser obtido através de uma aplicação simples das equações de tensão e corrente [Equações (2-4) e (2-5)]. A potência de saída é

$$P_{saída} = V_S I_S \cos \theta \qquad (2\text{-}8)$$

Aplicando as equações que envolvem a relação de espiras, obtemos $V_S = V_P/a$ e $I_S = aI_P$, de modo que

$$P_{saída} = \frac{V_P}{a}(aI_P) \cos \theta$$

$$P_{saída} = V_P I_P \cos \theta = P_{entrada} \qquad (2\text{-}9)$$

Portanto, *a potência de saída de um transformador ideal é igual à sua potência de entrada*.

A mesma relação aplica-se à potência reativa Q e à potência aparente S:

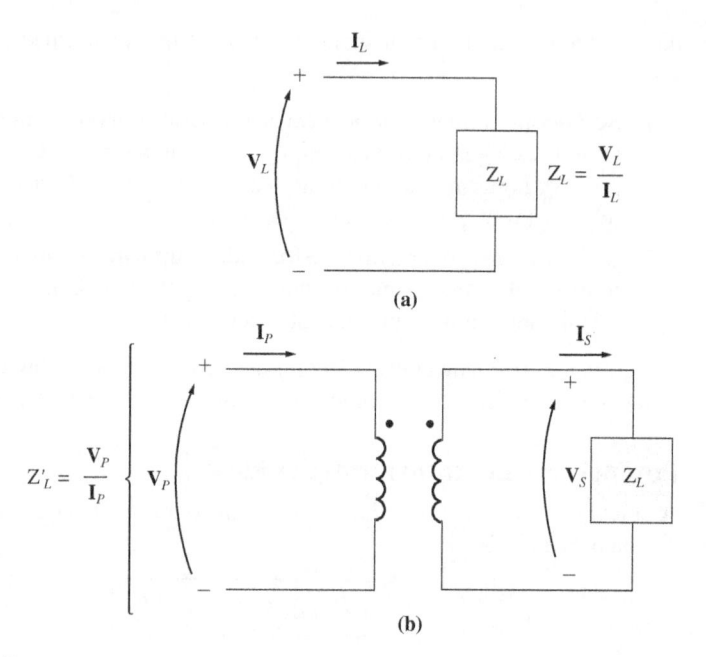

FIGURA 2-5
(a) Definição de impedância. (b) Alteração de impedância em um transformador.

$$Q_{\text{entrada}} = V_P I_P \operatorname{sen} \theta = V_S I_S \operatorname{sen} \theta = Q_{\text{saída}} \qquad (2\text{-}10)$$

e

$$S_{\text{entrada}} = V_P I_P = V_S I_S = S_{\text{saída}} \qquad (2\text{-}11)$$

Transformação de impedância em um transformador

A *impedância* de um dispositivo ou de um elemento de circuito é definida como a razão entre a tensão fasorial no dispositivo e a corrente fasorial que está através dele:

$$Z_L = \frac{\mathbf{V}_L}{\mathbf{I}_L} \qquad (2\text{-}12)$$

Uma das propriedades interessantes de um transformador é que, como ele altera os níveis de tensão e corrente, ele altera também a *razão* entre a tensão e a corrente e, portanto, a impedância aparente de um elemento. Para entender essa ideia, consulte a Figura 2-5. Se a corrente secundária for denominada $\mathbf{I}_S$ e a tensão secundária, $\mathbf{V}_S$, então a impedância da carga é dada por*

$$Z_L = \frac{\mathbf{V}_S}{\mathbf{I}_S} \qquad (2\text{-}13)$$

---

* N. de T.: Nestas equações, o índice L indica carga, vindo do inglês *Load* (Carga).

A impedância aparente do circuito primário do transformador é

$$Z'_L = \frac{V_P}{I_P} \tag{2-14}$$

Como a tensão primária pode ser expressa como

$$V_P = aV_S$$

e a corrente primária pode ser expressa como

$$I_P = \frac{I_S}{a}$$

então, a impedância aparente do primário é

$$Z'_L = \frac{V_P}{I_P} = \frac{aV_S}{I_S/a} = a^2 \frac{V_S}{I_S}$$

$$\boxed{Z'_L = a^2 Z_L} \tag{2-15}$$

Por meio de um transformador, é possível casar a impedância da carga com a impedância da fonte simplesmente usando a relação de espiras adequada.

Análise dos circuitos que contêm transformadores ideais

Se um circuito contiver um transformador ideal, o modo mais simples de analisar o circuito em relação a suas tensões e correntes será substituir a parte do circuito de um dos lados do transformador por um circuito equivalente que tenha as mesmas características de terminais. Depois que um lado foi substituído pelo circuito equivalente, o novo circuito (sem a presença do transformador) pode ser resolvido em relação a suas tensões e correntes. Na parte do circuito que não foi substituída, as soluções obtidas serão os valores corretos de tensão e corrente do circuito original. A seguir, a relação de espiras do transformador poderá ser usada para determinar as tensões e correntes no outro lado do transformador. O processo de substituir um lado de um transformador pelo seu equivalente de nível de tensão no outro lado é conhecido como *referir* ou *refletir* o primeiro lado do transformador ao segundo lado.

Como o circuito equivalente é obtido? Sua forma é exatamente a mesma da estrutura do circuito original. Os valores de tensão no lado que está sendo substituído são alterados pela Equação (2-4) e os valores de impedância são alterados pela Equação (2-15). As polaridades das fontes de tensão no circuito equivalente terão os sentidos invertidos em relação ao circuito original se os pontos de um lado dos enrolamentos do transformador estiverem invertidos quando comparados com os pontos no outro lado dos enrolamentos do transformador.

A solução de circuitos que contêm transformadores ideais é ilustrada no exemplo seguinte.

EXEMPLO 2-1 Um sistema de potência monofásico consiste em um gerador de 480 V e 60 Hz alimentando uma carga $Z_{carga} = 4 + j3\ \Omega$ por meio de uma linha de transmissão de impedância $Z_{linha} = 0{,}18 + j0{,}24\ \Omega$. Responda às seguintes perguntas sobre esse sistema.

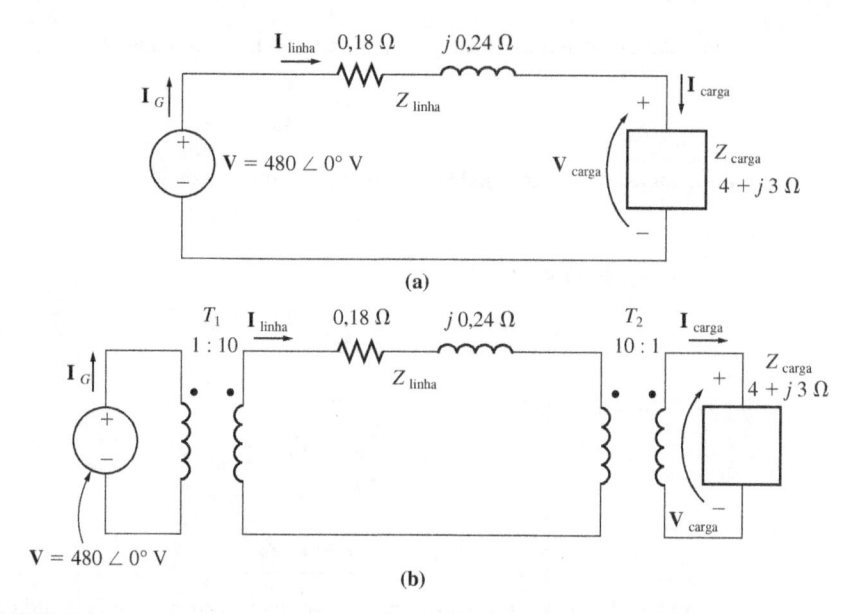

FIGURA 2-6
O sistema de potência do Exemplo 2-1 (a) sem e (b) com transformadores nas extremidades da linha de transmissão.

(a) Se o sistema de potência for exatamente como o recém descrito (e mostrado na Figura 2-6a), qual será a tensão sobre a carga? Quais serão as perdas na linha de transmissão?

(b) Suponha que um transformador elevador de tensão 1:10 seja colocado na extremidade da linha de transmissão que está junto ao gerador. Um outro transformador abaixador 10:1 é colocado na extremidade da linha de transmissão que está junto à carga (como mostrado na Figura 2-6b). Agora, qual será a tensão sobre a carga? Quais serão as perdas na linha de transmissão?

Solução
(a) A Figura 2-6a mostra o sistema de potência sem transformadores. Aqui, temos $\mathbf{I}_G = \mathbf{I}_{linha} = \mathbf{I}_{carga}$. A corrente de linha desse sistema é dada por

$$\mathbf{I}_{linha} = \frac{\mathbf{V}}{Z_{linha} + Z_{carga}}$$

$$= \frac{480\angle 0°\text{ V}}{(0{,}18\text{ }\Omega + j0{,}24\text{ }\Omega) + (4\text{ }\Omega + j3\text{ }\Omega)}$$

$$= \frac{480\angle 0°}{4{,}18 + j3{,}24} = \frac{480\angle 0°}{5{,}29\angle 37{,}8°}$$

$$= 90{,}8\angle -37{,}8°\text{ A}$$

Portanto, a tensão na carga é

$$\mathbf{V}_{linha} = \mathbf{I}_{linha}Z_{carga}$$

$$= (90{,}8\angle -37{,}8°\text{ A})(4\text{ }\Omega + j3\text{ }\Omega)$$

$$= (90{,}8\angle -37{,}8°\text{ A})(5\angle 36{,}9°\text{ }\Omega)$$

$$= 454\angle -0{,}9°\text{ V}$$

e as perdas na linha são

$$P_{perdas} = (I_{linha})^2 R_{linha}$$
$$= (90{,}8 \text{ A})^2 (0{,}18 \text{ }\Omega) = 1.484 \text{ W}$$

(b) A Figura 2-6b mostra o sistema de potência com os transformadores. Para analisar esse sistema, é necessário convertê-lo em um nível de tensão comum. Isso pode ser feito em dois passos:

1. Eliminar o transformador T_2 referindo a carga ao nível de tensão da linha de transmissão.
2. Eliminar o transformador T_1 referindo os elementos da linha de transmissão e a carga equivalente, no nível de tensão de transmissão, ao lado da fonte.

O valor da impedância de carga quando refletida ao nível da tensão do sistema de transmissão é

$$Z'_{carga} = a^2 Z_{carga}$$
$$= \left(\frac{10}{1}\right)^2 (4 \text{ }\Omega + j3 \text{ }\Omega)$$
$$= 400 \text{ }\Omega + j300 \text{ }\Omega$$

A impedância total no nível da linha de transmissão é agora

$$Z_{eq} = Z_{linha} + Z'_{carga}$$
$$= 400{,}18 + j300{,}24 \text{ }\Omega = 500{,}3 \angle 36{,}88° \text{ }\Omega$$

Esse circuito equivalente é mostrado na Figura 2-7a. Agora, a impedância total no nível da linha de transmissão ($Z_{linha} + Z'_{carga}$) está refletida através de T_1 ao nível da tensão da fonte:

$$Z'_{eq} = a^2 Z_{eq}$$
$$= a^2 (Z_{linha} + Z'_{carga})$$
$$= \left(\frac{1}{10}\right)^2 (0{,}18 \text{ }\Omega + j0{,}24 \text{ }\Omega + 400 \text{ }\Omega + j300 \text{ }\Omega)$$
$$= (0{,}0018 \text{ }\Omega + j0{,}0024 \text{ }\Omega + 4 \text{ }\Omega + j3 \text{ }\Omega)$$
$$= 5{,}003 \angle 36{,}88° \text{ }\Omega$$

Observe que $Z''_{carga} = 4 + j3 \text{ }\Omega$ e $Z''_{linha} = 0{,}0018 + j0{,}0024 \text{ }\Omega$. O circuito equivalente resultante está mostrado na Figura 2-7b. A corrente do gerador é

$$I_G = \frac{480 \angle 0° \text{ V}}{5{,}003 \angle 36{,}88° \text{ }\Omega} = 95{,}94 \angle -36{,}88° \text{ A}$$

Conhecendo a corrente I_G, podemos retroceder e encontrar I_{linha} e I_{carga}. Trabalhando de volta através de T_1, obtemos

$$N_{P1} I_G = N_{S1} I_{linha}$$
$$I_{linha} = \frac{N_{P1}}{N_{S1}} I_G$$
$$= \frac{1}{10} (95{,}94 \angle -36{,}88° \text{ A}) = 9{,}594 \angle -36{,}88° \text{ A}$$

FIGURA 2-7
(a) Sistema com a carga referida ao nível de tensão do sistema de transmissão. (b) Sistema com a carga e a linha de transmissão referidas ao nível de tensão do gerador.

Trabalhando de volta através de T_2, obtemos

$$N_{P2}\mathbf{I}_{\text{linha}} = N_{S2}\mathbf{I}_{\text{carga}}$$

$$\mathbf{I}_{\text{carga}} = \frac{N_{P2}}{N_{S2}} \mathbf{I}_{\text{linha}}$$

$$= \frac{10}{1}(9{,}594 \angle -36{,}88° \text{ A}) = 95{,}94 \angle -36{,}88° \text{ A}$$

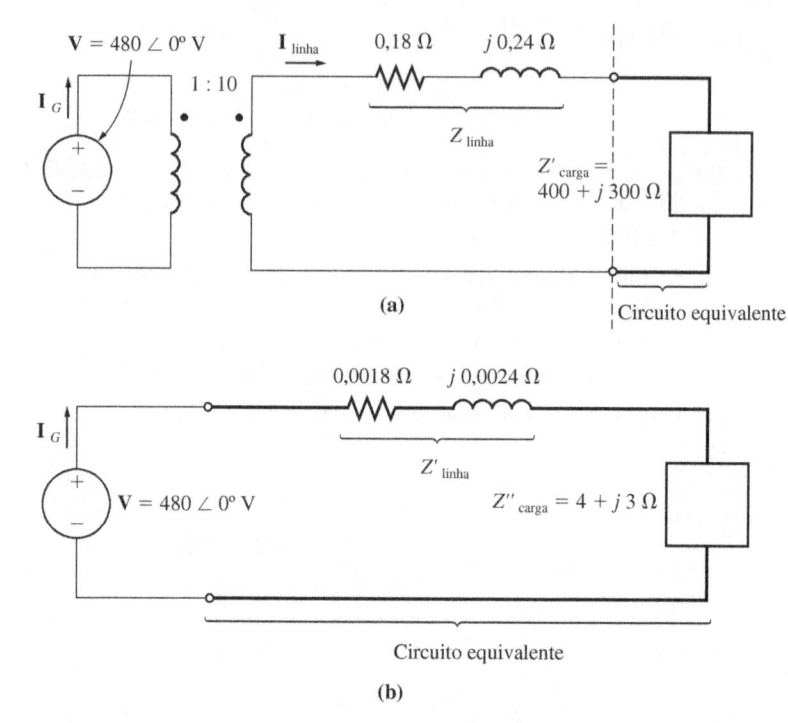

Agora, podemos responder às perguntas feitas originalmente. A tensão sobre a carga é dada por

$$\mathbf{V}_{\text{carga}} = \mathbf{I}_{\text{carga}} Z_{\text{carga}}$$

$$= (95{,}94 \angle -36{,}88° \text{ A})(5 \angle 36{,}87° \text{ Ω})$$

$$= 479{,}7 \angle -0{,}01° \text{ V}$$

e as perdas na linha serão dadas por

$$P_{\text{perdas}} = (I_{\text{linha}})^2 R_{\text{linha}}$$

$$= (9{,}594 \text{ A})^2 (0{,}18 \text{ Ω}) = 16{,}7 \text{ W}$$

Observe que a elevação da tensão de transmissão do sistema de potência reduziu as perdas de transmissão em aproximadamente 90 vezes! Além disso, a tensão na carga caiu muito menos no sistema com transformadores do que no sistema sem transformadores. Esse exemplo simples ilustra dramaticamente as vantagens do uso de linhas de transmissão que operam com tensão mais elevada, assim como a extrema importância dos transformadores nos sistemas modernos de potência.

Os sistemas de potência reais geram energia elétrica com tensões na faixa de 4 a 30 kV. A seguir, são usados *transformadores elevadores* para aumentar a tensão até um nível muito mais alto (digamos 500 kV) e então realizar a transmissão a longas distâncias. Finalmente, *transformadores abaixadores* são utilizados para reduzir a tensão a um nível razoável e então efetuar a distribuição e a utilização final. Como vimos no Exemplo 2.1, isso pode reduzir grandemente as perdas de transmissão no sistema de potência.

2.4 TEORIA DE OPERAÇÃO DE TRANSFORMADORES MONOFÁSICOS REAIS

Naturalmente, os transformadores ideais descritos na Seção 2.3 nunca poderão ser construídos na realidade. O que pode ser construído são transformadores reais – duas ou mais bobinas de fio fisicamente enroladas em torno de um núcleo ferromagnético. As características de um transformador real se aproximam das características de um transformador ideal, mas somente até um certo grau. Esta seção trata do comportamento dos transformadores reais.

Para compreender o funcionamento de um transformador real, consulte Figura 2-8. Essa figura mostra um transformador que consiste em duas bobinas de fio enroladas em torno de um núcleo de transformador. O enrolamento primário do transformador está conectado a uma fonte de potência CA e o secundário está em circuito aberto. A curva de histerese do transformador é mostrada na Figura 2-9.

A fundamentação do funcionamento do transformador pode ser obtida a partir da lei de Faraday:

$$e_{ind} = \frac{d\lambda}{dt} \tag{1-41}$$

em que λ é o fluxo concatenado na bobina na qual a tensão está sendo induzida. O fluxo concatenado λ é a soma do fluxo que passa através de cada espira da bobina adicionado ao de todas as demais espiras da bobina:

$$\lambda = \sum_{i=1}^{N} \phi_i \tag{1-42}$$

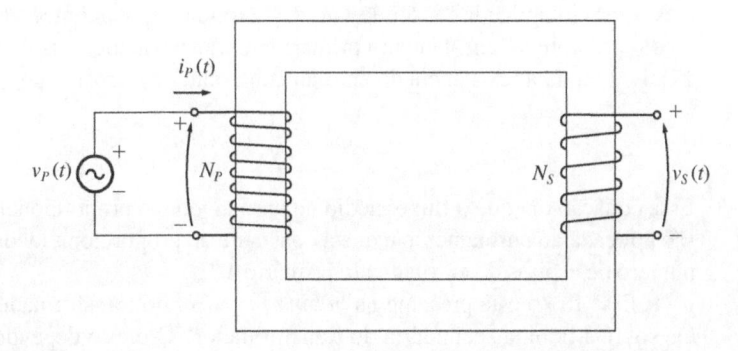

FIGURA 2-8
Diagrama esquemático de um transformador real sem nenhuma carga aplicada ao seu secundário.

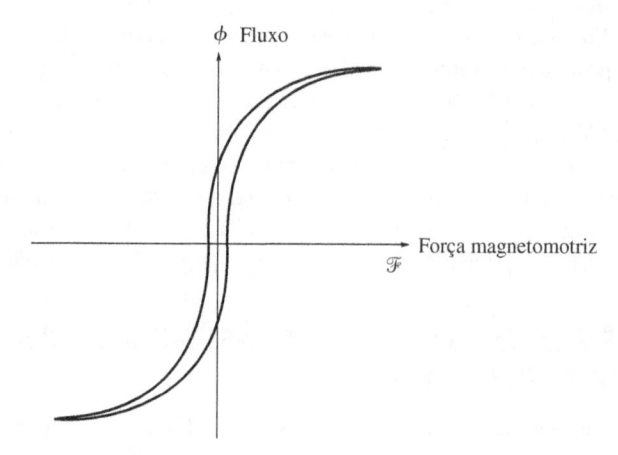

FIGURA 2-9
Curva de histerese do transformador.

O fluxo concatenado total através de uma bobina não é simplesmente $N\phi$, em que N é o número de espiras da bobina, porque o fluxo que passa através de cada espira de uma bobina é ligeiramente diferente do fluxo que atravessa as outras espiras, dependendo da posição da espira dentro da bobina.

Entretanto, é possível definir um fluxo *médio* por espira em uma bobina. Se o fluxo concatenado de todas as espiras da bobina for λ e se houver N espiras, o *fluxo médio por espira* será dado por

$$\overline{\phi} = \frac{\lambda}{N} \tag{2-16}$$

e a lei de Faraday poderá ser escrita como

$$e_{\text{ind}} = N\frac{d\overline{\phi}}{dt} \tag{2-17}$$

A relação de tensão em um transformador

Na Figura 2-8, se a tensão da fonte for $v_P(t)$, então ela será aplicada diretamente à bobina do enrolamento primário do transformador. Como o transformador irá reagir a essa tensão aplicada? A lei de Faraday explica o que acontecerá. Quando o fluxo médio presente no enrolamento primário do transformador é isolado na Equação (2-17), ignorando a resistência do enrolamento, obtemos o resultado

$$\overline{\phi}_P = \frac{1}{N_P}\int v_P(t)\,dt \tag{2-18}$$

Essa equação diz que o fluxo médio no enrolamento é proporcional à integral da tensão aplicada ao enrolamento e que a constante de proporcionalidade é o recíproco do número de espiras do enrolamento primário $1/N_P$.

Esse fluxo está presente na *bobina primária* do transformador. Que efeito terá ele sobre a bobina secundária do transformador? O efeito depende de quanto fluxo atinge a bobina secundária. Nem todo o fluxo produzido na bobina primária passa também através da bobina secundária – porque, em lugar disso, algumas das linhas de

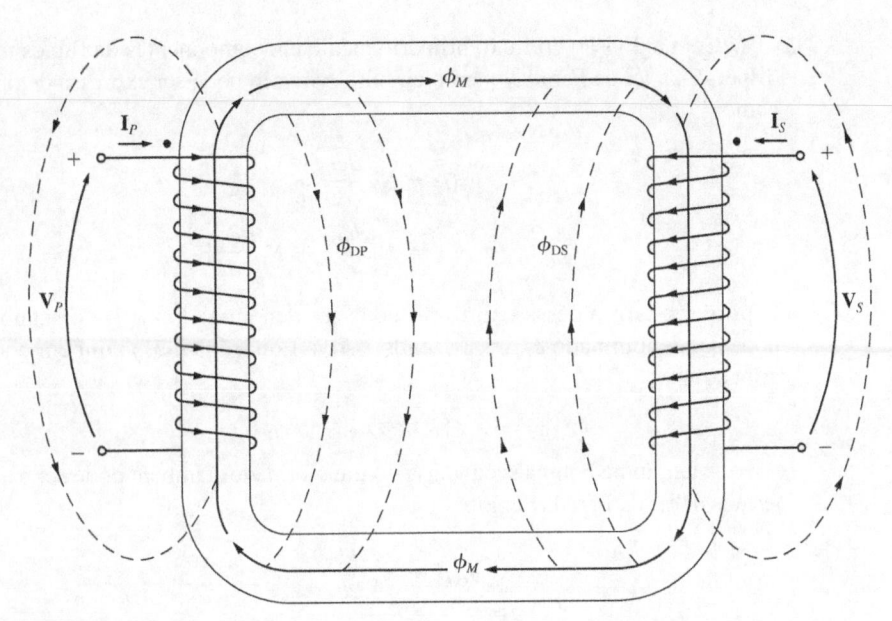

FIGURA 2-10
Fluxos concatenado e mútuo em um núcleo de transformador.

fluxo deixam o núcleo de ferro passando através do ar (veja a Figura 2-10). A parte do fluxo que passa através de uma das bobinas do transformador, mas não através da outra, é denominada *fluxo de dispersão*. O fluxo na bobina primária do transformador pode assim ser dividido em duas componentes: um *fluxo mútuo*, que permanece no núcleo e concatena ou enlaça ambos os enrolamentos e um pequeno *fluxo de dispersão*, que passa através do enrolamento primário mas retorna através do ar, contornando o enrolamento secundário:

$$\overline{\phi}_P = \phi_M + \phi_{DP} \tag{2-19}$$

em que $\overline{\phi}_P$ = fluxo primário (P) médio total

ϕ_M = componente do fluxo que concatena mutuamente (M) as bobinas primária e secundária

ϕ_{DP} = fluxo de dispersão primário (DP)

Há uma divisão similar de fluxo no enrolamento secundário entre o fluxo mútuo e o fluxo de dispersão, o qual patssa através do enrolamento secundário e retorna através do ar, contornando o enrolamento primário:

$$\overline{\phi}_S = \phi_M + \phi_{DS} \tag{2-20}$$

em que $\overline{\phi}_S$ = fluxo secundário (S) médio total

ϕ_M = componente do fluxo que concatena mutuamente (M) ambas as bobinas primária e secundária

ϕ_{DS} = fluxo de dispersão secundário (DS)

Com a divisão do fluxo primário médio em componentes de fluxos mútuo e de dispersão, a lei de Faraday para o circuito primário pode ser expressa de outro modo como

$$v_P(t) = N_P \frac{d\bar{\phi}_P}{dt}$$

$$= N_P \frac{d\phi_M}{dt} + N_P \frac{d\phi_{DP}}{dt} \qquad (2\text{-}21)$$

O primeiro termo dessa expressão pode ser denominado $e_P(t)$ e o segundo termo pode ser denominado $e_{DP}(t)$. Fazendo isso, a Equação (2-21) também pode ser escrita como

$$v_P(t) = e_P(t) + e_{DP}(t) \qquad (2\text{-}22)$$

A tensão na bobina secundária do transformador também pode ser expressa em termos da lei de Faraday como

$$v_S(t) = N_S \frac{d\bar{\phi}_S}{dt}$$

$$= N_S \frac{d\phi_M}{dt} + N_S \frac{d\phi_{DS}}{dt} \qquad (2\text{-}23)$$

$$= e_S(t) + e_{DS}(t) \qquad (2\text{-}24)$$

A tensão primária *devido ao fluxo mútuo* é dada por

$$e_P(t) = N_P \frac{d\phi_M}{dt} \qquad (2\text{-}25)$$

e a tensão secundária *devido ao fluxo mútuo* é dada por

$$e_S(t) = N_S \frac{d\phi_M}{dt} \qquad (2\text{-}26)$$

Observe dessas duas relações que

$$\frac{e_P(t)}{N_P} = \frac{d\phi_M}{dt} = \frac{e_S(t)}{N_S}$$

Portanto,

$$\boxed{\frac{e_P(t)}{e_S(t)} = \frac{N_P}{N_S} = a} \qquad (2\text{-}27)$$

O significado dessa equação é que *a razão entre a tensão primária e a tensão secundária, ambas causadas pelo fluxo mútuo, é igual à relação de espiras do transformador*. Como em um transformador bem projetado, temos que $\phi_M \gg \phi_{DP}$ e $\phi_M \gg \phi_{DS}$, então a razão entre a tensão total do primário de um transformador e a tensão total no secundário de um transformador é aproximadamente

$$\frac{v_P(t)}{v_S(t)} = \frac{N_P}{N_S} = a \qquad (2\text{-}28)$$

Quanto menores forem os fluxos de dispersão de um transformador, mais próxima estará a razão entre as tensões totais desse transformador da do transformador ideal que foi discutido na Seção 2.3.

A corrente de magnetização em um transformador real

Quando uma fonte de energia elétrica CA é conectada a um transformador, como mostrado na Figura 2-8, uma corrente flui no circuito primário, *mesmo quando o circuito secundário está em circuito aberto*. Essa é a corrente requerida para produzir fluxo em um núcleo ferromagnético real, como foi explicado no Capítulo 1. Ela consiste em duas componentes:

1. A *corrente de magnetização* i_M, que é a corrente necessária para produzir o fluxo no núcleo do transformador e
2. A *corrente de perdas no núcleo* i_{h+p}, que é a corrente responsável pelas perdas por histerese e por corrente parasita no núcleo.

A Figura 2-11 mostra a curva de magnetização de um típico núcleo de transformador. Se o fluxo no núcleo do transformador for conhecido, a magnitude da corrente de magnetização poderá ser encontrada diretamente da Figura 2-11.

Ignorando momentaneamente os efeitos do fluxo de dispersão, vemos que o fluxo médio no núcleo é dado por

$$\overline{\phi}_P = \frac{1}{N_P} \int v_P(t) dt \tag{2-18}$$

Se a tensão primária for dada pela expressão $v_P(t) = V_M \cos \omega t$ V, o fluxo resultante deverá ser

$$\overline{\phi}_P = \frac{1}{N_P} \int V_M \cos \omega t \, dt$$

$$= \frac{V_M}{\omega N_P} \sin \omega t \quad \text{Wb} \tag{2-29}$$

Se os valores da corrente, que é necessária para produzir um dado fluxo (Figura 2-11a), forem comparados com o fluxo no núcleo, para diversos valores, poderemos construir um gráfico simples da corrente de magnetização que circula no enrolamento do núcleo. Esse gráfico está mostrado na Figura 2-11b. Observe os seguintes pontos a respeito da corrente de magnetização:

1. A corrente de magnetização no transformador não é senoidal. As componentes de frequência mais elevadas da corrente de magnetização são devido à saturação magnética do núcleo do transformador.
2. Uma vez que o fluxo de pico tenha atingido o ponto de saturação do núcleo, um pequeno aumento no fluxo de pico exigirá um aumento muito grande na corrente de magnetização de pico.
3. A componente fundamental da corrente de magnetização está atrasada em relação à tensão aplicada em 90°.
4. As componentes de frequências mais elevadas da corrente de magnetização podem ser bem grandes quando comparadas com a componente fundamental. Em

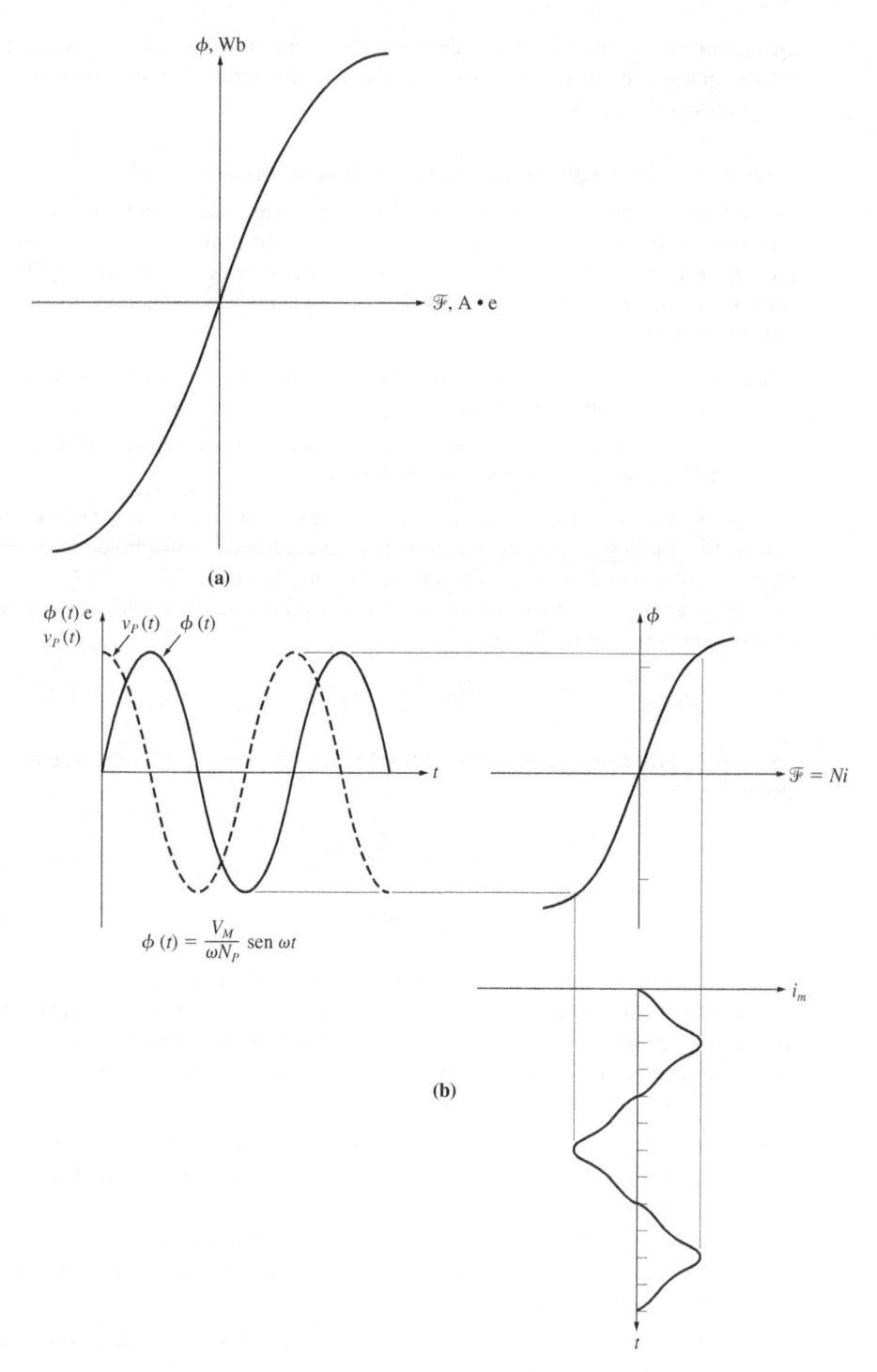

FIGURA 2-11
(a) Curva de magnetização do núcleo do transformador. (b) Corrente de magnetização causada pelo fluxo no núcleo do transformador.

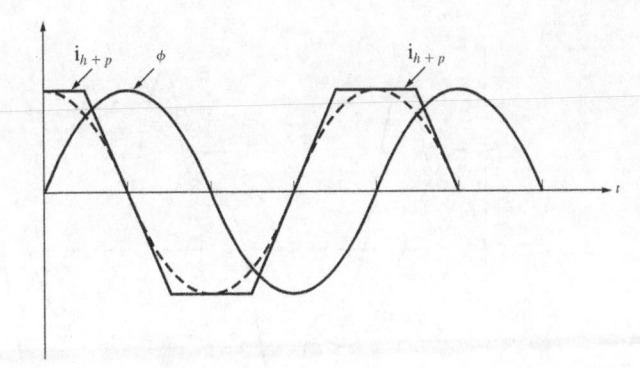

FIGURA 2-12
Corrente de perdas no núcleo em um transformador.

geral, quanto mais um transformador for colocado em saturação, maiores se tornarão as componentes harmônicas.

A outra componente da corrente sem carga, ou a vazio, do transformador é a corrente requerida para fornecer potência para a histerese e as perdas por corrente parasita no núcleo. Essa é a corrente de perdas no núcleo. Assuma que o fluxo no núcleo é senoidal. Como as correntes parasitas no núcleo são proporcionais a $d\phi/dt$, as correntes parasitas são máximas quando o fluxo no núcleo está passando por 0 Wb. Portanto, a corrente de perdas no núcleo é máxima quando o fluxo passa por zero. A corrente total requerida para as perdas no núcleo está mostrada na Figura 2-12.

Observe os seguintes pontos sobre a corrente de perdas no núcleo:

1. A corrente de perdas no núcleo não é linear devido aos efeitos não lineares da histerese.
2. A componente fundamental da corrente de perdas no núcleo está em fase com a tensão aplicada ao núcleo.

A corrente total sem carga no núcleo é denominada *corrente de excitação* do transformador. É simplesmente a soma da corrente de magnetização e a corrente de perdas no núcleo:

$$i_{ex} = i_m + i_{h+p} \tag{2-30}$$

A corrente total de excitação em um núcleo típico de transformador está mostrada na Figura 2-13. Em um transformador de potência bem projetado, a corrente de excitação é muito menor do que a corrente a plena carga do transformador.

A relação de corrente em um transformador e a convenção do ponto

Agora, suponha que uma carga seja conectada ao secundário do transformador. O circuito resultante está na Figura 2-14. Observe os pontos nos enrolamentos do transformador. Como no caso do transformador ideal descrito anteriormente, os pontos ajudam a determinar a polaridade das tensões e correntes no núcleo sem a necessidade de examinar fisicamente seus enrolamentos. O significado físico da convenção do ponto é que uma *corrente entrando pelo terminal com ponto de um enrolamento pro-*

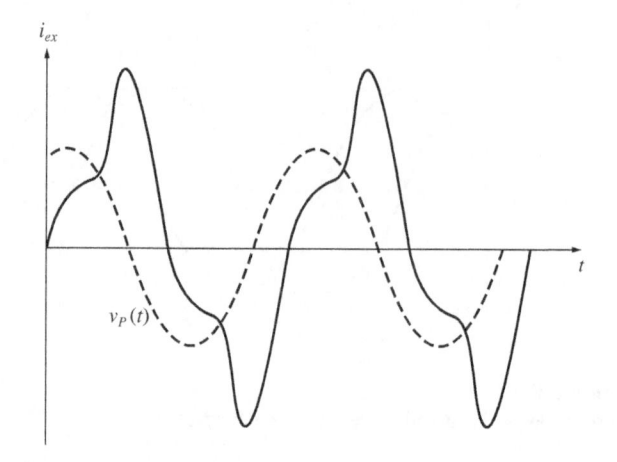

FIGURA 2-13
Corrente de excitação total em um transformador.

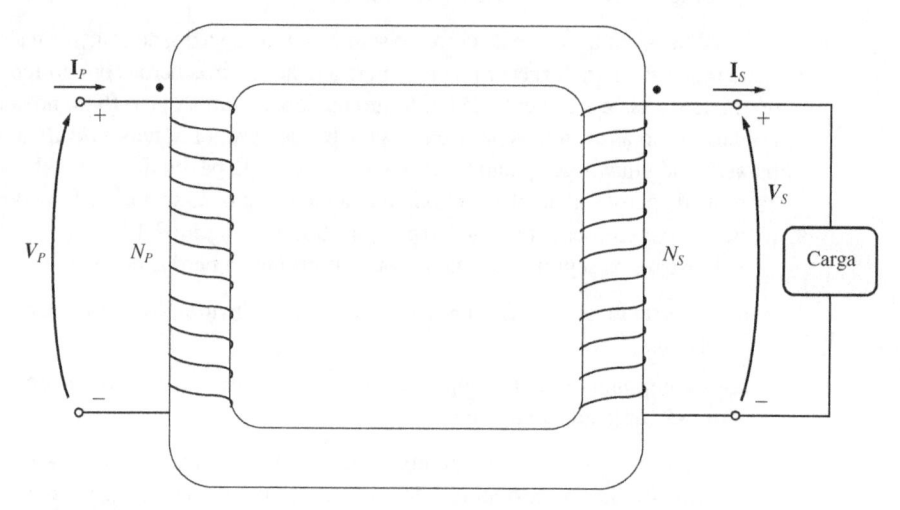

FIGURA 2-14
Transformador real com uma carga ligada no seu secundário.

duz uma força magnetomotriz positiva $\mathscr{F}$, ao passo que uma corrente entrando pelo terminal sem ponto de um enrolamento produz uma força magnetomotriz negativa. Portanto, duas correntes entrando nas terminações com ponto de seus respectivos enrolamentos produzem forças magnetomotrizes que se somam. Se uma corrente entrar por um terminal com ponto de um enrolamento e outra sair de outro terminal com ponto, então as forças magnetomotrizes se subtrairão uma da outra.

Na situação mostrada na Figura 2-14, a corrente primária produz uma força magnetomotriz positiva $\mathscr{F}_P = N_P i_P$ e a corrente secundária produz uma força magnetomotriz negativa $\mathscr{F}_S = -N_S i_S$. Portanto, a força magnetomotriz líquida no núcleo deve ser

$$\mathscr{F}_{\text{líq}} = N_P i_P - N_S i_S \tag{2-31}$$

Essa força magnetomotriz líquida deve produzir o fluxo líquido no núcleo, de modo que a força magnetomotriz líquida deve ser igual a

$$\mathscr{F}_{\text{líq}} = N_P i_P - N_S i_S = \phi \mathscr{R} \qquad (2\text{-}32)$$

em que $\mathscr{R}$ é a relutância do núcleo do transformador. Como a relutância de um núcleo de transformador bem projetado mantém-se pequena (aproximadamente zero) até que o núcleo esteja saturado, a relação entre as correntes primária e secundária é aproximadamente

$$\mathscr{F}_{\text{líq}} = N_P i_P - N_S i_S \approx 0 \qquad (2\text{-}33)$$

enquanto o núcleo não estiver saturado. Portanto,

$$\boxed{N_P i_P \approx N_S i_S} \qquad (2\text{-}34)$$

ou
$$\boxed{\frac{i_P}{i_S} \approx \frac{N_S}{N_P} = \frac{1}{a}} \qquad (2\text{-}35)$$

É o fato de a força magnetomotriz no núcleo ser aproximadamente zero que dá à convenção do ponto o significado da Seção 2.3. Para que a força magnetomotriz seja aproximadamente zero, a corrente deve *entrar no terminal com ponto e sair do outro terminal com ponto*. As polaridades das tensões devem ser aplicadas do mesmo modo em relação aos pontos em cada enrolamento para fazer cada corrente circular no sentido necessário. (As polaridades das tensões também poderão ser determinadas pela lei de Lenz se a construção das bobinas do transformador estiver visível.)

Que condições são requeridas para converter um transformador real no transformador ideal descrito anteriormente? São as seguintes:

1. O núcleo não deve apresentar histerese nem correntes parasitas.
2. A curva de magnetização deve ter a forma mostrada na Figura 2-15. Observe que, para um núcleo não saturado, a força magnetomotriz líquida deve ser $\mathscr{F}_{\text{líq}} = 0$. Isso implica que $N_P i_P = N_S i_S$.

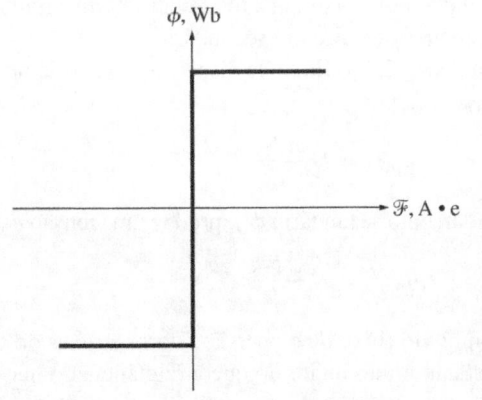

FIGURA 2-15
Curva de magnetização de um transformador ideal.

3. O fluxo de dispersão no núcleo deve ser zero, implicando que todo o fluxo no núcleo enlaça (concatena) ambos os enrolamentos.
4. A resistência dos enrolamentos do transformador deve ser zero.

Embora essas condições nunca sejam preenchidas exatamente, os transformadores de potência bem projetados podem chegar bem próximo delas.

2.5 O CIRCUITO EQUIVALENTE DE UM TRANSFORMADOR

Qualquer modelo exato do comportamento de um transformador deve ser capaz de levar em consideração as perdas que ocorrem nos transformadores reais. Os itens principais que devem ser incluídos na construção de tal modelo são

1. *Perdas no cobre (I^2R)*. As perdas no cobre são as perdas devido ao aquecimento resistivo *nos enrolamentos primário e secundário* do transformador. Elas são proporcionais ao quadrado da corrente nos enrolamentos.
2. *Perdas por corrente parasita*. As perdas por corrente parasita são perdas devidas ao aquecimento resistivo *no núcleo do transformador*. Elas são proporcionais ao quadrado da tensão aplicada ao transformador.
3. *Perdas por histerese*. As perdas por histerese estão associadas à alteração da configuração dos domínios magnéticos no núcleo durante cada semiciclo, como explicado no Capítulo 1. Elas são uma função não linear, complexa, da tensão aplicada ao transformador.
4. *Fluxo de dispersão*. Os fluxos ϕ_{DP} e ϕ_{DS} que escapam do núcleo e passam através de apenas um dos enrolamentos do transformador são fluxos de dispersão. Esses fluxos que se dispersaram produzem uma *indutância de dispersão* nas bobinas primária e secundária. Seus efeitos devem ser levados em consideração.

O circuito equivalente exato de um transformador real

É possível construir um circuito equivalente que leva em consideração todas as imperfeições principais dos transformadores reais. Essas imperfeições serão analisadas uma de cada vez e seus efeitos serão incluídos no modelo do transformador.

O efeito mais fácil de se modelar são as perdas no cobre. Essas perdas são perdas resistivas que ocorrem nos enrolamentos primário e secundário do núcleo do transformador. Elas são modeladas colocando uma resistência R_P no circuito primário do transformador e um resistência R_S no circuito secundário.

Conforme explicado na Seção 2.4, o fluxo de dispersão no enrolamento primário ϕ_{DP} produz uma tensão e_{DP} dada por

$$e_{DP}(t) = N_P \frac{d\phi_{DP}}{dt} \qquad (2\text{-}36a)$$

e o fluxo de dispersão no enrolamento secundário ϕ_{DS} produz uma tensão e_{DS} dada por

$$e_{DS}(t) = N_S \frac{d\phi_{DS}}{dt} \qquad (2\text{-}36b)$$

Como a maior parte do caminho do fluxo de dispersão ocorre através do ar, e como o ar tem uma relutância constante muito maior do que a relutância do núcleo, temos que o fluxo ϕ_{DP} é diretamente proporcional à corrente do circuito primário i_P e o fluxo ϕ_{DS} é diretamente proporcional à corrente do circuito secundário i_S:

$$\phi_{DP} = (\mathcal{P}N_P) i_P \tag{2-37a}$$

$$\phi_{DS} = (\mathcal{P}N_S) i_S \tag{2-37b}$$

em que $\mathcal{P}$ = permeância do caminho de fluxo
N_P = número de espiras na bobina primária
N_S = número de espiras na bobina secundária

Substitua as Equações (2-37) nas Equações (2-36). O resultado é

$$e_{DP}(t) = N_P \frac{d}{dt}(\mathcal{P}N_P)i_P = N_P^2 \mathcal{P} \frac{di_P}{dt} \tag{2-38a}$$

$$e_{DS}(t) = N_S \frac{d}{dt}(\mathcal{P}N_S)i_S = N_S^2 \mathcal{P} \frac{di_S}{dt} \tag{2-38b}$$

As constantes dessas equações podem ser reunidas, resultando então

$$\boxed{e_{DP}(t) = L_P \frac{di_P}{dt}} \tag{2-39a}$$

$$\boxed{e_{DS}(t) = L_S \frac{di_S}{dt}} \tag{2-39b}$$

em que $L_P = N_P^2 \mathcal{P}$ é a indutância de dispersão da bobina primária e $L_S = N_S^2 \mathcal{P}$ é a indutância de dispersão da bobina secundária. Portanto, o fluxo de dispersão será modelado por um indutor primário e outro secundário.

Como os efeitos da excitação no núcleo podem ser modelados? A corrente de magnetização i_m é uma corrente proporcional (na região não saturada) à tensão aplicada ao núcleo e está *atrasada em relação à tensão aplicada em* 90°, de modo que ela pode ser modelada por uma reatância X_M conectada à fonte de tensão do primário. A corrente de perdas no núcleo i_{h+p} é uma corrente proporcional à tensão aplicada ao núcleo que está *em fase com a tensão aplicada*. Desse modo, ela pode ser modelada por uma resistência* R_C conectada à fonte de tensão do primário. (Lembre-se de que, na realidade, ambas as correntes não são lineares, de modo que a indutância X_M e a resistência R_C são, no máximo, aproximações dos efeitos reais da excitação.)

O circuito equivalente resultante é mostrado na Figura 2-16. Nesse circuito, R_P é a resistência do enrolamento primário, $X_P(= \omega L_P)$ é a reatância devido à indutância de dispersão do primário, R_S é a resistência do enrolamento secundário e $X_S(= \omega L_S)$ é a reatância devido à indutância de dispersão do secundário. O ramo de excitação é modelado pela resistência R_C (histerese e perdas no núcleo) em paralelo com a reatância X_M (corrente de magnetização).

Observe que os elementos que formam o ramo de excitação são colocados dentro da resistência do primário R_P e a reatância X_P. Isso deve-se a que a tensão real-

---

* N. de T.: Nessas equações, o índice C vem do inglês *Core* (Núcleo).

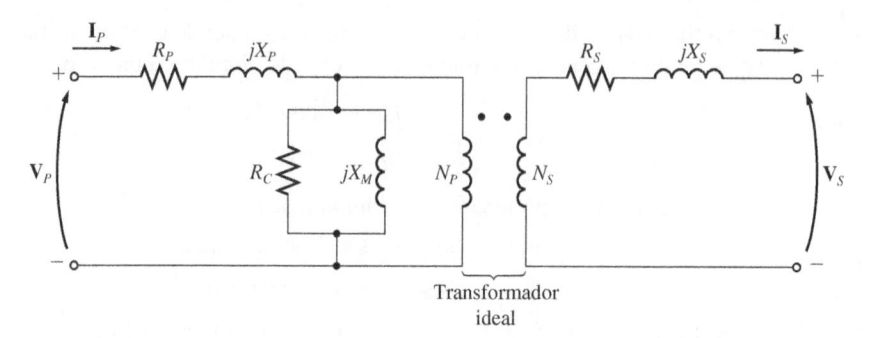

FIGURA 2-16
Modelo de um transformador real.

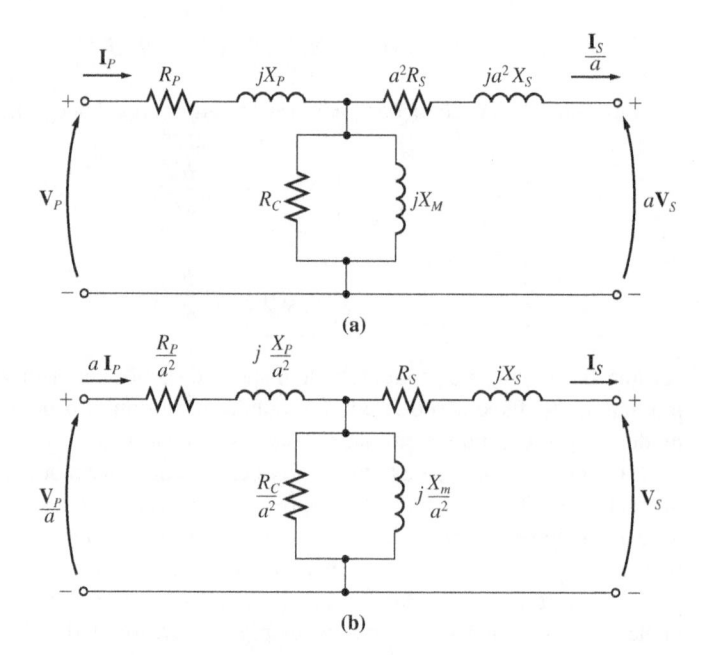

FIGURA 2-17
(a) Modelo de transformador referido ao nível de tensão do primário. (b) Modelo de transformador referido ao nível de tensão do secundário.

mente aplicada ao núcleo é na verdade a tensão de entrada menos as quedas de tensão internas do enrolamento.

Embora a Figura 2-16 mostre um modelo acurado de um transformador, ele não é muito útil. Na prática, para analisar circuitos contendo transformadores, normalmente, é necessário converter o circuito inteiro em um circuito equivalente, com um único nível de tensão. (Tal conversão foi realizada no Exemplo 2-1.) Portanto, na solução de problemas, o circuito equivalente deve ser referido a seu lado primário ou a seu lado secundário. A Figura 2-17a é o circuito equivalente do transformador referido a seu lado primário e a Figura 2-17b é o circuito equivalente referido a seu lado secundário.

Circuitos equivalentes aproximados de um transformador

Os modelos de transformador mostrados anteriormente são frequentemente mais complexos do que o necessário para obter resultados satisfatórios em aplicações práticas de engenharia. Uma das principais reclamações sobre eles é que o ramo de excitação do modelo acrescenta mais um nó ao circuito que está sendo analisado, tornando a solução do circuito mais complexa do que o necessário. O ramo de excitação tem uma corrente muito pequena em comparação com a corrente de carga dos transformadores. De fato, a corrente de excitação é apenas cerca de 2-3% da corrente a plena carga, no caso de transformadores de potência típicos. Como isso é verdadeiro, podemos elaborar um circuito equivalente simplificado que funciona quase tão bem quanto o modelo original. O ramo de excitação é simplesmente deslocado para a frente do transformador e as impedâncias primária e secundária são deixadas em série. Essas impedâncias são simplesmente somadas, criando os circuitos equivalentes aproximados das Figuras 2-18a e b.

Em algumas aplicações, o ramo de excitação pode ser inteiramente desconsiderado sem causar erro sério. Nesse caso, o circuito equivalente do transformador reduz-se aos circuitos simples das Figuras 2-18c e d.

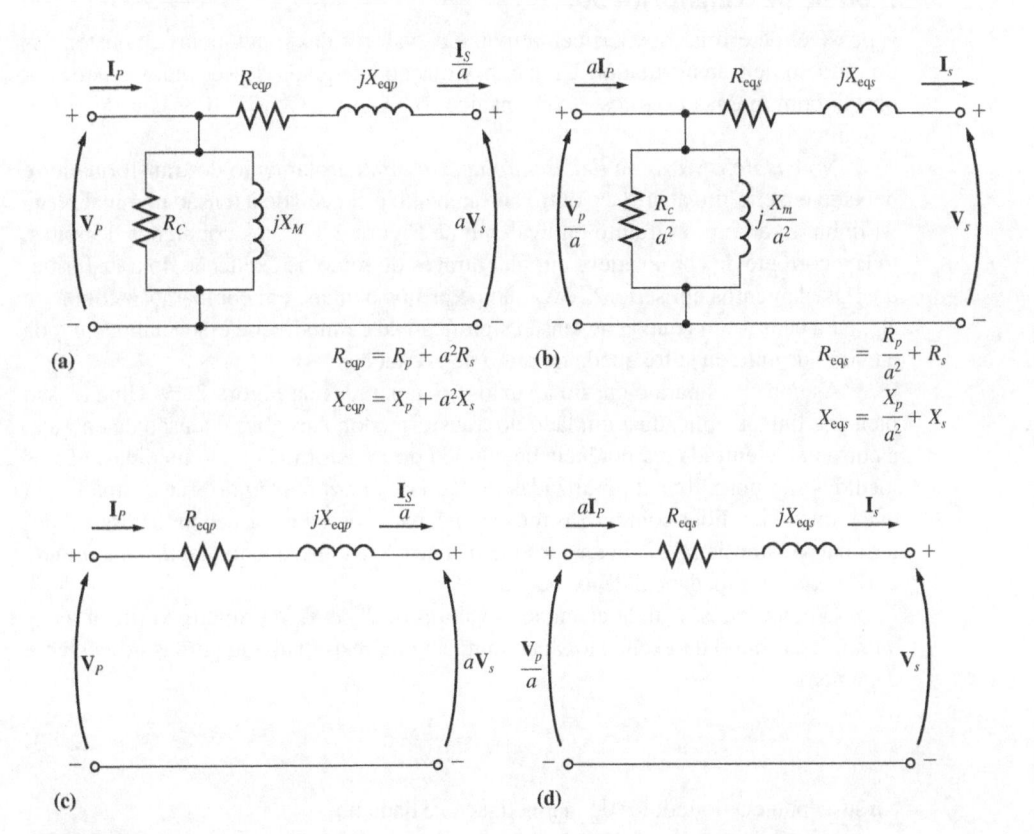

FIGURA 2-18
Modelos aproximados de transformador. (a) Referido ao lado primário; (b) referido ao lado secundário; (c) sem ramo de excitação, referido ao lado primário; (d) sem ramo de excitação, referido ao lado secundário.

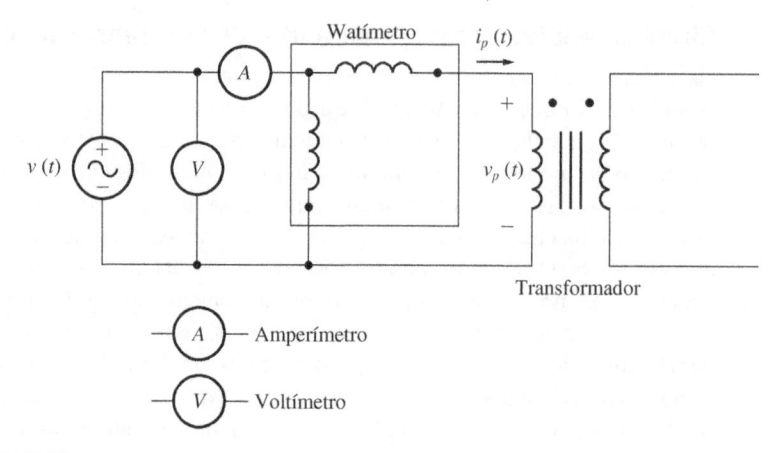

FIGURA 2-19
Ligações para o ensaio de transformador a vazio ou de circuito aberto.

Determinação dos valores dos componentes do modelo de transformador

É possível determinar experimentalmente os valores das indutâncias e resistências do modelo de transformador. Uma aproximação adequada desses valores pode ser obtida com apenas dois testes ou ensaios, o ensaio a vazio e o ensaio de curto-circuito.

No *ensaio a vazio* ou *de circuito aberto*, um enrolamento do transformador é deixado em circuito aberto e o outro enrolamento é conectado à tensão nominal plena de linha. Examine o circuito equivalente na Figura 2-17. Nas condições descritas, toda a corrente de entrada deve circular através do ramo de excitação do transformador. Os elementos em série R_P e X_P são pequenos demais, em comparação com R_C e X_M, para causar uma queda de tensão significativa, de modo que essencialmente toda a tensão de entrada sofre queda no ramo de excitação.

As conexões para o ensaio a vazio são mostradas na Figura 2-19. Uma tensão plena de linha é aplicada a um lado do transformador. A seguir, a tensão de entrada, a corrente de entrada e a potência de entrada do transformador são medidas. (Essas medidas são normalmente realizadas no lado de *baixa tensão* do transformador, já que é mais fácil lidar com baixas tensões.) A partir dessa informação, é possível determinar o fator de potência da corrente de entrada e consequentemente a *magnitude* e o *ângulo* da impedância de excitação.

O modo mais fácil de calcular os valores de R_C e X_M é primeiro verificar a *admitância* do ramo de excitação. A condutância da resistência de perdas no núcleo é dada por

$$G_C = \frac{1}{R_C} \qquad (2\text{-}40)$$

e a susceptância do indutor de magnetização é dada por

$$B_M = \frac{1}{X_M} \qquad (2\text{-}41)$$

Como esses dois elementos estão em paralelo, suas admitâncias somam-se e a admitância total de excitação é

$$Y_E = G_C - jB_M \tag{2-42}$$

$$Y_E = \frac{1}{R_C} - j\frac{1}{X_M} \tag{2-43}$$

O *módulo* da admitância de excitação (referida ao lado do transformador usado para a medida) pode ser encontrado a partir da tensão e da corrente do ensaio a vazio (VZ) ou de circuito aberto:

$$|Y_E| = \frac{I_{VZ}}{V_{VZ}} \tag{2-44}$$

O *ângulo* da admitância pode ser encontrado a partir do conhecimento do fator de potência do circuito. O fator de potência (FP) a vazio é dado por

$$\text{FP} = \cos\theta = \frac{P_{VZ}}{V_{VZ}I_{VZ}} \tag{2-45}$$

e o ângulo θ do fator de potência é dado por

$$\theta = \arccos\frac{P_{VZ}}{V_{VZ}I_{VZ}} \tag{2-46}$$

O fator de potência está sempre atrasado em um transformador real, de modo que o ângulo da corrente sempre está atrasado em relação à tensão em θ graus. Portanto, a admitância Y_E é

$$Y_E = \frac{I_{VZ}}{V_{VZ}} \angle -\theta$$

$$Y_E = \frac{I_{VZ}}{V_{VZ}} \angle -\arccos\text{FP} \tag{2-47}$$

Comparando as Equações (2-43) e (2-47), é possível determinar os valores de R_C e X_M referidos ao lado de baixa tensão diretamente dos dados do ensaio a vazio.

No *ensaio de curto-circuito*, os terminais de baixa tensão do transformador são colocados em curto-circuito e os terminais de alta tensão são ligados a uma fonte de tensão variável, como mostrado na Figura 2-20. (Essa medida é realizada normalmente no lado de *alta tensão* do transformador, porque as correntes são menores nesse lado, sendo mais fáceis de serem manipuladas.) A tensão de entrada é ajustada até que a corrente no enrolamento em curto-circuito seja igual ao seu valor nominal. (Assegure-se de manter a tensão do primário em um nível seguro. Não seria uma boa ideia queimar os enrolamentos do transformador enquanto estivéssemos tentando testá-lo.) A tensão, a corrente e a potência de entrada são novamente medidas.

Durante o ensaio de curto-circuito, a tensão de entrada é tão baixa que uma corrente desprezível circulará no ramo de excitação. Se a corrente de excitação for ignorada, toda a queda de tensão no transformador poderá ser atribuída aos elementos em série do circuito. O módulo das impedâncias em série, referidas ao lado primário do transformador, é

$$|Z_{SE}| = \frac{V_{CC}}{I_{CC}} \tag{2-48}$$

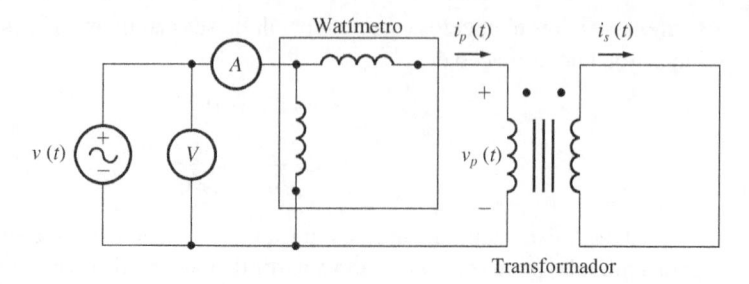

FIGURA 2-20
Ligações para o ensaio de transformador em curto-circuito.

O fator de potência da corrente é dado por

$$\text{FP} = \cos\theta = \frac{P_{CC}}{V_{CC}I_{CC}} \tag{2-49}$$

e está atrasado. Portanto, o ângulo da corrente é negativo e o ângulo θ de impedância total é positivo:

$$\theta = \arccos\frac{P_{CC}}{V_{CC}I_{CC}} \tag{2-50}$$

Assim,

$$Z_{SE} = \frac{V_{CC}\angle 0°}{I_{CC}\angle -\theta°} = \frac{V_{CC}}{I_{CC}}\angle\theta° \tag{2-51}$$

A impedância em série Z_{SE} é igual a

$$Z_{SE} = R_{eq} + jX_{eq}$$

$$Z_{SE} = (R_P + a^2R_S) + j(X_P + a^2X_S) \tag{2-52}$$

É possível determinar a impedância total em série, referida ao lado de alta tensão, usando essa técnica, mas não há uma maneira fácil de dividir a impedância em série nas suas componentes primária e secundária. Felizmente, tal separação não é necessária à solução de problemas comuns.

Observe que o ensaio a vazio é realizado usualmente no lado de baixa tensão do transformador e o ensaio de curto-circuito é usualmente efetuado no lado de alta tensão do transformador, de modo que usualmente os valores de R_C e X_M são encontrados sendo referidos ao lado de baixa tensão e os valores de R_{eq} e X_{eq} são usualmente encontrados sendo referidos ao lado de alta tensão. Todos os elementos devem ser referidos ao mesmo lado (alta ou baixa tensão) para obter o circuito equivalente final.

EXEMPLO 2-2 As impedâncias do circuito equivalente de um transformador de 20 kVA, 8.000/240 V e 60 Hz devem ser determinadas. O ensaio a vazio foi efetuado no lado secundário do transformador (para reduzir a tensão máxima a ser medida) e o ensaio de curto-circuito foi realizado no lado primário do transformador (para reduzir a corrente máxima a ser medida). Os seguintes dados foram obtidos:

Ensaio a vazio (no secundário)	Ensaio de curto-circuito (no primário)
$V_{VZ} = 240$ V	$V_{CC} = 489$ V
$I_{VZ} = 7,133$ A	$I_{CC} = 2,5$ A
$V_{VZ} = 400$ W	$P_{CC} = 240$ W

Encontre as impedâncias do circuito equivalente aproximado, referido ao lado do primário, e faça um desenho esquemático desse circuito.

Solução
A relação de espiras desse transformador é $a = 8.000/240 = 33,3333$. O fator de potência durante o *ensaio a vazio* é

$$\text{FP} = \cos\theta = \frac{P_{VZ}}{V_{VZ} I_{VZ}} \quad (2\text{-}45)$$

$$\text{FP} = \cos\theta = \frac{400 \text{ W}}{(240 \text{ V})(7,133 \text{ A})}$$

$$\text{FP} = 0,234 \text{ atrasado}$$

A admitância de excitação é dada por

$$Y_E = \frac{I_{OC}}{V_{OC}} \angle -\cos^{-1} \text{FP} \quad (2\text{-}47)$$

$$Y_E = \frac{7,133 \text{ A}}{240 \text{ V}} \angle -\cos^{-1} 0,234$$

$$Y_E = 0,0297 \angle -76,5° \text{ S}$$

$$Y_E = 0,00693 - j\,0,02888 = \frac{1}{R_C} - j\frac{1}{X_M}$$

Portanto, os valores do ramo de excitação *referidos ao lado de baixa tensão (secundário)* são

$$R_C = \frac{1}{0,00693} = 144 \ \Omega$$

$$X_M = \frac{1}{0,02888} = 34,63 \ \Omega$$

O fator de potência durante o *ensaio de curto-circuito* é

$$\text{FP} = \cos\theta = \frac{P_{CC}}{V_{CC} I_{CC}} \quad (2\text{-}49)$$

$$\text{FP} = \cos\theta = \frac{240 \text{ W}}{(489 \text{ V})(2,5 \text{ A})} = 0,196 \text{ atrasado}$$

A impedância em série é dada por

$$Z_{SE} = \frac{V_{CC}}{I_{CC}} \angle \arccos \text{FP}$$

$$Z_{SE} = \frac{489 \text{ V}}{2,5 \text{ A}} \angle 78,7°$$

$$Z_{SE} = 195,6 \angle 78,7° = 38,4 + j192 \ \Omega$$

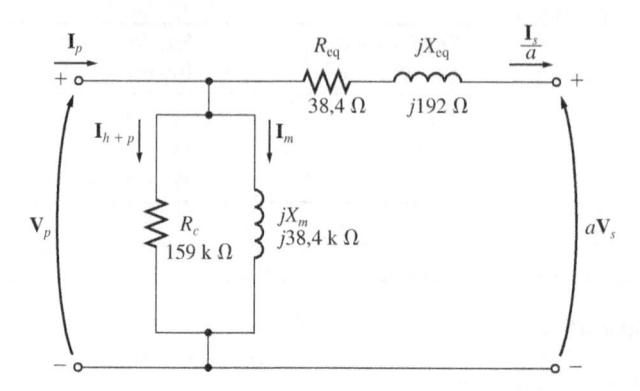

FIGURA 2-21
Circuito equivalente do Exemplo 2-2.

Portanto, a resistência e a reatância equivalentes, *referidas ao lado de alta tensão (primário)*, são

$$R_{eq} = 38,4 \, \Omega \qquad X_{eq} = 192 \, \Omega$$

O circuito equivalente resultante simplificado, referido ao lado de alta tensão (primário), pode ser encontrado convertendo os valores do ramo de excitação ao lado de alta tensão:

$$R_{C,P} = a^2 R_{C,S} = (33,333)^2 \, (144 \, \Omega) = 159 \, k\Omega$$

$$X_{M,P} = a^2 X_{M,S} = (33,333)^2 \, (34,63 \, \Omega) = 38,4 \, k\Omega$$

O circuito equivalente resultante está mostrado na Figura 2-21.

2.6 O SISTEMA DE MEDIÇÕES POR UNIDADE

Como o Exemplo 2-1 relativamente simples demonstrou, a solução de circuitos que contêm transformadores pode ser uma operação bem tediosa devido à necessidade de referir a um nível comum todos os níveis de tensão que estão presentes nos diferentes lados dos transformadores do sistema. Somente após dar esse passo, as tensões e as correntes do sistema podem ser resolvidas.

Há uma outra abordagem à solução dos circuitos com transformadores, a qual elimina a necessidade das conversões explícitas dos níveis de tensão em cada transformador do sistema. Em lugar disso, as conversões necessárias são executadas automaticamente pelo próprio método, sem que o usuário precise se preocupar com as transformações de impedância. Como tais transformações de impedância podem ser evitadas, os circuitos que contêm muitos transformadores podem ser resolvidos facilmente com menos possibilidade de erro. Esse método de cálculo é conhecido como *sistema por unidade (pu)* de medidas.

Há ainda outra vantagem do sistema por unidade que é bem significativa para as máquinas elétricas e os transformadores. Se o tamanho de uma máquina ou transformador variar, suas impedâncias internas variarão amplamente. Assim, uma reatância de circuito primário de 0,1 Ω pode ter um valor extremamente elevado para um transformador e um valor ridiculamente baixo para outro – tudo depende dos valores nominais de tensão e potência do dispositivo. Entretanto, acontece que, em um sistema por unidade que está relacionado com as especificações nominais do dispositivo, *os valores das impedâncias das máquinas e dos transformadores caem dentro de faixas bem estreitas* para cada tipo de construção do dispositivo. Esse fato serve para fazer uma verificação útil das soluções dos problemas.

No sistema por unidade, as tensões, correntes, potências, impedâncias e outras grandezas elétricas não são medidas nas suas unidades usuais do SI (volts, ampères, watts, ohms, etc.). Em vez disso, *cada grandeza elétrica é medida como uma fração decimal* de algum nível que serve de base. Qualquer grandeza pode ser expressa usando a equação

$$\text{Grandeza por unidade} = \frac{\text{Valor real}}{\text{Valor de base de grandeza}} \quad (2\text{-}53)$$

em que o "valor real" é dado em volts, ampères, ohms, etc.

Na definição de um dado sistema por unidade, é costume escolher duas grandezas para servir como valores de base. Usualmente, as escolhidas são a tensão e a potência (ou potência aparente). Uma vez que essas grandezas de base tenham sido escolhidas, todos os outros valores de base são relacionados a elas por meio das leis elétricas usuais. Em um sistema monofásico, essas relações são

$$P_{\text{base}}, Q_{\text{base}}, \text{ ou } S_{\text{base}} = V_{\text{base}} I_{\text{base}} \quad (2\text{-}54)$$

$$R_{\text{base}}, X_{\text{base}}, \text{ ou } Z_{\text{base}} = \frac{V_{\text{base}}}{I_{\text{base}}} \quad (2\text{-}55)$$

$$Y_{\text{base}} = \frac{I_{\text{base}}}{V_{\text{base}}} \quad (2\text{-}56)$$

e

$$Z_{\text{base}} = \frac{(V_{\text{base}})^2}{S_{\text{base}}} \quad (2\text{-}57)$$

Depois que os valores de base de S (ou P) e V foram escolhidos, todos os demais valores de base poderão ser computados facilmente a partir das Equações (2-54) a (2-57).

Em um sistema de potência, uma tensão e uma potência aparente, ambas de base, são escolhidas *em um ponto específico* do sistema. Um transformador não tem efeito algum sobre a potência aparente de base do sistema, porque a potência aparente que entra em um transformador é igual à potência aparente que sai do transformador [Equação (2-11)]. Por outro lado, a tensão muda quando ela passa por um transformador, de modo que o valor de V_{base} muda em cada transformador do sistema de acordo com sua relação de espiras. Como as *grandezas de base* mudam ao passarem por um transformador, o processo de se referir as grandezas a um nível de tensão comum é automaticamente levado em consideração durante a conversão por unidade.

EXEMPLO 2-3 A Figura 2-22 mostra um sistema de potência simples. Esse sistema contém um gerador de 480 V ligado a um transformador elevador ideal 1:10, uma linha de transmissão, um transformador abaixador ideal 20:1 e uma carga. A impedância da linha de transmissão é $20 + j60 \; \Omega$ e a impedância da carga é $10 \angle 30° \; \Omega$. Os valores de base escolhidos para esse sistema são 480 V e 10 kVA no gerador.

(a) Encontre a tensão, a corrente, a impedância e a potência aparente, todos de base, em cada ponto do sistema de potência.

(b) Converta esse sistema para seu circuito equivalente por unidade.

(c) Encontre a potência fornecida à carga nesse sistema.

(d) Encontre a potência perdida na linha de transmissão.

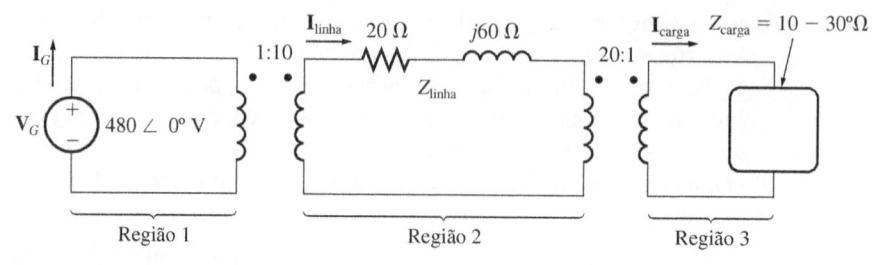

FIGURA 2-22
Sistema de potência do Exemplo 2-3.

Solução

(a) *Na região do gerador*, $V_{base} = 480$ V e $S_{base} = 10$ kVA, de modo que

$$I_{base\,1} = \frac{S_{base}}{V_{base\,1}} = \frac{10.000 \text{ VA}}{480 \text{ V}} = 20{,}83 \text{ A}$$

$$Z_{base\,1} = \frac{V_{base\,1}}{I_{base\,1}} = \frac{480 \text{ V}}{20{,}83 \text{ A}} = 23{,}04 \text{ } \Omega$$

A relação de espiras do transformador T_1 é $a = 1/10 = 0{,}1$, de modo que a tensão de base *na região da linha de transmissão* é

$$V_{base\,2} = \frac{V_{base\,1}}{a} = \frac{480 \text{ V}}{0{,}1} = 4.800 \text{ V}$$

As outras grandezas de base são

$$S_{base\,2} = 10 \text{ kVA}$$

$$I_{base\,2} = \frac{10.000 \text{ VA}}{4.800 \text{ V}} = 2{,}083 \text{ A}$$

$$Z_{base\,2} = \frac{4.800 \text{ V}}{2{,}083 \text{ A}} = 2304 \text{ } \Omega$$

A relação de espiras do transformador T_2 é $a = 20/1 = 20$, de modo que a tensão de base *na região da carga* é

$$V_{base\,3} = \frac{V_{base\,2}}{a} = \frac{4.800 \text{ V}}{20} = 240 \text{ V}$$

As demais grandezas de base são

$$S_{base\,3} = 10 \text{ kVA}$$

$$I_{base\,3} = \frac{10.000 \text{ VA}}{240 \text{ V}} = 41{,}67 \text{ A}$$

$$Z_{base\,3} = \frac{240 \text{ V}}{41{,}67 \text{ A}} = 5{,}76 \text{ } \Omega$$

(b) Para converter um sistema de potência em um sistema por unidade, cada componente deve ser dividido por seu valor de base na sua região no sistema. A tensão por unidade do *gerador* é seu valor real dividido por seu valor de base:

$$V_{G,\,pu} = \frac{480 \angle 0° \text{ V}}{480 \text{ V}} = 1{,}0 \angle 0° \text{ pu}$$

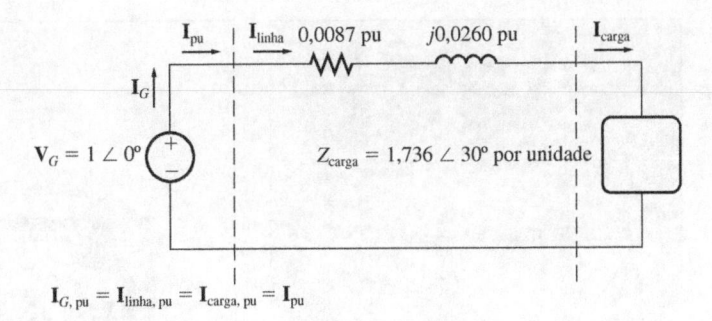

FIGURA 2-23
Circuito equivalente por unidade do Exemplo 2-3.

[Diagrama: $V_G = 1 \angle 0°$, $I_{linha} = 0{,}0087$ pu $+ j0{,}0260$ pu, $Z_{carga} = 1{,}736 \angle 30°$ por unidade; $I_{G,pu} = I_{linha,pu} = I_{carga,pu} = I_{pu}$]

A impedância por unidade da *linha de transmissão* é o seu valor real dividido por seu valor de base:

$$Z_{linha,pu} = \frac{20 + j60 \; \Omega}{2304 \; \Omega} = 0{,}0087 + j0{,}0260 \text{ pu}$$

A impedância por unidade da *carga* também é dada pelo seu valor real dividido por seu valor de base:

$$Z_{carga,pu} = \frac{10 \angle 30° \; \Omega}{5{,}76 \; \Omega} = 1{,}736 \angle 30° \text{ pu}$$

O circuito equivalente por unidade do sistema de potência está mostrado na Figura 2-23.

(c) A corrente que flui nesse sistema de potência por unidade é

$$I_{pu} = \frac{V_{pu}}{Z_{tot,pu}}$$

$$= \frac{1 \angle 0°}{(0{,}0087 + j0{,}0260) + (1{,}736 \angle 30°)}$$

$$= \frac{1 \angle 0°}{(0{,}0087 + j0{,}0260) + (1{,}503 + j0{,}868)}$$

$$= \frac{1 \angle 0°}{1{,}512 + j0{,}894} = \frac{1 \angle 0°}{1{,}757 \angle 30{,}6°}$$

$$= 0{,}569 \angle -30{,}6° \text{ pu}$$

Portanto, a potência por unidade da carga é

$$P_{carga,pu} = I_{pu}^2 R_{pu} = (0{,}569)^2 (1{,}503) = 0{,}487$$

e a potência real fornecida para a carga é

$$P_{carga} = P_{carga,pu} S_{base} = (0{,}487)(10.000 \text{ VA})$$
$$= 4870 \text{ W}$$

(d) A potência perdida por unidade na linha de transmissão é

$$P_{linha,pu} = I_{pu}^2 R_{linha,pu} = (0{,}569)^2 (0{,}0087) = 0{,}00282$$

e a potência real perdida na linha de transmissão é

$$P_{linha} = P_{linha,pu} S_{base} = (0{,}00282)(10.000 \text{ VA})$$
$$= 28{,}2 \text{ W}$$

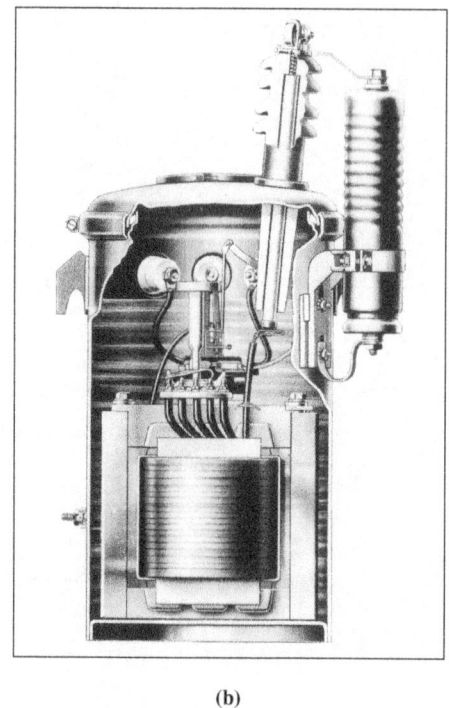

FIGURA 2-24
(a) Um típico transformador de distribuição de 13,2 kV para 120/240 V. (*Cortesia da General Electric Company.*) (b) Vista em corte do transformador de distribuição, mostrando o transformador de núcleo envolvente em seu interior. (*Cortesia da General Electric Company.*)

Quando apenas um dispositivo (transformador ou motor) está sendo analisado, usualmente os próprios valores de suas especificações nominais são usados como base do sistema por unidade. Se um sistema por unidade baseado nos próprios valores nominais do transformador for usado, as características de um transformador de potência ou de distribuição não irão variar muito dentro de um largo intervalo de valores nominais de tensão e potência. Por exemplo, a resistência em série de um transformador usualmente está em torno de 0,01 por unidade e a reatância em série usualmente está entre 0,02 e 0,10 por unidade. Geralmente, quanto maior o transformador, menores serão as impedâncias em série. A reatância de magnetização usualmente está entre cerca de 10 e 40 por unidade, ao passo que a resistência por perdas no núcleo está usualmente entre cerca de 50 e 200 por unidade. Como os valores por unidade proporcionam um modo conveniente e significativo de comparar as características dos transformadores quando eles são de tamanhos diferentes, as impedâncias dos transformadores são normalmente dadas no sistema por unidade ou como uma porcentagem na placa de identificação do transformador (veja a Figura 2-45, mais adiante neste capítulo).

A mesma ideia aplica-se também às máquinas síncronas e às de indução: suas impedâncias por unidade caem dentro de intervalos relativamente estreitos para uma variedade bem ampla de tamanhos.

Se mais que uma máquina e um transformador forem incluídos em um sistema simples de potência, a tensão e a potência de base do sistema poderão ser escolhidas arbitrariamente, mas o *sistema inteiro deverá ter a mesma base*. Um procedimento comum é igualar as grandezas escolhidas para base do sistema às da base do maior componente do sistema. Como passo intermediário, os valores por unidade que foram dados para uma outra base podem ser transformados para a nova base convertendo-os em seus valores reais (volts, ampères, ohms, etc.). Alternativamente, eles podem ser convertidos diretamente pelas equações

$$(P, Q, S)_{\text{pu na base 2}} = (P, Q, S)_{\text{pu na base 1}} \frac{S_{\text{base 1}}}{S_{\text{base 2}}} \quad (2\text{-}58)$$

$$V_{\text{pu na base 2}} = V_{\text{pu na base 1}} \frac{V_{\text{base 1}}}{V_{\text{base 2}}} \quad (2\text{-}59)$$

$$(R, X, Z)_{\text{pu na base 2}} = (R, X, Z)_{\text{pu na base 1}} \frac{(V_{\text{base 1}})^2 (S_{\text{base 2}})}{(V_{\text{base 2}})^2 (S_{\text{base 1}})} \quad (2\text{-}60)$$

EXEMPLO 2-4 Faça um desenho esquemático do circuito equivalente aproximado por unidade para o transformador do Exemplo 2-2. Utilize as especificações nominais do transformador para o sistema de base.

Solução
O transformador do Exemplo 2-2 tem as especificações nominais de 20 kVA e 8.000/240 V. O circuito equivalente aproximado (Figura 2-21) desenvolvido no exemplo foi referido ao lado de alta tensão do transformador. Portanto, para convertê-lo para o sistema por unidade, devemos encontrar a impedância de base do circuito primário. No primário,

$$V_{\text{base 1}} = 8.000 \text{ V}$$

$$S_{\text{base 1}} = 20.000 \text{ VA}$$

$$Z_{\text{base 1}} = \frac{(V_{\text{base 1}})^2}{S_{\text{base 1}}} = \frac{(8.000 \text{ V})^2}{20.000 \text{ VA}} = 3.200 \ \Omega$$

Portanto,

$$Z_{SE, \text{pu}} = \frac{38{,}4 + j192 \ \Omega}{3.200 \ \Omega} = 0{,}012 + j0{,}06 \text{ pu}$$

$$R_{C, \text{pu}} = \frac{159 \text{ k}\Omega}{3.200 \ \Omega} = 49{,}7 \text{ pu}$$

$$Z_{M, \text{pu}} = \frac{38{,}4 \text{ k}\Omega}{3.200 \ \Omega} = 12 \text{ pu}$$

O circuito equivalente por unidade aproximado, expresso na própria base do transformador, está mostrado na Figura 2-25.

2.7 REGULAÇÃO DE TENSÃO E EFICIÊNCIA DE UM TRANSFORMADOR

Como um transformador real tem impedância em série em seu interior, a tensão de saída de um transformador variará com a carga, mesmo que a tensão de entrada permaneça constante. Para comparar convenientemente os transformadores nesse aspecto,

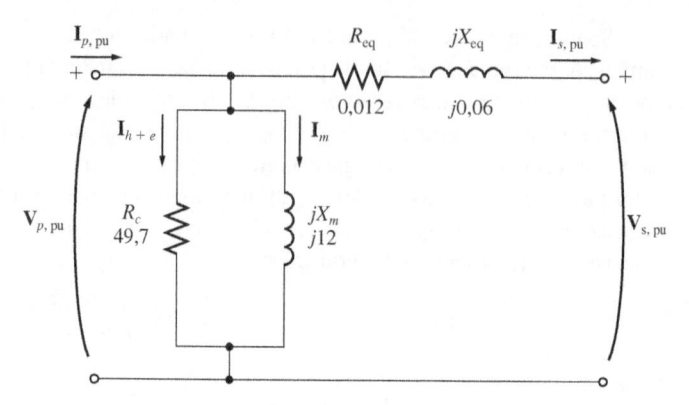

FIGURA 2-25
O circuito equivalente por unidade do Exemplo 2-4.

costuma-se definir uma grandeza denominada *regulação de tensão* (RT). *Regulação de tensão a plena carga* é uma grandeza que compara a tensão de saída do transformador a vazio (vz) com a tensão de saída a plena carga (pc). Ela é definida pela equação

$$\text{RT} = \frac{V_{S,\text{vz}} - V_{S,\text{pc}}}{V_{S,\text{pc}}} \times 100\% \tag{2-61}$$

Como a vazio, temos $V_S = V_P/a$, a regulação de tensão também pode ser expressa como

$$\text{RT} = \frac{V_P/a - V_{S,\text{pc}}}{V_{S,\text{pc}}} \times 100\% \tag{2-62}$$

Se o circuito equivalente do transformador estiver no sistema por unidade, a regulação de tensão poderá ser expressa como

$$\text{RT} = \frac{V_{P,\text{pu}} - V_{S,\text{pc,pu}}}{V_{S,\text{pc,pu}}} \times 100\% \tag{2-63}$$

Usualmente, é uma boa prática ter uma regulação de tensão tão baixa quanto possível. Para um transformador ideal, RT = 0%. No entanto, nem sempre é uma boa ideia ter uma baixa regulação de tensão – algumas vezes, os transformadores com regulação de tensão elevada e alta impedância são usados deliberadamente para reduzir as correntes de falta* em um circuito.

Como é possível determinar a regulação de tensão de um transformador?

---

* N. de T.: Em um equipamento elétrico, uma falta elétrica é o contato acidental entre partes energizadas que estão em níveis diferentes de tensão ou entre uma parte energizada e a terra ou a massa. A impedância desse contato pode variar desde muito alta até um valor muito baixo (caso este de falta direta). Logo, uma corrente de curto circuito acidental é um caso particular de corrente de falta.

O diagrama fasorial de um transformador

Para determinar a regulação de tensão de um transformador, é necessário compreender as quedas de tensão em seu interior. Considere o circuito equivalente simplificado do transformador da Figura 2-18b. Os efeitos do ramo de excitação sobre a regulação de tensão do transformador podem ser ignorados, de modo que apenas as impedâncias em série precisam ser consideradas. A regulação de tensão do transformador depende tanto do valor das impedâncias em série como do ângulo de fase da corrente que flui através do transformador. A maneira mais fácil de determinar o efeito das impedâncias e dos ângulos de fase da corrente sobre a regulação de tensão no transformador é examinar um *diagrama fasorial*, um gráfico das tensões e correntes fasoriais presentes no transformador.

Em todos os diagramas fasoriais seguintes, assume-se que a tensão fasorial $\mathbf{V}_S$ está no ângulo $0°$ e que todas as demais tensões e correntes adotam essa tensão fasorial como referência. Aplicando a lei das tensões de Kirchhoff ao circuito equivalente da Figura 2-18b, a tensão primária pode ser encontrada como

$$\frac{\mathbf{V}_P}{a} = \mathbf{V}_S + R_{eq}\mathbf{I}_S + jX_{eq}\mathbf{I}_S \tag{2-64}$$

Um diagrama fasorial de um transformador é simplesmente uma representação visual dessa equação.

A Figura 2-26 mostra um diagrama fasorial de um transformador funcionando com um fator de potência atrasado. Pode-se ver facilmente que $V_P/a > V_S$ para cargas atrasadas, de modo que a regulação de tensão de um transformador com cargas atrasadas deve ser maior do que zero.

Um diagrama fasorial com um fator de potência unitário é mostrado na Figura 2-27a. Aqui, novamente, a tensão no secundário é menor do que a tensão no primário, de modo que RT > 0.

Entretanto, dessa vez a regulação de tensão tem um valor menor do que tinha quando a corrente estava atrasada. Se a corrente secundária estiver adiantada, a tensão secundária pode na realidade ser *mais elevada* do que a tensão primária referida. Se isso acontecer, o transformador na realidade tem uma regulação de tensão *negativa* (veja Figura 2-27b).

Eficiência de um transformador

Um transformador também pode ser comparado e avaliado em relação à sua eficiência. A eficiência de um dispositivo é definida pelas equações

$$\boxed{\eta = \frac{P_{\text{saída}}}{P_{\text{entrada}}} \times 100\%} \tag{2-65}$$

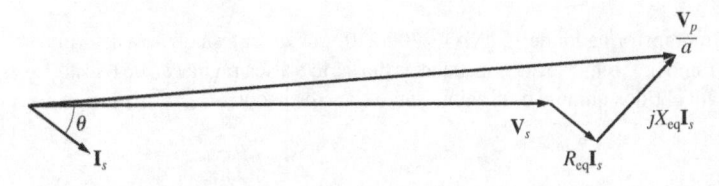

FIGURA 2-26 Diagrama fasorial de um transformador operando com um fator de potência atrasado.

FIGURA 2-27
Diagrama fasorial de um transformador operando com um fator de potência (a) unitário e (b) adiantado.

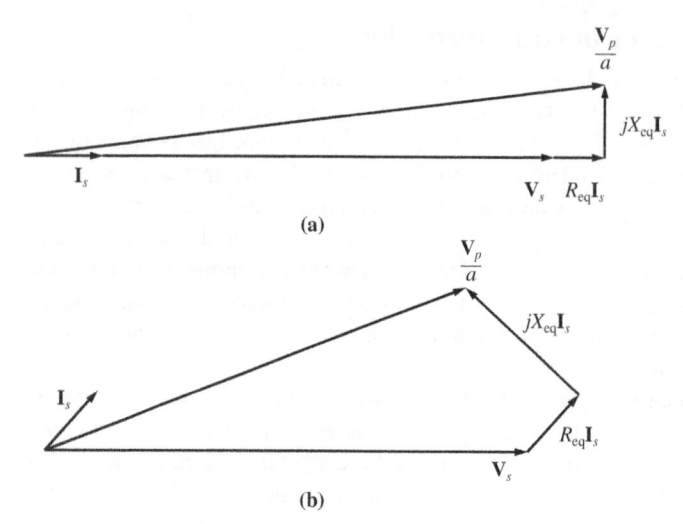

$$\eta = \frac{P_{\text{saída}}}{P_{\text{saída}} + P_{\text{perdas}}} \times 100\% \qquad (2\text{-}66)$$

Essas equações aplicam-se a motores e geradores e também a transformadores.

Os circuitos equivalentes facilitam os cálculos de eficiência. Há três tipos de perdas presentes nos transformadores:

1. *Perdas no cobre (I^2R)*. Essas perdas são representadas pela resistência em série no circuito equivalente.
2. *Perdas por histerese*. Essas perdas foram explicadas no Capítulo 1. Elas estão incluídas no resistor R_C.
3. *Perdas por corrente parasita*. Essas perdas foram explicadas no Capítulo 1. Elas estão incluídas no resistor R_C.

Para calcular a eficiência de um transformador, que está operando com uma dada carga, simplesmente some as perdas de cada resistor e aplique a Equação (2-67). Como a potência de saída é dada por

$$P_{\text{saída}} = V_S I_S \cos \theta_S \qquad (2\text{-}7)$$

a eficiência do transformador pode ser expressa por

$$\eta = \frac{V_S I_S \cos \theta}{P_{\text{Cu}} + P_{\text{núcleo}} + V_S I_S \cos \theta} \times 100\% \qquad (2\text{-}67)$$

EXEMPLO 2-5 Um transformador de 15 kVA e 2300/230 V deve ser testado para determinar os componentes do ramo de excitação, as impedâncias em série e a sua regulação de tensão. Os seguintes dados foram obtidos durante os ensaios com o transformador:

Ensaio a vazio (VZ) (lado de baixa tensão)	Ensaio de curto-circuito (CC) (lado de alta tensão)
$V_{VZ} = 230$ V	$V_{CC} = 47$ V
$I_{VZ} = 2,1$ A	$I_{CC} = 6,0$ A
$V_{VZ} = 50$ W	$P_{CC} = 160$ W

Os dados foram obtidos usando as conexões mostradas nas Figuras 2-19 e 2-20.

(a) Encontre o circuito equivalente desse transformador referido ao lado de alta tensão.
(b) Encontre o circuito equivalente desse transformador referido ao lado de baixa tensão.
(c) Calcule a regulação de tensão a plena carga para o fator de potência de 0,8 atrasado, o fator de potência 1,0 e o fator de potência 0,8 adiantado. Use a equação exata para V_P.
(d) Faça o gráfico da regulação de tensão à medida que a carga é aumentada, desde a vazio até plena carga, para o fator de potência de 0,8 atrasado, o fator de potência 1,0 e o fator de potência 0,8 adiantado.
(e) Qual é a eficiência do transformador a plena carga para um fator de potência 0,8 atrasado?

Solução

(a) A relação de espiras desse transformador é $a = 2300/230 = 10$. Os valores do ramo de excitação do circuito equivalente do transformador, referidos ao lado do secundário (baixa tensão), podem ser calculados a partir dos dados do *ensaio a vazio*. Os elementos em série, referidos ao lado do primário (alta tensão), podem ser calculados a partir dos dados do *ensaio de curto-circuito*. A partir dos dados do ensaio a vazio, o ângulo de impedância a vazio é

$$\theta_{VZ} = \cos^{-1}\frac{P_{VZ}}{V_{VZ}I_{VZ}}$$

$$\theta_{VZ} = \cos^{-1}\frac{50\text{ W}}{(230\text{ V})(2,1\text{ A})} = 84°$$

Assim, a admitância de excitação é

$$Y_E = \frac{I_{VZ}}{V_{VZ}} \angle -84°$$

$$Y_E = \frac{2,1\text{ A}}{230\text{ V}} \angle -84°\text{ S}$$

$$Y_E = 0,00913 \angle -84°\text{ S} = 0,000954 - j0,00908\text{ S}$$

Os elementos do ramo de excitação, referidos ao secundário, são

$$R_{C,S} = \frac{1}{0,000954} = 1050\ \Omega$$

$$X_{M,S} = \frac{1}{0,00908} = 110\ \Omega$$

A partir dos dados do ensaio de curto-circuito, o ângulo de impedância em curto-circuito é

$$\theta_{CC} = \cos^{-1}\frac{P_{SC}}{V_{CC}I_{CC}}$$

$$\theta_{CC} = \cos^{-1}\frac{160\text{ W}}{(47\text{ V})(6\text{ A})} = 55,4°$$

Portanto, a impedância em série equivalente é

$$Z_{SE} = \frac{V_{CC}}{I_{CC}} \angle \theta_{CC}$$

$$Z_{SE} = \frac{47 \text{ V}}{6 \text{ A}} \angle 55,4° \text{ } \Omega$$

$$Z_{SE} = 7,833 \angle 55,4° = 4,45 + j6,45 \text{ } \Omega$$

Os elementos em série, referidos ao lado primário, são

$$R_{eq,P} = 4,45 \text{ } \Omega \qquad X_{eq,P} = 6,45 \text{ } \Omega$$

O circuito equivalente simplificado resultante, referido ao lado primário, poderá ser obtido pela conversão dos valores do ramo de excitação para o lado primário.

$$R_{C,P} = a^2 R_{C,S} = (10)^2 (1050 \text{ } \Omega) = 105 \text{ k}\Omega$$

$$X_{M,P} = a^2 X_{M,S} = (10)^2 (110 \text{ } \Omega) = 11 \text{ k}\Omega$$

Esse circuito equivalente está mostrado na Figura 2-28a.

(b) Para obter o circuito equivalente, referido ao lado de baixa tensão, é necessário simplesmente dividir a impedância por a^2. Como $a = N_P/N_S = 10$, os valores resultantes são

$$R_C = 1050 \text{ } \Omega \qquad R_{eq} = 0,0445 \text{ } \Omega$$

$$X_M = 110 \text{ } \Omega \qquad X_{eq} = 0,0645 \text{ } \Omega$$

O circuito equivalente resultante está mostrado na Figura 2-28b.

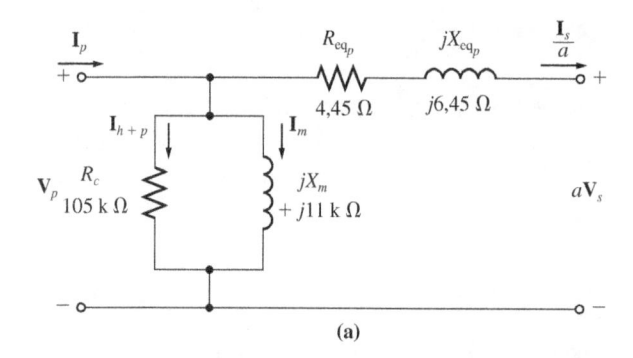

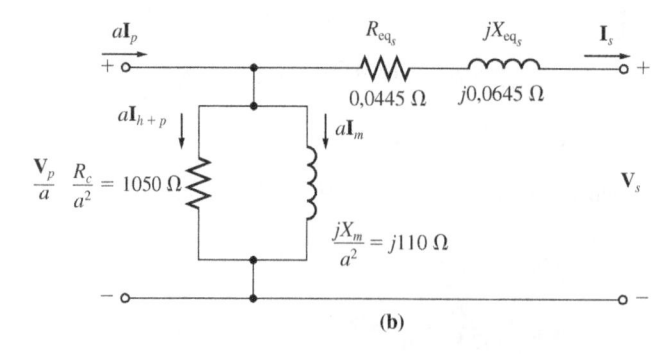

FIGURA 2-28
O circuito equivalente do transformador do Exemplo 2-5, referido (a) ao lado primário e (b) ao lado secundário.

(c) A corrente a plena carga no lado secundário desse transformador é

$$I_{S,\text{nominal}} = \frac{S_{\text{nominal}}}{V_{S,\text{nominal}}} = \frac{15.000 \text{ VA}}{230 \text{ V}} = 65,2 \text{ A}$$

Para calcular V_P / a, use a Equação (2-64):

$$\frac{\mathbf{V}_P}{a} = \mathbf{V}_S + R_{eq}\mathbf{I}_S + jX_{eq}\mathbf{I}_S \tag{2-64}$$

Com FP = 0,8 atrasado, temos que a corrente $\mathbf{I}_S = 65,2 \angle -36,9°$ A. Portanto,

$$\frac{\mathbf{V}_P}{a} = 230 \angle 0° \text{ V} + (0,0445 \text{ }\Omega)(65,2 \angle -36,9° \text{ A}) + j(0,0645 \text{ }\Omega)(65,2 \angle -36,9° \text{ A})$$

$$= 230 \angle 0° \text{ V} + 2,90 \angle -36,9° \text{ V} + 4,21 \angle 53,1° \text{ V}$$

$$= 230 + 2,32 - j1,74 + 2,52 + j3,36$$

$$= 234,84 + j1,62 = 234,85 \angle 0,40° \text{ V}$$

A regulação de tensão resultante é

$$\text{RT} = \frac{V_P/a - V_{S,\text{pc}}}{V_{S,\text{pc}}} \times 100\% \tag{2-62}$$

$$= \frac{234,85 \text{ V} - 230 \text{ V}}{230 \text{ V}} \times 100\% = 2,1\%$$

Com FP = 1,0, temos que a corrente $\mathbf{I}_S = 65,2 \angle 0°$ A. Portanto,

$$\frac{\mathbf{V}_P}{a} = 230 \angle 0° \text{ V} + (0,0445 \text{ }\Omega)(65,2 \angle 0° \text{ A}) + j(0,0645 \text{ }\Omega)(65,2 \angle 0° \text{ A})$$

$$= 230 \angle 0° \text{ V} + 2,90 \angle 0° \text{ V} + 4,21 \angle 90° \text{ V}$$

$$= 230 + 2,90 + j4,21$$

$$= 232,9 + j4,21 = 232,94 \angle 1,04° \text{ V}$$

A regulação de tensão resultante é

$$\text{RT} = \frac{232,94 \text{ V} - 230 \text{ V}}{230 \text{ V}} \times 100\% = 1,28\%$$

Com FP = 0,8 adiantado, temos que a corrente $\mathbf{I}_S = 65,2 \angle 36,9°$ A. Portanto,

$$\frac{\mathbf{V}_P}{a} = 230 \angle 0° \text{ V} + (0,0445 \text{ }\Omega)(65,2 \angle 36,9° \text{ A}) + j(0,0645 \text{ }\Omega)(65,2 \angle 36,9° \text{ A})$$

$$= 230 \angle 0° \text{ V} + 2,90 \angle 36,9° \text{ V} + 4,21 \angle 126,9° \text{ V}$$

$$= 230 + 2,32 + j1,74 - 2,52 + j3,36$$

$$= 229,80 + j5,10 = 229,85 \angle 1,27° \text{ V}$$

A regulação de tensão resultante é

$$\text{RT} = \frac{229,85 \text{ V} - 230 \text{ V}}{230 \text{ V}} \times 100\% = -0,062\%$$

Cada um desses três diagramas fasoriais está mostrado na Figura 2-29.

$\dfrac{V_p}{a} = 234{,}9 \angle 0{,}4°$ V

$V_s = 230 \angle 0°$ V

$jX_{eq}I_s = 4{,}21 \angle 53{,}1°$ V

$R_{eq}I_s = 2{,}9 \angle -36{,}9°$ V

$I_s = 65{,}2 \angle -36{,}9°$ A

(a)

$\dfrac{V_p}{a} = 232{,}9 \angle 1{,}04°$ V

$4{,}21 \angle 90°$ V

$I_s = 65{,}2 \angle 0°$ A

$230 \angle 0°$ V

$2{,}9 \angle 0°$ V

(b)

$I_s = 65{,}2 \angle 36{,}9°$ A

$\dfrac{V_p}{a} = 229{,}8 \angle 1{,}27°$ V

$4{,}21 \angle 126{,}9°$ V

$2{,}9 \angle 36{,}9°$ V

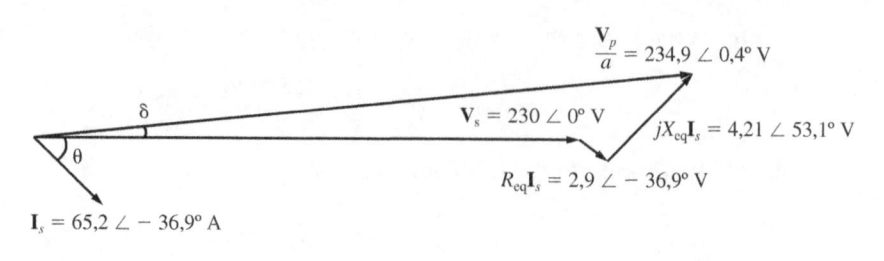

$230 \angle 0°$ V

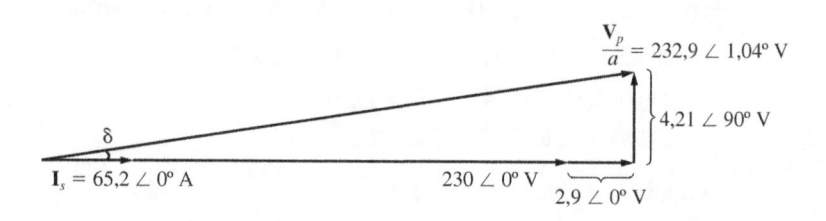

(c)

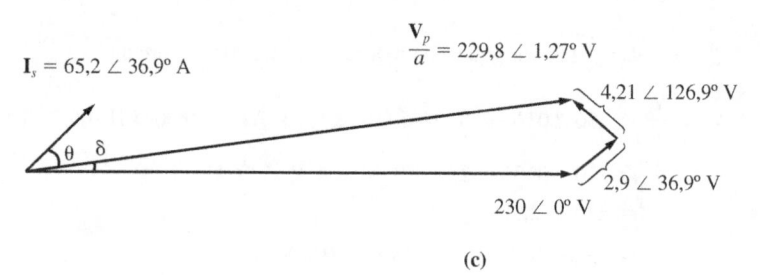

FIGURA 2-29
Diagramas fasoriais para o transformador do Exemplo 2-5.

(d) A melhor maneira de plotar a regulação de tensão em função da carga é repetir os cálculos da parte *c* para muitas cargas diferentes usando MATLAB. Um programa para fazer isso é mostrado a seguir.

```
% M-file: trans_vr.m
% M-file para calcular e plotar a regulação de tensão
% de um transformador em função da carga para fatores de
% potência de 0,8 atrasado, 1,0 e 0,8 adiantado.
VS = 230;               % Tensão secundária(V)
amps = 0:6.52:65.2;     % Valores de corrente(A)
```

```
Req = 0.0445;           % R equivalente (ohms)
Xeq = 0.0645;           % X equivalente (ohms)

% Cálculo dos valores de corrente para os três
% fatores de potência. A primeira linha de I contém
% as correntes atrasadas, a segunda linha contém
% as correntes unitárias e a terceira linha contém
% as correntes adiantadas.
I(1,:) = amps.* (0.8 - j*0.6);      % Atrasadas
I(2,:) = amps.* (1.0         );      % Unitárias
I(3,:) = amps.* (0.8 + j*0.6);      % Adiantadas

% Cálculo de VP/a.
VPa = VS + Req.*I + j.*Xeq.*I;

% Cálculo da regulação de tensão (VR)
VR = (abs(VPa) - VS)./ VS.* 100;

% Plotagem da regulação de tensão
plot(amps,VR(1,:),'b-');
hold on;
plot(amps,VR(2,:),'k-');
plot(amps,VR(3,:),'r-.');
title ('Regulação de Tensão Versus Carga');
xlabel ('Carga(A)');
ylabel ('Regulação de Tensão (%)');
legend('FP 0,8 atrasado','FP 1,0','FP 0,8 adiantado');
hold off;
```

A plotagem produzida por esse programa é mostrada na Figura 2-30.

(e) Para encontrar a eficiência do transformador, primeiro calcule as suas perdas. As perdas no cobre são

$$P_{Cu} = (I_S)^2 R_{eq} = (65,2 \text{ A})^2(0,0445 \text{ }\Omega) = 189 \text{ W}$$

As perdas no núcleo são dadas por

$$P_{núcleo} = \frac{(V_P/a)^2}{R_C} = \frac{(234,85 \text{ V})^2}{1050 \text{ }\Omega} = 52,5 \text{ W}$$

A potência de saída do transformador para esse fator de potência é

$$P_{saída} = V_S I_S \cos \theta$$
$$= (230 \text{ V})(65,2 \text{ A}) \cos 36,9° = 12.000 \text{ W}$$

Portanto, a eficiência do transformador nessas condições é

$$\eta = \frac{V_S I_S \cos \theta}{P_{Cu} + P_{núcleo} + V_S I_S \cos \theta} \times 100\% \qquad (2\text{-}68)$$

$$= \frac{12.000 \text{ W}}{189 \text{ W} + 52,5 \text{ W} + 12.000 \text{ W}} \times 100\%$$

$$= 98,03\%$$

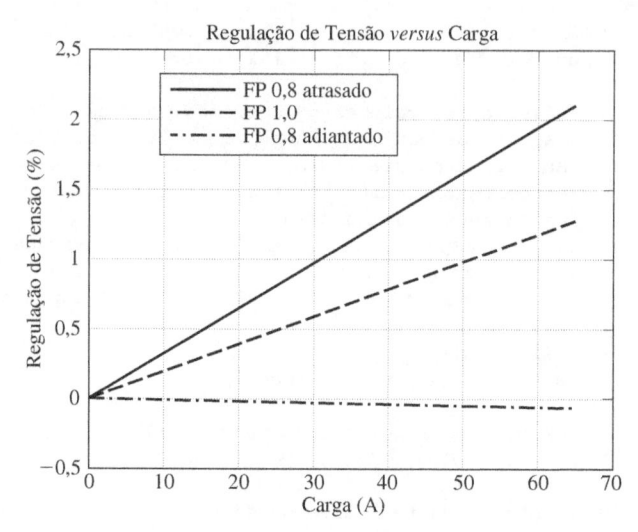

FIGURA 2-30
Plotagem da regulação de tensão *versus* carga para o transformador do Exemplo 2-5.

2.8 DERIVAÇÕES DE UM TRANSFORMADOR E REGULAÇÃO DE TENSÃO

Em seções anteriores deste capítulo, os transformadores foram descritos por suas relações de espiras ou pelas razões de tensão entre seus enrolamentos primário e secundário. Naquelas seções, a relação de espiras de um transformador foi tratada como totalmente constante. No caso de praticamente todos os transformadores reais de distribuição, isso não é totalmente verdadeiro. Os enrolamentos de um transformador de distribuição apresentam uma série de derivações ou tomadas (*taps*) que permitem fazer pequenos ajustes na relação de espiras do transformador após ter saído da fábrica. Uma instalação típica pode ter quatro derivações além da tensão nominal, com intervalos de 2,5% da tensão de plena carga. Essa configuração proporciona ajustar a tensão nominal do transformador em até 5% para cima e para baixo.

EXEMPLO 2-6 Um transformador de distribuição de 500 kVA e 13.200/480 V tem quatro derivações de 2,5% em seu enrolamento primário. Quais são as razões de tensão desse transformador para cada ajuste de derivação?

Solução
As cinco possíveis tensões nominais desse transformador são

Derivação +5,0%	13.860/480 V
Derivação +2,5%	13.530/480 V
Valor nominal	13.200/480 V
Derivação −2,5%	12.870/480 V
Derivação −5,0%	12.540/480 V

Em um transformador, as derivações permitem que seja ajustado localmente para acomodar mudanças de tensão que possam vir a ocorrer na região onde ele está instalado. Normalmente, entretanto, se o transformador estiver energizado, essas derivações não poderão ser alteradas; elas devem ser ajustadas uma vez e assim permanecer.

Algumas vezes, em uma linha de potência, é utilizado um transformador cuja tensão varia amplamente com a carga. Essas variações de tensão podem ser devido a uma alta impedância de linha existente entre os geradores do sistema de potência e aquela carga em particular (muito distanciada talvez em uma área rural). As cargas normais precisam de um suprimento de tensão basicamente constante. Como uma companhia de energia elétrica fornece uma tensão controlada através de linhas de alta impedância a cargas que constantemente estão se alterando?

Uma solução para esse problema é utilizar um transformador especial denominado *transformador com mudança de derivação sob carga* (TCUL*) ou *regulador de tensão*. Basicamente, um transformador TCUL possui a capacidade de alterar suas derivações enquanto está energizado. Um regulador de tensão é um transformador TCUL com circuitos internos de sensoriamento de tensão que automaticamente trocam de derivação para manter a tensão do sistema constante. Esses transformadores especiais são muito comuns nos sistemas modernos de potência.

2.9 O AUTOTRANSFORMADOR

Em algumas ocasiões, é desejável fazer apenas pequenas alterações nos níveis de tensão. Por exemplo, pode ser necessário elevar a tensão de 110 para 120 V ou de 13,2 para 13,8 kV. Essas pequenas elevações podem ser necessárias devido a quedas de tensão que ocorrem em sistemas de potência que estão muito distanciados dos geradores. Nessas circunstâncias, seria um desperdício e excessivamente dispendioso enrolar um transformador com dois enrolamentos completos, cada um especificado para aproximadamente a mesma tensão. Em lugar disso, utiliza-se um transformador ilustrado especial, denominado *autotransformador*.

O diagrama de um autotransformador elevador está ilustrado na Figura 2-31. Na Figura 2-31a, as duas bobinas do transformador são mostradas de modo convencional. A Figura 2-31b mostra o primeiro enrolamento conectado de forma aditiva ao segundo enrolamento. Agora, a relação entre a tensão do primeiro enrolamento e a tensão do segundo enrolamento é dada pela relação de espiras do transformador. Entretanto, *a tensão na saída do transformador completo é a soma da tensão do primeiro enrolamento mais a tensão no segundo enrolamento*. Aqui, o primeiro enrolamento é denominado *enrolamento comum*, porque sua tensão aparece em ambos os lados do transformador. O enrolamento menor é denominado *enrolamento em série*, porque está conectado em série com o enrolamento comum.

O diagrama do autotransformador abaixador está mostrado na Figura 2-32. Aqui, a tensão na entrada é a soma das tensões no enrolamento em série e no enrolamento comum, ao passo que a tensão na saída é simplesmente a tensão no enrolamento comum.

Como as bobinas do transformador estão fisicamente conectadas, a terminologia utilizada para o autotransformador é diferente da usada para os outros tipos de transformadores. A tensão no enrolamento comum é denominada *tensão comum* $\mathbf{V}_C$, e a corrente nessa bobina é denominada *corrente comum* $\mathbf{I}_C$. A tensão na bobina em série é denominada *tensão em série* $\mathbf{V}_{SE}$ e a corrente nessa bobina é denominada *corrente em série* $\mathbf{I}_{SE}$.

---

* N. de T.: Do inglês *tap changing under load*, ou seja, mudança de derivação sob carga.

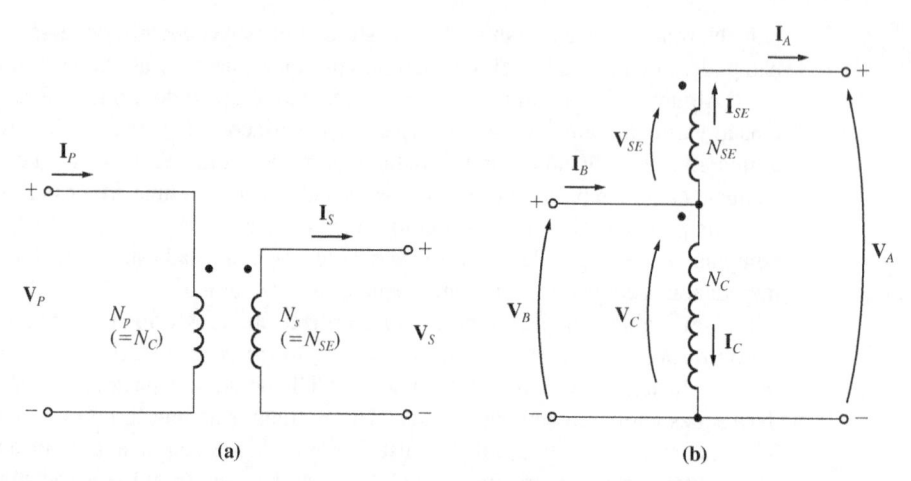

FIGURA 2-31
Um transformador com seus enrolamentos (a) ligados de forma convencional e (b) religados como em um autotransformador.

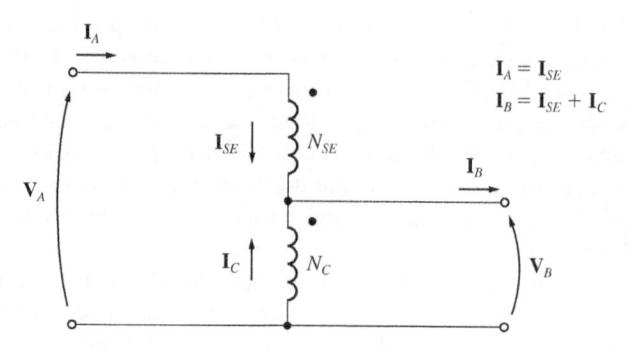

FIGURA 2-32
Uma conexão de autotransformador abaixador.

A tensão e a corrente no lado de baixa tensão do transformador são denominadas V_B e I_B, respectivamente, ao passo que as respectivas tensão e corrente no lado de alta tensão do transformador são denominadas V_A e I_A. O lado primário do autotransformador (o lado em que a potência entra) pode ser tanto o lado de alta tensão ou o lado de baixa tensão, dependendo se o transformador está operando como um transformador abaixador ou elevador. Da Figura 2-31b, as tensões e as correntes das bobinas se relacionam pelas equações

$$\frac{V_C}{V_{SE}} = \frac{N_C}{N_{SE}} \tag{2-69}$$

$$N_C \, I_C = N_{SE} \, I_{SE} \tag{2-70}$$

As relações entre as tensões nas bobinas e as tensões nos terminais são dadas pelas equações

$$V_B = V_C \tag{2-71}$$

$$V_A = V_C + V_{SE} \tag{2-72}$$

e as relações entre as correntes nas bobinas e as correntes nos terminais são dadas pelas equações

$$I_B = I_C = I_{SE} \tag{2-73}$$

$$I_A = I_{SE} \tag{2-74}$$

Relações de tensão e corrente em um autotransformador

Quais são as relações de tensão entre os dois lados do autotransformador? A relação entre V_A e V_B pode ser determinada facilmente. No lado de alta tensão do autotransformador, a tensão é dada por

$$V_A = V_C + V_{SE} \tag{2-72}$$

No entanto, $V_C/V_{SE} = N_C/N_{SE}$, de modo que

$$V_A = V_C + \frac{N_{SE}}{N_C} V_C \tag{2-75}$$

Finalmente, observando que $V_B = V_C$, obtemos

$$V_A = V_B + \frac{N_{SE}}{N_C} V_B$$

$$= \frac{N_{SE} + N_C}{N_C} V_B \tag{2-76}$$

ou

$$\boxed{\frac{V_B}{V_A} = \frac{N_C}{N_{SE} + N_C}} \tag{2-77}$$

A relação entre as correntes dos dois lados do transformador pode ser obtida observando que

$$I_B = I_C + I_{SE} \tag{2-73}$$

Da Equação (2-69), $I_C = (N_{SE}/N_C)I_{SE}$, de modo que

$$I_B = \frac{N_{SE}}{N_C} I_{SE} + I_{SE} \tag{2-78}$$

Finalmente, observando que $I_A = I_{SE}$, encontramos

$$I_B = \frac{N_{SE}}{N_C} I_A + I_A$$

$$= \frac{N_{SE} + N_C}{N_C} \mathbf{I}_A \qquad (2\text{-}79)$$

ou
$$\boxed{\frac{\mathbf{I}_B}{\mathbf{I}_A} = \frac{N_{SE} + N_C}{N_C}} \qquad (2\text{-}80)$$

A vantagem de potência aparente nominal dos autotransformadores

É interessante notar que no autotransformador nem toda a potência que se desloca do primário para o secundário passa através dos enrolamentos. Como resultado, se as ligações de um transformador convencional forem refeitas na forma de autotransformador, ele poderá trabalhar com potência muito maior do que com sua potência nominal original.

Para compreender essa ideia, consulte novamente a Figura 2-31b. Observe que a potência aparente de entrada do autotransformador é dada por

$$S_{\text{entrada}} = V_B I_B \qquad (2\text{-}81)$$

e que a potência aparente de saída é dada por

$$S_{\text{saída}} = V_A I_A \qquad (2\text{-}82)$$

Pode-se mostrar facilmente, usando as equações de tensão e corrente [Equações (2-77) e (2-80)], que a potência aparente de entrada é novamente igual à potência aparente de saída:

$$S_{\text{entrada}} = S_{\text{saída}} = S_{ES} \qquad (2\text{-}83)$$

em que S_{ES} é definido como as potências aparentes de entrada e saída do transformador. Contudo, *a potência aparente nos enrolamentos do transformador é*

$$S_{ENR} = V_C I_C = V_{SE} I_{SE} \qquad (2\text{-}84)$$

A relação entre a potência que entra no primário (e que sai do secundário) do transformador e a potência nos enrolamentos reais do transformador pode ser obtida como segue:

$$S_{ENR} = V_C I_C$$
$$= V_B (I_B - I_A)$$
$$= V_B I_B - V_B I_A$$

Utilizando a Equação (2-80), obtemos

$$S_{ENR} = V_B I_B - V_B I_B \frac{N_C}{N_{SE} + N_C}$$
$$= V_B I_B \frac{(N_{SE} + N_C) - N_C}{N_{SE} + N_C} \qquad (2\text{-}85)$$
$$= S_{ES} \frac{N_{SE}}{N_{SE} + N_C} \qquad (2\text{-}86)$$

Portanto, a razão entre a potência aparente no primário e secundário do autotransformador e a potência aparente que realmente passa através de seus enrolamentos é

$$\frac{S_{ES}}{S_{ENR}} = \frac{N_{SE} + N_C}{N_{SE}} \qquad (2\text{-}87)$$

A Equação (2-87) descreve a *vantagem de potência aparente nominal* de um autotransformador em relação ao transformador convencional. Aqui, S_{ES} é a potência aparente que entra no primário e deixa o secundário, ao passo que S_{ENR} é a potência aparente que realmente passa através dos enrolamentos do transformador (o restante passa do primário ao secundário sem ser concatenado magneticamente nos enrolamentos do transformador). Observe que, quanto menor o enrolamento em série, maior será a vantagem.

Por exemplo, um autotransformador de 5000 kVA que ligasse um sistema de 110 kV a um sistema de 138 kV teria um relação de espiras N_C/N_{SE} de 110:28. Na realidade, tal autotransformador teria uma especificação nominal nos enrolamentos de

$$S_{ENR} = S_{ES}\frac{N_{SE}}{N_{SE} + N_C} \qquad (2\text{-}86)$$

$$= (5000\text{ kVA})\frac{28}{28 + 110} = 1015\text{ kVA}$$

O autotransformador teria uma especificação nominal nos enrolamentos de apenas 1015 kVA, ao passo que um transformador convencional deveria ter nos enrolamentos uma especificação nominal de 5000 kVA para fazer o mesmo trabalho. O autotransformador poderia ser 5 vezes menor do que o transformador convencional e também seria de custo muito mais baixo. Por essa razão, é muito vantajoso instalar transformadores entre duas tensões de valores próximos na forma de autotransformadores.

O exemplo seguinte ilustra a análise dos autotransformadores e a vantagem de potência aparente nominal deles.

EXEMPLO 2-7 Um transformador de 100VA e 120/12 V deve ser conectado de forma que opere como um autotransformador elevador (veja Figura 2-33). Uma tensão primária de 120 V é aplicada ao transformador.

(a) Qual é a tensão secundária do transformador?

(b) Qual é a máxima especificação nominal de volts-ampères nesse modo de operação?

(c) Calcule qual é a vantagem de potência aparente nominal dessa conexão como autotransformador sobre a potência aparente nominal do transformador quando está operando de forma convencional em 120/12 V.

Solução
Nesse transformador, para obter uma transformação elevadora de tensão com um primário de 120 V, a relação de espiras entre o enrolamento comum N_C e o enrolamento em série N_{SE} deve ser 120:12 (ou 10:1).

(a) Esse transformador é utilizado como um transformador elevador. A tensão secundária é V_A e, da Equação (2-76), temos

$$\mathbf{V}_A = \frac{N_{SE} + N_C}{N_C}\mathbf{V}_L \qquad (2\text{-}76)$$

$$= \frac{12 + 120}{120} 120\text{ V} = 132\text{ V}$$

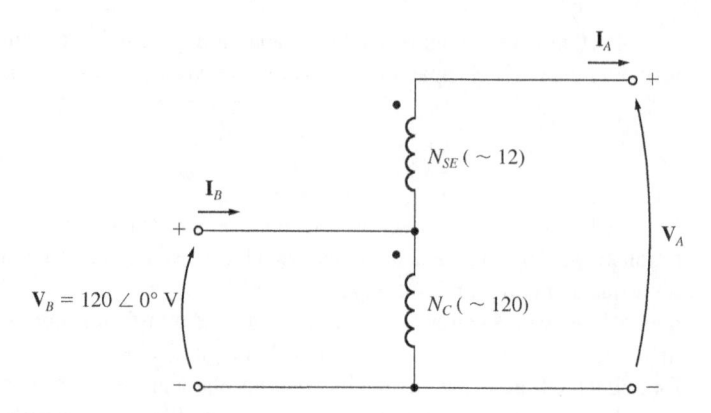

FIGURA 2-33
O autotransformador do Exemplo 2-7.

(b) A especificação nominal máxima de volts-ampères em ambos os enrolamentos desse transformador é 100 VA. Quanta potência aparente de entrada ou saída pode ser fornecida? Para encontrar a resposta, examine o enrolamento em série. A tensão V_{SE} do enrolamento é 12 V e a especificação nominal em volts-ampères do enrolamento é 100 VA. Portanto, a corrente *máxima* do enrolamento em série é

$$I_{SE,max} = \frac{S_{max}}{V_{SE}} = \frac{100 \text{ VA}}{12\text{V}} = 8{,}33 \text{ A}$$

Como I_{SE} é igual à corrente no secundário I_S (ou I_A) e como a tensão no secundário é $V_S = V_A = 132$ V, então a potência aparente no secundário é

$$S_{saída} = V_S I_S = V_A I_A$$
$$= (132 \text{ V})(8{,}33 \text{ A}) = 1100 \text{ VA} = S_{entrada}$$

(c) A vantagem de potência aparente nominal pode ser calculada a partir da parte (b) ou separadamente a partir da Equação (2-87). Da parte (b), temos

$$\frac{S_{ES}}{S_{ENR}} = \frac{1100 \text{ VA}}{100 \text{ VA}} = 11$$

Pela Equação (2-87), temos

$$\frac{S_{ES}}{S_{ENR}} = \frac{N_{SE} + N_C}{N_{SE}} \qquad (2\text{-}87)$$

$$= \frac{12 + 120}{12} = \frac{132}{12} = 11$$

Vemos que, por ambas as equações, a potência aparente nominal é aumentada 11 vezes.

Normalmente, não é possível simplesmente refazer as ligações de um transformador comum para que ele opere como autotransformador usando-o como no Exemplo 2-7. A razão é que, se um transformador comum estiver ligado como autotransformador, a isolação no lado de baixa tensão do transformador poderá não ser suficientemente robusta para suportar a tensão total de saída. Em transformadores

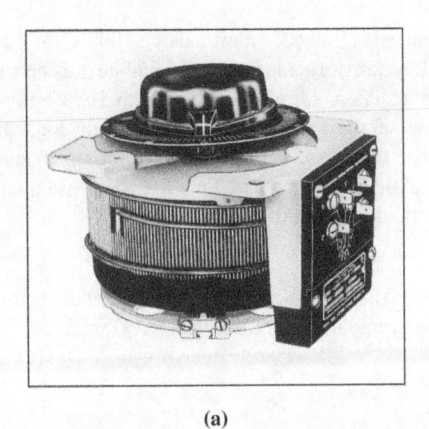

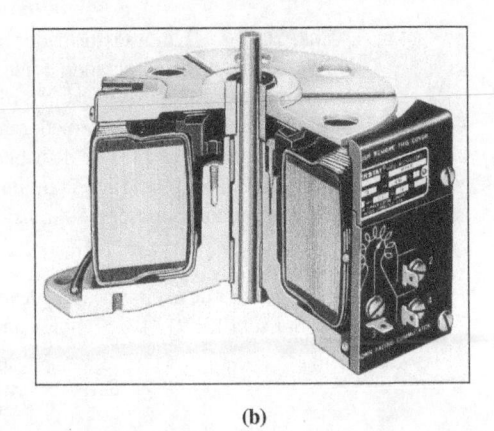

FIGURA 2-34
(a) Um autotransformador de tensão variável. (b) Vista em corte do autotransformador. (*Cortesia da Superior Electric Company.*)

construídos especialmente como autotransformadores, a isolação da bobina menor (o enrolamento em série) é tão robusta quanto a isolação da bobina maior.

Em sistemas de potência, é prática comum o uso de autotransformadores sempre que há necessidade de usar um transformador entre dois níveis bem próximos de tensão, porque quanto mais próximas estiverem as duas tensões, maior se tornará a vantagem de potência do autotransformador. Eles também são usados como transformadores variáveis, nos quais a derivação de baixa tensão é movida para um lado ou para outro do enrolamento. Essa é uma forma muito conveniente de obter uma tensão CA variável. A Figura 2-34 mostra um desses autotransformadores variáveis.

A principal desvantagem dos autotransformadores é que, diferentemente dos transformadores comuns, *há uma ligação física direta entre os circuitos primário e secundário*, de modo que a *isolação elétrica* entre os dois lados é perdida. Se uma aplicação em particular não exigir isolação elétrica, então o autotransformador será um modo conveniente e *de baixo custo* para conectar duas tensões aproximadamente iguais.

A impedância interna de um autotransformador

Em relação aos transformadores convencionais, os autotransformadores têm uma desvantagem adicional. Em comparação com um transformador ligado de modo convencional, e a impedância efetiva por unidade em um autotransformador é tantas vezes menor quanto um fator igual ao recíproco da vantagem de potência proporcionada pela ligação desse transformador como autotransformador.

A prova dessa afirmação é deixada como problema no final do capítulo.

Em comparação a um transformador convencional de dois enrolamentos, a impedância interna menor de um autotransformador pode ser um sério problema em algumas aplicações, nas quais há necessidade de uma impedância em série para limitar as correntes de falta do sistema de potência (curtos-circuitos). Nas aplicações práticas, deve-se levar em consideração o efeito da impedância interna diminuída que ocorre em um autotransformador antes de se fazer a escolha dos autotransformadores.

EXEMPLO 2-8 Um transformador tem especificações nominais de 1000 kVA, 12/1,2 kV e 60 Hz quando ele está operando como um transformador convencional de dois enrolamentos. Nessas condições, sua resistência e reatância em série são dadas como 1 e 8% por unidade, respectivamente. Esse transformador deve ser usado como um autotransformador abaixador de 13,2/12 kV em um sistema de distribuição de potência. Na ligação em forma de autotransformador, (a) qual é a especificação nominal de potência quando ele é usado dessa maneira e (b) qual é a impedância em série do transformador em pu (por unidade)?

Solução

(a) A relação de espiras N_C/N_{SE} deve ser 12:1,2 ou 10:1. A tensão nominal desse transformador será 13,2/12 kV e a potência aparente nominal (volts-ampères) será

$$S_{ES} = \frac{N_{SE} + N_C}{N_{SE}} S_{ENR}$$

$$= \frac{1 + 10}{1} 1000 \text{ kVA} = 11.000 \text{ kVA}$$

(b) A impedância do transformador no sistema por unidade, quando ligado na forma convencional, é

$$Z_{eq} = 0,01 + j0,08 \text{ pu} \qquad \text{enrolamentos separados}$$

A vantagem de potência aparente desse autotransformador é 11, de modo que a impedância por unidade do autotransformador, ligado como descrito, é

$$Z_{eq} = \frac{0,01 + j0,08}{11}$$

$$= 0,00091 + j0,00727 \text{ pu} \qquad \text{autotransformador}$$

2.10 TRANSFORMADORES TRIFÁSICOS

Atualmente, quase todos os principais sistemas de geração e distribuição de potência no mundo são sistemas CA trifásicos. Como os sistemas trifásicos desempenham um papel tão importante na vida moderna, é necessário compreender como os transformadores são utilizados nesses sistemas.

Os transformadores são circuitos trifásicos que podem ser construídos de uma ou duas maneiras. Uma forma é simplesmente tomar três transformadores monofásicos e ligá-los em um banco trifásico. Outra forma é construir um transformador trifásico que consiste em três conjuntos de enrolamentos que envolvem um núcleo comum. Esses dois tipos possíveis de construção de transformadores são mostrados nas Figuras 2-35 e 2-36. Atualmente, ambas as formas (de três transformadores separados ou de um único transformador trifásico) são usadas e é provável que na prática você lide com ambas. Um transformador trifásico apenas é mais leve, menor, de custo mais baixo e ligeiramente mais eficiente. Por outro lado, o uso de três transformadores monofásicos separados tem a vantagem de que cada unidade do banco pode ser substituída individualmente no caso de ocorrer algum problema. Uma empresa de energia elétrica precisa manter de reserva em estoque apenas um único transformador monofásico para dar suporte às três fases, potencialmente economizando dinheiro desse modo.

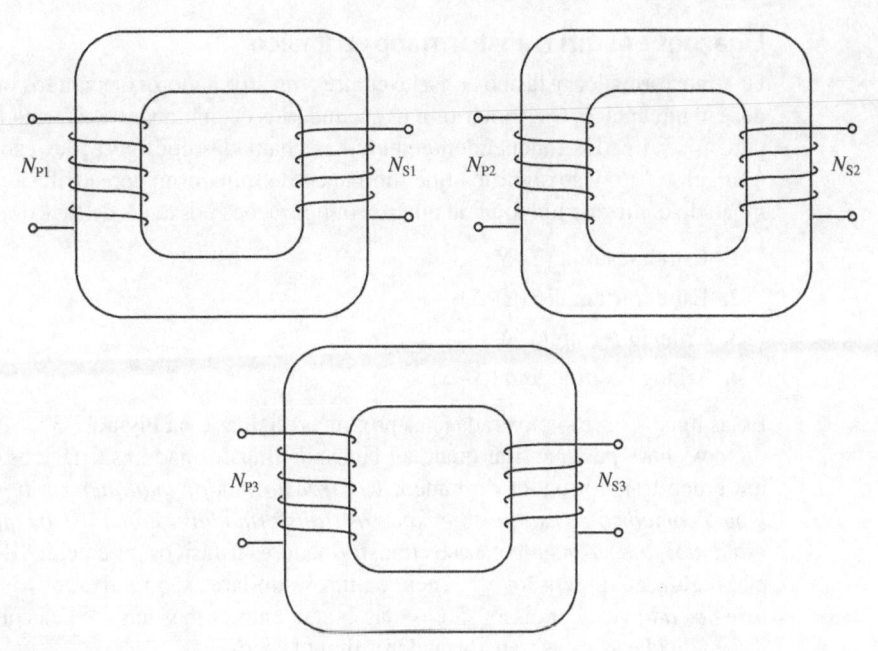

FIGURA 2-35
Banco de transformadores trifásicos composto de transformadores independentes.

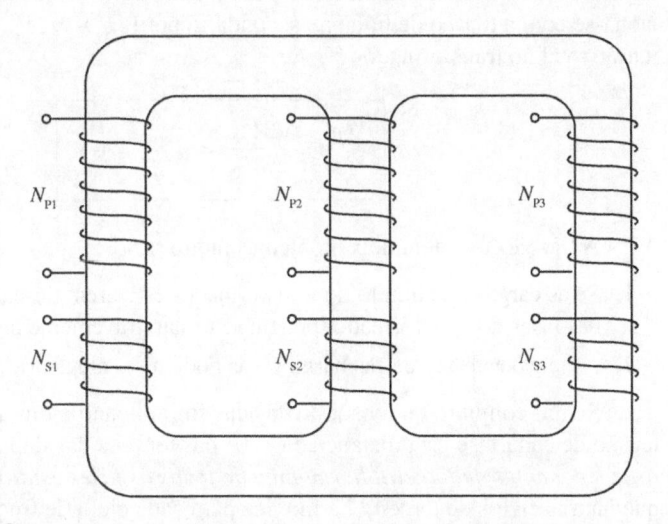

FIGURA 2-36
Transformador trifásico enrolado em um único núcleo de três pernas.

Ligações em um transformador trifásico

Um transformador trifásico consiste em três transformadores, separados ou combinados em um núcleo. Os primários e os secundários de qualquer transformador trifásico podem ser ligados independentemente nas chamadas configurações estrela (Y) ou triângulo (Δ)*. Isso significa que um banco de transformadores trifásicos pode ser montado conforme um total de quatro configurações possíveis de ligação:

1. Estrela-estrela (Y–Y)
2. Estrela-triângulo (Y–Δ)
3. Triângulo-estrela (Δ–Y)
4. Triângulo-triângulo (Δ–Δ)

Essas ligações serão mostradas nas próximas páginas e na Figura 2-37.

A chave para analisar qualquer banco de transformadores trifásicos é examinar um único transformador do banco. *Um transformador qualquer em particular do banco comporta-se exatamente como os transformadores monofásicos que já foram estudados anteriormente.* Para os transformadores trifásicos, os cálculos de impedância, regulação de tensão, eficiência e outros similares são realizados *tomando uma fase de cada vez.* Para isso, são usadas exatamente as mesmas técnicas que já foram desenvolvidas para os transformadores monofásicos.

As vantagens e desvantagens de cada tipo de ligação de transformadores trifásicos serão discutidas a seguir.

A LIGAÇÃO ESTRELA-ESTRELA. A ligação Y–Y de transformadores trifásicos está mostrada na Figura 2-37a. Em uma ligação Y–Y, a relação entre a tensão de fase no primário de cada fase do transformador e a tensão de linha é dada por $V_{\phi P} = V_{LP} / \sqrt{3}$. A tensão de fase no primário relaciona-se com a tensão de fase no secundário pela relação de espiras do transformador. Finalmente, a tensão de fase no secundário relaciona-se com a tensão de linha no secundário por $V_{LS} = \sqrt{3} V_{\phi S}$. Portanto, a razão de tensão total no transformador é

$$\boxed{\frac{V_{LP}}{V_{LS}} = \frac{\sqrt{3} V_{\phi P}}{\sqrt{3} V_{\phi S}} = a \qquad Y-Y} \qquad (2\text{-}88)$$

A ligação Y–Y tem dois problemas muito sérios:

1. Se as cargas no circuito do transformador estiverem desequilibradas, as tensões nas fases do transformador podem se tornar gravemente desequilibradas.
2. As tensões das terceiras harmônicas podem ser elevadas.

Se um conjunto de tensões trifásicas for aplicado a um transformador Y–Y, a tensão de cada fase está distanciada 120° das tensões das demais fases. Entretanto, *as componentes de terceira harmônica de todas as fases estarão em fase entre si*, já que há três ciclos de terceira harmônica para cada ciclo de frequência fundamental.

---

* N. de T.: As ligações triângulo e estrela também são conhecidas como ligações delta e ípsilon, respectivamente.

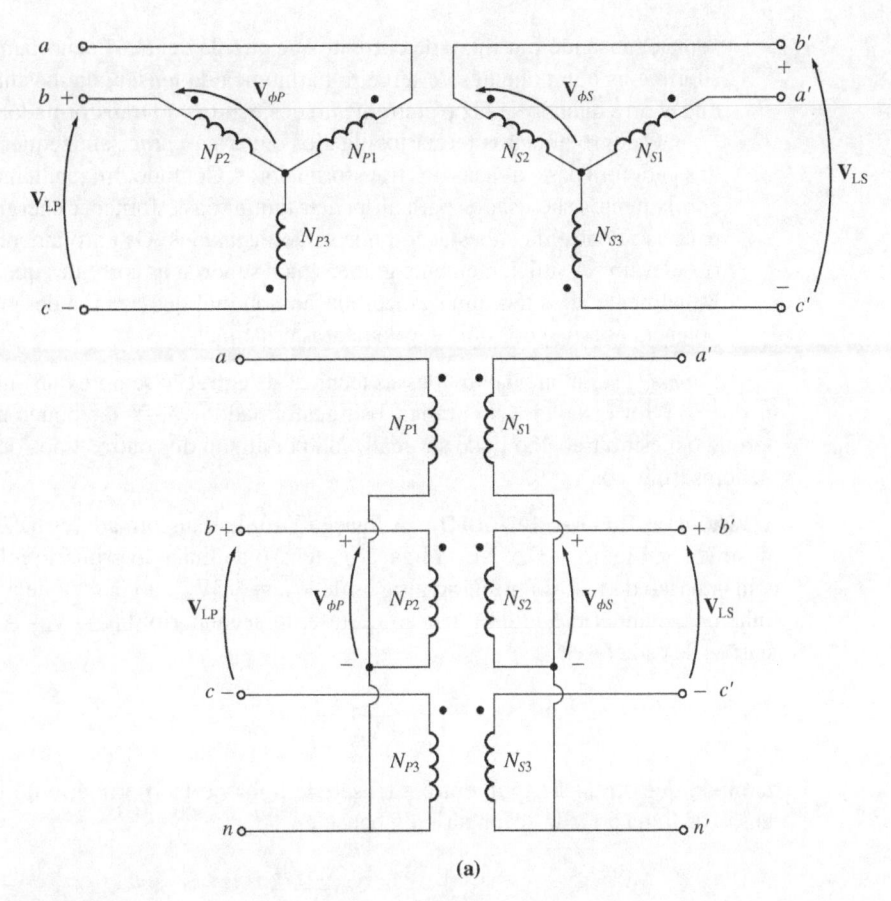

FIGURA 2-37
Ligações de um transformador trifásico e diagramas de fiação: (a) Y–Y; (b) Y–Δ; (c) Δ–Y e (d) Δ–Δ.

Em um transformador, sempre há algumas componentes de terceira harmônica, devido a não linearidade do núcleo, de modo que essas componentes somam-se entre si.

O resultado é uma componente de tensão de terceira harmônica muito grande, maior do que a tensão fundamental de 50 ou 60 Hz. A tensão de terceira harmônica pode ser superior à própria tensão fundamental.

Os problemas de desequilíbrio e de terceira harmônica podem ser resolvidos utilizando uma das duas técnicas seguintes:

1. *Aterrar solidamente os neutros dos transformadores*, especialmente o neutro do enrolamento primário. Essa conexão permite que as componentes aditivas de terceira harmônica causem uma circulação de corrente que escoa para o neutro em vez de se somarem produzindo tensões elevadas. O neutro também proporciona um caminho de retorno para quaisquer desequilíbrios de corrente na carga.

2. *Acrescentar um terceiro enrolamento (terciário) ligado em Δ ao banco de transformadores*. Se um terceiro enrolamento ligado em Δ for acrescentado ao transformador, as componentes de terceira harmônica de tensão da ligação Δ irão se

somar, causando um fluxo de corrente que circula dentro do enrolamento. Isso suprime as componentes de terceira harmônica da tensão, da mesma maneira que ocorre quando se faz o aterramento dos neutros do transformador.

Os enrolamentos terciários ligados em Δ não precisam sequer ser trazidos para fora das carcaças dos transformadores. Contudo, frequentemente esses enrolamentos são usados para alimentar luminárias e fornecer energia auxiliar para uso dentro da subestação onde estão instalados. Os enrolamentos terciários devem ser suficientemente grandes para suportar as correntes que circulam. Usualmente, eles têm uma especificação nominal que é cerca de um terço da potência nominal dos dois enrolamentos principais.

Deve-se usar uma ou outra dessas técnicas de correção sempre que um transformador Y–Y for instalado. Na prática, os transformadores Y–Y são pouco utilizados, porque o mesmo trabalho pode ser realizado por algum dos outros tipos de transformadores trifásicos.

A LIGAÇÃO ESTRELA-TRIÂNGULO. A ligação Y–Δ de transformadores trifásicos está mostrada na Figura 2-37b. Nessa ligação, a tensão de linha do primário relaciona-se com a tensão de fase do primário através de $V_{LP} = \sqrt{3}V_{\phi P}$, ao passo que a tensão de linha do secundário é igual a tensão de fase do secundário, $V_{LS} = V_{\phi S}$. A razão de tensões de cada fase é

$$\frac{V_{\phi P}}{V_{\phi S}} = a$$

de modo que a relação total entre a tensão de linha no lado primário do banco e a tensão de linha do lado secundário do banco é

$$\frac{V_{LP}}{V_{LS}} = \frac{\sqrt{3}V_{\phi P}}{V_{\phi S}}$$

$$\boxed{\frac{V_{LP}}{V_{LS}} = \sqrt{3}a \qquad Y-\Delta} \tag{2-89}$$

A ligação Y–Δ não apresenta problemas com as componentes de terceira harmônica em suas tensões, porque elas são suprimidas por uma corrente que circula no lado Δ. Essa ligação também é mais estável em relação a cargas desequilibradas, porque o lado Δ redistribui parcialmente qualquer desequilíbrio que possa ocorrer.

Contudo, essa configuração apresenta um problema. Devido à ligação, a tensão secundária é deslocada de 30° em relação à tensão primária do transformador. A ocorrência desse deslocamento de fase pode causar problemas quando os secundários de dois bancos de transformadores são colocados em paralelo. Se esses enrolamentos secundários forem colocados em paralelo, os ângulos de fase deverão ser iguais. Isso significa que deveremos prestar atenção na determinação de qual é o sentido desse deslocamento de fase de 30° nos secundários de cada um dos bancos de transformadores que são colocados em paralelo.

Nos Estados Unidos, costuma-se atrasar a tensão do enrolamento secundário em 30° em relação à tensão do enrolamento primário. Embora esse seja o padrão,

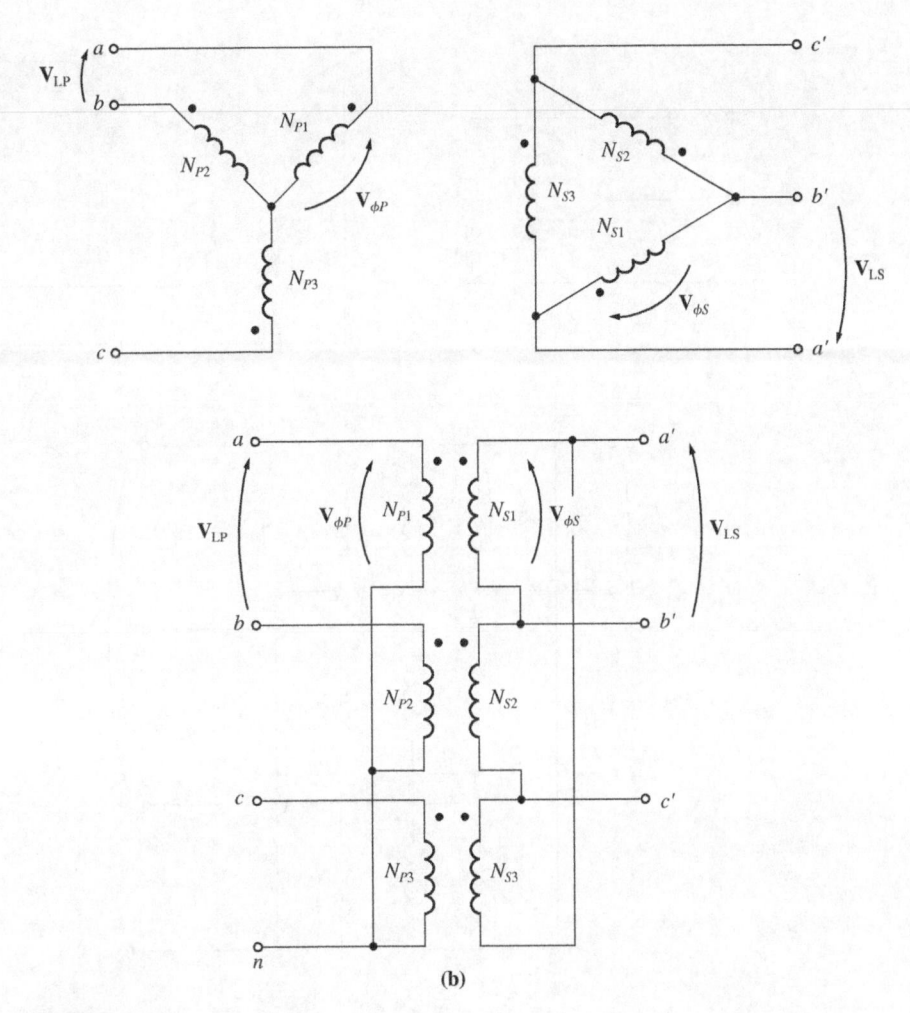

FIGURA 2-37
(b) Y–Δ (*continuação*)

ele nem sempre foi observado. As instalações mais antigas deverão ser examinadas cuidadosamente antes que um novo transformador seja colocado em paralelo, assegurando que seus ângulos de fase sejam compatíveis.

A ligação mostrada na Figura 2-37b atrasará a tensão do secundário se a sequência de fases for *abc*. Se a sequência de fases do sistema for *acb*, a ligação mostrada na Figura 2-37b a tensão do secundário adiantará em relação à tensão do primário em 30°.

A LIGAÇÃO TRIÂNGULO-ESTRELA. A ligação Δ–Y dos transformadores trifásicos está mostrada na Figura 2-37c. Em uma ligação Δ–Y, a tensão de linha do primário é igual à tensão de fase do primário, $V_{LP} = V_{\phi P}$, ao passo que as tensões do secundário relacionam-se através de $V_{LS} = \sqrt{3} V_{\phi S}$. Nessa ligação de transformador, portanto, a razão de tensões de linha para linha é

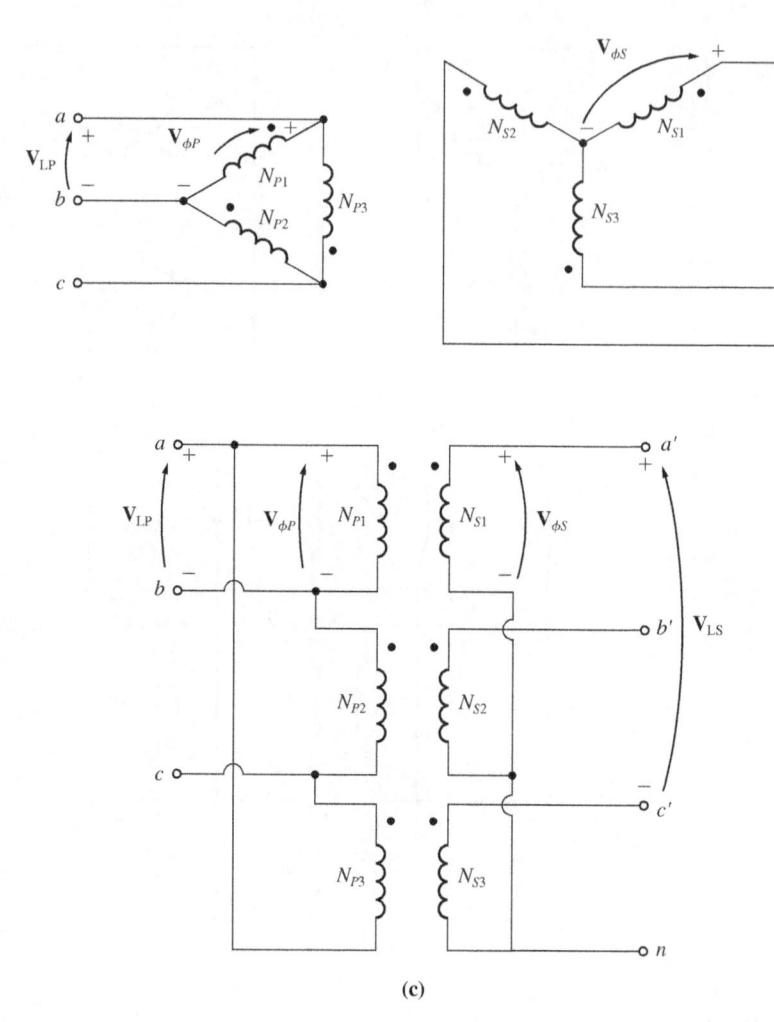

FIGURA 2-37
(c) Δ–Y (*continuação*)

$$\frac{V_{LP}}{V_{LS}} = \frac{V_{\phi P}}{\sqrt{3} V_{\phi S}}$$

$$\boxed{\frac{V_{LP}}{V_{LS}} = \frac{a}{\sqrt{3}}} \quad \Delta\text{–Y} \tag{2-90}$$

Essa ligação tem as mesmas vantagens e o mesmo deslocamento de fase que o transformador Y–Δ. A ligação mostrada na Figura 2-37c atrasa a tensão do secundário em relação à tensão do primário em 30°, como antes.

(d)

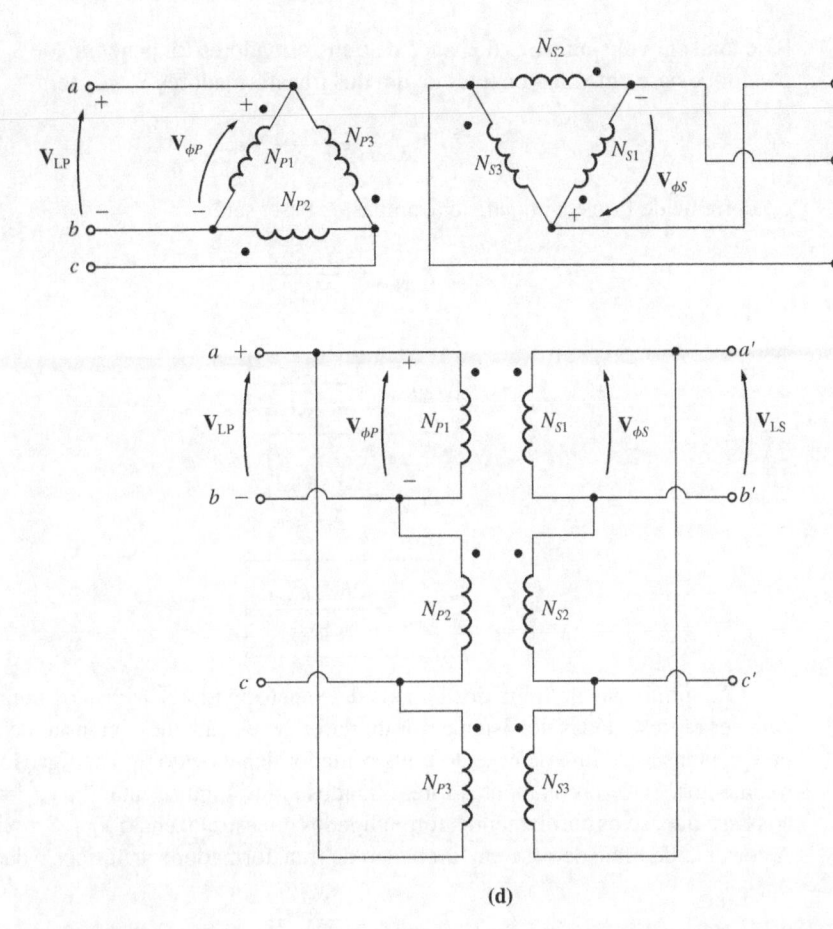

FIGURA 2-37
(d) Δ–Δ (*conclusão*)

A LIGAÇÃO TRIÂNGULO-TRIÂNGULO. A ligação Δ–Δ está mostrada na Figura 2-37d. Em uma ligação Δ–Δ, temos $V_{LP} = V_{\phi P}$ e $V_{LS} = V_{\phi S}$, de modo que a relação entre as tensões de linha do primário e do secundário é

$$\boxed{\frac{V_{LP}}{V_{LS}} = \frac{V_{\phi P}}{V_{\phi S}} = a \quad \Delta-\Delta} \tag{2-91}$$

Esse transformador não apresenta nenhum deslocamento de fase e não tem problemas de cargas desequilibradas ou harmônicas.

O sistema por unidade para transformadores trifásicos

O sistema por unidade de medidas aplica-se igualmente bem aos transformadores trifásicos como aos trifásicos monofásicos. As equações de base monofásicas (2-53) a (2-56) aplicam-se aos sistemas trifásicos fazendo-se a análise *por fase*. Se o valor de base total em volts-ampères do banco de transformadores for denominado S_{base}, então o valor de base em volts-ampères de um dos transformadores $S_{1\phi, base}$ será

$$S_{1\phi, base} = \frac{S_{base}}{3} \qquad (2\text{-}92)$$

e a corrente de fase e a impedância, ambas de base, serão

$$I_{\phi, base} = \frac{S_{1\phi, base}}{V_{\phi, base}} \qquad (2\text{-}93a)$$

$$\boxed{I_{\phi, base} = \frac{S_{base}}{3\, V_{\phi, base}}} \qquad (2\text{-}93b)$$

$$Z_{base} = \frac{(V_{\phi, base})^2}{S_{1\phi, base}} \qquad (2\text{-}94a)$$

$$\boxed{Z_{base} = \frac{3(V_{\phi, base})^2}{S_{base}}} \qquad (2\text{-}94b)$$

As grandezas de linha dos bancos de transformadores trifásicos também podem ser representadas no sistema por unidade. A relação entre a tensão de linha de base e a tensão de fase de base do transformador depende do tipo de ligação dos enrolamentos. Se os enrolamentos forem ligados em triângulo, então $V_{L, base} = V_{\phi, base}$, ao passo que, se os enrolamentos forem ligados em estrela, então $V_{L, base} = \sqrt{3} V_{\phi, base}$. A corrente de linha de base em um banco de transformadores trifásicos é dada por

$$I_{L, base} = \frac{S_{base}}{\sqrt{3} V_{L, base}} \qquad (2\text{-}95)$$

A aplicação do sistema por unidade aos problemas de transformadores trifásicos é semelhante à sua aplicação nos exemplos monofásicos já dados.

EXEMPLO 2-9 Um transformador de distribuição Δ-Y de 50 kVA e 13.800/208 V tem uma resistência de 1% e uma reatância de 7% por unidade.

(a) Qual é a impedância de fase do transformador, referida ao lado de alta tensão?

(b) Calcule a regulação de tensão desse transformador a plena carga com FP 0,8 atrasado, usando a impedância calculada no lado de alta tensão.

(c) Calcule a regulação de tensão desse transformador, nas mesmas condições, usando o sistema por unidade.

Solução

(a) O lado de alta tensão desse transformador tem uma tensão de linha de base de 13.800 V e uma potência aparente de base de 50 kVA. Como o primário está ligado em Δ, sua tensão de fase é igual à sua tensão de linha. Portanto, sua impedância de base é

$$Z_{base} = \frac{3(V_{\phi, base})^2}{S_{base}} \qquad (2\text{-}94b)$$

$$= \frac{3(13.800\text{ V})^2}{50.000\text{ VA}} = 11.426\ \Omega$$

A impedância por unidade do transformador é

$$Z_{eq} = 0{,}01 + j0{,}07\text{ pu}$$

Assim, a impedância do lado de alta tensão é

$$Z_{eq} = Z_{eq,\,pu} Z_{base}$$
$$= (0{,}1 + j0{,}07\text{ pu})(11.426\ \Omega) = 114{,}2 + j800\ \Omega$$

(b) Para calcular a regulação de tensão de um banco de transformadores trifásicos, determine a regulação de tensão de qualquer um dos transformadores do banco. As tensões em um único transformador são tensões de fase, de modo que

$$\text{RT} = \frac{V_{\phi P} - aV_{\phi S}}{aV_{\phi S}} \times 100\%$$

A tensão de fase nominal do primário do transformador é 13.800 V, de modo que a corrente de fase nominal no primário é dada por

$$I_\phi = \frac{S}{3V_\phi}$$

A potência aparente nominal é $S = 50$ kVA, então

$$I_\phi = \frac{50.000\text{ VA}}{3(13.800\text{ V})} = 1{,}208\text{ A}$$

A tensão de fase nominal no secundário do transformador é $208\text{ V}/\sqrt{3} = 120$ V. Quando referida ao lado de alta tensão do transformador, essa tensão torna-se $V'_{\phi S} = aV_{\phi S} = 13.800$ V. Assuma que o secundário do transformador está operando na tensão e corrente nominais e encontre a tensão de fase resultante do primário:

$$\mathbf{V}_{\phi P} = a\mathbf{V}_{\phi S} + R_{eq}\mathbf{I}_\phi + jX_{eq}\mathbf{I}_\phi$$
$$= 13.800\angle 0°\text{ V} + (114{,}2\ \Omega)(1{,}208\angle -36{,}87°\text{ A}) + (j800\ \Omega)(1{,}208\angle -36{,}87°\text{ A})$$
$$= 13.800 + 138\angle -36{,}87° + 966{,}4\angle 53{,}13°$$
$$= 13.800 + 110{,}4 - j82{,}8 + 579{,}8 + j773{,}1$$
$$= 14.490 + j690{,}3 = 14.506\angle 2{,}73°\text{ V}$$

Portanto,

$$\text{RT} = \frac{V_{\phi P} - aV_{\phi S}}{aV_{\phi S}} \times 100\%$$
$$= \frac{14.506 - 13.800}{13.800} \times 100\% = 5{,}1\%$$

(c) No sistema por unidade, a tensão de saída é $1\angle 0°$ e a corrente é $\angle -36{,}87°$. Portanto, a tensão de entrada é

$$V_P = 1\angle 0° + (0{,}01)(1\angle -36{,}87°) + (j0{,}07)(1\angle -36{,}87°)$$
$$= 1 + 0{,}008 - j0{,}006 + 0{,}042 + j0{,}056$$
$$= 1{,}05 + j0{,}05 = 1{,}051\angle 2{,}73°$$

A regulação de tensão é

$$RT = \frac{1{,}051 - 1{,}0}{1{,}0} \times 100\% = 5{,}1\%$$

Naturalmente, a regulação de tensão do banco de transformadores é a mesma, tanto fazendo o cálculo em ohms reais ou no sistema por unidade.

2.11 TRANSFORMAÇÃO TRIFÁSICA USANDO DOIS TRANSFORMADORES

Além das ligações padrões dos transformadores trifásicos, há maneiras de realizar a transformação trifásica com apenas dois transformadores. Algumas vezes, essas técnicas são empregadas para criar potência trifásica em localidades onde nem todas as três linhas de uma rede trifásica estão disponíveis. Por exemplo, em áreas rurais, uma companhia fornecedora de energia elétrica poderá instalar apenas uma ou duas das três fases de uma linha de distribuição, porque a demanda de energia naquela área não justifica o custo de estender os três fios. Se, ao longo de uma rede servida por uma linha de distribuição com apenas duas das três fases, houver um consumidor isolado que necessite de potência trifásica, essas técnicas poderão ser usadas para produzir potência trifásica para aquele consumidor local.

Todas as técnicas que disponibilizam potência trifásica utilizando apenas dois transformadores acarretam uma redução na capacidade de manipulação de potência por parte dos transformadores. Contudo, elas podem se justificar devido a certas situações de ordem econômica.

Algumas das ligações mais importantes com dois transformadores são

1. A Ligação Δ aberto (ou V–V)
2. A Ligação Y aberta – Δ aberto
3. A Ligação T de Scott
4. A Ligação T trifásica

Cada uma dessas ligações de transformadores será descrita nesta seção.

A ligação Δ aberto (ou V–V)

Em algumas situações, um banco de transformadores completo não pode ser utilizado para realizar transformações trifásicas. Por exemplo, suponha que um banco trifásico de transformadores Δ–Δ, composto de transformadores separados, tenha uma fase defeituosa cujo transformador deve ser removido para reparo. A situação resultante está mostrada na Figura 2-38. Se as duas tensões secundárias remanescentes forem $\mathbf{V}_A = V \angle 0°$ e $\mathbf{V}_B = V \angle -120°$ V, então a tensão no vazio deixado, onde o terceiro transformador estava, será dada por

$$\begin{aligned}
\mathbf{V}_C &= -\mathbf{V}_A - \mathbf{V}_B \\
&= -V\angle 0° - V\angle -120° \\
&= -V - (-0{,}5V - j0{,}866V) \\
&= -0{,}5V + j0{,}866V \\
&= V\angle 120° \quad \text{V}
\end{aligned}$$

$$\mathbf{V}_A = V \angle\ 0°\ \mathbf{V}$$
$$\mathbf{V}_B = V \angle\ -120°\ \mathbf{V}$$

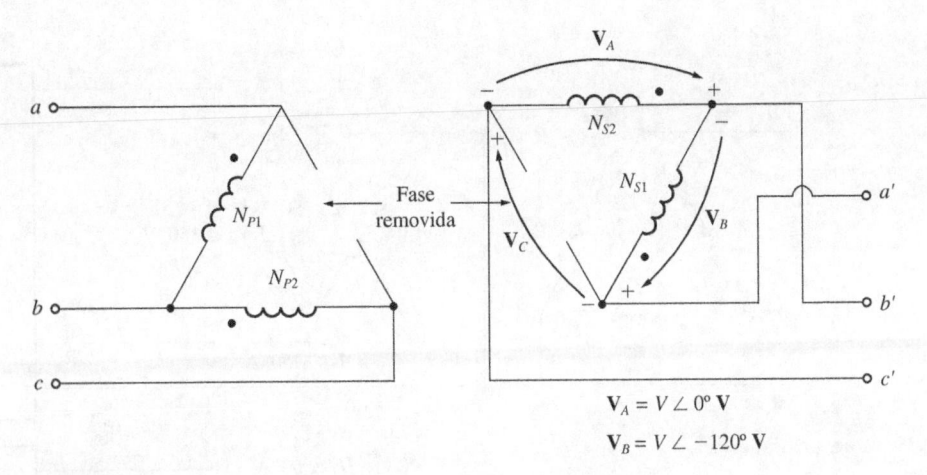

FIGURA 2-38
A ligação de transformadores Δ aberto ou V–V.

Essa é exatamente a mesma tensão que estaria presente se o terceiro transformador ainda estivesse ali. Algumas vezes, a fase C é denominada *fase fantasma*. Portanto, a ligação de triângulo aberto permite que um banco de transformadores siga operando com apenas dois transformadores. Assim, alguma potência pode continuar fluindo mesmo que uma fase defeituosa tenha sido removida.

Quanta potência aparente o banco pode fornecer com um de seus três transformadores removido? Inicialmente, pareceria que ele poderia fornecer dois terços de sua potência aparente nominal, já que dois terços de seus transformadores ainda estão presentes. Entretanto, as coisas não são tão simples assim. Para entender o que acontece quando um transformador é removido, veja a Figura 2-39.

A Figura 2-39a mostra o banco de transformadores operando normalmente e ligado a uma carga resistiva. Se a tensão nominal de um transformador do banco for V_ϕ e a corrente nominal for I_ϕ, então a potência máxima que poderá ser fornecida à carga será

$$P = 3V_\phi I_\phi \cos\theta$$

O ângulo entre a tensão V_ϕ e a corrente I_ϕ em cada fase é 0°, de modo que a potência fornecida pelo transformador trifásico é

$$P = 3V_\phi I_\phi \cos\theta$$
$$= 3V_\phi I_\phi \qquad (2\text{-}96)$$

O transformador em triângulo aberto está mostrado na Figura 2-39b. É importante observar os ângulos das tensões e correntes desse banco de transformadores. Como um das fases do transformador está ausente, a corrente da linha de transmissão é agora igual à corrente de fase de cada transformador e as correntes e tensões no banco de transformadores diferem em 30°. Como os ângulos de corrente e tensão são diferentes em cada um dos dois transformadores, é necessário examinar cada transformador individualmente para determinar a potência máxima que ele pode fornecer. No transformador 1, a tensão está em um ângulo de 150° e a corrente está

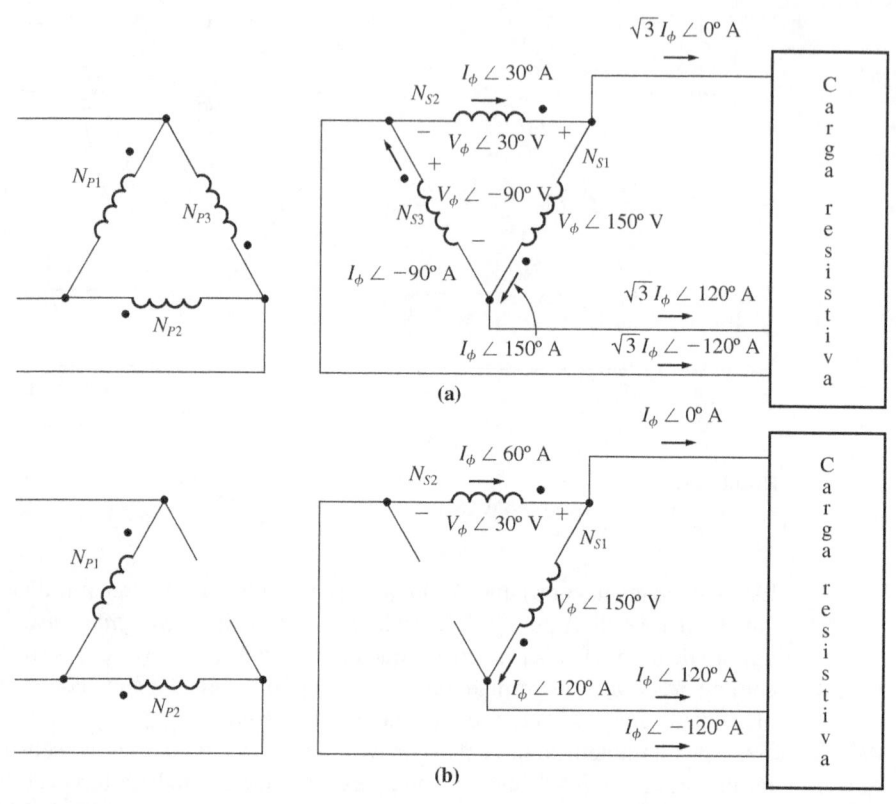

FIGURA 2-39
(a) Tensões e correntes em um banco de transformadores Δ–Δ. (b) Tensões e correntes em um banco de transformadores Δ aberto.

em um ângulo de 120°, de modo que a expressão para a potência máxima no transformador 1 é

$$P_1 = V_\phi I_\phi \cos(150° - 120°)$$
$$= V_\phi I_\phi \cos 30°$$
$$= \frac{\sqrt{3}}{2} V_\phi I_\phi \tag{2-97}$$

Para o transformador 2, a tensão está em um ângulo de 30° e a corrente está em um ângulo de 60°, de modo que sua potência máxima é

$$P_2 = V_\phi I_\phi \cos(30° - 60°)$$
$$= V_\phi I_\phi \cos(-30°)$$
$$= \frac{\sqrt{3}}{2} V_\phi I_\phi \tag{2-98}$$

Portanto, a potência máxima total do banco em triângulo aberto é dada por

$$P = \sqrt{3} V_\phi I_\phi \tag{2-99}$$

A corrente nominal é a mesma em cada transformador independentemente de haver dois ou três deles e a tensão é a mesma em cada transformador. Assim, a razão entre a potência de saída disponível em um banco em triângulo aberto e a potência de saída disponível em um banco trifásico normal é

$$\frac{P_{\Delta \text{ aberto}}}{P_{\text{trifásico}}} = \frac{\sqrt{3}V_\phi I_\phi}{3V_\phi I_\phi} = \frac{1}{\sqrt{3}} = 0{,}577 \qquad (2\text{-}100)$$

A potência disponível no banco em triângulo aberto é apenas 57,7% do valor nominal original do banco.

Uma boa pergunta que poderia ser feita é: que acontece com o restante dos valores nominais do banco em triângulo aberto? Afinal, a potência total que dois transformadores em conjunto podem produzir é dois terços da potência nominal original do banco. Para descobrir, examine a potência reativa do banco em triângulo aberto. A potência reativa do transformador 1 é

$$\begin{aligned} Q_1 &= V_\phi I_\phi \, \text{sen}\, (150° - 120°) \\ &= V_\phi I_\phi \, \text{sen}\, 30° \\ &= \tfrac{1}{2} V_\phi I_\phi \end{aligned}$$

A potência reativa do transformador 2 é

$$\begin{aligned} Q_2 &= V_\phi I_\phi \, \text{sen}\, (30° - 60°) \\ &= V_\phi I_\phi \, \text{sen}\, (-30°) \\ &= -\tfrac{1}{2} V_\phi I_\phi \end{aligned}$$

Assim, um transformador produz uma potência reativa que é consumida pelo outro. Essa troca de energia entre os dois transformadores limita a potência de saída a 57,7% do *valor nominal original do banco* em vez dos 66,7% que seriam esperados.

Uma maneira alternativa de olhar o valor nominal da ligação triângulo aberto é que 86,6% da potência nominal *dos dois transformadores restantes* pode ser usada.

As ligações em triângulo aberto são usadas ocasionalmente para fornecer uma pequena quantidade de potência trifásica a uma carga que em sua maior parte é monofásica. Nesse caso, a ligação da Figura 2-40 pode ser utilizada, em que o transformador T_2 é muito maior do que o transformador T_1.

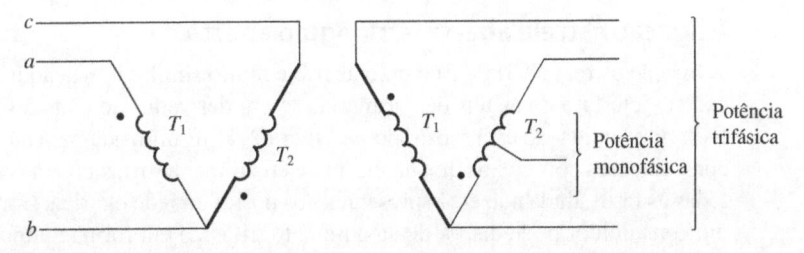

FIGURA 2-40
Uso de uma ligação de transformadores em Δ aberto para fornecer uma quantidade pequena de potência trifásica juntamente com muita potência monofásica. O transformador T_2 é muito maior do que o transformador T_1.

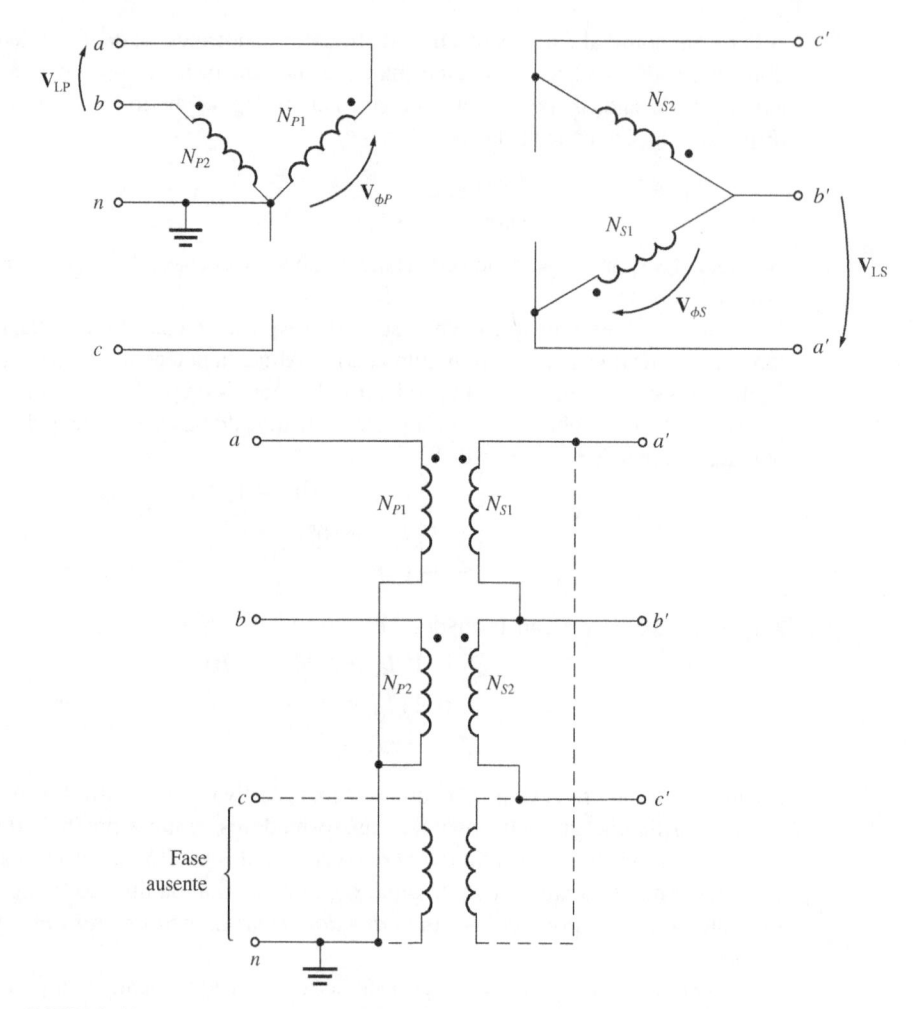

FIGURA 2-41
Ligação de transformadores Y aberta – Δ aberto e diagrama de ligações. Observe que essa ligação é idêntica à ligação Y–Δ da Figura 2-37b, exceto pelo terceiro transformador estar ausente e estar presente o terminal neutro.

A ligação estrela aberta – triângulo aberto

A ligação estrela aberta – triângulo aberto é muito similar à ligação triângulo aberto, exceto pelo fato de as tensões primárias serem derivadas de duas fases e do neutro. Esse tipo de ligação está mostrado na Figura 2-41. É utilizada para atender pequenos consumidores comerciais que precisam de atendimento trifásico em áreas rurais onde todas as fases ainda não estão presentes nos postes da rede elétrica. Com essa ligação, um consumidor pode dispor de atendimento trifásico em forma temporária até que a demanda requeira a instalação da terceira fase nos postes.

Uma desvantagem muito importante dessa ligação é que uma corrente de retorno bem grande deve fluir no neutro do circuito primário.

A ligação T de Scott

A ligação T de Scott é uma maneira de obter duas fases separadas de 90° entre si a partir de uma fonte de potência trifásica. Nos primeiros tempos da história da transmissão de potência CA, eram bem comuns os sistemas de potência bifásicos e trifásicos. Naquela época, era necessário interconectar rotineiramente sistemas de potência bifásicos e trifásicos. A ligação de transformadores T de Scott foi desenvolvida com esse propósito.

Atualmente, a potência bifásica é limitada primariamente a certas aplicações de controle, mas a ligação T de Scott ainda é usada para produzir a potência necessária para operá-los.

A ligação T de Scott consiste em dois transformadores monofásicos com especificações nominais idênticas. Um deles tem uma derivação no seu enrolamento primário que corresponde a 86,6% da tensão plena de carga. Eles são conectados como se mostra na Figura 2-42a. A derivação de 86,6% do transformador T_2 é conectada à derivação central do transformador T_1. As tensões aplicadas ao enrolamento primário estão mostradas na Figura 2-42b e as tensões resultantes aplicadas aos primários dos dois transformadores estão mostradas na Figura 2-42c. Como essas tensões estão defasadas de 90°, temos como resultado uma saída bifásica.

Com essa ligação, também é possível converter a potência bifásica em potência trifásica, mas, como há muito poucos geradores bifásicos em uso, isso raramente é feito.

A ligação T trifásica

A ligação T de Scott utiliza dois transformadores para converter *potência trifásica* em *potência bifásica* em um nível de tensão diferente. Por meio de uma modificação simples dessa ligação, os mesmos transformadores também podem converter *potência trifásica* em *potência trifásica* em um nível de tensão diferente. Tal ligação está mostrada na Figura 2-43. Aqui, ambos os enrolamentos, primário e secundário, do transformador T_2 apresentam derivações do ponto de 86,6% e essas derivações são conectadas às derivações centrais dos respectivos enrolamentos no transformador T_1. Nessa ligação, T_1 é denominado *transformador principal* e T_2 é denominado *transformador de equilíbrio**.

Como na ligação T de Scott, a entrada de tensão trifásica produz duas tensões defasadas de 90° nos enrolamentos primários dos transformadores. Essas tensões primárias produzem tensões secundárias que também estão defasadas de 90° entre si. No entanto, diferentemente da ligação T de Scott, as tensões secundárias são recombinadas para produzir uma saída trifásica.

Uma vantagem importante da ligação T trifásica em relação às outras ligações trifásicas de dois transformadores (o triângulo aberto e a estrela aberta – triângulo aberto) é que um neutro pode ser conectado a ambos os lados, primário e secundário, do banco de transformadores. Essa ligação é usada algumas vezes em transformadores de distribuição trifásicos autocontidos, porque seus custos de construção são inferiores aos de um banco de transformadores trifásico completo.

Como as partes inferiores dos enrolamentos dos transformadores de equilíbrio não são usadas nem no lado primário nem no secundário, elas poderiam ser removidas sem alteração no desempenho. Usualmente, isso é feito de fato nos transformadores de distribuição.

---

* N. de T.: *Teaser transformer*, em inglês.

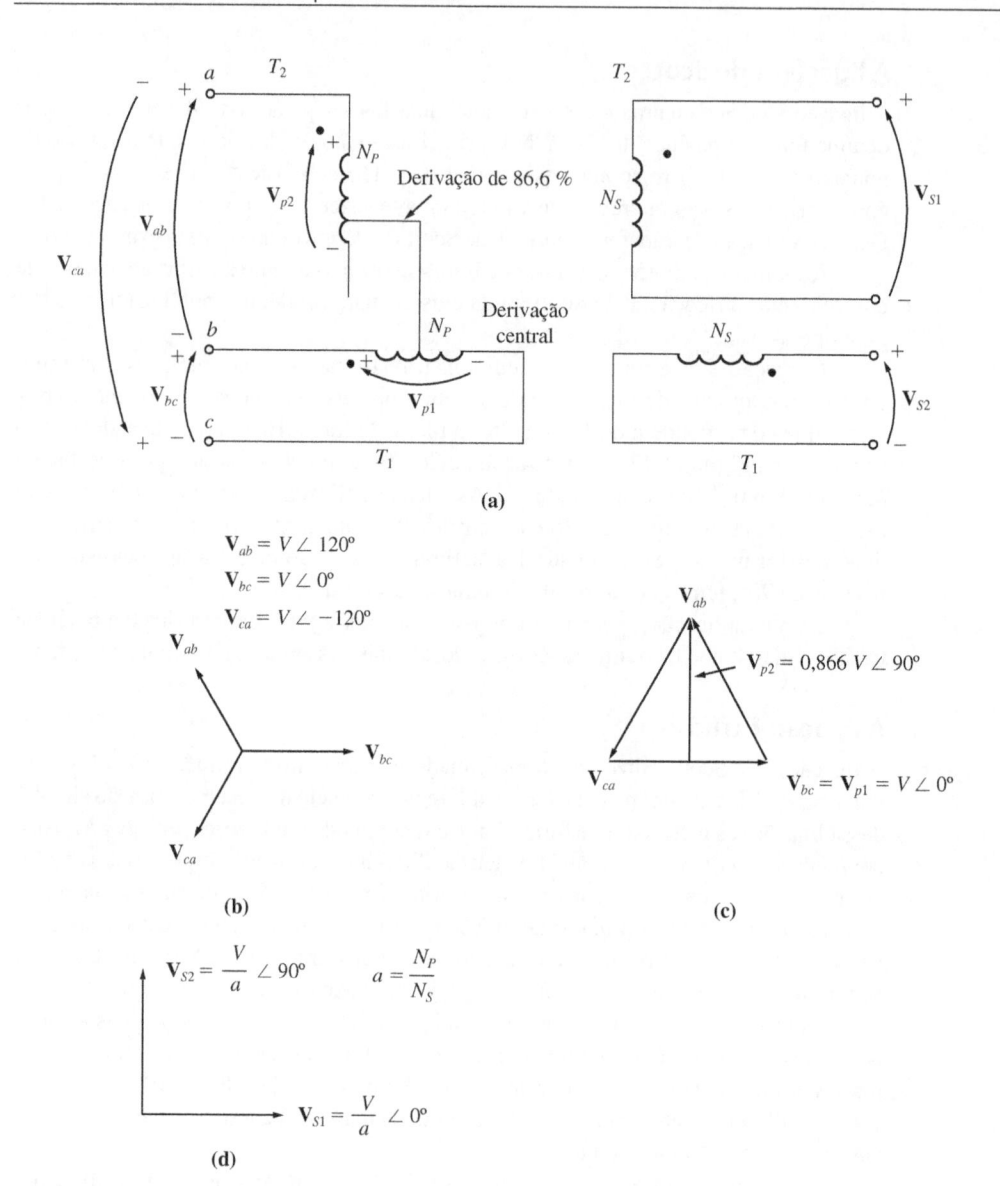

FIGURA 2-42
A ligação T de Scott para transformadores. (a) Diagrama de fiação; (b) tensões de entrada trifásicas; (c) tensões nos enrolamentos primários do transformador; (d) tensões secundárias bifásicas.

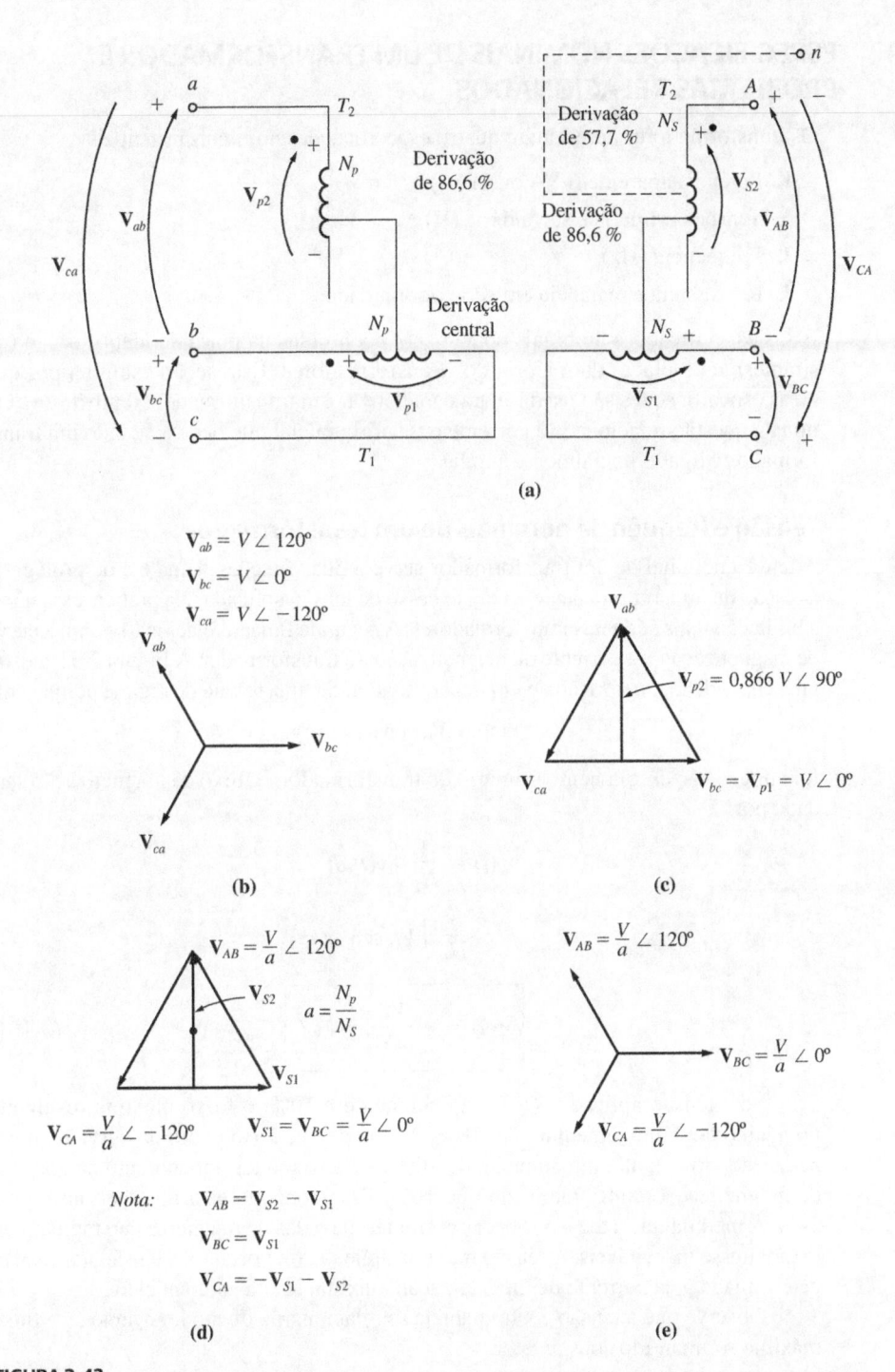

Capítulo 2 ♦ Transformadores **133**

(a)

$\mathbf{V}_{ab} = V \angle 120°$
$\mathbf{V}_{bc} = V \angle 0°$
$\mathbf{V}_{ca} = V \angle -120°$

(b)

$\mathbf{V}_{p2} = 0{,}866\,V \angle 90°$
$\mathbf{V}_{bc} = \mathbf{V}_{p1} = V \angle 0°$

(c)

$\mathbf{V}_{AB} = \dfrac{V}{a} \angle 120°$

$a = \dfrac{N_p}{N_s}$

$\mathbf{V}_{CA} = \dfrac{V}{a} \angle -120° \qquad \mathbf{V}_{S1} = \mathbf{V}_{BC} = \dfrac{V}{a} \angle 0°$

Nota: $\mathbf{V}_{AB} = \mathbf{V}_{S2} - \mathbf{V}_{S1}$
$\mathbf{V}_{BC} = \mathbf{V}_{S1}$
$\mathbf{V}_{CA} = -\mathbf{V}_{S1} - \mathbf{V}_{S2}$

(d)

$\mathbf{V}_{AB} = \dfrac{V}{a} \angle 120°$

$\mathbf{V}_{BC} = \dfrac{V}{a} \angle 0°$

$\mathbf{V}_{CA} = \dfrac{V}{a} \angle -120°$

(e)

FIGURA 2-43
A ligação T trifásica para transformadores. (a) Diagrama de fiação; (b) tensões de entrada trifásicas; (c) tensões nos enrolamentos primários do transformador; (d) tensões nos enrolamentos secundários do transformador; (e) tensões trifásicas secundárias resultantes.

2.12 ESPECIFICAÇÕES NOMINAIS DE UM TRANSFORMADOR E PROBLEMAS RELACIONADOS

Os transformadores apresentam quatro especificações nominais principais:

1. Potência aparente (kVA ou MVA)
2. Tensões primária e secundária (V)
3. Frequência (Hz)
4. Resistência e reatância em série por unidade

Essas especificações nominais podem ser encontradas na placa de identificação (ou simplesmente placa) da maioria dos transformadores. Esta seção examina por que essas especificações são usadas para caracterizar um transformador. Também se examina a questão relacionada à corrente transitória inicial que ocorre quando um transformador é ligado inicialmente à linha.

Tensão e frequência nominais de um transformador

A tensão nominal de um transformador serve a duas funções. Uma é a de proteger a isolação de uma ruptura devido a um excesso de tensão aplicada. Na prática, essa não é a limitação mais séria nos transformadores. A segunda função relaciona-se com a curva de magnetização e à corrente de magnetização do transformador. A Figura 2-11 mostra uma curva de magnetização de um transformador. Se uma tensão de regime permanente

$$v(t) = V_M \operatorname{sen} \omega t \quad \text{V}$$

for aplicada ao enrolamento primário do transformador, o fluxo de magnetização será dado por

$$\phi(t) = \frac{1}{N_P} \int v(t)\, dt$$

$$= \frac{1}{N_P} \int V_M \operatorname{sen} \omega t\, dt$$

$$\boxed{\phi(t) = -\frac{V_M}{\omega N_P} \cos \omega t} \quad (2\text{-}101)$$

Se a tensão aplicada $v(t)$ for aumentada em 10%, o fluxo máximo resultante no núcleo também aumentará em 10%. Acima de um certo ponto da curva de magnetização, no entanto, um aumento de 10% no fluxo requer um aumento na corrente de magnetização *muito* maior do que 10%. Esse conceito está ilustrado na Figura 2-44. À medida que a tensão sobe, as correntes elevadas de magnetização rapidamente tornam-se inaceitáveis. A tensão máxima aplicada (e, portanto, a tensão nominal) é determinada pela corrente de magnetização máxima aceitável do núcleo.

Observe que a tensão e a frequência se relacionarão de modo inverso se o fluxo máximo for mantido constante:

$$\phi_{\max} = \frac{V_{\max}}{\omega N_P} \quad (2\text{-}102)$$

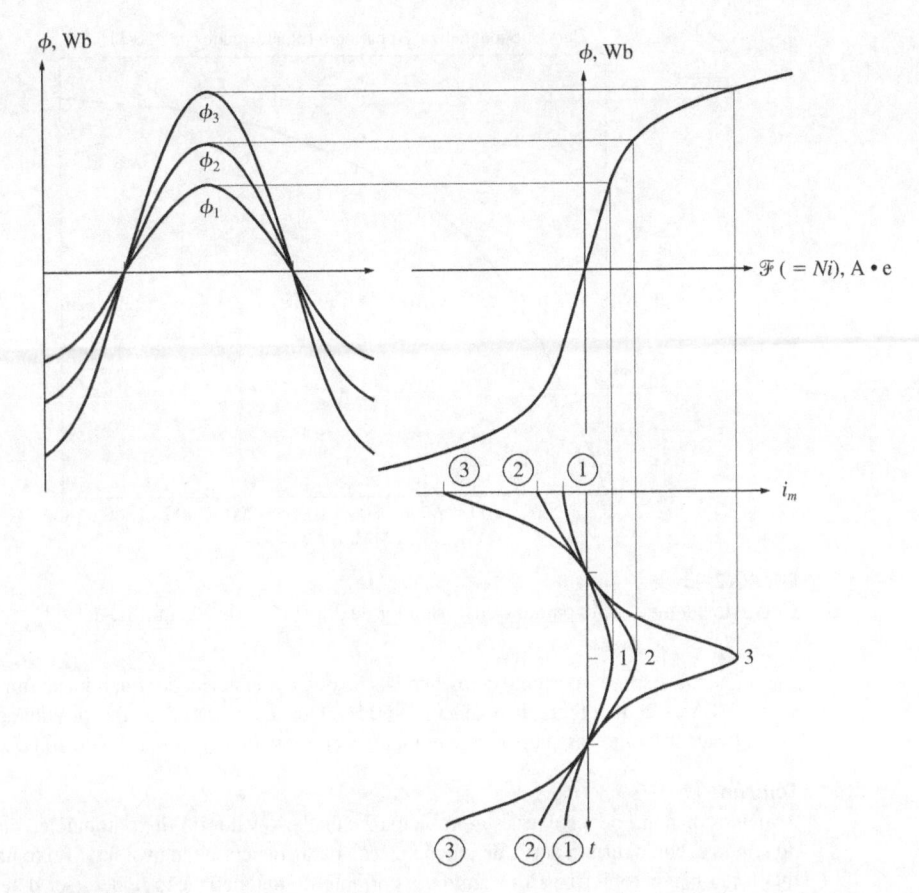

FIGURA 2-44
O efeito do fluxo de pico de um núcleo de transformador sobre a corrente de magnetização requerida.

Assim, *se um transformador de 60 Hz operar em 50 Hz, a tensão aplicada também deverá ser reduzida em um sexto* ou o fluxo de pico no núcleo será demasiadamente elevado. Essa diminuição na tensão aplicada com a frequência é denominada *redução de tensão nominal**. De modo similar, um transformador de 50 Hz poderá operar com uma tensão 20% mais elevada em 60 Hz se esse procedimento não causar problemas de isolação.

EXEMPLO 2-10   Um transformador monofásico de 1 kVA, 230/115 V e 60 Hz tem 850 espiras no enrolamento primário e 425 espiras no enrolamento secundário. A curva de magnetização desse transformador está mostrada na Figura 2-45.

(a) Calcule e plote a corrente de magnetização desse transformador quando ele funciona em 230 V com uma fonte de potência de 60 Hz. Qual é o valor eficaz da corrente de magnetização?

---

* N. de T.: *Derating*, em inglês.

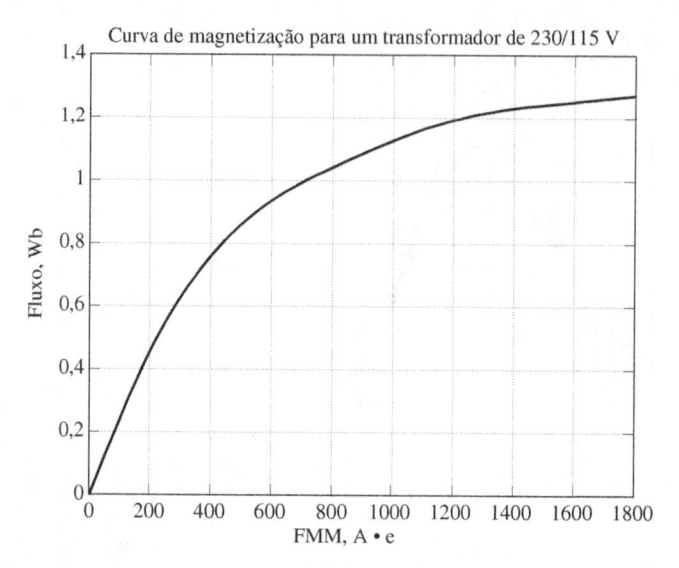

Curva de magnetização para um transformador de 230/115 V

FIGURA 2-45
Curva de magnetização para o transformador de 230/115 V do Exemplo 2-10.

(b) Calcule e plote a corrente de magnetização desse transformador quando ele funciona em 230 V com uma fonte de potência de 50 Hz. Qual é o valor eficaz da corrente de magnetização? Como essa corrente se compara à corrente de magnetização de 60 Hz?

Solução
A melhor maneira de resolver este problema é calcular o valor do fluxo no núcleo em função do tempo e, então, usar a curva de magnetização para converter cada valor de fluxo na respectiva força magnetomotriz. Em seguida, a corrente de magnetização poderá ser determinada utilizando a equação

$$i = \frac{\mathscr{F}}{N_P} \tag{2-103}$$

Supondo que a tensão aplicada ao núcleo seja $v(t) = V_M \text{ sen } \omega t$ volts, o fluxo no núcleo em função do tempo será dado pela Equação (2-102):

$$\boxed{\phi(t) = -\frac{V_M}{\omega N_P} \cos \omega t} \tag{2-101}$$

A curva de magnetização desse transformador está disponível em um arquivo denominado `mag_curve_1.dat`. Esse arquivo pode ser usado pelo MATLAB para converter os valores de fluxo nos respectivos valores FMM e a Equação (2-102) pode ser utilizada para determinar os valores de corrente de magnetização requeridos. Finalmente, o valor eficaz da corrente de magnetização pode ser calculado com a equação

$$I_{\text{eficaz}} = \sqrt{\frac{1}{T}\int_0^T i^2 \, dt} \tag{2-104}$$

A seguir, é apresentado um programa de MATLAB para executar esses cálculos:

```
% M-file: mag_current.m
% M-file para calcular e plotar a corrente de
% magnetização de um transformador de 230/115 V operando em
```

```
% 230 volts e 50/60 Hz. Este programa também
% calcula o valor eficaz da corrente de magnetização.
% Carregar a curva de magnetização. Os dados estão em duas
% colunas, a primeira coluna contém os dados de FMM (mmf_data) e
% a segunda, os dados de fluxo (flux_data).
load mag_curve_1.dat;
mmf_data = mag_curve_1(:,1);
flux_data = mag_curve_1(:,2);

% Inicializar valores
VM = 325;       % Tensão máxima (V)
NP = 850;       % Espiras do primário

% Calcular velocidade angular (w) em 60 Hz
freq = 60;      % Freq (Hz)
w = 2 * pi * freq;

% Calcular fluxo (flux) versus tempo (time)
time = 0:1/3000:1/30;       % 0 a 1/30 segundo
flux = -VM/(w*NP) * cos(w.* time);

% Calcular a FMM (mmf) correspondente a um dado fluxo (flux)
% usando a função de interpolação (interp1) de fluxo.
mmf = interp1(flux_data,mmf_data,flux);

% Calcular a corrente de magnetização (im)
im = mmf / NP;

% Calcular o valor eficaz da corrente (irms)
irms = sqrt(sum(im.^2)/length(im));
disp(['A corrente eficaz em 60 Hz é ', num2str(irms)]);

% Plotar a corrente de magnetização.
figure(1)
subplot(2,1,1);
plot(time,im);
title ('\bfCorrente de magnetização em 60 Hz');
xlabel ('\bfTempo (s)');
ylabel ('\bf\itI_{m} \rm(A)');
axis([0 0.04 -2 2]);
grid on;

% Calcular velocidade angular (w) em 50 Hz
freq = 50;      % Freq (Hz)
w = 2 * pi * freq;

% Calcular fluxo (flux) versus tempo (time)
time = 0:1/2500:1/25;       % 0 a 1/25 segundo
flux = -VM/(w*NP) * cos(w.* time);

% Calcular a FMM (mmf) correspondente a um dado fluxo (flux)
% usando a função de interpolação (interp1) de fluxo.
mmf = interp1(flux_data,mmf_data,flux);

% Calcular a corrente de magnetização (im)
im = mmf / NP;
```

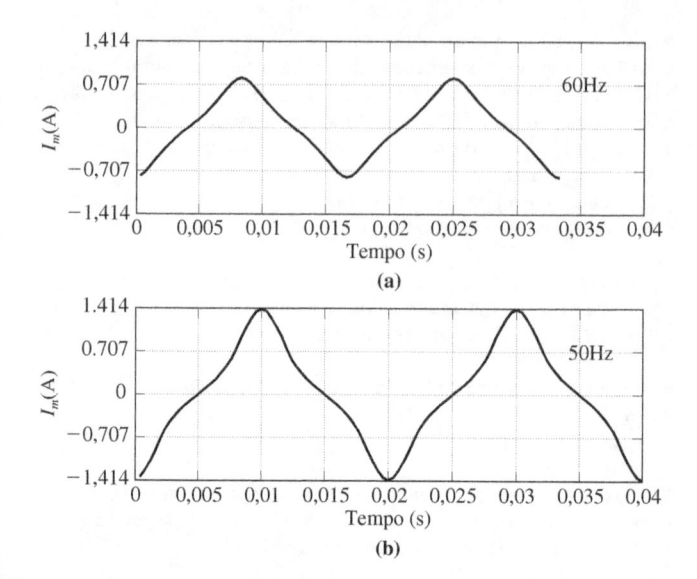

FIGURA 2-46
(a) Corrente de magnetização do transformador operando em 60 Hz. (b) Corrente de magnetização do transformador operando em 50 Hz.

```
% Calcular o valor eficaz da corrente (irms)
irms = sqrt(sum(im.^2)/length(im));
disp(['A corrente eficaz em 50 Hz é', num2str(irms)]);

% Plotar a corrente de magnetização.
subplot(2,1,2);
plot(time,im);
title ('\bfCorrente de magnetização em 50 Hz');
xlabel ('\bfTempo (s)');
ylabel ('\bf\itI_{m} \rm(A)');
axis([0 0.04 -2 2]);
grid on;
```

Quando o programa é executado, os resultados são

```
>> mag_current
A corrente eficaz em 60 Hz é 0.4894
A corrente eficaz em 50 Hz é 0.79252
```

As correntes de magnetização estão mostradas na Figura 2-46. Observe que a corrente eficaz de magnetização aumenta mais de 60% quando a frequência muda de 60 Hz para 50 Hz.

Potência aparente nominal de um transformador

O principal propósito da potência aparente nominal é o de juntamente com a tensão nominal, limitar o fluxo de corrente nos enrolamentos do transformador. O fluxo de corrente é importante porque controla as perdas I^2R do transformador, o que, por sua vez, controla o aquecimento das bobinas do transformador. O aquecimento é crítico, porque o superaquecimento das bobinas de um transformador encurta *drasticamente* a vida de sua isolação.

Os transformadores têm sua potência nominal especificada em potência aparente em vez de potência ativa ou potência reativa, porque o mesmo aquecimento ocorre com um dado valor de corrente, independentemente de sua fase em relação à tensão de terminal. O valor da corrente afeta o aquecimento, não a fase da corrente.

A especificação de fato da potência aparente nominal de um transformador pode conter mais do que um único valor. Nos transformadores reais, pode haver uma potência aparente nominal para o transformador em si e outra (mais elevada) para o transformador com refrigeração forçada. A ideia chave por trás da potência nominal é que a temperatura nas áreas quentes dos enrolamentos do transformador *deve* ser limitada para que a vida do transformador seja protegida.

Se a tensão de um transformador for reduzida por alguma razão (por exemplo, se ele operar em uma frequência inferior à normal), então a potência aparente nominal do transformador deverá ser reduzida em um valor igual. Se isso não for feito, a corrente nos enrolamentos do transformador excederá o nível máximo permitido e causará superaquecimento.

O problema da corrente transitória inicial

Um problema relacionado com o nível de tensão no transformador é o problema da corrente transitória inicial. Suponha que a tensão

$$v(t) = V_M \operatorname{sen}(\omega t + \theta) \quad \text{V} \qquad (2\text{-}105)$$

seja aplicada no momento em que o transformador é ligado inicialmente à linha de potência elétrica. No primeiro semiciclo da tensão aplicada, o valor máximo alcançado pelo fluxo depende da fase da tensão no instante em que a tensão é aplicada. Se a tensão inicial for

$$v(t) = V_M \operatorname{sen}(\omega t + 90°) = V_M \cos \omega t \quad \text{V} \qquad (2\text{-}106)$$

e se o fluxo inicial no núcleo for zero, o fluxo máximo durante o primeiro semiciclo será exatamente igual ao fluxo máximo em regime permanente:

$$\phi_{max} = \frac{V_{max}}{\omega N_P} \qquad (2\text{-}102)$$

Esse nível de fluxo é simplesmente o fluxo de regime permanente, de modo que não causará nenhum problema em especial. No entanto, caso a tensão aplicada seja

$$v(t) = V_M \operatorname{sen} \omega t \quad \text{V}$$

o fluxo máximo durante o primeiro semiciclo será dado por

$$\phi(t) = \frac{1}{N_P} \int_0^{\pi/\omega} V_M \operatorname{sen} \omega t \, dt$$

$$= -\frac{V_M}{\omega N_P} \cos \omega t \Big|_0^{\pi/\omega}$$

$$= -\frac{V_M}{\omega N_P}[(-1) - (1)]$$

$$\boxed{\phi_{max} = \frac{2 V_{max}}{\omega N_P}} \qquad (2\text{-}107)$$

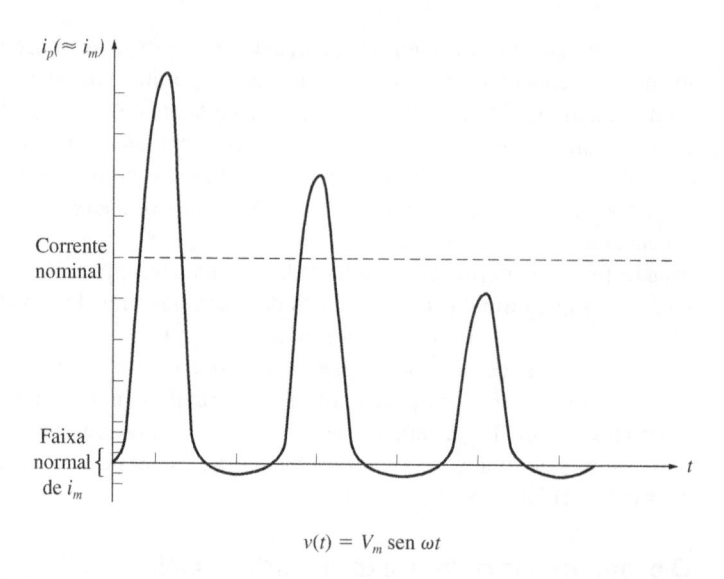

FIGURA 2-47
A corrente transitória inicial devido à corrente de magnetização de um transformador na partida.

Esse fluxo máximo é o dobro do fluxo normal de regime permanente. Se a curva de magnetização da Figura 2-11 for examinada, poderemos ver facilmente que resulta uma *enorme* corrente de magnetização quando o fluxo máximo do núcleo dobra. De fato, durante uma parte do ciclo, o transformador assemelha-se a um curto-circuito circulando uma corrente muito elevada (ver Figura 2-47).

Para qualquer outro ângulo de fase da tensão aplicada, entre 90°, que não é problemático, e 0°, que é o pior caso, há corrente em excesso. O ângulo de fase aplicado da tensão não é normalmente controlado na partida, de modo que pode haver correntes transitórias iniciais muito grandes durante os primeiros ciclos após a conexão do transformador à linha. O transformador e o sistema de potência ao qual ele está ligado devem ser capazes de suportar essas correntes.

A placa de identificação de um transformador

Uma placa típica de identificação de um transformador de distribuição está mostrada na Figura 2-48. A informação disponibilizada em uma placa como essa inclui a tensão nominal, os quilovolts-ampères nominais, a frequência nominal e a impedância por unidade em série do transformador. Ela mostra também a tensão nominal de cada derivação do transformador e o desenho esquemático de fiação do transformador.

Tipicamente, placas como a mostrada contêm também a designação do tipo do transformador e referências às instruções de operação.

2.13 TRANSFORMADORES DE INSTRUMENTAÇÃO

Nos sistemas de potência, dois tipos de transformadores de finalidade especial são utilizados para realizar medidas. Um deles é o transformador de potencial e o outro é o transformador de corrente.

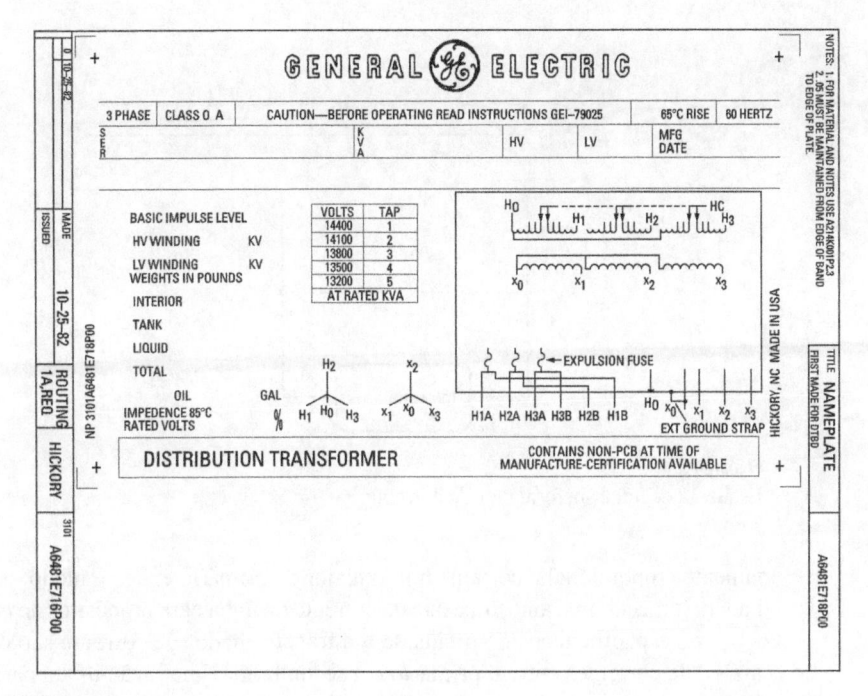

FIGURA 2-48
Exemplo de placa de identificação de um transformador de distribuição. Observe as especificações nominais listadas: tensão, frequência, potência aparente e configurações das derivações (*taps*). (*Cortesia da General Electric Company.*)

Um *transformador de potencial* é um transformador especialmente enrolado com um primário de alta tensão e um secundário de baixa tensão. Ele apresenta uma potência nominal muito baixa e sua única finalidade é fornecer uma *amostra* da tensão do sistema de potência aos instrumentos que o monitoram. Como o propósito principal do transformador é a amostragem de tensão, ele deve ser muito exato para não distorcer seriamente os valores verdadeiros de tensão. Transformadores de potencial de diversas *classes de exatidão* podem ser adquiridos, dependendo de quão exatas devem ser as leituras das medidas para uma dada aplicação.

Um *transformador de corrente* toma uma amostra da corrente que flui em uma linha e a reduz a um nível seguro e mensurável. Um diagrama de transformador de corrente típico é apresentado na Figura 2-49. O transformador de corrente consiste em um enrolamento secundário enrolado em torno de um anel ferromagnético, com o primário constituído simplesmente pela linha que passa através do centro do anel. O anel ferromagnético retém e concentra uma pequena amostra do fluxo oriundo da linha do primário. A seguir, esse fluxo induz uma tensão e uma corrente no enrolamento secundário.

Um transformador de corrente é diferente dos outros transformadores descritos nesse capítulo, porque seus enrolamentos são *fracamente acoplados*. Diferentemente de todos os outros transformadores, o fluxo mútuo ϕ_M no transformador de corrente é menor do que o fluxo de dispersão ϕ_D. Devido ao acoplamento fraco, as razões de tensão e de corrente das Equações (2-1) a (2-5) não se aplicam a um transformador de corrente. No entanto, a corrente no secundário de um transformador de corrente é dire-

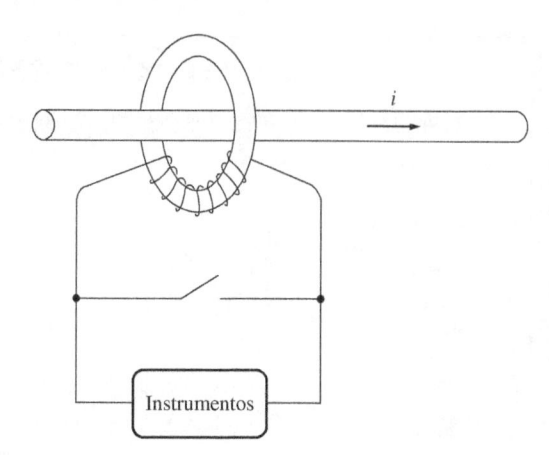

FIGURA 2-49
Esquema de um transformador de corrente.

tamente proporcional à corrente muito maior do primário e, desse modo, o dispositivo poderá fornecer uma amostra exata da corrente de linha para propósitos de mensuração.

As especificações nominais de um transformador de corrente são dadas como razões de correntes entre o primário e o secundário. Uma razão típica para um transformador de corrente poderia ser 600:5800:5 ou 1000:5. Uma especificação de 5 A é um valor usado como padrão para o secundário de um transformador de corrente.

É importante que o transformador de corrente esteja permanentemente em curto circuito, porque tensões extremamente elevadas poderão surgir se os terminais do enrolamento secundário estiverem abertos. De fato, a maioria dos relés e outros dispositivos que fazem uso da corrente de um transformador de corrente tem um *intertravamento de curto circuito* que deve ser fechado antes que o relé possa ser removido para inspeção ou ajustes. Sem esse intertravamento, surgirão tensões elevadas muito perigosas nos terminais do secundário quando o relé for removido de seu soquete.

2.14 SÍNTESE DO CAPÍTULO

Um transformador é um dispositivo utilizado para converter energia elétrica com um nível de tensão em energia elétrica com um outro nível de tensão, por meio da ação de um campo magnético. Ele desempenha um papel extremamente importante na vida moderna, tornando possível a transmissão econômica a longa distância de potência elétrica.

Quando uma tensão é aplicada ao primário de um transformador, um fluxo é produzido no núcleo conforme é dado pela lei de Faraday. O fluxo que está se alterando no núcleo induz uma tensão no enrolamento secundário do transformador. Ainda, uma vez que os núcleos dos transformadores têm permeabilidade muito elevada, a força magnetomotriz líquida necessária no núcleo para produzir seu fluxo é muito pequena. Como a força magnetomotriz líquida é muito pequena, a força magnetomotriz do circuito primário deve ser aproximadamente igual e oposta à força magnetomotriz do circuito secundário. Esse fato leva à razão de correntes do transformador.

Um transformador real contém fluxos de dispersão que passam através do enrolamento primário ou do secundário, mas não através de ambos. Além disso, há perdas por histerese, corrente parasita e no cobre. Esses efeitos são levados em consideração no circuito equivalente do transformador. Em um transformador real, suas imperfeições são medidas por sua regulação de tensão e sua eficiência.

O sistema por unidade de medidas é um modo conveniente de estudar os sistemas que contêm transformadores, porque os diversos níveis de tensão desaparecem nesse sistema. Além disso, as impedâncias por unidade de um transformador, expressas em sua própria base de valores nominais, caem dentro de uma faixa relativamente estreita, propiciando uma forma para testar a razoabilidade das soluções dos problemas.

Um autotransformador difere de um transformador comum porque os dois enrolamentos do autotransformador estão conectados entre si. A tensão em um lado do transformador é a tensão em um único enrolamento, ao passo que a tensão no outro lado do transformador é a soma das tensões em *ambos* os enrolamentos. Como somente uma parte da potência de um autotransformador passa realmente através dos enrolamentos, um autotransformador tem uma vantagem de potência nominal em comparação com um transformador comum de igual tamanho. Entretanto, a conexão destrói a isolação elétrica entre os lados primário e secundário de um transformador.

Os níveis de tensão dos circuitos trifásicos podem ser transformados por uma combinação apropriada de dois ou três transformadores. Os transformadores de potencial e de corrente podem tirar uma amostra das tensões e correntes presentes em um circuito. Esses dois dispositivos são muito comuns em grandes sistemas de distribuição de potência elétrica.

PERGUNTAS

2.1 A relação de espiras de um transformador é o mesmo que a razão de tensões do transformador? Justifique sua resposta.

2.2 Por que a corrente de magnetização impõe um limite superior à tensão aplicada ao núcleo de um transformador?

2.3 De que componentes é constituída a corrente de excitação de um transformador? Como elas são modeladas no circuito equivalente de um transformador?

2.4 O que é o fluxo de dispersão de um transformador? Por que ele é modelado como um indutor no circuito equivalente de um transformador?

2.5 Faça uma lista e descreva os tipos de perdas que ocorrem em um transformador.

2.6 Por que o fator de potência de uma carga afeta a regulação de tensão de um transformador?

2.7 Por que o ensaio de curto-circuito de um transformador mostra essencialmente apenas as perdas I^2R, e não as perdas por excitação?

2.8 Por que o ensaio a vazio de um transformador mostra essencialmente apenas as perdas por excitação, e não as perdas I^2R?

2.9 Como o sistema por unidade de medidas elimina o problema de diferentes níveis de tensão em um sistema de potência?

2.10 Por que os autotransformadores operam com mais potência do que os transformadores convencionais de mesmo tamanho?

2.11 O que são as derivações de um transformador? Para que elas são utilizadas?

2.12 O quais são os problemas associados à ligação trifásica Y–Y de transformadores?

2.13 O que é um transformador TCUL?

2.14 Como uma transformação trifásica pode ser obtida usando apenas dois transformadores? Que tipos de ligações podem ser usadas? Quais são suas vantagens e desvantagens?

2.15 Explique por que uma ligação Δ aberto de transformadores está limitada a alimentar 57,7% da carga normal de um banco de transformadores Δ–Δ.

2.16 Um transformador de 60 Hz pode funcionar em um sistema de 50 Hz? Que providências são necessárias para permitir essa operação?

2.17 O que acontece a um transformador quando ele é inicialmente ligado a uma linha de potência? Alguma coisa pode ser feita para atenuar esse problema?

2.18 O que é um transformador de potencial? Como ele é utilizado?

2.19 O que é um transformador de corrente? Como ele é utilizado?

2.20 Um transformador de distribuição tem especificações nominais de 18 kVA, 20.000/480 V e 60 Hz? Esse transformador pode fornecer com segurança 15 kVA a uma carga de 415 V em 50 Hz? Justifique sua resposta.

2.21 Por que é possível ouvir um zunido quando se está próximo de um transformador de grande porte?

PROBLEMAS

2.1 Um transformador de distribuição de 100 kVA, 8000/277 V tem as seguintes resistências e reatâncias:

$$R_P = 5 \ \Omega \qquad R_S = 0,005 \ \Omega$$
$$X_P = 6 \ \Omega \qquad X_S = 0,006 \ \Omega$$
$$R_C = 50 \ k\Omega \qquad X_M = 10 \ k\Omega$$

As impedâncias dadas do ramo de excitação estão referidas ao lado de alta tensão do transformador.

(a) Encontre o circuito equivalente desse transformador referente ao lado de baixa tensão.

(b) Encontre o circuito equivalente por unidade desse transformador.

(c) Assuma que o transformador alimente uma carga nominal em 277 V e FP 0,85 atrasado. Qual é sua tensão de entrada? Qual é sua regulação de tensão?

(d) Quais são as perdas no cobre e no núcleo desse transformador, nas condições da parte (c)?

(e) Qual é a eficiência do transformador, nas condições da parte (c)?

2.2 Um sistema de potência monofásico está mostrado na Figura P2-1. A fonte de potência alimenta um transformador de 100 kVA e 14/2,4 kV por meio de uma impedância de alimentador de 38,2 + j140 Ω. A impedância em série equivalente do transformador, referida ao seu lado de baixa tensão, é 0,10 + j0,40 Ω. A carga do transformador é 90 kW com FP 0,80 atrasado e 2300 V.

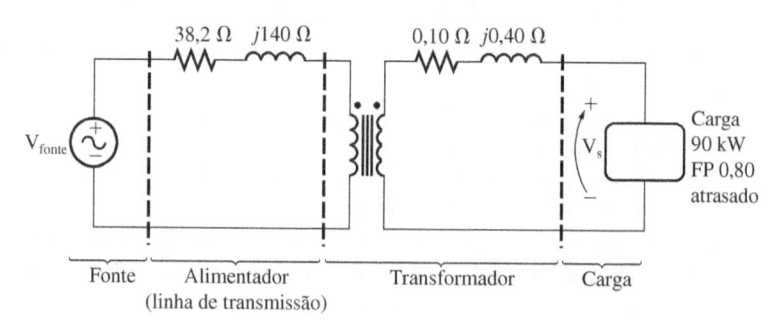

FIGURA P2-1
O circuito do Problema 2-2.

(a) Qual é a tensão na fonte de potência do sistema?

(b) Qual é a regulação de tensão do transformador?

(c) Qual é a eficiência total do sistema de potência?

2.3 Considere um sistema de potência simples consistindo em uma fonte ideal de tensão, um transformador elevador ideal, uma linha de transmissão, um transformador abaixador ideal e uma carga. A tensão da fonte é $\mathbf{V}_S = 480\angle 0°$ V. A impedância da linha de transmissão é $Z_{\text{linha}} = 3 + j4\ \Omega$ e a impedância da carga é $Z_{\text{carga}} = 30 + j40\ \Omega$.

(a) Assuma que os transformadores não estão presentes no circuito. Qual é a tensão da carga e a eficiência do sistema?

(b) Assuma que o transformador 1 é um transformador elevador 1:5 e que o transformador 2 é um transformador abaixador 5:1. Qual é a tensão da carga e a eficiência do sistema?

(c) Qual é a relação de espiras necessária para reduzir as perdas na linha de transmissão a 1% da potência total produzida pelo gerador?

2.4 O enrolamento secundário de um transformador real tem uma tensão de terminal de $v_s(t) = 282{,}8\ \text{sen}\ 377t$ V. A relação de espiras do transformador é 100:200 ($a = 0{,}50$). Se a corrente do secundário no transformador for $i_s(t) = 7{,}07\ \text{sen}\ (377t - 36{,}87°)$ A, qual será a corrente do primário desse transformador? Quais são sua regulação de tensão e sua eficiência? As impedâncias do transformador, referidas ao lado do primário, são

$$R_{eq} = 0{,}20\ \Omega \qquad R_C = 300\ \Omega$$
$$X_{eq} = 0{,}80\ \Omega \qquad X_M = 100\ \Omega$$

2.5 Quando viajantes dos Estados Unidos e do Canadá visitam a Europa, eles encontram um sistema diferente de distribuição de energia elétrica. A tensão eficaz das tomadas na América do Norte é 120 V em 60 Hz, ao passo que as tomadas típicas na Europa são 230 V em 50 Hz. Muitos viajantes levam consigo pequenos transformadores elevadores/abaixadores, de modo que eles podem utilizar seus aparelhos elétricos nos países que estão visitando. Um transformador típico pode ter valores nominais de 1 kVA e 115/230 V, com 500 espiras no lado de 115 V e 1000 espiras no lado de 230 V. A curva de magnetização desse transformador está mostrada na Figura P2-2 e pode ser encontrada no arquivo p22.mag no *site* deste livro.

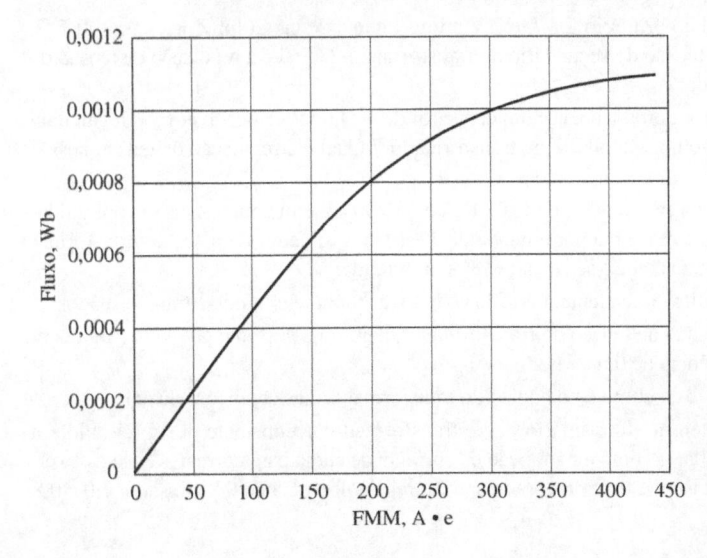

FIGURA P2-2
Curva de magnetização do transformador do Problema 2-5.

(a) Suponha que esse transformador seja ligado a uma fonte de potência de 120 V e 60 Hz sem nenhuma carga ligada no lado de 240 V. Faça um gráfico da corrente de magnetização que irá circular no transformador. (Se estiver disponível, use MATLAB para plotar a corrente com exatidão.) Qual é amplitude eficaz da corrente de magnetização? Que porcentagem da corrente de plena carga é a corrente de magnetização?

(b) Agora, suponha que esse transformador seja ligado a uma fonte de potência de 240 V e 50 Hz sem nenhuma carga ligada no lado de 120 V. Faça um gráfico da corrente de magnetização que irá circular no transformador. (Se estiver disponível, use MATLAB para plotar a corrente com exatidão.) Qual é amplitude eficaz da corrente de magnetização? Que porcentagem da corrente de plena carga é a corrente de magnetização?

(c) Em qual caso a corrente de magnetização é uma porcentagem maior da corrente de plena carga? Por quê?

2.6 Um transformador com especificações nominais de 1000 VA e 230/115 V foi submetido a ensaios para determinar seu circuito equivalente. Os resultados dos ensaios estão mostrados abaixo.

Ensaio a vazio (no lado do secundário)	Ensaio de curto-circuito (no lado do primário)
$V_{VZ} = 115$ V	$V_{CC} = 17,1$ V
$I_{VZ} = 0,11$ A	$I_{CC} = 8,7$ A
$P_{VZ} = 3,9$ W	$P_{CC} = 38,1$ W

(a) Encontre o circuito equivalente desse transformador, referido ao lado de baixa tensão do transformador.

(b) Encontre a regulação de tensão do transformador, em condições nominais com (1) FP 0,8 atrasado, (2) FP 1,0 e (3) FP 0,8 adiantado.

(c) Determine a eficiência do transformador, em condições nominais com FP 0,8 atrasado.

2.7 Um transformador de distribuição de 30 kVA e 8000/230 V tem uma impedância referida ao primário de $20 + j100$ Ω. As componentes do ramo de excitação, referidas ao lado primário, são $R_C = 100$ k Ω e $X_M = 20$ k Ω.

(a) Se a tensão do primário for 7.967 V e impedância de carga for $Z_L = 2,0 + j0,7$ Ω, qual será a tensão do secundário do transformador? Qual é a regulação de tensão do transformador?

(b) Se a carga for desconectada e um capacitor de $-j3,0$ Ω for ligado em seu lugar, qual será a tensão no secundário do transformador? Qual é a regulação de tensão nessas condições?

2.8 Um transformador monofásico de 150 MVA e 15/200 kV tem uma resistência por unidade de 1,2% e uma reatância por unidade de 5% (dados tomados da placa do transformador). A impedância de magnetização é $j80$ por unidade.

(a) Encontre o circuito equivalente, referido ao lado de baixa tensão desse transformador.

(b) Calcule a regulação de tensão do transformador, para uma corrente de plena carga com um fator de potência de 0,8 atrasado.

(c) Calcule as perdas no cobre e no núcleo do transformador nas condições de (b).

(d) Assuma que a tensão do primário desse transformador é constante de 15 kV. Plote a tensão do secundário como uma função da corrente de carga para correntes desde a vazio até plena carga. Repita esse processo para fatores de potência de 0,8 atrasado, 1,0 e 0,8 adiantado.

2.9 Um transformador monofásico de potência de 5000 kVA e 230/13,8 kV tem uma resistência por unidade de 1% e uma reatância por unidade de 5% (dados tomados da placa do transformador). O ensaio a vazio foi realizado no lado de baixa tensão do transformador, produzindo os seguintes dados:

$$V_{VZ} = 13,8 \text{ kV} \qquad I_{VZ} = 21,1 \text{ A} \qquad P_{VZ} = 90,8 \text{ kW}$$

(a) Encontre o circuito equivalente, referido ao lado de baixa tensão do transformador.

(b) Se a tensão no lado do secundário for 13,8 kV e a potência fornecida for 4000 kW com FP 0,8 atrasado, encontre a regulação de tensão do transformador. Qual é sua eficiência?

2.10 Um banco trifásico de transformadores deve operar com 500 kVA e ter uma razão de tensões de 34,5/11 kV. Quais são as especificações nominais de cada transformador individual do banco (alta tensão, baixa tensão, relação de espiras e potência aparente) se o banco de transformadores for ligado a (a) Y–Y, (b) Y–Δ, (c) Δ–Y, (d) Δ–Δ, (e) Δ aberto e (f) Y aberto – Δ aberto.

2.11 Um transformador trifásico de potência Δ–Y de 100 MVA e 230/115 kV tem uma resistência por unidade de 0,015 pu e uma reatância por unidade de 0,06 pu. Os elementos do ramo de excitação são $R_C = 100$ pu e $X_M = 20$ pu.

(a) Se esse transformador alimentar uma carga de 80 MVA com FP 0,8 atrasado, desenhe o diagrama fasorial de uma das fases do transformador.

(b) Qual é a regulação de tensão do banco de transformadores nessas condições?

(c) Desenhe o circuito equivalente, referido ao lado de baixa tensão, de uma das fases desse transformador. Calcule todas as impedâncias do transformador, referidas ao lado de baixa tensão.

(d) Determine as perdas no transformador e a eficiência do transformador nas condições da parte (b).

2.12 Três transformadores de distribuição de 20 kVA e 24.000/277 V são ligados em Δ–Y. O ensaio a vazio foi executado no lado de baixa tensão desse banco de transformadores e os seguintes dados foram registrados:

$$V_{\text{linha,VZ}} = 480 \text{ V} \qquad I_{\text{linha,VZ}} = 4,10 \text{ A} \qquad P_{3\phi,\text{VZ}} = 945 \text{ W}$$

O ensaio de curto-circuito foi executado no lado de alta tensão do banco de transformadores e os seguintes dados foram registrados:

$$V_{\text{linha,CC}} = 1400 \text{ V} \qquad I_{\text{linha,CC}} = 1,80 \text{ A} \qquad P_{3\phi,\text{CC}} = 912 \text{ W}$$

(a) Encontre o circuito equivalente por unidade do banco de transformadores.

(b) Encontre a regulação de tensão desse banco de transformadores para a carga nominal e FP 0,90 atrasado.

(c) Qual é a eficiência do banco de transformadores nessas condições?

2.13 Um banco de transformadores trifásico de 14.000/480 V, ligado em Y–Δ, consiste em três transformadores idênticos de 100 kVA e 8314/480 V. Ele é alimentado com potência diretamente de um grande barramento de tensão constante. No ensaio de curto-circuito, os valores registrados no lado de alta tensão de um desses transformadores foram

$$V_{\text{CC}} = 510 \text{ V} \qquad I_{\text{CC}} = 12,6 \text{ A} \qquad P_{\text{CC}} = 3000 \text{ W}$$

(a) Se o banco alimentar uma carga nominal com FP 0,8 atrasado e tensão nominal, qual é a tensão linha a linha no primário do banco de transformadores?

(b) Qual é a regulação de tensão nessas condições?

(c) Assuma que a tensão de fase constante do primário desse transformador é 8314 V. Plote a tensão do secundário como uma função da corrente de carga, para correntes desde a vazio (sem carga) até plena carga. Repita esse processo para fatores de potência de 0,8 atrasado, 1,0 e 0,8 adiantado.

(d) Plote a regulação de tensão desse transformador como função da corrente de carga, para correntes desde a vazio (sem carga) até plena carga. Repita esse processo para fatores de potência de 0,8 atrasado, 1,0 e 0,8 adiantado.

(e) Desenhe o circuito equivalente por unidade desse transformador.

2.14 Um gerador monofásico de potência de 13,8 kV alimenta com potência uma carga por meio de uma linha de transmissão. A impedância da carga é $Z_{carga} = 500 \angle 36,87° \Omega$ e a impedância da linha de transmissão é $Z_{linha} = 60 \angle 60° \Omega$.

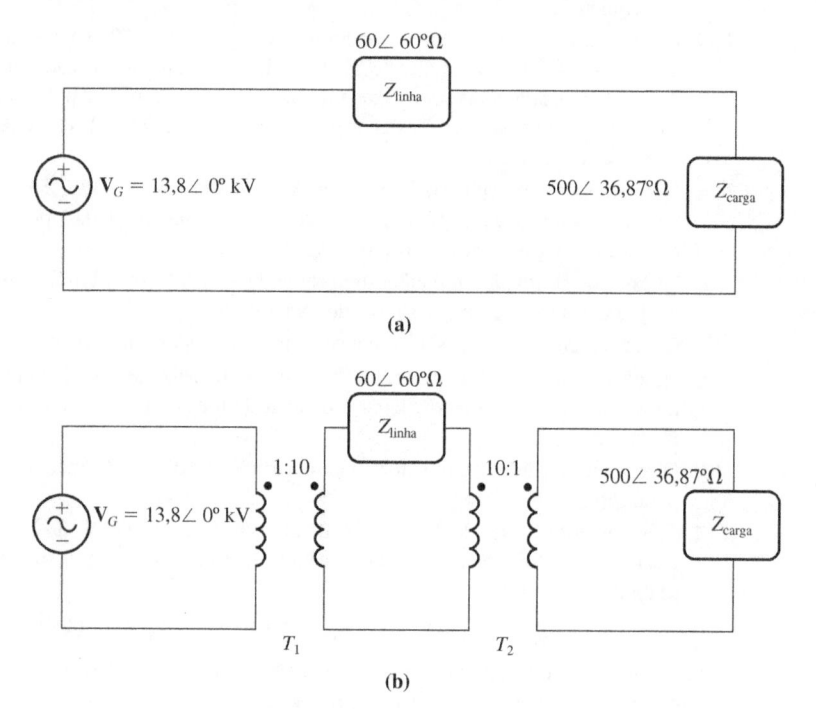

FIGURA P2-3
Circuitos para o Problema 2-14: (a) sem transformadores e (b) com transformadores.

(a) Se o gerador for ligado diretamente à carga (Figura P2-3a), qual será a razão entre a tensão da carga e a tensão gerada? Quais são as perdas de transmissão do sistema?

(b) Que porcentagem da potência fornecida pela fonte chega até a carga (qual é a eficiência do sistema de transmissão)?

(c) Se um transformador elevador de 1:10 for colocado na saída do gerador e um transformador abaixador de 10:1 for colocado no lado da carga da linha de transmissão, qual será a nova razão entre a tensão da carga e a tensão gerada? Quais são as perdas de transmissão do sistema agora? (*Nota*: Pode-se assumir que os transformadores são ideais.)

(d) Que porcentagem da potência fornecida pela fonte chega até a carga agora?

(e) Compare as eficiências do sistema de transmissão com e sem transformadores.

2.15 Um autotransformador é utilizado para conectar uma linha de distribuição de 12,6 kV a uma outra linha de distribuição de 13,8 kV. Ele deve ser capaz de operar com 2000 kVA. Há três fases, ligadas em Y–Y com seus neutros solidamente aterrados.

(a) Qual deve ser relação de espiras N_C/N_{SE} para obter essa conexão?

(b) Com quanta potência aparente devem operar os enrolamentos de cada autotransformador?

(c) Qual é a vantagem de potência desse sistema com autotransformador?

(d) Se um dos autotransformadores fosse religado como um transformador comum, quais seriam suas especificações nominais?

2.16 Prove a seguinte afirmação: se um transformador, com uma impedância em série Z_{eq}, for ligado como autotransformador, sua impedância em série Z'_{eq} por unidade, como autotransformador, será

$$Z'_{eq} = \frac{N_{SE}}{N_{SE} + N_C} Z_{eq}$$

Observe que essa expressão é o inverso da vantagem de potência do autotransformador.

2.17 Um transformador convencional de 10 kVA e 480/120 V deve ser usado para alimentar uma carga de 120 V, a partir de uma fonte de 600 V. Considere que o transformador é ideal e assuma que a isolação pode suportar 600 V.

(a) Em relação às ligações do transformador, faça um desenho da configuração que será capaz de realizar o trabalho requerido.

(b) Encontre os quilovolts-ampères nominais do transformador da configuração.

(c) Encontre as correntes máximas do primário e do secundário nessas condições.

2.18 Um transformador convencional de 10 kVA e 480/120 V deve ser utilizado para alimentar uma carga de 480 V, a partir de uma fonte de 600 V. Considere o transformador como ideal e assuma que a isolação pode suportar 600 V.

(a) Em relação às ligações do transformador, faça um desenho da configuração que será capaz de realizar o trabalho requerido.

(b) Encontre os quilovolts-ampères nominais do transformador da configuração.

(c) Encontre as correntes máximas do primário e do secundário nessas condições.

(d) O transformador do Problema 2-18 é idêntico ao transformador do Problema 2-17, mas há uma diferença significativa na capacidade do transformador para lidar com potência aparente nas duas situações. Por quê? O que isso diz a respeito das condições ótimas para usar um autotransformador?

2.19 Duas fases de uma linha de distribuição trifásica de 14,4 kV atendem uma estrada rural remota (o neutro também está disponível). Um fazendeiro nessa estrada tem um alimentador de 480 V que abastece cargas trifásicas de 200 kW, FP 0,85 atrasado, e também cargas monofásicas de 60 kW, FP 0,9 atrasado. As cargas monofásicas estão distribuídas de forma equilibrada entre as três fases. Assumindo que uma ligação Y aberta – Δ aberto é usada para fornecer potência a essa fazenda, encontre as tensões e as correntes em cada um dos dois transformadores. Encontre também a potência ativa e a reativa fornecidas por cada transformador. Assuma que os transformadores são ideais. Qual é a especificação nominal mínima de kVA requerida de cada transformador?

2.20 Um transformador de distribuição monofásico de 50 kVA, 20.000/480 V e 60 Hz é submetido a ensaios com os seguintes resultados:

Ensaio a vazio (medido no lado do secundário)	Ensaio de curto-circuito (medido no lado do primário)
$V_{VZ} = 480$ V	$V_{CC} = 1130$ V
$I_{VZ} = 4,1$ A	$I_{CC} = 1,30$ A
$P_{VZ} = 620$ W	$P_{CC} = 550$ W

(a) Encontre o circuito equivalente por unidade desse transformador em 60 Hz.

(b) Qual é a eficiência do transformador em condições nominais e fator de potência unitário? Qual é a regulação de tensão nessas condições?

(c) Quais seriam as especificações nominais desse transformador se ele operasse em um sistema de potência de 50 Hz?

(d) Faça o desenho esquemático do circuito equivalente desse transformador, referido ao lado primário, *se ele estiver operando em 50 Hz*.

(e) Qual é a eficiência do transformador nas condições nominais, em um sistema de potência de 50 Hz com fator de potência unitário? Qual é a regulação de tensão nessas condições?

(f) Como a eficiência de um transformador nas condições nominais e 60 Hz pode ser comparada com a eficiência do mesmo transformador operando em 50 Hz?

2.21 Prove que o sistema trifásico de tensões do secundário do transformador Y–Δ, mostrado na Figura 2-37b, está atrasado de 30° em relação ao sistema trifásico de tensões do primário do transformador.

2.22 Prove que o sistema trifásico de tensões no secundário do transformador Δ–Y, mostrado na Figura 2-37c, está atrasado de 30° em relação ao sistema trifásico de tensões do primário do transformador.

2.23 Um transformador monofásico de 10 kVA e 480/120 V deve ser usado como autotransformador ligando uma linha de distribuição de 600 V a uma carga de 480 V. Quando ele é submetido a ensaios como transformador convencional, os seguintes valores são medidos no lado primário (480 V) do transformador:

Ensaio a vazio (medido no lado do secundário)	Ensaio de curto-circuito (medido no lado do primário)
$V_{VZ} = 120$ V	$V_{CC} = 10,0$ V
$I_{VZ} = 1,60$ A	$I_{CC} = 10,6$ A
$P_{VZ} = 38$ W	$P_{CC} = 25$ W

(a) Encontre o circuito equivalente por unidade desse transformador quando ele é ligado de modo convencional. Qual é a eficiência do transformador em condições nominais e fator de potência unitário? Qual é a regulação de tensão nessas condições?

(b) Faça um desenho esquemático das ligações, quando ele é usado como um autotransformador abaixador de 600/480 V.

(c) Qual é a especificação nominal em quilovolts-ampères do transformador quando ele está ligado como autotransformador?

(d) Responda às questões de *(a)* para o caso de ligação como autotransformador.

2.24 A Figura P2-4 mostra um diagrama unifilar de um sistema de potência, que consiste em um gerador trifásico de 480 V e 60 Hz, o qual alimenta duas cargas por meio de uma linha de transmissão com um par de transformadores em suas extremidades. (NOTA: Os diagramas unifilares são descritos no Apêndice A, em que são analisados os circuitos de potência trifásicos.)

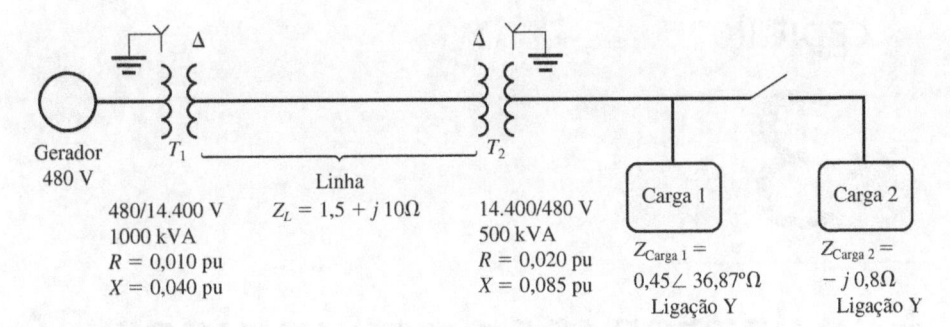

```
                                         
  Gerador      T₁                    T₂
   480 V              Linha                            Carga 1           Carga 2
           480/14.400 V    Z_L = 1,5 + j 10Ω    14.400/480 V
           1000 kVA                              500 kVA
           R = 0,010 pu                          R = 0,020 pu     Z_Carga 1 =        Z_Carga 2 =
           X = 0,040 pu                          X = 0,085 pu     0,45∠36,87°Ω       − j 0,8Ω
                                                                   Ligação Y         Ligação Y
```

FIGURA P2-4
Diagrama unifilar do sistema de potência do Problema 2-24. Observe que alguns valores de impedância são dados no sistema por unidade e outros, em ohms.

(a) Faça um desenho esquemático do circuito equivalente por fase desse sistema de potência.

(b) Com a chave aberta, encontre a potência ativa P, a potência reativa Q e a potência aparente S fornecidas pelo gerador. Qual é o fator de potência do gerador?

(c) Com a chave fechada, encontre a potência ativa P, a potência reativa Q e a potência aparente S fornecidas pelo gerador. Qual é o fator de potência do gerador?

(d) Quais são as perdas de transmissão (perdas nos transformadores mais as perdas na linha) nesse sistema com a chave aberta? Com a chave fechada? Qual é o efeito de se acrescentar a Carga 2 ao sistema?

REFERÊNCIAS

1. Beeman, Donald: *Industrial Power Systems Handbook*, McGraw-Hill, Nova York, 1955.
2. Del Toro, V.: *Electric Machines and Power Systems*, Prentice-Hall, Englewood Cliffs, N.J., 1985.
3. Feinberg, R.: *Modern Power Transformer Practice*, Wiley, Nova York, 1979.
4. Fitzgerald, A. E., C. Kingsley, Jr. e S. D. Umans: *Electric Machinery*, 6ª ed., McGraw-Hill, Nova York, 2003.
5. McPherson, George: *An Introduction to Electrical Machines and Transformers*, Wiley, Nova York, 1981.
6. M.I.T. Staff: *Magnetic Circuits and Transformers*, Wiley, Nova York, 1943.
7. Slemon, G. R. e A. Straughen: *Electric Machines*, Addison-Wesley, Reading, Mass., 1980.
8. *Electrical Transmission and Distribution Reference Book*, Westinghouse Electric Corporation, East Pittsburgh, 1964.

capítulo

3

Fundamentos de máquinas CA

OBJETIVOS DE APRENDIZAGEM

- Aprender como gerar uma tensão CA em uma espira que gira dentro de um campo magnético uniforme.
- Aprender como gerar conjugado em uma espira que conduz uma corrente dentro de um campo magnético uniforme.
- Aprender como criar um campo magnético girante a partir de um motor trifásico.
- Compreender como um campo magnético oriundo de um rotor em rotação induz tensões CA nos enrolamentos de um estator.
- Compreender a relação entre frequência elétrica, o número de polos e a velocidade de rotação de uma máquina elétrica.
- Compreender como o conjugado é induzido em uma máquina CA.
- Compreender os efeitos da isolação dos enrolamentos sobre a vida útil da máquina.
- Compreender os tipos de perdas em uma máquina e o diagrama de fluxo de potência.

As máquinas CA são geradores que convertem energia mecânica em energia elétrica CA e motores que convertem energia elétrica CA em energia mecânica. Os princípios fundamentais das máquinas CA são muito simples, mas infelizmente eles são obscurecidos pela construção complicada das máquinas reais. Este capítulo explicará primeiro os princípios do funcionamento das máquinas CA por meio de exemplos simples e, a seguir, examinará algumas das complicações que ocorrem nas máquinas CA reais.

Há duas classes principais de máquinas CA – máquinas síncronas e máquinas de indução. As *máquinas síncronas* são motores e geradores cuja corrente de campo magnético é fornecida por uma fonte de potência CC separada, ao passo que as *máquinas de indução* são motores e geradores cuja corrente de campo é fornecida por indução magnética (ação de transformador) em seus enrolamentos de campo. Os circuitos de campo da maioria das máquinas síncronas e de indução estão localizados em seus rotores. Este capítulo cobre os fundamentos comuns a ambos os tipos de máquinas trifásicas CA. As máquinas síncronas serão discutidas nos Capítulos 4 e 5 e as máquinas de indução serão discutidas no Capítulo 6.

3.1 UMA ESPIRA SIMPLES EM UM CAMPO MAGNÉTICO UNIFORME

Começaremos nosso estudo de máquinas CA com uma espira simples de fio girando dentro de um campo magnético uniforme. Uma espira de fio condutor dentro de um campo magnético uniforme é a máquina mais simples que pode produzir uma tensão CA senoidal. Esse caso não é representativo das máquinas CA reais, porque o fluxo nas máquinas CA reais não é constante, nem em intensidade, nem em direção. Entretanto, os fatores que controlam a tensão e o conjugado na espira serão os mesmos que controlam a tensão e o conjugado nas máquinas CA reais.

A Figura 3-1 mostra uma máquina simples que consiste em um grande ímã estacionário, capaz de produzir um campo magnético uniforme constante, e uma espira de fio em rotação dentro desse campo. A parte rotativa da máquina é denominada *rotor* e a parte estacionária é denominada *estator*. Agora, determinaremos as tensões presentes no rotor quando ele gira dentro do campo magnético.

A tensão induzida em uma espira simples em rotação

Se o rotor dessa máquina for colocado em rotação, uma tensão será induzida na espira de fio. Para determinar o valor e a forma da tensão, examine a Figura 3-2. A espira de fio mostrada é retangular, com os lados *ab* e *cd* perpendiculares ao plano da página e com os lados *bc* e *da* paralelos ao plano da página. O campo magnético é constante e uniforme, apontando da esquerda para a direita sobre a página.

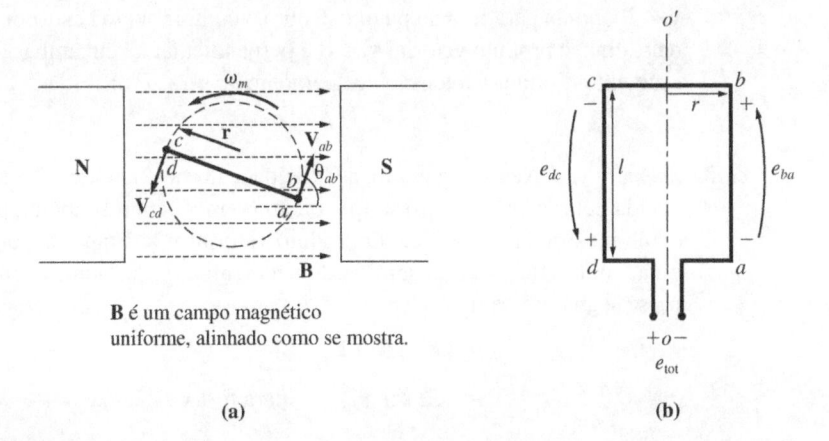

B é um campo magnético uniforme, alinhado como se mostra.

(a)   (b)

FIGURA 3-1
Espira simples girando dentro de um campo magnético uniforme. (a) Vista frontal; (b) vista da bobina.

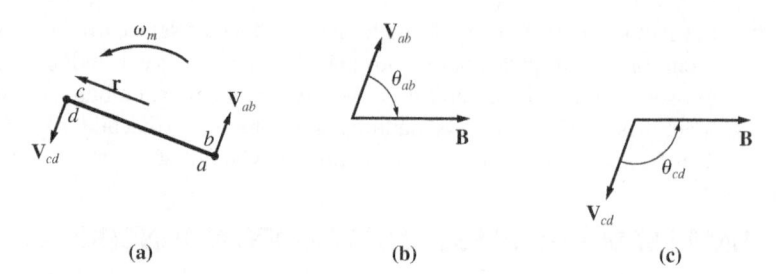

FIGURA 3-2
(a) Velocidades e orientações dos lados da espira em relação ao campo magnético. (b) O sentido do movimento em relação ao campo magnético para o lado *ab*. (c) O sentido do movimento em relação ao campo magnético para o lado *cd*.

Para determinar a tensão senoidal total e_{tot} na espira, examinaremos separadamente cada segmento da espira e somaremos todas as tensões resultantes. A tensão em cada segmento é dada pela Equação (1-45):

$$e_{ind} = (\mathbf{v} \times \mathbf{B}) \cdot \mathbf{l} \qquad (1\text{-}45)$$

1. *Segmento ab*. Nesse segmento, a velocidade do fio é tangencial à trajetória executada pela rotação, ao passo que o campo magnético **B** aponta para a direita, como mostra na Figura 3-2b. O produto vetorial **v** × **B** aponta para dentro da página, coincidindo com o sentido do segmento *ab*. Portanto, a tensão induzida nesse segmento de fio é

$$e_{ba} = (\mathbf{v} \times \mathbf{B}) \cdot \mathbf{l}$$
$$= vBl \operatorname{sen} \theta_{ab} \quad \text{para dentro da página} \qquad (3\text{-}1)$$

2. *Segmento bc*. Na primeira metade desse segmento (até o eixo de rotação), o produto **v** × **B** aponta para dentro da página e, na segunda metade, o produto **v** × **B** aponta para fora da página. Como o comprimento **l** está contido no plano da página, o produto vetorial **v** × **B** é perpendicular a **l** em ambas as metades do segmento. Portanto, a tensão no segmento *bc* será zero:

$$e_{cb} = 0 \qquad (3\text{-}2)$$

3. *Segmento cd*. Nesse segmento, a velocidade do fio é tangencial à trajetória executada pela rotação, ao passo que o campo magnético **B** aponta para a direita, como mostra a Figura 3-2c. O produto vetorial **v** × **B** aponta para fora da página, coincidindo com o sentido do segmento *cd*. Portanto, a tensão induzida nesse segmento de fio é

$$e_{dc} = (\mathbf{v} \times \mathbf{B}) \cdot \mathbf{l}$$
$$= vBl \operatorname{sen} \theta_{cd} \quad \text{para fora da página} \qquad (3\text{-}3)$$

4. *Segmento da*. Como no segmento *bc*, o produto vetorial **v** × **B** é perpendicular a **l**. Portanto, a tensão nesse segmento também será zero:

$$e_{ad} = 0 \qquad (3\text{-}4)$$

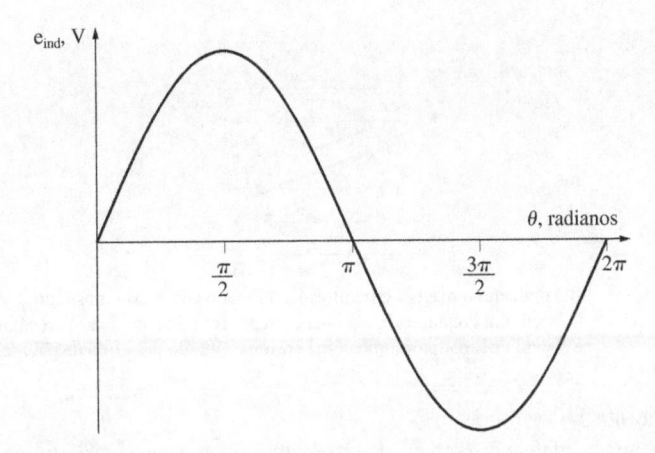

FIGURA 3-3
Gráfico de e_{ind} versus θ.

A tensão total induzida e_{ind} na espira é a soma das tensões de cada um de seus segmentos:

$$e_{ind} = e_{ba} + e_{cb} + e_{dc} + e_{ad}$$
$$= vBl \text{ sen } \theta_{ab} + vBl \text{ sen } \theta_{cd} \qquad (3\text{-}5)$$

Observe que $\theta_{ab} = 180° - \theta_{cd}$ e lembre-se da identidade trigonométrica sen θ = sen $(180° - \theta)$. Portanto, a tensão induzida torna-se

$$e_{ind} = 2vBl \text{ sen } \theta \qquad (3\text{-}6)$$

A tensão resultante e_{ind} é mostrada como uma função de tempo na Figura 3-3.

Há um modo alternativo de expressar a Equação (3-6), que relaciona claramente o comportamento dessa espira simples com o comportamento das máquinas reais maiores CA. Para deduzir essa expressão alternativa, examine a Figura 3-1 novamente. Se a espira estiver girando com velocidade angular constante ω, o ângulo θ da espira aumentará linearmente com o tempo. Em outras palavras,

$$\theta = \omega t$$

Além disso, a velocidade tangencial v dos segmentos da espira pode ser expressa como

$$v = r\omega \qquad (3\text{-}7)$$

em que r é o raio de rotação da espira e ω é a velocidade angular da espira. Substituindo essas expressões na Equação (3-6), teremos

$$e_{ind} = 2r\omega Bl \text{ sen } \omega t \qquad (3\text{-}8)$$

Observe também, da Figura 3-1b, que a área A da espira (laço retangular) é simplesmente igual a $2rl$. Portanto,

$$e_{ind} = AB\omega \text{ sen } \omega t \qquad (3\text{-}9)$$

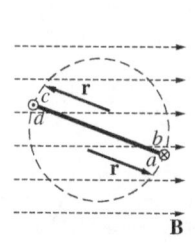

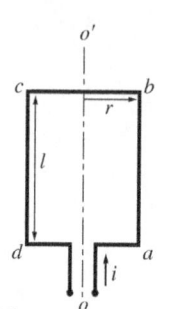

B é um campo magnético uniforme, alinhado como está mostrado.
O × em um condutor indica uma corrente fluindo para dentro da página
e o • em um condutor indica uma corrente fluindo para fora da página.

(a)   (b)

FIGURA 3-4
Espira condutora de corrente dentro de um campo magnético uniforme. (a) Vista frontal;
(b) vista da bobina.

Finalmente, observe que o fluxo máximo através do laço da espira ocorre quando o laço se encontra perpendicular às linhas de densidade de fluxo magnético. Esse fluxo é simplesmente o produto da área da superfície do laço pela densidade de fluxo através do laço.

$$\phi_{max} = AB \qquad (3\text{-}10)$$

Desse modo, a forma final da equação de tensão é

$$\boxed{e_{ind} = \phi_{max}\phi \operatorname{sen} \phi t} \qquad (3\text{-}11)$$

Assim, *a tensão gerada no laço é uma senoide cuja amplitude é igual ao produto do fluxo presente no interior da máquina vezes a velocidade de rotação da máquina*. Isso também é verdadeiro para as máquinas CA reais. Em geral, a tensão em qualquer máquina real dependerá de três fatores:

1. O fluxo na máquina
2. A velocidade de rotação
3. Uma constante representando a construção da máquina (o número de espiras, etc.)

O conjugado induzido em uma espira condutora de corrente

Agora, assuma que a espira do rotor está fazendo um ângulo arbitrário θ em relação ao campo magnético e que uma corrente i circula na espira, como mostra a Figura 3-4. Se uma corrente circular na espira, um conjugado será induzido na espira. Para determinar o valor e o sentido do conjugado, examine a Figura 3-5. A força em cada segmento do laço da espira é dada pela Equação (1-43),

$$\mathbf{F} = i(\mathbf{l} \times \mathbf{B}) \qquad (1\text{-}43)$$

em que i = corrente no segmento

$\mathbf{l}$ = comprimento do segmento, com o sentido de **l** definido no sentido do fluxo de corrente

$\mathbf{B}$ = vetor densidade de fluxo magnético

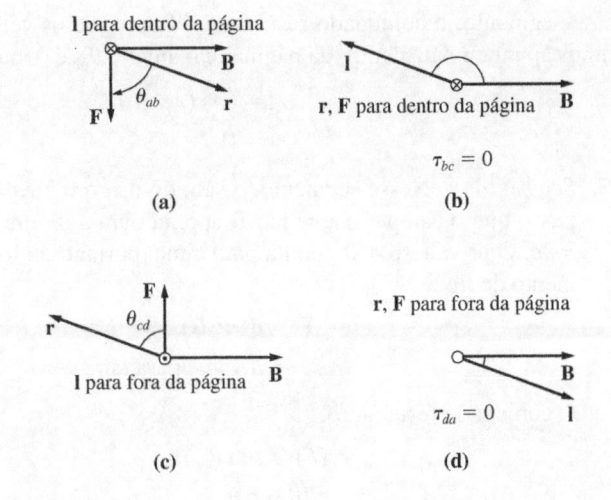

FIGURA 3-5
(a) Dedução da força e do conjugado no segmento *ab*. (b) Dedução da força e do conjugado no segmento *bc*. (b) Dedução da força e do conjugado no segmento *cd*. (d) Dedução da força e do conjugado no segmento *da*.

O conjugado em um dado segmento será dado por

$$\tau = \text{(força aplicada) (distância perpendicular)}$$
$$= (F)(r \operatorname{sen} \theta)$$
$$= rF \operatorname{sen} \theta \qquad (1\text{-}6)$$

em que θ é o ângulo entre o vetor **r** e o vetor **F**. O sentido do conjugado será horário se ele tender a causar uma rotação horária e anti-horário se ele tender a causar uma rotação anti-horária.

1. *Segmento ab*. Nesse segmento, o sentido da corrente é para dentro da página, ao passo que o campo magnético **B** aponta para a direita, como mostra a Figura 3-5a. O produto **l** × **B** aponta para baixo, portanto, a força induzida nesse segmento de fio é

$$\mathbf{F} = i(\mathbf{l} \times \mathbf{B})$$
$$= ilB \qquad \text{para baixo}$$

O conjugado resultante é

$$\tau_{ab} = (F)(r \operatorname{sen} \theta_{ab})$$
$$= rilB \operatorname{sen} \theta_{ab} \qquad \text{sentido horário} \qquad (3\text{-}12)$$

2. *Segmento bc*. Nesse segmento, o sentido da corrente está no plano da página, ao passo que o campo magnético **B** aponta para a direita, como mostra a Figura 3-5b. O produto **l** × **B** aponta para dentro da página. Portanto, a força induzida nesse segmento de fio é

$$\mathbf{F} = i(\mathbf{l} \times \mathbf{B})$$
$$= ilB \qquad \text{para dentro da página}$$

Nesse segmento, o conjugado resultante é 0, porque os vetores **r** e **l** são paralelos (ambos apontam para dentro da página) e o ângulo θ_{bc} é 0, ou seja

$$\tau_{bc} = (F)\,(r\operatorname{sen}\theta_{ab})$$
$$= 0 \qquad (3\text{-}13)$$

3. *Segmento cd*. Nesse segmento, o sentido da corrente é para fora da página, ao passo que o campo magnético **B** aponta para a direita, como mostra a Figura 3-5c. O produto **l** × **B** aponta para cima, portanto, a força induzida nesse segmento de fio é

$$\mathbf{F} = i(\mathbf{l} \times \mathbf{B})$$
$$= ilB \qquad \text{para cima}$$

O conjugado resultante é

$$\tau_{cd} = (F)\,(r\operatorname{sen}\theta_{cd})$$
$$= rilB\operatorname{sen}\theta_{cd} \qquad \text{sentido horário} \qquad (3\text{-}14)$$

4. *Segmento da*. Nesse segmento, o sentido da corrente está no plano da página, ao passo que o campo magnético **B** aponta para a direita, como mostra a Figura 3-5d. O produto **l** × **B** aponta para fora da página, portanto, a força induzida nesse segmento de fio é

$$\mathbf{F} = i(\mathbf{l} \times \mathbf{B})$$
$$= ilB \qquad \text{para fora da página}$$

Nesse segmento, o conjugado resultante é 0, porque os vetores **r** e **l** são paralelos (ambos apontam para fora da página) e o ângulo θ_{da} é 0, ou seja

$$\tau_{da} = (F)\,(r\operatorname{sen}\theta_{da})$$
$$= 0 \qquad (3\text{-}15)$$

O conjugado total τ_{ind} induzido na espira (laço de corrente) é a soma dos conjugados de cada um de seus segmentos:

$$\tau_{ind} = \tau_{ab} + \tau_{bc} + \tau_{cd} + \tau_{da}$$
$$= rilB\operatorname{sen}\theta_{ab} + rilB\operatorname{sen}\theta_{cd} \qquad (3\text{-}16)$$

Observe que $\theta_{ab} = \theta_{cd}$, de modo que o conjugado induzido torna-se

$$\tau_{ind} = 2rilB\operatorname{sen}\theta \qquad (3\text{-}17)$$

O conjugado resultante τ_{ind} está mostrado em função do ângulo na Figura 3-6. Observe que o conjugado é máximo quando o plano do laço está paralelo ao campo magnético e é zero quando o plano do laço está perpendicular ao campo magnético.

Há um modo alternativo de expressar a Equação (3-17), que relaciona claramente o comportamento dessa espira simples com o comportamento das máquinas CA reais de grande porte. Para deduzir essa expressão alternativa, examine a Figura 3-7 novamente. Se a corrente no laço for como mostra a figura, a corrente gerará uma densidade de fluxo magnético $\mathbf{B}_{laço}$ com o sentido mostrado. A magnitude de $\mathbf{B}_{laço}$ será

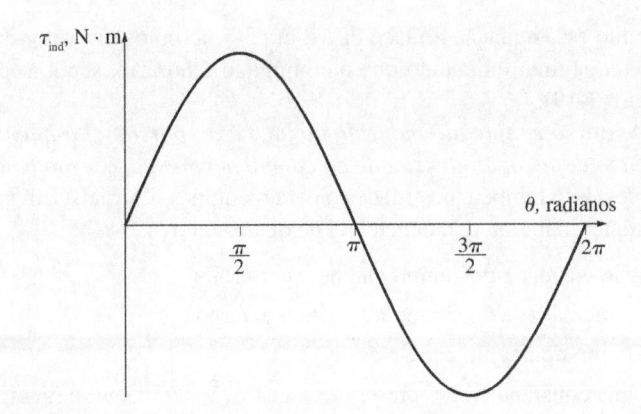

FIGURA 3-6
Gráfico de τ_{ind} versus θ.

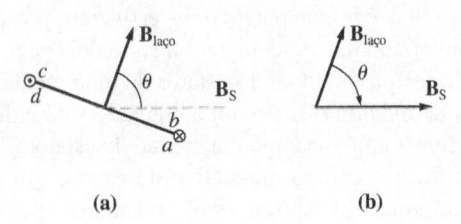

FIGURA 3-7
Dedução da equação do conjugado induzido. (a) A corrente no laço produz uma densidade de fluxo magnético $\mathbf{B}_{laço}$ perpendicular ao plano do laço; (b) relações geométricas entre $\mathbf{B}_{laço}$ e $\mathbf{B}_s$.

$$B_{laço} = \frac{\mu i}{G}$$

em que G é um fator que depende da geometria do laço[1]. Observe também que a área A do laço é simplesmente igual a $2rl$. Substituindo essas duas equações na Equação (3-17), teremos o resultado

$$\tau_{ind} = \frac{AG}{\mu} B_{laço} B_S \operatorname{sen} \theta \tag{3-18}$$

$$= k B_{laço} B_S \operatorname{sen} \theta \tag{3-19}$$

em que $k = AG/\mu$ é um fator que depende da construção da máquina, B_s é usado para o campo magnético do estator*, distinguindo-o do campo magnético gerado pelo rotor, e θ é o ângulo entre $\mathbf{B}_{laço}$ e $\mathbf{B}_s$. Por meio das identidades trigonométricas, pode-se ver que ângulo entre $\mathbf{B}_{laço}$ e $\mathbf{B}_s$ é o mesmo que o ângulo θ da Equação (3-17).

Tanto o valor quanto o sentido do conjugado induzido podem ser determinados expressando a Equação (3-19) como um produto vetorial

$$\boxed{\tau_{ind} = k\mathbf{B}_{laço} \times \mathbf{B}_S} \tag{3-20}$$

---

[1] Se o laço fosse um círculo, $G = 2r$, em que r é o raio do círculo, de modo que $B_{laço} = \mu i/2r$. Em um laço retangular, o valor de G irá variar dependendo da razão exata entre o comprimento e a largura do laço.

* N. de T.: Nessas equações, o índice S vem do inglês *Stator* (Estator).

Aplicando essa equação ao laço da Figura 3-7, teremos um vetor de conjugado para dentro da página, indicando que o conjugado é horário, sendo seu valor dado pela Equação (3-19).

Assim, *o conjugado induzido no laço é proporcional à intensidade do campo magnético do laço, à intensidade do campo magnético externo e ao seno do ângulo entre eles.* Isso também é verdadeiro para máquinas CA reais. Em geral, o conjugado de qualquer máquina real dependerá de quatro fatores:

1. A intensidade do campo magnético do rotor
2. A intensidade do campo magnético externo
3. O seno do ângulo entre eles
4. Uma constante que representa a construção da máquina (geometria, etc.)

3.2 O CAMPO MAGNÉTICO GIRANTE

Na Seção 3.1, mostramos que, se dois campos magnéticos estiverem presentes em uma máquina, um conjugado será criado que tenderá a alinhar os dois campos magnéticos. Se um campo magnético for produzido pelo estator de uma máquina CA e o outro for produzido pelo rotor da máquina, então um conjugado será induzido no rotor que fará o rotor girar e se alinhar com o campo magnético do estator.

Se houvesse um modo de fazer o campo magnético do estator girar, o conjugado induzido no rotor faria com que ele "perseguisse" constantemente o campo magnético do estator em um círculo. Esse é, em poucas palavras, o princípio básico do funcionamento de todos os motores CA.

Que é possível fazer para que o campo magnético do estator gire? O princípio fundamental do funcionamento das máquinas CA é que, *se correntes trifásicas, todas de mesma intensidade e defasadas de 120° entre si, estiverem fluindo em um enrolamento trifásico, um campo magnético girante de intensidade constante será produzido.* O enrolamento trifásico consiste em três enrolamentos espaçados de 120 elétricos entre si ao redor da superfície da máquina.

O conceito de campo magnético girante, em sua forma mais simples, é ilustrado por um estator vazio contendo apenas três bobinas, distanciadas de 120° entre si, como mostrado na Figura 3-8a. Diz-se que esse enrolamento é de dois polos porque ele produz apenas dois polos, um norte e um sul.

Para compreender o conceito de campo magnético rotativo, aplicaremos um conjunto de correntes ao estator da Figura 3-8 e veremos o que acontece em instantes específicos de tempo. Assuma que as correntes nas três bobinas são dadas pelas equações

$$i_{aa'}(t) = I_M \operatorname{sen} \omega t \quad \text{A} \qquad (3\text{-}21\text{a})$$

$$i_{bb'}(t) = I_M \operatorname{sen}(\omega t - 120°) \quad \text{A} \qquad (3\text{-}21\text{b})$$

$$i_{cc'}(t) = I_M \operatorname{sen}(\omega t - 240°) \quad \text{A} \qquad (3\text{-}21\text{c})$$

A corrente na bobina *aa'* entra pelo terminal *a* da bobina e sai pelo terminal *a'* da bobina. Assim, é produzido um campo magnético com intensidade

$$\mathbf{H}_{aa'}(t) = H_M \operatorname{sen} \omega t \angle 0° \quad \text{A} \cdot \text{e}/\text{m} \qquad (3\text{-}22\text{a})$$

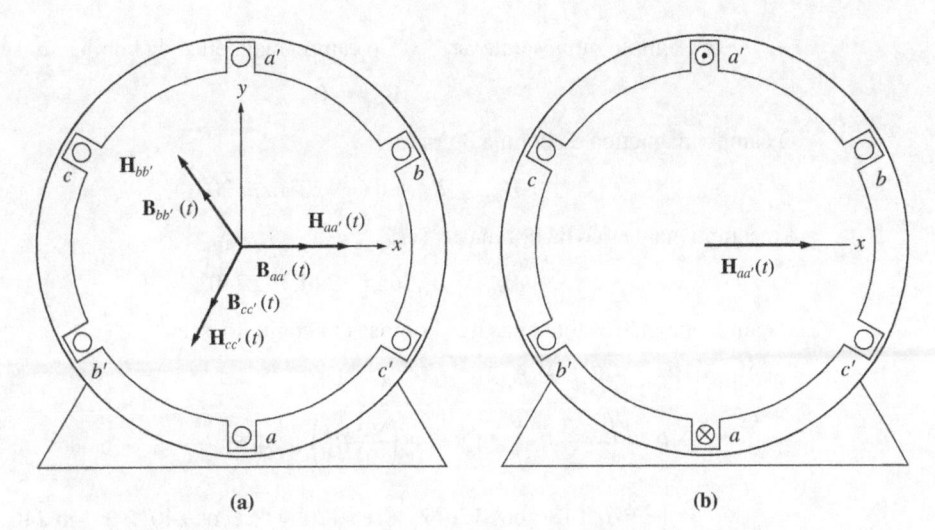

FIGURA 3-8
(a) Um estator trifásico simples. Assume-se que as correntes desse estator serão positivas se elas entrarem pelos terminais a, b e c e saírem respectivamente pelos terminais a', b' e c'. As intensidades de campo magnético produzidas por cada bobina são também mostradas. (b) O vetor de intensidade de campo magnético $H_{aa'}(t)$ produzido pela corrente que flui na bobina aa'.

em que 0° é o ângulo *espacial* do vetor de intensidade de campo magnético, como está mostrado na Figura 3-8b. O sentido do vetor de intensidade de campo magnético $\mathbf{H}_{aa'}(t)$ é dado pela regra da mão direita: se os dedos da mão direita curvarem-se no sentido do fluxo da corrente da bobina, o campo magnético resultante terá o sentido apontado pelo polegar. Observe que o valor do vetor de intensidade de campo magnético $\mathbf{H}_{aa'}(t)$ varia senoidalmente no tempo, mas o sentido de $\mathbf{H}_{aa'}(t)$ é sempre constante. De modo semelhante, os vetores de intensidade de campo magnético $\mathbf{H}_{bb'}(t)$ e $\mathbf{H}_{cc'}(t)$ são

$$\mathbf{H}_{bb'}(t) = H_M \operatorname{sen}(\omega t - 120°) \angle 120° \quad \text{A} \bullet \text{e/m} \quad (3\text{-}22\text{b})$$

$$\mathbf{H}_{cc'}(t) = H_M \operatorname{sen}(\omega t - 240°) \angle 240° \quad \text{A} \bullet \text{e/m} \quad (3\text{-}22\text{c})$$

As densidades de fluxo resultantes dessas intensidades de campo magnético são dadas pela Equação (1-21):

$$\mathbf{B} = \mu \mathbf{H} \quad (1\text{-}21)$$

Elas são

$$\mathbf{B}_{aa'}(t) = B_M \operatorname{sen} \omega t \angle 0° \quad \text{T} \quad (3\text{-}23\text{a})$$

$$\mathbf{B}_{bb'}(t) = B_M \operatorname{sen}(\omega t - 120°) \angle 120° \quad \text{T} \quad (3\text{-}23\text{b})$$

$$\mathbf{B}_{cc'}(t) = B_M \operatorname{sen}(\omega t - 240°) \angle 240° \quad \text{T} \quad (3\text{-}23\text{c})$$

em que $B_M = \mu H_M$. Para determinar o campo magnético líquido resultante no estator, as correntes e suas respectivas densidades de fluxo poderão ser analisadas em instantes específicos.

Por exemplo, no instante $\omega t = 0°$, o campo magnético da bobina aa' será

$$\mathbf{B}_{aa'} = 0 \qquad (3\text{-}24a)$$

O campo magnético da bobina bb' será

$$\mathbf{B}_{bb'} = B_M \operatorname{sen}(-120°) \angle 120° \qquad (3\text{-}24b)$$

e o campo magnético da bobina cc' será

$$\mathbf{B}_{cc'} = B_M \operatorname{sen}(-240°) \angle 240° \qquad (3\text{-}24c)$$

O campo magnético total, das três bobinas em conjunto, será

$$\begin{aligned}
\mathbf{B}_{\text{líq}} &= \mathbf{B}_{aa'} + \mathbf{B}_{bb'} + \mathbf{B}_{cc'} \\
&= 0 + \left(-\frac{\sqrt{3}}{2}B_M\right)\angle 120° + \left(\frac{\sqrt{3}}{2}B_M\right)\angle 240° \\
&= \left(\frac{\sqrt{3}}{2}B_M\right)\left[-\left(\cos 120°\,\hat{\mathbf{x}} + \operatorname{sen} 120°\,\hat{\mathbf{y}}\right) + \left(\cos 240°\,\hat{\mathbf{x}} + \operatorname{sen} 240°\,\hat{\mathbf{y}}\right)\right] \\
&= \left(\frac{\sqrt{3}}{2}B_M\right)\left(\frac{1}{2}\hat{\mathbf{x}} - \frac{\sqrt{3}}{2}\hat{\mathbf{y}} - \frac{1}{2}\hat{\mathbf{x}} - \frac{\sqrt{3}}{2}\hat{\mathbf{y}}\right) \\
&= \left(\frac{\sqrt{3}}{2}B_M\right)\left(-\sqrt{3}\,\hat{\mathbf{y}}\right) \\
&= -1{,}5 B_M \hat{\mathbf{y}} \\
&= 1{,}5 B_M \angle -90°
\end{aligned}$$

em que $\hat{\mathbf{x}}$ é o vetor unitário na direção x e $\hat{\mathbf{y}}$ é o vetor unitário na direção y, como mostra a Figura 3-8. O campo magnético líquido resultante é mostrado na Figura 3-9a.

Como segundo exemplo, examine o campo magnético no instante $\omega t = 90°$. Nesse momento, as correntes são

$$\begin{aligned}
i_{aa'} &= I_M \operatorname{sen} 90° \quad \text{A} \\
i_{bb'} &= I_M \operatorname{sen}(-30°) \quad \text{A} \\
i_{cc'} &= I_M \operatorname{sen}(-150°) \quad \text{A}
\end{aligned}$$

e os campos magnéticos são

$$\begin{aligned}
\mathbf{B}_{aa'} &= B_M \angle 0° \\
\mathbf{B}_{bb'} &= -0{,}5\, B_M \angle 120° \\
\mathbf{B}_{cc'} &= -0{,}5\, B_M \angle 240°
\end{aligned}$$

O campo magnético líquido resultante é

$$\begin{aligned}
\mathbf{B}_{\text{líq}} &= \mathbf{B}_{aa'} + \mathbf{B}_{bb'} + \mathbf{B}_{cc'} \\
&= B_M \angle 0° + \left(-\frac{1}{2}B_M\right)\angle 120° + \left(-\frac{1}{2}B_M\right)\angle 240° \\
&= B_M\left[\hat{\mathbf{x}} - \frac{1}{2}\left(\cos 120°\,\hat{\mathbf{x}} + \operatorname{sen} 120°\,\hat{\mathbf{y}}\right) - \frac{1}{2}\left(\cos 240°\,\hat{\mathbf{x}} + \operatorname{sen} 240°\,\hat{\mathbf{y}}\right)\right]
\end{aligned}$$

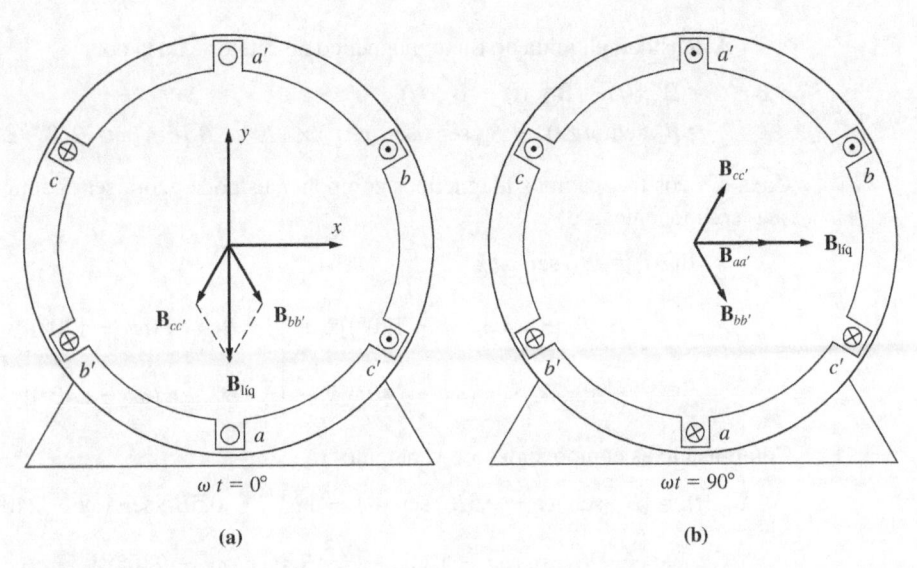

FIGURA 3-9
(a) Vetor de campo magnético em um estator no tempo $\omega t = 0°$. (b) Vetor de campo magnético em um estator no tempo $\omega t = 90°$.

$$= B_M \left(\hat{x} - \frac{1}{2}\hat{x} - \frac{\sqrt{3}}{2}\hat{y} - \frac{1}{2}\hat{x} - \frac{\sqrt{3}}{2}\hat{y} \right)$$

$$= \left(\frac{\sqrt{3}}{2} B_M \right) (-\sqrt{3}\,\hat{y})$$

$$= -\frac{3}{2} B_M \hat{y}$$

$$= 1{,}5 B_M \angle -90°$$

O campo magnético resultante (líquido) está mostrado na Figura 3-9b. Observe que, embora o *sentido* do campo magnético tenha mudado, a *intensidade* manteve-se constante. O campo magnético gira em sentido anti-horário e sua intensidade permanece constante.

Prova do conceito de campo magnético girante

A qualquer tempo t, o campo magnético apresentará o mesmo valor $1{,}5B_M$ de intensidade e continuará girando com a velocidade angular ω. Uma prova dessa afirmação para qualquer tempo t será dada a seguir.

Consulte novamente o estator mostrado na Figura 3-8. No sistema de coordenadas mostrado na figura, o sentido de x é para a direita e o sentido de y é para cima. O vetor $\hat{x}$ é o vetor unitário na direção horizontal e o vetor $\hat{y}$ é o vetor unitário na direção vertical. Para encontrar a densidade de fluxo magnético total no estator, simplesmente faça a adição vetorial dos três campos magnéticos componentes, determinando assim a sua soma.

A densidade líquida de fluxo magnético no estator é dada por

$$\mathbf{B}_{líq}(t) = \mathbf{B}_{aa'}(t) + \mathbf{B}_{bb'}(t) + \mathbf{B}_{cc'}(t)$$
$$= B_M \operatorname{sen} \omega t \angle 0° + B_M \operatorname{sen}(\omega t - 120°) \angle 120° + B_M \operatorname{sen}(\omega t - 240°) \angle 240° \text{ T}$$

Cada um dos três campos magnéticos componentes pode agora ser decomposto em suas componentes x e y.

$$\mathbf{B}_{líq}(t) = B_M \operatorname{sen} \omega t\, \hat{\mathbf{x}}$$
$$- [0,5 B_M \operatorname{sen}(\omega t - 120°)]\hat{\mathbf{x}} + \left[\frac{\sqrt{3}}{2} B_M \operatorname{sen}(\omega t - 120°)\right]\hat{\mathbf{y}}$$
$$- [0,5 B_M \operatorname{sen}(\omega t - 240°)]\hat{\mathbf{x}} - \left[\frac{\sqrt{3}}{2} B_M \operatorname{sen}(\omega t - 240°)\right]\hat{\mathbf{y}}$$

Combinando as componentes x e y, obtemos

$$\mathbf{B}_{líq}(t) = [B_M \operatorname{sen} \omega t - 0,5 B_M \operatorname{sen}(\omega t - 120°) - 0,5 B_M \operatorname{sen}(\omega t - 240°)]\hat{\mathbf{x}}$$
$$+ \left[\frac{\sqrt{3}}{2} B_M \operatorname{sen}(\omega t - 120°) - \frac{\sqrt{3}}{2} B_M \operatorname{sen}(\omega t - 240°)\right]\hat{\mathbf{y}}$$

Usando as identidades trigonométricas referentes à soma de ângulos, temos

$$\mathbf{B}_{líq}(t) = \left[B_M \operatorname{sen} \omega t + \frac{1}{4}B_M \operatorname{sen} \omega t + \frac{\sqrt{3}}{4}B_M \cos \omega t + \frac{1}{4}B_M \operatorname{sen} \omega t - \frac{\sqrt{3}}{4}B_M \cos \omega t\right]\hat{\mathbf{x}}$$
$$+ \left[-\frac{\sqrt{3}}{4}B_M \operatorname{sen} \omega t - \frac{3}{4}B_M \cos \omega t + \frac{\sqrt{3}}{4}B_M \operatorname{sen} \omega t - \frac{3}{4}B_M \cos \omega t\right]\hat{\mathbf{y}}$$

$$\boxed{\mathbf{B}_{líq}(t) = (1,5 B_M \operatorname{sen} \omega t)\hat{\mathbf{x}} - (1,5 B_M \cos \omega t)\hat{\mathbf{y}}} \quad (3\text{-}25)$$

A Equação (3-25) é a expressão final da densidade líquida de fluxo magnético. Observe que a intensidade do campo é $1,5 B_M$ constante e que o ângulo muda continuamente no sentido anti-horário com a velocidade angular ω. Observe também que, em $\omega t = 0°$, temos $\mathbf{B}_{líq} = 1,5 B_M \angle -90°$ e que, em $\omega t = 90°$, temos $\mathbf{B}_{líq} = 1,5 B_M \angle 0°$. Esses resultados estão de acordo com os exemplos específicos que foram examinados anteriormente.

Relação entre frequência elétrica e velocidade de rotação do campo magnético

A Figura 3-10 mostra que o campo magnético girante desse estator pode ser representado como um polo norte (onde o fluxo deixa o estator) e um polo sul (onde o fluxo entra no estator). Esses polos magnéticos dão uma volta mecânica completa ao redor do estator para cada ciclo elétrico da corrente aplicada. Portanto, a velocidade mecânica de rotação do campo magnético, em rotações por segundo, é igual à frequência elétrica em Hz:

$$f_{se} = f_{sm} \quad \text{dois polos} \quad (3\text{-}26)$$
$$\omega_{se} = \omega_{sm} \quad \text{dois polos} \quad (3\text{-}27)$$

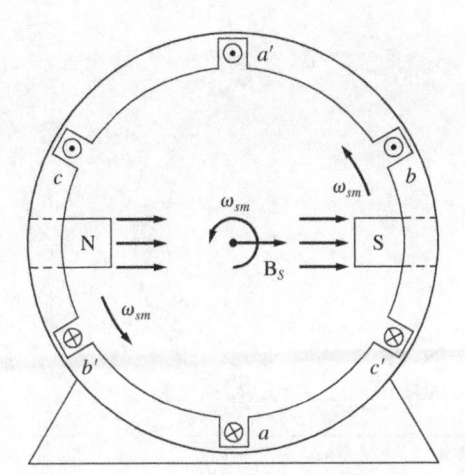

FIGURA 3-10
O campo magnético girante em um estator, representado como polos norte e sul girando no estator.

Aqui, f_{sm} e ω_{sm} representam a velocidade mecânica dos campos magnéticos do estator em rotações (ou revoluções) por segundo e em radianos por segundo, ao passo que f_{se} e ω_{se} são a frequência elétrica das correntes do estator em hertz e em radianos por segundo.

Observe que os enrolamentos no estator de dois polos da Figura 3-10 estão dispostos na ordem (no sentido anti-horário)

$$a\text{-}c'\text{-}b\text{-}a'\text{-}c\text{-}b'$$

Que aconteceria no estator se essa configuração fosse repetida duas vezes ao longo de sua superfície? A Figura 3-11a mostra tal estator. A configuração dos enrolamentos (no sentido anti-horário) é

$$a\text{-}c'\text{-}b\text{-}a'\text{-}c\text{-}b'\text{-}a\text{-}c'\text{-}b\text{-}a'\text{-}c\text{-}b'$$

que é simplesmente a configuração do estator anterior repetida duas vezes. Quando um conjunto trifásico de correntes é aplicado a esse estator, *dois* polos N (norte) e *dois* polos S (sul) são produzidos no enrolamento do estator, como mostra a Figura 3-11b. Nesse enrolamento, a cada ciclo elétrico, um polo desloca-se apenas metade do percurso circular ao longo da superfície do estator. Como um ciclo elétrico tem 360 graus e como o deslocamento mecânico é de 180 graus mecânicos, a relação entre o ângulo elétrico θ_{se} e o ângulo mecânico θ_{sm} nesse estator é

$$\theta_{se} = 2\theta_{sm} \tag{3-28}$$

Assim, para o enrolamento de quatro polos, a frequência elétrica da corrente é o dobro da frequência mecânica de rotação:

$$f_{se} = 2f_{sm} \qquad \text{dois polos} \tag{3-29}$$

$$\omega_{se} = 2\omega_{sm} \qquad \text{quatro polos} \tag{3-30}$$

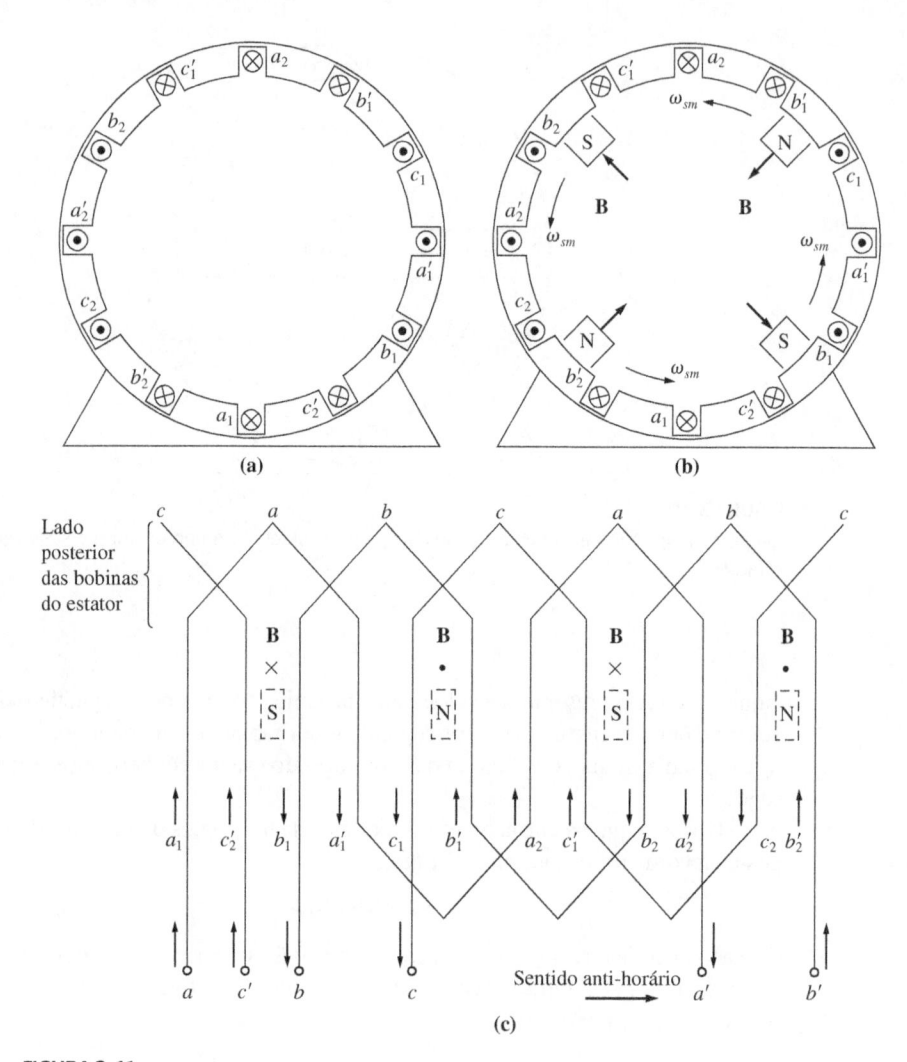

FIGURA 3-11
(a) Um enrolamento de estator de quatro polos simples. (b) Os polos magnéticos resultantes do estator. Observe que há polos em movimento de polaridades alternadas a cada 90° ao longo da superfície do estator. (c) Um diagrama do enrolamento do estator, visto de sua superfície interna, mostrando como as correntes do estator produzem os polos magnéticos N (norte) e S (sul).

Em geral, se o número de polos do estator de uma máquina CA for P, haverá $P/2$ repetições da sequência $a\text{-}c'\text{-}b\text{-}a'\text{-}c\text{-}b'$ ao longo de sua superfície interna e as grandezas elétricas e mecânicas do estator estarão relacionadas conforme

$$\boxed{\theta_{se} = \frac{P}{2}\theta_{sm}} \tag{3-31}$$

$$f_{se} = \frac{P}{2} f_{sm} \quad (3\text{-}32)$$

$$\omega_{se} = \frac{P}{2} \omega_{sm} \quad (3\text{-}33)$$

Também, observando que $f_{sm} = n_{sm}/60$, é possível estabelecer uma relação entre a frequência elétrica do estator em hertz e a velocidade mecânica resultante dos campos magnéticos em rotações (revoluções) por minuto. Essa relação é

$$f_{se} = \frac{n_{sm} P}{120} \quad (3\text{-}34)$$

Invertendo o sentido de rotação do campo magnético

Pode-se observar outro fato interessante sobre o campo magnético resultante. *Se as correntes em quaisquer duas das três bobinas forem permutadas, o sentido de rotação do campo magnético será invertido.* Isso significa que é possível inverter o sentido de rotação de um motor CA simplesmente trocando as conexões de quaisquer duas das três bobinas. Esse resultado será verificado a seguir.

Para demonstrar que o sentido de rotação é invertido, as fases bb' e cc' da Figura 3-8 são trocadas e a densidade de fluxo resultante $\mathbf{B}_{líq}$ é calculada.

A densidade líquida de fluxo magnético no estator é dada por

$$\mathbf{B}_{líq}(t) = \mathbf{B}_{aa'}(t) + \mathbf{B}_{bb'}(t) + \mathbf{B}_{cc'}(t)$$
$$= B_M \operatorname{sen} \omega t \angle 0° + B_M \operatorname{sen}(\omega t - 240°) \angle 120° + B_M \operatorname{sen}(\omega t - 120°) \angle 240° \text{ T}$$

Agora, cada um dos três campos magnéticos pode ser decomposto em suas componentes x e y:

$$\mathbf{B}_{líq}(t) = B_M \operatorname{sen} \omega t \, \hat{\mathbf{x}}$$
$$- [0{,}5 B_M \operatorname{sen}(\omega t - 240°)]\hat{\mathbf{x}} + \left[\frac{\sqrt{3}}{2} B_M \operatorname{sen}(\omega t - 240°)\right]\hat{\mathbf{y}}$$
$$- [0{,}5 B_M \operatorname{sen}(\omega t - 120°)]\hat{\mathbf{x}} - \left[\frac{\sqrt{3}}{2} B_M \operatorname{sen}(\omega t - 120°)\right]\hat{\mathbf{y}}$$

Combinando as componentes x e y, temos

$$\mathbf{B}_{líq}(t) = [B_M \operatorname{sen} \omega t - 0{,}5 B_M \operatorname{sen}(\omega t - 240°) - 0{,}5 B_M \operatorname{sen}(\omega t - 120°)]\hat{\mathbf{x}}$$
$$+ \left[\frac{\sqrt{3}}{2} B_M \operatorname{sen}(\omega t - 240°) - \frac{\sqrt{3}}{2} B_M \operatorname{sen}(\omega t - 120°)\right]\hat{\mathbf{y}}$$

Utilizando as identidades trigonométricas de adição de ângulos, obtemos

$$\mathbf{B}_{líq}(t) = \left[B_M \operatorname{sen} \omega t + \frac{1}{4} B_M \operatorname{sen} \omega t - \frac{\sqrt{3}}{4} B_M \cos \omega t + \frac{1}{4} B_M \operatorname{sen} \omega t + \frac{\sqrt{3}}{4} B_M \cos \omega t\right]\hat{\mathbf{x}}$$
$$+ \left[-\frac{\sqrt{3}}{4} B_M \operatorname{sen} \omega t + \frac{3}{4} B_M \cos \omega t + \frac{\sqrt{3}}{4} B_M \operatorname{sen} \omega t + \frac{3}{4} B_M \cos \omega t\right]\hat{\mathbf{y}}$$

$$\mathbf{B}_{líq}(t) = (1{,}5B_M \operatorname{sen} \omega t)\hat{\mathbf{x}} + (1{,}5B_M \cos \omega t)\hat{\mathbf{y}} \qquad (3\text{-}35)$$

Dessa vez, o campo magnético tem a mesma intensidade, mas gira em sentido horário. Portanto, *permutar as correntes de duas fases de um estator inverte o sentido de rotação do campo magnético de uma máquina CA.*

EXEMPLO 3-1 Escreva um programa em MATLAB que modele o comportamento de um campo magnético rotativo no estator trifásico mostrado na Figura 3-9.

Solução
A geometria das bobinas desse estator é a mostrada na Figura 3-9. As correntes nas bobinas são

$$i_{aa'}(t) = I_M \operatorname{sen} \omega t \quad A \qquad (3\text{-}21a)$$

$$i_{bb'}(t) = I_M \operatorname{sen}(\omega t - 120°) \quad A \qquad (3\text{-}21b)$$

$$i_{cc'}(t) = I_M \operatorname{sen}(\omega t - 240°) \quad A \qquad (3\text{-}21c)$$

e as densidades de fluxo magnético resultantes são

$$\mathbf{B}_{aa'}(t) = B_M \operatorname{sen} \omega t \angle 0° \quad T \qquad (3\text{-}23a)$$

$$\mathbf{B}_{bb'}(t) = B_M \operatorname{sen}(\omega t - 120°) \angle 120° \quad T \qquad (3\text{-}23b)$$

$$\mathbf{B}_{cc'}(t) = B_M \operatorname{sen}(\omega t - 240°) \angle 240° \quad T \qquad (3\text{-}23c)$$

$$\phi = 2rlB = dlB$$

Um programa simples de MATLAB que plota $\mathbf{B}_{aa'}$, $\mathbf{B}_{bb'}$, $\mathbf{B}_{cc'}$ e $\mathbf{B}_{líq}$ como uma função de tempo está mostrado a seguir:

```
% M-file: mag_field.m
% M-file para calcular o campo magnético líquido produzido
% por um estator trifásico.

% Definição das condições básicas
bmax = 1;      % Normalize bmax em 1
freq = 60;     % 60 Hz
w = 2*pi*freq;      % velocidade angular (rad/s)

% Inicialmente, determine os três campos magnéticos componentes
t = 0:1/6000:1/60;
Baa = sin(w*t).* (cos(0) + j*sin(0));
Bbb = sin(w*t-2*pi/3).* (cos(2*pi/3) + j*sin(2*pi/3));
Bcc = sin(w*t+2*pi/3).* (cos(-2*pi/3) + j*sin(-2*pi/3));

% Cálculo de B líquida (Bnet)
Bnet = Baa + Bbb + Bcc;

% Cálculo de um círculo que representa o valor máximo esperado
% de B líquida (Bnet)
circle = 1.5 * (cos(w*t) + j*sin(w*t));
```

```
% Plote o valor e o sentido dos campos magnéticos
% resultantes. Observe que Baa é preta, Bbb é azul, Bcc é
% magenta e Bnet é vermelha.
for ii = 1:length(t)

    % Plote o círculo de referência
    plot(circle,'k');
    hold on;

    % Plote os quatro campos magnéticos
    plot([0 real(Baa(ii))],[0 imag(Baa(ii))],'k','LineWidth',2);
    plot([0 real(Bbb(ii))],[0 imag(Bbb(ii))],'b','LineWidth',2);
    plot([0 real(Bcc(ii))],[0 imag(Bcc(ii))],'m','LineWidth',2);
    plot([0 real(Bnet(ii))],[0 imag(Bnet(ii))],'r','LineWidth',3);
    axis square;
    axis([-2 2 -2 2]);
    drawnow;
    hold off;
end
```

Quando esse programa é executado, ele desenha linhas correspondentes aos três campos magnéticos componentes e também uma linha correspondente ao campo magnético líquido. Execute esse programa e observe o comportamento de $B_{líq}$.

3.3 FORÇA MAGNETOMOTRIZ E DISTRIBUIÇÃO DE FLUXO EM MÁQUINAS CA

Na Seção 3.2, o fluxo produzido no interior de uma máquina CA foi tratado como se ele estivesse no vácuo. Assumiu-se que a direção da densidade de fluxo, produzida por uma bobina de fio, era perpendicular ao plano da bobina, com o sentido do fluxo dado pela regra da mão direita.

O fluxo em uma máquina real não se comporta do modo simples que se assumiu anteriormente, porque há um rotor ferromagnético no centro da máquina, com um pequeno entreferro de ar entre o rotor e o estator. O rotor pode ser cilíndrico, como o mostrado na Figura 3-12a, ou pode ter faces polares projetando-se para fora de sua superfície, como está mostrado na Figura 3-12b. Se o rotor for cilíndrico, diremos que a máquina tem *polos não salientes* e, se o rotor tiver faces polares projetando-se para fora dele, diremos que a máquina tem *polos salientes*. Máquinas de rotor cilíndrico ou de polos não salientes são mais fáceis de compreender e analisar do que as máquinas de polos salientes. Essa discussão será limitada às máquinas de rotores cilíndricos. Máquinas com polos salientes são discutidas brevemente no Apêndice C e mais extensivamente nas Referências 1 e 2.

Consulte a máquina de rotor cilíndrico da Figura 3-12a. A relutância do entreferro dessa máquina é muito mais elevada do que as relutâncias do rotor ou do estator, de modo que *o vetor de densidade de fluxo* **B** *toma o caminho mais curto possível através do entreferro* e salta perpendicularmente entre o rotor e o estator.

Para produzir uma tensão senoidal em uma máquina como essa, *o valor da densidade de fluxo* **B** *deve variar de forma senoidal* ao longo da superfície do entreferro.

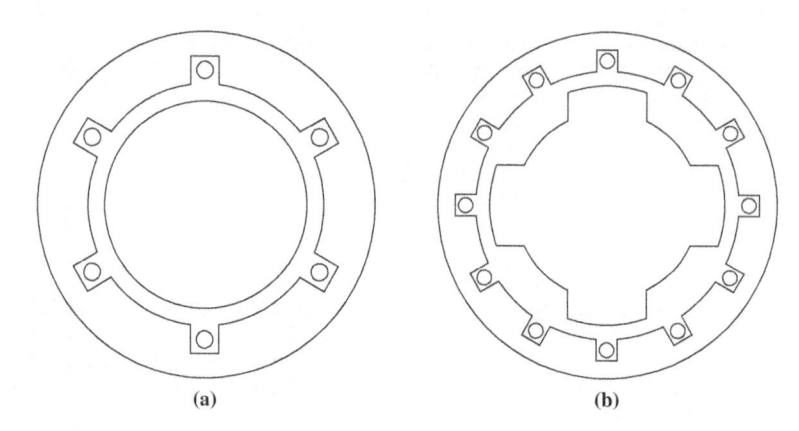

FIGURA 3-12
(a) Uma máquina CA com um rotor cilíndrico ou de polos não salientes. (b) Uma máquina CA com um rotor de polos salientes.

A densidade de fluxo variará senoidalmente somente se a intensidade de campo magnético **H** (e a força magnetomotriz $\mathcal{F}$) variar de modo senoidal ao longo da superfície do entreferro (veja Figura 3-13).

O modo mais imediato de obter uma variação senoidal de força magnetomotriz ao longo da superfície do entreferro é distribuindo as espiras do enrolamento que produz a força magnetomotriz em ranhuras proximamente distanciadas entre si ao longo da superfície da máquina e variando o número de condutores em cada ranhura de modo senoidal. A Figura 3-14a mostra um enrolamento como esse e a Figura 3-14b mostra a força magnetomotriz resultante do enrolamento. O número de condutores em cada ranhura é dado pela equação

$$n_C = N_C \cos \alpha \qquad (3\text{-}36)$$

em que N_c é o número de condutores no ângulo 0°. Como a Figura 3-14b mostra, essa distribuição de condutores produz uma boa aproximação de uma distribuição senoidal de força magnetomotriz. Além disso, quanto mais ranhuras houver ao longo da superfície da máquina e mais proximamente distanciadas as ranhuras estiverem, melhor se tornará essa aproximação.

Na prática, não é possível distribuir os enrolamentos exatamente de acordo com a Equação (3-36), porque há apenas um número finito de ranhuras nas máquinas reais e porque apenas um número inteiro de condutores pode ser inserido em cada ranhura. A distribuição de força magnetomotriz resultante é apenas aproximadamente senoidal e componentes harmônicas de ordem mais elevada estarão presentes. Enrolamentos de passo encurtado são usados para suprimir essas componentes harmônicas indesejáveis, como está explicado no Apêndice B.1.

Além disso, frequentemente, para o projetista da máquina, é conveniente incluir um número igual de condutores em cada ranhura, em vez de variar o número de acordo com a Equação (3-36). Enrolamentos como esse serão descritos no Apêndice B.2. Nesse tipo de enrolamento, as componentes harmônicas de ordem elevada são mais fortes do que nos enrolamentos projetados de acordo com a Equação (3-36).

$B = B_M \operatorname{sen} \alpha$

Estator
Entreferro
Rotor

$\mathscr{F}$ ou $(|\mathbf{H}_S|)$

$|\mathbf{B}_S|$

(a)

(b)

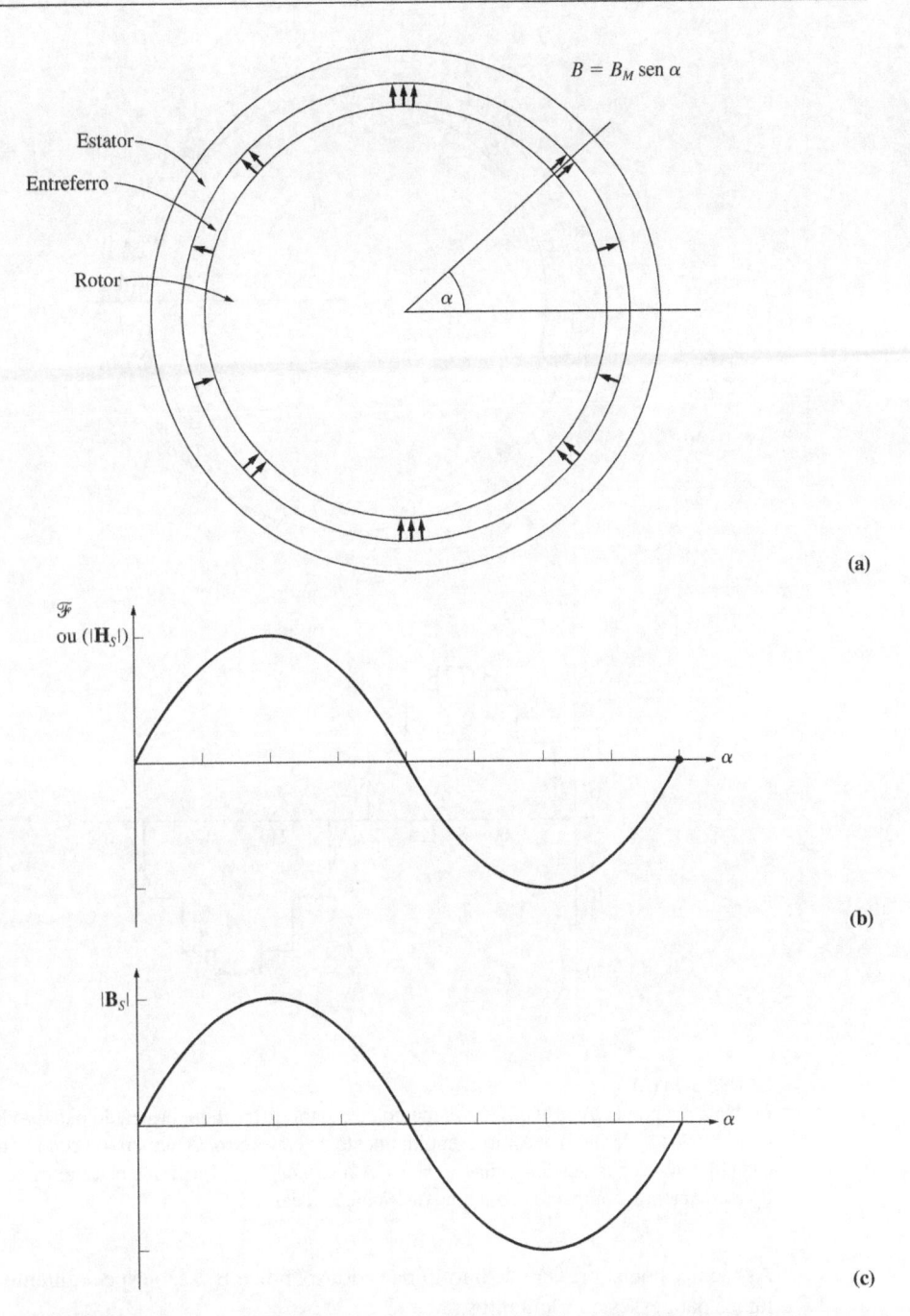

(c)

FIGURA 3-13
(a) Um rotor cilíndrico com densidade de fluxo variando senoidalmente no entreferro. (b) A força magnetomotriz ou a intensidade de campo magnético em função do ângulo α no entreferro.
(c) A densidade de fluxo em função do ângulo α no entreferro.

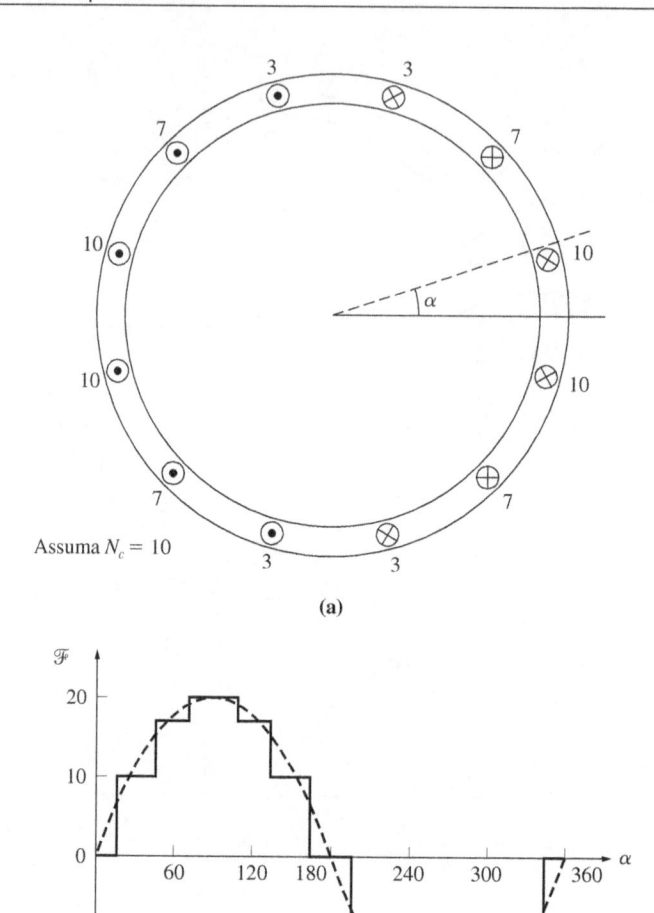

FIGURA 3-14 (A)
(a) Uma máquina CA com um enrolamento de estator distribuído, projetado para produzir uma densidade de fluxo que varia senoidalmente no entreferro. O número de condutores em cada ranhura está indicado no diagrama. (b) A distribuição de força magnetomotriz resultante do enrolamento, comparada com uma distribuição ideal.

As técnicas de supressão de harmônicas do Apêndice B.1 são especialmente importantes para esses enrolamentos.

3.4 TENSÃO INDUZIDA EM MÁQUINAS CA

Assim como um conjunto de correntes em um estator pode produzir um campo magnético girante, um campo magnético girante pode produzir um conjunto de tensões trifásicas nas bobinas de um estator. As equações que determinam a tensão induzida em um estator trifásico serão desenvolvidas nesta seção. Para facilitar o desenvolvimento, começaremos examinando uma bobina simples, limitada a apenas uma espira e, então, ampliaremos os resultados para um estator trifásico mais genérico.

Tensão induzida em uma bobina de um estator de dois polos

A Figura 3-15 mostra um rotor *girante* com um campo magnético senoidalmente distribuído no centro de uma bobina *estacionária*. Observe que isso é o inverso da situação estudada na Seção 3.1, que envolveu um campo magnético estacionário e uma espira girante.

Assumiremos que o valor da densidade de fluxo **B** no entreferro, entre o rotor e o estator, varia senoidalmente com o ângulo mecânico, ao passo que o sentido de **B** é sempre radialmente para fora. Esse tipo de distribuição de fluxo é o ideal que os projetistas de máquinas aspiram atingir. (No Apêndice B.2, está descrito o que acontece quando eles não o atingem.) Se α for o ângulo medido desde a direção do valor de pico da densidade de fluxo do rotor, o valor da densidade de fluxo **B** em um ponto ao redor do *rotor* será dado por

$$B = B_M \cos \alpha \qquad (3\text{-}37a)$$

Observe que, em alguns lugares ao redor do entreferro, o vetor de densidade de fluxo realmente apontará em direção ao rotor. Nesses locais, o sinal da Equação (3-37a) é negativo. Como o rotor está girando dentro do estator, com uma velocidade angular ω_m, então o valor da densidade de fluxo **B** para qualquer ângulo α ao redor do *estator* é dado por

$$\boxed{B = B_M \cos(\omega t - \alpha)} \qquad (3\text{-}37b)$$

A equação da tensão induzida em um fio condutor é

$$e = (\mathbf{v} \times \mathbf{B}) \cdot \mathbf{l} \qquad (1\text{-}45)$$

em que $\mathbf{v}$ = velocidade do fio *em relação ao campo magnético*
$\mathbf{B}$ = vetor de densidade de fluxo magnético
$\mathbf{l}$ = comprimento do condutor dentro do campo magnético

Entretanto, essa equação foi obtida para o caso de um *condutor em movimento* dentro de um *campo magnético estacionário*. No caso presente, o condutor está estacionário e o campo magnético está em movimento, de modo que a equação não se aplica diretamente. Para usá-la, devemos nos colocar em um sistema de referência no qual o campo magnético parece estar estacionário. Se nos "sentarmos no campo magnético" de modo que o campo pareça estar estacionário, os lados da bobina parecerão passar por nós com uma velocidade aparente $\mathbf{v}_{rel}$ e a equação poderá ser aplicada. A Figura 3-15b mostra o vetor de campo magnético e as velocidades, do ponto de vista de um campo magnético estacionário e um condutor em movimento.

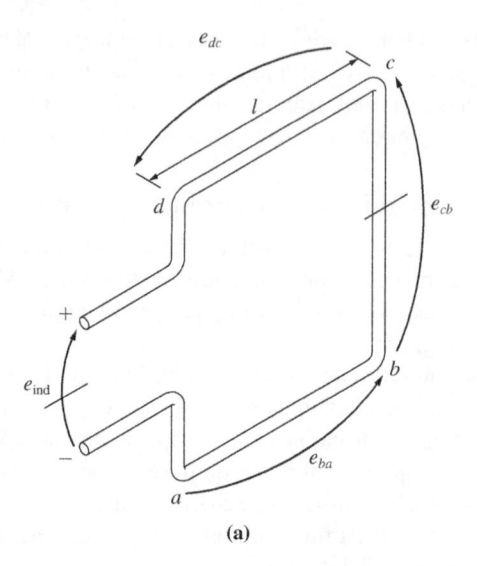

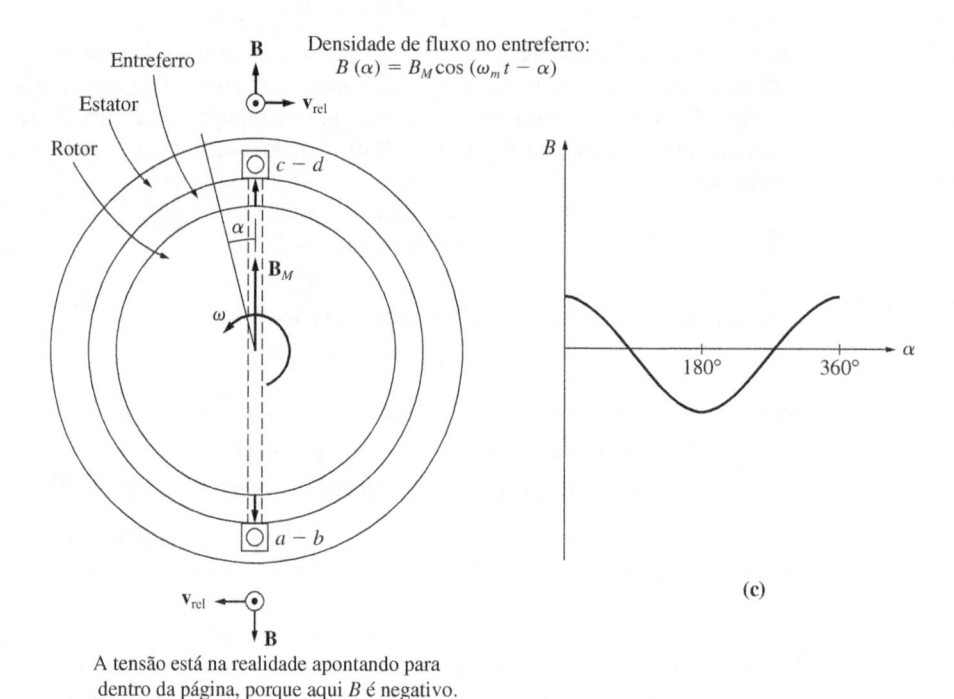

(a)

Densidade de fluxo no entreferro:
$B(\alpha) = B_M \cos(\omega_m t - \alpha)$

A tensão está na realidade apontando para dentro da página, porque aqui B é negativo.

(b)

(c)

FIGURA 3-15
(a) O campo magnético de um rotor que gira dentro de uma bobina de um estator estacionário. Detalhe da bobina. (b) Os vetores de densidade de fluxo magnético e as velocidades nos lados da bobina. As velocidades mostradas são de um sistema de referência no qual o campo magnético é estacionário. (c) A distribuição da densidade de fluxo no entreferro.

A tensão total induzida na bobina será a soma das tensões induzidas em cada um dos seus quatro lados. Essas tensões serão determinadas a seguir:

1. *Segmento ab*. Para o segmento *ab*, temos $\alpha = 180°$. Assumindo que **B** aponta radialmente para fora a partir do rotor, o ângulo entre **v** e **B** no segmento *ab* é 90°, ao passo que o produto vetorial **v** × **B** aponta na direção de **l**. Portanto,

$$e_{ba} = (\mathbf{v} \times \mathbf{B}) \cdot \mathbf{l}$$
$$= vBl \quad \text{apontando para fora da página}$$
$$= -v[B_M \cos(\omega_m t - 180°)]l$$
$$= -vB_M l \cos(\omega_m t - 180°) \quad (3\text{-}38)$$

em que o sinal negativo vem do fato de que a tensão é gerada com uma polaridade oposta à polaridade assumida.

2. *Segmento bc*. A tensão no segmento *bc* é zero, porque o produto vetorial **v** × **B** é perpendicular a **l**. Portanto,

$$e_{cb} = (\mathbf{v} \times \mathbf{B}) \cdot \mathbf{l} = 0 \quad (3\text{-}39)$$

3. *Segmento cd*. Para o segmento *cd*, o ângulo $\alpha = 0°$. Assumindo que **B** aponta radialmente para fora a partir do rotor, o ângulo entre **v** e **B** no segmento *cd* é 90°, ao passo que o produto vetorial **v** × **B** aponta na direção de **l**. Portanto,

$$e_{dc} = (\mathbf{v} \times \mathbf{B}) \cdot \mathbf{l}$$
$$= vBl \quad \text{apontando para fora da página}$$
$$= v(B_M \cos \omega_m t)l$$
$$= vB_M l \cos \omega_m t \quad (3\text{-}40)$$

4. *Segmento da*. A tensão no segmento *da* é zero, porque o produto vetorial **v** × **B** é perpendicular a **l**. Assim,

$$e_{ad} = (\mathbf{v} \times \mathbf{B}) \cdot \mathbf{l} = 0 \quad (3\text{-}41)$$

Portanto, a tensão total na bobina será

$$e_{\text{ind}} = e_{ba} + e_{dc}$$
$$= -vB_M l \cos(\omega_m t - 180°) + vB_M l \cos \omega_m t \quad (3\text{-}42)$$

Sabendo que $\cos \theta = -\cos(\theta - 180°)$, temos

$$e_{\text{ind}} = vB_M l \cos \omega_m t + vB_M l \cos \omega_m t$$
$$= 2vB_M l \cos \omega_m t \quad (3\text{-}43)$$

Como a velocidade nos lados da bobina paralelos ao eixo do rotor é dada por $v = r\omega_m$, a Equação (3-43) pode ser escrita também como

$$e_{\text{ind}} = 2(r\omega_m)B_M l \cos \omega_m t$$
$$= 2rlB_M \omega_m \cos \omega_m t$$

Finalmente, o fluxo que atravessa a bobina pode ser expresso como $\phi = 2rlB_m$ (veja o Problema 3-9), ao passo que $\omega_m = \omega_e = \omega$ para um estator de dois polos. Assim, a tensão induzida pode ser expressa como

$$e_{\text{ind}} = \phi\omega \cos \omega t \qquad (3\text{-}44)$$

A Equação (3-44) descreve a tensão induzida em uma bobina de uma única espira. Se a bobina do estator tiver N_C* espiras de fio, então a tensão total induzida na bobina será

$$e_{\text{ind}} = N_C \phi\omega \cos \omega t \qquad (3\text{-}45)$$

Observe que a tensão produzida no estator dessa máquina CA simples é senoidal, com uma amplitude que depende do fluxo ϕ da máquina, da velocidade angular ω do rotor e de uma constante que depende da construção da máquina (N_C neste caso simples). Esse resultado é o mesmo que obtivemos para o laço simples em rotação da Seção 3.1.

Observe também que a Equação (3-45) contém o termo cos ωt em vez de sen ωt encontrado em algumas outras equações deste capítulo. O termo cosseno não tem nenhum significado especial em relação ao seno – isso foi resultado da escolha que adotamos neste desenvolvimento do eixo de referência para α. Se o eixo de referência para α fosse girado de 90°, teríamos o termo sen ωt.

Tensão induzida em um conjunto trifásico de bobinas

Se *três bobinas*, cada uma com N_C espiras, forem dispostas ao redor do campo magnético do rotor, como mostra a Figura 3-16, as tensões induzidas em cada uma delas será a mesma, mas estarão defasadas de 120° entre si. As tensões resultantes em cada uma das três bobinas são

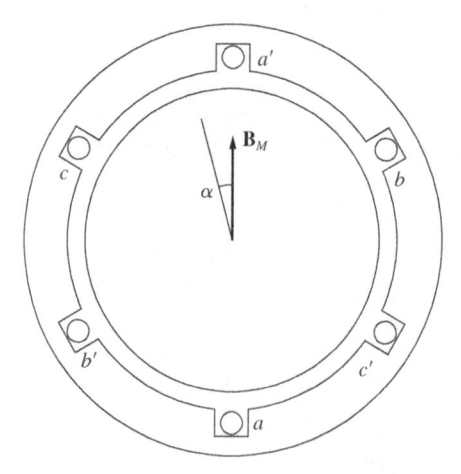

FIGURA 3-16
Produção de tensões trifásicas a partir de três bobinas distanciadas 120° entre si.

---

* N. de T.: O índice C vem do inglês *Coil* (*bobina*).

$$e_{aa'}(t) = N_C \phi\omega \text{ sen } \omega t \quad \text{V} \tag{3-46a}$$

$$e_{bb'}(t) = N_C \phi\omega \text{ sen } (\omega t - 120°) \quad \text{V} \tag{3-46b}$$

$$e_{cc'}(t) = N_C \phi\omega \text{ sen } (\omega t - 240°) \quad \text{V} \tag{3-46c}$$

Portanto, um conjunto de correntes trifásicas pode gerar um campo magnético girante uniforme no estator de uma máquina e um campo magnético girante uniforme pode gerar um conjunto de tensões trifásicas em um estator como o analisado nesta seção.

A tensão eficaz em um estator trifásico

A tensão de pico em qualquer uma das fases de um estator trifásico desse tipo é

$$E_{max} = N_C \phi\omega \tag{3-47}$$

Como $\omega = 2\pi f$, essa equação também pode ser escrita como

$$E_{max} = 2\pi N_C \phi f \tag{3-48}$$

Portanto, a tensão eficaz (RMS) de qualquer uma das fases desse estator trifásico é

$$E_A = \frac{2\pi}{\sqrt{2}} N_C \phi f \tag{3-49}$$

$$\boxed{E_A = \sqrt{2}\pi N_C \phi f} \tag{3-50}$$

A tensão eficaz nos *terminais* da máquina dependerá de o estator estar ligado em Y ou em Δ. Se a máquina estiver ligada em Y, a tensão nos terminais será $\sqrt{3}$ vezes E_A. Se a máquina estiver ligada em Δ, a tensão nos terminais será simplesmente igual a E_A.

EXEMPLO 3-2 A seguinte informação é conhecida a respeito do gerador simples de dois polos da Figura 3-16. A densidade de fluxo de pico do campo magnético do rotor é 0,2 T e a velocidade de rotação mecânica do eixo é 3600 rpm. O diâmetro do estator da máquina tem 0,5 m, o comprimento de sua bobina é 0,3 m e há 15 espiras por bobina. A máquina está ligada em Y.

(a) Quais são as três tensões de fase do gerador em função do tempo?

(b) Qual é a tensão de fase eficaz desse gerador?

(c) Qual é a tensão eficaz nos terminais desse gerador?

Solução
O fluxo nessa máquina é dado por

$$\phi = 2rlB = dlB$$

em que d é o diâmetro e l é o comprimento da bobina. Portanto, o fluxo na máquina é dado por

$$\phi = (0,5 \text{ m})(0,3 \text{ m})(0,2 \text{ T}) = 0,03 \text{ Wb}$$

A velocidade do rotor é dada por

$$\omega = (3600 \text{ rpm})(2\pi \text{ rad})(1 \text{ min}/60 \text{ s}) = 377 \text{ rad/s}$$

(a) Desse modo, os valores das tensões de fase de pico são

$$E_{max} = N_C \phi \omega$$
$$= (15 \text{ espiras})(0{,}03 \text{ Wb})(377 \text{ rad/s}) = 169{,}7 \text{ V}$$

e as três tensões de fase são

$$e_{aa'}(t) = 169{,}7 \text{ sen } 377t \quad V$$
$$e_{bb'}(t) = 169{,}7 \text{ sen } (377t - 120°) \quad V$$
$$e_{cc'}(t) = 169{,}7 \text{ sen } (377t - 240°) \quad V$$

(b) A tensão de fase eficaz desse gerador é

$$E_A = \frac{E_{max}}{\sqrt{2}} = \frac{169{,}7 \text{ V}}{\sqrt{2}} = 120 \text{ V}$$

(c) Como o gerador está ligado em Y, temos

$$V_T = \sqrt{3} E_A = \sqrt{3}(120 \text{ V}) = 208 \text{ V}$$

3.5 CONJUGADO INDUZIDO EM UMA MÁQUINA CA

Nas máquinas CA, operando em condições normais, há dois campos magnéticos presentes—um campo magnético do circuito do rotor e outro campo magnético do circuito do estator. A interação desses dois campos magnéticos produz o conjugado (ou torque) da máquina, precisamente como dois ímãs permanentes próximos entre si experimentarão um conjugado que os leva a se alinhar.

A Figura 3-17 mostra uma máquina CA simplificada com uma distribuição senoidal de fluxo no estator, cujo máximo aponta para cima, e uma bobina com uma única espira montada no rotor. A distribuição de fluxo no estator dessa máquina é

$$B_S(\alpha) = B_S \text{ sen } \alpha \qquad (3\text{-}51)$$

em que B_S é o valor da densidade de fluxo de pico; $B_S(\alpha)$ é positiva quando o vetor de densidade de fluxo aponta radialmente para fora da superfície do rotor em direção à superfície do estator. Quanto conjugado será produzido no rotor dessa máquina CA simplificada? Para encontrá-lo, analisaremos a força e o conjugado em cada um dos dois condutores separadamente.

A força induzida no condutor 1 é

$$\mathbf{F} = i(\mathbf{l} \times \mathbf{B}) \qquad (1\text{-}43)$$
$$= ilB_S \text{ sen } \alpha \qquad \text{com o sentido conforme mostrado}$$

O conjugado no condutor é

$$\tau_{ind,1} = (\mathbf{r} \times \mathbf{F})$$
$$= rilB_S \text{ sen } \alpha \qquad \text{anti-horário}$$

A força induzida no condutor 2 é

$$\mathbf{F} = i(\mathbf{l} \times \mathbf{B}) \qquad (1\text{-}43)$$
$$= ilB_S \text{ sen } \alpha \qquad \text{com o sentido conforme mostrado}$$

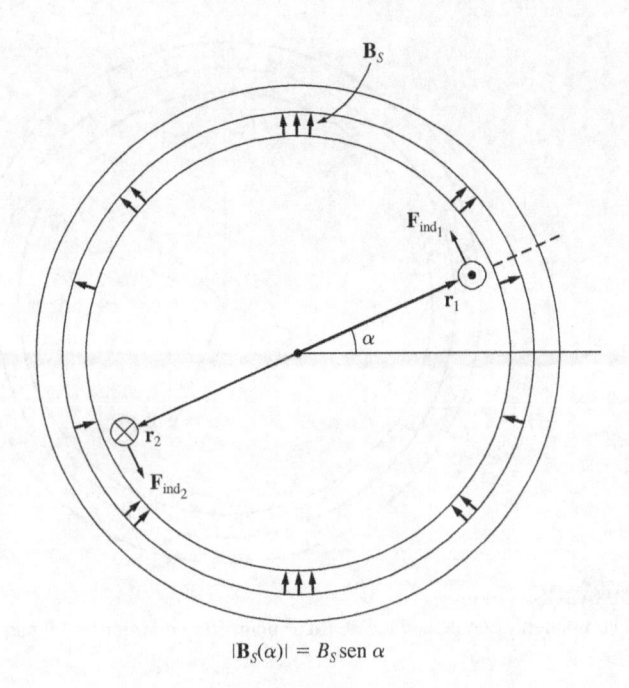

$$|\mathbf{B}_S(\alpha)| = B_S \operatorname{sen} \alpha$$

FIGURA 3-17
Uma máquina CA simplificada, com distribuição senoidal de fluxo no estator e uma bobina com espira única de fio montada no rotor.

O conjugado no condutor é

$$\tau_{\text{ind},1} = (\mathbf{r} \times \mathbf{F})$$

$$= rilB_S \operatorname{sen} \alpha \quad \text{anti-horário}$$

Portanto, o conjugado na bobina do rotor é

$$\boxed{\tau_{\text{ind}} = 2rilB_S \operatorname{sen} \alpha \quad \text{anti-horário}} \tag{3-52}$$

A Equação (3-52) pode ser expressa de forma mais conveniente examinando a Figura 3-18 e observando dois fatos:

1. A corrente i que flui na bobina do rotor produz ela própria um campo magnético. O sentido do valor de pico desse campo magnético é dado pela regra da mão direita e a magnitude da intensidade de campo magnético $\mathbf{H}_R$ é diretamente proporcional à corrente que flui no rotor:

$$H_R = Ci \tag{3-53}$$

em que C é uma constante de proporcionalidade.

2. O ângulo entre o valor de pico da densidade de fluxo $\mathbf{B}_S$ do estator e o valor de pico da intensidade de campo magnético $\mathbf{H}_R$ é γ. Além disso,

$$\gamma = 180° - \alpha \tag{3-54}$$

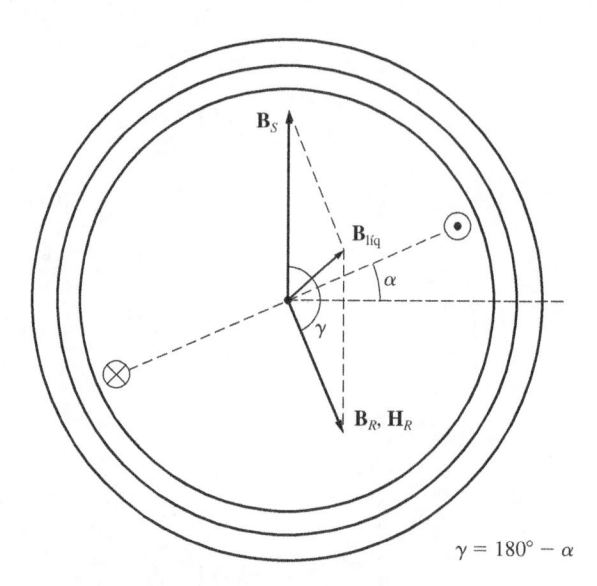

FIGURA 3-18
As componentes de densidade de fluxo magnético no interior da máquina da Figura 3-17.

$$\text{sen } \gamma = \text{sen } (180° - \alpha) = \text{sen } \alpha \tag{3-55}$$

Combinando essas duas observações, o conjugado na bobina do rotor pode ser expresso como

$$\tau_{ind} = KH_R B_S \text{ sen } \alpha \quad \text{anti-horário} \tag{3-56}$$

em que K é uma constante que depende da construção da máquina. Observe que tanto a magnitude como o sentido do conjugado podem ser expressos pela equação

$$\boxed{\tau_{ind} = K\mathbf{H}_R \times \mathbf{B}_S} \tag{3-57}$$

Por fim, como $B_R = \mu H_R$, essa equação pode ser expressa também como

$$\boxed{\tau_{ind} = k\mathbf{B}_R \times \mathbf{B}_S} \tag{3-58}$$

em que $k = K/\mu$. Observe que geralmente k não será constante, porque a permeabilidade magnética μ varia com a quantidade de saturação magnética na máquina.

A Equação (3-58) é precisamente a mesma Equação (3-20), que foi deduzida para o caso de uma única espira em um campo magnético uniforme. Ela pode ser aplicada à qualquer máquina CA, não somente ao rotor de espira única que acabamos de descrever. Apenas a constante k será diferente de máquina para máquina. Essa equação será utilizada apenas para estudos *qualitativos* do conjugado em máquinas CA, de modo que o valor real de k não é importante para nossos propósitos.

O campo magnético líquido dessa máquina é a soma vetorial dos campos do rotor e do estator (assumindo que não há saturação):

$$\mathbf{B}_{líq} = \mathbf{B}_R + \mathbf{B}_S \tag{3-59}$$

Esse fato pode ser usado para produzir uma expressão equivalente (e algumas vezes mais útil) do conjugado induzido na máquina. Da Equação (3-58), temos

$$\tau_{ind} = k\mathbf{B}_R \times \mathbf{B}_S \qquad (3\text{-}58)$$

No entanto, da Equação (3-59), temos $\mathbf{B}_S = \mathbf{B}_{líq} - \mathbf{B}_R$, de modo que

$$\tau_{ind} = k\mathbf{B}_R \times (\mathbf{B}_{líq} - \mathbf{B}_R)$$
$$= k(\mathbf{B}_R \times \mathbf{B}_{líq}) - k(\mathbf{B}_R \times \mathbf{B}_R)$$

Como o produto vetorial de qualquer vetor consigo mesmo é zero, essa expressão reduz-se a

$$\boxed{\tau_{ind} = k\mathbf{B}_R \times \mathbf{B}_{líq}} \qquad (3\text{-}60)$$

Assim, o conjugado induzido também pode ser expresso como um produto vetorial de $\mathbf{B}_R$ e $\mathbf{B}_{líq}$, com a mesma constante k de antes. A magnitude dessa expressão é

$$\boxed{\tau_{ind} = kB_R B_{líq} \operatorname{sen} \delta} \qquad (3\text{-}61)$$

em que δ é o ângulo entre $\mathbf{B}_R$ e $\mathbf{B}_{líq}$.

As Equações (3-58) a (3-61) serão usadas para auxiliar na compreensão qualitativa do conjugado das máquinas CA. Por exemplo, considere a máquina síncrona simples da Figura 3-19. Seus campos magnéticos estão girando em sentido anti-horário. Qual é o sentido do conjugado no eixo do rotor da máquina? Aplicando a regra da mão direita à Equação (3-58) ou (3-60), encontramos que o conjugado induzido é horário, ou oposto ao sentido de rotação do rotor. Portanto, essa máquina deve estar funcionando como gerador.

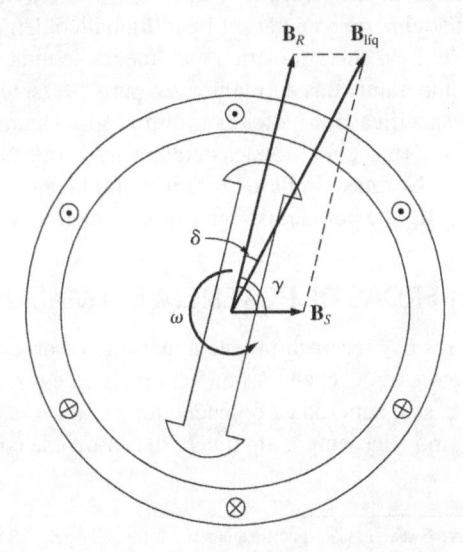

FIGURA 3-19
Uma máquina síncrona simplificada mostrando os campos magnéticos de seu rotor e estator.

3.6 ISOLAÇÃO DOS ENROLAMENTOS EM UMA MÁQUINA CA

Uma das partes mais críticas do projeto de uma máquina CA é a isolação de seus enrolamentos. Se a isolação de um motor ou gerador se romper, então a máquina entrará em curto-circuito. O custo do reparo da isolação em curto-circuito de uma máquina é bem elevado, se é que é possível realizá-lo. Para evitar o rompimento da isolação do enrolamento, como resultado de sobreaquecimento, é necessário limitar a temperatura dos enrolamentos. Em parte, isso pode ser feito providenciando a circulação de ar refrigerado por eles. Em última análise, a temperatura máxima nos enrolamentos limita a potência máxima que pode ser fornecida continuamente pela máquina.

A isolação raramente falha devido a um rompimento imediato ao atingir uma temperatura crítica. Em vez disso, o aumento de temperatura produz uma destruição gradativa da isolação, tornando-a sujeita a falhas causadas por outras razões, como choque, vibração ou *stress* elétrico. Uma antiga regra prática diz que a expectativa de vida de um motor, para um dado tipo de isolação, fica reduzida à metade cada vez que a temperatura é incrementada 10% acima da temperatura nominal do enrolamento. Em parte, essa regra permanece aplicável ainda hoje.

Para padronizar os limites da temperatura de isolação das máquinas, a National Electrical Manufacturers Association (NEMA), nos Estados Unidos, definiu uma série de *classes de sistemas de isolação*. Cada classe de sistema de isolação especifica o aumento máximo de temperatura permitido para aquela classe de isolação. Há três classes NEMA comuns de isolação para motores CA de potência elevada: B, F e H. Cada classe representa uma temperatura no enrolamento mais elevada que a da classe precedente. Por exemplo, a elevação de temperatura acima da temperatura ambiente no enrolamento de armadura em um tipo de motor de indução CA em operação contínua deve ser limitada a 80°C na classe B de isolação, a 105°C na classe F e a 125°C na classe H.

O efeito da temperatura de operação sobre a duração da vida útil da isolação em uma máquina típica pode ser bem dramático. Uma curva típica está mostrada na Figura 3-20; essa curva mostra a vida média de uma máquina em milhares de horas *versus* a temperatura dos enrolamentos, para diferentes classes de isolação.

As especificações de temperatura próprias para cada tipo de motor e gerador CA estão descritas com grandes detalhes na norma NEMA MG1-1993, *Motors and Generators*. Normas similares foram definidas pela International Electrotechnical Comission (IEC) e por várias organizações nacionais em outros países*.

3.7 FLUXOS E PERDAS DE POTÊNCIA EM MÁQUINAS CA

Os geradores CA recebem potência mecânica e produzem potência elétrica, ao passo que motores CA recebem potência elétrica e produzem potência mecânica. Em ambos os casos, nem toda a potência que entra na máquina aparece de forma útil no outro extremo – há sempre alguma perda associada com o processo.

---

* N. de T.: No Brasil, essas especificações são fornecidas pela ABNT – Associação Brasileira de Normas Técnicas.

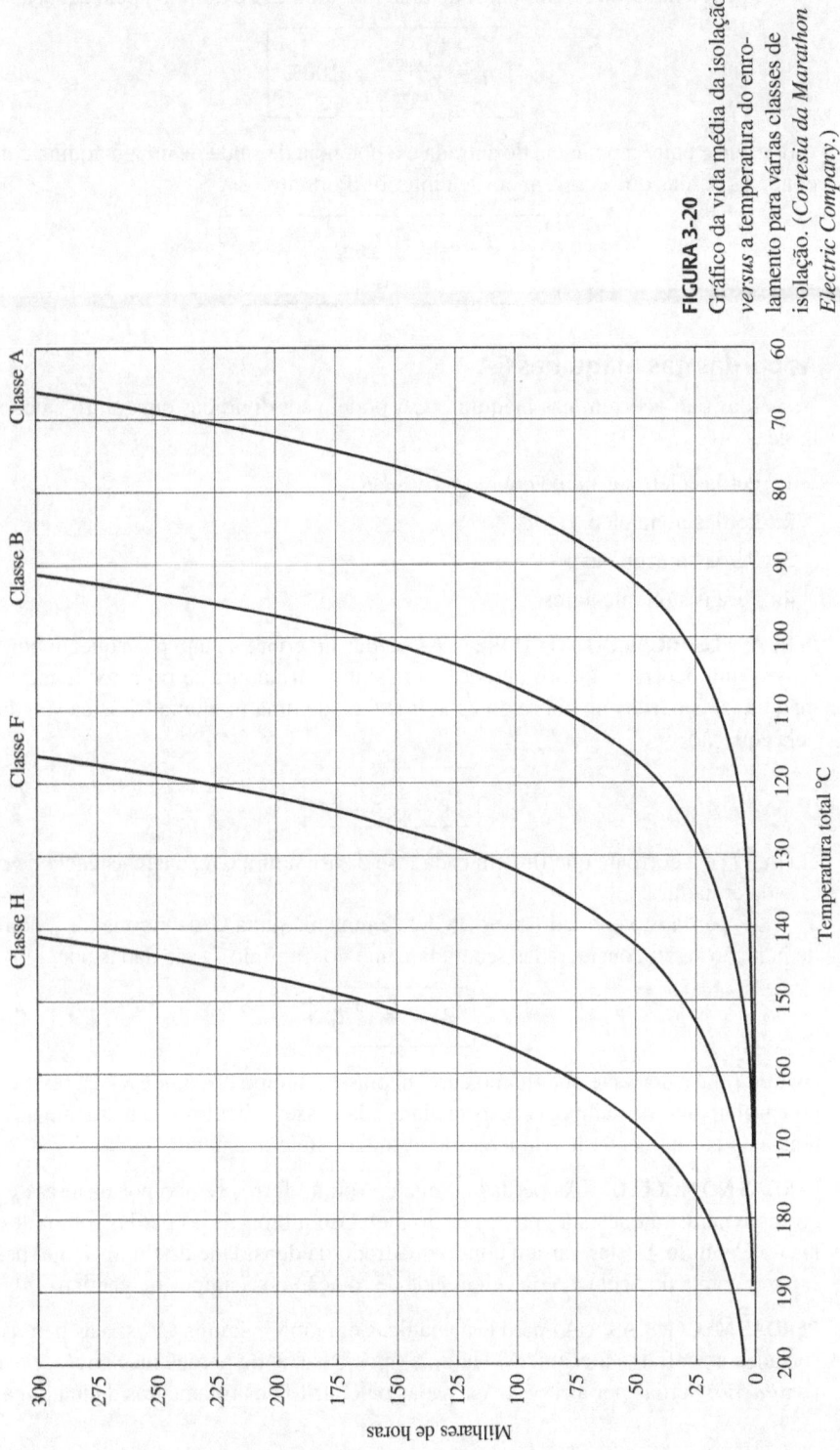

FIGURA 3-20
Gráfico da vida média da isolação *versus* a temperatura do enrolamento para várias classes de isolação. (*Cortesia da Marathon Electric Company.*)

A eficiência (ou rendimento) de uma máquina CA é definida pela equação

$$\eta = \frac{P_{\text{saída}}}{P_{\text{entrada}}} \times 100\% \tag{3-62}$$

A diferença entre a potência de entrada e a potência de saída de uma máquina corresponde às perdas que ocorrem em seu interior. Portanto,

$$\eta = \frac{P_{\text{entrada}} - P_{\text{perdas}}}{P_{\text{entrada}}} \times 100\% \tag{3-63}$$

As perdas nas máquinas CA

As perdas que ocorrem nas máquinas CA podem ser divididas em quatro categorias básicas:

1. Perdas elétricas ou no cobre (perdas I^2R)
2. Perdas no núcleo
3. Perdas mecânicas
4. Perdas suplementares

PERDAS ELÉTRICAS OU NO COBRE. As perdas no cobre se dão por aquecimento resistivo que ocorre nos enrolamentos do estator (armadura) e do rotor (campo) da máquina. As perdas no cobre do estator (PCE) de uma máquina trifásica são dadas pela equação

$$P_{\text{PCE}} = 3I_A^2 R_A \tag{3-64}$$

em que I_A é a corrente que flui em cada fase da armadura e R_A é a resistência de cada fase da armadura.

As perdas no cobre do rotor (PCR) de uma máquina CA síncrona (as máquinas de indução serão consideradas separadamente no Capítulo 7) são dadas por

$$P_{\text{PCR}} = I_F^2 R_F \tag{3-65}$$

em que I_F* é a corrente que flui no enrolamento de campo do rotor e R_F é a resistência do enrolamento de campo. A resistência usada nesses cálculos é usualmente a resistência do enrolamento na temperatura normal de funcionamento.

PERDAS NO NÚCLEO. As perdas no núcleo (ou no ferro) se dão por histerese e por corrente parasita que estão presentes no metal do motor. Essas perdas foram descritas no Capítulo 1. Elas variam com o quadrado da densidade de fluxo (B^2) e, para o estator, com a potência 1,5 da velocidade de rotação dos campos magnéticos ($n^{1,5}$).

PERDAS MECÂNICAS. As perdas mecânicas em uma máquina CA são as perdas associadas aos efeitos mecânicos. Há dois tipos básicos de perdas mecânicas: *atrito* e *ventilação*. Perdas por atrito são causadas pelo atrito dos rolamentos da máquina, ao

---

* N. de T.: O índice F vem do inglês *Field* (campo).

passo que as perdas por ventilação são causadas pelo atrito entre as partes móveis da máquina e o ar contido dentro da carcaça do motor. Essas perdas variam com o cubo da velocidade de rotação da máquina.

As perdas no núcleo e as perdas mecânicas de uma máquina são frequentemente reunidas e denominadas simplesmente *perdas rotacionais a vazio* da máquina. Quando a máquina está operando a vazio, toda a potência que entra na máquina é utilizada inteiramente para suplantar tais perdas. Portanto, se medirmos a potência de entrada do estator de uma máquina CA, que está atuando como um motor a vazio, poderemos obter um valor aproximado dessas perdas.

PERDAS SUPLEMENTARES (OU VARIADAS). Perdas suplementares são aquelas que não podem ser colocadas em nenhuma das categorias anteriores. Não importando quão cuidadosa é a análise das perdas, algumas delas sempre escapam e não são incluídas em nenhuma das categorias anteriores. Todas essas perdas reunidas constituem o que se denomina perdas suplementares. Para a maioria das máquinas, as perdas suplementares são consideradas por convenção como representando 1% da carga total.

O diagrama de fluxo de potência

Uma das técnicas mais convenientes para contabilizar as perdas de potência em uma máquina é o *diagrama de fluxo de potência*. O diagrama de fluxo de potência de um gerador CA está mostrado na Figura 3-21a. Nessa figura, a potência mecânica está entrando na máquina e, em seguida, são subtraídas as perdas suplementares, as mecâ-

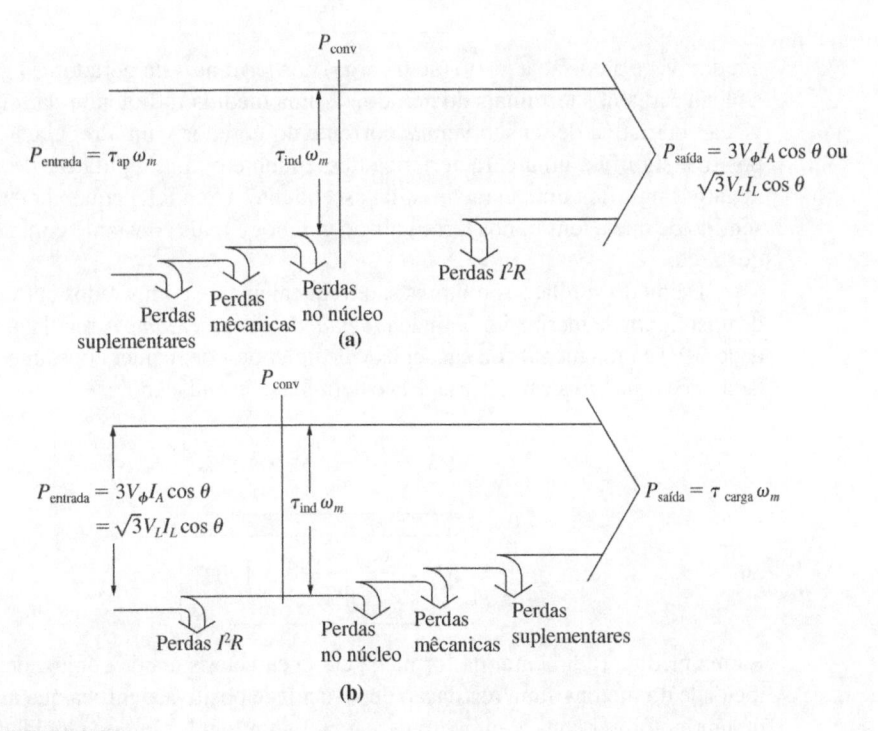

FIGURA 3-21

(a) O diagrama de fluxo de potência de um gerador CA trifásico. (b) O diagrama de fluxo de potência de um motor CA trifásico.

nicas e as no núcleo. Depois da subtração, a potência restante é convertida idealmente da forma mecânica para a elétrica no ponto denominado P_{conv}. A potência mecânica convertida é dada por

$$P_{conv} = \tau_{ind}\omega_m \qquad (3\text{-}66)$$

e uma quantidade equivalente de potência elétrica é gerada. Entretanto, essa não é a potência que aparece nos terminais da máquina, antes de chegar aos terminais, as perdas elétricas I^2R devem ser subtraídas.

No caso de motores CA, esse diagrama de fluxo de potência é simplesmente invertido. O diagrama de fluxo de potência de um motor está mostrado na Figura 3-21b.

Exemplos de problemas envolvendo o cálculo de eficiência de motores e geradores CA serão dados nos próximos três capítulos.

3.8 REGULAÇÃO DE TENSÃO E REGULAÇÃO DE VELOCIDADE

Frequentemente, os geradores são comparados entre si pelo uso de uma figura de mérito denominada *regulação de tensão*. A regulação de tensão (RT) é uma medida da capacidade de um gerador de manter constante a tensão em seus terminais quando a carga varia. Ela é definida pela equação

$$\text{RT} = \frac{V_{vz} - V_{pc}}{V_{pc}} \times 100\% \qquad (3\text{-}67)$$

em que V_{vz} é a tensão a vazio (sem carga) nos terminais do gerador e V_{pc} é a tensão a plena carga nos terminais do gerador. É uma medida rudimentar da forma da curva característica de tensão *versus* corrente do gerador – uma regulação de tensão positiva significa uma característica descendente e uma regulação de velocidade negativa significa uma característica ascendente. Uma RT pequena é "melhor" no sentido de que a tensão nos terminais do gerador é mais constante com as variações de carga.

De modo similar, os motores são frequentemente comparados entre si pelo uso de uma figura de mérito denominada *regulação de velocidade*. A regulação de velocidade (RV) é uma medida da capacidade de um motor de manter constante a velocidade no eixo quando a carga varia. Ela é definida pela equação

$$\text{RV} = \frac{n_{vz} - n_{pc}}{n_{pc}} \times 100\% \qquad (3\text{-}68)$$

ou

$$\text{RV} = \frac{\omega_{vz} - \omega_{pc}}{\omega_{pc}} \times 100\% \qquad (3\text{-}69)$$

É uma medida rudimentar da forma da curva característica de conjugado *versus* velocidade do motor – uma regulação de velocidade positiva significa que a velocidade de um motor cai com o aumento de carga e uma regulação de velocidade negativa significa que a velocidade de um motor sobe com o aumento de carga. O valor da regulação de velocidade indica aproximadamente quão acentuada é a inclinação da curva de conjugado *versus* velocidade.

3.9 SÍNTESE DO CAPÍTULO

Há dois tipos principais de máquinas CA: máquinas síncronas e de indução. A principal diferença entre esses dois tipos é que as máquinas síncronas necessitam que seja fornecida uma corrente de campo CC a seus rotores, ao passo que, nas máquinas de indução, a corrente é induzida em seus rotores pela ação de transformador. Elas serão exploradas em detalhe nos próximos três capítulos.

Um sistema trifásico de correntes, fornecidas a um conjunto de três bobinas distanciadas de 120 graus elétricos entre si em um estator, produzirá um campo magnético girante uniforme dentro do estator. O *sentido de rotação* do campo magnético pode ser *invertido* simplesmente trocando entre si as conexões de duas das três fases. Inversamente, um campo magnético girante produzirá um conjunto de tensões trifásicas no interior de um conjunto de bobinas como essas.

Em estatores com mais de dois polos, uma rotação mecânica completa dos campos magnéticos produz mais do que um ciclo elétrico completo. Para tal estator, uma rotação mecânica produz $P/2$ ciclos elétricos. Portanto, o ângulo elétrico das tensões e correntes nessa máquina relaciona-se com o ângulo mecânico dos campos magnéticos por

$$\theta_{se} = \frac{P}{2}\theta_{sm}$$

A relação entre a frequência elétrica do estator e a velocidade de rotação mecânica dos campos magnéticos é

$$f_{se} = \frac{n_{sm}P}{120}$$

Os tipos de perdas que ocorrem nas máquinas CA são: perdas elétricas ou no cobre (perdas I^2R), perdas no núcleo, perdas mecânicas e perdas suplementares. Cada uma delas foi descrita neste capítulo, juntamente com a definição de eficiência total de uma máquina. Finalmente, a regulação de tensão foi definida para os geradores como

$$\boxed{RT = \frac{V_{vz} - V_{pc}}{V_{pc}} \times 100\%}$$

e a regulação de velocidade foi definida para os motores como

$$\boxed{RV = \frac{n_{vz} - n_{pc}}{n_{pc}} \times 100\%}$$

PERGUNTAS

3.1 Qual é a principal diferença entre uma máquina síncrona e uma máquina de indução?

3.2 Por que a troca dos fluxos de corrente entre quaisquer duas fases inverte o sentido de rotação do campo magnético de um estator?

3.3 Qual é a relação entre frequência elétrica e velocidade do campo magnético em uma máquina CA?

3.4 Qual é a equação do conjugado induzido em uma máquina CA?

PROBLEMAS

3.1 A bobina de espira simples que está girando no campo magnético uniforme mostrado na Figura 3-1 tem as seguintes características:

$$\mathbf{B} = 1{,}0 \text{ T para a direita} \qquad r = 0{,}1 \text{ m}$$
$$l = 0{,}3 \text{ m} \qquad \omega_m = 377 \text{ rad/s}$$

(a) Calcule a tensão $e_{tot}(t)$ induzida nessa espira girante.

(b) Qual é a frequência da tensão produzida na espira?

(c) Suponha que um resistor de 10 Ω seja ligado como carga nos terminais da espira. Calcule a corrente que circulará no resistor.

(d) Calcule o valor e o sentido do conjugado induzido na espira nas condições de (c).

(e) Calcule as potências elétricas instantânea e média geradas pela espira nas condições de (c).

(f) Calcule a potência mecânica sendo consumida pela espira nas condições de (c). De que forma esse valor pode ser comparado com a quantidade de potência elétrica gerada pela espira?

3.2 Prepare uma tabela que mostre a velocidade de rotação do campo magnético nas máquinas CA de 2, 4, 6, 8, 10, 12 e 14 polos, operando nas frequências de 50, 60 e 400 Hz.

3.3 O primeiro sistema de potência CA dos Estados Unidos operava na frequência de 133 Hz. Se a potência CA para esse sistema fosse produzida por um gerador de quatro polos, com que velocidade o eixo do gerador deveria girar?

3.4 Um enrolamento trifásico de quatro polos, ligado em Y, está instalado em 24 ranhuras de um estator. Há 40 espiras de fio em cada ranhura dos enrolamentos. Todas as bobinas de cada fase são ligadas em série. O fluxo por polo na máquina é 0,060 Wb e a velocidade de rotação do campo magnético é 1800 rpm.

(a) Qual é a frequência da tensão produzida nesse enrolamento?

(b) Quais são as tensões resultantes de fase e de terminal do estator?

3.5 Um enrolamento trifásico de seis polos, ligado em Δ, está instalado em 36 ranhuras de um estator. Há 150 espiras de fio em cada ranhura dos enrolamentos. Todas as bobinas de cada fase são ligadas em série. O fluxo por polo na máquina é 0,060 Wb e a velocidade de rotação do campo magnético é 1000 rpm.

(a) Qual é a frequência da tensão produzida nesse enrolamento?

(b) Quais são as tensões resultantes de fase e de terminal do estator?

3.6 Uma máquina síncrona trifásica de dois polos, ligada em Y e de 60 Hz, tem um estator com 5000 espiras de fio por fase. Que fluxo no rotor seria necessário para produzir uma tensão de terminal (linha a linha) de 13,2 kV?

3.7 Modifique o programa MATLAB do Exemplo 3-1 trocando entre si as correntes que circulam em quaisquer duas fases. Que acontece com o campo magnético líquido resultante?

3.8 Se uma máquina CA tiver os campos magnéticos do rotor e do estator mostrados na Figura P3-1, qual será o sentido do conjugado induzido na máquina? A máquina está operando como motor ou como gerador?

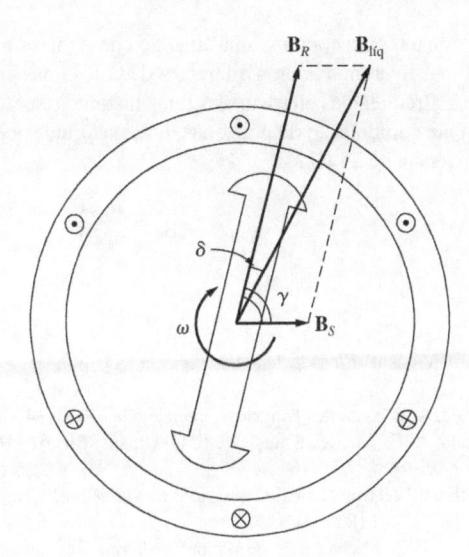

FIGURA P3-1
A máquina CA do Problema 3-8.

3.9 A distribuição da densidade de fluxo na superfície de um estator de dois polos de raio r e comprimento l é dada por

$$B = B_M \cos(\omega_m t - \alpha) \tag{3-37b}$$

Demonstre que o fluxo total debaixo de cada face polar é

$$\phi = 2rlB_M$$

3.10 Nos primeiros tempos do desenvolvimento dos motores CA, os projetistas de máquinas tinham muita dificuldade em controlar as perdas no núcleo (histerese e corrente parasita) das máquinas. Eles ainda não tinham desenvolvido aços de baixa histerese e ainda não faziam lâminas tão delgadas como as que são usadas atualmente. Para auxiliar no controle dessas perdas, os motores CA primitivos dos Estados Unidos funcionavam a partir de uma fonte de potência de 25 Hz, ao passo que os sistemas de iluminação operavam a partir de uma fonte de potência separada de 60 Hz.

(a) Desenvolva uma tabela que mostre a velocidade de rotação do campo magnético nas máquinas CA de 2, 4, 6, 8, 10, 12 e 14 polos, operando na frequência de 25 Hz. Qual era a velocidade de rotação mais rápida disponível naqueles motores primitivos?

(b) Em um dado motor, operando com uma densidade de fluxo B constante, como as perdas do núcleo com o motor funcionando em 25 Hz comparam-se com as mesmas perdas com o motor funcionando em 60 Hz?

(c) Por que os engenheiros daquela época usavam um sistema de potência separado de 60 Hz para a iluminação?

3.11 Nos anos seguintes, os motores sofreram melhorias e puderam funcionar diretamente a partir de uma fonte de potência de 60 Hz. Como resultado disso, os sistemas de potência de 25 Hz encolheram e acabaram desaparecendo. Nos Estados Unidos, entretanto, ainda havia nas fábricas muitos motores de 25 Hz em perfeitas condições de funcionamento e cujos proprietários não estavam em condições de substituí-los. Para mantê-los funcionando, alguns usuários geravam sua própria potência elétrica de 25 Hz na planta usando *conjuntos de motor–gerador*. Um conjunto de motor–gerador consiste em duas máquinas ligadas a um eixo comum, uma atuando como motor e a outra, como gerador. Se as duas máquinas tiverem números diferentes de polos, mas exatamente a mesma velocidade no eixo, as frequências elétricas das duas máquinas serão diferentes devido à Equação (3-34). Que combinação de polos nas duas máquinas poderia converter potência de 60 Hz em potência de 25 Hz?

$$f_{se} = \frac{n_{sm}P}{120} \qquad (3\text{-}34)$$

REFERÊNCIAS

1. Del Toro, Vincent: *Electric Machines and Power Systems*, Prentice-Hall, Englewood Cliffs, N.J., 1985.
2. Fitzgerald, A. E. e Charles Kingsley: *Electric Machinery*, McGraw-Hill, Nova York, 1952.
3. Fitzgerald, A. E., Charles Kingsley e S. D. Umans: *Electric Machinery*, 5ª ed., McGraw-Hill, Nova York, 1990.
4. International Electrotechnical Comission, *Rotating Electrical Machines Part 1: Rating and Performance*, IEC 33—1 (R1994), 1994.
5. Liwschitz-Garik, Michael e Clyde Whipple: *Alternating-Current Machinery*, Van Nostrand, Princeton, N.J., 1961.
6. McPherson, George: *An Introduction to Electrical Machines and Transformers*, Wiley, Nova York, 1981.
7. National Electrical Manufacturers Association: *Motors and Generators*, Publicação MG1-1993, Washington, 1993.
8. Werninck, E. H. (ed.): *Electric Motor Handbook*, McGraw-Hill Book Company, London, 1978.

capítulo

4

Geradores síncronos

OBJETIVOS DE APRENDIZAGEM

- Compreender o circuito equivalente de um gerador síncrono.
- Saber desenhar os diagramas fasoriais de um gerador síncrono.
- Conhecer as equações de potência e conjugado de um gerador síncrono.
- Saber como deduzir as características de uma máquina síncrona a partir de medidas (CAV e CCC).
- Compreender como a tensão de terminal varia com a carga em um gerador síncrono que opera isolado. Saber calcular a tensão de terminal sob diversas condições de carga.
- Compreender as condições requeridas para colocar em paralelo dois ou mais geradores síncronos.
- Compreender o procedimento para colocar em paralelo geradores síncronos.
- Compreender o funcionamento em paralelo de geradores síncronos, dentro de um sistema de potência muito grande (ou barramento infinito).
- Compreender o limite de estabilidade estática de um gerador síncrono e por que o limite de estabilidade transitória é inferior ao limite de estabilidade estática.
- Compreender as correntes transitórias que circulam em condições de falta (curto-circuito).
- Compreender as especificações nominais dos geradores síncronos e que condições impõem limites a cada valor nominal.

Geradores síncronos ou *alternadores* são máquinas síncronas utilizadas para converter potência mecânica em potência elétrica CA. Este capítulo explora o funcionamento dos geradores síncronos, seja quando operam isoladamente, seja quando operam em conjunto com outros geradores.

4.1 ASPECTOS CONSTRUTIVOS DOS GERADORES SÍNCRONOS

Em um gerador síncrono, um campo magnético é produzido no rotor. Durante o projeto do rotor, para obter esse campo magnético, pode-se optar pelo uso de um ímã permanente ou de um eletroímã, obtido pela aplicação de uma corrente CC a um enrolamento desse rotor. O rotor do gerador é então acionando por uma máquina motriz primária, que produz um campo magnético girante dentro da máquina. Esse campo magnético girante induz um conjunto de tensões trifásicas nos enrolamentos de estator do gerador.

Duas expressões comumente usadas para descrever os enrolamentos de uma máquina são *enrolamentos de campo* e *enrolamentos de armadura*. Em geral, a expressão *enrolamentos de campo* é aplicada aos enrolamentos que produzem o campo magnético principal da máquina e a expressão *enrolamentos de armadura* é aplicada aos enrolamentos nos quais é induzida a tensão principal. Nas máquinas síncronas, os enrolamentos de campo estão no rotor, de modo que as expressões *enrolamentos de rotor* e *enrolamentos de campo* são usadas com o mesmo sentido. De modo semelhante, as expressões *enrolamentos de estator* e *enrolamentos de armadura* são também usadas com o mesmo sentido.

O rotor de um gerador síncrono é essencialmente um grande eletroímã. Os polos magnéticos do rotor podem ser construídos de duas formas: salientes ou não salientes. O termo *saliente* significa "protuberante" ou "que se projeta para fora" e um *polo saliente* é um polo magnético que se sobressai radialmente do rotor. Por outro lado, um *polo não saliente* é um polo magnético com os enrolamentos encaixados e nivelados com a superfície do rotor. Um rotor com polos não salientes está mostrado na Figura 4-1. Observe que os enrolamentos do eletroímã estão encaixados em fendas na superfície do rotor. Um rotor com polos salientes está mostrado na Figura 4-2. Observe que aqui os enrolamentos do eletroímã estão envolvendo o próprio polo, em vez de serem encaixados em ranhuras na superfície do rotor. Os rotores de polos não salientes são usados normalmente em rotores de dois e quatro polos, ao passo que os rotores de polos salientes são usados normalmente em rotores de quatro ou mais polos.

Como o rotor está sujeito a campos magnéticos variáveis, ele é construído com lâminas delgadas para reduzir as perdas por corrente parasita.

Se o rotor for um eletroímã, uma corrente CC deverá ser fornecida ao circuito de campo desse rotor. Como ele está girando, um arranjo especial será necessário para levar a potência CC até seus enrolamentos de campo. Há duas abordagens comuns para fornecer a potência CC:

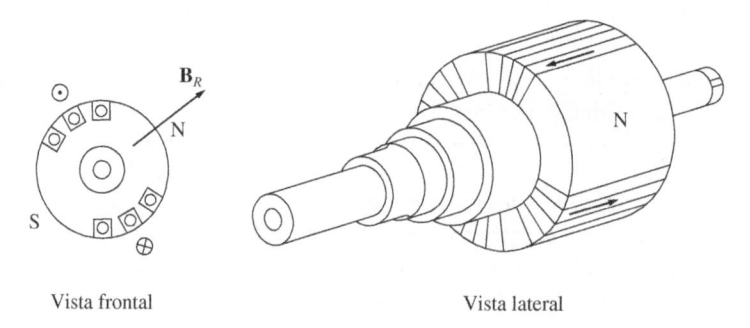

Vista frontal   Vista lateral

FIGURA 4-1
O rotor de dois polos não salientes de uma máquina síncrona.

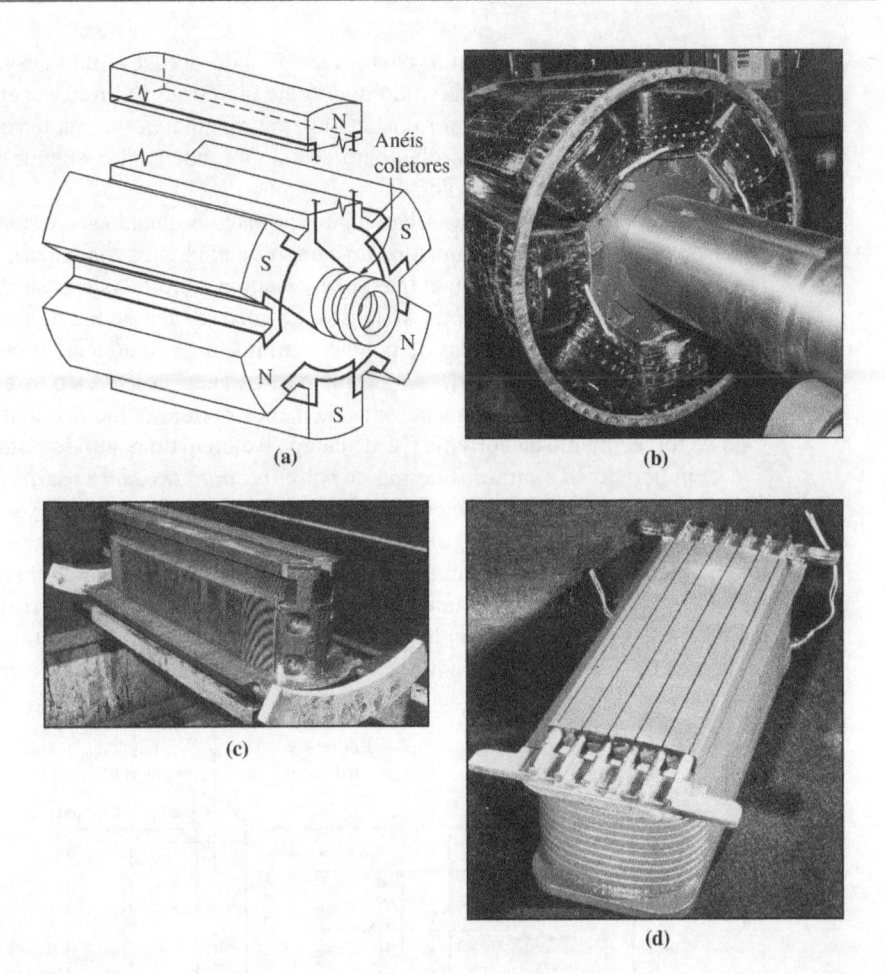

FIGURA 4-2
(a) Rotor de seis polos salientes de uma máquina síncrona. (b) Fotografia de rotor de oito polos salientes de uma máquina síncrona, podendo-se ver os enrolamentos dos polos individuais do rotor. (*Cortesia da General Electric Company.*) (c) Fotografia de um único polo saliente de um rotor, sem que os enrolamentos de campo tenham sido colocados no lugar. (*Cortesia da General Electric Company.*) (d) Um único polo saliente, mostrado depois que os enrolamentos de campo já foram instalados, mas antes que ele tenha sido montado no rotor. (*Cortesia da Westinghouse Electric Company.*)

1. A partir de uma fonte CC externa, forneça a potência CC para o rotor por meio de *escovas e anéis coletores* (ou *deslizantes*).
2. Forneça a potência CC a partir de uma fonte de potência CC especial, montada diretamente no eixo do gerador síncrono.

Anéis coletores (ou deslizantes) são anéis de metal que envolvem completamente o eixo de uma máquina, mas estão isolados deste. Cada extremidade do enrolamento CC do rotor é conectada a um dos dois anéis coletores no eixo da máquina síncrona e uma escova estacionária está em contato com cada anel coletor. Uma "escova" é um bloco de carbono semelhante a grafite que conduz eletricidade facilmente, mas que tem um atrito muito baixo. Desse modo, a escova não desgasta o anel deslizante. Se o terminal positivo de uma fonte de tensão CC for conectado a uma escova e o terminal negativo for conectado à outra, então a mesma tensão CC será aplicada continuamente ao enrolamento de campo, independentemente da posição angular ou da velocidade do rotor.

Anéis coletores e escovas criam alguns problemas quando são usados para fornecer potência CC aos enrolamentos de campo de uma máquina síncrona. Eles aumentam o grau de manutenção exigida pela máquina, porque o desgaste das escovas deve ser verificado regularmente. Além disso, a queda de tensão nas escovas pode ser a causa de significativas perdas de potência em máquinas que operam com grandes correntes de campo. Apesar desses problemas, os anéis coletores e as escovas são usados em todas as máquinas síncronas de menor porte, porque nenhum outro método de fornecimento da corrente CC de campo é efetivo do ponto de vista do custo.

Em geradores e motores de maior porte, *excitatrizes sem escovas* são usadas para fornecer a corrente CC de campo para a máquina. Uma excitatriz sem escovas é um pequeno gerador CA com seu circuito de campo montado no estator e seu circuito de armadura montado no eixo do rotor. A saída trifásica do gerador da excitatriz é convertida em corrente contínua por meio de um circuito retificador trifásico que também está montado no eixo do gerador. A seguir, essa corrente contínua alimenta o circuito CC principal de campo. Controlando a baixa corrente de campo CC do

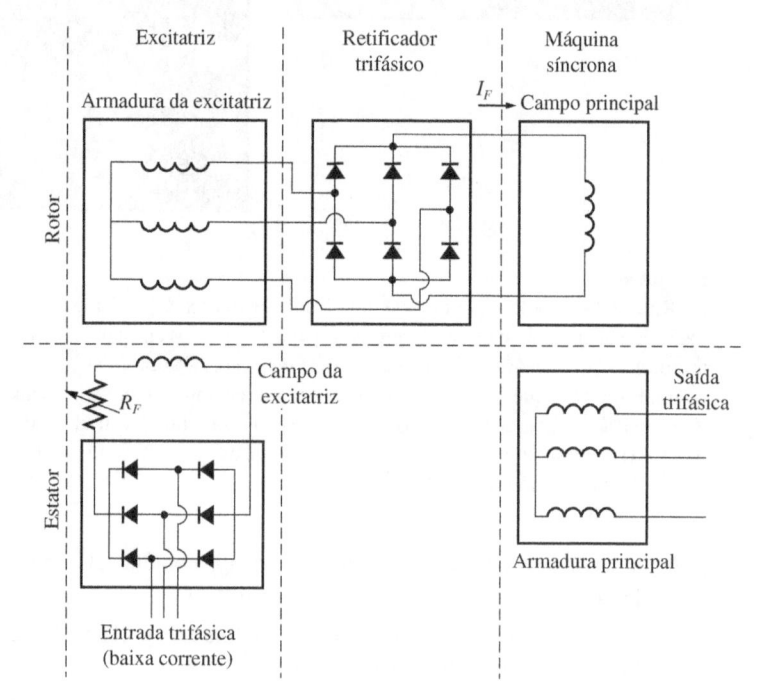

FIGURA 4-3
Um circuito de excitatriz sem escovas. Uma corrente trifásica de baixa intensidade é retificada e utilizada para alimentar o circuito de campo da excitatriz, o qual está localizado no estator. A saída do circuito de armadura da excitatriz (no rotor) é então retificada e usada para fornecer a corrente de campo da máquina principal.

gerador da excitatriz (localizado no estator), é possível ajustar a corrente de campo na máquina principal *sem usar escovas nem anéis coletores*. Esse arranjo está mostrado esquematicamente na Figura 4-3 e um rotor de máquina síncrona com uma excitatriz sem escovas montada no mesmo eixo está mostrado na Figura 4-4. Como nunca ocorrem contatos mecânicos entre o rotor e o estator, uma excitatriz sem escovas requer muito menos manutenção do que escovas e anéis coletores.

Para tornar a excitação de um gerador *completamente* independente de quaisquer fontes de potência externas, uma pequena excitatriz piloto é frequentemente incluída no sistema. Uma *excitatriz piloto* é um pequeno gerador CA com *ímãs permanentes* montados no eixo do rotor e um enrolamento trifásico no estator. Ela produz a potência para o circuito de campo da excitatriz, a qual por sua vez controla o circuito de campo da máquina principal. Se uma excitatriz piloto for incluída no eixo do gerador, *nenhuma potência elétrica externa* será necessária para fazer funcionar o gerador (veja Figura 4-5).

Muitos geradores síncronos, que contêm excitatrizes sem escovas, também possuem escovas e anéis coletores. Desse modo, uma fonte auxiliar de corrente de campo CC também está disponível para o caso de emergências.

O estator de um gerador síncrono já foi descrito no Capítulo 3 e mais detalhes dos aspectos construtivos do estator podem ser encontrados no Apêndice B. Os estatores de geradores síncronos são normalmente feitos de bobinas de estator pré-moldadas em um enrolamento de camada dupla. O enrolamento em si é distribuído e encurtado de modo a reduzir o conteúdo das harmônicas presentes nas tensões e correntes de saída, como está descrito no Apêndice B.

Um diagrama em corte de uma máquina síncrona completa de grande porte está mostrado na Figura 4-6. Esse desenho mostra um rotor de oito polos salientes, um estator com enrolamentos distribuídos de dupla camada e uma excitatriz sem escovas.

FIGURA 4-4
Fotografia de um rotor de máquina síncrona, com uma excitatriz sem escovas montada no mesmo eixo. Observe a eletrônica de retificação visível próxima da armadura da excitatriz. (*Cortesia da Westinghouse Electric Company.*)

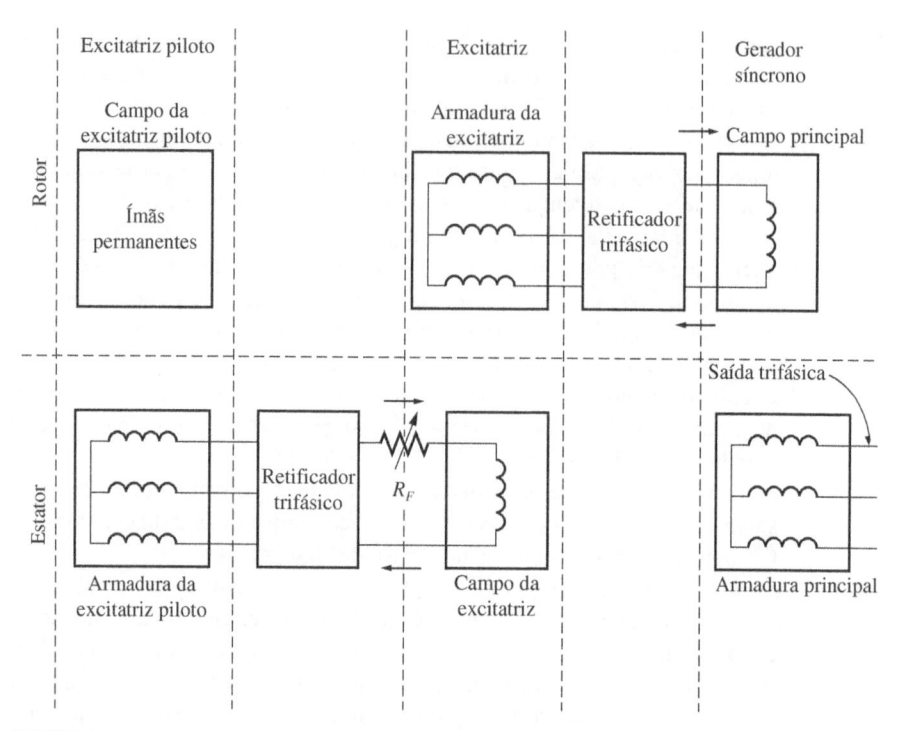

FIGURA 4-5
Esquema de excitação sem escovas que inclui uma excitatriz piloto. Os ímãs permanentes da excitatriz piloto produzem a corrente de campo da excitatriz, a qual por sua vez produz a corrente de campo da máquina principal.

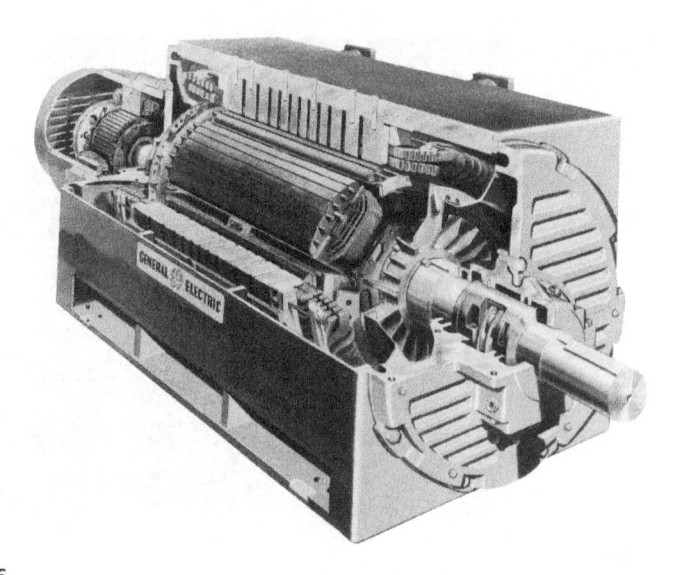

FIGURA 4-6
Diagrama em corte de uma máquina síncrona de grande porte. Observe a construção dos polos salientes e a excitatriz montada no eixo. (*Cortesia da General Electric Company.*)

4.2 A VELOCIDADE DE ROTAÇÃO DE UM GERADOR SÍNCRONO

Os geradores síncronos são por definição *síncronos*, significando que a frequência elétrica produzida está sincronizada ou vinculada à velocidade mecânica de rotação do gerador. O rotor de um gerador síncrono consiste em um eletroímã ao qual aplica-se uma corrente contínua. O campo magnético do rotor aponta em qualquer direção, na qual o rotor foi posicionado ao ser girado. Agora, a taxa de rotação dos campos magnéticos da máquina está relacionada com a frequência elétrica do estator por meio da Equação (3-34):

$$f_{se} = \frac{n_m P}{120} \quad (3-34)$$

em que f_{se} = frequência elétrica, em Hz

n_m = velocidade mecânica do campo magnético, em rpm (igual à velocidade do rotor nas máquinas síncronas)

P = número de polos

Como o rotor gira com a mesma velocidade que o campo magnético, *essa equação relaciona a velocidade de rotação do rotor com a frequência elétrica resultante*. A potência elétrica é gerada em 50 ou 60 Hz, de modo que o gerador deve girar com uma velocidade fixa, dependendo do número de polos da máquina. Por exemplo, para gerar potência de 60 Hz em uma máquina de dois polos, o rotor *deve* girar a 3600 rpm. Para gerar potência de 50 Hz em uma máquina de quatro polos, o rotor *deve* girar a 1500 rpm. A taxa requerida de rotação para uma dada frequência pode sempre ser calculada a partir da Equação (3-34).

4.3 A TENSÃO INTERNA GERADA POR UM GERADOR SÍNCRONO

No Capítulo 3, o valor da tensão induzida em uma dada fase do estator foi dado por

$$E_A = \sqrt{2}\pi N_C \phi f \quad (3-50)$$

Essa tensão depende do fluxo ϕ da máquina, a frequência ou velocidade de rotação e da construção da máquina. Quando problemas de máquinas síncronas são resolvidos, essa equação é algumas vezes escrita de forma mais simples, destacando as grandezas que variam durante o funcionamento da máquina. Essa forma mais simples é

$$E_A = K\phi\omega \quad (4-41)$$

em que K é uma constante que representa os aspectos construtivos da máquina. Se ω for expressa em radianos *elétricos* por segundo, então

$$K = \frac{N_c}{\sqrt{2}} \quad (4-2)$$

ao passo que, se ω for expressa em radianos *mecânicos* por segundo, então

$$K = \frac{N_c P}{\sqrt{2}} \quad (4-3)$$

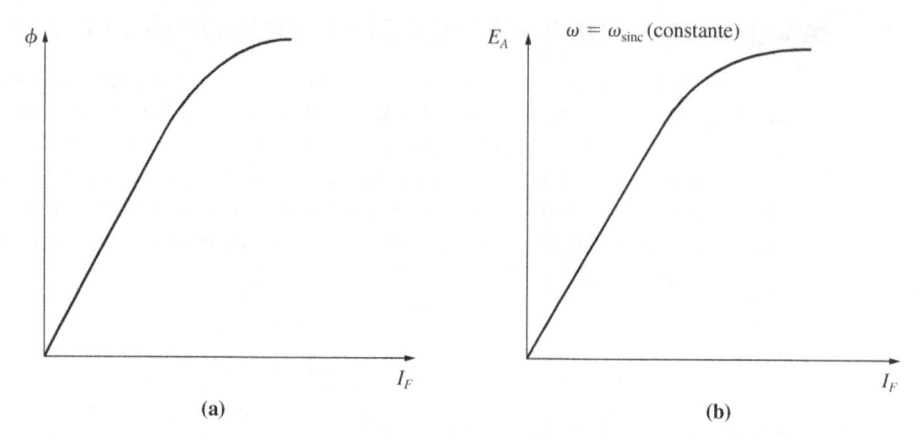

FIGURA 4-7
(a) Gráfico de fluxo *versus* corrente de campo de um gerador síncrono. (b) A curva de magnetização do gerador síncrono.

A tensão interna gerada E_A é diretamente proporcional ao fluxo e à velocidade, mas o fluxo propriamente depende da corrente que flui no circuito de campo do rotor. A corrente I_F do circuito de campo relaciona-se com o fluxo ϕ, conforme mostra a Figura 4-7a. Como E_A é diretamente proporcional ao fluxo, a tensão gerada interna E_A relaciona-se com a corrente de campo, conforme está mostrado na Figura 4-7b. Esse gráfico é denominado *curva de magnetização* ou *característica a vazio* (CAV) da máquina.

4.4 O CIRCUITO EQUIVALENTE DE UM GERADOR SÍNCRONO

A tensão $\mathbf{E}_A$ é a tensão gerada interna que é produzida em uma fase do gerador síncrono. Entretanto, essa tensão $\mathbf{E}_A$ *não* é usualmente a tensão que aparece nos terminais do gerador. De fato, o único momento em que a tensão interna $\mathbf{E}_A$ é igual à tensão de saída $\mathbf{V}_\phi$ de uma fase é quando não há corrente de armadura circulando na máquina. Por que a tensão de saída $\mathbf{V}_\phi$ de uma fase não é igual a $\mathbf{E}_A$ e qual é a relação entre essas duas tensões? A resposta a essas questões permite construir o modelo de circuito equivalente de um gerador síncrono.

Há uma série de fatores que são responsáveis pela diferença entre $\mathbf{E}_A$ e $\mathbf{V}_\phi$:

1. A distorção do campo magnético do entreferro pela corrente que flui no estator, denominada *reação de armadura*.
2. A autoindutância das bobinas da armadura.
3. A resistência das bobinas da armadura.
4. O efeito do formato dos polos salientes do rotor.

Exploraremos os efeitos dos três primeiros fatores e deduziremos um modelo de máquina a partir deles. Neste capítulo, os efeitos do formato de polo saliente sobre o funcionamento de uma máquina síncrona serão ignorados. Em outras palavras, assumiremos que neste capítulo todas as máquinas têm rotores cilíndricos ou não salientes*. Fazendo essa suposição para o caso de máquinas com rotores de polos salientes, teremos respostas cujos valores calculados serão ligeiramente inexatos, entretanto, os erros serão relativamente pequenos. Uma discussão dos efeitos das saliências dos polos do rotor está incluída no Apêndice C.

O primeiro efeito mencionado, normalmente o maior, é a reação de armadura. Quando o rotor de um gerador síncrono é girado, uma tensão E_A é induzida nos enrolamentos do estator do gerador. Se uma carga for aplicada aos terminais do gerador, uma corrente circulará. Contudo, uma corrente trifásica circulando no estator produzirá por si própria um campo magnético na máquina. Esse campo magnético de *estator* distorce o campo magnético original do rotor, alterando a tensão de fase resultante. Esse efeito é denominado *reação de armadura* porque a corrente de armadura (estator) afeta o campo magnético que o produziu em primeiro lugar.

Para compreender a reação de armadura, consulte a Figura 4-8. Essa figura mostra um rotor de dois polos girando dentro de um estator trifásico. Não há nenhuma carga ligada ao estator. O campo magnético B_R do rotor produz uma tensão gerada internamente E_A cujo valor de pico coincide com o sentido de B_R. Como foi mostrado no capítulo anterior, a tensão será positiva para fora dos condutores na parte superior e negativa para dentro dos condutores na parte inferior da figura. Se não houver carga aplicada ao gerador, não haverá fluxo de corrente de armadura e E_A será igual à tensão de fase V_ϕ.

Agora, suponha que o gerador seja ligado a uma carga reativa atrasada. Como a carga está atrasada, o pico de corrente ocorrerá em um ângulo *após* o pico de tensão. Esse efeito está mostrado na Figura 4-8b.

A corrente que circula nos enrolamentos do estator produz um campo magnético por si própria. Esse campo magnético de estator é denominado B_S e seu sentido é dado pela regra da mão direita, como mostra a Figura 4-8c. O campo magnético do estator B_S produz uma tensão por si próprio no estator e essa tensão é denominada E_{est} na figura.

Com duas tensões presentes nos enrolamentos do estator, a tensão total em uma fase é simplesmente a *soma* da tensão E_A gerada internamente mais a tensão da reação de armadura E_{est}:

$$V_\phi = E_A + E_{est} \tag{4-4}$$

O campo magnético líquido $B_{líq}$ é simplesmente a soma dos campos magnéticos do rotor e do estator:

$$B_{líq} = B_R + B_S \tag{4-5}$$

Como os ângulos de E_A e B_R são os mesmos e os ângulos de E_{est} e B_S são os mesmos, o campo magnético resultante $B_{líq}$ coincidirá com a tensão líquida V_ϕ. As tensões e correntes resultantes estão mostradas na Figura 4-8d.

O ângulo entre B_R e $B_{líq}$ é conhecido como *ângulo interno ou ângulo de conjugado* Δ da máquina. Esse ângulo é proporcional à quantidade de potência que fornecida pelo gerador, como veremos na Seção 4.6.

Como podem ser modelados os efeitos da reação de armadura sobre a tensão de fase? Primeiro, observe que a tensão E_{est} está em um ângulo de 90° atrás do plano de corrente máxima I_A. Segundo, a tensão E_{est} é diretamente proporcional à corrente I_A.

---

* N. de T.: Também conhecidos como *rotores lisos*.

FIGURA 4-8

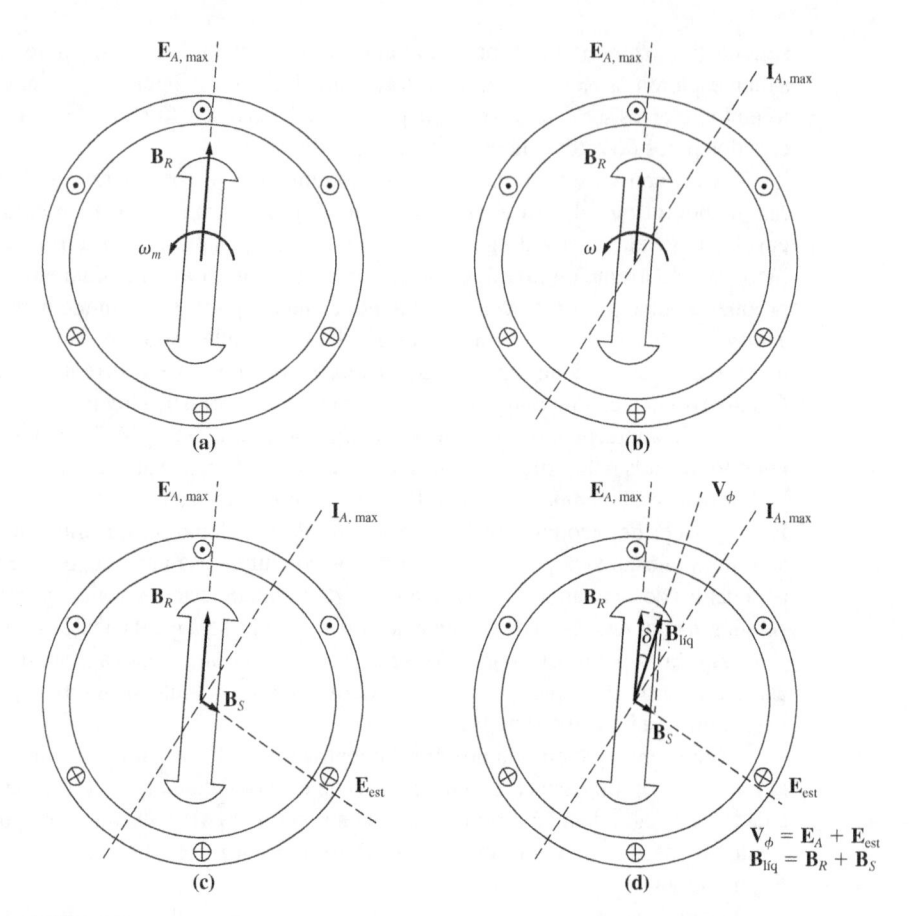

Desenvolvimento de um modelo de reação de armadura: (a) Um campo magnético girante produz a tensão $\mathbf{E}_A$ gerada internamente. (b) A tensão resultante produz um *fluxo de corrente* atrasado quando é ligada a uma carga reativa atrasada. (c) A corrente de estator produz seu próprio campo magnético $\mathbf{B}_S$, o qual produz sua própria tensão $\mathbf{E}_{est}$ nos enrolamentos do estator da máquina. (d) O campo magnético $\mathbf{B}_S$ é somado a $\mathbf{B}_R$, distorcendo-o e resultando $\mathbf{B}_{líq}$. A tensão $\mathbf{E}_{est}$ é somada a $\mathbf{E}_A$, produzindo $\mathbf{V}_\phi$ na saída da fase.

Se X for uma constante de proporcionalidade, então a *tensão de reação de armadura* poderá ser expressa como

$$\mathbf{E}_{est} = -jX\mathbf{I}_A \quad (4\text{-}6)$$

A tensão em uma fase será, portanto,

$$\boxed{\mathbf{V}_\phi = \mathbf{E}_A - jX\mathbf{I}_A} \quad (4\text{-}7)$$

Observe o circuito mostrado na Figura 4-9. A lei das tensões de Kirchhoff para esse circuito é

$$\mathbf{V}_\phi = \mathbf{E}_A - jX\mathbf{I}_A \quad (4\text{-}8)$$

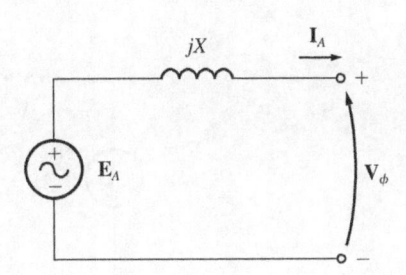

FIGURA 4-9
Um circuito simples (veja o texto).

Essa equação é exatamente a mesma que descreve a tensão da reação de armadura. Portanto, a tensão da reação de armadura pode ser modelada como um indutor em série com a tensão gerada internamente.

Além dos efeitos da reação de armadura, as bobinas do estator têm uma autoindutância e uma resistência. Se a autoindutância do estator for denominada L_A (com sua respectiva reatância denominada X_A) e a resistência do estator for denominada R_A, a diferença total entre $\mathbf{E}_A$ e $\mathbf{V}_\phi$ será dada por

$$\mathbf{V}_\phi = \mathbf{E}_A - jX\mathbf{I}_A - jX_A\mathbf{I}_A - R_A\mathbf{I}_A \tag{4-9}$$

A autoindutância e os efeitos de reação de armadura da máquina são ambos representados por reatâncias, sendo costume combiná-las em uma única reatância, denominada *reatância síncrona* da máquina:

$$X_S = X + X_A \tag{4-10}$$

Portanto, a equação final que descreve $\mathbf{V}_\phi$ é

$$\boxed{\mathbf{V}_\phi = \mathbf{E}_A - jX_S\mathbf{I}_A - R_A\mathbf{I}_A} \tag{4-11}$$

Agora, é possível construir o circuito equivalente de um gerador síncrono trifásico. O circuito equivalente completo desse gerador está mostrado na Figura 4-10. Essa figura apresenta uma fonte de tensão CC alimentando o circuito de campo do rotor, que é modelado pela indutância e a resistência em série da bobina. Em série com R_F, há um resistor ajustável R_{aj} que controla o fluxo da corrente de campo. O restante do circuito equivalente consiste nos modelos de cada fase. Cada uma delas tem uma tensão gerada internamente, com uma indutância em série X_S (consistindo na soma da reatância de armadura e a autoindutância da bobina) e uma resistência em série R_A. As tensões e correntes das três fases estão distanciadas entre si de 120° em ângulo, mas, fora isso, as três fases são idênticas.

Essas três fases podem ser ligadas tanto em Y ou em Δ, como mostra a Figura 4-11. Quando elas são ligadas em Y, a tensão de terminal V_T (que é a mesma tensão de linha a linha V_L) relaciona-se com a tensão de fase por

$$V_T = V_L = \sqrt{3}V_\phi \tag{4-12}$$

Se elas estiverem ligadas em Δ,

$$V_T = V_\phi \tag{4-13}$$

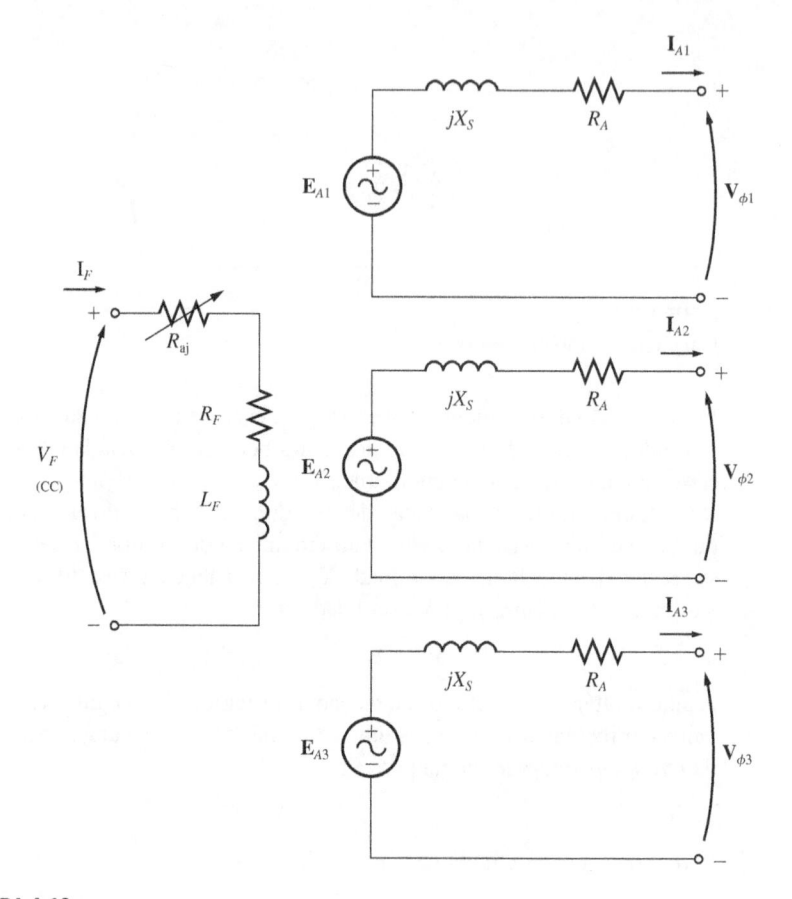

FIGURA 4-10
O circuito equivalente completo de um gerador síncrono trifásico.

O fato de as três fases de um gerador síncrono serem idênticas sob todos os aspectos, exceto em relação ao ângulo de fase, permite que seja usado normalmente um *circuito equivalente por fase*. O circuito equivalente por fase dessa máquina está mostrado na Figura 4-12. Quando o circuito equivalente por fase é usado, deve-se ter em mente um fato importante: as três fases apresentam as mesmas tensões e correntes *somente* quando as cargas a elas conectadas estão *equilibradas* (ou *balanceadas*). Se as cargas do gerador não estiverem equilibradas, então técnicas de análise mais sofisticadas serão necessárias. Essas técnicas estão além dos objetivos deste livro.

4.5 O DIAGRAMA FASORIAL DE UM GERADOR SÍNCRONO

Como as tensões de um gerador síncrono são tensões CA, elas são expressas usualmente como fasores, os quais têm módulo e ângulo. Portanto, as relações entre eles

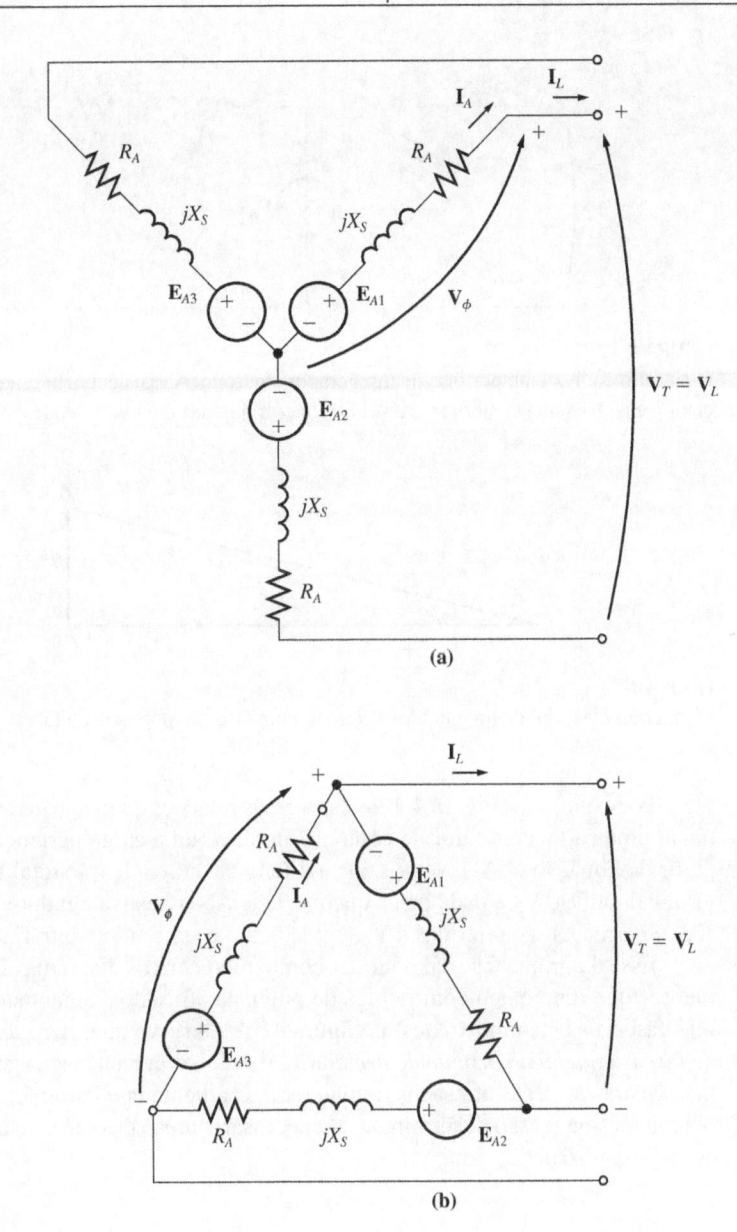

FIGURA 4-11
O circuito equivalente do gerador ligado em (a) Y e (b) em Δ.

podem ser expressas por um gráfico bidimensional. Quando as tensões de uma fase (E_A, V_ϕ, $jX_S I_A$ e $R_A I_A$) e a corrente I_A dessa fase são plotadas, resulta um gráfico denominado *diagrama fasorial* que mostra as relações entre essas grandezas.

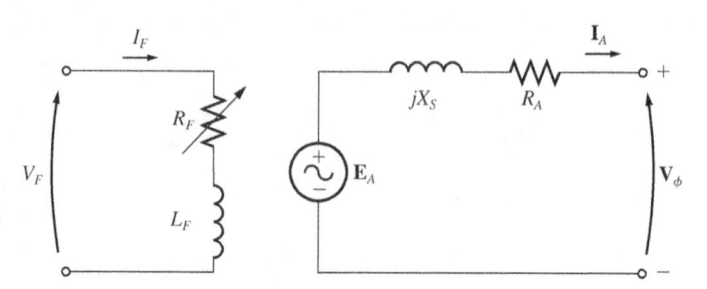

FIGURA 4-12
O circuito equivalente por fase de um gerador síncrono. A resistência interna do circuito de campo e a resistência externa variável foram combinadas em um único resistor R_F.

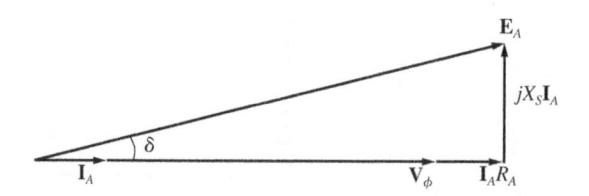

FIGURA 4-13
O diagrama fasorial de um gerador síncrono com fator de potência unitário.

Por exemplo, a Figura 4-13 mostra essas relações quando o gerador está alimentando uma carga com fator de potência unitário (uma carga puramente resistiva). A partir da Equação (4-11), vemos que a diferença entre a tensão total $\mathbf{E}_A$ e a tensão de terminal da fase $\mathbf{V}_\phi$ é dada pelas quedas de tensão resistiva e indutiva. Todas as tensões e correntes são referidas à $\mathbf{V}_\phi$, cujo ângulo é assumido arbitrariamente como 0°.

Esse diagrama fasorial pode ser comparado com os diagramas fasoriais dos geradores que funcionam com fatores de potência atrasado e adiantado. Esses diagramas fasoriais estão mostrados na Figura 4-14. Observe que, *para uma dada tensão de fase e uma dada corrente de armadura,* é necessária uma tensão gerada interna $\mathbf{E}_A$ maior para as cargas atrasadas do que para as adiantadas. Portanto, quando se quer obter a mesma tensão de terminal, será necessária uma corrente de campo maior para as cargas atrasadas, porque

$$E_A = K\phi\omega \qquad (4\text{-}1)$$

e ω deve ser constante para manter a frequência constante.

Alternativamente, *para uma dada corrente de campo e uma intensidade de corrente de carga, a tensão de terminal será menor com cargas atrasadas e maior com cargas adiantadas.*

Nas máquinas síncronas reais, a reatância síncrona é normalmente muito maior do que a resistência de enrolamento R_A, de modo que R_A é frequentemente desprezada no estudo *qualitativo* das variações de tensão. Para obter resultados numéricos mais exatos, devemos naturalmente levar R_A em consideração.

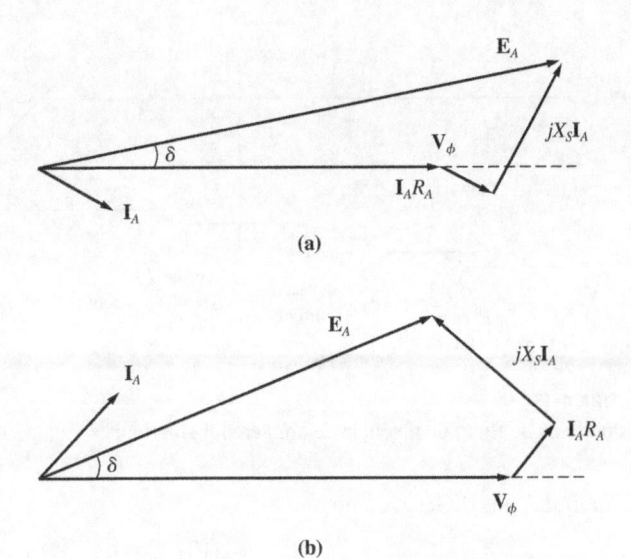

FIGURA 4-14
O diagrama fasorial de um gerador síncrono com fatores de potência (a) atrasado e (b) adiantado.

4.6 POTÊNCIA E CONJUGADO EM GERADORES SÍNCRONOS

Um gerador síncrono é uma máquina síncrona usada como gerador. Ele converte potência mecânica em potência elétrica trifásica. A fonte da potência mecânica, a *máquina motriz*, pode ser um motor diesel, uma turbina a vapor, uma turbina hidráulica ou qualquer dispositivo similar. Qualquer que seja a fonte, ela deve ter a propriedade básica de que sua velocidade seja quase constante independentemente da potência demandada. Se não fosse assim, a frequência do sistema de potência resultante variaria.

Nem toda a potência mecânica que entra em um gerador síncrono torna-se potência elétrica na saída da máquina. A diferença entre a potência de entrada e a de saída representa as perdas da máquina. Um diagrama de fluxo de potência para um gerador síncrono está mostrado na Figura 4-15. A potência mecânica de entrada é a potência no eixo do gerador $P_{entrada} = \tau_{ap}\omega_m$, ao passo que a potência convertida internamente da forma mecânica para a forma elétrica é dada por

$$P_{conv} = \tau_{ind}\omega_m \quad (4\text{-}14)$$
$$= 3E_A I_A \cos \gamma \quad (4\text{-}15)$$

em que γ é o ângulo entre $\mathbf{E}_A$ e $\mathbf{I}_A$. A diferença entre a potência de entrada do gerador e a potência convertida nele representa as perdas mecânicas, as do núcleo e as suplementares da máquina.

A saída de potência elétrica ativa do gerador síncrono pode ser expressa em grandezas de linha como

$$P_{saída} = \sqrt{3} V_L I_L \cos \theta \quad (4\text{-}16)$$

```
                                    P_conv
                                      |
                                      |                              P_saída
                       τ_ind ω_m      |                          = √3 V_L I_L cos θ
    P_entrada = τ_ap ω_m              |
```

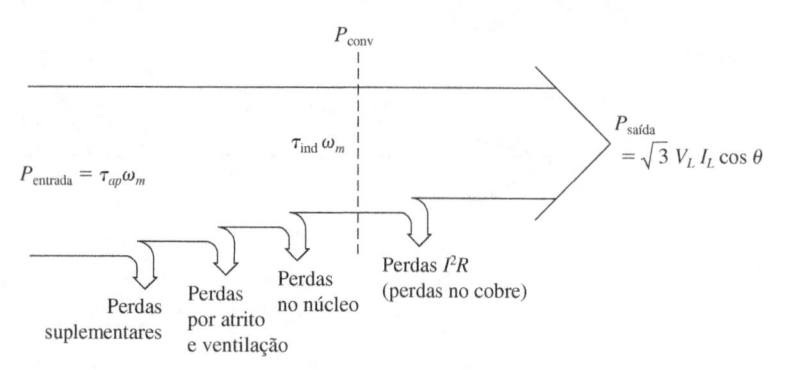

FIGURA 4-15
O diagrama de fluxo de potência de um gerador síncrono.

e, em grandezas de fase, como

$$P_{\text{saída}} = 3V_\phi I_A \cos\theta \qquad (4\text{-}17)$$

A saída de potência reativa pode ser expressa em grandezas de linha como

$$Q_{\text{saída}} = \sqrt{3}V_L I_L \operatorname{sen}\theta \qquad (4\text{-}18)$$

ou em grandezas de fase como

$$Q_{\text{saída}} = 3V_\phi I_A \operatorname{sen}\theta \qquad (4\text{-}19)$$

Se a resistência de armadura R_A for ignorada (já que $X_S \gg R_A$), então uma equação muito útil pode ser deduzida para fornecer um valor aproximado da potência de saída do gerador. Para deduzir essa equação, examine o diagrama fasorial da Figura 4-16. Essa figura mostra um diagrama fasorial simplificado de um gerador com a resistência de estator ignorada. Observe que o segmento vertical bc pode ser expresso como $E_A \operatorname{sen}\delta$ ou $X_S I_A \cos\theta$. Portanto,

$$I_A \cos\theta = \frac{E_A \operatorname{sen}\delta}{X_S}$$

e, substituindo essa expressão na Equação (4-17), obtemos

$$\boxed{P_{\text{conv}} = \frac{3V_\phi E_A}{X_S}\operatorname{sen}\delta} \qquad (4\text{-}20)$$

Como assumimos que as resistências são zero na Equação (4-20), então não há perdas elétricas nesse gerador e a equação expressa ambas, P_{conv} e $P_{\text{saída}}$.

A Equação (4-20) mostra que a potência produzida por um gerador síncrono depende do ângulo δ entre $\mathbf{V}_\phi$ e $\mathbf{E}_A$. O ângulo δ é conhecido como *ângulo interno* ou *ângulo de conjugado (torque)* da máquina. Observe também que a potência máxima que o gerador pode fornecer ocorre quando $\delta = 90°$. Para $\delta = 90°$, temos $\operatorname{sen}\delta = 1$ e

$$P_{\max} = \frac{3V_\phi E_A}{X_S} \qquad (4\text{-}21)$$

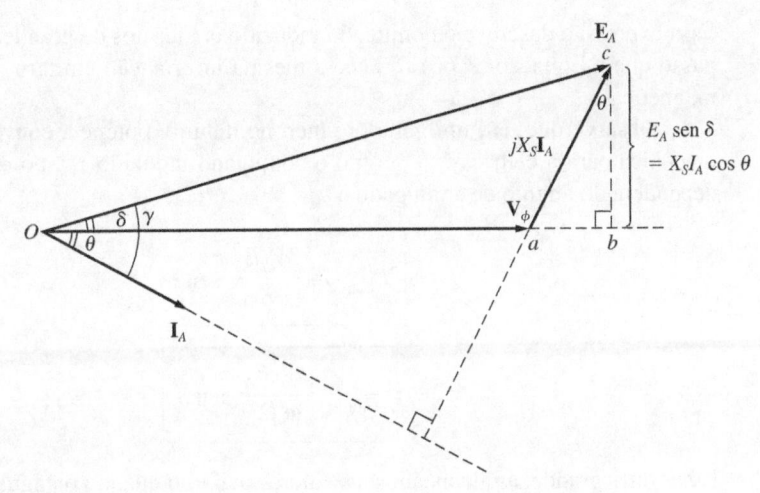

FIGURA 4-16
Diagrama fasorial simplificado com a resistência de armadura ignorada.

A potência máxima indicada por essa equação é denominada *limite de estabilidade estática* do gerador. Normalmente, os geradores reais nunca chegam nem próximos desse limite. As máquinas reais apresentam ângulos típicos de conjugado (ou torque) a plena carga de 20 a 30 graus.

Agora, examine novamente as Equações (4-17), (4-19) e (4-20). Se assumirmos que V_ϕ é constante, a *saída de potência ativa será diretamente proporcional* a $I_A \cos \theta$ e a E_A sen δ e a saída de potência reativa será diretamente proporcional à I_A sen θ. Esses fatos são úteis quando se plotam diagramas fasoriais de geradores síncronos com carga variável.

Com base no Capítulo 3, o conjugado induzido desse gerador pode ser expresso como

$$\tau_{ind} = k\mathbf{B}_R \times \mathbf{B}_S \qquad (3\text{-}58)$$

ou como

$$\tau_{ind} = k\mathbf{B}_R \times \mathbf{B}_{líq} \qquad (3\text{-}60)$$

O módulo da Equação (3-60) pode ser expresso como

$$\tau_{ind} = kB_R B_{líq} \text{ sen } \delta \qquad (3\text{-}61)$$

em que δ é o ângulo entre o campo magnético do rotor e o campo magnético líquido (o assim denominado *ângulo de conjugado* ou *torque*). Como $\mathbf{B}_R$ produz a tensão $\mathbf{E}_A$ e $\mathbf{B}_{líq}$ produz a tensão $\mathbf{V}_\phi$, o ângulo δ_ϕ entre $\mathbf{E}_A$ e $\mathbf{V}$ é o mesmo que o ângulo δ entre $\mathbf{B}_R$ e $\mathbf{B}_{líq}$.

Uma expressão alternativa para o conjugado induzido em um gerador síncrono pode ser obtida da Equação (4-20). Como $P_{conv} = \tau_{ind}\omega_m$, o conjugado induzido pode ser expresso como

$$\boxed{\tau_{ind} = \frac{3V_\phi E_A}{\omega_m X_S} \text{ sen } \delta} \qquad (4\text{-}22)$$

Essa expressão descreve o conjugado induzido em termos de grandezas elétricas, ao passo que a Equação (3-60) fornece a mesma informação em termos de grandezas magnéticas.

Observe que, em um gerador síncrono, tanto a potência convertida da forma mecânica para a elétrica P_{conv} como o conjugado induzido τ_{ind} no rotor do gerador dependem do ângulo de conjugado δ.

$$\boxed{P_{conv} = \frac{3V_\phi E_A}{X_S} \operatorname{sen} \delta} \qquad (4\text{-}20)$$

$$\boxed{\tau_{ind} = \frac{3V_\phi E_A}{\omega_m X_S} \operatorname{sen} \delta} \qquad (4\text{-}22)$$

Essas duas grandezas alcançam seus valores máximo quando o ângulo de conjugado δ alcança 90°. O gerador não é capaz de exceder esses limites mesmo instantaneamente. Tipicamente, os geradores reais a plena carga têm ângulos de conjugado de 20–30°, de modo que a potência e o conjugado máximos absolutos instantâneos que eles podem fornecer são no mínimo o dobro de seus valores a plena carga. Essa reserva de potência e conjugado é essencial para a estabilidade dos sistemas de potência que contêm esses geradores, como veremos na Seção 4.10.

4.7 MEDIÇÃO DOS PARÂMETROS DO MODELO DE GERADOR SÍNCRONO

O circuito equivalente deduzido para um gerador síncrono continha três grandezas que devem ser determinadas para se descrever completamente o comportamento de um gerador síncrono real:

1. A relação entre corrente de campo e o fluxo (e, portanto, entre a corrente de campo e E_A)
2. A reatância síncrona
3. A resistência de armadura

Esta seção descreve uma técnica simples para determinar essas grandezas em um gerador síncrono.

O primeiro passo desse processo é executar o *ensaio a vazio* (ou *de circuito aberto*) com o gerador. Para realizar esse ensaio, o gerador é colocado a girar na velocidade nominal, os terminais são desconectados de todas as cargas e a corrente de campo é ajustada para zero. A seguir, a corrente de campo é incrementada gradualmente e a tensão nos terminais é medida a cada passo. Com os terminais abertos, $I_A = 0$, de modo que E_A é igual a V_ϕ. Assim, a partir dessa informação, é possível construir um gráfico de E_A (ou V_T) versus I_F. Essa curva é a assim denominada *característica a vazio* (CAV) (ou *característica de circuito aberto* – CCA) de um gerador. Com essa curva característica, é possível encontrar a tensão gerada interna do gerador para qualquer corrente de campo dada. Uma característica a vazio típica está mostrada na Figura 4-17a. Observe que, no início, a curva é quase perfeitamente reta até que alguma saturação é observada com correntes de campo elevadas. O ferro não saturado da máquina síncrona tem uma relutância que é diversos milhares de vezes menor que

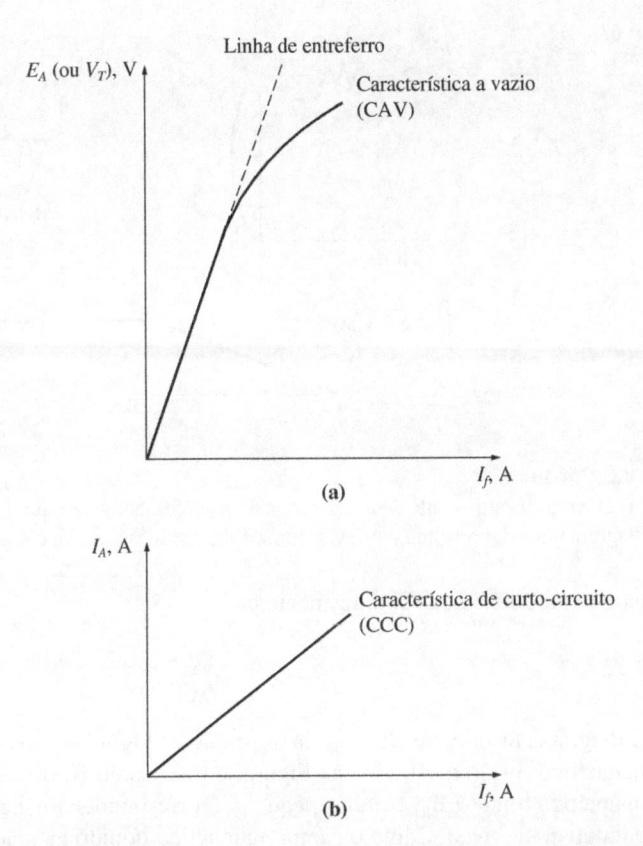

FIGURA 4-17
(a) A característica a vazio (CAV) de um gerador síncrono. (b) A característica de curto-circuito (CCC) de um gerador síncrono.

a relutância do entreferro. Desse modo, no início, quase *toda* a força magnetomotriz está no entreferro e o incremento de fluxo resultante é linear. Quando o ferro finalmente satura, a relutância do ferro aumenta dramaticamente e o fluxo aumenta muito mais vagarosamente com o aumento da força magnetomotriz. A porção linear de uma CAV é denominada *linha de entreferro* da característica.

O segundo passo do processo é a realização de um *ensaio de curto-circuito*. Para executá-lo, ajuste a corrente de campo novamente em zero e coloque em curto-circuito os terminais do gerador usando um conjunto de amperímetros. Então, a corrente de armadura I_A, ou a corrente de linha I_L, é medida enquanto a corrente de campo é incrementada. Tal curva é denominada *característica de curto-circuito* (CCC) e está mostrada na Figura 4-17b. Ela é basicamente uma linha reta. Para compreender por que essa característica é uma reta, examine o circuito equivalente da Figura 4-12 quando os terminais são curto-circuitados. Esse circuito está mostrado na Figura 4-18a. Observe que, quando os terminais são curto-circuitados, a corrente de armadura $\mathbf{I}_A$ é dada por

$$\mathbf{I}_A = \frac{\mathbf{E}_A}{R_A + jX_S} \qquad (4\text{-}23)$$

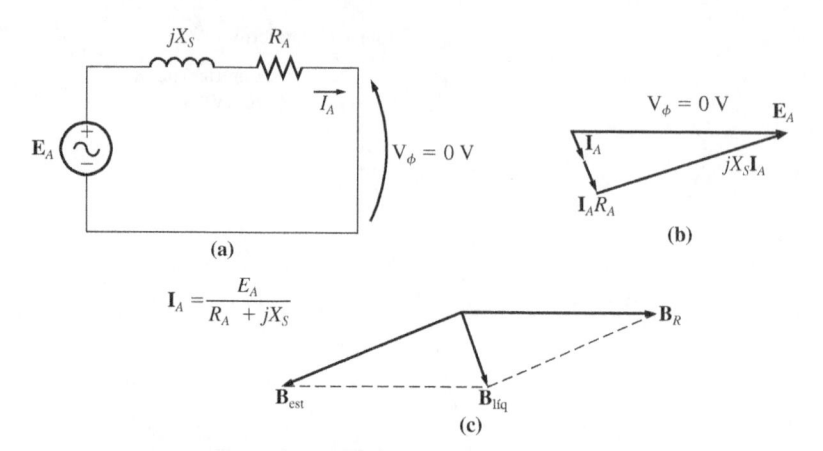

FIGURA 4-18
(a) O circuito equivalente de um gerador síncrono durante o ensaio de curto-circuito. (b) O diagrama fasorial resultante. (c) Os campos magnéticos durante o ensaio de curto-circuito.

e o seu módulo é dado simplesmente por

$$I_A = \frac{E_A}{\sqrt{R_A^2 + X_S^2}} \quad (4\text{-}24)$$

O diagrama fasorial resultante está mostrado na Figura 4-18b e os respectivos campos magnéticos estão mostrados na Figura 4-18c. Como $\mathbf{B}_S$ quase cancela $\mathbf{B}_R$, o campo magnético líquido $\mathbf{B}_{líq}$ é *muito* pequeno (correspondendo apenas a quedas resistiva e indutiva internas). Como o campo magnético líquido na máquina é tão pequeno, a máquina não está saturada e a CCC é linear.

Para compreender quais informações são fornecidas por essas duas características, observe que, com V_ϕ igual a zero na Figura 4-18, a *impedância interna da máquina* é dada por

$$Z_S = \sqrt{R_A^2 + X_S^2} = \frac{E_A}{I_A} \quad (4\text{-}25)$$

Como $X_S \gg R_A$, essa equação reduz-se a

$$X_S \approx \frac{E_A}{I_A} = \frac{V_{\phi,vz}}{I_A} \quad (4\text{-}26)$$

Se E_A e I_A forem conhecidas em uma dada situação, então a reatância síncrona X_S poderá ser encontrada.

Portanto, um método *aproximado* para determinar a reatância síncrona X_S, com uma dada corrente de campo, é

1. Obtenha a tensão gerada interna E_A a partir da CAV para aquela corrente de campo.
2. Obtenha a corrente de curto-circuito $I_{A,CC}$ a partir da CCC para aquela corrente de campo.
3. Encontre X_S aplicando a Equação (4-26).

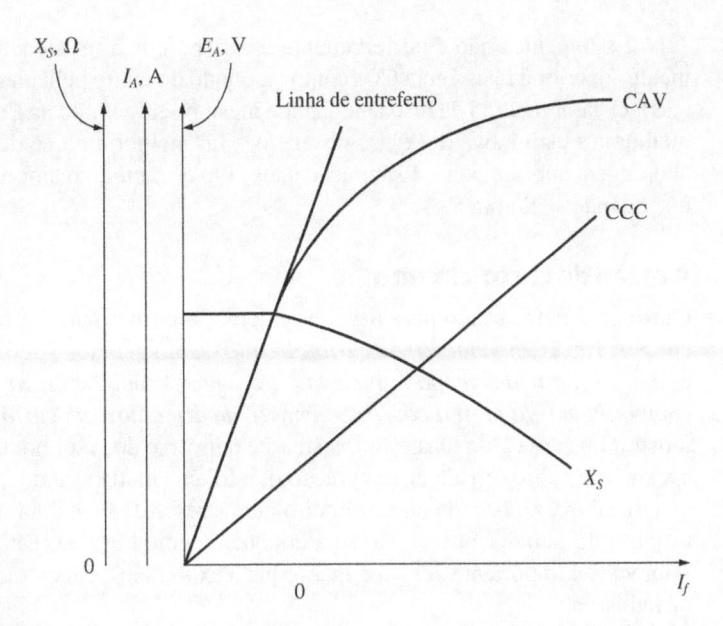

FIGURA 4-19
Um gráfico da reatância síncrona aproximada de um gerador síncrono em função da corrente de campo da máquina. O valor constante de reatância encontrado para baixos valores de corrente de campo é a reatância síncrona *não saturada* da máquina.

Entretanto, há um problema com essa abordagem. A tensão gerada interna E_A provém da CAV, na qual a máquina está parcialmente *saturada* para correntes de campo elevadas. Por outro lado, a corrente I_A é obtida da CCC, na qual a máquina *não está saturada* para todas as correntes de campo. Portanto, para uma dada corrente elevada de campo, a E_A tomada da CAV *não* é a mesma E_A que se obtém com a mesma corrente de campo em condições de curto-circuito. Essa diferença faz com que o valor resultante de X_S seja apenas aproximado.

Entretanto, a resposta dada por essa abordagem *é* exata até o ponto de saturação. Assim, a *reatância síncrona não saturada* $X_{S,n}$ da máquina pode ser encontrada simplesmente aplicando a Equação (4-26) e usando qualquer corrente de campo obtida na região linear (linha de entreferro) da curva CAV.

O valor aproximado da reatância síncrona varia com o grau de saturação da CAV, de modo que o valor da reatância síncrona a ser usado em um dado problema deve ser calculado para a carga aproximada que está sendo aplicada à máquina. Um gráfico da reatância síncrona aproximada em função da corrente de campo está mostrado na Figura 4-19.

Para obter uma estimativa mais exata da reatância síncrona saturada, consulte Seção 5-3 da Referência 2.

É importante conhecer a resistência do enrolamento, assim como sua reatância, síncrona. A resistência pode ser aproximada aplicando uma tensão CC aos enrolamentos enquanto a máquina permanece estacionária e medindo o fluxo de corrente resultante. O uso de tensão CC significa que a reatância dos enrolamentos será zero durante o processo de medição.

Essa técnica não é perfeitamente exata, porque a resistência CA será ligeiramente superior à resistência CC (como resultado do efeito pelicular em altas frequências). O valor medido da resistência pode mesmo ser incluído na Equação (4-26) para melhorar a estimativa de X_S, se desejado. (Tal melhoria não é de muito auxílio na abordagem aproximada – a saturação causa um erro muito maior no cálculo de X_S do que quando se ignora R_A.)

A razão de curto-circuito

Outro parâmetro usado para descrever geradores síncronos é a razão de curto-circuito. A *razão (ou relação) de curto-circuito* de um gerador é definida como a razão entre a *corrente de campo requerida para a tensão nominal a vazio* e a *corrente de campo requerida para a corrente nominal de armadura em curto-circuito*. Pode-se mostrar que essa grandeza é simplesmente o inverso do valor por unidade da reatância síncrona aproximada em saturação que foi calculada usando a Equação (4-26).

Embora a razão de curto-circuito não acrescente nenhuma informação nova a respeito do gerador que já não seja conhecida com base na reatância síncrona em saturação, é importante conhecê-la, porque a expressão é encontrada ocasionalmente na indústria.

EXEMPLO 4-1 Um gerador síncrono de 200 kVA, 480 V, 50 Hz, ligado em Y e com uma corrente nominal de campo de 5 A foi submetido a ensaios, tendo-se obtido os seguintes dados:

1. Para I_F nominal, $V_{T,VZ}$ foi medida como sendo 540 V.
2. Para I_F nominal, $I_{L,CC}$ foi encontrada como sendo 300 A.
3. Quando uma tensão CC de 10 V foi aplicada a dois dos terminais, uma corrente de 25 A foi medida.

Encontre os valores da resistência de armadura e da reatância síncrona aproximada em ohms que seriam usados no modelo do gerador nas condições nominais.

Solução
O gerador recém descrito está ligado em Y, de modo que a corrente contínua no teste de resistência flui através de dois enrolamentos. Portanto, a resistência é dada por

$$2R_A = \frac{V_{CC}}{I_{CC}}$$

$$R_A = \frac{V_{CC}}{2I_{CC}} = \frac{10\ V}{(2)(25\ A)} = 0,2\ \Omega$$

A tensão gerada interna, com corrente de campo nominal, é igual a

$$E_A = V_{\phi,VZ} = \frac{V_T}{\sqrt{3}}$$

$$= \frac{540\ V}{\sqrt{3}} = 311,8\ V$$

A corrente de curto-circuito I_A é simplesmente igual à corrente de linha, porque o gerador está ligado em Y:

$$I_{A,CC} = I_{L,CC} = 300\ A$$

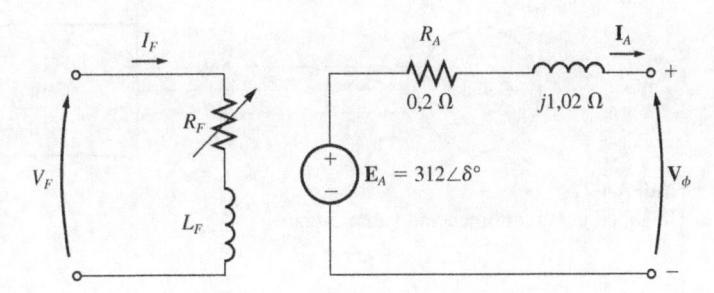

FIGURA 4-20
O circuito equivalente por fase do gerador do Exemplo 4-1.

Portanto, a reatância síncrona, com corrente de campo nominal, pode ser calculada a partir da Equação (4-25):

$$\sqrt{R_A^2 + X_S^2} = \frac{E_A}{I_A} \tag{4-25}$$

$$\sqrt{(0,2\ \Omega)^2 + X_S^2} = \frac{311,8\ \text{V}}{300\ \text{A}}$$

$$\sqrt{(0,2\ \Omega)^2 + X_S^2} = 1,039\ \Omega$$

$$0,04 + X_S^2 = 1,08$$

$$X_S^2 = 1,04$$

$$X_S = 1,02\ \Omega$$

Qual foi o efeito da inclusão de R_A na estimativa de X_S? O efeito foi pequeno. Se X_S for calculado pela Equação (4-26), o resultado será

$$X_S = \frac{E_A}{I_A} = \frac{311,8\ \text{V}}{300\ \text{A}} = 1,04\ \Omega$$

Como o erro em X_S, devido a não termos incluído R_A, é muito menor do que o erro devido aos efeitos de saturação, os cálculos aproximados são feitos normalmente aplicando a Equação (4-26).

O circuito equivalente resultante por fase está mostrado na Figura 4-20.

4.8 O GERADOR SÍNCRONO OPERANDO ISOLADO

O comportamento de um gerador síncrono sob carga varia grandemente, conforme o fator de potência da carga e se o gerador está operando isolado ou em paralelo com outros geradores síncronos. Nesta seção, estudaremos o comportamento de geradores síncronos que operam isolados. O estudo dos geradores síncronos que operam em paralelo será feito na Seção 4.9.

Nesta seção, os conceitos serão ilustrados com diagramas fasoriais simplificados que ignoram o efeito de R_A. Em alguns dos exemplos numéricos, a resistência R_A será incluída.

Também nesta seção, a não ser que seja especificado em contrário, assumiremos que a velocidade dos geradores é constante e que todas as características de terminal são obtidas assumindo-se velocidade constante. Além disso, assumimos que o

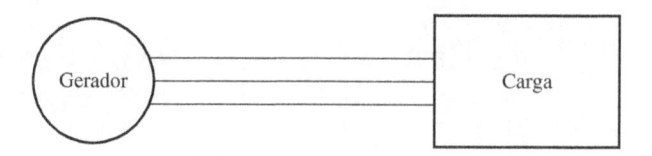

FIGURA 4-21
Um único gerador alimentando uma carga.

fluxo no rotor dos geradores é constante, a não ser que suas correntes de campo sejam explicitamente alteradas.

O efeito das mudanças de carga sobre um gerador síncrono que opera isolado

Para compreender as características de funcionamento de um gerador síncrono que opera isolado, examinaremos um gerador alimentando uma carga. Um diagrama de um único gerador alimentando uma carga está mostrado na Figura 4-21. Que acontece quando aumentamos a carga desse gerador?

Um incremento de carga é um aumento de potência ativa e/ou reativa solicitada do gerador. Esse incremento de carga aumenta a corrente de carga solicitada do gerador. Como a resistência de campo não foi alterada, a corrente de campo é constante e, portanto, o fluxo ϕ é constante. Como a máquina motriz também mantém constante sua velocidade ω, o *valor da tensão gerada interna $E_A = K\phi\omega$ é constante*.

Se E_A for constante, afinal o que muda com uma carga variável? A maneira de se descobrir é construindo diagramas fasoriais que mostram um aumento de carga, levando em consideração as restrições do gerador.

Primeiro, examine um gerador que opera com um fator de potência atrasado. Se mais carga for acrescentada com o *mesmo fator de potência*, então $|\mathbf{I}_A|$ aumentará, mas permanecerá no mesmo ângulo θ em relação à tensão $\mathbf{V}_\phi$ de antes. Portanto, a tensão da reação de armadura $jX_S\mathbf{I}_A$ será maior do que antes, mas permanecerá com o mesmo ângulo. Agora, como

$$\mathbf{E}_A = \mathbf{V}_\phi + jX_S\mathbf{I}_A$$

$jX_S\mathbf{I}_A$ deverá se estender entre $\mathbf{V}_\phi$ em um ângulo de 0° e $\mathbf{E}_A$, que apresenta a restrição de ter o mesmo valor de antes do aumento da carga. Se essas restrições forem plotadas em um diagrama fasorial, haverá um e somente um ponto no qual a tensão da reação de armadura pode estar em paralelo com sua posição original e ao mesmo tempo ter um aumento em seu tamanho. O diagrama resultante está mostrado na Figura 4-22a.

Se as restrições forem observadas, veremos que, quando a carga aumenta, a tensão $\mathbf{V}_\phi$ diminui bastante acentuadamente.

Agora, suponha que o gerador receba cargas com fator de potência unitário. Que acontecerá se novas cargas forem acrescentadas com o mesmo fator de potência? Com as mesmas restrições de antes, pode-se ver que, desta vez, $\mathbf{V}_\phi$ diminui apenas ligeiramente (veja a Figura 4-22b).

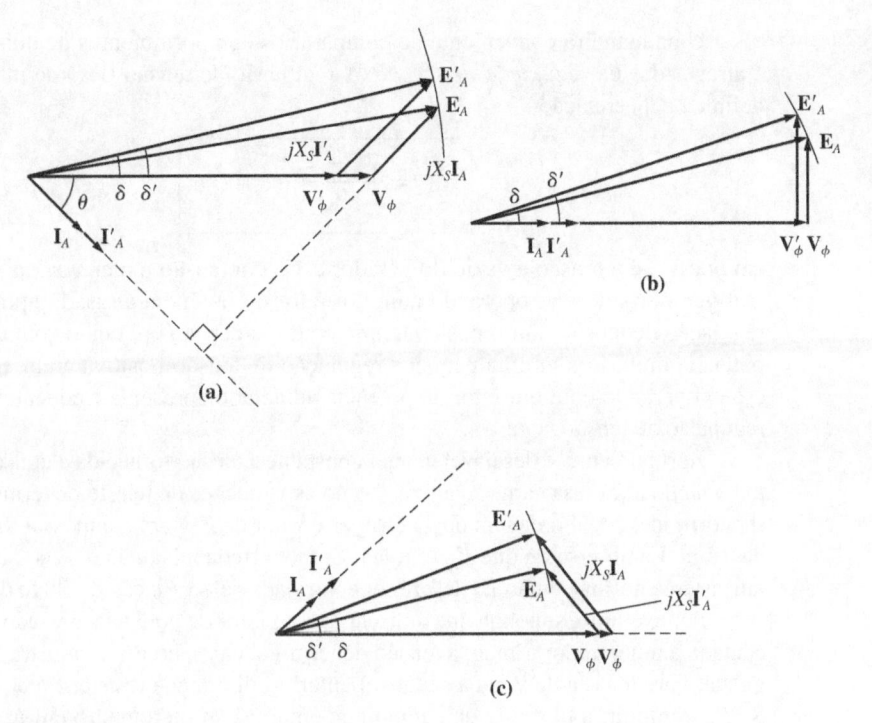

FIGURA 4-22
Efeito de um incremento da carga do gerador sobre a tensão de terminal, mantendo constante o fator de potência. (a) Fator de potência atrasado; (b) fator de potência unitário; (c) fator de potência adiantado.

Finalmente, o gerador receberá cargas com fator de potência adiantado. Se agora novas cargas forem acrescentadas com o mesmo fator de potência, a tensão da reação de armadura será diferente de seu valor anterior e V_ϕ na realidade *aumentará* (veja Figura 4-22c). Neste último caso, o aumento da carga do gerador produziu um incremento da sua tensão de terminal. Esse resultado não é algo que poderíamos esperar, baseados apenas na intuição.

Conclusões gerais dessa discussão do comportamento dos geradores síncronos são

1. Se cargas com fator de potência em atraso ($+Q$ ou cargas de potência reativa indutiva) forem acrescentadas a um gerador, V_ϕ e a tensão de terminal V_T diminuirão de forma significativa.
2. Se cargas com fator de potência unitário (sem potência reativa) forem acrescentadas a um gerador, haverá um pequeno aumento em V_ϕ e na tensão de terminal.
3. Se cargas com fator de potência adiantado ($-Q$ ou cargas de potência reativa capacitiva) forem acrescentadas a um gerador, V_ϕ e a tensão de terminal V_T aumentarão.

Uma maneira conveniente de comparar os comportamentos de dois geradores é através de sua *regulação de tensão*. A regulação de tensão (RT) de um gerador é definida pela equação

$$\text{RT} = \frac{V_{\text{vz}} - V_{\text{pc}}}{V_{\text{pc}}} \times 100\% \tag{3-67}$$

em que V_{vz} é a tensão a vazio do gerador e V_{pc} é a tensão a plena carga do gerador. Um gerador síncrono operando com um fator de potência atrasado apresenta uma regulação de tensão muito positiva, um gerador síncrono operando com um fator de potência unitário tem uma pequena regulação de tensão positiva e um gerador síncrono operando com um fator de potência adiantado apresenta frequentemente uma regulação de tensão negativa.

Normalmente, é desejável manter constante a tensão fornecida a uma carga, mesmo quando a própria carga se altera. Como as variações de tensão de terminal podem ser corrigidas? A abordagem óbvia é variar o valor de $\mathbf{E}_A$ para compensar as mudanças de carga. Lembre-se de que $E_A = K\phi\omega$. Como a frequência não deve ser alterada em um sistema normal, então E_A deverá ser controlada pela variação do fluxo da máquina.

Por exemplo, suponha que uma carga com fator de potência atrasado seja acrescentada a um gerador. Então, a tensão de terminal cairá, como foi mostrado anteriormente. Para levá-la de volta a seu nível anterior, diminua a resistência de campo R_F. Se R_F diminuir, a corrente de campo aumentará. Um incremento em I_F aumenta o fluxo, que por sua vez aumenta E_A e um incremento em E_A aumenta as tensões de fase e de terminal. Essa ideia pode ser resumida como segue:

1. Uma diminuição da resistência de campo do gerador aumenta sua corrente de campo.
2. Um incremento na corrente de campo aumenta o fluxo da máquina.
3. Um incremento de fluxo aumenta a tensão gerada interna $E_A = K\phi\omega$.
4. Um incremento em E_A aumenta V_ϕ e a tensão de terminal do gerador.

O processo pode ser invertido para diminuir a tensão de terminal. É possível regular a tensão de terminal do gerador para uma série de alterações de carga, simplesmente ajustando a corrente de campo.

Problemas exemplos

Os três problemas seguintes são exemplos de cálculos simples, que envolvem tensões, correntes e fluxos de potência de geradores síncronos. O primeiro problema inclui a resistência de armadura em seus cálculos, ao passo que os dois exemplos seguintes ignoram R_A. Uma parte do primeiro problema envolve a questão: *como a corrente de campo de um gerador deve ser ajustada para manter V_T constante quando a carga muda?* Por outro lado, parte do segundo problema faz a pergunta: *se a carga variar e o campo for deixado sozinho, que acontece com a tensão de terminal?* Você poderia comparar os comportamentos que serão calculados para os dois geradores desses problemas para ver se eles estão de acordo com os argumentos qualitativos que foram desenvolvidos nesta seção. Finalmente, o terceiro exemplo ilustra o uso de um programa MATLAB para obter as características de terminal do gerador síncrono.

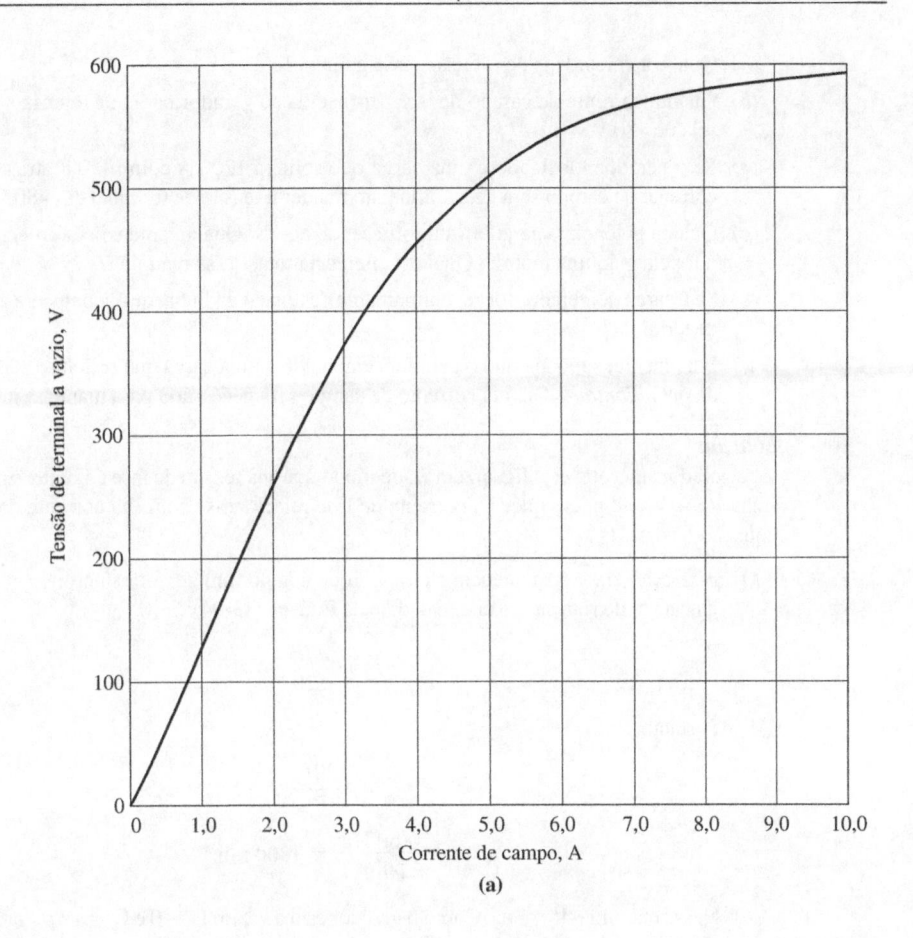

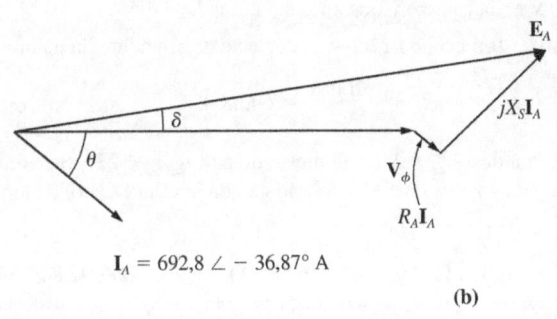

FIGURA 4-23
(a) Característica a vazio do gerador do Exemplo 4-2. (b) Diagrama fasorial do gerador do Exemplo 4-2.

EXEMPLO 4-2 Um gerador síncrono de 480 V, 60 Hz, ligado em Δ e de quatro polos tem a CAV mostrada na Figura 4-23a. Esse gerador tem uma reatância síncrona de 0,1 Ω e uma resistência de armadura de 0,015 Ω. A plena carga, a máquina fornece 1200 A com FP 0,8 atrasado. Em condições de plena carga, as perdas por atrito e ventilação são 40 kW e as perdas no núcleo são 30 kW. Ignore as perdas no circuito de campo.

(a) Qual é a velocidade de rotação desse gerador?

(b) Quanta corrente de campo deve ser fornecida ao gerador para que a tensão de terminal seja de 480 V a vazio?

(c) Se o gerador for ligado a uma carga que solicita 1200 A com FP 0,8 atrasado, quanta corrente de campo será necessária para manter a tensão de terminal em 480 V?

(d) Quanta potência o gerador está fornecendo agora? Quanta potência é fornecida ao gerador pela máquina motriz? Qual é a eficiência total dessa máquina?

(e) Se a carga do gerador for repentinamente desligada da linha, que acontecerá à sua tensão de terminal?

(f) Finalmente, suponha que o gerador seja ligado a uma carga que solicita 1200 A com FP de 0,8 *adiantado*. Quanta corrente de campo será necessária para manter V_T em 480 V?

Solução

Este gerador síncrono está ligado em Δ, de modo que sua tensão de fase é igual à sua tensão de linha $V_\phi = V_T$, ao passo que sua corrente de fase relaciona-se com sua corrente de linha pela equação $I_L = \sqrt{3}I_\phi$.

(a) A relação entre a frequência elétrica produzida por um gerador síncrono e a velocidade mecânica de rotação no eixo é dada pela Equação (3-34):

$$f_{se} = \frac{n_m P}{120} \tag{3-34}$$

Portanto,

$$n_m = \frac{120 f_{se}}{P}$$

$$= \frac{120(60 \text{ Hz})}{4 \text{ polos}} = 1800 \text{ rpm}$$

(b) Nessa máquina, $V_T = V_\phi$. Como o gerador está a vazio, $I_A = 0$ e $E_A = V_\phi$. Portanto, $V_T = V_\phi = E_A = 480$ V e, da característica a vazio, temos $I_F = 4,5$ A.

(c) Se o gerador estiver fornecendo 1200 A, a corrente de armadura da máquina será

$$I_A = \frac{1200 \text{ A}}{\sqrt{3}} = 692,8 \text{ A}$$

O diagrama fasorial desse gerador está mostrado na Figura 4-23b. Se a tensão de terminal for ajustada para 480 V, o valor da tensão gerada interna $\mathbf{E}_A$ será dado por

$$\mathbf{E}_A = \mathbf{V}_\phi + R_A \mathbf{I}_A + jX_S \mathbf{I}_A$$
$$= 480 \angle 0° \text{ V} + (0,015 \text{ Ω})(692,8 \angle -36,87° \text{ A}) + (j0,1 \text{ Ω})(692,8 \angle -36,87° \text{ A})$$
$$= 480 \angle 0° \text{ V} + 10,39 \angle -36,87° \text{ V} + 69,28 \angle 53,13° \text{ V}$$
$$= 529,9 + j49,2 \text{ V} = 532 \angle 5,3° \text{ V}$$

Para manter a tensão de terminal em 480 V, o valor de $\mathbf{E}_A$ deve ser ajustado para 532 V. Da Figura 4-23, temos que a corrente de campo necessária é 5,7 A.

(d) A potência que o gerador está fornecendo agora pode ser obtida da Equação (4-16):

$$P_{\text{saída}} = \sqrt{3} V_L I_L \cos \theta \tag{4-16}$$

$$= \sqrt{3}(480\text{ V})(1200\text{ A})\cos 36{,}87°$$
$$= 798\text{ kW}$$

Para determinar a entrada de potência do gerador, use o diagrama de fluxo de potência (Figura 4-15). Desse diagrama de fluxo de potência, vemos que a entrada de potência mecânica é dada por

$$P_{\text{entrada}} = P_{\text{saída}} + P_{\text{perdas eletr.}} + P_{\text{perdas núcleo}} + P_{\text{perdas mec.}} + P_{\text{perdas suplem.}}$$

As perdas suplementares não foram especificadas aqui, de modo que serão ignoradas. Nesse gerador, as perdas elétricas são

$$P_{\text{perdas eletr.}} = 3I_A^2 R_A$$
$$= 3(692{,}8\text{ A})^2(0{,}015\text{ }\Omega) = 21{,}6\text{ kW}$$

As perdas no núcleo são 30 kW e as perdas por atrito e ventilação são 40 KW, de modo que a potência total de entrada do gerador é

$$P_{\text{entrada}} = 798\text{ kW} + 21{,}6\text{ kW} + 30\text{ kW} + 40\text{ kW} = 889{,}6\text{ kW}$$

Portanto, a eficiência total da máquina é

$$\eta = \frac{P_{\text{saída}}}{P_{\text{entrada}}} \times 100\% = \frac{798\text{ kW}}{889{,}6\text{ kW}} \times 100\% = 89{,}75\%$$

(e) Se a carga do gerador for repentinamente desligada da linha, a corrente $\mathbf{I}_A$ cairá a zero, tornando $\mathbf{E}_A = \mathbf{V}_\phi$. Como a corrente de campo não mudou, $|\mathbf{E}_A|$ também não mudou e $\mathbf{V}_\phi$ e V_T devem subir para igualar $\mathbf{E}_A$. Portanto, se a carga for desligada de repente, a tensão de terminal do gerador subirá para 532 V.

(f) Se o gerador for carregado com 1200 A, com FP de 0,8 adiantado enquanto a tensão de terminal é mantida em 480 V, então a tensão gerada interna será

$$\mathbf{E}_A = \mathbf{V}_\phi + R_A\mathbf{I}_A + jX_S\mathbf{I}_A$$
$$= 480\angle 0°\text{ V} + (0{,}015\text{ }\Omega)(692{,}8\angle 36{,}87°\text{ A}) + (j0{,}1\text{ }\Omega)(692{,}8\angle 36{,}87°\text{ A})$$
$$= 480\angle 0°\text{ V} + 10{,}39\angle 36{,}87°\text{ V} + 69{,}28\angle 126{,}87°\text{ V}$$
$$= 446{,}7 + j61{,}7\text{ V} = 451\angle 7{,}1°\text{ V}$$

Portanto, a tensão gerada interna E_A deverá ser ajustada para fornecer 451 V se V_T permanecer em 480 V. Utilizando a característica a vazio, vemos que a corrente de campo deve ser ajustada para 4,1 A.

Que tipo de carga (com fator de potência adiantado ou atrasado) necessitou de uma corrente de campo maior para manter a tensão nominal? Que tipo de carga (adiantada ou atrasada) impôs um *stress* térmico maior ao gerador? Por quê?

EXEMPLO 4-3 Um gerador síncrono de 480 V e 50 Hz, ligado em Y e de seis polos, tem uma reatância síncrona por fase de 1,0 Ω. Sua corrente de armadura de plena carga é 60 A, com FP 0,8 atrasado. As perdas por atrito e ventilação desse gerador são 1,5 kW e as perdas no núcleo são 1,0 kW, para 60 Hz a plena carga. Como a resistência de armadura está sendo ignorada, assuma que as perdas I^2R são desprezíveis. A corrente de campo foi ajustada de modo que a tensão de terminal seja 480 V a vazio.

(a) Qual é a velocidade de rotação desse gerador?
(b) Qual será a tensão de terminal desse gerador se o seguinte for verdadeiro?

1. Ele é carregado com a corrente nominal, sendo FP 0,8 atrasado.
2. Ele é carregado com a corrente nominal, sendo FP unitário.
3. Ele é carregado com a corrente nominal, sendo FP 0,8 adiantado.

(c) Qual é a eficiência desse gerador (ignorando as perdas elétricas desconhecidas) quando ele está operando com a corrente nominal e FP 0,8 atrasado.

(d) Quanto conjugado deve ser aplicado no eixo pela máquina motriz a plena carga? Qual é o valor do contraconjugado induzido?

(e) Qual é a regulação de tensão desse gerador, com FP 0,8 atrasado? Com FP 1,0 (unitário)? Com FP 0,8 adiantado?

Solução

Esse gerador está ligado em Y, de modo que sua tensão de fase é dada por $V_\phi = V_T/\sqrt{3}$. Isso significa que, quando V_T é ajustada para 480 V, temos V_ϕ = 277 V. A corrente de campo foi ajustada de modo que $V_{t,vz}$ = 480 V. Portanto, temos V_ϕ = 277 V. *A vazio*, a corrente de armadura é zero, de modo que as quedas da tensão da reação de armadura e de $I_A R_A$ são zero. Como I_A = 0, a tensão gerada interna é $E_A = V_\phi$ = 277 V. A tensão gerada interna $E_A (= K\phi\omega)$ varia apenas quando a corrente de campo muda. Como o problema afirma que a corrente de campo é ajustada inicialmente e então deixada por si mesma, o valor da tensão gerada interna é E_A = 277 V e não será alterada neste exemplo.

(a) A velocidade de rotação de um gerador síncrono, em rotações por minuto, é dada pela Equação (3-34):

$$f_{se} = \frac{n_m P}{120} \quad (3\text{-}34)$$

Portanto,

$$n_m = \frac{120 f_{se}}{P}$$

$$= \frac{120(50 \text{ Hz})}{6 \text{ polos}} = 1000 \text{ rpm}$$

Alternativamente, a velocidade expressa em radianos por segundo é

$$\omega_m = (1000 \text{ rotações/min})\left(\frac{1 \text{ min}}{60 \text{ s}}\right)\left(\frac{2\pi \text{ rad}}{1 \text{ rotação}}\right)$$

$$= 104{,}7 \text{ rad/s}$$

(b) 1. Se o gerador for carregado com a corrente nominal, sendo FP 0,8 atrasado, o diagrama fasorial resultante será como o que está mostrado na Figura 4-24a, Nesse diagrama fasorial, sabemos que $\mathbf{V}_\phi$ está no ângulo de 0°, que o módulo de $\mathbf{E}_A$ é 277 V e que o termo $jX_S \mathbf{I}_A$ é

$$jX_S \mathbf{I}_A = j(1{,}0 \ \Omega)(60 \ \angle -36{,}87° \text{ A}) = 60 \ \angle 53{,}13° \text{ V}$$

As duas grandezas desconhecidas no diagrama fasorial de tensões são o módulo de $\mathbf{V}_\phi$ e o ângulo δ de $\mathbf{E}_A$. Para encontrar esses valores, a maneira mais fácil é construir um triângulo reto no diagrama fasorial, como está mostrado na figura. Da Figura 4-24a, o triângulo reto dá

$$E_A^2 = (V_\phi + X_S I_A \text{ sen } \theta)^2 + (X_S I_A \cos \theta)^2$$

Portanto, a tensão de fase com carga nominal e FP 0,8 atrasado é

$$60 \angle 53{,}13°$$

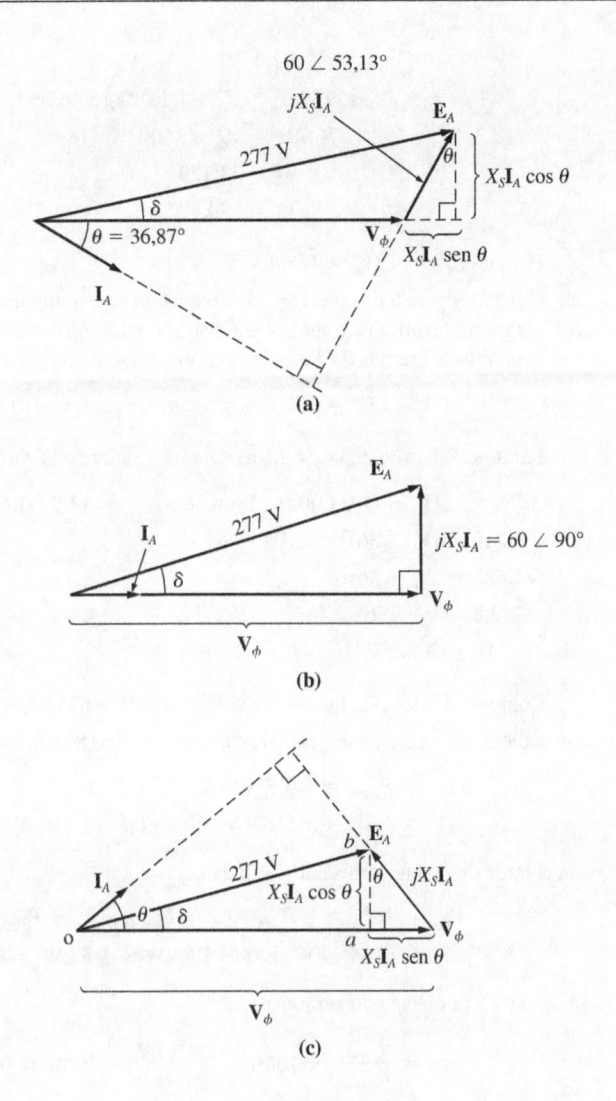

FIGURA 4-24
Diagramas fasoriais do gerador do Exemplo 4-3. (a) Fator de potência atrasado; (b) fator de potência unitário; (c) fator de potência adiantado.

$$(277 \text{ V})^2 = [V_\phi + (1{,}0\ \Omega)(60\text{ A})\text{ sen } 36{,}87°]^2 + [(1{,}0\ \Omega)(60\text{ A})\cos 36{,}87°]^2$$
$$76.729 = (V_\phi + 36)^2 + 2304$$
$$74.425 = (V_\phi + 36)^2$$
$$272{,}8 = V_\phi + 36$$
$$V_\phi = 236{,}8 \text{ V}$$

Como o gerador está ligado em Y, $V_T = \sqrt{3}\,V_\phi = 410$ V.

2. Se o gerador for carregado com a corrente nominal, sendo FP unitário, então o diagrama fasorial resultante será como o que está mostrado na Figura 4-24b. Para encontrar V_ϕ aqui, o triângulo reto é

$$E_A^2 = V_\phi^2 + (X_S I_A)^2$$
$$(277 \text{ V})^2 = V_\phi^2 + [(1,0 \text{ }\Omega)(60 \text{ A})]^2$$
$$76.729 = V_\phi^2 + 3600$$
$$V_\phi^2 = 73.129$$
$$V_\phi = 270,4 \text{ V}$$

Portanto, $V_T = \sqrt{3} V_\phi = 468,4$ V.

3. Quando o gerador está carregado com a corrente nominal, sendo FP 0,8 adiantado, o diagrama fasorial resultante é o mostrado na Figura 4-24c. Para encontrar $\mathbf{V}_\phi$, neste caso, construiremos o triângulo OAB mostrado na figura. A equação resultante é

$$E_A^2 = (V_\phi - X_S I_A \text{ sen } \theta)^2 + (X_S I_A \cos \theta)$$

Portanto, a tensão de fase para a corrente nominal e FP 0,8 adiantado, é

$$(277 \text{ V})^2 = [V_\phi - (1,0 \text{ }\Omega)(60 \text{ A}) \text{ sen } 36,87°]^2 + [(1,0 \text{ }\Omega)(60 \text{ A}) \cos 36,87°]^2$$
$$76.729 = (V_\phi - 36)^2 + 2304$$
$$74.425 = (V_\phi - 36)^2$$
$$272,8 = V_\phi - 36$$
$$V_\phi = 308,8 \text{ V}$$

Como o gerador está ligado em Y, $V_T = \sqrt{3} V_\phi = 535$ V.

(c) A potência de saída desse gerador, para 60 A e FP 0,8 atrasado, é

$$P_{\text{saída}} = 3 V_\phi I_A \cos \theta$$
$$= 3(236,8 \text{ V})(60 \text{ A})(0,8) = 34,1 \text{ kW}$$

A entrada de potência mecânica é dada por

$$P_{\text{entrada}} = P_{\text{saída}} + P_{\text{perdas eletr.}} + P_{\text{perdas núcleo}} + P_{\text{perdas mec.}}$$
$$= 34,1 \text{ kW} + 0 + 1,0 \text{ kW} + 1,5 \text{ kW} = 36,6 \text{ kW}$$

Portanto, a eficiência do gerador é

$$\eta = \frac{P_{\text{saída}}}{P_{\text{entrada}}} \times 100\% = \frac{34,1 \text{ kW}}{36,6 \text{ kW}} \times 100\% = 93,2\%$$

(d) O conjugado de entrada desse gerador é dado pela equação

$$P_{\text{entrada}} = \tau_{\text{ap}} \omega_m$$

Portanto, $$\tau_{\text{ap}} = \frac{P_{\text{entrada}}}{\omega_m} = \frac{36,6 \text{ kW}}{125,7 \text{ rad/s}} = 291,2 \text{ N} \cdot \text{m}$$

O contraconjugado induzido é dado por

$$P_{\text{conv}} = \tau_{\text{ind}} \omega_m$$

Portanto, $$\tau_{\text{ind}} = \frac{P_{\text{conv}}}{\omega_V} = \frac{34,1 \text{ kW}}{125,7 \text{ rad/s}} = 271,3 \text{ N} \cdot \text{m}$$

(e) A regulação de tensão de um gerador é definida como

$$\text{RT} = \frac{V_{vz} - V_{pc}}{V_{pc}} \times 100\% \qquad (3\text{-}67)$$

Por essa definição, a regulação de tensão para os casos de fatores de potência atrasado, unitário e adiantado são

1. Caso de FP atrasado: $\text{RT} = \dfrac{480\text{ V} - 410\text{ V}}{410\text{ V}} \times 100\% = 17{,}1\%$

2. Caso de FP unitário: $\text{RT} = \dfrac{480\text{ V} - 468\text{ V}}{468\text{ V}} \times 100\% = 2{,}6\%$

3. Caso de FP adiantado: $\text{RT} = \dfrac{480\text{ V} - 535\text{ V}}{535\text{ V}} \times 100\% = -10{,}3\%$

No Exemplo 4-3, as cargas com FP atrasado resultaram em uma queda da tensão de terminal, as cargas com fator de potência unitário tiveram pequeno efeito sobre V_T e as cargas com FP adiantado resultaram em uma elevação da tensão de terminal.

EXEMPLO 4-4 Assuma que o gerador do Exemplo 4-3 esteja operando a vazio, com uma tensão de terminal de 480 V. Plote a característica de terminal (tensão de terminal *versus* corrente de linha) desse gerador quando sua corrente de armadura varia desde a vazio até plena carga com fatores de potência de (*a*) 0,8 atrasado e (*b*) 0,8 adiantado. Assuma que a corrente de campo permaneça constante todo o tempo.

Solução
A característica de terminal de um gerador é um gráfico de sua tensão de terminal *versus* a corrente de linha. Como esse gerador está ligado em Y, sua tensão de fase é dada por $V_\phi = V_T/\sqrt{3}$. Se V_T for ajustada para 480 V a vazio, teremos $V_\phi = E_A = 277$ V. Como a corrente de campo permanece constante, E_A permanecerá em 277 V todo o tempo. A corrente de saída I_L desse gerador será a mesma que sua corrente de armadura I_A, porque ele está ligado em Y.

(*a*) Se o gerador for carregado com uma corrente de FP 0,8 atrasado, o diagrama fasorial resultante será semelhante ao mostrado na Figura 4-24a. Nesse diagrama fasorial, sabemos que $\mathbf{V}_\phi$ está no ângulo de 0°, que o módulo de $\mathbf{E}_A$ é 277 V e que o termo $jX_S\mathbf{I}_A$ se estende entre $\mathbf{V}_\phi$ e $\mathbf{E}_A$, como mostrado. As duas grandezas desconhecidas do diagrama fasorial são o módulo de $\mathbf{V}_\phi$ e o ângulo δ de $\mathbf{E}_A$. Para encontrar V_ϕ, a maneira mais fácil é construir um triângulo reto no diagrama fasorial, como está mostrado na figura. Da Figura 4-24a, o triângulo reto fornece

$$E_A^2 = (V_\phi + X_S I_A \operatorname{sen}\theta)^2 + (X_S I_A \cos\theta)^2$$

Essa equação pode ser usada para obter V_ϕ em função da corrente I_A:

$$V_\phi = \sqrt{E_A^2 - (X_S I_A \cos\theta)^2} - X_S I_A \operatorname{sen}\theta$$

Um programa simples (*M-file*) para MATLAB pode ser usado para calcular V_ϕ (e portanto V_T) em função da corrente. O *M-file* está mostrado a seguir.

```
% M-file: term_char_a.m
% M-file para plotar as características de terminal do
% gerador do Exemplo 4-4 com uma carga de FP 0,8 atrasado.

% Primeiro, inicialize as amplitudes da corrente (21 valores
% no intervalo 0-60 A)
i_a = (0:1:20) * 3;
```

```
% Agora, inicialize todos os demais valores
v_phase = zeros(1,21);
e_a = 277.0;
x_s = 1.0;
theta = 36.87 * (pi/180);    % Convertido para radianos

% Agora, calcule v_phase para cada nível de corrente
for ii = 1:21
 v_phase(ii) = sqrt(e_a^2 - (x_s * i_a(ii) * cos(theta))^2)
                    - (x_s * i_a(ii) * sin(theta));
end

% Calcule a tensão de terminal a partir da tensão de fase
v_t = v_phase * sqrt(3);

% Plote a característica de terminal, lembrando que a
% corrente de linha é a mesma que i_a
plot(i_a,v_t,'Color','k','Linewidth',2.0);
xlabel('Corrente de Linha (A)','Fontweight','Bold');
ylabel('Tensão de Terminal (V)','Fontweight','Bold');
title ('Característica de Terminal para Carga de FP 0,8 Atrasado',...
    'Fontweight','Bold');
grid on;
axis([0 60 400 550]);
```

O gráfico resultante da execução deste *M-file* está mostrado na Figura 4-25a.

(b) Se o gerador for carregado com uma corrente de FP 0,8 adiantado, o diagrama fasorial resultante será semelhante ao mostrado na Figura 4-24c. Para encontrar V_ϕ, a maneira mais fácil é construir um triângulo reto no diagrama fasorial, como está mostrado na figura. Da Figura 4-24c, o triângulo reto fornece

$$E_A^2 = (V_\phi - X_S I_A \operatorname{sen} \theta)^2 + (X_S I_A \cos \theta)^2$$

Essa equação pode ser usada para obter V_ϕ em função da corrente I_A:

$$V_\phi = \sqrt{E_A^2 - (X_S I_A \cos \theta)^2} + X_S I_A \operatorname{sen} \theta$$

Essa equação pode ser usada para calcular e plotar a característica de terminal, de modo semelhante à parte *a* anterior. A característica de terminal resultante está mostrada na Figura 4-25b.

4.9 OPERAÇÃO EM PARALELO DE GERADORES SÍNCRONOS

No mundo atual, é muito raro encontrar um gerador síncrono isolado que esteja alimentando sua própria carga, independentemente de outros geradores. Essa situação só ocorre em algumas aplicações incomuns, como geradores de emergência. Em todas as aplicações usuais de geradores, há mais de um gerador operando em paralelo para fornecer a potência demandada pelas cargas. Um exemplo extremo dessa situação é a rede elétrica de um país, em que milhares de geradores compartilham literalmente a carga do sistema.

Por que os geradores síncronos são colocados a funcionar em paralelo? Há diversas vantagens importante nesse tipo de operação:

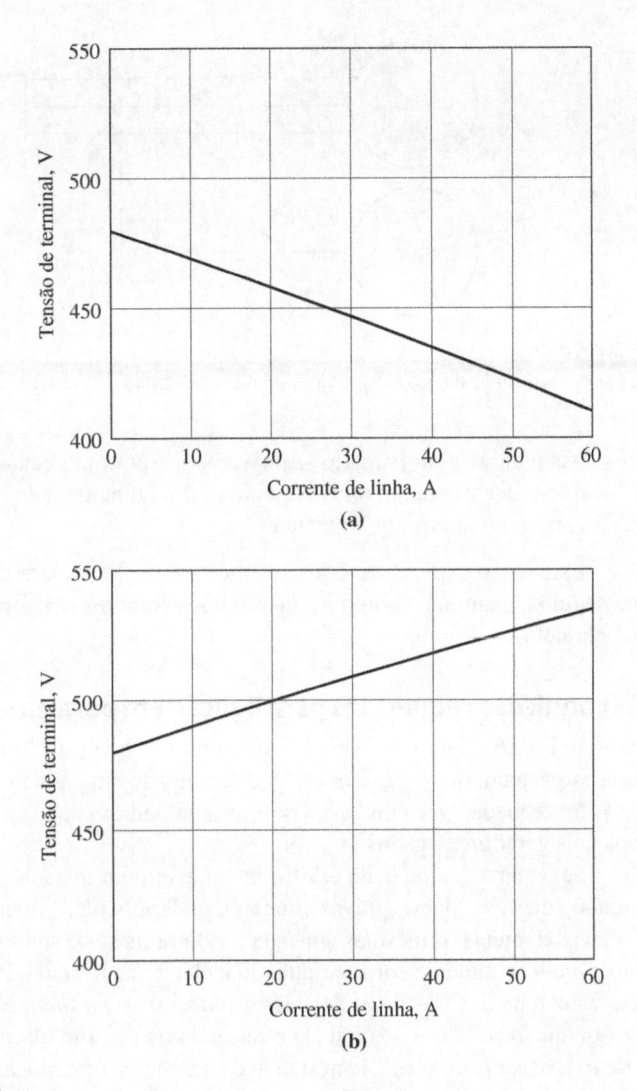

FIGURA 4-25
(a) Característica de terminal para o gerador do Exemplo 4-4, com carga de FP 0,8 atrasado.
(b) Característica de terminal para o gerador, com carga de FP 0,8 adiantado.

1. Diversos geradores podem alimentar uma carga maior do que apenas uma máquina isolada.
2. A presença de muitos geradores aumenta a confiabilidade do sistema de potência porque, se um deles falhar, não ocorrerá uma perda total de potência para a carga.
3. A presença de muitos geradores em paralelo permite que um ou mais deles sejam removidos para desligamento e manutenção preventiva.
4. Quando apenas um gerador está sendo usado e não está operando próximo da plena carga, então ele será relativamente ineficiente. Quando há muitas máqui-

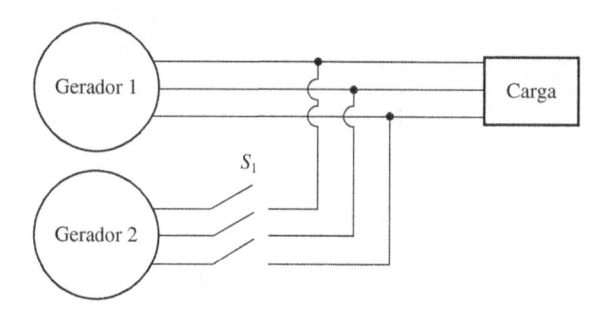

FIGURA 4-26
Um gerador sendo ligado em paralelo com um sistema de potência que já está operando.

nas menores em paralelo, é possível operar com apenas uma fração delas. As que estiverem realmente operando estarão funcionando próximo da plena carga e, portanto, mais eficientemente.

Esta seção explora os requerimentos para colocar geradores CA em paralelo e, em seguida, examina o comportamento dos geradores síncronos que estão operando em paralelo.

As condições requeridas para ligação em paralelo

A Figura 4-26 mostra um gerador síncrono G_1, que está fornecendo potência para uma carga, e um outro gerador G_2, que será ligado em paralelo com G_1 quando a chave S_1 for fechada. Que condições devem ser atendidas antes que a chave seja fechada e os dois geradores ligados?

Se a chave for fechada arbitrariamente em um instante qualquer, os geradores estarão sujeitos a danos graves e a carga poderá perder potência. Se as tensões não forem exatamente as mesmas em cada condutor que está sendo conectado, haverá um fluxo *muito* grande de corrente quando a chave for fechada. Para evitar esse problema, cada uma das três fases deve ter *exatamente o mesmo valor de tensão e ângulo de fase* que o condutor ao qual ela está sendo ligada. Em outras palavras, a tensão na fase *a* deve ser *exatamente* a mesma que a tensão na fase *a′* e assim por diante para as fases *b-b′* e *c-c′*. Para conseguir esse acoplamento, as seguintes *condições de paralelismo* devem ser atendidas:

1. As *tensões eficazes de linha* dos dois geradores devem ser iguais.
2. Os dois geradores devem ter a mesma *sequência de fases*.
3. Os ângulos de fase das duas fases *a* devem ser iguais.
4. A frequência do novo gerador, o gerador *que está entrando em paralelo*, deve ser ligeiramente superior à frequência do sistema que já está em operação.

Essas condições para ligação em paralelo requerem algumas explicações. A condição 1 é óbvia – para que dois conjuntos de tensões sejam idênticos, eles devem naturalmente ter o mesmo valor de tensão eficaz. As tensões nas fases *a* e *a′* serão completamente idênticas em todos os instantes se ambos os seus valores e ângulos forem os mesmos, o que explica a condição 3.

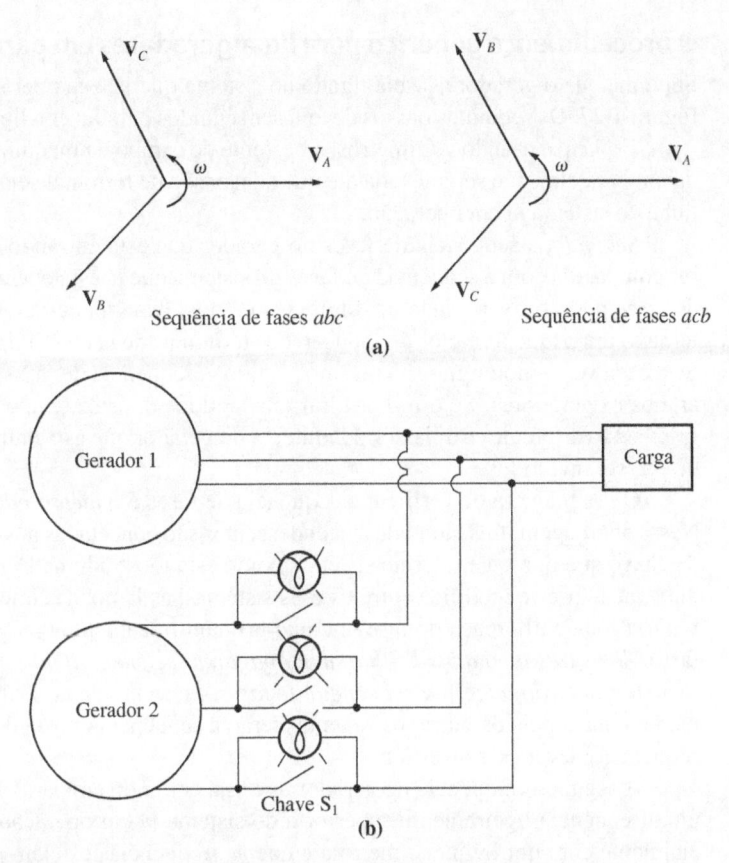

FIGURA 4-27
(a) As duas sequências de fases possíveis de um sistema trifásico. (b) O método das três lâmpadas para verificação da sequência de fases.

A Condição 2 assegura que a sequência na qual as tensões de fase passam por picos nos dois geradores seja a mesma. Se a sequência de fases for diferente (como está mostrado na Figura 4-27a), então, mesmo que um par de tensões (as fases *a*) esteja em fase, os outros dois pares de tensões estarão 120° fora de fase. Se os dois geradores fossem ligados dessa forma, não haveria problema com a fase *a*, mas correntes muito elevadas circulariam nas fases *b* e *c*, danificando ambas as máquinas. Para corrigir o problema de sequência de fases, simplesmente inverta as ligações de duas fases de uma das máquinas.

Se as frequências dos geradores não estiverem muito próximas uma da outra quando os geradores são ligados entre si, ocorrerão grandes transitórios de potência até que os geradores se estabilizem em uma frequência comum. As frequências das duas máquinas devem ser muito próximas, mas não podem ser exatamente iguais. Elas devem diferir em um pequeno valor, de modo que o ângulo de fase da máquina que está entrando em paralelo mude lentamente em relação ao ângulo de fase do sistema já em operação. Desse modo, pode-se observar o ângulo entre as tensões e fechar a chave S_1 quando os sistemas estão exatamente em fase.

O procedimento genérico para ligar geradores em paralelo

Suponha que o gerador G_2 seja ligado ao sistema que já está operando, mostrado na Figura 4-27. Os seguintes passos devem ser seguidos para fazer a ligação em paralelo.

Primeiro, usando voltímetros, a corrente de campo da máquina que está entrando em paralelo deve ser ajustada até que sua tensão de terminal seja igual à tensão de linha do sistema já em operação.

Segundo, a sequência de fases do gerador que está entrando em paralelo deve ser comparada com a sequência de fases do sistema que já está operando. A sequência de fases pode ser verificada de diferentes modos. Uma maneira é ligar de modo alternado um pequeno motor de indução aos terminais de cada um dos dois geradores. Se a cada vez o motor girar no mesmo sentido, a sequência de fases será a mesma em ambos os geradores. Se o motor girar em sentidos opostos, então as sequências de fases serão diferentes e dois dos condutores do gerador que está entrando em paralelo devem ser invertidos.

Outra maneira de verificar a sequência de fases é o *método das três lâmpadas*. Nessa abordagem, três lâmpadas incandescentes são conectadas aos terminais abertos da chave que liga o gerador ao sistema, como está mostrado na Figura 4-27b. À medida que a fase se modifica entre os dois sistemas, as lâmpadas inicialmente brilham muito (grande diferença de fase) e então brilham fracamente (pequena diferença de fase). *Se as três lâmpadas brilharem e apagarem-se em conjunto, isso significa que os sistemas terão a mesma sequência de fases*. Se as lâmpadas brilharem sucessivamente uma depois da outra, os sistemas terão a sequência oposta de fases e uma das sequências deverá ser invertida.

A seguir, a frequência do gerador que está entrando em paralelo é ajustada para uma frequência ligeiramente superior à do sistema já em operação. Isso é feito inicialmente com um frequencímetro até que as frequências estejam próximas e então observando as alterações de fase entre os sistemas. O gerador que está entrando é ajustado para uma frequência ligeiramente maior. Desse modo, ao ser conectado à linha, o gerador fornece potência como gerador, em vez de consumi-la como motor (esse ponto será explicado mais adiante).

Logo que as frequências tornarem-se muito aproximadamente iguais, a fase entre as tensões dos dois sistemas se alterará muito vagarosamente. As alterações de fase são observadas e, quando os ângulos de fase forem iguais, a chave que conecta os dois sistemas será fechada.

Como podemos dizer que dois sistemas estão finalmente em fase? Um modo simples é observar as três lâmpadas incandescentes descritas antes na discussão da sequência de fases. Quando as três lâmpadas estiverem apagadas, a diferença de tensão entre elas é zero e os sistemas estão em fase. Esse esquema simples funciona, mas não é muito exato. Um modo melhor é empregar um sincronoscópio. Um *sincronoscópio* ou *sincroscópio* é um aparelho que mede a diferença no ângulo de fase entre as fases *a* dos dois sistemas. A Figura 4-28 mostra o aspecto de um sincronoscópio. O dial mostra a diferença de fase entre as duas fases *a*, estando 0 (significando em fase) no topo e 180° na parte inferior. Como as frequências dos dois sistemas são ligeiramente diferentes, o ângulo de fase no medidor mudará lentamente. Se o sistema ou gerador que está entrando em paralelo for mais veloz que o sistema que está já operando (situação desejada), então o ângulo de fase adianta-se e a agulha do sincronoscópio girará em sentido horário. Se a máquina que está entrando for mais lenta, a agulha irá girar em

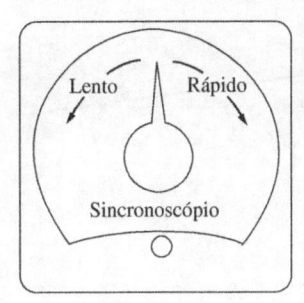

FIGURA 4-28
Um sincronoscópio.

sentido anti-horário. Quando a agulha do sincronoscópio estiver na posição vertical, as tensões estarão em fase e a chave poderá ser fechada para ligar os dois sistemas.

No entanto, observe que um *sincronoscópio verifica as relações de apenas uma fase*. Ele não dá nenhuma informação sobre a sequência de fases.

Em geradores de grande porte que fazem parte de sistemas de energia elétrica, esse processo completo de ligar um novo gerador em paralelo com a linha é automatizado e um computador realiza esse trabalho. Com geradores menores, no entanto, o operador deve realizar manualmente os passos recém descritos de ligação em paralelo de um gerador.

Características de frequência *versus* potência e tensão *versus* potência reativa de um gerador síncrono

Todos os geradores são acionados por uma *máquina motriz*, que é a fonte de potência mecânica do gerador. O tipo mais comum de máquina motriz é a turbina a vapor, mas outros tipos incluem máquinas diesel, turbinas a gás, turbinas hidráulicas e mesmo turbinas eólicas.

Independentemente da fonte original de potência, todas as máquinas motrizes tendem a se comportar de modo semelhante – à medida que aumenta a potência retirada delas, a velocidade com que giram diminui. A diminuição de velocidade é geralmente não linear, mas alguma forma de mecanismo regulador de velocidade é usualmente incluída para tornar linear a diminuição da velocidade com o aumento da demanda de potência.

Qualquer que seja o mecanismo regulador presente em uma máquina motriz, ele sempre será ajustado para apresentar uma característica de ligeira queda com o aumento da carga. A queda de velocidade (QV) de uma máquina motriz é definida pela equação

$$\boxed{QV = \frac{n_{vz} - n_{pc}}{n_{pc}} \times 100\%} \qquad (4\text{-}27)$$

em que n_{vz} é a velocidade a vazio da máquina motriz e n_{pc} é a velocidade a plena carga da máquina motriz. A maioria das máquinas motrizes de geradores apresenta queda de velocidade de 2 a 4%, como definido na Equação (4-27). Além disso, a maioria dos reguladores apresenta algum tipo de ajuste do ponto de operação para permitir que a velocidade a vazio da turbina seja variada. Um gráfico típico de velocidade *versus* potência está mostrado na Figura 4-29.

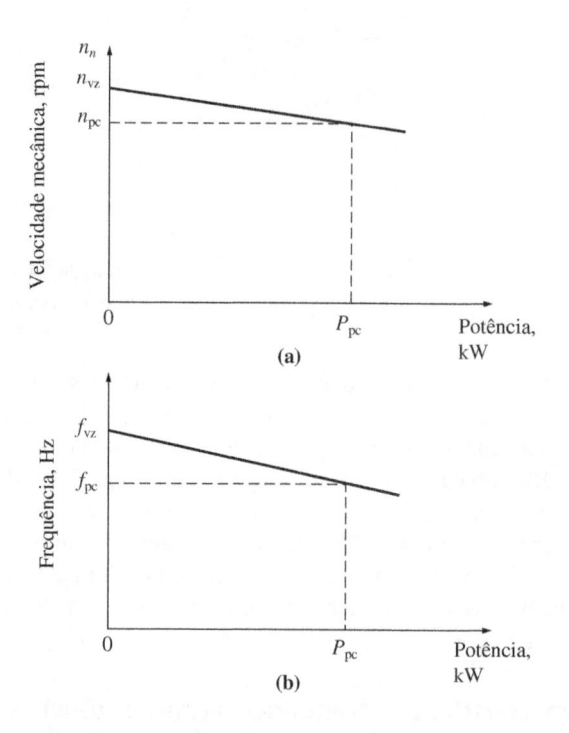

FIGURA 4-29
(a) A curva de velocidade *versus* potência de uma máquina motriz típica. (b) Curva resultante da frequência *versus* potência do gerador.

Como a velocidade do eixo relaciona-se com a frequência elétrica resultante através da Equação (3-34),

$$f_{se} = \frac{n_{sm}P}{120} \quad (3\text{-}34)$$

podemos concluir que a saída de potência de um gerador síncrono está relacionada com sua frequência. Um exemplo gráfico de frequência *versus* potência está mostrado na Figura 4-29b. Curvas características de frequência *versus* potência desse tipo desempenham um papel fundamental na operação em paralelo de geradores síncronos.

A relação entre frequência e potência pode ser descrita quantitativamente por meio da equação

$$\boxed{P = s_P(f_{vz} - f_{sis})} \quad (4\text{-}28)$$

em que P = saída de potência do gerador

f_{vz} = frequência a vazio do gerador

f_{sis} = frequência de operação do sistema

s_P = inclinação da curva, em kW/Hz ou MW/Hz

Uma relação semelhante pode ser obtida para a potência reativa Q e a tensão de terminal V_T. Como visto anteriormente, quando uma carga atrasada é ligada a

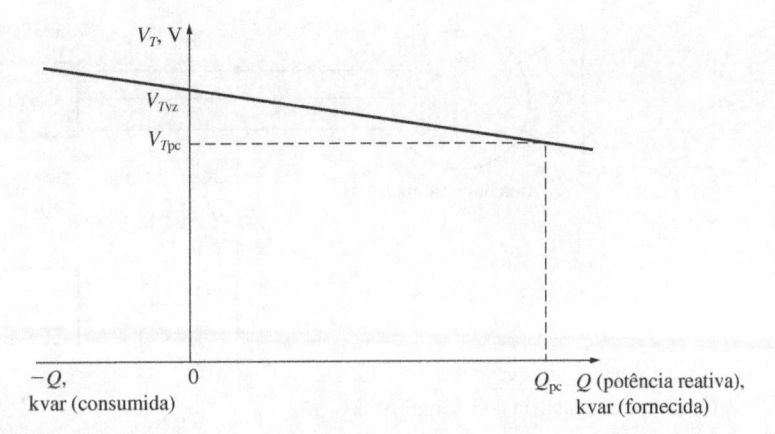

FIGURA 4-30
Curva de tensão de terminal (V_T) *versus* potência reativa (Q) de um gerador síncrono.

um gerador síncrono, sua tensão de terminal cai. De modo semelhante, quando uma carga adiantada é ligada a um gerador síncrono, sua tensão de terminal eleva-se. É possível fazer um gráfico da tensão de terminal *versus* potência reativa e tal gráfico tem uma característica descendente, como o mostrado na Figura 4-30. Essa característica não é intrinsecamente linear, mas muitos reguladores de tensão de gerador incluem um recurso para torná-la linear. A curva característica pode ser movida para cima e para baixo, alterando o ponto de operação da tensão de terminal a vazio no regulador de tensão. Assim como a característica de frequência *versus* potência, essa curva desempenha um papel importante na operação em paralelo dos geradores síncronos.

A relação entre a tensão de terminal e a potência reativa poderá ser expressa por uma equação similar à de frequência *versus* potência [Equação (4-28)] se o regulador de tensão produzir uma saída que é linear com as alterações de potência reativa.

É importante entender que, quando um único gerador está operando isoladamente, a potência ativa P e a potência reativa Q fornecidas pelo gerador terão os valores demandados pela carga conectada ao gerador – as potências P e Q fornecidas não podem ser ajustadas pelos controles do gerador. Portanto, para uma potência ativa qualquer dada, o ajuste no regulador controla a frequência f_e de operação do gerador e, para uma potência reativa qualquer dada, a corrente de campo controla a tensão V_T de terminal do gerador.

EXEMPLO 4-5 A Figura 4-31 mostra um gerador alimentando uma carga. Uma segunda carga deve ser ligada em paralelo com a primeira. O gerador tem uma frequência sem carga de 61,0 Hz e uma inclinação s_P de 1 MW/Hz. A carga 1 consome uma potência ativa de 1000 kW, com FP 0,8 atrasado, ao passo que a carga 2 consome uma potência ativa de 800 kW, com FP 0,707 atrasado.

(a) Antes que a chave seja fechada, qual é a frequência de operação do sistema?

(b) Depois que a carga 2 é ligada, qual é a frequência de operação do sistema?

(c) Depois que a carga 2 é ligada, que ação um operador poderá realizar para que a frequência do sistema retorne a 60 Hz?

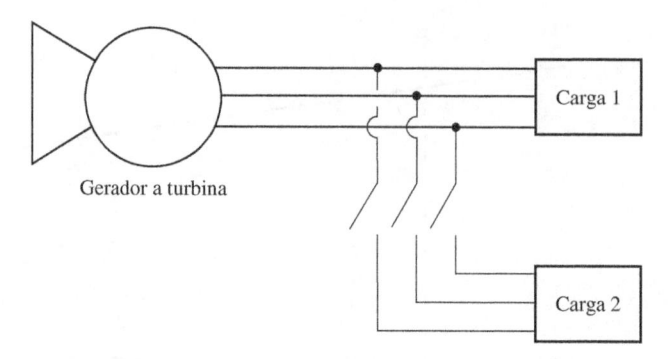

FIGURA 4-31
O sistema de potência do Exemplo 4-5.

Solução
Este problema afirma que a inclinação da característica do gerador é 1 MW/Hz e que sua frequência a vazio é 61 Hz. Portanto, a potência produzida pelo gerador é dada por

$$P = s_P(f_{vz} - f_{sis}) \tag{4-28}$$

de modo que

$$f_{sis} = f_{vz} - \frac{P}{s_P}$$

(a) A frequência inicial é dada por

$$f_{sis} = f_{vz} - \frac{P}{s_P}$$

$$= 61 \text{ Hz} - \frac{1000 \text{ kW}}{1 \text{ MW/Hz}} = 61 \text{ Hz} - 1 \text{ Hz} = 60 \text{ Hz}$$

(b) Depois que a carga 2 é ligada, temos

$$f_{sis} = f_{vz} - \frac{P}{s_P}$$

$$= 61 \text{ Hz} - \frac{1800 \text{ kW}}{1 \text{ MW/Hz}} = 61 \text{ Hz} - 1,8 \text{ Hz} = 59,2 \text{ Hz}$$

(c) Depois que a carga é ligada, a frequência do sistema cai para 59,2 Hz. Para restabelecer a frequência própria de operação do sistema, o operador deve reajustar o regulador, incrementando o ponto de frequência a vazio em 0,8 Hz, ou seja, elevando para 61,8 Hz. Essa ação levará a frequência do sistema de volta para 60 Hz.

Em resumo, quando um gerador está funcionando isoladamente alimentando as cargas do sistema,

1. As potências ativa e reativa fornecidas pelo gerador serão os valores demandados pelas cargas conectadas.
2. O ponto de ajuste no regulador irá controlar a frequência de operação do sistema de potência.

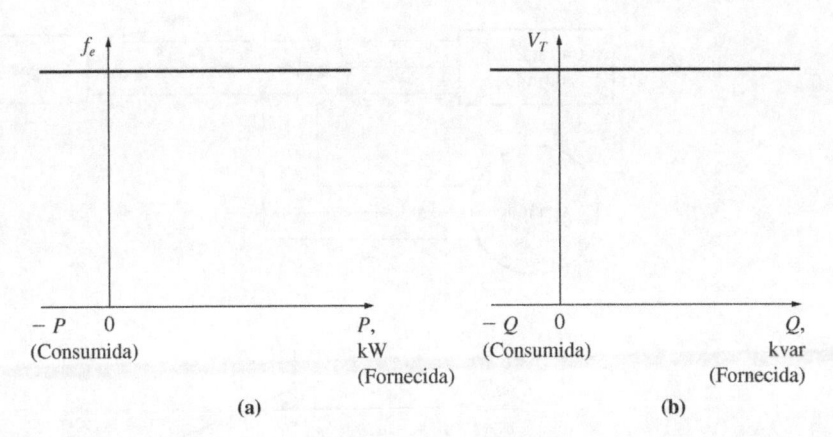

FIGURA 4-32
Curvas de barramento infinito: (a) frequência *versus* potência e (b) tensão de terminal *versus* potência reativa.

3. A corrente de campo (ou ponto de ajuste de campo no regulador) controla a tensão de terminal do sistema de potência.

Essa é a situação encontrada em lugares remotos, nos quais há geradores isolados em funcionamento.

Operação de geradores em paralelo em grandes sistemas de potência

Quando um gerador síncrono é conectado a um sistema de potência, frequentemente esse sistema é tão grande que não há *nada* que o operador do gerador possa fazer para alterar de modo significativo o sistema. Um exemplo dessa situação é a ligação de um gerador à rede de energia elétrica de um país. Essa rede é tão grande que nenhuma ação realizada no gerador será capaz de causar alguma mudança observável na frequência da rede.

Essa ideia está idealizada no conceito de barramento infinito. Um *barramento infinito* é um sistema de potência tão grande que sua tensão e sua frequência não variam, independentemente de quanta potência ativa ou reativa é retirada ou fornecida ao sistema. A característica de potência *versus* frequência de tal sistema está mostrada na Figura 4-32a e a característica de potência *versus* tensão está mostrada na Figura 4-32b.

Para compreender o comportamento de um gerador ligado a tal sistema de grande porte, examine um sistema que consiste em um gerador e um barramento infinito em paralelo alimentando uma carga. Assuma que a máquina motriz do gerador tem um mecanismo regulador, mas que o campo é controlado manualmente por uma resistência. É mais fácil explicar o funcionamento do gerador sem considerar um regulador automático de corrente de campo. Assim, nesta discussão, ignoraremos as pequenas diferenças causadas pelo regulador do campo quando um está presente. Um sistema como esse é mostrado na Figura 4-33a.

Quando um gerador é ligado em paralelo com outro gerador ou com um sistema de grande porte, *a frequência e a tensão de terminal de todas as máquinas devem ser*

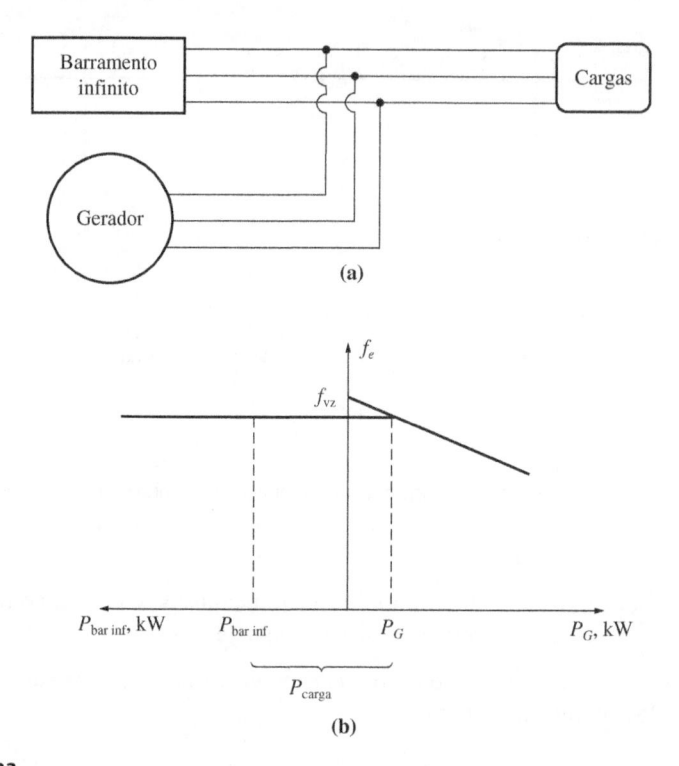

FIGURA 4-33
(a) Um gerador síncrono operando em paralelo com um barramento infinito. (b) O diagrama de frequência *versus* potência de um gerador síncrono em paralelo com um barramento infinito.

as mesmas, porque todos os seus condutores de saída estão ligados entre si. Portanto, as características de potência ativa *versus* frequência ou de potência reativa *versus* tensão podem ser plotadas lado a lado com um eixo vertical em comum. O primeiro desses dois gráficos está mostrado na Figura 4-33b.

Assuma que o gerador acabou de ser colocado em paralelo com o barramento infinito, de acordo com o procedimento descrito anteriormente. Então, o gerador estará basicamente "flutuando" na linha, fornecendo uma pequena quantidade de potência ativa e pouca ou nenhuma potência reativa. Essa situação está mostrada na Figura 4-34.

Suponha que o gerador tenha sido colocado em paralelo com a linha, mas que, em vez de ter uma frequência ligeiramente superior, estivesse com uma frequência ligeiramente inferior à frequência do sistema que já estava operando. Nesse caso, quando a colocação em paralelo estiver terminada, a situação resultante é a mostrada na Figura 4-35. Observe que aqui a frequência a vazio do gerador é inferior à frequência de operação do sistema. Nessa frequência, a potência fornecida pelo gerador é na realidade negativa. Em outras palavras, quando a frequência a vazio do gerador é inferior à frequência de operação do sistema, o gerador na realidade consome potência elétrica e funciona como um motor. Para assegurar que um gerador entre na linha fornecendo potência em vez de consumir, a frequência da máquina que está entrando deve ser ajustada para um valor superior ao da frequência do sistema que já está ope-

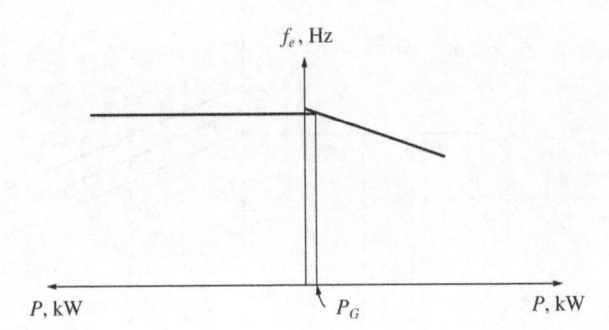

FIGURA 4-34
O diagrama de frequência *versus* potência no instante após entrar em paralelo.

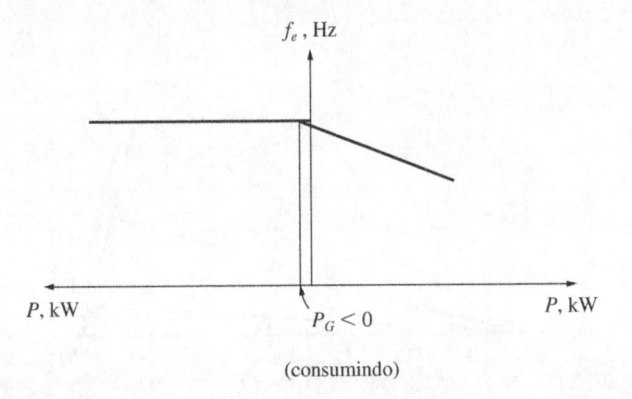

FIGURA 4-35
O diagrama de frequência *versus* potência para o caso de frequência a vazio do gerador ser ligeiramente *menor* do que a frequência do sistema antes da entrada em paralelo.

rando. *Muitos geradores reais têm conectado a eles um sistema de desligamento no caso de inversão do fluxo de potência. Assim, é imperativo que, ao entrar em paralelo, o gerador esteja com sua frequência mais elevada do que a frequência do sistema que já está operando. Se o gerador que está entrando começar a consumir potência, ele será desligado da linha.*

Após o gerador ter sido ligado, que acontece quando o ponto de ajuste no regulador é aumentado? O efeito dessa elevação é deslocar a frequência a vazio do gerador para cima. Como a frequência do sistema permanece inalterada (a frequência de um barramento infinito não pode mudar), a potência fornecida pelo gerador eleva-se. Isso está mostrado no diagrama da Figura 4-36a e no diagrama fasorial da Figura 4-36b. Observe no diagrama fasorial que E_A sen δ (proporcional à potência fornecida enquanto V_T é constante) aumentou, ao passo que o valor de E_A ($= K\phi\omega$) permanece constante, já que tanto a corrente de campo I_F quanto a velocidade de rotação ω não se alteram. Quando o ponto de ajuste no regulador é novamente aumentado, a frequência a vazio eleva-se e a potência fornecida pelo gerador aumenta. Quando a saída de potência cresce, E_A mantém-se com valor constante, ao passo que E_A sen δ aumenta novamente.

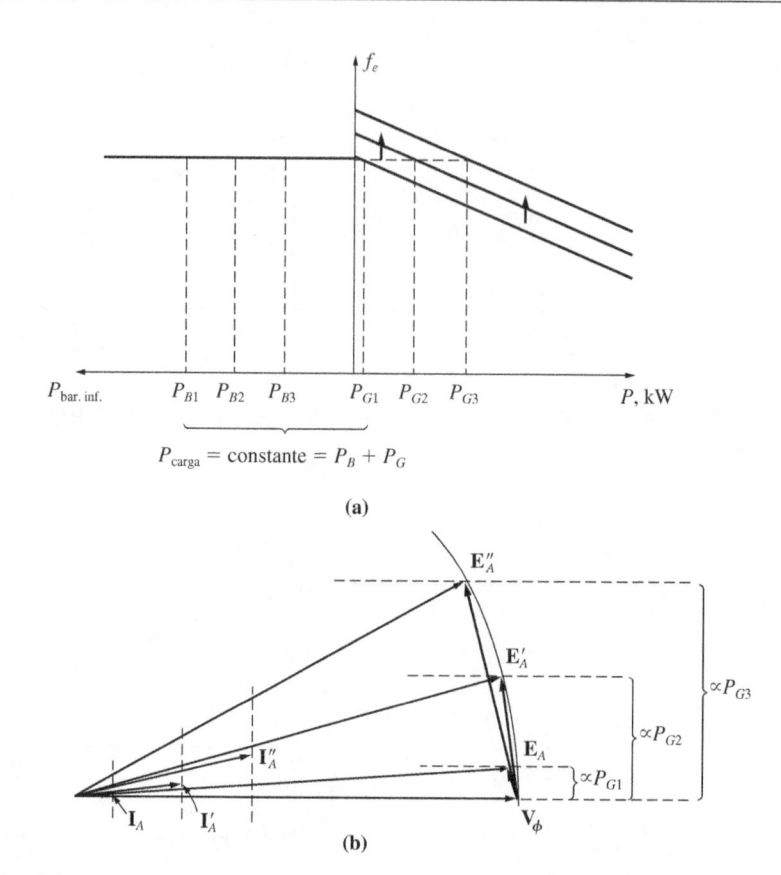

FIGURA 4-36
O efeito de aumentar o ponto de ajuste do regulador no (a) diagrama de frequência *versus* potência; (b) diagrama fasorial.

Que acontece nesse sistema se a saída de potência do gerador for aumentada até que exceda a potência consumida pela carga? Se isso ocorrer, a potência extra gerada fluirá de volta para o barramento infinito. Este, por definição, pode fornecer ou consumir qualquer quantidade de potência sem alteração na frequência, de modo que a potência extra será consumida.

Depois que a potência ativa do gerador foi ajustada para o valor desejado, o diagrama fasorial do gerador é similar ao da Figura 4-36b. Observe que desta vez o gerador está na realidade operando com um fator de potência ligeiramente adiantado, fornecendo potência reativa negativa. Pode-se dizer também que o gerador está consumindo potência reativa. Como o gerador pode ser ajustado para que forneça alguma potência reativa Q ao sistema? Isso pode ser feito ajustando a corrente de campo da máquina. Para compreender por que isso é verdadeiro, é necessário considerar as restrições de operação do gerador nessas condições.

A primeira restrição do gerador é que *a potência deve permanecer constante* quando I_F é alterada. A potência que entra em um gerador (desconsiderando as perdas) é dada pela equação $P_{\text{entrada}} = \tau_{\text{ind}}\omega_m$. Por outro lado, a máquina motriz de um

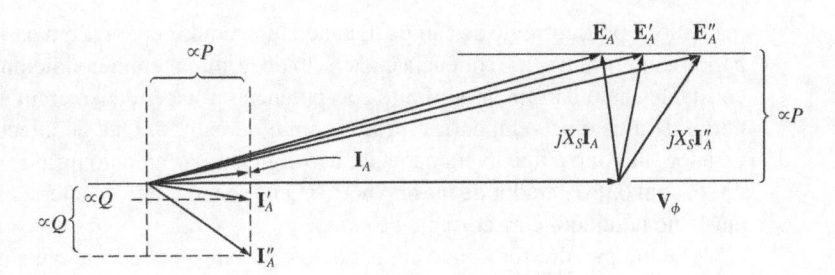

FIGURA 4-37
O efeito do aumento da corrente de campo do gerador sobre o diagrama fasorial da máquina.

gerador síncrono tem uma característica de conjugado *versus* velocidade que se mantém fixa para um dado ponto de ajuste qualquer do regulador. Essa curva altera-se somente quando o ponto de ajuste no regulador é mudado. Como o gerador está conectado a um barramento infinito, sua velocidade *não pode* se alterar. Se a velocidade do gerador não mudar e o ponto de ajuste no regulador não for alterado, a potência fornecida pelo gerador deverá permanecer constante.

Se a potência fornecida permanecer constante quando a corrente de campo é alterada, então as distâncias proporcionais à potência no diagrama fasorial ($I_A \cos \theta$ e E_A sen δ) não poderão se alterar. Quando a corrente de campo cresce, o fluxo ϕ aumenta e, portanto, E_A (= $K\phi\uparrow\omega$) aumenta. Se E_A crescer, mas E_A sen δ tiver de se manter constante, então o fasor **E**$_A$ deverá "deslizar" ao longo da reta de potência constante, como está mostrado na Figura 4-37. Como **V**$_\phi$ é constante, o ângulo de $jX_S\mathbf{I}_A$ altera-se como está mostrado e, portanto, o ângulo e o módulo de **I**$_A$ mudam. Observe que, como resultado, a distância proporcional a Q (I_A sen θ) aumenta. Em outras palavras, *o aumento da corrente de campo em um gerador síncrono, operando em paralelo com um barramento infinito, faz aumentar a saída de potência reativa do gerador.*

Em resumo, quando um gerador está em paralelo com um barramento infinito:

1. A frequência e a tensão de terminal do gerador são controladas pelo sistema ao qual ele está ligado.
2. O ponto de ajuste no regulador do gerador controla a potência ativa fornecida pelo gerador ao sistema.
3. A corrente de campo do gerador controla a potência reativa fornecida pelo gerador ao sistema.

Essa situação é muito semelhante ao modo como os geradores reais operam quando são conectados a um sistema de potência de porte muito grande.

Operação de geradores em paralelo com outros geradores de mesmo porte

Quando um único gerador operava isolado, as potências ativa e reativa (P e Q) fornecidas pelo gerador eram fixas, condicionadas a serem iguais à potência demandada pela carga. A frequência e a tensão de terminal eram alteradas pelo ponto de ajuste no regulador e pela corrente de campo. Quando um gerador operava em paralelo com um barramento infinito, a frequência e a tensão de terminal eram condicionadas a serem constantes pelo barramento infinito e as potências ativa e reativa eram alteradas pelo ponto de ajuste no regulador e pela corrente de campo. Que acontece quando um gerador síncrono é ligado em paralelo, não com um barramento infinito, mas, em vez disso, com outro gerador de mesmo porte? Qual será o efeito da alteração do ponto de ajuste no regulador e na corrente de campo?

Se um gerador for ligado em paralelo com outro do mesmo tamanho, o sistema resultante será como o mostrado na Figura 4-38a. Nesse sistema, a condição básica é que *a soma das potências ativa e reativa fornecidas pelos dois geradores deva ser igual às potências P e Q demandadas pela carga*. Não há nenhuma condição para a frequência do sistema ser constante nem para a potência de um dado gerador ser constante. O diagrama de potência *versus* frequência de um sistema como esse, imediatamente após G_2 ter sido colocado em paralelo com a linha, está mostrado na Figura 4-38b. Aqui, a potência total P_{tot} (que é igual a P_{carga}) é dada por

$$P_{tot} = P_{carga} = P_{G1} + P_{G2} \tag{4-29a}$$

e a potência reativa total é dada por

$$Q_{tot} = Q_{carga} = Q_{G1} = Q_{G2}$$

Que acontecerá se o ponto G_2 de ajuste no regulador de for aumentado? Quando o ponto de ajuste no regulador for aumentado, a curva de frequência *versus* potência de G_2 desloca-se para cima, como está mostrado na Figura 4-38c. Lembre-se de que a potência total fornecida à carga não deve se alterar. Na frequência original f_1, a potência fornecida por G_1 e G_2 será agora maior do que a demanda de carga, de modo que o sistema não pode continuar a operar na mesma frequência de antes. De fato, há apenas uma frequência na qual a soma das potências que saem dos dois geradores é igual à P_{carga}. Essa frequência f_2 é mais elevada do que a frequência original de operação do sistema. Nessa frequência, G_2 fornece mais potência do que antes e G_1 fornece menos potência.

Portanto, quando dois geradores estão operando em conjunto, um aumento do ponto de ajuste no regulador de um deles

1. *Eleva a frequência do sistema.*
2. *Eleva a potência fornecida por esse gerador e, ao mesmo tempo, reduz a potência fornecida pelo outro.*

Que acontecerá se a corrente de campo de G_2 for aumentada? O comportamento resultante é análogo à situação de potência ativa e está mostrado na Figura 4-38d. Quando dois geradores estão operando em paralelo e a corrente de campo de G_2 é aumentada,

1. *A tensão de terminal do sistema é aumentada.*
2. *A potência reativa Q fornecida por esse gerador aumenta, ao passo que a potência reativa fornecida pelo outro gerador diminui.*

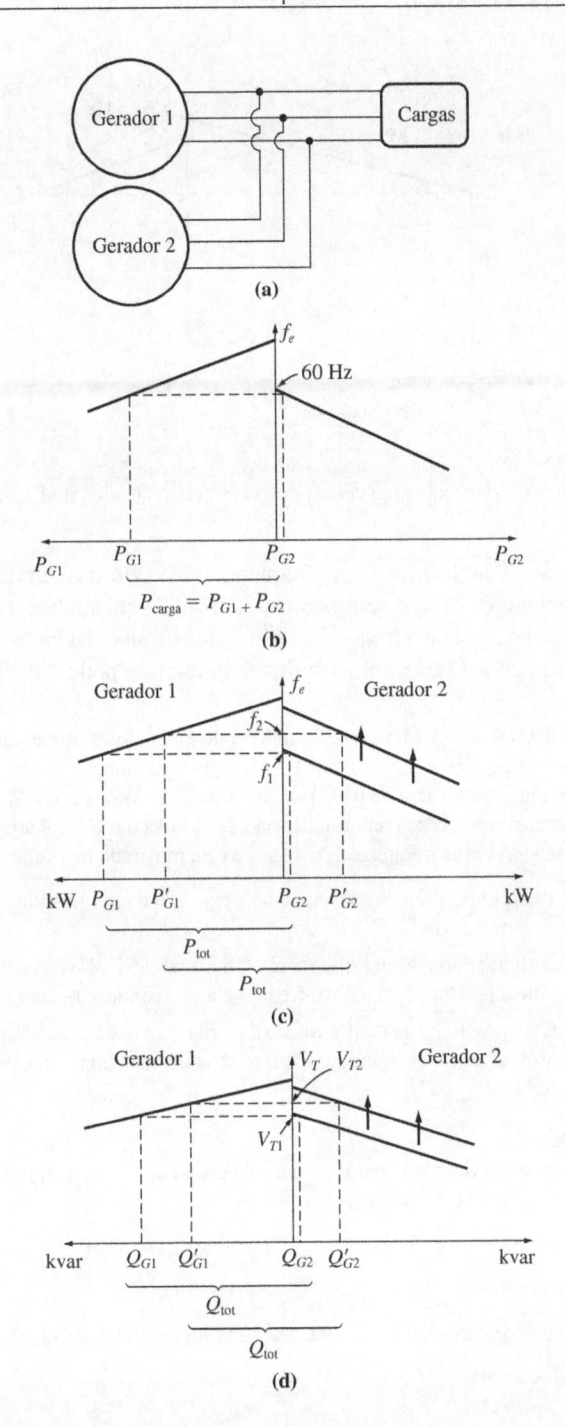

FIGURA 4-38
(a) Um gerador conectado em paralelo com outra máquina de mesmo tamanho. (b) O diagrama de frequência *versus* potência no instante em que o gerador 2 é colocado em paralelo com o sistema. (c) O efeito de aumentar o ponto de ajuste no regulador do gerador 2 sobre o sistema. (d) O efeito de aumentar a corrente de campo do gerador 2 sobre o sistema.

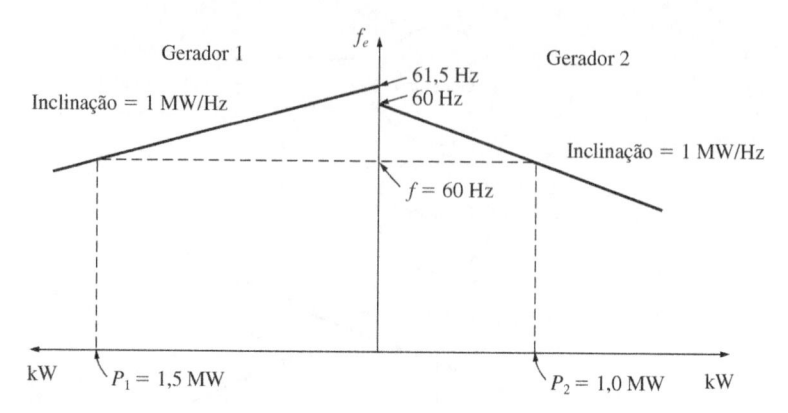

```
              Gerador 1              f_e              Gerador 2
                                    61,5 Hz
       Inclinação = 1 MW/Hz         60 Hz
                                                  Inclinação = 1 MW/Hz
                              ------f = 60 Hz------

       kW      P₁ = 1,5 MW                  P₂ = 1,0 MW     kW
```

FIGURA 4-39
O diagrama de frequência *versus* potência para o sistema do Exemplo 4-6.

Se as inclinações e as frequências a vazio das curvas de queda de velocidade dos geradores (frequência *versus* potência) forem conhecidas, as potências fornecidas por cada gerador e a frequência resultante do sistema poderão ser determinadas quantitativamente. O Exemplo 4-6 ilustra como isso pode ser feito.

EXEMPLO 4-6 A Figura 4-38a mostra dois geradores alimentando uma carga. O Gerador 1 tem uma frequência a vazio de 61,5 Hz e uma inclinação s_{P1} de 1 MW/Hz. O Gerador 2 tem uma frequência a vazio de 61,0 Hz e uma inclinação s_{P2} de 1 MW/Hz. Os dois geradores estão abastecendo uma carga real totalizando 2,5 MW, com FP 0,8 atrasado. O diagrama resultante de potência *versus* frequência do sistema está mostrado na Figura 4-39.

(a) Em que frequência esse sistema opera e quanta potência é fornecida por cada um dos dois geradores?

(b) Agora, suponha que uma carga adicional de 1 MW seja adicionada a esse sistema de potência. Qual será a nova frequência do sistema e quanta potência G_1 e G_2 fornecerão?

(c) Com o sistema na configuração descrita na parte *b*, quais serão a frequência do sistema e as potências dos geradores se o ponto de ajuste no regulador de G_2 for incrementado em 0,5 Hz?

Solução
A potência produzida por um gerador síncrono com uma dada inclinação e uma frequência a vazio é dada pela Equação (4-28):

$$P_1 = s_{P1}(f_{vz,1} - f_{sis})$$
$$P_2 = s_{P2}(f_{vz,2} = f_{sis})$$

Como a potência total fornecida pelos geradores deve ser igual à potência consumida pelas cargas,

$$P_{carga} = P_1 + P_2$$

Essas equações podem ser usadas para responder às questões formuladas.

(a) No primeiro caso, ambos os geradores têm uma inclinação de 1 MW/Hz e G_1 tem uma frequência a vazio de 61,5 Hz, ao passo que G_2 tem uma frequência a vazio de 61,0 Hz. A carga total é 2,5 MW. Portanto, a frequência do sistema pode ser obtida como segue:

$$P_{carga} = P_1 + P_2$$
$$= s_{P1}(f_{vz,1} - f_{sys}) + s_{P2}(f_{vz,2} - f_{sis})$$
$$2{,}5 \text{ MW} = (1 \text{ MW/Hz})(61{,}5 \text{ Hz} - f_{sis}) + (1 \text{ MW/Hz})(61 \text{ Hz} - f_{sis})$$
$$= 61{,}5 \text{ MW} - (1 \text{ MW/Hz})f_{sis} + 61 \text{ MW} - (1 \text{ MW/Hz})f_{sis}$$
$$= 122{,}5 \text{ MW} - (2 \text{ MW/Hz})f_{sis}$$

Portanto, $\quad f_{sis} = \dfrac{122{,}5 \text{ MW} - 2{,}5 \text{ MW}}{(2\text{MW/Hz})} = 60{,}0 \text{ Hz}$

As potências resultantes fornecidas pelos dois geradores são

$$P_1 = s_{P1}(f_{vz,1} - f_{sis})$$
$$= (1 \text{ MW/Hz})(61{,}5 \text{ Hz} - 60{,}0 \text{ Hz}) = 1{,}5 \text{ MW}$$
$$P_2 = s_{P2}(f_{vz,2} - f_{sis})$$
$$= (1 \text{ MW/Hz})(61{,}0 \text{ Hz} - 60{,}0 \text{ Hz}) = 1 \text{ MW}$$

(b) Quando a carga é incrementada em 1 MW, seu total torna-se 3,5 MW. A nova frequência do sistema é dada agora por

$$P_{carga} = s_{P1}(f_{vz,1} - f_{sis}) + s_{P2}(f_{vz,2} - f_{sis})$$
$$3{,}5 \text{ MW} = (1 \text{ MW/Hz})(61{,}5 \text{ Hz} - f_{sis}) + (1 \text{ MW/Hz})(61 \text{ Hz} - f_{sis})$$
$$= 61{,}5 \text{ MW} - (1 \text{ MW/Hz})f_{sis} + 61 \text{ MW} - (1 \text{ MW/Hz})f_{sis}$$
$$= 122{,}5 \text{ MW} - (2 \text{ MW/Hz})f_{sis}$$

Portanto, $\quad f_{sis} = \dfrac{122{,}5 \text{ MW} - 3{,}5 \text{ MW}}{(2\text{MW/Hz})} = 59{,}5 \text{ Hz}$

As potências resultantes são

$$P_1 = s_{P1}(f_{vz,1} - f_{sis})$$
$$= (1 \text{ MW/Hz})(61{,}5 \text{ Hz} - 59{,}5 \text{ Hz}) = 2{,}0 \text{ MW}$$
$$P_2 = s_{P2}(f_{vz,2} - f_{sis})$$
$$= (1 \text{ MW/Hz})(61{,}0 \text{ Hz} - 59{,}5 \text{ Hz}) = 1{,}5 \text{ MW}$$

(c) Se o ponto de ajuste no regulador de G_2 for incrementado em 0,5 Hz, a nova frequência do sistema será

$$P_{carga} = s_{P1}(f_{vz,1} - f_{sis}) + s_{P2}(f_{vz,2} - f_{sis})$$
$$3{,}5 \text{ MW} = (1 \text{ MW/Hz})(61{,}5 \text{ Hz} - f_{sis}) + (1 \text{ MW/Hz})(61{,}5 \text{ Hz} - f_{sis})$$
$$= 123 \text{ MW} - (2 \text{ MW/Hz})f_{sis}$$
$$f_{sis} = \dfrac{123 \text{ MW} - 3{,}5 \text{ MW}}{(2\text{MW/Hz})} = 59{,}75 \text{ Hz}$$

As potências resultantes são

$$P_1 = P_2 = s_{P1}(f_{vz,1} - f_{sis})$$
$$= (1 \text{ MW/Hz})(61{,}5 \text{ Hz} - 59{,}75 \text{ Hz}) = 1{,}75 \text{ MW}$$

Observe que a frequência do sistema elevou-se, a potência fornecida por G_2 elevou-se e a potência fornecida por G_1 baixou.

Quando dois geradores de tamanhos semelhantes estão operando em paralelo, uma mudança no ponto de ajuste no regulador de um deles altera ambas a frequência do sistema e o compartilhamento de potência entre eles. Normalmente, seria desejável ajustar apenas uma dessas grandezas de cada vez. Como é possível ajustar o compartilhamento de potência do sistema, independentemente da frequência do sistema e vice-versa?

A resposta é muito simples. Um aumento no ponto de ajuste do regulador de um dos geradores eleva a potência dessa máquina e também eleva a frequência do sistema. A diminuição no ponto de ajuste do regulador do outro gerador diminui a potência daquela máquina e também diminui a frequência do sistema. Portanto, para ajustar o compartilhamento de potência sem alterar a frequência do sistema, *aumente o ponto de ajuste no regulador de um dos geradores e simultaneamente diminua o ponto de ajuste no regulador do outro gerador* (veja a Figura 4-40a). De modo similar, *para ajustar a frequência do sistema sem alterar o compartilhamento de potência, simultaneamente aumente ou diminua os pontos de ajuste de ambos os reguladores* (veja Figura 4-40b).

Os ajustes de potência reativa e de tensão de terminal operam de forma semelhante. Para alterar o compartilhamento de potência reativa sem mudar V_T, *simultaneamente, aumente a corrente de campo de um gerador e diminua a corrente de campo do outro* (veja a Figura 4-40c). Para alterar a tensão de terminal sem afetar o compartilhamento de potência reativa, *simultaneamente, aumente ou diminua as correntes de campo* (veja a Figura 4-40d).

Em resumo, no caso de dois geradores operando em conjunto:

1. O sistema está condicionado a que a potência total fornecida pelos dois geradores em conjunto deva ser igual à quantidade consumida pela carga. Nem f_{sis} nem V_T estão condicionados a serem constantes.

2. Para ajustar o compartilhamento de potência ativa entre os geradores sem alterar f_{sis}, simultaneamente, aumente o ponto de ajuste no regulador de um gerador e diminua o ponto de ajuste no regulador do outro gerador. A máquina, cujo ponto de ajuste no seu regulador foi incrementado, assumirá uma parte maior da carga.

3. Para ajustar f_{sis} sem alterar o compartilhamento de potência ativa, simultaneamente, aumente ou diminua os pontos de ajuste em ambos os reguladores.

4. Para ajustar o compartilhamento de potência reativa entre os geradores sem alterar V_T, simultaneamente, aumente a corrente de campo de um gerador e diminua a corrente de campo do outro gerador. A máquina, cuja corrente de campo aumentou, assumirá uma parte maior da carga reativa.

5. Para ajustar V_T sem alterar o compartilhamento de potência reativa, simultaneamente, aumente ou diminua as correntes de campo de ambos os geradores.

No caso de qualquer gerador que está entrando em paralelo com outras máquinas, é muito importante que ele tenha uma característica *descendente* de frequência *versus* potência. Se dois geradores tiverem características planas ou quase planas, o compartilhamento de potência entre eles poderá variar amplamente com mínimas alterações da velocidade a vazio. Esse problema está ilustrado na Figura 4-41. Observe que mesmo mudanças mínimas de f_{vz} em um dos geradores causam alterações muito grandes no compartilhamento de potência. Para assegurar um bom controle desse

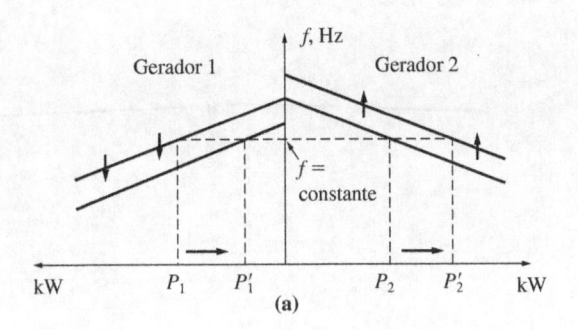

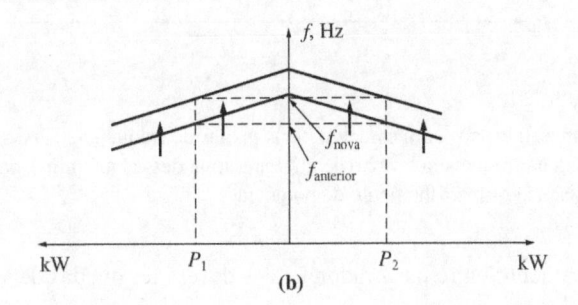

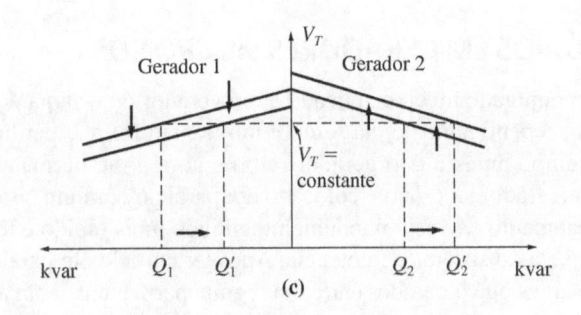

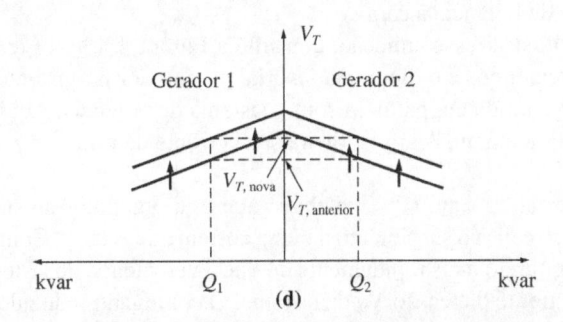

FIGURA 4-40
(a) Alteração do compartilhamento de potência sem afetar a frequência do sistema. *(b)* Alteração da frequência do sistema sem afetar o compartilhamento de potência. *(c)* Alteração do compartilhamento de potência reativa sem afetar a tensão de terminal. *(d)* Alteração da tensão de terminal sem afetar o compartilhamento de potência reativa.

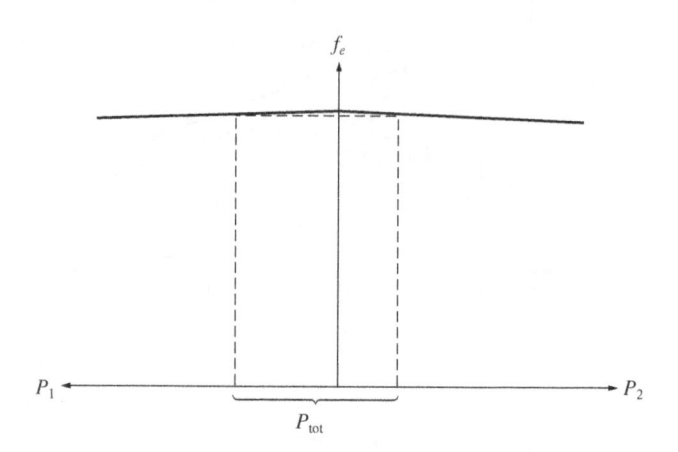

FIGURA 4-41
Dois geradores síncronos com características planas de frequência *versus* potência. Uma mudança mínima na frequência a vazio de qualquer uma dessas máquinas poderia causar enormes variações no compartilhamento de potência.

compartilhamento entre os geradores, eles devem ter quedas de velocidade na faixa de 2 a 5%.

4.10 TRANSITÓRIOS EM GERADORES SÍNCRONOS

Quando o conjugado no eixo aplicado a um gerador ou a carga de saída de um gerador mudam repentinamente, há sempre um transitório que perdura por um período finito de tempo antes que o gerador retorne ao regime permanente. Por exemplo, quando um gerador síncrono é colocado em paralelo com um sistema de potência já em funcionamento, ele está inicialmente girando mais rápido e tem uma frequência maior do que a do sistema de potência. Após ter entrado em paralelo, há um período transitório antes que o gerador entre em regime permanente com a linha e opere com a frequência dessa linha, ao mesmo tempo em que passa a fornecer uma pequena quantidade de potência à carga.

Para ilustrar essa situação, consulte a Figura 4-42. A Figura 4-42a mostra os campos magnéticos e o diagrama fasorial do gerador no instante imediatamente anterior à sua entrada em paralelo com o sistema de potência. Aqui, o gerador que está entrando alimenta uma carga a vazio, sua corrente de estator é zero, $\mathbf{E}_A = \mathbf{V}_\phi$ e $\mathbf{B}_R = \mathbf{B}_{líq}$.

No instante exato $t = 0$, a chave que liga o gerador ao sistema de potência é fechada. Isso causa o surgimento de uma corrente de estator. Como o rotor do gerador ainda está girando mais rapidamente do que a velocidade do sistema, ele continuará a se mover à frente da tensão $\mathbf{V}_\phi$ do sistema. O conjugado induzido no eixo do gerador é dado por

$$\tau_{ind} = k\mathbf{B}_R \times \mathbf{B}_{líq} \qquad (3\text{-}60)$$

O sentido desse conjugado é oposto ao sentido do movimento e aumenta proporcionalmente ao incremento do ângulo de fase entre $\mathbf{B}_R$ e $\mathbf{B}_{líq}$ (ou $\mathbf{E}_A$ e $\mathbf{V}_\phi$). Esse conjuga-

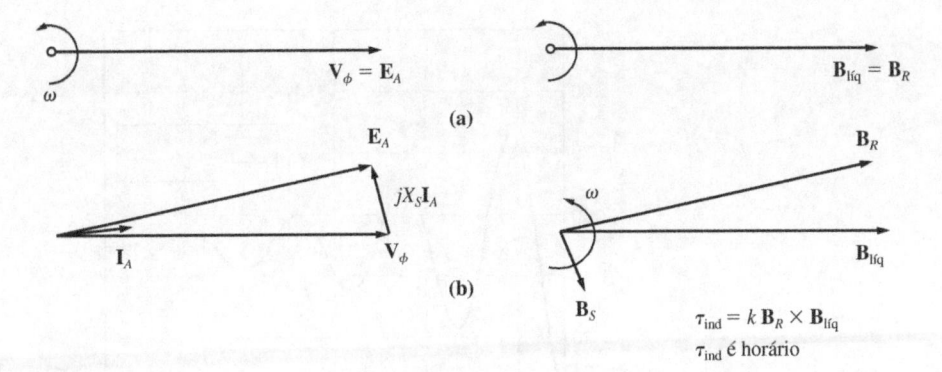

FIGURA 4-42
(a) O diagrama fasorial e os campos magnéticos de um gerador no instante de entrar em paralelo com um sistema de potência de grande porte. (b) O diagrama fasorial e os campos magnéticos logo após (a). Aqui, o rotor adiantou-se ao campo magnético líquido, produzindo um conjugado horário. Esse conjugado está desacelerando o rotor até a velocidade síncrona do sistema de potência.

do *oposto ao sentido do movimento* desacelera o gerador até que ele finalmente esteja girando na velocidade síncrona do restante do sistema de potência.

De modo similar, se o gerador estivesse girando com uma velocidade *menor* do que a velocidade síncrona quando ao entrar em paralelo com o sistema de potência, o rotor estaria atrasado em relação aos campos magnéticos e um conjugado *no sentido do movimento* seria induzido no eixo da máquina. Esse conjugado aceleraria o rotor até que ele novamente girasse na velocidade síncrona.

Estabilidade de transitórios em geradores síncronos

Aprendemos anteriormente que o limite de estabilidade estática de um gerador síncrono é a potência máxima que o gerador pode fornecer em qualquer circunstância. Essa potência máxima é dada pela Equação (4-21):

$$P_{max} = \frac{3V_\phi E_A}{X_S} \quad (4\text{-}21)$$

e o respectivo conjugado máximo é

$$\tau_{max} = \frac{3V_\phi E_A}{\omega_m X_S} \quad (4\text{-}30)$$

Teoricamente, antes de se tornar instável, o gerador deveria ser capaz de fornecer potência e conjugado até atingir esses valores. Na prática, entretanto, a carga máxima que pode ser alimentada pelo gerador é limitada a um nível muito inferior devido ao seu *limite de estabilidade dinâmica*.

Para compreender a razão dessa limitação, considere novamente o gerador da Figura 4-42. Se o conjugado aplicado pela máquina motriz (τ_{ap}) for repentinamente aumentado, o eixo do gerador começará a acelerar e o ângulo de conjugado δ aumentará, como foi descrito. Na medida em que o ângulo δ aumenta, o conjugado induzido

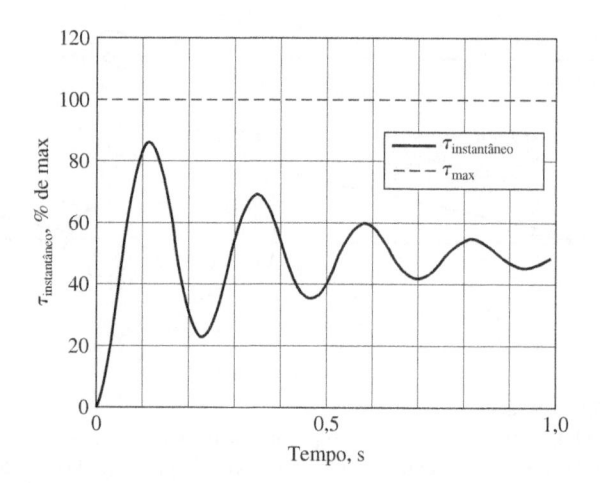

FIGURA 4-43
A resposta dinâmica quando um conjugado aplicado igual a 50% de τ_{max} é repentinamente adicionado a um gerador síncrono.

τ_{ind} do gerador crescerá até que um ângulo δ seja atingido, no qual τ_{ind} será igual e oposto a τ_{ap}. Esse é o ponto de funcionamento em regime permanente do gerador para a nova carga. Entretanto, o rotor do gerador tem uma inércia elevada, de modo que seu ângulo de conjugado δ na realidade *ultrapassa* a posição de regime permanente e gradualmente acomoda-se segundo uma oscilação amortecida, como está mostrado na Figura 4-43. A forma exata dessa oscilação pode ser determinada resolvendo uma equação diferencial não linear, que está além dos objetivos deste livro. Para mais informação, veja a Referência 4, p. 345.

O ponto importante na Figura 4-43 é que, *se em qualquer ponto da resposta transitória o conjugado instantâneo ultrapassar $\tau_{máx}$, o gerador síncrono será instável*. A amplitude das oscilações depende de quão repentinamente o conjugado adicional é aplicado ao gerador síncrono. Se ele for adicionado muito gradativamente, a máquina deverá ser capaz de quase alcançar o limite de estabilidade estática. Por outro lado, se a carga for adicionada repentinamente, a máquina será estável apenas até um limite muito mais baixo, que é de cálculo muito complicado. Para mudanças muito abruptas de conjugado ou carga, o limite de estabilidade dinâmica pode ser inferior à metade do limite de estabilidade estática.

Transitórios de curto-circuito em geradores síncronos

Indubitavelmente, a condição transitória mais grave que pode ocorrer em um gerador síncrono é a situação em que os três terminais do gerador são repentinamente colocados em curto. Em um sistema de potência, tal curto é denominado uma *falta*. Há diversas componentes de corrente presentes em um gerador síncrono em curto; essas componentes serão descritas a seguir. Os mesmos efeitos ocorrem em transitórios menos graves, tais como alterações de carga. Contudo, no caso extremo de um curto--circuito eles são muito mais óbvios.

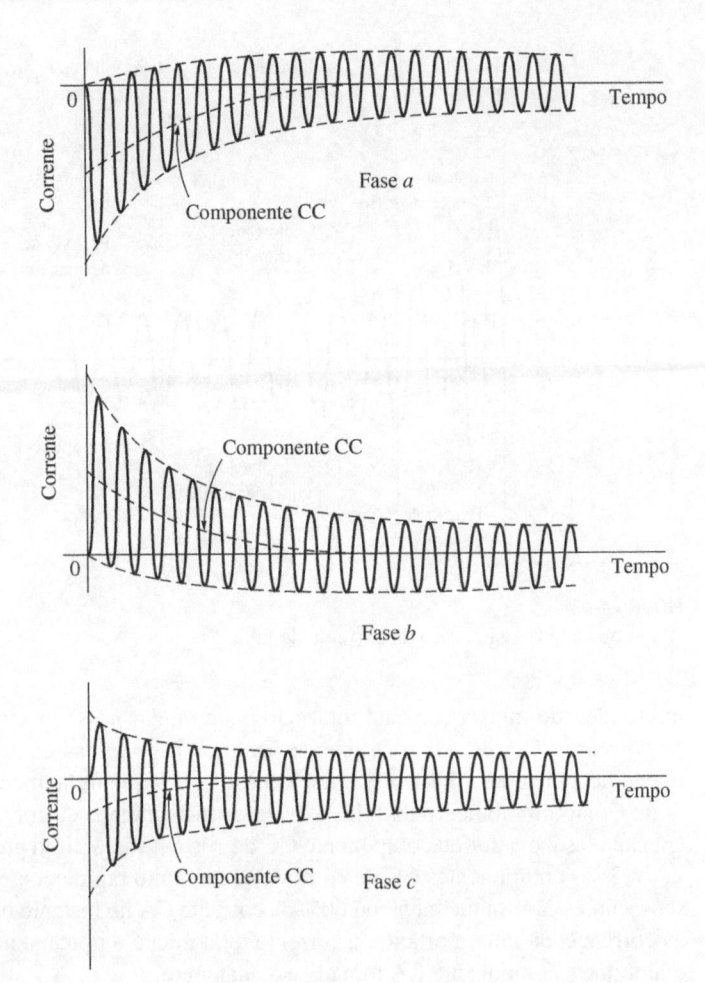

FIGURA 4-44
As correntes totais de falta em função do tempo, durante uma falta trifásica nos terminais de um gerador síncrono.

Quando uma falta ocorre em um gerador síncrono, o fluxo de corrente resultante nas fases do gerador pode ser como está mostrado na Figura 4-44. A corrente em cada fase mostrada na Figura 4-42 pode ser representada como uma componente CC transitória sobreposta a uma componente CA simétrica. A componente CA simétrica isolada está mostrada na Figura 4-45.

Antes da falta, estavam presentes no gerador somente tensões e correntes CA, ao passo que, após a falta, estarão presentes correntes CA e também CC. De onde surgiram as correntes CC? Lembre-se que o gerador síncrono é basicamente indutivo – ele é modelado por uma tensão gerada interna em série com a reatância síncrona. Lembre-se também que *uma corrente não pode mudar instantaneamente em um indutor*. Quando ocorre a falta, a componente CA de corrente salta para um valor

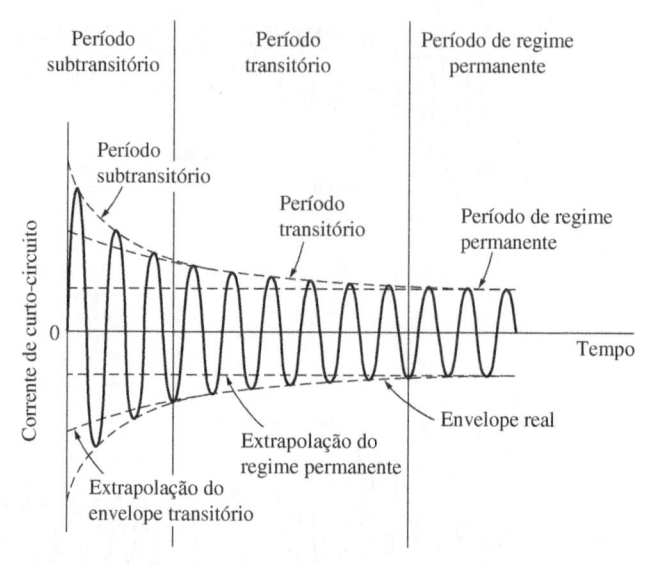

FIGURA 4-45
A componente CA simétrica da corrente de falta.

muito elevado, mas a corrente total não pode mudar nesse instante. A componente de corrente CC é grande o suficiente para que a *soma* das componentes CA e CC imediatamente após a falta seja igual à corrente CA que fluía imediatamente antes da falta. Como no momento da falta os valores instantâneos de corrente são diferentes em cada fase, o valor da componente CC da corrente será diferente em cada fase.

Essas componentes CC de corrente caem muito rapidamente, mas inicialmente seus valores são em média 50 ou 60% da corrente CA no instante imediatamente após a ocorrência da falta. Portanto, a corrente total inicial é tipicamente 1,5 ou 1,6 vezes maior que a componente CA tomada isoladamente.

A componente CA simétrica da corrente está mostrada na Figura 4-45. Ela pode ser dividida a grosso modo em três intervalos. Após a ocorrência da falta, durante aproximadamente o primeiro ciclo a corrente CA é muito elevada e cai muito rapidamente. Esse intervalo de tempo é denominado *período subtransitório*. Depois que ele termina, a corrente continua a cair a uma taxa menor, até que no fim atinge um estado permanente. O intervalo de tempo em que ela cai a uma taxa menor é denominado *período transitório* e o período que se segue após ter atingido o estado permanente é denominado *período de regime permanente*.

Se o valor eficaz da componente CA de corrente for plotada em função do tempo em uma escala semilogarítmica, será possível observar os três períodos da corrente de falta. Esse gráfico está mostrado na Figura 4-46. Partindo de um gráfico como esse, pode-se determinar as constantes de tempo do decaimento em cada período.

A corrente CA eficaz que flui no gerador durante o período subtransitório é denominada *corrente subtransitória* e é representada pelo símbolo I''. Essa corrente é causada pelos enrolamentos amortecedores nos geradores síncronos (veja o Capítulo 5 para uma discussão sobre enrolamentos amortecedores). A constante de tempo da corrente subtransitória recebe o símbolo T'' e pode ser determinada a

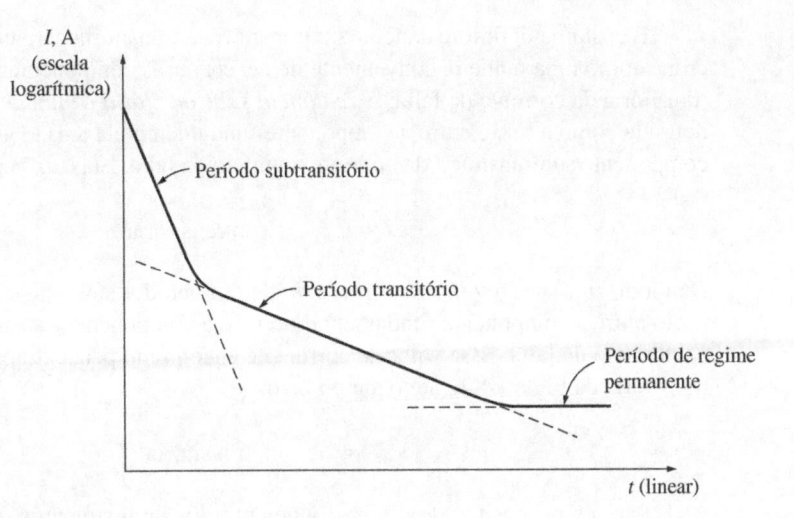

FIGURA 4-46
Gráfico semilogarítmico do valor da componente CA da corrente de falta em função do tempo. As constantes de tempo subtransitória e transitória do gerador podem ser determinadas a partir de um gráfico como esse.

partir da inclinação da corrente subtransitória no gráfico da Figura 4-46. Frequentemente, essa corrente pode ter 10 vezes o valor da corrente de falta de regime permanente.

A corrente CA eficaz que flui no gerador durante o período transitório é denominada *corrente transitória* e é representada pelo símbolo I'. Ela é causada por uma componente CC de corrente induzida no *circuito de campo* no instante do curto-circuito. Essa corrente de campo eleva a tensão gerada interna e causa um aumento da corrente de falta. Como a constante de tempo do circuito de campo CC é muito maior do que a constante de tempo dos enrolamentos amortecedores, o período transitório dura muito mais do que o período subtransitório. Essa constante de tempo recebe o símbolo T'. Frequentemente, a corrente eficaz média durante o período transitório chega a 5 vezes a corrente de falta de regime permanente.

Após o período transitório, a corrente de falta chega a condição de regime permanente. A corrente de regime permanente durante uma falta é representada pelo símbolo I_{ss}. Seu valor é dado aproximadamente pela componente de frequência fundamental da tensão gerada interna E_A, no interior da máquina, pela reatância síncrona:

$$I_{ss} = \frac{E_A}{X_S} \qquad \text{regime permanente} \qquad (4\text{-}31)$$

O valor eficaz da corrente CA de falta de um gerador síncrono varia continuamente em função do tempo. Se I'' for a componente subtransitória da corrente no instante da falta, se I' for a componente transitória da corrente no instante da falta e se I_{ss} for a corrente de falta de regime permanente, o valor eficaz da corrente, em qualquer instante após a ocorrência da falta nos terminais do gerador, será

$$I(t) = (I'' - I')e^{-t/T''} + (I' - I_{ss})e^{-t/T'} + I_{ss} \qquad (4\text{-}32)$$

É costume definir reatâncias subtransitória e transitória para uma máquina síncrona como uma maneira conveniente de descrever as componentes subtransitória e transitória da corrente de falta. A *reatância subtransitória* de um gerador síncrono é definida como a razão entre a componente fundamental da tensão gerada interna e a componente subtransitória da corrente no início da falta. Ela é dada por

$$X'' = \frac{E_A}{I''} \quad \text{subtransitória} \tag{4-33}$$

De modo similar, a *reatância transitória* de um gerador síncrono é definida como a razão entre a componente fundamental de E_A e a componente transitória de corrente I' no início da falta. Esse valor de corrente é encontrado pela extrapolação da região transitória da Figura 4-46 até o tempo zero:

$$X' = \frac{E_A}{I'} \quad \text{transitória} \tag{4-34}$$

Para os propósitos de dimensionamento dos equipamentos de proteção, frequentemente assume-se que a corrente subtransitória é E_A/X'' e a corrente transitória é E_A/X', porque esses são os valores máximos que as respectivas correntes podem assumir.

Observe que a discussão anterior sobre faltas supôs que todas as três fases entravam em curto-circuito simultaneamente. Se a falta não envolver igualmente todas as três fases, então métodos mais complexos de análise são necessários para seu entendimento. Esses métodos (conhecidos como componentes simétricas) estão além dos objetivos deste livro.

EXEMPLO 4-7 Um gerador síncrono trifásico de 100 MVA, 13,5 kV, 60 Hz e ligado em Y, está operando na tensão nominal e a vazio quando uma falta trifásica acontece em seus terminais. Suas reatâncias por unidade em relação à própria base da máquina são

$$X_S = 1,0 \quad X' = 0,25 \quad X'' = 0,12$$

e suas constantes de tempo são

$$T' = 1,10\text{s} \quad T'' = 0,04\text{s}$$

A componente CC inicial dessa máquina é em média 50% da componente CA inicial.

(a) Qual é a componente CA de corrente desse gerador no instante imediatamente após a ocorrência da falta?

(b) Qual é a corrente total (CA mais CC) que circula no gerador imediatamente após a ocorrência da falta?

(c) Qual será a componente CA de corrente após dois ciclos? Após 5 s ?

Solução
A corrente de base desse gerador é dada pela equação

$$I_{L,\text{base}} = \frac{S_{\text{base}}}{\sqrt{3}\, V_{L,\text{base}}} \tag{2-95}$$

$$= \frac{100 \text{ MVA}}{\sqrt{3}(13,8 \text{ kV})} = 4184 \text{ A}$$

As correntes subtransitória, transitória e de regime permanente, por unidade e em ampères, são

$$I'' = \frac{E_A}{X''} = \frac{1,0}{0,12} = 8,333$$

$$= (8,333)(4184\ A) = 34.900\ A$$

$$I' = \frac{E_A}{X'} = \frac{1,0}{0,25} = 4,00$$

$$= (4,00)(4184\ A) = 16.700\ A$$

$$I_{ss} = \frac{E_A}{X'} = \frac{1,0}{1,0} = 1,00$$

$$= (1,00)(4184\ A) = 4184\ A$$

(a) A componente CA inicial de corrente é $I'' = 34.900$ A.

(b) A corrente total (CA mais CC) no início da falta é

$$I_{tot} = 1,5 I'' = 52.350\ A$$

(c) A componente CA de corrente em função do tempo é dada pela Equação (4-32):

$$I(t) = (I'' - I')e^{-t/T''} + (I' - I_{ss})e^{-t/T'} + I_{ss} \qquad (4\text{-}32)$$

$$= 18.200 e^{-t/0,04\ s} + 12.516 e^{-t/1,1\ s} + 4184\ A$$

Após dois ciclos, $t = 1/30$ se a corrente total é

$$I\left(\frac{1}{30}\right) = 7910\ A\ +\ 12.142\ A\ +\ 4184\ A = 24.236\ A$$

Após dois ciclos, a componente transitória de corrente é claramente a maior e isso ocorre no período transitório do curto-circuito. Aos 5 s, a corrente desceu até

$$I(5) = 0\ A\ +\ 133\ A\ +\ 4184\ A\ +\ 4317\ A$$

Isso faz parte do período de regime permanente do curto-circuito.

4.11 ESPECIFICAÇÕES NOMINAIS DE UM GERADOR SÍNCRONO

Há certos limites básicos para a velocidade e a potência que podem ser obtidos de um gerador síncrono. Esses limites são expressos como *especificações* ou *características nominais* da máquina. O propósito das especificações nominais é o de proteger o gerador de danos, devido ao uso impróprio dessa máquina. Com essa finalidade, cada máquina tem uma série de especificações nominais listadas em uma placa de identificação fixada nela.

Especificações nominais típicas de uma máquina síncrona são *tensão, frequência, velocidade, potência aparente, (quilovolts-ampères), fator de potência, corrente de campo* e *fator de serviço*. Essas especificações nominais e as relações entre elas serão discutidas nas seções seguintes.

Especificações nominais de tensão, velocidade e frequência

A frequência nominal de um gerador síncrono depende do sistema de potência ao qual ele está conectado. As frequências comumente usadas atualmente nos sistemas de potência são 50 Hz (na Europa, Ásia, etc.), 60 Hz (nas Américas) e 400 Hz (em aplicações de controle e de propósitos especiais). Uma vez conhecida a frequência de operação, haverá apenas uma velocidade de rotação possível para um dado número de polos. A relação fixa entre frequência e velocidade é dada pela Equação (3-34):

$$f_{se} = \frac{n_m P}{120} \qquad (3\text{-}34)$$

como foi anteriormente descrito.

Talvez a especificação nominal mais óbvia seja a de tensão, com a qual um gerador é projetado para operar. A tensão de um gerador depende do fluxo, da velocidade de rotação e da construção mecânica da máquina. Para uma dada velocidade e um dado tamanho mecânico, quanto mais alta for a tensão desejada, maior será o fluxo requerido da máquina. Entretanto, o fluxo não pode ser aumentado indefinidamente, porque sempre há uma corrente de campo máxima permitida.

Outra consideração para estabelecer a tensão máxima permitida é a tensão de ruptura da isolação do enrolamento – as tensões normais de operação não devem se aproximar demais da tensão de ruptura.

Pode-se operar um gerador, especificado para uma dada frequência nominal, em uma frequência diferente? Por exemplo, é possível operar um gerador de 60 Hz em 50 Hz? A resposta é um sim *qualificado*, desde que certas condições sejam preenchidas. Basicamente, o problema é que existe um limite para o fluxo máximo que se pode atingir em uma dada máquina. Como $E_A = K\phi\omega$, irá ocorrer uma alteração no valor máximo possível de E_A quando a velocidade variar. Especificamente, se um gerador de 60 Hz operar em 50 Hz, a tensão de funcionamento deve ter seu *valor nominal diminuído* para 50/60, ou 83,3%, de seu valor original. Exatamente o efeito oposto ocorre quando um gerador de 50 Hz opera em 60 Hz.

Especificações nominais de potência aparente e fator de potência

Há dois fatores que determinam o limite de potência das máquinas elétricas. Um deles é o conjugado mecânico no eixo da máquina e o outro é o aquecimento dos enrolamentos da máquina. Na prática, o eixo de um motor ou gerador síncrono é mecanicamente robusto o suficiente para que a máquina opere em regime permanente com uma potência muito maior do que sua potência nominal. Resulta que, na prática, o que define os limites para o regime permanente é o aquecimento dos enrolamentos da máquina.

Há dois enrolamentos em um gerador síncrono e cada um deve ser protegido do superaquecimento. Esses dois enrolamentos são o enrolamento de armadura e o enrolamento de campo. A corrente de armadura máxima aceitável determina a potência aparente nominal de um gerador, porque a potência aparente S é dada por

$$S = 3V_\phi I_A \qquad (4\text{-}35)$$

Se a tensão nominal for conhecida, a corrente de armadura máxima aceitável determinará os quilovolts-ampères nominais do gerador:

$$S_{\text{nominal}} = 3V_{\phi,\text{nominal}} I_{A,\text{máx}} \qquad (4\text{-}36)$$

ou

$$S_{\text{nominal}} = \sqrt{3} V_{L,\text{nominal}} I_{L,\text{máx}} \qquad (4\text{-}37)$$

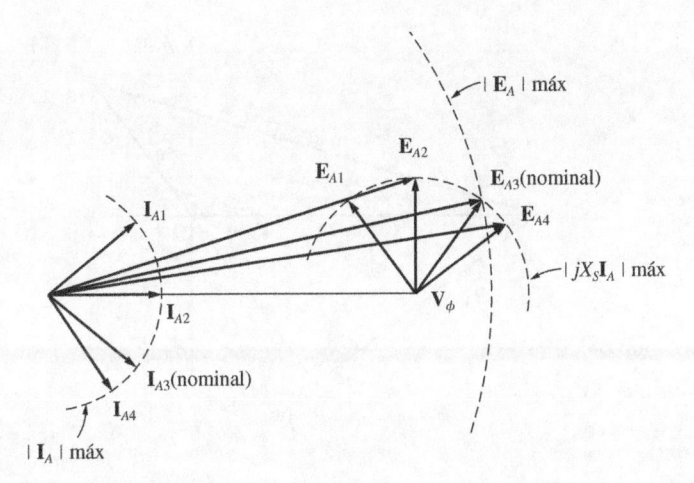

FIGURA 4-47
O modo como o limite de corrente de campo do rotor determina o fator de potência nominal de um gerador.

É importante entender que, para o aquecimento dos enrolamentos de armadura, *o fator de potência da corrente de armadura é irrelevante*. O efeito de aquecimento das perdas no cobre do estator é dado por

$$P_{PCE} = 3I_A^2 R_A \qquad (4\text{-}38)$$

e independe do ângulo da corrente em relação a V_ϕ. Como o ângulo de corrente é irrelevante para o aquecimento da armadura, o valor nominal da potência dessas máquinas é dado em quilovolts-ampères em vez de quilowatts.

O outro enrolamento de interesse é o enrolamento de campo. As perdas no cobre do campo são dadas por

$$P_{PCR} = I_F^2 R_F \qquad (4\text{-}39)$$

Assim, o aquecimento máximo permitido define uma corrente de campo máxima para a máquina. Como $E_A = K\phi\omega$, essa equação determina o valor máximo aceitável para E_A.

O efeito de ter uma I_F máxima e uma E_A máxima traduz-se diretamente em um restrição no menor fator de potência aceitável para o gerador quando ele está funcionando com os quilovolts-ampères nominais. A Figura 4-47 mostra o diagrama fasorial de um gerador síncrono, com a corrente de armadura e a tensão nominais. A corrente pode assumir muitos ângulos diferentes, como mostrado. A tensão gerada interna E_A é a soma de V_ϕ e $jX_S I_A$. Observe que, para alguns ângulos de corrente possíveis, a E_A requerida excede $E_{A,\,max}$. Se o gerador operasse com esses fatores de potência e corrente nominal de armadura, o enrolamento de campo queimaria.

O ângulo de I_A que requer a E_A máxima possível, enquanto V_ϕ mantém-se no valor nominal, fornece o fator de potência nominal do gerador. É possível operar o gerador com um fator de potência menor (maior atraso) do que o valor nominal, mas somente cortando os quilovolts-ampères fornecidos pelo gerador.

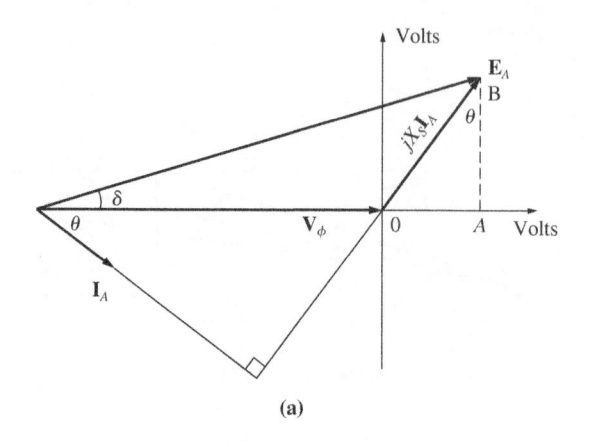

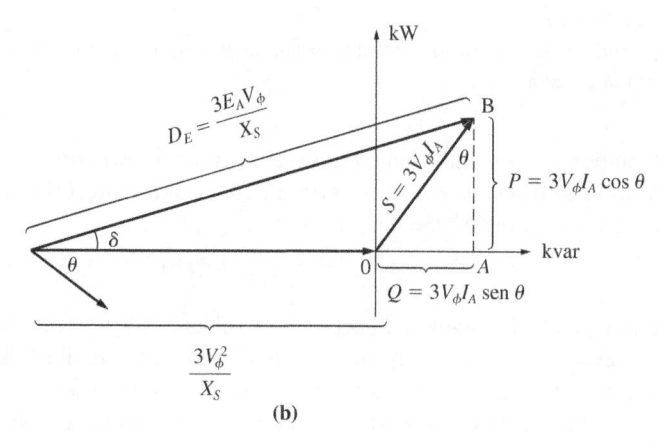

FIGURA 4-48
Desenvolvimento da curva de capacidade de um gerador síncrono. (a) O diagrama fasorial do gerador; (b) as respectivas unidades de potência.

Curvas de capacidade do gerador síncrono

Em um gerador síncrono, os limites de aquecimento do estator e do rotor juntamente com qualquer limitação externa podem ser expressos em forma gráfica por um *diagrama de capacidade*. Um diagrama de capacidade é um gráfico da potência complexa $S = P + jQ$. É obtido do diagrama fasorial do gerador, assumindo que $\mathbf{V}_\phi$ é constante com a tensão nominal da máquina.

A Figura 4-48a mostra o diagrama fasorial de um gerador síncrono operando com um fator de potência atrasado e na tensão nominal. Um conjunto ortogonal de eixos é desenhado no diagrama, tendo sua origem na ponta de $\mathbf{V}_\phi$ e com unidades em volts. Nesse diagrama, o segmento vertical AB tem um comprimento $X_S I_A \cos\theta$ e o segmento horizontal OA tem um comprimento $X_S I_A \sin\theta$.

A saída de potência ativa do gerador é dada por

$$P = 3V_\phi I_A \cos\theta \qquad (4\text{-}17)$$

A saída de potência reativa é dada por

$$Q = 3V_\phi I_A \operatorname{sen} \theta \qquad (4\text{-}19)$$

e a saída de potência aparente é dada por

$$S = 3V_\phi I_A \qquad (4\text{-}35)$$

Desse modo, os eixos vertical e horizontal dessa figura podem ser redesenhados em termos de potências ativa e reativa (Figura 4-48b). O fator de conversão necessário para alterar a escala dos eixos de volts para volts-ampères (unidades de potência) é $3V_\phi/X_S$:

$$P = 3V_\phi I_A \cos \theta = \frac{3V_\phi}{X_S}(X_S I_A \cos \theta) \qquad (4\text{-}40)$$

e

$$Q = 3V_\phi I_A \operatorname{sen} \theta = \frac{3V_\phi}{X_S}(X_S I_A \operatorname{sen} \theta) \qquad (4\text{-}41)$$

Nos eixos de tensão, a origem do diagrama fasorial está em $-V_\phi$ no eixo horizontal, de modo que a origem do diagrama de potência está em

$$Q = \frac{3V_\phi}{X_S}(-V_\phi)$$

$$= -\frac{3V_\phi^2}{X_S} \qquad (4\text{-}42)$$

A corrente de campo é proporcional ao fluxo da máquina e o fluxo é proporcional a $E_A = K\phi\omega$. O comprimento correspondente a E_A no diagrama de potência é

$$D_E = -\frac{3E_A V_\phi}{X_S} \qquad (4\text{-}43)$$

A corrente de armadura I_A é proporcional a $X_S I_A$, e o comprimento correspondente a $X_S I_A$ no diagrama de potência é $3V_\phi I_A$.

A curva final de capacidade do gerador síncrono está mostrada na Figura 4-49. Trata-se de um gráfico de *P versus Q*, com a potência ativa *P* no eixo horizontal e a potência reativa *Q* no eixo vertical. Linhas de corrente de armadura I_A constante aparecem como linhas de $S = 3V_\phi I_A$ constante, as quais são círculos concêntricos em torno da origem. Linhas de corrente de campo constante correspondem a linhas de E_A constante, as quais são mostradas como círculos de raio $3E_A V_\phi/X_S$ centrados no ponto

$$Q = -\frac{3V_\phi^2}{X_S} \qquad (4\text{-}42)$$

O limite da corrente de armadura aparece como um círculo correspondendo à I_A nominal ou aos quilovolts-ampères nominais. O limite da corrente de campo aparece como um círculo correspondendo a I_F ou E_A nominais. *Qualquer ponto que estiver simultaneamente dentro desses dois círculos é um ponto de operação seguro para o gerador.*

É também possível mostrar no diagrama outros tipos de restrição, tais como a potência máxima da máquina motriz e o limite de estabilidade estática. Uma curva de capacidade que reflete também a potência máxima da máquina motriz está mostrada na Figura 4-50.

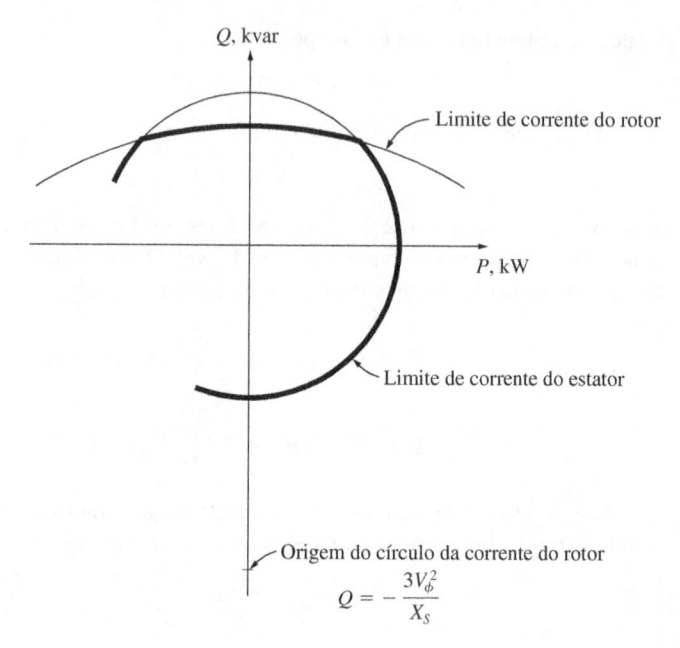

FIGURA 4-49
Curva de capacidade resultante do gerador.

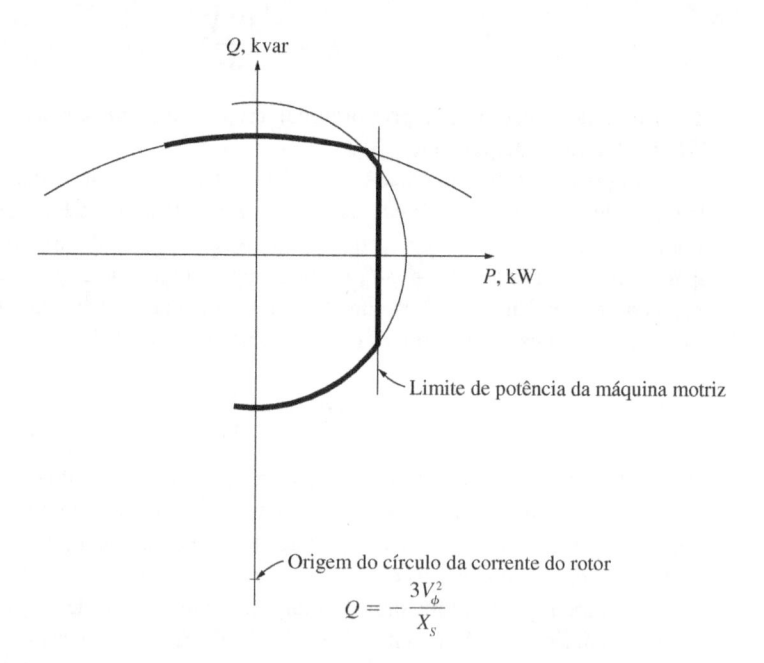

FIGURA 4-50
Um diagrama de capacidade que mostra o limite de potência da máquina motriz.

Capítulo 4 ♦ Geradores síncronos

EXEMPLO 4-8 Um gerador síncrono de 480 V, 50 Hz, ligado em Y e de seis polos tem uma especificação nominal de 50 kVA, com FP 0,8 atrasado. Sua reatância síncrona é 1,0 Ω por fase. Assuma que esse gerador está ligado a uma turbina a vapor, capaz de fornecer até 45 kW. As perdas por atrito e ventilação são 1,5 kW e as perdas no núcleo são 1,0 kW.

(a) Construa a curva de capacidade desse gerador, incluindo o limite de potência da máquina motriz.

(b) Esse gerador fornecer uma corrente de linha de 56 A, com FP 0,7 atrasado? Por que sim ou por que não?

(c) Qual é o valor máximo de potência reativa que esse gerador pode produzir?

(d) Se o gerador fornecer 30 kW de potência ativa, qual será o valor máximo de potência reativa que pode ser fornecido simultaneamente?

Solução

A corrente máxima desse gerador pode ser encontrada a partir da Equação (4-36):

$$S_{nominal} = 3V_{\phi, nominal} I_{A, max} \quad (4-36)$$

A tensão V_ϕ dessa máquina é

$$V_\phi = \frac{V_T}{\sqrt{3}} = \frac{480 \text{ V}}{\sqrt{3}} = 277 \text{ V}$$

Assim, a corrente máxima de armadura é

$$I_{A, max} = \frac{S_{nominal}}{3V_\phi} = \frac{50 \text{ kVA}}{3(277 \text{ V})} = 60 \text{ A}$$

Com essas informações, é possível agora responder às questões.

(a) A potência aparente máxima permitida é 50 kVA, o que permite especificar a corrente de armadura máxima segura. O centro dos círculos de E_A está em

$$Q = -\frac{3V_\phi^2}{X_S} \quad (4-42)$$

$$= -\frac{3(277 \text{ V})^2}{1,0 \text{ Ω}} = -230 \text{ kvar}$$

O tamanho máximo de E_A é dado por

$$E_A = V_\phi + jX_S I_A$$
$$= 277 \angle 0° \text{ V} + (j1,0 \text{ Ω})(60 \angle -36,87° \text{ A})$$
$$= 313 + j48 \text{ V} = 317 \angle 8,7° \text{ V}$$

Portanto, o valor da distância proporcional a E_A é

$$D_E = \frac{3E_A V_\phi}{X_S} \quad (4-43)$$

$$= \frac{3(317 \text{ V})(277 \text{ V})}{1,0 \text{ Ω}} = 263 \text{ kvar}$$

A potência de saída máxima disponível para uma potência de máquina motriz de 45 kW é aproximadamente

$$P_{max, saída} = P_{max, entrada} - P_{perdas mec} - P_{perdas núcleo}$$
$$= 45 \text{ kW} - 1,5 \text{ kW} - 1,0 \text{ kW} = 42,5 \text{ kW}$$

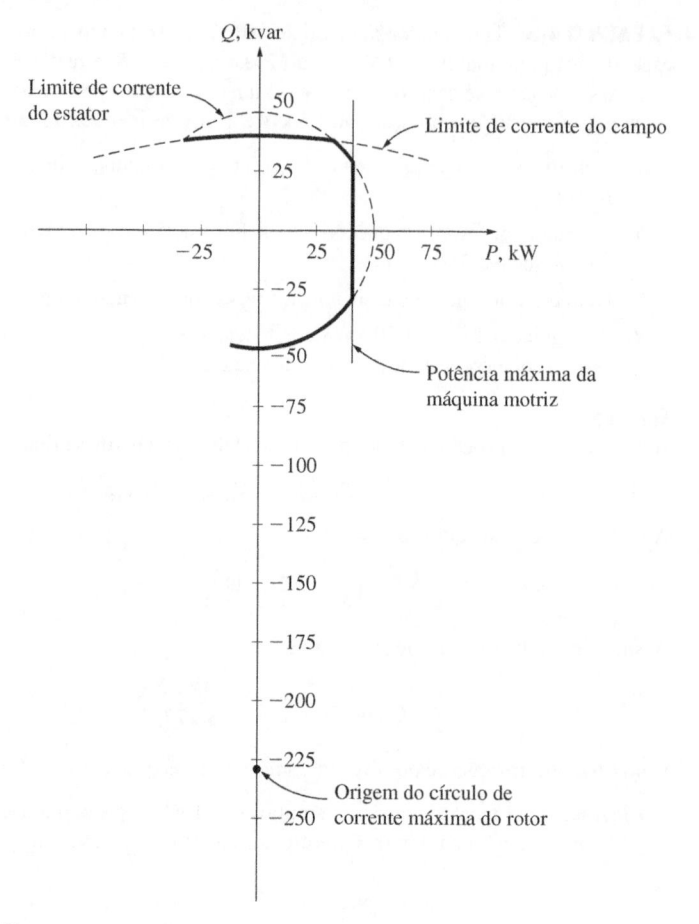

FIGURA 4-51
O diagrama de capacidade para o gerador do Exemplo 4-8.

(Esse valor é aproximado, porque as perdas I^2R e as perdas suplementares não foram consideradas.) O diagrama de capacidade resultante está mostrado na Figura 4-51.

(b) Uma corrente de 56 A, com FP 0,7 atrasado produz uma potência ativa de

$$P = 3V_\phi I_A \cos\theta$$
$$= 3(277\text{ V})(56\text{ A})(0,7) = 32,6\text{ kW}$$

e uma potência reativa de

$$Q = 3V_\phi I_A \text{ sen }\theta$$
$$= 3(277\text{ V})(56\text{ A})(0,714) = 33,2\text{ kvar}$$

Plotando esse ponto no diagrama de capacidade, vemos que ele está localizado de forma segura dentro da curva de I_A máxima. mas fora da curva de I_F máxima. Portanto, esse ponto *não* corresponde a uma condição segura de operação.

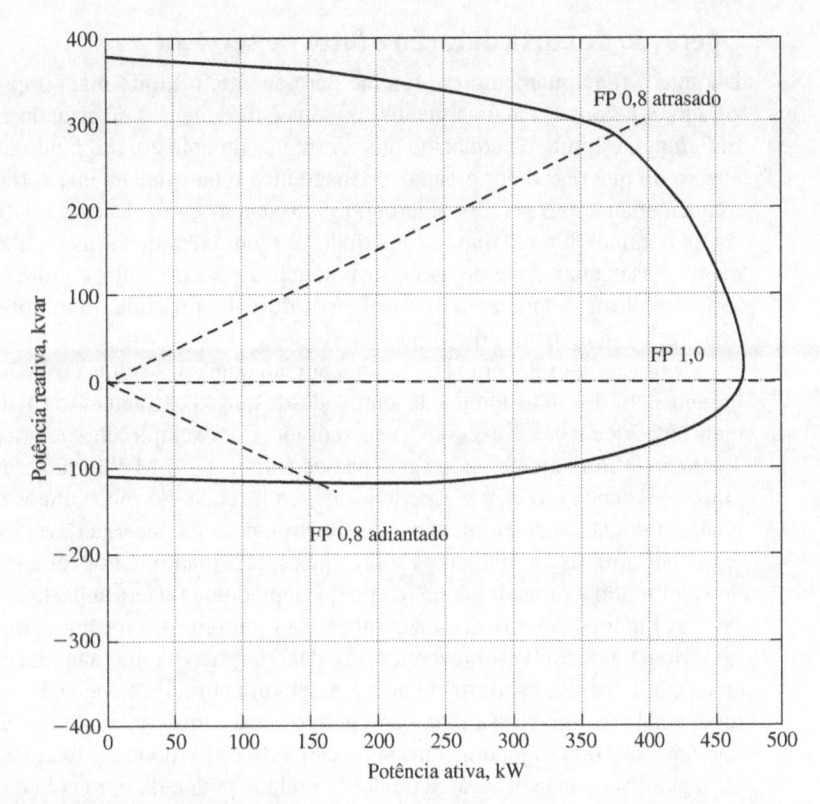

FIGURA 4-52
Curva de capacidade de um gerador síncrono real com especificação nominal de 470 kVA. (*Cortesia da Marathon Electric Company.*)

(c) Quando a potência ativa fornecida pelo gerador é zero, a potência reativa que o gerador pode produzir será máxima. Esse ponto está bem no topo da curva de capacidade. A potência Q que o gerador pode fornecer nesse ponto é

$$Q = 263 \text{ kvar} - 230 \text{ kvar} = 33 \text{ kvar}$$

(d) Se o gerador estiver produzindo 30 kW de potência ativa, a potência reativa máxima que o gerador poderá fornecer será 31,5 kvar. Esse valor pode ser encontrado entrando no diagrama de capacidade com o valor 30 kW e subindo pela linha de quilowatts constantes até que algum limite seja alcançado. O fator limitante nesse caso é a corrente de campo – a armadura estará em segurança até o valor de 39,8 kvar.

A Figura 4-52 mostra uma curva de capacidade típica de um gerador síncrono real. Observe que os limites da curva não formam um círculo perfeito nesse caso de gerador real. Isso é verdadeiro porque os geradores síncronos com polos salientes apresentam efeitos adicionais que não foram incluídos no modelo. Esses efeitos estão descritos no Apêndice C.

Operação de curta duração e fator de serviço

Durante o funcionamento em regime permanente, o limite mais importante de um gerador síncrono é o aquecimento dos seus enrolamentos de armadura e de campo. Entretanto, o limite de aquecimento ocorre usualmente em um ponto que está muito abaixo do que o gerador é capaz de magnética e mecanicamente fornecer. De fato, frequentemente um gerador síncrono típico é capaz de fornecer até 300% de sua potência nominal durante um curto período de tempo (até que seus enrolamentos queimem). Essa capacidade de fornecer potência acima do valor nominal é usada para fornecer surtos de potência momentâneos durante a partida do motor e com outros transitórios semelhantes de carga.

Um gerador também pode funcionar com potências acima dos valores nominais durante períodos mais longos de tempo, desde que os enrolamentos não aqueçam demais antes que a carga excessiva seja retirada. Por exemplo, um gerador que fornece 1 MW indefinidamente pode ser capaz de fornecer 1,5 MW durante um par de minutos sem danos sérios, e por períodos de tempo cada vez mais longos com níveis de potência gradativamente menores. Entretanto, no final, a carga deverá ser removida, caso contrário, os enrolamentos sobreaquecerão. Quanto maior for a potência acima do valor nominal, menor será o tempo que a máquina poderá suportar.

A Figura 4-53 ilustra esse efeito. Essa figura mostra o tempo em segundos necessário para que uma sobrecarga cause dano térmico a uma máquina elétrica típica, cujos enrolamentos estavam em uma temperatura normal de operação antes que ocorresse a sobrecarga. Nessa máquina em particular, uma sobrecarga de 20% pode ser tolerada por 1000 segundos, uma sobrecarga de 100% pode ser tolerada por cerca de 30 segundos e uma sobrecarga de 200% pode ser tolerada por cerca de 10 segundos antes que ocorra um dano.

A elevação máxima de temperatura que uma máquina pode suportar depende da *classe de isolação* de seus enrolamentos. A seguir, temos quatro classes padronizadas de isolação: A, B, F e H. Mesmo que haja alguma variação nas temperaturas aceitáveis, dependendo da construção particular de uma máquina e do método de medição da temperatura, essas classes correspondem geralmente a elevações de temperatura de 60, 80, 105 e 125°C, respectivamente, acima da temperatura ambiente. Quanto mais elevada for a classe de isolação de uma dada máquina, maior será a potência que ela poderá fornecer sem sobreaquecer seus enrolamentos.

Em um motor ou gerador, o sobreaquecimento dos enrolamentos é um problema *muito sério*. Uma antiga regra prática diz que, para cada aumento de 10°C acima da temperatura nominal dos enrolamentos, a vida útil média de uma máquina é reduzida à metade (veja a Figura 3-20). Os materiais modernos de isolação são menos suscetíveis de ruptura do que os materiais antigos, mas os aumentos de temperatura ainda reduzem drasticamente a vida útil das máquinas. Por essa razão, uma máquina síncrona não deve ser sobrecarregada, a não ser que isso seja absolutamente necessário.

Uma questão relacionada com o problema de sobreaquecimento é: quão exato é o valor da potência que desejamos obter de uma máquina? Antes da instalação, dispõe-se apenas de uma estimativa aproximada da carga. Devido a isso, as máquinas para aplicações gerais costumam apresentar o chamado *fator de serviço*. O fator de serviço é definido como a razão entre a potência máxima real da máquina e a sua especificação nominal de placa. Um gerador com um fator de serviço de 1,15 pode, na realidade, funcionar indefinidamente com 115% da carga nominal sem sofrer danos.

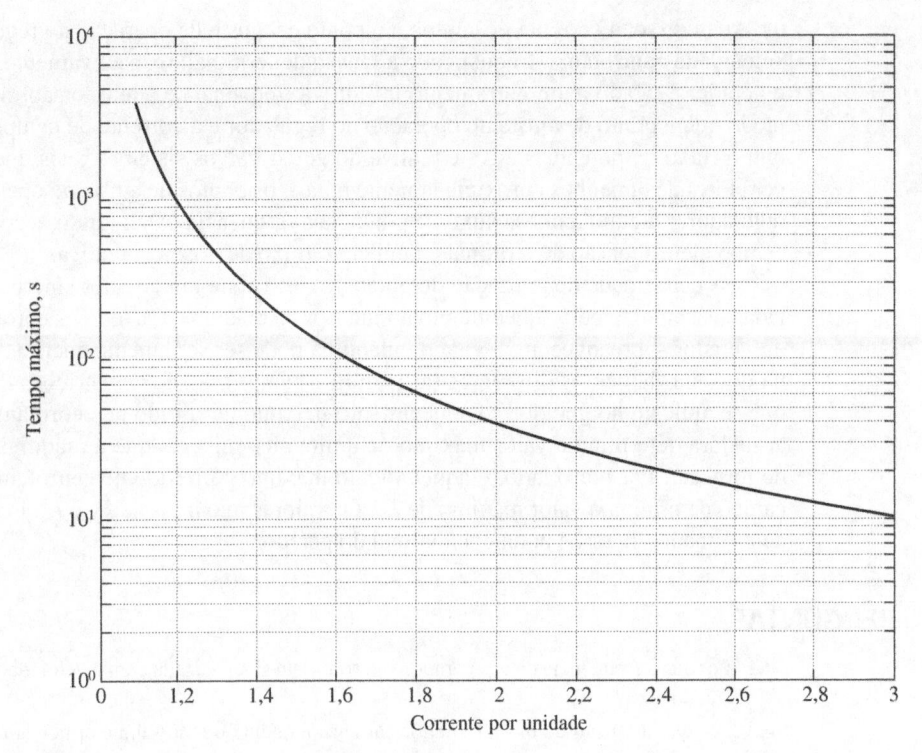

FIGURA 4-53
Curva de dano térmico de uma máquina síncrona típica, assumindo que os enrolamentos já estão na temperatura de operação quando a sobrecarga é aplicada. (*Cortesia da Marathon Electric Company.*)

O fator de serviço de uma máquina propicia uma margem de erro para o caso de cargas estimadas impropriamente.

4.12 SÍNTESE DO CAPÍTULO

Um gerador síncrono é um dispositivo usado para converter energia mecânica, produzida por uma máquina motriz, em energia elétrica CA com tensão e frequência específicas. O termo *síncrono* refere-se ao fato de que a frequência elétrica dessa máquina está vinculada ou sincronizada com a velocidade mecânica do eixo de rotação. O gerador síncrono é usado para produzir a maior parte da energia elétrica usada no mundo inteiro.

A tensão gerada interna dessa máquina depende da velocidade do eixo de rotação e da intensidade do fluxo de campo. A tensão de fase da máquina difere da tensão gerada interna, devido aos efeitos da reação de armadura do gerador e também devido à resistência e à reatância internas dos enrolamentos de armadura. A tensão de terminal do gerador é igual à tensão de fase ou está relacionada com esta por um fator $\sqrt{3}$, dependendo se a máquina está ligada em Δ ou em Y.

O modo pelo qual um gerador síncrono opera em um sistema de potência real depende das restrições que lhe são impostas. Quando um gerador trabalha isolado, as potências ativa e reativa que devem ser fornecidas são determinadas pela carga aplicada. Além disso, a corrente de campo e o ponto de ajuste de operação no regulador de velocidade controlam a frequência e a tensão de terminal, respectivamente. Quando o gerador é ligado a um barramento infinito, a frequência e a tensão são fixadas, de modo que o ponto de ajuste de operação no regulador e a corrente de campo controlam o fluxo de potências ativa e reativa do gerador. Nos sistemas reais que contêm geradores de tamanhos aproximadamente iguais, os pontos de ajuste de operação nos reguladores afetam ambos, fluxo de potência e frequência. Além disso, a corrente de campo afeta a tensão de terminal e também o fluxo de potência reativa.

A capacidade de produção de potência elétrica de um gerador síncrono é limitada basicamente pelo aquecimento no interior da máquina. Quando os enrolamentos do gerador sobreaquecem, a vida da máquina pode ser seriamente encurtada. Como há dois enrolamentos diferentes (armadura e campo), há duas restrições diferentes que se aplicam ao gerador. O aquecimento máximo permitido nos enrolamentos de armadura determina o valor máximo de quilovolts-ampères que a máquina é capaz de fornecer. Por outro lado, o aquecimento máximo permitido nos enrolamentos de campo determina o valor máximo de E_A. Os valores máximos de E_A e I_A em conjunto determinam o fator de potência nominal do gerador.

PERGUNTAS

4.1 Por que a frequência de um gerador síncrono está sincronizada com a velocidade de rotação do eixo?

4.2 Por que a tensão de um alternador cai abruptamente quando lhe é aplicada uma carga atrasada?

4.3 Por que a tensão de um alternador sobe quando lhe é aplicada uma carga adiantada?

4.4 Desenhe os diagramas fasoriais e as relações de campo magnético para um gerador síncrono que está operando com (*a*) fator de potência unitário, (*b*) fator de potência atrasado, (*c*) fator de potência adiantado.

4.5 Explique como a impedância síncrona e a resistência de armadura podem ser determinadas em um gerador síncrono.

4.6 Por que o valor nominal da tensão de um gerador de 60 Hz deverá ser diminuído se ele for usado em 50 Hz? De quanto deverá ser essa diminuição?

4.7 Você esperaria que um gerador de 400 Hz fosse maior ou menor que um gerador de 60 Hz com as mesmas características nominais de potência e tensão? Por quê?

4.8 Que condições são necessárias para colocar em paralelo dois geradores síncronos?

4.9 Por que o gerador que entra em paralelo com um sistema de potência deve ser colocado com uma frequência superior à do sistema que já está em operação?

4.10 O que é um barramento infinito? Que restrições ele impõe a um gerador que é colocado em paralelo com ele?

4.11 Como se pode controlar o compartilhamento de potência ativa entre dois geradores, sem que a frequência do sistema seja afetada? Como é possível controlar o compartilhamento de potência reativa entre dois geradores, sem que a tensão de terminal do sistema seja afetada?

4.12 Como se pode ajustar a frequência de um sistema de potência de grande porte, sem que o compartilhamento de potência entre os geradores do sistema seja afetado?

4.13 Como é possível ampliar os conceitos da Seção 4.9 para calcular a frequência do sistema e o compartilhamento de potência entre três ou mais geradores operando em paralelo?

4.14 Por que o sobreaquecimento é um assunto sério em um gerador?

4.15 Explique em detalhes o conceito que fundamenta as curvas de capacidade.

4.16 O que são especificações nominais de curta duração? Por que elas são importantes na operação regular de geradores?

PROBLEMAS

4.1 Em uma cidade da Europa, é necessário fornecer 1000 kW de potência em 60 Hz. As únicas fontes de potência disponíveis operam em 50 Hz. Decide-se gerar a potência por meio de um conjunto de motor-gerador consistindo em um motor síncrono que aciona um gerador síncrono. Quantos polos deve ter cada uma das duas máquinas para que a potência de 50 Hz seja convertida em 60 Hz?

4.2 Um gerador síncrono de 13,8 kV, 50 MVA, fator de potência de 0,9 atrasado, 60 Hz, ligado em Y e de quatro polos tem uma reatância síncrona de 2,5 Ω e uma resistência de armadura de 0,2 Ω. Em 60 Hz, as perdas por atrito e ventilação são 1 MW e as perdas no núcleo são 1,5 MW. O circuito de campo tem uma tensão CC de 120 V e a I_F máxima é 10 A. A corrente do circuito de campo é ajustável no intervalo de 0 a 10 A. A CAV desse gerador está mostrada na Figura P4-1.

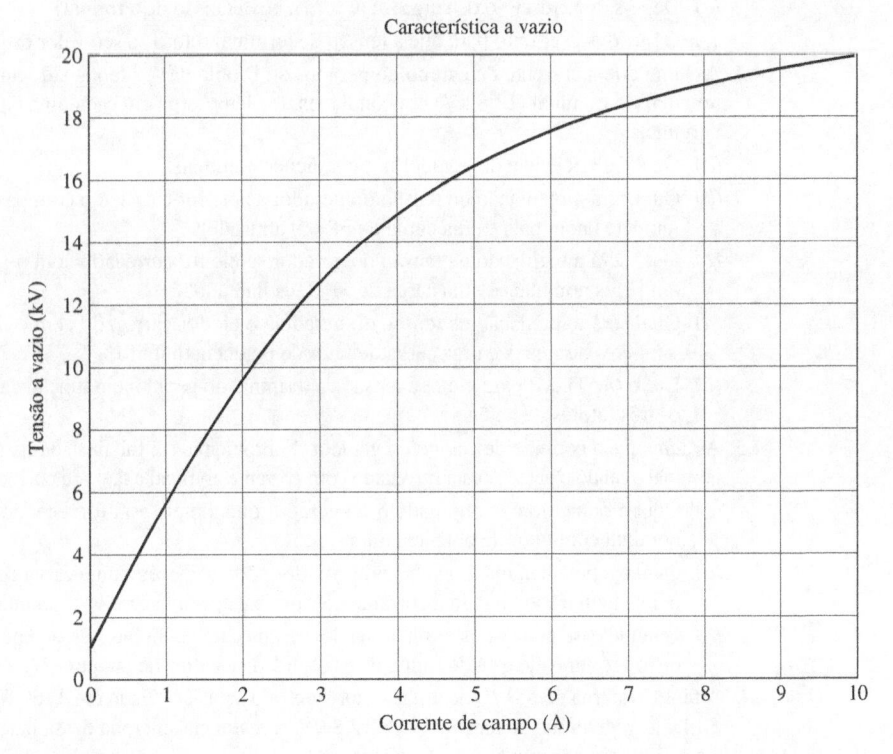

FIGURA P4-1
Curva característica a vazio para o gerador do Problema 4-2.

(a) Qual é o valor da corrente de campo necessário para tornar a tensão de terminal V_T (ou tensão de linha V_L) igual a 13,8 kV, quando o gerador está operando a vazio?

(b) Qual é o valor da tensão gerada interna E_A quando o gerador está funcionando nas condições nominais?

(c) Qual é a tensão de fase V_ϕ desse gerador em condições nominais?

(d) Quando o gerador está operando em condições nominais, quanta corrente de campo é necessária para tornar a tensão de terminal V_T igual a 13,8 kV?

(e) Suponha que esse gerador esteja operando em condições nominais quando a carga é removida sem que a corrente de campo seja alterada. Qual seria a tensão de terminal do gerador?

(f) Em regime permanente, quanta potência e quanto conjugado a máquina motriz deve ser capaz de fornecer para operar em condições nominais?

(g) Construa a curva de capacidade para esse gerador.

4.3 Assuma que a corrente de campo do gerador do Problema 4-2 foi ajustada para o valor de 5 A.

(a) Qual será a tensão de terminal desse gerador se ele for conectado a uma carga em Δ com uma impedância de 24 ∠ 25° Ω?

(b) Desenhe o diagrama fasorial desse gerador.

(c) Qual é a eficiência do gerador nessas condições?

(d) Agora assuma que outra carga idêntica ligada em Δ é colocada em paralelo com a primeira. Que acontece com o diagrama fasorial do gerador?

(e) Depois do acréscimo de carga, qual será a nova tensão de terminal?

(f) O que deve ser feito para que a tensão de terminal retorne a seu valor original?

4.4 Assuma que a corrente de campo do gerador do Problema 4-2 tenha sido ajustada para ter a tensão nominal (13,8 kV) em condições de plena carga em cada uma das seguintes perguntas.

(a) Qual é a eficiência do gerador nas condições nominais?

(b) Qual será a regulação de tensão do gerador se ele for carregado com os quilovolts-ampères nominais e uma carga de FP 0,9 atrasado?

(c) Qual será a regulação de tensão do gerador se ele for carregado com os quilovolts-ampères nominais e uma carga de FP 0,9 adiantado?

(d) Qual será a regulação de tensão do gerador se ele for carregado com os quilovolts-ampères nominais e uma carga de fator de potência unitário?

(e) Use o MATLAB para plotar a tensão de terminal do gerador em função da carga para os três fatores de potência.

4.5 Assuma que a corrente de campo do gerador do Problema 4-2 foi ajustada para ter tensão nominal quando o gerador está carregado com corrente nominal e fator de potência unitário.

(a) Qual é o ângulo de conjugado δ do gerador quando ele está fornecendo a corrente nominal com fator de potência unitário?

(b) Qual é a potência máxima que esse gerador pode fornecer a uma carga com fator de potência unitário quando a corrente de campo é ajustada para o valor atual?

(c) Quando esse gerador está funcionando a plena carga com fator de potência unitário, quão próximo ele está do limite de estabilidade estática da máquina?

4.6 A tensão interna gerada E_A de um gerador síncrono trifásico ligado em Δ, 60 Hz e 2 polos é 14,4 kV e a tensão de terminal V_T é 12,8 kV. A reatância síncrona dessa máquina é 4 Ω e a resistência de armadura pode ser ignorada.

(a) Se o ângulo de conjugado do gerador for δ = 18°, quanta potência será fornecida por esse gerador ?

(b) Qual é o fator de potência do gerador?

(c) Desenhe o diagrama fasorial nessas circunstâncias.

(d) Ignorando as perdas desse gerador, qual conjugado deve ser aplicado ao eixo pela máquina motriz nessas condições?

4.7 Um gerador síncrono ligado em Y de 100 MVA, 14, 4 kV, 50 Hz, dois polos e FP 0,8 atrasado tem uma reatância síncrona por unidade de 1,1 e uma resistência de armadura por unidade de 0,011.

(a) Quais são as suas reatância síncrona e resistência de armadura em ohms?

(b) Qual é o valor da tensão interna gerada E_A nas condições nominais? Qual é o ângulo de conjugado δ nessas condições?

(c) Ignorando as perdas desse gerador, que conjugado deve ser aplicado no seu eixo pela máquina motriz a plena carga?

4.8 Um gerador de turbina hidráulica, ligado em Y, de 200 MVA, 12 kV, 50 Hz, 20 polos e FP 0,85 atrasado tem uma reatância síncrona por unidade de 0,9 e uma resistência de armadura por unidade de 0,1. O gerador está operando em paralelo com um sistema de potência de grande porte (barramento infinito).

(a) Qual é a velocidade de rotação do eixo desse gerador?

(b) Qual é o valor da tensão gerada interna E_A em condições nominais?

(c) Qual é o ângulo de conjugado do gerador em condições nominais?

(d) Quais são os valores da reatância síncrona e da resistência de armadura do gerador em ohms?

(e) Se a corrente de campo for mantida constante, qual será a potência máxima possível de se obter desse gerador? Quanta potência ou conjugado de reserva esse gerador possui a plena carga?

(f) Com a potência máxima absoluta possível, quanta potência reativa esse gerador poderá fornecer ou consumir? Desenhe o diagrama fasorial correspondente. (Assuma que I_F permanece inalterada.)

4.9 A máquina motriz de um gerador síncrono trifásico de 480 V, 250 kVA, 60 Hz, dois polos e FP 0,8 atrasado tem uma velocidade a vazio de 3650 rpm e uma velocidade de plena carga de 3570 rpm. Ele está operando em paralelo com um gerador síncrono de 480 V, 250 kVA, 60 Hz, quatro polos e FP 0,85 atrasado, cuja máquina motriz tem uma velocidade a vazio de 1800 rpm e uma velocidade de plena carga de 1780 rpm. As cargas alimentadas pelos dois geradores consistem em 300 kW, com FP 0,8 atrasado.

(a) Calcule as quedas de velocidade dos geradores 1 e 2.

(b) Encontre a frequência de operação do sistema de potência.

(c) Qual é a potência que fornecida por cada um dos geradores desse sistema?

(d) Que os operadores dos geradores devem fazer para ajustar a frequência de operação em 60 Hz?

(e) Se a tensão da corrente de linha for 460 V, que os operadores dos geradores devem fazer para corrigir a tensão baixa de terminal?

4.10 Três geradores síncronos fisicamente idênticos estão operando em paralelo. Todos eles apresentam uma potência nominal de 100 MW com FP 0,8 atrasado. A frequência a vazio do gerador A é 61 Hz e sua queda de velocidade é de 3%. A frequência a vazio do gerador B é 61,5 Hz e sua queda de velocidade é de 3,4%. A frequência a vazio do gerador C é 60,5 Hz e sua queda de velocidade é de 2,6%.

(a) Se uma carga total consistindo em 230 MW for alimentada por esse sistema de potência, qual será a frequência do sistema e como a potência será compartilhada entre os três geradores?

(b) Faça um gráfico mostrando a potência produzida por cada gerador em função da potência total fornecida a todas as cargas (você poderá usar MATLAB para criar esse gráfico). Com qual carga um dos geradores ultrapassa sua potência nominal? Qual gerador ultrapassa primeiro sua potência nominal?

(c) O compartilhamento de potência em *(a)* é aceitável? Por que sim ou não?

(d) Que ações um operador poderia realizar para melhorar o compartilhamento da potência ativa entre esses geradores?

4.11 Uma fábrica de papel instalou três geradores de vapor (caldeiras) para fornecer vapor aos processos de fabricação e também para usar o vapor excedente como fonte de energia. Como há uma capacidade extra disponível, a fábrica instalou três geradores a turbina de 10 MW para tirar proveito dessa situação. Cada máquina é um gerador síncrono ligado em Y de 4160 V, 12,5 MVA, 60 Hz, fator de potência de 0,8 atrasado e dois polos. Eles apresentam uma reatância síncrona de 1,10 Ω e uma resistência de armadura de 0,03 VΩ. Os geradores 1 e 2 têm uma característica de potência *versus* frequência com inclinação s_P de 5 MW/Hz e o gerador 3 tem uma inclinação de 6 MW/Hz.

(a) Se a frequência a vazio de cada um dos três geradores for ajustada para 61 Hz, quanta potência as três máquinas fornecerão quando a frequência real do sistema for 60 Hz?

(b) Qual é a máxima potência que os três geradores podem fornecer nessa condição, sem que a potência nominal de algum deles seja excedida? Em que frequência ocorre esse limite? Quanta potência cada gerador fornece nesse ponto?

(c) Que deverá ser feito para que os três geradores produzam as suas potências ativas e reativas nominais, na frequência de funcionamento de 60 Hz?

(d) Quais seriam as tensões geradas internas dos três geradores nessa condição?

4.12 Suponha que você fosse um engenheiro que estivesse projetando uma nova facilidade de cogeração de energia elétrica para uma planta, que está com disponibilidade de vapor excedente dos processos. Você pode escolher entre dois geradores a turbina de 10 MW ou um único gerador a turbina de 20 MW. Quais seriam as vantagens e desvantagens de cada opção?

4.13 Um gerador síncrono trifásico ligado em Y, 25 MVA, 12,2 kV, 60 Hz, dois polos e FP 0,9 atrasado foi submetido a um ensaio a vazio. Sua tensão de entreferro foi extrapolada obtendo-se os seguintes resultados:

Ensaio a vazio					
Corrente de campo, A	320	365	380	475	570
Tensão de linha, kV	13,0	13,8	14,1	15,2	16,0
Tensão de entreferro extrapolada, kV	15,4	17,5	18,3	22,8	27,4

A seguir, o ensaio de curto-circuito foi realizado com os seguintes resultados:

Ensaio de curto-circuito					
Corrente de campo, A	320	365	380	475	570
Corrente de armadura, A	1040	1190	1240	1550	1885

A resistência de armadura é 0,6 Ω por fase.

(a) Encontre a reatância síncrona não saturada do gerador em ohms por fase e em ohms por unidade.

(b) Encontre a reatância síncrona X_S saturada aproximada com uma corrente de campo de 380 A. Expresse a resposta em ohms por fase e por unidade.

(c) Encontre a reatância síncrona saturada aproximada com uma corrente de campo de 475 A. Expresse a resposta em ohms por fase e por unidade.

(d) Encontre a razão de curto-circuito desse gerador.

(e) Qual é a tensão interna gerada desse gerador nas condições nominais?

(f) Que corrente de campo é necessária para obter a tensão nominal com a carga nominal?

4.14 Durante um ensaio de curto-circuito, um gerador síncrono ligado em Y produziu uma corrente de armadura de curto-circuito de 100 A por fase, para uma corrente de campo de 2,5 A. Com a mesma corrente de campo, a tensão de linha a vazio foi medida como 440 V.

(a) Calcule a reatância síncrona saturada nessas condições.

(b) Se a resistência de armadura for 0,3 Ω por fase e o gerador fornecer 60 A para uma carga puramente resistiva ligada em Y, de 3 Ω por fase e para essa corrente de campo, determine a regulação de tensão nessas condições de carga.

4.15 Um gerador síncrono trifásico, ligado em Y, tem especificações nominais de 120 MVA, 13,8 kV, com FP 0,8 atrasado e 60 Hz. Sua reatância síncrona é 1,2 Ω por fase e sua resistência de armadura é 0,1 Ω por fase.

(a) Qual é sua regulação de tensão?

(b) Quais seriam as especificações nominais de tensão e potência aparente desse gerador se ele funcionasse em 50 Hz, com as mesmas perdas de armadura e campo que ele tinha em 60 Hz?

(c) Qual seria a regulação de tensão do gerador em 50 Hz?

Os Problemas 4-16 a 4-26 referem-se a um gerador síncrono de seis polos, ligado em Y, com especificações nominais de 500 kVA, 3,2 kV, FP 0,9 atrasado e 60 Hz. Sua resistência de armadura R_A é 0,7 Ω. As perdas no núcleo desse gerador nas condições nominais são 8 kW e as perdas por atrito e ventilação são 10 kW. As características a vazio e de curto-circuito estão mostradas na Figura P4-2.

4.16 *(a)* Qual é a reatância síncrona saturada desse gerador nas condições nominais?

(b) Qual é a reatância síncrona não saturada desse gerador?

(c) Plote a reatância síncrona saturada do gerador como função da carga.

4.17 *(a)* Quais são a corrente e a tensão gerada interna nominais desse gerador?

(b) Que corrente de campo é exigida pelo gerador para operar com a tensão, a corrente e o fator de potência nominais?

4.18 Qual é a regulação de tensão desse gerador com a corrente e o fator de potência nominais?

4.19 Se o gerador estiver funcionando nas condições nominais e a carga for subitamente removida, qual será a tensão de terminal?

4.20 Quais são as perdas elétricas do gerador nas condições nominais?

4.21 Se essa máquina estiver operando nas condições nominais, qual conjugado de entrada deverá ser aplicado ao eixo do gerador? Expresse sua resposta em newtons-metros e em libras-pés.

4.22 Qual é o ângulo de conjugado δ desse gerador nas condições nominais?

4.23 Assuma que a corrente de campo do gerador é ajustada para fornecer 3200 V nas condições nominais. Qual é o limite de estabilidade estática do gerador? (*Nota:* Você pode ignorar R_A para facilitar esse cálculo.) Quão próxima está a condição de plena carga desse gerador do limite de estabilidade estática?

4.24 Assuma que a corrente de campo do gerador é ajustada para fornecer 3200 V nas condições nominais. Plote a potência fornecida pelo gerador em função do ângulo de conjugado δ.

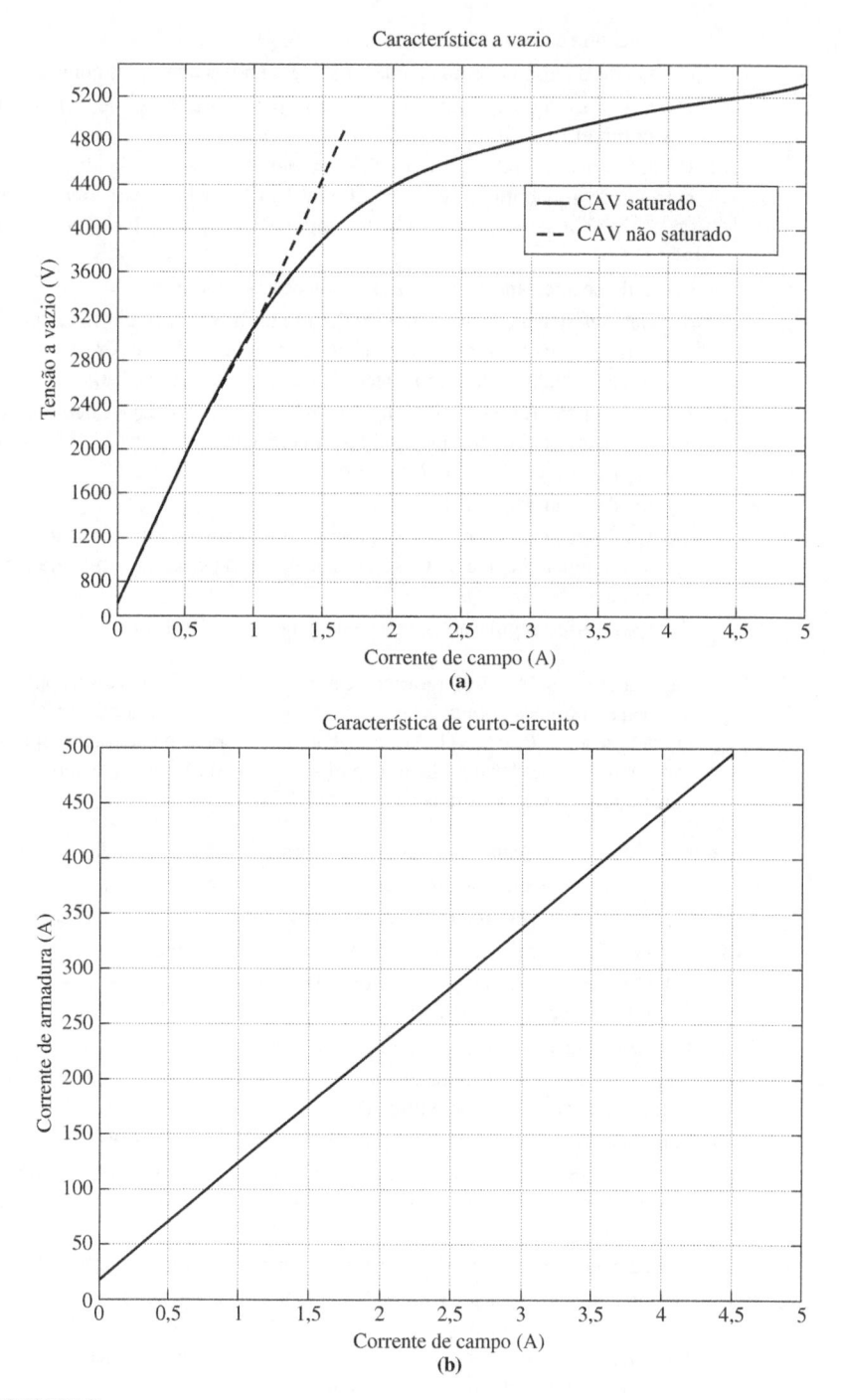

FIGURA P4-2
(a) Curva característica a vazio do gerador dos Problemas 4-16 a 4-26. (b) Curva característica de curto-circuito do gerador dos Problemas 4-16 a 4-26.

4.25 Assuma que a corrente de campo do gerador seja ajustada de modo que o gerador fornece a tensão nominal com a corrente e o fator de potência de carga nominais. Se a corrente de campo e o valor da corrente de carga forem mantidos constantes, como a tensão de terminal se alterará quando o fator de potência da carga variar de FP 0,9 atrasado a FP 0,9 adiantado? Faça um gráfico da tensão de terminal *versus* o ângulo de impedância da carga.

4.26 Assuma que o gerador é conectado a um barramento infinito de 3200 V e que a sua corrente de campo foi ajustada de modo que fornece potência e fator de potência nominais ao barramento. Você pode ignorar a resistência de armadura R_A ao responder às seguintes perguntas.

(a) Que acontecerá às potências ativas e reativas fornecidas por esse gerador se o fluxo de campo (e, portanto, E_A) for reduzido em 5%?

(b) Plote a potência ativa fornecida por esse gerador em função do fluxo ϕ quando o fluxo varia de 80 a 100% do fluxo nas condições nominais.

(c) Plote a potência reativa fornecida por esse gerador em função do fluxo ϕ quando o fluxo varia de 80 a 100% do fluxo nas condições nominais.

(d) Plote a corrente de linha fornecida pelo gerador em função do fluxo ϕ quando o fluxo varia de 80 a 100% do fluxo nas condições nominais.

4.27 Dois geradores síncronos trifásicos idênticos de 2,5 MVA, 1200V, com FP 0,8 atrasado e 60 Hz são ligados em paralelo para alimentar uma carga. Ocorre que as máquinas motrizes dos dois geradores têm características de queda de velocidade diferentes. Quando as correntes de campo dos dois geradores são iguais, um entrega 1200 A com FP 0,9 atrasado, ao passo que o outro entrega 900 A com FP 0,75 atrasado.

(a) Quais são as potências ativa e reativa fornecidas por cada gerador à carga?

(b) Qual é o fator de potência total da carga?

(c) De que forma a corrente de campo de cada gerador deve ser ajustada para que eles operem com o mesmo fator de potência?

4.28 Uma estação geradora em um sistema de potência consiste em quatro geradores síncronos operando em paralelo de 300 MVA, 15 kV e FP 0,85 atrasado, com características de queda de velocidade idênticas. Os reguladores das máquinas motrizes dos geradores são ajustados para produzir uma queda de 3 Hz desde a condição a vazio até a plena carga. Três desses geradores estão cada um fornecendo 200 MW de forma constante (*geradores de potência fixa*) em uma frequência de 60 Hz, ao passo que o quarto gerador (*gerador de potência variável*) lida com todas as alterações incrementais de carga do sistema, ao mesmo tempo que mantém a frequência do sistema em 60 Hz.

(a) Em um dado instante, a carga total do sistema é 650 MW em uma frequência de 60 Hz. Quais são as frequências a vazio de cada um dos geradores do sistema?

(b) Se a carga do sistema subir para 725 MW e o ponto de ajuste no regulador do gerador não for alterado, qual será a nova frequência do sistema?

(c) Para que valor a frequência a vazio do gerador de potência variável deve ser ajustada para que a frequência do sistema retorne a 60 Hz?

(d) Se o sistema operar nas condições descritas na parte *(c)*, que aconteceria se um sistema de proteção desconectasse o gerador de potência variável da linha?

4.29 Um gerador síncrono de 100 MVA, 14,4 kV, FP 0,8 atrasado e ligado em Y tem uma resistência de armadura desprezível e uma reatância síncrona de 1,0 por unidade. O gerador está ligado em paralelo com um barramento infinito de 60 Hz e 14,4 kV, mas é capaz de fornecer ou consumir quaisquer quantidades de potências ativa e reativa sem que haja alterações de frequência ou de tensão de terminal.

(a) Qual é a reatância síncrona do gerador em ohms?

(b) Qual é a tensão gerada interna $\mathbf{E}_A$ desse gerador nas condições nominais?

(c) Qual é a corrente de armadura $\mathbf{I}_A$ dessa máquina nas condições nominais?

(d) Suponha que o gerador esteja operando inicialmente nas condições nominais. Se a tensão gerada interna $\mathbf{E}_A$ for diminuída em 5%, qual será a nova corrente de armadura $\mathbf{I}_A$?

(e) Repita a parte *(d)* para diminuições de 10, 15, 20 e 25% em $\mathbf{E}_A$.

(f) Plote o valor da corrente de armadura I_A em função de E_A. (Você pode usar MATLAB para desenhar esse gráfico.)

REFERÊNCIAS

1. Chaston, A. N.: *Electric Machinery*, Reston Publishing, Reston, Va., 1986.
2. Del Toro, V.: *Electric Machines and Power Systems*, Prentice-Hall, Englewood Cliffs, N.J., 1985.
3. Fitzgerald, A. E. e C. Kingsley, Jr.: *Electric Machinery*, McGraw-Hill Book Company, Nova York, 1952.
4. Fitzgerald, A. E., C. Kingsley, Jr. e S. D. Umans: *Electric Machinery*, 5ª ed., McGraw-Hill Book Company, Nova York, 1990.
5. Kosow, Irving L.: *Electric Machines and Transformers*, Prentice-Hall, Englewood Cliffs, N.J., 1972.
6. Liwschitz-Garik, Michael e Clyde Whipple: *Alternating-Current Machinery*, Van Nostrand, Princeton, N.J., 1961.
7. McPherson, George: *An Introduction to Electrical Machines and Transformers*, Wiley, Nova York, 1981.
8. Slemon, G. R. e A. Straughen: *Electric Machines*, Addison-Wesley, Reading, Mass., 1980.
9. Werninck, E. H. (ed.): *Electric Motor Handbook*, McGraw-Hill Book Company, London, 1978.

capítulo

5

Motores síncronos

OBJETIVOS DE APRENDIZAGEM

- Compreender o circuito equivalente de um motor síncrono.
- Ser capaz de desenhar diagramas fasoriais para um motor síncrono.
- Conhecer as equações de potência e conjugado de um motor síncrono.
- Compreender como e por que o fator de potência varia quando a carga de um motor síncrono aumenta.
- Compreender como e por que o fator de potência varia quando a corrente de campo de um motor síncrono aumenta – a curva "V".
- Compreender como é dada a partida de motores síncronos.
- Ser capaz de diferenciar se uma máquina síncrona está operando como motor ou como gerador e também se ela está fornecendo ou consumindo potência reativa pelo exame do diagrama fasorial.
- Compreender as especificações nominais dos motores síncronos.

Motores síncronos são máquinas síncronas usadas para converter potência elétrica em potência mecânica. Este capítulo explora o funcionamento básico dos motores síncronos e estabelece sua relação com os geradores síncronos.

5.1 PRINCÍPIOS BÁSICOS DE OPERAÇÃO DE UM MOTOR

Para compreender o conceito básico de motor síncrono, examine a Figura 5-1, a qual mostra um motor síncrono de dois polos. A corrente de campo I_F do motor produz um campo magnético $\mathbf{B}_R$ em regime permanente. Um conjunto trifásico de tensões é aplicado ao estator da máquina, produzindo um fluxo trifásico de correntes nos enrolamentos.

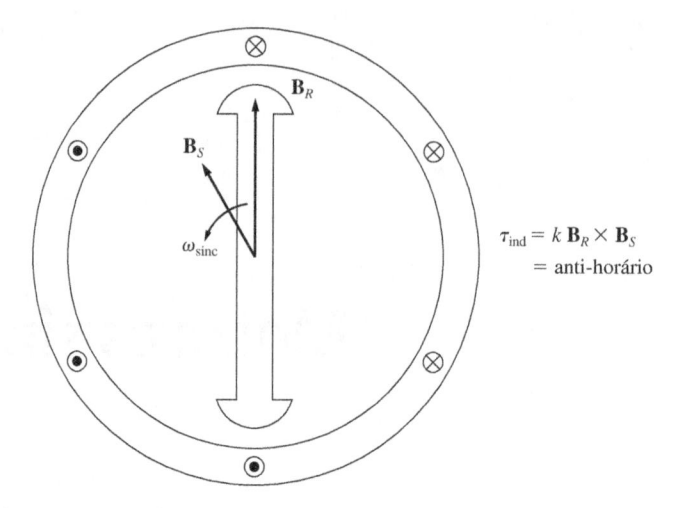

FIGURA 5-1
Um motor síncrono de dois polos.

Como foi mostrado no Capítulo 3, um conjunto trifásico de correntes nos enrolamentos de armadura produz um campo magnético uniforme girante $\mathbf{B}_S$. Portanto, há dois campos magnéticos presentes na máquina e o *campo do rotor tenderá a se alinhar com o campo do estator*, exatamente como duas barras imantadas tenderão a se alinhar se forem colocadas próximas entre si. Como o campo magnético do estator está girando, o campo magnético do rotor (e o próprio rotor) tentará constantemente se alinhar. Quanto maior for o ângulo entre os dois campos magnéticos (até um certo valor máximo), maior será o conjugado no rotor da máquina. O princípio básico de operação do motor síncrono é que o rotor "persegue" em círculo o campo magnético girante do estator, sem nunca conseguir se alinhar com ele.

Como um motor síncrono é igual fisicamente ao gerador síncrono, todas as equações básicas de velocidade, potência e conjugado dos Capítulos 3 e 4 aplicam-se também aos motores síncronos.

O circuito equivalente de um motor síncrono

Um motor síncrono é o mesmo que um gerador síncrono sob todos os aspectos, exceto pelo fato de o sentido do fluxo de potência ser invertido. Como esse sentido é invertido, pode-se esperar que o sentido do fluxo de corrente no estator também seja invertido. Portanto, o circuito equivalente de um motor síncrono é exatamente o mesmo que o circuito equivalente de um gerador síncrono, *exceto* pelo fato de o sentido de referência de $\mathbf{I}_A$ ser *invertido*. O circuito equivalente completo resultante está mostrado na Figura 5-2a e o circuito equivalente por fase está mostrado na Figura 5-2b. Como antes, as três fases do circuito equivalente podem ser ligadas em Y ou em Δ.

Devido à mudança no sentido de $\mathbf{I}_A$, a equação da lei das tensões de Kirchhoff para o circuito equivalente também muda. A equação para o novo circuito equivalente é

FIGURA 5-2
(a) O circuito equivalente completo de um motor síncrono trifásico. (b) O circuito equivalente por fase.

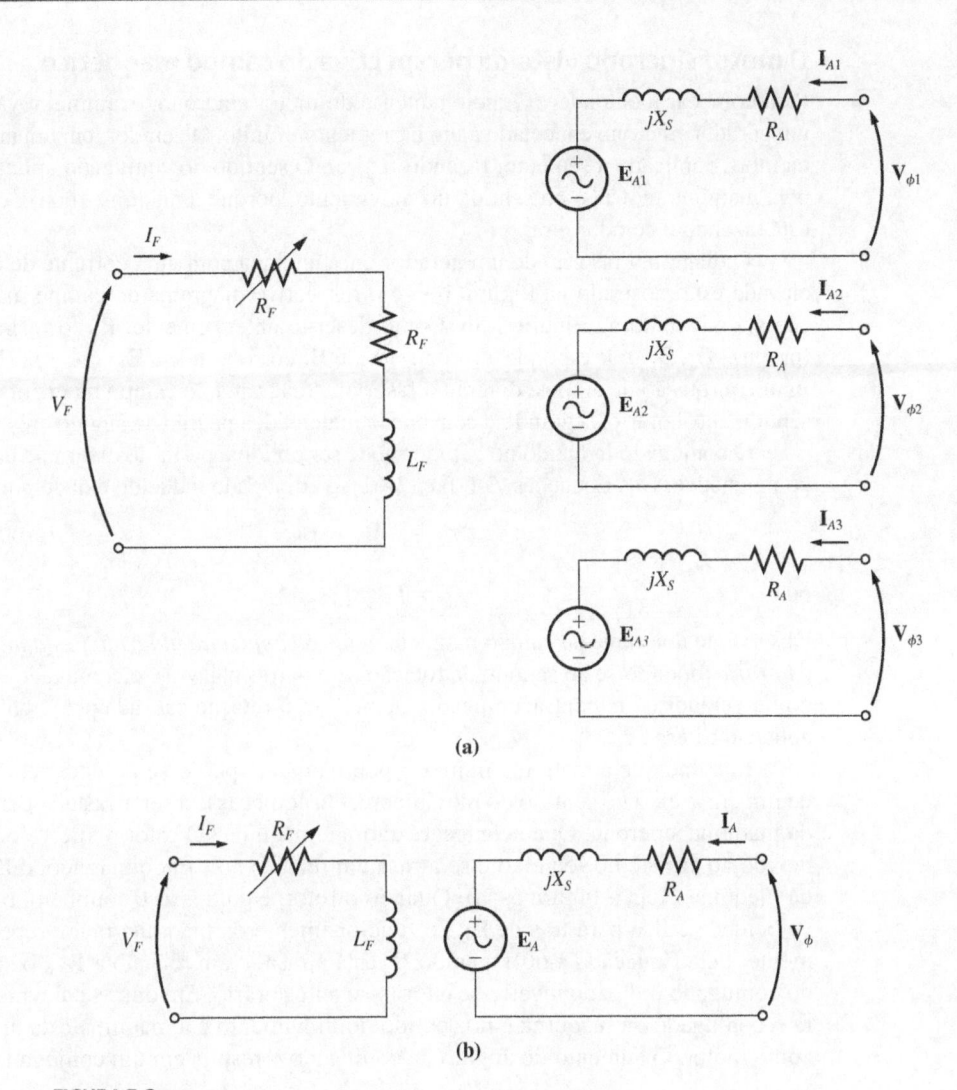

$$\mathbf{V}_\phi = \mathbf{E}_A + jX_S \mathbf{I}_A + R_A \mathbf{I}_A \tag{5-1}$$

ou

$$\mathbf{E}_A = \mathbf{V}_\phi - jX_S \mathbf{I}_A - R_A \mathbf{I}_A \tag{5-2}$$

Essa é exatamente a mesma equação de um gerador, exceto pelo fato de o sinal do termo de corrente ter sido invertido.

O motor síncrono visto da perspectiva do campo magnético

Para começar a entender o funcionamento do motor síncrono, examine novamente um gerador síncrono conectado a um barramento infinito. O gerador tem uma máquina motriz aplicada a seu eixo, fazendo-o girar. O sentido do conjugado aplicado τ_{ap} pela máquina motriz é no sentido do movimento, porque a máquina motriz é a que está fazendo o gerador girar.

O diagrama fasorial de um gerador que funciona com uma corrente de campo elevada está mostrado na Figura 5-3a e o respectivo diagrama do campo magnético está mostrado na Figura 5-3b. Como descrito anteriormente, $\mathbf{B}_R$ corresponde a (produz) $\mathbf{E}_A$, $\mathbf{B}_{líq}$ corresponde a (produz) $\mathbf{V}_\phi$ e $\mathbf{B}_S$ corresponde a $\mathbf{E}_{est}$ ($= -jX_S\mathbf{I}_A$). Na figura, a rotação de ambos, diagrama fasorial e diagrama do campo magnético, é no sentido anti-horário, seguindo a convenção matemática padrão de ângulo crescente.

O conjugado induzido no gerador pode ser obtido a partir do diagrama de campo magnético. Das Equações (3-60) e (3-61), o conjugado induzido é dado por

$$\tau_{ind} = k\mathbf{B}_R \times \mathbf{B}_{líq} \quad (3\text{-}60)$$

ou
$$\tau_{ind} = kB_R B_{líq} \operatorname{sen} \delta \quad (3\text{-}61)$$

Observe no diagrama de campo magnético que o *conjugado induzido nesta máquina é horário*, opondo-se ao sentido de rotação. Em outras palavras, o conjugado induzido no gerador é um contraconjugado, opondo-se à rotação causada pelo conjugado aplicado externo τ_{ap}.

Imagine que a máquina motriz repentinamente perdesse potência e, em vez de impelir o eixo no sentido do movimento, ela começasse a ser arrastada pelo eixo da máquina síncrona. Que acontecerá agora à máquina? O rotor perde velocidade devido ao arraste no seu eixo e se atrasa em relação ao campo magnético líquido da máquina (veja a Figura 5-4a). Quando o rotor, e com isso $\mathbf{B}_R$ também, reduz a velocidade e fica para trás de $\mathbf{B}_{líq}$, o funcionamento da máquina muda repentinamente. Pela Equação (3-60), quando $\mathbf{B}_R$ está atrasado em relação a $\mathbf{B}_{líq}$, o sentido do conjugado induzido inverte-se e torna-se anti-horário. Em outras palavras, agora o conjugado da máquina é no sentido do movimento e a máquina está atuando como motor. O aumento do ângulo de conjugado δ resulta em um conjugado cada

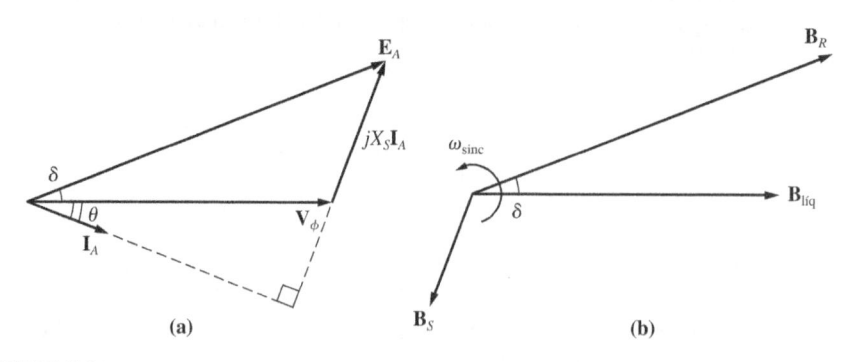

FIGURA 5-3
(a) Diagrama fasorial de um gerador síncrono operando com um fator de potência atrasado.
(b) O respectivo diagrama de campo magnético.

FIGURA 5-4
(a) Diagrama fasorial de um motor síncrono. (b) O respectivo diagrama de campo magnético.

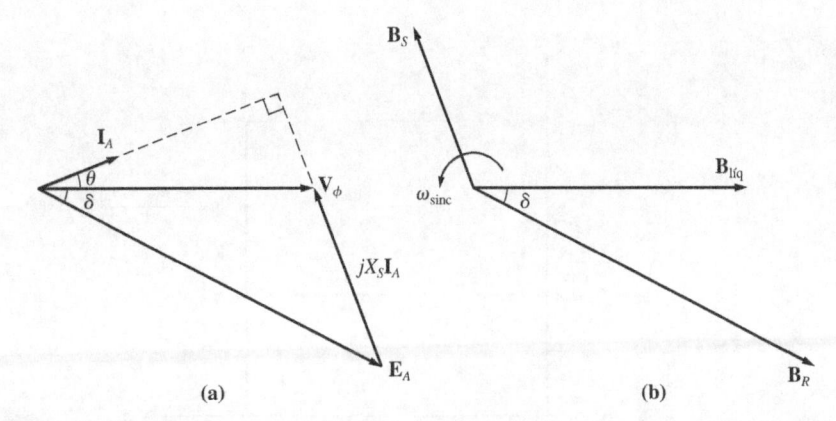

vez maior no sentido de rotação até que finalmente o conjugado induzido do motor torna-se igual ao conjugado de carga no seu eixo. Nesse ponto, a máquina estará operando em regime permanente e novamente com velocidade síncrona, mas agora como motor.

O diagrama fasorial correspondente ao funcionamento como gerador está mostrado na Figura 5-3a e o diagrama fasorial correspondente ao funcionamento como motor está mostrado na Figura 5-4a. A razão de $jX_S\mathbf{I}_A$ apontar de $\mathbf{V}_\phi$ para $\mathbf{E}_A$ no gerador e de $\mathbf{E}_A$ para $\mathbf{V}_\phi$ no motor é que o sentido de referência de $\mathbf{I}_A$ foi invertido na definição do circuito equivalente do motor. A diferença básica entre o funcionamento como motor e como gerador nas máquinas síncronas pode ser vista tanto no diagrama de campo magnético quanto no diagrama fasorial. *Em um gerador*, $\mathbf{E}_A$ está à frente de $\mathbf{V}_\phi$ e $\mathbf{B}_R$ está à frente de $\mathbf{B}_{líq}$. *Em um motor*, $\mathbf{E}_A$ está atrás de $\mathbf{V}_\phi$ e $\mathbf{B}_R$ está atrás de $\mathbf{B}_{líq}$. Em um motor, o conjugado induzido é no sentido do movimento e, em um gerador, o conjugado induzido é um contraconjugado que se opõe ao sentido do movimento.

5.2 OPERAÇÃO DO MOTOR SÍNCRONO EM REGIME PERMANENTE

Esta seção explora o comportamento dos motores síncronos em condições variáveis de carga e de corrente de campo, assim como a questão da correção do fator de potência quando são usados motores síncronos. Por simplicidade, as discussões seguintes geralmente ignorarão a resistência de armadura dos motores. Entretanto, R_A será considerada em alguns dos cálculos numéricos trabalhados.

A curva característica de conjugado *versus* velocidade do motor síncrono

Os motores síncronos fornecem potência às cargas, que basicamente são dispositivos que funcionam com velocidade constante. Usualmente, os motores são ligados a sistemas de potência que são *muito* maiores do que eles próprios, de modo que os sistemas de potência atuam como barramentos infinitos para os motores. Isso signifi-

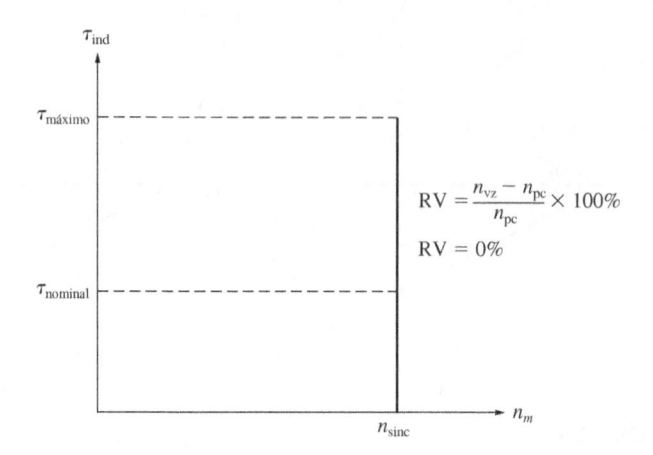

FIGURA 5-5
A característica de conjugado *versus* velocidade de um motor síncrono. Como a velocidade do motor é constante, sua regulação de velocidade (RV) é zero.

$$RV = \frac{n_{vz} - n_{pc}}{n_{pc}} \times 100\%$$

$$RV = 0\%$$

ca que a tensão de terminal e a frequência do sistema serão constantes, independentemente da quantidade de potência demandada pelo motor. A velocidade de rotação do motor está sincronizada com a taxa de rotação dos campos magnéticos e, por sua vez, a taxa de rotação dos campos magnéticos aplicados está sincronizada com a frequência elétrica aplicada, de modo que *a velocidade do motor síncrono será constante independentemente da carga*. Essa taxa fixa de rotação é dada por

$$n_m = \frac{120 f_{se}}{P} \tag{5-3}$$

em que n_m é a velocidade mecânica de rotação, f_{se} é a frequência elétrica do estator e P é o número de polos do motor.

A curva característica de conjugado *versus* velocidade está mostrada na Figura 5-5. A velocidade de regime permanente do motor é constante desde a vazio até o conjugado máximo que o motor pode fornecer (denominado *conjugado máximo*), de modo que a regulação de velocidade desse motor [Equação (3-68)] é 0 %. A equação de conjugado é

$$\tau_{ind} = kB_R B_{líq} \operatorname{sen} \delta \tag{3-61}$$

ou

$$\boxed{\tau_{ind} = \frac{3V_\phi E_A \operatorname{sen} \delta}{\omega_m X_S}} \tag{4-22}$$

O conjugado máximo ocorre quando $\delta = 90°$. Entretanto, os conjugados normais a plena carga são muito inferiores a esse valor. De fato, o conjugado máximo pode ser tipicamente o triplo do conjugado a plena carga da máquina.

Quando o conjugado no eixo de um motor síncrono excede o conjugado máximo, o rotor poderá perder o sincronismo com o estator e os campos magnéticos líquidos. Em vez disso, o rotor começa a "deslizar", ficando para trás. Quando o rotor perde velocidade, o campo magnético do estator continua girando, ultrapassando diversas vezes o campo do rotor. O sentido do conjugado induzido no rotor é invertido a cada ultrapassagem. Os surtos resultantes de conjugado são muitos intensos, primeiro em um sentido e em seguida no outro, fazendo com que o motor entre gravemente em vibração. A perda de sincronismo depois que o conjugado máximo é excedido é conhecida como polos deslizantes.

O conjugado máximo do motor é dado por

$$\tau_{máx} = kB_R B_{líq} \tag{5-4a}$$

ou

$$\boxed{\tau_{máx} = \frac{3V_\phi E_A}{\omega_m X_S}} \tag{5-4b}$$

Essas equações mostram que, quanto maior a corrente de campo (e consequentemente E_A), *maior será o conjugado máximo do motor.* Portanto, há uma vantagem de estabilidade quando o motor funciona com corrente de campo ou E_A elevadas.

O efeito das mudanças de carga sobre um motor síncrono

Se uma carga for acoplada ao eixo de um motor síncrono, o motor desenvolverá conjugado suficiente para manter o motor e sua carga girando na velocidade síncrona. Que acontece quando a carga é alterada no motor síncrono?

Para descobrir, examine um motor síncrono operando inicialmente com um fator de potência adiantado, como está mostrado na Figura 5-6. Se a carga no eixo do motor for aumentada, o rotor inicialmente reduzirá sua velocidade. Ao fazer isso, o ângulo de conjugado δ torna-se maior e o conjugado induzido aumenta. O incremento no conjugado induzido acelerará o motor, que voltará a girar na velocidade síncrona, mas com um ângulo de conjugado δ maior.

Qual é a aparência do diagrama fasorial durante esse processo? Para descobrir, examine as restrições impostas à máquina durante uma alteração de carga. A Figura 5-6a mostra o diagrama fasorial do motor antes do aumento de carga. A tensão gerada interna E_A é igual a $K\phi\omega$ e, portanto, depende *somente* da corrente de campo e da velocidade da máquina. A velocidade está condicionada a ser constante pela fonte de potência de entrada e, como ninguém mexeu no circuito de campo, a corrente de campo também é constante. Portanto, $|\mathbf{E}_A|$ *deve ser constante quando a carga é alterada*. Os comprimentos proporcionais à potência (E_A sen δ e I_A cos θ) aumentarão, mas o módulo de $\mathbf{E}_A$ deverá permanecer constante. Quando a carga aumenta, $\mathbf{E}_A$ move-se para baixo do modo mostrado na Figura 5-6b. Quando $\mathbf{E}_A$ move-se mais e mais para baixo, o termo $jX_S\mathbf{I}_A$ deve aumentar para que possa ir da extremidade de $\mathbf{E}_A$ até $\mathbf{V}_\phi$ e, consequentemente, a corrente de armadura $\mathbf{I}_A$ também aumentará. Observe que o ângulo θ do fator de potência também se altera, tornando-se cada vez menos adiantado e, em seguida, cada vez mais atrasado.

EXEMPLO 5-1 Um motor síncrono de 208 V, 45 HP, FP 0,8 adiantado, ligado em Δ e 60 Hz tem uma reatância síncrona de 2,5 Ω e uma resistência de armadura desprezível. Suas perdas por atrito e ventilação são 1,5 kW e as perdas no núcleo são 1,0 kW. Inicialmente, o eixo está impulsionando uma carga de 15 HP e o fator de potência do motor é 0,80 adiantado.

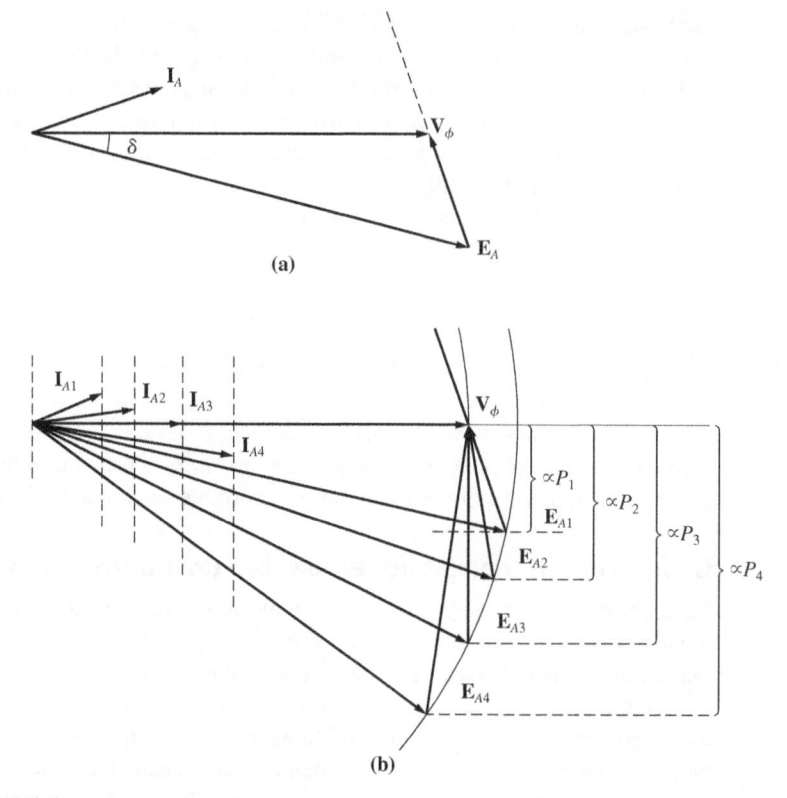

FIGURA 5-6
(a) Diagrama fasorial de um motor operando com um fator de potência adiantado. (b) O efeito de um aumento de carga sobre o funcionamento de um motor síncrono.

(a) Desenhe o diagrama fasorial desse motor e encontre os valores de $\mathbf{I}_A$, I_L e $\mathbf{E}_A$.
(b) Agora, assuma que a carga no eixo seja aumentada para 30 HP. Desenhe o comportamento do diagrama fasorial em resposta a esse aumento.
(c) Encontre $\mathbf{I}_A$, I_L e $\mathbf{E}_A$ após a alteração de carga. Qual é o novo fator de potência?

Solução
(a) Inicialmente, a potência de saída do motor é 15 HP. Isso corresponde a uma saída de

$$P_{\text{saída}} = (15 \text{ HP})(0{,}746 \text{ kW/HP}) = 11{,}19 \text{ kW}$$

Portanto, a potência elétrica fornecida à máquina é

$$P_{\text{entrada}} = P_{\text{saída}} + P_{\text{perdas mec.}} + P_{\text{perdas núcleo}} + P_{\text{perdas eletr.}}$$
$$= 11{,}19 \text{ kW} + 1{,}5 \text{ kW} + 1{,}0 \text{ kW} + 0 \text{ kW} = 13{,}69 \text{ kW}$$

Como o fator de potência do motor é 0,8 adiantado, a corrente de linha resultante é

$$I_L = \frac{P_{\text{entrada}}}{\sqrt{3}\, V_T \cos\theta}$$
$$= \frac{13{,}69 \text{ kW}}{\sqrt{3}(208 \text{ V})(0{,}80)} = 47{,}5 \text{ A}$$

e a corrente de armadura é $I_L/\sqrt{3}$ com o fator de potência 0,8 adiantado, o que dá o resultado

$$\mathbf{I}_A = 27,4 \angle 36,87° \text{ A}$$

Para encontrar $\mathbf{E}_A$, aplique a lei das tensões de Kirchhoff [Equação (5-2)]:

$$\mathbf{E}_A = \mathbf{V}_\phi - jX_S\mathbf{I}_A$$
$$= 208 \angle 0° \text{ V} - (j2,5 \ \Omega)(27,4 \angle 36,87° \text{ A})$$
$$= 208 \angle 0° \text{ V} - 68,5 \angle 126,87° \text{ V}$$
$$= 249,1 - j54,8 \text{ V} = 255 \angle -12,4° \text{ V}$$

O diagrama fasorial resultante está mostrado na Figura 5-7a.

(b) Quando a potência no eixo é aumentada para 30 HP, o eixo desacelera momentaneamente e a tensão gerada interna $\mathbf{E}_A$ oscila para um ângulo maior δ, mantendo constante o módulo. O diagrama fasorial resultante está mostrado na Figura 5-7b.

(c) Após a alteração de carga, a potência elétrica de entrada da máquina torna-se

$$P_{\text{entrada}} = P_{\text{saída}} + P_{\text{perdas mec.}} + P_{\text{perdas núcleo}} + P_{\text{perdas eletr.}}$$
$$= (30 \text{ HP})(0,746 \text{ kW/HP}) + 1,5 \text{ kW} + 1,0 \text{ kW} + 0 \text{ kW}$$
$$= 24,88 \text{ kW}$$

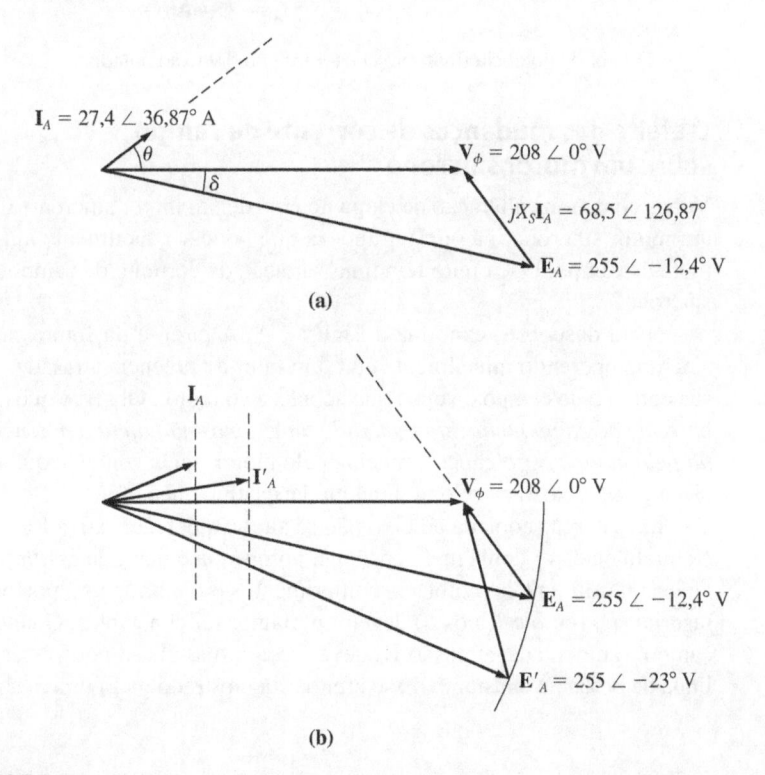

FIGURA 5-7
(a) Diagrama fasorial do motor do Exemplo 5-1a. (b) Diagrama fasorial do motor do Exemplo 5-1b.

Da equação que fornece a potência em termos do ângulo de conjugado [Equação (4-20)], é possível encontrar o valor do ângulo δ (lembre-se de que o módulo de $\mathbf{E}_A$ é constante):

$$P = \frac{3V_\phi E_A \operatorname{sen} \delta}{X_S} \quad (4\text{-}20)$$

ou
$$\delta = \operatorname{arcsen} \frac{X_S P}{3V_\phi E_A}$$

$$= \operatorname{arcsen} \frac{(2{,}5\ \Omega)(24{,}88\ \text{kW})}{3(208\ \text{V})(255\ \text{V})}$$

$$= \operatorname{arcsen} 0{,}391 = 23°$$

Assim, a tensão gerada interna torna-se $\mathbf{E}_A = 355 \angle -23°$ V. Portanto, $\mathbf{I}_A$ será dada por

$$\mathbf{I}_A = \frac{\mathbf{V}_\phi - \mathbf{E}_A}{jX_S}$$

$$= \frac{208 \angle 0°\ \text{V} - 255 \angle -23°\ \text{V}}{j2{,}5\ \Omega}$$

$$= \frac{103{,}1 \angle 105°\ \text{V}}{j2{,}5\ \Omega} = 41{,}2 \angle 15°\ \text{A}$$

e I_L torna-se

$$I_L = \sqrt{3} I_A = 71{,}4\ \text{A}$$

O fator de potência final será cos $(-15°)$ ou 0,966 adiantado.

O efeito das mudanças de corrente de campo sobre um motor síncrono

Vimos como uma alteração de carga no eixo de um motor síncrono afeta o motor. Em um motor síncrono, há outra grandeza que pode ser facilmente ajustada – sua corrente de campo. Que efeito tem uma variação de corrente de campo sobre um motor síncrono?

Para descobrir, examine a Figura 5-8. A parte a da figura mostra um motor síncrono operando inicialmente com um fator de potência atrasado. Agora, aumente sua corrente de campo e veja o que acontece ao motor. Observe que *uma elevação da corrente de campo aumenta o módulo de* $\mathbf{E}_A$*, mas não afeta a potência ativa fornecida pelo motor*. A potência fornecida pelo motor muda somente quando o conjugado de carga no eixo varia. Como uma mudança em I_F não afeta a velocidade no eixo n_m e, como a carga acoplada ao eixo não se altera, a potência ativa fornecida não muda. Naturalmente, V_T também é constante, porque ela é mantida assim pela fonte de potência que alimenta o motor. Os comprimentos proporcionais à potência no diagrama fasorial (E_A sen δ e I_A cos θ) devem, portanto, ser constantes. Quando a corrente de campo é aumentada, a tensão $\mathbf{E}_A$ deve crescer, mas ela só pode fazer isso seguindo a linha de potência constante. Esse efeito está mostrado na Figura 5-8b.

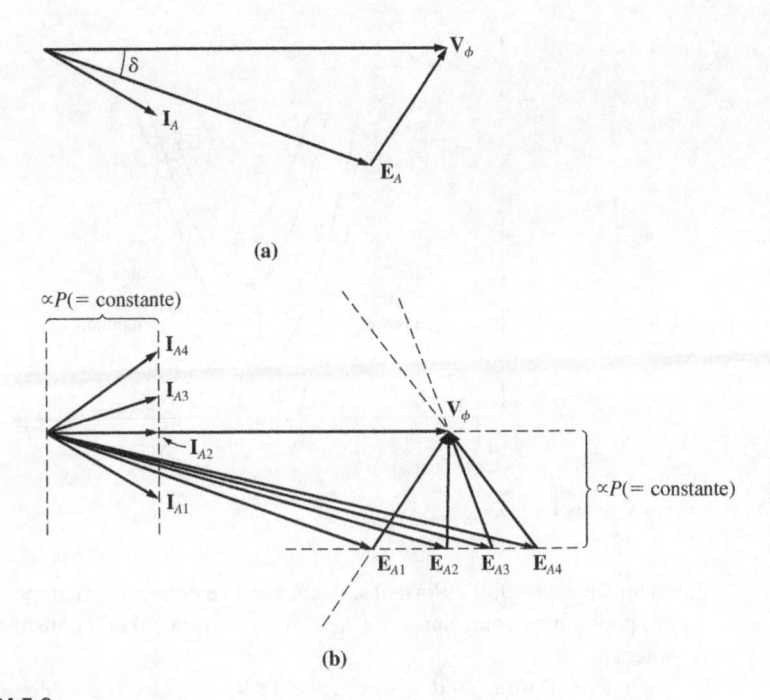

FIGURA 5-8
(a) Um motor síncrono operando com um fator de potência atrasado. (b) O efeito de um aumento de corrente de campo sobre o funcionamento do motor.

Observe que, quando o valor de E_A aumenta, o módulo da corrente de armadura I_A primeiro diminui e em seguida cresce novamente. Com valores baixos de E_A, a corrente de armadura está atrasada e o motor é uma carga indutiva. Ele está funcionando como uma combinação de indutor e resistor, consumindo potência reativa Q. Quando a corrente de campo é aumentada, a corrente de armadura acaba alinhando-se com V_ϕ e o motor aparecerá como uma resistência pura. Quando a corrente de campo for novamente aumentada, a corrente de armadura torna-se adiantada e o motor torna-se uma carga capacitiva. Agora, ele está funcionando como uma combinação de capacitor e resistor, consumindo potência reativa negativa $-Q$ ou, alternativamente, fornecendo potência reativa Q ao sistema.

Um gráfico de I_A versus I_F para um motor síncrono está mostrado na Figura 5-9. Esse gráfico é denominado *curva V de um motor síncrono*, pela razão óbvia de que sua forma é como a letra V. Há diversas curvas V desenhadas, correspondendo a diferentes níveis de potência ativa. Para cada curva, a corrente de armadura mínima ocorre com o fator de potência unitário, quando somente potência ativa está sendo fornecida ao motor. Em qualquer outro ponto da curva, alguma potência reativa também estará sendo fornecida para ou pelo motor. Para correntes de campo *menores* do que o valor que corresponde a I_A mínima, a corrente de armadura está atrasada, consumindo Q. Para correntes de campo *maiores* do que o valor que corresponde a I_A mínima, a corrente de armadura está adiantada, fornecendo Q ao sistema de potência,

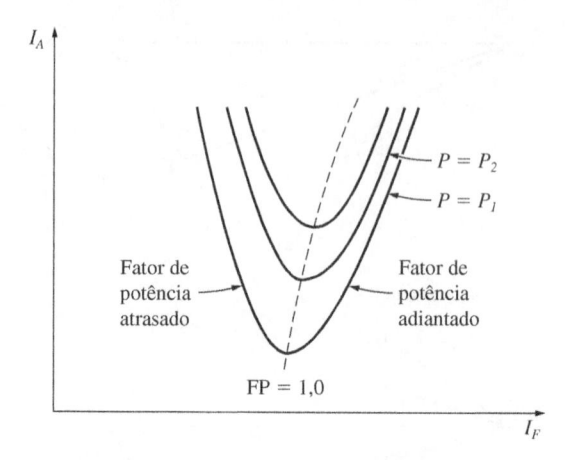

FIGURA 5-9
Curvas V do motor síncrono.

como um capacitor faria. Portanto, controlando a corrente de campo de um motor síncrono, poderemos controlar a *potência reativa* fornecida ou consumida pelo sistema de potência.

Quando a projeção do fasor $\mathbf{E}_A$ sobre $\mathbf{V}_\phi$ ($E_A \cos \delta$) é *menor* do que o próprio $\mathbf{V}_\phi$, um motor síncrono tem uma corrente atrasada e consome Q. Como a corrente de campo é pequena nessa situação, diz-se que o motor está *subexcitado*. Por outro lado, quando a projeção de $\mathbf{E}_A$ sobre $\mathbf{V}_\phi$ é *maior* do que o próprio $\mathbf{V}_\phi$, um motor síncrono tem uma corrente adiantada e fornece Q ao sistema de potência. Como a corrente de campo é grande nessa situação, diz-se que o motor está *sobre-excitado*. Diagramas fasoriais ilustrando esses conceitos estão mostrados na Figura 5-10.

EXEMPLO 5-2 O motor síncrono do exemplo anterior de 208 V, 45 HP, FP 0,8 adiantado, ligado em Δ e 60 Hz está alimentando uma carga de 15 HP com um fator de potência inicial de FP 0,85 atrasado. A corrente de campo I_F nessas condições é 4,0 A.

(a) Desenhe o diagrama fasorial inicial desse motor e encontre os valores $\mathbf{I}_A$ e $\mathbf{E}_A$.

(b) Se o fluxo do motor for incrementado em 25%, desenhe o novo diagrama fasorial do motor. Quais são agora os valores de $\mathbf{E}_A$, $\mathbf{I}_A$ e o fator de potência do motor?

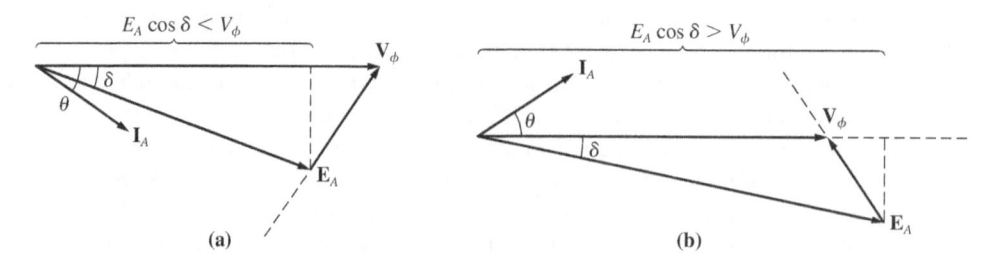

FIGURA 5-10
(a) O diagrama fasorial de um motor síncrono *subexcitado*. (b) O diagrama fasorial de um motor síncrono *sobre-excitado*.

(c) Assuma que o fluxo no motor varie linearmente com a corrente de campo I_F. Faça um gráfico de I_A versus I_F para o motor síncrono com uma carga de 15 HP.

Solução

(a) Do exemplo anterior, a potência elétrica de entrada com todas as perdas incluídas é $P_{entrada} = 13{,}69$ kW. Como o fator de potência do motor é 0,85 atrasado, o fluxo de corrente de armadura resultante é

$$I_A = \frac{P_{entrada}}{3V_\phi \cos\theta}$$

$$= \frac{13{,}69 \text{ kW}}{3(208 \text{ V})(0{,}85)} = 25{,}8 \text{ A}$$

O ângulo θ é arccos $0{,}85 = 31{,}8°$, de modo que a corrente fasorial $\mathbf{I}_A$ é igual a

$$\mathbf{I}_A = 25{,}8 \angle 31{,}8° \text{ A}$$

Para encontrar $\mathbf{E}_A$, aplique a lei das tensões de Kichhoff [Equação (5-2)]:

$$\mathbf{E}_A = \mathbf{V}_\phi - jX_S\mathbf{I}_A$$

$$= 208 \angle 0° \text{ V} - (j2{,}5 \text{ }\Omega)(25{,}8 \angle -31{,}8° \text{ A})$$

$$= 208 \angle 0° \text{ V} - 64{,}5 \angle 58{,}2° \text{ V}$$

$$= 182 \angle -17{,}5° \text{ V}$$

O diagrama fasorial resultante está mostrado na Figura 5-11, juntamente com os resultados da parte b.

(b) Se o fluxo ϕ for incrementado em 25%, $E_A = K\phi\omega$ também aumentará em 25%:

$$E_{A2} = 1{,}25\, E_{A1} = 1{,}25(182 \text{ V}) = 227{,}5 \text{ V}$$

Entretanto, a potência fornecida à carga deve permanecer constante. Como o comprimento E_A sen δ é proporcional à potência, esse comprimento no diagrama fasorial deverá ser constante entre o nível do fluxo original e o nível do novo fluxo. Portanto,

$$E_{A1} \text{ sen } \delta_1 = E_{A2} \text{ sen } \delta_2$$

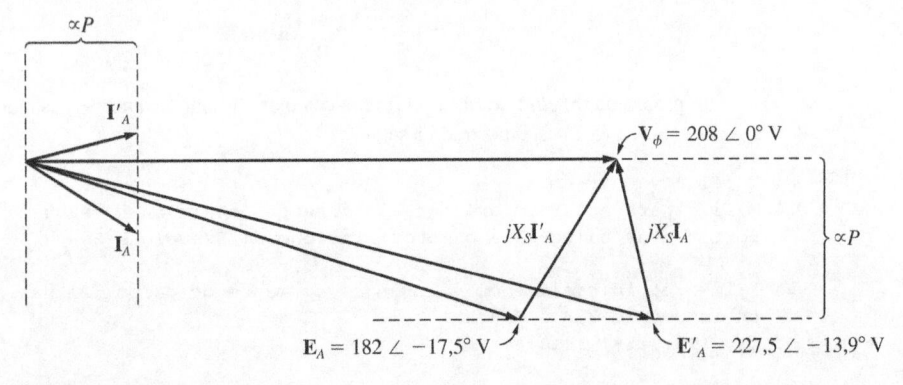

FIGURA 5-11
Diagrama fasorial do motor do Exemplo 5-2.

$$\delta_2 = \text{arcsen}\left(\frac{E_{A1}}{E_{A2}}\text{ sen }\delta_1\right)$$

$$= \text{arcsen}\left[\frac{182\text{ V}}{227,5\text{ V}}\text{ sen }(-17,5°)\right] = -13,9°$$

Agora, a corrente de armadura pode ser encontrada a partir da lei das tensões de Kirchhoff:

$$\mathbf{I}_{A2} = \frac{\mathbf{V}_\phi - \mathbf{E}_{A2}}{jX_S}$$

$$\mathbf{I}_A = \frac{208\angle 0°\text{ V} - 227,5\angle -13,9°\text{ V}}{j2,5\text{ }\Omega}$$

$$= \frac{56,2\angle 103,2°\text{ V}}{j2,5\text{ }\Omega} = 22,5\angle 13,2°\text{ A}$$

Finalmente, o fator de potência do motor é

$$\text{FP} = \cos(13,2°) = 0,974 \qquad \text{adiantado}$$

O diagrama fasorial resultante também está mostrado na Figura 5-11.

(c) Como foi assumido que o fluxo irá variar linearmente com a corrente de campo, E_A também irá variar linearmente com a corrente de campo. Sabemos que E_A é 182 V para uma corrente de campo de 4,0 A, de modo que E_A para qualquer corrente de campo dada pode ser encontrada a partir da razão

$$\frac{E_{A2}}{182\text{ V}} = \frac{I_{F2}}{4,0\text{ A}}$$

ou
$$E_{A2} = 45,5\, I_{F2} \tag{5-5}$$

O ângulo de conjugado δ para qualquer corrente de campo dada pode ser encontrado a partir do fato de que a carga deve permanecer constante:

$$E_{A1}\text{ sen }\delta_1 = E_{A2}\text{ sen }\delta_2$$

de modo que
$$\delta_2 = \text{arcsen}\left(\frac{E_{A1}}{E_{A2}}\text{ sen }\delta_1\right) \tag{5-6}$$

Essas duas peças de informação nos darão a tensão fasorial $\mathbf{E}_A$. Como $\mathbf{E}_A$ está disponível, a nova corrente de armadura pode ser calculada a partir da lei de Kirchhoff das tensões:

$$\mathbf{I}_{A2} = \frac{\mathbf{V}_\phi - \mathbf{E}_{A2}}{jX_S} \tag{5-7}$$

Um programa (*M-file*) de MATLAB para calcular e plotar I_A versus I_F, usando as Equações (5-5) a (5-7) está mostrado a seguir:

```
% M-file: v_curve.m
% M-file para criar um gráfico da corrente de armadura versus a
% corrente de campo para o motor síncrono do Exemplo 5-2

% Primeiro, inicialize os valores da corrente de campo (21 valores
% no intervalo 3,8 a 5,8 A)
i_f = (38:1:58) / 10;

% Agora, inicialize todos os demais valores
i_a = zeros(1,21);           % Prepare a matriz i_a
x_s = 2.5;                   % Reatância síncrona
```

```
v_phase = 208;                    % Tensão de fase em 0 graus
deltal = -17.5 * pi/180;          % delta 1 em radianos
e_a1 = 182 * (cos(deltal) + j * sin(deltal));

% Calcule a corrente de armadura para cada valor
for ii = 1:21
    % Calcule o valor de e_a2
    e_a2 = 45.5 * i_f(ii);

    % Calcule delta2
    delta2 = asin (abs(e_a1) / abs(e_a2) * sin(deltal));

    % Calcule o fasor e_a2
    e_a2 = e_a2 * (cos(delta2) + j * sin(delta2));

    % Calcule i_a
    i_a(ii) = (v_phase - e_a2) / (j * x_s);
end

% Plote a curva V
plot(i_f,abs(i_a),'Color','k','Linewidth',2.0);
xlabel('Corrente de campo (A)','Fontweight','Bold');
ylabel('Corrente de armadura (A)','Fontweight','Bold');
title ('Curva V de Motor Síncrono','Fontweight','Bold');
grid on;
```

O gráfico produzido por esse *M-file* está mostrado na Figura 5-12. Observe que, para uma corrente de campo de 4,0 A, a corrente de armadura é 25,8 A. Esse resultado está de acordo com a parte *a* deste exemplo.

O motor síncrono e a correção do fator de potência

A Figura 5-13 mostra um barramento infinito cuja saída está ligada por meio de uma linha de transmissão a uma planta industrial em um ponto distante. A planta mos-

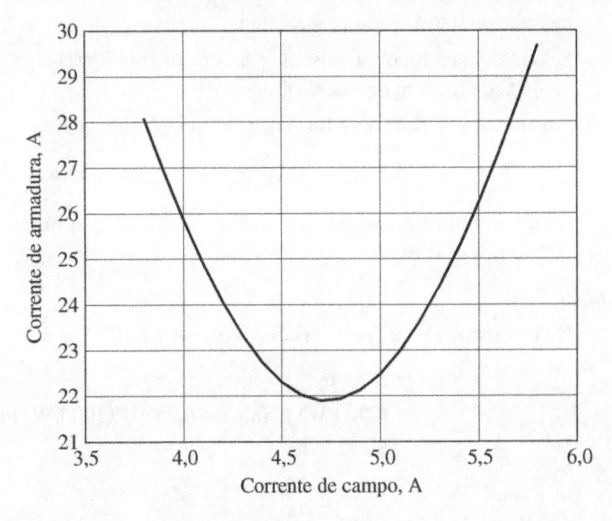

FIGURA 5-12
Curva V para o motor síncrono do Exemplo 5-2.

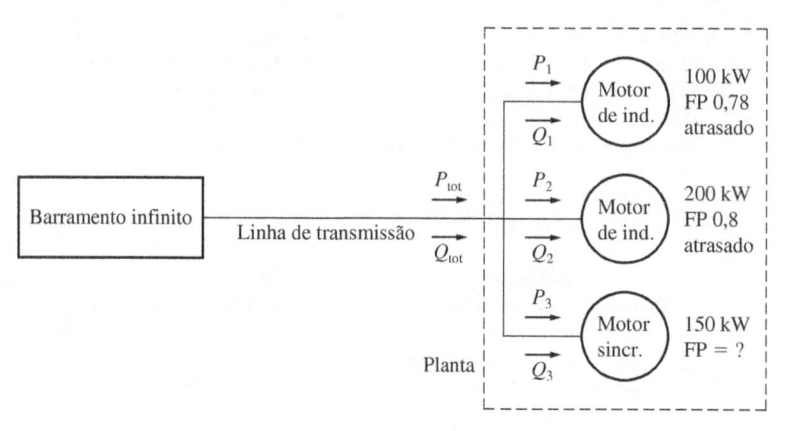

```
                                    P₁
                                    →      ┌────────┐   100 kW
                                           │Motor   │   FP 0,78
                                           │de ind. │   atrasado
                                    Q₁     └────────┘
                                    →

              P_tot                 P₂
              →                     →      ┌────────┐   200 kW
┌──────────────────┐                       │Motor   │   FP 0,8
│Barramento infinito│  Linha de transmissão│de ind. │   atrasado
└──────────────────┘   Q_tot               └────────┘
                       →            Q₂
                                    →

                                    P₃
                                    →      ┌────────┐   150 kW
                                           │Motor   │   FP = ?
                                 Planta    │sincr.  │
                                    Q₃     └────────┘
                                    →
```

FIGURA 5-13
Um sistema de potência simples consistindo em um barramento infinito que alimenta uma planta industrial por meio de uma linha de transmissão.

trada consiste em três cargas. Duas das cargas são motores de indução, com fatores de potência atrasados, e a terceira carga é um motor síncrono, com fator de potência variável.

Qual é o efeito que a capacidade de alterar o fator de potência de uma das cargas tem sobre o sistema de potência? Para descobrir, examine o seguinte exemplo. (*Nota:* uma revisão das equações de potência trifásica e seus usos é dada no Apêndice A. Alguns leitores talvez queiram consultá-lo para resolver este problema.)

EXEMPLO 5-3 O barramento infinito da Figura 5-13 opera em 480 V. A carga 1 é um motor de indução que consome 100 kW, com FP 0,78 atrasado, e a carga 2 é um motor de indução que consume 200 kW, com FP 0,8 atrasado. A carga 3 é um motor síncrono cujo consumo de potência ativa é 150 kW.

(a) Se o motor síncrono for ajustado para operar com FP 0,85 atrasado, qual será a corrente na linha de transmissão nesse sistema?

(b) Se o motor síncrono for ajustado para operar com FP 0,85 adiantado, qual será a corrente na linha de transmissão nesse sistema?

(c) Assuma que as perdas na linha de transmissão são dadas por

$$P_{PL} = 3I_L^2 R_L \quad \text{perdas na linha}$$

em que o índice PL significa perdas na linha. De que forma as perdas na linha compararam-se nos dois casos?

Solução

(a) No primeiro caso, a potência ativa da carga 1 é 100 kW e sua potência reativa é

$$Q_1 = P_1 \operatorname{tg} \theta$$
$$= (100 \text{ kW}) \operatorname{tg} (\arccos 0{,}78) = (100 \text{ kW}) \operatorname{tg} 38{,}7°$$
$$= 80{,}a2 \text{ kvar}$$

A potência ativa da carga 2 é 200 kW e sua potência reativa é

$$Q_2 = P_2 \text{ tg } \theta$$
$$= (200 \text{ kW}) \text{ tg (arccos 0,80)} = (200 \text{ kW}) \text{ tg } 36,87°$$
$$= 150 \text{ kvar}$$

A potência ativa da carga 3 é 150 kW e sua potência reativa é

$$Q_3 = P_3 \text{ tg } \theta$$
$$= (150 \text{ kW}) \text{ tg (arccos 0,85)} = (150 \text{ kW}) \text{ tg } 31,8°$$
$$= 93 \text{ kvar}$$

Portanto, a carga ativa total é

$$P_{tot} = P_1 + P_2 + P_3$$
$$= 100 \text{ kW} + 200 \text{ kW} + 150 \text{ kW} = 450 \text{ kW}$$

e a carga reativa total é

$$Q_{tot} = Q_1 + Q_2 + Q_3$$
$$= 80,2 \text{ kvar} + 150 \text{ kvar} + 93 \text{ kvar} = 323,2 \text{ kvar}$$

O fator de potência equivalente do sistema é, assim,

$$\text{FP} = \cos \theta = \cos \left(\text{arctg } \frac{Q}{P} \right) = \cos \left(\text{arctg } \frac{323,2 \text{ kvar}}{450 \text{ kW}} \right)$$
$$= \cos 35,7° = 0,812 \text{ atrasado}$$

Finalmente, a corrente de linha é dada por

$$I_L = \frac{P_{tot}}{\sqrt{3} V_L \cos \theta} = \frac{450 \text{ kW}}{\sqrt{3}(480 \text{ V})(0,812)} = 667 \text{ A}$$

(b) As potências ativas e reativas das cargas 1 e 2 não se alteram, assim como a potência ativa da carga 3. A potência reativa da carga 3 é

$$Q_3 = P_3 \text{ tg } \theta$$
$$= (150 \text{ kW}) \text{ tg } (-\text{arccos 0,85}) = (150 \text{ kW}) \text{ tg } (-31,8°)$$
$$= -93 \text{ kvar}$$

Portanto, a carga ativa total é

$$P_{tot} = P_1 + P_2 + P_3$$
$$= 100 \text{ kW} + 200 \text{ kW} + 150 \text{ kW} = 450 \text{ kW}$$

e a carga reativa total é

$$Q_{tot} = Q_1 + Q_2 + Q_3$$
$$= 80,2 \text{ kvar} + 150 \text{ kvar} - 93 \text{ kvar} = 137,2 \text{ kvar}$$

O fator de potência equivalente do sistema é, assim,

$$\text{FP} = \cos \theta = \cos \left(\text{arctg } \frac{Q}{P} \right) = \cos \left(\text{arctg } \frac{137,2 \text{ kvar}}{450 \text{ kW}} \right)$$
$$= \cos 16,96° = 0,957 \text{ atrasado}$$

Finalmente, a corrente de linha é dada por

$$I_L = \frac{P_{tot}}{\sqrt{3}V_L \cos \theta} = \frac{450 \text{ kW}}{\sqrt{3}(480 \text{ V})(0{,}957)} = 566 \text{ A}$$

(c) As perdas na linha de transmissão no primeiro caso são

$$P_{PL} = 3I_L^2 R_L = 3(667 \text{ A})^2 R_L = 1.344.700 \, R_L$$

As perdas na linha de transmissão no segundo caso são

$$P_{PL} = 3I_L^2 R_L = 3(566 \text{ A})^2 R_L = 961.070 \, R_L$$

Observe que, no segundo caso, as perdas na linha de transmissão são 28% menores do que no primeiro, ao passo que a potência fornecida às cargas é a mesma.

Como foi visto no Exemplo 5-3, a capacidade de ajustar o fator de potência de uma ou mais cargas de um sistema de potência pode afetar de forma significativa a eficiência operacional do sistema de potência. Quanto menor o fator de potência de um sistema, maiores serão as perdas nas suas linhas de alimentação de potência. A carga da maioria dos sistemas típicos de potência constitui-se de motores de indução. Assim, os fatores de potência desses sistemas são quase sempre atrasados. Dispor de uma ou mais cargas adiantadas (motores síncronos sobre-excitados) no sistema pode ser útil pelas seguintes razões:

1. Uma carga adiantada pode fornecer alguma potência reativa Q para as cargas atrasadas vizinhas, em vez de ela vir do gerador. Como a potência reativa não precisa viajar pelas linhas de transmissão, longas e de resistência bastante elevada, a corrente da linha de transmissão é reduzida e as perdas do sistema de potência são muito inferiores. (Isso foi mostrado no exemplo anterior.)
2. Como as linhas de transmissão transportam menos corrente, elas podem ser menores para um dado fluxo de potência nominal. Uma corrente nominal inferior reduz significativamente o custo de um sistema de potência.
3. Além disso, a necessidade de operar um motor síncrono com um fator de potência adiantado significa que o motor deverá funcionar *sobre-excitado*. Esse modo de operação aumenta o conjugado máximo do motor, reduzindo assim a possibilidade do valor máximo ser acidentalmente excedido.

O uso de motores síncronos ou outros equipamentos para aumentar o fator de potência geral de um sistema de potência é denominado *correção do fator de potência*, Como um motor síncrono pode propiciar correção do fator de potência e também custos menores para o sistema de potência, muitas cargas que aceitam um motor de velocidade constante (mesmo que elas não *precisem* necessariamente de velocidade constante) são acionadas por motores síncronos. Um motor síncrono pode custar mais do que um motor de indução. Ainda assim, a possibilidade de operar um motor síncrono com o fator de potência adiantado para realizar correção do fator de potência, representa uma economia de custos nas plantas industriais. Isso resulta na compra e utilização de motores síncronos.

É de se esperar que qualquer motor síncrono presente em uma planta industrial opere sobre-excitado, com a finalidade de realizar correção do fator de potência e aumentar seu conjugado máximo. Entretanto, o funcionamento de um motor síncrono sobre-excitado requer corrente de campo e fluxo elevados, o que causa aquecimento significativo do rotor. Um operador deve ser cuidadoso para não sobre aquecer os enrolamentos de campo ultrapassando a corrente de campo nominal.

O capacitor síncrono ou condensador síncrono

Um motor síncrono, adquirido para acionar uma carga, pode ser operado sobre-excitado, com a finalidade de fornecer potência reativa Q para um sistema de potência. De fato, antigamente comprava-se um motor síncrono para funcionar sem carga, *simplesmente para realizar correção do fator de potência*. O diagrama fasorial de um motor síncrono, funcionando sobre-excitado a vazio, está mostrado na Figura 5-14.

Como não há potência sendo retirada do motor, os comprimentos proporcionais à potência (E_A sen δ e I_A cos θ) são nulos. Como a equação da lei das tensões de Kirchhoff para um motor síncrono é

$$\mathbf{V}_\phi = \mathbf{E}_A = jX_S \mathbf{I}_A, \qquad (5\text{-}1)$$

o termo $jX_S \mathbf{I}_A$ apontará para a esquerda e, portanto, a corrente de armadura $\mathbf{I}_A$ apontará para cima. Se $\mathbf{V}_\phi$ e $\mathbf{I}_A$ forem examinados, a relação de tensão e corrente entre eles será como a de um capacitor. Do ponto de vista do sistema de potência, um motor síncrono a vazio sobre-excitado assemelha-se exatamente a um grande capacitor.

Alguns motores síncronos costumavam ser vendidos especificamente para correção do fator de potência. Essas máquinas tinham eixos que sequer chegavam a sair da carcaça do motor – nenhuma carga podia ser acoplada a eles, mesmo que isso fosse desejado. Esses motores síncronos de propósito especial eram frequentemente denominados *condensadores* ou *capacitores síncronos*. (*Condensador* é um nome antigo para capacitor.)

A curva V de um capacitor síncrono está mostrada na Figura 5-15a. Como a potência ativa fornecida à máquina é zero (exceto pelas perdas), temos que com fator de potência unitário a corrente $I_A = 0$. Se a corrente de campo for incrementada acima desse ponto, a corrente de linha (e a potência reativa fornecida pelo motor) aumentará de forma aproximadamente linear até que a saturação seja alcançada. A Figura 5-15b mostra o efeito do aumento da corrente de campo sobre o diagrama fasorial do motor.

Atualmente, os capacitores estáticos convencionais são de custo mais econômico para se comprar e usar do que os capacitores síncronos. Entretanto, alguns capacitores síncronos podem ainda estar em uso em instalações industriais antigas.

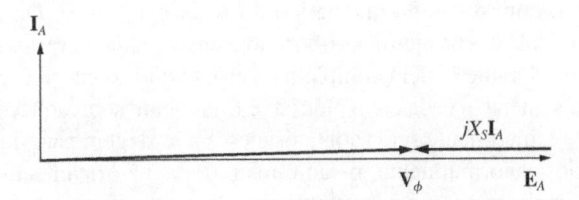

FIGURA 5-14
Diagrama fasorial de um *capacitor síncrono* ou condensador síncrono.

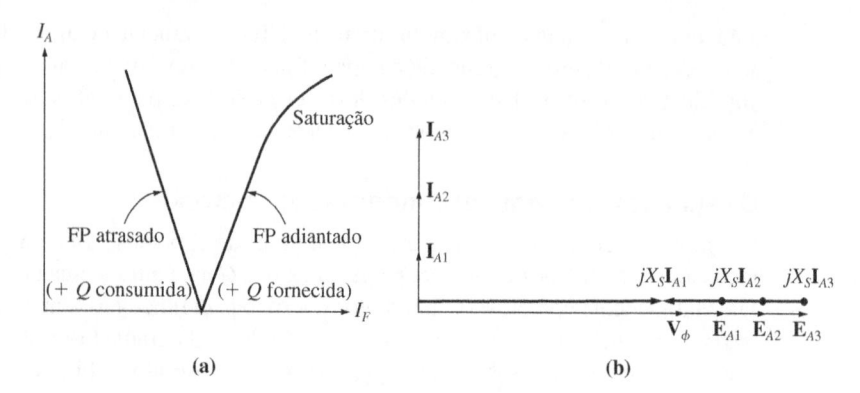

FIGURA 5-15
(a) A curva V de um capacitor síncrono. (b) O respectivo diagrama fasorial da máquina.

5.3 PARTIDA DE MOTORES SÍNCRONOS

A Seção 5.2 explicou o comportamento de um motor síncrono em condições de regime permanente. Nela, assumiu-se que o motor inicialmente já estava em rotação na *velocidade síncrona*. O que ainda não foi considerado é a pergunta: como o motor inicialmente chegou à velocidade síncrona?

Para compreender a natureza do problema da partida, consulte a Figura 5-16. Ela mostra um motor síncrono de 60 Hz no instante em que a potência é aplicada a seus enrolamentos de estator. O rotor do motor está parado e, portanto, o campo magnético $\mathbf{B}_R$ é estacionário. O campo magnético $\mathbf{B}_S$ do estator está começando a girar dentro do motor na velocidade síncrona.

A Figura 5-16a mostra a máquina no instante $t = 0$ s, quando $\mathbf{B}_R$ e $\mathbf{B}_S$ estão exatamente alinhados. Pela equação do conjugado induzido, ou seja,

$$\tau_{\text{ind}} = k\mathbf{B}_R \times \mathbf{B}_S \tag{3-58}$$

temos que o conjugado induzido no eixo do rotor é zero. A Figura 5-16b mostra a situação no instante $t = 1/240$ s. Nesse curto intervalo de tempo, o rotor mal se moveu, mas o campo magnético do estator agora aponta para a esquerda. Pela equação do conjugado induzido, o conjugado no eixo do rotor agora é *anti-horário*. A Figura 5-16c mostra a situação no tempo $t = 1/120$ s. Nesse ponto, $\mathbf{B}_R$ e $\mathbf{B}_S$ apontam em sentidos opostos e τ_{ind} novamente é igual a zero. Em $t = 3/240$ s, o campo magnético do estator aponta para a direita e o conjugado resultante é *horário*.

Finalmente, em $t = 1/60$ s, o campo magnético do estator está novamente alinhado com o campo magnético do rotor e $\tau_{\text{ind}} = 0$. Durante um ciclo elétrico, o conjugado era primeiro anti-horário e em seguida, horário. Desse modo, o conjugado médio durante o ciclo completo é zero. O que acontece com o motor é que ele vibra intensamente a cada ciclo elétrico e finalmente sobreaquece.

Dificilmente será satisfatória essa abordagem para dar partida em motores síncronos – normalmente, os administradores não ficam satisfeitos com funcionários que queimam seus equipamentos de alto custo. Assim, como exatamente *se pode* dar partida a um motor síncrono?

Três abordagens básicas podem ser utilizadas para dar partida segura a um motor síncrono:

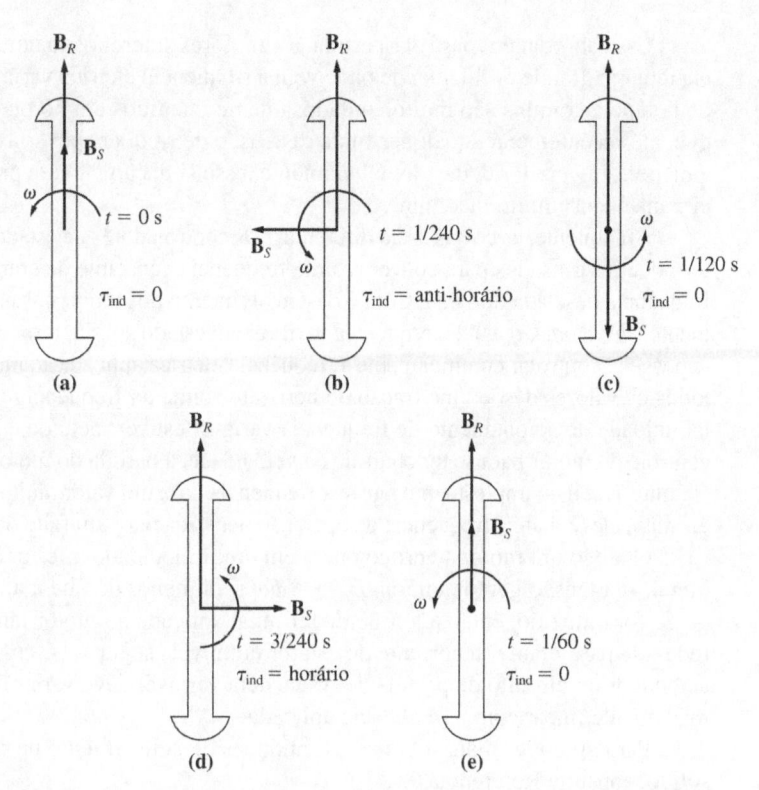

FIGURA 5-16
Problemas de partida em um motor síncrono – o conjugado alterna-se rapidamente em módulo e sentido, de modo que o conjugado líquido de partida é zero.

1. *Reduzir a velocidade do campo magnético do estator* a um valor suficientemente baixo para que o rotor possa acelerar e entrar em sincronismo durante um semiciclo da rotação do campo magnético.
2. *Usar uma máquina motriz externa* para acelerar o motor síncrono até a velocidade síncrona e, em seguida, passar pelo procedimento de entrar em paralelo, conectando a máquina à linha como um gerador. A seguir, ao desativar ou desconectar a máquina motriz, a máquina síncrona torna-se um motor.
3. *Usar enrolamentos amortecedores.* A função dos enrolamentos amortecedores e seu uso na partida de motores serão explicados a seguir.

Todas essas abordagens usadas para dar partida ao motor síncrono serão descritas separadamente.

Partida do motor pela redução da frequência elétrica

Se o campo magnético do estator de um motor síncrono girar em uma velocidade suficientemente baixa, não haverá problemas para que o rotor acelere e entre em sincronismo com o campo magnético. A velocidade do campo magnético do estator poderá então ser aumentada até a velocidade de funcionamento, aumentando gradualmente f_{se} até seu valor normal de 50 ou 60 Hz

Essa abordagem para dar partida aos motores síncronos faz muito sentido, mas ela tem um grande problema: de onde vem a frequência elétrica variável? Os sistemas de potência comuns são muito cuidadosamente mantidos em 50 ou 60 Hz, de modo que, até recentemente, qualquer fonte de tensão de frequência variável de ser produzida por um gerador dedicado. Obviamente, essa situação não era prática, exceto em circunstâncias muito incomuns.

Atualmente, as coisas estão diferentes. Os controladores de estado sólido para motor podem ser usados para converter uma frequência constante de entrada em qualquer frequência desejada de saída. Com o desenvolvimento dos modernos pacotes de acionamento (*drive packages*) de frequência variável em estado sólido, tornou-se perfeitamente possível controlar continuamente a frequência elétrica aplicada ao motor, percorrendo todos os valores desde uma fração de hertz até acima da frequência nominal total. Se tal unidade de acionamento de frequência variável estiver incluída em um circuito de controle do motor para se ter controle da velocidade, a partida do motor síncrono torna-se muito fácil – simplesmente ajuste a frequência para um valor muito baixo de partida e, então, eleve-a até a frequência de operação desejada para um funcionamento normal.

Quando um motor síncrono opera em uma velocidade inferior à velocidade nominal, sua tensão gerada interna $E_A = K\phi\omega$ será menor do que a normal. Se o valor de E_A for reduzido, então a tensão de terminal aplicada ao motor também deverá ser reduzida para manter a corrente de estator em níveis seguros. A tensão em qualquer acionador ou circuito de partida de frequência variável deve variar de forma aproximadamente linear com a frequência aplicada.

Para aprender mais sobre essas unidades de acionamento de motor em estado sólido, consulte Referência 9.

Partida do motor com uma máquina motriz externa

O segundo modo de dar partida a um motor síncrono é acoplando-o a um motor de partida externo e levando a máquina síncrona até a velocidade plena com o motor externo. A seguir, a máquina síncrona pode ser colocada em paralelo com o sistema de potência como gerador e o motor de partida pode ser desacoplado do eixo da máquina. Quando o motor de partida é desligado, o eixo da máquina desacelera, o campo magnético do rotor $\mathbf{B}_R$ fica para trás de $\mathbf{B}_{líq}$ e a máquina síncrona começa a funcionar como um motor. Uma vez que a entrada em paralelo esteja completa, então o motor síncrono poderá receber carga de forma ordinária.

Esse procedimento não é tão absurdo como pode parecer, porque muitos motores síncronos fazem parte de conjuntos de motor–gerador e pode-se dar partida à máquina síncrona de um conjunto como esse, usando a outra máquina como motor de partida. Além disso, o motor de partida precisa superar apenas a inércia da máquina síncrona a vazio – nenhuma carga é aplicada até que o motor entre em paralelo com o sistema de potência. Como apenas a inércia do motor precisa ser superada, o motor de partida pode ter uma característica nominal *muito* menor do que a do motor síncrono no qual ele está dando a partida.

Como motores síncronos de grande porte têm sistemas de excitação sem escovas montados em seus eixos, frequentemente é possível usar essas excitatrizes como motores de partida.

Em muitos motores síncronos, desde médio até grande porte, um motor externo de partida ou o uso da excitatriz podem ser as únicas soluções possíveis, porque os sistemas de potência aos quais eles estão ligados não são capazes de lidar com as correntes de partida necessárias para que enrolamentos amortecedores possam ser usados, como será descrito na abordagem seguinte.

Partida do motor usando enrolamentos amortecedores

Indubitavelmente, o modo mais popular de dar partida a um motor síncrono é empregando enrolamentos *amortecedores*. Esses enrolamentos são barras especiais colocadas em ranhuras abertas na face do rotor de um motor síncrono e, em seguida, colocadas em curto-circuito em cada extremidade por um grande *anel de curto-circuito*. Uma face polar com um conjunto de enrolamentos amortecedores está mostrada na Figura 5-17 e enrolamentos amortecedores são visíveis nas Figuras 4-2 e 4-4.

Para compreender o que um conjunto de enrolamentos amortecedores faz em um motor síncrono, examine o rotor estilizado de dois polos salientes que é mostrado

FIGURA 5-17
Um polo de campo de rotor de uma máquina síncrona, mostrando os enrolamentos amortecedores na face polar. (*Cortesia de General Electric Company.*)

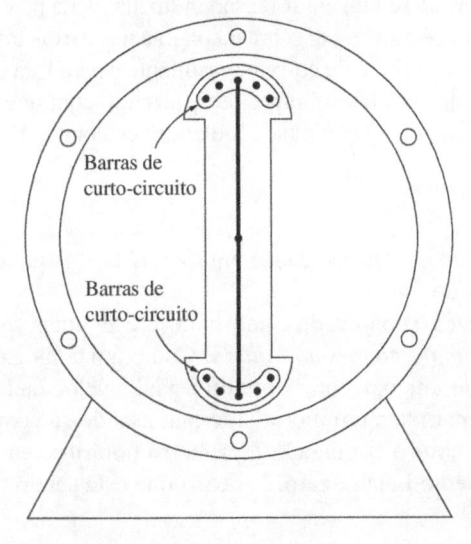

FIGURA 5-18
Um diagrama simplificado de uma máquina de dois polos salientes, mostrando os enrolamentos amortecedores.

na Figura 5-18. Esse rotor mostra um enrolamento amortecedor com as barras de curto-circuito nas extremidades das duas faces polares do rotor conectadas por fios. (Essa não é exatamente a forma normal de se construir máquinas, mas servirá muito bem para ilustrar questão sobre enrolamentos.)

Assuma inicialmente que *o enrolamento do campo principal do rotor está desligado* e que um conjunto trifásico de tensões é aplicado ao estator dessa máquina. Quando a potência é inicialmente aplicada no tempo $t = 0$ s, assuma que o campo magnético $\mathbf{B}_S$ é vertical, como mostra a Figura 5-19a. Quando o campo magnético $\mathbf{B}_S$ gira em sentido anti-horário, ele induz uma tensão nas barras do enrolamento amortecedor que é dada pela Equação (1-45):

$$e_{\text{ind}} = (\mathbf{v} \times \mathbf{B}) \cdot \mathbf{l} \qquad (1\text{-}45)$$

em que $\mathbf{v}$ = velocidade da barra *relativa ao campo magnético*
$\mathbf{B}$ = vetor densidade de fluxo magnético
$\mathbf{l}$ = comprimento do condutor no campo magnético

As barras na parte superior do rotor estão girando para a direita *relativamente ao campo magnético*, de modo que o sentido resultante da tensão induzida é para fora da página. De modo similar, na parte inferior das barras, a tensão induzida é para dentro da página. Essas tensões produzem um fluxo de corrente para fora das barras superiores e para dentro das barras inferiores, resultando um campo magnético $\mathbf{B}_W$ que aponta para a direita. Pela equação do conjugado induzido

$$\tau_{\text{ind}} = k\mathbf{B}_W \times \mathbf{B}_S$$

temos que o conjugado induzido resultante nas barras (e no rotor) é *anti-horário*.

A Figura 5-19b mostra a situação em $t = 1/240$ s. Aqui, o campo magnético do estator girou 90°, ao passo que o rotor mal se moveu (ele simplesmente não pode ganhar velocidade em um intervalo de tempo tão curto). Nesse ponto, a tensão induzida nos enrolamentos amortecedores é zero, porque $\mathbf{v}$ é paralelo a $\mathbf{B}$. Sem tensão induzida, não há corrente nos enrolamentos e o conjugado induzido é zero.

A Figura 5-19c mostra a situação em $t = 1/120$ s, Agora, o campo magnético do estator girou 90° e o rotor ainda não se moveu, A tensão induzida [dada pela Equação (1-45)] nos enrolamentos amortecedores é para fora da página nas barras inferiores e para dentro nas barras superiores. O fluxo de corrente resultante é para fora da página nas barras inferiores e para dentro nas barras superiores, fazendo com que o campo magnético $\mathbf{B}_W$ aponte para a esquerda. O conjugado induzido resultante, dado por

$$\tau_{\text{ind}} = k\mathbf{B}_W \times \mathbf{B}_S$$

tem sentido anti-horário.

Finalmente, a Figura 5-19d mostra a situação em $t = 3/240$ s. Aqui, como em $t = 1/240$ s, o conjugado induzido é zero.

Observe que algumas vezes o conjugado é anti-horário e algumas vezes é basicamente zero, mas aponta *sempre no mesmo sentido*. Como um conjugado líquido está atuando em um sentido único, o rotor do motor ganha velocidade. (Isso é inteiramente diferente de dar partida a um motor síncrono usando sua corrente de campo normal, porque nesse caso o conjugado é primeiro horário e em seguida anti-horário, com um valor médio igual a zero. No caso que está sendo discutido

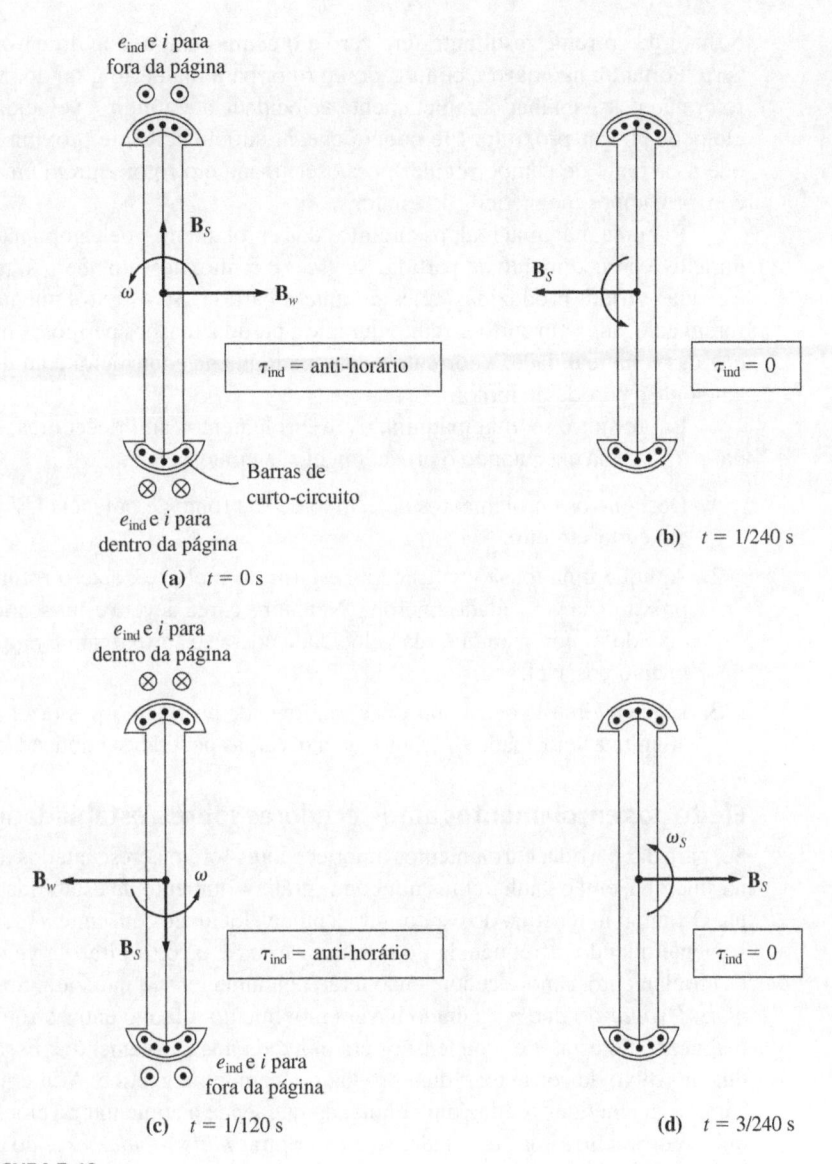

FIGURA 5-19
O desenvolvimento de um conjugado unidirecional com os enrolamentos amortecedores de um motor síncrono.

aqui, o conjugado *sempre* tem o mesmo sentido, de modo que o conjugado médio é diferente de zero.)

Embora o rotor do motor ganhe velocidade, ele nunca poderá alcançar totalmente a velocidade síncrona. Isso é fácil de entender: suponha que um motor esteja girando na velocidade síncrona. Então, a velocidade do campo magnético B_S do estator será a mesma velocidade do rotor e não haverá *movimento relativo* entre B_S e o rotor. Se não houver movimento relativo, a tensão induzida nos enrolamentos será zero, o fluxo de corrente resultante será zero e o campo magnético do enrolamento será zero. Portanto, não haverá conjugado no rotor para mantê-lo girando. Mesmo que o rotor não possa ganhar completamente velocidade até atingir a velocidade síncrona, ele pode chegar próximo. Ele poderá chegar suficientemente próximo de n_{sinc} para que a corrente de campo regular possa ser ligada e o rotor entrará em sincronismo com os campos magnéticos do estator.

Em uma máquina real, os circuitos dos enrolamentos de campo não são abertos durante o procedimento de partida. Se esses circuitos fossem abertos, tensões muito elevadas seriam produzidas neles durante a partida. Se os enrolamentos de campo forem colocados em curto-circuito durante a partida, tensões perigosas não serão produzidas e, na realidade, a corrente de campo induzida contribuirá com um conjugado adicional à partida do motor.

Em resumo, se uma máquina tiver enrolamentos amortecedores, será possível dar partida nela executando o procedimento seguinte:

1. Desligue os enrolamentos de campo de sua fonte de potência CC e coloque-os em curto-circuito.
2. Aplique uma tensão trifásica ao estator do motor e deixe o rotor acelerar até próximo da velocidade síncrona. Nenhuma carga deverá estar sendo aplicada ao eixo do motor, para que sua velocidade possa se aproximar de n_{sinc} tão próximo quanto possível.
3. Ligue o circuito de campo CC à sua fonte de potência. Após fazer isso, o motor atingirá a velocidade síncrona e, então, cargas poderão ser aplicadas ao seu eixo.

Efeito dos enrolamentos amortecedores sobre a estabilidade do motor

Se, para dar partida, enrolamentos amortecedores forem acrescentados a uma máquina síncrona, então ganharemos um bônus grátis – aumento da estabilidade da máquina. O campo magnético do estator gira a uma velocidade constante n_{sinc}, que se altera somente quando a frequência do sistema varia. Se o rotor girar na velocidade n_{sinc}, os enrolamentos amortecedores não terão nenhuma tensão induzida. Se o rotor girar *mais devagar* do que n_{sinc}, então haverá movimento relativo entre o rotor e o campo magnético do estator e uma tensão será induzida nos enrolamentos. Essa tensão produz um fluxo de corrente, o qual produz um campo magnético. A interação dos dois campos magnéticos produz um conjugado que tende a aumentar a velocidade da máquina novamente. Por outro lado, se o rotor girar *mais rapidamente* do que o campo magnético do estator, então um será produzido conjugado que tentará reduzir a velocidade do rotor. Assim, *o conjugado produzido pelos enrolamentos amortecedores acelera as máquinas lentas e desacelera as máquinas velozes.*

Portanto, esses enrolamentos tendem a amortecer a carga e outros transitórios da máquina. Por essa razão, esses enrolamentos são denominados *enrolamentos amortecedores*. Tais enrolamentos também são usados em geradores síncronos que operam em paralelo com outros geradores de barramento infinito. Nesse caso, os enrolamentos são utilizados em uma função similar de estabilização. Caso ocorra uma variação de conjugado no eixo do gerador, seu rotor momentaneamente acelerará ou desacelerará e essas mudanças sofrerão oposição pelos enrolamentos amortecedores.

Esses enrolamentos melhoram a estabilidade total dos sistemas de potência pela redução dos transitórios de potência e conjugado.

Os enrolamentos amortecedores são responsáveis pela maioria da corrente subtransitória de uma máquina síncrona em condição de falta elétrica. Um curto-circuito nos terminais de um gerador é simplesmente uma outra forma de transitório e os enrolamentos amortecedores reagem muito rapidamente a ele.

5.4 GERADORES SÍNCRONOS E MOTORES SÍNCRONOS

Um gerador síncrono é uma máquina síncrona que converte potência mecânica em potência elétrica, ao passo que um motor síncrono é uma máquina síncrona que converte potência elétrica em potência mecânica. De fato, ambos são fisicamente a mesma máquina.

Uma máquina síncrona pode fornecer ou consumir potência ativa de um sistema de potência e também pode fornecer ou consumir potência reativa desse sistema. As quatro combinações de fluxos de potências ativa e reativa são possíveis e a Figura 5-20 mostra os diagramas fasoriais desses casos.

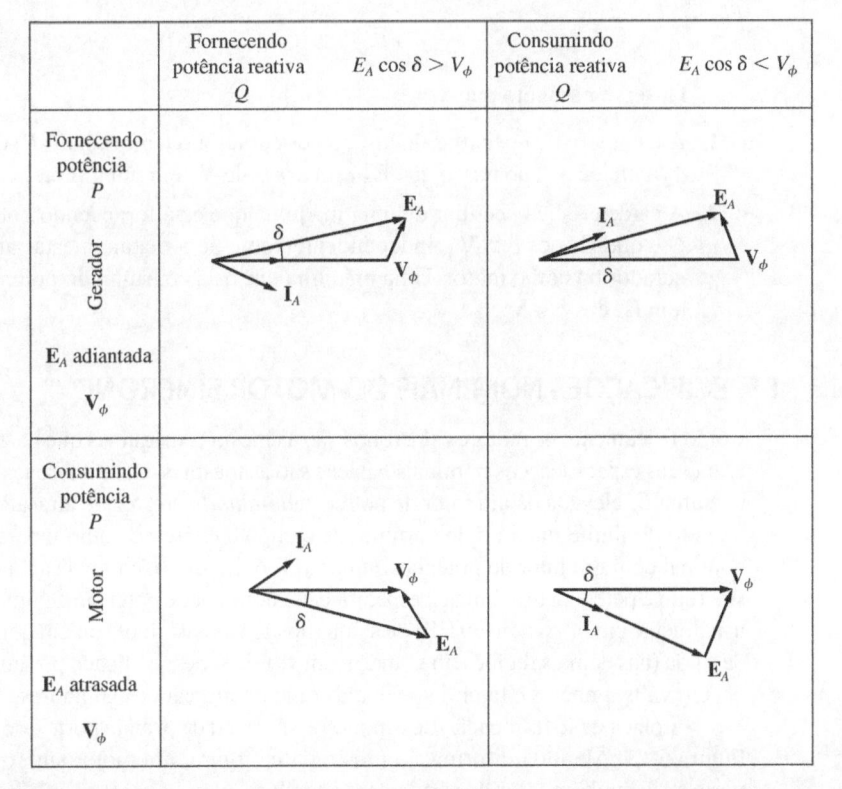

		Fornecendo potência reativa Q $\quad E_A \cos \delta > V_\phi$	Consumindo potência reativa Q $\quad E_A \cos \delta < V_\phi$
Gerador	Fornecendo potência P E_A adiantada V_ϕ		
Motor	Consumindo potência P E_A atrasada V_ϕ		

FIGURA 5-20
Diagramas fasoriais mostrando a geração e o consumo de potência ativa P e potência reativa Q por geradores e motores síncronos.

FIGURA 5-21
Placa de identificação típica de um motor síncrono de grande porte. (*Cortesia de General Electric Company.*)

Observe na figura que

1. A característica peculiar de um gerador síncrono (fornecendo *P*) é que $\mathbf{E}_A$ está *à frente* de $\mathbf{V}_\phi$, ao passo que $\mathbf{E}_A$ está *atrás* de $\mathbf{V}_\phi$ em um motor.
2. A característica peculiar de uma máquina que está fornecendo potência reativa *Q* é que $\mathbf{E}_A \cos \delta > \mathbf{V}_\phi$, independentemente de a máquina estar atuando como gerador ou como motor. Uma máquina que está consumindo potência reativa *Q* tem $\mathbf{E}_A \cos \delta < \mathbf{V}_\phi$.

5.5 ESPECIFICAÇÕES NOMINAIS DO MOTOR SÍNCRONO

Como fisicamente os motores síncronos são as mesmas máquinas que os geradores síncronos, as especificações nominais básicas são as mesmas. Uma diferença importante é que uma E_A elevada dá um fator de potência *adiantado* em vez de atrasado e, portanto, o efeito do limite máximo de corrente de campo é expresso como uma especificação nominal com um fator de potência *adiantado*. Além disso, como a saída de um motor síncrono é potência mecânica, a especificação nominal de potência de um motor é dada usualmente em *horsepower* (HP) de saída (nos Estados Unidos) ou em quilowatts (kW) de saída (nas demais regiões do mundo), em vez de ser especificada por um valor nominal em volts-ampères e fator de potência como é feito para os geradores.

A placa de identificação de um motor síncrono de grande porte está mostrada na Figura 5-21. Além da informação mostrada na figura, um motor síncrono de menor porte teria também fator de serviço em sua placa.

Em geral, os motores síncronos são mais adaptados a aplicações de baixa velocidade e alta potência do que os motores de indução (veja o Capítulo 6). Portanto, eles são comumente usados com cargas de velocidade baixa e potência elevada.

5.6 SÍNTESE DO CAPÍTULO

Um motor síncrono é fisicamente a mesma máquina que um gerador síncrono, exceto que o sentido do fluxo de potência ativa é invertido. Como os motores síncronos são usualmente conectados a sistemas de potência que contêm geradores de porte muito maior do que os motores, a frequência e a tensão de terminal de um motor síncrono são fixas (isto é, o sistema de potência aparece como um barramento infinito ao motor).

O circuito equivalente de um motor síncrono é o mesmo de um gerador síncrono, exceto pelo fato de que o sentido da corrente de armadura é invertido.

A velocidade de um motor síncrono é constante desde a carga a vazio até a carga máxima possível do motor. A velocidade de rotação é

$$n_m = \frac{120 f_{se}}{P} \quad (5\text{-}3)$$

desde a vazio até a carga máxima possível. A potência máxima possível que um gerador síncrono pode produzir é

$$P_{max} = \frac{3 V_\phi E_A}{X_S} \quad (4\text{-}21)$$

e o conjugado máximo possível é dado por

$$\tau_{max} = \frac{3 V_\phi E_A}{\omega X_S} \quad (4\text{-}22)$$

Se esse valor for excedido, o rotor não conseguirá se manter em sincronismo com os campos magnéticos do estator e dizemos que os polos do motor irão *escorregar*.

Se ignorarmos o efeito das perdas elétricas e mecânicas, a potência convertida da forma elétrica para a mecânica no motor será dada por

$$P_{conv} = \frac{3 V_\phi E_A}{X_S} \operatorname{sen} \delta \quad (4\text{-}20)$$

Se a tensão de entrada $\mathbf{V}_\phi$ for constante, a potência convertida (e assim a potência fornecida) será diretamente proporcional a $E_A \operatorname{sen} \delta$. Essa relação pode ser útil quando os diagramas fasoriais do motor síncrono são desenhados. Por exemplo, se a corrente de campo for aumentada ou diminuída, a tensão gerada interna do motor aumentará ou diminuirá, mas o valor de $E_A \operatorname{sen} \delta$ permanecerá constante. Essa condição facilita a marcação das mudanças no diagrama fasorial do motor (veja a Figura 5-9) e o cálculo das curvas V do motor síncrono.

Se a corrente de campo de um motor síncrono for alterada, enquanto sua carga no eixo permanece constante, então a potência reativa fornecida ou consumida pelo motor mudará. Se $E_A \cos \delta > V_\phi$, o motor fornecerá potência reativa, ao passo que, se $E_A \cos \delta < V_\phi$, o motor consumirá potência reativa. Usualmente, um motor síncrono funciona com $E_A \cos \delta > V_\phi$, de modo que o motor síncrono fornece potência reativa ao sistema de potência e reduz o fator de potência total das cargas.

Um motor síncrono não tem conjugado líquido de partida e, portanto, não pode arrancar por si próprio. Há três modos principais de dar partida a um motor síncrono:

1. Reduzir a frequência do estator a um valor seguro de partida.

2. Usar uma máquina motriz externa.
3. Colocar enrolamentos amortecedores no motor para acelerá-lo até próximo da velocidade síncrona antes que uma corrente contínua seja aplicada aos enrolamentos de campo.

Se enrolamentos amortecedores estiverem presentes em um motor, eles aumentarão também a estabilidade do motor durante os transitórios de carga.

PERGUNTAS

5.1 Qual é a diferença entre um motor síncrono e um gerador síncrono?
5.2 O que é a regulação de velocidade de um motor síncrono?
5.3 Quando se usaria um motor síncrono mesmo que sua característica de ter velocidade constante não fosse necessária?
5.4 Por que um motor síncrono não consegue dar partida a si mesmo?
5.5 Que técnicas estão disponíveis para dar partida a um motor síncrono?
5.6 O que são enrolamentos amortecedores? Por que o conjugado produzido por eles é unidirecional na partida, ao passo que o conjugado produzido pelo enrolamento de campo principal alterna seu sentido?
5.7 O que é um capacitor síncrono? Para que se poderia usar um deles?
5.8 Explique, usando diagramas fasoriais, o que acontece a um motor síncrono quando sua corrente de campo é variada. Obtenha uma curva V de motor síncrono a partir do diagrama fasorial.
5.9 O circuito de campo de um motor síncrono está em situação de maior risco de sobreaquecimento quando ele opera com fator de potência adiantado ou atrasado? Explique, usando diagramas fasoriais.
5.10 Um motor síncrono está funcionando com uma carga ativa fixa e sua corrente de campo é aumentada. Se a corrente de armadura cair, o motor estava inicialmente operando com fator de potência atrasado ou adiantado?
5.11 Por que a tensão aplicada a um motor síncrono deve ter seu valor nominal reduzido quando ele operar em frequências menores do que a frequência nominal?

PROBLEMAS

5.1 Um motor síncrono de 480 V, 60 Hz, 400 HP, FP 0,8 adiantado, oito polos e ligado em Δ tem uma reatância síncrona de 0,6 Ω e uma resistência de armadura desprezível. Para os objetivos deste problema, ignore as perdas por atrito, por ventilação e no núcleo. Assuma que $|\mathbf{E}_A|$ é diretamente proporcional à corrente de campo I_F (em outras palavras, assuma que o motor opera na parte linear da curva de magnetização) e que $|\mathbf{E}_A| = 480$ V, quando $I_F = 4$ A.

(a) Qual é a velocidade desse motor?
(b) Se este motor estiver fornecendo inicialmente 400 HP, com FP 0,8 atrasado, quais serão os módulos e ângulos de $\mathbf{E}_A$ e $\mathbf{I}_A$?
(c) Quanto conjugado o motor está produzindo? Qual é o ângulo de conjugado δ? Quão próximo está esse valor do conjugado induzido máximo possível do motor para esse valor de corrente de campo?
(d) Se $|\mathbf{E}_A|$ for aumentado em 30%, qual será a nova corrente de armadura? Qual será o novo fator de potência do motor?
(e) Calcule e plote a curva V do motor para essa condição de carga.

5.2 Assuma que o motor do Problema 5-1 está operando nas condições nominais.

  (a) Quais são os módulos e ângulos de $\mathbf{E}_A$, $\mathbf{I}_A$? Qual é o valor de I_F?

  (b) Suponha que a carga seja removida do motor. Quais serão agora as magnitudes e ângulos de $\mathbf{E}_A$ e $\mathbf{I}_A$?

5.3 Um motor síncrono de 230 V, 50 Hz e dois polos, usa 40 A da linha, com fator de potência unitário e plena carga. Assumindo que o motor não tenha perdas, respondas às seguintes perguntas:

  (a) Qual é o conjugado de saída do motor? Expresse a resposta em newtons-metros e em libras-pés.

  (b) Que deverá ser feito para mudar o fator de potência para 0,85 adiantado? Explique sua resposta, usando diagramas fasoriais.

  (c) Qual será o valor da corrente de linha se o fator de potência for ajustado para 0,85 adiantado?

5.4 Um motor síncrono de 2300 V, 1000 HP, 60 Hz, dois polos, com FP 0,8 adiantado e ligado em Y tem uma reatância síncrona de 2,5 Ω e uma resistência de armadura de 0,3 Ω. Em 60 Hz, as perdas por atrito e ventilação são 30 kW e as perdas no núcleo são 20 kW. O circuito de campo tem uma tensão CC de 200 V e a corrente I_F máxima é 10 A. A característica a vazio desse motor está mostrada na Figura P5-1. Responda às seguintes perguntas sobre o motor, assumindo que ele está sendo alimentado por um barramento infinito.

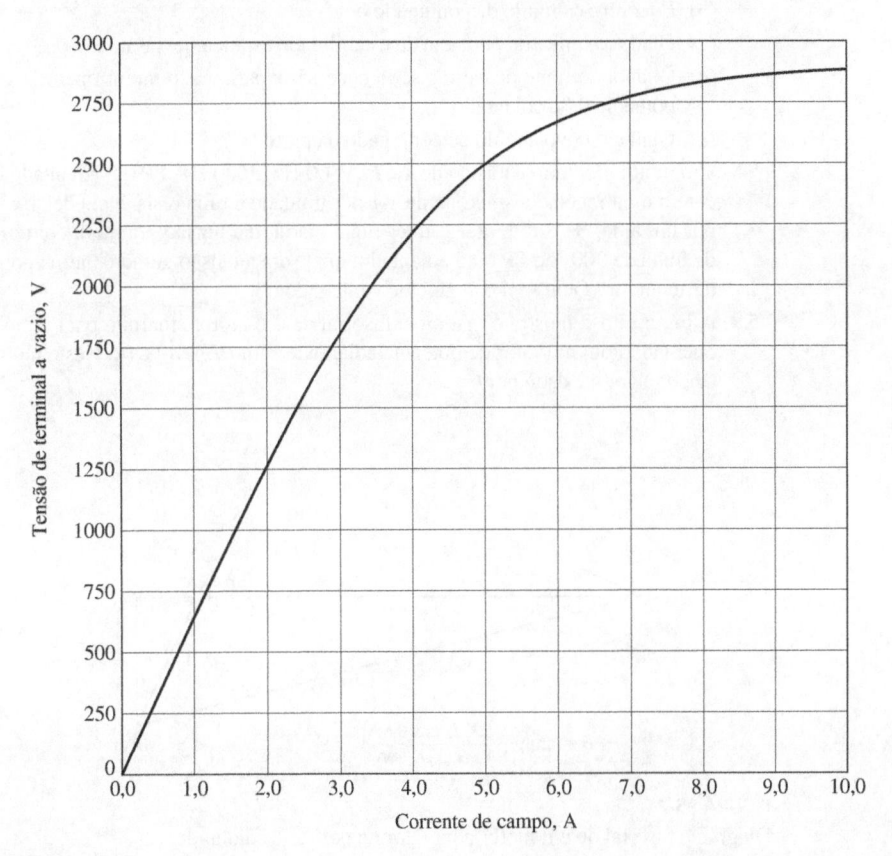

FIGURA P5-1
Característica a vazio para o motor dos Problemas 5-4 e 5-5.

(a) Quanta corrente de campo será necessária se esta máquina estiver operando com fator de potência unitário a plena carga?

(b) Qual é a eficiência do motor a plena carga e o fator de potência unitário?

(c) Se a corrente de campo for aumentada em 5%, qual será o novo valor da corrente de armadura? Qual será o novo fator de potência? Quanta potência reativa está sendo consumida ou fornecida pelo motor?

(d) Teoricamente, qual é o conjugado máximo que esta máquina é capaz de fornecer com fator de potência unitário? É com FP 0,8 adiantado?

5.5 Plote as curvas V (I_A versus I_F) para o motor síncrono do Problema 5-4, a vazio, meia carga e plena carga. (Observação: uma versão eletrônica da característica a vazio da Figura P5-1 está disponível no *site* do livro. Assim, os cálculos exigidos por esse problema poderão ser simplificados.)

5.6 Se um motor síncrono de 60 Hz operar em 50 Hz, sua reatância síncrona será a mesma de 60 Hz, ou será diferente? (*Sugestão:* Lembre-se da dedução de X_S)

5.7 Um motor síncrono de 208 V, com fator de potência unitário e ligado em Y, consome 50 A de um sistema de potência de 208 V. Nessas condições, a corrente de campo que está circulando é 2,7 A. Sua reatância síncrona é 1,6 Ω. Assuma que a característica a vazio é linear.

(a) Encontre $\mathbf{V}_\phi$ e $\mathbf{E}_A$ nessas condições.

(b) Encontre o ângulo de conjugado δ.

(c) Qual é o limite de potência de estabilidade estática nessas condições?

(d) Quanta corrente de campo seria necessária para que o motor operasse com fator de potência 0,80 adiantado?

(e) Qual é o novo ângulo de conjugado da parte *(d)*?

5.8 Um motor síncrono trifásico de 4,12 kV, 60 Hz, 3000 HP, FP 0,8 adiantado e ligado em Δ tem uma reatância síncrona de 1,1 por unidade e uma resistência de armadura de 0,1 por unidade. Se este motor estiver funcionando na tensão nominal, com uma corrente de linha de 300 A e FP 0,85 adiantado, qual será a tensão gerada interna por fase dentro deste motor? Qual será o ângulo de conjugado δ?

5.9 A Figura P5-2 mostra o diagrama fasorial de um motor síncrono para o motor que está operando com um fator de potência adiantado sem *REATÂNCIA*. Neste motor, o ângulo de conjugado é dado por

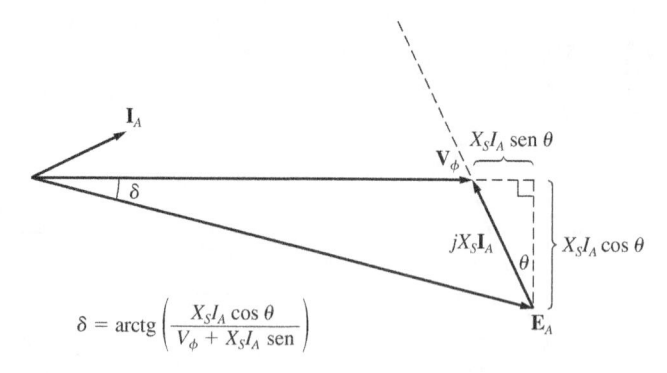

$$\delta = \arctg\left(\frac{X_S I_A \cos\theta}{V_\phi + X_S I_A \sin\theta}\right)$$

FIGURA P5-2
Diagrama fasorial de um motor com fator de potência adiantado.

$$\operatorname{tg} \delta = \frac{X_S I_A \cos \theta}{V_\phi + X_S I_A \operatorname{sen} \theta}$$

$$\delta = \operatorname{arctg} \left(\frac{X_S I_A \cos \theta}{V_\phi + X_S I_A \operatorname{sen} \theta} \right)$$

Deduza uma equação para o ângulo de conjugado do motor síncrono *se a resistência de armadura for incluída*.

5.10 Uma máquina síncrona tem uma reatância síncrona de 1,0 Ω por fase e uma resistência de armadura de 1,0 Ω por fase. Se $\mathbf{E}_A = 460 \angle -10°$ V e $\mathbf{V}_\phi = 480 \angle 0°$ V, essa máquina será um motor ou um gerador? Quanta potência P máquina está consumindo ou fornecendo ao sistema elétrico? Quanta potência reativa Q ela está consumindo ou fornecendo ao sistema elétrico?

5.11 Um motor síncrono de 500 kVA, 600 V, FP 0,8 adiantado, ligado em Y tem uma reatância síncrona de 1,0 por unidade e uma resistência de armadura de 0,1 por unidade. Nesse momento, temos $\mathbf{E}_A = 1,00 \angle 12°$ pu e $\mathbf{V}_\phi = 1 \angle 0°$ pu.

(a) Nesse momento, a máquina está operando como motor ou como gerador?
(b) Quanta potência P a máquina está consumindo ou fornecendo ao sistema elétrico?
(c) Quanta potência reativa Q ela está consumindo ou fornecendo ao sistema elétrico?
(d) A máquina está funcionando dentro de seus limites nominais?

5.12 A Figura P5-3 mostra uma pequena planta industrial alimentada por uma fonte de potência trifásica de 480 V. A planta contém três cargas principais, como está mostrado na figura. Responda às seguintes perguntas sobre a planta. O motor síncrono tem especificações nominais de 100 HP, 460 V e FP 0,8 adiantado. A reatância síncrona é 1,1 pu e a resistência de armadura é 0,01 pu. A VAZ deste motor é mostrada na Figura P5-4.

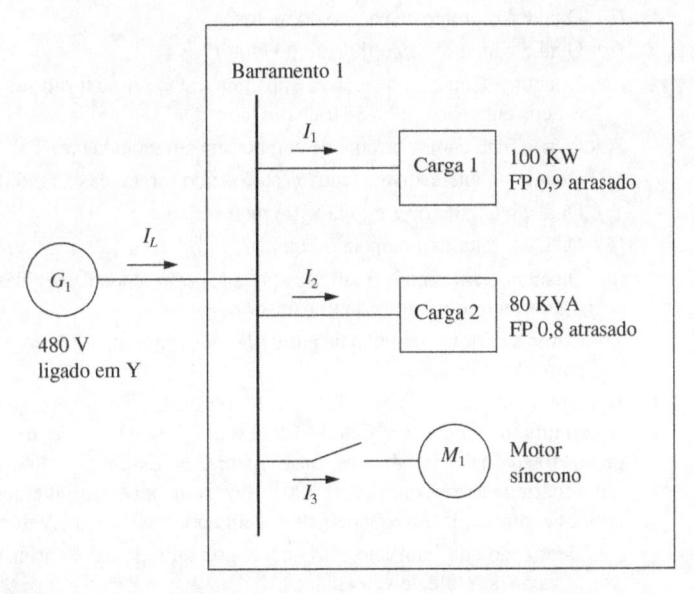

FIGURA P5-3
Uma pequena planta industrial.

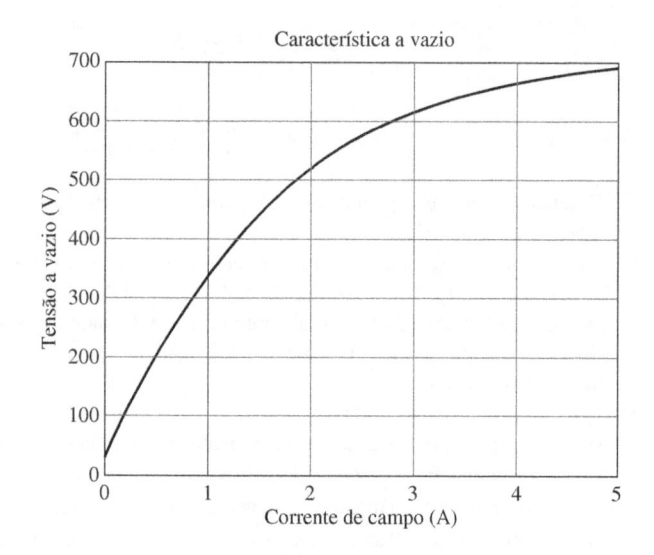

FIGURA P5-4
Característica a vazio de um motor síncrono.

(a) Se a chave do motor síncrono for aberta, quanta potência ativa, reativa e aparente serão fornecidas à planta? Qual será a corrente I_L na linha de transmissão?

Agora, a chave é fechada e o motor síncrono passa a fornecer potência nominal, com fator de potência nominal.

(b) Qual é a corrente de campo do motor?
(c) Qual é o ângulo de conjugado do motor?
(d) Quanta potência ativa, reativa e aparente estão sendo fornecidas agora à planta? Qual é a corrente I_L na linha de transmissão?

Agora, suponha que a corrente de campo seja aumentada para 2,0 A.

(e) Quanta potência ativa e reativa estão sendo fornecidas ao motor?
(f) Qual é o ângulo de conjugado do motor?
(g) Qual é o fator de potência do motor?
(h) Quanta potência ativa, reativa e aparente estão sendo fornecidas agora à planta? Qual é a corrente I_L na linha de transmissão?
(i) Como a corrente de linha da parte (d) pode ser comparada com a corrente de linha da parte (h)? Por quê?

5.13 Um motor síncrono de 480 V, 100 kW, FP 0,8 adiantado, 50 Hz, quatro polos e ligado em Y tem uma reatância síncrona de 1,8 Ω e uma resistência de armadura desprezível. As perdas rotacionais também devem ser ignoradas. Esse motor deve operar dentro de uma faixa contínua de velocidades de 300 a 1500 rpm, em que as alterações de velocidade são obtidas controlando a frequência do sistema por meio de um regulador de estado sólido.

(a) Dentro de que intervalo a frequência de entrada deve variar para possibilitar essa faixa de controle de velocidade?
(b) Qual é o valor de E_A nas condições nominais do motor?
(c) Com a E_A calculada na parte (b), qual é a potência máxima que o motor pode produzir na velocidade nominal?
(d) Qual é o maior valor que E_A poderia ter em 300 rpm?

(e) Assumindo que a tensão aplicada V_ϕ tem seu valor nominal reduzido na mesma proporção que E_A, qual é potência máxima que o motor pode fornecer em 300 rpm?

(f) Como a capacidade de potência de um motor síncrono relaciona-se com sua velocidade?

5.14 Um motor síncrono de 2300 V, 400 HP, 60 Hz, oito polos e ligado em Y tem um fator de potência nominal de 0,85 adiantado. A plena carga, a eficiência é 90%. A resistência de armadura é 0,8 Ω e a reatância síncrona é 11 Ω. Encontre valores para as seguintes grandezas dessa máquina, quando ela está operando a plena carga:

(a) Conjugado de saída

(b) Potência de entrada

(c) n_m

(d) E_A

(e) $|I_A|$

(f) P_{conv} (potência convertida)

(g) $P_{perdas\ mec} + P_{perdas\ núcleo} + P_{perdas\ supl}$.

5.15 O motor síncrono ligado em Y, cuja placa de identificação está mostrada na Figura 5-21, tem uma reatância síncrona por unidade de 0,70 e uma resistência por unidade de 0,02.

(a) Qual é a potência de entrada nominal desse motor?

(b) Qual é o módulo de E_A nas condições nominais?

(c) Se a potência de entrada do motor for 12 MW, qual será a potência reativa máxima que o motor poderá fornecer simultaneamente? É a corrente de armadura ou a corrente de campo que limita a saída de potência reativa?

(d) Quanta potência o circuito de campo consome nas condições nominais?

(e) Qual é a eficiência desse motor a plena carga?

(f) Qual é o conjugado de saída do motor nas condições nominais? Expresse sua resposta em newtons-metros e em libras-pés.

5.16 Um gerador síncrono de 480 V, 500 kVA, FP 0,8 atrasado e ligado em Y tem uma reatância síncrona de 0,4 Ω e uma resistência de armadura desprezível. Esse gerador está fornecendo potência para um motor síncrono de 480 V, 80 kW, FP 0,8 adiantado e ligado em Y, com uma reatância síncrona de 2,0 Ω e uma resistência de armadura desprezível. O gerador síncrono é ajustado para ter uma tensão de terminal de 480 V quando o motor estiver consumindo a potência nominal com fator de potência unitário.

(a) Calcule os módulos e os ângulos de E_A para ambas as máquinas.

(b) Se o fluxo no motor for aumentado em 10%, que acontecerá à tensão de terminal do sistema de potência? Qual será o novo valor?

(c) Qual será o fator de potência do motor após o aumento de fluxo do motor?

5.17 Um motor síncrono de 440 V, 60 Hz, trifásico, ligado em Y tem uma reatância síncrona de 1,5 Ω por fase, A corrente de campo foi ajustada de modo que o ângulo de conjugado δ é 25° quando a potência fornecida pelo gerador é 80 kW.

(a) Qual é o módulo da tensão gerada interna E_A dessa máquina?

(b) Quais são o módulo e o ângulo da corrente de armadura da máquina? Qual é o fator de potência do motor?

(c) Se a corrente de campo permanecer constante, qual será a potência máxima absoluta que esse motor poderá fornecer?

5.18 Um motor síncrono de 460 V, 200 kVA, FP 0,85 adiantado, 400 Hz, quatro polos, ligado em Y tem uma resistência de armadura desprezível e uma reatância síncrona de 0,90 por unidade. Ignore todas as perdas.

(a) Qual é a velocidade de rotação desse motor?

(b) Qual é o conjugado de saída do motor nas condições nominais?

(c) Qual é a tensão gerada interna do motor nas condições nominais?

(d) Com a corrente de campo tendo o mesmo valor presente no motor na parte *(c)*, qual é a saída de potência máxima possível da máquina?

5.19 Um motor síncrono de 100 HP, 440 V, FP 0,8 adiantado, ligado em Δ, tem uma resistência de armadura de 0,3 Ω e uma reatância síncrona de 4,0 Ω. Sua eficiência a plena carga é de 96%.

(a) Qual é a potência de entrada do motor nas condições nominais?

(b) Qual é a corrente de linha do motor nas condições nominais? Qual é a corrente de fase do motor nas condições nominais?

(c) Qual é a potência reativa consumida ou fornecida pelo motor nas condições nominais?

(d) Qual é a tensão gerada interna $\mathbf{E}_A$ do motor nas condições nominais?

(e) Quais são as perdas no cobre do estator desse motor nas condições nominais?

(f) Qual é o valor de P_{conv} nas condições nominais?

(g) Se E_A for reduzida em 10%, quanta potência reativa será consumida ou fornecida pelo motor?

5.20 Responda às seguintes perguntas sobre a máquina do Problema 5-19.

(a) Se $\mathbf{E}_A = 430 \angle 15°$ V e $\mathbf{V}_\phi = 440 \angle 0°$ V, esta máquina estará consumindo ou fornecendo potência ativa ao sistema de potência? Ela estará consumindo ou fornecendo potência reativa ao sistema de potência?

(b) Calcule a potência ativa P e a potência reativa Q fornecidas ou consumidas pela máquina nas condições da parte *(a)*. Nessas circunstâncias, a máquina está dentro de suas especificações nominais?

(c) Se $\mathbf{E}_A = 470 \angle -20°$ V e $\mathbf{V}_\phi = 440 \angle 0°$ V, essa máquina estará consumindo ou fornecendo potência ativa ao sistema de potência? Ela estará consumindo ou fornecendo potência reativa ao sistema de potência?

(d) Calcule a potência ativa P e a potência reativa Q fornecidas ou consumidas pela máquina nas condições da parte *(c)*. Nessas circunstâncias, a máquina está dentro de suas especificações nominais?

REFERÊNCIAS

1. Chaston, A. N. *Electric Machinery*. Reston, Va.: Reston Publishing, 1986.
2. Del Toro, V. *Electric Machines and Power Systems*. Englewood Cliffs, N.J.: Prentice-Hall, 1985.
3. Fitzgerald, A. E. e C. Kingsley, Jr. *Electric Machinery*. Nova York: McGraw-Hill, 1952.
4. Fitzgerald, A. E., C. Kingsley, Jr. e S. D. Umans: *Electric Machinery*, 6ª ed., Nova York: McGraw--Hill, 2003.
5. Kosow, Irving L. *Control of Electric Motors*. Englewood Cliffs, N.J.: Prentice-Hall, 1972.
6. Liwschitz-Garik, Michael e Clyde Whipple. *Alternating-Current Machinery*. Princeton, N.J.: Van Nostrand, 1961.
7. Nasar, Syed A. (ed.). *Handbook of Electric Machines*. Nova York: McGraw-Hill, 1987.
8. Slemon, G. R. e A. Straughen. *Electric Machines*. Reading, Mass.: Addison-Wesley, 1980.
9. Vithayathil, Joseph. *Power Electronics: Principles and Applications*. Nova York: McGraw-Hill, 1995.
10. Werninck, E. H. (ed.). *Electric Motor Handbook*. London: McGraw-Hill, 1978.

capítulo

6

Motores de indução

OBJETIVOS DE APRENDIZAGEM

- Compreender as diferenças fundamentais entre um motor síncrono e um motor de indução.
- Compreender o conceito de escorregamento de rotor e sua relação com a frequência do rotor.
- Compreender e saber usar o circuito equivalente de um motor de indução.
- Compreender os fluxos de potência e o diagrama de fluxo de potência de um motor de indução.
- Ser capaz de usar a equação da curva característica de conjugado *versus* velocidade.
- Compreender como a curva característica de conjugado *versus* velocidade varia com as diversas classes de rotor.
- Compreender as técnicas usadas para a partida dos motores de indução.
- Compreender como a velocidade dos motores de indução pode ser controlada.
- Compreender como medir os parâmetros do modelo de circuito do motor de indução.
- Compreender como a máquina de indução é usada como gerador.
- Compreender as especificações nominais do motor de indução.

No Capítulo 5, vimos como os enrolamentos amortecedores de um motor síncrono podiam desenvolver um conjugado de partida sem necessidade de lhes fornecer externamente uma corrente de campo. De fato, os enrolamentos amortecedores funcionam tão bem que um motor poderia ser construído sem nenhuma necessidade do circuito de campo CC principal do motor síncrono. Uma máquina com apenas um conjunto contínuo de enrolamentos amortecedores é denominada *máquina de indução*. Essas máquinas são denominadas máquinas de indução porque a tensão do rotor (que produz a corrente do rotor e o campo magnético do rotor) é *induzida* nos enrolamentos do rotor em vez de ser fornecida por meio de uma conexão física de fios. A característica que diferencia um motor de indução dos demais é que *não há necessidade de uma corrente de campo CC* para fazer a máquina funcionar.

Embora seja possível usar uma máquina de indução como motor ou como gerador, ela apresenta muitas desvantagens como gerador e, por isso, ela é usada como gerador somente em aplicações especiais. Por essa razão, as máquinas de indução são usualmente referidas como motores de indução.

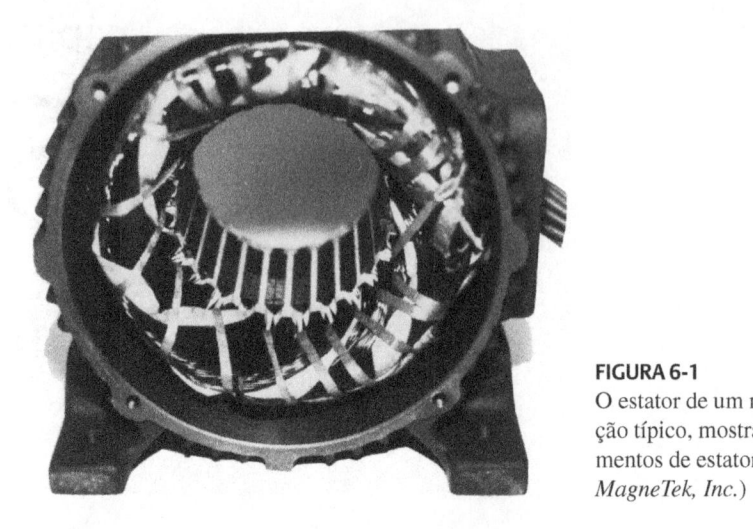

FIGURA 6-1
O estator de um motor de indução típico, mostrando os enrolamentos de estator. (*Cortesia de MagneTek, Inc.*)

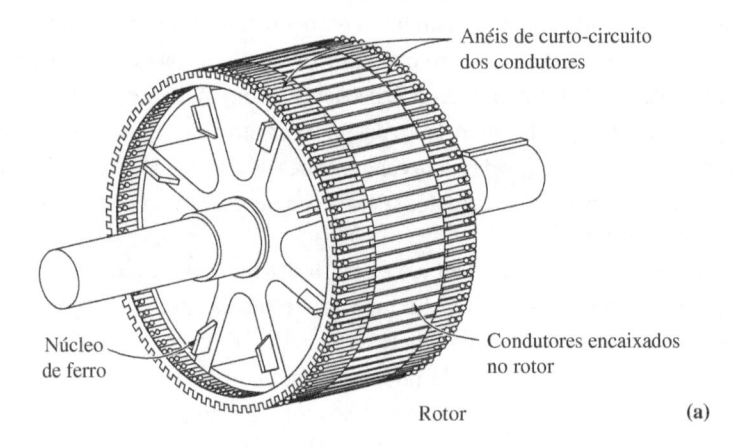

FIGURA 6-2
(a) Desenho esquemático de um rotor gaiola de esquilo. (b) Um rotor gaiola de esquilo típico. (*Cortesia de General Electric Company.*)

6.1 CONSTRUÇÃO DO MOTOR DE INDUÇÃO

Um motor de indução tem fisicamente o mesmo estator que uma máquina síncrona, com uma construção de rotor diferente. Um estator típico de dois polos está mostrado na Figura 6-1. Ele parece ser (e é) o mesmo que um estator de máquina síncrona. Há dois tipos diferentes de rotores de motor de indução, que podem ser colocados no interior do estator. Um deles é denominado *rotor gaiola de esquilo* e o outro é denominado *rotor bobinado*.

As Figuras 6-2 e 6-3 mostram rotores de motor de indução do tipo gaiola de esquilo. Esse rotor consiste em uma série de barras condutoras que estão encaixadas dentro de ranhuras na superfície do rotor e postas em curto-circuito em ambas as extremidades

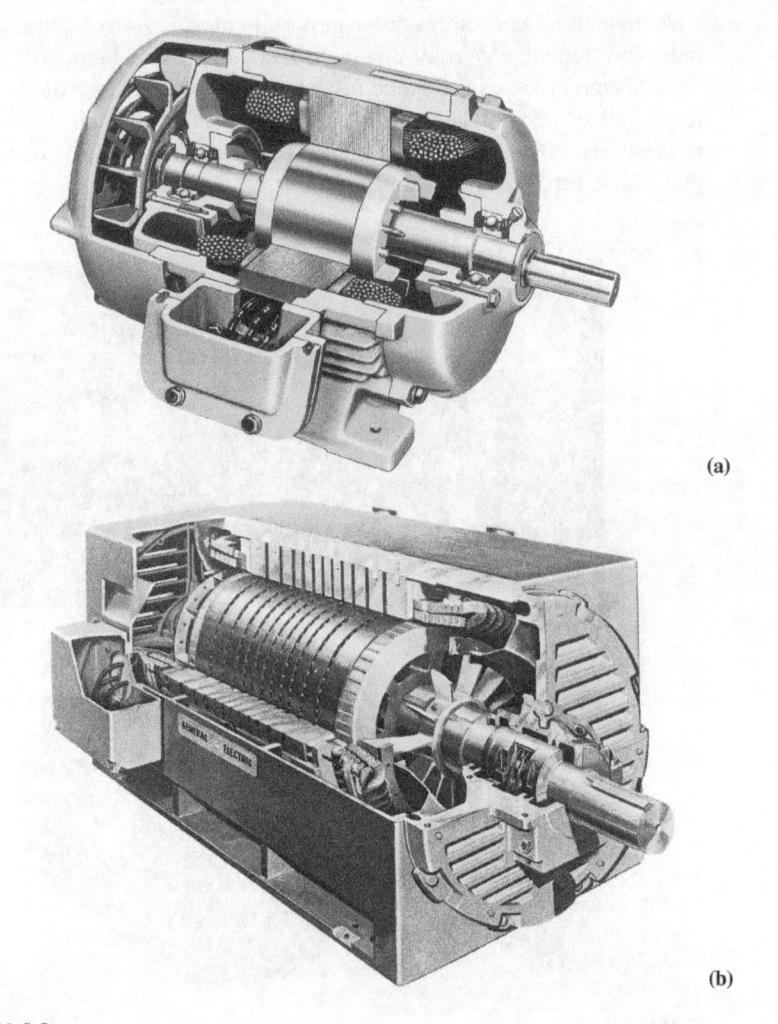

(a)

(b)

FIGURA 6-3
(a) Diagrama em corte de um pequeno motor de indução típico com rotor gaiola de esquilo. (*Cortesia de MagneTek, Inc.*) (b) Diagrama em corte de um motor de indução típico de grande porte com rotor gaiola de esquilo. (*Cortesia de General Electric Company.*)

por grandes *anéis de curto-circuito*. Essa forma construtiva é conhecida como rotor de gaiola de esquilo porque, se os condutores fossem examinados isoladamente, seriam semelhantes àquelas rodas nas quais os esquilos ou os *hamsters* correm fazendo exercício.

O outro tipo de rotor é o rotor bobinado. Um *rotor bobinado* tem um conjunto completo de enrolamentos trifásicos que são similares aos enrolamentos do estator. As três fases dos enrolamentos do rotor são usualmente ligadas em Y e suas três terminações são conectas aos anéis deslizantes no eixo do rotor. Os enrolamentos do rotor são colocados em curto-circuito por meio de escovas que se apóiam nos anéis deslizantes. Portanto, nos motores de indução de rotor bobinado, as correntes no rotor podem ser acessadas por meio de escovas, nas quais as correntes podem ser examinadas e resistências extras podem ser inseridas no circuito do rotor. É possível tirar proveito desses atributos para modificar a característica de conjugado *versus* velocidade do motor. Dois rotores bobinados estão mostrados na Figura 6-4 e um motor de indução completo com rotor bobinado está mostrado na Figura 6-5.

Os motores de indução de rotor bobinado são de custo maior que o dos motores de indução de gaiola de esquilo. Eles exigem muito mais manutenção devido ao desgaste associado a suas escovas e anéis deslizantes. Como resultado, os motores de indução de enrolamento bobinado raramente são usados.

FIGURA 6-4
Rotores bobinados típicos de motores de indução. Observe os anéis deslizantes e as barras de conexão dos enrolamentos do rotor com os anéis deslizantes. (*Cortesia de General Electric Company.*)

FIGURA 6-5
Vista em corte de um motor de indução de rotor bobinado. Observe as escovas e os anéis deslizantes. Observe também que os enrolamentos do rotor são inclinados ou oblíquos* para eliminar as harmônicas de ranhura. (*Cortesia de MagneTek, Inc.*)

6.2 CONCEITOS BÁSICOS DO MOTOR DE INDUÇÃO

O funcionamento dos motores de indução é basicamente o mesmo do dos enrolamentos amortecedores dos motores síncronos. Agora, faremos uma revisão de seu funcionamento básico e definiremos alguns termos importantes relativos ao motor de indução.

A obtenção de conjugado induzido em um motor de indução

A Figura 6-6 mostra um motor de indução de rotor do tipo gaiola de esquilo. Um conjunto trifásico de tensões foi aplicado ao estator resultando em um conjunto trifásico de correntes circulando no estator. Essas correntes produzem um campo magnético $\mathbf{B}_S$, que está girando em sentido anti-horário. A velocidade de rotação do campo magnético é dada por

$$n_{\text{sinc}} = \frac{120 f_{se}}{P} \quad (6\text{-}1)$$

em que f_{se} é a frequência do sistema aplicada ao estator em hertz, e P é o número de polos da máquina. Esse campo magnético girante $\mathbf{B}_S$ passa pelas barras do rotor e induz uma tensão nelas.

A tensão induzida em uma dada barra do rotor é dada pela equação

$$e_{\text{ind}} = (\mathbf{v} \times \mathbf{B}) \cdot \mathbf{l} \quad (1\text{-}45)$$

---

* N. de T.: *Skewed*, em inglês.

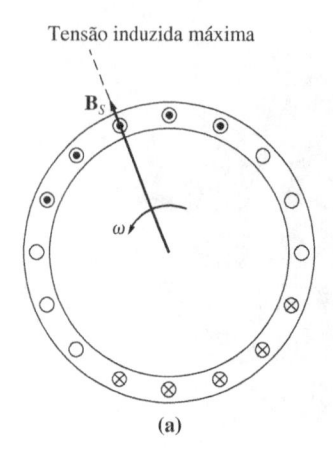

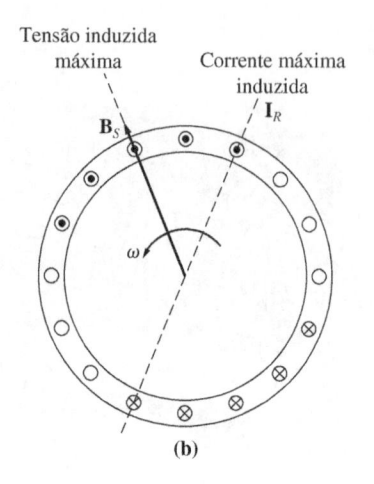

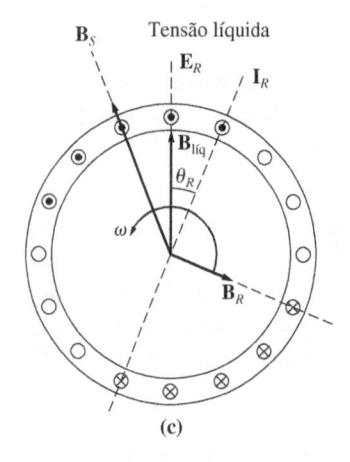

FIGURA 6-6
A produção de conjugado induzido em um motor de indução. (a) O campo girante de estator $\mathbf{B}_S$ induz uma tensão nas barras do rotor; (b) a tensão no rotor produz um fluxo de corrente no rotor, que está atrasado em relação à tensão devido à indutância do rotor; (c) a corrente do rotor produz um campo magnético girante $\mathbf{B}_R$ que está atrasado 90° em relação a ela própria. O campo $\mathbf{B}_R$ interage com $\mathbf{B}_{líq}$ produzindo um conjugado anti-horário na máquina.

em que $\mathbf{v}$ = velocidade da barra *em relação ao campo magnético*
$\mathbf{B}$ = vetor densidade de fluxo magnético
$\mathbf{l}$ = comprimento do condutor dentro do campo magnético

É o movimento *relativo* do rotor em relação ao campo magnético do estator que produz uma tensão induzida em uma barra do rotor. A velocidade das barras superiores do rotor em relação ao campo magnético é para a direita, desse modo, a tensão induzida nas barras superiores é para fora da página, ao passo que a tensão induzida nas barras inferiores é para dentro da página. Isso resulta em um fluxo de corrente para fora das barras superiores e para dentro das barras inferiores. Entretanto, como a estrutura do rotor é indutiva, a corrente de pico do rotor está atrasada em relação à tensão de pico do rotor (veja a Figura 6-6b). O fluxo de corrente do rotor produz um campo magnético de rotor $\mathbf{B}_R$.

Finalmente, como o conjugado induzido na máquina é dado por

$$\tau_{ind} = k\mathbf{B}_R \times \mathbf{B}_S \tag{3-50}$$

o conjugado resultante é anti-horário. Como o conjugado induzido do rotor é anti-horário, o rotor acelera nesse sentido.

Entretanto, há um limite superior finito para a velocidade do motor. Se o rotor do motor de indução estivesse girando na *velocidade síncrona*, as barras do rotor estariam estacionárias *em relação ao campo magnético* e não haveria tensão induzida. Se e_{ind} fosse igual a 0, então não haveria corrente nem campo magnético no rotor. Sem campo magnético no rotor, o conjugado induzido seria zero e o rotor perderia velocidade como resultado das perdas por atrito. Portanto, um motor de indução pode ganhar velocidade até próximo da velocidade síncrona, sem nunca alcançá-la exatamente.

Observe que, em funcionamento normal, *ambos os campos magnéticos do rotor e do estator* $\mathbf{B}_R$ *e* $\mathbf{B}_S$ *giram juntos na velocidade síncrona* n_{sinc}, *ao passo que o próprio rotor gira a uma velocidade menor*.

O conceito de escorregamento do rotor

A tensão induzida nas barras do rotor de um motor de indução depende da velocidade do rotor *em relação aos campos magnéticos*. Como o comportamento de um motor de indução depende da tensão e da corrente do rotor, muitas vezes é mais lógico falar em velocidade relativa. Dois termos são comumente utilizados para definir o movimento relativo do rotor e dos campos magnéticos. Um deles é a *velocidade de escorregamento*, definida como a diferença entre a velocidade síncrona e a velocidade do rotor:

$$\boxed{n_{esc} = n_{sinc} - n_m} \qquad (6\text{-}2)$$

em que n_{esc} = velocidade de escorregamento da máquina

n_{sinc} = velocidade dos campos magnéticos

n_m = velocidade mecânica do eixo do motor

O outro termo usado para descrever o movimento relativo é o *escorregamento*, que é a velocidade relativa expressa em uma base por unidade ou porcentagem. Isto é, o escorregamento é definido como

$$s = \frac{n_{esc}}{n_{sinc}} (\times 100\%) \qquad (6\text{-}3)$$

$$\boxed{s = \frac{n_{sinc} - n_m}{n_{sinc}} (\times 100\%)} \qquad (6\text{-}4)$$

Essa equação também pode ser expressa em termos da velocidade angular ω (radianos por segundo) como

$$\boxed{s = \frac{\omega_{sinc} - \omega_m}{\omega_{sinc}} (\times 100\%)} \qquad (6\text{-}5)$$

Observe que, se o rotor estiver girando na velocidade síncrona, então $s = 0$, ao passo que, se o rotor estiver estacionário, então $s = 1$. Todas as velocidades normais de um motor recaem em algum lugar entre esses dois limites.

É possível expressar a velocidade mecânica do eixo do rotor em termos de velocidade síncrona e de escorregamento. Resolvendo as Equações (6-4) e (6-5) em relação à velocidade mecânica, obtemos

$$n_m = (1 - s)n_{\text{sinc}} \qquad (6\text{-}6)$$

ou
$$\omega_m = (1 - s)\omega_{\text{sinc}} \qquad (6\text{-}7)$$

Essas equações são úteis na dedução das relações de conjugado e potência do motor de indução.

A frequência elétrica no rotor

Um motor de indução trabalha induzindo tensões e correntes no rotor da máquina e, por essa razão, ele também foi denominado algumas vezes *transformador rotativo*. Como tal, o primário (estator) induz uma tensão no secundário (rotor). Entretanto, *diferentemente* de um transformador, a frequência do secundário não é necessariamente a mesma que a frequência do primário.

Se o rotor de um motor for bloqueado ou travado de modo que ele não possa se mover, o rotor terá a mesma frequência do estator. Por outro lado, se o rotor girar na velocidade síncrona, então a frequência do rotor será zero. Qual será a frequência do rotor para uma velocidade qualquer de rotação do rotor?

Para $n_m = 0$ rpm, a frequência do rotor é $f_{re} = f_{se}$ e o escorregamento é $s = 1$. Para $n_m = n_{\text{sinc}}$, a frequência do rotor é $f_{re} = 0$ Hz e o escorregamento é $s = 0$. Para qualquer velocidade intermediária, a frequência do rotor é diretamente proporcional à *diferença* entre a velocidade do campo magnético n_{sinc} e a velocidade do rotor n_m. Uma vez que o escorregamento do rotor é definido como

$$s = \frac{n_{\text{sinc}} - n_m}{n_{\text{sinc}}} \qquad (6\text{-}4)$$

então a frequência do rotor pode ser expressa como

$$f_{re} = sf_{se} \qquad (6\text{-}8)$$

Há diversas formas alternativas dessa expressão que algumas vezes são úteis. Uma das expressões mais comuns é obtida substituindo a Equação (6-4) do escorregamento na Equação (6-8) e, em seguida, fazendo uma substituição em n_{sinc} no denominador da expressão:

$$f_{re} = \frac{n_{\text{sinc}} - n_m}{n_{\text{sinc}}} f_{se}$$

Como $n_{\text{sinc}} = 120 f_{se}/P$ [da Equação (6-1)], temos

$$f_{re} = (n_{\text{sinc}} - n_m)\frac{P}{120 f_{se}} f_{se}$$

Portanto,

$$f_{re} = \frac{P}{120}(n_{\text{sinc}} - n_m) \qquad (6\text{-}9)$$

EXEMPLO 6-1 Um motor de indução de 208 V, 10 HP, quatro polos, 60 Hz e ligado em Y, tem um escorregamento de plena carga de 5%.

(a) Qual é a velocidade síncrona desse motor?
(b) Qual é a velocidade do rotor desse motor com carga nominal?
(c) Qual é a frequência do rotor do motor com carga nominal?
(d) Qual é o conjugado no eixo do motor com carga plena?

Solução
(a) A velocidade síncrona do motor é

$$n_{sinc} = \frac{120 f_{se}}{P} \tag{6-1}$$

$$= \frac{120(60 \text{ Hz})}{4 \text{ polos}} = 1800 \text{ rpm}$$

(b) A velocidade do rotor do motor é dada por

$$n_m = (1 - s)n_{sinc} \tag{6-6}$$

$$= (1 - 0{,}05)(1800 \text{ rpm}) = 1710 \text{ rpm}$$

(c) A frequência do rotor desse motor é dada por

$$f_{re} = sf_{se} = (0{,}05)(60 \text{ Hz}) = 3 \text{ Hz} \tag{6-8}$$

Alternativamente, a frequência pode ser encontrada a partir da Equação (6-9):

$$f_{re} = \frac{P}{120}(n_{sinc} - n_m) \tag{6-9}$$

$$= \frac{4}{120}(1800 \text{ rpm}) - 1710 \text{ rpm}) = 3 \text{ Hz}$$

(d) O conjugado de carga no eixo desse motor é dado por

$$\tau_{carga} = \frac{P_{saída}}{\omega_m}$$

$$= \frac{(10 \text{ HP})(746 \text{ W/HP})}{(1710 \text{ rotações/min})(2\pi \text{ rad/rotação})(1 \text{ min}/60 \text{ s})} = 41{,}7 \text{ N} \cdot \text{m}$$

Em unidades inglesas, o conjugado de carga no eixo é dado pela Equação (1-17):

$$\tau_{carga} = \frac{5252 P}{n}$$

na qual τ é em libras-pés, a potência P é em HP e n_m é em rotações por minuto. Portanto,

$$\tau_{carga} = \frac{5252(10 \text{ HP})}{1710 \text{ rpm}} = 30{,}7 \text{ libras} \cdot \text{pés}$$

6.3 O CIRCUITO EQUIVALENTE DE UM MOTOR DE INDUÇÃO

Para funcionar, um motor de indução baseia-se na indução efetuada pelo circuito do estator de tensões e correntes no circuito do rotor (ação de transformador). Como as tensões e correntes no circuito do rotor de um motor de indução são basicamente o resultado de uma ação de transformador, o circuito equivalente de um motor de indu-

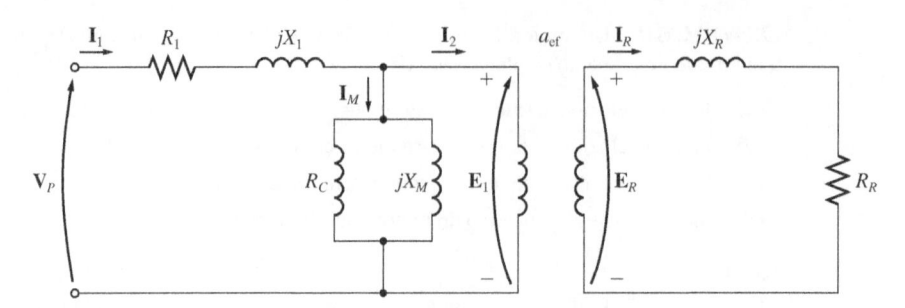

FIGURA 6-7
O modelo de transformador para um motor de indução, com rotor e estator conectados por meio de um transformador ideal com relação de espiras a_{ef}.

ção será muito semelhante ao circuito equivalente de um transformador. Um motor de indução é denominado *máquina de excitação simples* (em oposição a uma máquina síncrona que é de *excitação dupla*), porque a potência é fornecida somente ao circuito de estator do motor. Como um motor de indução não tem um circuito de campo independente, seu modelo não contém uma fonte de tensão interna, como no caso da tensão gerada interna E_A de uma máquina síncrona.

Poderemos obter o circuito equivalente de um motor de indução se usarmos o que sabemos sobre os transformadores e o que já sabemos sobre a variação de frequência no rotor dos motores de indução em função da velocidade. Começaremos a desenvolver um modelo para o motor de indução usando o modelo de transformador do Capítulo 2. A seguir, deveremos analisar um modo de também incluir a frequência variável do rotor e outros efeitos similares apresentados pelo motor de indução.

O modelo de transformador de um motor de indução

O circuito equivalente por fase de um transformador, representando o funcionamento de um motor de indução, está mostrado na Figura 6-7. Como em qualquer transformador, há certa resistência e autoindutância nos enrolamentos do primário (estator), que devem ser representadas no circuito equivalente da máquina. A resistência do estator será denominada R_1 e a reatância de dispersão do estator será denominada X_1. Essas duas componentes aparecem logo na entrada do modelo da máquina.

Também, como em qualquer transformador com núcleo de ferro, o fluxo na máquina está relacionado com a integral da tensão aplicada E_1. Na Figura 6-8, a curva de força magnetomotriz *versus* fluxo (curva de magnetização) dessa máquina é comparada com a curva similar de um transformador de potência. Observe que a inclinação da curva de força magnetomotriz *versus* fluxo do motor de indução é muito menos inclinada do que a curva de um bom transformador. Isso ocorre porque é necessário haver um entreferro de ar no motor de indução, aumentando assim grandemente a relutância do caminho de fluxo e reduzindo, portanto, o acoplamento entre os enrolamentos primário e secundário. A relutância maior devido ao entreferro de ar significa que uma corrente de magnetização maior é necessária para obter um dado nível de fluxo. Portanto, a reatância de magnetização X_M no circuito equivalente terá um valor muito menor (ou a susceptância B_M terá um valor muito maior) do que em um transformador comum.

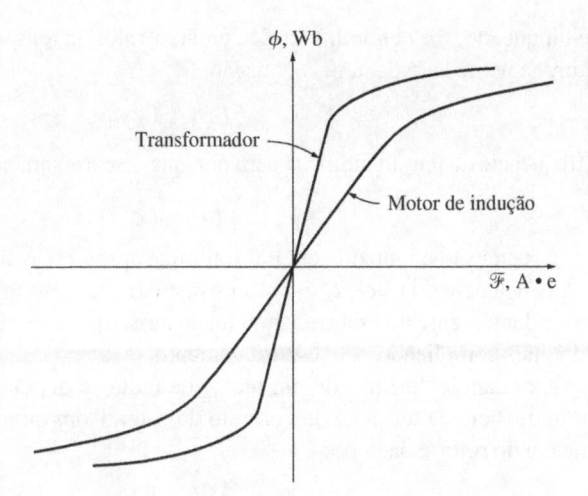

FIGURA 6-8
A curva de magnetização de um motor de indução comparada com a de um transformador.

A tensão interna primária E_1 do estator está acoplada à tensão do secundário E_R por meio de um transformador ideal com uma relação de espiras efetiva a_{ef}. É muito fácil determinar essa relação a_{ef} no caso de um motor de rotor bobinado – é basicamente a razão entre os condutores por fase do estator e os condutores por fase do rotor, modificada por quaisquer diferenças devido a fatores de passo e distribuição. No caso de um motor com rotor de gaiola de esquilo, é bem difícil ver claramente a_{ef}, porque não há enrolamentos visíveis na gaiola de esquilo do rotor. Em ambos os casos, *há* uma relação efetiva de espiras para o motor.

Por sua vez, a tensão E_R induzida no rotor da máquina produz um fluxo de corrente no circuito em curto desse rotor (secundário).

As impedâncias do primário e a corrente de magnetização do motor de indução são muito semelhantes aos respectivos componentes no circuito equivalente de um transformador. O circuito equivalente de um motor de indução difere do circuito equivalente de um transformador basicamente no que se relaciona com os efeitos que a variação de frequência produz na tensão de rotor E_R e nas impedâncias de rotor R_R e jX_R.

Modelo de circuito do rotor

Em um motor de indução, quando a tensão é aplicada aos enrolamentos de estator, uma tensão é induzida nos enrolamentos do rotor da máquina. Em geral, *quanto maior o movimento relativo entre os campos magnéticos do rotor e do estator, maiores serão a tensão e a frequência do rotor*. O movimento relativo máximo ocorre quando o rotor está parado. Essa condição é denominada *rotor bloqueado* ou *travado*, de modo que a maior tensão e a maior frequência do rotor são induzidas com o rotor nessa condição. A menor tensão (0 V) e a menor frequência (0 Hz) ocorrem quando o rotor está se movendo com a mesma velocidade que o campo magnético do estator, resultando um movimento relativo nulo. O valor e a frequência da tensão induzida no rotor para qualquer velocidade entre esses extremos é *diretamente proporcional ao escorregamento do rotor*. Portanto, se o valor da tensão induzida no rotor, estando este bloqueado, for denominado E_{R0}, então o valor da tensão induzida, para qualquer escorregamento será dada pela equação

$$E_R = sE_{R0} \tag{6-10}$$

e a frequência da tensão induzida para qualquer escorregamento será dada pela equação

$$f_{re} = sf_{se} \tag{6-8}$$

Essa tensão é induzida em um rotor que apresenta resistência e também reatância. A resistência do rotor R_R é uma constante (exceto em relação ao efeito pelicular), independentemente do escorregamento, ao passo que a reatância do rotor é afetada de modo mais complicado pelo escorregamento.

A reatância do rotor de um motor de indução depende da indutância do rotor e da frequência da tensão e da corrente do rotor. Com uma indutância de rotor L_R, a reatância do rotor é dada por

$$X_R = \omega_{re} L_R = 2\pi f_{re} L_R$$

Pela Equação (6-8), temos $f_{re} = sf_{se}$, de modo que

$$\begin{aligned} X_R &= 2\pi s f_{se} L_R \\ &= s(2\pi f_{se} L_R) \\ &= sX_{R0} \end{aligned} \tag{6-11}$$

em que X_{R0} é a reatância do rotor, estando este bloqueado.

O circuito equivalente resultante do rotor está mostrado na Figura 6-9. A corrente do rotor pode ser encontrada por

$$\mathbf{I}_R = \frac{\mathbf{E}_R}{R_R + jX_R}$$

$$\boxed{\mathbf{I}_R = \frac{\mathbf{E}_R}{R_R + jsX_{R0}}} \tag{6-12}$$

ou

$$\boxed{\mathbf{I}_R = \frac{\mathbf{E}_{R0}}{R_R/s + jX_{R0}}} \tag{6-13}$$

Observe, na Equação (6-13), que é possível tratar todos os efeitos, que ocorrem no rotor devidos a uma velocidade variável, como causados por uma *impedância variável* alimentada com energia elétrica a partir de uma fonte de tensão constante $\mathbf{E}_{R0}$. Desse ponto de vista, a impedância equivalente do rotor é

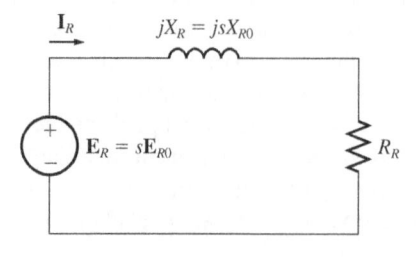

FIGURA 6-9
O modelo de circuito do rotor de um motor de indução.

$$Z_{R,\,eq} = R_R/s + jX_{R0} \tag{6-14}$$

Usando essa convenção, o circuito equivalente do rotor está mostrado na Figura 6-10. Nesse circuito equivalente, a tensão do rotor é um valor constante de $\mathbf{E}_{R0}$ volts e a impedância do rotor $Z_{R,\,eq}$ inclui todos os efeitos devido a um escorregamento variável do rotor. Um gráfico do fluxo de corrente no rotor, como foi obtido nas Equações (6-12) e (6-13), está mostrado na Figura 6-11.

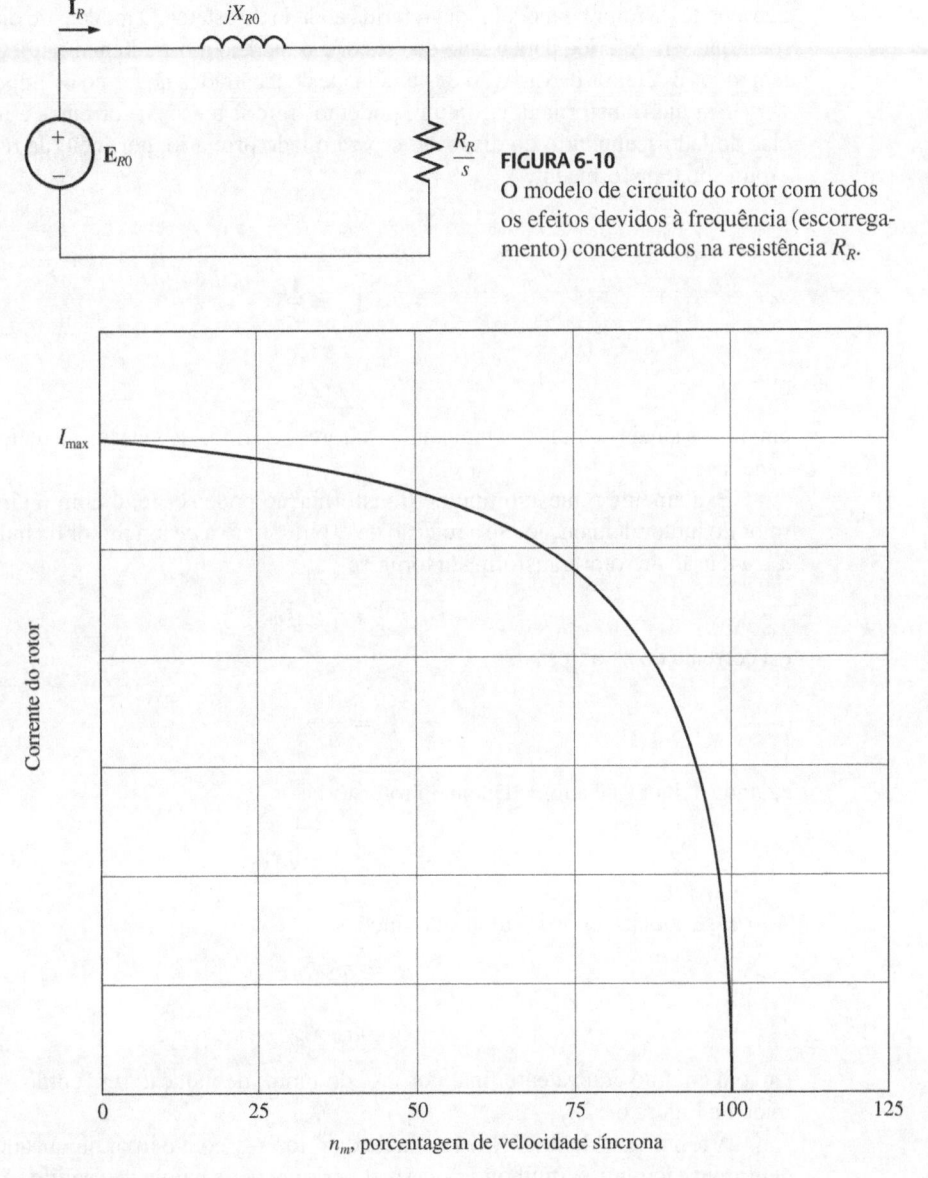

FIGURA 6-10
O modelo de circuito do rotor com todos os efeitos devidos à frequência (escorregamento) concentrados na resistência R_R.

FIGURA 6-11
Corrente do rotor em função da velocidade do rotor.

Para escorregamento muito baixo, observe que o termo resistivo vale a expressão $R_R/s \gg X_{R0}$, de modo que a resistência do rotor predomina e a corrente do rotor varia *linearmente* com o escorregamento. Com escorregamento elevado, X_{R0} é muito maior do que R_R/s e a corrente do rotor *aproxima-se de um valor de regime permanente* à medida que o escorregamento torna-se muito elevado.

O circuito equivalente final

Para obter o circuito equivalente final por fase de um motor de indução, é necessário que a parte do rotor no modelo seja referida ao lado do estator. O modelo do circuito do rotor que será referido para o lado do estator é o modelo mostrado na Figura 6-10, que tem todos os efeitos de variação de velocidade concentrados no termo de impedância.

Em um transformador comum, podemos referir tensões, correntes e impedâncias do lado secundário do dispositivo para o lado primário, por meio da relação de espiras do transformador:

$$\mathbf{V}_P = \mathbf{V}'_S = a\mathbf{V}_S \qquad (6\text{-}15)$$

$$\mathbf{I}_P = \mathbf{I}'_S = \frac{\mathbf{I}_S}{a} \qquad (6\text{-}16)$$

e

$$Z'_S = a^2 Z_S \qquad (6\text{-}17)$$

em que os sinais de linha (') indicam os valores referidos de tensão, corrente e impedância.

Exatamente o mesmo tipo de transformação pode ser feito com o circuito do rotor do motor de indução. Se a relação de espiras efetiva de um motor de indução for a_{ef}, a tensão de rotor transformada torna-se

$$\mathbf{E}_1 = \mathbf{E}'_R = a_{\text{ef}} \mathbf{E}_{R0} \qquad (6\text{-}18)$$

e a corrente do rotor torna-se

$$\mathbf{I}_2 = \frac{\mathbf{I}_R}{a_{\text{ef}}} \qquad (6\text{-}19)$$

e, ainda, temos que a impedância do rotor torna-se

$$Z_2 = a_{\text{ef}}^2 \left(\frac{R_R}{s} + jX_{R0} \right) \qquad (6\text{-}20)$$

Agora, se adotarmos as seguintes definições

$$R_2 = a_{\text{ef}}^2 R_R \qquad (6\text{-}21)$$

$$X_2 = a_{\text{ef}}^2 X_{R0} \qquad (6\text{-}22)$$

então o circuito equivalente final por fase do motor de indução será como está mostrado na Figura 6-12.

A resistência do rotor R_R e reatância do rotor X_{R0}, com o rotor bloqueado, são de determinação muito difícil ou impossível em rotores de gaiola de esquilo. A relação

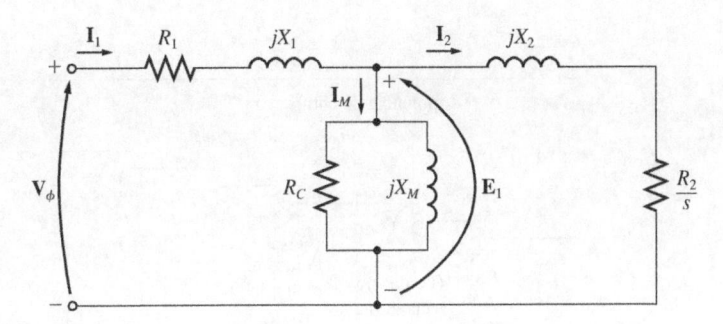

FIGURA 6-12
O circuito equivalente por fase de um motor de indução.

de espiras efetiva a_{ef} também é de difícil obtenção no caso de rotores de gaiola de esquilo. Felizmente, contudo, é possível realizar medidas que darão diretamente *a resistência e a reatância referidas* R_2 e X_2, mesmo que R_R, X_{R0} e a_{ef} não sejam conhecidas separadamente. A medição dos parâmetros do motor de indução será discutida na Seção 6.7.

6.4 POTÊNCIA E CONJUGADO EM MOTORES DE INDUÇÃO

Como os motores de indução são máquinas de excitação simples, suas relações de potência e conjugado são consideravelmente diferentes das relações estudadas anteriormente com as máquinas síncronas. Esta seção faz uma revisão das relações de potência e conjugado nos motores de indução.

Perdas e diagrama de fluxo de potência

Um motor de indução pode ser descrito basicamente como um transformador rotativo. Sua entrada é um sistema trifásico de tensões e correntes. Em um transformador comum, a saída é uma potência elétrica presente nos enrolamentos do secundário. Em um motor de indução comum, os enrolamentos do secundário (rotor) estão em curto-circuito, de modo que não há saída elétrica. Em vez disso, a saída é mecânica. A relação entre a potência elétrica de entreferro e a potência mecânica de saída desse motor está mostrada no diagrama de fluxo de potência da Figura 6-13.

A potência de entrada de um motor de indução $P_{entrada}$ é na forma de tensões e correntes trifásicas. As primeiras perdas encontradas na máquina são perdas I^2R nos enrolamentos do estator (as *perdas no cobre do estator* P_{PCE}). Então, certa quantidade de potência é perdida como histerese e corrente parasita no estator ($P_{núcleo}$). A potência restante nesse ponto é transferida ao rotor da máquina através do entreferro entre o estator e o rotor. Essa potência é denominada *potência de entreferro* (P_{EF}) da máquina. Após a potência ser transferida ao rotor, uma parte dela é perdida como perdas I^2R (as *perdas no cobre do rotor* P_{PCR}) e o restante é convertido da forma elétrica para a forma mecânica (P_{conv}). Finalmente, as perdas por atrito e ventilação P_{AeV} e as perdas suplementares P_{suplem} são subtraídas. A potência restante é a saída do motor $P_{saída}$.

$$P_{entrada} = \sqrt{3}\, V_T I_L \cos\theta$$

potência de entreferro

P_{EF} P_{conv}

$\tau_{ind}\omega_m$

$P_{saída} = \tau_{carga}\omega_m$

P_{PCE} (Perdas no cobre do estator)

$P_{núcleo}$ (Perdas no núcleo)

P_{PCR} (Perdas no cobre do rotor)

$P_{atrito\ e\ ventilação}$

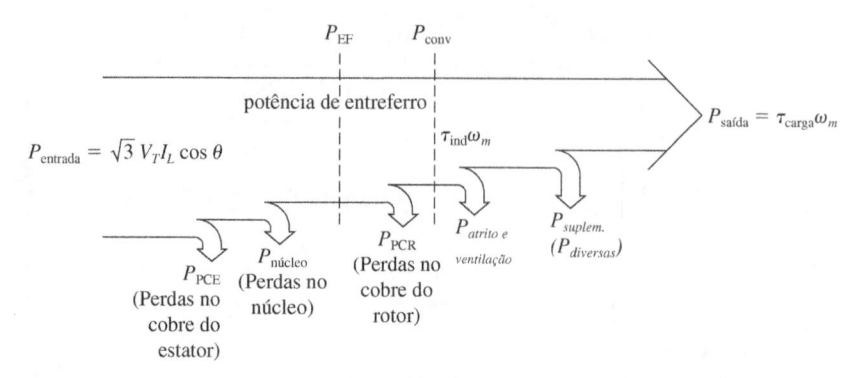

$P_{suplem.}$ $(P_{diversas})$

FIGURA 6-13
O diagrama do fluxo de potência de um motor de indução.

As *perdas no núcleo* nem sempre aparecem no diagrama de fluxo de potência no ponto mostrado na Figura 6-13. Devido à natureza das perdas no núcleo, é um tanto arbitrário definir o lugar onde elas ocorrem na máquina. As perdas no núcleo de um motor de indução vêm parcialmente do circuito do estator e parcialmente do circuito do rotor. Como um motor de indução opera normalmente com uma velocidade próxima da velocidade síncrona, o movimento relativo dos campos magnéticos sobre a superfície do rotor é muito lento e as perdas no núcleo do rotor são muito pequenas em comparação com as do estator. Como a maior fração das perdas no núcleo vem do circuito do estator, todas as perdas no núcleo são concentradas nesse ponto do diagrama. Essas perdas são representadas no circuito equivalente do motor de indução pelo resistor R_C (ou condutância G_C). Se as perdas no núcleo forem dadas simplesmente por um número (X watts), em vez de serem dadas por um elemento de circuito, então frequentemente elas serão combinadas com as perdas mecânicas e as subtraídas, no ponto do diagrama onde as perdas mecânicas estão localizadas.

Quanta *maior* a velocidade de um motor de indução, *maior*es serão as perdas por atrito, ventilação e suplementares. Por outro lado, quanto *maior* for a velocidade do motor (até n_{sinc}), *menores* serão suas perdas no núcleo. Portanto, essas três categorias de perdas são algumas vezes combinadas e denominadas *perdas rotacionais*. As perdas rotacionais totais de um motor são frequentemente consideradas constantes com a velocidade variável, porque as diversas perdas variam em sentidos opostos com mudança de velocidade.

EXEMPLO 6-2 Um motor de indução trifásico de 480 V, 60 Hz e 50 HP, está usando 60 A com FP 0,85 atrasado. As perdas no cobre do estator são 2 kW e as perdas no cobre do rotor são 700 W. As perdas por atrito e ventilação são 600 W, as perdas no núcleo são 1800 W e as perdas suplementares são desprezíveis. Encontre as seguintes grandezas:

(a) A potência de entreferro P_{EF}
(b) A potência convertida P_{conv}
(c) A potência de saída $P_{saída}$
(d) A eficiência do motor

Solução
Para responder a essas perguntas, consulte o diagrama de fluxo de potência de um motor de indução (Figura 6-13).

(a) A potência de entreferro é simplesmente a potência de entrada menos as perdas I^2R no estator e as no núcleo. A potência de entrada é dada por

$$P_{\text{entrada}} = \sqrt{3}V_T I_L \cos\theta$$
$$= \sqrt{3}(480\text{ V})(60\text{ A})(0,85) = 42,4\text{ kW}$$

Do diagrama de fluxo de potência, a potência de entreferro é dada por

$$P_{\text{EF}} = P_{\text{entrada}} - P_{\text{PCE}} - P_{\text{núcleo}}$$
$$= 42,4\text{ kW} - 2\text{ kW} - 1,8\text{ kW} = 38,6\text{ kW}$$

(b) Do diagrama de fluxo de potência, a potência convertida da forma elétrica para a mecânica é

$$P_{\text{conv}} = P_{\text{EF}} - P_{\text{PCR}}$$
$$= 38,6\text{ kW} - 700\text{ W} = 37,9\text{ kW}$$

(c) Do diagrama de fluxo de potência, a potência de saída é dada por

$$P_{\text{saída}} = P_{\text{conv}} - P_{\text{AeV}} - P_{\text{suplem.}}$$
$$= 37,9\text{ kW} - 600\text{ W} - 0\text{ W} = 37,3\text{ kW}$$

ou, em HP,

$$P_{\text{saída}} = (37,3\text{ kW})\frac{1\text{ HP}}{0,746\text{ kW}} = 50\text{ HP}$$

(d) Portanto, a eficiência do motor de indução é a

$$\eta = \frac{P_{\text{saída}}}{P_{\text{entrada}}} \times 100\%$$
$$= \frac{37,3\text{ kW}}{42,4\text{ kW}} \times 100\% = 88\%$$

Potência e conjugado em um motor de indução

A Figura 6-12 mostra o circuito equivalente por fase de um motor de indução. Se o circuito equivalente for examinado com atenção, poderemos usá-lo para deduzir as equações de potência e conjugado que governam o funcionamento do motor.

A corrente de entrada de uma fase do motor pode ser obtida dividindo a tensão de entrada pela impedância equivalente total:

$$\mathbf{I}_1 = \frac{\mathbf{V}_\phi}{Z_{\text{eq}}} \qquad (6\text{-}23)$$

em que
$$Z_{\text{eq}} = R_1 + jX_1 + \frac{1}{G_C - jB_M + \dfrac{1}{V_2/s + jX_2}} \qquad (6\text{-}24)$$

Portanto, as perdas no cobre do estator, as perdas no núcleo e as perdas no cobre do rotor podem ser obtidas. As perdas no cobre do estator nas três fases são dadas por

$$\boxed{P_{\text{PCE}} = 3I_1^2 R_1} \tag{6-25}$$

As perdas no núcleo são dadas por

$$\boxed{P_{\text{núcleo}} = 3E_1^2 G_C} \tag{6-26}$$

de modo que a potência de entreferro pode ser encontrada como

$$\boxed{P_{\text{EF}} = P_{\text{entrada}} - P_{\text{PCE}} - P_{\text{núcleo}}} \tag{6-27}$$

Examine com atenção o circuito equivalente do rotor. O *único* elemento do circuito equivalente em que a potência de entreferro pode ser consumida é no resistor R_2/s. Portanto, a *potência de entreferro* também pode ser dada por

$$\boxed{P_{\text{EF}} = 3I_2^2 \frac{R_2}{s}} \tag{6-28}$$

As perdas resistivas reais do circuito do rotor são dadas pela equação

$$P_{\text{PCR}} = 3I_R^2 R_R \tag{6-29}$$

Como a potência não se altera quando é referida de um lado para outro em um transformador ideal, as perdas no cobre do rotor também podem ser expressas como

$$\boxed{P_{\text{PCR}} = 3I_R^2 R_2} \tag{6-30}$$

Depois que as perdas no cobre do estator, no núcleo e no cobre do rotor são subtraídas da potência de entrada do motor, a potência restante é convertida da forma elétrica para a mecânica. Essa potência convertida, algumas vezes denominada *potência mecânica desenvolvida*, é dada por

$$P_{\text{conv}} = P_{\text{EF}} - P_{\text{PCR}}$$

$$= 3I_2^2 \frac{R_2}{s} - 3I_2^2 R_2$$

$$= 3I_2^2 R_2 \left(\frac{1}{s} - 1\right)$$

$$\boxed{P_{\text{conv}} = 3I_2^2 R_2 \left(\frac{1-s}{s}\right)} \tag{6-31}$$

Observe, com base nas Equações (6-28) e (6-30), que as perdas no cobre do estator são iguais à potência de entreferro vezes o escorregamento:

$$P_{\text{PCR}} = sP_{\text{EF}} \tag{6-32}$$

Portanto, quanto menor o escorregamento do motor, menores serão as perdas no rotor da máquina. Observe também que, se o rotor não estiver girando, o escorregamento será $s = 1$ e *a potência de entreferro será consumida inteiramente no rotor*. Isso é lógico, porque, se o motor não estiver girando, a potência de saída $P_{\text{saída}}$ ($= \tau_{\text{carga}}\omega_m$) deve ser zero. Como $P_{\text{conv}} = P_{\text{EF}} - P_{\text{PCR}}$, isso também fornece outra relação entre a potência de entreferro e a potência convertida da forma elétrica em mecânica:

$$P_{\text{conv}} = P_{\text{EF}} - P_{\text{PCR}}$$
$$= P_{\text{EF}} - sP_{\text{EF}}$$

$$\boxed{P_{\text{conv}} = (1 - s)P_{\text{AG}}} \qquad (6\text{-}33)$$

Finalmente, se as perdas por atrito e ventilação e as perdas suplementares forem conhecidas, a potência de saída poderá ser obtida por

$$\boxed{P_{\text{saída}} = P_{\text{conv}} - P_{\text{AeV}} - P_{\text{suplem.}}} \qquad (6\text{-}34)$$

O *conjugado induzido* τ_{ind} de uma máquina foi definido como o conjugado gerado pela conversão interna de potência elétrica em mecânica. Esse conjugado difere do conjugado realmente disponível nos terminais do motor em um valor igual aos conjugados de atrito e ventilação da máquina. O conjugado induzido é dado pela equação

$$\tau_{\text{ind}} = \frac{P_{\text{conv}}}{\omega_m} \qquad (6\text{-}35)$$

Esse conjugado é também denominado *conjugado desenvolvido* da máquina.

O conjugado induzido de um motor de indução também pode ser expresso de forma diferente. A Equação (6-7) fornece a velocidade real em termos de velocidade síncrona e escorregamento, ao passo que a Equação (6-33) expressa P_{conv} em termos de P_{EF} e escorregamento. Substituindo as duas equações na Equação (6-35), temos

$$\tau_{\text{ind}} = \frac{(1-s)P_{\text{EF}}}{(1-s)\omega_{\text{sinc}}}$$

$$\boxed{\tau_{\text{ind}} = \frac{P_{\text{EF}}}{\omega_{\text{sinc}}}} \qquad (6\text{-}36)$$

A última equação é especialmente útil porque expressa o conjugado induzido diretamente em termos de potência de entreferro e *velocidade síncrona*, que não varia. Portanto, o conhecimento de P_{EF} fornece diretamente τ_{ind}.

Separação entre as perdas no cobre do rotor e a potência convertida, no circuito equivalente do motor de indução

Parte da potência que flui no entreferro de um motor de indução é consumida como perdas no cobre do rotor e outra parte é convertida em potência mecânica para acionar o eixo do motor. É possível separar essas duas partes da potência de entreferro e expressá-las separadamente no circuito equivalente do motor.

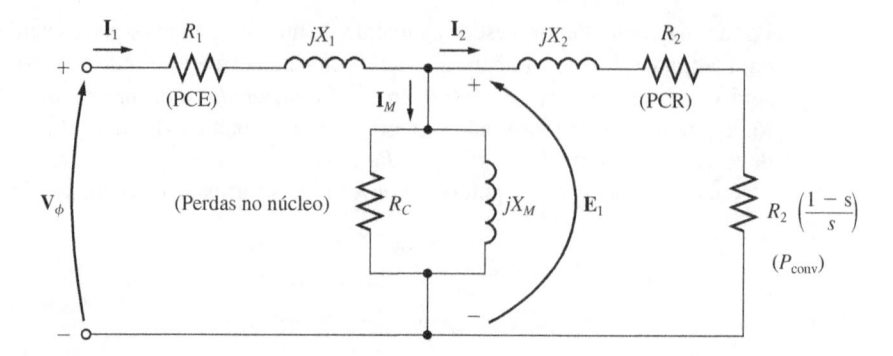

FIGURA 6-14
O circuito equivalente por fase, com as perdas do rotor e a $P_{\text{núcleo}}$ separadas.

A Equação (6-28) fornece uma expressão da potência total de entreferro para um motor de indução, ao passo que a Equação (6-30) dá as perdas reais no rotor do motor. A potência de entreferro é a potência que seria consumida em um resistor de valor R_2/s, ao passo que as perdas no cobre do rotor são expressas pela potência que seria consumida em um resistor de valor R_2. A diferença entre elas é P_{conv}, que, portanto, deve ser a potência que seria consumida em um resistor de valor

$$R_{\text{conv}} = \frac{R_2}{s} - R_2 = R_2\left(\frac{1}{s} - 1\right)$$

$$\boxed{R_{\text{conv}} = R_2\left(\frac{1-s}{s}\right)} \tag{6-37}$$

A Figura 6-14 mostra o circuito equivalente por fase onde se pode ver, na forma de elementos distintos de circuito, as perdas no cobre do rotor e a potência convertida para a forma mecânica.

EXEMPLO 6-3 Um motor de indução de 460 V, 25 HP, 60 Hz, quatro polos e ligado em Y, tem as seguintes impedâncias em ohms por fase, referidas ao circuito de estator:

$$R_1 = 0,641 \, \Omega \quad R_2 = 0,332 \, \Omega$$
$$X_1 = 1,106 \, \Omega \quad X_2 = 0,464 \, \Omega \quad X_M = 26,3 \, \Omega$$

As perdas rotacionais totais são 1100 W e assume-se que são constantes. As perdas no núcleo estão combinadas com as perdas rotacionais. Para um escorregamento do rotor de 2,2 por cento, com tensão e frequência nominais, encontre os valores das seguintes grandezas do motor:

(a) Velocidade

(b) Corrente de estator

(c) Fator de potência

(d) P_{conv} e $P_{\text{saída}}$

(e) τ_{ind} e τ_{carga}

(f) Eficiência

Solução

O circuito equivalente por fase deste motor está mostrado na Figura 6-12 e o diagrama de fluxo de potência está mostrado na Figura 6-13. Como as perdas no núcleo estão combinadas com as perdas por atrito e ventilação juntamente com as perdas suplementares, elas serão tratadas do mesmo modo que as perdas mecânicas e serão subtraídas após P_{conv} no diagrama de fluxo de potência.

(a) A velocidade síncrona é

$$n_{sinc} = \frac{120 f_{se}}{P} = \frac{120(60 \text{ Hz})}{4 \text{ polos}} = 1800 \text{ rpm}$$

ou

$$\omega_{sinc} = (1800 \text{ rpm})\left(\frac{2\pi \text{ rad}}{1 \text{ rotação}}\right)\left(\frac{1 \text{ min}}{60 \text{ s}}\right) = 188,5 \text{ rad/s}$$

A velocidade mecânica do eixo do rotor é

$$n_m = (1 - s) n_{sinc}$$
$$= (1 - 0,022)(1800 \text{ rpm}) = 1760 \text{ rpm}$$

ou

$$\omega_m = (1 - s)\omega_{sinc}$$
$$= (1 - 0,022)(188,5 \text{ rad/s}) = 184,4 \text{ rad/s}$$

(b) Para encontrar a corrente de estator, obtenha a impedância equivalente do circuito. O primeiro passo é combinar em paralelo a impedância referida do rotor com o ramo de magnetização e, em seguida, adicionar em série a impedância do estator a essa combinação. A impedância referida do rotor é

$$Z_2 = \frac{R_2}{s} + jX_2$$
$$= \frac{0,332}{0,022} + j0,464$$
$$= 15,09 + j0,464 \text{ } \Omega = 15,10\angle 1,76° \text{ } \Omega$$

A impedância combinada de magnetização mais a do rotor é dada por

$$Z_f = \frac{1}{1/jX_M + 1/Z_2}$$
$$= \frac{1}{-j0,038 + 0,0662\angle -1,76°}$$
$$= \frac{1}{0,0773\angle -31,1°} = 12,94\angle 31,1° \text{ } \Omega$$

Portanto, a impedância total é

$$Z_{tot} = Z_{estator} + Z_f$$
$$= 0,641 + j1,106 + 12,94\angle 31,1° \text{ } \Omega$$
$$= 11,72 + j7,79 = 14,07\angle 33,6° \text{ } \Omega$$

A corrente de estator resultante é

$$\mathbf{I}_1 = \frac{\mathbf{V}_\phi}{Z_{tot}}$$
$$= \frac{266\angle 0° \text{ V}}{14,07\angle 33,6° \text{ } \Omega} = 18,88\angle -33,6° \text{ A}$$

(c) O fator de potência da potência do motor é

$$FP = \cos 33{,}6° = 0{,}833 \quad \text{atrasado}$$

(d) A potência de entrada deste motor é

$$P_{entrada} = \sqrt{3} V_T I_L \cos \theta$$
$$= \sqrt{3}(460 \text{ V})(18{,}88 \text{ A})(0{,}833) = 12.530 \text{ W}$$

Nessa máquina, as perdas no cobre do estator são

$$P_{PCE} = 3 I_1^2 R_1 \tag{6-25}$$
$$= 3(18{,}88 \text{ A})^2 (0{,}641 \text{ } \Omega) = 685 \text{ W}$$

A potência de entreferro é dada por

$$P_{EF} = P_{entrada} - P_{PCE} = 12.530 \text{ W} - 685 \text{ W} = 11.845 \text{ W}$$

Portanto, a potência convertida é

$$P_{conv} = (1 - s) P_{EF} = (1 - 0{,}022)(11.845 \text{ W}) = 11.585 \text{ W}$$

A potência $P_{saída}$ é dada por

$$P_{saída} = P_{conv} - P_{rot} = 11.585 \text{ W} - 1100 \text{ W} = 10.485 \text{ W}$$
$$= 10.485 \text{ W}\left(\frac{1 \text{ HP}}{746 \text{ W}}\right) = 14{,}1 \text{ HP}$$

(e) O conjugado induzido é dado por

$$\tau_{ind} = \frac{P_{EF}}{\omega_{sinc}}$$
$$= \frac{11.845 \text{ W}}{188{,}5 \text{ rad/s}} = 62{,}8 \text{ N} \cdot \text{m}$$

e o conjugado de saída é dado por

$$\tau_{carga} = \frac{P_{saída}}{\omega_m}$$
$$= \frac{10.485 \text{ W}}{184{,}4 \text{ rad/s}} = 56{,}9 \text{ N} \cdot \text{m}$$

(Em unidades inglesas, esses conjugados são 46,3 e 41,9 libras-pés, respectivamente.)

(f) Nessa condição de funcionamento, a eficiência do motor é

$$\eta = \frac{P_{saída}}{P_{entrada}} \times 100\%$$
$$= \frac{10.485 \text{ W}}{12.530 \text{ W}} \times 100\% = 83{,}7\%$$

6.5 CARACTERÍSTICAS DE CONJUGADO *VERSUS* VELOCIDADE DO MOTOR DE INDUÇÃO

Em um motor de indução, qual é a variação de conjugado quando sua carga é alterada? Na partida de um motor de indução, quanto conjugado pode ser fornecido? No motor

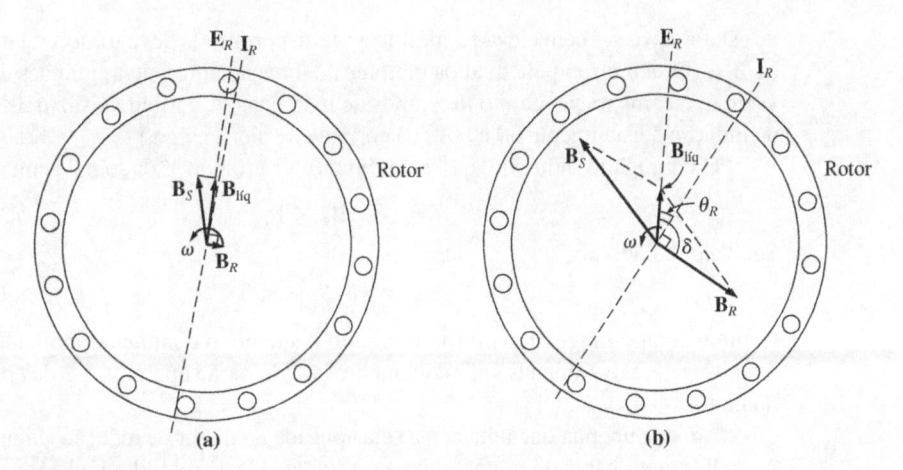

FIGURA 6-15
(a) Os campos magnéticos de um motor de indução sob condições de carga leve. (b) Os campos magnéticos de um motor de indução sob condições de carga pesada.

de indução, qual é a diminuição de velocidade quando a carga no eixo é aumentada? Para encontrar as respostas a essas e outras perguntas semelhantes, é necessário entender claramente as relações entre conjugado, velocidade e potência de um motor.

Nesta seção, a relação entre o conjugado e a velocidade será inicialmente examinada do ponto de vista físico do comportamento do campo magnético do motor. Em seguida, uma equação genérica será deduzida para o conjugado em função do escorregamento, a partir do circuito equivalente do motor (Figura 6-12).

Conjugado induzido do ponto de vista físico

A Figura 6-15a mostra um motor de indução com rotor gaiola de esquilo que inicialmente está operando a vazio e, portanto, muito próximo da velocidade síncrona. Nessa máquina, o campo magnético líquido $\mathbf{B}_{líq}$ é produzido pela corrente de magnetização $\mathbf{I}_M$ que flui no circuito equivalente do motor (veja a Figura 6-12). O módulo da corrente de magnetização e, consequentemente, de $\mathbf{B}_{líq}$ é diretamente proporcional à tensão $\mathbf{E}_1$. Se $\mathbf{E}_1$ for constante, então o campo magnético líquido do motor será constante. Em uma máquina real, $\mathbf{E}_1$ varia quando a carga varia, porque as impedâncias de estator R_1 e X_1 causam quedas de tensão variáveis com cargas variáveis. Entretanto, essas quedas nos enrolamentos de estator são relativamente pequenas, de modo que $\mathbf{E}_1$ (e consequentemente $\mathbf{I}_M$ e $\mathbf{B}_{líq}$) é aproximadamente constante com as mudanças de carga.

A Figura 6-15a mostra o motor de indução a vazio. Nesse caso, o escorregamento do rotor é muito pequeno e, portanto, o movimento relativo entre o rotor e os campos magnéticos também é muito pequeno. Além disso, a frequência do rotor também é muito pequena. Como o movimento relativo é pequeno, a tensão induzida $\mathbf{E}_R$ nas barras do rotor é muito pequena e a corrente resultante $\mathbf{I}_R$ é pequena. Por outro lado, como a frequência do rotor é tão pequena, a reatância do rotor é aproximadamente zero e a corrente máxima $\mathbf{I}_R$ do rotor está quase em fase com a tensão $\mathbf{E}_R$ do rotor. Desse modo, a corrente do rotor produz um pequeno campo magnético $\mathbf{B}_R$, em um ângulo ligeiramente maior do que 90° atrás do campo magnético líquido $\mathbf{B}_{líq}$. Observe que a corrente de estator deve ser bem elevada, mesmo a vazio, porque ela deve fornecer a maior parte de $\mathbf{B}_{líq}$. (Essa é razão pela qual os motores de indução apresentam grandes correntes a vazio, em comparação com outros tipos de máquinas. A corrente a vazio de um motor de indução é usualmente 30 a 60% da corrente de plena carga.)

O conjugado induzido, que mantém o rotor girando, é dado pela equação

$$\tau_{ind} = k\mathbf{B}_R \times \mathbf{B}_{líq} \tag{3-60}$$

Seu valor é dado por

$$\tau_{ind} = kB_R B_{líq} \operatorname{sen} \delta \tag{3-61}$$

Como o campo magnético do rotor é muito pequeno, o conjugado induzido também é muito pequeno – apenas suficientemente grande para superar as perdas rotacionais do motor.

Agora, suponha que uma carga seja aplicada ao motor de indução (Figura 6-15b). À medida que a carga do motor aumenta, a velocidade do rotor diminui e seu escorregamento aumenta. Como a velocidade do rotor é menor, há agora *mais movimento relativo* entre os campos magnéticos do rotor e do estator na máquina. Um movimento relativo maior produz uma tensão de rotor $\mathbf{E}_R$ mais elevada, o que, por sua vez, produz uma corrente de rotor $\mathbf{I}_R$ maior. Com uma corrente de rotor maior, o campo magnético $\mathbf{B}_R$ do rotor também aumenta. Entretanto, o ângulo entre a corrente do rotor e $\mathbf{B}_R$ também se altera. Como o escorregamento do rotor aumentou, a frequência do rotor eleva-se ($f_{re} = sf_{se}$) e a reatância do rotor sobe ($\omega_{re}L_R$). Portanto, agora a corrente do rotor fica mais para trás da tensão do rotor e o campo magnético do rotor desloca-se com a corrente. A Figura 6-15b mostra o motor de indução funcionando com uma carga bem elevada. Observe que a corrente do rotor subiu e que o ângulo δ aumentou. O aumento em B_R tende a elevar o conjugado, ao passo que o aumento de ângulo δ tende a diminuir o conjugado (τ_{ind} é proporcional a sen δ e $\delta > 90°$). Como o primeiro efeito é maior do que o segundo, o conjugado induzido total eleva-se para suprir o aumento de carga do motor.

Quando um motor de indução atinge o conjugado máximo? Isso acontece quando é atingido o ponto em que, ao aumentar a carga no eixo, o termo sen δ diminui mais do que aumenta o termo B_R. Nesse ponto, um novo aumento de carga diminui τ_{ind} e o motor para.

Se conhecermos os campos magnéticos da máquina, poderemos usar esse conhecimento para obter de forma aproximada a característica do conjugado de saída *versus* velocidade de um motor de indução. Lembre-se de que o valor do conjugado induzido na máquina é dado por

$$\tau_{ind} = kB_R B_{líq} \operatorname{sen} \delta \tag{3-61}$$

Para deduzir o comportamento total da máquina, cada termo dessa expressão pode ser analisado separadamente. Os termos individuais são

1. B_R. O campo magnético do rotor é diretamente proporcional à corrente que circula nele, desde que não esteja saturado. A corrente do rotor aumenta com o aumento do escorregamento (diminuição de velocidade), de acordo com a Equação (6-13). Essa corrente foi plotada na Figura 6-11 e está mostrada novamente na Figura 6-16a.

2. $B_{líq}$. O campo magnético líquido do motor é proporcional a E_1 e, portanto, é aproximadamente constante (na realidade, E_1 diminui com o aumento da cor-

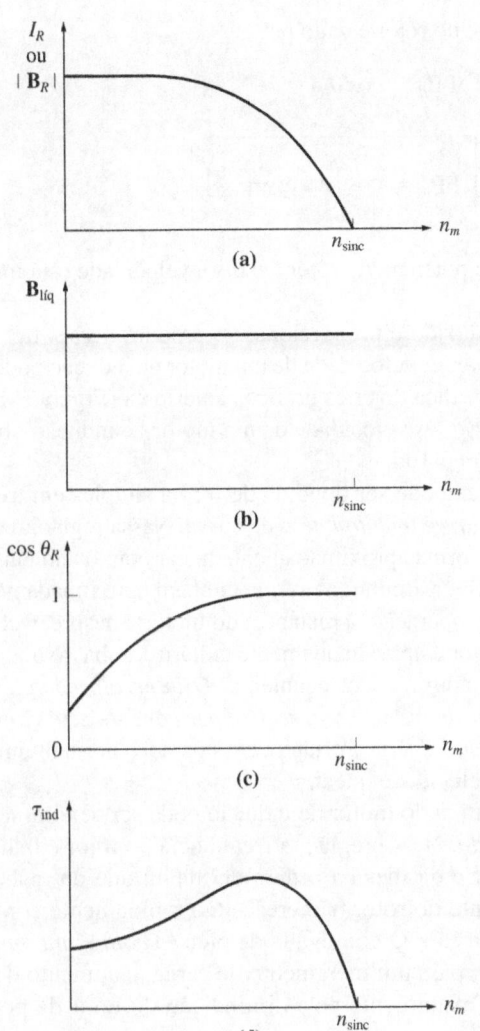

FIGURA 6-16
Desenvolvimento gráfico da característica de conjugado *versus* velocidade de um motor de indução. (a) Gráfico da corrente de rotor (e portanto de $|\mathbf{B}_R|$) *versus* velocidade para um motor de indução; (b) gráfico do campo magnético líquido *versus* velocidade para o motor; (c) gráfico do fator de potência do rotor *versus* velocidade para o motor; (d) característica resultante de conjugado *versus* velocidade.

rente, mas esse efeito é pequeno em comparação aos outros dois. Por essa razão, será ignorado nesta abordagem gráfica). A curva de $B_{líq}$ *versus* velocidade está mostrada na Figura 6-16b.

3. sen δ. O ângulo δ entre os campos magnéticos líquido e do rotor pode ser expresso de um modo muito útil. Examine a Figura 6-15b. Nesta figura, é claro que *o ângulo δ é igual ao ângulo do fator de potência do rotor mais* 90°:

$$\delta = \theta_R + 90° \tag{6-38}$$

Portanto, sen δ = sen (θ_R + 90°) = cos θ_R. Esse termo é o fator de potência do rotor. O ângulo desse fator de potência pode ser calculado a partir da equação

$$\theta_R = \text{arctg}\,\frac{X_R}{R_R} = \text{arctg}\,\frac{sX_{R0}}{R_R} \tag{6-39}$$

O fator de potência resultante do rotor é dado por

$$FP_R = \cos \theta_R$$

$$\boxed{FP_R = \cos\left(\text{arctg}\, \frac{sX_{R0}}{R_R}\right)} \tag{6-40}$$

Um gráfico do fator de potência do rotor *versus* a velocidade está mostrado na Figura 6-16c.

Como o conjugado induzido é proporcional ao produto desses três termos, a característica de conjugado *versus* velocidade de um motor de indução pode ser construída com a multiplicação gráfica dos três gráficos anteriores (Figura 6-16a a c). A característica de conjugado *versus* velocidade de um motor de indução obtida dessa forma está mostrada na Figura 6-16d.

Essa curva característica pode ser dividida de forma simples em três regiões. A primeira é a *região de escorregamento baixo* da curva. Nessa região, o escorregamento do motor aumenta de forma aproximadamente linear com o aumento de carga e a velocidade mecânica do rotor diminui de forma também aproximadamente linear com a carga. Nessa região de operação, a reatância do motor é desprezível, de modo que o fator de potência do rotor é aproximadamente unitário, ao passo que a corrente do rotor cresce linearmente com o escorregamento. *O intervalo completo de funcionamento normal do motor de indução em regime permanente está contido nessa região de baixo escorregamento linear.* Portanto, em operação normal, um motor de indução tem uma queda de velocidade linear.

A segunda região da curva do motor de indução pode ser denominada *região de escorregamento moderado*. Nessa região, a frequência do rotor é maior do que antes e a reatância do rotor é da mesma ordem de magnitude da resistência do rotor. Nessa região, a corrente do rotor não cresce tão rapidamente como antes e o fator de potência começa a cair. O conjugado de pico (o *conjugado máximo*) do motor ocorre no ponto onde, para um incremento de carga, o aumento da corrente de rotor é contrabalançado exatamente pela diminuição do fator de potência do rotor.

A terceira região da curva do motor de indução é denominada *região de escorregamento elevado*. Nessa região, na realidade, o conjugado induzido diminui com o aumento de carga, porque o incremento da corrente de rotor é completamente sobrepujado pela diminuição do fator de potência do rotor.

Em um motor de indução típico, o conjugado máximo na curva será de 200 a 250% o conjugado nominal a plena carga da máquina e o *conjugado de partida* (o conjugado na velocidade zero) será de 150% ou tanto do conjugado de plena carga. Diferentemente de um motor síncrono, o motor de indução pode arrancar com plena carga acoplada a seu eixo.

Dedução da equação do conjugado induzido de um motor de indução

É possível usar o circuito equivalente de um motor de indução e seu diagrama de fluxo de potência para desenvolver uma expressão genérica do conjugado induzido como função da velocidade. O conjugado induzido em um motor de indução é dado pelas Equações (6-35) ou (6-36):

$$\tau_{ind} = \frac{P_{conv}}{\omega_m} \tag{6-35}$$

$$\tau_{ind} = \frac{P_{EF}}{\omega_{sinc}} \tag{6-36}$$

A última equação é especialmente útil, porque a velocidade síncrona é constante para uma dada frequência e número de polos. Como ω_{sinc} é constante, conhecendo-se a potência de entreferro, pode-se obter o conjugado induzido do motor.

A potência de entreferro é a potência que cruza a lacuna de ar existente entre o circuito de estator e o de rotor. Ela é igual à potência absorvida na resistência R_2/s. Como podemos encontrar essa potência?

Consulte o circuito equivalente dado na Figura 6-17. Nessa figura, pode-se ver que a potência de entreferro fornecida a uma fase do motor é

$$P_{EF,1\phi} = I_2^2 \frac{R_2}{s}$$

Portanto, a potência de entreferro total é

$$P_{EF} = 3I_2^2 \frac{R_2}{s}$$

Se I_2 puder ser determinada, então a potência de entreferro e o conjugado induzido serão conhecidos.

Embora haja diversas formas de resolver o circuito da Figura 6-17 em relação à corrente I_2, talvez a mais simples seja determina o equivalente Thévenin da parte do circuito que está à esquerda das cruzes (×) desenhadas na figura. O teorema de Thévenin afirma que qualquer circuito linear que pode ser separado por dois terminais do resto do sistema pode ser substituído por uma única fonte de tensão em série com impedância equivalente. Se isso fosse feito com o circuito equivalente do motor de indução, o circuito resultante seria uma combinação simples de elementos em série, conforme mostra a Figura 6-18c.

Para calcular o equivalente de Thévenin do lado de entrada do circuito equivalente do motor de indução, primeiro abra o circuito nos pontos terminais indicados

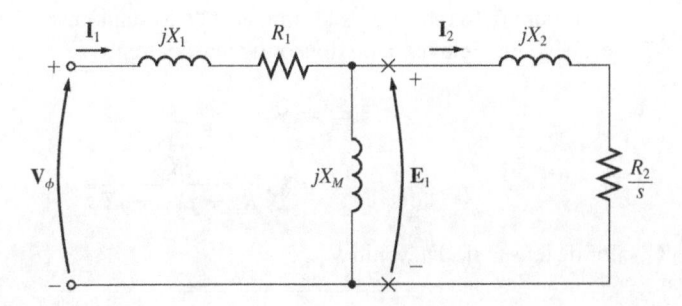

FIGURA 6-17
O circuito equivalente por fase de um motor de indução.

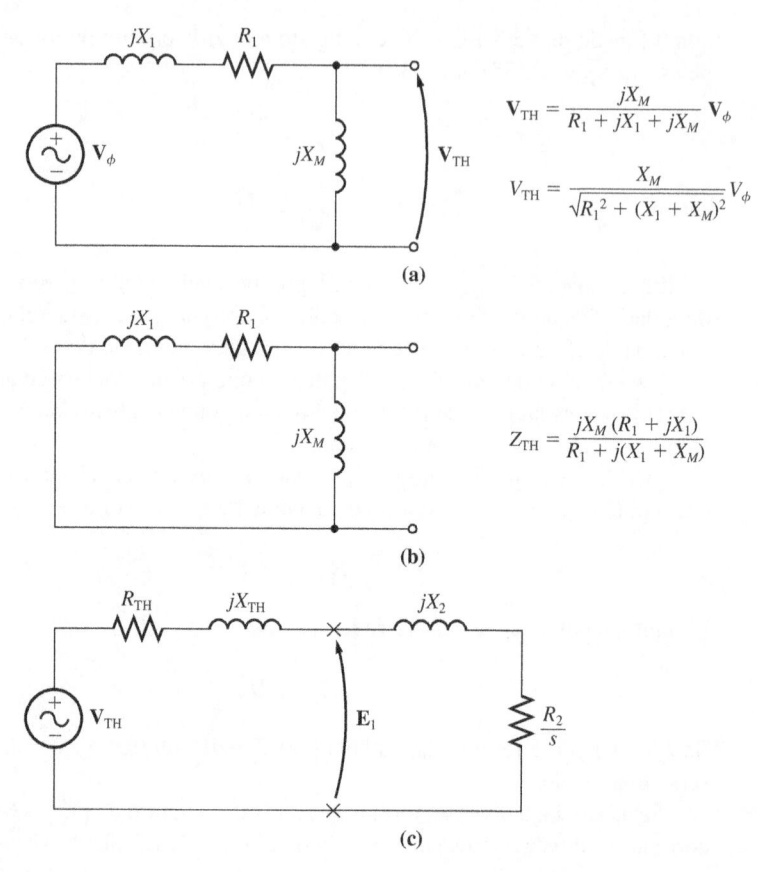

FIGURA 6-18
(a) A tensão equivalente de Thévenin do circuito de entrada de um motor de indução. (b) A impedância equivalente de Thévenin do circuito de entrada. (c) O circuito equivalente simplificado resultante do motor de indução.

por cruzes (×) e encontre a tensão resultante de circuito aberto nesse ponto. A seguir, para encontrar a impedância de Thévenin, "mate" (coloque em curto-circuito) a tensão de fase e encontre a Z_{eq} que pode ser obtida "olhando" para dentro dos terminais.

A Figura 6-18a mostra os terminais abertos sendo usados para encontrar a tensão de Thévenin. Pela regra do divisor de tensão, temos

$$\mathbf{V}_{TH} = \mathbf{V}_\phi \frac{Z_M}{Z_M + Z_1}$$
$$= \mathbf{V}_\phi \frac{jX_M}{R_1 + jX_1 + jX_M}$$

O valor da tensão de Thévenin $\mathbf{V}_{TH}$ é

$$V_{TH} = V_\phi \frac{X_M}{\sqrt{R_1^2 + (X_1 + X_M)^2}} \qquad (6\text{-}41a)$$

Como a reatância de magnetização $X_M \gg X_1$ e $X_M \gg R_1$, o valor da tensão de Thévenin é aproximadamente

$$\boxed{V_{TH} \approx V_\phi \frac{X_M}{X_1 + X_M}} \tag{6-41b}$$

com uma exatidão muito boa.

A Figura 6-18b mostra o circuito de entrada com a fonte de tensão de entrada "morta". As duas impedâncias estão em paralelo e a impedância de Thévenin é dada por

$$Z_{TH} = \frac{Z_1 Z_M}{Z_1 + Z_M} \tag{6-42}$$

Essa impedância reduz-se a

$$Z_{TH} = R_{TH} + jX_{TH} = \frac{jX_M(R_1 + jX_1)}{R_1 + j(X_1 + X_M)} \tag{6-43}$$

Como $X_M \gg X_1$ e $X_M + X_1 \gg R_1$, a resistência e reatância de Thévenin são dadas aproximadamente por

$$\boxed{R_{TH} \approx R_1 \left(\frac{X_M}{X_1 + X_M}\right)^2} \tag{6-44}$$

$$\boxed{X_{TH} \approx X_1} \tag{6-45}$$

O circuito equivalente resultante está mostrado na Figura 6-18c. Desse circuito, pode-se obter a corrente $\mathbf{I}_2$ como

$$\mathbf{I}_2 = \frac{\mathbf{V}_{TH}}{Z_{TH} + Z_2} \tag{6-46}$$

$$= \frac{\mathbf{V}_{TH}}{R_{TH} + R_2/s + jX_{TH} + jX_2} \tag{6-47}$$

O valor dessa corrente é

$$I_2 = \frac{V_{TH}}{\sqrt{(R_{TH} + R_2/s)^2 + (X_{TH} + X_2)^2}} \tag{6-48}$$

A potência de entreferro é dada, portanto, por

$$P_{EF} = 3I_2^2 \frac{R_2}{s}$$

$$= \frac{3V_{TH}^2 R_2/s}{(R_{TH} + R_2/s)^2 + (X_{TH} + X_2)^2} \tag{6-49}$$

e o conjugado induzido de rotor é dado por

$$\tau_{ind} = \frac{P_{EF}}{\omega_{sinc}}$$

$$\boxed{\tau_{ind} = \frac{3V_{TH}^2 R_2/s}{\omega_{sinc}[(R_{TH} + R_2/s)^2 + (X_{TH} + X_2)^2]}} \tag{6-50}$$

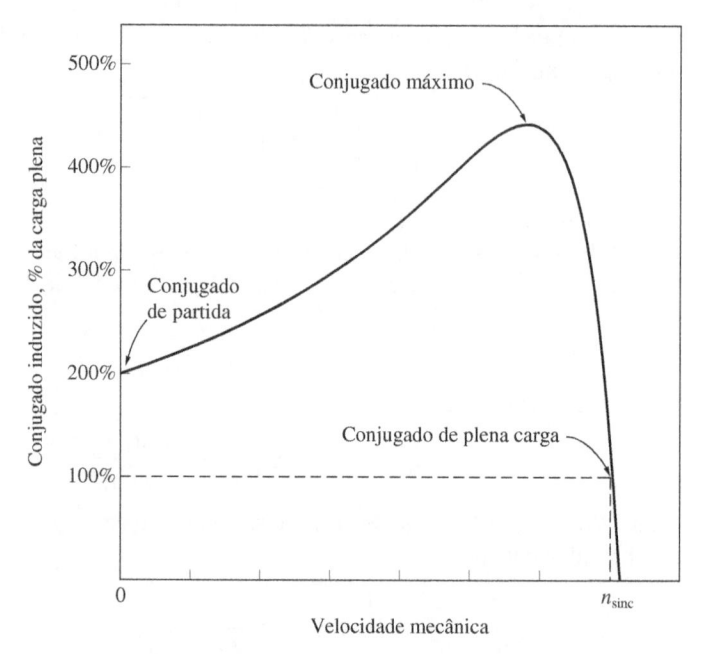

FIGURA 6-19
Uma curva característica de conjugado *versus* velocidade de um motor de indução típico.

A Figura 6-19 mostra um gráfico do conjugado de um motor de indução em função da velocidade (e do escorregamento) e a Figura 6-20 mostra um gráfico com as velocidades acima e abaixo da faixa normal de funcionamento do motor.

Comentários sobre a curva de conjugado *versus* velocidade do motor de indução

A curva característica de conjugado *versus* velocidade de um motor de indução, plotada nas Figuras 6-19 e 6-20, fornece diversas peças importantes de informação sobre o funcionamento dos motores de indução. Essa informação pode ser resumida como segue:

1. O conjugado induzido do motor é zero na velocidade síncrona. Esse fato foi discutido anteriormente.

2. A curva de conjugado *versus* velocidade é aproximadamente linear entre carga a vazio e plena carga. Nessa faixa, a resistência do rotor é muito maior do que sua reatância. Desse modo, a corrente do rotor, o campo magnético do rotor e o conjugado induzido aumentam linearmente com o escorregamento crescente.

3. Há um conjugado máximo possível que não pode ser excedido. Esse conjugado, denominado *conjugado máximo*, é 2 a 3 vezes o conjugado nominal de plena carga do motor. A próxima seção deste capítulo contém um método de cálculo do conjugado máximo.

4. O conjugado de partida do motor é ligeiramente superior a seu conjugado de plena carga, de modo que esse motor colocará em movimento qualquer carga que ele puder acionar a plena potência.

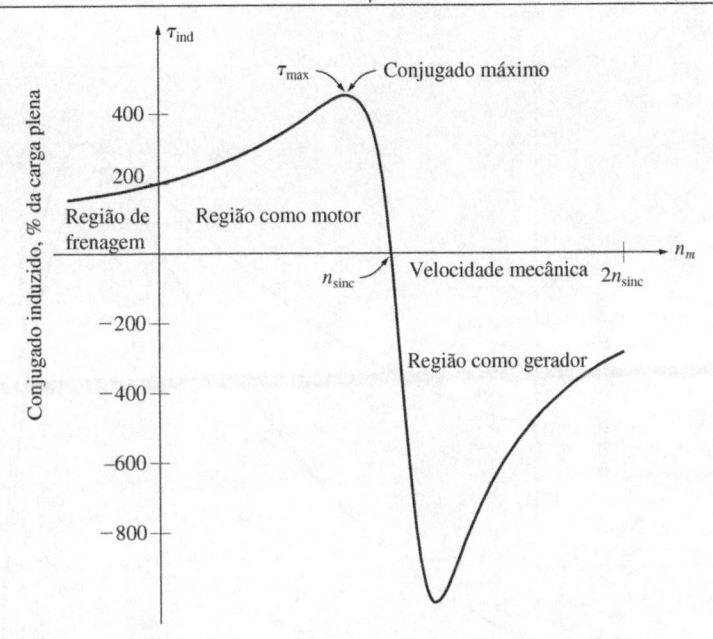

FIGURA 6-20
Uma curva característica de conjugado *versus* velocidade de um motor de indução, mostrando as faixas estendidas de operação (região de frenagem e região como gerador).

5. Observe que o conjugado do motor para um dado escorregamento varia com o quadrado da tensão aplicada. Esse fato é útil em uma das formas de controle de velocidade dos motores de indução, que será descrita mais adiante.

6. Se o rotor do motor de indução for acionado mais rapidamente do que a velocidade síncrona, então o sentido do conjugado induzido inverte-se e a máquina torna-se um *gerador*, convertendo potência mecânica em elétrica. O uso das máquinas de indução como geradores será descrito posteriormente.

7. Se o motor estiver girando para trás em relação ao sentido dos campos magnéticos, então o conjugado induzido na máquina freará a máquina muito rapidamente e tentará fazer com que ela gire no sentido oposto. Como a inversão do sentido de rotação do campo magnético é simplesmente uma questão de chaveamento de duas fases quaisquer do estator, esse fato pode ser usado para frear muito rapidamente um motor de indução. O ato de permutar duas fases por chaveamento, para frear o motor muito rapidamente, é denominado *frenagem por inversão de fases**.

A potência convertida para a forma mecânica em um motor de indução é igual a

$$P_{conv} = \tau_{ind}\omega_m$$

e está mostrada na Figura 6-21. Observe que a potência de pico fornecida pelo motor de indução ocorre em uma velocidade diferente da de conjugado máximo. Naturalmente, nenhuma potência é convertida para a forma mecânica quando o rotor está com velocidade zero.

---

* N. de T.: *Plugging*, em inglês.

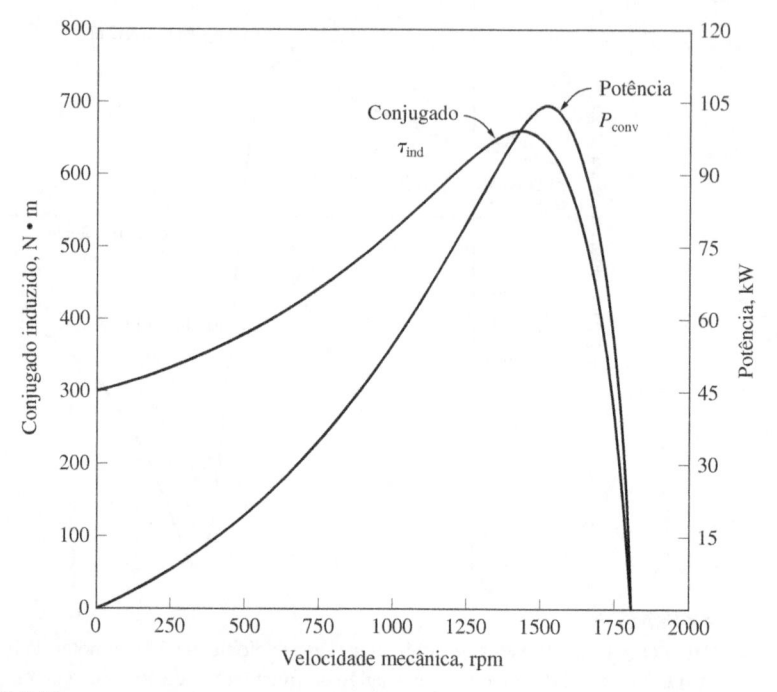

FIGURA 6-21
Conjugado induzido e potência convertida *versus* velocidade do motor em rotações por minuto para um exemplo de motor de indução de quatro polos.

Conjugado máximo do motor de indução

Como o conjugado induzido é igual a P_{EF}/ω_{sinc}, o conjugado máximo* possível ocorre quando a potência de entreferro é máxima. Como a potência de entreferro é igual à potência consumida no resistor R_2/s, o *conjugado máximo induzido ocorrerá quando a potência consumida por esse resistor for máxima*.

Quando a potência fornecida a R_2/s está em seu máximo? Consulte o circuito equivalente simplificado da Figura 6-18c. Em uma situação na qual o ângulo da impedância de carga é fixo, o teorema da transferência máxima de potência afirma que essa transferência máxima de potência para o resistor de carga R_2/s ocorrerá quando o *valor* da impedância for igual ao *valor* da impedância da fonte. A impedância da fonte equivalente do circuito é

$$Z_{fonte} = R_{TH} + jX_{TH} + jX2 \quad (6\text{-}51)$$

Desse modo, a transferência máxima de potência ocorre quando

$$\frac{R_2}{s} = \sqrt{R_{TH}^2 + (X_{TH} + X_2)^2} \quad (6\text{-}52)$$

Isolando o escorregamento na Equação (6-52), vemos que *o escorregamento de conjugado máximo é dado por*

---

* N. de T.: *Pullout torque*, em inglês.

$$s_{max} = \frac{R_2}{\sqrt{R_{TH}^2 + (X_{TH} + X_2)^2}} \qquad (6\text{-}53)$$

Observe que a resistência de rotor referida R_2 aparece apenas no numerador. Assim, o escorregamento do rotor no conjugado máximo é diretamente proporcional à resistência do rotor.

O valor do conjugado máximo pode ser encontrado inserindo a expressão para o escorregamento de conjugado máximo na equação de conjugado [Equação (6-50)]. A equação resultante de conjugado máximo é

$$\tau_{max} = \frac{3V_{TH}^2}{2\omega_{sinc}[R_{TH} + \sqrt{R_{TH}^2 + (X_{TH} + X_2)^2}]} \qquad (6\text{-}54)$$

Esse conjugado é proporcional ao quadrado da tensão de alimentação e relaciona-se também com o inverso das impedâncias de estator e de rotor. Quanto menores forem as reatâncias de uma máquina, maior será o conjugado máximo que ela é capaz de alcançar. Observe que o *escorregamento* para o qual ocorre o conjugado máximo é diretamente proporcional à resistência do rotor [Equação (6-53)], mas o *valor* do conjugado máximo independe do valor dessa resistência [Equação (6-54)].

A característica de conjugado *versus* velocidade de um motor de indução de rotor bobinado está mostrada na Figura 6-22. Lembre-se de que resistências podem ser inseridas no circuito de um rotor bobinado porque é possível fazer conexões com esse circuito por meio dos anéis deslizantes. Observe na figura que, quando a resistência do rotor é aumentada, a velocidade do conjugado máximo do rotor diminui, mas o conjugado máximo permanece constante.

É possível tirar proveito dessa característica dos motores de indução de rotor bobinado para dar partida a cargas muito pesadas. Se uma resistência for inserida no circuito do rotor, o conjugado máximo poderá ser ajustado para que ocorra nas condições de partida. Portanto, o conjugado máximo possível fica disponível para ser usado na partida de cargas pesadas. Por outro lado, logo que a carga esteja girando, a resistência extra poderá ser removida do circuito e o conjugado máximo será deslocado para próximo da velocidade síncrona para operar em condições normais de funcionamento.

EXEMPLO 6-4 Um motor de indução de dois polos e 50 Hz fornece 15 kW a uma carga com uma velocidade de 2950 rpm.

(a) Qual é o escorregamento do motor?
(b) Qual é o conjugado induzido no motor em N • m nessas condições?
(c) Qual será a velocidade de operação do motor se o seu conjugado for dobrado?
(d) Quanta potência será fornecida pelo motor quando o conjugado for dobrado?

Solução
(a) A velocidade síncrona desse motor é

$$n_{sinc} = \frac{120 f_{se}}{P} = \frac{120(50\text{ Hz})}{2\text{ polos}} = 3000 \text{ rpm}$$

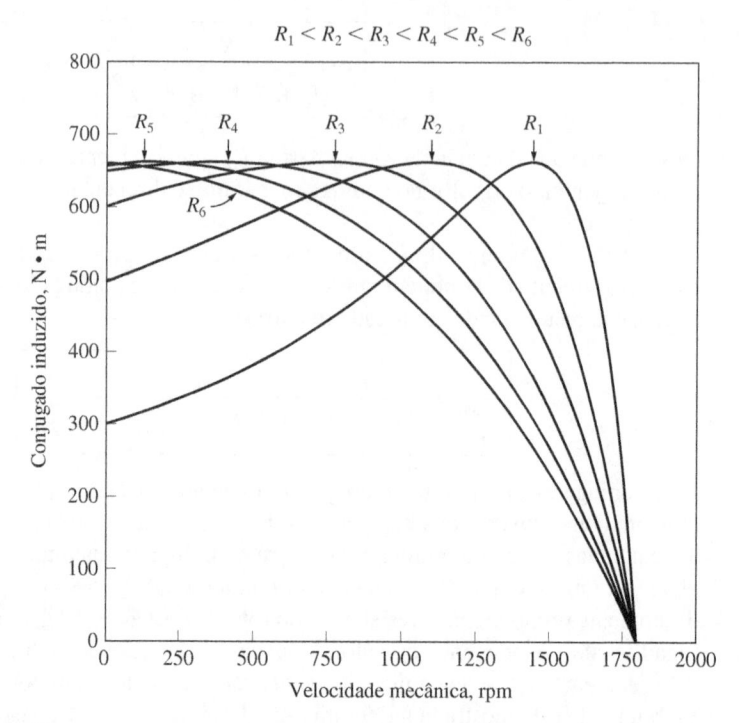

FIGURA 6-22
O efeito da variação de resistência do rotor sobre a característica de conjugado *versus* velocidade de um motor de indução de rotor bobinado.

Portanto, o escorregamento do motor é

$$s = \frac{n_{sinc} - n_m}{n_{sinc}} (\times 100\%) \quad (6\text{-}4)$$

$$= \frac{3000 \text{ rpm} - 2950 \text{ rpm}}{3000 \text{ rpm}} (\times 100\%)$$

$$= 0,0167 \text{ ou } 1,67\%$$

(b) Deve-se assumir que o conjugado induzido do motor é igual ao conjugado de carga e que P_{conv} é igual a P_{carga}, porque nenhum valor foi dado para as perdas mecânicas. Assim, o conjugado é

$$\tau_{ind} = \frac{P_{conv}}{\omega_m}$$

$$= \frac{15 \text{ kW}}{(2950 \text{ rotações/min})(2\pi \text{ rad/rotação})(1 \text{ min}/60 \text{ s})}$$

$$= 48,6 \text{ N} \cdot \text{m}$$

(c) Na região de escorregamento baixo, a curva de conjugado *versus* velocidade é linear e o conjugado induzido é diretamente proporcional ao escorregamento. Portanto, se o conjugado dobrar, então o novo escorregamento será 3,33%. Desse modo, a velocidade de operação do motor será

$$n_m = (1 - s)n_{sinc} = (1 - 0,0333)(3000 \text{ rpm}) = 2900 \text{ rpm}$$

(d) A potência fornecida pelo motor é dada por

$$P_{conv} = \tau_{ind}\omega_m$$

$$= (97{,}2 \text{ N} \cdot \text{m})(2900 \text{ rpm})(2\pi \text{ rad/rotação})(1 \text{ min}/60 \text{ s})$$

$$= 29{,}5 \text{ kW}$$

EXEMPLO 6-5 Um motor de indução de rotor bobinado, 460 V, 25 HP, 60 Hz, quatro polos e ligado em Y, tem as seguintes impedâncias em ohms por fase, referidas ao circuito de estator:

$$R_1 = 0{,}641 \text{ }\Omega \quad R_2 = 0{,}332 \text{ }\Omega$$
$$X_1 = 1{,}106 \text{ }\Omega \quad X_2 = 0{,}464 \text{ }\Omega \quad X_M = 26{,}3 \text{ }\Omega$$

(a) Qual é o conjugado máximo desse motor? Com que velocidade e escorregamento isso ocorre?

(b) Qual é o conjugado de partida desse motor?

(c) Quando a resistência do rotor é dobrada, qual é a velocidade na qual ocorre o conjugado máximo? Qual é o novo conjugado de partida do motor?

(d) Calcule e plote a característica de conjugado *versus* velocidade desse motor com a resistência de rotor original e também com a resistência de rotor dobrada.

Solução

A tensão de Thévenin desse motor é

$$V_{TH} = V_\phi \frac{X_M}{\sqrt{R_1^2 + (X_1 + X_M)^2}} \quad (6\text{-}41a)$$

$$= \frac{(266 \text{ V})(26{,}3 \text{ }\Omega)}{\sqrt{(0{,}641 \text{ }\Omega)^2 + (1{,}106 \text{ }\Omega + 26{,}3 \text{ }\Omega)^2}} = 255{,}2 \text{ V}$$

A resistência de Thévenin é

$$R_{TH} \approx R_1\left(\frac{X_M}{X_1 + X_M}\right)^2 \quad (6\text{-}44)$$

$$\approx (0{,}641 \text{ }\Omega)\left(\frac{26{,}3 \text{ }\Omega}{1{,}106 \text{ }\Omega + 26{,}3 \text{ }\Omega}\right)^2 = 0{,}590 \text{ }\Omega$$

A reatância de Thévenin é

$$X_{TH} \approx X_1 = 1{,}106 \text{ }\Omega$$

(a) O escorregamento para o qual ocorre o conjugado máximo é dado pela Equação (6-53):

$$s_{max} = \frac{R_2}{\sqrt{R_{TH}^2 + (X_{TH} + X_2)^2}} \quad (6\text{-}53)$$

$$= \frac{0{,}332 \text{ }\Omega}{\sqrt{(0{,}590 \text{ }\Omega)^2 + (1{,}106 \text{ }\Omega + 0{,}464 \text{ }\Omega)^2}} = 0{,}198$$

Isso corresponde a uma velocidade mecânica de

$$n_m = (1-s)n_{sinc} = (1-0{,}198)(1800 \text{ rpm}) = 1444 \text{ rpm}$$

O conjugado nessa velocidade é

$$\tau_{max} = \frac{3V_{TH}^2}{2\omega_{sinc}[R_{TH} + \sqrt{R_{TH}^2 + (X_{TH} + X_2)^2}]} \quad (6\text{-}54)$$

$$= \frac{3(255,2 \text{ V})^2}{2(188,5 \text{ rad/s})[0,590 \text{ }\Omega + \sqrt{(0,590 \text{ }\Omega)^2 + (1,106 \text{ }\Omega + 0,464 \text{ }\Omega)^2}]}$$

$$= 229 \text{ N} \cdot \text{m}$$

(b) O conjugado de partida desse motor pode ser encontrado fazendo $s = 1$ na Equação (6-50):

$$\tau_{partida} = \frac{3V_{TH}^2 R_2}{\omega_{sinc}[(R_{TH} + R_2)^2 + (X_{TH} + X_2)^2]}$$

$$= \frac{3(255,2 \text{ V})^2(0,332 \text{ }\Omega)}{(188,5 \text{ rad/s})[(0,590 \text{ }\Omega + 0,332 \text{ }\Omega)^2 + (1,106 \text{ }\Omega + 0,464 \text{ }\Omega)^2]}$$

$$= 104 \text{ N} \cdot \text{m}$$

(c) Se a resistência do rotor for dobrada, então o escorregamento no conjugado máximo também dobra. Portanto,

$$s_{max} = 0,396$$

e a velocidade de conjugado máximo é

$$n_m = (1 - s)n_{sinc} = (1 - 0,396)(1800 \text{ rpm}) = 1087 \text{ rpm}$$

O conjugado máximo ainda é

$$\tau_{max} = 229 \text{ N} \cdot \text{m}$$

Agora, o conjugado de partida é

$$\tau_{partida} = \frac{3(255,2 \text{ V})^2(0,664 \text{ }\Omega)}{(188,5 \text{ rad/s})[(0,590 \text{ }\Omega + 0,664 \text{ }\Omega)^2 + (1,106 \text{ }\Omega + 0,464 \text{ }\Omega)^2]}$$

$$= 170 \text{ N} \cdot \text{m}$$

(d) Criaremos um programa de MATLAB (*M-file*) para calcular e plotar a característica de conjugado *versus* velocidade do motor, com a resistência de rotor original e também com a resistência de rotor dobrada. O programa calculará a impedância de Thévenin usando as equações exatas de V_{TH} e Z_{TH} [Equações (6-41a) e (6-43)], em vez das equações aproximadas, porque o computador pode realizar facilmente os cálculos exatos. A seguir, será calculado o conjugado induzido usando a Equação (6-50) e serão plotados os resultados. O programa resultante é o seguinte:

```
% M-file: torque_speed_curve.m
% M-file para criar um gráfico da curva de conjugado versus velocidade
% (torque-speed curve) do motor de indução do Exemplo 6-5.

% Primeiro, inicialize os valores necessários ao programa.
r1 = 0.641;              % Resistência do estator
x1 = 1.106;              % Reatância do estator
r2 = 0.332;              % Resistência do rotor
x2 = 0.464;              % Reatância do rotor
xm = 26.3;               % Reatância do ramo de magnetização
v_phase = 460 / sqrt(3); % Tensão de fase
n_sync = 1800;           % Velocidade síncrona (rpm)
```

```
w_sync = 188.5;                          % Velocidade síncrona (rad/s)

% Calcule a tensão e a impedância de Thévenin com as Equações
% 6-41a e 6-43.
v_th = v_phase * (xm / sqrt(r1^2 + (x1 + xm)^2)) ;
z_th = ((j*xm) * (r1 + j*x1)) / (r1 + j*(x1 + xm));
r_th = real(z_th);
x_th = imag(z_th);

% Agora, calcule a característica de conjugado X velocidade para diversos
% escorregamentos entre 0 e 1. Observe que o primeiro valor de escorregamento
% é ajustado para 0,001 em vez de exatamente 0 para evitar problemas de
% divisão por zero.
s = (0:1:50) / 50;                       % Escorregamento
s(1) = 0.001;
nm = (1 - s) * n_sync;                   % Velocidade mecânica

% Calcule o conjugado para a resistência de rotor original
for ii = 1:51
   t_ind1(ii) = (3 * v_th^2 * r2 / s(ii)) /...
        (w_sync * ((r_th + r2/s(ii))^2 + (x_th + x2)^2)) ;
end

% Calcule o conjugado para a resistência de rotor dobrada
for ii = 1:51
   t_ind2(ii) = (3 * v_th^2 * (2*r2) / s(ii)) /...
        (w_sync * ((r_th + (2*r2)/s(ii))^2 + (x_th + x2)^2)) ;
end

% Plote a curva de conjugado X velocidade
plot(nm,t_ind1,'Color','b','LineWidth',2.0);
hold on;
plot(nm,t_ind2,'Color','k','LineWidth',2.0,'LineStyle','-.');
xlabel('\bf\itn_{m}');
ylabel('\bf\tau_{ind}');
title ('\bfCaracterística de conjugado versus velocidade do motor de indução');
legend ('R_{2} Original','R_{2} Dobrada');
grid on;
hold off;
```

As características de conjugado *versus* velocidade resultantes estão mostradas na Figura 6-23. Observe que os valores do conjugado de pico e do conjugado de partida nas curvas estão de acordo com os cálculos das partes (*a*) até (*c*). Observe também que o conjugado de partida do motor cresceu quando R_2 foi aumentado.

6.6 VARIAÇÕES NAS CARACTERÍSTICAS DE CONJUGADO *VERSUS* VELOCIDADE DO MOTOR DE INDUÇÃO

Na Seção 6.5, foi mostrado como a característica de conjugado *versus* velocidade de um motor de indução pode ser obtida. De fato, foram apresentadas diversas curvas características que dependiam da resistência do rotor. O Exemplo 6-5 ilustrou o dilema do projetista de um motor de indução – se o rotor for projetado com resistência elevada, nas condições normais de operação o conjugado de partida do motor será bem elevado, mas seu escorregamento também será bem elevado. Lembre-se de que

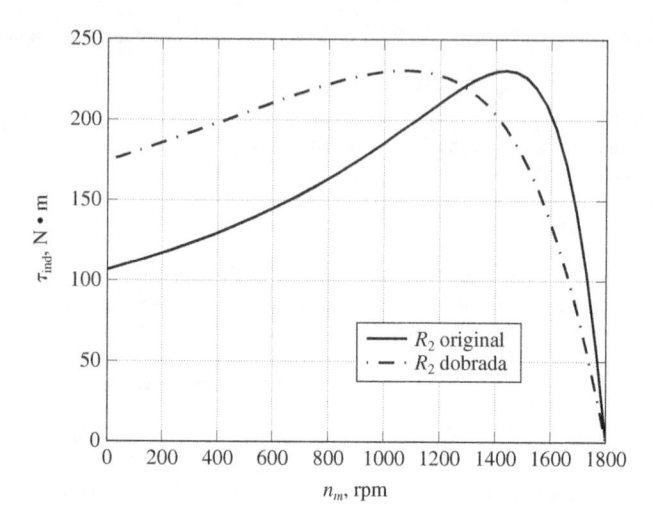

FIGURA 6-23
Características de conjugado *versus* velocidade para o motor do Exemplo 6-5.

$P_{conv} = (1 - s)P_{EF}$, de modo que *quanto maior o escorregamento, menor será a fração da potência de entreferro que será realmente convertida para a forma mecânica e, portanto, menor será a eficiência do motor.* Um motor com resistência de rotor elevada tem bom conjugado de partida, mas em condições normais de funcionamento sua eficiência é pobre. Por outro lado, um motor com resistência de rotor baixa tem conjugado de partida baixo e corrente de partida elevada, mas sua eficiência é bem elevada em condições normais de funcionamento. Um projetista de motor de indução é forçado a estabelecer um compromisso entre os requisitos conflitantes de conjugado de partida elevado e de boa eficiência.

Uma solução possível para essa dificuldade foi sugerida rapidamente na Seção 6.5: use um motor de indução de rotor bobinado e insira resistência extra no rotor durante a partida. A resistência extra poderia ser completamente removida para se ter uma melhor eficiência durante o funcionamento normal. Infelizmente, os motores de rotor bobinado são mais caros, necessitam de mais manutenção e requerem um circuito de controle automático mais complexo do que os motores com rotor de gaiola de esquilo. Além disso, algumas vezes é importante selar completamente um motor quando ele é instalado em um ambiente perigoso ou explosivo e isso pode ser feito mais facilmente com um motor completando autocontido. Seria interessante elaborar uma forma de acrescentar resistência extra ao rotor durante a partida e removê-la durante o funcionamento normal sem usar anéis deslizantes e *sem a intervenção de um operador ou de um circuito de controle.*

A Figura 6-24 ilustra a característica que se deseja do motor. Ela mostra duas características de rotor bobinado, uma com resistência elevada e uma com resistência baixa. Com escorregamentos elevados, o motor desejado deveria se comportar como na curva do motor de rotor bobinado de resistência elevada. Com escorregamentos baixos, ele deveria se comportar como na curva do motor de rotor bobinado de resistência baixa.

Felizmente, é possível conseguir esses dois efeitos no projeto do rotor de um motor de indução tirando proveito apropriadamente da *reatância de dispersão*.

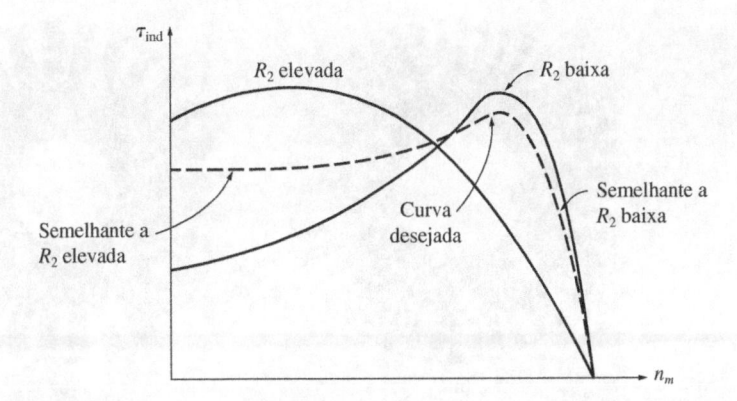

FIGURA 6-24
Uma curva característica de conjugado *versus* velocidade que combina efeitos de resistência elevada em baixas velocidades (escorregamento elevado) com efeitos de resistência baixa em altas velocidades (escorregamento baixo).

Controle das características do motor pelo projeto do rotor do tipo gaiola de esquilo

A reatância X_2 do circuito equivalente de um motor de indução representa a forma referida da reatância de dispersão do rotor. Lembre-se de que a reatância de dispersão é a reatância que se origina nas linhas de fluxo do rotor que não se concatenam com os enrolamentos do estator. Em geral, quanto mais distante do estator estiver a barra de rotor, ou uma parte sua, maior será a reatância de dispersão, porque uma porcentagem menor do fluxo da barra alcançará o estator. Portanto, se as barras de um rotor de gaiola de esquilo forem colocadas próximas da superfície do rotor, elas terão apenas um pequeno fluxo de dispersão e a reatância X_2 será pequena no seu circuito equivalente. Por outro lado, se as barras forem colocadas mais profundamente na superfície do rotor, haverá mais dispersão e a reatância do rotor X_2 será maior.

Por exemplo, a Figura 6-25a é uma fotografia das lâminas do rotor, mostrando a seção reta das barras do rotor. Na figura, essas barras são bem grandes e estão posicionadas próximo da superfície do rotor. Tal forma construtiva apresentará uma resistência baixa (devido à sua seção reta grande) e uma reatância de dispersão (X_2) baixa (devido à localização da barra próximo do estator). Como a resistência do rotor é baixa, o conjugado máximo estará bem próximo da velocidade síncrona [veja a Equação (6-53)] e o motor será bem eficiente. Lembre-se de que

$$P_{conv} = (1 - s)P_{EF} \qquad (6\text{-}33)$$

Portanto, muito pouco da potência de entreferro será perdida na resistência do rotor. Entretanto, como R_2 é pequena, o conjugado de partida do motor será pequeno e a sua corrente de partida será elevada. Esse tipo de forma construtiva é denominado classe A de projeto pela National Electrical Manufacturers Association (NEMA). É aproximadamente um motor de indução típico, sendo as suas características basicamente as mesmas de um motor de rotor bobinado sem inserção de resistência extra. Sua característica de conjugado *versus* velocidade está mostrada na Figura 6-26.

Entretanto, a Figura 6-25d mostra a seção reta do rotor de um motor de indução com *pequenas* barras posicionadas próximo da superfície do rotor. Como a área da

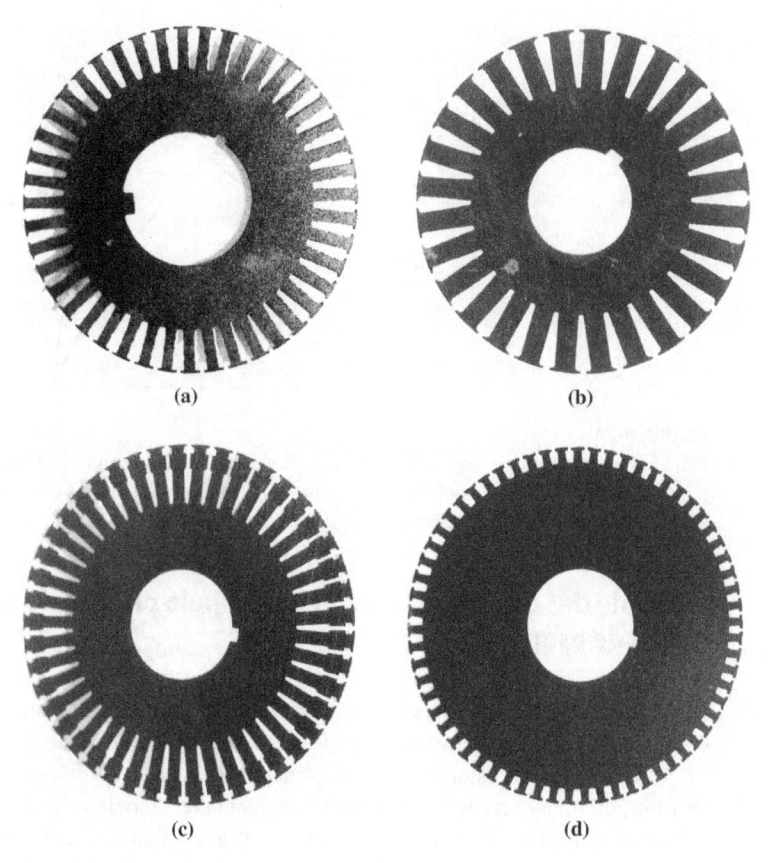

FIGURA 6-25
Chapas laminadas de rotores típicos de gaiola de esquilo de motores de indução, mostrando a seção reta das barras do rotor: (a) projeto classe A da NEMA – barras grandes próximas da superfície; (b) projeto classe B da NEMA – barras grandes e profundas; (c) projeto classe C da NEMA – rotor de gaiola dupla; (d) projeto classe D da NEMA – pequenas barras próximas da superfície. (*Cortesia de MagneTek, Inc.*)

seção reta das barras é pequena, a resistência do rotor é relativamente elevada e, como as barras estão localizadas próximo do estator, a reatância de dispersão do rotor ainda é pequena. Esse motor é muito similar a um motor de indução de rotor bobinado com a resistência extra inserida no rotor. Devido à resistência de rotor elevada, o conjugado máximo desse motor ocorre com um escorregamento elevado e seu conjugado de partida é bem alto. Um motor gaiola de esquilo com esse tipo de construção do rotor é denominado projeto classe D da NEMA. Sua característica de conjugado *versus* velocidade também está mostrada na Figura 6-26.

Rotores de barras profundas e de gaiola dupla de esquilo

Ambas as formas anteriores de rotor são basicamente semelhantes a um motor de rotor bobinado com uma resistência fixa de rotor. Como se pode produzir uma resistência de rotor *variável* para combinar o conjugado de partida elevado e a corrente de

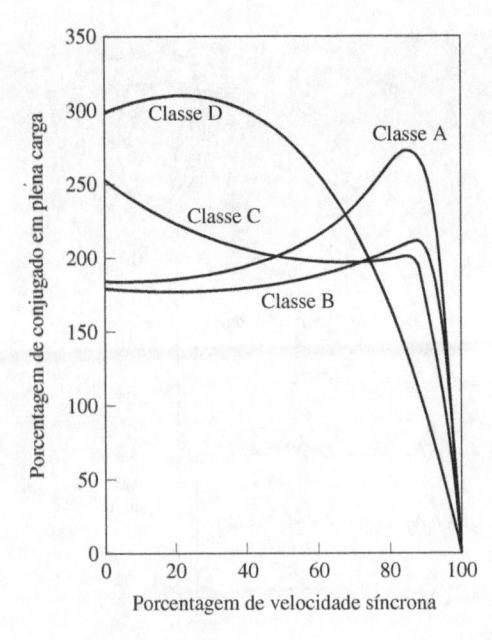

FIGURA 6-26
Curvas típicas de conjugado *versus* velocidade para diversas classes de rotores.

partida baixa de um motor classe D com o escorregamento normal baixo de funcionamento e a alta eficiência de um motor classe A?

Pode-se produzir uma resistência de rotor variável usando rotores de barras profundas ou de gaiola dupla de esquilo. O conceito básico está ilustrado com um rotor de barras profundas na Figura 6-27. A Figura 6-27a mostra uma corrente fluindo na parte superior de uma barra profunda de rotor. Como a corrente que flui nessa área está fortemente acoplada ao estator, a indutância de dispersão é pequena nessa região. A Figura 6-27b mostra a corrente circulando mais profundamente na barra. Aqui, a indutância de dispersão é mais elevada. Como todas as partes da barra do rotor estão eletricamente em paralelo, a barra representa basicamente diversos circuitos elétricos em paralelo, os da parte superior têm uma indutância menor e os da parte inferior têm uma indutância maior (Figura 6-27c).

Com escorregamento baixo, a frequência do rotor é muito pequena e as reatâncias de todos os caminhos em paralelo através da barra são pequenas em comparação com suas resistências. As impedâncias de todas as partes da barra são aproximadamente iguais, de modo que a corrente circula igualmente por todas as partes da barra. A grande área resultante da seção reta torna a resistência do rotor muito pequena, resultando uma boa eficiência com baixos escorregamentos. Com escorregamento elevado (condições de partida), as reatâncias são grandes em comparação com as resistências nas barras do rotor, de modo que toda a corrente é forçada a circular na parte de baixa reatância da barra próxima do estator. Como a seção reta *efetiva* é menor, a resistência do rotor é maior do que antes. Com uma resistência de rotor elevada nas condições de partida, o conjugado de partida é relativamente maior e a corrente de partida é relativamente menor do que em um motor de classe A. Uma característica típica de conjugado *versus* velocidade para essa forma construtiva é a curva de classe B da Figura 6-26.

A Figura 6-25c fornece uma vista da seção reta de um rotor de dupla gaiola de esquilo. Esse rotor consiste em um conjunto de barras grandes de baixa resistência,

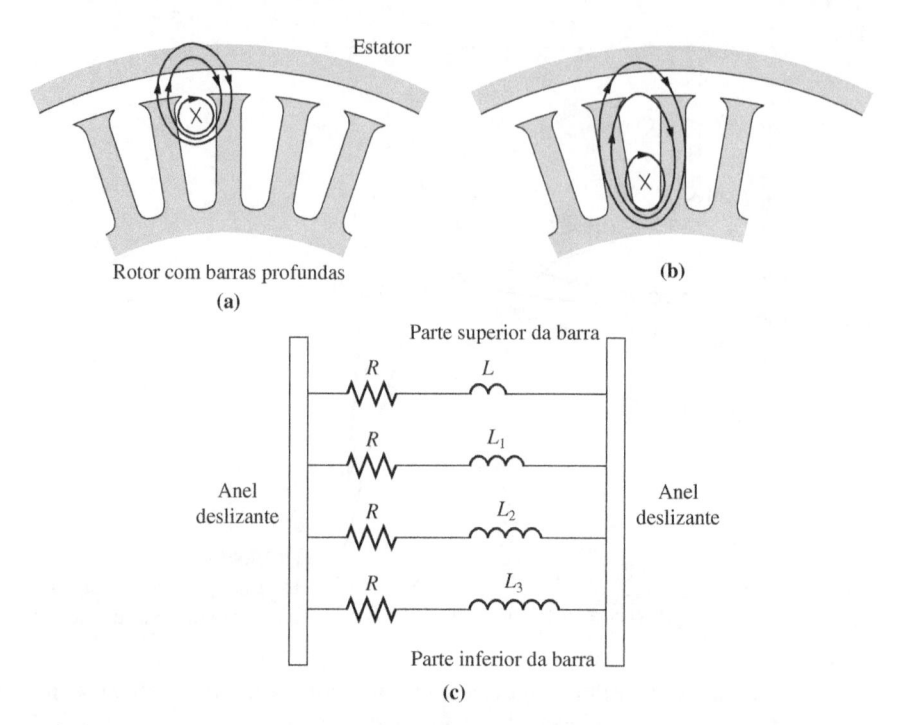

FIGURA 6-27
Fluxo concatenado em um rotor de barras profundas. (a) Para uma corrente que circula na parte superior da barra, o fluxo está fortemente concatenado com o estator e a indutância de dispersão é pequena; (b) para uma corrente que flui na parte inferior da barra, o fluxo está fracamente concatenado com o estator e a indutância de dispersão é grande; (c) circuito equivalente resultante de uma barra em função da sua profundidade no rotor.

encaixadas profundamente no rotor, e em outro conjunto de barras pequenas de alta resistência, encaixadas na superfície do rotor. É similar ao rotor de barras profundas, exceto pelo fato de que a diferença entre o funcionamento com escorregamento baixo e o funcionamento com escorregamento elevado é ainda mais exagerada. Em condições de partida, apenas as barras pequenas estão efetivamente operando e a resistência do rotor é *bem* elevada. Essa resistência elevada resulta em um conjugado de partida elevado. Entretanto, em velocidades normais de funcionamento, ambos os tipos de barra estão efetivamente operando e a resistência é quase tão baixa quanto em um rotor de barras profundas. Os rotores de dupla gaiola de esquilo desse tipo são usados para produzir as características da classe B e da classe C, segundo as normas da NEMA. Possíveis características de conjugado *versus* velocidade para um rotor com essa forma construtiva são denominados projetos classe B e C na Figura 6-26.

Os motores com rotores de dupla gaiola de esquilo têm a desvantagem de custo mais elevado do que os demais tipos com rotores de gaiola. Mesmo assim, eles são mais baratos do que os motores com rotores bobinados. Eles apresentam algumas das melhores características dos motores de rotor bobinado (elevado conjugado de partida, baixa corrente de partida e boa eficiência em condições normais de funcionamento) a um custo mais baixo, sem necessidade da manutenção das escovas e dos anéis deslizantes.

Classes de projeto de motor de indução

É possível produzir uma grande variedade de curvas de conjugado *versus* velocidade variando as características dos rotores dos motores de indução. Para auxiliar a indústria a selecionar motores para diversas aplicações na faixa de potência elevada, a NEMA nos Estados Unidos e a International Electrotechnical Comission (IEC) na Europa* definiram uma série de classes padronizadas de projeto com diversas curvas de conjugado *versus* velocidade. Esses projetos padronizados são denominados *classes de projeto* e um motor individual pode ser referido como um motor da classe X de projeto. São essas classes de projeto NEMA e IEC que foram apresentadas anteriormente. A Figura 6-26 mostra curvas típicas de conjugado *versus* velocidade para as quatro classes padronizadas de projeto NEMA. Os atributos característicos de cada classe padronizada de projeto são dados a seguir.

CLASSE DE PROJETO A. Os motores da classe A constituem a classe padrão de motor, com conjugado de partida normal, corrente de partida normal e baixo escorregamento. O escorregamento a plena carga dos motores da classe A deve ser 5% menor do que o escorregamento de um motor da classe B com especificação nominal equivalente. O conjugado máximo é 200 a 300% o conjugado de plena carga e ocorre com um valor baixo de escorregamento (inferior a 20%). O conjugado de partida dessa classe é no mínimo o conjugado nominal dos motores maiores e é 200% ou mais o conjugado nominal dos motores menores. O problema principal dessa classe é sua corrente transitória inicial extremamente alta. As correntes na partida são tipicamente de 500 a 800% a corrente nominal. Para tamanhos acima de 7,5 HP, esses motores devem ser usados com alguma forma de partida de tensão reduzida, para evitar problemas de queda de tensão temporária durante a partida no sistema de potência ao qual eles estão ligados. No passado, os motores da classe A eram o padrão para a maioria das aplicações inferiores a 7,5 HP e superiores a aproximadamente 200 HP. Atualmente, contudo, eles foram largamente substituídos por motores da classe B. Aplicações típicas desses motores são o acionamento de ventiladores, bombas, sopradores, tornos mecânicos e outras máquinas ferramentas.

CLASSE DE PROJETO B. Os motores da classe B têm conjugado de partida normal, corrente de partida menor e baixo escorregamento. Esse motor produz aproximadamente o mesmo conjugado de partida que o motor de classe A com cerca de 25% menos corrente. O conjugado máximo é superior ou igual a 200% o conjugado de carga nominal, mas inferior ao da classe A, devido à reatância de rotor aumentada. O escorregamento do rotor é ainda relativamente baixo (inferior a 5 por cento) em plena carga. As aplicações são similares às da classe A, mas a classe B é preferida porque requer menor corrente de partida. Os motores da classe B substituíram largamente os motores da classe A nas novas instalações.

CLASSE DE PROJETO C. Os motores da classe C têm um conjugado de partida elevado, baixa corrente de partida e baixo escorregamento (inferior a 5%) com plena carga. O conjugado máximo é ligeiramente inferior ao dos motores da classe A, ao passo que o conjugado de partida é até 250% o conjugado a plena carga. Esses motores são construídos com rotores de dupla gaiola de esquilo, de modo que eles são mais caros

---

* N. de T.: No Brasil, as categorias de motores de indução são regulamentadas pela Associação Brasileira de Normas Técnicas (ABNT).

do que os motores das classes anteriores. Eles são usados para cargas com elevados conjugados de partida, como bombas, compressores e esteiras transportadoras, todos inicialmente já carregados.

CLASSE DE PROJETO D. Os motores da classe D têm um conjugado de partida muito elevado (275% ou mais o conjugado nominal) e uma corrente de partida baixa. Eles também têm um escorregamento elevado com plena carga. São basicamente motores de indução comuns da classe A, cujas barras de rotor são menores e feitas de um material de maior resistividade. A alta resistência do rotor desloca o conjugado de pico até uma velocidade muito baixa. É possível que o conjugado mais elevado ocorra na velocidade zero (100% de escorregamento). O escorregamento de plena carga desses motores é bem elevado, devido à elevada resistência de rotor; tipicamente, é de 7 a 11%, mas podem chegar até 17% ou mais. Esses motores são usados em aplicações que exigem a aceleração de cargas com inércia extremamente elevada, especialmente os grandes volantes usados em prensas de perfuração, estampagem ou corte. Nessas aplicações, o motor acelera gradativamente um volante de grande massa até a velocidade plena, quando então efetua a prensagem. Depois de uma operação dessa, o motor acelera novamente o volante durante um tempo bem longo preparando-se para a próxima prensagem.

Além dessas quatro classes, a NEMA costumava reconhecer motores de classes E e F, os quais eram denominados motores de indução de *partida suave* (veja a Figura 6-28). Os motores dessas classes distinguiam-se por ter correntes de partida muito baixas e eram usados para cargas de baixo conjugado de partida, em situações em que as correntes de partida eram problemáticas. Atualmente, no entanto, essas classes estão obsoletas.

EXEMPLO 6-6 Um motor de indução de 460 V, 30 HP, 60 Hz, quatro polos e ligado em Y pode ter dois rotores de classes de projeto diferentes: um rotor de gaiola de esquilo simples e um rotor de gaiola de esquilo dupla. (O estator é idêntico em ambos os casos.) O motor com rotor de gaiola de esquilo simples pode ser modelado pelas seguintes impedâncias em ohms por fase, referidas ao circuito do estator:

$$R_1 = 0,641 \ \Omega \quad R_2 = 0,300 \ \Omega$$
$$X_1 = 0,750 \ \Omega \quad X_2 = 0,500 \ \Omega \quad X_M = 26,3 \ \Omega$$

O motor com o rotor de gaiola de esquilo dupla pode ser modelado como uma gaiola externa fortemente concatenada e de resistência elevada em paralelo com uma gaiola interna fracamente concatenada e de resistência baixa (similar à estrutura da Figura 6-25c). O estator, a resistência e a reatância de magnetização serão idênticos aos do motor com gaiola de esquilo simples.

A resistência e a reatância da gaiola externa são:

$$R_{2e} = 3,200 \ \Omega \quad X_{2e} = 0,500 \ \Omega$$

Observe que a resistência é alta porque as barras externas têm uma seção reta pequena, ao passo que a reatância é a mesma que a reatância do rotor de gaiola de esquilo simples, já que a gaiola externa está muito próxima do estator e a reatância de dispersão é pequena.

A resistência e a reatância da gaiola interna são:

$$R_{2i} = 0,400 \ \Omega \quad X_{2i} = 3,300 \ \Omega$$

Aqui, a resistência é baixa porque as barras têm uma área grande de seção reta, mas a reatância de dispersão é muito elevada.

Calcule as características de conjugado *versus* velocidade dos motores para cada um dos dois tipos de rotor. Como se comparam?

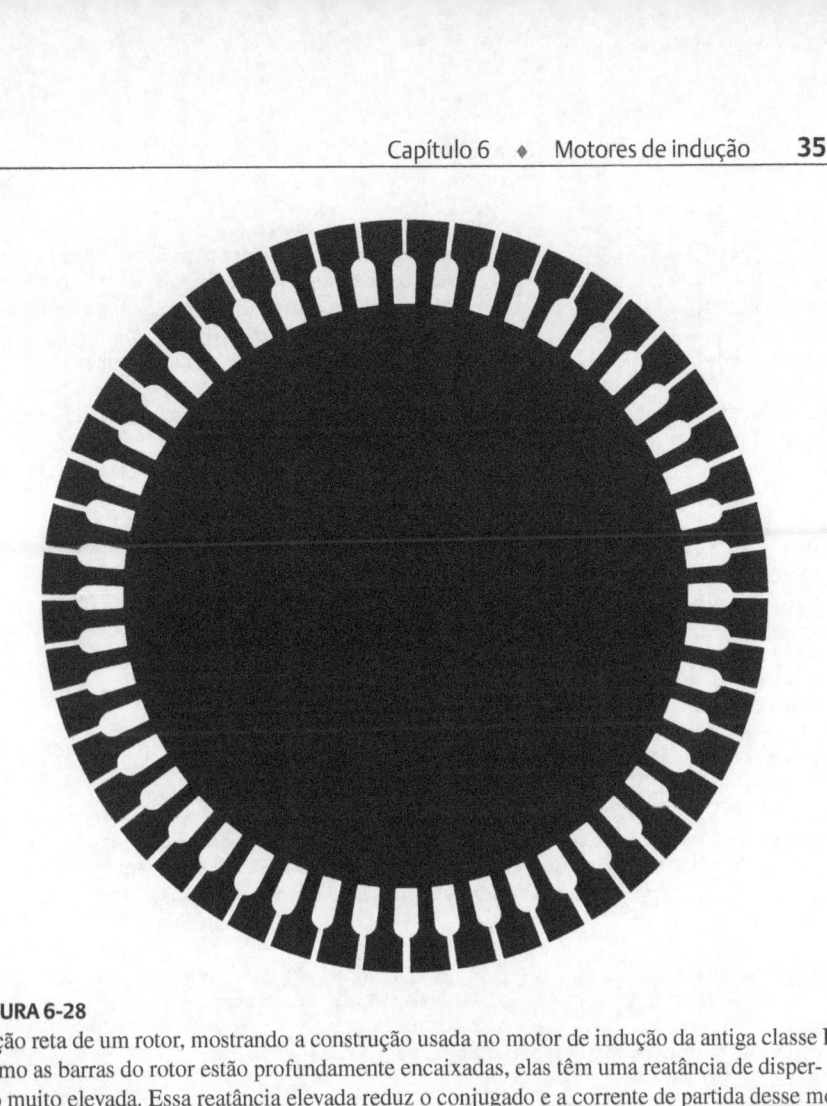

FIGURA 6-28
Seção reta de um rotor, mostrando a construção usada no motor de indução da antiga classe F. Como as barras do rotor estão profundamente encaixadas, elas têm uma reatância de dispersão muito elevada. Essa reatância elevada reduz o conjugado e a corrente de partida desse motor. Por essa razão, essa classe é denominada de *partida suave*. (*Cortesia de MagneTek, Inc.*)

Solução
A característica de conjugado *versus* velocidade do motor com rotor de gaiola simples pode ser calculada exatamente da mesma maneira que no Exemplo 6-5. A característica de conjugado *versus* velocidade do motor com rotor de gaiola dupla também pode ser calculada da mesma maneira, *exceto* que, para cada escorregamento, a resistência e a reatância do rotor serão a combinação em paralelo das impedâncias das gaiolas interna e externa. Em escorregamentos baixos, a reatância do rotor será relativamente sem importância e a gaiola interna grande desempenhará um papel importante no funcionamento da máquina. Em escorregamentos elevados, a reatância elevada da gaiola interna quase a remove do circuito.

Um programa de MATLAB (*M-file*) para calcular e plotar as duas características de conjugado *versus* velocidade é dado a seguir:

```
% M-file: torque_speed_2.m
% M-file para criar e plotar a curva de conjugado versus velocidade
% (torque-speed curve) de um motor de indução com rotor de gaiola dupla.

% Primeiro,inicialize os valores necessários ao programa.
r1 = 0.641;          % Resistência do estator
x1 = 0.750;          % Reatância do estator
r2 = 0.300;          % Resistência do rotor para o motor
```

```
                              % de gaiola simples
r2i = 0.400;                  % Resistência do rotor para a gaiola interna
                              % do motor de gaiola dupla
r2e = 3.200;                  % Resistência do rotor para a gaiola externa
                              % do motor de gaiola dupla
x2 = 0.500;                   % Reatância do rotor para o motor
                              % de gaiola simples
x2i = 3.300;                  % Reatância do rotor para a gaiola interna
                              % do motor de gaiola dupla
x2e = 0.500;                  % Reatância do rotor para a gaiola externa
                              % do motor de gaiola dupla
xm = 26.3;                    % Reatância do ramo de magnetização
v_phase = 460 / sqrt(3);      % Tensão de fase
n_sync = 1800;                % Velocidade síncrona (rpm)
w_sync = 188.5;               % Velocidade síncrona (rad/s)

% Calcule a tensão e a impedância de Thévenin com as Equações
% 6-41a e 6-43.
v_th = v_phase * (xm / sqrt(r1^2 + (x1 + xm)^2)) ;
z_th = ((j*xm) * (r1 + j*x1)) / (r1 + j*(x1 + xm));
r_th = real(z_th);
x_th = imag(z_th);

% Agora, calcule a velocidade do motor para diversos escorregamentos
% entre 0 e 1. Observe que o primeiro valor de escorregamento é ajustado
% para 0,001 em vez de exatamente 0 para evitar problemas de
% divisão por zero.
s = (0:1:50) / 50;            % Escorregamento
s(1) = 0.001;                 % Evitar divisão por zero
nm = (1 - s) * n_sync;        % Velocidade mecânica

% Calcule o conjugado para o rotor de gaiola simples.
for ii = 1:51
   t_ind1(ii) = (3 * v_th^2 * r2 / s(ii)) /...
       (w_sync * ((r_th + r2/s(ii))^2 + (x_th + x2)^2)) ;
end

% Calcule a resistência e a reatância do rotor de gaiola dupla
% para esse escorregamento e, em seguida, use esses valores para
% calcular o conjugado induzido.
for ii = 1:51
   y_r = 1/(r2i + j*s(ii)*x2i) + 1/(r2e + j*s(ii)*x2e);
   z_r = 1/y_r;
   r2eff = real(z_r);         % Impedância efetiva do rotor
   r2eff = real(z_r);         % Resistência efetiva do rotor
   x2eff = imag(z_r);         % Reatância efetiva do rotor

   % Calcule o conjugado induzido para o rotor de gaiola dupla.
   t_ind2(ii) = (3 * v_th^2 * r2eff / s(ii)) /...
       (w_sync * ((r_th + r2eff/s(ii))^2 + (x_th + x2eff)^2)) ;
end

% Plote as curvas de conjugado X velocidade
plot(nm,t_ind1,'b-','LineWidth',2.0);
hold on;
plot(nm,t_ind2,'k-.','LineWidth',2.0);
xlabel('\bf\itn_{m}');
```

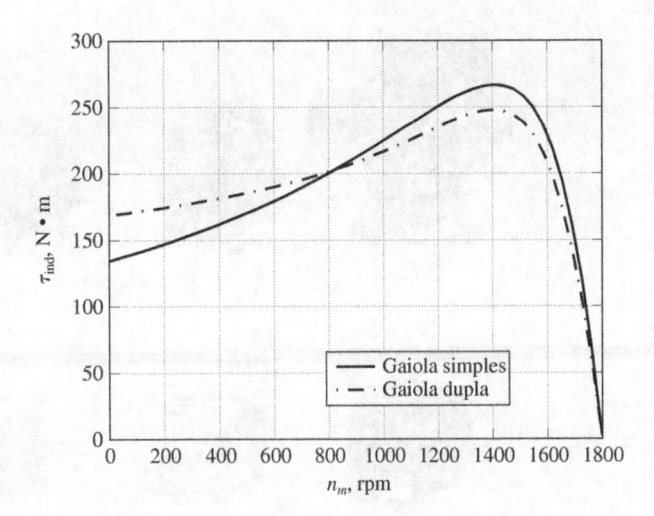

FIGURA 6-29
Comparação das características de conjugado *versus* velocidade dos rotores de gaiola simples e dupla do Exemplo 6-6.

```
ylabel('\bf\tau_{ind}');
title ('\bfCaracterísticas de conjugado versus velocidade do motor de indução');
legend ('Gaiola simples','Gaiola dupla');
grid on;
hold off;
```

As características resultantes de conjugado *versus* velocidade estão mostradas na Figura 6-29. Observe que o rotor de gaiola dupla tem um escorregamento ligeiramente maior na faixa de funcionamento normal, um conjugado máximo menor e um conjugado maior de partida em comparação com o respectivo rotor de gaiola simples. Esse comportamento está de acordo com as nossas discussões teóricas desta seção.

6.7 TENDÊNCIAS DE PROJETO DE MOTORES DE INDUÇÃO

As ideias fundamentais por trás do motor de indução foram desenvolvidas durante o final da década de 1880 por Nicola Tesla, que recebeu uma patente por suas ideias em 1888. Naquela ocasião, ele apresentou um artigo para o American Institute of Electrical Engineers [AIEE, antecessor do atual Institute of Electrical and Electronics Engineers (IEEE)] no qual descreve os princípios básicos do motor de indução de rotor bobinado, juntamente com ideias para outros dois importantes motores CA – o motor síncrono e o motor de relutância.

Embora as ideias básicas do motor de indução tenham sido descritas em 1888, o motor em si não surgiu como um produto completamente acabado. Houve um período inicial de desenvolvimento rápido, seguido de uma série de melhoramentos evolutivos lentos que continuam até os dias atuais.

O motor de indução tomou uma forma reconhecidamente moderna entre 1888 e 1895. Durante esse período, foram desenvolvidas fontes de potência bifásicas e trifásicas para produzir os campos magnéticos girantes no interior do motor. Também foram desenvolvidos os enrolamentos de estator distribuídos e foi introduzido o rotor

FIGURA 6-30
A evolução do motor de indução. Todos os motores mostrados nesta figura têm especificações nominais de 220 V e 15 HP. Desde que os primeiros motores de indução de uso prático foram produzidos na década de 1890, houve uma diminuição dramática no seu tamanho e na quantidade de material usado. (*Cortesia de General Electric Company.*)

de gaiola de esquilo. Em torno de 1896, motores de indução trifásicos, completamente funcionais e reconhecíveis como tais, já estavam disponíveis comercialmente.

No período entre aquela época e o início da década de 1970, houve melhorias contínuas na qualidade dos aços, nas técnicas de fundição, na isolação e nas características construtivas usadas nos motores de indução. Essas tendências resultaram em um motor menor para uma dada potência de saída, propiciando uma economia considerável nos custos de fabricação. De fato, um motor moderno de 100 HP tem o mesmo tamanho físico que um motor de 7,5 HP de 1897. Esse progresso está vivamente ilustrado pelos motores de 15 HP mostrados na Figura 6-30. (Veja também a Figura 6-31.)

Entretanto, essas melhorias no projeto do motor de indução *não* levam necessariamente a melhoramentos na eficiência de funcionamento do motor. Inicialmente, o esforço principal de projeto foi dirigido à redução do custo material das máquinas, e não ao aumento de sua eficiência. O esforço de projeto foi orientado naquela direção porque a eletricidade era de custo tão baixo que o critério principal de seleção adotado pelos compradores tornou-se o custo do motor.

Desde que o custo do petróleo iniciou sua espetacular ascensão em 1973, os custos operacionais das máquinas durante a sua vida útil tornaram-se mais e mais importantes, de tal modo que o custo inicial de instalação tornou-se relativamente de menor importância. Como resultado dessas tendências, uma nova ênfase foi colocada na eficiência do motor, tanto pelos projetistas como pelos usuários finais das máquinas.

Atualmente, novas linhas de motores de indução de alta eficiência são produzidas por todos os fabricantes importantes. Com isso, são ocupando uma fatia em contínuo crescimento do mercado de motores de indução. Diversas técnicas são usadas para aumentar a eficiência desses motores em comparação com os motores de eficiência padrão tradicionais. Entre essas técnicas, destacam-se

FIGURA 6-31
Primeiros motores de indução de grande porte. Os motores mostrados tinham uma potência nominal de 2000 HP. (*Cortesia de General Electric Company.*)

1. Mais cobre é utilizado nos enrolamentos do estator para que as perdas no cobre sejam reduzidas.
2. O comprimento dos núcleos do rotor e do estator é aumentado para reduzir a densidade de fluxo magnético no entreferro da máquina. Isso reduz a saturação magnética, diminuindo as perdas no núcleo.
3. Mais aço é usado no estator da máquina, permitindo uma maior transferência de calor para fora do motor e reduzindo sua temperatura de funcionamento. O ventilador do rotor é então modificado para reduzir as perdas por ventilação.
4. O aço usado no estator é um aço elétrico especial de alta qualidade, com baixas perdas por histerese.
5. O aço é feito de uma espessura especialmente reduzida (isto é, as lâminas são muito delgadas) e tem uma resistividade interna muito elevada. Como consequência, as perdas por corrente parasita no motor tendem a diminuir.
6. O rotor é cuidadosamente construído para produzir um entreferro uniforme, reduzindo as perdas suplementares do motor.

Além dessas técnicas genéricas recém descritas, cada fabricante tem seus próprios métodos para melhorar a eficiência do motor. Um motor de indução típico de alta eficiência está mostrado na Figura 6-32.

Para auxiliar na comparação das eficiências dos motores, a NEMA adotou uma técnica padronizada para medir a eficiência de motores com base no Método B da Norma 112 da IEEE, *Test Procedure for Polyphase Induction Motors and Generators*[*]. A NEMA também introduziu uma especificação denominada *eficiência nominal NEMA*, que aparece nas placas de identificação dos motores das classes A, B e C. A eficiência nominal identifica a eficiência média de um grande número de motores de um dado modelo e também garante certa eficiência mínima para aquele tipo de motor. As eficiências nominais NEMA padronizadas estão mostradas na Figura 6-33.

---

[*] N. de T.: Procedimento de teste para motores e geradores de indução polifásicos, em português.

FIGURA 6-32
Um motor economizador de energia da General Electric, típico dos motores de indução de alta eficiência modernos. (*Cortesia de General Electric Company.*)

Eficiência nominal, %	Eficiência mínima garantida, %	Eficiência nominal, %	Eficiência mínima garantida, %
95,0	94,1	80,0	77,0
94,5	93,6	78,5	75,5
94,1	93,0	77,0	74,0
93,6	92,4	75,5	72,0
93,0	91,7	74,0	70,0
92,4	91,0	72,0	68,0
91,7	90,2	70,0	66,0
91,0	89,5	68,0	64,0
90,2	88,5	66,0	62,0
89,5	87,5	64,0	59,5
88,5	86,5	62,0	57,5
87,5	85,5	59,5	55,0
86,5	84,0	57,5	52,5
85,5	82,5	55,0	50,5
84,0	81,5	52,5	48,0
82,5	80,0	50,5	46,0
81,5	78,5		

FIGURA 6-33
Tabela de padrões NEMA de eficiência nominal. A eficiência nominal representa a eficiência média de um grande número de motores amostras e a eficiência mínima garantida representa a eficiência mínima permitida para qualquer motor dado da classe. (*Reproduzido com permissão de Motors and Generators, Publicação NEMA MG-1, direito autoral 1987 da NEMA.*)

Outras organizações de padronização também estabeleceram normas de eficiência para os motores de indução. As mais importantes são a britânica (BS-269), a da IEC (IEC 34-2) e a japonesa (JEC-37). Entretanto, as técnicas prescritas para medir a eficiência dos motores de indução são diferentes em cada norma e produzem *resultados diferentes para a mesma máquina física*. Se dois motores tiverem eficiência nominal de 82,5%, mas medidos segundo normas diferentes, porém eles poderão não ser igualmente eficientes. Quando dois motores são comparados, é importante que as medidas sejam realizadas segundo a mesma norma.

6.8 PARTIDA DE MOTORES DE INDUÇÃO

Os motores de indução não apresentam os tipos de problema de partida apresentados pelos motores síncronos. Em muitos casos, a partida dos motores de indução pode ser feita simplesmente ligando-os diretamente à linha de potência. Entretanto, algumas vezes há razões para não proceder assim. Por exemplo, a corrente de partida pode causar tal queda de tensão temporária no sistema de potência que torna inaceitável *a partida com ligação direta à linha*.

No caso de motores de indução de enrolamento bobinado, a partida pode ser feita com correntes relativamente baixas inscrindo resistências extras no circuito do rotor durante a partida. Essas resistências não só aumentam o conjugado de partida, como também reduzem a corrente de partida.

No caso de motores de indução de gaiola de esquilo, a corrente de partida pode variar amplamente dependendo primariamente da potência nominal do motor e da resistência efetiva do rotor nas condições de partida. Para estimar a corrente do rotor nas condições de partida, todos os motores de gaiola têm agora uma *letra de código* de partida (não confundir com a letra da sua *classe de projeto*) nas suas placas de identificação. A letra de código especifica limites para a quantidade de corrente que o motor pode consumir na partida.

Esses limites são expressos em termos da potência aparente de partida do motor em função da sua especificação nominal de potência (HP). A Figura 6-34 é uma tabela que contém os quilovolts-ampères por HP para cada letra de código.

Para determinar a corrente de partida de um motor de indução, leia a tensão nominal, a potência (HP) e a letra de código de sua placa. Então, a potência aparente do motor será

$$S_{\text{partida}} = (\text{potência nominal em HP})(\text{fator da letra de código}) \qquad (6\text{-}55)$$

e a corrente de partida pode ser encontrada com a equação

$$I_L = \frac{S_{\text{partida}}}{\sqrt{3}V_T} \qquad (6\text{-}56)$$

EXEMPLO 6-7 Qual é a corrente de partida de um motor de indução trifásico de 15 HP, 208 V e letra de código F?

Solução

De acordo com a Figura 6-34, o máximo de quilovolts-ampères por HP é 5,6. Portanto, o máximo de quilovolts-ampères de partida deste motor é

$$S_{\text{partida}} = (15 \text{ HP})(5{,}6) = 84 \text{ kVA}$$

Letra de código nominal	Rotor bloqueado, kVA/HP	Letra de código nominal	Rotor bloqueado, kVA/HP
A	0–3,15	L	9,00–10,00
B	3,15–3,55	M	10,00–11,20
C	3,55–4,00	N	11,20–12,50
D	4,00–4,50	P	12,50–14,00
E	4,50–5,00	R	14,00–16,00
F	5,00–5,60	S	16,00–18,00
G	5,60–6,30	T	18,00–20,00
H	6,30–7,10	U	20,00–22,40
J	7,10–8,00	V	22,40 e acima
K	8,00–9,00		

FIGURA 6-34
Tabela de letras de código NEMA, indicando os quilovolts-ampères por HP do valor nominal de partida de um motor. Cada código de letra estende-se até, mas não inclui, o limite inferior da classe superior seguinte. (*Reproduzido com permissão de Motors and Generators, Publicação NEMA MG-1, direito autoral 1987 da NEMA.*)

A corrente de partida é, portanto,

$$I_L = \frac{S_{\text{partida}}}{\sqrt{3}V_T}$$ (6-56)

$$= \frac{84 \text{ kVA}}{\sqrt{3}(208 \text{ V})} = 233 \text{ A}$$

Se necessário, a corrente de partida de um motor de indução poderá ser reduzida por meio de um circuito de partida. Entretanto, caso isso seja feito, o conjugado de partida do motor também será reduzido.

Uma maneira de se reduzir a corrente de partida é trocar a ligação normal em Δ do motor por uma ligação em Y durante o processo de partida. Se o enrolamento de estator do motor for mudado de uma ligação Δ para uma ligação Y, então a tensão de fase no enrolamento diminuirá de V_L para $V_L / \sqrt{3}$, reduzindo a corrente máxima de partida pelo mesmo fator. Quando o motor acelera até próximo da velocidade plena, os enrolamentos do estator podem ser abertos e religados em uma configuração Δ (Veja a Figura 6-35).

Outro modo de reduzir a corrente de partida é inserir indutores ou resistores extras na linha de potência durante a partida. Mesmo tendo sido comum no passado, hoje esse método é usado raramente. Uma abordagem alternativa é reduzir a tensão de terminal do motor durante a partida usando autotransformadores para baixá-la. A Figura 6-36 mostra um circuito típico de partida com tensão reduzida que usa autotransformadores. Durante a partida, os contatos 1 e 3 são fechados, fornecendo uma tensão mais baixa ao motor. Quando o motor estiver próximo da velocidade plena, esses contatos são abertos e os contatos 2 são fechados. Esses contatos aplicam a tensão plena da linha ao motor.

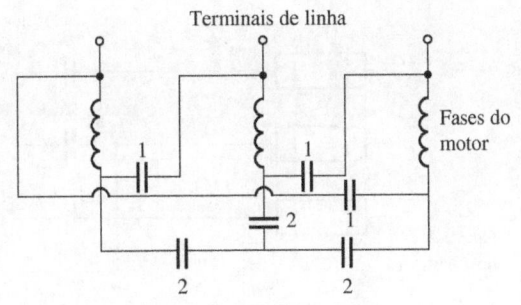

FIGURA 6-35
Um circuito de partida Y-Δ para motor de indução.

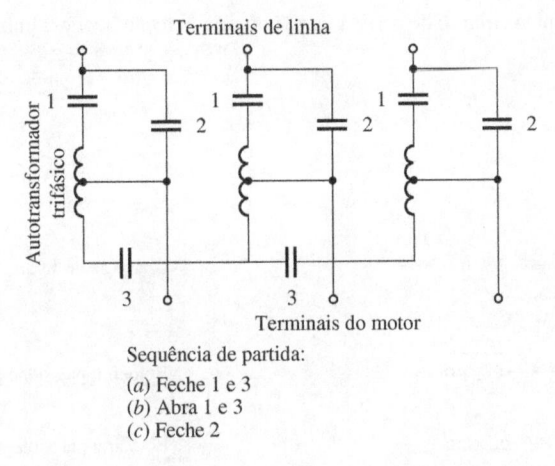

FIGURA 6-36
Um circuito de partida com autotransformador para motor de indução.

É importante compreender que a corrente de partida é reduzida de forma diretamente proporcional à diminuição da tensão de terminal, ao passo que o conjugado de partida diminui com o *quadrado* da tensão aplicada. Portanto, se o motor for usado com uma carga acoplada ao seu eixo, então poderemos aplicar apenas um valor limitado de redução de corrente.

Circuitos de partida de um motor de indução

Um circuito de partida para motor de indução de tensão plena ou de linha está mostrado na Figura 6-37 e os significados dos símbolos estão explicados na Figura 6-38. O funcionamento desse circuito é muito simples: quando o botão de partida é pressionado, a bobina do relé (ou *contator*) M é energizada, fazendo com que os contatos normalmente abertos M_1, M_2 e M_3 sejam fechados. Quando isso acontece, o motor é energizado e ocorre a partida do motor. O contato M_4 também é fechado, colocando

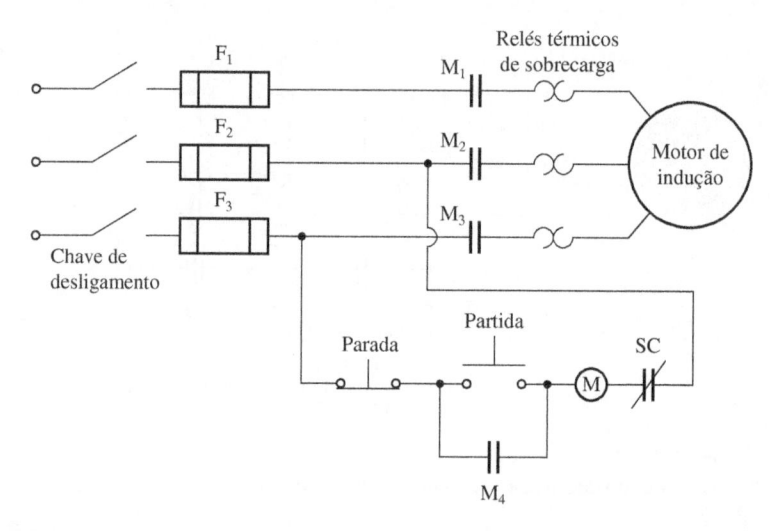

FIGURA 6-37
Um típico circuito de partida para motor de indução ligado à linha.

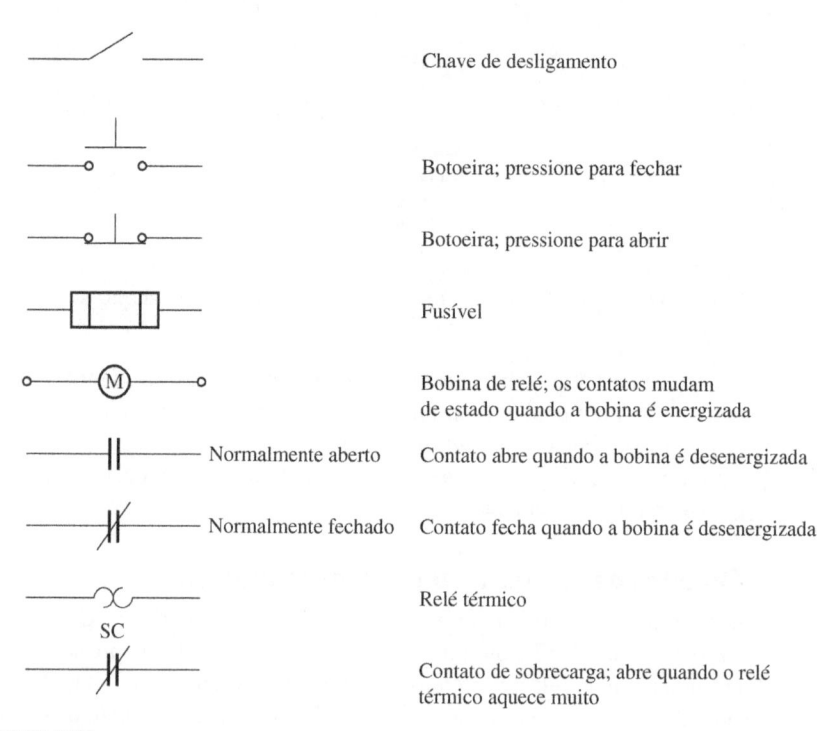

Chave	Chave de desligamento
Botoeira NA	Botoeira; pressione para fechar
Botoeira NF	Botoeira; pressione para abrir
Fusível	Fusível
(M)	Bobina de relé; os contatos mudam de estado quando a bobina é energizada
Normalmente aberto	Contato abre quando a bobina é desenergizada
Normalmente fechado	Contato fecha quando a bobina é desenergizada
SC	Relé térmico
	Contato de sobrecarga; abre quando o relé térmico aquece muito

FIGURA 6-38
Componentes típicos encontrados nos circuitos de controle de um motor de indução.

em curto a chave de partida e permitindo que o operador solte-a sem que o relé M seja desenergizado. Quando o botão de parada é pressionado, o relé M é desenergizado e o contato M é aberto, parando o motor.

Um circuito de partida magnético para motor desse tipo tem diversos mecanismos internos de proteção:

1. Proteção contra curto-circuito
2. Proteção contra sobrecarga
3. Proteção contra subtensão

A *proteção contra curto-circuito* do motor é propiciada pelos fusíveis F_1, F_2 e F_3. Se um curto-circuito repentino ocorrer dentro do motor e causar um fluxo de corrente muitas vezes superior à corrente nominal, então esses fusíveis queimarão, desligando o motor da fonte de potência e evitando que ele queime. Entretanto, esses fusíveis *não* devem queimar durante a partida normal do motor. Por essa razão, eles são projetados para suportar correntes muito superiores à corrente de plena carga antes de abrir o circuito. Isso significa que curtos-circuitos através de uma resistência elevada e/ou cargas excessivas do motor não serão interrompidos por fusíveis.

A *proteção contra sobrecarga* do motor é propiciada pelos dispositivos com o rótulo SC (sobrecarga) na figura. Esses dispositivos consistem em duas partes, um relé térmico de sobrecarga e contatos de sobrecarga. Em condições normais, os contatos de sobrecarga estão fechados. Entretanto, quando há elevação demasiada da temperatura do relé térmico, os contatos SC são abertos e o relé M é desativado, o que, por sua vez, abre os contatos M, normalmente abertos, e desliga o motor.

Quando um motor de indução está sobrecarregado, ele terminará sendo danificado pelo aquecimento excessivo causado pelas correntes elevadas. Entretanto, esse dano precisa de tempo para ocorrer e normalmente uma corrente elevada (como a de partida) aplicada a um motor de indução durante períodos curtos não é capaz de danificar o motor. A avaria ocorrerá somente se a corrente elevada for mantida. O relé térmico de sobrecarga também depende de aquecimento para seu funcionamento. Ele não é afetado por períodos curtos de corrente elevada durante a partida. O relé térmico poderá suportar uma corrente elevada durante um longo período de tempo, antes de desligar o motor para que este não seja danificado.

A *proteção contra subtensão* também é propiciada pelo controlador do motor. Observe na figura que a tensão de controle do relé M vem diretamente das linhas de potência conectadas ao motor. Se a tensão aplicada ao motor cair demais, então a tensão aplicada ao relé M também cairá e o relé será desenergizado. Como consequência, os contatos M serão abertos e a potência elétrica dos terminais do motor será removida.

Um circuito de partida de um motor de indução com resistores para reduzir a corrente de partida está mostrado na Figura 6-39. Esse circuito é similar ao anterior, exceto pelo fato de que há componentes adicionais presentes para controlar a remoção do resistor de partida. Os relés 1RT, 2RT e 3RT da Figura 6-39 são denominados relés de tempo ou com retardo, significando que, quando eles são energizados, ocorre um retardo de tempo previamente ajustado para que seus contatos sejam fechados.

Quando o botão de partida é pressionado neste circuito, o relé M é energizado e potência é aplicada ao motor como antes. Como os contatos 1RT, 2RT e 3RT estão todos abertos, o resistor de partida está completamente em série com o motor, reduzindo a corrente de partida.

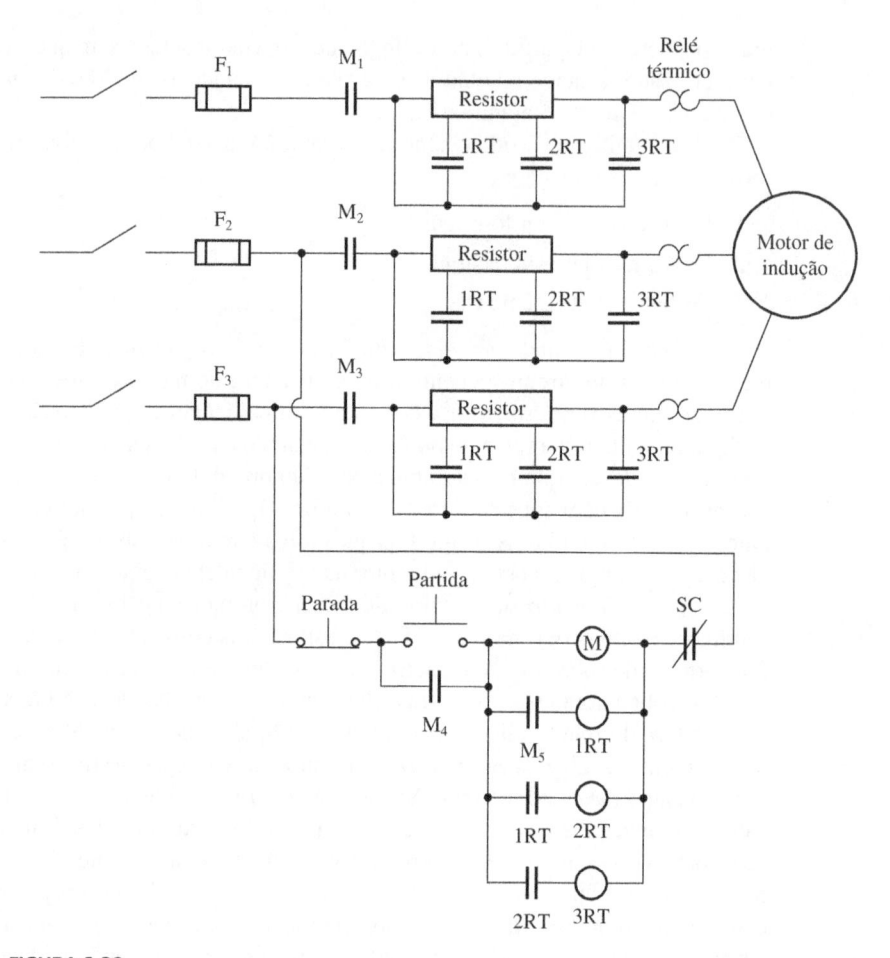

FIGURA 6-39
Um controlador de partida resistivo de três passos para um motor de indução.

Quando o contato M fecha, observe que o relé de retardo 1RT é energizado. Entretanto, há um retardo finito antes que os contatos de 1RT fechem. Durante esse período, o motor acelera parcialmente e a corrente de partida cai um tanto. Após, os contatos de 1RT fecham, removendo parte da resistência de partida e simultaneamente energizando o relé 2RT. Após outro retardo, os contatos de 2RT fecham, removendo a segunda parte do resistor e energizando o relé 3RT. Finalmente, os contatos de 3RT fecham e o resistor de partida fica completamente fora do circuito.

Por meio de uma seleção criteriosa dos valores dos resistores e dos tempos de retardo, esse circuito de partida pode ser usado para evitar que as correntes de partida tornem-se perigosamente elevadas e, ao mesmo tempo, permitem que corrente suficiente circule para assegurar uma aceleração rápida até as velocidades normais de operação.

6.9 CONTROLE DE VELOCIDADE DE MOTORES DE INDUÇÃO

Até o advento dos acionamentos modernos de estado sólido, os motores de indução não eram em geral máquinas boas para aplicações que exigissem um controle considerável de velocidade. A faixa de funcionamento normal de um motor de indução típico (Classes A, B e C) está limitada a menos de 5% de escorregamento e a variação de velocidade dentro dessa faixa é mais ou menos diretamente proporcional à carga no eixo do motor. Mesmo que o escorregamento pudesse ser maior, a eficiência do motor iria se tornar muito pobre, porque as perdas no cobre do rotor são diretamente proporcionais ao escorregamento do motor (lembre-se de que $P_{PCR} = sP_{EF}$).

Na realidade, há apenas duas técnicas que podem ser usadas para controlar a velocidade de um motor de indução. Uma consiste em variar a velocidade síncrona, que é a velocidade dos campos magnéticos do estator e do rotor, já que a velocidade do rotor sempre permanece próximo de n_{sinc}. A outra técnica consiste em variar o escorregamento do motor para uma dada carga. Cada uma dessas técnicas será analisada com mais detalhes.

A velocidade síncrona de um motor de indução é dada por

$$n_{sinc} = \frac{120 f_{se}}{P} \tag{6-1}$$

Desse modo, as únicas formas de variar a velocidade síncrona da máquina são (1) alterando a frequência elétrica e (2) alterando o número de polos da máquina. O controle do escorregamento pode ser conseguido variando a resistência do rotor ou a tensão de terminal do motor.

Controle de velocidade de motores de indução por troca de polos

Há duas maneiras principais de alterar o número de polos de um motor de indução:

1. O método dos polos consequentes
2. Enrolamentos de estator múltiplos

O *método dos polos consequentes* é um método bem antigo de controle de velocidade, tendo sido originalmente desenvolvido em 1897. Baseia-se no fato de que o número de polos do enrolamento do estator de um motor de indução pode ser alterado facilmente na razão 2:1 simplesmente fazendo trocas simples nas conexões das bobinas. A Figura 6-40 mostra um estator simples de um motor de indução de dois polos adequado para troca de polos. Observe que as bobinas individuais são de passo bem encurtado (60 a 90°). A Figura 6-41 mostra separadamente a fase *a* desses enrolamentos para melhor visibilidade dos detalhes.

A Figura 6-41a mostra o fluxo de corrente na fase *a* dos enrolamentos de estator em um instante de tempo durante o funcionamento normal. Observe que o campo magnético sai do estator no grupo superior da fase (polo norte) e entra no estator no grupo inferior da fase (polo sul). Portanto, esse enrolamento está produzindo dois polos magnéticos de estator.

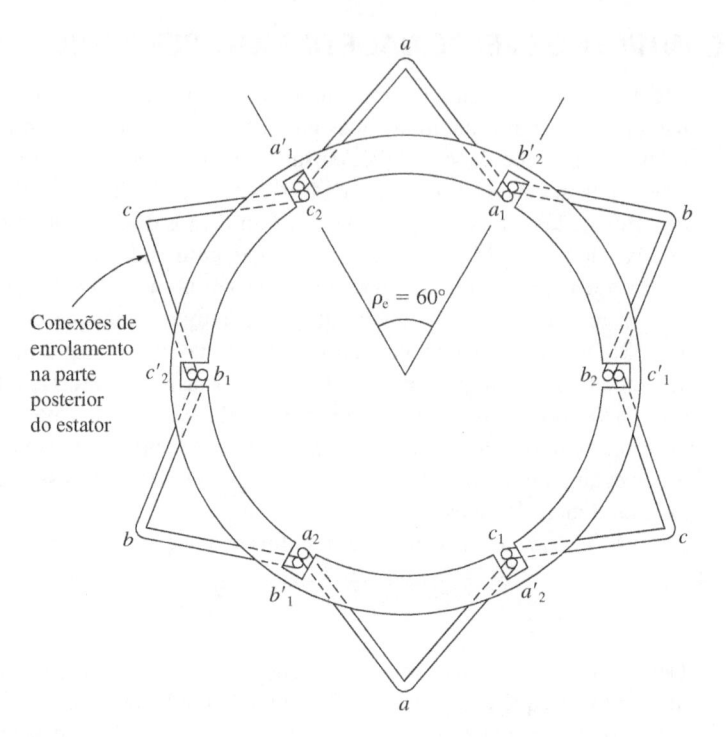

FIGURA 6-40
Um enrolamento de estator de dois polos para troca de polos. Observe o passo muito pequeno desses enrolamentos no rotor.

Agora, suponha que o sentido do fluxo da corrente no grupo de fase *inferior* do estator seja invertido (Figura 6-41b). Nesse caso, o campo magnético deixará o estator *tanto* no grupo de fase superior *como* no inferior – cada um dos quais será um polo magnético norte. O fluxo magnético desta máquina deverá retornar ao estator *entre* os dois grupos de fase, produzindo um par de polos magnéticos *consequentes*, ambos de polaridade sul. Observe agora que o estator tem quatro polos magnéticos – o dobro de antes.

O rotor de um motor como esse é do tipo de gaiola de esquilo, porque o rotor de gaiola sempre tem tantos polos induzidos nele quantos são os polos do estator e, desse modo, pode se ajustar quando o número de polos do estator muda.

Quando as conexões do motor são alteradas durante a mudança de dois para quatro polos, o conjugado máximo resultante do motor de indução pode ser o mesmo de antes (conexão de conjugado constante), a metade de seu valor anterior (conexão de conjugado segundo a lei do quadrado, usado para ventiladores, etc.) ou o dobro de seu valor anterior (conexão de potência de saída constante), dependendo de como os enrolamentos do estator são configurados. A Figura 6-42 mostra as conexões de estator possíveis e seus efeitos sobre a curva de conjugado *versus* velocidade.

A desvantagem principal do método de polos consequentes para alteração de velocidade é que as velocidades devem estar na razão 2:1. A maneira tradicional de superar essa limitação foi empregar *enrolamentos de estator múltiplos*, com números diferentes de polos, que eram energizados apenas um de cada vez. Por exemplo, o es-

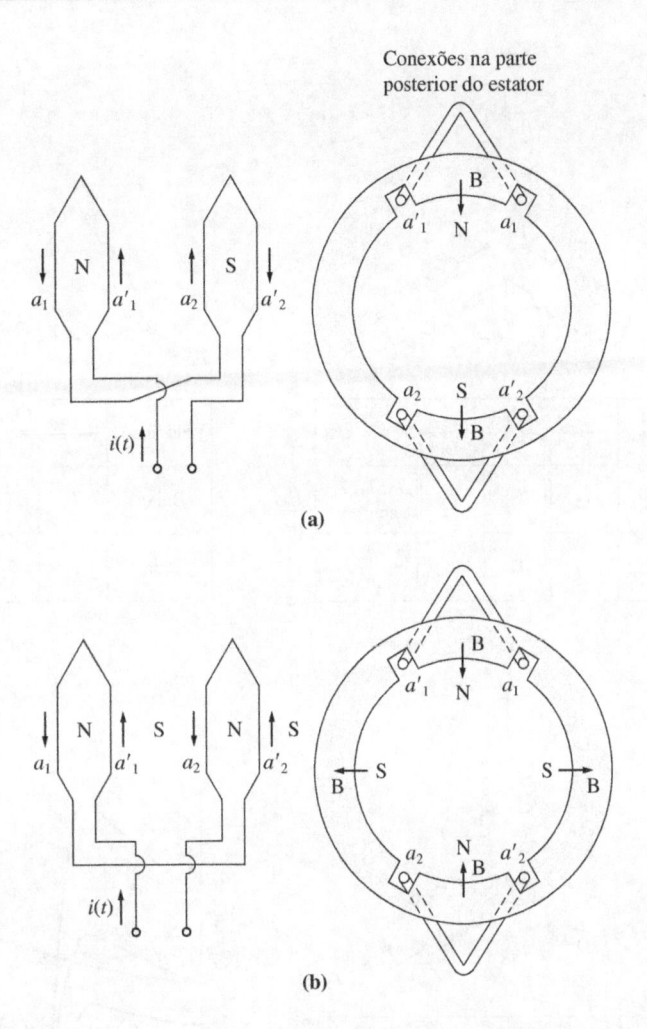

FIGURA 6-41
Vista em detalhe de uma fase de um enrolamento para mudança de polos. (a) Na configuração de dois polos, uma bobina é um polo norte (N) e a outra é um polo sul (S). (b) Quando a conexão em uma das duas bobinas é invertida, ambas se tornam de polaridade norte (N) e o fluxo magnético retorna ao estator em pontos a meio caminho entre as duas bobinas. Os polos S são denominados *polos consequentes* e o enrolamento é agora de quatro polos.

tator de um motor poderia ser enrolado com um conjunto de enrolamentos de quatro polos e com outro conjunto de seis polos. Em um sistema de 60 Hz, sua velocidade síncrona poderia ser trocada de 1800 para 1200 rpm simplesmente fornecendo potência ao outro conjunto de enrolamentos. Infelizmente, os enrolamentos de estator múltiplos encarecem o motor e são usados, portanto, somente quando absolutamente necessários.

Combinando o método dos polos consequentes com o método dos enrolamentos múltiplos de estator, é possível construir um motor de indução de quatro velocidades. Por exemplo, com enrolamentos separados de quatro e seis polos, é possível construir um motor de 60 Hz capaz de funcionar a 600, 900, 1200 e 1800 rpm.

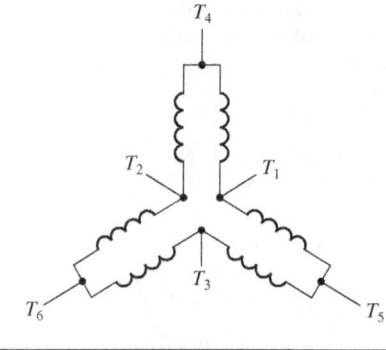

(a)

Velocidade	Linhas			
	L_1	L_2	L_3	
Baixa	T_1	T_2	T_3	T_4, T_5, T_6 abertos
Alta	T_4	T_5	T_6	T_1 - T_2 - T_3 juntos

(b)

Velocidade	Linhas			
	L_1	L_2	L_3	
Baixa	T_4	T_5	T_6	T_1 - T_2 - T_3 juntos
Alta	T_1	T_2	T_3	T_4, T_5, T_6 abertos

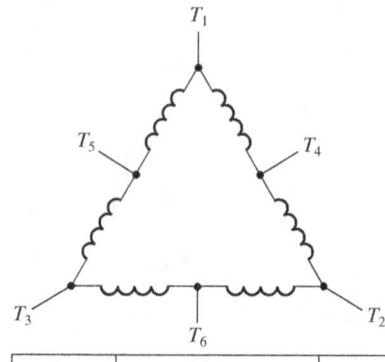

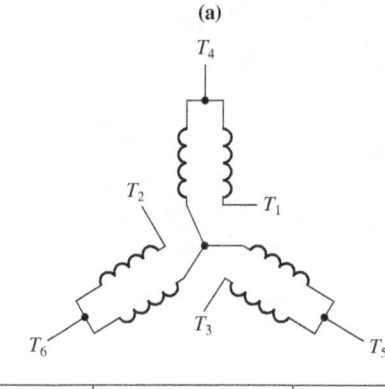

(c)

Velocidade	Linhas			
	L_1	L_2	L_3	
Baixa	T_1	T_2	T_3	T_4, T_5, T_6 abertos
Alta	T_4	T_5	T_6	T_1 - T_2 - T_3 juntos

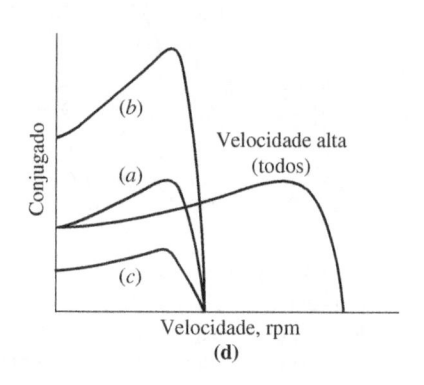

(d)

FIGURA 6-42

Conexões possíveis das bobinas do estator em um motor com troca de polos, juntamente com as características resultantes de conjugado *versus* velocidade: (a) *Conexão de conjugado constante* – a capacidade de conjugado do motor permanece aproximadamente constante, tanto na conexão de velocidade alta como na de velocidade baixa. (b) *Conexão de potência constante* – a capacidade de potência do motor permanece aproximadamente constante, tanto na conexão de velocidade alta como na de velocidade baixa. (c) *Conexão de conjugado do tipo usado em ventilador* – a capacidade de conjugado do motor muda com a velocidade, da mesma forma que ocorre com as cargas de um ventilador.

Controle de velocidade por mudança da frequência de linha

Se a frequência elétrica aplicada ao estator de um motor de indução for alterada, a velocidade de rotação n_{sinc} dos seus campos magnéticos mudará de forma diretamente proporcional à alteração da frequência elétrica. Na curva característica de conjugado *versus* velocidade, o ponto de carga a vazio também irá se alterar (veja a Figura 6-43). Em condições nominais, a velocidade síncrona do motor é conhecida como *velocidade base*. Usando o controle por frequência variável, é possível ajustar a velocidade do motor, tanto para cima como para baixo da velocidade base. Um acionamento de motor de indução de frequência variável, projetado apropriadamente, pode ser *muito* flexível. Ele é capaz de controlar a velocidade de um motor de indução na faixa que vai desde um valor tão baixo como 5% da velocidade de base até um valor superior ao dobro da velocidade de base. Entretanto, quando a frequência é alterada, é importante que certos limites de tensão e conjugado sejam mantidos no motor para assegurar um funcionamento sem riscos.

Quando o motor estiver operando em velocidades abaixo da velocidade base, é necessário reduzir a tensão de terminal aplicada ao estator para um funcionamento apropriado. A tensão de terminal aplicada ao estator deve ser diminuída linearmente com a diminuição da frequência do estator. Esse processo é denominado *redução dos valores nominais**. Se isso não for realizado, ocorrerá a saturação do aço no núcleo do motor de indução e correntes excessivas de magnetização circularão na máquina.

Para compreender a necessidade da redução dos valores nominais, lembre-se de que um motor de indução é basicamente um transformador em rotação. Como em qualquer transformador, o fluxo no núcleo de um motor de indução pode ser obtido a partir da lei de Faraday:

$$v(t) = -N\frac{d\phi}{dt} \tag{1-36}$$

Se uma tensão $v(t) = V_M \operatorname{sen} \omega t$ for aplicada ao núcleo, o fluxo resultante ϕ será

$$\phi(t) = \frac{1}{N_P} \int v(t)\, dt$$

$$= \frac{1}{N_P} \int V_M \operatorname{sen} \omega t\, dt$$

$$\boxed{\phi(t) = -\frac{V_M}{\omega N_P} \cos \omega t} \tag{6-57}$$

Observe que a frequência elétrica aparece no *denominador* dessa expressão. Portanto, se a frequência elétrica aplicada ao estator *diminuir* em 10%, ao passo que o valor da tensão aplicada ao estator permanece constante, o fluxo no núcleo do motor *aumentará* em cerca de 10% e a corrente de magnetização do motor subirá. Na região não saturada da curva de magnetização do motor, o aumento da corrente de magnetização também será em torno de 10%. Entretanto, na região saturada da curva de magnetização do motor, um aumento de 10% de fluxo requer um aumento muito maior da corrente de magnetização. Normalmente, os motores de indução são projetados para

---

* N. de T.: *Derating*, em inglês.

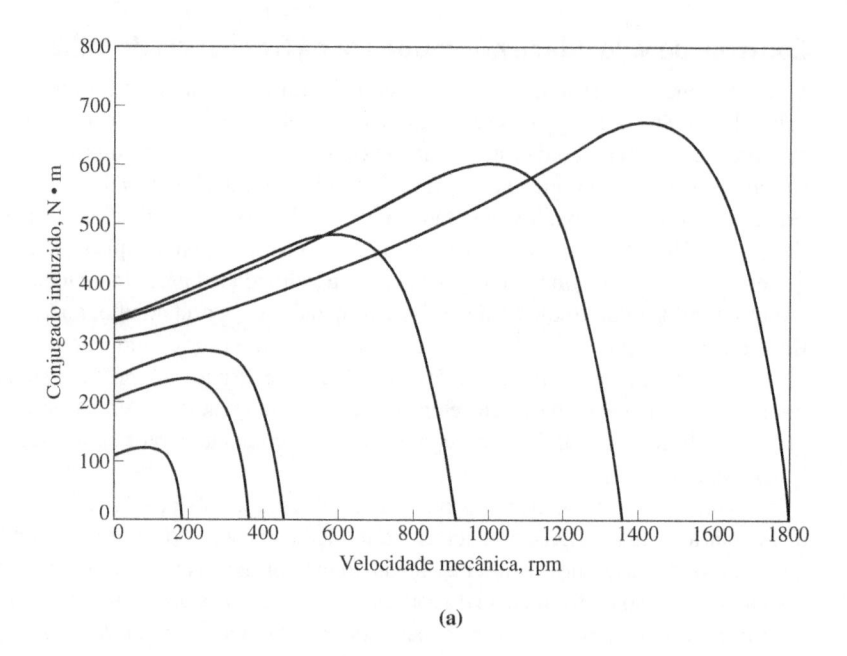

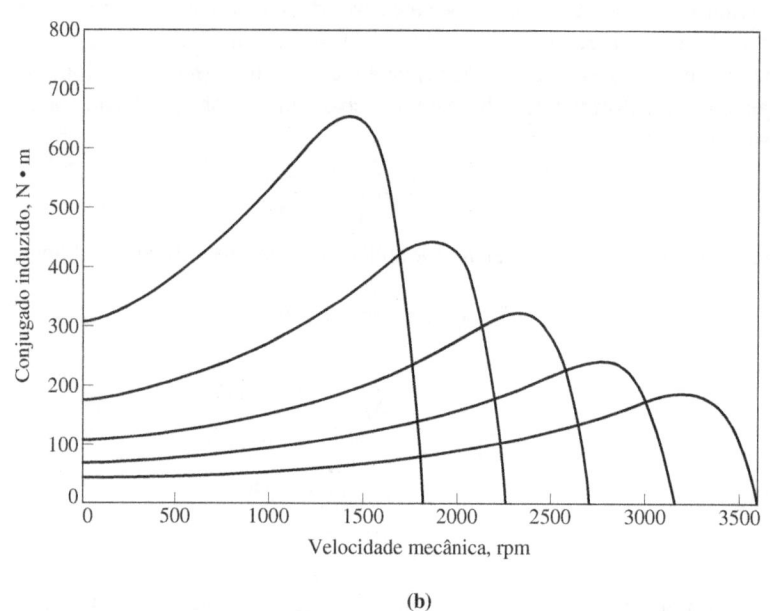

FIGURA 6-43
Controle de velocidade por frequência variável de um motor de indução: (a) A família de curvas características de conjugado *versus* velocidade para velocidades abaixo da velocidade base, assumindo que a tensão nominal de linha foi reduzida linearmente com a frequência. (b) A família de curvas características de conjugado *versus* velocidade para velocidades acima da velocidade base, assumindo que a tensão de linha foi mantida constante.

(c)

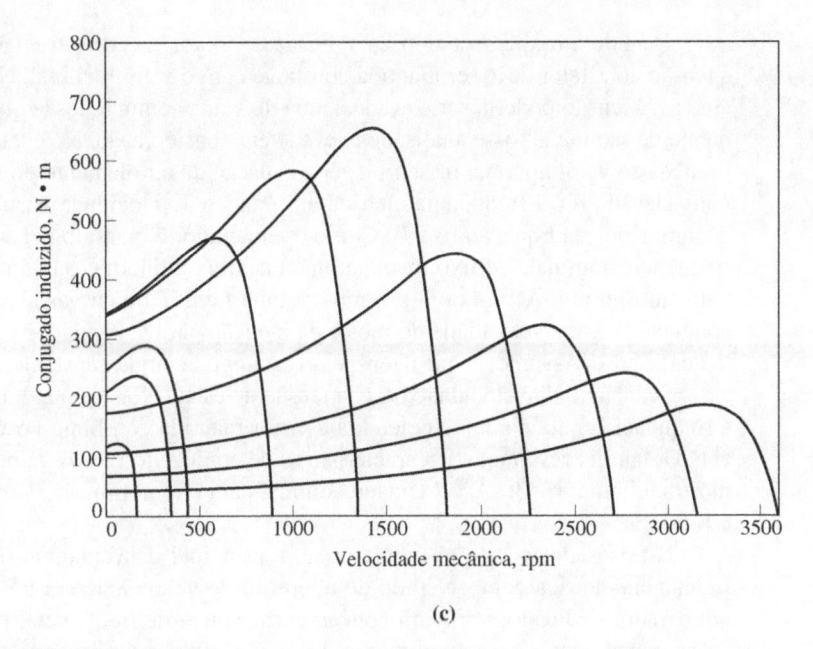

FIGURA 6-43 (conclusão)
(c) Curvas características de conjugado *versus* velocidade para todas as frequências.

operar próximo do ponto de saturação de suas curvas de magnetização. Desse modo, o aumento de fluxo devido a uma diminuição na frequência fará com que correntes de magnetização excessivas circulem no motor. (Esse mesmo problema foi observado nos transformadores; veja a Seção 2.12.)

Na prática, a tensão aplicada ao estator é diminuída de forma diretamente proporcional à diminuição da frequência. Procede-se assim para evitar correntes de magnetização excessiva e sempre que a frequência estiver abaixo da frequência nominal do motor. Como a tensão aplicada v aparece no numerador da Equação (6-57) e a frequência ω aparece no denominador da Equação (6-57), os dois efeitos se neutralizam e a corrente de magnetização não é afetada.

Quando a tensão aplicada a um motor de indução é variada linearmente com a frequência abaixo da velocidade base, o fluxo no motor permanece aproximadamente constante. Portanto, o conjugado máximo que o motor pode fornecer mantém-se bem elevado. Entretanto, a potência nominal máxima do motor deve ser diminuída linearmente com o decréscimo de frequência para proteger o circuito de estator do sobreaquecimento. A potência fornecida a um motor de indução trifásico é dada por

$$P = \sqrt{3} V_L I_L \cos \theta$$

Se a tensão V_L for diminuída, a potência máxima P também deverá ser diminuída, caso contrário, a corrente que flui no motor será excessiva e o motor sobreaquecerá.

A Figura 6-43a mostra uma família de curvas características de conjugado *versus* velocidade para velocidades abaixo da velocidade base. Assume-se que o valor da tensão do estator varia linearmente com a frequência.

Quando a frequência elétrica aplicada ao motor excede a frequência nominal, a tensão do estator deve ser mantida constante com o valor nominal. Nessas circunstâncias, a tensão poderia ser elevada acima do valor nominal desde que o comportamento da saturação fosse analisado e levado em consideração. No entanto, a tensão é limitada ao valor nominal para proteger a isolação do enrolamento do motor. Quanto mais elevada for a frequência elétrica em relação à velocidade base, maior será o denominador da Equação (6-57). Como o numerador é mantido constante acima da frequência nominal, o fluxo resultante na máquina diminui e o conjugado máximo também diminui. A Figura 6-43b mostra uma família de curvas características de conjugado *versus* velocidade do motor de indução para velocidades superiores à velocidade base. Assume-se que a tensão do estator é mantida constante.

Se, abaixo da velocidade base, a tensão de estator for variada linearmente com a frequência e, acima da velocidade base, for mantida constante no valor nominal, então a família resultante de características de conjugado *versus* velocidade é como mostra a Figura 6-43c. A velocidade nominal para o motor mostrado na Figura 6-43 é 1800 rpm.

No passado, para que funcionasse, a principal desvantagem do controle de frequência elétrica como método de alteração de velocidade era a necessidade de um gerador dedicado ou de um conversor mecânico de frequência. Esse problema desapareceu com o desenvolvimento dos acionamentos modernos para motores de frequência variável e estado sólido. De fato, a alteração da frequência de linha por meio de acionamentos de estado sólido tornou-se o método preferido para controle de velocidade dos motores de indução. Observe que esse método pode ser usado com *qualquer* motor de indução, diferentemente da técnica de mudança de polos que requer um motor com enrolamentos de estator especiais.

Um típico acionamento de motor de frequência variável de estado sólido será descrito na Seção 6.10.

Controle de velocidade por mudança da tensão de linha

O conjugado desenvolvido por um motor de indução é proporcional ao quadrado da tensão aplicada. Se uma carga tiver uma característica de conjugado *versus* velocidade, como a mostrada na Figura 6-44, a velocidade do motor poderá ser controlada dentro de uma faixa limitada se a tensão de linha for variada. Esse método de controle de velocidade é usado algumas vezes em pequenos motores que acionam ventiladores.

Controle de velocidade por mudança da resistência do rotor

Em motores de indução de rotor bobinado, pode-se alterar a forma da curva de conjugado *versus* velocidade pela inserção de resistências extras no circuito do rotor da máquina. As curvas características de conjugado *versus* velocidade resultantes estão mostradas na Figura 6-45. Se a curva de conjugado *versus* velocidade da carga for como a mostrada na figura, então a alteração da resistência do rotor mudará a velocidade de funcionamento do motor. Entretanto, a inserção de resistências extras no circuito do rotor de um motor de indução reduz seriamente a eficiência da máquina.

Esse método de controle de velocidade é no máximo de interesse apenas histórico, porque pouquíssimos motores de indução com rotor bobinado ainda são construídos. Quando utilizados, normalmente é por períodos curtos, devido ao problema de eficiência mencionado no parágrafo anterior.

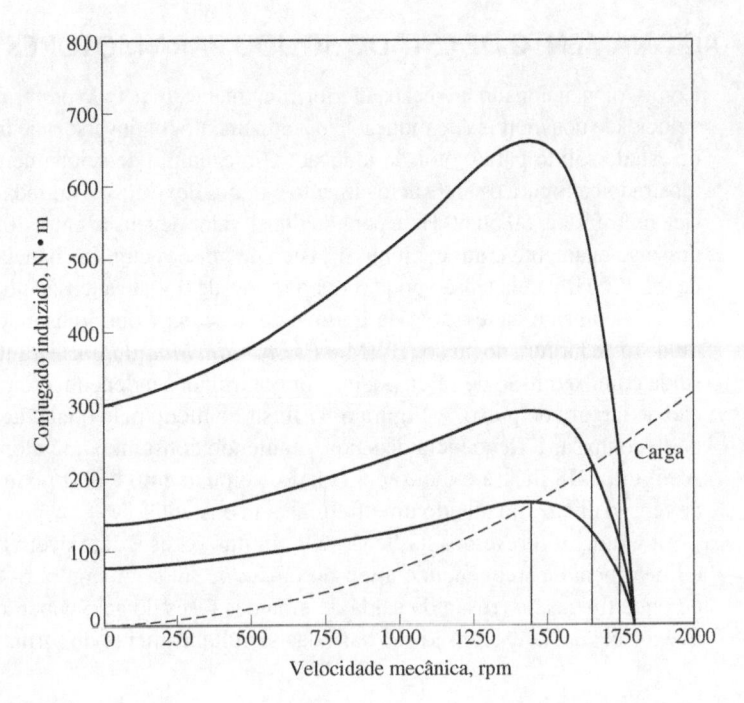

FIGURA 6-44
Controle de velocidade por variação da tensão de linha de um motor de indução.

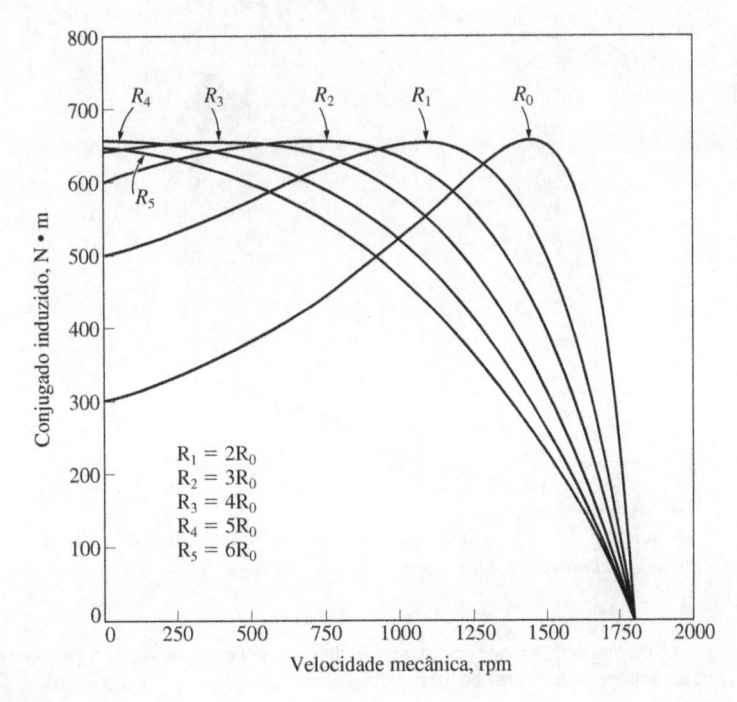

FIGURA 6-45
Controle de velocidade por variação da resistência do rotor de um motor de indução de rotor bobinado.

6.10 ACIONAMENTO DE ESTADO SÓLIDO PARA MOTORES DE INDUÇÃO

Como foi mencionado na seção anterior, atualmente, o método preferido para controlar a velocidade dos motores de indução é o acionamento (ou inversor) de frequência variável de estado sólido para motor de indução. Um exemplo de acionamento desse tipo está mostrado na Figura 6-46. O acionamento é muito flexível: sua entrada pode ser monofásica ou trifásica, 50 ou 60 Hz e para qualquer valor de tensão entre 208 a 230 V. A saída desse acionamento é um conjunto trifásico de tensões cuja frequência pode ser variada de 0 a 120 Hz e cuja tensão pode ser variada desde 0 V até a tensão nominal do motor.

O controle da tensão e da frequência de saída é obtido usando técnicas de modulação de largura de pulso (PWM – *Pulse Width Modulation*).[1] Tanto a frequência de saída como a tensão de saída podem ser controladas independentemente por modulação de largura de pulso. A Figura 6-47 ilustra o modo pelo qual o acionamento PWM pode controlar a frequência de saída, mantendo constante um valor de tensão eficaz. A Figura 6-48 ilustra o modo pelo qual o acionamento PWM pode controlar o nível de tensão eficaz, mantendo uma frequência constante.

Como descrevemos na Seção 6.9, muitas vezes é desejável variar em conjunto e linearmente a frequência e a tensão eficaz de saída. A Figura 6-49 mostra formas de onda típicas da tensão de saída de uma das fases do acionamento, para o caso em que a frequência e a tensão são variadas simultaneamente de forma linear.[2] A Figura

FIGURA 6-46
Um acionamento típico de frequência variável de estado sólido para motor de indução. (*Cortesia de MagneTek, Inc.*)

---

[1] As técnicas de PWM são descritas no suplemento *online* deste livro, *Introduction to Power Electronics*, que está disponível no *site* do livro.

[2] Na realidade, as formas de onda da Figura 6-48 estão simplificadas. Um acionamento real de motor de indução tem uma frequência portadora muito superior a que está mostrada na figura.

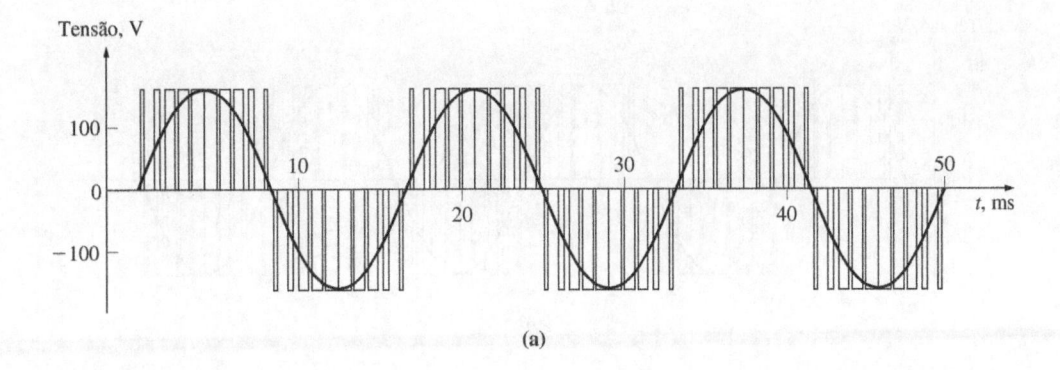

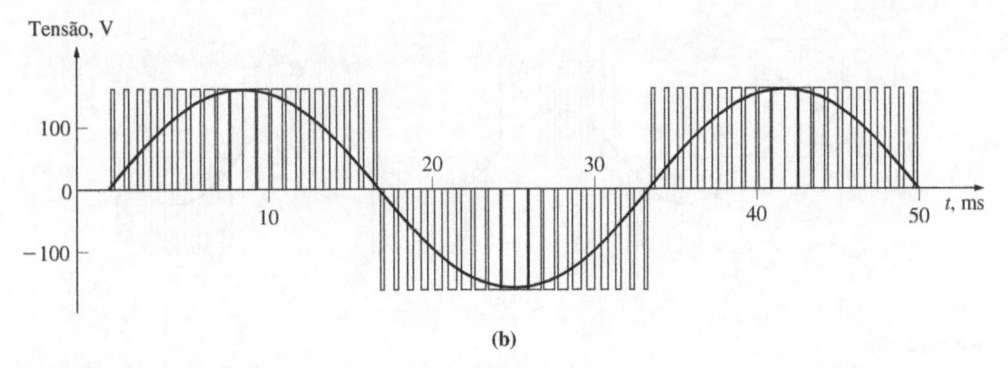

FIGURA 6-47
Controle de frequência variável com formas de onda PWM típicas: (a) forma de onda PWM de 60 Hz e 120 V; (b) forma de onda PWM de 30 Hz e 120 V.

6-49a mostra a tensão de saída ajustada para uma frequência de 60 Hz e uma tensão eficaz de 120 V. A Figura 6-49b mostra a saída ajustada para uma frequência de 30 Hz e uma tensão eficaz de 60 V e a Figura 6-49c mostra a saída ajustada para uma frequência de 20 Hz e uma tensão eficaz de 40 V. Observe que a tensão de pico de saída do acionamento permanece a mesma em todos os casos. O nível da tensão eficaz é controlado pela fração de tempo durante a qual a tensão está ligada. A frequência é controlada pela taxa em que a polaridade dos pulsos é chaveada de positiva para negativa e novamente para positiva.

O acionamento típico de motor de indução, que está mostrado na Figura 6-46, apresenta muitos recursos internos que contribuem à capacidade de fazer ajustes e à facilidade de uso. Um resumo de alguns desses recursos será apresentado a seguir.

Ajuste de frequência (velocidade)

A frequência de saída do acionamento pode ser controlada manualmente a partir de um controle montado no gabinete do acionamento, ou então pode ser controlada remotamente por um sinal externo de tensão ou corrente. A capacidade de ajuste da frequência do acionamento em resposta a algum sinal externo é muito importante, porque permite que um computador ou um controlador de processo externo possa

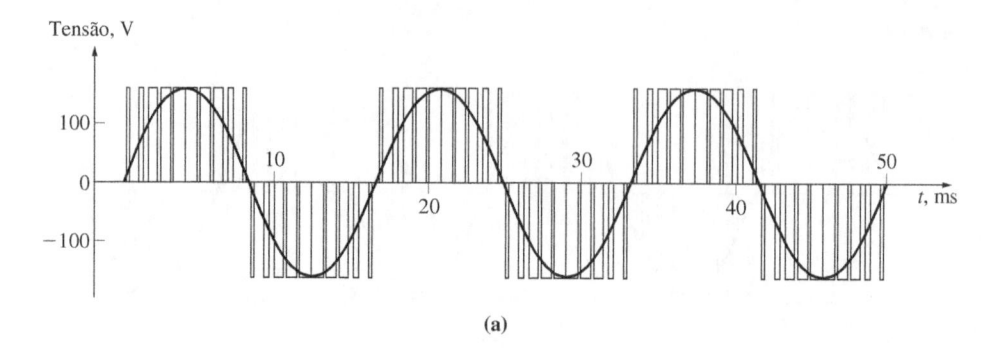

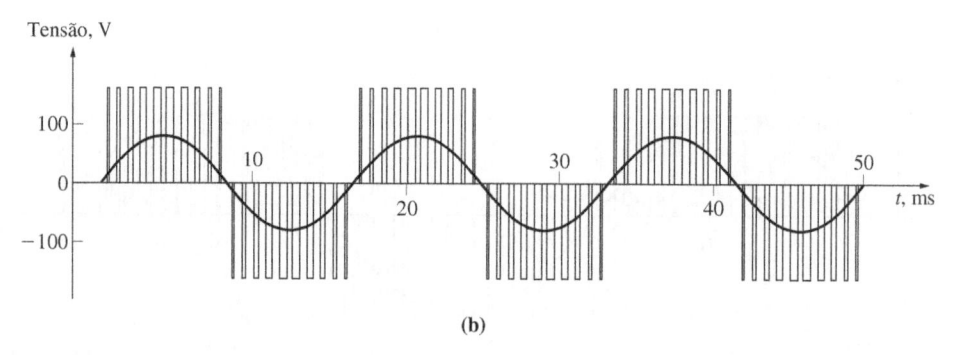

FIGURA 6-48
Controle de tensão variável com uma forma de onda PWM: (a) forma de onda PWM de 60 Hz e 120 V; (b) forma de onda PWM de 60 Hz e 60 V.

controlar a velocidade do motor de acordo com as necessidades da planta em que ele está instalado.

Uma seleção de padrões de tensão *versus* frequência

Os tipos de cargas mecânicas que podem ser acopladas a um motor de indução variam grandemente. Algumas cargas, como as de ventiladores, requerem um conjugado muito baixo na partida (ou quando estão funcionando com velocidades baixas) e têm conjugados que crescem com o quadrado da velocidade. Outras cargas podem ser de partida mais difícil, exigindo um conjugado maior do que o conjugado nominal de plena carga do motor, somente para colocar a carga em movimento. Este acionamento oferece uma série de padrões de tensão *versus* frequência que podem ser selecionados para adequar o conjugado aplicado pelo motor ao conjugado requerido pela sua carga. Três desses padrões estão mostrados nas Figuras 6-50 a 6-52.

A Figura 6-50a mostra o padrão normal ou de uso geral de tensão *versus* frequência descrito na seção anterior. Para velocidades abaixo da velocidade base, esse padrão altera linearmente a tensão de saída em função das mudanças na frequência de saída e, para velocidades acima da velocidade base, mantém a tensão constante. (A

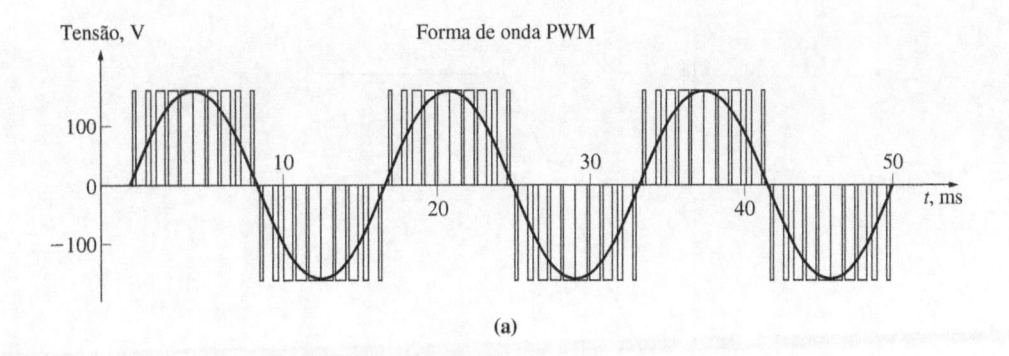

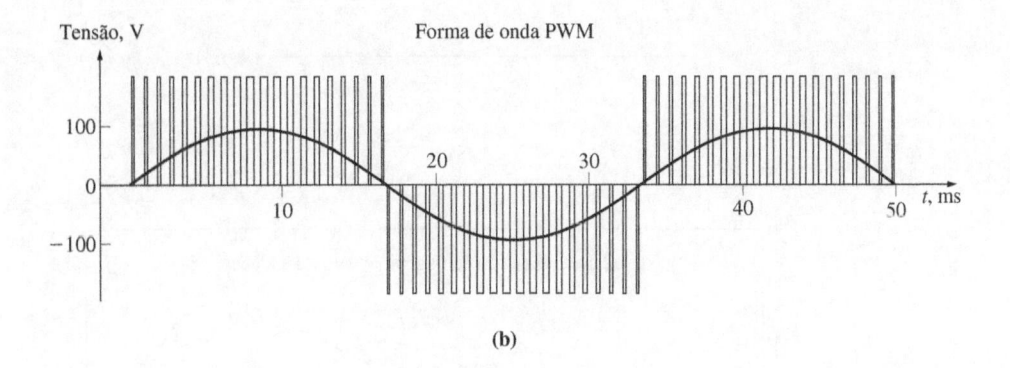

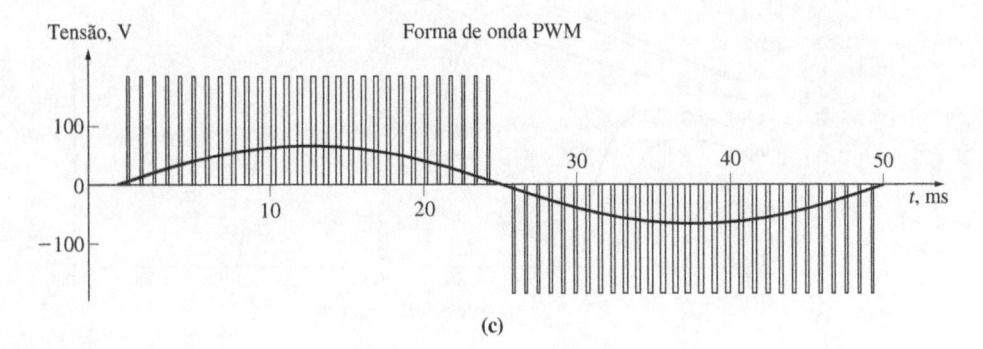

FIGURA 6-49
Controle simultâneo de tensão e frequência com uma forma de onda PWM: (a) forma de onda PWM de 60 Hz e 120 V; (b) forma de onda PWM de 30 Hz e 60 V; (c) forma de onda PWM de 20 Hz e 40 V.

região de tensão baixa constante em frequências muito baixas é necessária para assegurar que haverá algum conjugado de partida nas velocidades extremamente baixas.) A Figura 6-50b mostra a característica resultante de conjugado *versus* velocidade para diversas frequências de funcionamento inferiores à velocidade base.

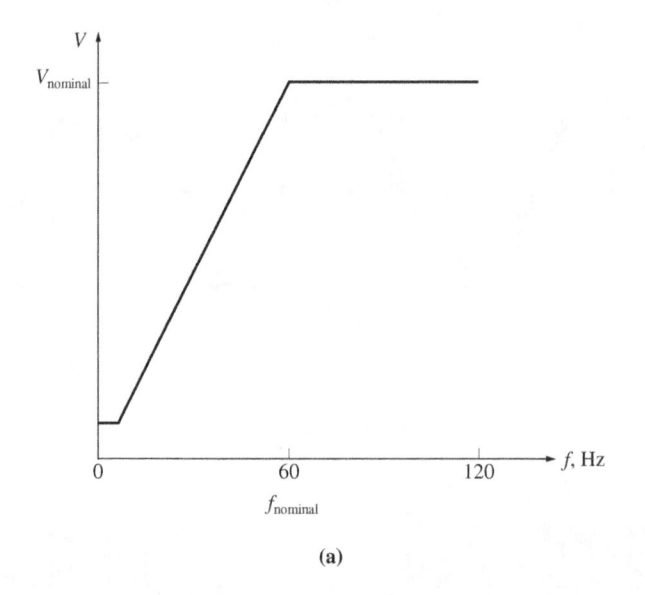

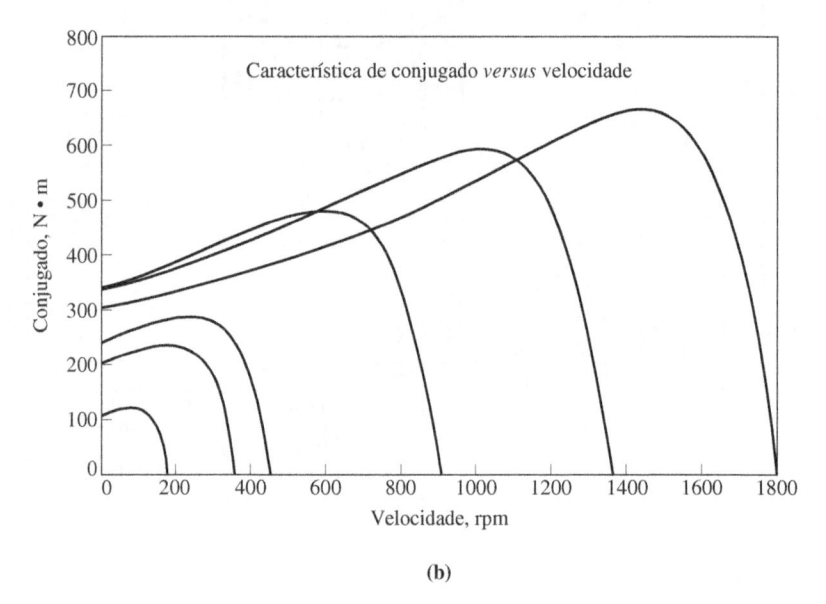

FIGURA 6-50
(a) Padrões possíveis de tensão *versus* frequência para o acionamento de frequência variável de estado sólido para motor de indução: *padrão de uso geral*. Esse padrão consiste em uma reta de tensão *versus* frequência para frequências abaixo da frequência nominal, e em uma curva de tensão constante para frequências acima da frequência nominal. (b) As curvas características resultantes de conjugado *versus* velocidade para velocidades abaixo da frequência nominal (velocidades superiores à frequência nominal assemelham-se à Figura 6-42b).

FIGURA 6-51
(a) Padrões possíveis de tensão *versus* frequência para o acionamento de frequência variável de estado sólido para motor de indução: *padrão de conjugado elevado de partida*. Este é um padrão modificado de tensão *versus* frequência adequado para cargas que exigem conjugados elevados de partida. É o mesmo que o padrão linear de tensão *versus* frequência, exceto em baixas velocidades. A tensão é desproporcionadamente elevada em velocidades muito baixas, isso produz um conjugado extra à custa de uma maior corrente de magnetização. (b) As curvas características resultantes de conjugado *versus* velocidade para velocidades abaixo da frequência nominal (velocidades superiores à frequência nominal assemelham-se à Figura 6-42b).

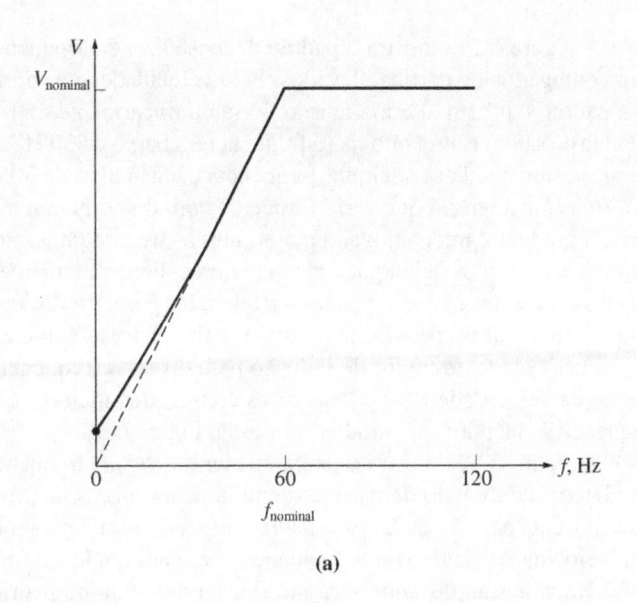

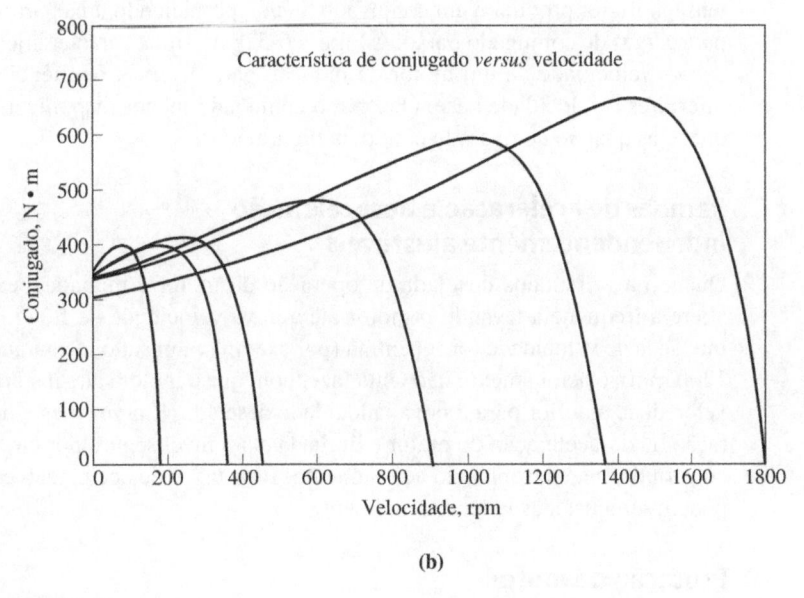

A Figura 6-51a mostra o padrão de tensão *versus* frequência usado para cargas com conjugados de partida elevados. Para velocidades inferiores à velocidade base, esse padrão também altera a tensão de saída linearmente com as mudanças na frequência de saída. Entretanto, para frequências abaixo de 30 HZ, a inclinação torna-se menos acentuada. Para qualquer frequência dada abaixo de 30 Hz, a tensão de saída será *superior* à tensão que seria fornecida com o padrão anterior. Essa tensão mais elevada produzirá um conjugado maior, mas à custa de uma saturação magnética aumentada e correntes de magnetização maiores. Frequentemente, a saturação aumentada e as correntes maiores podem ser toleradas por períodos curtos necessários para dar partida às cargas pesadas. A Figura 6-51b mostra as características de conjugado *versus* velocidade do motor de indução para diversas frequências de funcionamento abaixo da velocidade base. Observe os conjugados maiores disponíveis em baixas frequências, quando comparados com os da Figura 6-50b.

A Figura 6-52a mostra o padrão de tensão *versus* frequência usado para cargas com baixos conjugado de partida (denominadas *cargas de partida suave*). Quando muda a frequência de saída, esse padrão altera de forma parabólica a tensão de saída para velocidades abaixo da velocidade base. Para qualquer frequência dada abaixo de 60 Hz, a tensão de saída será inferior à produzida no padrão de uso geral. Essa tensão inferior produzirá um conjugado menor, propiciando uma partida lenta e suave para cargas de conjugado baixo. A Figura 6-52b mostra a característica de conjugado *versus* velocidade de um motor de indução para diversas frequências de operação inferiores à velocidade base. Observe o conjugado menor disponível em baixas frequências quando comparado com o da Figura 6-50.

Rampas de aceleração e desaceleração independentemente ajustáveis

Quando a velocidade desejada de operação do motor é mudada, seu acionamento altera a frequência levando o motor até a nova velocidade de funcionamento. Se a mudança de velocidade for repentina (por exemplo, um salto instantâneo de 900 para 1200 rpm), o acionamento não tenta fazer com que o motor salte instantaneamente da velocidade anterior para a nova velocidade desejada. Em vez disso, a taxa de aceleração ou desaceleração do motor é limitada a um nível seguro por circuitos especiais construídos na eletrônica do acionamento. Essa taxas de aceleração e desaceleração podem ser ajustadas independentemente.

Proteção de motor

O acionamento do motor de indução contém diversos recursos projetados para proteger o motor que ele controla. O acionamento pode detectar correntes excessivas de regime permanente (uma condição de sobrecarga), correntes instantâneas excessivas e condições de sobre tensão ou subtensão. Em qualquer um desses casos, o acionamento desligará o motor.

Atualmente, os acionamentos de motor de indução, como o descrito acima, são tão flexíveis e confiáveis que os motores de indução com esses acionamentos estão substituindo os motores CC em muitas aplicações que requerem uma faixa bem ampla de variação de velocidade.

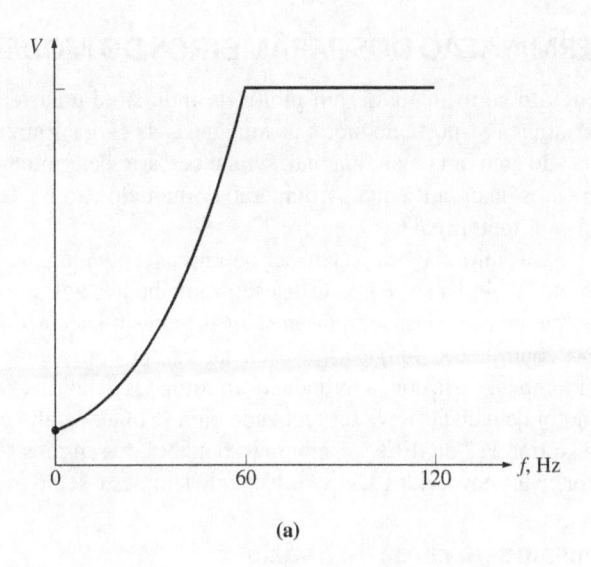

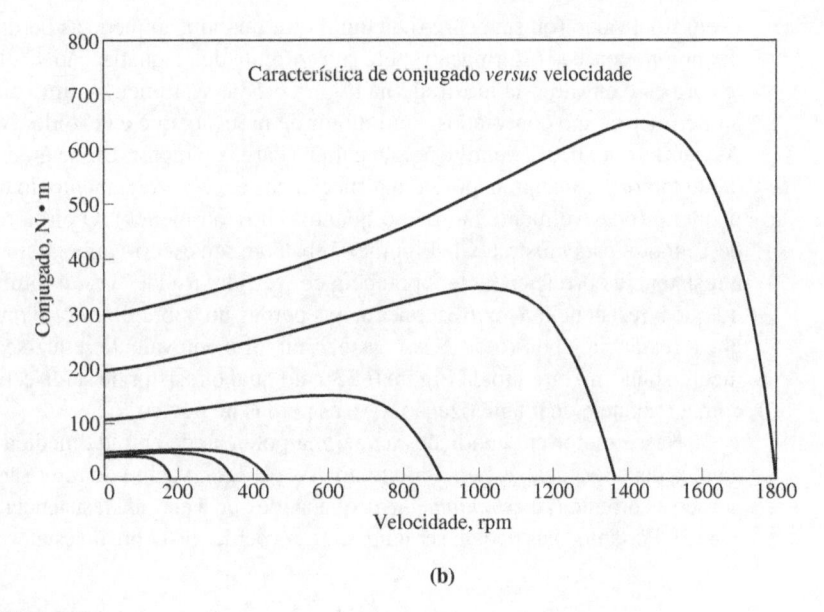

FIGURA 6-52
(a) Padrões possíveis de tensão *versus* frequência para o acionamento de frequência variável de estado sólido para motor de indução: *padrão de conjugado para ventilador*. Esse é um padrão de tensão *versus* frequência adequado para uso com motores que acionam ventiladores e bombas centrífugas, os quais apresentam um conjugado de partida muito baixo. (b) As curvas características resultantes de conjugado *versus* velocidade para velocidades abaixo da frequência nominal (velocidades superiores à frequência nominal assemelham-se à Figura 6-42b).

6.11 DETERMINAÇÃO DOS PARÂMETROS DO MODELO DE CIRCUITO

O circuito equivalente de um motor de indução é uma ferramenta muito útil para determinar a resposta do motor às mudanças de carga. Entretanto, se o modelo é para ser usado com uma máquina real, será necessário determinar quais são os valores dos elementos de circuito que participarão do modelo. Como determinar R_1, R_2, X_1, X_2 e X_M de um motor real?

Essas informações podem ser obtidas executando uma série de testes ou ensaios no motor de indução. Esses testes são semelhantes aos ensaios de curto-circuito e a vazio de um transformador. Os ensaios devem ser executados sob condições precisamente controladas, porque as resistências variam com a temperatura e a resistência do rotor também varia com a frequência do rotor. Os detalhes exatos de como cada ensaio de motor de indução deve ser realizado para se obter resultados acurados são descritos pela Norma 112 da IEEE.* Embora os detalhes dos ensaios sejam muito complicados, os conceitos envolvidos são relativamente simples e serão explicados a seguir.

O ensaio sem carga ou a vazio

O ensaio a vazio (ou sem carga) de um motor de indução mede as perdas rotacionais do motor e fornece informação sobre sua corrente de magnetização. O circuito de teste para esse ensaio está mostrado na Figura 6-53a. Wattímetros, um voltímetro e três amperímetros são conectados a um motor de indução, que é deixado livre para girar. As perdas por atrito e ventilação são a única carga do motor. Desse modo, toda a P_{conv} desse motor é consumida por perdas mecânicas e o escorregamento do motor é muito pequeno (possivelmente tão baixo quanto 0,001 ou menos). O circuito equivalente desse motor está mostrado na Figura 6-53b. Com seu escorregamento muito pequeno, a resistência correspondente à potência convertida, $R_2(1 - s)/s$, é muitíssimo maior do que a resistência R_2 correspondente às perdas no cobre do rotor e muito maior do que a reatância X_2 do rotor. Nesse caso, o circuito equivalente reduz-se aproximadamente ao último circuito da Figura 6-53b, no qual o resistor de saída está em paralelo com a reatância de magnetização X_M e as perdas no núcleo R_C.

Nesse motor em condições a vazio, a potência de entrada medida pelos instrumentos deve ser igual às perdas do motor. As perdas no cobre do rotor são desprezíveis porque a corrente I_2 é *extremamente* pequena [devido à elevada resistência de carga $R_2(1 - s)/s$]. Portanto, elas podem ser ignoradas. As perdas no cobre do estator são dadas por

$$P_{PCE} = 3I_1^2 R_1 \quad (6\text{-}25)$$

Assim, a potência de entrada deve ser igual a

$$\begin{aligned} P_{entrada} &= P_{PCE} + P_{núcleo} + P_{AeV} + P_{diversas} \\ &= 3I_1^2 R_1 + P_{rot} \end{aligned} \quad (6\text{-}58)$$

em que P_{rot} são as perdas rotacionais do motor:

$$P_{rot} = P_{núcleo} + P_{AeV} + P_{diversas} \quad (6\text{-}59)$$

---

* N. de T.: No Brasil, esses ensaios são padronizados pela ABNT.

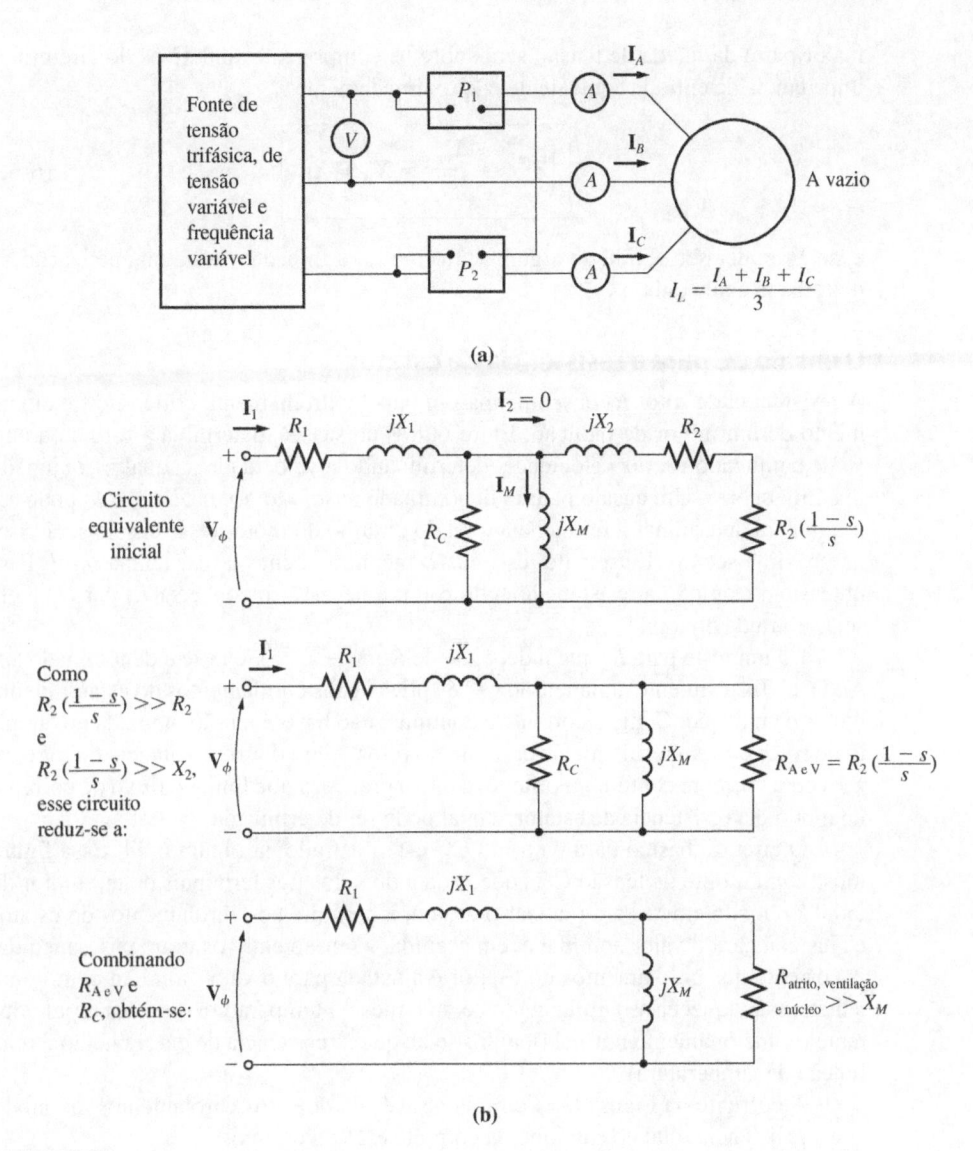

FIGURA 6-53
O ensaio a vazio de um motor de indução: (a) circuito de teste; (b) circuito equivalente resultante do motor. Observe que, a vazio, a impedância do motor é basicamente a combinação em série de R_1, jX_1 e jX_M.

Portanto, conhecendo-se a potência de entrada do motor, as perdas rotacionais da máquina podem ser determinadas.

O circuito equivalente que descreve o funcionamento do motor nessas condições contém os resistores R_C e $R_2(1-s)/s$ em paralelo com a reatância de magnetização X_M. Em um motor de indução, a corrente necessária para estabelecer um campo magnético é bem elevada, devido à alta relutância de seu entreferro. Desse modo, a reatância X_M será muito menor do que as resistências em paralelo com ela e o fator de potência geral de entrada será muito baixo. Com a elevada corrente em atraso, a maior parte da queda de tensão será sobre os componentes indutivos do circuito. A impedância de entrada equivalente é aproximadamente

$$\boxed{|Z_{eq}| = \frac{V_\phi}{I_{1,vz}} \approx X_1 + X_M} \qquad (6\text{-}60)$$

e, se X_1 puder ser obtida de algum outro modo, a impedância de magnetização do motor será conhecida.

O ensaio CC para a resistência de estator

A resistência de rotor R_2 desempenha um papel extremamente crítico no funcionamento de um motor de indução. Entre outras coisas, R_2 determina a forma da curva de conjugado *versus* velocidade, determinando a velocidade na qual o conjugado máximo ocorre. Um ensaio padrão denominado *ensaio de rotor bloqueado* pode ser usado para determinar a resistência total do circuito do motor (esse ensaio será visto na próxima seção). Entretanto, esse teste encontra apenas a resistência *total*. Para obter com exatidão a resistência R_2 do rotor, é necessário conhecer R_1 para que ela seja subtraída do total.

Há um teste para R_1 que independe de R_2, X_1 e X_2. Esse teste é denominado *ensaio CC*. Basicamente, uma tensão CC é aplicada aos enrolamentos do estator de um motor de indução. Como a corrente é contínua, não haverá tensão induzida no circuito do rotor e fluxo resultante de corrente no rotor. Além disso, a reatância do motor é zero com corrente contínua. Portanto, a única grandeza que limita o fluxo de corrente no motor é a resistência de estator, a qual pode ser determinada.

O circuito básico para o ensaio CC está ilustrado na Figura 6-54. Essa figura mostra uma fonte de tensão CC conectada a dois dos três terminais de um motor de indução ligado em Y. Para realizar o ensaio, a corrente nos enrolamentos do estator é ajustada para o valor nominal e, em seguida, a tensão entre os terminais é medida. A corrente nos enrolamentos do estator é ajustada para o valor nominal como uma tentativa de aquecer os enrolamentos com a mesma temperatura que eles teriam durante o funcionamento normal (lembre-se de que a resistência de enrolamento é uma função de temperatura).

A corrente na Figura 6-54 circula através de dois dos enrolamentos, de modo que a resistência total no caminho da corrente é $2R_1$. Portanto,

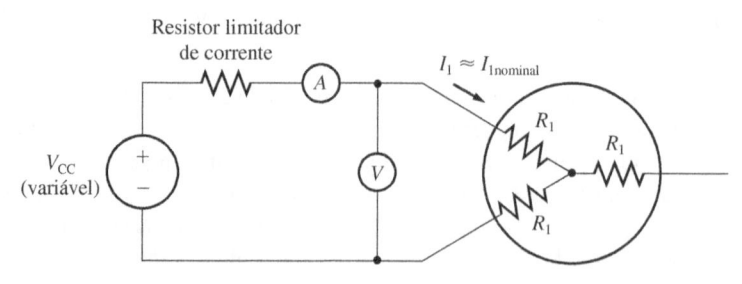

FIGURA 6-54
Circuito usado no ensaio CC para resistência.

$$2R_1 = \frac{V_{CC}}{I_{CC}}$$

ou
$$\boxed{R_1 = \frac{V_{CC}}{2I_{CC}}} \qquad (6\text{-}61)$$

Com esse valor de R_1, as perdas no cobre do estator a vazio podem ser determinadas. As perdas rotacionais podem ser encontradas pela diferença entre a potência de entrada a vazio e as perdas no cobre do estator.

O valor de R_1 calculado desse modo não é completamente exato porque ignora o efeito pelicular que ocorre quando uma tensão CA é aplicada aos enrolamentos. Mais detalhes sobre correções de temperatura e efeito pelicular podem ser encontrados na Norma 112 da IEEE.

O ensaio de rotor bloqueado

O terceiro teste que pode ser realizado em um motor de indução para determinar seus parâmetros de circuito é denominado *ensaio de rotor bloqueado* ou algumas vezes *ensaio de rotor travado*. Esse ensaio corresponde ao ensaio de curto-circuito de um transformador. Nesse ensaio, o rotor é bloqueado ou travado de modo que *não* possa se mover, uma tensão é aplicada ao motor e a tensão, corrente e potência resultantes são medidas.

A Figura 6-55a mostra as ligações usadas no ensaio de rotor bloqueado. Para executar esse ensaio, uma tensão CA é aplicada ao estator e o fluxo de corrente é ajustado para ser aproximadamente o valor de plena carga. Quando a corrente está em plena carga, a tensão, a corrente e a potência do motor que estão presentes são medidas. O circuito equivalente desse ensaio está mostrado na Figura 6-55b. Observe que, como o rotor não está se movendo, o escorregamento é $s = 1$ e portanto a resistência R_2/s é simplesmente igual a R_2 (um valor bem pequeno). Como os valores de R_2 e X_2 são muito baixos, quase toda a corrente de entrada circulará através delas, em vez de fluir através da reatância de magnetização X_M, que é muito maior. Portanto, o circuito nessas condições assemelha-se a uma combinação em série de X_1, R_1, X_2 e R_2.

Entretanto, há um problema com esse ensaio. Em funcionamento normal, a frequência do estator é a frequência de linha do sistema de potência (50 ou 60 Hz). Nas condições de partida, o rotor também está com a frequência de linha. Por outro lado, nas condições normais de funcionamento, o escorregamento da maioria dos motores é de apenas 2 a 4% e a frequência resultante do rotor está na faixa de 1 a 3 Hz. Isso cria um problema no sentido de que *a frequência de linha não representa as condições normais de funcionamento do rotor*. Como, nos motores das classes B e C, a resistência efetiva do rotor depende muito da frequência, nesse ensaio uma frequência não correta do rotor pode levar a resultados enganadores. Uma solução típica é usar uma frequência que é 25% ou menos a frequência nominal. Embora essa solução seja aceitável para rotores de resistência basicamente constante (classes A e D), ela deixa muito a desejar quando se está tentando determinar a resistência normal do rotor para o caso de rotores de resistência variável. Devido a esse e a outros problemas similares, muito cuidado deve ser tomado na realização de medidas nesses ensaios.

Depois que a tensão e a frequência do ensaio estiverem ajustadas, a corrente do motor é ajustada rapidamente até apresentar um valor em torno da corrente nominal.

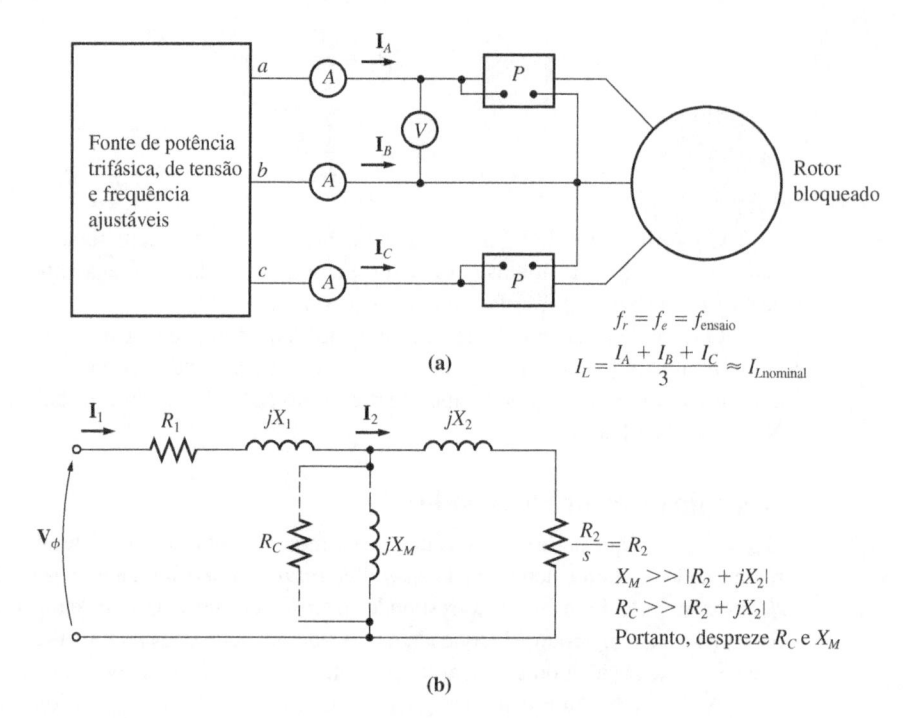

FIGURA 6-55
O ensaio de rotor bloqueado para um motor de indução: (a) circuito de teste; (b) circuito equivalente do motor.

A seguir, a potência, a tensão e a corrente de entrada são medidas antes que o rotor possa aquecer demais. A potência de entrada do motor é dada por

$$P = \sqrt{3}V_T I_L \cos\theta$$

de modo que o fator de potência do rotor bloqueado pode ser obtido de

$$\boxed{FP = \cos\theta = \frac{P_{entrada}}{\sqrt{3}V_T I_L}} \tag{6-62}$$

e o ângulo de impedância θ é igual a arccos FP.

O valor da impedância total do circuito do motor, com o rotor bloqueado (RB), neste momento é

$$\boxed{|Z_{RB}| = \frac{V_\phi}{I_1} = \frac{V_T}{\sqrt{3}I_L}} \tag{6-63}$$

e o ângulo da impedância total é θ. Portanto,

$$Z_{RB} = R_{RB} + jX'_{RB}$$
$$= |Z_{RB}|\cos\theta + j|Z_{RB}|\sen\theta \tag{6-64}$$

	X_1 e X_2 em função de X_{RB}	
Tipo de rotor	X_1	X_2
Rotor bobinado	$0,5\,X_{RB}$	$0,5\,X_{RB}$
Classe A	$0,5\,X_{RB}$	$0,5\,X_{RB}$
Classe B	$0,4\,X_{RB}$	$0,6\,X_{RB}$
Classe C	$0,3\,X_{RB}$	$0,7\,X_{RB}$
Classe D	$0,5\,X_{RB}$	$0,5\,X_{RB}$

FIGURA 6-56
Regras práticas para dividir a reatância do circuito entre o rotor e o estator.

A resistência com o rotor bloqueado R_{RB} é igual a

$$R_{RB} = R_1 + R_2 \tag{6-65}$$

ao passo que a reatância X'_{RB} com o rotor bloqueado é igual a

$$X'_{RB} = X'_1 + X'_2 \tag{6-66}$$

em que X'_1 e X'_2 são as reatâncias do estator e do rotor *na frequência do ensaio*, respectivamente.

A resistência do rotor R_2 pode ser obtida agora de

$$R_2 = R_{RB} - R_1 \tag{6-67}$$

em que R_1 foi determinada no ensaio CC. A reatância total do rotor referida ao estator também pode ser encontrada. Como a reatância é diretamente proporcional à frequência, a reatância total equivalente, na frequência normal de funcionamento, é dada por

$$X_{RB} = \frac{f_{nominal}}{f_{ensaio}} X'_{RB} = X_1 + X_2 \tag{6-68}$$

Infelizmente, não há uma maneira simples de separar as contribuições das reatâncias do estator e do rotor entre si. Ao longo dos anos, a experiência mostrou que os motores com certas formas construtivas apresentam determinadas proporções entre as reatâncias do rotor e do estator. A Figura 6-56 resume essa experiência. Na prática normal, não importa realmente de que forma X_{RB} é dividida, porque a reatância aparece como a soma $X_1 + X_2$ em todas as equações de conjugado.

EXEMPLO 6-8 Os seguintes dados foram obtidos de ensaios com um motor de indução de 7,5 HP, quatro polos, 208 V, 60 Hz, classe A e ligado em Y, cuja corrente nominal é 28 A.

Ensaio CC:

$$V_{CC} = 13,6\,V \qquad I_{CC} = 28,0\,A$$

Ensaio a vazio:

$$V_T = 208\,V \qquad f = 60\,Hz$$
$$I_A = 8,12\,A \qquad P_{entrada} = 420\,W$$

$$I_B = 8{,}20 \text{ A}$$
$$I_C = 8{,}18 \text{ A}$$

Ensaio de rotor bloqueado:

$$V_T = 25 \text{ V} \qquad f = 15 \text{ Hz}$$
$$I_A = 28{,}1 \text{ A} \qquad P_{\text{entrada}} = 920 \text{ W}$$
$$I_B = 28{,}0 \text{ A}$$
$$I_C = 27{,}6 \text{ A}$$

(a) Construa o circuito equivalente por fase desse motor.

(b) Encontre o escorregamento no conjugado máximo e o valor do próprio conjugado máximo.

Solução

(a) Do ensaio CC, temos

$$R_1 = \frac{V_{\text{CC}}}{2I_{\text{CC}}} = \frac{13{,}6 \text{ V}}{2(28{,}0 \text{ A})} = 0{,}243 \text{ }\Omega$$

Do ensaio a vazio, vem

$$I_{\text{L, média}} = \frac{8{,}12 \text{ A} + 8{,}20 \text{ A} + 8{,}18 \text{ A}}{3} = 8{,}17 \text{ A}$$

$$V_{\phi,\text{vz}} = \frac{208 \text{ V}}{\sqrt{3}} = 120 \text{ V}$$

Portanto,

$$|Z_{\text{vz}}| = \frac{120 \text{ V}}{8{,}17 \text{ A}} = 14{,}7 \text{ }\Omega = X_1 + X_M$$

Quando X_1 é conhecida, X_M pode ser encontrada. As perdas no cobre do estator são

$$P_{\text{PCE}} = 3I_1^2 R_1 = 3(8{,}17 \text{ A})^2(0{,}243 \text{ }\Omega) = 48{,}7 \text{ W}$$

Portanto, as perdas rotacionais a vazio são

$$P_{\text{rot}} = P_{\text{entrada, vz}} - P_{\text{PCE, vz}}$$
$$= 420 \text{ W} - 48{,}7 \text{ W} = 371{,}3 \text{ W}$$

Do ensaio de rotor bloqueado, temos

$$I_{\text{L, média}} = \frac{28{,}1 \text{ A} + 28{,}0 \text{ A} + 27{,}6 \text{ A}}{3} = 27{,}9 \text{ A}$$

A impedância de rotor bloqueado é

$$|Z_{\text{RB}}| = \frac{V_\phi}{I_A} = \frac{V_T}{\sqrt{3}I_A} = \frac{25 \text{ V}}{\sqrt{3}(27{,}9 \text{ A})} = 0{,}517 \text{ }\Omega$$

e o ângulo de impedância θ é

$$\theta = \arccos \frac{P_{\text{entrada}}}{\sqrt{3}V_T I_L}$$
$$= \arccos \frac{920 \text{ W}}{\sqrt{3}(25 \text{ V})(27{,}9 \text{ A})}$$
$$= \arccos 0{,}762 = 40{,}4°$$

Portanto, $R_{RB} = 0{,}517 \cos 40{,}4° = 0{,}394\ \Omega = R_1 + R_2$. Como $R_1 = 0{,}243\ \Omega$, então R_2 deve ser $0{,}151\ \Omega$. A reatância em 15 Hz é

$$X'_{RB} = 0{,}517\ \text{sen}\ 40{,}4° = 0{,}335\ \Omega$$

A reatância equivalente em 60 Hz é

$$X_{RB} = \frac{f_{\text{nominal}}}{f_{\text{ensaio}}} X'_{RB} = \left(\frac{60\ \text{Hz}}{15\ \text{Hz}}\right) 0{,}335\ \Omega = 1{,}34\ \Omega$$

Nos motores de indução da classe A, assume-se que essa reatância é dividida igualmente entre o rotor e o estator, de modo que

$$X_1 = X_2 = 0{,}67\ \Omega$$
$$X_M = |Z_{vz}| - X_1 = 14{,}7\ \Omega - 0{,}67\ \Omega = 14{,}03\ \Omega$$

O circuito equivalente final por fase está mostrado na Figura 6-57.

(b) Para esse circuito equivalente, os equivalentes Thévenin são encontrados a partir das Equações (6-41b), (6-44) e (6-45), obtendo-se

$$V_{TH} = 114{,}6\ \text{V} \qquad R_{TH} = 0{,}221\ \Omega \qquad X_{TH} = 0{,}67\ \Omega$$

Portanto, o escorregamento no conjugado máximo é dado por

$$s_{\max} = \frac{R_2}{\sqrt{R_{TH}^2 + (X_{TH} + X_2)^2}} \qquad (6\text{-}53)$$

$$= \frac{0{,}151\ \Omega}{\sqrt{(0{,}243\ \Omega)^2 + (0{,}67\ \Omega + 0{,}67\ \Omega)^2}} = 0{,}111 = 11{,}1\%$$

O conjugado máximo desse motor é dado por

$$\tau_{\max} = \frac{3V_{TH}^2}{2\omega_{\text{sinc}}[R_{TH} + \sqrt{R_{TH}^2 + (X_{TH} + X^2)}]} \qquad (6\text{-}54)$$

$$= \frac{3(114{,}6\ \text{V})^2}{2(188{,}5\ \text{rad/s})[0{,}221\ \Omega + \sqrt{(0{,}221\ \Omega)^2 + (0{,}67\ \Omega + 0{,}67\ \Omega)^2}]}$$

$$= 66{,}2\ \text{N} \cdot \text{m}$$

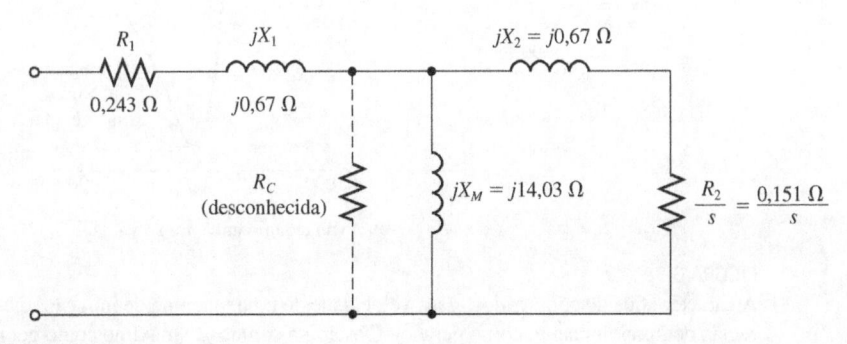

FIGURA 6-57
Circuito equivalente por fase do motor do Exemplo 6-8.

6.12 O GERADOR DE INDUÇÃO

A curva característica de conjugado *versus* velocidade da Figura 6-20 mostra que, se um motor de indução for acionado por um máquina motriz externa com uma velocidade *superior* a n_{sinc}, o sentido do seu conjugado induzido será invertido e ele funcionará como gerador. À medida que o conjugado aplicado ao seu eixo pela máquina motriz cresce, a quantidade de potência produzida pelo gerador de indução também aumenta. Como a Figura 6-58 mostra, há um conjugado induzido máximo possível no modo de funcionamento como gerador. Esse conjugado é conhecido como *conjugado máximo como gerador*.* Se uma máquina motriz aplicar ao eixo do gerador de indução um conjugado maior do que o conjugado máximo como gerador, a velocidade do gerador irá disparar.

Como gerador, uma máquina de indução tem diversas limitações. Como lhe falta um circuito de campo separado, um gerador de indução *não pode* produzir potência reativa. De fato, ela consome potência reativa e, portanto, uma fonte externa de potência reativa deve ser ligada permanentemente a ela para manter o campo magnético em seu estator. Essa fonte externa de potência reativa também deve controlar a tensão de terminal do gerador – sem corrente de campo, um gerador de indução não pode controlar sua própria tensão de saída. Normalmente, a tensão do gerador é mantida pelo sistema de potência externo ao qual ela está ligada.

A vantagem principal de um gerador de indução é sua simplicidade. Um gerador de indução não necessita de um circuito de campo separado e não precisa ser acionado continuamente com velocidade fixa. Enquanto a velocidade da máquina tiver um valor superior à velocidade n_{sinc} do sistema de potência ao qual ela está ligada,

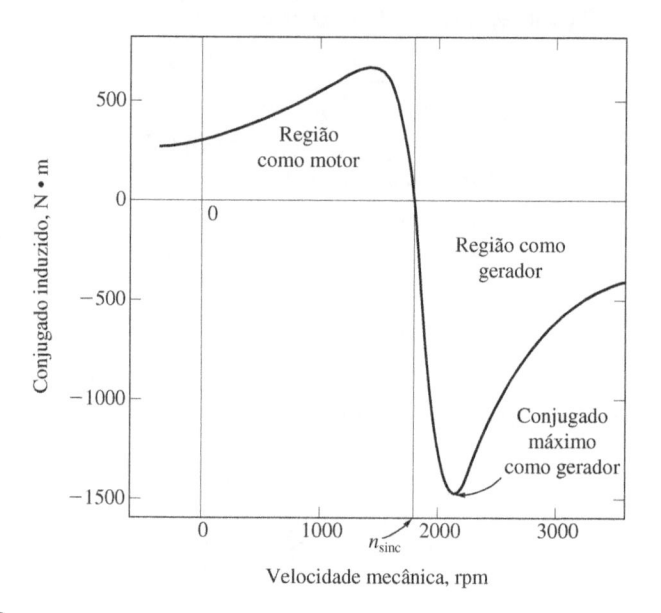

FIGURA 6-58
A característica de conjugado *versus* velocidade de uma máquina de indução, mostrando a região de funcionamento como gerador. Observe o conjugado máximo como gerador.

---

* N. de T.: *Pushover torque*, em inglês.

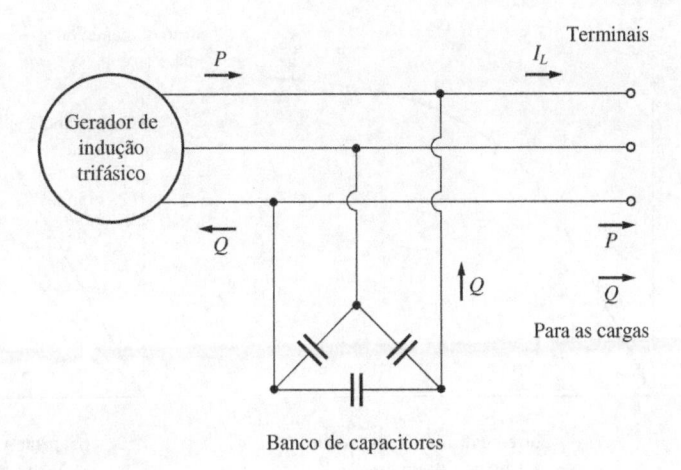

FIGURA 6-59
Um gerador de indução operando isolado com um banco de capacitores para fornecer potência reativa.

ela funcionará como gerador. Quanto maior o conjugado aplicado ao seu eixo (até um certo ponto), maior será a potência de saída resultante. O fato de não haver necessidade de um controle sofisticado faz com que esse gerador seja uma boa escolha para geradores eólicos, sistemas recuperadores de calor e fontes suplementares similares de potência que são conectadas a um sistema de potência. Em tais aplicações, a correção do fator de potência pode ser propiciada por capacitores e a tensão de terminal do gerador pode ser controlada pelo sistema de potência externo.

O gerador de indução operando isolado

Uma máquina de indução também pode funcionar como um gerador isolado, independentemente de qualquer sistema de potência, desde que capacitores estejam disponíveis para fornecer a potência reativa requerida pelo gerador e por quaisquer outras cargas acopladas. Esse gerador de indução isolado está mostrado na Figura 6-59.

A corrente de magnetização I_M exigida por uma máquina de indução em função da tensão de terminal pode ser obtida fazendo a máquina funcionar como um motor a vazio e medindo sua corrente de armadura em função da tensão de terminal. Essa curva de magnetização está mostrada na Figura 6-60a. Para alcançar um dado nível de tensão em um gerador de indução, capacitores externos deverão suprir a corrente de magnetização correspondente àquele nível.

Como a corrente reativa que um capacitor pode fornecer é *diretamente proporcional* à tensão que lhe é aplicada, o lugar de todas as combinações possíveis de tensão e corrente de um capacitor é uma linha reta. Tal gráfico de tensão *versus* corrente para uma dada frequência está mostrado na Figura 6-60b. *Se um conjunto trifásico de capacitores for conectado aos terminais de um gerador de indução, a tensão a vazio do gerador de indução será a intersecção da curva de magnetização do gerador e da reta de carga do capacitor.* A tensão de terminal a vazio de um gerador de indução para três conjuntos diferentes de capacitores está mostrada na Figura 6-60c.

Quando um gerador de indução começa a funcionar, como surge sua tensão? Inicialmente, quando um gerador de indução começa a girar, o magnetismo residual

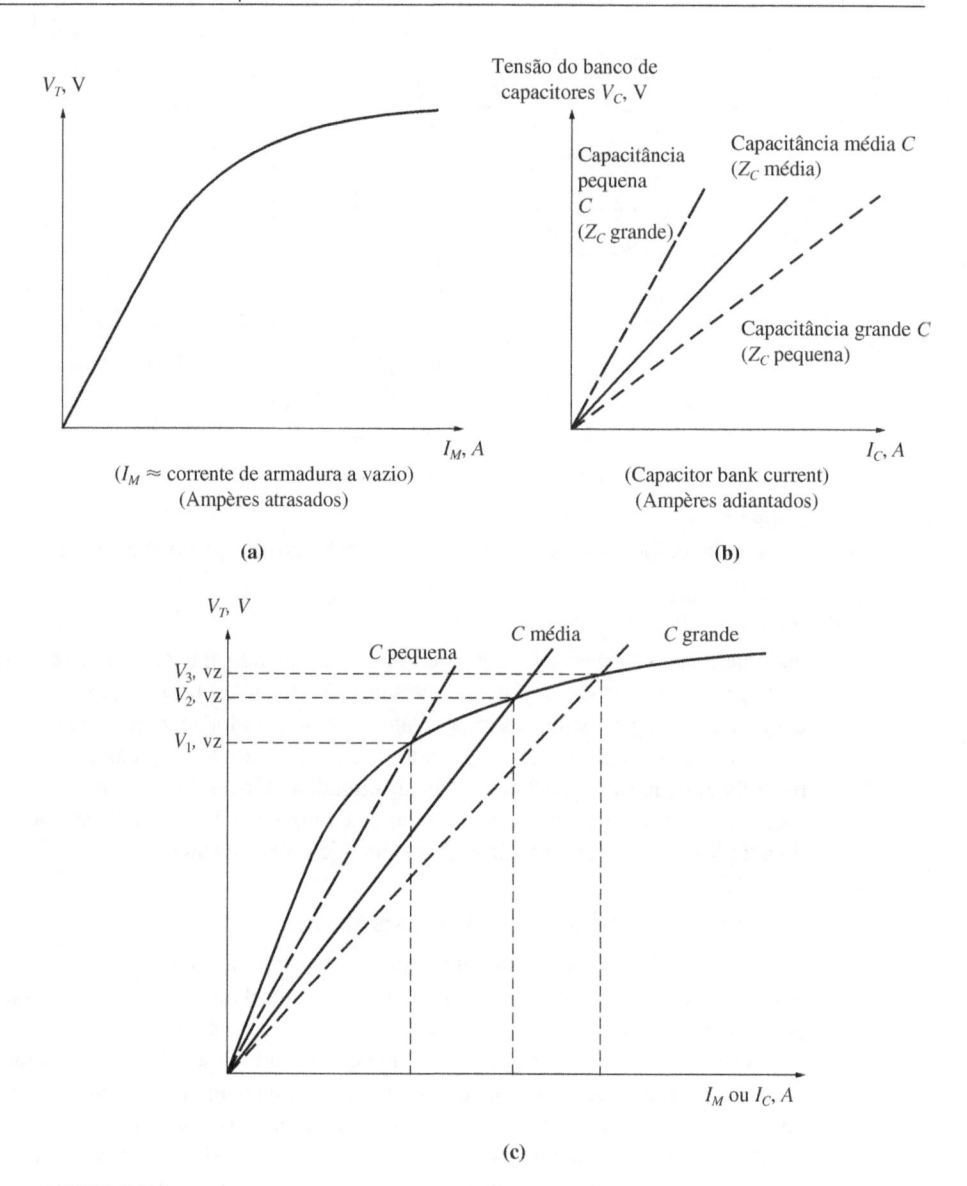

FIGURA 6-60
(a) A curva de magnetização de uma máquina de indução. Trata-se do gráfico da tensão de terminal da máquina em função da sua corrente de magnetização (que está *atrasada* em relação à tensão de fase em aproximadamente 90°) . (b) Gráfico da característica de tensão *versus* corrente de um banco de capacitores. Observe que, quanto maior a capacitância, maior será a corrente para uma dada tensão. Essa corrente está *adiantada* em relação à tensão de fase em aproximadamente 90°. (c) A tensão de terminal a vazio de um gerador de indução isolado pode ser encontrada plotando a característica de terminal do gerador e a característica de tensão *versus* corrente do capacitor no mesmo gráfico. A intersecção das duas curvas é o ponto onde a potência reativa demandada pelo gerador é suprida exatamente pelos capacitores. Esse ponto fornece a *tensão de terminal a vazio* do gerador.

presente no seu circuito de campo produz uma pequena tensão. Essa pequena tensão produz um fluxo capacitivo de corrente que faz aumentar a tensão. Isso por sua vez aumenta mais a corrente capacitiva e assim por diante, até que atinja a velocidade normal. Se não houver fluxo residual no rotor do gerador de indução, não haverá surgimento de tensão. Nesse caso, ele deverá ser magnetizado fazendo o gerador funcionar momentaneamente como motor.

O problema mais sério com um gerador de indução é que sua tensão varia grandemente com as mudanças de carga, especialmente as cargas reativas. A Figura 6-61 mostra curvas características de terminal, típicas de um gerador de indução que está funcionando isolado, com uma capacitância em paralelo constante. Observe que, no caso de carga indutiva, a tensão entra *muito* rapidamente em colapso. Isso ocorre porque os capacitores fixos devem suprir toda a potência reativa requerida por ambos, o gerador e a carga. Qualquer potência reativa desviada para a carga faz o gerador retroceder em sua curva de magnetização, causando uma queda acentuada na tensão do gerador. Portanto, é muito difícil dar partida a um motor de indução que está ligado a um sistema de potência alimentado por um gerador de indução – técnicas especiais devem ser empregadas para aumentar a capacitância efetiva durante a partida e então diminuí-la durante o funcionamento normal

Devido à natureza da característica de conjugado *versus* velocidade da máquina de indução, a frequência de um gerador de indução varia com as mudanças de carga: mas, como a característica de conjugado *versus* velocidade tem uma inclinação muito acentuada na faixa normal de operação, a variação total de frequência é limitada usualmente a menos de 5%. Essa faixa de variação pode ser bem aceitável em muitas aplicações de geradores isolados ou de emergência.

Aplicações do gerador de indução

Os geradores de indução estiveram em uso desde o início do século XX, mas, nas décadas de 1960 e 1970, eles deixaram de ser usados em grande escala. Entretanto, o gerador de indução ressurgiu com a crise do preço do petróleo de 1973. Com os custos de energia muito elevados, a recuperação de energia tornou-se uma parte importante da economia em muitos processos industriais. O gerador de indução é ideal para tais aplicações porque requer muito pouco em termos de sistemas de controle ou de manutenção.

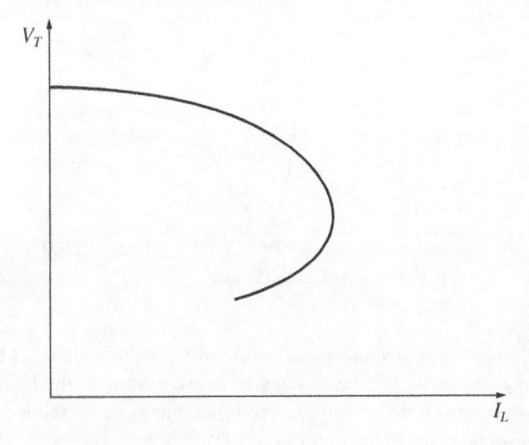

FIGURA 6-61
A característica de tensão *versus* corrente de um gerador de indução para uma carga com fator de potência atrasado constante.

Devido à sua simplicidade e ao pequeno tamanho por quilowatt de potência de saída, os geradores de indução são também muito indicados para geradores eólicos de pequeno porte. Muitos geradores eólicos à venda no comércio são projetados para operar em paralelo com os grandes sistemas de potência, fornecendo uma fração das necessidades totais de potência dos consumidores. Nessa forma de operação, pode-se deixar o controle de tensão e frequência com o sistema de potência. Além disso, capacitores estáticos podem ser usados para corrigir o fator de potência.

É interessante observar que as máquinas de indução de rotor bobinado vêm ressurgindo na forma de geradores de indução eólicos. Como foi mencionado anteriormente, as máquinas de rotor bobinado são mais caras do que as máquinas com rotor de gaiola de esquilo e requerem mais manutenção devido aos anéis deslizantes e às escovas incluídas na sua construção. Entretanto, as máquinas de rotor bobinado permitem controlar a resistência do rotor, como foi discutido na Seção 6-9. A inserção ou remoção da resistência do rotor altera a forma da característica de conjugado *versus* velocidade e, portanto, a velocidade de funcionamento da máquina (veja a Figura 6-45).

Essa característica das máquinas de rotor bobinado pode ser muito importante para os geradores de indução eólicos. O vento é uma forma de energia bem mutável e incerta: algumas vezes sopra fortemente, algumas vezes sopra fracamente e algumas não sopra. Para usar uma máquina de indução comum com gaiola de esquilo como gerador, o vento deve estar girando o eixo da máquina com uma velocidade entre n_{sinc} e a velocidade máxima como gerador (como mostrado na Figura 6-58). Essa é uma faixa relativamente estreita de velocidades, limitando as condições de vento dentro das quais um gerador eólico pode ser usado.

Nesse caso, as máquinas de rotor bobinado são melhores porque é possível inserir uma resistência de rotor e assim alterar a forma da característica de conjugado

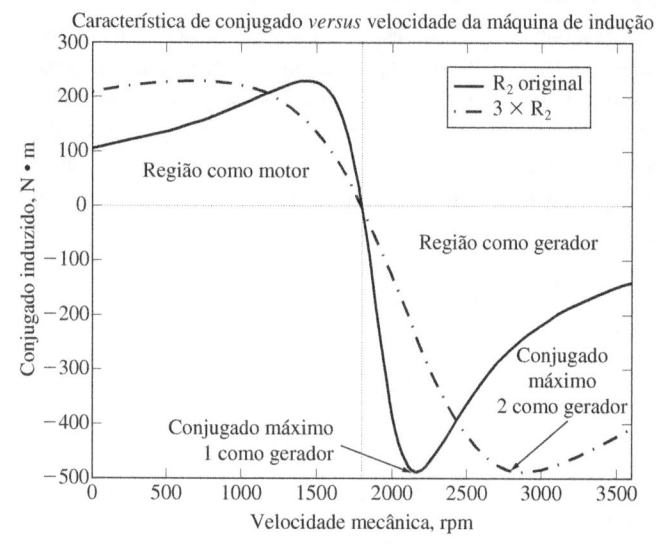

FIGURA 6-62
A característica de conjugado *versus* velocidade de um gerador de indução de rotor bobinado, com a resistência de rotor original e com três vezes a resistência de rotor original. Observe que a faixa de velocidades dentro da qual a máquina pode funcionar como gerador é aumentada grandemente pelo acréscimo de resistência ao rotor.

versus velocidade. A Figura 6-62 dá um exemplo de máquina de indução de rotor bobinado, com a resistência de rotor R_2 original e a resistência de rotor triplicada $3R_2$. Observe que o conjugado máximo como gerador é o mesmo em ambos os casos, mas a faixa de velocidades entre n_{sinc} e a velocidade máxima como gerador é muito maior quando o gerador está com a resistência de rotor inserida. Isso permite que o gerador produza potência útil em uma faixa mais ampla de velocidades do vento.

Praticamente, nos geradores modernos de indução de rotor bobinado, controladores de estado sólido substituem os resistores para ajustar a resistência de rotor efetiva. Entretanto, o efeito sobre a característica de conjugado *versus* velocidade é o mesmo.

6.13 ESPECIFICAÇÕES NOMINAIS DO MOTOR DE INDUÇÃO

A Figura 6-63 mostra uma placa de identificação de um motor de indução típico de pequeno a médio porte e eficiência elevada. As especificações nominais mais importantes presentes na placa são

1. Potência de saída (essa potência será em HP (*horsepower*) nos Estados Unidos e em quilowatts no restante do mundo.)
2. Tensão
3. Corrente
4. Fator de potência

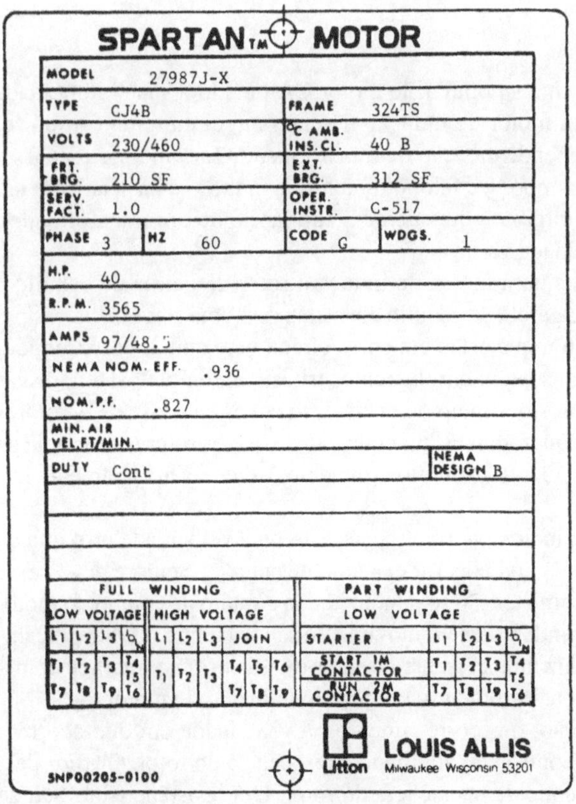

FIGURA 6-63
Placa de identificação de um motor de indução típico de eficiência elevada. (*Cortesia de MagneTek, Inc.*)

5. Velocidade
6. Eficiência nominal
7. Classe de projeto NEMA
8. Código de partida

A placa de identificação de um motor típico de indução de eficiência padrão seria similar, exceto pelo fato de que ele poderia não mostrar a eficiência nominal.

O limite de tensão do motor baseia-se na corrente de magnetização máxima aceitável, porque quanto maior a tensão, mais saturado torna-se o ferro do motor e mais elevada fica a corrente de magnetização. Como no caso dos transformadores e das máquinas síncronas, um motor de indução de 60 Hz poderá ser usado em um sistema de potência de 50 Hz, mas somente se a tensão nominal for diminuída proporcionalmente à diminuição da frequência. Essa redução do valor nominal é necessária porque o fluxo no núcleo do motor é proporcional à integral da tensão aplicada. Para manter constante o fluxo máximo no núcleo, quando o intervalo de integração aumenta, o nível de tensão médio deve diminuir.

O limite de corrente de um motor de indução baseia-se no aquecimento máximo aceitável nos enrolamentos do motor. O limite de potência é definido pela combinação da tensão e da corrente nominais, juntamente com o fator de potência e a eficiência da máquina.

As classes de projeto NEMA, as letras dos códigos de partida e as eficiências nominais foram discutidas em seções anteriores deste capítulo.

6.14 SÍNTESE DO CAPÍTULO

O motor de indução é o tipo mais popular de motor CA devido à sua simplicidade e facilidade de operação. Um motor de indução não tem um circuito de campo separado. Em vez disso, ele depende da ação de transformador para induzir tensões e correntes no seu circuito de campo. De fato, um motor de indução é basicamente um transformador rotativo. Seu circuito equivalente é similar ao de um transformador, exceto pelos efeitos da velocidade variável.

Há dois tipos de rotores para motor de indução: rotor de gaiola de esquilo e rotor bobinado. Os rotores de gaiola de esquilo consistem em uma série de barras paralelas em torno de todo o rotor, que estão em curto-circuito em ambas as extremidades. Os rotores bobinados apresentam enrolamentos trifásicos completos, tendo suas fases trazidas para fora do rotor por meio de anéis deslizantes e escovas. Os rotores bobinados são mais caros e requerem mais manutenção do que os rotores de gaiola de esquilo. Por essa razão, eles são usados muito raramente (exceto ocasionalmente nos geradores de indução).

Um motor de indução funciona normalmente com uma velocidade próxima da velocidade síncrona, mas nunca pode operar exatamente em n_{sinc}. Sempre deve haver movimento relativo para que uma tensão seja induzida no circuito de campo do motor de indução. A tensão de rotor induzida pelo movimento relativo entre o rotor e o campo magnético do estator produz uma corrente no rotor e essa corrente interage com o campo magnético do estator para produzir o conjugado induzido no motor.

Em um motor de indução, o escorregamento ou velocidade em que ocorre o conjugado máximo pode ser controlado alterando a resistência do rotor. O *valor* desse conjugado máximo independe da resistência do rotor. Um resistência elevada de rotor baixa a velocidade na qual ocorre o conjugado máximo, aumentando assim o conjugado de partida do motor. Entretanto, o preço por esse conjugado de partida é uma regulação da velocidade muito pobre na faixa normal de funcionamento. Uma resistência de rotor baixa, por outro lado, reduz o conjugado de partida do motor e melhora a regulação de velocidade. Qualquer projeto normal de motor de indução deve ser um compromisso entre esses dois requisitos conflitantes.

Uma maneira de conseguir tal compromisso é através do emprego de rotores de barras profundas ou de dupla gaiola de esquilo. Esses rotores têm uma resistência efetiva elevada na partida e uma resistência efetiva baixa em condições normais de funcionamento. Isso resulta em um conjugado de partida elevado e também em uma boa regulação de velocidade no mesmo motor. O mesmo efeito poderá ser alcançado com um motor de indução de rotor bobinado se a resistência de campo do rotor for variada.

Os motores de indução são classificados em uma série de classes de projeto NEMA, de acordo com suas características de conjugado *versus* velocidade. Os motores da classe A são motores de indução padrão, com conjugado de partida normal, corrente de partida relativamente alta, baixo escorregamento e conjugado máximo elevado. Quando estão ligados diretamente à linha de potência, esses motores podem causar problemas de partida devido às elevadas correntes. Os motores da classe B são construídos com barras profundas para produzir conjugado de partida normal, corrente de partida mais baixa, escorregamento um pouco mais elevado e conjugado máximo um pouco menor, se comparados com os motores da classe A. Como eles requerem em torno de 25% menos corrente de partida, esses motores trabalham melhor em aplicações nas quais o sistema de potência não pode atender a demanda de surtos de corrente elevada. Os motores da classe C são construídos com barras profundas ou com dupla gaiola de esquilo para produzir um conjugado de partida elevado com baixa corrente de partida, à custa de um escorregamento maior e um conjugado máximo menor. Esses motores podem ser usados em aplicações nas quais é necessário um conjugado de partida elevado sem consumir correntes excessivas de linha. Os motores da classe D usam barras de resistência elevada para produzir conjugados muito elevados de partida com correntes baixas, à custa de um escorregamento muito alto. O conjugado máximo é bem elevado nesta classe, porém ele poderá ocorrer com escorregamentos extremamente altos.

O controle de velocidade dos motores de indução pode ser obtido pela alteração do número de polos da máquina, pela mudança da frequência elétrica aplicada, pela variação da tensão de terminal aplicada ou pela modificação da resistência do rotor no caso de um motor de indução de rotor bobinado. Todas essas técnicas são usadas regularmente (exceto no caso de variação da resistência do rotor), mas de longe a técnica mais comum atualmente utilizada é a mudança da frequência elétrica aplicada por meio de um acionamento (inversor) de estado sólido.

Um motor de indução tem uma corrente de partida que é muitas vezes a corrente nominal do motor. Isso pode causar problemas para os sistemas de potência aos quais os motores estão conectados. A corrente de partida de um dado motor de indução é especificada por uma letra de código NEMA, que está gravada na placa de identificação do motor. Quando essa corrente de partida é alta demais para ser fornecida pelo sistema de potência, circuitos de partida de motor são usados para reduzir a corrente de partida a um nível seguro. Durante a partida, os circuitos de partida podem mudar as ligações do motor de Δ para Y, podem inserir resistores extras ou podem reduzir a tensão aplicada (e a frequência).

A máquina de indução também pode ser usada como gerador desde que haja alguma fonte de potência reativa (capacitores ou uma máquina síncrona) disponível no sistema de potência. Um gerador de indução que está operando isolado tem sérios problemas de regulação de tensão, mas, quando ele funciona em paralelo com um grande sistema de potência, o sistema de potência pode controlar a tensão da máquina. Usualmente, os geradores de indução são máquinas relativamente pequenas e são usadas principalmente com fontes alternativas de energia, como geradores eólicos ou sistemas de recuperação de energia. Quase todos os geradores realmente de grande porte em uso são síncronos.

PERGUNTAS

6.1 O que são o escorregamento e a velocidade de escorregamento de um motor de indução?

6.2 Como um motor de indução desenvolve conjugado?

6.3 Por que é impossível para um motor de indução operar na velocidade síncrona?

6.4 Construa e explique a forma da curva característica de conjugado *versus* velocidade típica de um motor de indução.

6.5 Que elemento do circuito equivalente tem controle mais direto sobre a velocidade na qual ocorre o conjugado máximo?

6.6 O que é um rotor gaiola de esquilo de barras profundas? Por que é usado? Que classe(s) de projeto NEMA pode(m) ser construído(s) com ele?

6.7 O que é um rotor de dupla gaiola de esquilo? Por que é usado? Que classe(s) de projeto NEMA pode(m) ser construído(s) com ele?

6.8 Descreva as características e usos dos motores de indução de rotor bobinado e de cada uma das classes de projeto NEMA dos motores de gaiola de esquilo.

6.9 Por que a eficiência de um motor de indução (rotor bobinado ou gaiola de esquilo) é tão pobre com escorregamentos elevados?

6.10 Mencione e descreva quatro modos de controle da velocidade dos motores de indução.

6.11 Por que é necessário reduzir a tensão aplicada a um motor de indução quando a frequência elétrica é diminuída?

6.12 Por que o controle de velocidade por tensão de terminal é limitado na faixa de funcionamento?

6.13 O que são letras de código de partida? O que elas dizem a respeito da corrente de partida de um motor de indução?

6.14 Como funciona um circuito resistivo de partida para um motor de indução?

6.15 Que informação é obtida com um ensaio de rotor bloqueado?

6.16 Que informação é obtida com um ensaio a vazio?

6.17 Que ações podem ser tomadas para melhorar a eficiência dos motores modernos de indução de eficiência elevada?

6.18 O que controla a tensão de terminal de um gerador de indução que funciona isolado?

6.19 Os geradores de indução são geralmente usados em que aplicações?

6.20 Como um motor de indução de rotor bobinado pode ser usado como conversor de frequência?

6.21 Como os diferentes padrões de tensão *versus* frequência afetam as características de conjugado *versus* velocidade de um motor de indução?

6.22 Descreva as características principais do acionamento de estado sólido para o motor de indução que foi discutido na Seção 6.10.

6.23 Dois motores de indução de 480 V e 100 HP são construídos. Um deles é projetado para funcionamento em 50 Hz e o outro, para 60 Hz, mas fora isso eles são similares. Qual dessas máquinas é a maior?

6.24 Um motor de indução está funcionando nas condições nominais. Se a carga no eixo for aumentada, como serão alteradas as seguintes grandezas?
 (a) Velocidade mecânica
 (b) Escorregamento
 (c) Tensão induzida no rotor
 (d) Corrente no rotor
 (e) Frequência do rotor
 (f) P_{PCR}
 (g) Velocidade síncrona

PROBLEMAS

6.1 Um motor de indução trifásico de 220 V, seis polos e 50 Hz está operando com um escorregamento de 3,5%. Encontre:
 (a) A velocidade dos campos magnéticos em rotações por minuto
 (b) A velocidade do rotor em rotações por minuto
 (c) A velocidade de escorregamento do rotor
 (d) A frequência do rotor em hertz

6.2 Responda às questões do Problema 6-1 para o caso de um motor de indução trifásico de 480 V, dois polos e 60 Hz, que está funcionando com um escorregamento de 0,025.

6.3 Um motor de indução trifásico de 60 Hz funciona a vazio com 715 rpm e a plena carga com 670 rpm.
 (a) Quantos polos tem este motor?
 (b) Qual é o escorregamento com carga nominal?
 (c) Qual é a velocidade com um quarto da carga nominal?
 (d) Qual é a frequência elétrica do rotor com um quarto da carga nominal?

6.4 Um motor de indução de 50 kW, 460 V, 50 Hz e dois polos, tem um escorregamento de 5% quando está funcionando em condições de plena carga. Para essas condições, as perdas por atrito e ventilação são 700 W e as no cobre são 600 W. Encontre os seguintes valores nessas condições:
 (a) A velocidade no eixo n_m
 (b) A potência de saída em watts
 (c) O conjugado de carga τ_{carga} em newtons-metros
 (d) O conjugado induzido τ_{ind} em newtons-metros
 (e) A frequência do rotor em hertz

6.5 Um motor de indução de 208 V, quatro polos, 60 Hz, ligado em Y e de rotor bobinado tem potência nominal de 30 HP. Os componentes do seu circuito equivalente são

$R_1 = 0,100 \ \Omega$ $R_2 = 0,070 \ \Omega$ $X_M = 10,0 \ \Omega$
$X_1 = 0,210 \ \Omega$ $X_2 = 0,210 \ \Omega$
$P_{mec} = 500 \ W$ $P_{diversas} \approx 0$ $P_{núcleo} = 400 \ W$

Para um escorregamento de 0,05, encontre
 (a) A corrente de linha I_L
 (b) As perdas no cobre do estator P_{PCE}

(c) A potência de entreferro P_{EF}
(d) A potência convertida da forma mecânica em elétrica P_{conv}
(e) O conjugado induzido τ_{ind}
(f) O conjugado de carga τ_{carga}
(g) A eficiência total da máquina η
(h) A velocidade do motor em rotações por minuto e em radianos por segundo

6.6 Para o motor do Problema 6-5, qual é o escorregamento no conjugado máximo? Qual é o valor desse conjugado?

6.7 (a) Calcule e plote a característica de conjugado *versus* velocidade do motor do Problema 6-5.

(b) Calcule e plote a curva de potência de saída *versus* velocidade do motor do Problema 6-5.

6.8 Para o motor do Problema 6-5, quanta resistência adicional (referida ao circuito de estator) seria necessário acrescentar ao circuito do rotor para fazer com que o conjugado máximo ocorra nas condições de partida (quando o eixo não está se movendo)? Plote a característica de conjugado *versus* velocidade desse motor com a resistência adicional inserida.

6.9 Se o motor do Problema 6-5 tiver de funcionar em um sistema de potência de 50 Hz, o que deverá ser feito com sua tensão de alimentação? Por quê? Em 50 Hz, quais serão os valores dos componentes do circuito equivalente? Responda às perguntas do Problema 6-5 com a máquina operando em 50 Hz, com um escorregamento de 0,05 e tensão adequada para essa máquina.

6.10 Um motor de indução trifásico de 60 Hz e dois polos funciona com uma velocidade de 3580 rpm a vazio e de 3440 rpm a plena carga. Calcule o escorregamento e a frequência elétrica do rotor a vazio e a plena carga. Qual é a regulação de velocidade desse motor [Equação (3-68)]?

6.11 A potência de entrada do circuito de rotor de um motor de indução de seis polos e 60 Hz é 5 kW quando está funcionando a 1100 rpm. Quais são as perdas no cobre do rotor desse motor?

6.12 A potência que cruza o entreferro de um motor de indução de 60 Hz e quatro polos é 25 kW, e a potência convertida da forma elétrica em mecânica no motor é 23,2 kW.

(a) Qual é o escorregamento do motor nesse momento?
(b) Qual é o conjugado induzido nesse motor?
(c) Assumindo que as perdas mecânicas são de 300 W com esse escorregamento, qual é o conjugado de carga do motor?

6.13 A Figura 6-18a mostra um circuito simples que consiste em uma fonte de tensão, um resistor e duas reatâncias. Encontre a tensão e impedância equivalentes Thévenin desse circuito nos terminais. A seguir, obtenha expressões para o módulo de $\mathbf{V}_{TH}$ e o valor de R_{TH}, dados pelas Equações (6-41b) e (6-44).

6.14 A Figura P6-1 mostra um circuito simples que consiste em uma fonte de tensão, dois resistores e duas reatâncias em série. Se o resistor R_L ficar livre para variar e todos os demais componentes permanecerem constantes, para qual valor de R_L a potência fornecida a este resistor será a máxima possível? *Prove* a sua resposta. (*Sugestão:* deduza uma expressão para a potência de carga em termos de V, R_S, X_S, R_L e X_L. A seguir, obtenha a derivada parcial dessa expressão em relação a R_L.) Utilize esse resultado para deduzir a expressão de conjugado máximo [Equação (6-54)].

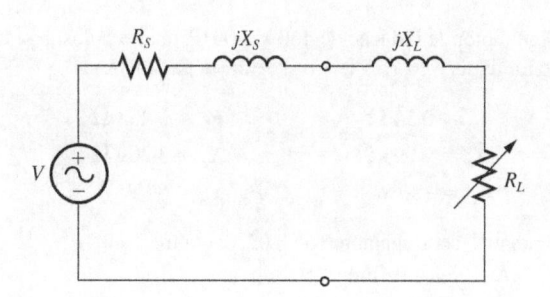

FIGURA P6-1
Circuito para o Problema 6-14.

6.15 Um motor de indução de 460 V, 60 Hz, quatro polos e ligado em Y tem potência nominal de 25 HP. Os parâmetros do seu circuito equivalente são

$R_1 = 0,15\ \Omega$ $R_2 = 0,154\ \Omega$ $X_M = 20\ \Omega$

$X_1 = 0,852\ \Omega$ $X_2 = 1,066\ \Omega$

$P_{AeV} = 400\ W$ $P_{diversas} = 150\ W$ $P_{núcleo} = 400\ W$

Para um escorregamento de 0,02, encontre

(a) A corrente de linha I_L
(b) O fator de potência do estator
(c) O fator de potência do rotor
(d) A frequência do rotor
(e) As perdas no cobre do estator P_{PCE}
(f) A potência de entreferro P_{EF}
(g) A potência convertida da forma mecânica em elétrica P_{conv}
(h) O conjugado induzido τ_{ind}
(i) O conjugado de carga τ_{carga}
(j) A eficiência total da máquina η
(k) A velocidade do motor em rotações por minuto e em radianos por segundo
(l) Qual é a letra de código para a partida desse motor?

6.16 Para o motor do Problema 6-15, qual é o conjugado máximo? Qual é o escorregamento no conjugado máximo? Qual é a velocidade do rotor no conjugado máximo?

6.17 Se o motor do Problema 6-15 for acionado com uma fonte de tensão de 460 V e 50 Hz, qual será o conjugado máximo? Qual será o escorregamento no conjugado máximo?

6.18 Plote as seguintes grandezas para o motor do Problema 6-15, quando o escorregamento varia de 0 até 10%: (a) τ_{ind} (b) P_{conv} (c) $P_{saída}$ (d) eficiência η. Com qual escorregamento, $P_{saída}$ é igual à potência nominal da máquina?

6.19 Um ensaio CC é realizado em um motor de indução de 460 V, ligado em Δ e 100 HP. Se $V_{CC} = 21$ V e $I_{CC} = 72$ A, qual será a resistência de estator R_1? *Por quê?*

6.20 No laboratório, um motor de indução da classe B (NEMA) de 208 V, seis polos, ligado em Y e 25 HP é testado, obtendo-se os seguintes resultados:

A vazio: 208 V, 24,0 A, 1400 W, 60 Hz
Rotor bloqueado: 24,6 V, 64,5 A, 2200 W, 15 Hz
Ensaio CC: 13,5 V, 64 A

Encontre o circuito equivalente desse motor e plote sua curva característica de conjugado *versus* velocidade.

6.21 Um motor de indução de 460 V, 10 HP, quatro polos, ligado em Y, classe de isolação F e fator de serviço 1,15 tem os seguintes parâmetros:

$$R_1 = 0,54\ \Omega \qquad R_2 = 0,488\ \Omega \qquad X_M = 51,12\ \Omega$$
$$X_1 = 2,093\ \Omega \qquad X_2 = 3,209\ \Omega$$
$$P_{\text{AeV}} = 150\ \text{W} \qquad P_{\text{diversas}} = 50\ \text{W} \qquad P_{\text{núcleo}} = 150\ \text{kW}$$

Para um escorregamento de 0,02, encontre

(a) A corrente de linha I_L
(b) O fator de potência do estator
(c) O fator de potência do rotor
(d) A frequência do rotor
(e) As perdas no cobre do estator P_{PCE}
(f) A potência de entreferro P_{EF}
(g) A potência convertida da forma mecânica em elétrica P_{conv}
(h) O conjugado induzido τ_{ind}
(i) O conjugado de carga τ_{carga}
(j) A eficiência total da máquina η
(k) A velocidade do motor em rotações por minuto e em radianos por segundo
(l) Construa o diagrama do fluxo de potência desse motor
(m) Qual é a letra de código para a partida do motor?
(n) Dada a classe de isolação do motor, qual é o aumento de temperatura máximo aceitável?
(o) Que o fator de serviço desse motor significa?

6.22 Plote a característica de conjugado *versus* velocidade do motor do Problema 6-21. Qual é o conjugado de partida desse motor?

6.23 Um motor de indução trifásico de 460 V, quatro polos, 75 HP, 60 Hz e ligado em Y, desenvolve seu conjugado induzido de plena carga com 3,5% de escorregamento quando está operando em 60 Hz e 460 V. As impedâncias por fase do modelo de circuito do motor são

$$R_1 = 0,058\ \Omega \qquad X_M = 18\ \Omega$$
$$X_1 = 0,32\ \Omega \qquad X_2 = 0,386\ \Omega$$

As perdas mecânicas, no núcleo e suplementares podem ser ignoradas neste problema.

(a) Encontre o valor da resistência de rotor R_2.
(b) Para este motor, encontre τ_{max}, s_{max} e a velocidade do rotor no conjugado máximo.
(c) Encontre o conjugado de partida do motor.
(d) Qual é a letra de código que deve ser atribuída ao motor?

6.24 Responda às seguintes questões sobre o motor do Problema 6-21.

(a) Se a partida desse motor for realizada a partir de um barramento de 460 V, quanta corrente circulará no motor durante a partida?
(b) Se uma linha de transmissão com uma impedância de $0,50 + j0,35\ \Omega$ por fase for usada para conectar o motor de indução ao barramento infinito, qual será a corrente de partida do motor? Qual será a tensão de terminal do motor na partida?
(c) Se um autotransformador ideal abaixador de 1,4:1 for ligado entre a linha de transmissão e o motor, qual será a corrente na linha de transmissão durante a partida? Qual será a tensão no lado do motor da linha de transmissão durante a partida?

6.25 Neste capítulo, aprendemos que um autotransformador abaixador pode ser usado para reduzir a corrente de partida consumida por um motor de indução. Embora essa técnica funcione, um autotransformador é relativamente caro. Um modo bem mais barato para reduzir a corrente de partida é utilizar um dispositivo denominado *circuito ou chave de partida* Y-Δ (descrito anteriormente neste capítulo). Se um motor de indução for ligado normalmente em Δ, então será possível reduzir sua tensão de fase V (e consequentemente a sua corrente de partida) simplesmente trocando a ligação dos enrolamentos do estator para Y durante a partida e, a seguir, voltando a ligar em Δ quando o motor tiver atingido a velocidade de funcionamento. Responda às seguintes perguntas sobre esse tipo de circuito de partida.

(a) Como a tensão de fase durante a partida é comparada com a tensão de fase durante o funcionamento normal?

(b) Como a corrente de partida do motor ligado em Y é comparada com a corrente de partida no caso de o motor permanecer ligado em Δ durante a partida?

6.26 Um motor de indução trifásico de 460 V, 50 HP, seis polos, ligado em Δ e 60 Hz, tem um escorregamento de plena carga de 4%, uma eficiência de 91% e um fator de potência de 0,87 atrasado. Na partida, o motor desenvolve 1,75 vezes o conjugado de plena carga, mas consome 7 vezes a corrente nominal na tensão nominal. A partida desse motor deve ser realizada com um autotransformador de tensão reduzida.

(a) Qual deverá ser a tensão de saída do circuito de partida para reduzir o conjugado de partida até que ele seja igual ao conjugado nominal do motor?

(b) Quais serão a corrente de partida do motor e a corrente consumida da fonte de potência nessa tensão?

6.27 Um motor de indução de rotor bobinado está operando na tensão e frequência nominais com seus anéis deslizantes em curto-circuito e com uma carga em torno de 25% do valor nominal da máquina. Se a resistência de rotor dessa máquina for dobrada pela inserção de resistores externos no circuito do rotor, explique o que acontecerá ao:

(a) Escorregamento s
(b) Velocidade do motor n_m
(c) A tensão induzida no rotor
(d) A corrente do rotor
(e) τ_{ind}
(f) $P_{saída}$
(g) P_{PCR}
(h) Eficiência total η

6.28 Um motor de indução de 460 V, 75 HP, quatro polos e ligado em Y tem os seguintes parâmetros:

$R_1 = 0,058\ \Omega$ $R_2 = 0,037\ \Omega$ $X_M = 9,24\ \Omega$
$X_1 = 0,320\ \Omega$ $X_2 = 0,386\ \Omega$
$P_{AeV} = 650\ W$ $P_{diversas} = 150\ W$ $P_{núcleo} = 600\ kW$

Para um escorregamento de 0,01, encontre

(a) A corrente de linha I_L
(b) O fator de potência do estator
(c) O fator de potência do rotor
(d) A frequência do rotor
(e) As perdas no cobre do estator P_{PCE}

(f) A potência de entreferro P_{EF}
(g) A potência convertida da forma mecânica em elétrica P_{conv}
(h) O conjugado induzido τ_{ind}
(i) O conjugado de carga τ_{carga}
(j) A eficiência total da máquina η
(k) A velocidade do motor em rotações por minuto e em radianos por segundo
(l) Construa o diagrama do fluxo de potência desse motor
(m) Qual é a letra de código para a partida do motor?

6.29 Plote a característica de conjugado *versus* velocidade do motor do Problema 6-28. Qual é o conjugado de partida desse motor?

6.30 Responda às seguintes perguntas a respeito de um motor de indução de 460 V, ligado em Δ, dois polos, 100 HP, 60 Hz e letra F de código de partida:
(a) Que corrente de partida máxima que deve ser levada em consideração ao projetar o controlador de partida da máquina?
(b) Se o controlador for projetado para trocar a ligação dos enrolamentos do estator de Δ para Y durante a partida, que corrente de partida máxima e deve ser levada em consideração ao projetar o controlador de partida da máquina?
(c) Se for usado um autotransformador abaixador de 1,25:1 durante a partida, que corrente máxima de partida deve ser levada em consideração ao projetar o autotransformador?

6.31 Quando há necessidade de parar muito rapidamente um motor de indução, muitos controladores de motor de indução invertem o sentido de rotação dos campos magnéticos pela troca dos terminais de dois enrolamentos do estator. Quando o sentido de rotação dos campos magnéticos é invertido, o motor desenvolve um conjugado induzido oposto ao sentido de rotação naquele momento. Desse modo, ele rapidamente pára e tenta começar a girar no sentido oposto. Se a potência elétrica for removida do circuito de estator no instante quando a velocidade do rotor está passando por zero, o motor será parado muito rapidamente. Essa técnica de frenagem rápida de um motor de indução é denominada *frenagem por inversão de fase**. O motor do Problema 6-21 está funcionando em condições nominais e deve ser parado com frenagem por inversão de fase.
(a) Qual é o escorregamento s antes da frenagem por inversão de fase?
(b) Qual é a frequência do rotor antes da frenagem por inversão de fase?
(c) Qual é o conjugado induzido τ_{ind} antes da frenagem por inversão de fase?
(d) Qual é o escorregamento s imediatamente após a troca dos terminais do estator?
(e) Qual é a frequência do rotor imediatamente após a troca dos terminais do estator?
(f) Qual é conjugado induzido τ_{ind} imediatamente após a troca dos terminais do estator?

6.32 Um motor de indução de 460 V, 10 HP, dois polos e ligado em Y tem os seguintes parâmetros:

$R_1 = 0,54\ \Omega$ $\qquad X_1 = 2,093\ \Omega$ $\qquad X_M = 51,12\ \Omega$
$P_{AeV} = 150\ W$ $\qquad P_{diversas} = 50\ W$ $\qquad P_{núcleo} = 150\ kW$

O rotor é do tipo de dupla gaiola de esquilo, com barras externas fortemente concatenadas de resistência elevada e barras internas fracamente concatenadas de resistência baixa (veja a Figura 6-25c). Os parâmetros das barras externas são

$R_{2e} = 4,80\ \Omega \qquad X_{2e} = 3,75\ \Omega$

---
* N. de T.: *Plugging*, em inglês.

A resistência é alta devido à pequena área da seção reta e a reatância é relativamente baixa devido ao forte concatenamento entre o rotor e o estator. Os parâmetros das barras internas são

$$R_{2i} = 0{,}573\ \Omega \qquad X_{2i} = 4{,}65\ \Omega$$

A resistência é baixa devido à grande área da seção reta, mas a reatância é relativamente alta devido ao concatenamento bem fraco entre o rotor e o estator.

Calcule a característica de conjugado *versus* velocidade desse motor de indução e compare-a com a característica de conjugado *versus* velocidade do motor de indução de rotor simples do Problema 6-21. De que forma as curvas diferem entre si? Explique as diferenças.

REFERÊNCIAS

1. Alger, Phillip. *Induction Machines*, 2ª ed., Gordon and Breach, Nova York, 1970.
2. Del Toro, V.: *Electric Machines and Power Systems*. Prentice-Hall, Englewood Cliffs, N.J., 1985.
3. Fitzgerald, A. E. e C. Kingsley, Jr. *Electric Machinery*. McGraw-Hill, Nova York, 1952.
4. Fitzgerald, A. E., C. Kingsley, Jr. e S. D. Umans: *Electric Machinery*, 6ª ed., McGraw-Hill, Nova York, 2003.
5. Institute of Electrical and Electronics Engineers. *Standard Test Procedure for Polyphase Induction Motors and Generators*, IEEE Standard 112-1996, IEEE, Nova York, 1996.
6. Kosow, Irving L.: *Control of Electric Motors*. Prentice-Hall, Englewood Cliffs, N.J., 1972.
7. McPherson, George. *An Introduction to Electrical Machines and Transformers*. Wiley, Nova York, 1981.
8. National Electrical Manufacturers Association: *Motors and Generators*, Publicação MG1-2006, NEMA, Washington, 2006.
9. Slemon, G. R. e A. Straughen: *Electric Machines*, Addison-Wesley, Reading, Mass., 1980.
10. Vithayathil, Joseph: *Power Electronics: Principles and Applications*, McGraw-Hill, Nova York, 1995.
11. Werninck, E. H. (ed.): *Electric Motor Handbook*, McGraw-Hill, London, 1978.

capítulo

7

Fundamentos de máquinas CC

OBJETIVOS DE APRENDIZAGEM

- Compreender como a tensão é induzida em uma espira simples em rotação.
- Compreender como as faces polares curvas contribuem para um fluxo constante e assim para tensões de saída mais constantes.
- Compreender e saber usar a equação da tensão e do conjugado induzidos em uma máquina CC.
- Compreender a comutação.
- Compreender os problemas da comutação, incluindo a reação de armadura e os efeitos $L\frac{di}{dt}$
- Compreender o diagrama de fluxo de potência das máquinas CC.

As máquinas CC são geradores que convertem a energia mecânica em energia elétrica CC e motores que convertem a energia elétrica CC em energia mecânica. A maioria das máquinas CC é como as máquinas CA no sentido de que elas contêm tensões e correntes CA em seu interior – as máquinas CC têm um saída CC somente porque existe um mecanismo que converte as tensões CA internas em tensões CC em seus terminais. Como esse mecanismo é denominado comutador, as máquinas CC são também conhecidas como *máquinas de comutação*.

Os princípios fundamentais envolvidos no funcionamento das máquinas CC são muito simples. Infelizmente, algumas vezes essa simplicidade fica obscurecida pela construção complicada das máquinas reais. Este capítulo explicará primeiro os princípios de funcionamento da máquina CC usando exemplos simples e, em seguida, discutirá algumas das complicações que ocorrem nas máquinas CC reais.

7.1 UMA ESPIRA SIMPLES GIRANDO ENTRE FACES POLARES CURVADAS

A máquina linear estudada na Seção 1.8 serviu de introdução ao comportamento básico das máquinas elétricas. Sua resposta às cargas e aos campos magnéticos variáveis assemelha-se estreitamente ao comportamento dos geradores e motores CC reais que estudaremos no Capítulo 8. Entretanto, os geradores e motores reais não se movem em uma linha reta – eles *giram*. O próximo passo em direção à compreensão das máquinas CC reais é estudar o exemplo mais simples de máquina rotativa.

O exemplo mais simples de máquina rotativa CC está mostrado na Figura 7-1. Ele consiste em uma única espira de fio girando em torno de um eixo fixo. A parte rotativa dessa máquina é denominada *rotor* e a parte estacionária é denominada *estator*. O campo magnético da máquina é alimentado pelos polos norte e sul mostrados na Figura 7-1.

Observe que a espira de fio do rotor está colocada em uma ranhura encaixada em um núcleo ferromagnético. O rotor de ferro, juntamente com a forma curvada das faces dos polos, propicia um entreferro de ar com largura constante entre o rotor e o estator. Lembre-se do Capítulo 1 que a relutância do ar é muito superior à relutância do ferro na máquina. Para minimizar a relutância do caminho de fluxo através da máquina, o fluxo magnético deve percorrer o caminho mais curto possível entre a face do polo e a superfície do rotor.

Como o fluxo magnético deve tomar o caminho mais curto através do ar, ele é *perpendicular* à superfície do rotor em todos os pontos debaixo das faces polares. Também, como o entreferro tem largura uniforme, a relutância é a mesma em qualquer ponto debaixo das faces polares. A relutância uniforme significa que a densidade de fluxo magnético é constante em todos os pontos debaixo das faces polares.

A tensão induzida em uma espira em rotação

Se o rotor dessa máquina girar, uma tensão será induzida na espira de fio. Para determinar o valor e a forma da tensão, examine a Figura 7-2. A espira de fio mostrada é retangular, com os lados *ab* e *cd* perpendiculares ao plano da página e com os lados *bc* e *da* paralelos ao plano da página. O campo magnético é constante e perpendicular à superfície do rotor em todos os pontos debaixo das faces polares e rapidamente cai a zero além das bordas dos polos.

Para determinar a tensão total e_{tot} na espira, examine cada segmento da espira separadamente e some todas as tensões resultantes. A tensão em cada segmento é dada pela Equação (1-45):

$$e_{ind} = (\mathbf{v} \times \mathbf{B}) \cdot \mathbf{l} \qquad (1\text{-}45)$$

1. *Segmento ab*. Nesse segmento, a velocidade do fio é tangencial ao círculo descrito pela rotação. O campo magnético **B** aponta perpendicularmente para *fora* da superfície em todos os pontos debaixo da face do polo e é zero além das bordas da face do polo. Debaixo da face polar, a velocidade **v** é perpendicular a **B** e o produto **v** × **B** aponta para dentro da página. Portanto, a tensão induzida no segmento é

$$e_{ba} = (\mathbf{v} \times \mathbf{B}) \cdot \mathbf{l}$$
$$= \begin{cases} vBl & \text{positiva para dentro da página} \quad \text{debaixo da face do polo} \\ 0 & \text{além das bordas do polo} \end{cases} \quad (7\text{-}1)$$

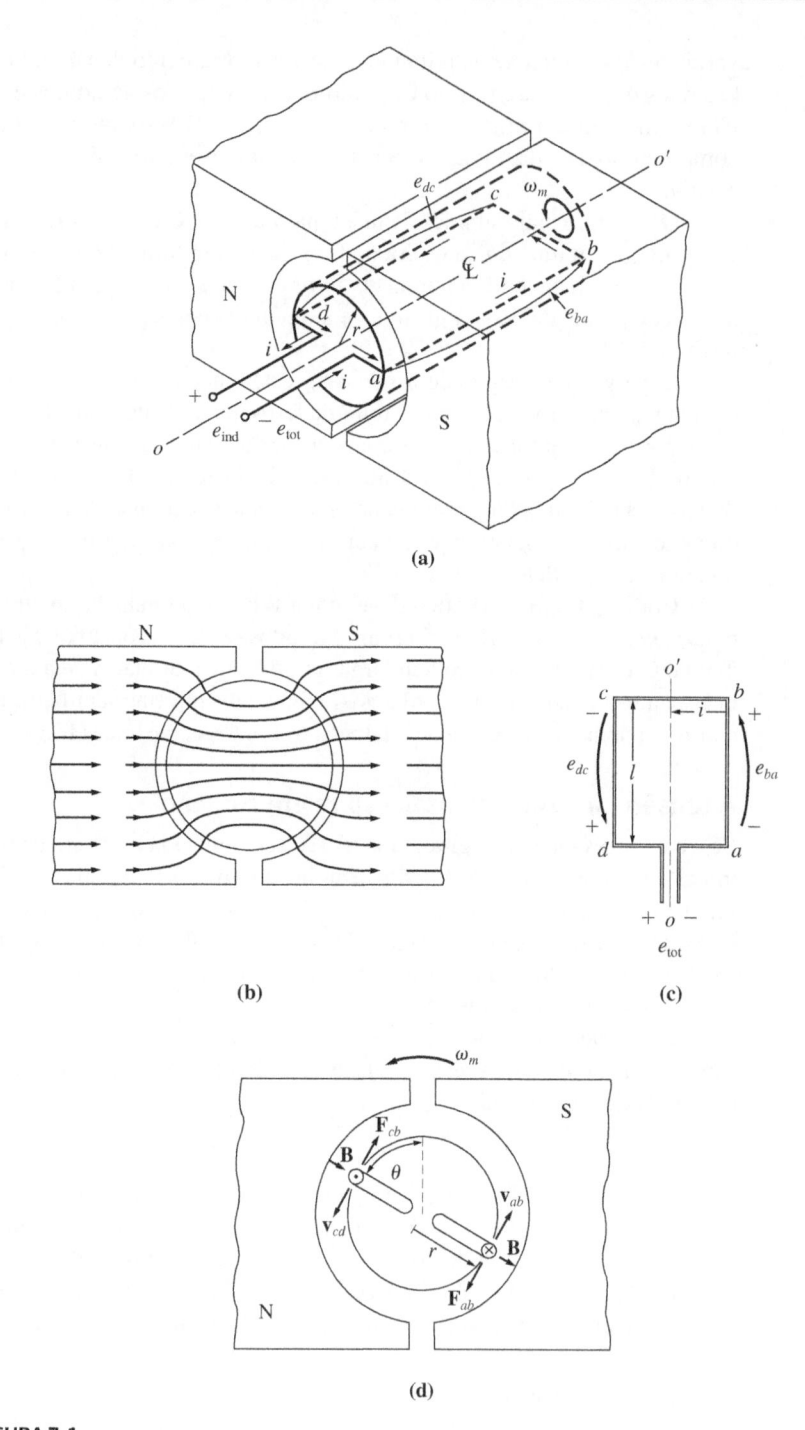

FIGURA 7-1
Uma espira simples girando entre as faces curvadas dos polos. (a) Vista em perspectiva; (b) vista das linhas de campo; (c) vista superior; (d) vista frontal.

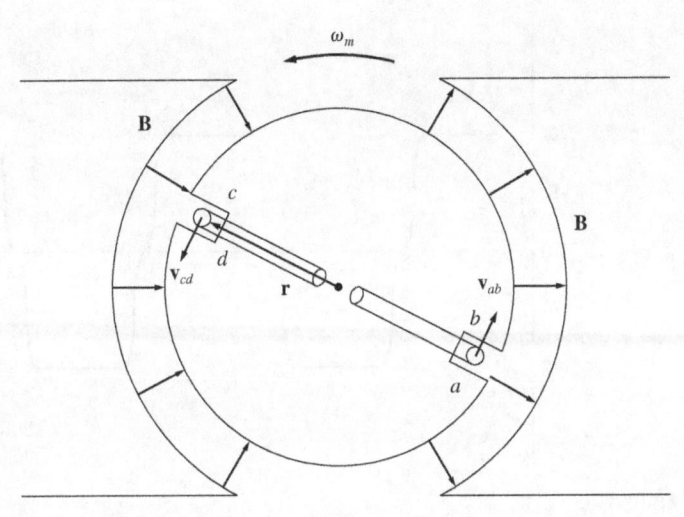

FIGURA 7-2
Desenvolvimento de uma equação para as tensões induzidas na espira.

2. *Segmento bc*. Nesse segmento, o produto **v** × **B** aponta para dentro ou para fora da página, ao passo que o comprimento **l** está contido no plano da página. Assim, o produto vetorial **v** × **B** é perpendicular a **l**. Portanto, a tensão no segmento *bc* será zero:

$$e_{cb} = 0 \quad (7\text{-}2)$$

3. *Segmento cd*. Nesse segmento, a velocidade do fio é tangencial à trajetória descrita pela rotação. O campo magnético **B** aponta perpendicularmente para *dentro* da superfície do rotor em todos os pontos debaixo da superfície polar e é zero além das bordas da face do polo. Debaixo da face polar, a velocidade **v** é perpendicular a **B** e o produto **v** × **B** aponta para fora da página. Portanto, a tensão induzida no segmento é

$$\begin{aligned} e_{dc} &= (\mathbf{v} \times \mathbf{B}) \cdot \mathbf{l} \\ &= \begin{cases} vBl & \text{positiva para fora da página} \quad \text{debaixo da face do polo} \\ 0 & \text{além das bordas do polo} \end{cases} \end{aligned} \quad (7\text{-}3)$$

4. *Segmento da*. Como no segmento *bc*, o produto **v** × **B** é perpendicular a **l**. Portanto, a tensão nesse segmento também será zero:

$$e_{ad} = 0 \quad (7\text{-}4)$$

A tensão total induzida e_{ind} na espira é dada por

$$e_{\text{ind}} = e_{ba} + e_{cb} + e_{dc} + e_{ad}$$

$$\boxed{e_{\text{ind}} = \begin{cases} 2vBl & \text{debaixo das faces dos polos} \\ 0 & \text{além das bordas dos polos} \end{cases}} \quad (7\text{-}5)$$

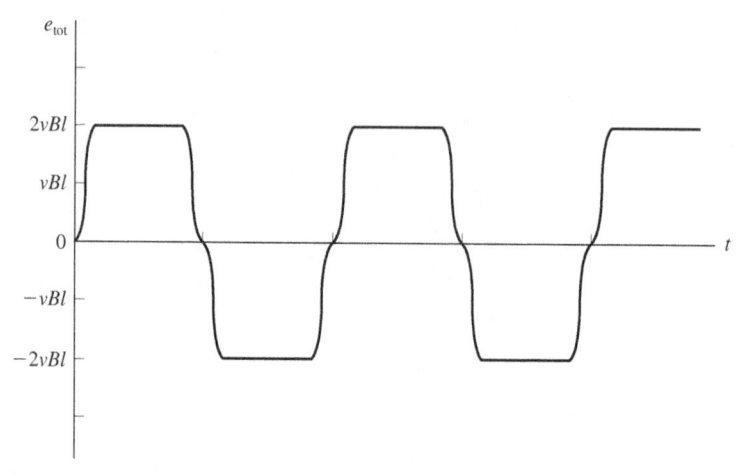

FIGURA 7-3
A tensão de saída da espira.

Quando a espira gira 180°, o segmento *ab* fica debaixo da face do polo norte em vez da face do polo sul. Nesse momento, o sentido da tensão no segmento fica invertido, mas seu valor permanece constante. A tensão resultante e_{tot} está mostrada como uma função de tempo na Figura 7-3.

Há um modo alternativo de expressar a Equação (7-5), que relaciona claramente o comportamento dessa espira simples com o comportamento das máquinas CC reais de maior porte. Para deduzir essa expressão alternativa, examine a Figura 7-4 nova-

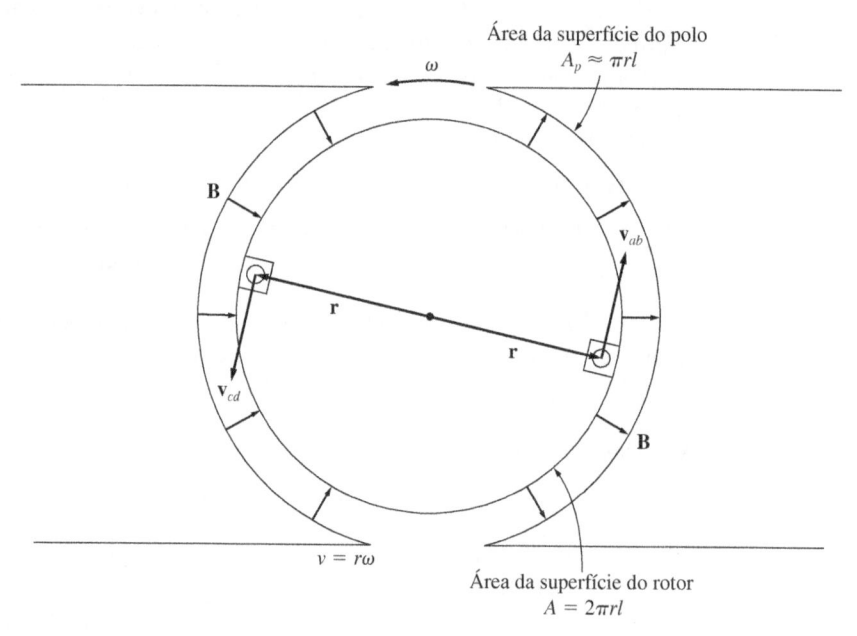

FIGURA 7-4
Dedução de uma forma alternativa da equação da tensão induzida.

mente. Observe que a velocidade tangencial v das bordas da espira pode ser expressa como

$$v = r\omega_m$$

em que r é o raio de rotação da espira e ω_m é a velocidade angular da espira. Substituindo essa expressão na Equação (7-5), teremos

$$e_{ind} = \begin{cases} 2r\omega_m Bl & \text{debaixo das faces dos polos} \\ 0 & \text{além das bordas dos polos} \end{cases}$$

$$e_{ind} = \begin{cases} 2rlB\omega_m & \text{debaixo das faces dos polos} \\ 0 & \text{além das bordas dos polos} \end{cases}$$

Observe também, na Figura 7-4, que a superfície do rotor é um cilindro, de modo que a área A da superfície do rotor é simplesmente igual a $2\pi rl$. Como há dois polos, a área do rotor *debaixo de cada* polo (ignorando os pequenos intervalos entre os polos) é $A_P = \pi rl$. Portanto,

$$e_{ind} = \begin{cases} \dfrac{2}{\pi} A_P B \omega_m & \text{debaixo das faces dos polos} \\ 0 & \text{além das bordas dos polos} \end{cases}$$

Como a densidade de fluxo B é constante no entreferro em todos os pontos debaixo das faces dos polos, o fluxo total debaixo de cada polo é simplesmente a área do polo vezes sua densidade de fluxo:

$$\phi = A_P B$$

Portanto, a forma final da equação de tensão é

$$e_{ind} = \begin{cases} \dfrac{2}{\pi} \phi \omega_m & \text{debaixo das faces dos polos} \\ 0 & \text{além das bordas dos polos} \end{cases} \quad (7\text{-}6)$$

Assim, *a tensão gerada na máquina é igual ao produto do fluxo presente no interior da máquina vezes a velocidade de rotação da máquina*, multiplicado por uma constante que representa os aspectos construtivos da máquina. Em geral, a tensão em qualquer máquina real dependerá dos mesmos três fatores:

1. O fluxo na máquina
2. A velocidade de rotação
3. Uma constante que represente a construção da máquina

Obtendo uma tensão CC da espira em rotação

A Figura 7-3 é um gráfico da tensão e_{tot} gerada pela espira em rotação. Como mostrado, a tensão na espira é alternativamente um valor positivo constante e um valor negativo constante. Como adaptar essa máquina para produzir uma tensão CC em vez da tensão CA que ela fornece agora?

Uma maneira de fazê-lo está mostrada na Figura 7-5a. Aqui, dois segmentos condutores semicirculares são acrescentados à extremidade da espira e dois contatos

(a)

(b)

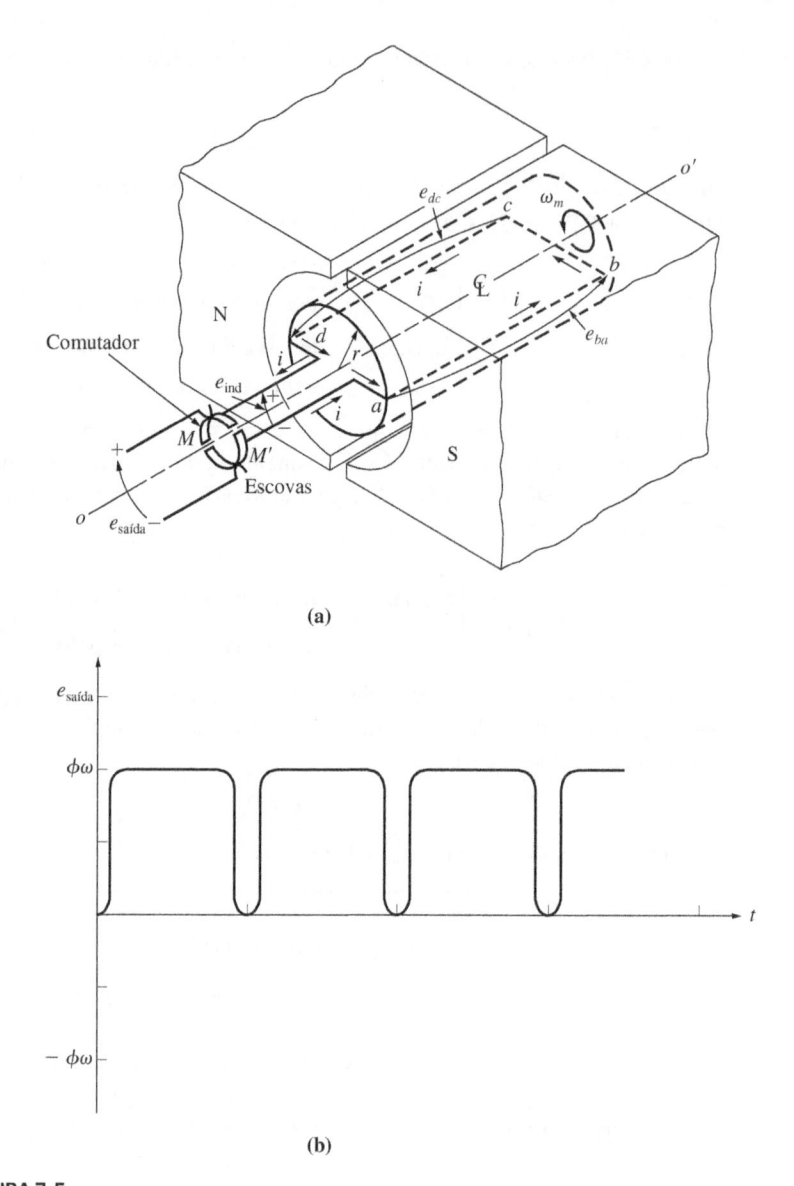

FIGURA 7-5
Produção de uma tensão de saída CC na máquina por meio de um comutador e escovas. (a) Vista em perspectiva; (b) tensão de saída resultante.

fixos são instalados em um ângulo tal que, no instante em que a tensão na espira é zero, os contatos põem em curto-circuito os dois segmentos. Desse modo, *sempre que a tensão na espira muda de sentido, os contatos também mudam de segmento e a saída de tensão dos contatos sempre é do mesmo tipo* (Figura 7-5b). Esse processo de troca de conexões é conhecido como *comutação*. Os segmentos semicirculares rotativos são denominados *segmentos comutadores* ou *anel comutador* e os contatos fixos são denominados *escovas*.

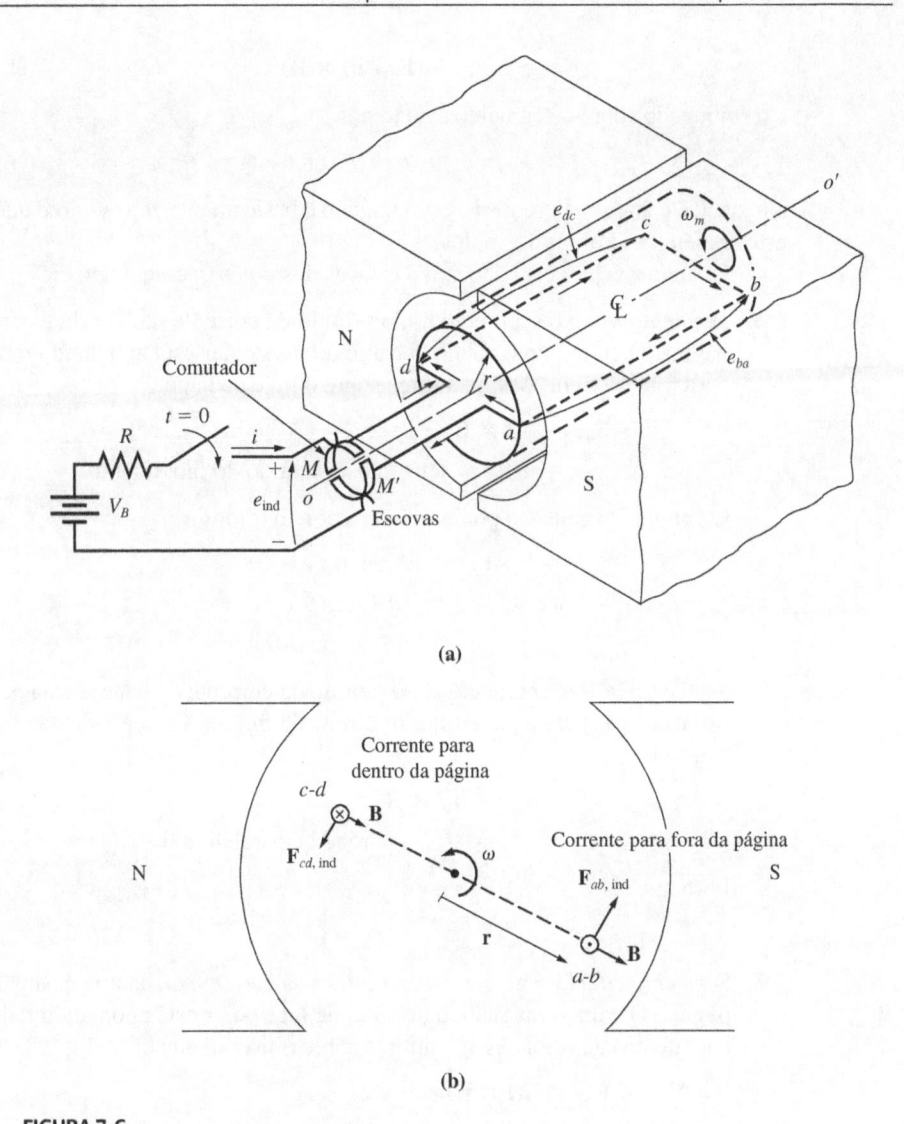

FIGURA 7-6
Obtenção de uma equação para o conjugado induzido na espira. Observe que o núcleo de ferro não está mostrado na parte **b** para melhor compreensão.

O conjugado induzido na espira em rotação

Agora, suponha que uma bateria seja conectada à máquina da Figura 7-5. A configuração resultante está mostrada na Figura 7-6. Quanto conjugado será produzido na espira quando a chave for fechada e uma corrente circular nela? Para determinar o conjugado, examine a espira detalhadamente como está mostrado na Figura 7-6b.

A abordagem a ser adotada para determinar o conjugado sobre a espira é a de examinar um segmento de cada vez e depois somar os efeitos de todos os segmentos individuais. A força que atua sobre um dado segmento da espira é dada pela Equação (1-43):

$$\mathbf{F} = i(\mathbf{l} \times \mathbf{B}) \qquad (1\text{-}43)$$

e o conjugado sobre o segmento é dado por

$$\tau = rF \operatorname{sen} \theta \qquad (1\text{-}6)$$

em que θ é o ângulo entre $\mathbf{r}$ e $\mathbf{F}$. O conjugado é basicamente zero sempre que a espira estiver além das bordas dos polos.

Quando a espira está debaixo das faces dos polos, o conjugado é

1. *Segmento ab*. No segmento *ab*, o sentido da corrente da bateria é para fora da página. O campo magnético debaixo da face polar está apontando radialmente para fora do rotor. Assim, a força sobre o fio é dada por

$$\begin{aligned}\mathbf{F}_{ab} &= i(\mathbf{l} \times \mathbf{B}) \\ &= ilB \quad \text{tangente ao sentido do movimento}\end{aligned} \qquad (7\text{-}7)$$

O conjugado causado por essa força sobre o rotor é

$$\begin{aligned}\tau_{ab} &= rF \operatorname{sen} \theta \\ &= r(ilB) \operatorname{sen} 90° \\ &= rilB \quad \text{anti-horário}\end{aligned} \qquad (7\text{-}8)$$

2. *Segmento bc*. No segmento *bc*, o sentido da corrente da bateria é da parte superior esquerda para a parte inferior direita da figura. A força induzida sobre o fio é dada por

$$\begin{aligned}\mathbf{F}_{bc} &= i(\mathbf{l} \times \mathbf{B}) \\ &= 0 \quad \text{porque } \mathbf{l} \text{ é paralelo a } \mathbf{B}\end{aligned} \qquad (7\text{-}9)$$

Portanto,

$$\tau_{bc} = 0 \qquad (7\text{-}10)$$

3. *Segmento cd*. No segmento *cd*, o sentido da corrente da bateria é para dentro da página. O campo magnético debaixo da face polar está apontando radialmente para dentro do rotor. Assim, a força sobre o fio é dada por

$$\begin{aligned}\mathbf{F}_{cd} &= i(\mathbf{l} \times \mathbf{B}) \\ &= ilB \quad \text{tangente ao sentido do movimento}\end{aligned} \qquad (7\text{-}11)$$

O conjugado causado por essa força sobre o rotor é

$$\begin{aligned}\tau_{cd} &= rF \operatorname{sen} \theta \\ &= r(ilB) \operatorname{sen} 90° \\ &= rilB \quad \text{anti-horário}\end{aligned} \qquad (7\text{-}12)$$

4. *Segmento da*. No segmento *da*, o sentido da corrente da bateria é da parte inferior direita para a parte superior esquerda da figura. A força induzida sobre o fio é dada por

$$\mathbf{F}_{da} = i(\mathbf{l} \times \mathbf{B})$$
$$= 0 \quad \text{porque } \mathbf{l} \text{ é paralelo a } \mathbf{B} \tag{7-13}$$

Portanto,
$$\tau_{da} = 0 \tag{7-14}$$

O conjugado total resultante induzido na espira é dado por

$$\tau_{ind} = \tau_{ab} + \tau_{bc} + \tau_{cd} + \tau_{da}$$

$$\tau_{ind} = \begin{cases} 2rilB & \text{debaixo das faces dos polos} \\ 0 & \text{além das bordas dos polos} \end{cases} \tag{7-15}$$

Usando o fato de que $A_P \approx \pi r l$ e $\phi = A_P B$, a expressão para o conjugado pode ser reduzida a

$$\tau_{ind} = \begin{cases} \dfrac{2}{\pi} \phi i & \text{debaixo das faces dos polos} \\ 0 & \text{além das bordas dos polos} \end{cases} \tag{7-16}$$

Assim, *o conjugado produzido na máquina é o produto do fluxo presente no interior da máquina vezes a corrente na máquina*, multiplicado por uma constante que representa os aspectos construtivos mecânicos da máquina (a porcentagem do rotor que está coberta pelas faces dos polos). Em geral, a tensão em *qualquer* máquina real dependerá dos mesmos três fatores:

1. O fluxo na máquina
2. A corrente na máquina
3. Uma constante que representa a construção da máquina

EXEMPLO 7-1 A Figura 7-6 mostra uma espira simples girando entre as faces curvadas de dois polos e está conectada a uma bateria, um resistor e uma chave. O resistor mostrado na figura modela a resistência total da bateria e do fio da máquina. As dimensões físicas e características dessa máquina são

$$r = 0{,}5 \text{ m} \quad\quad l = 1{,}0 \text{ m}$$
$$R = 0{,}3 \, \Omega \quad\quad B = 0{,}25 \text{ T}$$
$$V_B = 120 \text{ V}$$

(a) Que acontece quando a chave é fechada?

(b) Qual é a corrente de partida máxima da máquina? Qual é sua velocidade angular a vazio, sem carga, em regime permanente?

(c) Suponha que uma carga seja aplicada à espira e que o conjugado de carga resultante seja 10 N • m. Qual seria a nova velocidade de regime permanente? Quanta potência é fornecida ao eixo da máquina? Quanta potência está sendo fornecida pela bateria? Essa máquina é um motor ou um gerador?

(d) Suponha que a carga seja novamente retirada da máquina e um conjugado de 7,5 N • m seja aplicado ao eixo no sentido de rotação. Qual é a nova velocidade de regime permanente? Essa máquina é agora um motor ou um gerador?

(e) Suponha que a máquina esteja operando a vazio. Qual seria a velocidade final em regime permanente do rotor se a densidade de fluxo fosse reduzida a 0,20 T?

Solução

(a) Quando a chave da Figura 7-6 é fechada, uma corrente circula na espira. Como a espira está inicialmente parada, temos $e_{ind} = 0$. Portanto, a corrente será dada por

$$i = \frac{V_B - e_{ind}}{R} = \frac{V_B}{R}$$

Essa corrente circula na espira, produzindo um conjugado

$$\tau_{ind} = \frac{2}{\pi} \phi i \quad \text{anti-horário}$$

Esse conjugado induzido produz uma aceleração angular em sentido anti-horário, de modo que o rotor da máquina começa a girar. No entanto, quando o rotor começa a girar, uma tensão induzida é produzida no motor, dada por

$$e_{ind} = \frac{2}{\pi} \phi \omega_m$$

e, desse modo, a corrente i diminui. Quando isso acontece, temos que $\tau_{ind} = (2/\pi)\phi i \downarrow$ diminui e a máquina gira em regime permanente com o conjugado $\tau_{ind} = 0$ e a tensão da bateria $V_B = e_{ind}$.

Esse é o mesmo tipo de comportamento de partida que já vimos anteriormente na máquina linear CC.

(b) Nas *condições de partida*, a corrente da máquina é

$$i = \frac{V_B}{R} = \frac{120 \text{ V}}{0,3 \text{ }\Omega} = 400 \text{ A}$$

Em *condições de regime permanente a vazio*, o conjugado induzido τ_{ind} deve ser zero. No entanto, $\tau_{ind} = 0$ implica que a corrente i deve ser zero, porque $\tau_{ind} = (2/\pi)\phi i$, e que o fluxo não é zero. O fato de que $i = 0$ A significa que a tensão da bateria deve ser $V_B = e_{ind}$. Portanto, a velocidade do rotor é

$$V_B = e_{ind} = \frac{2}{\pi} \phi \omega_m$$

$$\omega = \frac{V_B}{(2/\pi)\phi} = \frac{V_B}{2rlB}$$

$$= \frac{120 \text{ V}}{2(0,5 \text{ m})(1,0 \text{ m})(0,25 \text{ T})} = 480 \text{ rad/s}$$

(c) Se um conjugado de carga de 10 N • m for aplicado ao eixo da máquina, ela começará a perder velocidade. No entanto, quando ω diminui, a tensão $e_{ind} = (2/\pi)\phi\omega\downarrow$ diminui e a corrente do rotor aumenta $[i = (V_B - e_{ind} \downarrow)/R]$. Quando a corrente do rotor aumenta, temos que $|\tau_{ind}|$ também aumenta até que ocorra $|\tau_{ind}| = |\tau_{carga}|$ em uma velocidade menor ω.

Em regime permanente, temos $|\tau_{carga}| = |\tau_{ind}| = (2/\pi)\phi i$. Portanto,

$$i = \frac{\tau_{ind}}{(2/\pi)\phi} = \frac{\tau_{ind}}{2rlB}$$

$$= \frac{10 \text{ N} \cdot \text{m}}{(2)(0,5 \text{ m})(1,0 \text{ m})(0,25 \text{ T})} = 40 \text{ A}$$

Pela lei das tensões de Kirchhoff, temos $e_{ind} = V_B - iR$, de modo que

$$e_{ind} = 120 \text{ V} - (40 \text{ A})(0{,}3 \text{ }\Omega) = 108 \text{ V}$$

Finalmente, a velocidade do eixo é

$$\omega = \frac{e_{ind}}{(2/\pi)\phi} = \frac{e_{ind}}{2rlB}$$

$$= \frac{108 \text{ V}}{(2)(0{,}5 \text{ m})(1{,}0 \text{ m})(0{,}25 \text{ T})} = 432 \text{ rad/s}$$

A potência fornecida ao eixo é

$$P = \tau\omega_m$$
$$= (10 \text{ N} \cdot \text{m})(432 \text{ rad/s}) = 4320 \text{ W}$$

A potência fornecida pela bateria é

$$P = V_B i = (120 \text{ V})(40 \text{ A}) = 4800 \text{ W}$$

Essa máquina está operando como um *motor*, convertendo potência elétrica em potência mecânica.

(d) Se um conjugado for aplicado no sentido do movimento, o rotor irá acelerar. Quando a velocidade cresce, a tensão interna e_{ind} aumenta e ultrapassa V_B, de modo que a corrente sai da máquina e entra na bateria. Agora, essa máquina é um *gerador*. Essa corrente causa um conjugado induzido oposto ao sentido de rotação. O conjugado induzido opõe-se ao conjugado externo aplicado e, depois de algum tempo, teremos $|\tau_{carga}| = |\tau_{ind}|$, em uma velocidade mais elevada ω_m.

A corrente no rotor será

$$i = \frac{\tau_{ind}}{(2/\pi)\phi} = \frac{\tau_{ind}}{2rlB}$$

$$= \frac{7{,}5 \text{ N} \cdot \text{m}}{(2)(0{,}5 \text{ m})(1{,}0 \text{ m})(0{,}25 \text{ T})} = 30 \text{ A}$$

A tensão induzida e_{ind} é

$$e_{ind} = V_B + iR$$
$$= 120 \text{ V} + (30 \text{ A})(0{,}3 \text{ }\Omega)$$
$$= 129 \text{ V}$$

Finalmente, a velocidade no eixo é

$$\omega = \frac{e_{ind}}{(2/\pi)\phi} = \frac{e_{ind}}{2rlB}$$

$$= \frac{129 \text{ V}}{(2)(0{,}5 \text{ m})(1{,}0 \text{ m})(0{,}25 \text{ T})} = 516 \text{ rad/s}$$

(e) Como nas condições originais, a máquina está inicialmente sem carga. Portanto, a velocidade é $\omega_m = 480$ rad/s. Se o fluxo diminuir, haverá um transitório. Entretanto, após o transitório, a máquina deverá novamente ter conjugado zero, porque ainda não foi aplicada carga a seu eixo. Se $\tau_{ind} = 0$, a corrente no rotor deverá ser zero e $V_B = e_{ind}$. Assim, a velocidade no eixo será

$$\omega = \frac{e_{ind}}{(2/\pi)\phi} = \frac{e_{ind}}{2rlB}$$

$$= \frac{120 \text{ V}}{(2)(0{,}5 \text{ m})(1{,}0 \text{ m})(0{,}20 \text{ T})} = 600 \text{ rad/s}$$

Observe que quando o fluxo na máquina diminui, sua velocidade aumenta. Esse é o mesmo comportamento visto na máquina linear e também o mesmo que é observado em motores CC reais.

7.2 COMUTAÇÃO EM UMA MÁQUINA SIMPLES DE QUATRO ESPIRAS

A *comutação* é o processo de converter as tensões e correntes CA do rotor de uma máquina CC em tensões e correntes CC em seus terminais. É a parte mais crítica do projeto e funcionamento de qualquer máquina CC. É necessário um estudo mais detalhado para determinar exatamente como ocorre essa conversão e para descobrir quais são os problemas associados. Nesta seção, a técnica de comutação será explicada para o caso de uma máquina mais complexa do que a máquina de uma única espira da Seção 7.1, mas menos complexa do que uma máquina CC real. A Seção 7.3 continuará este desenvolvimento e explicará como ocorre a comutação nas máquinas CC reais.

Uma máquina CC simples de quatro espiras e dois polos está mostrada na Figura 7-7. Essa máquina tem quatro espiras completas alojadas em quatro ranhuras abertas no aço laminado do seu rotor. As faces dos polos da máquina são curvadas para propiciar um entreferro de tamanho uniforme e para dar uma densidade homogênea de fluxo em todos os pontos debaixo das faces dos polos.

As quatro espiras da máquina estão alojadas de forma especial nas ranhuras. Para cada espira, o lado da espira sem a marca de linha (´) é o condutor que está na parte mais externa da ranhura, ao passo que o lado com a marca de linha (´) é o condutor que está na parte mais interna da ranhura diametralmente oposta*. As ligações dos enrolamentos com o comutador da máquina estão mostradas na Figura 7-7b. Observe que a espira 1 estende-se entre os segmentos *a* e *b* do comutador, a espira 2 estende-se entre os segmentos *b* e *c* e assim por diante em torno do rotor.

(a)

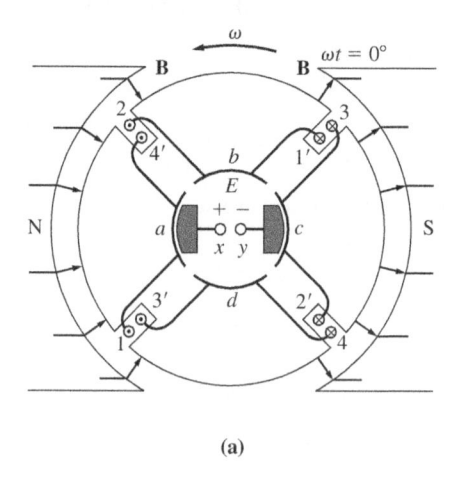

FIGURA 7-7
(a) Uma máquina CC de quatro espiras e dois polos, mostrada no instante $\omega t = 0°$. *(continua)*

---

* N. de T.: A parte mais interna de uma ranhura é conhecida como fundo da ranhura e a parte mais externa é o topo ou boca da ranhura.

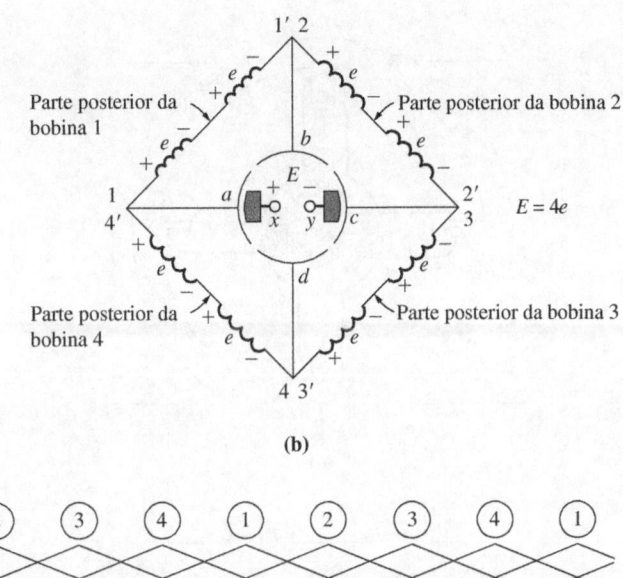

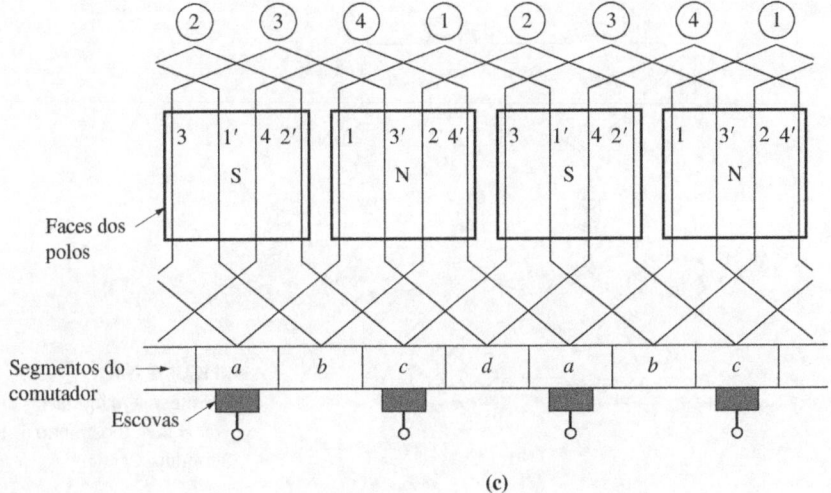

FIGURA 7-7 *(conclusão)*
(b) As tensões nos condutores do rotor neste instante. (c) Um diagrama dos enrolamentos dessa máquina mostrando as interconexões das espiras do rotor.

No instante mostrado na Figura 7-7, os lados 1, 2, 3' e 4' das espiras estão debaixo da face do polo norte, ao passo que os lados 1', 2', 3 e 4 das espiras estão debaixo da face do polo sul. A tensão em cada um dos lados 1, 2, 3' e 4' das espiras é dada por

$$e_{ind} = (\mathbf{v} \times \mathbf{B}) \cdot \mathbf{l} \tag{1-45}$$

$$e_{ind} = vBl \quad \text{positivo para fora da página} \tag{7-17}$$

A tensão em cada um dos lados 1', 2', 3 e 4 das espiras é dada por

$$e_{ind} = (\mathbf{v} \times \mathbf{B}) \cdot \mathbf{l} \tag{1-45}$$

$$= vBl \quad \text{positivo para dentro da página} \tag{7-18}$$

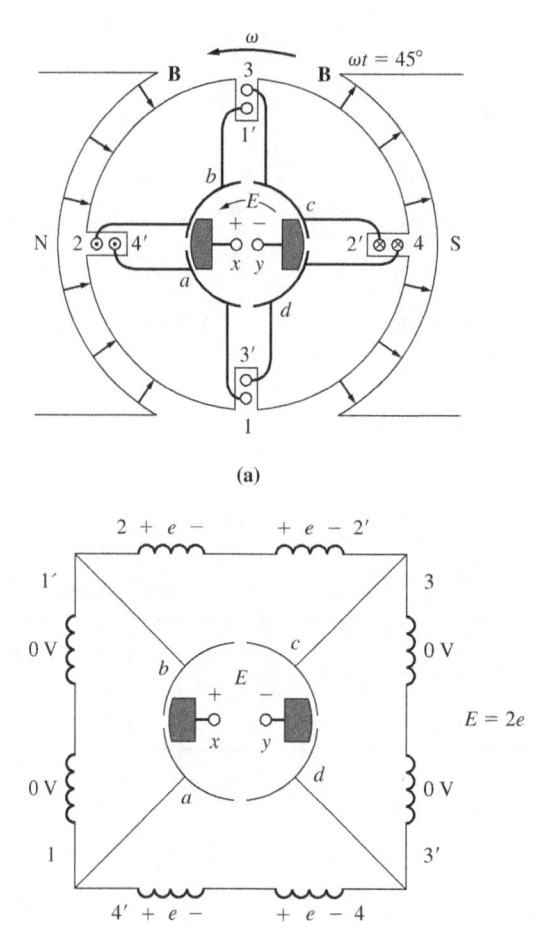

FIGURA 7-8
A mesma máquina no instante $\omega t = 45°$, mostrando as tensões nos condutores.

O resultado final está mostrado na Figura 7-7b. Nessa figura, cada enrolamento representa um dos dois lados (ou *condutores*) de uma espira. Se a tensão induzida em qualquer um dos lados ou condutores de uma espira for denominada $e = vBl$, a tensão total nas escovas da máquina será

$$E = 4e \qquad \omega t = 0° \tag{7-19}$$

Observe que há dois caminhos em paralelo para a corrente dentro da máquina. A existência de dois ou mais caminhos em paralelo para as correntes do rotor é uma característica comum de todos os esquemas de comutação.

Que acontecerá com a tensão E nos terminais quando o rotor continuar girando? Para descobrir, examine a Figura 7-8. Essa figura mostra a máquina no instante $\omega t = 45°$. Nesse momento, as espiras 1 e 3 giraram até o espaço entre os polos*, de modo

---

* N. de T.: Também conhecido como zona neutra ou espaço interpolar.

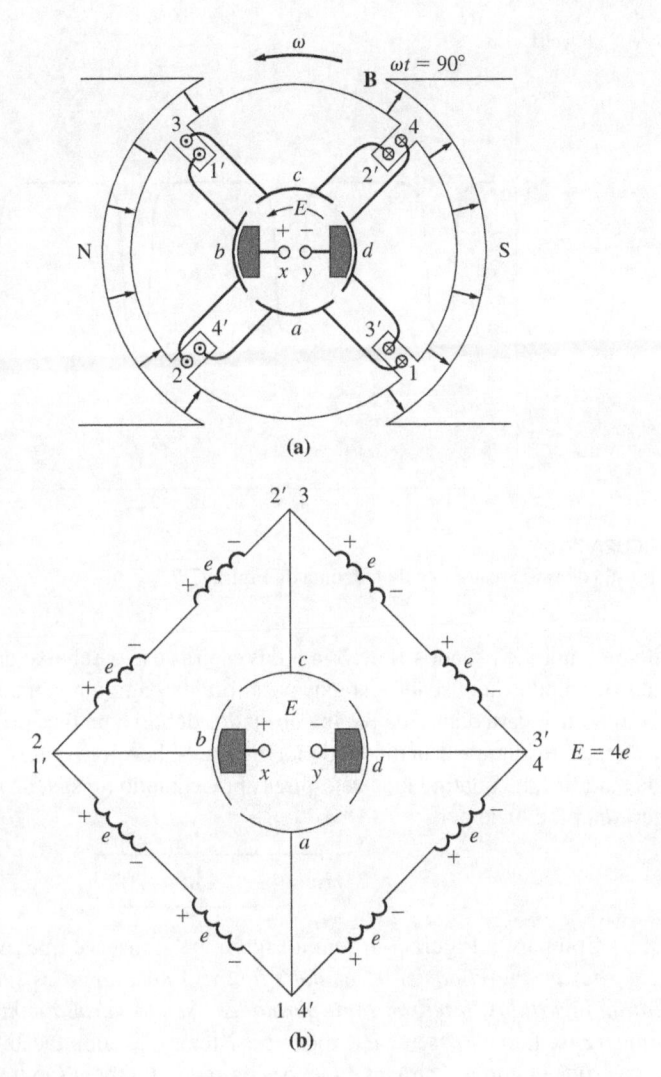

FIGURA 7-9
A mesma máquina no instante $\omega t = 90°$, mostrando as tensões nos condutores.

que a tensão em cada uma delas é zero. Observe que nesse instante as escovas da máquina colocam em curto-circuito os segmentos *ab* e *cd*. Isso acontece exatamente no momento em que as espiras entre esses segmentos apresentam 0 V, de modo que o curto-circuito nos segmentos não causa problemas. Nesse instante, somente as espiras 2 e 4 estão debaixo das faces dos polos, de modo que a tensão de terminal *E* é dada por

$$E = 2e \qquad \omega t = 0° \tag{7-20}$$

Agora, deixemos o rotor continuar a girar por mais 45°. A situação resultante é a mostrada na Figura 7-9. Aqui, os lados 1′, 2, 3 e 4′ das espiras estão debaixo da face

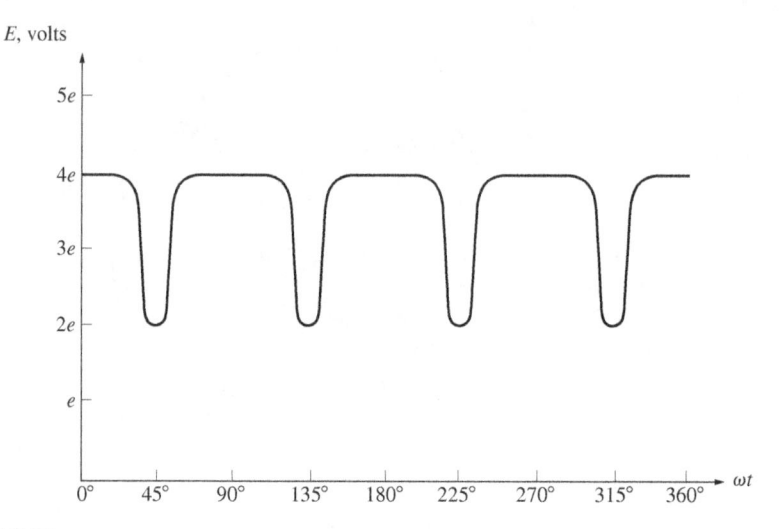

FIGURA 7-10
Tensão de saída resultante da máquina da Figura 7-7.

do polo norte e os lados 1, 2′, 3′ e 4 das espiras estão debaixo da face do polo sul. As tensões ainda estão sendo geradas para fora da página nos lados debaixo da face do polo norte e para dentro da página nos lados debaixo da face do polo sul. O diagrama da tensão resultante está mostrado na Figura 7-9b. Agora, para cada caminho paralelo da máquina, há quatro lados de espiras apresentando tensão, de modo que a tensão de terminal *E* é dada por

$$E = 4e \qquad \omega t = 90° \tag{7-21}$$

Compare a Figura 7-7 com a Figura 7-9. Observe que *as tensões nas espiras 1 e 3 foram invertidas entre as duas figuras, mas, como as suas conexões também foram invertidas, a tensão total permanece sendo gerada com o mesmo sentido de antes*. Esse fato é a essência de todos os sistemas de comutação. Sempre que a tensão é invertida em uma espira, as conexões da espira também são trocadas de modo que a tensão total permanece sendo produzida com o sentido original.

Para essa máquina, a tensão de terminal em função do tempo é a mostrada na Figura 7-10. Esta é uma aproximação melhor de um nível CC do que aquela produzida na Seção 7.1 por uma única espira. Quando o número de espiras no rotor aumenta, a aproximação para uma tensão CC perfeita continua a se tornar cada vez melhor.

Em resumo,

> *Comutação* é o processo de chavear as conexões das espiras do rotor de uma máquina CC exatamente no momento em que a tensão na espira inverte a polaridade, de forma a manter uma tensão de saída CC basicamente constante.

Como no caso da bobina de uma única espira simples, os segmentos rotativos aos quais as bobinas são conectadas são denominados *segmentos comutadores* e as peças estacionárias que atuam sobre os segmentos em rotação são denominadas *escovas*. Os segmentos comutadores das máquinas reais são feitos tipicamente de barras de cobre. As escovas são feitas de uma mistura à base de grafite, de modo que causam um atrito muito baixo quando se friccionam ao deslizar sobre os segmentos comutadores em movimento.

7.3 COMUTAÇÃO E CONSTRUÇÃO DA ARMADURA EM MÁQUINAS CC REAIS

Nas máquinas CC reais, há diversas formas de conectar as espiras do rotor (também denominado *armadura*) aos segmentos do comutador. Essas diferentes conexões afetam o número de caminhos paralelos de corrente dentro do rotor, a tensão de saída do rotor e o número e a posição das escovas que friccionam os segmentos comutadores. Agora, examinaremos a construção das bobinas de um rotor CC real e em seguida examinaremos como elas são conectadas ao comutador para produzir uma tensão CC.

As bobinas do rotor

Independentemente do modo pelo qual os enrolamentos são conectados aos segmentos comutadores, a maioria dos enrolamentos do rotor consiste em bobinas pré-fabricadas em forma de diamante que são inseridas nas ranhuras da armadura como uma peça única (veja a Figura 7-11). Cada bobina consiste em diversas *espiras* (laços) de fio condutor e cada espira é encapada e isolada das demais espiras e da ranhura do rotor. Cada lado de uma espira é denominado *condutor*. O número de condutores da armadura de máquina é dado por

$$Z = 2CN_C \quad (7\text{-}22)$$

em que Z = número de condutores do rotor

C = número de bobinas no rotor

N_C = número de espiras por bobina

Normalmente, uma bobina abrange 180 graus elétricos. Isso significa que quando um lado está debaixo do centro de um dado polo magnético, o outro lado está debaixo do centro de um polo de *polaridade oposta*. Os polos *físicos* podem estar em locais que não estão distanciados de 180 graus entre si, mas a polaridade do campo magnético é invertida completamente quando se desloca de um polo até o próximo. A relação entre o ângulo elétrico e o ângulo mecânico em uma dada máquina é dada por

$$\theta_e = \frac{P}{2}\theta_m \quad (7\text{-}23)$$

em que θ_e = ângulo elétrico, em graus

θ_m = ângulo mecânico, em graus

P = número de polos magnéticos da máquina

Se uma bobina abranger 180 graus elétricos, em todos os instantes as tensões nos condutores de ambos os lados da bobina serão exatamente as mesmas em valor com sentidos opostos. Uma bobina como essa é denominada *bobina de passo pleno*.

N_c espiras
isoladas
entre si

l = comprimento do condutor

(a)

Sistema de Isolação de Alta Tensão

Isolação de terra
Fita de proteção
Isolação do subfio
Isolação de espira
Proteção contra efeito corona
Fita de proteção

(b)

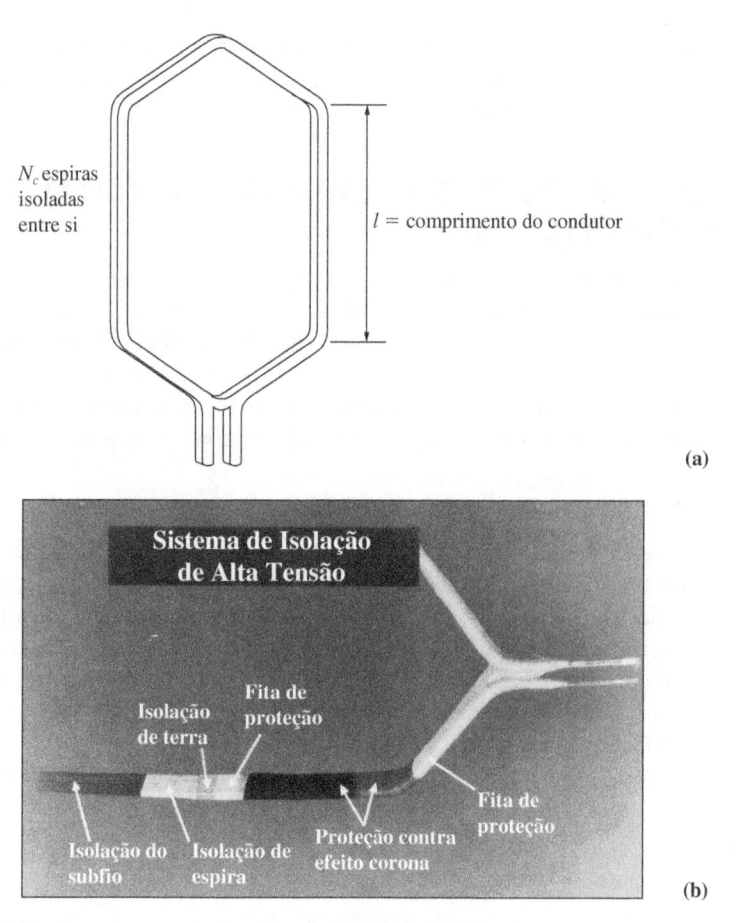

FIGURA 7-11
(a) O formato de uma bobina pré-moldada típica de rotor. (b) Um sistema típico de isolamento mostrando a isolação entre as espiras dentro de uma bobina. (*Cortesia de General Electric Company.*)

Algumas vezes, uma bobina é construída, abrangendo menos de 180 graus elétricos. Tal bobina é denominada *bobina de passo encurtado* ou *fracionário* e um enrolamento de rotor com bobinas de passo encurtado é denominado *enrolamento encurtado*. O grau de encurtamento de um enrolamento é descrito por um *fator de passo p*, que é definido pela equação

$$p = \frac{\text{ângulo elétrico da bobina}}{180°} \times 100\% \qquad (7\text{-}24)$$

Algumas vezes, um pequeno valor de encurtamento é usado nos enrolamentos CC do rotor para melhorar a comutação.

A maioria dos enrolamentos do rotor são *enrolamentos de camada dupla*, significando que lados de duas bobinas diferentes são inseridas em cada uma das ranhuras. Um lado de cada bobina estará no fundo de uma ranhura e o outro lado estará no topo de outra ranhura. Tal construção requer que as bobinas individuais sejam alojadas nas

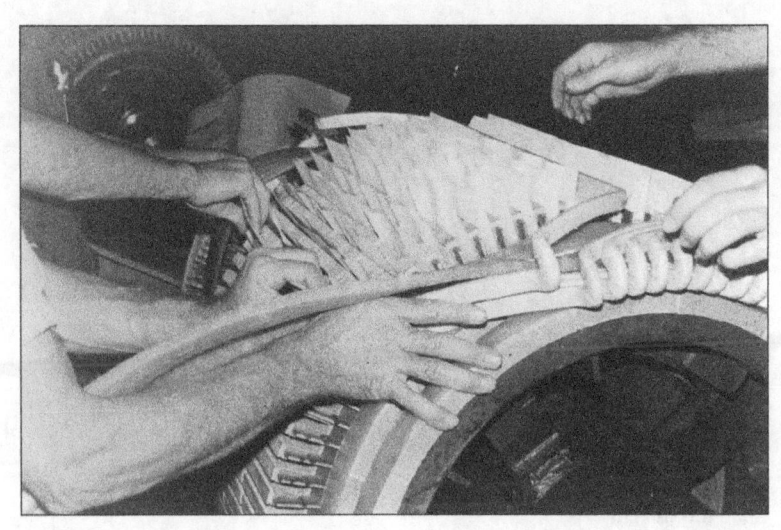

FIGURA 7-12
A instalação de bobinas de rotor pré-moldadas no rotor de uma máquina CC. (*Cortesia de General Electric Company.*)

ranhuras do rotor de acordo com um procedimento muito elaborado (veja a Figura 7-12). Um lado de cada bobina é colocado no fundo da sua ranhura e, depois que todos os lados inferiores estão no lugar, o outro lado de cada bobina é colocado no topo da sua ranhura. Dessa forma, todos os enrolamentos são entrelaçados, aumentando a resistência mecânica e a uniformidade da estrutura final.

Conexões com os segmentos do comutador

Quando os enrolamentos estiverem instalados nas ranhuras do rotor, eles deverão ser conectados aos segmentos do comutador. Há diversos modos de fazer essas ligações e as diversas configurações de enrolamentos que podem resultar apresentam diversas vantagens e desvantagens.

A distância (em número de segmentos) entre os segmentos do comutador aos quais os dois lados de uma bobina estão conectadas é denominada *passo do comutador* y_c. Se o lado final de uma bobina (ou um certo número de bobinas na construção ondulada) for conectado a um segmento do comutador que está à frente do segmento ao qual está conectado o lado inicial, então o enrolamento será denominado *enrolamento progressivo* (veja a Figura 7-13a). Se o lado final de uma bobina for ligado a um segmento do comutador que está atrás do segmento ao qual está conectado o lado inicial, o enrolamento será denominado *enrolamento regressivo* (veja a Figura 7-13b). Se todo o restante for idêntico, o sentido de rotação de um rotor de enrolamento progressivo será oposto ao sentido de rotação de um rotor de enrolamento regressivo.

Os enrolamentos do rotor (armadura) são classificados ainda de acordo com a *multiplicidade* de seus enrolamentos. Um enrolamento *simples* (ou *simplex*) de rotor é constituído de um único enrolamento, completo e fechado, montado no rotor. Um enrolamento *duplo* (ou *duplex*) de rotor é constituído de *dois conjuntos completos e independentes* de enrolamentos. Se um rotor tiver um enrolamento duplo, e cada um dos enrolamentos estará associado a cada segmento alternado do comutador: um

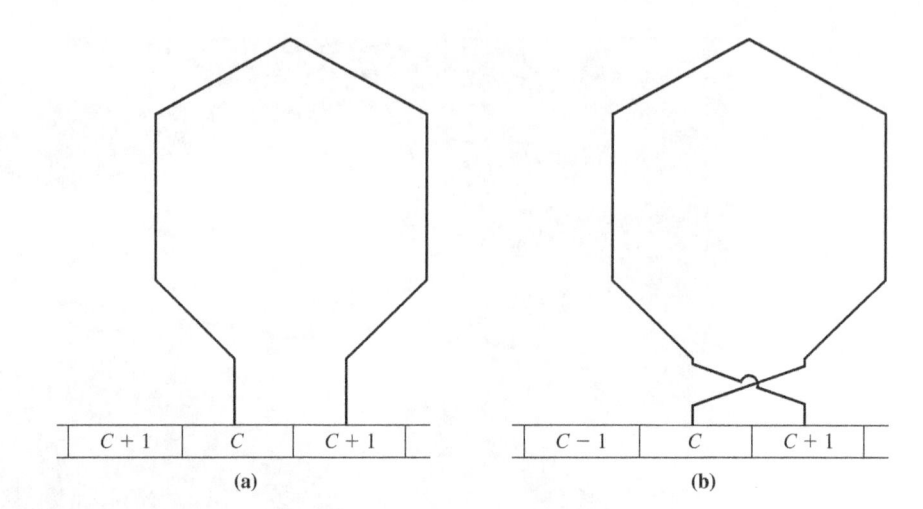

FIGURA 7-13
(a) Uma bobina em um enrolamento progressivo de rotor. (b) Uma bobina em um enrolamento regressivo de rotor.

enrolamento estará conectado aos segmentos 1, 3, 5, etc. e o outro estará ligado aos segmentos 2, 4, 6, etc. De modo similar, um enrolamento *triplo* (ou *triplex*) terá três conjuntos de enrolamentos completos e independentes. Cada enrolamento será conectado a cada terceiro segmento do comutador do rotor. Coletivamente, diz-se que todas as armaduras com mais de um conjunto de enrolamentos têm *enrolamentos múltiplos* (ou *multiplex*).

Finalmente, os enrolamentos de armadura são classificados de acordo com a sequência de suas conexões com os segmentos do comutador. Há duas sequências básicas de conexões dos enrolamentos da armadura – *enrolamentos imbricados* e *enrolamentos ondulados*. Além disso, há um terceiro tipo de enrolamento, denominado *enrolamento autoequalizado*, que combina enrolamentos imbricado e ondulado em um rotor simples. Esses enrolamentos serão examinados individualmente a seguir e suas vantagens e desvantagens serão discutidas.

O enrolamento imbricado

O tipo mais simples de construção de enrolamento utilizado nas máquinas CC modernas é o *enrolamento imbricado* ou *em série* simples (ou simplex). Um enrolamento imbricado é um enrolamento de rotor que consiste em bobinas que contêm uma ou mais espiras de fio com os dois lados de cada bobina ligados a *segmentos de comutador adjacentes* (Figura 7-13). Se o lado final da bobina estiver conectado ao segmento que se segue ao segmento ao qual está conectado o lado inicial da bobina, então se trata de um enrolamento imbricado progressivo e $y_c = 1$. Se o lado final da bobina estiver conectado ao segmento que antecede o segmento ao qual está conectado o lado inicial da bobina, então se trata de um enrolamento imbricado regressivo e $y_c = -1$. Uma máquina simples de dois polos com enrolamento imbricado é mostrada na Figura 7-14.

Uma característica interessante dos enrolamentos imbricados simples é que *há tantos caminhos de corrente em paralelo através da máquina quantos forem os polos*

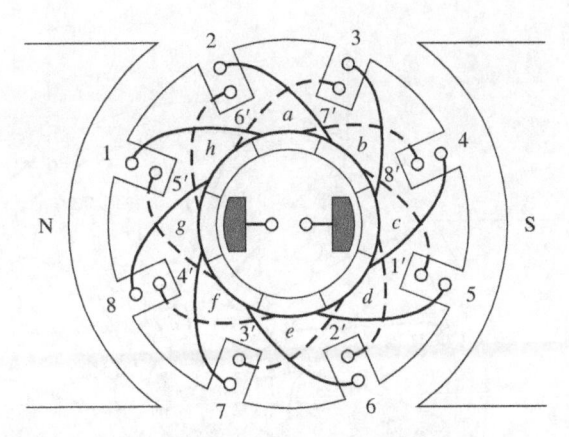

FIGURA 7-14
Uma máquina CC simples de dois polos e enrolamento imbricado.

dessa máquina. Se C for o número de bobinas e de segmentos comutadores presentes no rotor e P for o número de polos da máquina, então haverá C/P bobinas em cada um dos P caminhos de corrente em paralelo que passam pela máquina. O fato de que há P caminhos de corrente também requer que haja tantas escovas na máquina quantos forem o número de polos para poder conectar todos os caminhos de corrente. Essa ideia está ilustrada no motor de quatro polos simples da Figura 7-15. Observe que, nesse motor, há quatro caminhos de corrente através do rotor, cada um com a mesma tensão. O fato de que há muitos caminhos de corrente em uma máquina de polos múltiplos torna o enrolamento imbricado uma escolha ideal para máquinas de tensão bastante baixa e corrente elevada, porque as altas correntes requeridas podem ser repartidas entre os diversos caminhos de corrente. Essa divisão de corrente permite que o tamanho dos condutores individuais do rotor permaneça razoável, mesmo quando a corrente total torna-se extremamente elevada.

Entretanto, o fato de que há muitos caminhos em paralelo passando através de uma máquina de múltiplos polos e enrolamento imbricado pode levar a um sério problema. Para compreender a natureza deste problema, examine a máquina de seis polos da Figura 7-16. Devido ao uso prolongado, houve um pequeno desgaste nos rolamentos dessa máquina e os condutores inferiores ficaram mais próximos de suas faces polares do que os condutores superiores. Como resultado, há uma tensão *maior* nos caminhos de corrente que passam pelos condutores que estão debaixo das faces polares inferiores do que nos caminhos que passam pelos condutores que estão debaixo das faces polares superiores. Como todos os caminhos estão ligados em paralelo, o resultado será uma corrente que circula saindo para fora de algumas das escovas da máquina e retornando em outras, como está mostrado na Figura 7-17. É desnecessário dizer que isso não é bom para a máquina. Como a resistência do enrolamento de um circuito de rotor é bastante baixa, a mínima diferença que existir entre as tensões dos caminhos em paralelo causará a circulação de correntes elevadas através das escovas e potencialmente poderá levar a sérios problemas de aquecimento.

O problema das correntes que circulam nos caminhos paralelos de uma máquina com quatro ou mais polos nunca poderá ser resolvido inteiramente, mas poderá ser reduzido em parte por meio de *enrolamentos equalizadores* ou *de equalização*.

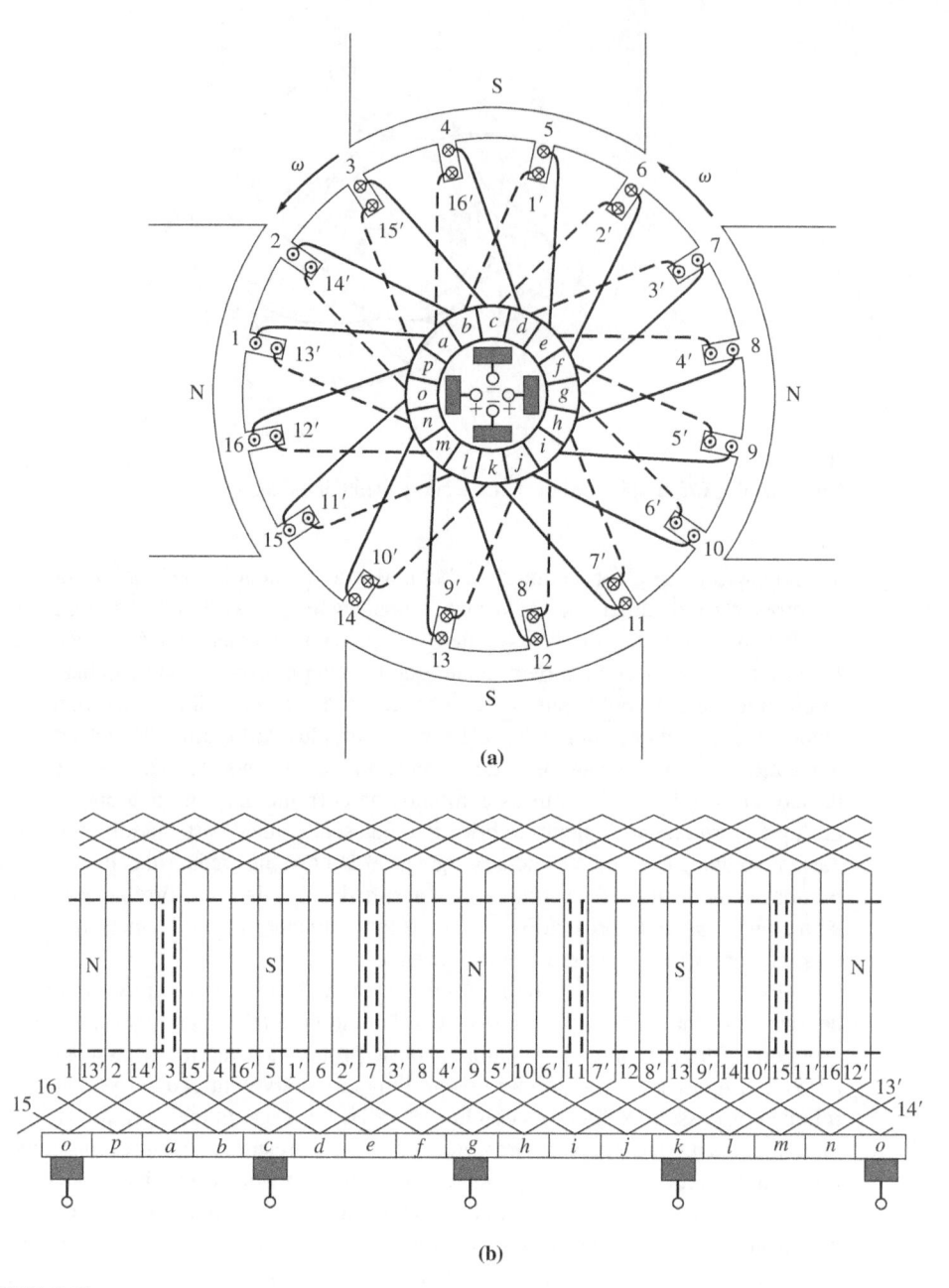

FIGURA 7-15
(a) Um motor CC de quatro polos e enrolamento imbricado. (b) O diagrama de enrolamento do rotor dessa máquina. Observe que cada enrolamento termina no segmento de comutador que está logo depois do segmento em que ele inicia. Esse é um enrolamento imbricado progressivo.

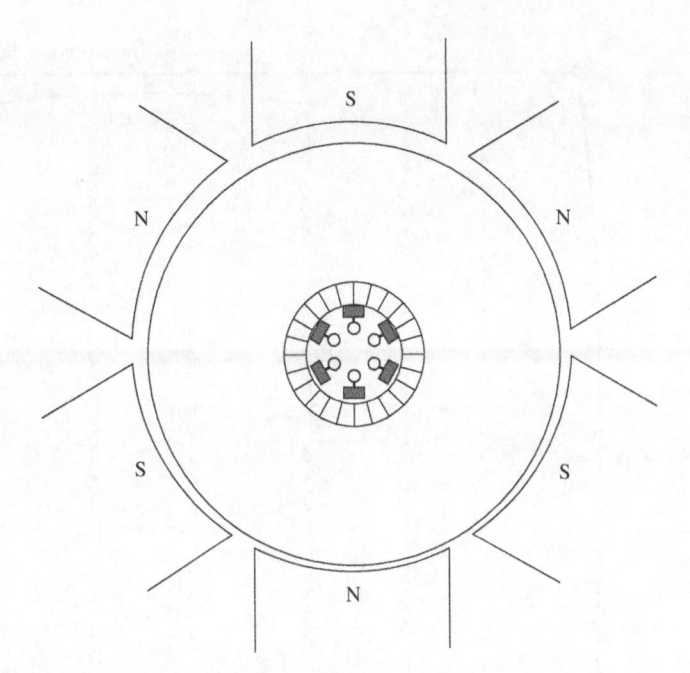

FIGURA 7-16
Um motor CC de seis polos mostrando os efeitos do desgaste dos rolamentos. Observe que o motor está ligeiramente mais próximo dos polos inferiores do que dos polos superiores.

Os equalizadores são barras localizadas no rotor de uma máquina CC de enrolamento imbricado que colocam em curto-circuito pontos de mesmo nível de tensão nos diferentes caminhos paralelos. O efeito desse curto-circuito é fazer com que qualquer corrente que venha a circular seja obrigada a fazê-lo nas pequenas seções dos enrolamentos que foram colocados em curto desse modo. Isso também evita que essa corrente circule através das escovas da máquina. Essas correntes em circulação chegam mesmo a corrigir parcialmente o desequilíbrio de fluxo que as originou inicialmente. Um equalizador para a máquina de quatro polos da Figura 7-15 é mostrado na Figura 7-18 e um equalizador para uma máquina CC de enrolamento imbricado de grande porte está mostrado na Figura 7-19.

Se um enrolamento imbricado for duplo (ou duplex), haverá dois conjuntos de enrolamentos completamente independentes alojados no rotor e cada segundo segmento do comutador estará conectado a um dos conjuntos. Portanto, uma bobina individual termina no segundo segmento do comutador após o segmento onde ela foi inicialmente conectada e $y_c = \pm 2$ (dependendo se o enrolamento é progressivo ou regressivo). Como cada conjunto de enrolamentos tem tantos caminhos de corrente quanto há polos na máquina, então em um enrolamento imbricado duplo haverá *o dobro de caminhos de corrente* quanto o número polos na máquina.

Em geral, em um enrolamento imbricado de multiplicidade m, o passo do comutador y_c é

$$\boxed{y_c = \pm m} \qquad \text{enrolamento imbricado} \qquad (7\text{-}25)$$

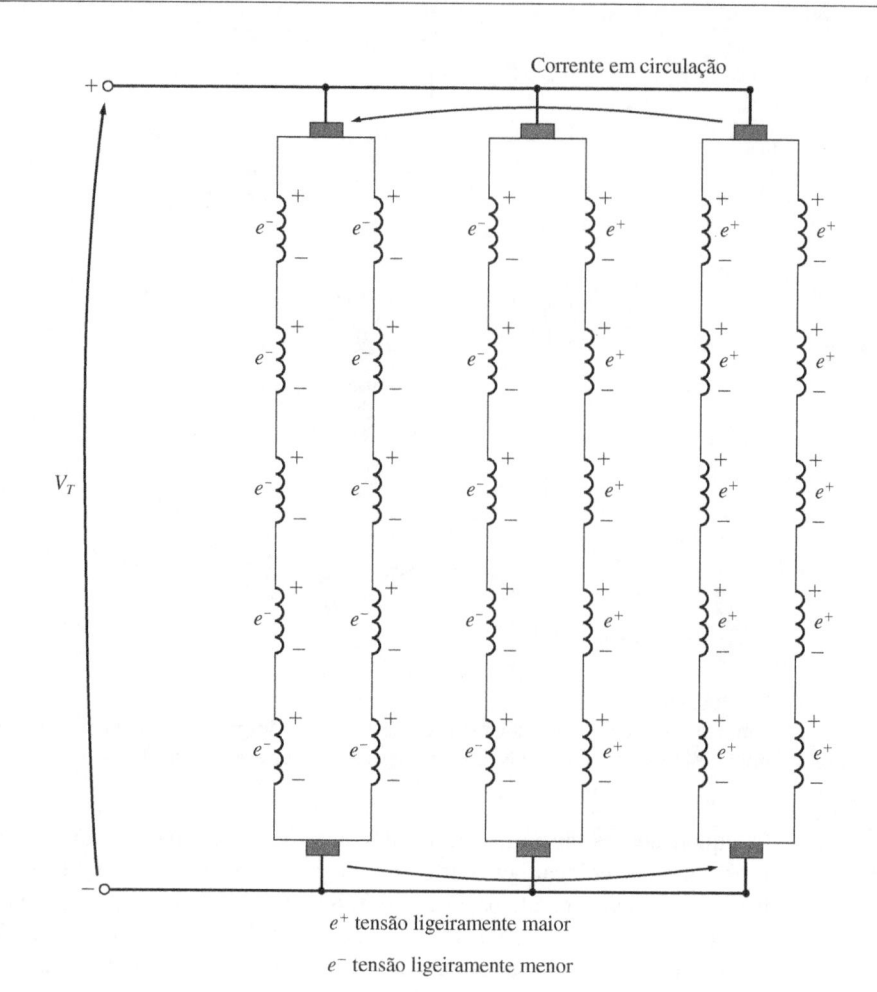

e^+ tensão ligeiramente maior

e^- tensão ligeiramente menor

FIGURA 7-17
As tensões nos condutores do rotor da máquina da Figura 7-16 são desiguais, produzindo fluxo de correntes que circulam por suas escovas.

e o número de caminhos de corrente da máquina é

$$\boxed{a = mP} \quad \text{enrolamento imbricado} \quad (7\text{-}26)$$

em que a = número de caminhos de corrente no rotor
         m = multiplicidade do enrolamento (1, 2, 3, etc.)
         p = número de polos da máquina

O enrolamento ondulado

O *enrolamento ondulado* ou *em série* é uma forma alternativa de conectar as bobinas do rotor aos segmentos do comutador. A Figura 7-20 mostra uma máquina simples de quatro polos com um enrolamento ondulado simples. Nesse enrolamento, cada *se-*

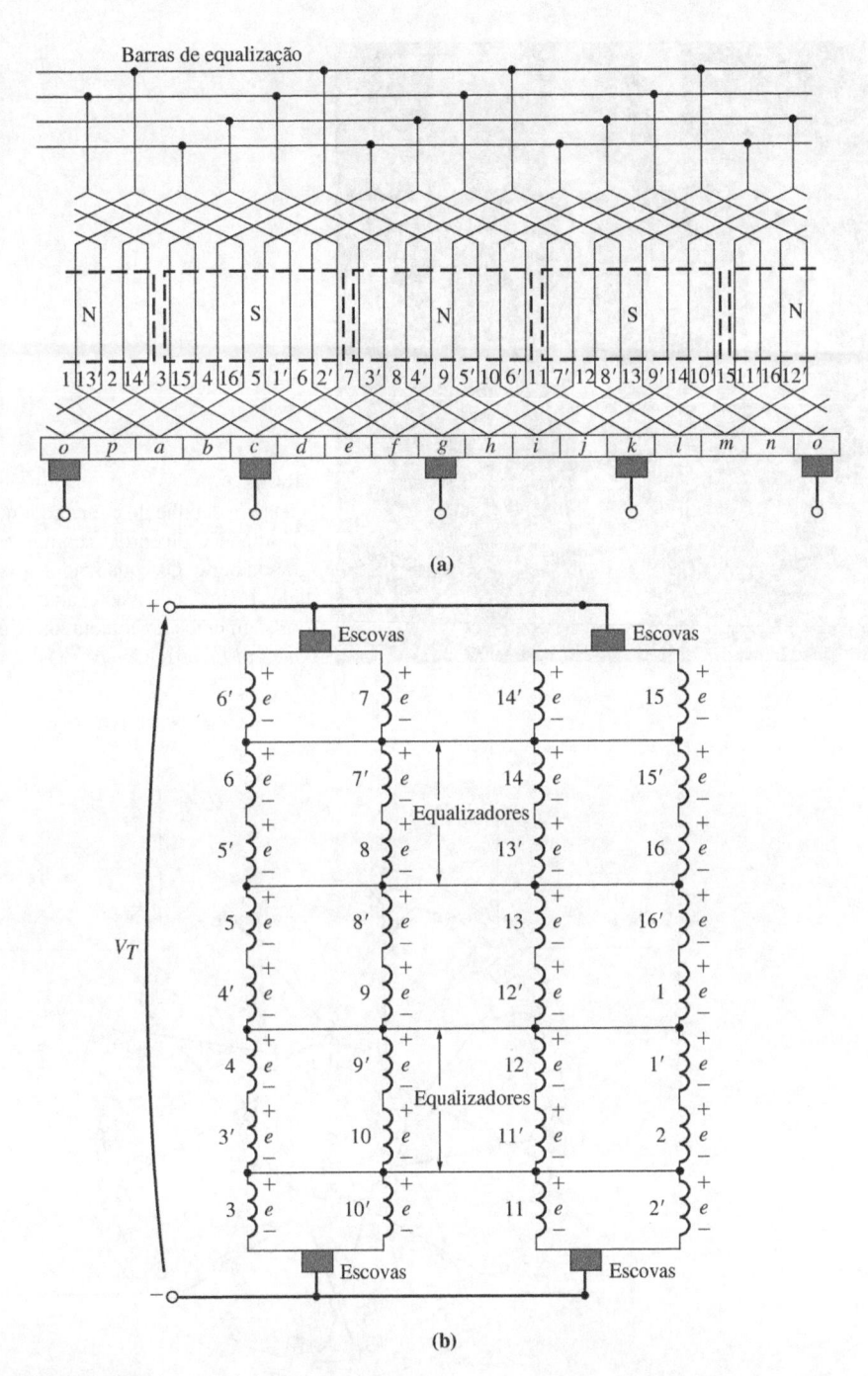

FIGURA 7-18
(a) Uma conexão com barras de equalização para a máquina de quatro polos da Figura 7-15.
(b) Um diagrama de tensão da máquina mostra os pontos colocados em curto pelos equalizadores.

430 Fundamentos de Máquinas Elétricas

FIGURA 7-19
Vista em detalhe do comutador de uma máquina CC de enrolamento imbricado de grande porte. Os equalizadores estão montados no pequeno anel exatamente à frente dos segmentos do comutador. (*Cortesia de General Electric Company.*)

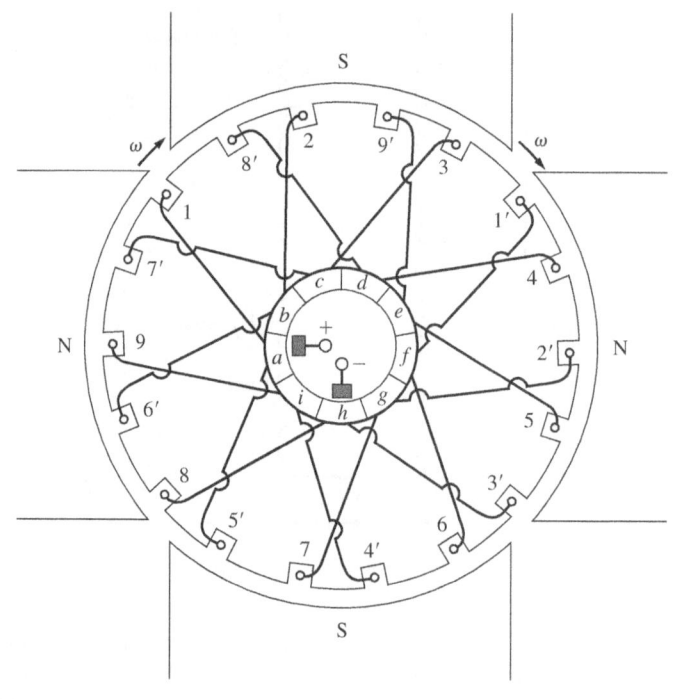

FIGURA 7-20
Uma máquina CC simples de quatro polos e enrolamento ondulado.

gunda bobina do rotor termina com uma conexão a um segmento do comutador que é adjacente ao segmento ligado ao início da primeira bobina. Portanto, entre segmentos adjacentes do comutador, *há duas bobinas em série*. Além disso, como cada par de bobinas entre segmentos adjacentes tem um lado debaixo de cada face polar, todas as tensões de saída serão a soma dos efeitos de todos os polos, não podendo ocorrer desequilíbrios de tensão.

A terminação da segunda bobina pode ser conectada ao segmento que está após ou antes do segmento no qual inicia a primeira bobina. Se a segunda bobina for conectada ao segmento posterior à primeira bobina, o enrolamento será progressivo ou, se ela for conectada ao segmento anterior à primeira bobina, o enrolamento será regressivo.

Em geral, se houver P polos na máquina, haverá $P/2$ bobinas em série entre segmentos adjacentes do comutador. Se a bobina de número $P/2$ for conectada ao segmento posterior à primeira bobina, o enrolamento será progressivo e, se for conectada ao segmento anterior à primeira bobina, o enrolamento será regressivo.

Em um enrolamento ondulado simples, há apenas dois caminhos de corrente. Há $C/2$ ou metade dos enrolamentos em cada caminho de corrente. As escovas dessa máquina estarão separadas entre si por um passo polar pleno.

Qual é o passo do comutador para um enrolamento ondulado? A Figura 7-20 mostra um enrolamento progressivo de nove bobinas e o final de uma bobina ocorre cinco segmentos além do seu ponto de partida. Em um enrolamento ondulado regressivo, o final da bobina ocorre quatro segmentos antes do seu ponto de partida. Portanto, o final de uma bobina em um enrolamento ondulado de quatro polos deve ser conectado exatamente antes ou após o ponto a meio caminho sobre o círculo desde seu ponto de partida.

A expressão geral que dá o passo do comutador para qualquer enrolamento ondulado simples é

$$y_c = \frac{2(C \pm 1)}{P} \quad \text{ondulado simplex} \quad (7\text{-}27)$$

em que C é o número de bobinas no rotor e P é o número de polos da máquina. O sinal positivo está associado aos enrolamentos progressivos e o sinal negativo, aos enrolamentos regressivos. Um enrolamento ondulado simples está mostrado na Figura 7-21.

Como há apenas dois caminhos de corrente através de um rotor com enrolamento ondulado simples, serão necessárias apenas duas escovas para coletar a corrente. Isso ocorre porque os segmentos que estão passando por comutação ligam os pontos de mesma tensão debaixo de todas as faces polares. Se desejado, mais escovas poderão ser acrescentadas em pontos distanciados de 180 graus elétricos porque estão no mesmo potencial e estão conectadas entre si pelos fios que passam por comutação na máquina. Escovas extras são usualmente acrescentadas a uma máquina de enrolamento ondulado, mesmo que isso não seja necessário, porque elas reduzem a quantidade de corrente a ser coletada por um dado conjunto de escovas.

Enrolamentos ondulados são bem adequados à construção de máquinas CC de tensão mais elevada, porque as bobinas em série entre os segmentos do comutador permitem produzir uma tensão elevada mais facilmente do que com enrolamentos imbricados.

Um enrolamento ondulado múltiplo (ou multiplex) é um enrolamento com múltiplos conjuntos *independentes* de enrolamentos ondulados no rotor. Esses conjuntos

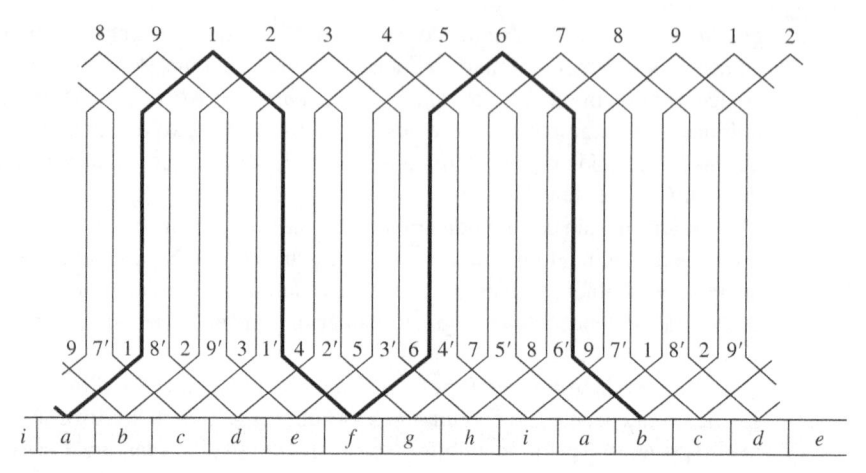

[Figure: diagrama de enrolamento ondulado progressivo com numeração 8 9 1 2 3 4 5 6 7 8 9 1 2 na parte superior e 9 7' 1 8' 2 9' 3 1' 4 2' 5 3' 6 4' 7 5' 8 6' 9 7' 1 8' 2 9' na parte inferior, com rótulos i a b c d e f g h i a b c d e]

FIGURA 7-21
O diagrama de enrolamento do rotor da máquina da Figura 7-20. Observe que o final de cada segunda bobina em série conecta-se ao segmento posterior do início da primeira bobina. Esse é um enrolamento ondulado progressivo.

extras de enrolamentos têm dois caminhos de corrente cada, de modo que o número de caminhos de corrente em um enrolamento ondulado múltiplo é

$$\boxed{a = 2m} \quad \text{ondulado multiplex} \tag{7-28}$$

O enrolamento autoequalizado

O *enrolamento autoequalizado* ou *perna de rã* tem esse nome devido ao formato de suas bobinas, como está mostrado na Figura 7-22. Ele consiste em um enrolamento imbricado combinado com um enrolamento ondulado.

Os equalizadores de um enrolamento imbricado comum são conectados em pontos de mesma tensão nos enrolamentos. Os enrolamentos ondulados ligam-se a pontos que têm basicamente a mesma tensão debaixo de faces polares sucessivas de mesma polaridade, sendo os mesmos pontos em que os equalizadores se conectam entre si. Um enrolamento autoequalizador combina um enrolamento imbricado com um enrolamento ondulado, de modo que os enrolamentos ondulados podem funcionar como equalizadores para o enrolamento imbricado.

O número de caminhos de corrente presentes em um enrolamento autoequalizado é

$$\boxed{a = 2Pm_{\text{imbr}}} \quad \text{enrolamento equalizado} \tag{7-29}$$

em que P é o número de polos da máquina e m_{imbr} é a multiplicidade do enrolamento imbricado.

EXEMPLO 7-2 Descreva a configuração do enrolamento do rotor da máquina de quatro polos da Seção 7.2.

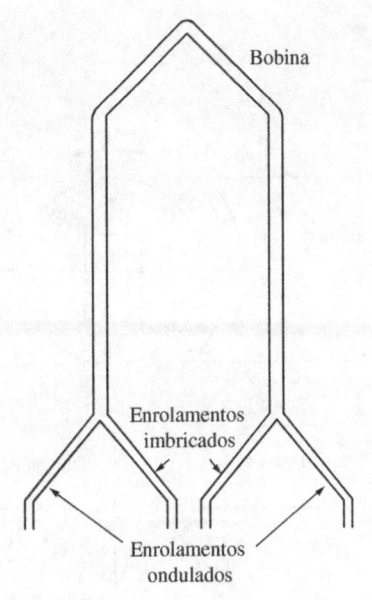

FIGURA 7-32 Uma bobina de enrolamento autoequalizado ou perna de rã.

Solução
A máquina descrita na Seção 7.2 tem quatro bobinas, cada uma com uma espira, resultando um total de oito condutores. Seu enrolamento é imbricado progressivo.

7.4 PROBLEMAS DE COMUTAÇÃO EM MÁQUINAS REAIS

O processo de comutação, como foi descrito nas Seções 7.2 e 7.3, não é tão simples na prática como parece na teoria, devido a dois fatores principais que ocorrem no mundo real perturbando-o:

1. Reação de armadura
2. Tensões Ldi/dt

Esta seção explora a natureza desses problemas e as soluções adotadas para diminuir seus efeitos.

Reação de armadura

Se os enrolamentos do campo magnético de uma máquina CC forem ligados a uma fonte de alimentação e o rotor da máquina for girado por uma fonte externa de potência mecânica, será induzida uma tensão nos condutores do rotor. Essa tensão será retificada convertendo-se em uma saída CC pela ação do comutador da máquina.

Agora, conecte uma carga aos terminais da máquina e uma corrente circulará pelos enrolamentos de sua armadura. Essa corrente produzirá um campo magnético próprio, que irá distorcer o campo magnético original dos polos da máquina. Essa distorção do fluxo de uma máquina quando a carga é aumentada é denominada *reação de armadura*. Ela causa dois problemas sérios nas máquinas CC reais.

O primeiro problema causado pela reação de armadura é o *deslocamento do plano neutro*. O *plano neutro magnético* (ou simplesmente *neutro magnético*) é defi-

FIGURA 7-23

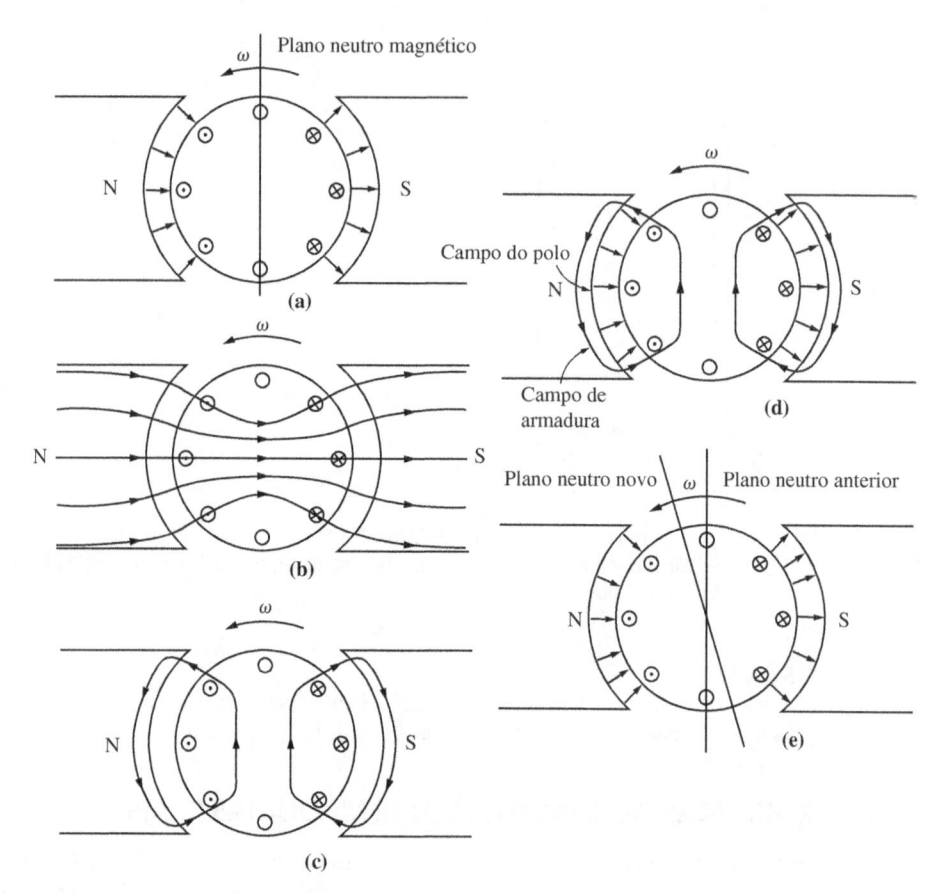

O desenvolvimento da reação de armadura em um gerador CC. (a) Inicialmente, o fluxo polar está uniformemente distribuído e o plano magnético neutro é vertical; (b) o efeito do entreferro na distribuição do fluxo polar; (c) o campo magnético resultante da armadura quando uma carga é conectada à máquina; (d) os fluxos do rotor e dos polos estão mostrados, indicando os pontos onde eles se somam e se subtraem; (e) o fluxo resultante debaixo dos polos. O plano neutro deslocou-se no sentido do movimento.

nido como o plano no interior da máquina onde a velocidade dos condutores do rotor é exatamente paralela às linhas do fluxo magnético, de modo que e_{ind} nos condutores no plano é exatamente zero.

Para compreender o problema do deslocamento do plano neutro, examine a Figura 7-23. A Figura 7-23a mostra uma máquina CC de dois polos. Observe que o fluxo está distribuído uniformemente debaixo das faces dos polos. Os enrolamentos mostrados do rotor, no caso dos condutores debaixo da face do polo norte, têm tensões geradas apontando para fora da página. No caso dos condutores debaixo da face do polo sul, as tensões apontam para dentro da página. O plano neutro dessa máquina é exatamente vertical.

Agora, suponha que uma carga seja conectada à máquina de modo que ela atue como um gerador. Nesse caso, a corrente circulará para fora do terminal positivo do gerador. Assim, a corrente irá para fora da página nos condutores debaixo da face do polo norte e para dentro da página nos condutores debaixo da face do polo sul. Esse fluxo de corrente é responsável pela produção de um campo magnético nos enrolamentos do rotor, como está mostrado na Figura 7-23c. Tal campo magnético afeta o campo magnético original dos polos que inicialmente produziu a tensão do gerador. Em alguns lugares debaixo das superfícies dos polos, o fluxo do polo sofre subtração e em outros lugares há um acréscimo. O resultado global é que o fluxo magnético no entreferro da máquina é distorcido como está mostrado nas Figuras 7-23d e 7-23e. Observe que no rotor houve deslocamento do local onde a tensão induzida em um condutor seria zero (o plano neutro).

Para o gerador da Figura 7-23, o plano neutro magnético foi deslocado no sentido de rotação do rotor. Se essa máquina fosse um motor, a corrente de seu rotor seria invertida e o fluxo se concentraria nos cantos opostos aos mostrados na figura. Como resultado, o plano neutro magnético iria se deslocar no sentido oposto ao ilustrado na figura.

Em geral, no caso de um gerador, o plano neutro desloca-se no sentido do movimento e no sentido oposto no caso de um motor. Além disso, o valor do deslocamento dependerá do valor da corrente do rotor e, consequentemente, da carga da máquina.

Afinal, qual é o problema com o deslocamento do plano neutro? É simplesmente o seguinte: o comutador deve colocar em curto os segmentos do comutador exatamente no momento em que a tensão sobre eles é zero. Se as escovas forem ajustadas para colocar em curto os condutores no plano vertical, então a tensão entre os segmentos será realmente zero *até que a máquina seja carregada*. Quando a máquina recebe a carga, o plano neutro desloca-se e as escovas colocam em curto segmentos com uma tensão finita neles. O resultado é um fluxo de corrente circulando entre os segmentos em curto e também a presença de grandes faíscas nas escovas quando o caminho da corrente é interrompido no instante em que uma escova deixa um segmento. O resultado final é a formação de *arcos e faiscamento nas escovas*. Trata-se de um problema muito sério, porque leva à redução drástica da vida útil das escovas, à corrosão dos segmentos do comutador e a um grande aumento dos custos de manutenção. Observe que esse problema não pode ser resolvido nem mesmo colocando as escovas sobre o plano neutro de plena carga, porque então haveria faíscas quando não houvesse carga, a vazio.

Em casos extremos, o deslocamento do plano neutro pode mesmo levar ao surgimento de um *arco elétrico* nos segmentos do comutador próximo das escovas. O ar junto às escovas de uma máquina está normalmente ionizado como resultado de seu faiscamento. Um arco ocorre quando a tensão entre segmentos de comutador adjacentes torna-se suficientemente elevada para manter um arco no ar ionizado acima deles. Se ocorrer um arco, poderá haver o derretimento da superfície do comutador.

O segundo problema importante causado pela reação de armadura é denominado *enfraquecimento de fluxo*. Para compreender esse problema, consulte a curva de magnetização mostrada na Figura 7-24. A maioria das máquinas opera com densidade de fluxo próximo do ponto de saturação. Portanto, nos locais das superfícies dos polos onde a força magnetomotriz do rotor soma-se à força magnetomotriz dos polos, ocorre apenas um pequeno incremento de fluxo. No entanto, nos locais das superfícies dos polos onde a força magnetomotriz do rotor subtrai-se da força magnetomotriz dos polos, há uma grande diminuição no fluxo. O resultado líquido é que *o fluxo total médio debaixo da face inteira do polo é diminuído* (veja a Figura 7-25).

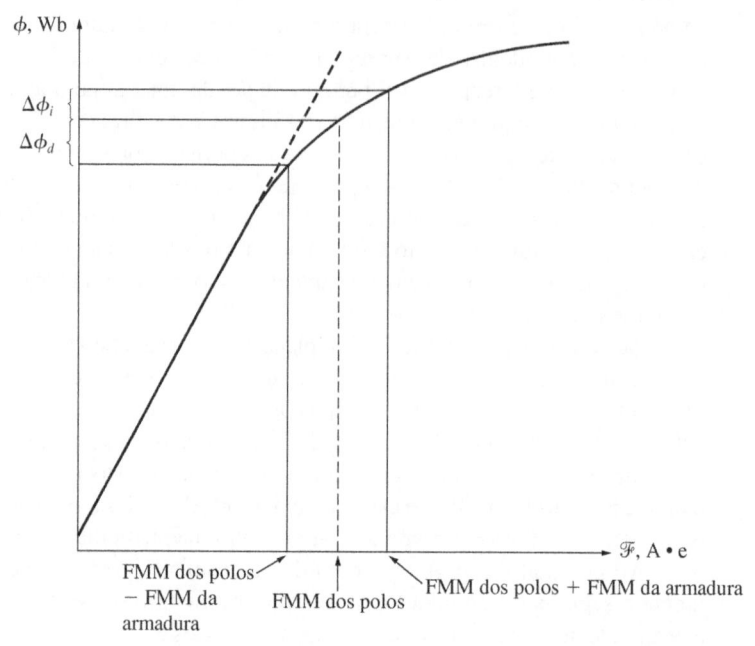

FIGURA 7-24
Uma típica curva de magnetização mostra os efeitos da saturação dos polos onde as forças magnetomotrizes da armadura e dos polos somam-se.

$\Delta\phi_i \equiv$ aumento de fluxo debaixo das seções aditivas dos polos

$\Delta\phi_d \equiv$ aumento de fluxo debaixo das seções subtrativas dos polos

O enfraquecimento de fluxo causa problemas tanto em geradores como em motores. Nos geradores, o efeito do enfraquecimento de fluxo é simplesmente a redução da tensão fornecida pelo gerador para qualquer carga dada. Nos motores, o efeito pode ser mais sério. Como os primeiros exemplos deste capítulo mostraram, quando o fluxo do motor é diminuído, sua velocidade aumenta. No entanto, o aumento de velocidade de um motor pode elevar sua carga, resultando em mais enfraquecimento de fluxo. É possível que alguns motores CC em derivação cheguem a uma situação de descontrole como resultado do enfraquecimento de fluxo. Nessa condição, o motor simplesmente permanece aumentando a velocidade até ser desligado da linha de potência ou se destruir.

Tensões Ldi/dt

O segundo problema importante é a tensão Ldi/dt que ocorre nos segmentos do comutador que são colocados em curto pelas escovas, algumas vezes denominado *pico indutivo de tensão*. Para compreender esse problema, examine a Figura 7-26. Essa figura representa uma série de segmentos de comutador e os condutores conectados entre eles. Assumindo que a corrente na escova é 400 A, então a corrente em cada caminho é 200 A. Observe que, quando um segmento de comutador é colocado em

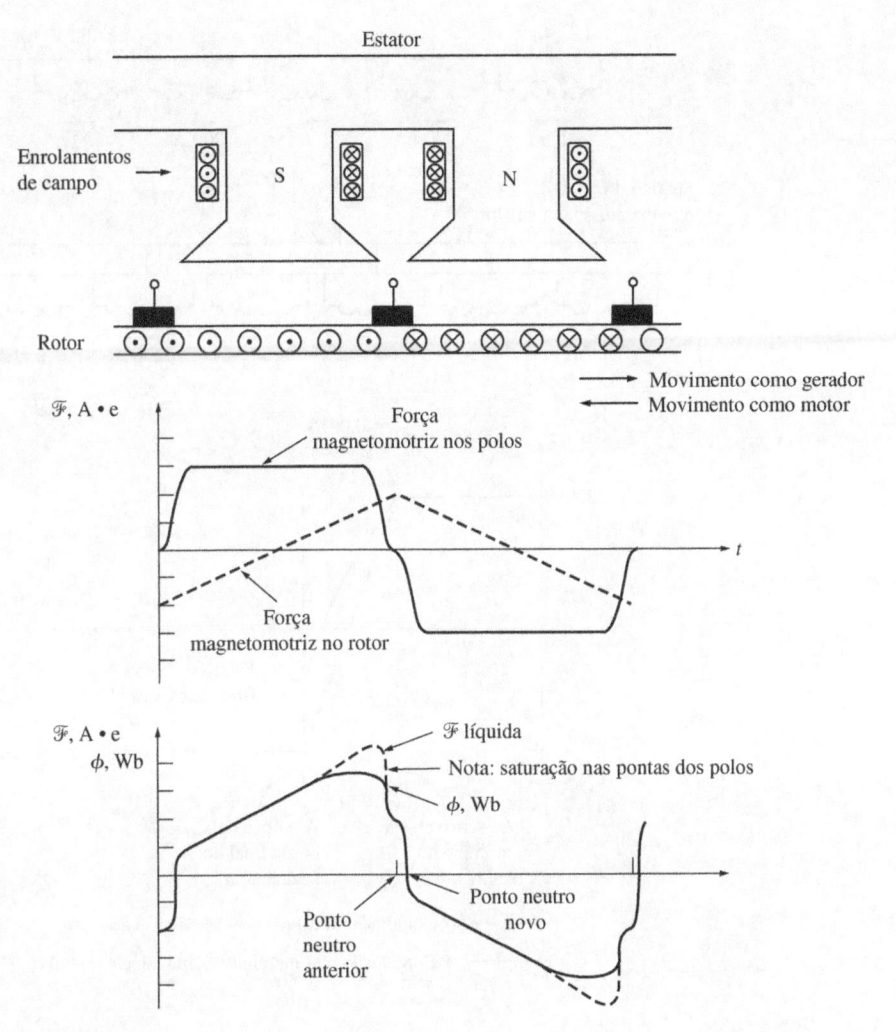

FIGURA 7-25
O fluxo e a força magnetomotriz debaixo das faces dos polos de uma máquina CC. Nos pontos onde as forças magnetomotrizes subtraem-se, o fluxo acompanha de perto a força magnetomotriz líquida no ferro, mas, nos pontos onde as forças magnetomotrizes adicionam-se, a saturação limita o fluxo total presente. Observe também que o ponto neutro do rotor deslocou-se.

curto, a corrente nesse segmento deve ser invertida. Com que rapidez deve ocorrer essa inversão? Assumindo que a máquina está girando a 800 rpm e que há 50 segmentos de comutador (um número razoável para um motor típico), cada segmento de comutador move-se debaixo de uma escova e a deixa em $t = 0,0015$ s. Portanto, a taxa de variação de corrente em relação ao tempo na espira em curto deve ser *em média*

$$\frac{di}{dt} = \frac{400 \text{ A}}{0,0015 \text{ s}} = 266.667 \text{ A/s} \tag{7-30}$$

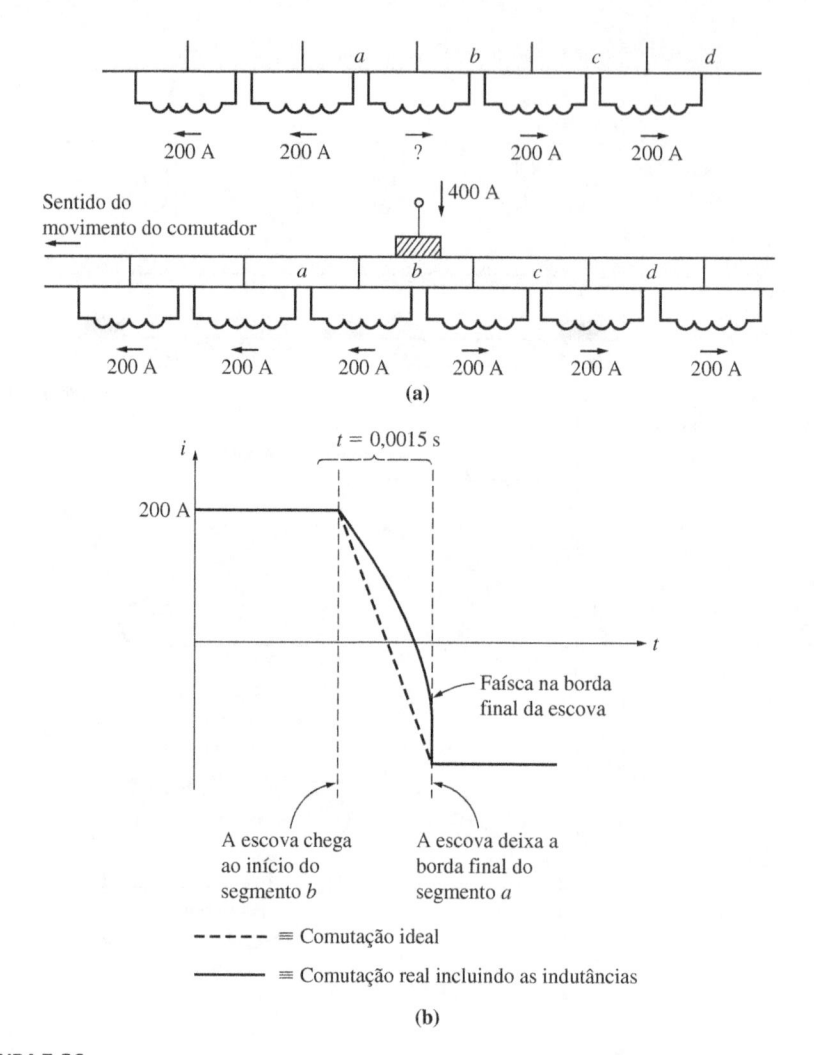

FIGURA 7-26
(a) A inversão do fluxo de corrente em uma bobina que está passando por um processo de comutação. Observe que o sentido da corrente na bobina entre os segmentos a e b deve ser invertido enquanto a escova coloca em curto os dois segmentos do comutador. (b) A inversão da corrente em função do tempo em uma bobina que está passando por comutação, tanto para a comutação ideal como para a real. A indutância da bobina foi levada em consideração.

Mesmo com uma indutância mínima na espira, um pico indutivo de tensão $v = L\, di/dt$ muito significativo será induzido no segmento de comutador em curto. Naturalmente, essa tensão elevada causa faiscamento nas escovas da máquina, resultando nos mesmos problemas de formação de arco que eram causados pelo deslocamento do plano neutro.

Soluções para os problemas de comutação

Três abordagens foram desenvolvidas para corrigir parcial ou totalmente os problemas de reação de armadura e tensões $L\, di/dt$:

1. Deslocamento de escovas
2. Polos de comutação ou interpolos
3. Enrolamentos de compensação

Cada uma dessas técnicas será explicada a seguir, juntamente com suas vantagens e desvantagens.

DESLOCAMENTO DE ESCOVAS. Historicamente, as primeiras tentativas de aperfeiçoar o processo de comutação das máquinas CC reais começaram com o objetivo de deter o faiscamento nas escovas causado pelos deslocamentos do plano neutro e efeitos $L\, di/dt$. A primeira abordagem adotada pelos projetistas de máquinas era simples: se o plano neutro da máquina desloca-se, então por que não deslocar também as escovas para interromper o faiscamento? Certamente, parecia uma boa ideia, mas há diversos problemas sérios associados. De um lado, o plano neutro move-se com qualquer alteração de carga e o sentido de deslocamento é invertido quando a máquina passa do modo de operação como motor para o modo como gerador. Portanto, alguém tinha que ajustar as escovas a cada vez que a carga da máquina mudava. Além disso, se de um lado o deslocamento das escovas pode interromper o faiscamento nas escovas, de outro, ele na realidade *agrava* o efeito do enfraquecimento de fluxo causado pela reação de armadura da máquina. Isso é verdadeiro devido a dois efeitos:

1. Agora, a força magnetomotriz do rotor tem uma componente vetorial que se opõe à força magnetomotriz dos polos (veja a Figura 7-27).
2. A alteração na distribuição da corrente de armadura faz com que o fluxo concentre-se ainda mais nas partes saturadas das faces polares.

Outra abordagem ligeiramente diferente adotada algumas vezes consistia em ajustar as escovas em uma posição conciliatória (uma que não causasse faiscamento a, digamos, dois terços da carga total). Nesse caso, o motor faiscava a vazio e menos a plena carga. Se ele passasse a maior parte de sua vida operando em torno de dois terços da plena carga, então o faiscamento seria minimizado. Naturalmente, tal máquina não poderia ser usada de jeito nenhum como gerador – o faiscamento teria sido horrível.

Em torno de 1910, o método de deslocamento de escovas já era obsoleto. Hoje, esse método é usado apenas com pequenas máquinas que sempre operam como motores. Faz-se desse modo porque soluções melhores para esse problema simplesmente não são econômicas no caso de motores de porte tão pequeno.

POLOS DE COMUTAÇÃO OU INTERPOLOS. Devido às desvantagens recém apontadas e especialmente devido à exigência de ser necessária uma pessoa para ajustar as posições das escovas das máquinas quando suas cargas estiverem mudando, outra solução foi desenvolvida para o problema do faiscamento. A ideia básica por trás dessa nova abordagem é que, se a tensão nos condutores que estão sofrendo comutação puder

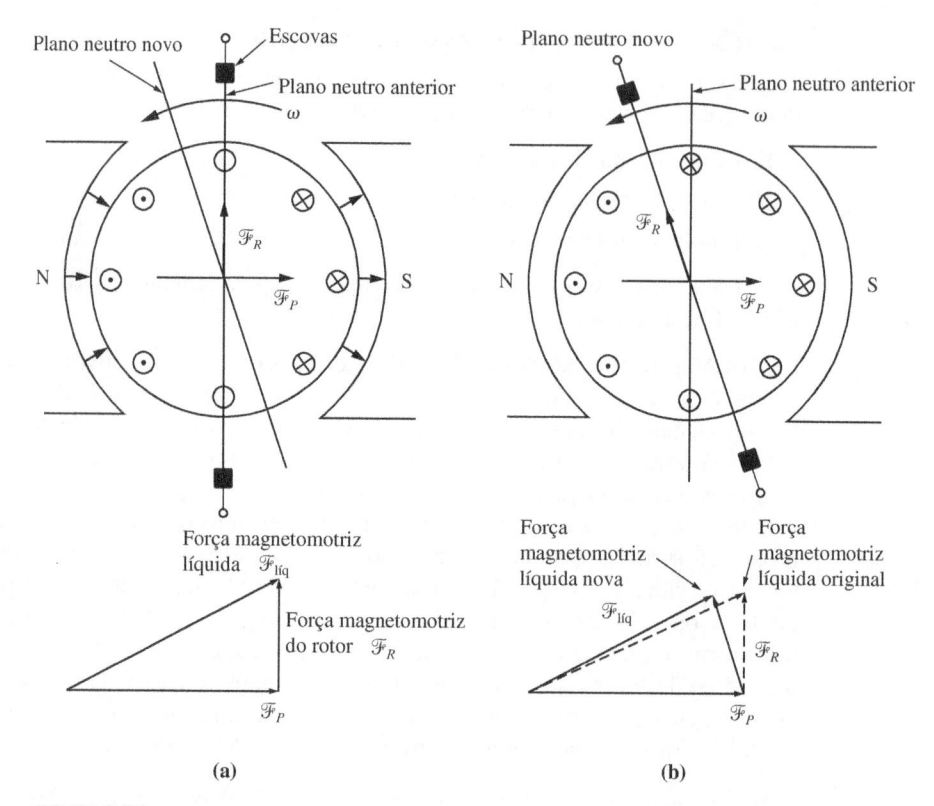

FIGURA 7-27
(a) A força magnetomotriz líquida em uma máquina CC quando as suas escovas estão no plano vertical. (b) A força magnetomotriz líquida em uma máquina CC quando as suas escovas estão sobre o plano neutro deslocado. Observe que agora uma componente da força magnetomotriz de armadura está *diretamente em oposição* à força magnetomotriz dos polos e que a força magnetomotriz líquida da máquina foi reduzida.

ser tornada zero, então não haverá faiscamento nas escovas. Para conseguir isso, pequenos polos, denominados *polos de comutação* ou *interpolos*, são colocados a meio caminho entre os polos principais. Esses polos de comutação estão localizados *diretamente sobre* os condutores que passam pela comutação. Fornecendo um fluxo pelo uso dos polos de comutação, será possível cancelar exatamente a tensão nas bobinas que estão passando por comutação. Se esse cancelamento for exato, não haverá faiscamento nas escovas.

Fora isso, os polos de comutação não alteram de nenhum outro modo o funcionamento da máquina. Eles são tão pequenos que afetam apenas os poucos condutores que estão em vias de passar pela comutação. Observe que a *reação de armadura* debaixo das faces dos polos principais não é afetada, porque não chegam a tanto os efeitos dos polos de comutação. Isso significa que o enfraquecimento de fluxo na máquina não é afetado pelos polos de comutação.

Como se dá o cancelamento da tensão nos segmentos do comutador para todos os valores de carga? Isso é feito simplesmente ligando em *série* os enrolamentos dos interpolos com os enrolamentos do rotor, como mostra a Figura 7-28. À medida que a carga e a corrente do rotor aumentam, o deslocamento do plano neutro e os efeitos $L\,di/dt$ também crescem. Devido a esses dois efeitos, há uma elevação na tensão dos condutores que estão em comutação. Entretanto, o fluxo de interpolo também aumenta, induzindo nos condutores uma tensão maior que se opõe à tensão produzida pelo deslocamento do plano neutro. O resultado líquido é que seus efeitos cancelam-se dentro de um largo intervalo de valores de carga. Observe que os interpolos funcionam corretamente quando a máquina está funcionando como motor ou como gerador. Isso ocorre porque, quando a máquina muda o funcionamento de motor para gerador, há inversão do sentido da corrente nos interpolos e também no rotor. Portanto, os efeitos da tensão continuam se cancelando.

De que polaridade deve ser o fluxo nos interpolos? Nos condutores que estão em comutação, os interpolos devem induzir uma tensão *oposta* à tensão causada pelo deslocamento do plano neutro e pelos efeitos $L\,di/dt$. No caso de um gerador, o plano neutro desloca-se no sentido da rotação. Isso significa que os condutores em comutação têm a mesma polaridade de tensão que o polo anterior que acaba de ficar para trás (veja a Figura 7-29). Para se opor a essa tensão, os interpolos devem ter fluxo oposto, ou seja, o fluxo do polo seguinte. Em um motor, entretanto, o plano neutro desloca-se no sentido oposto à rotação. Desse modo, os condutores que estão em comutação têm o mesmo fluxo que o polo do qual eles estão se aproximando. Para se opor a essa tensão, os interpolos devem ter a mesma polaridade que o polo principal anterior que está se afastando e ficando para trás. Portanto,

1. Em um gerador, os interpolos devem ter a mesma polaridade que o polo principal seguinte que se aproxima.

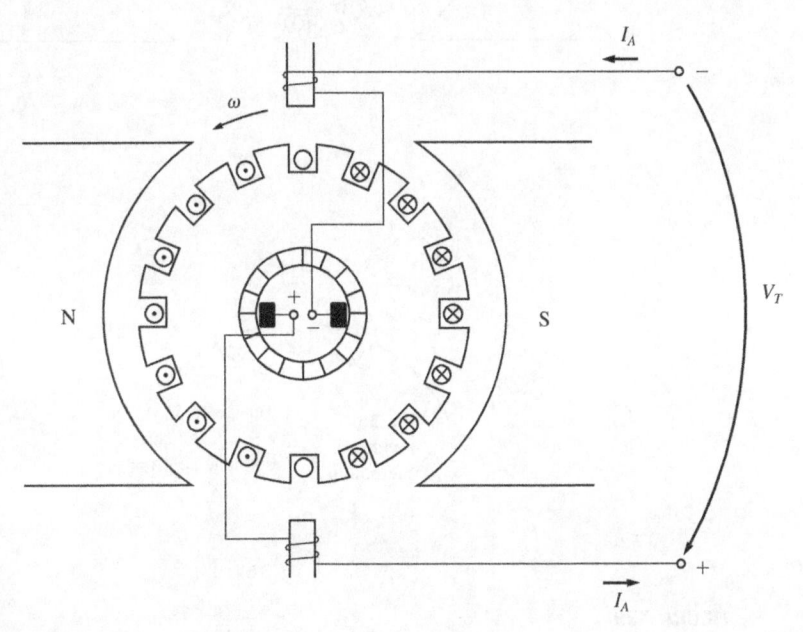

FIGURA 7-28
Uma máquina CC com interpolos.

2. Em um motor, os interpolos devem ter a mesma polaridade que o polo principal anterior que se afasta.

O uso de polos de comutação ou interpolos é muito comum, porque corrigem os problemas de faiscamento das máquinas CC a um custo bem baixo. São quase sempre encontrados em máquinas CC de 1 HP ou mais. É importante ter em conta, entretanto, que eles não alteram *nada* em relação à distribuição de fluxo debaixo das faces polares. Assim, o problema do enfraquecimento de fluxo continua presente. Em relação ao faiscamento, na maioria dos motores de porte médio de uso geral, esse problema é corrigido pelo uso de interpolos e, em relação ao enfraquecimento de fluxo, simplesmente convive-se com seus efeitos.

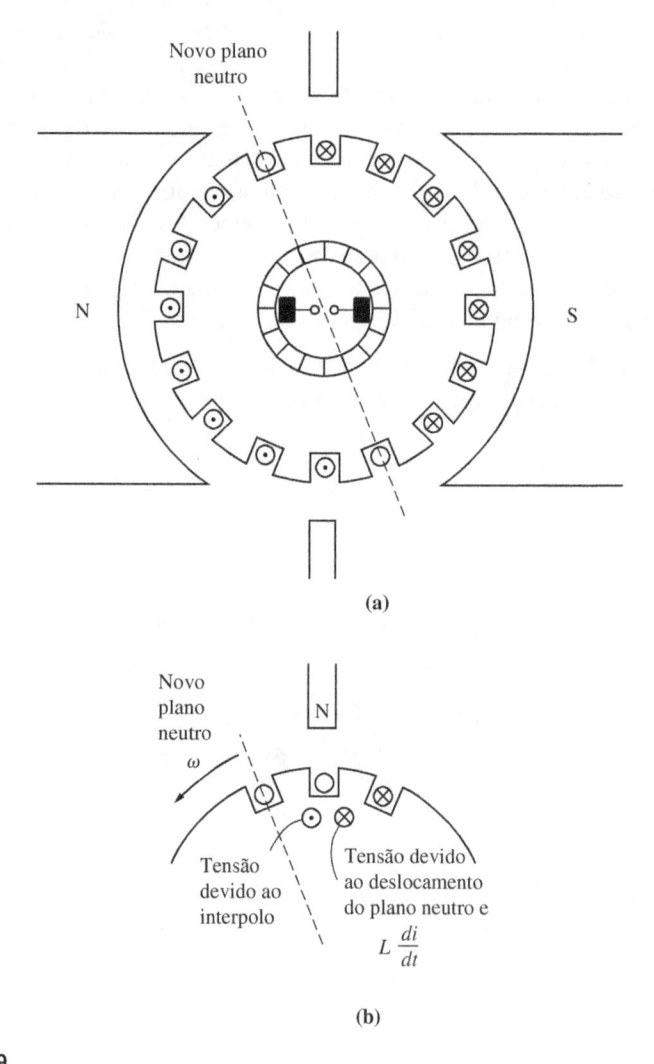

FIGURA 7-29
Determinação da polaridade de um interpolo. O fluxo do interpolo deve produzir uma tensão que se opõe à tensão existente no condutor.

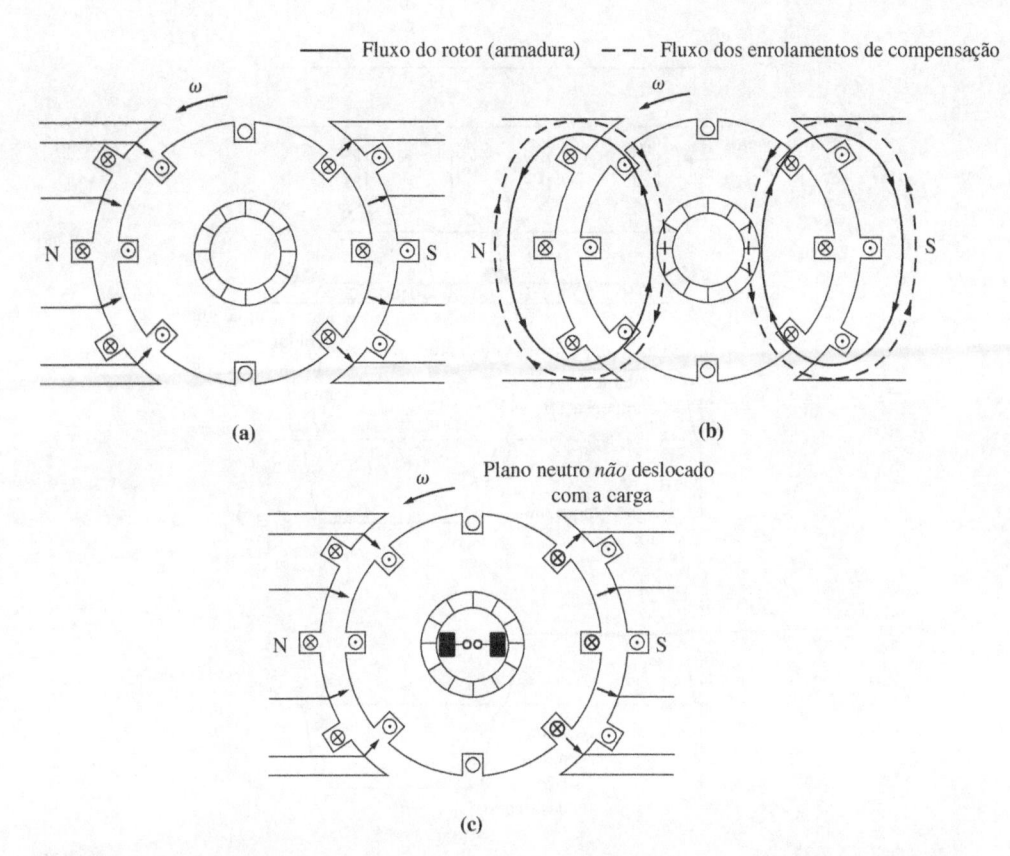

───── Fluxo do rotor (armadura)   ─ ─ ─ Fluxo dos enrolamentos de compensação

(a)   (b)

Plano neutro *não* deslocado com a carga

(c)

FIGURA 7-30
O efeito dos enrolamentos de compensação em uma máquina CC. (a) O fluxo nos polos da máquina; (b) os fluxos da armadura e dos enrolamentos de compensação. Observe que eles são iguais e opostos; (c) o fluxo líquido da máquina, que é simplesmente o fluxo original dos polos.

ENROLAMENTOS DE COMPENSAÇÃO. No caso dos motores com funcionamento muito carregado, o problema do enfraquecimento de fluxo pode ser muito sério. Para cancelar completamente a reação de armadura, eliminando assim simultaneamente o deslocamento do plano neutro e o enfraquecimento de fluxo, foi desenvolvida uma técnica diferente. Essa terceira abordagem envolve a colocação de *enrolamentos de compensação* em ranhuras abertas nas faces dos polos, paralelamente aos condutores do rotor, cancelando assim o efeito de distorção causado pela reação de armadura. Esses enrolamentos são conectados em série com os enrolamentos do rotor. Desse modo, sempre que houver mudança de carga no rotor, haverá também alteração de corrente nos enrolamentos de compensação. A Figura 7-30 mostra o conceito básico. Na Figura 7-30a, o fluxo nos polos é evidente por si mesmo. Na Figura 7-30b, são mostrados o fluxo do rotor e o fluxo nos enrolamentos de compensação. A Figura 7-30c representa a soma desses três fluxos, que é simplesmente igual ao fluxo original dos polos principais.

A Figura 7-31 mostra um desenvolvimento mais cuidadoso do efeito dos enrolamentos de compensação em uma máquina CC. Observe que a força magnetomotriz

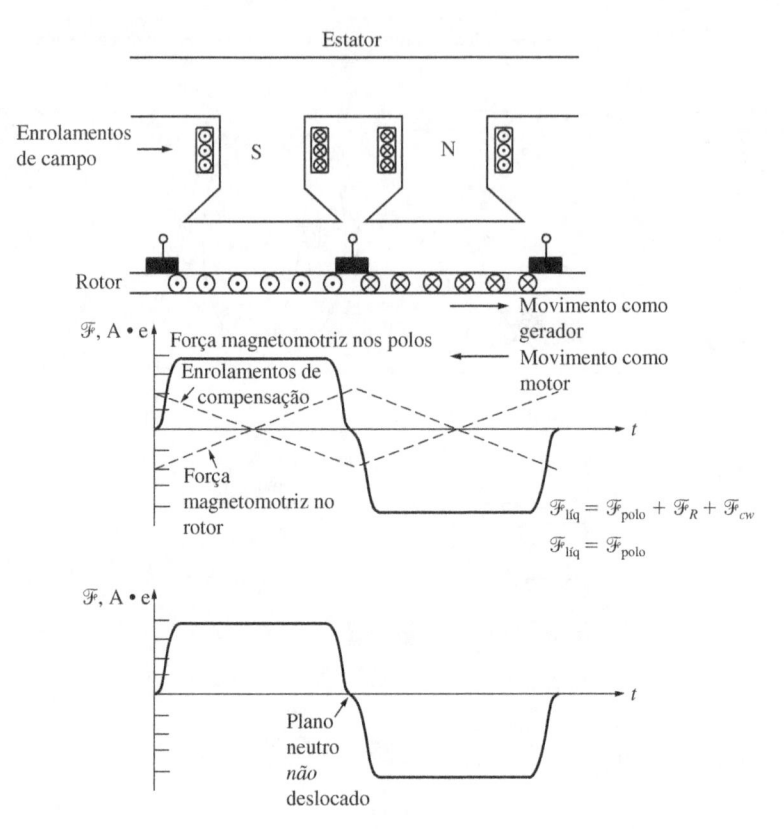

FIGURA 7-31
O fluxo e as forças magnetomotrizes em uma máquina CC com enrolamentos de compensação.

devido aos enrolamentos de compensação é igual e oposta à força magnetomotriz devido ao rotor em cada ponto debaixo das faces dos polos. A força magnetomotriz líquida resultante é exatamente a força magnetomotriz devido aos polos. Desse modo, o fluxo na máquina mantém-se inalterado, independentemente da carga submetida à máquina. O estator de uma máquina CC de grande porte com enrolamentos de compensação está mostrado na Figura 7-32.

A principal desvantagem dos enrolamentos de compensação é que eles são caros, porque devem ser construídos nas faces dos polos. Qualquer motor que os utilize também necessitará de interpolos, porque os enrolamentos de compensação não cancelam os efeitos $L\,di/dt$. Entretanto, os interpolos não precisam ser tão robustos, porque eles cancelam apenas as tensões $L\,di/dt$ nos enrolamentos, e não as tensões devido ao deslocamento do plano neutro. Devido ao elevado custo dos interpolos e dos enrolamentos de compensação em tal máquina, esses enrolamentos são usados somente nos casos em que isso é exigido, tendo em conta o caráter extremamente carregado que é exigido do funcionamento de um motor.

FIGURA 7-32
O estator de uma máquina CC de seis polos com interpolos e enrolamentos de compensação.
(*Cortesia de Westinghouse Electric Company.*)

7.5 A TENSÃO INTERNA GERADA E AS EQUAÇÕES DE CONJUGADO INDUZIDO PARA MÁQUINAS CC REAIS

Quanta tensão é produzida por uma máquina CC real? A tensão induzida em qualquer máquina dada depende de três fatores:

1. O fluxo ϕ da máquina
2. A velocidade ω_m do rotor da máquina
3. Uma constante que depende da construção da máquina

Como se pode determinar a tensão nos enrolamentos do rotor de uma máquina real? A tensão produzida na saída da armadura de uma máquina real é igual ao número de condutores por caminho de corrente vezes a tensão em cada condutor. Demonstrou-se anteriormente que a tensão em *um único condutor debaixo das faces polares* é

$$e_{\text{ind}} = e = vBl \tag{7-31}$$

A tensão na saída da armadura de uma máquina real é, então,

$$E_A = \frac{ZvBl}{a} \tag{7-32}$$

em que Z é o número total de condutores e a é o número de caminhos de corrente. A velocidade de cada condutor do rotor pode ser expressa como $v = r\omega_m$, em que r é o raio do rotor. Portanto, temos

$$E_A = \frac{Zr\omega_m Bl}{a} \tag{7-33}$$

Essa tensão pode ser expressa em uma forma mais conveniente, observando que o fluxo de um polo é igual à densidade de fluxo debaixo do polo vezes a área do polo:

$$\phi = BA_P$$

O rotor da máquina tem a forma de um cilindro, de modo que sua área é

$$A = 2\pi rl \tag{7-34}$$

Se houver P polos na máquina, então a área associada com cada polo será a área total dividida pelo número de polos P:

$$A_P = \frac{A}{P} = \frac{2\pi rl}{P} \tag{7-35}$$

Assim, o *fluxo total por polo* da máquina é

$$\phi = BA_P = \frac{B(2\pi rl)}{P} = \frac{2\pi rlB}{P} \tag{7-36}$$

Portanto, a tensão interna gerada na máquina pode ser expressa como

$$E_A = \frac{Zr\omega_m Bl}{a} \tag{7-33}$$

$$= \left(\frac{ZP}{2\pi a}\right)\left(\frac{2\pi rlB}{P}\right)\omega_m$$

$$\boxed{E_A = \frac{ZP}{2\pi a}\phi\omega_m} \tag{7-37}$$

Finalmente,

$$\boxed{E_A = K\phi\omega_m} \tag{7-38}$$

em que

$$\boxed{K = \frac{ZP}{2\pi a}} \tag{7-39}$$

Na prática industrial moderna, é comum expressar a velocidade de uma máquina em rotações por minuto em vez de em radianos por segundo. A conversão de rotações por minuto para radianos por segundo é dada por

$$\omega_m = \frac{2\pi}{60}n_m \tag{7-40}$$

de modo que a equação da tensão, com a velocidade expressa em rotações por minuto, é

$$\boxed{E_A = K'\phi n_m} \tag{7-40}$$

em que
$$K' = \frac{ZP}{60a} \qquad (7\text{-}42)$$

Quanto conjugado é induzido na armadura de uma máquina CC real? O conjugado em qualquer máquina CC depende de três fatores:

1. O fluxo ϕ da máquina
2. A corrente I_A de armadura (ou rotor) da máquina
3. Uma constante que depende das características construtivas da máquina

Como se pode determinar o conjugado no rotor de uma máquina real? O conjugado na armadura de uma máquina real é igual ao número de condutores Z vezes o conjugado em cada condutor. Demonstrou-se antes que o conjugado em *um único condutor debaixo das faces polares* é

$$\tau_{\text{cond}} = rI_{\text{cond}}lB \qquad (7\text{-}43)$$

Se houver a caminhos de corrente na máquina, então a corrente total de armadura I_A será dividida entre os a caminhos de corrente, de modo que a corrente em um único condutor é dada por

$$I_{\text{cond}} = \frac{I_A}{a} \qquad (7\text{-}44)$$

e o conjugado sobre um único condutor do motor pode ser expresso como

$$\tau_{\text{cond}} = \frac{rI_A lB}{a} \qquad (7\text{-}45)$$

Como há Z condutores, o conjugado total induzido no rotor de uma máquina CC é

$$\tau_{\text{ind}} = \frac{ZrlBI_A}{a} \qquad (7\text{-}46)$$

Nessa máquina, o fluxo por polo pode ser expresso como

$$\phi = BA_P = \frac{B(2\pi rl)}{P} = \frac{2\pi rlB}{P} \qquad (7\text{-}47)$$

de modo que o conjugado induzido também pode ser expresso como

$$\tau_{\text{ind}} = \frac{ZP}{2\pi a} \phi I_A \qquad (7\text{-}48)$$

Finalmente,
$$\tau_{\text{ind}} = K \phi IA \qquad (7\text{-}49)$$

em que
$$K = \frac{ZP}{2\pi a} \qquad (7\text{-}39)$$

Essas equações recém apresentadas, expressando a tensão interna gerada e o conjugado induzido, são apenas aproximações, porque nem todos os condutores de uma máquina estão debaixo das faces polares em um instante qualquer e também porque a superfície de cada polo não cobre por inteiro uma fração $1/P$ da superfície do rotor. Para obter maior exatidão, o número de condutores debaixo das faces dos polos poderia ser usado no lugar do número total de condutores do rotor.

EXEMPLO 7-3 Uma armadura duplex com enrolamento imbricado é usada em uma máquina CC de seis polos com seis conjuntos de escovas, cada uma abrangendo dois segmentos de comutador. Há 72 bobinas na armadura, cada uma com 12 espiras. O fluxo por polo da máquina é 0,039 Wb e ela está girando a 400 rpm.

(a) Quantos caminhos de corrente há nessa máquina?

(b) Qual é a tensão induzida E_A?

Solução

(a) O número de caminhos de corrente nessa máquina é

$$a = mP = 2(6) = 12 \text{ caminhos de corrente} \qquad (7\text{-}26)$$

(b) A tensão induzida na máquina é

$$E_A = K'\phi n_m \qquad (7\text{-}41)$$

e

$$K' = \frac{ZP}{60a} \qquad (7\text{-}42)$$

O número de condutores na máquina é

$$Z = 2CN_C \qquad (7\text{-}22)$$
$$= 2(72)(12) = 1728 \text{ condutores}$$

Portanto, a constante K' é

$$K' = \frac{ZP}{60a} = \frac{(1728)(6)}{(60)(12)} = 14,4$$

e a tensão E_A é

$$E_A = K'\phi n_m$$
$$= (14,4)(0,039 \text{ Wb})(400 \text{ rpm})$$
$$= 224,6 \text{ V}$$

EXEMPLO 7-4 Um gerador CC de 12 polos tem uma armadura simplex com enrolamento ondulado contendo 144 bobinas de 10 espiras cada. A resistência de cada espira é 0,011 Ω. Seu fluxo por polo é 0,05 Wb e ele está girando com uma velocidade de 200 rpm.

(a) Quantos caminhos de corrente há nessa máquina?

(b) Qual é a tensão de armadura induzida dessa máquina?

(c) Qual é a resistência de armadura efetiva dessa máquina?

(d) Se um resistor de 1 kΩ for ligado aos terminais desse gerador, qual será o contraconjugado induzido resultante sobre o eixo da máquina? (Ignore a resistência de armadura interna da máquina).

Solução

(a) Há $a = 2m = 2$ caminhos de corrente nesse enrolamento.

(b) Há $Z = 2CN_C = 2(144)(10) = 2880$ condutores no rotor do gerador. Assim,

$$K' = \frac{ZP}{60a} = \frac{(2880)(12)}{(60)(2)} = 288$$

Portanto, a tensão induzida é

$$E_A = K'\phi n_m$$
$$= (288)(0{,}05 \text{ Wb})(200 \text{ rpm})$$
$$= 2880 \text{ V}$$

(c) Há dois caminhos paralelos atravessando o rotor dessa máquina, cada um consistindo em $Z/2 = 1440$ condutores, ou 720 espiras. Portanto, a resistência de cada caminho de corrente é

Resistência/caminho = $(720 \text{ espiras})(0{,}011 \text{ }\Omega/\text{espira}) = 7{,}92 \text{ }\Omega$

Como há dois caminhos paralelos, a resistência de armadura efetiva é

$$R_A = \frac{7{,}92 \text{ }\Omega}{2} = 3{,}96 \text{ }\Omega$$

(d) Se uma carga de 1000 Ω for ligada aos terminais do gerador e se R_A for ignorada, então circulará uma corrente de $I = 2880 \text{ V}/1000 \text{ }\Omega = 2{,}88$ A. A constante K é dada por

$$K = \frac{ZP}{2\pi a} = \frac{(2880)(12)}{(2\pi)(2)} = 2750{,}2$$

Portanto, o contraconjugado no eixo do gerador é

$$\tau_{\text{ind}} = K\phi I_A = (2750{,}2)(0{,}05 \text{ Wb})(2{,}88 \text{ A})$$
$$= 396 \text{ N} \cdot \text{m}$$

7.6 A CONSTRUÇÃO DE MÁQUINAS CC

Um esquema simplificado de uma máquina CC está mostrado na Figura 7-33 e um diagrama mais detalhado em corte está mostrado na Figura 7-34.

A estrutura física da máquina consiste em duas partes: o *estator* ou parte estacionária e o *rotor* ou parte rotativa. A parte estacionária da máquina é constituída de uma *carcaça* que fornece o suporte físico e de *peças polares* que se projetam para dentro e propiciam um caminho para o fluxo magnético na máquina. As extremidades das peças polares, que estão mais próximas do rotor, alargam-se sobre a superfície do rotor para distribuir uniformemente o seu fluxo sobre a superfície do rotor. Essas extremidades são denominadas *sapatas polares*. A superfície exposta de uma sapata polar é denominada *face polar* e a distância entre as faces polares e o rotor é denominada *entreferro de ar*, ou simplesmente *entreferro*.

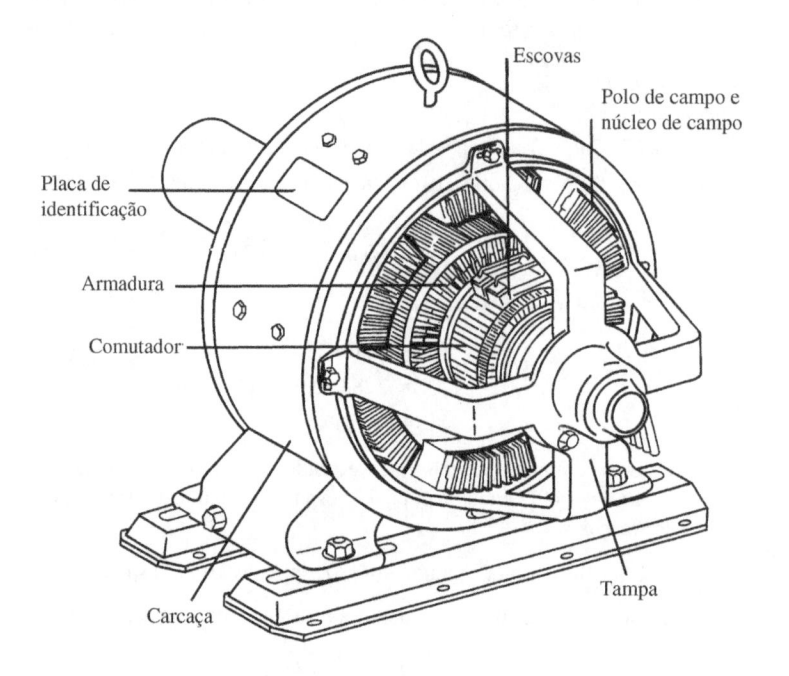

FIGURA 7-33
Diagrama simplificado de uma máquina CC.

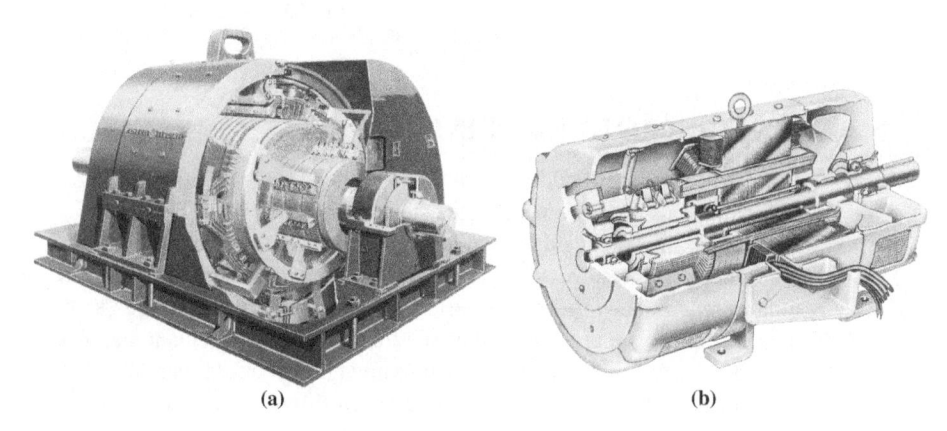

FIGURA 7-34
(a) Vista em corte de uma máquina CC de 4000 HP, 700 V e 18 polos, mostrando os enrolamentos de compensação, os interpolos, os equalizadores e o comutador. (*Cortesia de General Electric Company.*) (b) Vista em corte de um motor CC de porte menor com quatro polos, incluindo os interpolos, mas sem os enrolamentos de compensação. (*Cortesia de MagneTek, Inc.*)

Há dois enrolamentos principais em uma máquina CC: os enrolamentos de armadura e os enrolamentos de campo. Os *enrolamentos de armadura* são definidos como os enrolamentos nos quais a tensão é induzida e os *enrolamentos de campo* são definidos como os enrolamentos que produzem o fluxo magnético principal da máquina. Em uma máquina CC normal, os enrolamentos de armadura estão localizados no rotor e os enrolamentos de campo estão localizados no estator. Como os enrolamentos de armadura estão localizados no rotor, o próprio rotor de uma máquina CC é denominado algumas vezes *armadura*.

Algumas características construtivas importantes de um motor CC típico serão descritas a seguir.

Construção dos polos e da carcaça

Frequentemente, os polos principais das máquinas CC antigas eram feitas de uma peça única fundida em metal, com os enrolamentos de campo colocados a seu redor. Geralmente tinham bordas laminadas aparafusadas para reduzir as perdas do núcleo nas faces polares. Desde que as unidades de acionamento de estado sólido tornaram-se comuns, os polos principais das máquinas mais modernas são feitos inteiramente de material laminado (veja a Figura 7-35). Isso é verdadeiro porque há um conteúdo CA muito mais elevado na potência elétrica que os acionamentos de estado sólido fornecem aos motores CC, resultando em perdas muito maiores por correntes parasitas nos estatores das máquinas. Tipicamente, as faces polares são de construção *chanfrada* ou *excêntrica*, o que significa que as bordas mais distanciadas da face polar estão um pouco mais afastadas da superfície do rotor do que a parte central da face polar (veja a Figura 7-36). Esse detalhe aumenta a relutância nas bordas da face polar, reduzindo o efeito de concentração de fluxo causado pela reação de armadura da máquina.

FIGURA 7-35
Unidade de polo de campo principal para um motor CC. Observe as laminações do polo e os enrolamentos de compensação. (*Cortesia de General Electric Company.*)

Os polos das máquinas CC são denominados *polos salientes*, porque eles se erguem a partir da superfície do estator.

Os interpolos nas máquinas CC estão localizados entre os polos principais e, cada vez mais, eles apresentam construção em lâminas, devido aos mesmos problemas de perdas que ocorrem nos polos principais.

Alguns fabricantes estão mesmo usando lâminas na construção da parte da carcaça (*yoke*) que serve de caminho de retorno para o fluxo magnético, com o propósito de reduzir ainda mais as perdas no núcleo, que ocorrem nos motores acionados eletronicamente.

Construção do rotor ou armadura

O rotor ou armadura de uma máquina CC consiste em um eixo usinado a partir de uma barra de aço com um núcleo construído por cima dele. O núcleo é composto de muitas lâminas estampadas a partir de uma chapa de aço, tendo ranhuras na sua superfície externa para alojar os enrolamentos de armadura. O comutador é construído sobre o eixo do rotor em uma das extremidades do núcleo. As bobinas da armadura são depositadas nas ranhuras do núcleo, como foi descrito na Seção 7.4, e seus lados são conectadas aos segmentos do comutador. O rotor de uma máquina CC de grande porte está mostrado na Figura 7-37.

Comutadores e escovas

Tipicamente, o comutador de uma máquina CC (Figura 7-38) é feito de barras de cobre isoladas com material à base de mica. As barras de cobre são feitas suficientemente espessas para permitir o desgaste natural durante toda a vida útil do motor. O isolamento de mica entre os segmentos do comutador é mais duro que o material do próprio comutador. Desse modo, depois de muito tempo de uso de uma máquina, frequentemente é necessário *aparar* a isolação do comutador, para assegurar que ela não fique saliente por cima das barras de cobre.

As escovas da máquina são feitas de carbono, grafite, ligas de metal e grafite ou de uma mistura de grafite e metal. Elas apresentam elevada condutividade para reduzir as perdas elétricas e o baixo coeficiente de atrito para reduzir o desgaste excessivo. Elas são feitas deliberadamente de um material bem mais macio que os segmentos do

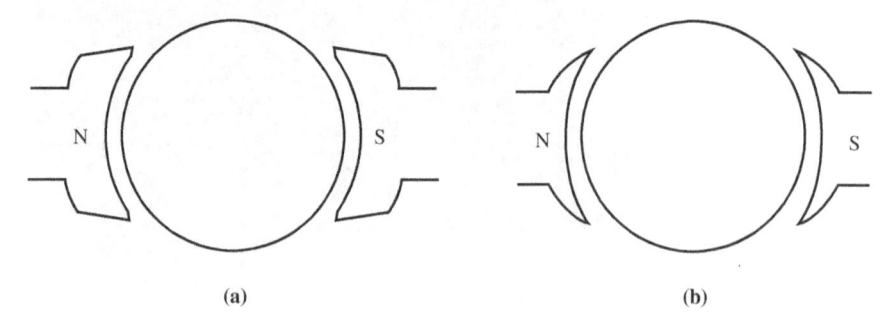

(a)

(b)

FIGURA 7-36
Polos com largura extra de entreferro nas bordas para reduzir a reação de armadura. (a) Polos chanfrados; (b) polos excêntricos ou de espessura gradativamente variada.

FIGURA 7-37
Fotografia de uma máquina CC, com a metade superior do estator removida, mostrando a construção do seu rotor. (*Cortesia de General Electric Company.*)

FIGURA 7-38
Vista em detalhe do comutador e das escovas de uma máquina CC de grande porte. (*Cortesia de General Electric Company.*)

comutador, para que a superfície do comutador sofra muito pouco desgaste. A escolha da dureza das escovas é um meio-termo: se as escovas forem macias demais, elas deverão ser substituídas frequentemente, mas, se forem muito duras, a superfície do comutador sofrerá demasiado desgaste durante a vida útil da máquina.

Todo o desgaste que ocorre na superfície do comutador é resultado direto do fato de que as escovas devem friccionar essa superfície para converter a tensão CA dos condutores do rotor em tensão CC nos terminais da máquina. Se a pressão das escovas for demasiada, ambas, as escovas e as barras do comutador, irão se desgastar excessivamente. Entretanto, se a pressão for baixa demais, as escovas tenderão a saltar levemente e uma grande quantidade de faiscamento ocorrerá na interface entre as escovas e os segmentos do comutador. Esse faiscamento é igualmente prejudicial para as escovas e a superfície do comutador. Portanto, a pressão das escovas sobre a superfície do comutador deve ser ajustada cuidadosamente para uma vida máxima.

Outro fator que afeta o desgaste das escovas e dos segmentos no comutador de uma máquina CC é a quantidade de corrente que circula na máquina. Normalmente, as escovas deslizam sobre a superfície do comutador em uma fina camada de óxido, que lubrifica o movimento da escovas sobre os segmentos. Entretanto, se a corrente for muito pequena, essa camada rompe-se e o atrito entre as escovas e o comutador é grandemente aumentado. Esse atrito aumentado contribui a um desgaste rápido. Para obter um máximo de vida das escovas, uma máquina deveria estar sempre parcialmente carregada.

Isolamento dos enrolamentos

Além do comutador, a parte mais crítica da estrutura de um motor CC é o isolamento de seus enrolamentos. Se houver a ruptura desse isolamento, então o motor entrará em curto-circuito. O conserto de uma máquina com o isolamento em curto é muito dispendioso, se é que é possível o conserto. Para evitar que o isolamento dos enrolamentos da máquina sofra ruptura como resultado do sobreaquecimento, torna-se necessário limitar a temperatura dos enrolamentos. Isso pode ser feito em parte providenciando para que ar refrigerado circule entre eles. Por outro lado, a temperatura máxima dos enrolamentos limita a potência máxima que pode ser fornecida continuamente pela máquina.

O isolamento raramente falha devido a uma ruptura imediata em alguma temperatura crítica. Em vez disso, o aumento de temperatura produz uma degradação sistemática do isolamento, tornando-o sujeito a falhas em razão de alguma outra causa como choque, vibração ou estresse elétrico. Há uma antiga regra prática que afirma que um motor com um certo isolamento tem sua expectativa de vida reduzida à metade a cada vez que a temperatura dos enrolamentos aumenta em 10%. Até certo grau, essa regra ainda pode ser aplicada atualmente.

Para padronizar os limites de temperatura do isolamento das máquinas, a National Electrical Manufacturers Association (NEMA), nos Estados Unidos, definiu uma série de *classes de sistemas de isolamento*. Cada classe especifica o aumento máximo permitido de temperatura para um dado tipo de isolamento. Para motores CC de potência elevada, há quatro classes padronizadas NEMA de isolamento: A, B, F e H. Cada classe dessa sequência representa uma temperatura permitida para o enrolamento que é mais elevada do que a da classe anterior. Por exemplo, para um dado tipo de motor CC de funcionamento contínuo, se a elevação da temperatura do enrolamento de armadura, acima da temperatura ambiente, for medida com um termômetro, então ela deverá estar limitada a 70°C no isolamento da classe A, a 100°C na classe B, a 130°C na classe F e a 150°C na classe H.

Essas especificações de temperatura estão descritas detalhadamente na Norma MG1-1993 da NEMA, *Motors and Generators*. Normas semelhantes foram definidas pela International Electrotechnical Comission (IEC) e por várias organizações nacionais de normalização em outros países.*

7.7 FLUXO DE POTÊNCIA E PERDAS NAS MÁQUINAS CC

Os geradores CC recebem potência mecânica e produzem potência elétrica, ao passo que os motores CC recebem potência elétrica e produzem potência mecânica. Em ambos os casos, nem toda a potência que entra na máquina aparece de forma útil no outro lado – *sempre* há alguma perda associada ao processo.

A eficiência de uma máquina CC é definida pela equação

$$\eta = \frac{P_{saída}}{P_{entrada}} \times 100\% \tag{7-50}$$

A diferença entre a potência de entrada e a potência de saída da máquina corresponde às perdas que ocorrem em seu interior. Portanto,

$$\eta = \frac{P_{saída} - P_{perdas}}{P_{entrada}} \times 100\% \tag{7-51}$$

As perdas em máquinas CC

As perdas que ocorrem nas máquinas CC podem ser divididas em cinco categorias básicas:

1. Perdas elétricas ou no cobre (perdas I^2R)
2. Perdas nas escovas
3. Perdas no núcleo
4. Perdas mecânicas
5. Perdas suplementares

PERDAS ELÉTRICAS OU NO COBRE. As perdas no cobre são as que ocorrem nos enrolamentos da armadura e do campo da máquina. As perdas no cobre dos enrolamentos da armadura e do campo são dadas pela equação

$$\text{Perdas na armadura:} \quad P_A = I_A^2 R_A \tag{7-52}$$

$$\text{Perdas no campo:} \quad P_F = I_F^2 R_F \tag{7-53}$$

---

* N. de T.: No Brasil, essa regulamentação é feita pela ABNT (Associação Brasileira de Normas Técnicas).

em que P_A = perdas na armadura

P_F = perdas no campo

I_A = corrente de armadura

I_F = corrente de campo

R_A = resistência de armadura

R_F = resistência de campo

A resistência usada nesses cálculos é usualmente a resistência do enrolamento na temperatura normal de funcionamento.

PERDAS NAS ESCOVAS. A perda associada à queda de tensão nas escovas (QE) é a potência perdida através do potencial de contato das escovas da máquina. Essas perdas são dadas pela equação

$$P_{QE} = V_{QE} I_A \qquad (7\text{-}54)$$

em que P_{QE} = perdas devido à queda de tensão nas escovas

V_{QE} = queda de tensão nas escovas

I_A = corrente de armadura

A razão pela qual as perdas nas escovas são calculadas desse modo é que a queda de tensão em um conjunto de escovas é aproximadamente constante dentro de um amplo intervalo de correntes de armadura. A não ser que seja especificado em contrário, assume-se usualmente que a queda de tensão nas escovas é em torno de 2 V.

PERDAS NO NÚCLEO. As perdas no núcleo são as perdas por histerese e por corrente parasita, que ocorrem no metal do motor. Essas perdas foram descritas no Capítulo 1. Elas variam com o quadrado da densidade de fluxo (B^2) e, para o rotor, com a potência 1,5 da velocidade de rotação ($n^{1,5}$).

PERDAS MECÂNICAS. As perdas mecânicas em uma máquina CC são as que estão associadas aos efeitos mecânicos. Há dois tipos básicos de perdas mecânicas: *atrito* e *ventilação*. Perdas por atrito são causadas pelo atrito dos rolamentos da máquina, ao passo que as perdas por ventilação são causadas pelo atrito entre as partes móveis da máquina e o ar contido dentro do motor. Essas perdas variam com o cubo da velocidade de rotação da máquina.

PERDAS SUPLEMENTARES (OU VARIADAS). Perdas suplementares são aquelas que não podem ser colocadas em nenhuma das categorias anteriores. Independentemente de quão cuidadosa é a análise das perdas, algumas delas acabam não sendo incluídas em nenhuma categoria. Todas essas perdas reunidas constituem o que se denomina perdas suplementares. Para a maioria das máquinas, as perdas suplementares são consideradas por convenção como representando 1% da carga total.

O diagrama de fluxo de potência

Uma das técnicas mais convenientes para contabilizar as perdas de potência em uma máquina é o *diagrama de fluxo de potência*. O diagrama de fluxo de potência de um gerador CC está mostrado na Figura 7-39a. Nessa figura, a potência mecânica entra

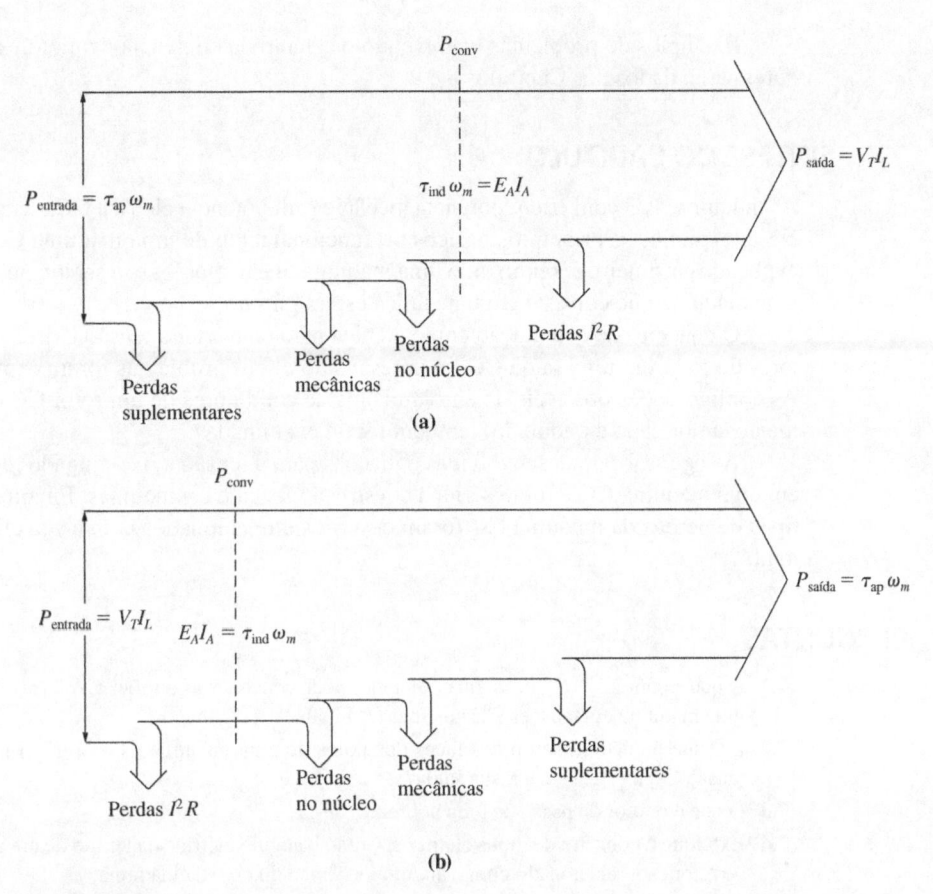

FIGURA 7-39
Diagramas de fluxo de potência de máquina CC. (a) Gerador ; (b) motor.

na máquina e, então, são subtraídas as perdas suplementares, as mecânicas e as no núcleo. Depois da subtração, a potência restante é convertida idealmente da forma mecânica para a elétrica no ponto denominado P_{conv}. A potência mecânica convertida é dada por

$$P_{conv} = \tau_{ind}\omega_m \qquad (7\text{-}55)$$

e a potência elétrica resultante é dada por

$$P_{conv} = E_A I_A \qquad (7\text{-}56)$$

Entretanto, essa não é a potência que aparece nos terminais da máquina. Antes de chegar aos terminais, as perdas elétricas I^2R e as perdas nas escovas devem ser subtraídas.

No caso de motores CC, esse diagrama de fluxo de potência é simplesmente invertido. O diagrama de fluxo de potência de um motor está mostrado na Figura 7-39b.

Exemplos de problemas envolvendo o cálculo da eficiência de motores e geradores serão dados nos Capítulos 8 e 9.

7.8 SÍNTESE DO CAPÍTULO

As máquinas CC convertem potência mecânica em potência elétrica CC e vice-versa. Neste capítulo, os princípios básicos do funcionamento de uma máquina CC foram explicados, primeiro, examinando uma máquina linear simples e, a seguir, analisando uma máquina que consiste em uma única espira girante.

O conceito de comutação como técnica para converter a tensão CA dos condutores do rotor em uma saída CC foi apresentado e seus problemas foram explorados. As configurações possíveis de enrolamentos de condutores de um rotor CC (enrolamentos imbricado e ondulado) também foram examinadas.

A seguir, foram desenvolvidas equações para a tensão e o conjugado induzidos em uma máquina CC e foi descrita a construção física das máquinas. Finalmente, os tipos de perdas da máquina CC foram descritos e relacionados com a sua eficiência total.

PERGUNTAS

7.1 O que é comutação? Como um comutador pode converter as tensões CA da armadura de uma máquina em tensões CC nos seus terminais?
7.2 Por que o encurvamento das faces dos polos de uma máquina CC contribui para uma tensão CC mais suave em sua saída?
7.3 O que é o fator de passo de uma bobina?
7.4 Explique o conceito de graus elétricos. Como o ângulo elétrico da tensão de um condutor de rotor está relacionado com o ângulo mecânico do eixo da máquina?
7.5 O que é o passo do comutador?
7.6 O que é a multiplicidade de um enrolamento de armadura?
7.7 Qual é a diferença entre os enrolamentos imbricado e ondulado?
7.8 O que são equalizadores? Por que eles são necessários em uma máquina de enrolamento imbricado, mas não em uma máquina de enrolamento ondulado?
7.9 O que é a reação de armadura? Como afeta o funcionamento de uma máquina CC?
7.10 Explique o problema da tensão $L\ di/dt$ nos condutores que são submetidos à comutação.
7.11 Como o deslocamento das escovas afeta o problema do faiscamento nas máquinas CC?
7.12 O que são os polos de comutação ou interpolos? Como eles são usados?
7.13 O que são enrolamentos de compensação? Qual é sua maior desvantagem?
7.14 O que são polos laminados usados na construção de máquinas CC modernas?
7.15 O que é uma classe de isolamento?
7.16 Que tipos de perdas estão presentes em uma máquina CC?

PROBLEMAS

7.1 A seguinte informação é dada a respeito da espira rotativa simples da Figura 7-6:

$$B = 0{,}4 \text{ T} \qquad V_B = 48 \text{ V}$$
$$l = 0{,}5 \text{ m} \qquad R = 0{,}4 \text{ }\Omega$$
$$r = 0{,}25 \text{ m} \qquad \omega = 500 \text{ rad/s}$$

(a) Essa máquina está operando como motor ou gerador? Explique.

(b) Qual é o valor da corrente i que está entrando ou saindo da máquina? Qual é a potência que está entrando ou saindo da máquina?

(c) Se a velocidade do rotor fosse alterada para 550 rad/s, que aconteceria à corrente que está entrando ou saindo da máquina?

(d) Se a velocidade do rotor fosse alterada para 450 rad/s, que aconteceria à corrente que está entrando ou saindo da máquina?

7.2 Consulte a máquina simples de dois polos e oito bobinas mostrada na Figura P7-1. A seguinte informação é dada a respeito dessa máquina:

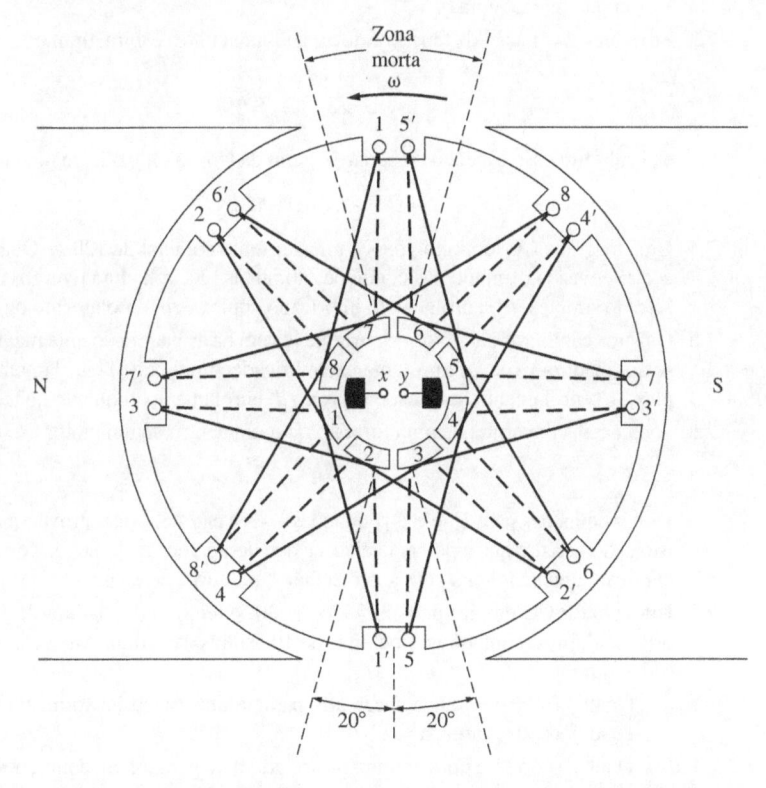

Dados: **B** = 1,0 T no entreferro
l = 0,3 m (comprimento dos lados)
r = 0,10 m (raio das bobinas)
n = 1800 rpm

——— Linhas neste lado do rotor
– – – – Linhas no outro lado do rotor

FIGURA P7-1
A máquina do Problema 7-2.

$B = 1{,}0$ T   no entreferro
$l = 0{,}3$ m   (comprimento dos lados das bobinas)
$r = 0{,}10$ m   (raio das bobinas)
$n = 1800$ rpm   anti-horário

A resistência de cada bobina do rotor é $0{,}04\ \Omega$.

(a) O enrolamento de armadura mostrado é progressivo ou regressivo?
(b) Quantos caminhos de corrente passam através da armadura dessa máquina?
(c) Qual é o valor e a polaridade da tensão nas escovas da máquina?
(d) Qual é a resistência de armadura R_A dessa máquina?
(e) Se um resistor de $5\ \Omega$ for conectado aos terminais da máquina, quanta corrente circulará nela? Leve em consideração a resistência interna da máquina ao determinar o fluxo de corrente.
(f) Quais são o valor e o sentido do conjugado induzido resultante?
(g) Assumindo que a velocidade de rotação e a densidade de fluxo magnético são constantes, plote a tensão de terminal dessa máquina em função da corrente que está saindo da máquina.

7.3 Prove que a equação da tensão induzida em uma única espira girante

$$e_{ind} = \frac{2}{\pi} \phi \omega_m \qquad (7\text{-}6)$$

é apenas um caso especial da equação geral da tensão induzida de uma máquina CC

$$E_A = K \phi \omega_m \qquad (7\text{-}38)$$

7.4 Uma máquina CC tem oito polos e uma corrente nominal de 120 A. Quanta corrente circulará em cada caminho nas condições nominais se a armadura tiver (a) enrolamento imbricado simplex, (b) enrolamento imbricado duplex e (c) enrolamento ondulado simplex?

7.5 Quantos caminhos paralelos de corrente haverá na armadura de uma máquina de 20 polos se a armadura tiver (a) enrolamento imbricado simplex, (b) enrolamento ondulado duplex, (c) enrolamento imbricado triplex, (d) enrolamento ondulado quadruplex?

7.6 A potência convertida de uma forma para outra dentro de um motor CC foi dada como

$$P_{conv} = E_A I_A = \tau_{ind} \omega_m$$

Use as equações para E_A e τ_{ind} [Equações (7-38) e (7-49)] para provar que $E_A I_A = \tau_{ind} \omega_m$, isto é, demonstre que a potência elétrica que desaparece no ponto da conversão de potência é exatamente igual à potência mecânica que surge nesse ponto.

7.7 Um gerador CC de oito polos, 25 kW e 120 V, tem uma armadura de enrolamento imbricado duplex, contendo 64 bobinas de 10 espiras cada uma. Sua velocidade nominal é 3600 rpm.

(a) Quanto fluxo por polo é necessário para produzir a tensão nominal nesse gerador em condições sem carga, a vazio?
(b) Qual é a corrente por caminho na armadura do gerador em condições de carga nominal?
(c) Qual é o conjugado induzido nessa máquina em condições de carga nominal?
(d) Quantas escovas deve ter essa máquina? Qual deve ser a largura (em número de segmentos de comutador) de cada uma?
(e) Se a resistência do enrolamento for $0{,}011\ \Omega$ por espira, qual será a resistência de armadura R_A da máquina?

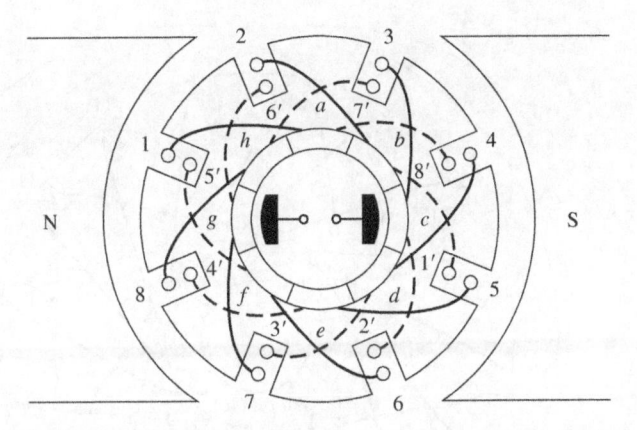

FIGURA P7-2
A máquina do Problema 7-8.

7.8 A Figura P7-2 mostra um pequeno motor CC de dois polos com oito bobinas no rotor e 10 espiras por bobina. O fluxo por polo dessa máquina é 0,006 Wb.

  (a) Se esse motor for ligado a uma bateria de 12 V CC de um automóvel, qual será a velocidade do motor a vazio?

  (b) Se o terminal positivo da bateria for ligado à escova mais à direita do motor, em que sentido ele irá girar?

  (c) Se o motor receber uma carga tal que consuma 600 W da bateria, qual será o conjugado induzido do motor? (Ignore a resistência interna do motor.)

7.9 Consulte o enrolamento da máquina mostrada na Figura P7-3.

  (a) Quantos caminhos paralelos de corrente há passando através do enrolamento da armadura?

  (b) Onde as escovas devem estar localizadas nessa máquina, para que ocorra uma comutação apropriada?

  (c) Qual é a multiplicidade do enrolamento dessa máquina?

  (d) Se a tensão em qualquer condutor, que esteja debaixo das faces polares dessa máquina, for e, qual será a tensão nos terminais da máquina?

7.10 Descreva em detalhes o enrolamento da máquina mostrada na Figura P7-4. Se uma tensão positiva for aplicada à escova debaixo da face do polo norte, o motor irá girar em que sentido?

REFERÊNCIAS

1. Del Toro, V.: *Electric Machines and Power Systems*, Prentice-Hall, Englewood Cliffs, N.J., 1985.
2. Fitzgerald, A. E., C. Kingsley, Jr. e S. D. Umans: *Electric Machinery*, 6ª ed., McGraw-Hill, Nova York, 2003.
3. Hubert, Charles I.: *Preventative Maintenance of Electrical Equipment*, 2ª ed., McGraw-Hill, Nova York, 1969.
4. Kosow, Irving L.: *Electric Machinery and Transformers*, Prentice-Hall, Englewood Cliffs, N.J., 1972.
5. National Electrical Manufacturers Association: *Motors and Generators*, Publicação MG1-2006, NEMA, Washington, D.C., 2006.
6. Siskind, Charles: *Direct Current Machinery*, McGraw-Hill, Nova York, 1952.
7. Werninck, E. H. (ed.): *Electric Motor Handbook*, McGraw-Hill, London, 1978.

(a)

(b)

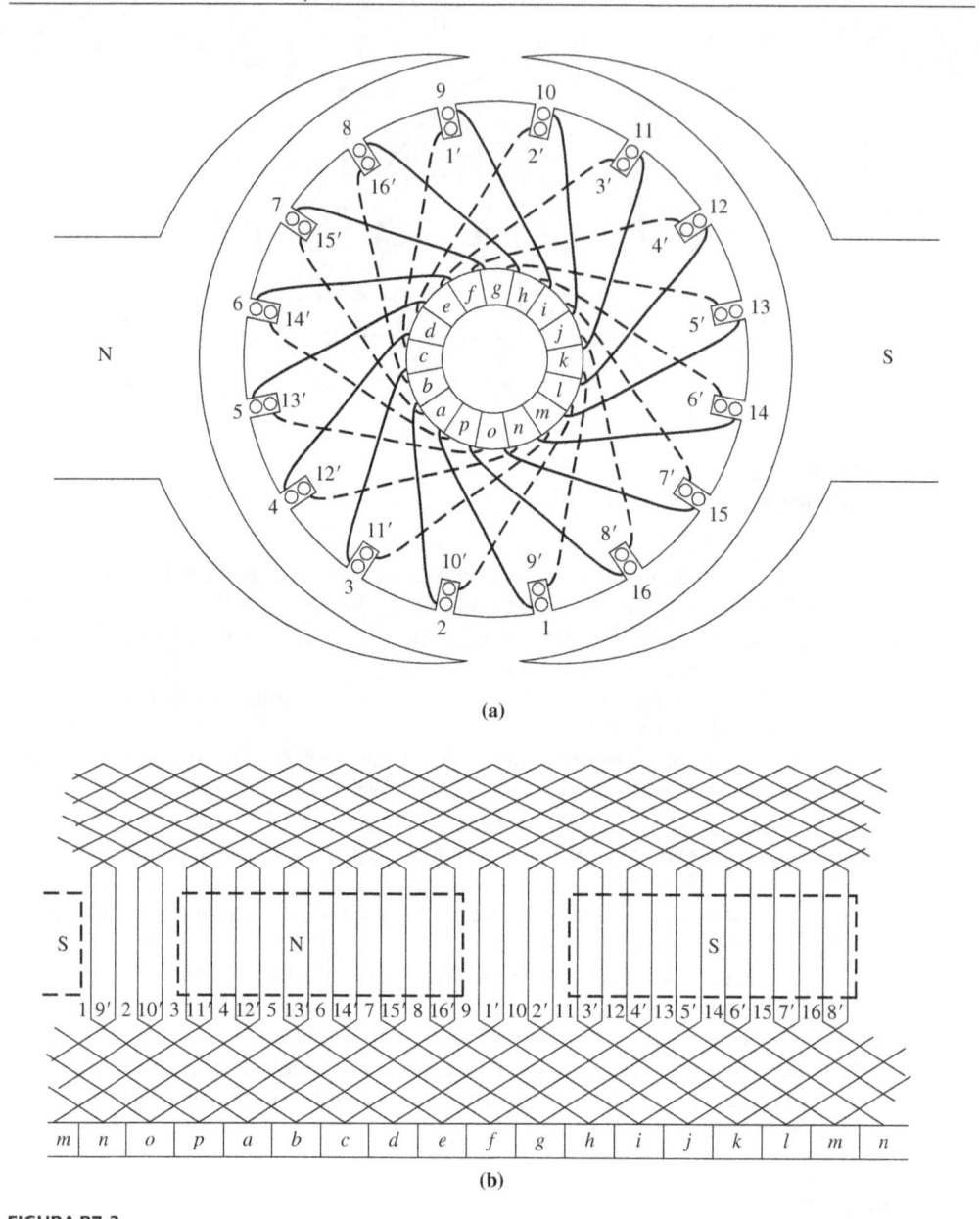

FIGURA P7-3
(a) A máquina do Problema 7-9. (b) Diagrama do enrolamento de armadura desta máquina.

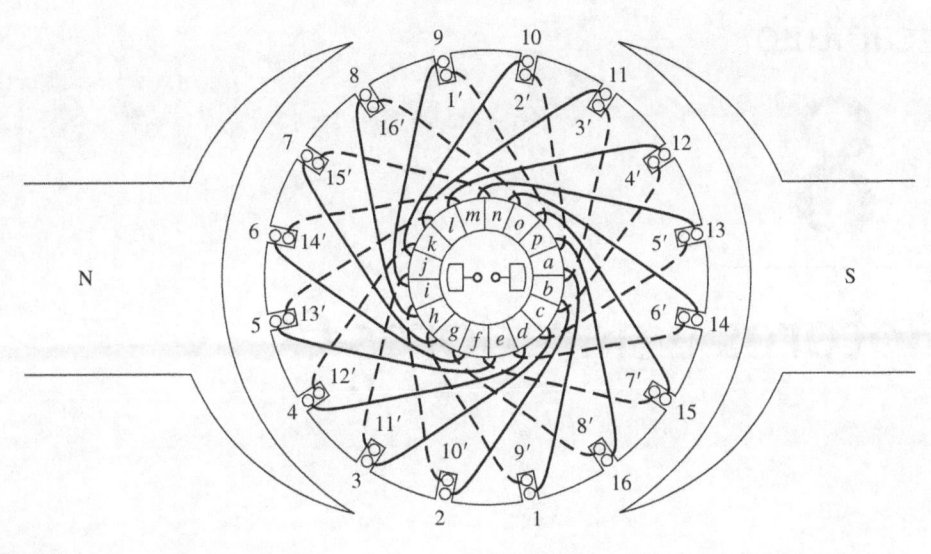

FIGURA P7-4
A máquina do Problema 7-10.

capítulo

8

Motores e geradores CC

OBJETIVOS DE APRENDIZAGEM

- Conhecer os tipos de motores CC de uso geral.
- Compreender o circuito equivalente de um motor CC.
- Compreender como obter a característica de conjugado *versus* velocidade dos motores CC de excitação independente, em derivação, série e composta.
- Ser capaz de realizar a análise não linear dos motores CC usando a curva de magnetização e levando em consideração os efeitos da reação de armadura.
- Compreender como controlar a velocidade dos diferentes tipos de motores CC.
- Compreender a característica especial dos motores CC série e as aplicações para as quais eles são especialmente adequados.
- Ser capaz de explicar os problemas associados com o motor CC composto diferencial.
- Compreender os métodos de partida segura dos motores CC.
- Compreender o circuito equivalente de um gerador CC.
- Compreender como é possível dar partida a um gerador CC sem usar uma fonte de tensão externa.
- Compreender como obter a característica de tensão *versus* corrente dos geradores CC de excitação independente, em derivação, série e composta.
- Ser capaz de realizar a análise não linear dos geradores CC usando a curva de magnetização e levando em consideração os efeitos da reação de armadura.

Os motores CC são máquinas CC usadas como motores, e os geradores CC são máquinas CC usadas como geradores. Como foi observado no Capítulo 7, a mesma máquina física pode operar como motor ou como gerador – é simplesmente uma questão relacionada com que sentido o fluxo de potência circula através da máquina. Este capítulo examinará os diferentes tipos de motores CC que podem ser construídos e explicará as vantagens e desvantagens de cada um. Incluirá uma discussão da partida dos motores CC e dos controles de estado sólido. Finalmente, o capítulo concluirá com uma discussão dos geradores CC.

8.1 INTRODUÇÃO AOS MOTORES CC

Os primeiros sistemas de potência elétrica dos Estados Unidos eram de corrente contínua (veja a Figura 8-1), mas, na década de 1890, os sistemas de potência de corrente alternada estavam claramente ultrapassando os de corrente contínua. Apesar desse fato, os motores CC continuaram sendo uma fração significativa das máquinas elétricas compradas a cada ano até a década de 1960 (essa fração entrou em declínio nos últimos 40 anos). Por que os motores CC eram tão comuns, mesmo quando os próprios sistemas de potência CC eram bastante raros?

Havia diversas razões da popularidade contínua dos motores CC. Uma delas era que os sistemas de potência CC foram, e ainda são, comuns em carros, tratores e aeronaves. Quando um veículo já dispõe de um sistema elétrico CC, faz sentido considerar o uso de motores CC. Outra aplicação dos motores CC era nos casos em que havia necessidade de uma ampla faixa de velocidades. Antes do uso generalizado de retificadores e inversores baseados em eletrônica de potência, os motores CC eram insuperáveis em aplicações de controle de velocidade. Mesmo quando não havia fontes CC de potência, circuitos retificadores e outros de estado sólido eram usados para criar a potência elétrica CC necessária, e os motores CC eram usados para propiciar o controle de velocidade desejado. (Atualmente, no lugar dos motores CC, a escolha preferida para a maioria das aplicações de controle de velocidade é o motor de indução com unidades de acionamento de estado sólido. Entretanto, ainda há algumas aplicações em que os motores CC são os preferidos.)

Frequentemente, os motores CC são comparados por sua regulação de velocidade. A *regulação de velocidade* (RV) de um motor é definida por

$$RV = \frac{\omega_{m,vz} - \omega_{m,pc}}{\omega_{m,pc}} \times 100\% \qquad (8\text{-}1)$$

$$RV = \frac{n_{m,vz} - n_{m,pc}}{n_{m,pc}} \times 100\% \qquad (8\text{-}2)$$

A regulação de velocidade é uma medida rudimentar da forma da curva característica do conjugado *versus* velocidade do motor – uma regulação de velocidade positiva significa que a velocidade do motor cai com o aumento de carga e uma regulação de velocidade negativa significa que a velocidade do motor sobe com o aumento de carga. O valor da regulação de velocidade indica aproximadamente quão acentuada é a inclinação da curva de conjugado *versus* velocidade.

Naturalmente, os motores CC são acionados a partir de uma fonte de potência CC. A não ser que seja especificado em contrário, *assumiremos que a tensão de entrada de um motor CC é constante*, porque essa suposição simplifica a análise dos motores e a comparação entre os diferentes tipos de motores.

FIGURA 8-1
Motores CC primitivos. (a) Um dos primeiros motores CC, o qual foi construído por Elihu Thompson em 1886. Sua potência nominal era de 1/2 HP. (*Cortesia de General Electric Company.*) (b) Um motor CC maior de quatro polos construído em torno de 1900. Observe a alavanca para deslocar as escovas do plano neutro. (*Cortesia de General Electric Company.*)

Há cinco tipos principais de motores CC de uso geral:

1. O motor CC de excitação independente
2. O motor CC em derivação
3. O motor CC de ímã permanente
4. O motor CC série
5. O motor CC composto

A seguir, cada um desses tipos será examinado.

8.2 O CIRCUITO EQUIVALENTE DE UM MOTOR CC

O circuito equivalente de um motor CC está mostrado na Figura 8-2. Nessa figura, o circuito de armadura é representado por uma fonte de tensão ideal E_A e um resistor R_A. Essa representação é na realidade o equivalente Thévenin da estrutura completa do rotor, incluindo as bobinas do rotor, os interpolos e os enrolamentos de compensação, se presentes. A queda de tensão nas escovas é representada por uma pequena bateria V_{escova} que se opõe à corrente que circula na máquina. As bobinas de campo, que produzem o fluxo magnético do gerador, são representadas pelo indutor L_F e pelo resistor R_F. O resistor separado R_{aj} representa um resistor externo variável, usado para controlar a corrente que circula no circuito de campo.

Há algumas variações e simplificações desse circuito equivalente básico. A queda de tensão nas escovas é frequentemente apenas uma fração mínima da tensão gerada em uma máquina. Portanto, em casos não muito críticos, a queda de tensão nas escovas pode ser desprezada ou incluída de forma aproximada no valor de R_A. Além disso, algumas vezes a resistência interna das bobinas de campo é combinada com o resistor variável e a resistência total é denominada R_F (veja Figura 8-2b). Uma terceira variação é que alguns geradores têm mais do que uma bobina de campo, todas as quais são incluídas no circuito equivalente.

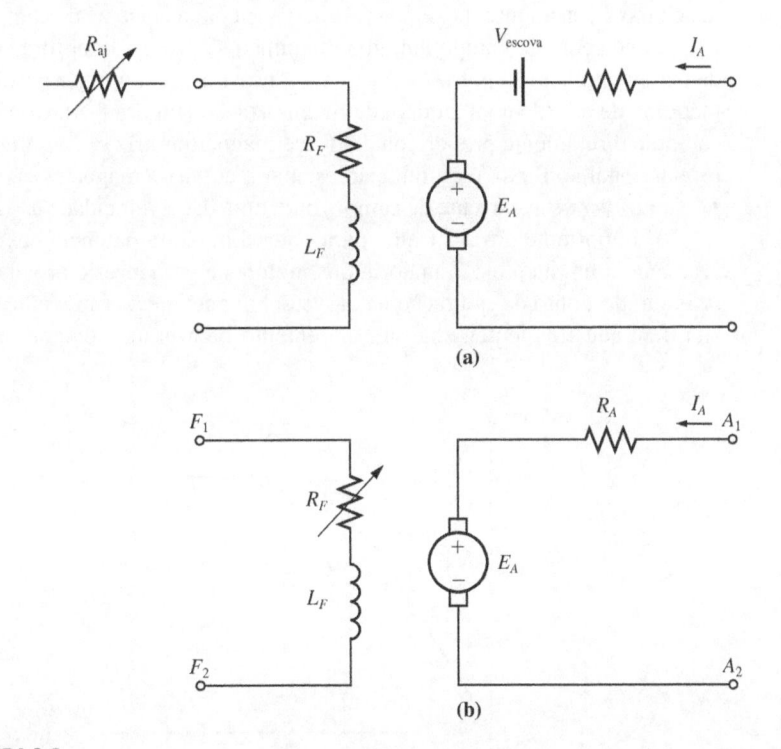

FIGURA 8-2
(a) O circuito equivalente de um motor CC. (b) Um circuito equivalente simplificado em que a queda de tensão nas escovas foi eliminada e R_{aj} foi combinada com a resistência de campo.

A tensão gerada interna dessa máquina é dada pela equação

$$E_A = K\phi\omega_m \qquad (7\text{-}38)$$

e o conjugado induzido desenvolvido pela máquina é dado por

$$\tau_{ind} = K\phi I_A \qquad (7\text{-}49)$$

Essas duas equações, a curva de magnetização da máquina e a equação de Kirchhoff das tensões da armadura são as ferramentas de que necessitamos para analisar o comportamento e o desempenho de um motor CC.

8.3 A CURVA DE MAGNETIZAÇÃO DE UMA MÁQUINA CC

A tensão interna gerada E_A de um motor ou gerador CC é dada pela Equação (7-38):

$$E_A = K\phi\omega_m \qquad (7\text{-}38)$$

Portanto, E_A é diretamente proporcional ao fluxo e à velocidade de rotação da máquina. Como a tensão interna gerada relaciona-se com a corrente de campo da máquina?

A corrente de campo em uma máquina CC produz uma força magnetomotriz de campo que é dada por $\mathscr{F} = N_F I_F$. Essa força magnetomotriz produz um fluxo na máquina de acordo com a curva de magnetização (Figura 8-3). Como a corrente de campo é diretamente proporcional à força magnetomotriz e, como E_A é diretamente proporcional ao fluxo, é costume apresentar a curva de magnetização como um gráfico de E_A *versus* a corrente de campo, para uma dada velocidade ω_0 (Figura 8-4).

É importante observar que, para obter a máxima potência possível por quilograma de uma máquina, a maioria dos motores e geradores é projetada para operar próximo do ponto de saturação na curva de magnetização (no joelho da curva). Isso significa que frequentemente um incremento bem grande da corrente de campo é

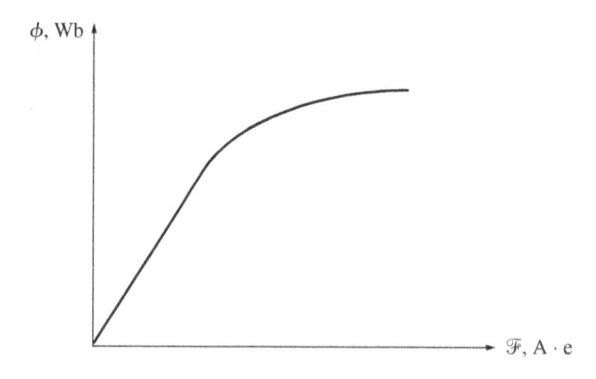

FIGURA 8-3
A curva de magnetização de um material ferromagnético (ϕ *versus* $\mathscr{F}$).

$E_A \; [\; = K\phi\omega_m]$

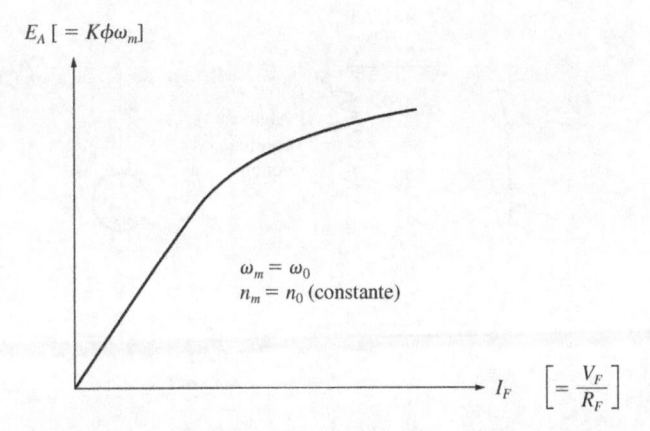

$\omega_m = \omega_0$
$n_m = n_0$ (constante)

$I_F \quad \left[= \dfrac{V_F}{R_F} \right]$

FIGURA 8-4
A curva de magnetização de uma máquina CC, expressa como um gráfico de E_A versus I_F, para uma velocidade fixa ω_0.

necessário para obter um pequeno aumento em E_A quando o ponto de operação está próximo da plena carga.

As curvas de magnetização usadas neste livro estão disponíveis também em forma eletrônica para simplificar a solução dos problemas usando MATLAB. Cada curva de magnetização está armazenada em um arquivo MAT separado. Cada um desses arquivos contém três variáveis: `if_values`, que contém os valores da corrente de campo (*field*), `ea_values`, que contém os valores correspondentes de E_A, `n_0`, que contém a velocidade na qual a curva de magnetização foi medida, sendo dada em rotações por minuto.

8.4 OS MOTORES DE EXCITAÇÃO INDEPENDENTE E EM DERIVAÇÃO

O circuito equivalente de um motor de excitação independente está mostrado na Figura 8-5a e o circuito equivalente de um motor CC em derivação (conhecido também como motor *shunt* ou ainda em paralelo) está mostrado na Figura 8-5b. Um motor CC de excitação independente é um motor cujo circuito de campo é alimentado a partir de uma fonte isolada de tensão constante, ao passo que um motor CC em derivação é um motor cujo circuito de campo é alimentado diretamente dos terminais de armadura do próprio motor. Na prática, quando a tensão da fonte de alimentação de um motor é constante, não há nenhuma diferença de comportamento entre esses dois tipos de máquinas. A não ser que seja especificado em contrário, sempre que o comportamento de um motor em derivação for descrito, também estaremos incluindo o motor de excitação independente.

A equação da lei de Kirchhoff das tensões (LKT) para o circuito de armadura desses motores é

$$V_T = E_A + I_A R_A \qquad (8\text{-}3)$$

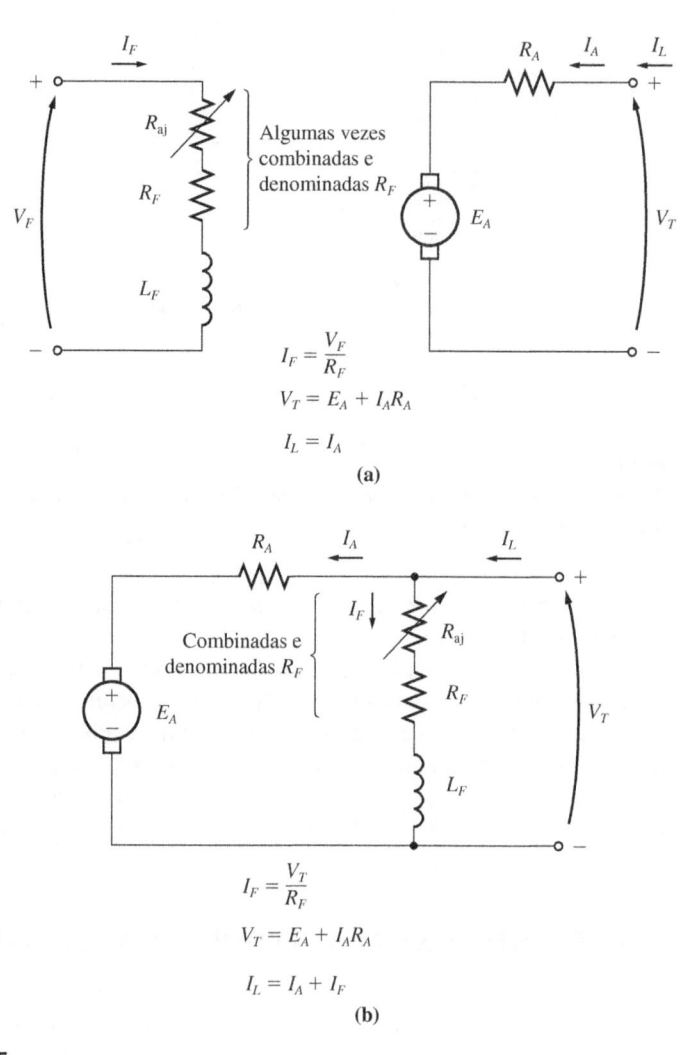

FIGURA 8-5
(a) O circuito equivalente de um motor CC de excitação independente. (b) O circuito equivalente de um motor CC em derivação (*shunt*).

A característica de terminal de um motor CC em derivação

A característica de terminal de uma máquina é um gráfico que envolve as grandezas de saída da máquina. Para um motor, as grandezas de saída são o conjugado no eixo e a velocidade. Assim, a característica de terminal de um motor é um gráfico do seu *conjugado de saída versus a velocidade*.

Como um motor CC em derivação responde a uma carga? Suponha que a carga no eixo de um motor CC em derivação seja aumentada. Nesse caso, o conjugado de carga τ_{carga} excederá o conjugado induzido τ_{ind} na máquina e o motor começará a perder velocidade. Quando isso acontece, a tensão interna gerada diminui ($E_A = K\phi\omega_m\downarrow$) e consequentemente a corrente de armadura do motor $I_A = (V_T - E_A\downarrow)/R_A$ aumenta. Ao aumentar a corrente, o conjugado induzido cresce ($\tau_{ind} = K\phi I_A\uparrow$) até ser igual ao conjugado de carga, em uma velocidade mecânica de rotação ω_m mais baixa.

A característica de saída de um motor CC em derivação pode ser obtida a partir das equações da tensão induzida e do conjugado mais a lei de Kirchhoff das tensões (LKT). A equação LKT para um motor CC em derivação é

$$V_T = E_A + I_A R_A \qquad (8\text{-}3)$$

A tensão induzida é $E_A = K\phi\omega_m$. Assim,

$$V_T = K\phi\omega_m + I_A R_A \qquad (8\text{-}4)$$

Como $\tau_{ind} = K\phi I_A$, a corrente I_A pode ser expressa como

$$I_A = \frac{\tau_{ind}}{K\phi} \qquad (8\text{-}5)$$

Combinando as Equações (8-4) e (8-5), obtemos

$$V_T = K\phi\omega_m + \frac{\tau_{ind}}{K\phi} R_A \qquad (8\text{-}6)$$

Finalmente, isolando a velocidade do motor, temos

$$\boxed{\omega_m = \frac{V_T}{K\phi} - \frac{R_A}{(K\phi)^2}\tau_{ind}} \qquad (8\text{-}7)$$

Essa equação é simplesmente uma linha reta com uma inclinação negativa. A característica resultante de conjugado *versus* velocidade de um motor CC em derivação está mostrada na Figura 8-6a.

É importante ter em mente que, para a velocidade do motor variar linearmente com o conjugado, os outros termos dessa expressão deverão ser constantes quando a carga variar. Estamos supondo que a tensão de terminal fornecida pela fonte de tensão CC seja constante – se assim não for, então as variações de tensão afetarão a forma da curva de conjugado *versus* velocidade.

Outro efeito *interno do motor* que também pode afetar a forma da curva de conjugado *versus* velocidade é a reação de armadura. Se um motor apresentar reação de armadura, então os efeitos de enfraquecimento de fluxo *reduzirão* o seu fluxo quando a carga aumentar. Como a Equação (8-7) mostra, para qualquer carga, o efeito de uma redução de fluxo é o aumento da velocidade do motor em relação à velocidade na qual o motor giraria se não houvesse a reação de armadura. A característica de conjugado *versus* velocidade de um motor CC em derivação com reação de armadu-

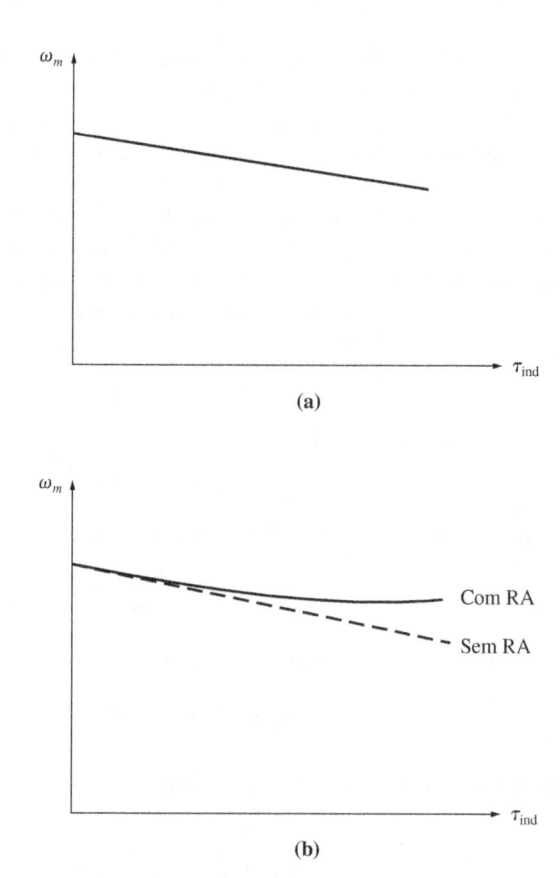

FIGURA 8-6
(a) Característica de conjugado *versus* velocidade de um motor CC em derivação ou de excitação independente, com enrolamentos de compensação para eliminar a reação de armadura.
(b) Característica de conjugado *versus* velocidade de um motor em que a reação de armadura está presente.

ra está mostrada na Figura 8-6b. Naturalmente, se um motor tiver enrolamentos de compensação, não haverá problemas de enfraquecimento de fluxo na máquina, o qual será constante.

Se houver enrolamentos de compensação em um motor CC em derivação, de modo que *seu fluxo seja constante independentemente da carga*, e se a velocidade e a corrente de armadura do motor forem conhecidas para qualquer valor de carga, então sua velocidade poderá ser calculada para qualquer outro valor de carga, desde que a corrente de armadura para aquela carga seja conhecida ou possa ser determinada. O Exemplo 8-1 ilustra esse cálculo.

EXEMPLO 8-1 Um motor CC em derivação de 50 HP, 250 V e 1200 rpm, com enrolamentos de compensação, tem uma resistência de armadura (incluindo as escovas, os enrolamentos de

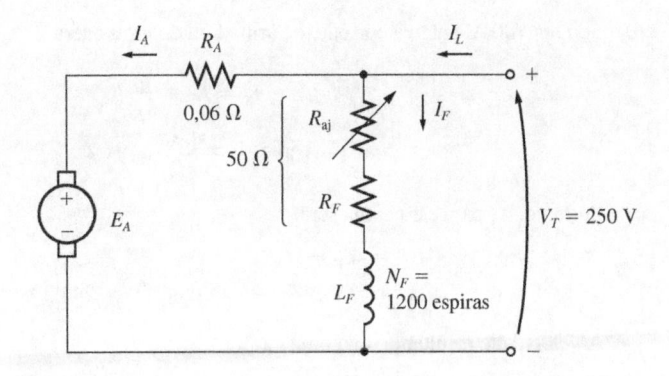

FIGURA 8-7
O motor CC em derivação do Exemplo 8-1.

compensação e os interpolos) de 0,06 Ω. Seu circuito de campo tem uma resistência total de $R_{aj} + R_F$ de 50 Ω, produzindo uma velocidade *a vazio* de 1200 rpm. Há 1200 espiras por polo no enrolamento do campo em derivação (veja a Figura 8-7).

(a) Encontre a velocidade desse motor quando a corrente de entrada é 100 A.

(b) Encontre a velocidade desse motor quando a corrente de entrada é 200 A.

(c) Encontre a velocidade desse motor quando a corrente de entrada é 300 A.

(d) Plote a característica de conjugado *versus* velocidade do motor.

Solução
A tensão interna gerada de uma máquina CC, com a velocidade expressa em rotações por minuto, é dada por

$$E_A = K'\phi n_m \quad (7\text{-}41)$$

Como a corrente de campo da máquina é constante (porque V_T e a resistência de campo são ambas constantes), e como não há efeitos de reação de armadura, *o fluxo nesse motor é constante*. A relação entre as velocidades e as tensões geradas internas do motor, para duas condições diferentes de carga, será

$$\frac{E_{A2}}{E_{A1}} = \frac{K'\phi n_{m2}}{K'\phi n_{m1}} \quad (8\text{-}8)$$

A constante K' é cancelada, porque ela é uma constante para qualquer máquina dada, e o fluxo ϕ também é cancelado, como foi descrito anteriormente. Portanto,

$$n_{m2} = \frac{E_{A2}}{E_{A1}} n_{m1} \quad (8\text{-}9)$$

A vazio, a corrente de armadura é zero, de modo que $E_{A1} = V_T = 250$ V, ao passo que a velocidade $n_{m1} = 1200$ rpm. Se pudermos calcular a tensão interna gerada para qualquer outra carga, será possível determinar a velocidade para essa carga a partir da Equação (8-9).

(a) Se $I_L = 100$ A, então a corrente de armadura do motor será

$$I_A = I_L - I_F = I_L - \frac{V_T}{R_F}$$

$$= 100 \text{ A} - \frac{250 \text{ V}}{50 \text{ }\Omega} = 95 \text{ A}$$

Portanto, E_A para essa carga será

$$E_A = V_T - I_A R_A$$
$$= 250 \text{ V} - (95 \text{ A})(0{,}06 \text{ }\Omega) = 244{,}3 \text{ V}$$

A velocidade resultante do motor será

$$n_{m2} = \frac{E_{A2}}{E_{A1}} n_{m1} = \frac{244{,}3 \text{ V}}{250 \text{ V}} 1200 \text{ rpm} = 1173 \text{ rpm}$$

(b) Se $I_L = 200$ A, então a corrente de armadura do motor será

$$I_A = 200 \text{ A} - \frac{250 \text{ V}}{50 \text{ }\Omega} = 195 \text{ A}$$

Portanto, E_A para essa carga será

$$E_A = V_T - I_A R_A$$
$$= 250 \text{ V} - (195 \text{ A})(0{,}06 \text{ }\Omega) = 238{,}3 \text{ V}$$

A velocidade resultante do motor será

$$n_{m2} = \frac{E_{A2}}{E_{A1}} n_{m1} = \frac{238{,}3 \text{ V}}{250 \text{ V}} 1200 \text{ rpm} = 1144 \text{ rpm}$$

(c) Se $I_L = 300$ A, então a corrente de armadura do motor será

$$I_A = I_L - I_F = I_L - \frac{V_T}{R_F}$$

$$= 300 \text{ A} - \frac{250 \text{ V}}{50 \text{ }\Omega} = 295 \text{ A}$$

Portanto, E_A para essa carga será

$$E_A = V_T - I_A R_A$$
$$= 250 \text{ V} - (295 \text{ A})(0{,}06 \text{ }\Omega) = 232{,}3 \text{ V}$$

A velocidade resultante do motor será

$$n_{m2} = \frac{E_{A2}}{E_{A1}} n_{m1} = \frac{232{,}3 \text{ V}}{250 \text{ V}} 1200 \text{ rpm} = 1115 \text{ rpm}$$

(d) Para plotar a característica de saída desse motor, será necessário encontrar o conjugado correspondente a cada valor de velocidade. A vazio, o conjugado induzido τ_{ind} é claramente zero. O conjugado induzido para qualquer outra carga pode ser obtido com base no fato de que a potência convertida em um motor CC é

$$\boxed{P_{\text{conv}} = E_A I_A = \tau_{\text{ind}} \omega_m} \qquad (7\text{-}55, 7\text{-}56)$$

Dessa equação, temos que o conjugado induzido em um motor é

$$\tau_{ind} = \frac{E_A I_A}{\omega_m} \tag{8-10}$$

Portanto, quando $I_L = 100$ A, o conjugado induzido é

$$\tau_{ind} = \frac{(244,3 \text{ V})(95 \text{ A})}{(1173 \text{ rotações/min})(1 \text{ min/60s})(2\pi \text{ rad/rotação})} = 190 \text{ N} \cdot \text{m}$$

Quando $I_L = 200$ A, o conjugado induzido é

$$\tau_{ind} = \frac{(238,3 \text{ V})(95 \text{ A})}{(1144 \text{ rotações/min})(1 \text{ min/60s})(2\pi \text{ rad/rotação})} = 388 \text{ N} \cdot \text{m}$$

Quando $I_L = 300$ A, o conjugado induzido é

$$\tau_{ind} = \frac{(232,3 \text{ V})(295 \text{ A})}{(1115 \text{ rotações/min})(1 \text{ min/60s})(2\pi \text{ rad/rotação})} = 587 \text{ N} \cdot \text{m}$$

A característica resultante de conjugado *versus* velocidade desse motor está plotada na Figura 8-8.

Análise não linear de um motor CC em derivação

O fluxo ϕ e, consequentemente, a tensão interna gerada E_A de uma máquina CC é uma função *não linear* de sua força magnetomotriz. Portanto, qualquer coisa que altere a força magnetomotriz de uma máquina produzirá um efeito não linear sobre

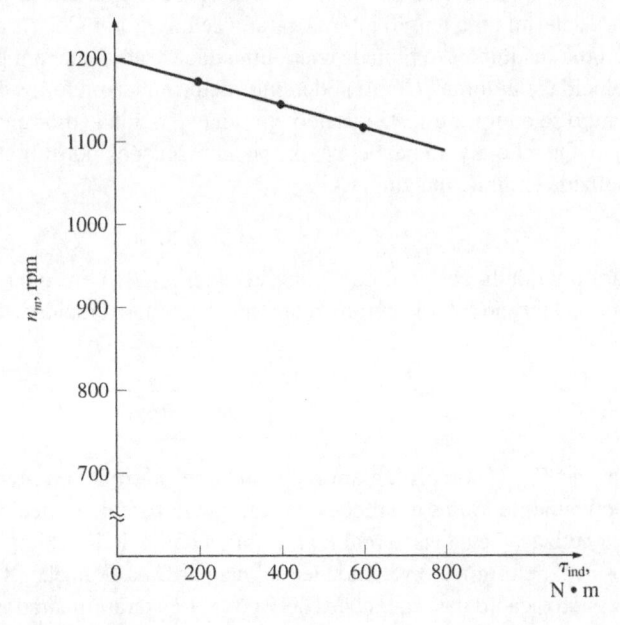

FIGURA 8-8
A característica de conjugado *versus* velocidade do motor do Exemplo 8-1.

a tensão interna gerada da máquina. Como não é possível calcular analiticamente as alterações de E_A, devemos usar a curva de magnetização da máquina para determinar com exatidão sua E_A, para uma dada força magnetomotriz. As duas contribuições principais para a força magnetomotriz da máquina vêm de sua corrente de campo e de sua reação de armadura, se esta estiver presente.

Como a curva de magnetização é um gráfico direto de E_A *versus* I_F para uma dada velocidade ω_o, o efeito de mudança na corrente de campo da máquina pode ser determinado diretamente de sua curva de magnetização.

Se uma máquina apresentar reação de armadura, seu fluxo será reduzido a cada aumento de carga. Em um motor CC em derivação, a força magnetomotriz total é a força magnetomotriz do circuito de campo menos a força magnetomotriz originária da reação de armadura (RA):

$$\mathscr{F}_{\text{líq}} = N_F I_F - \mathscr{F}_{RA} \tag{8-11}$$

Como as curvas de magnetização são expressas como gráficos de E_A *versus* a corrente de campo, costuma-se definir uma *corrente de campo equivalente*, a qual produz a mesma tensão de saída que a combinação de todas as forças magnetomotrizes da máquina. Se localizarmos a corrente de campo equivalente na curva de magnetização, então poderemos determinar a tensão resultante E_A. A corrente de campo equivalente de um motor CC em derivação é dada por

$$I_F^* = I_F - \frac{\mathscr{F}_{RA}}{N_F} \tag{8-12}$$

Há outro efeito que deve ser considerado quando se usa a análise não linear para determinar a tensão interna gerada de um motor CC. As curvas de magnetização de uma máquina são plotadas para uma dada velocidade em particular, usualmente a velocidade nominal. Como poderemos determinar os efeitos de uma dada corrente de campo se o motor estiver girando em uma velocidade diferente da nominal?

Quando a velocidade é expressa em rotações por minuto, a equação da tensão induzida em uma máquina CC é

$$E_A = K'\phi n_m \tag{7-41}$$

Para uma dada corrente de campo efetiva, o fluxo em uma máquina é fixo. Desse modo, a tensão interna gerada relaciona-se com a velocidade através de

$$\boxed{\frac{E_A}{E_{A0}} = \frac{n_m}{n_0}} \tag{8-13}$$

em que E_{A0} e n_0 representam os valores de referência de tensão e velocidade, respectivamente. Se as condições de referência forem conhecidas a partir da curva de magnetização e a tensão real E_A for obtida da lei de Kirchhoff das tensões, então será possível determinar a velocidade real n a partir da Equação (8-13). O uso da curva de magnetização e das Equações (8-12) e (8-13) serão ilustrados no exemplo seguinte, que analisa um motor CC com reação de armadura.

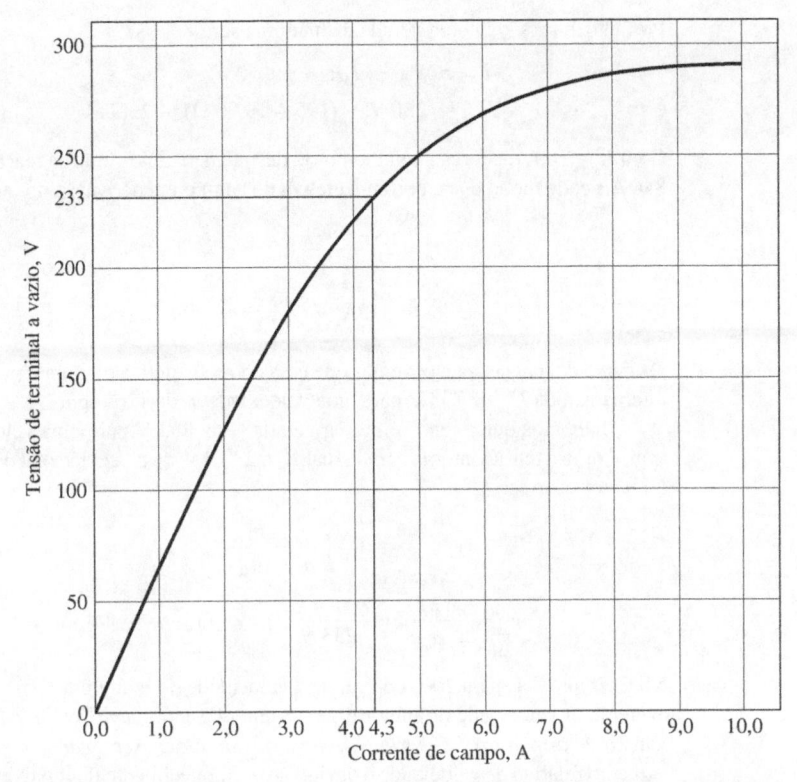

FIGURA 8-9
A curva de magnetização de um motor CC típico de 250 V, plotada para uma velocidade de 1200 rpm.

EXEMPLO 8-2 Um motor CC em derivação de 50 HP, 250 V e 1200 rpm, *sem* enrolamentos de compensação, tem uma resistência de armadura (incluindo as escovas e os interpolos) de 0,06 Ω. Seu circuito de campo tem uma resistência total de $R_F + R_{aj}$ de 50 Ω, produzindo uma velocidade *a vazio* de 1200 rpm. No enrolamento do campo em derivação, há 1200 espiras por polo. A reação de armadura produz uma força magnetomotriz desmagnetizante de 840 A • e para uma corrente de campo de 200 A. A curva de magnetização dessa máquina está mostrada na Figura 8-9.

(a) Encontre a velocidade desse motor quando a sua corrente de entrada é 200 A.

(b) Basicamente, esse motor é idêntico ao do Exemplo 8-1, exceto pelo fato de que os enrolamentos de compensação estão ausentes. Como essa velocidade pode ser comparada com a do motor anterior para uma corrente de carga de 200 A?

(c) Calcule e plote a característica de conjugado *versus* velocidade do motor.

Solução
(a) Se $I_L = 200$ A, então a corrente de armadura do motor será

$$I_A = I_L - I_F = I_L - \frac{V_T}{R_F}$$

$$= 200 \text{ A} - \frac{250 \text{ V}}{50 \text{ Ω}} = 195 \text{ A}$$

Portanto, a tensão interna gerada da máquina será

$$E_A = V_T - I_A R_A$$
$$= 250 \text{ V} - (195 \text{ A})(0{,}06 \text{ } \Omega) = 238{,}3 \text{ V}$$

Com I_L = 200 A, a força magnetomotriz desmagnetizante vinda da reação de armadura é 840 A • e, de modo que a corrente efetiva do campo em derivação do motor é

$$I_F^* = I_F - \frac{\mathscr{F}_{RA}}{N_F} \qquad (8\text{-}12)$$

$$= 5{,}0 \text{ A} - \frac{840 \text{ A} \cdot \text{e}}{1200 \text{ e}} = 4{,}3 \text{ A}$$

Da curva de magnetização, vemos que essa corrente efetiva de campo produz uma tensão interna gerada E_{A0} de 233 V para uma velocidade n_0 de 1200 rpm.

Sabemos que a tensão interna gerada seria 233 V para uma velocidade de 1200 rpm. Como a tensão interna gerada real E_A é 238,3 V, a velocidade real de funcionamento do motor deve ser

$$\frac{E_A}{E_{A0}} = \frac{n_m}{n_0} \qquad (8\text{-}13)$$

$$n_m = \frac{E_A}{E_{A0}} n_0 = \frac{238{,}3 \text{ V}}{233 \text{ V}} (1200 \text{ rpm}) = 1227 \text{ rpm}$$

(b) No Exemplo 8-1, para 200 A de carga, a velocidade do motor era n_m = 1144 rpm. Neste exemplo, a velocidade do motor é 1227 rpm. *Observe que a velocidade do motor com reação de armadura é superior à velocidade do motor sem reação de armadura.* Esse aumento relativo de velocidade é devido ao enfraquecimento de fluxo da máquina com a reação de armadura.

(c) Para obter a característica de conjugado *versus* velocidade do motor, devemos calcular o conjugado e a velocidade para muitas condições diferentes de carga. Infelizmente, a força magnetomotriz desmagnetizante da reação de armadura é dada apenas para uma condição de carga (200 A). Como não há informação adicional disponível, iremos assumir que a força de $\mathscr{F}_{RA}$ varia linearmente com a corrente de carga.

Um programa (*M-file*) de MATLAB que automatiza esse cálculo e plota a característica resultante de conjugado *versus* velocidade será mostrado a seguir. Ele realiza os mesmos passos da parte *a*, determinando a velocidade para cada corrente de carga e então calculando o conjugado induzido para essa velocidade. Observe que ele lê a curva de magnetização de um arquivo de nome fig8_9.mat. Esse arquivo e as outras curvas de magnetização deste capítulo estão disponíveis para *download* no *site* do livro (veja os detalhes no Prefácio).

```
% M-file: shunt_ts_curve.m
% M-file para plotar a curva de conjugado versus velocidade do
%   motor CC em derivação com reação de armadura do
%   Exemplo 8-2.

% Obtenha a curva de magnetização. Este arquivo contém as três
% variáveis if_value (valor da corrente de campo), ea_value e n_0.
load fig8_9.mat

% Primeiro, inicialize os valores necessários a este programa.
v_t = 250;                  % Tensão de terminal (em V)
```

```
r_f = 50;                % Resistência de campo (em ohms)
r_a = 0.06;              % Resistência de armadura (em ohms)
i_l = 10:10:300;         % Correntes de linha (em A)
n_f = 1200;              % Número de espiras de campo
f_ar0 = 840;             % Reação de armadura para 200 A (em A.e/m)

% Calcule a corrente de armadura para cada carga.
i_a = i_l - v_t / r_f;

% Agora, calcule a tensão interna gerada para
% cada corrente de armadura.
e_a = v_t - i_a * r_a;

% Calcule a FMM da reação de armadura para
% cada corrente de armadura.
f_ar = (i_a / 200) * f_ar0;

% Calcule a corrente de campo efetiva.
i_f = v_t / r_f - f_ar / n_f;

% Calcule a tensão interna gerada resultante para
% 1200 rpm interpolando a curva de magnetização do
% motor.
e_a0 = interp1(if_values,ea_values,i_f,'spline');

% Calcule a velocidade resultante a partir da Equação (8-13).
n = (e_a./ e_a0)   * n_0;

% Calcule o conjugado induzido correspondente a cada
% velocidade a partir das Equações (7-55) e (7-56).
t_ind = e_a.* i_a./ (n * 2 * pi / 60);

% Plote a curva de conjugado versus velocidade
plot(t_ind,n,'k-','LineWidth',2.0);
hold on;
xlabel('\bf\tau_{ind} (N-m)');
ylabel('\bf\itn_{m} (rpm)');
title ('\bfCaracterística de conjugado versus velocidade de um motor
CC em derivação');
axis([ 0 600 1100 1300]);
grid on;
hold off;
```

A característica de conjugado *versus* velocidade resultante está mostrada na Figura 8-10. Observe que, para qualquer carga dada, a velocidade do motor com reação de armadura é superior à velocidade do motor sem reação de armadura.

Controle de velocidade de um motor CC em derivação

Como se pode controlar a velocidade de um motor CC em derivação? Há dois métodos comuns em uso e outro menos comum. Os métodos de uso comum já foram vistos na máquina linear simples do Capítulo 1 e na espira simples em rotação do Capítulo 7. Os dois modos comuns de se controlar a velocidade de um motor CC em derivação são

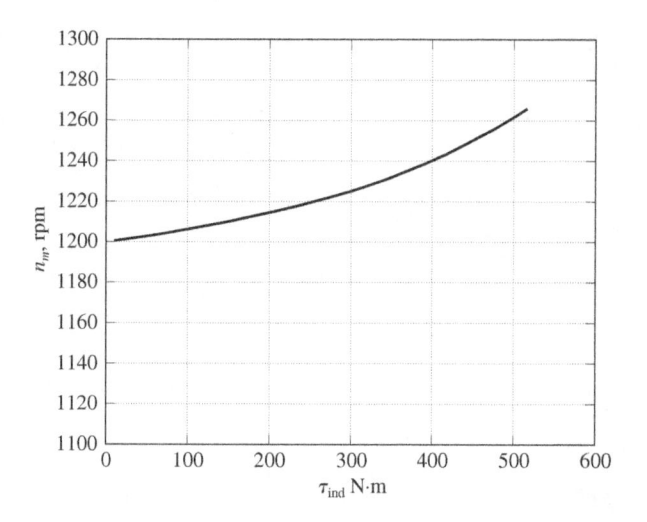

FIGURA 8-10
A característica de conjugado *versus* velocidade do motor com reação de armadura do Exemplo 8-2.

1. Ajuste da resistência de campo R_F (e consequentemente do fluxo de campo)
2. Ajuste da tensão de terminal aplicada à armadura

O método menos comum de se controlar a velocidade é

3. Inserção de um resistor em série com o circuito de armadura.

Cada um desses métodos será descrito detalhadamente a seguir.

ALTERAÇÃO DA RESISTÊNCIA DE CAMPO. Para compreender o que acontece quando o resistor de campo de um motor CC é mudado, assuma que o resistor de campo aumente de valor e observe a resposta. Se a resistência de campo aumentar, então a corrente de campo diminuirá ($I_F = V_T/R_F \uparrow$) e, quando isso acontecer, o fluxo ϕ também diminuirá junto. Uma diminuição de fluxo causa uma queda instantânea na tensão gerada interna, $E_A(= K\phi\downarrow\omega_m)$, o que leva a um grande aumento de corrente de armadura na máquina, porque

$$I_A \uparrow = \frac{V_T - E_A \downarrow}{R_A}$$

O conjugado induzido em um motor é dado por $\tau_{ind} = K\phi I_A$. Já que o fluxo ϕ dessa máquina diminui quando a corrente I_A aumenta, de que forma se dará a variação do conjugado induzido? O modo mais fácil de responder a essa pergunta é através de um exemplo. A Figura 8-11 mostra um motor CC em derivação com uma resistência interna de 0,25 Ω. No momento, ele está operando com uma tensão de terminal de 250 V e uma tensão gerada interna de 245 V. Portanto, a corrente de armadura é $I_A = (250\ \text{V} - 245\ \text{V})/0{,}25\ \Omega = 20\ \text{A}$. Que acontecerá nesse motor *se houver uma diminuição de fluxo de 1%?* Se o fluxo diminuir em 1%, então E_A deverá diminuir também em 1%, porque $E_A = K\phi\omega_m$. Portanto, E_A baixará para

$$E_{A2} = 0{,}99\ E_{A1} = 0{,}99(245\ \text{V}) = 242{,}55\ \text{V}$$

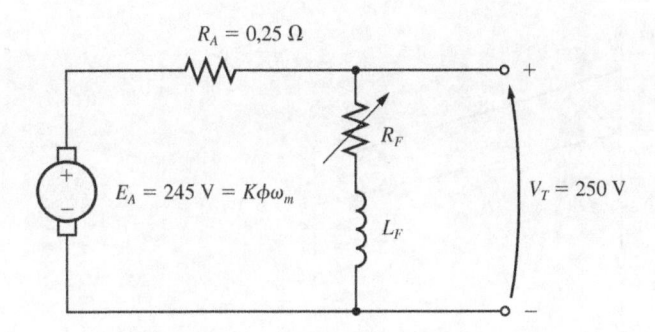

FIGURA 8-11
Um motor CC em derivação de 250 V com valores típicos de E_A e R_A.

Então, a corrente de armadura deverá se elevar para

$$I_A = \frac{250 \text{ V} - 242,55 \text{ V}}{0,25 \text{ }\Omega} = 29,8 \text{ A}$$

Portanto, uma diminuição de 1% no fluxo produziu um aumento de 49% na corrente de armadura.

Assim, voltando à discussão original, o aumento de corrente predomina sobre a diminuição de fluxo e o conjugado induzido sobe:

$$\tau_{\text{ind}} = K\phi^{\downarrow} I_A^{\Uparrow}$$

Como $\tau_{\text{ind}} > \tau_{\text{carga}}$, a velocidade do motor aumenta.

Entretanto, quando o motor aumenta de velocidade, a tensão gerada interna E_A sobe, fazendo I_A cair. Quando I_A diminui, o conjugado induzido τ_{ind} também cai e finalmente τ_{ind} iguala-se novamente a τ_{carga}, em uma velocidade de regime permanente superior à original.

Resumindo o comportamento de causa e efeito envolvido neste método de controle de velocidade, temos:

1. O aumento de R_F faz I_F ($= V_T/R_F \uparrow$) diminuir.
2. A diminuição de I_F diminui ϕ.
3. A diminuição de ϕ baixa E_A ($= K\phi\downarrow\omega_m$).
4. A diminuição de E_A aumenta I_A($= V_T - E_A \downarrow)/R_A$.
5. O aumento de I_A eleva τ_{ind}($= K\phi\downarrow I_A\Uparrow$), sendo que a alteração em I_A predomina sobre a variação de fluxo.
6. A elevação de τ_{ind} torna $\tau_{\text{ind}} > \tau_{\text{carga}}$ e a velocidade ω_m sobe.
7. O aumento de ω_m eleva $E_A = K\phi\omega_m\uparrow$ novamente.
8. A elevação de E_A diminui I_A.
9. A diminuição de I_A reduz τ_{ind} até que $\tau_{\text{ind}} = \tau_{\text{carga}}$ em uma velocidade ω_m mais elevada.

O efeito do aumento da resistência de campo sobre a característica de saída de um motor em derivação está mostrado na Figura 8-12a. Observe que, quando o fluxo

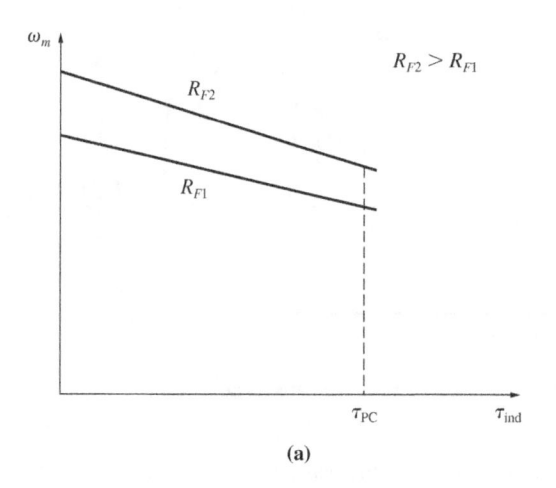

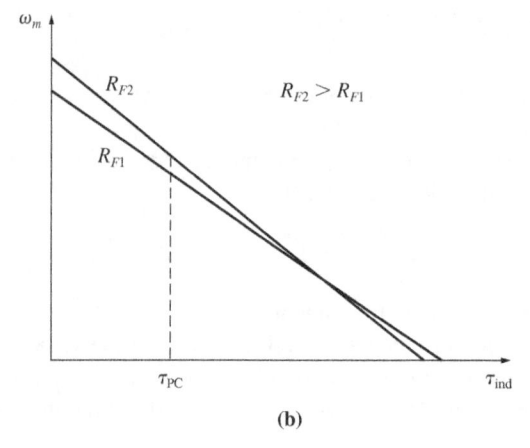

FIGURA 8-12
O efeito do controle de velocidade por resistência de campo sobre a característica de conjugado *versus* velocidade de um motor CC em derivação: (a) intervalo normal de funcionamento do motor até plena carga; (b) intervalo completo desde a vazio até a condição de parada.

na máquina diminui, a velocidade a vazio do motor aumenta, ao passo que a inclinação da curva de conjugado *versus* velocidade torna-se mais acentuada. Naturalmente, a diminuição de R_F inverte o processo inteiro e a velocidade do motor diminui.

UMA PRECAUÇÃO EM RELAÇÃO AO CONTROLE DE VELOCIDADE USANDO RESISTÊNCIA DE CAMPO. O efeito do aumento da resistência de campo sobre a característica de saída de um motor CC em derivação está mostrado na Figura 8-12. Observe que, quando o fluxo na máquina diminui, a velocidade a vazio do motor aumenta, ao passo que a inclinação da curva de conjugado *versus* velocidade torna-se mais acentuada. Essa forma é uma consequência da Equação (8-7), que descreve a característica de terminal do motor. Na Equação (8-7), a velocidade a vazio é proporcional ao inverso do fluxo do motor, ao passo que a inclinação da curva é proporcional ao inverso do quadrado do fluxo. Portanto, uma diminuição de fluxo faz a característica de conjugado *versus* velocidade tornar-se mais inclinada.

A Figura 8-12a mostra a característica de terminal de um motor no intervalo que vai desde sem carga, a vazio, até a condição de plena carga. Dentro dessa faixa, um aumento na resistência de campo eleva a velocidade do motor, como foi descrito

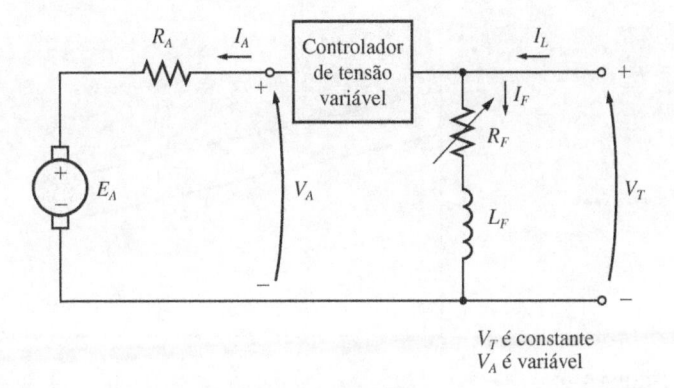

FIGURA 8-13
Controle da tensão de armadura de um motor CC em derivação (ou de excitação independente).

V_T é constante
V_A é variável

anteriormente nesta seção. Para motores que operam nesse intervalo desde a vazio até plena carga, pode-se esperar com segurança que um incremento em R_F aumentará a velocidade de operação.

Agora, examine a Figura 8-12b. Essa figura mostra a característica de terminal do motor no intervalo inteiro, que vai desde a condição a vazio até a condição de parada do motor. É evidente nessa figura que, para velocidades *muito baixas*, um incremento da resistência de campo *diminuirá* a velocidade do motor na realidade. Esse efeito ocorre porque, em velocidades muito baixas, o aumento da corrente de armadura causado pela diminuição de E_A não é mais suficientemente grande para compensar a diminuição de fluxo da equação de conjugado induzido. Com a diminuição de fluxo, maior do que o aumento da corrente de armadura na realidade, o conjugado induzido diminui e o motor perde velocidade.

Na realidade, alguns motores CC de pequeno porte, usados para fins de controle, operam com velocidades próximas das condições de parada do motor. Nesses motores, um aumento da resistência de campo poderá não ter efeito, ou até mesmo diminuir a velocidade do motor. Como os resultados não são previsíveis, o controle de velocidade usando resistência de campo não deve ser usado com esses tipos de motores CC. Em vez disso, deve-se empregar o método de controle de velocidade pela tensão de armadura.

VARIAÇÃO DA TENSÃO DE ARMADURA. A segunda forma de controle de velocidade envolve a variação da tensão aplicada à armadura do motor *sem alterar a tensão aplicada ao campo*. Uma conexão similar à da Figura 8-13 é necessária para esse tipo de controle. De fato, o motor deve ser de *excitação independente* para se usar o controle por tensão de armadura.

Se a tensão V_A for incrementada, então a corrente de armadura do motor deverá subir [$I_A = (V_A \uparrow - E_A)/R_A$]. À medida que I_A sobe, o conjugado induzido $\tau_{ind} = K\phi I_A \uparrow$ aumenta, tornando $\tau_{ind} > \tau_{carga}$ e fazendo a velocidade ω_m do motor aumentar.

No entanto, quando a velocidade ω_m cresce, a tensão interna gerada $E_A (= K\phi\omega_m \uparrow)$ aumenta, fazendo a corrente de armadura diminuir. Essa diminuição em I_A reduz o conjugado induzido, fazendo τ_{ind} ser igual a τ_{carga} em uma velocidade mais elevada de rotação.

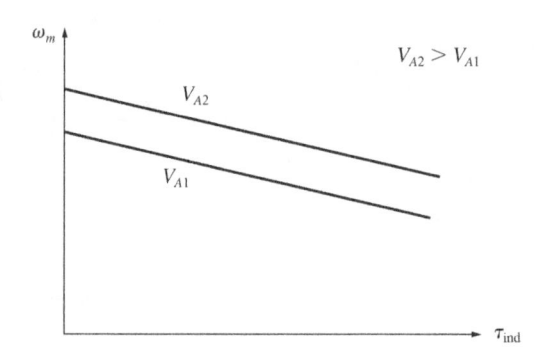

FIGURA 8-14
O efeito do controle de velocidade por tensão de armadura sobre a característica de conjugado *versus* velocidade de um motor em derivação.

Resumindo o comportamento de causa e efeito deste método de controle de velocidade, temos:

1. Um aumento de V_A eleva I_A [$(V_A \uparrow - E_A)/R_A$].
2. O aumento de I_A eleva τ_{ind} (= $K\phi I_A \uparrow$).
3. A elevação de τ_{ind} torna $\tau_{ind} > \tau_{load}$ fazendo a velocidade ω_m aumentar.
4. O aumento de ω_m eleva E_A(= $K\phi\omega_m \uparrow$).
5. A elevação de E_A diminui I_A [= $(V_A \uparrow - E_A)/R_A$].
6. A diminuição de I_A reduz τ_{ind} até que $\tau_{ind} = \tau_{carga}$ em uma velocidade ω_m mais elevada.

O efeito do aumento em V_A sobre a característica de conjugado *versus* velocidade de um motor de excitação independente está mostrado na Figura 8-14. Observe que a velocidade a vazio do motor é deslocada por esse método de controle de velocidade, mas a inclinação da curva permanece constante.

INSERÇÃO DE UM RESISTOR EM SÉRIE COM O CIRCUITO DE ARMADURA. Se um resistor for inserido em série com o circuito de armadura, o efeito será o aumento drástico da inclinação da característica de conjugado *versus* velocidade do motor, fazendo com que funcione mais lentamente quando receber uma carga (Figura 8-15). Isso pode ser visto facilmente a partir da Equação (8-7). A inserção de resistor é um método pouco eficiente de controle de velocidade, porque as perdas no resistor são muito elevadas. Por essa razão, esse método raramente é usado. Ele será encontrado somente em aplicações nas quais o motor passa quase todo o tempo funcionando a plena velocidade ou em aplicações cujo custo é demasiado baixo para justificar uma forma melhor de controle.

Os dois métodos mais comuns de controle da velocidade de um motor CC em derivação – variação de resistência de campo e variação da tensão de armadura – têm faixas diferentes de operação segura.

No controle por resistência de campo, quanto mais baixa for a corrente de campo de um motor CC em derivação (ou de excitação independente), mais rapidamente ele irá girar e, por outro lado, quanto maior for a corrente de campo, mais devagar ele irá girar. Como um aumento na corrente de campo causa uma diminuição de velocidade, sempre haverá uma velocidade mínima que pode ser atingida pelo controle do

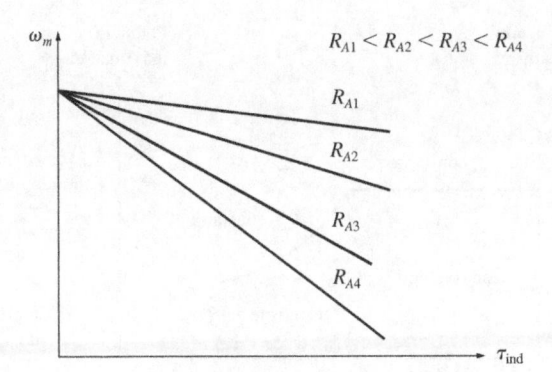

FIGURA 8-15
O efeito do controle de velocidade por resistência de armadura sobre a característica de conjugado *versus* velocidade do motor em derivação.

circuito de campo. Essa velocidade mínima ocorre quando a corrente máxima permitida está circulando no circuito de campo do motor.

Se o motor estiver operando com sua tensão de terminal, potência e corrente de campo nominais, então ele estará funcionando na velocidade nominal, também conhecida como *velocidade de base*. O controle por resistência de campo pode controlar a velocidade do motor para velocidades acima da velocidade de base, mas não para velocidades abaixo da velocidade de base. Para conseguir uma velocidade menor do que a velocidade de base controlando o circuito de campo, seria necessário uma corrente de campo excessiva, possivelmente queimando os enrolamentos de campo.

No controle por tensão de armadura, quanto menor for a tensão de armadura em um motor CC de excitação independente, mais lentamente ele irá girar e, por outro lado, quanto maior for a tensão de armadura, mais rapidamente ele irá girar. Como um aumento na tensão de armadura causa um aumento de velocidade, sempre há uma velocidade máxima que pode ser alcançada com o controle por tensão de armadura. Essa velocidade máxima ocorre quando a tensão de armadura do motor atinge seu valor máximo permitido.

Se o motor estiver operando com sua tensão, corrente de campo e potência nominais, então ele estará girando na velocidade de base. O controle por tensão de armadura pode controlar a velocidade do motor para velocidades inferiores à velocidade de base, mas não para velocidades superiores à velocidade de base. Para obter uma velocidade maior que a velocidade de base usando o controle por tensão de armadura, seria necessário uma tensão de armadura excessiva, possivelmente danificando o circuito de armadura.

Obviamente, essas duas técnicas de controle de velocidade são complementares. O controle por tensão de armadura funciona bem com velocidades inferiores à velocidade de base e o controle por resistência de campo ou de corrente de campo funciona bem para velocidades superiores à velocidade de base. Combinando ambas as técnicas de controle de velocidade no mesmo motor, é possível obter um intervalo de variação de velocidade de até 40 para 1 ou mais. Os motores em derivação e de excitação independente apresentam características excelentes de controle de velocidade.

Nesses dois tipos de controle de velocidade, há uma diferença significativa nos limites de conjugado e potência da máquina. O fator limitante em ambos os casos é o

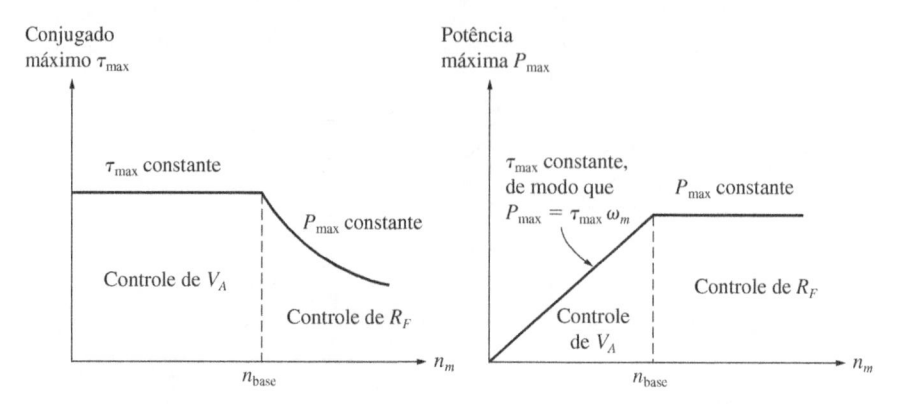

FIGURA 8-16
Limites de potência e conjugado em função da velocidade para um motor CC em derivação, controlado por tensão de armadura e resistência de campo.

aquecimento dos condutores da armadura, o que coloca um limite superior no valor da corrente I_A de armadura.

No controle por tensão de armadura, *o fluxo no motor é constante,* de modo que o conjugado máximo no motor é

$$\tau_{max} = K\phi I_{A,\,max} \qquad (8\text{-}14)$$

Esse conjugado máximo é constante, independentemente da velocidade de rotação do motor. Como a potência fornecida pelo motor é dada por $P = \tau\omega$, a potência máxima do motor para qualquer velocidade controlada por tensão de armadura é

$$P_{max} = \tau_{max}\omega_m \qquad (8\text{-}15)$$

Portanto, no controle por tensão de armadura, *a potência máxima fornecida pelo motor é diretamente proporcional à sua velocidade de operação.*

Por outro lado, quando é usado o controle por resistência de campo, o fluxo não se altera. Nesse caso, o aumento de velocidade é causado por uma diminuição do fluxo da máquina. Para que o limite de corrente de armadura não seja excedido, o limite de conjugado induzido deve diminuir à medida que a velocidade do motor aumenta. Como a potência fornecida pelo motor é dada por $P = \tau\omega$ e o limite de conjugado diminui quando a velocidade do motor aumenta, então *a potência máxima fornecida por um motor CC controlado por corrente de campo é constante,* ao passo que *o conjugado máximo varia conforme o inverso da velocidade do motor.*

Para uma operação segura em função da velocidade, essas limitações de potência e conjugado do motor CC em derivação estão mostradas na Figura 8-16.

Os exemplos seguintes ilustram como encontrar a nova velocidade de um motor CC se ela for variada usando os métodos de controle por resistência de campo e tensão de armadura.

EXEMPLO 8-3 A Figura 8-17a mostra um motor CC em derivação de 100 HP, 250 V e 1200 rpm, com uma resistência de armadura de 0,03 Ω e uma resistência de campo de 41,67 Ω. O motor tem enrolamentos de compensação, de modo que a reação de armadura pode ser ignorada. Pode-se assumir que as perdas mecânicas e no núcleo são desprezíveis para os propósitos

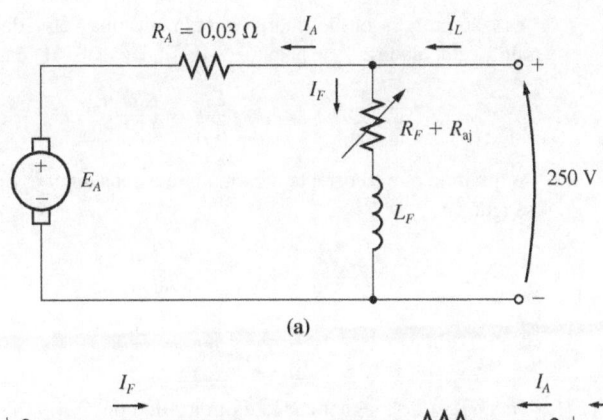

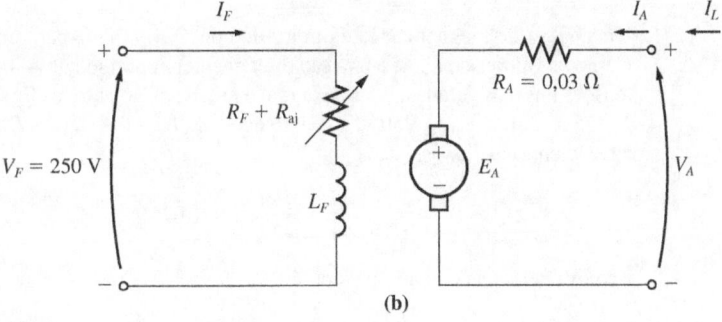

FIGURA 8-17
(a) O motor em derivação do Exemplo 8-3. (b) O motor CC de excitação independente do Exemplo 8-4.

deste problema. Assume-se que o motor está acionando uma carga com uma corrente de linha de 126 A e uma velocidade inicial de 1103 rpm. Para simplificar o problema, assuma que a corrente de armadura do motor permanece constante.

(a) Se a curva de magnetização da máquina for a mostrada na Figura 8-9, qual será a velocidade do motor se a resistência de campo for elevada para 50 Ω?

(b) Calcule e plote a velocidade desse motor em função da resistência de campo R_F, assumindo uma carga de corrente constante.

Solução

(a) O motor tem uma corrente de linha inicial de 126 A, de modo que a corrente de armadura inicial é

$$I_{A1} = I_{L1} - I_{F1} = 126 \text{ A} - \frac{250 \text{ V}}{41{,}67 \text{ }\Omega} = 120 \text{ A}$$

Portanto, a tensão interna gerada é

$$E_{A1} = V_T - I_{A1}R_A = 250 \text{ V} - (120 \text{ A})(0{,}03 \text{ }\Omega)$$
$$= 246{,}4 \text{ V}$$

Depois de aumentar a resistência de campo para 50 Ω, a corrente de campo torna-se

$$I_{F2} = \frac{V_T}{R_F} = \frac{250 \text{ V}}{50 \text{ }\Omega} = 5 \text{ A}$$

A razão entre a tensão interna gerada em uma velocidade e tensão interna gerada em outra velocidade é dada pela razão da Equação (7-41) nas duas velocidades:

$$\frac{E_{A2}}{E_{A1}} = \frac{K'\phi_2 n_{m2}}{K'\phi_1 n_{m1}} \tag{8-16}$$

Assumindo que a corrente de armadura é constante, $E_{A1} = E_{A2}$, temos que essa equação se reduz a

$$1 = \frac{\phi_2 n_{m2}}{\phi_1 n_{m1}}$$

ou
$$n_{m2} = \frac{\phi_1}{\phi_2} n_{m1} \tag{8-17}$$

Uma curva de magnetização é um gráfico de E_A versus I_F para uma dada velocidade. Como os valores de E_A na curva são diretamente proporcionais ao fluxo, a razão entre as tensões internas geradas, lidas da curva, é igual à razão entre os fluxos da máquina. Para $I_F = 5$ A, temos $E_{A0} = 250$ V, ao passo que para $I_F = 6$ A, temos $E_{A0} = 268$ V. Portanto, a razão entre os fluxos é dada por

$$\frac{\phi_1}{\phi_2} = \frac{268 \text{ V}}{250 \text{ V}} = 1,076$$

e a nova velocidade do motor será

$$n_{m2} = \frac{\phi_1}{\phi_2} n_{m1} = (1,076)(1103 \text{ rpm}) = 1187 \text{ rpm}$$

(b) A seguir, temos um programa (*M-file*) de MATLAB que calcula a velocidade do motor em função de R_F:

```
% M-file: rf_speed_control.m (Controle de velocidade por resistência
%    de campo)
% Este programa (M-file) cria um gráfico da velocidade de um
%    motor CC em derivação, como função da resistência de campo,
%    assumindo uma corrente de armadura constante (Exemplo 8-3).

% Obtenha a curva de magnetização. Este arquivo contém as três
% variáveis if_value (valor da corrente de campo), ea_value e n_0.
load fig8_9.mat

% Primeiro, inicialize os valores necessários a este programa.
v_t = 250;           % Tensão de terminal (em V)
r_f = 40:1:70;       % Resistência de campo (em ohms)
r_a = 0.03;          % Resistência de armadura (em ohms)
i_a = 120;           % Correntes de armadura (em A)

% A abordagem adotada aqui consiste em calcular o valor de e_a0 para
% a corrente de campo de referência e então calcular os valores de
% e_a0 para cada corrente de campo. A velocidade de referência é
% 1103 rpm, de modo que, conhecendo e_a0 e a velocidade de
% referência, poderemos calcular a velocidade para
% cada corrente de campo.

% Calcule a tensão interna gerada, para 1200 rpm e para a corrente
% de referência de campo de 5 A, fazendo uma interpolação na
% curva de magnetização do motor. A velocidade de referência
```

```
% correspondente a essa corrente de campo é 1103 rpm.
e_a0_ref = interp1(if_values,ea_values,5,'spline');
n_ref = 1103;

% Calcule a corrente de campo para cada valor de
% resistência de campo.
i_f = v_t./ r_f;

% Calcule e_a0 para cada corrente de campo interpolando a
% curva de magnetização do motor.
e_a0 = interp1(if_values,ea_values,i_f,'spline');

% Calcule a velocidade resultante a partir da Equação (8-17):
% n2 5 (phi1 / phi2) * n1 = (e_a0_1 / e_a0_2)   * n1
n2 = (e_a0_ref./ e_a0)   * n_ref;

% Plote a curva de velocidade versus resistência de campo, r_f.
plot(r_f,n2,'k-','LineWidth',2.0);
hold on;
xlabel('\bfResistência de Campo, \Omega');
ylabel('\bf\itn_{m} \rm\bf(rpm)');
title ('\bfVelocidade versus \itR_{F} \rm\bfpara um Motor CC em
Derivação');
axis([40 70 0 1400]);
grid on;
hold off;
```

O gráfico resultante está mostrado na Figura 8-18.

Para cargas reais, observe que não é uma boa opção supor que a corrente de armadura seja constante quando R_F varia. A corrente de armadura varia com a velocidade. A forma dessa variação depende do conjugado que está sendo exigido pelo tipo de carga acoplada ao motor. Essas diferenças fazem com que a curva de velocidade *versus* R_F seja ligeiramente diferente da mostrada na Figura 8-18, mas ela terá uma forma semelhante.

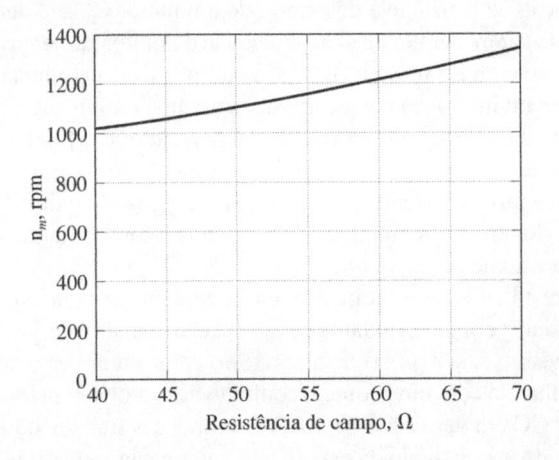

FIGURA 8-18
Gráfico da velocidade *versus* resistência de campo para o motor CC em derivação do Exemplo 8-3.

EXEMPLO 8-4 Agora, o motor do Exemplo 8-3 foi conectado na forma de excitação independente, como está mostrado na Figura 8-17b. Inicialmente, o motor opera com $V_A = 250$ V, $I_A = 120$ A e $n = 1103$ rpm e aciona uma carga de conjugado constante. Qual será a velocidade desse motor se a tensão V_A for reduzida para 200 V?

Solução
O motor tem uma corrente de linha inicial de 120 A e uma tensão de armadura V_A de 250 V, de modo que a tensão interna gerada E_A é

$$E_A = V_T - I_A R_A = 250 \text{ V} - (120 \text{ A})(0{,}03 \text{ }\Omega) = 246{,}4 \text{ V}$$

Aplicando a Equação (8-16) e sabendo que o fluxo ϕ é constante, a velocidade do motor pode ser expressa como

$$\frac{E_{A2}}{E_{A1}} = \frac{K'\phi_2 n_{m2}}{K'\phi_1 n_{m1}} \qquad (8\text{-}16)$$

$$= \frac{n_{m2}}{n_{m1}}$$

$$n_{m2} = \frac{E_{A2}}{E_{A1}} n_{m1}$$

Para encontrar E_{A2}, use a lei de Kirchhoff das tensões:

$$E_{A2} = V_T - I_{A2} R_A$$

Como o conjugado e o fluxo são constantes, I_A é constante. Isso leva a uma tensão de

$$E_{A2} = 200 \text{ V} - (120 \text{ A})(0{,}03 \text{ }\Omega) = 196{,}4 \text{ V}$$

A velocidade final do motor é, portanto,

$$n_{m2} = \frac{E_{A2}}{E_{A1}} n_{m1} = \frac{196{,}4 \text{ V}}{246{,}4 \text{ V}} 1103 \text{ rpm} = 879 \text{ rpm}$$

O efeito de um circuito de campo aberto

A seção anterior deste capítulo continha uma discussão do controle de velocidade pela variação da resistência de campo de um motor CC em derivação. Quando a resistência de campo aumentava, a velocidade do motor aumentava também. Que aconteceria se esse efeito fosse levado ao extremo, se a resistência de campo *realmente* aumentasse muito? Que aconteceria se o circuito de campo realmente abrisse enquanto o motor estivesse operando? Da discussão anterior, o fluxo na máquina diminuiria repentinamente até chegar a ϕ_{res} e $E_A (= K\phi\omega_m)$ diminuiria junto. Isso causaria um grande aumento da corrente de armadura e o conjugado induzido resultante seria bem mais elevado do que o conjugado de carga no motor. Portanto, a velocidade do motor começaria a aumentar e continuaria subindo.

Os resultados de um circuito aberto podem ser bem espetaculares. Certa vez, quando o autor era um estudante de graduação "em engenharia elétrica na Louisiana State University", seu grupo de laboratório cometeu um erro desse tipo. O grupo estava trabalhando com um pequeno conjunto de motor e gerador, que era acionado por um motor CC em derivação de 3 HP. As conexões tinham sido realizadas e o motor estava pronto para o início da experiência, mas havia apenas *um* pequeno erro – quando o circuito de campo foi conectado, incluiu-se um fusível de 0,3 A no lugar de um de 3 A, que seria o correto de usar.

Quando foi dada a partida no motor, ele funcionou normalmente por cerca de 3 s e então subitamente houve um clarão no fusível. Imediatamente, a velocidade do motor foi às alturas. Após alguns segundos, alguém desligou o disjuntor principal do circuito. Nesse momento, o tacômetro acoplado ao motor tinha chegado a 4000 rpm. A velocidade nominal do motor era de apenas 800 rpm.

É desnecessário dizer que aquela experiência assustou muito todos os presentes e ensinou-os a ser *muito* cuidadosos em relação à proteção do circuito de campo. Nos circuitos de partida e de proteção de um motor CC, inclui-se normalmente um *relé de perda de campo*, que é usado para desligar o motor da linha, no caso de se perder a corrente de campo.

Se os efeitos de reação de armadura forem muito intensos, um efeito similar poderá ocorrer em motores comuns CC em derivação que operam com campos de baixa intensidade. Se isso ocorrer, então um aumento de carga poderá enfraquecer seu fluxo o suficiente para fazer com que a velocidade do motor aumente. Entretanto, a maioria das cargas apresenta curvas de conjugado *versus* velocidade cujo conjugado *aumenta* com a velocidade, de modo que o aumento de velocidade aumenta a carga, o que aumenta sua reação de armadura, voltando a enfraquecer o seu fluxo. O fluxo enfraquecido causa um novo aumento de velocidade, o que causa um novo aumento de carga, etc., até que a velocidade do motor dispara. Essa condição é conhecida como *velocidade em disparada*.

Nos motores que operam com mudanças de carga e ciclos de trabalho muito severos, esse problema de enfraquecimento de fluxo pode ser resolvido pela instalação de enrolamentos de compensação. Infelizmente, esses enrolamentos são caros demais para serem usados em motores comuns. A solução para o problema do motor com velocidade em disparada, que é usada em motores de baixo custo e motores sujeitos a ciclos de trabalho mais leves, consiste em incluir uma ou duas espiras de enrolamento composto cumulativo aos polos do motor. Quando a carga cresce, a força magnetomotriz dos enrolamentos em série aumenta, o que contrabalança a força magnetomotriz desmagnetizante da reação de armadura. Um motor CC em derivação, equipado com apenas poucas espiras como esse, é denominado motor *em derivação estabilizado*.

8.5 O MOTOR CC DE ÍMÃ PERMANENTE

Um *motor CC de ímã permanente* (CCIP) é um motor CC cujos polos são feitos de ímãs permanentes. Esses motores oferecem diversos benefícios em comparação com os motores CC em derivação usados em algumas aplicações. Como não precisam de um circuito de campo externo, eles não têm as perdas que ocorrem no cobre do circuito de campo dos motores CC em derivação. Como não há necessidade de enrolamento de campo, eles podem ser menores do que os correspondentes motores CC em derivação. Os motores CCIP podem ser encontrados comumente em tamanhos que chegam até 10 HP aproximadamente e, nos últimos anos, alguns motores foram construídos alcançando 100 HP. Contudo, eles são especialmente comuns em tamanhos menores, fracionários ou subfracionários, para os quais a inclusão de um circuito separado de campo não se justifica devido ao custo e o espaço necessário.

Em geral, os motores CCIP são mais baratos, de tamanho menor, mais simples e mais eficientes do que os motores CC correspondentes, com campos eletromagnéticos separados. Isso os torna uma boa escolha em muitas aplicações de motores CC. Basicamente, as armaduras dos motores CCIP são idênticas às armaduras dos motores com circuitos separados de campo, o que também torna seus custos similares. Por outro lado, a eliminação dos eletroímãs separados no estator reduz o tamanho do estator, o custo do estator e as perdas nos circuitos de campo.

Os motores CCIP também têm desvantagens. Os ímãs permanentes não conseguem produzir uma densidade de fluxo tão elevada quanto a de um campo em derivação de alimentação externa. Desse modo, um motor CCIP terá um conjugado induzido τ_{ind} menor por ampère de corrente de armadura I_A do que um motor CC em derivação de mesmo tamanho e construção. Além disso, os motores CCIP correm o risco de desmagnetização. Como foi mencionado no Capítulo 7, a corrente de armadura I_A em uma máquina CC produz um campo magnético de armadura. A força magnetomotriz da armadura é subtraída da força magnetomotriz dos polos debaixo de algumas partes das faces polares e é adicionada à força magnetomotriz dos polos debaixo de outras partes das faces polares (veja as Figuras 8-23 e 8-25), reduzindo o fluxo líquido total na máquina. Esse é o efeito da *reação de armadura*. Em uma máquina CCIP, o fluxo dos polos consiste apenas em fluxo residual presente nos ímãs permanentes. Se a corrente de armadura tornar-se muito elevada, então haverá algum risco de que a força magnetomotriz da armadura possa desmagnetizar os polos, reduzindo permanentemente e orientando de outra forma o fluxo residual presente neles. A desmagnetização também pode ser causada pelo aquecimento excessivo devido a um choque (queda do motor) ou a períodos prolongados de sobrecarga. Além disso, os materiais CCIP são mais fracos fisicamente do que a maioria dos aços normais. Desse modo, os estatores construídos com esses materiais podem ter limites devido às exigências físicas do conjugado de motor.

A Figura 8-19a mostra uma curva de magnetização para um material ferromagnético típico. É um gráfico da densidade de fluxo **B** *versus* a intensidade de campo magnético **H** (ou, de forma equivalente, um gráfico do fluxo ϕ *versus* a força magnetomotriz $\mathcal{F}$). Quando uma força magnetomotriz elevada externa é aplicada a esse material e removida em seguida, um fluxo residual $\mathbf{B}_{res}$ permanecerá no material. Para forçar o fluxo residual a zero, é necessário aplicar uma intensidade de campo magnético coercitivo $\mathbf{H}_C$ com polaridade oposta à polaridade da intensidade de campo magnético **H** que originalmente produziu o campo magnético. Para aplicações normais em máquinas, como rotores e estatores, deve-se escolher um material ferromagnético que tenha as menores $\mathbf{B}_{res}$ e $\mathbf{H}_C$ possíveis, porque tal material terá baixas perdas por histerese.

Por outro lado, um bom material para os polos de um motor CCIP deverá ter *a maior densidade de fluxo residual* $\mathbf{B}_{res}$ *possível* e, ao mesmo tempo, deverá ter *a maior intensidade de campo magnético coercitivo* $\mathbf{H}_C$ *possível*. A curva de magnetização desse material está mostrada na Figura 8-19b. A $\mathbf{B}_{res}$ elevada produz um grande fluxo na máquina, ao passo que a $\mathbf{H}_C$ elevada significa que seria necessário uma corrente muita elevada para desmagnetizar os polos.

Nos últimos 40 anos, foram desenvolvidos diversos materiais magnéticos que apresentam características desejáveis para a fabricação de ímãs permanentes. Os tipos principais desses materiais são os materiais magnéticos cerâmicos (ferrite) e os materiais magnéticos de terras raras. A Figura 8-19c mostra o segundo quadrante das curvas de magnetização de alguns ímãs cerâmicos e de terras raras típicos, comparadas com a curva de magnetização de uma liga ferromagnética convencional (Alnico 5). É óbvio da comparação que os melhores ímãs de terras raras podem produzir o mesmo fluxo residual que as melhores ligas ferromagnéticas convencionais e, ao mesmo tempo, são largamente imunes aos problemas de desmagnetização devido à reação de armadura.

(a)

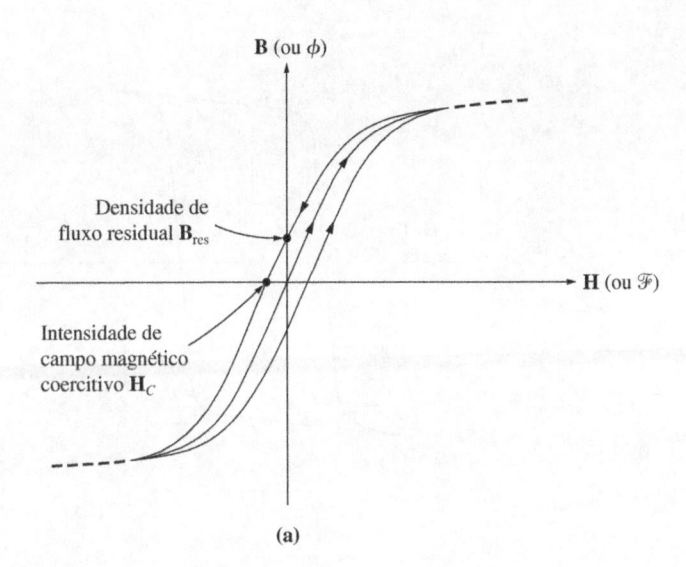

FIGURA 8-19
(a) A curva de magnetização de um típico material ferromagnético. Observe o laço de histerese. Depois de aplicar e remover do núcleo uma intensidade de campo magnético **H** elevada, uma densidade de fluxo residual B_{res} permanecerá no núcleo. Esse fluxo poderá retornar a zero se uma intensidade de campo magnético coercitivo H_C de polaridade oposta for aplicada ao núcleo. Nesse caso, um valor relativamente pequeno será suficiente para desmagnetizar o núcleo.

Um motor CC de ímã permanente é basicamente a mesma máquina que um motor CC em derivação, exceto pelo fato de que *o fluxo de um motor CCIP é fixo*. Portanto, não é possível controlar a velocidade de um motor CCIP variando a corrente de campo ou o fluxo. Para um motor CCIP, os únicos métodos de controle de velocidade disponíveis são o controle por tensão de armadura e o controle por resistência de armadura.

As técnicas de análise de um motor CCIP são basicamente as mesmas de um motor CC em derivação, com a corrente de campo mantida constante.

Para mais informação a respeito dos motores CCIP, veja as Referências 4 e 10.

8.6 O MOTOR CC SÉRIE

Um motor CC série é um motor CC cujos enrolamentos de campo consistem em relativamente poucas espiras conectadas em série com o circuito de armadura. O circuito equivalente de um motor CC série está mostrado na Figura 8-20. Em um motor série, a corrente de armadura, a corrente de campo e a corrente de linha são todas a mesma. A equação da lei de Kirchhoff para as tensões desse motor é

$$V_T = E_A + I_A(R_A + R_S) \tag{8-18}$$

Conjugado induzido em um motor CC série

A característica de terminal de um motor CC série é muito diferente da característica do motor em derivação estudado anteriormente. O comportamento básico de um motor CC série deve-se ao fato de que *o fluxo é diretamente proporcional à corrente de armadura*, no mínimo até que a saturação seja alcançada. À medida que aumenta

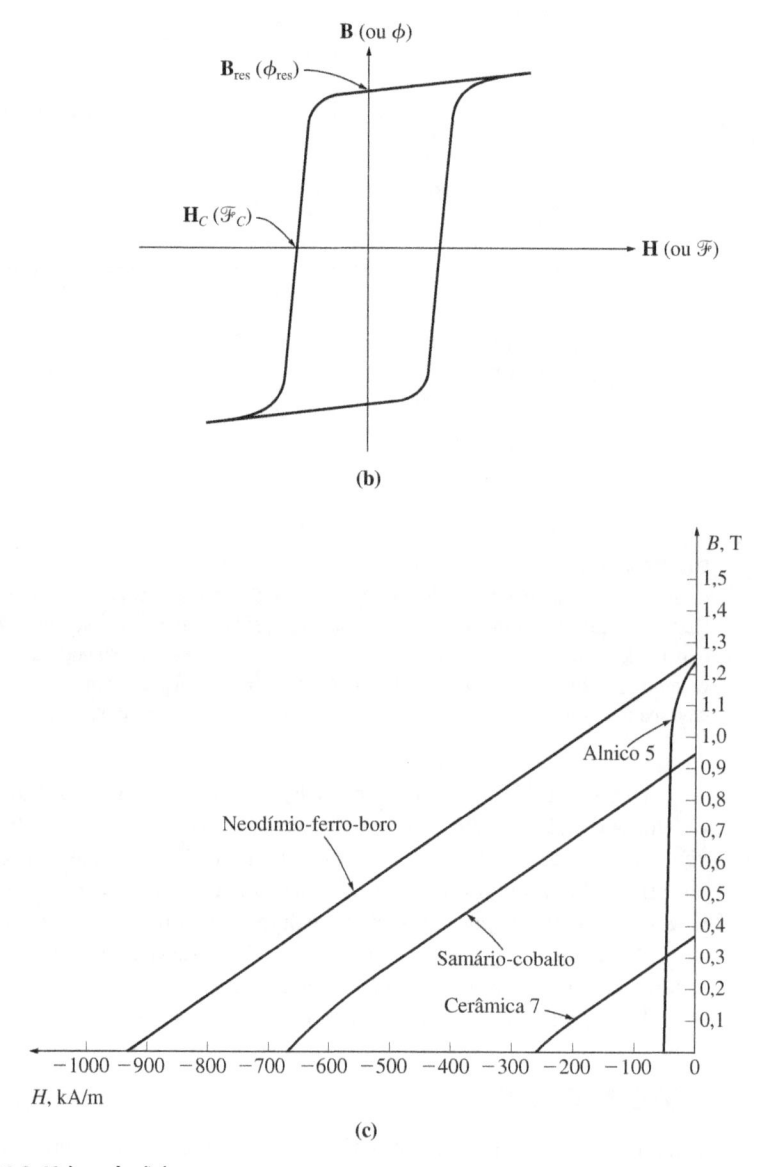

FIGURA 8-19 (conclusão)
(b) A curva de magnetização de um material ferromagnético adequado à fabricação de ímãs permanentes. Observe a alta densidade de fluxo residual B_{res} e a intensidade relativamente elevada de campo magnético coercitivo H_C. (c) O segundo quadrante das curvas de magnetização de alguns materiais magnéticos típicos. Observe que os ímãs de terras raras combinam um fluxo residual elevado com uma elevada intensidade de campo magnético coercitivo.

a carga do motor, seu fluxo também aumenta. Como foi visto antes, um aumento de fluxo no motor causa uma diminuição de sua velocidade. O resultado é que um motor série tem uma característica de conjugado *versus* velocidade de declive muito acentuado.

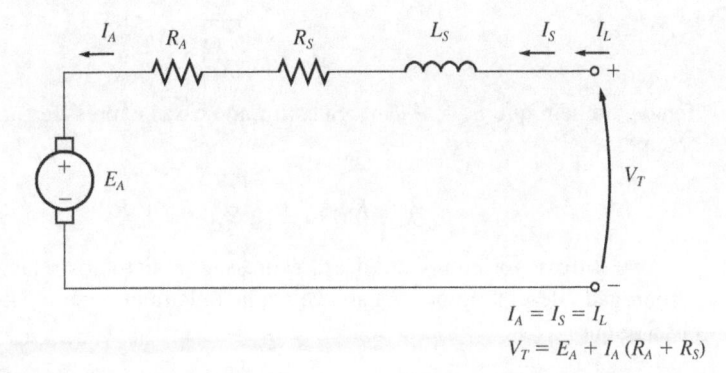

$$I_A = I_S = I_L$$
$$V_T = E_A + I_A(R_A + R_S)$$

FIGURA 8-20
O circuito equivalente de um motor CC série.

O conjugado induzido dessa máquina é dado pela Equação (7-49):

$$\tau_{ind} = K\phi I_A \qquad (7\text{-}49)$$

O fluxo dessa máquina é diretamente proporcional à sua corrente de armadura (no mínimo até que o metal sature). Portanto, o fluxo da máquina pode ser dado por

$$\phi = cI_A \qquad (8\text{-}19)$$

em que c é uma constante de proporcionalidade. Assim, o conjugado induzido dessa máquina é dado por

$$\tau_{ind} = K\phi I_A = KcI_A^2 \qquad (8\text{-}20)$$

Em outras palavras, o conjugado do motor é proporcional ao quadrado de sua corrente de armadura. Como resultado, é fácil ver que um motor série fornece mais conjugado por ampère do que qualquer outro motor CC. Portanto, ele é usado em aplicações que requerem conjugados muito elevados. Exemplos dessas aplicações são os motores de arranque dos carros, os motores de elevador e os motores de tração das locomotivas.

A característica de terminal de um motor CC série

Para determinar a característica de terminal de um motor CC série, uma análise será feita supondo uma curva de magnetização linear e então os efeitos de saturação serão examinados por meio de uma análise gráfica.

Supondo uma curva de magnetização linear, o fluxo do motor será dado pela Equação (8-19):

$$\phi = cI_A \qquad (8\text{-}19)$$

Essa equação será usada para obter a curva da característica de conjugado *versus* velocidade do motor série.

O desenvolvimento dessa característica de conjugado *versus* velocidade começa com a lei de Kirchhoff das tensões:

$$V_T = E_A + I_A(R_A + R_S) \qquad (8\text{-}18)$$

Da Equação (8-20), podemos expressar a corrente de armadura como

$$I_A = \sqrt{\frac{\tau_{ind}}{Kc}}$$

Temos também que $E_A = K\phi\omega_m$. Substituindo essas expressões na Equação (8-18), obtemos

$$V_T = K\phi\omega_m + \sqrt{\frac{\tau_{ind}}{Kc}}(R_A + R_S) \qquad (8\text{-}21)$$

Se o fluxo for eliminado dessa expressão, poderemos relacionar diretamente o conjugado de um motor com sua velocidade. Para eliminar o fluxo da expressão, observe que

$$I_A = \frac{\phi}{c}$$

e a equação do conjugado induzido poderá ser escrita como

$$\tau_{ind} = \frac{K}{c}\phi^2$$

Portanto, o fluxo no motor pode ser expresso como

$$\phi = \sqrt{\frac{c}{K}}\sqrt{\tau_{ind}} \qquad (8\text{-}22)$$

Substituindo a Equação (8-22) na Equação (8-21) e isolando a velocidade, obtemos

$$V_T = K\sqrt{\frac{c}{K}}\sqrt{\tau_{ind}}\,\omega_m + \sqrt{\frac{\tau_{ind}}{Kc}}(R_A + R_S)$$

$$\sqrt{Kc}\sqrt{\tau_{ind}}\,\omega_m = V_T - \frac{R_A + R_S}{\sqrt{Kc}}\sqrt{\tau_{ind}}$$

$$\omega_m = \frac{V_T}{\sqrt{Kc}\sqrt{\tau_{ind}}} - \frac{R_A + R_S}{Kc}$$

A relação resultante de conjugado *versus* velocidade é

$$\boxed{\omega_m = \frac{V_T}{\sqrt{Kc}}\frac{1}{\sqrt{\tau_{ind}}} - \frac{R_A + R_S}{Kc}} \qquad (8\text{-}23)$$

Observe que, para um motor série não saturado, a velocidade do motor varia com o inverso da raiz quadrada do conjugado. Trata-se de uma relação bem incomum! Essa característica de conjugado *versus* velocidade ideal está plotada na Figura 8-21.

Examinando essa equação, pode-se ver imediatamente uma das desvantagens dos motores série. Quando o conjugado desse motor vai a zero, sua velocidade vai a infinito. Na prática, o conjugado nunca pode ser inteiramente zero devido às perdas mecânicas, no núcleo e suplementares. Entretanto, se nenhuma outra carga mecânica for acoplada ao motor, ele poderá girar suficientemente rápido para se danificar seriamente. *Nunca* deixe um motor CC série completamente sem carga e nunca acople a carga mecânica por meio de uma correia ou outro mecanismo que possa se romper. Se isso acontecesse e o motor ficasse sem carga enquanto estivesse em funcionamento, os resultados poderiam muito graves.

A análise não linear de um motor CC série, com efeitos de saturação magnética, mas desprezando a reação de armadura, está ilustrada no Exemplo 8-5.

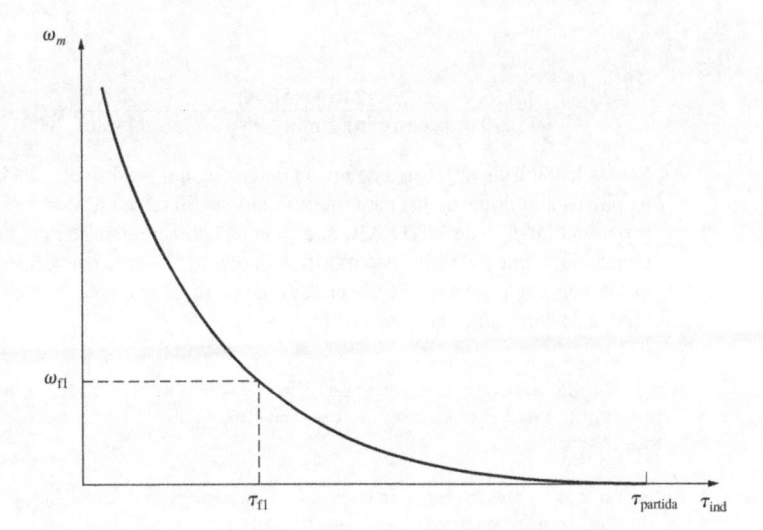

FIGURA 8-21
A característica de conjugado *versus* velocidade de um motor CC série.

EXEMPLO 8-5 A Figura 8-20 mostra um motor CC série de 250 V com enrolamentos de compensação e uma resistência em série total $R_A + R_S$ de 0,08 Ω. O campo em série consiste em 25 espira por polo, com a curva de magnetização mostrada na Figura 8-22.

(a) Encontre a velocidade e o conjugado induzido desse motor quando sua corrente de armadura é 50 A.

(b) Calcule e plote a característica de conjugado *versus* velocidade desse motor.

Solução

(a) Para analisar o comportamento de um motor série com saturação, escolha pontos sobre a curva de operação e encontre o conjugado e a velocidade para cada ponto. Observe que a curva de magnetização é dada em unidades de força magnetomotriz (ampères-espiras, a • e) *versus* E_A para a velocidade de 1200 rpm, de modo que os valores calculados de E_A devem ser comparados com os valores equivalentes em 1200 rpm para determinar a velocidade real do motor.

Para $I_A = 50$ A, temos

$$E_A = V_T = I_A(R_A = R_S) = 250 \text{ V} - (50\text{A})(0{,}08 \text{ Ω}) = 246 \text{ V}$$

Como $I_A = I_F = 50$ A, a força magnetomotriz é

$$\mathscr{F} = NI = (25 \text{ espiras})(50 \text{ A}) = 1250 \text{ A} \cdot \text{e}$$

Da curva de magnetização, para $\mathscr{F} = 1250$ A • e, temos $E_{A0} = 80$ V. Para obter a velocidade correta do motor, lembre-se, da Equação (8-13), de que

$$n_m = \frac{E_A}{E_{A0}} n_0$$

$$= \frac{246 \text{ V}}{80 \text{ V}} 1200 \text{ rpm} = 3690 \text{ rpm}$$

Para encontrar o conjugado induzido fornecido pelo motor nessa velocidade, lembre-se de que $P_{\text{conv}} = E_A I_A = \tau_{\text{ind}} \omega_m$. Portanto,

$$\tau_{ind} = \frac{E_A I_A}{\omega_m}$$

$$= \frac{(246 \text{ V})(50 \text{ A})}{(3690 \text{ rotações/min})(1 \text{ min}/60 \text{ s})(2\pi \text{ rad/rotação})} = 31,8 \text{ N} \cdot \text{m}$$

(b) Para calcular a característica completa de conjugado *versus* velocidade, devemos repetir os passos anteriores de *(a)* para muitos valores diferentes da corrente de armadura. Um programa (*M-file*) de MATLAB, que calcula a característica de conjugado *versus* velocidade do motor CC série, está mostrado a seguir. Observe que a curva de magnetização usada por esse programa é dada em termos da força magnetomotriz em vez da corrente efetiva de corrente de campo.

```
% M-file: shunt_ts_curve.m
% M-file para plotar a curva de conjugado versus velocidade do
%   motor CC série com reação de armadura do
%   Exemplo 8-5.

% Obtenha a curva de magnetização. Este arquivo contém as
% três variáveis mmf_values, ea_value e n_0.
load fig8_22.mat
```

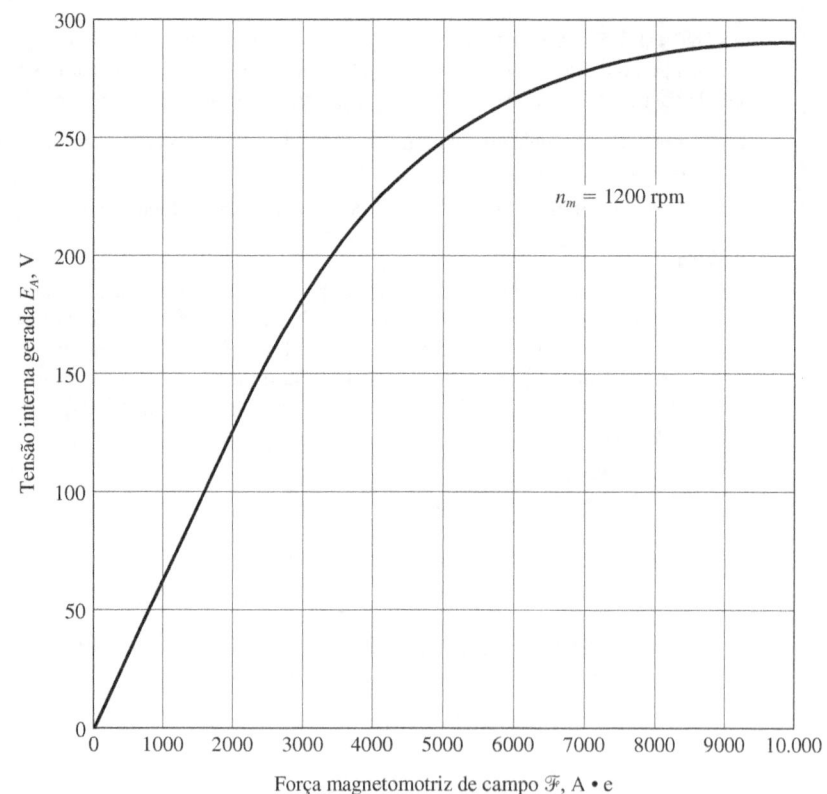

FIGURA 8-22

A curva de magnetização do motor do Exemplo 8-5. Essa curva foi obtida para a velocidade $n_m = 1200$ rpm.

```
% Primeiro, inicialize os valores necessários a este programa.
v_t = 250;                    % Tensão de terminal (em V)
r_a = 0.08;                   % Resistência de armadura + campo (em ohms)
i_a = 10:10:300;              % Correntes de armadura (linha) (em A)
n_s = 25;                     % Número de espiras em série no campo

% Calcule a FMM para cada carga
f = n_s * i_a;

% Calcule a tensão interna gerada e_a.
e_a = v_t - i_a * r_a;

% Calcule a tensão interna gerada resultante para
% 1200 rpm, interpolando a curva de magnetização do
% motor.
e_a0 = interp1(mmf_values,ea_values,f,'spline');

% Calcule a velocidade do motor usando a Equação (8-13).
n = (e_a./ e_a0) * n_0;

% Calcule o conjugado induzido correspondente a cada
% velocidade a partir das Equações (7-55) e (7-56).
t_ind = e_a.* i_a./ (n * 2 * pi / 60);

% Plote a curva de conjugado versus velocidade
plot(t_ind,n,'Color','k','LineWidth',2.0);
hold on;
xlabel('\bf\tau_{ind} (N.m)');
ylabel('\bf\itn_{m} \rm\bf(rpm)');
title ('\bfCaracterística de Conjugado versus Velocidade de um Motor CC Série');
axis([ 0 700 0 5000]);
grid on;
hold off;
```

A característica de conjugado *versus* velocidade resultante do motor está mostrada na Figura 8-23. Observe a sobrevelocidade excessiva para conjugados muito baixos.

Controle de velocidade de motores CC série

Diferentemente do motor CC em derivação, há apenas um modo eficiente de alterar a velocidade de um motor CC série. Esse método consiste em variar a tensão de terminal do motor. Se a tensão de terminal for incrementada, o primeiro termo da Equação (8-23) aumentará, resultando em uma *velocidade mais elevada para qualquer conjugado dado*.

A velocidade dos motores CC série também pode ser controlada pela inserção no circuito do motor de um resistor em série. Entretanto, essa técnica desperdiça muita potência e é usada apenas por períodos intermitentes durante a partida de alguns motores.

Até os últimos 40 anos, aproximadamente, não havia maneira conveniente de se variar V_T, de modo que o único método de controle de velocidade disponível era o método de controle por resistência em série, que desperdiça muita energia. Atualmente, isso mudou com a introdução dos circuitos de controle de estado sólido.

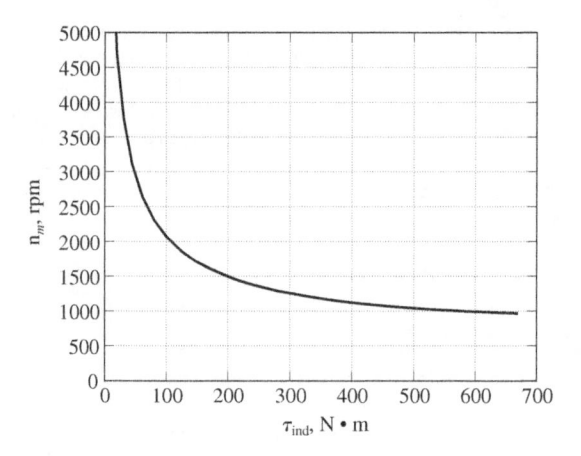

FIGURA 8-23
A característica de conjugado *versus* velocidade do motor CC série do Exemplo 8-5.

8.7 O MOTOR CC COMPOSTO

Um motor CC composto é um motor que tem *campos em derivação e em série*. Esse motor está mostrado na Figura 8-24. Os pontos ou marcas que aparecem nas bobinas dos dois campos têm o mesmo significado que os pontos ou as marcas em um transformador: *uma corrente que entra no terminal com marca produz uma força magnetomotriz positiva*. Se a corrente entrar nos terminais com marcas de ambas as bobinas de campo, as forças magnetomotrizes resultantes combinam-se, produzindo uma força magnetomotriz total maior. Essa situação é conhecida como *composição cumulativa* ou *aditiva*. Se a corrente entrar no terminal com marca de uma bobina de campo e sair pelo terminal com marca da outra bobina de campo, as forças magnetomotrizes resultantes subtraem-se. Na Figura 8-24, as marcas circulares correspondem à composição cumulativa do motor e as marcas quadradas correspondem à composição diferencial.

A equação da lei de Kirchhoff das tensões para um motor CC composto é

$$V_T = E_A + I_A(R_A + R_S) \tag{8-24}$$

As relações entre as correntes de um motor composto são dadas por

$$I_A = I_L - I_F \tag{8-25}$$

$$I_F = \frac{V_T}{R_F} \tag{8-26}$$

No motor composto, a força magnetomotriz líquida e a corrente efetiva do campo em derivação são dadas por

$$\boxed{\mathscr{F}_{\text{líq}} = \mathscr{F}_F \pm \mathscr{F}_{\text{SE}} - \mathscr{F}_{\text{RA}}} \tag{8-27}$$

e

$$\boxed{I_F^* = I_F \pm \frac{N_{SE}}{N_F} I_A - \frac{\mathscr{F}_{\text{RA}}}{N_F}} \tag{8-28}$$

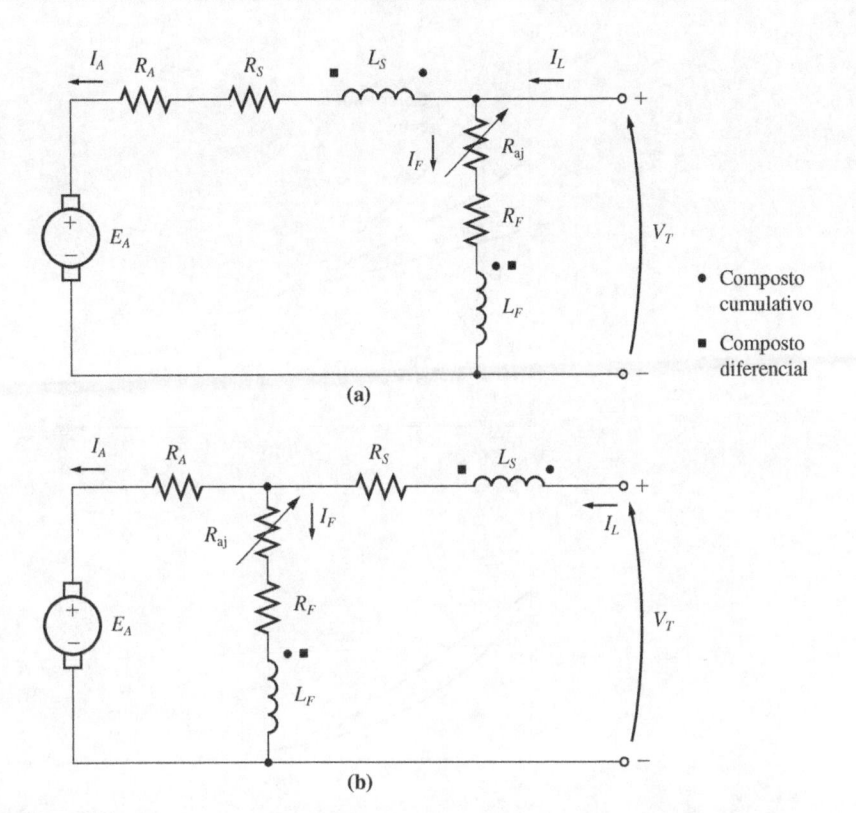

FIGURA 8-24
O circuito equivalente de motores CC compostos: (a) ligação em derivação longa; (b) ligação em derivação curta.

em que o sinal positivo nas equações está associado a um motor CC composto cumulativo e o sinal negativo está associado ao motor CC composto diferencial.

A característica de conjugado x velocidade de um motor CC composto cumulativo

No motor CC composto cumulativo (ou aditivo), há uma componente de fluxo que é constante e outra que é proporcional à sua corrente de armadura (e portanto à sua carga). Dessa forma, o motor composto cumulativo tem um conjugado de partida mais elevado do que um motor em derivação (cujo fluxo é constante), mas um conjugado de partida mais baixo do que o de um motor série (cujo fluxo inteiro é proporcional à corrente de armadura).

De certa forma, o motor CC composto cumulativo combina as melhores características de ambos os motores em derivação e série. Como em um motor série, ele apresenta um conjugado extra para a partida e, como um motor em derivação, a velocidade não dispara quando ele está sem carga.

Com cargas leves, o campo em série tem um efeito muito pequeno, o que leva o motor a comportar-se aproximadamente como um motor CC em derivação. Quando a carga torna-se muito grande, o fluxo do enrolamento em série torna-se bem impor-

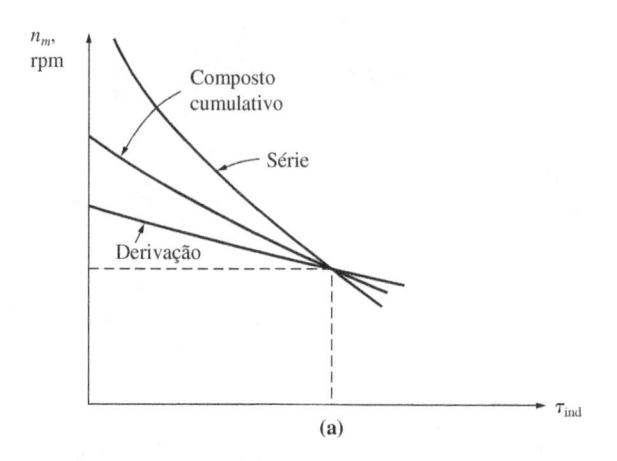

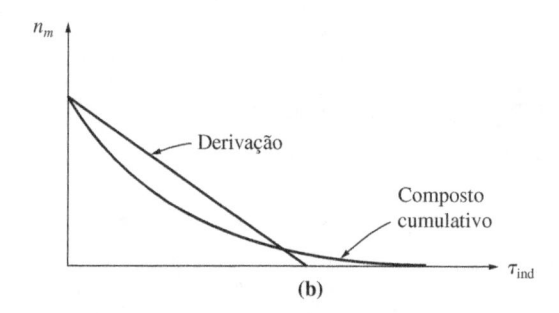

FIGURA 8-25
(a) A característica de conjugado *versus* velocidade de um motor CC composto cumulativo comparada com a de motores série e em derivação, com a mesma carga plena nominal. (b) A característica de conjugado *versus* velocidade de um motor CC composto cumulativo comparada com a de um motor em derivação, com a mesma velocidade a vazio.

tante e a característica de conjugado *versus* velocidade começa a se tornar semelhante à curva característica de um motor série. Uma comparação das características de conjugado *versus* velocidades de cada um desses tipos de máquinas está mostrada na Figura 8-25.

Para determinar a curva característica de um motor CC composto cumulativo por análise não linear, o método é similar ao dos motores em derivação e série vistos anteriormente. Essa análise será ilustrada em um exemplo mais adiante.

A característica de conjugado × velocidade de um motor CC composto diferencial

Em um motor CC composto diferencial, *a força magnetomotriz em derivação e a força magnetomotriz em série subtraem-se entre si*. Isso significa que, quando a carga no motor aumenta, I_A aumenta e *o fluxo no motor diminui*. Entretanto, quando o fluxo diminui, a velocidade do motor eleva-se. Essa elevação de velocidade causa outro aumento de carga, o que por sua vez aumenta I_A e diminui mais o fluxo, aumentando novamente a velocidade. O resultado é que um motor CC composto diferencial é ins-

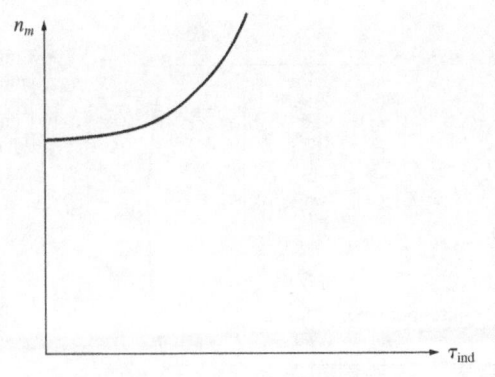

FIGURA 8-26
A característica de conjugado *versus* velocidade de um motor CC composto diferencial.

tável e sua velocidade tende a disparar. Essa instabilidade é *muito* pior do que a de um motor em derivação com reação de armadura. É tão ruim que um motor CC composto diferencial não é adequado para nenhuma aplicação.

Para tornar as coisas piores, é impossível dar partida a esse motor. Nas condições de partida, a corrente de armadura e a corrente do campo em série são muito elevadas. Como o fluxo em série é subtraído do fluxo em derivação, o campo em série pode na realidade inverter a polaridade magnética dos polos da máquina. Tipicamente, o motor permanece imóvel ou gira lentamente no sentido errôneo, ao mesmo tempo que os enrolamentos queimam-se, devido à excessiva corrente de armadura. Quando é necessário dar partida a um motor como esse, seu campo em série deve ser curto-circuitado, de modo que durante a partida ele se comporte como um motor comum em derivação.

Devido aos problemas de estabilidade do motor CC composto diferencial, ele quase nunca é usado *intencionalmente*. Entretanto, poderá resultar um motor composto diferencial se o sentido do fluxo de potência for invertido em um gerador composto cumulativo. Por essa razão, quando um gerador CC composto cumulativo é usado para alimentar um sistema com potência elétrica, ele terá um circuito de proteção de inversão de potência que o desligará da linha se houver uma inversão no fluxo de potência. Em nenhum conjunto de motor e gerador, no qual se espera que a potência possa fluir em ambos os sentidos, pode-se usar um motor composto diferencial e, consequentemente, não se pode usar um gerador composto cumulativo.

Um característica de terminal típica para um motor CC composto diferencial está mostrada na Figura 8-26.

A análise não linear de motores CC compostos

A determinação do conjugado e da velocidade de um motor CC composto está ilustrada no Exemplo 8-6.

EXEMPLO 8-6 Um motor CC composto com enrolamentos de compensação, 100 HP e 250 V, tem uma resistência interna de 0,04 Ω incluindo o enrolamento em série. Há 1000 espiras por polo no enrolamento em derivação e 3 espiras por polo no enrolamento em série. A máquina está mostrada na Figura 8-27 e sua curva de magnetização está mostrada na Figura 8-9. A vazio, o resistor de campo foi ajustado para que o motor girasse a 1200 rpm. As perdas no núcleo, as mecânicas e as suplementares podem ser desprezadas.

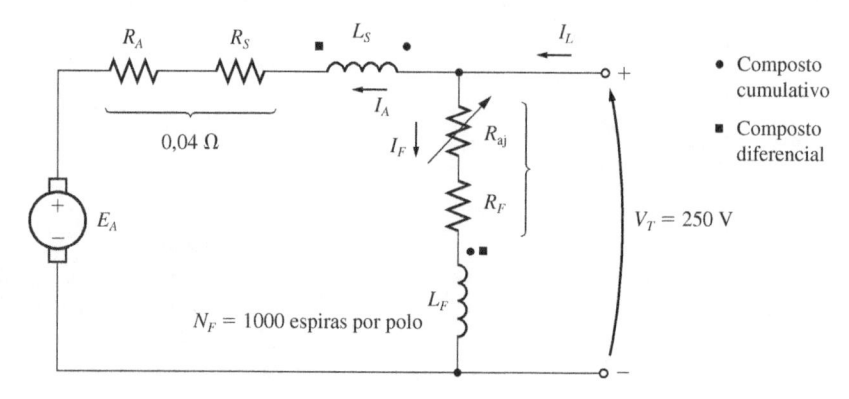

FIGURA 8-27
O motor CC composto do Exemplo 8-6.

(a) Qual é a corrente do campo em derivação dessa máquina a vazio?
(b) Se o motor for composto cumulativo, qual será sua velocidade quando $I_A = 200$ A.
(c) Se o motor for composto diferencial, qual será sua velocidade quando $I_A = 200$ A.

Solução
(a) A vazio, a corrente de armadura é zero, de modo que a tensão interna gerada do motor deve ser igual a V_T, o que significa que deve ser 250 V. Da curva de magnetização, uma corrente de campo de 5 A produz uma tensão E_A de 250 V a 1200 rpm. Portanto, a corrente do campo em derivação deve ser 5 A.

(b) Quando uma corrente de armadura de 200 A flui no motor, a tensão interna gerada da máquina é

$$E_A = V_T - I_A(R_A + R_S)$$
$$= 250 \text{ V} - (200 \text{ A})(0{,}04 \text{ }\Omega) = 242 \text{ V}$$

A corrente de campo efetiva desse motor composto cumulativo é

$$I_F^* = I_F + \frac{N_{SE}}{N_F}I_A - \frac{\mathscr{F}_{RA}}{N_F} \qquad (8\text{-}28)$$

$$= 5 \text{ A} + \frac{3}{1000} 200 \text{ A} = 5{,}6 \text{ A}$$

Da curva de magnetização, temos $E_{A0} = 262$ V para uma velocidade $n_0 = 1200$ rpm. Portanto, a velocidade do motor será

$$n_m = \frac{E_A}{E_{A0}} n_0$$

$$= \frac{242 \text{ V}}{262 \text{ V}} 1200 \text{ rpm} = 1108 \text{ rpm}$$

(c) Se a máquina for composta diferencial, a corrente de campo efetiva será

$$I_F^* = I_F - \frac{N_{SE}}{N_F}I_A - \frac{\mathscr{F}_{RA}}{N_F} \qquad (8\text{-}28)$$

$$= 5 \text{ A} - \frac{3}{1000} 200 \text{ A} = 4{,}4 \text{ A}$$

Da curva de magnetização, temos $E_{A0} = 236$ V para uma velocidade $n_0 = 1200$ rpm. Portanto, a velocidade do motor será

$$n_m = \frac{E_A}{E_{A0}} n_0$$

$$= \frac{242 \text{ V}}{236 \text{ V}} 1200 \text{ rpm} = 1230 \text{ rpm}$$

Observe que a velocidade do motor CC composto cumulativo diminui com a carga, ao passo que a velocidade do motor CC composto diferencial aumenta com a carga.

Controle de velocidade de um motor CC composto cumulativo

As técnicas disponíveis para o controle de velocidade de um motor CC composto cumulativo são as mesmas disponíveis para um motor em derivação:

1. Mudar a resistência de campo R_F
2. Mudar a tensão de armadura V_A.
3. Mudar a resistência de armadura R_A.

As explicações que descrevem os efeitos da variação de R_F ou V_A são muito semelhantes às que foram dadas anteriormente para o motor CC em derivação.

Teoricamente, um método semelhante poderia ser usado para controlar o motor CC composto diferencial. Esse fato é de pouca relevância porque o motor composto diferencial quase nunca é utilizado.

8.8 PARTIDA DOS MOTORES CC

Para que um motor CC faça adequadamente o seu trabalho, ele deve estar associado a alguns equipamentos especiais de controle e proteção. Os propósitos desses equipamentos são

1. Proteger o motor de danos causados por curtos-circuitos
2. Proteger o motor de danos causados por sobrecargas de longa duração
3. Proteger o motor de danos causados por correntes de partida excessivas
4. Propiciar um modo conveniente para controlar a velocidade de operação do motor

As três primeiras funções serão discutidas nesta seção e a quarta será discutida na Seção 8.9.

Problemas de partida do motor CC

Para que um motor CC funcione adequadamente, devemos protegê-lo de danos físicos durante o período de partida. Na partida, o motor não está girando e, portanto, $E_A = 0$ V. Como a resistência interna de um motor CC normal é muito baixa, em comparação com seu tamanho (3 a 6 por unidade para motores de porte médio), uma corrente *muito* alta circula nele.

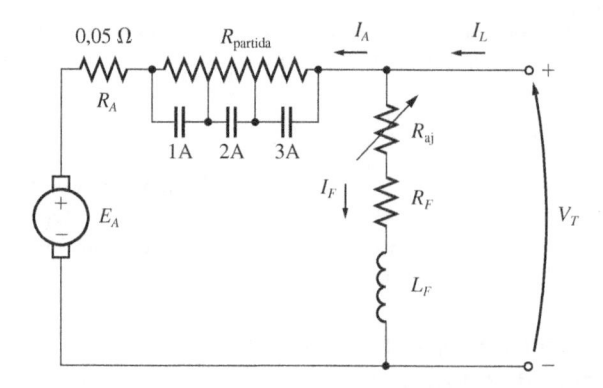

FIGURA 8-28
Um motor em derivação contendo um resistor de partida em série com a armadura. Os contatos 1A, 2A e 3A curto-circuitam porções do resistor de partida quando eles são fechados.

Considere, por exemplo, o motor de 50 HP e 250 V do Exemplo 8-1. Esse motor tem uma resistência de armadura R_A de 0,06 Ω e uma corrente de plena carga menor do que 200 A, mas a corrente durante a partida é

$$I_A = \frac{V_T - E_A}{R_A}$$

$$= \frac{250 \text{ V} - 0 \text{ V}}{0,06 \text{ Ω}} = 4167 \text{ A}$$

Essa corrente é superior a 20 vezes a corrente nominal de plena carga do motor. Um motor pode ser danificado de forma extremamente grave com tais correntes, mesmo que elas durem apenas um instante.

Uma solução para o problema da corrente excessiva durante a partida consiste em inserir uma *resistência de partida* em série com a armadura, restringindo o fluxo de corrente até que E_A tenha um valor suficiente para limitar a corrente. Esse resistor não deve ficar permanentemente no circuito, porque resultaria em perdas excessivas e faria com que a inclinação da característica de conjugado *versus* velocidade do motor baixasse excessivamente com o aumento da carga.

Portanto, na partida, deverá ser inserida uma resistência no circuito de armadura para limitar a corrente e após deverá ser removida novamente quando a velocidade do motor atingir um valor adequado. Na prática atual, uma resistência de partida é constituída de diversos segmentos, cada um dos quais é gradativamente removido do circuito do motor à medida que a velocidade vai crescendo. Dessa forma, com uma corrente de motor que está limitada a um valor seguro, obtém-se uma aceleração rápida sem que a resistência fique reduzida a um valor baixo demais.

A Figura 8-28 mostra um motor em derivação com uma resistência de partida extra que pode ser removida do circuito por segmentos, fechando os contatos 1A, 2A e 3A. Duas ações são necessárias para construir um sistema de partida que funcione. A primeira é determinar os valores e o número de segmentos necessários para manter a corrente de partida dentro dos limites desejados. A segunda ação é projetar um circuito de controle que feche os contatos dos segmentos da resistência de partida nos momentos adequados para remover do circuito cada um deles.

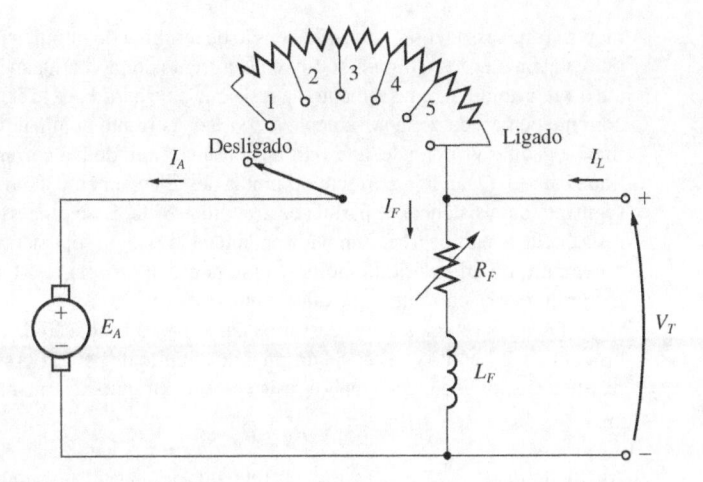

FIGURA 8-29
Um circuito manual de partida para um motor CC.

Alguns sistemas antigos de partida para motores CC usavam um resistor contínuo de partida, que gradativamente era removido do circuito por uma pessoa que ia movendo uma alavanca (Figura 8-29). Esse tipo de dispositivo de partida tinha problemas, já que dependia grandemente da pessoa para que ela não movesse a alavanca nem muito rapidamente nem muito vagarosamente. Se a resistência fosse diminuída muito rapidamente (antes que o motor pudesse ganhar velocidade suficiente), a corrente resultante seria demasiadamente elevada. Por outro lado, se a resistência fosse diminuída muito vagarosamente, o resistor de partida poderia queimar. Como dependiam de uma pessoa para que funcionassem corretamente, esses dispositivos de partida estavam sujeitos ao problema de erro humano. Nas novas instalações, eles foram quase que totalmente substituídos por circuitos de partida automática.

O Exemplo 8-7 ilustra a escolha do valor e do número de segmentos de uma resistência necessária a um circuito de partida automática. A questão relacionada com o instante de remoção de cada segmento do circuito de armadura será examinada mais adiante.

EXEMPLO 8-7 A Figura 8-28 mostra um motor CC em derivação de 100 HP, 250 V e 350 A, com uma resistência de armadura de 0,05 Ω. Desejamos projetar um circuito de partida para esse motor que limite a corrente máxima de partida ao *dobro* do seu valor nominal e que gradativamente desconecte os segmentos da resistência de partida, à medida que a corrente baixa até o seu valor nominal.

(a) Quantos estágios de resistência de partida serão necessários para limitar a corrente aos valores especificados?

(b) Qual deve ser o valor de cada segmento da resistência? Com qual tensão, deve cada estágio da resistência de partida ser desligado?

Solução

(a) A resistência de partida deve ser escolhida de modo que a corrente seja igual ao dobro da corrente nominal do motor quando ele é ligado inicialmente à linha. À medida que o motor começa a ganhar velocidade, uma tensão gerada interna E_A será produzida no motor. Como essa tensão opõe-se à tensão de terminal do motor, a tensão gerada interna, que está em elevação, diminui o fluxo de corrente do motor. Quando essa corrente baixa até o valor nominal, um segmento da resistência de partida deve ser removido para que a corrente de partida volte novamente a 200% da corrente nominal. Quando o motor continua a ganhar velocidade, a tensão E_A continua subindo e a corrente de armadura continua caindo. Quando a corrente do motor desce novamente até o valor nominal, outro segmento da resistência de partida deve ser removido. Esse processo é repetido até que a resistência de partida a ser removida em um dado estágio seja menor do que a resistência do circuito de armadura do motor. Nesse ponto, a própria resistência de armadura do motor limitará a corrente a um valor seguro.

Quantos estágios são necessários para obter a limitação de corrente? Para descobrir, defina R_{tot} como resistência original do circuito de partida. Assim, R_{tot} é a soma das resistências dos segmentos mais a resistência do circuito de armadura do motor:

$$R_{tot} = R_1 + R_2 + \ldots + R_A \quad (8\text{-}29)$$

Agora, defina $R_{tot,\,i}$ como a resistência total que permanece no circuito de partida após os segmentos 1 até i terem sido removidos. A resistência que permanece no circuito após a remoção dos segmentos 1 até i é

$$R_{tot,\,i} = R_{i+1} + \ldots + R_A \quad (8\text{-}30)$$

Observe também que a resistência de partida inicial deve ser

$$R_{tot} = \frac{V_T}{I_{max}}$$

No primeiro estágio do circuito de partida, a resistência R_1 deve ser removida do circuito quando a corrente I_A cai até

$$I_A = \frac{V_T - E_A}{R_{tot}} = I_{min}$$

Depois de remover esse segmento de resistência, a corrente de armadura deve saltar para

$$I_A = \frac{V_T - E_A}{R_{tot,\,1}} = I_{max}$$

Como E_A ($= K\phi\omega$) é diretamente proporcional à velocidade do motor, que não pode mudar instantaneamente, o valor de $V_T - E_A$ mantém-se constante no instante em que o segmento é removido. Portanto,

$$I_{min}R_{tot} = V_T - E_A = I_{max}R_{tot,\,1}$$

ou seja, a resistência que permanece no circuito após a remoção do primeiro segmento é

$$R_{tot,\,1} = \frac{I_{min}}{I_{max}} R_{tot} \quad (8\text{-}31)$$

Ampliando esse raciocínio, vemos que a resistência que permanece no circuito após o estágio n é

$$R_{tot,\,n} = \left(\frac{I_{min}}{I_{max}}\right)^n R_{tot} \quad (8\text{-}32)$$

O processo de partida estará completo quando $R_{\text{tot},n}$ no estágio n for igual ou menor do que a resistência interna de armadura R_A do motor. Nesse ponto, a própria R_A pode limitar a corrente ao valor desejado. Quando $R_A = R_{\text{tot},n}$, temos

$$R_A = R_{\text{tot},n} = \left(\frac{I_{\min}}{I_{\max}}\right)^n R_{\text{tot}} \tag{8-33}$$

$$\frac{R_A}{R_{\text{tot}}} = \left(\frac{I_{\min}}{I_{\max}}\right)^n \tag{8-34}$$

Isolando n, obtemos

$$n = \frac{\log(R_A/R_{\text{tot}})}{\log(I_{\min}/I_{\max})} \tag{8-35}$$

em que n deve ser arredondado para o valor inteiro seguinte, porque não é possível ter um número fracionário de estágios de partida. Se n tiver uma parte fracionária, então, quando a resistência de partida do estágio final for removida, a corrente de armadura do motor saltará para um valor menor do que $I_{\max\text{-padrão}}$.

Nesse problema em particular, a razão $I_{\min}/I_{\max} = 0,5$ e R_{tot} é

$$R_{\text{tot}} = \frac{V_T}{I_{\max}} = \frac{250\text{ V}}{700\text{ A}} = 0,357\text{ }\Omega$$

Desse modo, obtemos

$$n = \frac{\log(R_A/R_{\text{tot}})}{\log(I_{\min}/I_{\max})} = \frac{\log(0,05\text{ }\Omega/0,357\text{ }\Omega)}{\log(350\text{ A}/700\text{ A})} = 2,84$$

O número requerido de estágios será três.

(b) O circuito de armadura conterá a resistência de armadura R_A e a resistência de partida terá três segmentos, R_1, R_2 e R_3. Essa configuração está mostrada na Figura 8-28.

Inicialmente, $E_A = 0$ V e $I_A = 700$ A. Assim, temos

$$I_A = \frac{V_T}{R_A + R_1 + R_2 + R_3} = 700\text{ A}$$

Portanto, a resistência total deve ser

$$R_A + R_1 + R_2 + R_3 = \frac{250\text{ V}}{700\text{ A}} = 0,357\text{ }\Omega \tag{8-36}$$

Essa resistência total permanecerá no circuito até que a corrente caia a 350 A. Isso ocorrerá quando

$$E_A = V_T - I_A R_{\text{tot}} = 250\text{ V} - (350\text{ A})(0,357\text{ }\Omega) = 125\text{ V}$$

Quando $E_A = 125$ V, a corrente I_A terá caído a 350 A e é o momento de remover o primeiro segmento de partida R_1. Quando isso ocorre, a corrente salta de volta a 700 A. Portanto,

$$R_A + R_2 + R_3 = \frac{V_T - E_A}{I_{\max}} = \frac{250\text{ V} - 125\text{ V}}{700\text{ A}} = 0,1786\text{ }\Omega \tag{8-37}$$

A resistência total permanece no circuito até que I_A caia novamente a 350 A. Isso ocorre quando E_A atinge

$$E_A = V_T - I_A R_{\text{tot}} = 250\text{ V} - (350\text{ A})(0,1786\text{ }\Omega) = 187,5\text{ V}$$

Quando $E_A = 187,5$ V, a corrente I_A terá baixado até 350 A e é o momento de remover o segundo segmento de partida R_2. Quando isso ocorre, a corrente salta de volta a 700 A. Portanto,

$$R_A + R_3 = \frac{V_T - E_A}{I_{max}} = \frac{250 \text{ V} - 187,5 \text{ V}}{700 \text{ A}} = 0,0893 \text{ }\Omega \qquad (8\text{-}38)$$

Essa resistência total permanece no circuito até que I_A caia novamente a 350 A. Isso ocorre quando E_A atinge

$$E_A = V_T - I_A R_{tot} = 250 \text{ V} - (350 \text{ A})(0,0893 \text{ }\Omega) = 218,75 \text{ V}$$

Quando $E_A = 218,75$ V, a corrente I_A terá baixado até 350 A e é o momento de remover o terceiro segmento de partida R_3. Quando isso ocorre, a única resistência que permanece é a resistência interna do motor. Nesse momento, no entanto, a própria R_A pode limitar a corrente do motor a

$$I_A = \frac{V_T - E_A}{R_A} = \frac{250 \text{ V} - 218,75 \text{ V}}{0,05 \text{ }\Omega}$$

$$= 625 \text{ A} \quad \text{(menos do que o mínimo permitido)}$$

A partir desse ponto, o motor pode ganhar velocidade por si próprio.

A partir das Equações (8-34) a (8-36), os valores necessários dos segmentos de resistência podem ser calculados:

$R_3 = R_{tot,3} - R_A = 0,0893 \text{ }\Omega - 0,05 \text{ }\Omega = 0,0393 \text{ }\Omega$

$R_2 = R_{tot,2} - R_3 - R_A = 0,1786 \text{ }\Omega - 0,0393 \text{ }\Omega - 0,05 \text{ }\Omega = 0,0893 \text{ }\Omega$

$R_1 = R_{tot,1} - R_2 - R_3 - R_A = 0,357 \text{ }\Omega - 0,1786 \text{ }\Omega - 0,0393 \text{ }\Omega - 0,05 \text{ }\Omega = 0,1786 \text{ }\Omega$

Os resistores R_1, R_2 e R_3 são removidos quando a tensão E_A atinge 125, 187,5 e 218,75 V, respectivamente.

Circuitos de partida do motor CC

Após a determinação dos valores dos segmentos da resistência de partida, como é possível controlar sua conexão e desconexão do circuito, de modo que ocorram nos instantes corretos? Diversos esquemas diferentes são usados para se realizar esse chaveamento. Dois dos métodos mais comuns serão examinados nesta seção. Antes disso, no entanto, é necessário introduzir alguns dos componentes usados nos circuitos de partida de motores.

A Figura 8-30 ilustra alguns dos dispositivos comumente usados em circuitos de controle de motores. Os dispositivos mostrados são fusíveis, chaves do tipo botoeira, relés, relés de retardo e relés de sobrecarga.

A Figura 8-30a mostra o símbolo de um fusível. Em um circuito de controle de motor, os fusíveis servem para proteger o motor do perigo de curto-circuito. Eles são inseridos nas linhas de alimentação elétrica que levam ao motor. Se ocorrer um curto-circuito em um motor, os fusíveis nas linhas de alimentação elétrica queimarão, abrindo o circuito antes que qualquer dano possa ser feito ao motor.

A Figura 8-30b mostra chaves do tipo botoeira de mola. Há dois tipos básicos dessas chaves – normalmente aberta e normalmente fechada. Um contato *normalmente aberto* permanece aberto enquanto o botão não é pressionado e é fechado quando o botão é pressionado. Por outro lado, um contato *normalmente fechado* permanece fechado enquanto o botão não é pressionado e é aberto quando o botão é pressionado.

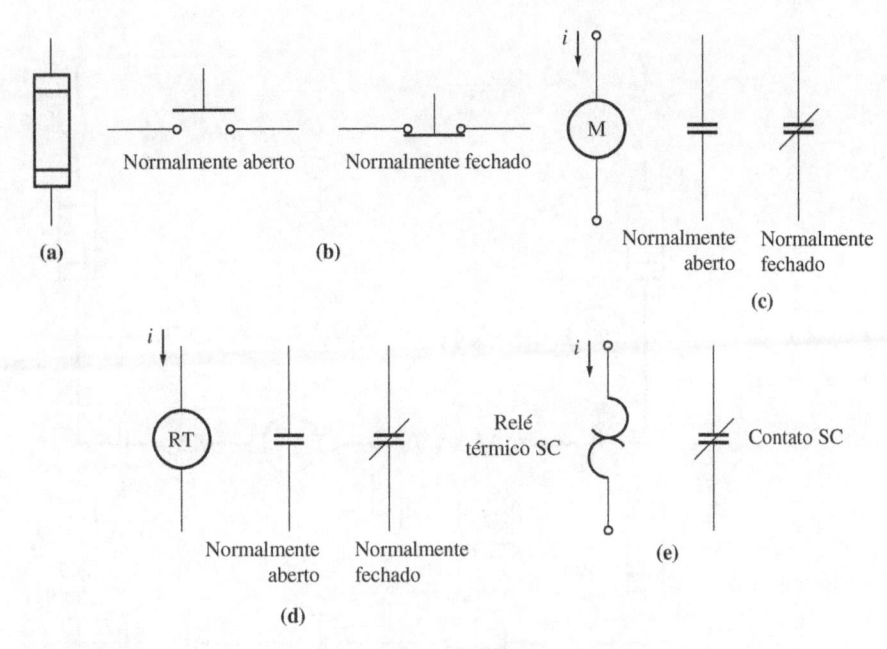

FIGURA 8-30
(a) Um fusível. (b) Chaves do tipo botoeira normalmente aberta e normalmente fechada. (c) Uma bobina de relé e contatos. (d) Um relé com retardo de tempo (RT) e seus contatos. (d) Relé térmico de sobrecarga (SC) e seus contatos normalmente fechados.

A Figura 8-30c mostra um relé. Ele consiste em uma bobina principal e diversos contatos. A bobina é simbolizada por um círculo e os contatos são mostrados como linhas paralelas. Há dois tipos de contatos – normalmente aberto e normalmente fechado. Um contato *normalmente aberto* permanece aberto enquanto o relé não for energizado e um contato *normalmente fechado* permanece fechado enquanto o relé não for energizado. Quando energia elétrica é aplicada ao relé (o relé é energizado), seus contatos mudam de estado: os contatos normalmente abertos fecham e os contatos normalmente fechados abrem.

Um relé com retardo de tempo está mostrado na Figura 8-30d. Ele se comporta exatamente como um relé comum, a diferença consiste em que, após ser energizado, decorre um período ajustável de tempo antes que seus contatos mudem de estado.

Um relé térmico de sobrecarga está mostrado na figura 8-30e. Consiste em uma bobina de aquecimento e alguns contatos normalmente fechados. A corrente que circula pelo motor passa através das bobinas de aquecimento. Se a carga do motor se tornar demasiadamente elevada, então a corrente que circula por ele aquecerá as bobinas, fazendo com que os contatos normalmente fechados do relé de sobrecarga se abram. Por sua vez, esses contatos podem ativar alguns tipos de circuitos de proteção do motor.

Um circuito comum de partida de motor, usando esses componentes, está mostrado na Figura 8-31. Nesse circuito, diversos relés de retardo fecham contatos depois que o motor é ligado. Ao fazer isso, cada segmento da resistência de partida é removido do circuito no momento aproximadamente correto. Nesse circuito, quando o botão de partida é apertado, o circuito de armadura do motor é ligado à sua fonte

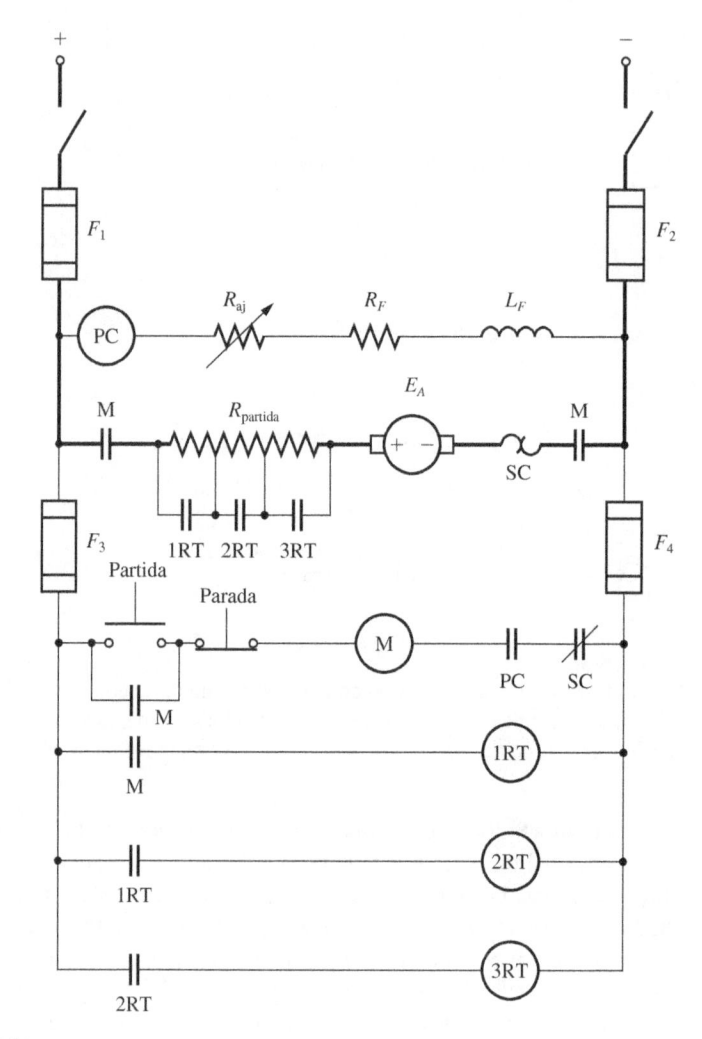

FIGURA 8-31
Relés de retardo de um circuito de partida para motor CC, que removem os segmentos da resistência de partida.

de tensão e a máquina arranca com toda a resistência do circuito. Entretanto, o relé de retardo de tempo 1RT é energizado no mesmo instante em que o motor arranca, de modo que após algum tempo os contatos de 1RT fecharão e removerão o primeiro segmento da resistência de partida do circuito. Ao mesmo tempo, o relé 2RT é energizado, de modo que após outro retardo os contatos de 2RT fecharão e removerão o segundo segmento da resistência de partida. Quando os contatos de 2RT fecham, o relé 3RT é energizado e o processo é repetido novamente. Finalmente, o motor estará funcionando a plena velocidade, sem nenhuma resistência de partida presente em seu circuito. Se os retardos forem escolhidos adequadamente, os segmentos da resistência de partida poderão ser removidos exatamente nos instantes corretos, de modo que a corrente do motor fica limitada aos valores do projeto.

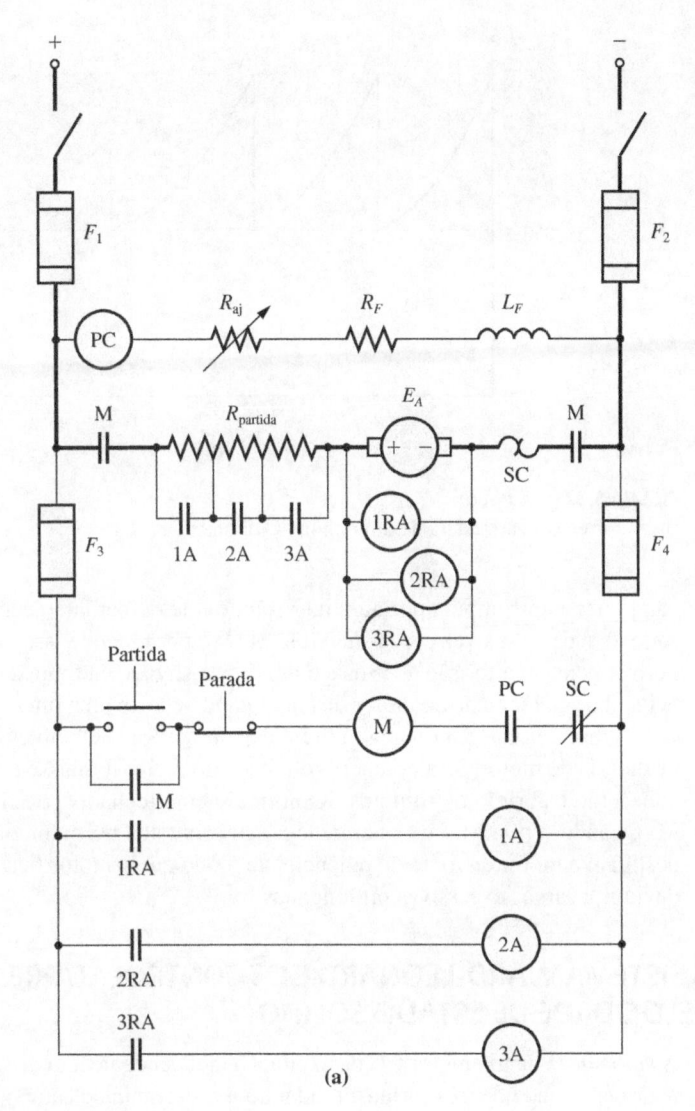

FIGURA 8-32
(a) Um circuito de partida para motor CC, que usa três relés auxiliares (RA) sensores de contratensão (E_A) para remover os segmentos da resistência de partida.

Outro tipo de circuito de partida de motor está mostrado na Figura 8-32. Aqui, diversos relés sensores medem o valor de E_A do motor e removem segmentos da resistência de partida, à medida que E_A eleva-se até os níveis anteriormente ajustados. Esse tipo de circuito de partida é melhor que o anterior, porque, se o motor estiver pesadamente carregado e arrancar mais lentamente do que o normal, os segmentos da sua resistência de partida ainda serão gradativamente removidos à medida que a corrente cai até o valor adequado.

Observe que ambos os circuitos de partida têm um relé denominado PC inserido no circuito de campo. Trata-se de um *relé de perda de campo* (PC). Se a corrente de

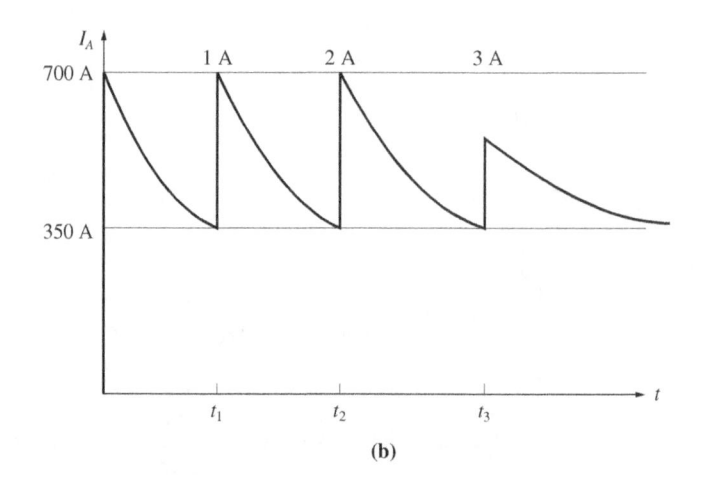

FIGURA 8-32 *(conclusão)*
(b) A corrente de armadura de um motor CC durante a partida.

campo for interrompida por alguma razão, o relé de perda de campo será desenergizado, o que por sua vez desligará o relé M (Motor). Quando isso ocorre, seus contatos normalmente abertos são abertos e o motor é desligado da fonte de potência. Esse relé evita que a velocidade do motor dispare quando ocorre uma interrupção da corrente.

Observe também que há um relé de sobrecarga (SC) em cada um dos circuitos de partida de motor. Se a potência solicitada do motor tornar-se excessiva, esses relés aquecerão e abrirão os contatos SC normalmente fechados, desligando assim o relé M. Quando o relé M é desenergizado, seus contatos normalmente abertos abrem e desligam o motor da fonte de potência, de modo que o motor fica protegido de danos devidos a cargas excessivas prolongadas.

8.9 O SISTEMA WARD-LEONARD E OS CONTROLADORES DE VELOCIDADE DE ESTADO SÓLIDO

A velocidade de um motor CC de excitação independente, em derivação ou composto pode ser variada de três formas: mudando a resistência de campo, mudando a tensão de armadura ou mudando a resistência de armadura. Desses métodos, talvez o mais útil é o de controle por tensão de armadura, porque permite amplas variações de velocidade sem afetar o conjugado máximo do motor.

Ao longo dos anos, diversos sistemas de controle de motores foram desenvolvidos para tirar proveito dos conjugados elevados e das velocidades variáveis que são possíveis com o uso do controle da tensão de armadura dos motores CC. Antes que os componentes de estado sólido se tornassem disponíveis, era difícil produzir uma tensão CC variável. De fato, o método normal de variar a tensão de armadura de um motor CC era usando seu próprio gerador CC separado.

Um sistema de controle da tensão de armadura desse tipo está mostrado na Figura 8-33. Essa figura mostra um motor CA servindo de máquina primária para um gerador CC, que por sua vez é usado para suprir uma tensão CC a um motor CC.

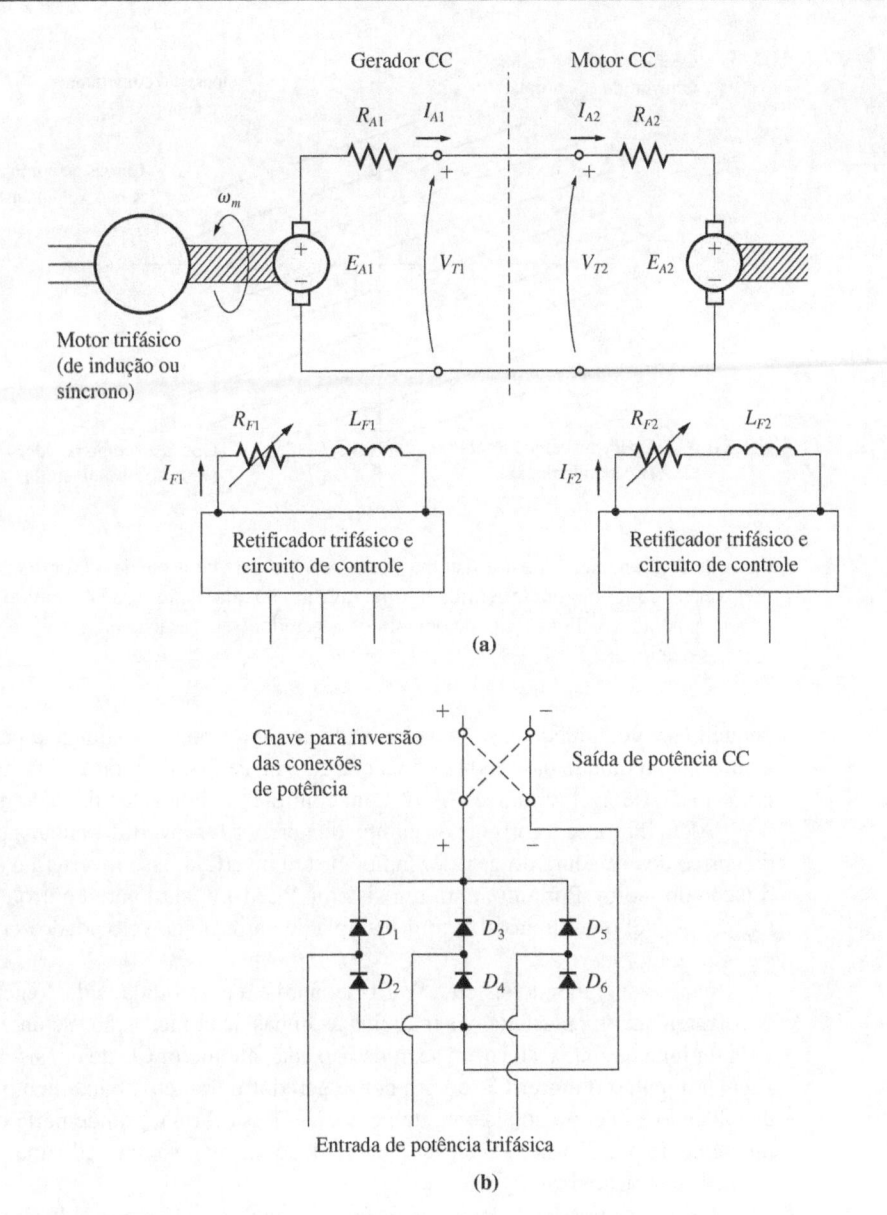

FIGURA 8-33
(a) Um sistema Ward-Leonard para controle de velocidade de um motor CC. (b) O circuito usado para produzir corrente de campo no gerador CC e no motor CC.

Um sistema de máquinas como esse é extremamente versátil e é denominado *sistema Ward-Leonard*.

Nesse sistema de controle para motor, a tensão de armadura do motor pode ser controlada variando a corrente de campo do gerador CC. Essa tensão de armadura permite que a velocidade do motor seja variada suavemente entre um valor muito

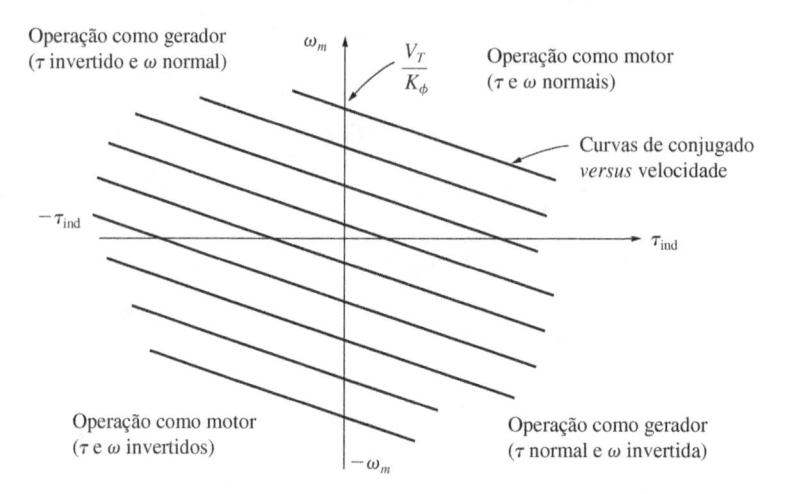

FIGURA 8-34
Faixa de funcionamento de um sistema Ward-Leonard para controle de motor. Essa máquina pode operar como motor em sentido normal (avante) no quadrante 1 ou em sentido inverso (ré) no quadrante 3. Também pode operar como gerador (regeneração ou devolução de energia) nos quadrantes 2 e 4.

pequeno e a velocidade base. A velocidade do motor pode ser ajustada para valores acima da velocidade base reduzindo a corrente de campo do motor. Com uma configuração tão flexível, torna-se possível um controle total da velocidade do motor.

Além disso, se a corrente de campo do gerador for invertida, então a polaridade da tensão de armadura do gerador também será invertida. Isso inverterá o sentido de rotação do motor. Portanto, com um sistema Ward-Leonard para controle de motor CC, é possível obter uma faixa muito ampla de variação de velocidade *em ambos os sentidos de rotação*.

Outra vantagem do sistema Ward-Leonard é a possibilidade de "regenerar", ou devolver, a energia mecânica da máquina às linhas de alimentação. Se uma carga pesada for inicialmente içada e em seguida baixada pelo motor CC de um sistema Ward-Leonard, então o motor CC atuará como gerador durante o abaixamento da carga, devolvendo a energia ao sistema de potência. Dessa forma, grande parte da energia inicialmente necessária para elevar a carga pode ser recuperada, reduzindo os custos totais de operação da máquina.

Os modos possíveis de operação da máquina CC estão mostrados no diagrama de conjugado *versus* velocidade da Figura 8-34. Quando esse motor está girando no sentido normal (avante) e fornecendo um conjugado no sentido de rotação, ele está operando no primeiro quadrante dessa figura. Se a corrente de campo do gerador for invertida, então a tensão de terminal do gerador será invertida, o que por sua vez inverterá a tensão de armadura do motor. Quando isso ocorrer e se a corrente de campo do motor permanecer inalterada, então ambos o conjugado e a velocidade do motor serão invertidos e o motor estará operando como motor no terceiro quadrante do diagrama. Se isoladamente o conjugado ou a velocidade do motor for invertido e respectivamente a velocidade ou o conjugado permanecer inalterado, então a máquina servirá como gerador, devolvendo energia ao sistema de potência CC. Como um

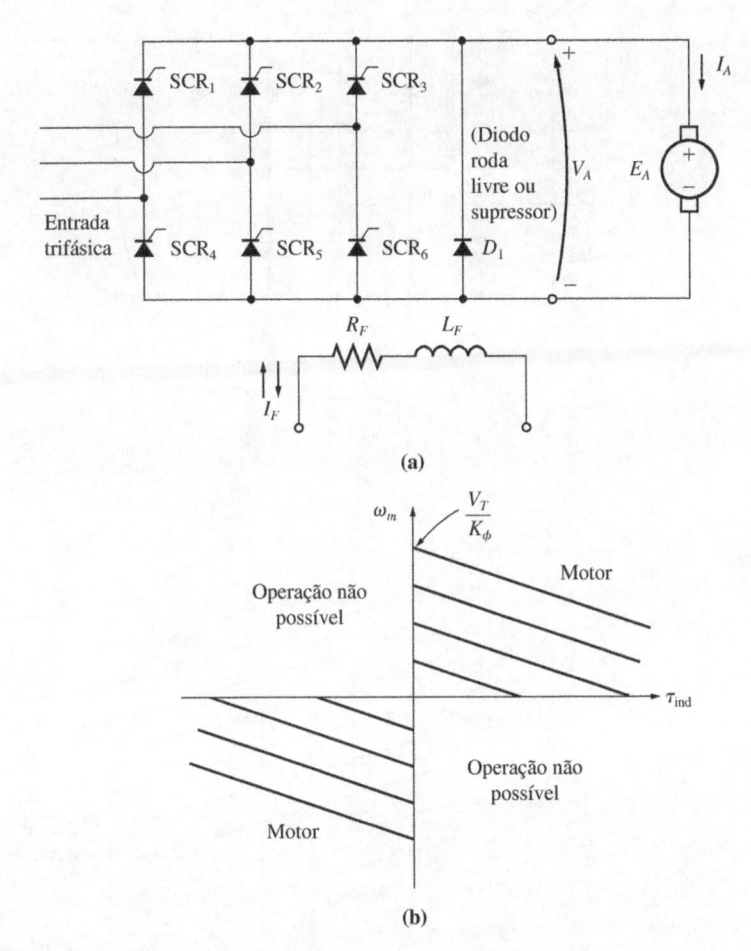

FIGURA 8-35
(a) Um controlador de estado sólido com dois quadrantes para motor CC. Como a corrente não pode circular para fora do terminal positivo da armadura, esse motor não pode funcionar como gerador, devolvendo energia ao sistema de potência. (b) Os quadrantes possíveis de funcionamento desse controlador de motor.

sistema Ward-Leonard permite a rotação e a regeneração em ambos os sentidos, ele é denominado *sistema de controle de quatro quadrantes*.

As desvantagens de um sistema Ward-Leonard são óbvias. A primeira delas é que o usuário é obrigado a comprar *três* máquinas completas de especificações nominais basicamente iguais, o que é bastante dispendioso. A outra é que três máquinas serão muito menos eficientes do que apenas uma. Devido ao seu custo e à sua eficiência relativamente baixa, o sistema Ward-Leonard foi substituído nas novas aplicações por circuitos controladores baseados em tiristores.

Um circuito simples controlador da tensão CC de armadura está mostrado na Figura 8-35. A tensão média aplicada à armadura do motor e, portanto, a velocidade média do motor dependem da fração de tempo durante a qual a tensão de alimentação é aplicada à armadura. Isso, por sua vez, depende da fase relativa na qual os ti-

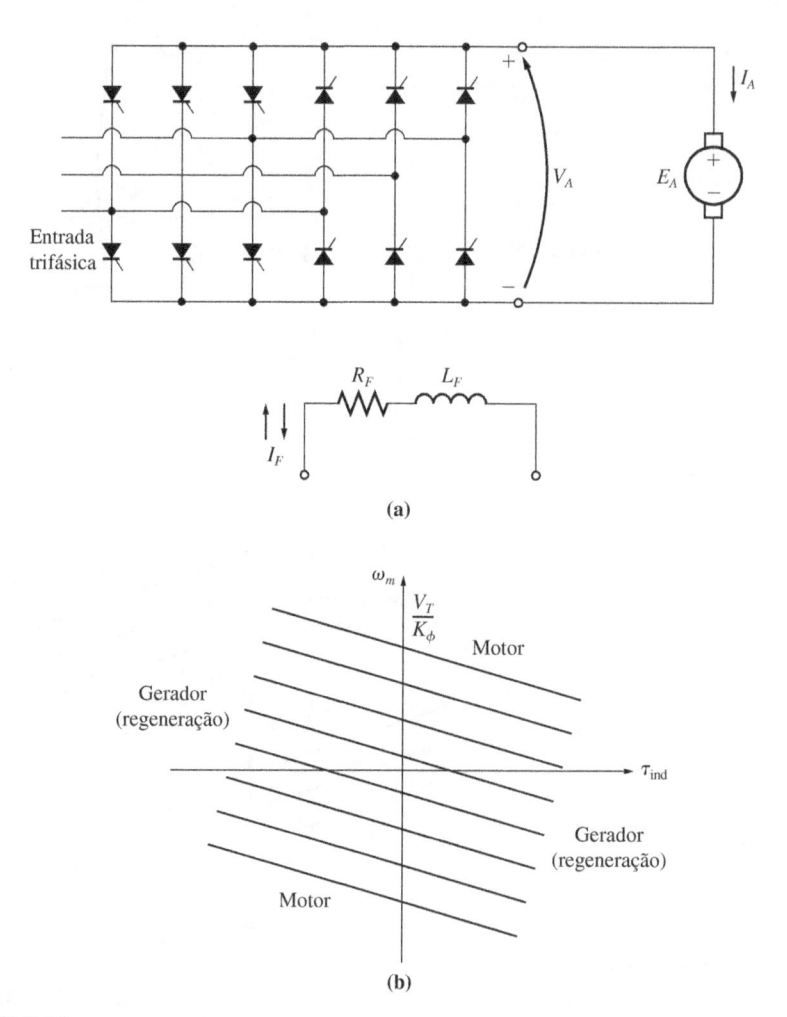

FIGURA 8-36
(a) Um controlador de estado sólido com quatro quadrantes para motor CC. (b) Os quadrantes possíveis de funcionamento desse controlador de motor.

ristores do circuito de retificação são disparados. Esse circuito em particular é capaz de fornecer uma tensão de armadura com somente uma polaridade. Desse modo, a velocidade do motor só pode ser invertida fazendo uma inversão de polaridade nas conexões do seu campo. Observe que uma corrente de armadura não pode circular para fora do terminal positivo do motor, porque em um tiristor a corrente não pode circular ao contrário. Portanto, esse motor *não pode* fazer regeneração de energia e qualquer energia fornecida ao motor não poderá ser recuperada. Esse tipo de circuito de controle é um sistema controlador de dois quadrantes, como está mostrado na Figura 8-35b.

Um circuito mais avançado capaz de fornecer uma tensão de armadura com ambas as polaridades está mostrado na Figura 8-36. Esse circuito de controle da tensão de armadura permite que uma corrente circule para fora do terminal positivo do gera-

(a)   (b)

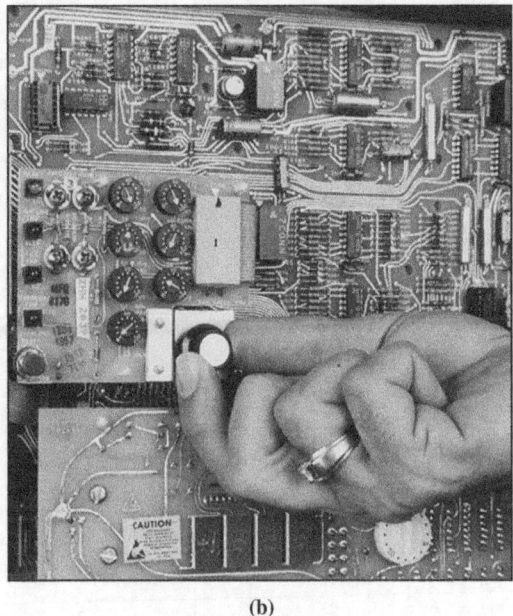

FIGURA 8-37
(a) Um controlador típico de estado sólido para motor CC em derivação. (*Cortesia de MagneTek, Inc.*) (b) Uma vista detalhada da placa com os circuito eletrônicos de baixa potência. Pode-se ver os ajustes para os limites de corrente, a taxa de aceleração, a taxa de desaceleração, a velocidade mínima e a velocidade máxima. (*Cortesia de MagneTek, Inc.*)

dor, de modo que um motor com esse tipo de controle pode realizar a regeneração de energia. Se a polaridade do circuito de campo do motor também puder ser invertida, então o circuito de estado sólido funcionará como um controlador completo de quatro quadrantes, tal qual o sistema Ward-Leonard.

Um controlador de dois quadrantes ou um completo de quatro quadrantes, construído com tiristores, é mais barato do que as duas máquinas extras necessárias ao sistema Ward-Leonard. Assim, nas novas aplicações, os sistemas de controle de velocidade de estado sólido estão substituindo largamente os sistemas Ward-Leonard.

Um controlador típico de dois quadrantes para motor CC em derivação com controle da velocidade por tensão de armadura está mostrado na Figura 8-37 e um diagrama de blocos simplificado está mostrado na Figura 8-38. Esse controlador tem uma tensão de campo constante fornecida por um retificador trifásico de onda completa e uma tensão variável de terminal de armadura fornecida por seis tiristores configurados como um retificador trifásico de onda completa. A tensão fornecida à armadura do motor é controlada pelo ajuste do ângulo de disparo dos tiristores na ponte. Como esse controlador de motor tem uma tensão de campo fixa e uma tensão de armadura variável, ele é capaz de controlar a velocidade do motor apenas em velocidades iguais ou menores do que a velocidade base (veja "Variação da Tensão de Armadura " na Seção 8.4). O circuito do controlador é idêntico ao da Figura 8-35, exceto pelo fato de que toda a eletrônica de controle e os circuitos de realimentação estão mostrados.

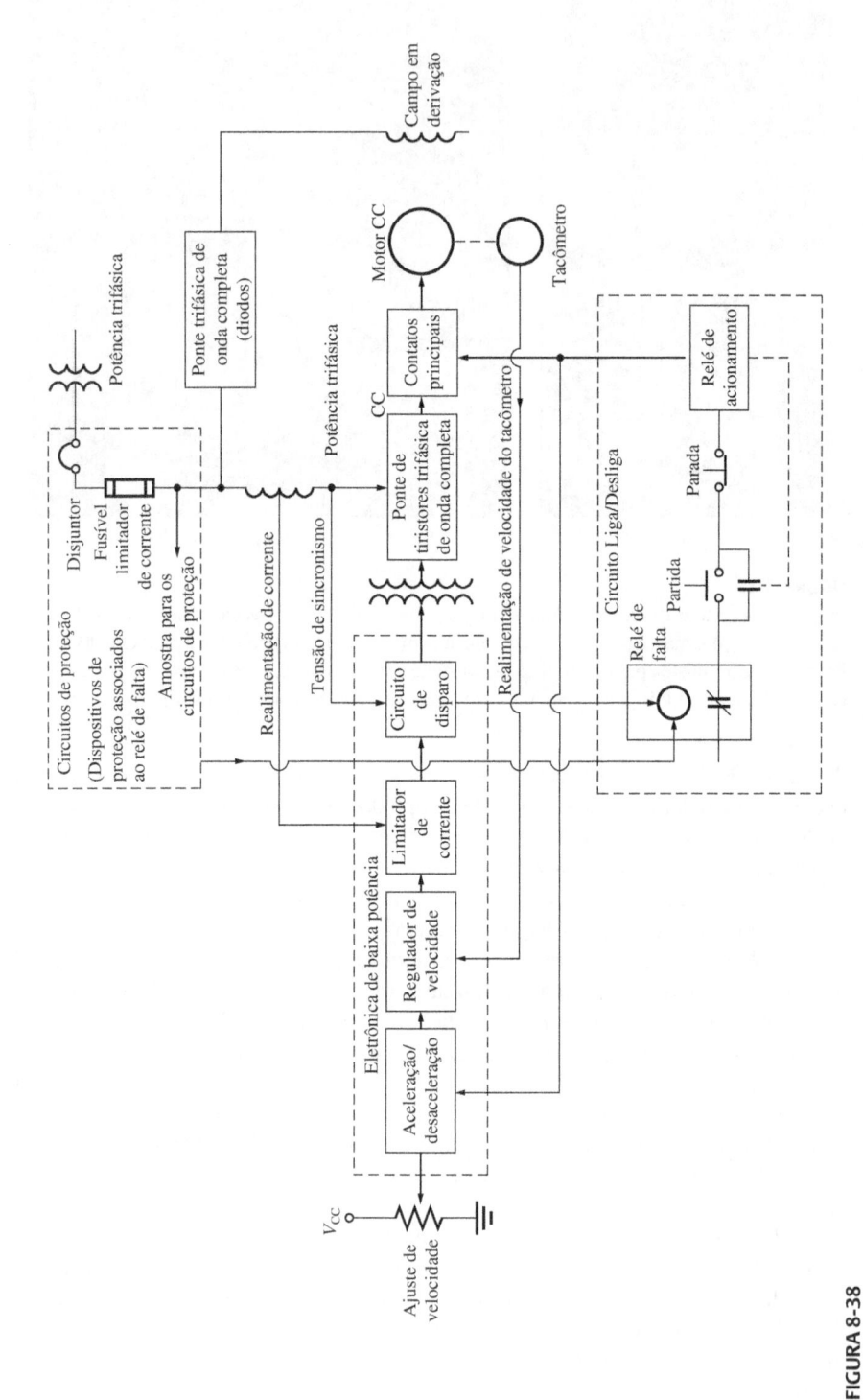

FIGURA 8-38
Um diagrama de blocos simplificado do controlador típico de estado sólido para motor CC em derivação mostrado na Figura 8-37. (*Simplificação de um diagrama de blocos fornecido pela MagneTek, Inc.*)

As seções principais desse controlador de motor CC são:

1. Seção com circuitos para proteger o motor de correntes excessivas de armadura, baixa tensão de terminal e perda da corrente de campo.
2. Circuito de partida/parada para conectar e desconectar o motor da linha.
3. Seção de eletrônica de alta potência para converter a alimentação CA trifásica em CC, que será usada nos circuitos de armadura e de campo do motor.
4. Seção de eletrônica de baixa potência que produz os pulsos de disparo para os tiristores que fornecem a tensão de armadura do motor. Essa seção contém diversas subseções importantes, que serão descritas a seguir.

Seção dos circuitos de proteção

A seção dos circuitos de proteção combina diversos dispositivos que em conjunto asseguram o funcionamento sem danos do motor. Alguns dispositivos típicos de segurança incluídos nesse tipo de controlador são

1. *Fusíveis limitadores de corrente*, que têm a finalidade de rapidamente e em segurança desligar o motor da linha de potência no caso de ocorrer um curto-circuito dentro do motor. Esses fusíveis podem interromper correntes de até diversas centenas de milhares de ampères.
2. *Circuito de proteção de sobrecarga estático instantâneo*, que desliga o motor quando a corrente de armadura excede 300% do seu valor nominal. Se a corrente de armadura ultrapassar o valor máximo permitido, esse circuito de proteção ativará o relé de falta, que desenergizará o relé de acionamento, abrindo os contatores principais e desconectando o motor da linha.
3. *Circuito de proteção de sobrecarga de tempo inverso*, que protege contra condições de sobrecorrente prolongada. Uma sobrecorrente não é suficientemente elevada para acionar o circuito de proteção de sobrecarga estático instantâneo, mas suficientemente elevada para danificar o motor no caso de a condição se manter indefinidamente. A expressão *tempo inverso* implica que, quanto mais elevada for a sobrecorrente circulando no motor, mais rapidamente atuará o circuito de proteção de sobrecarga. (Figura 8-39). Por exemplo, um circuito de proteção de tempo inverso poderia levar um minuto completo para atuar se a corrente fosse 150% da corrente nominal do motor, mas levaria 10 segundos para disparar se a corrente fosse 200% da corrente nominal do motor.
4. *Circuito de proteção de subtensão*, que desliga o motor quando a tensão de linha que alimenta o motor cai mais do que 20%.
5. *Circuito de proteção de perda de campo*, que desliga o motor quando o circuito de campo é perdido.
6. *Circuito de proteção de sobretemperatura*, que desliga o motor quando há risco de sobreaquecimento.

Seção do circuito de partida/parada

A seção do circuito de partida/parada contém os controles necessários para dar a partida e realizar a parada do motor. Isso é obtido fazendo-se a abertura ou fechamento

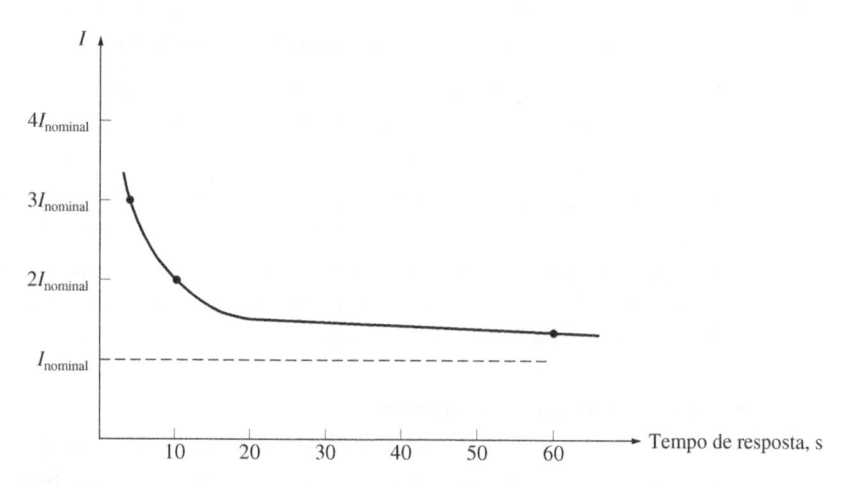

FIGURA 8-39
Característica de um circuito de proteção de sobrecarga de tempo inverso.

dos contatos principais que ligam o motor à linha. O acionamento do motor é realizado pressionando o botão de partida. O desligamento é obtido tanto apertando o botão de parada quanto energizando o relé de falta. Em ambos os casos, o relé de acionamento é desenergizado e os contatos principais que ligam o motor à linha são abertos.

Seção de eletrônica de alta potência

A seção de eletrônica de alta potência contém um circuito retificador de onda completa com diodos para fornecer uma tensão constante ao circuito de campo do motor. Essa seção também contém um circuito retificador de onda completa com tiristores para fornecer uma tensão variável ao circuito de armadura do motor.

Seção de eletrônica de baixa potência

A seção de eletrônica de baixa potência produz pulsos para disparar os tiristores que fornecem a tensão de armadura ao motor. Alterando o tempo de disparo dos tiristores, a tensão de armadura média do motor é ajustada. Nesta seção de eletrônica de baixa potência, encontramos os seguintes subsistemas:

1. *Circuito de regulação de velocidade*. Este circuito mede a velocidade do motor com um tacômetro, compara essa velocidade com a velocidade desejada (um nível de tensão de referência) e incrementa ou decrementa a tensão de armadura na medida do necessário para manter a velocidade constante no valor desejado. Por exemplo, suponha que ocorra um aumento de carga no eixo do motor. Se houver um incremento de carga, então a velocidade do motor diminuirá. A diminuição de velocidade reduzirá a tensão gerada pelo tacômetro. O vaor dessa tensão alimenta o circuito regulador de velocidade. Como o nível de tensão correspondente à velocidade do motor caiu abaixo da tensão de referência, então o circuito regulador de velocidade irá alterar o tempo de disparo dos tiristores, produzindo uma tensão de armadura maior. Essa tensão de armadura aumentada tenderá a elevar a velocidade do motor de volta ao nível desejado (veja a Figura

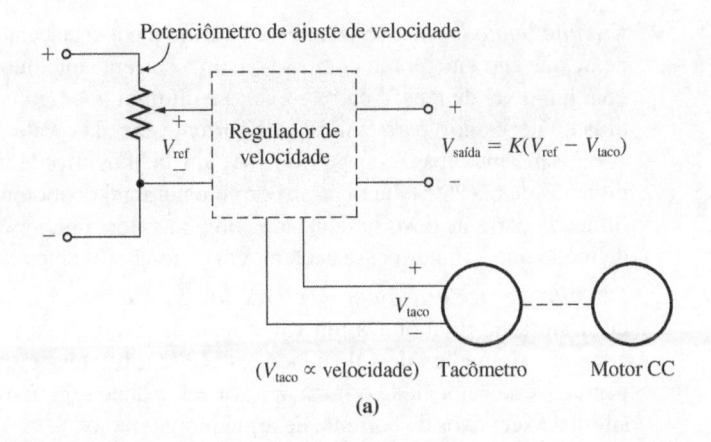

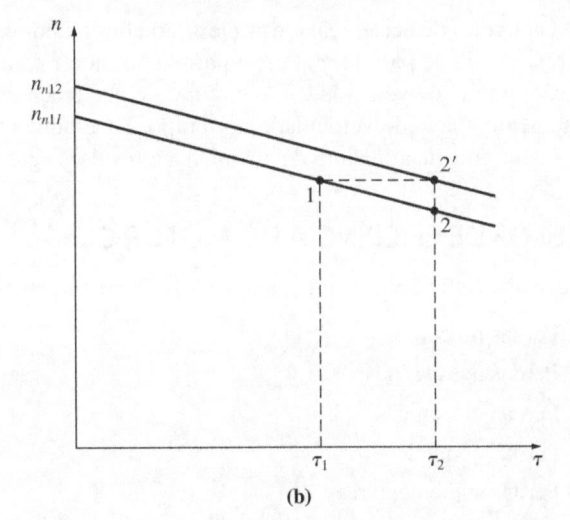

FIGURA 8-40
(a) O circuito regulador de velocidade produz uma tensão de saída que é proporcional à diferença entre a velocidade desejada do motor (ajustada por V_{ref}) e a velocidade real do motor (medida por V_{taco}). Essa tensão de saída é aplicada ao circuito de disparo de tal forma que, quanto maior se torna a tensão de saída, mais cedo os tiristores de acionamento são disparados e mais elevada torna-se a tensão de terminal. (b) O efeito do aumento de carga em um motor CC em derivação com um regulador de velocidade. A carga do motor é aumentada. Então, se não houvesse regulador presente, a velocidade do motor diminuiria e operaria no ponto 2. No entanto, quando o regulador está presente, ele detecta a diminuição de velocidade e altera a tensão de armadura do motor para compensar a diminuição. Isso eleva por inteiro a curva característica de conjugado *versus* velocidade do motor, resultando que o funcionamento desloca-se para o ponto 2'.

8-40). Com um projeto adequado, um circuito desse tipo pode propiciar regulação de velocidade de 0,1% desde a vazio até plena carga.

A velocidade de funcionamento desejada é controlada pela alteração do nível da tensão de referência. Esse nível pode ser ajustado com um pequeno potenciômetro, como está mostrado na Figura 8-40.

2. *Circuito limitador de corrente.* Esse circuito mede a corrente de regime permanente que entra no motor, compara-a com a corrente máxima desejada (ajustada com um nível de tensão de referência) e diminui a tensão de armadura na medida do necessário para evitar que a corrente exceda o valor máximo desejado. A corrente máxima desejada pode ser ajustada dentro de um largo intervalo, digamos de 0 a 200% ou mais da corrente nominal do motor. Tipicamente, esse limite de corrente deve ser ajustado com um valor superior à corrente nominal, de modo que o motor possa acelerar em condições de plena carga.

3. *Circuito de aceleração/desaceleração.* Esse circuito limita a aceleração e desaceleração do motor a um valor seguro. Sempre que for comandada uma alteração dramática de velocidade, esse circuito intervirá para garantir que a passagem da velocidade original à nova velocidade seja suave e não cause transitórios excessivos de corrente de armadura no motor.

O circuito de aceleração/desaceleração elimina por completo a necessidade de uma resistência de partida, porque a partida do motor é simplesmente outro tipo de variação grande de velocidade e o circuito de aceleração/aceleração atua causando um aumento suave de velocidade no tempo. Esse aumento gradual de velocidade limita a corrente de armadura da máquina a um valor seguro.

8.10 CÁLCULOS DE EFICIÊNCIA DO MOTOR CC

Para calcular a eficiência de um motor CC, as seguintes perdas devem ser determinadas:

1. Perdas no cobre
2. Perdas nas escovas
3. Perdas mecânicas
4. Perdas no núcleo
5. Perdas suplementares

As perdas no cobre do motor são as perdas I^2R que ocorrem nos circuitos da armadura e do campo do motor. Essas perdas podem ser obtidas conhecendo-se as correntes da máquina e as duas resistências. Para determinar a resistência do circuito de armadura da máquina, trave o rotor de modo que ele não possa girar e aplique uma *pequena* tensão CC aos terminais de armadura. Ajuste essa tensão até que a corrente na armadura seja igual à corrente nominal de armadura da máquina. A razão entre a tensão aplicada e a corrente resultante de armadura é R_A. Quando esse teste é realizado, a razão pela qual a corrente deve ser em torno do valor de plena carga é que R_A varia com a temperatura e, com o valor de plena carga da corrente, os enrolamentos de armadura estarão próximos da sua temperatura normal de funcionamento.

A resistência resultante não será inteiramente exata, porque

1. A refrigeração que está normalmente ocorrendo quando o motor está girando não estará presente.
2. Como há uma tensão CA nos condutores do rotor durante o funcionamento normal, eles apresentam algum efeito pelicular, o que aumenta mais a resistência de armadura.

A norma IEEE 113 (Referência 5) trata dos procedimentos de teste para as máquinas CC. Ela apresenta um procedimento mais exato para determinar R_A, que poderá ser usado se necessário.

A resistência de campo é determinada aplicando a tensão nominal de campo de plena carga ao circuito de campo e medindo a corrente de campo resultante. A resistência de campo R_F é simplesmente a razão entre a tensão de campo e a corrente de campo.

As perdas por queda de tensão nas escovas são frequentemente combinadas aproximadamente com as perdas no cobre. Se forem tratadas separadamente, elas poderão ser determinadas a partir de um gráfico do potencial de contato *versus* corrente para o tipo particular de escova que está sendo usado. As perdas por queda de tensão nas escovas são simplesmente o produto da queda V_{QE} na escova pela corrente de armadura I_A.

Usualmente, as perdas no núcleo e as mecânicas são determinadas em conjunto. Se for permitido que um motor gire livremente a vazio com a velocidade nominal, então não haverá potência de saída na máquina. Como o motor está sem carga, I_A é muito pequena e as perdas no cobre da armadura são desprezíveis. Portanto, se as perdas no cobre do campo forem subtraídas da potência de entrada do motor, então a potência de entrada restante deverá consistir nas perdas mecânicas e nas perdas do núcleo da máquina para aquela velocidade. Essas perdas são denominadas *perdas rotacionais a vazio* do motor. Desde que a velocidade do motor mantenha-se aproximadamente a mesma de quando as perdas foram medidas, então as perdas rotacionais a vazio constituem uma boa estimativa das perdas mecânicas e no núcleo da máquina sob carga.

O Exemplo 8-8 ilustra a determinação da eficiência de um motor.

EXEMPLO 8-8 Um motor CC em derivação de 50 HP, 250 V e 1200 rpm, tem uma corrente nominal de armadura de 170 A e uma corrente nominal de campo de 5 A. Quando seu rotor é travado, uma tensão de armadura de 10,2 V (sem as escovas) produz uma corrente de 170 A e uma tensão de campo de 250 V produz uma corrente de campo de 5 A. Assume-se que a queda de tensão nas escovas é 2 V. A vazio, com a tensão de terminal igual a 240 V, a corrente de armadura é igual a 13,2 V, a corrente de campo é 4,8 A e a velocidade do motor é 1150 rpm.

(a) Qual é a potência de saída desse motor em condições nominais?

(b) Qual é a eficiência do motor?

Solução
A resistência de armadura dessa máquina é aproximadamente

$$R_A = \frac{10,2 \text{ V}}{170 \text{ A}} = 0,06 \text{ }\Omega$$

e a resistência de campo é

$$R_F = \frac{250 \text{ V}}{5 \text{ A}} = 50 \text{ }\Omega$$

Portanto, a plena carga, as perdas I^2R na armadura são

$$P_A = (170 \text{ A})^2(0,06 \text{ }\Omega) = 1734 \text{ W}$$

e as perdas I^2R no circuito de campo são

$$P_F = (5 \text{ A})^2(50 \text{ }\Omega) = 1250 \text{ W}$$

As perdas nas escovas a plena carga são dadas por

$$P_{escovas} = V_{QE}I_A = (2\text{ V})(170\text{ A}) = 340\text{ W}$$

As perdas rotacionais a plena carga são essencialmente equivalentes às perdas rotacionais a vazio, porque as velocidades a vazio e a plena carga do motor não diferem muito entre si. Essas perdas podem ser determinadas obtendo-se a potência de entrada do circuito de armadura a vazio e assumindo que as perdas no cobre da armadura e as devido à queda de tensão nas escovas são desprezíveis, o que significa que a potência de entrada da armadura a vazio é igual às perdas rotacionais:

$$P_{tot} = P_{núcleo} + P_{mec} = (240\text{ V})(13{,}2\text{ A}) = 3168\text{ W}$$

(a) A potência de entrada desse motor com a carga nominal é dada por

$$P_{entrada} = V_T I_L = (250\text{ V})(175\text{ A}) = 43.750\text{ W}$$

Sua potência de saída é dada por

$$\begin{aligned}P_{saída} &= P_{entrada} - P_{escovas} - P_{cobre} - P_{núcleo} - P_{mec} - P_{suplementares}\\ &= 43.750\text{ W} - 340\text{ W} - 1734\text{ W} - 1250\text{ W} - 3168\text{ W} - (0{,}01)(43.750\text{ W})\\ &= 36.820\text{ W}\end{aligned}$$

assumindo que as perdas suplementares representam 1% da potência de entrada.

(b) A eficiência desse motor a plena carga é

$$\eta = \frac{P_{saída}}{P_{entrada}} \times 100\%$$

$$= \frac{36.820\text{ W}}{43.750\text{ W}} \times 100\% = 84{,}2\%$$

8.11 INTRODUÇÃO AOS GERADORES CC

Os geradores CC são máquinas CC usadas como geradores. Como foi observado anteriormente, não há nenhuma diferença real entre um gerador e um motor, exceto pelo sentido do fluxo de potência. Há cinco tipos principais de geradores CC, classificados de acordo com o modo de produção do fluxo de campo:

1. *Gerador de excitação independente.* No gerador de excitação independente, o fluxo de campo é obtido de uma fonte de potência separada do próprio gerador.
2. *Gerador em derivação.* No gerador em derivação, o fluxo de campo é obtido pela ligação do circuito de campo diretamente aos terminais do gerador.
3. *Gerador série.* No gerador série, o fluxo de campo é obtido ligando o circuito de campo em série com a armadura do gerador.
4. *Gerador composto cumulativo.* No gerador composto cumulativo, estão presentes ambos os campos em derivação e em série, e seus efeitos são aditivos.
5. *Gerador composto diferencial.* No gerador composto diferencial, estão presentes ambos os campos em derivação e em série, mas seus efeitos são subtrativos.

Os diversos tipos de geradores CC diferem entre si nas características de terminal (tensão *versus* corrente) e, portanto, nas aplicações às quais são adequados.

Os geradores CC são comparados entre si por suas tensões, potências nominais, eficiências e regulações de tensão. A *regulação de tensão* (RT) é definida pela equação

FIGURA 8-41
O primeiro gerador CC de uso prático. Essa é uma duplicata fiel do primeiro gerador comercial denominado "Mary Ann de pernas longas" de Thomas Edison. Ele foi construído em 1879 e suas especificações nominais eram 5 kW, 100 V e 1200 rpm. (*Cortesia de General Electric Company.*)

$$\text{RT} = \frac{V_{vz} - V_{pc}}{V_{pc}} \times 100\% \tag{8-39}$$

em que V_{vz} é a tensão de terminal sem carga, a vazio, do gerador e V_{pc} é a tensão de terminal a plena carga do gerador. É uma medida rudimentar da forma da característica de tensão *versus* corrente do gerador. Uma regulação de tensão positiva significa uma característica descendente e uma regulação de tensão negativa significa uma característica ascendente.

Todos os geradores são acionados por uma fonte de potência mecânica, que usualmente é denominada a *máquina motriz* do gerador. A máquina motriz de um gerador CC pode ser uma turbina a vapor, um motor diesel ou mesmo um motor elétrico. Como a velocidade da máquina motriz afeta a tensão de saída de um gerador e como as máquinas motrizes podem variar largamente em suas características de velocidade, costuma-se comparar a regulação de tensão e as características de saída entre diversos geradores, *assumindo que as máquinas motrizes são de velocidade constante*. Neste capítulo, assumiremos que a velocidade de um gerador é constante, a menos que seja feita uma afirmação específica em sentido contrário.

Os geradores CC são bem raros nos sistemas modernos de potência. Mesmo os sistemas de potência CC, como os dos automóveis, usam agora geradores CC mais retificadores para produzir potência CC. Entretanto, nos últimos anos, eles tiveram um ressurgimento limitado como fontes de potência para torres isoladas de telefones celulares.

O circuito equivalente de um gerador CC está mostrado na Figura 8-42 e uma versão simplificada está mostrada na Figura 8-43. Eles se assemelham aos circuitos equivalentes de um motor CC, exceto pelo fato de que o sentido da corrente e das perdas nas escovas é invertido.

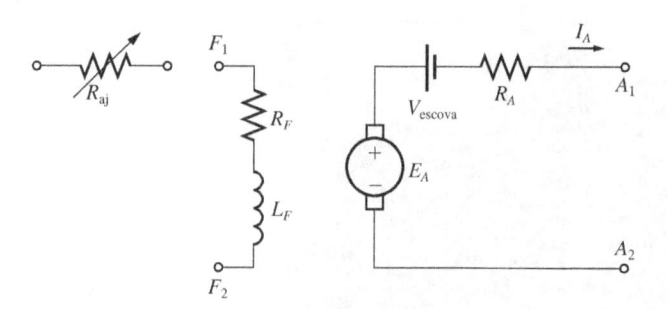

FIGURA 8-42
O circuito equivalente de um gerador CC.

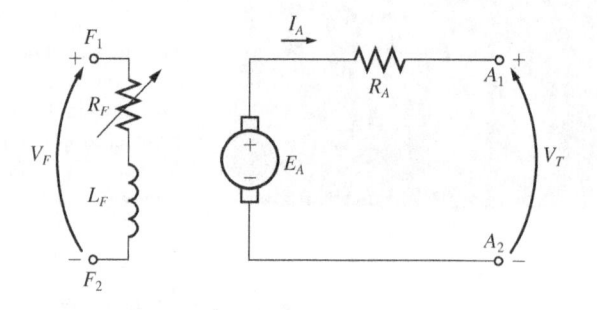

FIGURA 8-43
Um circuito equivalente simplificado de um gerador CC, com R_F combinando as resistências das bobinas de campo e a resistência variável de controle.

8.12 GERADOR DE EXCITAÇÃO INDEPENDENTE

Um gerador de excitação independente é um gerador cuja corrente de campo é suprida por uma fonte de tensão CC externa separada. O circuito equivalente dessa máquina está mostrado na Figura 8-44. Nesse circuito, a tensão V_T representa a tensão real medida nos terminais do gerador e a corrente I_L representa a corrente que circula nas linhas conectadas aos terminais. A tensão gerada interna é E_A e a corrente de armadura é I_A. Está claro que em um gerador de excitação independente a corrente de armadura é igual à corrente de linha:

$$I_A = I_L \tag{8-40}$$

A característica de terminal de um gerador CC de excitação independente

A *característica de terminal* de um dispositivo é um gráfico das grandezas de saída do dispositivo, uma *versus* a outra. No caso de um gerador CC, as grandezas de saída são sua tensão de terminal e a corrente de linha. A característica de terminal de um gerador de excitação independente é, portanto, um gráfico de V_T versus I_L

$$I_L = I_A$$
$$V_T = E_A - I_A R_A$$
$$I_F = \frac{V_F}{R_F}$$

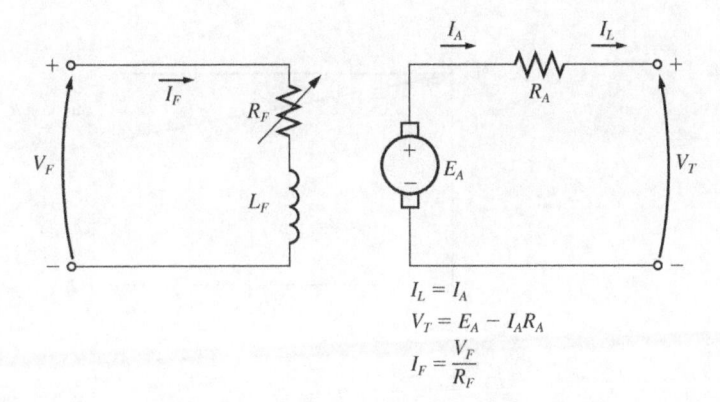

FIGURA 8-44
Um gerador de excitação independente.

para uma dada velocidade constante ω. Pela lei de Kirchhoff das tensões, a tensão de terminal é

$$\boxed{V_T = E_A - I_A R_A} \tag{8-41}$$

Como a tensão gerada interna é independente de I_A, a característica de terminal do gerador de excitação independente é uma linha reta, como está mostrado na Figura 8-45a.

Que acontece em um gerador desse tipo quando a carga é aumentada? Quando a carga fornecida pelo gerador é aumentada, I_L (e portanto I_A) aumenta. À medida que a corrente de armadura sobe, a queda $I_A R_A$ cresce, de modo que a tensão de terminal do gerador cai.

Essa característica de terminal nem sempre é inteiramente exata. Em geradores sem enrolamentos de compensação, um aumento em I_A causa elevação da reação de armadura, a qual leva a um enfraquecimento de fluxo. Isso causa uma diminuição em $E_A = K\phi\downarrow\omega_m$, o que diminui mais ainda a tensão de terminal do gerador. A característica de terminal resultante está mostrada na Figura 8-45b. Em todos os gráficos futuros, assumiremos que os geradores têm enrolamentos de compensação, a menos que seja expresso o contrário. Entretanto, é importante ter em conta que, se os enrolamentos de compensação não estiverem presentes, a reação de armadura poderá modificar as características.

Controle da tensão de terminal

A tensão de terminal de um gerador CC de excitação independente pode ser controlada mudando a tensão interna gerada E_A da máquina. Pela lei de Kirchhoff das tensões, temos $V_T = E_A - I_A R_A$. Assim, se E_A aumentar, então V_T aumentará e, se E_A diminuir, V_T diminuirá. Como a tensão interna gerada E_A é dada pela equação $E_A = K\phi\omega_m$, há dois modos possíveis de controlar a tensão desse gerador:

1. *Alterar a velocidade de rotação.* Se ω aumentar, então $E_A = K\phi\omega_m\uparrow$ aumentará, de modo que $V_T = E_A\uparrow - I_A R_A$ também aumentará.

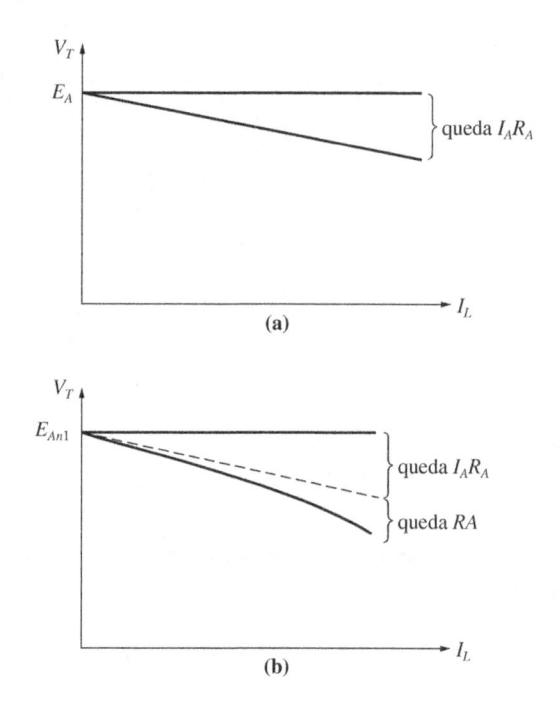

FIGURA 8-45
A característica de terminal de um gerador CC de excitação independente (a) com e (b) sem enrolamentos de compensação.

2. *Alterar a corrente de campo.* Se R_F for diminuída, então a corrente de campo aumentará ($I_F = V_F/R_F\downarrow$). Portanto, o fluxo ϕ da máquina cresce. Quando isso acontece, $E_A = K\phi\uparrow\omega_m$ também deve crescer, de modo que $V_T = E_A\uparrow - I_A R_A$ aumenta.

Em muitas aplicações, a faixa de velocidade da máquina motriz é bem limitada, de modo que a tensão de terminal é mais comumente controlada pela variação da corrente de campo. Um gerador de excitação independente alimentando uma carga resistiva está mostrado na Figura 8-46a. A Figura 8-46b mostra o efeito de uma diminuição da resistência de campo sobre a tensão de terminal do gerador quando ele está operando sob carga.

Análise não linear de um gerador

Como a tensão interna gerada de um gerador é uma função não linear de sua força magnetomotriz, não é possível calcular de forma simples o valor de E_A esperado para uma dada corrente de campo. A curva de magnetização do gerador deve ser usada para calcular com exatidão sua tensão de saída para uma dada tensão de entrada.

Além disso, se uma máquina tiver reação de armadura, então seu fluxo será reduzido a cada incremento de carga, fazendo E_A diminuir. A única maneira de se determinar com exatidão a tensão de saída em uma máquina com reação de armadura é pelo uso de análise gráfica.

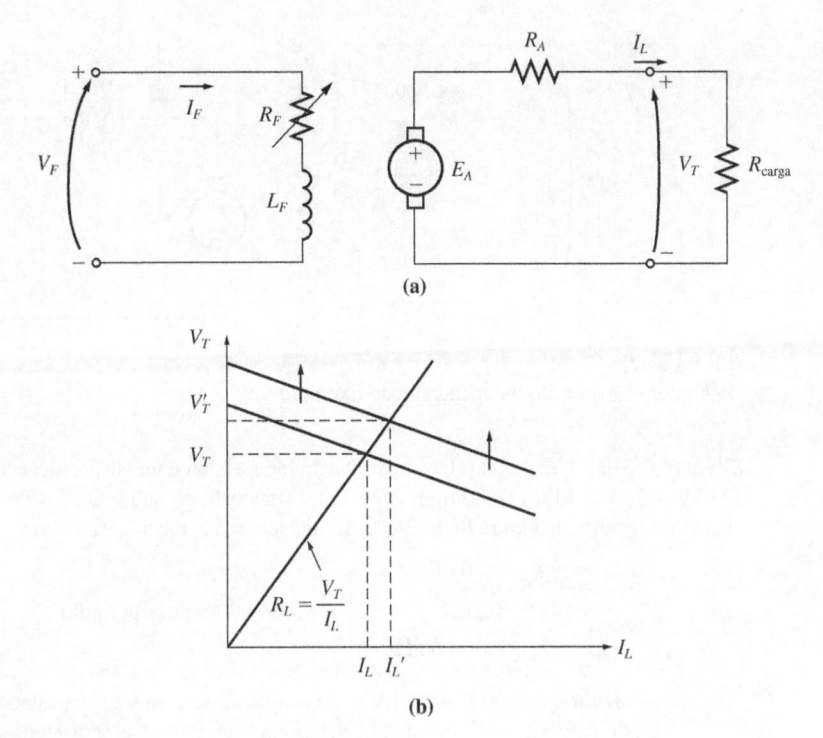

FIGURA 8-46
(a) Um gerador CC de excitação independente com a carga resistiva. (b) O efeito da diminuição na resistência de campo sobre a tensão de saída do gerador.

A força magnetomotriz total de um gerador de excitação independente é a força magnetomotriz do circuito de campo menos a força magnetomotriz devido à reação de armadura (RA):

$$\mathcal{F}_{líq} = N_F I_F - \mathcal{F}_{RA} \quad (8\text{-}42)$$

Como ocorre com os motores CC, costuma-se definir uma *corrente de campo equivalente* como a corrente que produziria a mesma tensão de saída como resultado da combinação de todas as forças magnetomotrizes presentes na máquina. A tensão resultante E_{A0} pode ser determinada localizando a corrente de campo equivalente sobre a curva de magnetização. A corrente de campo equivalente de um gerador CC de excitação independente é dada por

$$I_F^* = I_F - \frac{\mathcal{F}_{RA}}{N_F} \quad (8\text{-}43)$$

Além disso, a diferença entre a velocidade na curva de magnetização e a velocidade real do gerador deve ser levada em consideração usando a Equação (8-13);

$$\frac{E_A}{E_{A0}} = \frac{n_m}{n_0} \quad (8\text{-}13)$$

O exemplo seguinte ilustra a análise de um gerador CC de excitação independente.

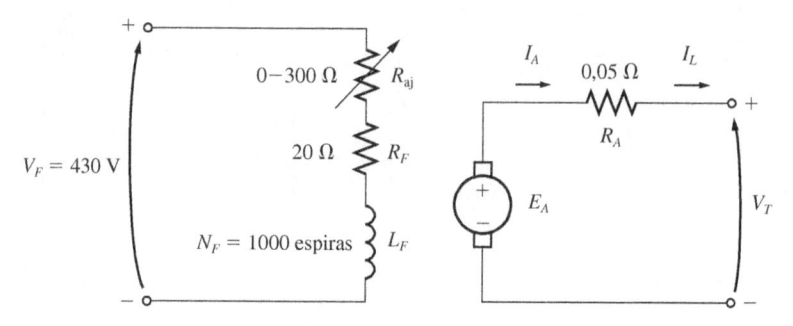

FIGURA 8-47
O gerador de excitação independente do Exemplo 8-9.

EXEMPLO 8-9 Um gerador CC de excitação independente tem especificações nominais de 172 kW, 430 V, 400 A e 1800 rpm. O gerador está mostrado na Figura 8-47 e a sua curva de magnetização está na Figura 8-48. Essa máquina tem as segmentos características:

$$R_A = 0{,}05 \ \Omega \qquad V_F = 430 \ \text{V}$$
$$R_F = 20 \ \Omega \qquad N_F = 1000 \ \text{espiras por pólo}$$
$$R_{aj} = 0 \ \text{a} \ 300 \ \Omega$$

(a) Se o resistor ajustável R_{aj} do circuito de campo desse gerador for ajustado para 63 Ω e a máquina motriz estiver acionando o gerador a 1600 rpm, qual será a tensão de terminal a vazio do gerador?

(b) Qual seria sua tensão se uma carga de 360 A fosse conectada aos seus terminais? Assuma que o gerador tem enrolamentos de compensação.

(c) Qual seria sua tensão se uma carga de 360 A fosse conectada aos seus terminais, mas o gerador não tivesse enrolamentos de compensação? Assuma que sua reação de armadura é 450 A • e para essa carga.

(d) Que ajuste poderia ser feito no gerador para que a sua tensão de terminal voltasse ao valor encontrado na parte (a)?

(e) Quanta corrente de campo seria necessária para que a tensão de terminal voltasse ao valor a vazio? (Assuma que a máquina tem enrolamentos de compensação.) Qual é o valor requerido do resistor R_{aj} para que isso seja possível?

Solução
(a) Se resistência total do circuito de campo do gerador for

$$R_F + R_{aj} = 83 \ \Omega$$

então a corrente de campo da máquina será

$$I_F = \frac{V_F}{R_F} = \frac{430 \ \text{V}}{83 \ \Omega} = 5{,}2 \ \text{A}$$

Da curva de magnetização da máquina, vemos que o total de corrente produziria uma tensão $E_{A0} = 430$ V na velocidade de 1800 rpm. Como esse gerador está na realidade girando a $n_m = 1600$ rpm, sua tensão interna gerada E_A é

$$\frac{E_A}{E_{A0}} = \frac{n_m}{n_0} \qquad (8\text{-}13)$$

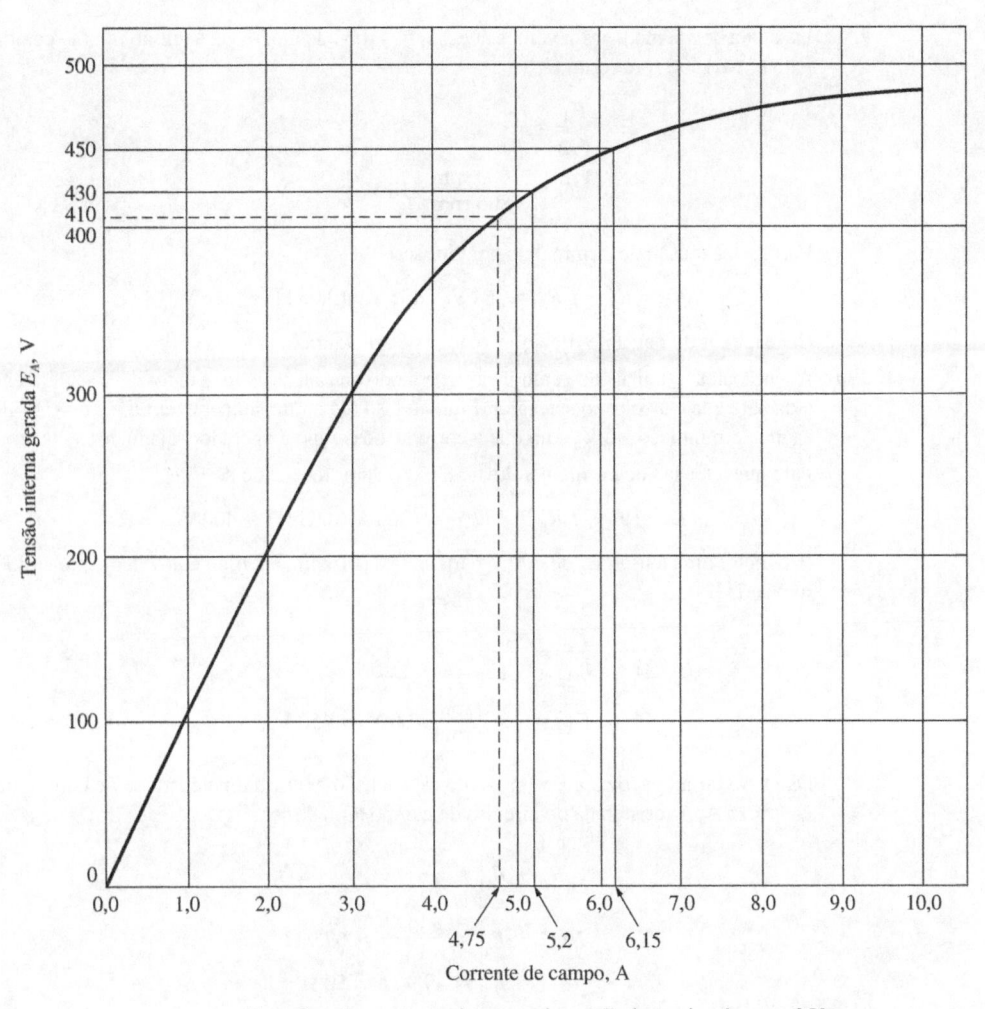

FIGURA 8-48
A curva de magnetização do gerador do Exemplo 4-9.

$$E_A = \frac{1600 \text{ rpm}}{1800 \text{ rpm}} 430 \text{ V} = 382 \text{ V}$$

Como a vazio temos $V_T = E_A$, a tensão de saída do gerador é $V_T = 382$ V.

(b) Se uma carga de 360 A fosse conectada aos terminais desse gerador, a tensão de terminal do gerador seria

$$V_T = E_A - I_A R_A = 382 \text{ V} - (360 \text{ A})(0,05 \text{ }\Omega) = 364 \text{ V}$$

(c) Se uma carga de 360 A fosse conectada aos terminais desse gerador e o gerador tivesse 450 A • e de reação de armadura, a corrente de campo efetiva seria

$$I_F^* = I_F - \frac{\mathscr{F}_{RA}}{N_F} = 5,2 \text{ A} - \frac{450 \text{ A} \cdot \text{e}}{1000 \text{ e}} = 4,75 \text{ A}$$

Da curva de magnetização, vemos que $E_{A0} = 410$ V, de modo que a tensão interna gerada para $n_m = 1600$ rpm seria

$$\frac{E_A}{E_{A0}} = \frac{n}{n_0} \qquad (8\text{-}13)$$

$$E_A = \frac{1600 \text{ rpm}}{1800 \text{ rpm}} \, 410 \text{ V} = 364 \text{ V}$$

Portanto, a tensão de terminal do gerador seria

$$V_T = E_A - I_A R_A = 364 \text{ V} = (360 \text{ A})(0{,}05 \text{ }\Omega) = 346 \text{ V}$$

Ela é menor do que antes devido à reação de armadura.

(d) A tensão nos terminais do gerador caiu, de modo que a tensão do gerador deve ser aumentada para que ela volte ao seu valor original. Isso requer um aumento em E_A, o que implica uma diminuição em R_{aj} para que a corrente de campo do gerador seja incrementada.

(e) Para que a tensão de terminal volte a 382 V, o valor requerido de E_A é

$$E_A = V_T + I_A R_A = 382 \text{ V} = (360 \text{ A})(0{,}05 \text{ }\Omega) = 400 \text{ V}$$

Para obter uma tensão E_A de 400 V para $n_m = 1600$ rpm, a tensão equivalente para 1800 rpm seria

$$\frac{E_A}{E_{A0}} = \frac{n_m}{n_0} \qquad (8\text{-}13)$$

$$E_{A0} = \frac{1800 \text{ rpm}}{1600 \text{ rpm}} \, 400 \text{ V} = 450 \text{ V}$$

Da curva de magnetização, vemos que essa tensão exigiria uma corrente de campo de $I_F = 6{,}15$ A. A resistência do circuito de campo teria de ser

$$R_F + R_{aj} = \frac{V_F}{I_F}$$

$$20 \text{ }\Omega + R_{aj} = \frac{430 \text{ V}}{6{,}15 \text{ A}} = 69{,}9 \text{ }\Omega$$

$$R_{aj} = 49{,}9 \text{ }\Omega \approx 50 \text{ }\Omega$$

Observe que, para as mesmas correntes de campo e de carga, o gerador com reação de armadura tem uma tensão de saída menor do que o gerador sem reação de armadura. A reação de armadura desse gerador foi exagerada para ilustrar seus efeitos – ela é bem menor nas máquinas modernas bem projetadas.

8.13 O GERADOR CC EM DERIVAÇÃO

Um gerador CC em derivação é um gerador CC que produz sua própria corrente de campo conectando seu campo diretamente aos terminais da máquina. O circuito equivalente de um gerador CC em derivação está mostrado na Figura 8-49. Nesse circuito, a corrente de armadura da máquina alimenta ambos, o circuito de campo e a carga ligada à máquina:

$$\boxed{I_A = I_F + I_L} \qquad (8\text{-}44)$$

Capítulo 8 ♦ Motores e geradores CC 535

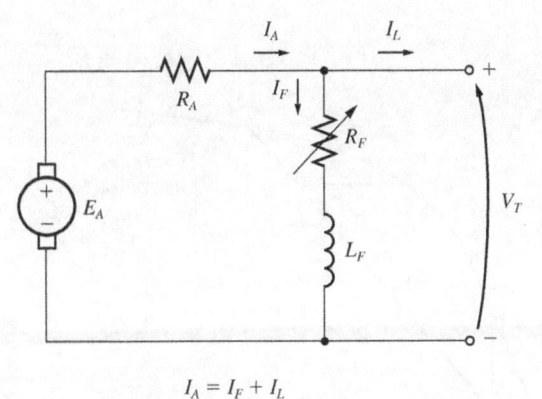

$I_A = I_F + I_L$
$V_T = E_A - I_A R_A$
$I_F = \dfrac{V_T}{R_F}$

FIGURA 8-49
O circuito equivalente de um gerador CC em derivação.

A equação da lei de Kirchhoff das tensões para o circuito de armadura dessa máquina é

$$\boxed{V_T = E_A - I_A R_A} \tag{8-45}$$

Esse tipo de gerador tem uma vantagem evidente sobre o gerador CC de excitação independente porque não há necessidade de uma fonte de alimentação externa para o circuito de campo. No entanto, isso deixa uma questão importante sem resposta: se o gerador supre a sua própria corrente de campo, de que forma ele obtém o fluxo inicial de campo necessário no início quando é dada a partida?

Geração inicial da tensão em um gerador CC em derivação

Assuma que não há carga ligada ao gerador da Figura 8-49 e que a máquina motriz começa a por em rotação o eixo do gerador. Como é gerada uma tensão inicial nos terminais da máquina?

A produção inicial de uma tensão em um gerador CC depende da presença de um *fluxo residual* nos polos do gerador. Inicialmente, quando um gerador começa a girar, uma tensão interna será induzida, sendo dada por

$$E_A = K\phi_{res}\omega_m$$

Essa tensão surge nos terminais do gerador (pode ser apenas um ou dois volts). No entanto, quando isso ocorre, essa tensão faz circular uma corrente na bobina de campo do gerador ($I_F = V_T\uparrow/R_F$). Essa corrente de campo produz uma força magnetomotriz nos polos, aumentando o fluxo neles. O incremento de fluxo causa um aumento em $E_A = K\phi\uparrow\omega_m$, o que aumenta a tensão de terminal V_T. Quando V_T sobe, I_F cresce ainda mais, aumentando o fluxo ω, o que aumenta E_A, etc.

Esse comportamento da geração inicial de tensão, denominado *escorvamento*, está mostrado na Figura 8-50. Observe que, no final, é o efeito da saturação magnética das faces polares que impede o crescimento contínuo da tensão de terminal do gerador.

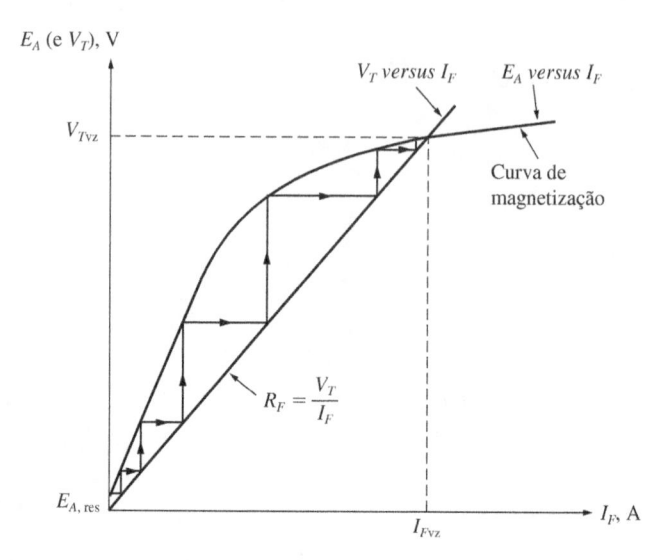

FIGURA 8-50
Geração da tensão inicial, ou escorvamento, na partida de um gerador CC em derivação.

A Figura 8-50 mostra a geração inicial da tensão como se ocorresse em degraus discretos. Esses degraus foram desenhados para tornar óbvia a realimentação positiva entre a tensão interna do gerador e sua corrente de campo. Em um gerador real, a tensão inicial não é produzida em degraus discretos: em vez disso, E_A e I_F aumentam simultaneamente até que as condições de regime permanente sejam atingidas.

Na partida, que acontece se um gerador em derivação arranca e nenhuma tensão inicial é produzida? Que poderia estar errado? Há diversas causas possíveis para que a tensão inicial não seja produzida durante a partida. Entre elas, estão

1. *Pode não haver fluxo magnético residual* no gerador. Isso impedirá que o processo de escorvamento tenha início. Se o fluxo residual for $\phi_{res} = 0$, então teremos $E_A = 0$ e a tensão nunca começará a ser produzida. Se ocorrer esse problema, desligue o campo do circuito de armadura e conecte-o diretamente a uma fonte CC externa, tal como uma bateria. O fluxo de corrente dessa fonte CC externa deixará um fluxo residual nos polos, possibilitando então uma partida normal. Portanto, esse procedimento consiste em aplicar diretamente ao campo uma corrente CC durante um breve período de tempo.

2. *Pode ter ocorrido uma inversão do sentido de rotação do gerador* ou pode ter havido uma inversão nas ligações do campo. Em ambos os casos, o fluxo residual ainda gera uma tensão interna E_A. Essa tensão produz uma corrente de campo que, por sua vez, induz um fluxo tal que, em vez de se somar, se *opõe* ao fluxo residual. Nessas circunstâncias, o fluxo resultante *diminuirá* de intensidade, ficando na realidade abaixo de ϕ_{res} sem induzir nenhuma tensão.

    Se esse problema ocorrer, ele poderá ser corrigido invertendo o sentido de rotação, invertendo as ligações, ou ainda aplicando brevemente ao campo uma corrente CC tal que inverta a polaridade magnética.

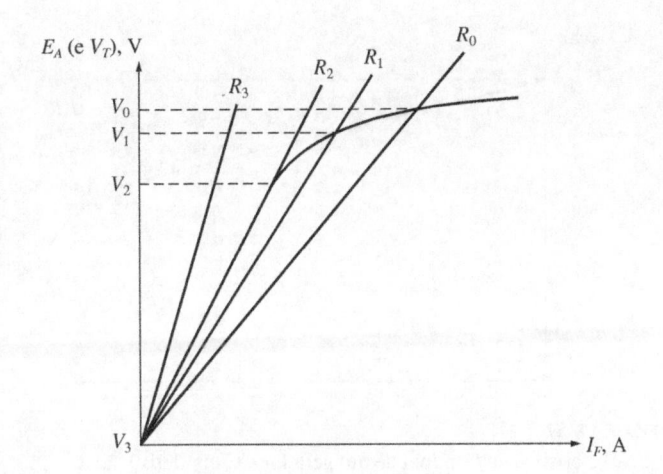

FIGURA 8-51
O efeito da resistência de campo em derivação sobre a tensão de terminal a vazio em um gerador CC. Se $R_F > R_2$ (a resistência crítica), nunca haverá produção de tensão no gerador.

3. *O valor da resistência de campo pode ser ajustado para um valor maior do que o da resistência crítica.* Para compreender esse problema, consulte Figura 8-51. Normalmente, a tensão inicial do gerador em derivação subirá até o ponto onde a curva de magnetização intersecta a reta da resistência de campo. Se essa resistência de campo tiver o valor R_2 da figura, sua reta será aproximadamente paralela à curva de magnetização. Nesse caso, a tensão do gerador poderá flutuar amplamente com apenas mínimas alterações de R_F ou I_A. Esse valor de resistência é denominado *resistência crítica*. Se R_F exceder a resistência crítica (como em R_3 na figura), a tensão de operação de regime permanente ocorrerá basicamente em nível residual e nunca subirá. A solução para esse problema está em reduzir R_F.

Como a tensão da curva de magnetização varia em função da velocidade do eixo, a resistência crítica também variará com a velocidade. Em geral, quanto menor for a velocidade do eixo, menor será a resistência crítica.

A característica de terminal de um gerador CC em derivação

A característica de terminal de um gerador CC em derivação é diferente da de um gerador de excitação independente, porque a corrente de campo da máquina depende de sua tensão de terminal. Para compreender a característica de terminal de um gerador em derivação, comece com a máquina a vazio e adicione carga, observando o que acontece.

À medida que a carga do gerador aumenta, I_L cresce e, portanto, $I_A = I_F + I_L\uparrow$ também cresce. Uma elevação de I_A aumenta a queda de tensão $I_A R_A$ na resistência de armadura, fazendo $V_T = E_A - I_A \uparrow R_A$ diminuir. Esse comportamento é precisamente o mesmo observado em um gerador de excitação independente. Entretanto, quando V_T diminui, a corrente de campo da máquina diminui junto. Isso faz o fluxo da má-

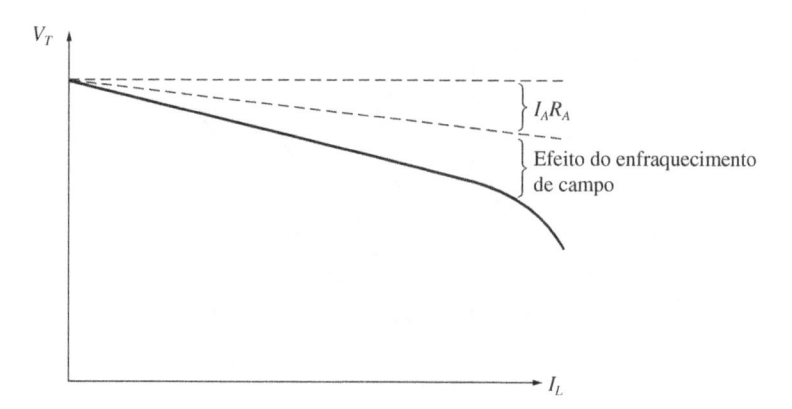

FIGURA 8-52
A característica de terminal de um gerador CC em derivação.

quina diminuir, reduzindo também E_A. A queda em E_A causa uma nova diminuição na tensão de terminal $V_T = E_A\downarrow - I_A R_A$. A característica de terminal resultante está mostrada na Figura 8-52. Observe que a queda de tensão é mais acentuada do que simplesmente a queda $I_A R_A$ do gerador de excitação independente. Em outras palavras, a regulação de tensão desse gerador é pior do que a do mesmo tipo de equipamento em que a excitação é conectada em separado.

Controle da tensão de um gerador CC em derivação

Como no gerador de excitação independente, há dois modos para controlar a tensão de um gerador CC em derivação:

1. Alterar a velocidade do eixo ω_m do gerador.
2. Alterar a resistência de campo do gerador, variando assim a corrente de campo.

A variação da resistência de campo é o método principal usado para controlar a tensão de terminal dos geradores em derivação reais. Se resistência de campo R_F for diminuída, então a corrente de campo $I_F = V_T/R_F\downarrow$ subirá. Quando I_F aumenta, o fluxo da máquina ϕ também sobe, fazendo a tensão interna gerada E_A aumentar. O incremento em E_A faz com que a tensão de terminal do gerador também aumente.

Análise não linear de um gerador CC em derivação

A análise de um gerador CC em derivação é mais complexa do que a análise de um gerador de excitação independente, porque a corrente de campo da máquina depende diretamente da própria tensão de saída da máquina. Primeiro, a análise é feita para máquinas sem reação de armadura e, depois, os efeitos da reação de armadura são incluídos.

A Figura 8-53 mostra uma curva de magnetização para um gerador CC em derivação desenhada para a velocidade real de funcionamento da máquina. A resistência

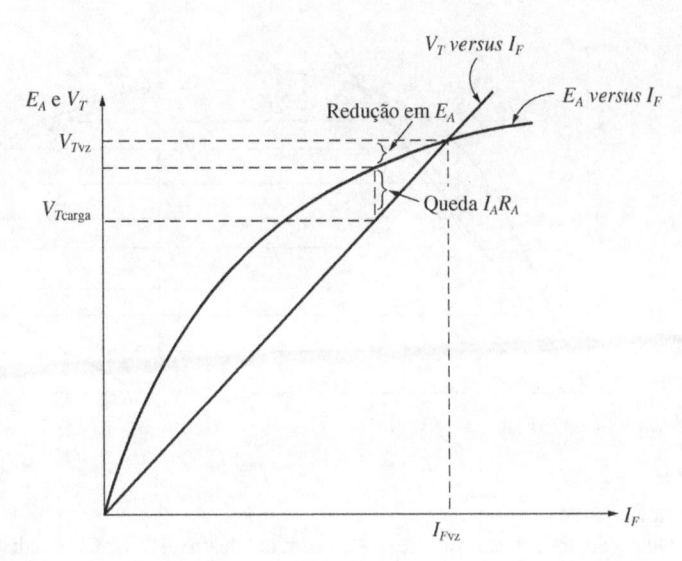

FIGURA 8-53
Análise gráfica de um gerador CC em derivação com enrolamentos de compensação.

de campo R_F, que é simplesmente igual a V_T/I_F, é a linha reta sobreposta à curva de magnetização. *A vazio*, temos $V_T = E_A$ e o gerador opera na tensão em que a curva de magnetização intersecta a reta de resistência de campo.

A chave para compreender a análise gráfica dos geradores em derivação é lembrar a lei de Kirchhoff das tensões (LKT):

$$V_T = E_A - I_A R_A \qquad (8\text{-}45)$$

ou

$$\boxed{E_A - V_T = I_A R_A} \qquad (8\text{-}46)$$

A diferença entre a tensão interna gerada e a tensão de terminal é simplesmente a queda $I_A R_A$ da máquina. A linha com todos os valores possíveis de E_A é a curva de magnetização e a linha com todos as tensões possíveis de terminal é a reta de resistência ($I_F = V_T/R_F$). Portanto, para encontrar a tensão de terminal para uma dada carga, simplesmente determine a queda $I_A R_A$ e localize no gráfico o lugar onde essa queda se encaixa *exatamente* entre a curva E_A e a reta V_T. Há no máximo dois lugares na curva onde a queda $I_A R_A$ irá se encaixar exatamente. Se houver dois locais possíveis, o que estiver mais próximo da tensão a vazio representará um ponto de funcionamento normal.

Na Figura 8-54, temos um gráfico detalhado que mostra diversos pontos da característica de um gerador em derivação. Observe a curva tracejada da Figura 8-54b. Essa curva é a característica de terminal quando a carga foi reduzida. A razão de ela não coincidir com a curva de carga maior é a histerese que está presente nos polos do gerador.

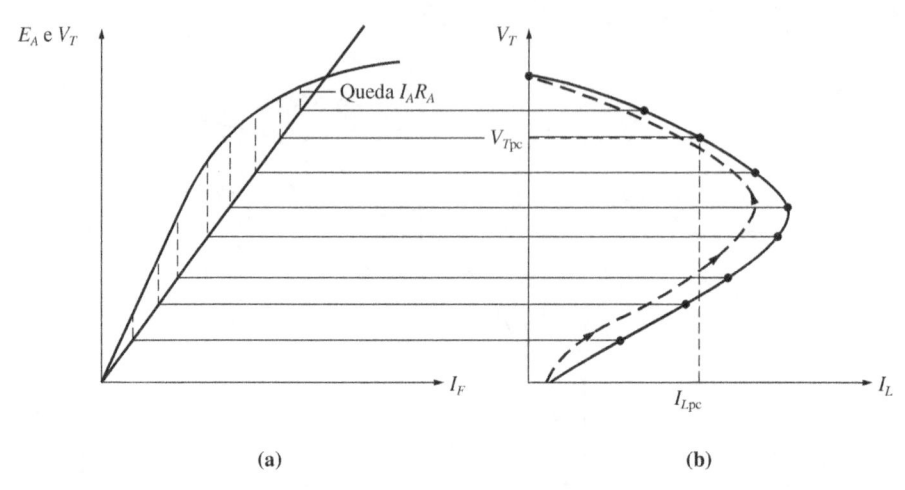

FIGURA 8-54
Obtenção gráfica da característica de terminal de um gerador CC em derivação.

Se houver reação de armadura presente em um gerador CC em derivação, esse processo irá se tornar um pouco mais complicado. A reação de armadura produz uma força magnetomotriz desmagnetizante no gerador ao mesmo tempo que ocorre uma queda $I_A R_A$ na máquina.

Para analisar um gerador com reação de armadura, assuma que sua corrente de armadura é conhecida. Então, a queda de tensão resistiva $I_A R_A$ será conhecida. A tensão de terminal desse gerador deve ser suficientemente elevada para suprir o fluxo do gerador *depois que o efeito desmagnetizante da reação de armadura foi subtraído*. Para atender essa exigência, a força magnetomotriz da reação de armadura e a queda $I_A R_A$ devem se encaixar entre a curva E_A e a reta V_T. Para determinar a tensão de saída correspondente a uma dada força magnetomotriz, simplesmente localize o lugar abaixo da curva de magnetização onde o triângulo formado pelos efeitos da reação de armadura e de $I_A R_A$ *encaixam-se exatamente* entre a reta de possíveis valores de V_T e a curva de possíveis valores de E_A (Figura 8-55).

8.14 O GERADOR CC SÉRIE

Um gerador CC série é um gerador cujo campo está ligado em série com sua armadura. Como a corrente de armadura é *muito* maior do que a de um campo em derivação, o campo em série de um gerador desse tipo terá apenas poucas espiras de fio, sendo que o fio usado será muito mais espesso do que o fio de um campo em derivação. Como a força magnetomotriz é dada pela equação $\mathcal{F} = NI$, exatamente a mesma força magnetomotriz poderá ser produzida usando poucas espiras e uma corrente elevada ou usando muitas espiras e uma corrente baixa. Como a corrente de plena carga circula pelo campo, deve-se projetar esse campo em série para ter a menor resistência possível. O circuito equivalente de um gerador CC série está mostrado na Figura 8-56. Aqui, a corrente de armadura, a corrente de campo e a

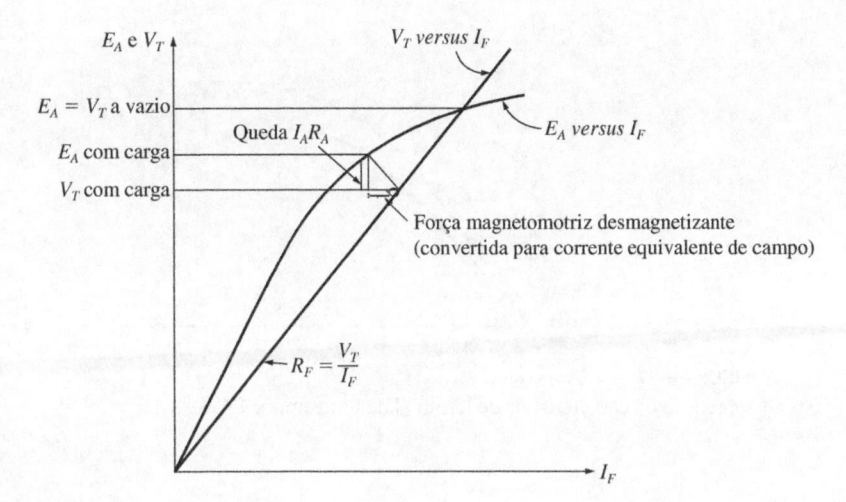

FIGURA 8-55
Análise gráfica de um gerador CC em derivação com reação de armadura.

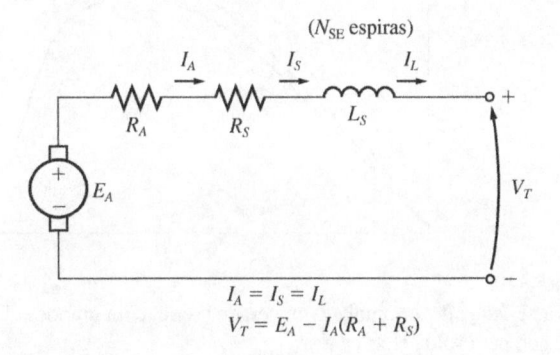

FIGURA 8-56
O circuito equivalente de um gerador CC série.

corrente de linha têm todas o mesmo valor. A lei de Kirchhoff das tensões para essa máquina é

$$V_T = E_A - I_A(R_A - R_S) \tag{8-47}$$

A característica de terminal de um gerador CC série

A curva de magnetização de um gerador CC série assemelha-se muito à curva de magnetização de qualquer outro gerador. A vazio, entretanto, não há corrente de campo, de modo que V_T reduz-se a um nível bem baixo dado pelo fluxo residual presente na máquina. À medida que a carga cresce, a corrente de campo sobe, de modo que E_A eleva-se rapidamente. A queda $I_A(R_A + R_S)$ aumenta também, mas inicialmente o aumento de E_A dá-se mais rapidamente do que o aumento na queda $I_A(R_A + R_S)$ e

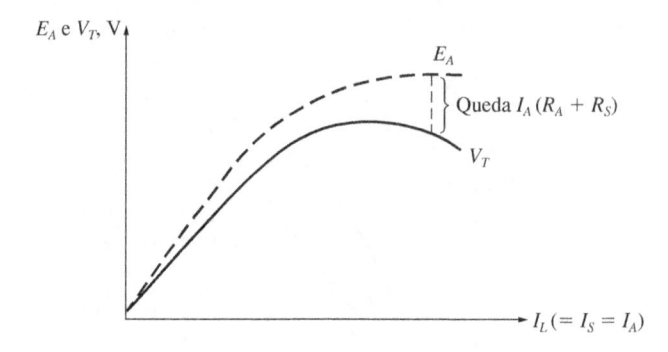

FIGURA 8-57
Obtenção da característica de terminal de um gerador CC série.

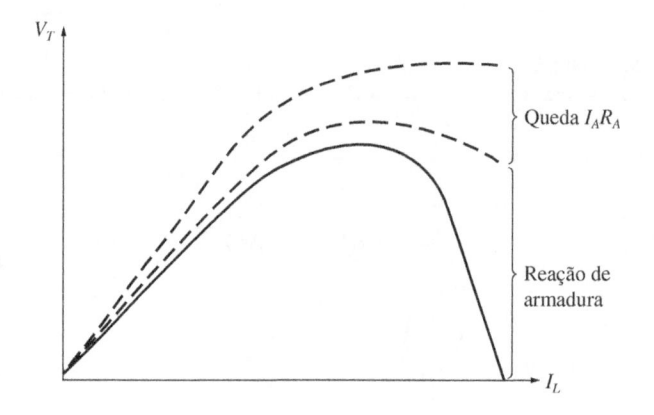

FIGURA 8-58
A característica de terminal de um gerador série, com grandes efeitos de reação de armadura, adequado para solda elétrica a arco.

consequentemente V_T sobe. Depois de um tempo, a máquina aproxima-se da saturação e E_A torna-se quase constante. Nesse ponto, a queda resistiva passa a ser o efeito predominante e V_T começa a cair.

Esse tipo de característica está mostrado na Figura 8-57. É óbvio que essa máquina se mostraria como uma fonte de tensão constante bem ruim. De fato, sua regulação de tensão é um número elevado negativo.

Os geradores em série são usados apenas em algumas poucas aplicações especializadas, nas quais a característica de queda acentuada de tensão do dispositivo pode ser explorada. Uma dessas aplicações é a soldagem a arco elétrico. Os geradores em série usados na soldagem a arco são projetados intencionalmente para ter uma reação de armadura elevada, o que lhes dá a característica de terminal como a mostrada na Figura 8-58. Observe que, quando os eletrodos de soldagem fazem contato entre si antes que se inicie propriamente a soldagem, uma corrente muito elevada circula. Quando o soldador afasta os eletrodos, há uma elevação muito acentuada na tensão do gerador, ao passo que a corrente permanece elevada. Essa tensão assegura que um arco de soldagem seja mantido através do ar entre os eletrodos.

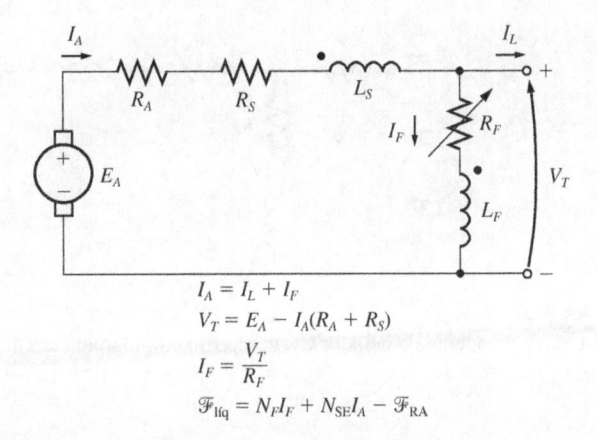

$$I_A = I_L + I_F$$
$$V_T = E_A - I_A(R_A + R_S)$$
$$I_F = \frac{V_T}{R_F}$$
$$\mathscr{F}_{\text{líq}} = N_F I_F + N_{SE} I_A - \mathscr{F}_{RA}$$

FIGURA 8-59
O circuito equivalente de gerador CC composto cumulativo com uma ligação em derivação longa.

8.15 O GERADOR CC COMPOSTO CUMULATIVO

Um gerador CC composto cumulativo é um gerador CC que tem *os campos em série e em derivação* conectados de tal forma que as forças magnetomotrizes dos dois adicionam-se. A Figura 8-59 mostra o circuito equivalente de um gerador CC composto cumulativo na conexão de "derivação longa". Os pontos ou marcas que aparecem nas duas bobinas de campo têm o mesmo significado que os pontos em um transformador: *a corrente que entra pela extremidade com ponto da bobina produz uma força magnetomotriz positiva*. Observe que a corrente de armadura entra pela extremidade com ponto da bobina de campo em série e que a corrente I_F de derivação entra pela extremidade com ponto da bobina de campo em derivação. Portanto, a força magnetomotriz total nessa máquina é dada por

$$\boxed{\mathscr{F}_{\text{líq}} = \mathscr{F}_F + \mathscr{F}_{SE} - \mathscr{F}_{RA}} \tag{8-48}$$

em que $\mathscr{F}_F$ é a força magnetomotriz do campo em derivação, $\mathscr{F}_{SE}$ é a força magnetomotriz do campo em série e $\mathscr{F}_{RA}$ é a força magnetomotriz da reação de armadura. A corrente equivalente efetiva do campo em derivação para essa máquina é dada por

$$N_F I_F^* = N_F I_F + N_{SE} I_A = \mathscr{F}_{RA}$$

$$\boxed{I_F^* = I_F + \frac{N_{SE}}{N_F} I_A - \frac{\mathscr{F}_{RA}}{N_F}} \tag{8-49}$$

As outras relações de tensão e corrente para esse gerador são

$$\boxed{I_A = I_F + I_L} \tag{8-50}$$

$$\boxed{V_T = E_A - I_A(R_A + R_S)} \tag{8-51}$$

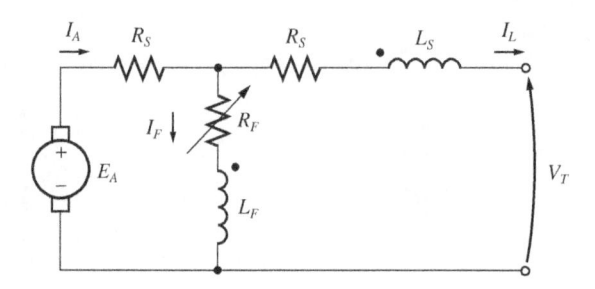

FIGURA 8-60
O circuito equivalente de gerador CC composto cumulativo com uma ligação em derivação curta.

$$I_F = \frac{V_T}{R_F} \tag{8-52}$$

Há outro modo de configurar as ligações de um gerador CC composto cumulativo. Trata-se da conexão "em derivação curta", na qual o campo em série fica fora do circuito de campo em derivação e tem a corrente I_L circulando por ele em vez de I_A. Um gerador CC composto cumulativo em derivação curta está mostrado na Figura 8-60.

A característica de terminal de um gerador CC composto cumulativo

Para compreender a característica de terminal de um gerador CC composto cumulativo, é necessário compreender os efeitos simultâneos que ocorrem dentro da máquina.

Suponha que a carga do gerador seja aumentada. Então, à medida que a carga sobe, a corrente de carga I_L sobe. Como $I_A = I_F + I_L\uparrow$, a corrente de armadura também aumenta. Nesse ponto, ocorrem dois efeitos no gerador:

1. Quando I_A aumenta, a queda de tensão $I_A(R_A + R_S)$ também aumenta. Isso tende a causar uma diminuição na tensão de terminal $V_T = E_A - I_A \uparrow (R_A + R_S)$.

2. Quando I_A aumenta, a força magnetomotriz do campo em série $\mathcal{F}_{SE} = N_{SE}I_A$ também aumenta. Isso incrementa a força magnetomotriz total $\mathcal{F}_{tot} = N_F I_F + N_{SE}I_A\uparrow$, o que incrementa o fluxo no gerador. Esse fluxo aumentado no gerador faz E_A subir, o que por sua vez tende a elevar $V_T = E_A \uparrow - I_A(R_A + R_S)$.

Esses dois efeitos opõem-se entre si, com um tendendo a elevar V_T e o outro tendendo a *baixar* V_T. Qual efeito será predominante em uma dada máquina? Tudo dependerá de quantas espiras em série forem colocadas nos polos da máquina. A questão pode ser respondida examinando diversos casos individuais:

1. *Poucas espiras em série* (N_{SE} *pequeno*). Se houver apenas poucas espiras, o efeito da queda de tensão resistiva facilmente prevalece. A tensão cai exatamente como em um gerador em derivação, mas não tão acentuadamente (Figura

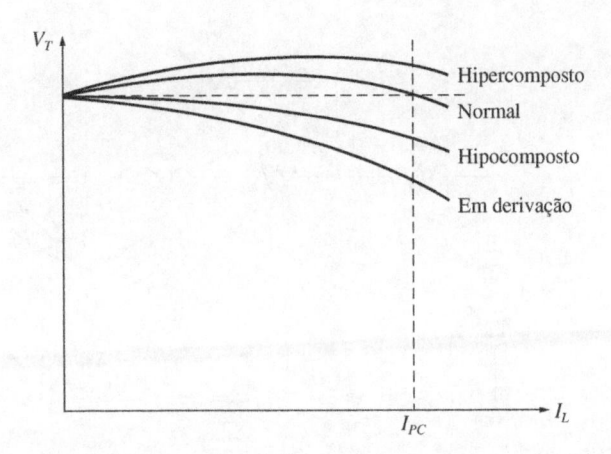

FIGURA 8-61
Característica de terminal de geradores CC compostos cumulativos.

8-61). Esse tipo de configuração, em que a tensão de terminal a plena carga é menor do que a tensão de terminal a vazio, é denominado *hipocomposto*.

2. *Mais espiras em série* (N_{SE} *maior*). Quando há algumas espiras a mais nos polos, inicialmente, o efeito do reforço de fluxo prevalece e a tensão de terminal aumenta com a carga. Entretanto, à medida que a carga continua aumentando, tem início a saturação magnética e a queda de tensão resistiva supera o efeito do aumento de fluxo. Nessa máquina, *inicialmente a tensão de terminal sobe e em seguida cai à medida que a carga aumenta*. Se V_T a vazio for igual a V_T a plena carga, então o gerador será denominado *normal*.

3. *Ainda mais espiras em série são acrescentadas* (N_{SE} *grande*). Se ainda mais espiras em série forem acrescentadas ao gerador, então o efeito do reforço de fluxo estará prevalecendo em uma faixa maior ainda, antes que a queda de tensão resistiva passe a predominar. O resultado é uma característica na qual a tensão de terminal de plena carga é mais elevada na realidade do que a tensão de terminal a vazio. Se a tensão V_T de plena carga exceder V_T a vazio, então o gerador será denominado *hipercomposto*.

Todas essas possibilidades estão ilustradas na Figura 8-61.

Também é possível dispor de todas essas características de tensão em um *único gerador* se um resistor desviador for usado. A Figura 8-62 mostra um gerador CC composto cumulativo com um número relativamente grande de espiras em série N_{SE}. Um resistor desviador de corrente, denominado resistor de drenagem, é ligado em paralelo com o campo em série. Se o resistor de drenagem R_d for ajustado para um valor elevado, a maior parte da corrente de armadura circulará através da bobina do campo em série e o gerador será hipercomposto. Por outro lado, se o resistor R_d for ajustado para um valor pequeno, então a maior parte da corrente circulará através de R_d, paralelamente ao campo em série, e o gerador será hipocomposto. O resistor pode ser ajustado de forma contínua, permitindo obter qualquer combinação desejada.

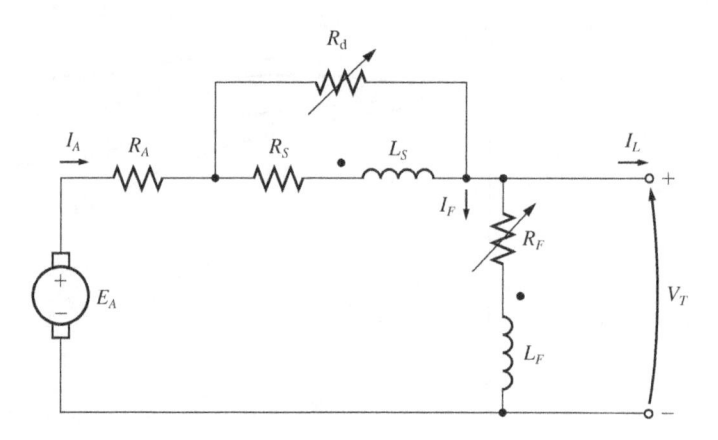

FIGURA 8-62
Um gerador CC composto cumulativo com um resistor de drenagem para desviar a corrente do campo em série.

Controle da tensão de um gerador CC composto cumulativo

As técnicas disponíveis para o controle da tensão de terminal de um gerador CC composto cumulativo são exatamente as mesmas técnicas usadas para o controle da tensão de um gerador CC em derivação:

1. Variar a velocidade de rotação. Um incremento em ω faz $E_A = K\phi\omega_m\uparrow$ aumentar, o que eleva a tensão de terminal $V_T = E_A \uparrow - I_A(R_A + R_S)$.
2. Variar a corrente de campo. Uma diminuição em R_F faz $I_F = V_T/R_F \downarrow$ aumentar, o que eleva a força magnetomotriz total do gerador. Quando $\mathcal{F}_{tot}$ sobe, o fluxo ϕ da máquina aumenta, o que eleva $E_A = K\phi\uparrow\omega_m$. Finalmente, um aumento em E_A faz V_T subir.

Análise de um gerador CC composto cumulativo

As Equações (8-53) e (8-54) são a chave da descrição da característica de terminal de um gerador CC composto cumulativo. A corrente equivalente de campo em derivação I_{eq}, devido aos efeitos do campo em série e da reação de armadura, é dada por

$$I_{eq} = \frac{N_{SE}}{N_F}I_A - \frac{\mathcal{F}_{RA}}{N_F} \tag{8-53}$$

Portanto, a corrente efetiva total de campo em derivação da máquina é

$$I_F^* = I_F + I_{eq} \tag{8-53}$$

Essa corrente equivalente I_{eq} corresponde a uma distância horizontal à esquerda ou à direita da reta da resistência de campo ($R_F = V_T/I_F$) ao longo dos eixos da curva de magnetização.

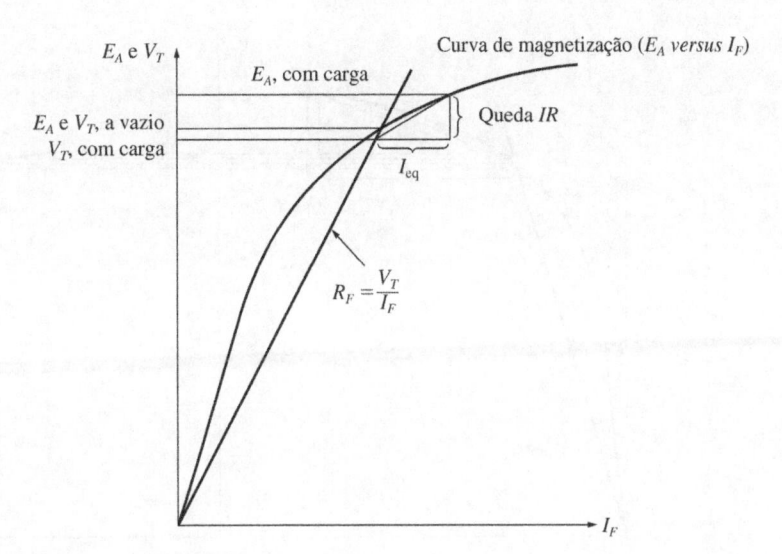

FIGURA 8-63
Análise gráfica de um gerador CC composto cumulativo.

A queda resistiva do gerador é dada por $I_A(R_A + R_S)$, o que é um comprimento sobre o eixo vertical da curva de magnetização. Tanto a corrente equivalente I_{eq} quanto a queda de tensão resistiva $I_A(R_A + R_S)$ dependem do valor da corrente de armadura I_A. Portanto, elas formam os dois lados de um triângulo cujos valores são uma função de I_A. Para obter a tensão de saída, para uma dada carga, determine o tamanho do triângulo e encontre o local onde ele se encaixa *exatamente* entre a reta da corrente de campo e a curva de magnetização.

Essa ideia está ilustrada na Figura 8-63. A tensão de terminal a vazio será o ponto no qual a reta da resistência e a curva de magnetização intersectam-se, como antes. Quando uma carga é acrescentada ao gerador, a força magnetomotriz do campo em série aumenta, elevando a corrente equivalente do campo em derivação I_{eq} e a queda de tensão resistiva $I_A(R_A + R_S)$ da máquina. Para encontrar a nova tensão de saída desse gerador, desloque o vértice, que está mais à esquerda do triângulo, ao longo da reta da corrente do campo em derivação até que o vértice superior do triângulo toque a curva de magnetização. Esse vértice superior representará a tensão interna gerada da máquina, ao passo que a linha inferior representa a tensão de terminal da máquina.

A Figura 8-64 mostra esse processo repetido diversas vezes para construir a característica de terminal completa do gerador.

8.16 O GERADOR CC COMPOSTO DIFERENCIAL

Um gerador CC composto diferencial é um gerador que contém os campos em derivação e em série, mas, dessa vez, *as suas forças magnetomotrizes subtraem-se entre si*. O circuito equivalente de um gerador CC composto diferencial está mostrado na

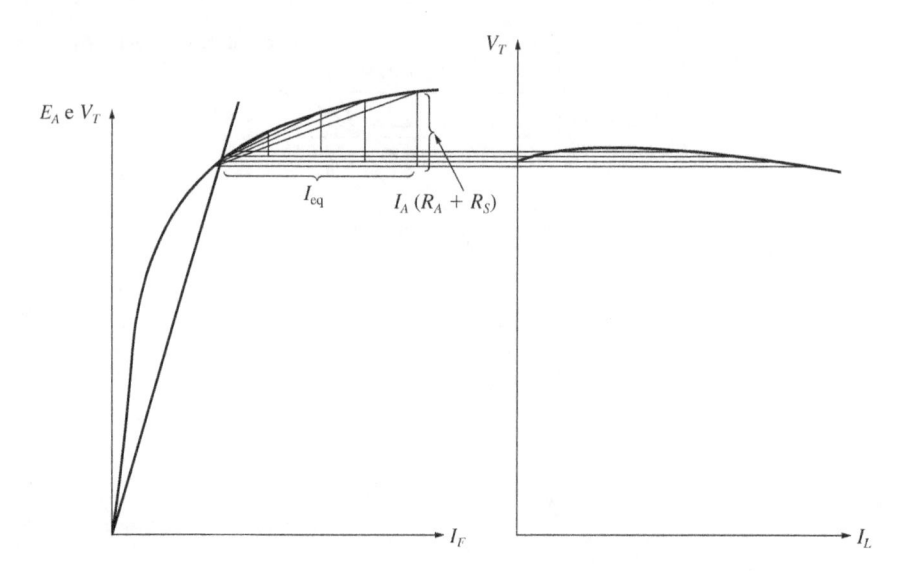

FIGURA 8-64
Obtenção gráfica da característica de terminal de um gerador CC composto cumulativo.

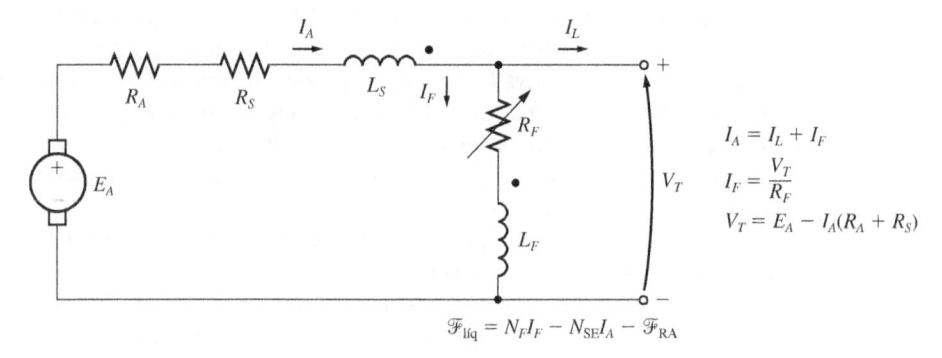

$$I_A = I_L + I_F$$
$$I_F = \frac{V_T}{R_F}$$
$$V_T = E_A - I_A(R_A + R_S)$$

$$\mathcal{F}_{\text{líq}} = N_F I_F - N_{SE} I_A - \mathcal{F}_{RA}$$

FIGURA 8-65
O circuito equivalente de um gerador CC composto diferencial com uma ligação em derivação longa.

Figura 8-65. Observe que agora a corrente de armadura está circulando para *fora* de uma terminação de bobina com ponto, ao passo que a corrente do campo em derivação está circulando para *dentro* de uma terminação de bobina com ponto. Nessa máquina, a força magnetomotriz líquida é

$$\mathcal{F}_{\text{líq}} = \mathcal{F}_F - \mathcal{F}_{SE} - \mathcal{F}_{RA} \tag{8-55}$$

$$\mathcal{F}_{\text{líq}} = N_F I_F - N_{SE} I_A - \mathcal{F}_{RA} \tag{8-56}$$

e a corrente equivalente do campo em derivação devido ao campo em série e à reação de armadura é dada por

$$I_{eq} = -\frac{N_{SE}}{N_F} I_A - \frac{\mathcal{F}_{RA}}{N_F} \qquad (8\text{-}57)$$

A corrente efetiva total do campo em derivação dessa máquina é

$$I_F^* = I_F + I_{eq} \qquad (8\text{-}58a)$$

ou

$$I_F^* = I_F - \frac{N_{SE}}{N_F} I_A - \frac{\mathcal{F}_{RA}}{N_F} \qquad (8\text{-}58b)$$

Como o gerador CC composto cumulativo, o gerador CC composto diferencial pode ser ligado em derivação longa ou em derivação curta.

A característica de terminal de um gerador CC composto diferencial

No gerador CC composto diferencial, ocorrem os mesmos dois efeitos que estavam presentes no gerador CC composto cumulativo. Dessa vez, no entanto, ambos os efeitos atuam no mesmo sentido. Eles são

1. Quando I_A aumenta, a queda de tensão $I_A(R_A + R_S)$ também aumenta. Esse aumento tende a diminuir a tensão de terminal $V_T = E_A - I_A\uparrow (R_A + R_S)$.

2. Quando I_A aumenta, a força magnetomotriz do campo em série $\mathcal{F}_{SE} = N_{SE} I_A$ também aumenta. Isso *reduz* a força magnetomotriz líquida do gerador ($\mathcal{F}_{tot} = N_F I_F - N_{SE} I_A\uparrow$), o que por sua vez reduz o fluxo líquido do gerador. Esse fluxo reduzido diminui E_A, o que por sua vez diminui V_T.

Como ambos os efeitos tendem a *reduzir* V_T, a tensão diminui drasticamente quando a carga é aumentada no gerador. A característica de terminal típica de um gerador CC composto diferencial está mostrada na Figura 8-66.

Controle da tensão de um gerador CC composto diferencial

Mesmo quando as características de queda de tensão de um gerador CC composto diferencial são muito ruins, ainda é possível ajustar a tensão de terminal para qualquer valor dado de carga. As técnicas disponíveis para ajustar a tensão de terminal são exatamente as mesmas que as usadas para os geradores CC compostos em derivação e cumulativo:

1. Variar a velocidade de rotação ω_m.
2. Variar a corrente de campo I_F.

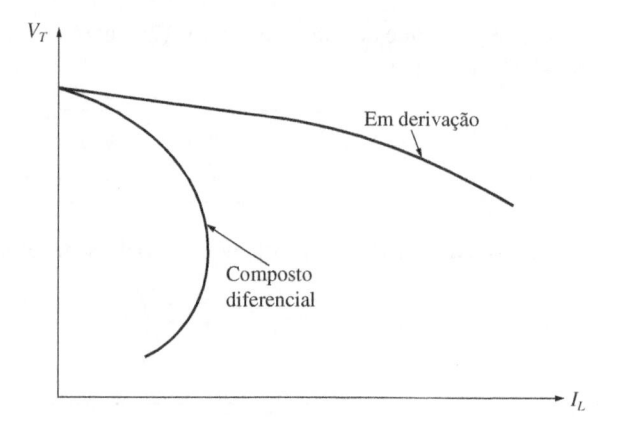

FIGURA 8-66
A característica de terminal de um gerador CC composto diferencial.

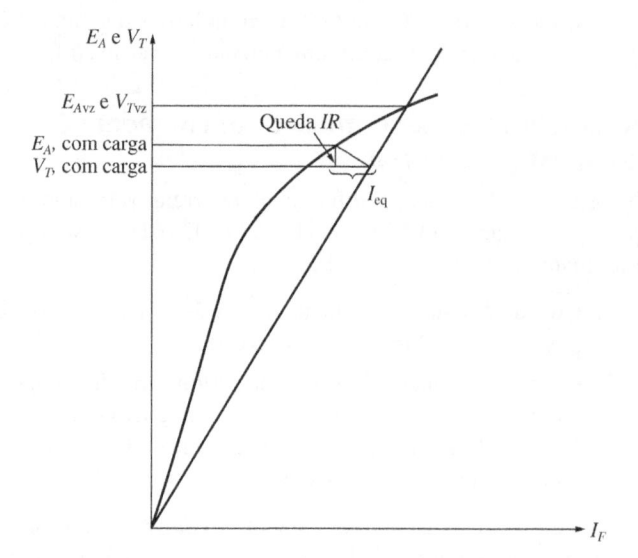

FIGURA 8-67
Análise gráfica de um gerador CC composto diferencial.

Análise gráfica de um gerador CC composto diferencial

A determinação gráfica da característica de tensão de um gerador CC composto diferencial é feita exatamente da mesma forma que a usada para o gerador CC composto cumulativo. Para encontrar a característica de terminal da máquina, consulte a Figura 8-67.

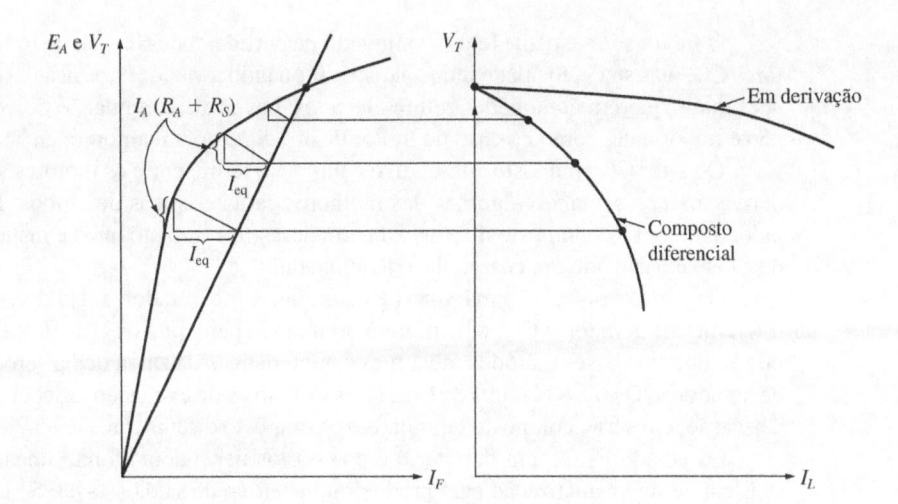

FIGURA 8-68
Construção gráfica da característica de terminal de um gerador CC composto diferencial.

A parte da corrente efetiva de campo em derivação, devido ao campo real em derivação, é sempre igual a V_T/R_F, porque esse é o valor de corrente presente no campo em derivação. O restante da corrente efetiva de campo é dado por I_{eq} e é a soma dos efeitos do campo em série e da reação de armadura. Essa corrente equivalente I_{eq} representa uma distância horizontal *negativa* ao longo dos eixos da curva de magnetização, porque o campo em série e a reação de armadura são subtrativos.

A queda resistiva no gerador é dada por $I_A(R_A + R_S)$, o que corresponde a um comprimento ao longo do eixo vertical da curva de magnetização. Para encontrar a tensão de saída para uma dada carga, comece determinando o tamanho do triângulo formado pela queda de tensão resistiva e a corrente I_{eq}. A seguir, encontre o ponto onde o triângulo encaixa-se *exatamente* entre a reta da corrente de campo e a curva de magnetização.

A Figura 8-68 mostra esse processo sendo repetido diversas vezes na construção da característica de terminal completa do gerador.

8.17 SÍNTESE DO CAPÍTULO

Há muitos tipos de motores CC, que diferem na forma pela qual os seus fluxos de campo são obtidos. Esses tipos de motores são de excitação independente, em derivação, de ímãs permanentes, em série e compostos. A forma de obtenção do fluxo afeta o modo como ele varia com a carga, o que por sua vez afeta a característica total de conjugado *versus* velocidade do motor.

Um motor CC em derivação ou de excitação independente tem uma característica de conjugado *versus* velocidade cuja velocidade cai linearmente com o aumento de conjugado. Sua velocidade pode ser controlada variando sua corrente de campo, sua tensão de armadura ou sua resistência de armadura.

Um motor CC de ímãs permanentes é a mesma máquina básica, exceto pelo fato de que seu fluxo é produzido por ímãs permanentes. Sua velocidade pode ser controlada por qualquer um dos métodos anteriores, menos pela alteração da corrente de campo.

O motor série é o que tem o conjugado de partida mais elevado de todos os motores CC, mas sua velocidade tende a disparar quando a vazio. Ele é usado em aplicações que requerem conjugados muito elevados, nas quais a regulação de velocidade não é importante, como no caso do motor de arranque de um automóvel.

O motor CC composto cumulativo é um meio termo entre os motores série e em derivação, apresentando algumas das melhores características de ambos. Por outro lado, o motor CC composto diferencial é um desastre completo, pois é instável e tende a disparar quando uma carga lhe é adicionada.

Os geradores CC são máquinas CC usadas como geradores. Há diversos tipos diferentes de geradores CC, que diferem no método pelo qual os seus fluxos de campo são obtidos. Esses métodos afetam as características de saída dos diferentes tipos de geradores. Os tipos comuns de geradores CC são os de excitação independente, em derivação, em série, composto cumulativo e composto diferencial.

Os geradores CC em derivação e compostos dependem da não linearidade de suas curvas de magnetização para produzir uma tensão de saída estável. Se a curva de magnetização de uma máquina CC fosse uma linha reta, então a curva de magnetização e a reta da tensão de linha do gerador nunca iriam se cortar. Consequentemente, a vazio, não haveria tensão estável na saída do gerador. Como os efeitos não lineares estão no centro do funcionamento do gerador, as tensões de saída dos geradores CC podem ser determinadas somente por meios gráficos ou numericamente, usando um computador.

Atualmente, em muitas aplicações, os geradores CC foram substituídos por fontes de potência CA e por componentes eletrônicos de estado sólido. Isso é verdadeiro mesmo no caso do automóvel, no qual as fontes CC de potência são usadas mais comumente.

PERGUNTAS

8.1 O que é a regulação de velocidade de um motor CC?

8.2 Como se pode controlar a velocidade de um motor CC em derivação? Explique detalhadamente.

8.3 Na prática, qual é a diferença entre um motor CC de excitação independente e um em derivação?

8.4 Que efeito a reação de armadura tem sobre a característica de conjugado *versus* velocidade de um motor CC em derivação? Os efeitos da reação de armadura podem ser sérios? O que se pode fazer para remediar esse problema?

8.5 Quais são as características desejáveis dos ímãs permanentes das máquinas CCIP?

8.6 Quais são as principais características de um motor CC série? Quais são os seus usos?

8.7 Quais são as características de um motor CC composto cumulativo?

8.8 Quais são os problemas associados ao motor CC composto diferencial?

8.9 O que acontecerá a um motor CC em derivação se o seu circuito de campo abrir enquanto ele estiver em funcionamento?

8.10 Por que se usa uma resistência de partida nos circuitos de motores CC?

8.11 Como uma resistência de partida CC pode ser removida do circuito de armadura de um motor exatamente no momento certo durante a partida?

8.12 O que é o sistema Ward-Leonard de controle de motor? Quais são as suas vantagens e desvantagens?

8.13 O que é regeneração?

8.14 Quais são as vantagens e desvantagens dos controladores de motor de estado sólido, quando comparados com o sistema Ward-Leonard?

8.15 Qual é a finalidade do relé de perda de campo?

8.16 Que tipos de circuitos de proteção são incluídos em controladores típicos de estado sólido para motores CC? Como funcionam?

8.17 Como se pode inverter o sentido de rotação de um motor CC de excitação independente?

8.18 Como se pode inverter o sentido de rotação de um motor CC em derivação?

8.19 Como se pode inverter o sentido de rotação de um motor CC série?

8.20 Dê o nome e descreva as características dos cinco tipos de geradores estudados neste capítulo.

8.21 Como ocorre a geração inicial de tensão em um gerador CC em derivação durante a partida?

8.22 O que poderia impedir que a geração inicial de tensão ocorresse durante a partida? Como se pode remediar esse problema?

8.23 De que forma a reação de armadura afeta a tensão de saída em um gerador de excitação independente?

8.24 O que causa a queda extraordinariamente rápida da tensão com o aumento da carga em um gerador CC composto diferencial?

PROBLEMAS

Os Problemas 8-1 a 8-12 referem-se ao seguinte motor CC:

$P_{nominal} = 30$ HP $\qquad I_{L, nominal} = 110$ A

$V_T = 240$ V $\qquad N_F = 2700$ espiras por polo

$n_{nominal} = 1800$ rpm $\qquad N_{SE} = 14$ espiras por polo

$R_A = 0.19 \, \Omega$ $\qquad R_F = 75 \, \Omega$

$R_S = 0.02 \, \Omega$ $\qquad R_{aj} = 100$ a $400 \, \Omega$

Perdas rotacionais = 3550 W a plena carga.

Curva de magnetização como a mostrada na Figura P8-1.

Nos Problemas 8-1 a 8-7, assuma que o motor pode ser ligado em derivação. O circuito equivalente do motor em derivação está mostrado na Figura P8-2.

8.1 Se o resistor R_{aj} for ajustado para 175 Ω, qual será a velocidade de rotação do motor a vazio?

8.2 Assumindo que não há reação de armadura, qual é a velocidade do motor a plena carga? Qual é a regulação de velocidade do motor?

8.3 Se o motor estiver operando a plena carga e se sua resistência variável R_{aj} for aumentada para 250 Ω, qual será a nova velocidade do motor? Compare a velocidade de plena carga do motor, para $R_{aj} = 175$ Ω, com a velocidade de plena carga para $R_{aj} = 250$ Ω. (Assuma que não há reação de armadura, como no problema anterior.)

8.4 Assuma que o motor está funcionando a plena carga e que o resistor variável R_{aj} é novamente 175 Ω. Se a reação de armadura for 1000 A • e a plena carga, qual será a velocidade do motor? Como esse resultado compara-se com o do Problema 8-2?

8.5 Se o resistor R_{aj} puder se ajustado de 100 a 400 Ω, quais serão as velocidades a vazio máxima e mínima obtidas com esse motor?

8.6 Qual será a corrente de partida dessa máquina se sua partida for feita ligando-a diretamente à fonte de potência V_T? Como essa corrente de partida compara-se com a corrente de plena carga do motor?

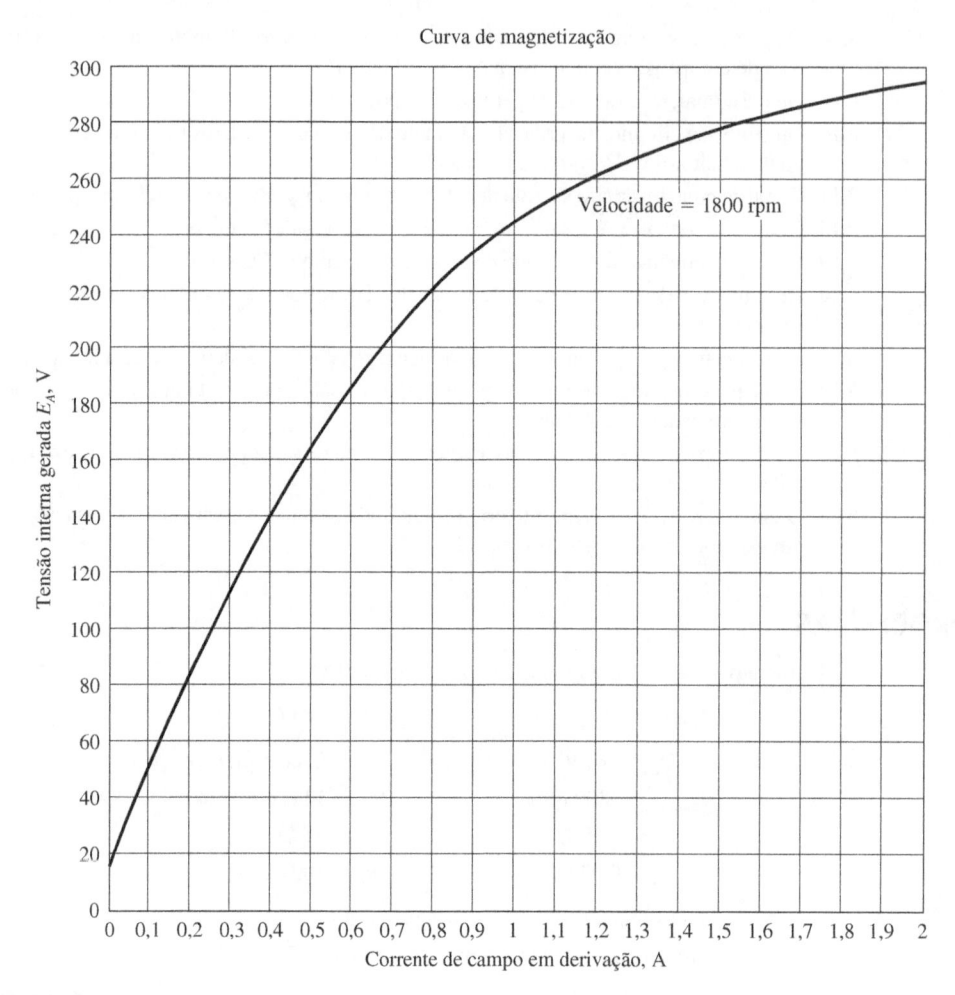

FIGURA P8-1
A curva de magnetização do motor CC dos Problemas 8-1 a 8-12. Essa curva foi feita com uma velocidade constante de 1800 rpm.

8.7 Plote a característica de conjugado *versus* velocidade desse motor assumindo que não há reação de armadura e, novamente, assumindo uma reação de armadura de plena carga de 1200 A • e. (Assuma que a reação de armadura cresce linearmente com o aumento de corrente de armadura.)

Nos Problemas 8-8 e 8-9, as ligações do motor CC em derivação são refeitas e o motor torna-se de excitação independente, como está mostrado na Figura P8-3. Ele tem uma tensão de campo fixa V_F de 240 V e uma tensão de armadura V_A que pode ser variada de 120 a 240 V.

8.8 Qual é a velocidade a vazio desse motor de excitação independente quando $R_{aj} = 175\ \Omega$ e *(a)* $V_A = 120$ V, *(b)* $V_A = 180$ V e *(c)* $V_A = 240$ V?

8.9 Para o motor CC de excitação independente do Problema 8-8:
   (a) Qual é a velocidade a vazio máxima que se pode atingir variando a tensão V_A e a resistência R_{aj}?

FIGURA P8-2
O circuito equivalente do motor em derivação dos Problemas 8-1 a 8-7

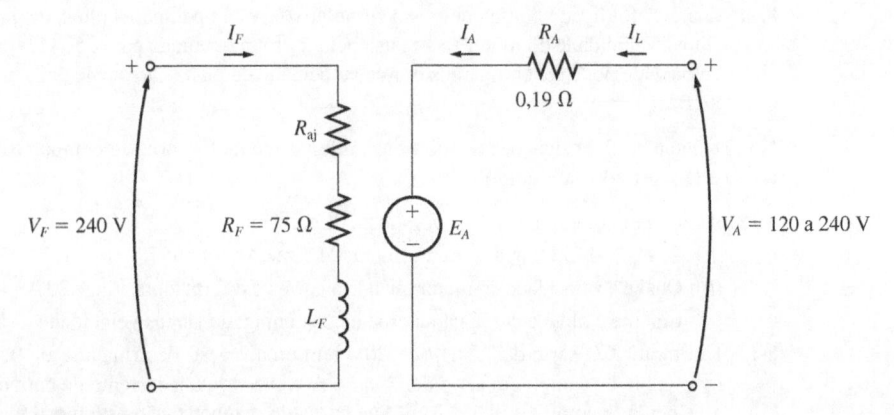

FIGURA P8-3
O circuito equivalente do motor de excitação independente dos Problemas 8-8 e 8-9.

    (b) Qual é a velocidade a vazio mínima que se pode atingir variando a tensão V_A e a resistência R_{aj}?

    (c) Qual é a eficiência do motor em condições nominais? [*Observação:* Assuma que (1) a queda de tensão nas escovas é 2 V; (2) as perdas no núcleo devem ser determinadas para uma tensão de armadura igual à tensão de armadura a plena carga e (3) as perdas suplementares são 1% da plena carga.]

Nos Problemas 8-10 e 8-11, as ligações do motor são refeitas e o motor torna-se composto cumulativo, como está mostrado na Figura P8-4.

8.10 Se o motor for ligado como composto cumulativo tendo $R_{aj} = 175\ \Omega$:

    (a) Qual é a velocidade a vazio do motor?
    (b) Qual é a velocidade de plena carga do motor?
    (c) Qual é sua regulação de velocidade?
    (d) Calcule e plote a característica de conjugado *versus* velocidade desse motor. (Despreze os efeitos de armadura neste problema.)

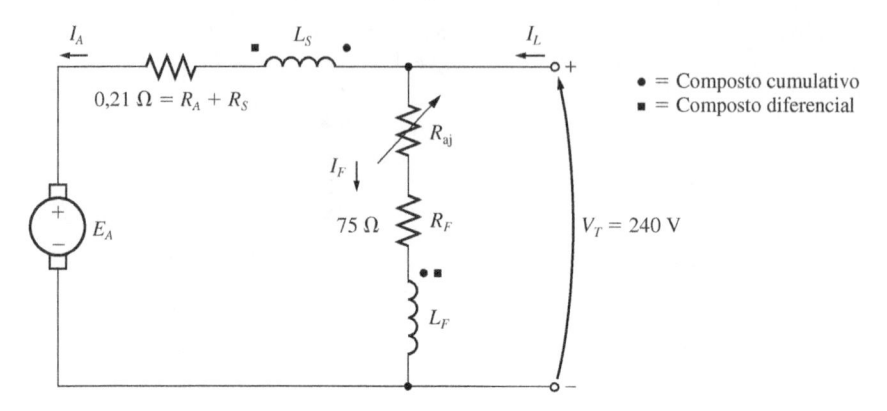

FIGURA P8-4
O circuito equivalente do motor composto dos Problemas 8-10 a 8-12.

8.11 O motor foi ligado como composto cumulativo e está operando a plena carga. Qual será a nova velocidade do motor se a resistência R_{aj} for aumentada para 250 Ω? Como a nova velocidade pode ser comparada com a velocidade de plena carga calculada no Problema 8-10?

No Problema 8-12, as ligações do motor são refeitas e o motor torna-se composto diferencial, como está mostrado na Figura P8-4.

8.12 Agora o motor é ligado como composto diferencial.
   (a) Se R_{aj} = 175 Ω, qual será a velocidade a vazio do motor?
   (b) Qual é a velocidade do motor quando a corrente de armadura atinge 20 A? 40 A? 60 A?
   (c) Calcule e plote a curva característica de conjugado *versus* velocidade desse motor.

8.13 Um motor CC série de 7,5 HP e 120V tem uma reação de armadura de 0,1 Ω e uma resistência de campo em série de 0,08 Ω. A plena carga, a corrente de entrada é 56 A e a velocidade nominal é 1050 rpm. Sua curva de magnetização está mostrada na Figura P8-5. As perdas no núcleo são 220 W e as perdas mecânicas são 230 W a plena carga. Assuma que as perdas mecânicas variam com o cubo da velocidade do motor e que as perdas no núcleo são constantes.
   (a) Qual é a eficiência do motor a plena carga?
   (b) Quais serão a velocidade e a eficiência do motor se ele estiver operando com uma corrente de armadura de 40 A?
   (c) Plote a característica de conjugado *versus* velocidade desse motor.

8.14 Um motor série de 20 HP, 240 V, 76 A e 900 rpm tem um enrolamento de campo de 33 espiras por polo. Sua resistência de armadura é 0,09 Ω e sua resistência de campo é 0,06 Ω. A curva de magnetização, expressa em termos da força magnetomotriz *versus* E_A, para 900 rpm é dada pela tabela seguinte:

E_A, V	95	150	188	212	229	243
$\mathcal{F}$, A·e	500	1000	1500	2000	2500	3000

A reação de armadura é desprezível nessa máquina.
   (a) Calcule o conjugado do motor, a velocidade e a potência de saída para 33, 67, 100 e 133% da corrente de armadura de plena carga. (Despreze as perdas rotacionais.)
   (b) Plote a característica de terminal da máquina.

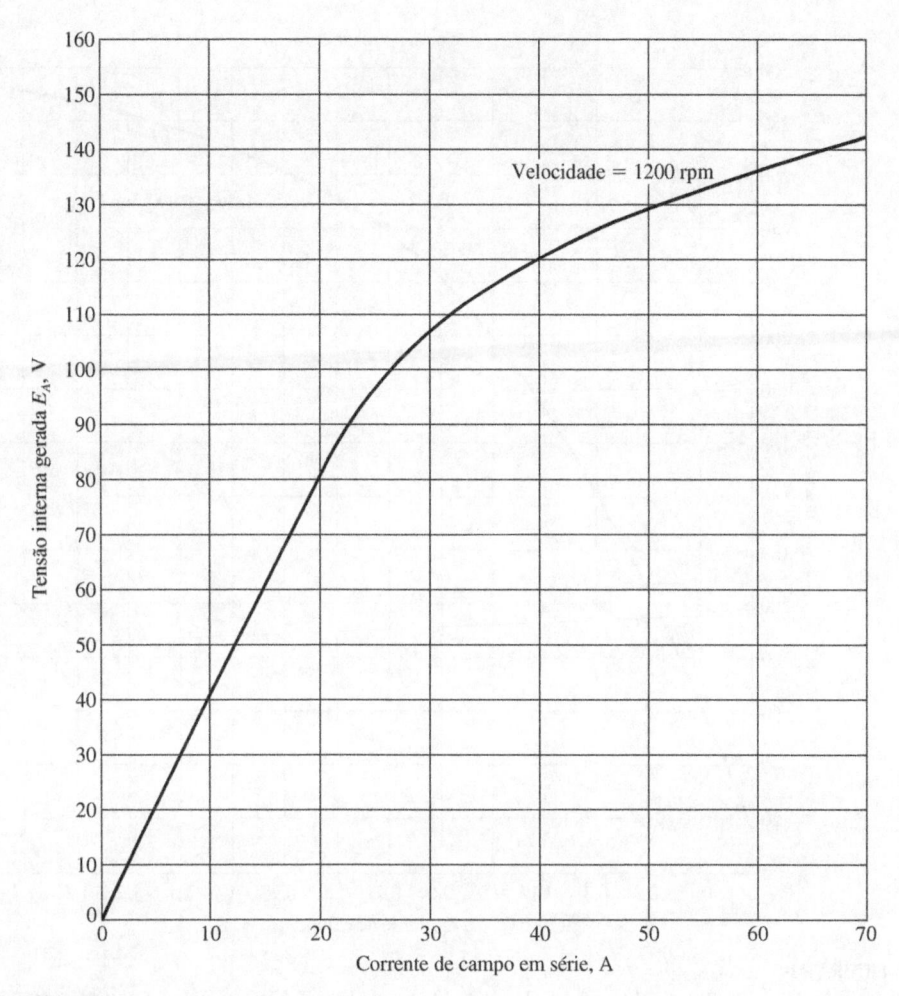

FIGURA P8-5
A curva de magnetização do motor série do Problema 8-13. Essa curva foi feita com uma velocidade constante de 1200 rpm.

8.15 Um motor CC em derivação de 300 HP, 440 V, 560 A e 863 rpm foi submetido a ensaios e foram obtidos os seguintes dados:

Ensaio de rotor bloqueado:

$$V_A = 14,9 \text{ V} \quad \text{excluindo as escovas} \qquad V_F = 440 \text{ V}$$
$$I_A = 500 \text{ A} \qquad\qquad\qquad\qquad\qquad I_F = 7,52 \text{ A}$$

Operação a vazio:

$$V_A = 440 \text{ V} \quad \text{incluindo as escovas} \qquad I_F = 7,50 \text{ A}$$
$$I_A = 23,1 \text{ A} \qquad\qquad\qquad\qquad\qquad n = 863 \text{ rpm}$$

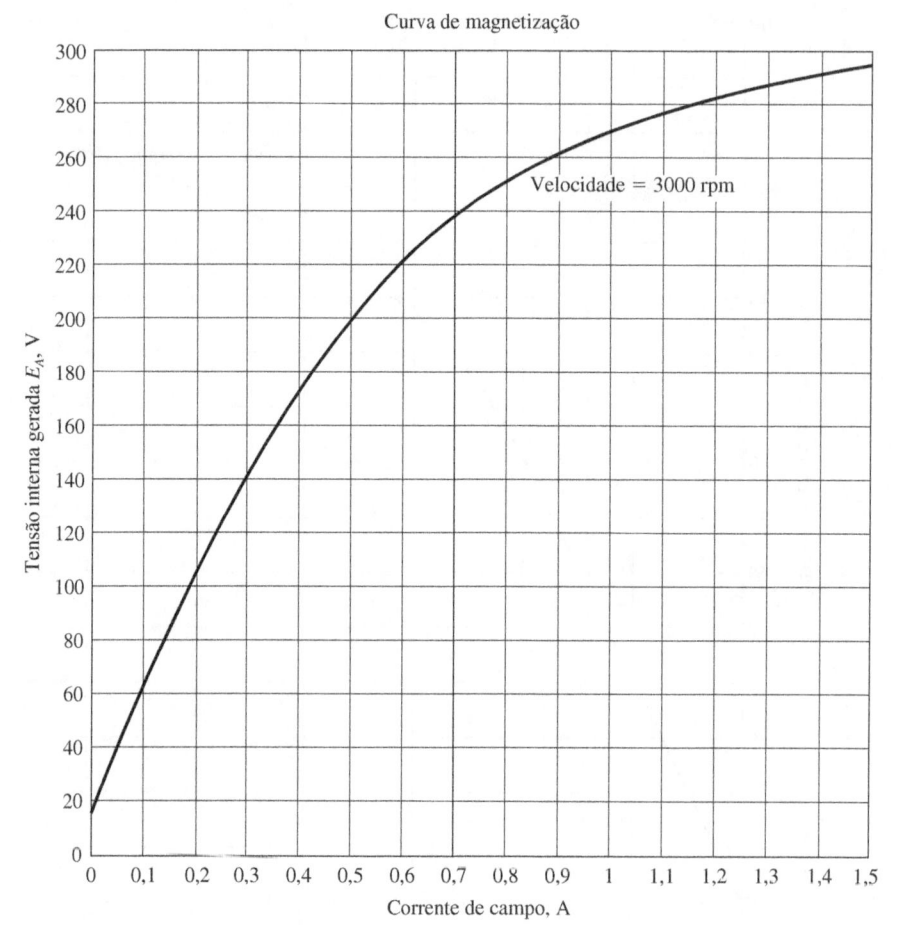

FIGURA P8-6
A curva de magnetização do motor CC dos Problemas 8-16 a 8-19. Essa curva foi feita com uma velocidade constante de 3000 rpm.

Qual é a eficiência desse motor nas condições nominais? [*Observação:* Assuma que (1) a queda de tensão nas escovas é 2 V; (2) as perdas no núcleo devem ser determinadas para uma tensão de armadura igual à tensão de armadura de plena carga e (3) as perdas suplementares são 1% da plena carga.]

Os Problemas 8-16 a 8-19 referem-se a um motor CC, de 240 V e 100 A, que tem enrolamentos em derivação e em série. Suas características são

$R_A = 0,14 \, \Omega$ $\qquad N_F = 1500$ espiras
$R_S = 0,05 \, \Omega$ $\qquad N_{SE} = 15$ espiras
$R_F = 200 \, \Omega$ $\qquad n_m = 3000$ rpm
$R_{aj} = 0$ a $300 \, \Omega$, no momento ajustada em $120 \, \Omega$

Esse motor tem enrolamentos de compensação e interpolos. A curva de magnetização do motor para 3000 rpm está mostrada na Figura P8-6.

8.16 O motor descrito no problema anterior é ligado *em derivação*.
   (a) Qual é a velocidade a vazio desse motor quando $R_{aj} = 120\ \Omega$?
   (b) Qual é sua velocidade de plena carga?
   (c) Qual é sua regulação de velocidade?
   (d) Plote a característica de conjugado *versus* velocidade do motor.
   (e) Em condições a vazio, qual é a faixa de velocidades possíveis que podem ser obtidas ajustando R_{aj}?

8.17 Agora, máquina é ligada como um motor CC composto cumulativo com $R_{aj} = 120\ \Omega$.
   (a) Qual é a velocidade a vazio do motor?
   (b) Qual é sua velocidade de plena carga?
   (c) Qual é sua regulação de velocidade?
   (d) Plote a característica de conjugado *versus* velocidade desse motor.

8.18 O motor acima é ligado como um motor composto diferencial com $R_{aj} = 120\ \Omega$. Obtenha a forma da sua característica de conjugado *versus* velocidade.

8.19 Agora, um motor série é construído a partir dessa máquina, excluindo completamente o campo em derivação. Obtenha a característica de conjugado *versus* velocidade do motor resultante.

8.20 Um circuito de partida automática deve ser projetado para um motor em derivação com valores nominais de 20 HP, 240 V e 75 A. A resistência de armadura do motor é 0,12 Ω e a resistência do campo em derivação é 40 Ω. O motor deve arrancar com não mais do que 250% da sua corrente de armadura nominal e, logo que a corrente baixar até o valor nominal, um segmento da resistência de partida deve ser removido. Quantos segmentos a resistência de partida deve ter e qual deve ser o valor de cada um?

8.21 Um motor CC em derivação de 10 HP, 120 V e 1000 rpm tem uma corrente de armadura de plena carga de 70 A quando está operando em condições nominais. A resistência de armadura do motor é $R_A = 0,12\ \Omega$ e a resistência de campo R_F é 40 Ω. A resistência ajustável R_{aj} do circuito de campo pode ser variada dentro do intervalo de 0 a 200 Ω e, no momento, está ajustada para 100 Ω. A reação de armadura pode se ignorada nessa máquina. A curva de magnetização, obtida com uma velocidade de 1000 rpm, é dada pela tabela seguinte:

E_A, V	5	78	95	112	118	126
I_F, A	0,00	0,80	1,00	1,28	1,44	2,88

   (a) Qual é a velocidade do motor quando ele está operando nas condições nominais especificadas?
   (b) A potência de saída do motor é 10 HP nas condições nominais. Qual é seu conjugado de saída?
   (c) Quais são as perdas no cobre e as perdas rotacionais do motor a plena carga (ignore as perdas suplementares)?
   (d) Qual é a eficiência do motor a plena carga?
   (e) Se agora a carga do motor for retirada sem alterações na tensão de terminal nem em R_{aj}, qual será sua velocidade a vazio?
   (f) Suponha que o motor esteja funcionando nas condições a vazio descritas na parte *(e)*. Que aconteceria ao motor se seu circuito de campo fosse aberto? Ignorando a reação de armadura, qual seria a velocidade final de regime permanente do motor nessas condições?
   (g) Que intervalo de velocidades a vazio é possível nesse motor, usando o intervalo de valores de resistência de campo, que podem ser obtidos variando R_{aj}?

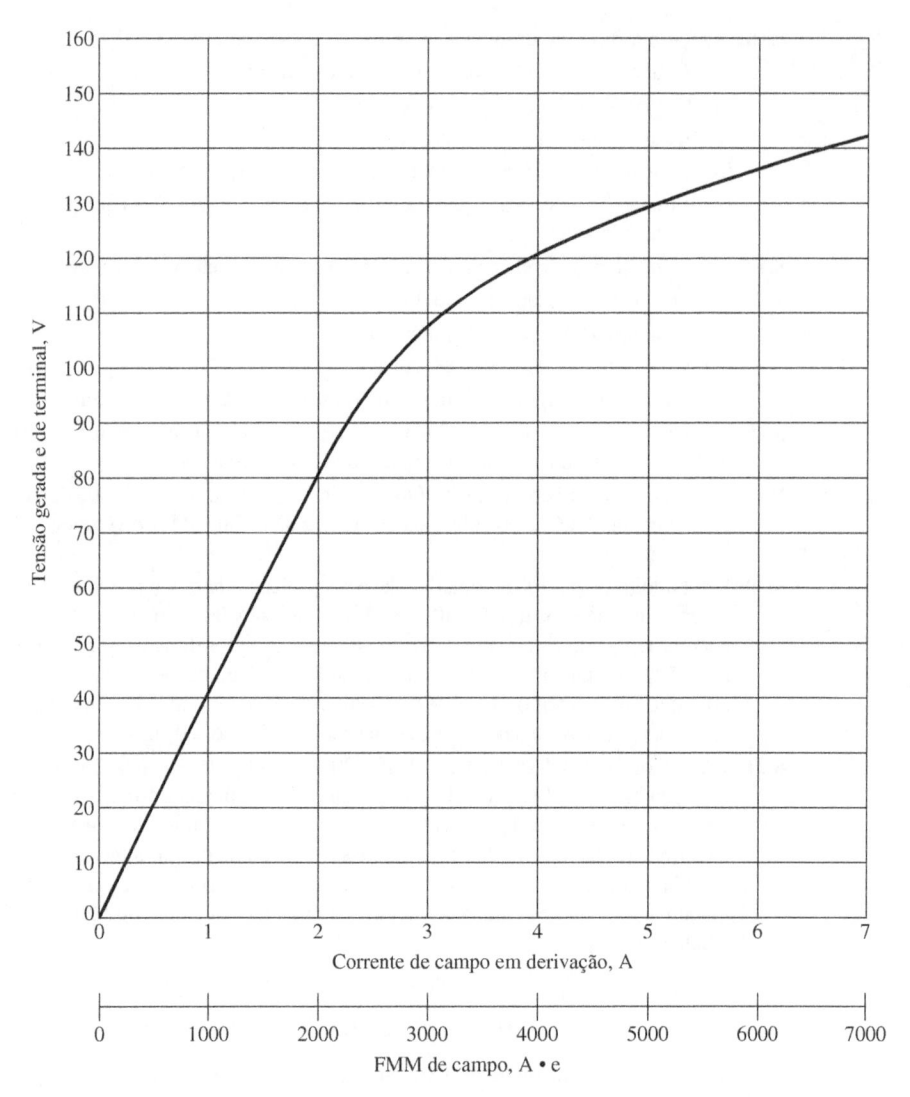

FIGURA P8-7
A curva de magnetização para os Problemas 8-22 a 8-28. Essa curva foi obtida com uma velocidade de 1800 rpm.

8.22 A curva de magnetização de um gerador CC de excitação independente está mostrada na Figura P8-7. As especificações nominais do gerador são 6 kW, 120 V, 50 A e 1800 rpm, e o gerador está ilustrado na Figura P8-8. A corrente nominal do seu circuito de campo é 5 A. Os seguintes dados da máquina são conhecidos:

$$R_A = 0,18 \, \Omega \qquad V_F = 120 \, V$$
$$R_{aj} = 0 \text{ a } 40 \, \Omega \qquad R_F = 20 \, \Omega$$
$$N_F = 1000 \text{ espiras por polo}$$

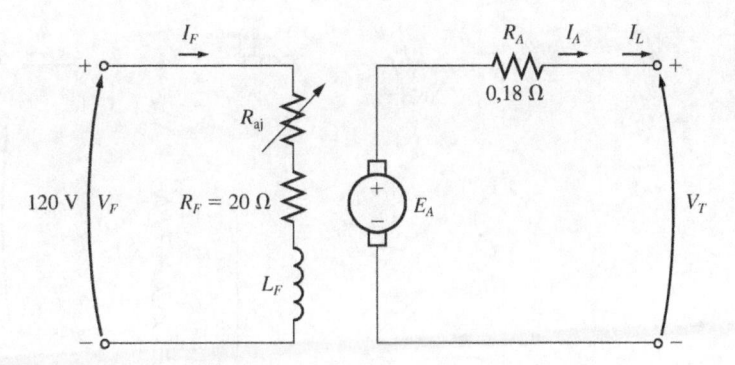

FIGURA P8-8
O gerador CC de excitação independente dos Problemas 8-22 a 8-24.

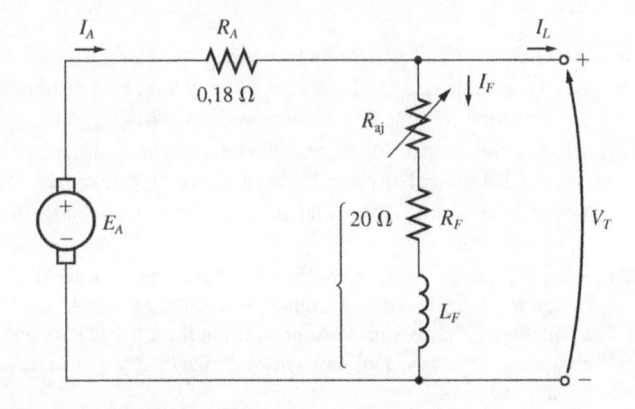

FIGURA P8-9
O gerador CC em derivação dos Problemas 8-25 e 8-26.

Responda às seguintes perguntas sobre o gerador, assumindo que não há reação de armadura.
 (a) Se esse gerador estiver funcionando a vazio, qual será o intervalo de ajustes de tensão que pode ser obtido variando R_{aj}?
 (b) Se o reostato de campo variar de 0 a 30 Ω e a velocidade do gerador variar de 1500 a 2000 rpm, quais serão as tensões a vazio máxima e mínima do gerador?
8.23 Se a corrente de armadura do gerador do Problema 8-22 for 50 A, a velocidade do gerador for 1700 rpm e a tensão de terminal for 106 V, qual será a corrente de campo que deverá estar circulando no gerador?
8.24 Assumindo que o gerador do Problema 8-22 tem uma reação de armadura a plena carga equivalente a 400 A • e de força magnetomotriz, qual será a tensão de terminal do gerador quando $I_F = 5$ A, $n_m = 1700$ rpm e $I_A = 50$ A?
8.25 A máquina do Problema 8-22 é ligada como um gerador CC em derivação e está mostrada na Figura P8-9. O resistor R_{aj} de campo em derivação é ajustado para 10 Ω e a velocidade do gerador é 1800 rpm.

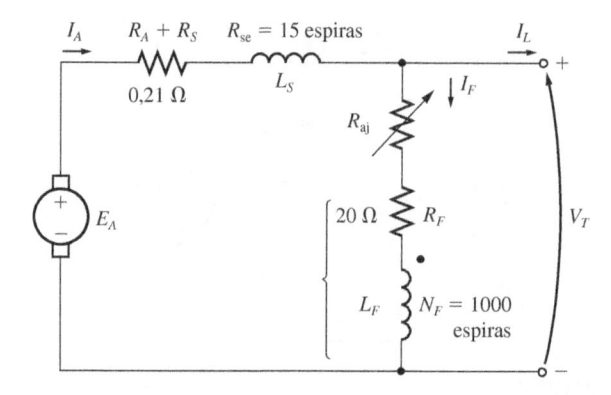

FIGURA P8-10
O gerador CC composto dos Problemas 8-27 e 8-28.

(a) Qual é a tensão de terminal a vazio do gerador?
(b) Assumindo que não há reação de armadura, qual é a tensão de terminal do gerador com uma corrente de armadura de 20 A? 40 A?
(c) Assumindo que a plena carga há uma reação de armadura de 300 A • e, qual é a tensão de terminal do gerador com uma corrente de armadura de 20 A? 40 A?
(d) Calcule e plote as características de terminal desse gerador com e sem reação de armadura.

8.26 Se a máquina do Problema 8-25 estiver funcionando a 1800 rpm com uma resistência de campo $R_{aj} = 10\ \Omega$ e uma corrente de armadura de 25 A, qual será a tensão de terminal resultante? Se o resistor de campo diminuir para 5 Ω enquanto a corrente de armadura permanece em 25 A, qual será a nova tensão de terminal? (Assuma que não há reação de armadura.)

8.27 Um gerador CC composto cumulativo, de 120 v e 50 A, tem as seguintes características:

$R_A + R_S = 0{,}21\ \Omega$ $N_F = 1000$ espiras
$R_F = 20\ \Omega$ $N_{SE} = 25$ espiras
$R_{aj} = 0$ a $30\ \Omega$, ajustada em $10\ \Omega$ $n_m = 1800$ rpm

A máquina tem a curva de magnetização mostrada na Figura P8-7. Seu circuito equivalente está mostrado na Figura P8-10. Responda às seguintes perguntas sobre essa máquina, assumindo que não há reação de armadura.

(a) Se o gerador estiver operando a vazio, qual será sua tensão de terminal?
(b) Se o gerador tiver uma corrente de armadura de 20 A, qual será sua tensão de terminal?
(c) Se o gerador tiver uma corrente de armadura de 40 A, qual será sua tensão de terminal?
(d) Calcule e plote a característica de terminal dessa máquina.

8.28 Se a máquina descrita no Problema 8-27 for ligada como um gerador CC composto diferencial, como será a sua característica de terminal? Obtenha a curva do mesmo modo que no Problema 8-27.

8.29 Um gerador CC composto cumulativo está funcionando como um gerador CC composto do tipo normal. A seguir, a máquina é desligada e as conexões do seu campo em derivação são invertidas.

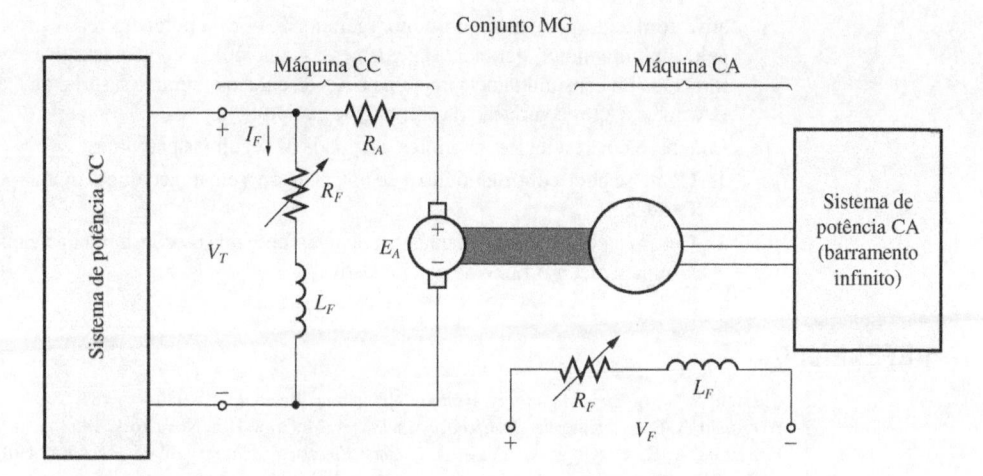

FIGURA 8-11
O conjunto motor–gerador do Problema 8-30.

(a) Se esse gerador for girado no mesmo sentido que antes, haverá a geração de tensão inicial de saída (escorvamento) em seus terminais? Justifique sua resposta.

(b) No sentido oposto de rotação, haverá geração de tensão inicial de saída (escorvamento)? Justifique sua resposta.

(c) Para o sentido de rotação em que há geração de tensão inicial de saída (escorvamento), o gerador é composto cumulativo ou diferencial?

8.30 Uma máquina síncrona trifásica está acoplada mecanicamente a uma máquina CC em derivação, formando um conjunto motor–gerador, como está mostrado na Figura P8-11. A máquina CC está conectada a um sistema de potência CC, que fornece 240 V. A máquina CA está conectada a um barramento infinito de 480 V e 60 Hz.

A máquina CC tem quatro polos e especificações nominais de 50 kW e 240 V. Ela tem uma resistência de armadura de 0,03 por unidade. A máquina CA tem quatro polos e está ligada em Y. Suas especificações nominais são 50 kVA, 480 V e FP 0,8. Sua reatância síncrona em saturação é 3,0 Ω por fase.

Neste problema, todas as perdas, exceto a resistência de armadura da máquina CC, podem ser desprezadas. Assuma que as curvas de magnetização de ambas as máquinas são lineares.

(a) Inicialmente, a máquina CA está fornecendo 50 kVA com FP 0,8 ao sistema de potência CA.

  1. Quanta potência está sendo fornecida ao motor CC pelo sistema de potência CC?
  2. Qual é o valor da tensão interna gerada E_A da máquina CC?
  3. Qual é o módulo da tensão interna gerada $\mathbf{E}_A$ da máquina CA?

(b) Agora, a corrente de campo da máquina CA é reduzida em 5%. Que efeito essa alteração terá sobre a potência ativa fornecida pelo conjunto motor–gerador? Sobre a potência reativa fornecida pelo conjunto motor–gerador? Calcule as potências ativa e reativa, fornecida ou consumida pela máquina CA nessas condições. Desenhe o diagrama fasorial da máquina CA, antes e após a variação na corrente de campo.

(c) Tomando como ponto de partida o item (b) anterior, a corrente de campo da máquina CC é agora reduzida em 1%. Que efeito essa alteração terá sobre a potência ativa fornecida pelo conjunto motor–gerador? Sobre a potência reativa fornecida pelo conjunto motor–gerador? Calcule nessas condições as potências ativa e reativa, fornecida ou consumida pela máquina CA. Desenhe o diagrama fasorial da máquina CA, antes e após a variação da corrente de campo.

(d) Com base nos resultados anteriores, responda às seguintes perguntas:

1. Como se pode controlar o fluxo de potência ativa em um conjunto motor–gerador CA–CC?
2. Como se pode controlar a potência reativa, fornecida ou consumida pela máquina CA, sem afetar o fluxo de potência ativa?

REFERÊNCIAS

1. Chaston, A. N.: *Electric Machinery*, Reston Publications, Reston, Va., 1986.
2. Fitzgerald, A. E. e C. Kingsley, Jr. *Electric Machinery*, McGraw-Hill, Nova York, 1952.
3. Fitzgerald, A. E., C. Kingsley, Jr. e S. D. Umans: *Electric Machinery*, 6ª ed., McGraw-Hill, Nova York, 2003.
4. Heck, C.: *Magnetic Materials and Their Applications*, Butterworth & Co., London, 1974.
5. IEEE Standard 113-1985, *Guide on Test Procedures for DC Machines*, IEEE, Piscataway, N.J., 1985. (Observe que essa norma foi oficialmente retirada, mas ainda está disponível.)
6. Kloeffler, S. M., R. M. Kerchner e J. L. Brenneman: *Direct Current Machinery*, ed. rev., Macmillan, Nova York, 1948.
7. Kosow, Irving L.: *Electric Machinery and Transformers*, Prentice-Hall, Englewood Cliffs, N.J., 1972.
8. McPherson, George: *An Introduction to Electrical Machines and Transformers*, Wiley, Nova York, 1981.
9. Siskind, Charles S.: *Direct Current Machinery*, McGraw-Hill, Nova York, 1952.
10. Slemon, G. R. e A. Straughen. *Electric Machines*, Addison-Wesley, Reading, Mass., 1980.
11. Werninck, E. H. (ed.): *Electric Motor Handbook*, McGraw-Hill, London, 1978.

capítulo

9

Motores monofásicos e para aplicações especiais

OBJETIVOS DE APRENDIZAGEM

- Compreender por que um motor universal é denominado "universal."
- Compreender como é possível desenvolver conjugado unidirecional a partir de um campo magnético pulsante em um motor de indução monofásico.
- Compreender como dar partida nos motores de indução monofásicos.
- Compreender as características das diversas classes de motores de indução monofásicos: de fase dividida, com capacitores e de polos sombreados.
- Ser capaz de calcular o conjugado induzido de um motor de indução monofásico.
- Compreender o funcionamento básico dos motores de relutância e de histerese.
- Compreender o funcionamento de um motor de passo.
- Compreender o funcionamento de um motor CC sem escovas.

Os Capítulos 3 a 6 foram dedicados ao funcionamento das duas principais classes de máquinas CA (síncronas e de indução) dos sistemas de potência *trifásicos*. Os motores e os geradores desses tipos são de longe os mais comuns presentes em ambientes comerciais e industriais de maior porte. Entretanto, a maioria das residências e das pequenas empresas não dispõe de energia elétrica trifásica. Em tais locais, todos os motores devem funcionar a partir de fontes de potência monofásicas. Este capítulo trata da teoria e funcionamento dos dois principais tipos de motores monofásicos: o motor universal e o motor de indução monofásico. O motor universal, que é uma extensão imediata do motor CC série, será descrito na Seção 9.1.

O motor de indução monofásico será descrito nas Seções 9.2 a 9.5. O maior problema do projeto de motores de indução monofásicos é que, diferentemente das fontes de potência trifásicas, uma fonte monofásica *não* produz um campo magnético girante. Em vez disso, o campo magnético produzido por uma fonte monofásica permanece estacionário em direção e *pulsa* com o tempo. Como não há um campo magnético resultante girante, os motores de indução convencionais não podem funcionar e tornam-se necessários motores especialmente projetados.

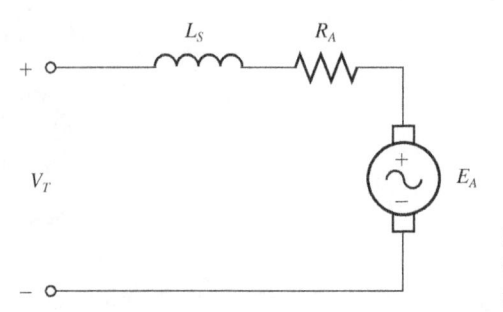

FIGURA 9-1
Circuito equivalente de um motor universal.

Além disso, há diversos motores para aplicações especiais que não foram discutidos anteriormente. Entre eles, estão os motores de relutância, motores de histerese, motores de passo e motores CC sem escovas. Eles serão descritos na Seção 9.6.

9.1 O MOTOR UNIVERSAL

Possivelmente, a abordagem mais simples de um modelo de motor que funcione com uma fonte de potência CA monofásica seja usar uma máquina CC e colocá-la a funcionar com uma fonte de tensão CA. Lembre-se do Capítulo 7 que o conjugado induzido de um motor CC é dado por

$$\tau_{ind} = K\phi I_A \qquad (7\text{-}49)$$

Se a polaridade da tensão aplicada a um motor CC em derivação ou série for invertida, *ambos* o sentido do fluxo de campo *e* o sentido da corrente de armadura irão se inverter. Como resultado, o conjugado induzido continuará com o mesmo sentido de antes. Portanto, deve ser possível obter um conjugado pulsante, mas unidirecional, a partir de um motor CC ligado a uma fonte de potência CA.

Essa abordagem é prática apenas para o motor CC série (veja a Figura 9-1), porque a corrente de armadura e a corrente de campo da máquina devem ser invertidas exatamente no mesmo instante. No caso do motor CC em derivação, a indutância de campo muito elevada tende a retardar a inversão da corrente de campo e portanto a reduzir de forma inaceitável o conjugado médio induzido do motor.

Para que um motor CC série funcione efetivamente em CA, as estruturas do estator e dos polos do campo devem ser completamente laminadas. Se não fossem completamente laminadas, as perdas no núcleo seriam enormes. Quando os polos e o estator são laminados, o motor é frequentemente denominado *motor universal*, já que ele pode funcionar tanto com uma fonte de tensão CA como CC.

Quando o motor está funcionando com uma fonte CA, a comutação é muito mais pobre do que seria com uma fonte CC. O faiscamento extra nas escovas é causado pela ação de transformador que induz tensões nas bobinas em comutação. Essas faíscas reduzem de forma significativa a vida das escovas e podem ser uma fonte de interferência de radiofrequência em certos ambientes.

As características típicas de conjugado *versus* velocidade de um motor universal estão mostradas na Figura 9-2, sendo dadas para fontes de tensão CC e CA. Há duas razões para a diferença entre as características de conjugado *versus* velocidade da mesma máquina quando ela está funcionando com uma fonte de tensão CC e com tensão CA:

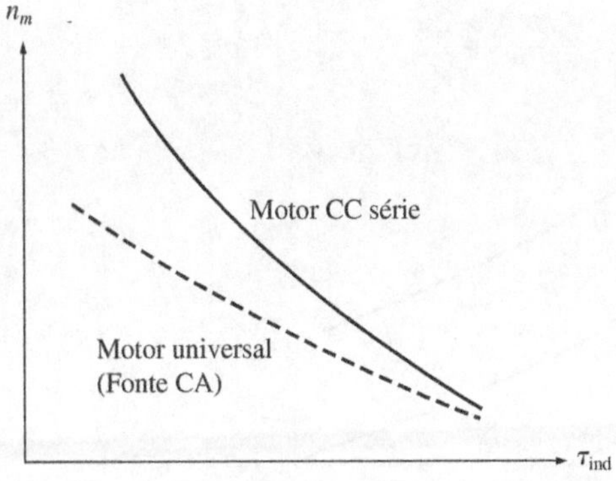

FIGURA 9-2
Comparação das características de conjugado *versus* velocidade de um motor universal quando está funcionando com fontes de tensão CA e CC.

1. Os enrolamentos de armadura e de campo têm uma reatância bem elevada em 50 ou 60 Hz. Uma parte significativa da tensão de entrada sofre queda reativa nesses enrolamentos. Portanto, para uma dada tensão de entrada, o valor de E_A é *menor* durante o funcionamento em CA do que em CC. Como $E_A = K\phi\omega_m$, o motor será mais *lento* com corrente alternada do que com corrente contínua, para uma dada corrente de armadura e conjugado induzido.
2. Além disso, a tensão de pico de um sistema CA é $\sqrt{2}$ vezes a sua tensão eficaz. Assim, a saturação magnética poderia ocorrer próximo da corrente de pico da máquina. Para um dado nível de corrente, essa saturação pode diminuir de forma significativa o fluxo eficaz do motor, tendendo a reduzir o conjugado induzido da máquina. Por outro lado, lembre-se de que uma diminuição de fluxo aumenta a velocidade de uma máquina CC, de modo que esse efeito pode compensar parcialmente a diminuição de velocidade causada pelo primeiro efeito.

Aplicações dos motores universais

O motor universal tem uma característica de conjugado *versus* velocidade com a acentuada inclinação em declive de um motor CC série, de modo que não é adequado para aplicações de velocidade constante. Entretanto, ele é compacto e fornece mais conjugado por ampère do que qualquer outro motor monofásico. Portanto, ele é usado quando são importantes um peso bruto e um conjugado elevado.

Aplicações típicas desse motor são em aspiradores de pó, eletrodomésticos de cozinha, furadeiras elétricas e outros aparelhos portáteis similares.

Controle da velocidade dos motores universais

Assim como no caso do motor CC série, a melhor maneira de controlar a velocidade de um motor universal é variando a tensão eficaz de entrada. Quanto mais elevada for a tensão eficaz de entrada, maior será a velocidade resultante do motor. Características típicas de conjugado *versus* velocidade de um motor universal em função da tensão estão mostradas na Figura 9-3.

Na prática, a tensão média aplicada a esse motor é variada por meio de um circuito de controle de estado sólido. Dois desses circuitos de controle para velocidade estão mostrados na Figura 9-4. Os resistores variáveis mostrados nessas figuras são os botões de ajuste dos motores (por exemplo, no caso de uma furadeira manual de velocidade variável, esse resistor seria o "gatilho" da furadeira).

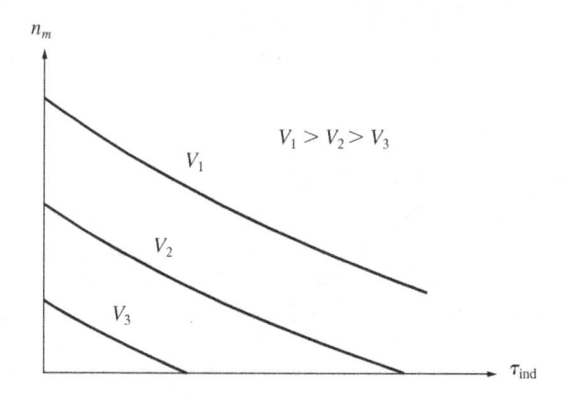

FIGURA 9-3
O efeito da variação da tensão de terminal sobre a característica de conjugado *versus* velocidade de um motor universal.

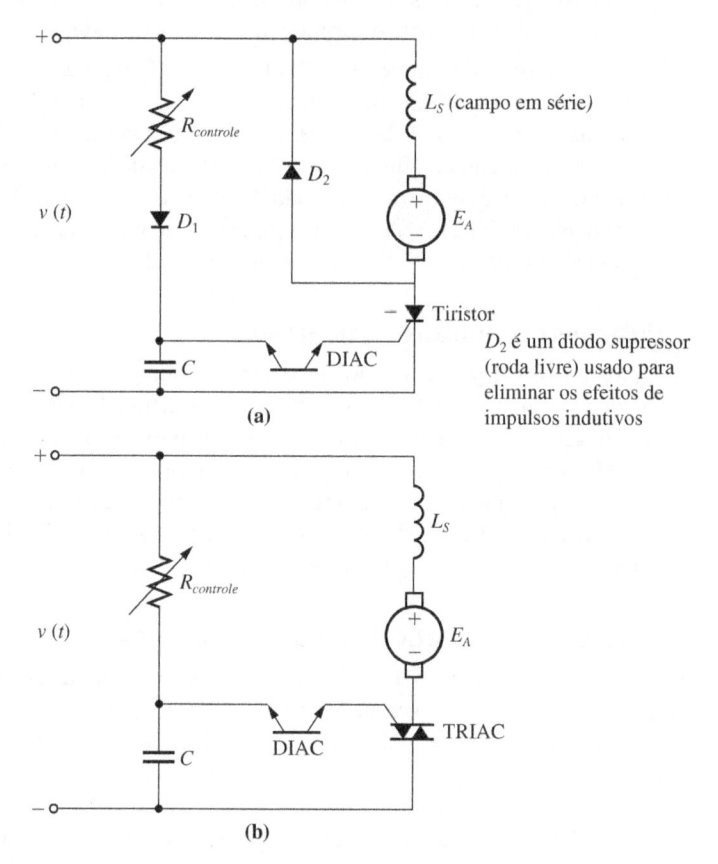

FIGURA 9-4
Exemplos de circuitos de controle de velocidade para motores universais. (a) Meia onda; (b) onda completa.

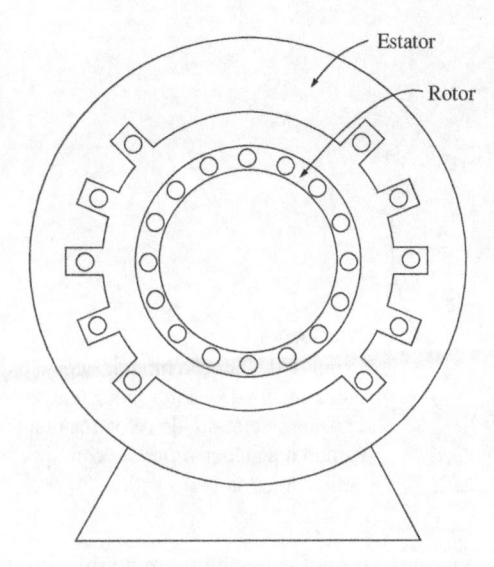

FIGURA 9-5
Construção de um motor de indução monofásico. O rotor é o mesmo de um motor de indução trifásico, mas o estator tem apenas uma fase distribuída.

9.2 INTRODUÇÃO AOS MOTORES DE INDUÇÃO MONOFÁSICOS

Outro motor monofásico comum é a versão monofásica do motor de indução. Um motor de indução, com rotor de gaiola de esquilo e estator monofásico, está mostrado na Figura 9-5.

Os motores de indução monofásicos apresentam uma séria desvantagem. Como há apenas uma fase no enrolamento do estator, o campo magnético em um motor de indução monofásico não gira. Em vez disso, ele *pulsa*, primeiro intensamente e depois mais fracamente, mas sempre na mesma direção. Como não há campo magnético girante no estator, um motor de indução monofásico não tem *conjugado de partida*.

Isso pode ser visto facilmente examinando-se o motor quando seu rotor está parado. O fluxo do estator da máquina primeiro cresce e então decresce, mas sempre na mesma direção. Como o campo magnético do estator não gira, *não há movimento relativo* entre o campo do estator e as barras do rotor. Portanto, nenhuma tensão é induzida oriunda do movimento relativo do rotor, nenhuma corrente circula e consequentemente nenhum conjugado é induzido. Na realidade, uma tensão é induzida nas barras do rotor pela ação de transformador ($d\phi/dt$) e, como as barras estão em curto-circuito, há uma corrente circulando no rotor. Entretanto, como esse campo magnético está alinhado com o campo magnético do estator, nenhum conjugado líquido é produzido no rotor porque

$$\tau_{ind} = k\mathbf{B}_R \times \mathbf{B}_S \qquad (3\text{-}58)$$
$$= kB_R B_S \operatorname{sen} \gamma$$
$$= kB_R B_S \operatorname{sen} 180° = 0$$

Quando está parado, o motor assemelha-se a um transformador com um enrolamento secundário em curto-circuito (veja a Figura 9-6).

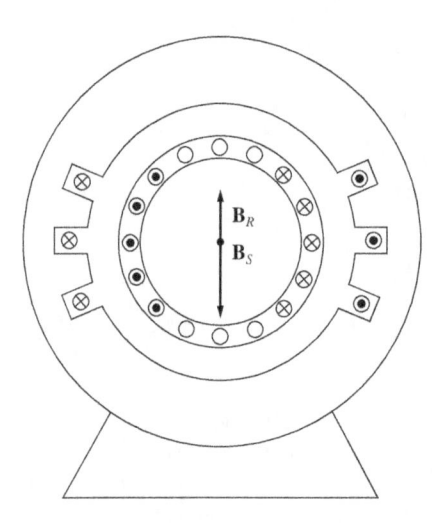

FIGURA 9-6
O motor de indução monofásico na partida. O enrolamento do estator induz tensões e corrente opostas no circuito do rotor, resultando um campo magnético *alinhado* com o campo magnético do estator. $\tau_{\text{ind}} = 0$.

O fato de que motores de indução monofásicos não têm conjugado de partida intrínseco foi um impedimento sério ao desenvolvimento inicial do motor de indução. Quando os primeiros motores de indução foram construídos, no final da década de 1880 e início da década de 1890, os primeiros sistemas de potência CA eram monofásicos de 133 Hz. Com os materiais e técnicas disponíveis naquela época, era impossível construir um motor que funcionasse bem. O motor de indução não se tornou um produto de prateleira, pronto para ser adquirido, senão após o desenvolvimento dos sistemas de potência trifásicos de 25 Hz a partir de meados da década de 1890.

Entretanto, *logo que o rotor começa a girar, um conjugado induzido é produzido nele*. Há duas teorias básicas que explicam por que um conjugado é induzido no rotor, tão logo ele comece a girar. Uma é denominada *teoria do duplo campo girante* dos motores de indução monofásicos. A outra é denominada *teoria do campo cruzado* dos motores de indução monofásicos. Essas abordagens serão descritas a seguir.

A teoria do duplo campo girante dos motores de indução monofásicos

Basicamente, a teoria do duplo campo girante dos motores de indução monofásicos afirma que um campo magnético pulsante estacionário pode ser decomposto em dois campos magnéticos *girantes*, de mesmo módulo e girando em sentidos opostos. O motor de indução responde diferentemente a cada um desses campos magnéticos em separado. O conjugado líquido resultante da máquina será a soma dos conjugados produzidos por cada um desses campos magnéticos.

A Figura 9-7 mostra como um campo magnético pulsante estacionário pode ser decomposto em dois campos magnéticos girantes iguais e opostos (progressivo e retrógrado). A densidade de fluxo do campo magnético estacionário é dada por

$$\mathbf{B}_S(t) = (B_{\max} \cos \omega t)\hat{\mathbf{j}} \tag{9-1}$$

Um campo magnético girante horário (HO) pode ser expresso como

$$\mathbf{B}_{\text{HO}}(t) = \left(\frac{1}{2} B_{\max} \cos \omega t\right)\hat{\mathbf{i}} - \left(\frac{1}{2} B_{\max} \operatorname{sen} \omega t\right)\hat{\mathbf{j}} \tag{9-2}$$

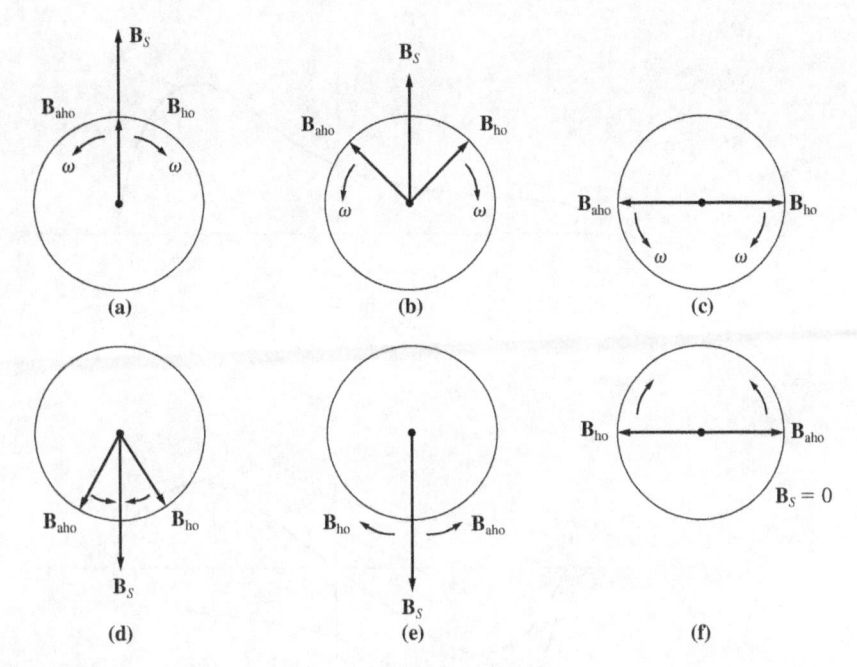

FIGURA 9-7
A decomposição de um campo magnético pulsante em dois campos magnéticos de mesmo módulo girando em sentidos opostos (campos progressivo e retrógrado). Em qualquer instante, observe que a soma vetorial dos dois campos magnéticos está sempre em uma linha vertical.

e um campo magnético girante anti-horário (AHO) pode ser expresso como

$$\mathbf{B}_{AHO}(t) = \left(\frac{1}{2}B_{max}\cos \omega t\right)\hat{\mathbf{i}} + \left(\frac{1}{2}B_{max}\operatorname{sen}\omega t\right)\hat{\mathbf{j}} \qquad (9\text{-}3)$$

Observe que a soma dos campos magnéticos horário (HO) e anti-horário (AHO) é igual ao campo magnético pulsante estacionário $\mathbf{B}_S$:

$$\mathbf{B}_S(t) = \mathbf{B}_{HO}(t) + \mathbf{B}_{AHO}(t) \qquad (9\text{-}4)$$

A característica de conjugado *versus* velocidade de um motor de indução trifásico* em resposta a um campo magnético está mostrada na Figura 9-8a. Um motor de indução monofásico responde a cada um dos dois campos magnéticos presentes nele, de modo que o conjugado induzido resultante do motor é a *diferença* entre as duas curvas de conjugado *versus* velocidade. Esse conjugado resultante líquido está mostrado na Figura 9-8b. Observe que, como não há conjugado líquido na velocidade zero, esse motor não tem conjugado de partida.

A característica de conjugado *versus* velocidade da Figura 9-8b não é uma descrição bem exata do conjugado existente em um motor monofásico. Ela foi formada pela superposição de duas características trifásicas e ignorou o fato de que em um motor monofásico ambos os campos magnéticos estão *simultaneamente* presentes.

---

* N. de T.: Pode ser útil relembrar a Figura 6-19 e os respectivos parágrafos no texto daquela seção.

FIGURA 9-8
(a) A característica de conjugado *versus* velocidade de um motor de indução trifásico. (b) As curvas características de conjugado *versus* velocidade de dois campos magnéticos girantes iguais e opostos do estator.

Se potência elétrica for aplicada a um motor trifásico enquanto ele é forçado a girar em sentido retrógrado (horário), então as correntes no rotor serão muito elevadas* (veja a Figura 9-9a). Entretanto, como a frequência no rotor também é muito elevada, isso fará com que a reatância do rotor torne-se muito maior do que a sua resistência. Como a reatância do rotor é bem mais elevada, sua corrente atrasa-se em relação à tensão em quase 90°, produzindo um campo magnético que está angularmente a quase 180° do campo magnético do estator (veja a Figura 9-10). O conjugado induzido no motor é proporcional ao seno do ângulo entre os dois campos. Como o seno de um ângulo próximo de 180° é um número muito pequeno, resulta que o conjugado do motor será muito pequeno. Entretanto, as correntes extremamente altas do rotor compensam em parte o efeito do distanciamento angular entre os campos magnéticos (veja a Figura 9-b).

Por outro lado, em um motor monofásico, ambos os campos magnéticos, progressivo e retrógrado, estão presentes e ambos são produzidos pela *mesma* corrente.

---
* N. de T.: Pode ser útil relembrar a Figura 6-11 e os respectivos parágrafos no texto daquela seção.

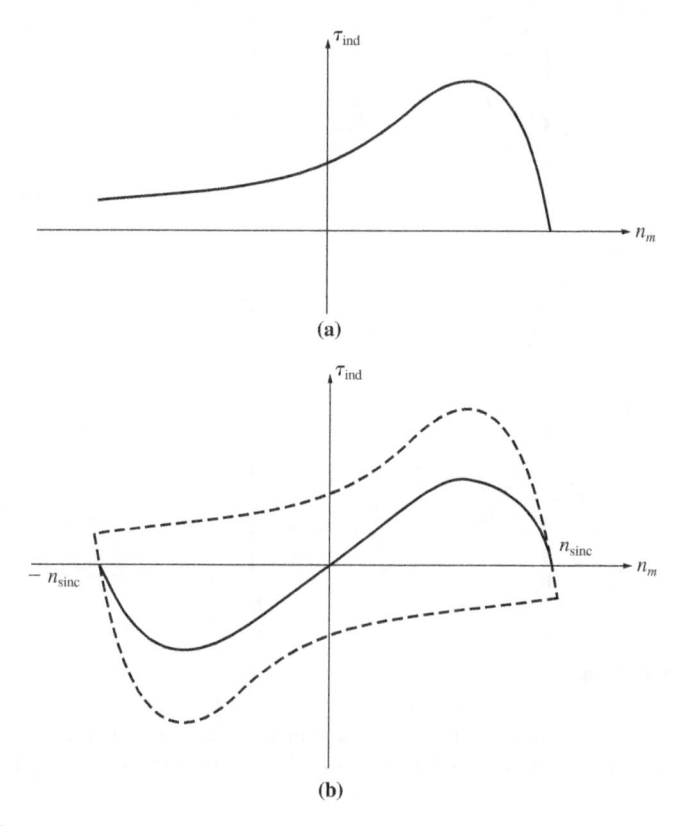

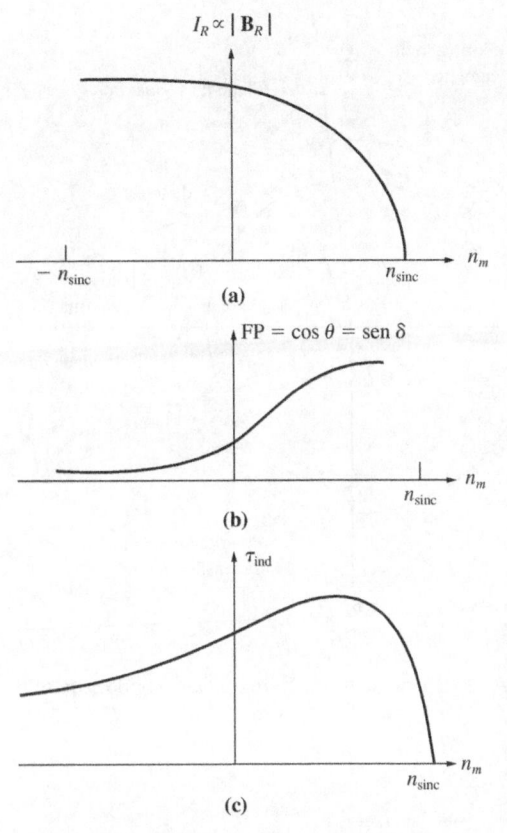

FIGURA 9-9
A característica de conjugado *versus* velocidade de um motor de indução trifásico é proporcional à intensidade do campo magnético do rotor e ao seno do ângulo entre os campos. Quando o rotor gira no sentido retrógrado, as correntes I_R e I_S são muito elevadas. Entretanto, como o ângulo entre os campos é muito grande, o conjugado do motor é reduzido.

Os campos magnéticos progressivo e retrógrado do motor contribuem cada um com uma componente da tensão total do estator e, em certo sentido, estão em série entre si. Como ambos os campos magnéticos estão presentes, o campo magnético girante progressivo (que tem uma elevada resistência efetiva de rotor R_2/s) irá limitar o fluxo da corrente do estator no motor (que produz os campos progressivo e retrógrado). Como a corrente que alimenta o campo magnético retrógrado do estator está limitada a um valor baixo e como o campo magnético retrógrado do rotor faz um ângulo muito grande em relação ao campo magnético retrógrado do estator, o conjugado devido aos campos magnéticos retrógrados será *muito* pequeno quando se está próximo da velocidade síncrona. Uma característica mais exata de conjugado *versus* velocidade para o motor de indução monofásico está mostrada na Figura 9-11.

Além do conjugado líquido médio mostrado na Figura 9-11, há pulsações de conjugado com o dobro da frequência do estator. Essas pulsações de conjugado ocorrem quando os campos magnéticos progressivo e retrógrado cruzam-se duas vezes a cada ciclo. Embora essas pulsações não produzam conjugado médio, elas intensificam de fato a vibração do motor, o que torna os motores de indução monofásicos mais ruidosos do que os motores trifásicos de mesmo tamanho. Não há maneira de se eliminar essas pulsações, porque em um circuito monofásico a potência instantânea sempre ocorre em pulsos. Um projetista de motores deve levar em consideração essa vibração inerente no projeto mecânico dos motores monofásicos.

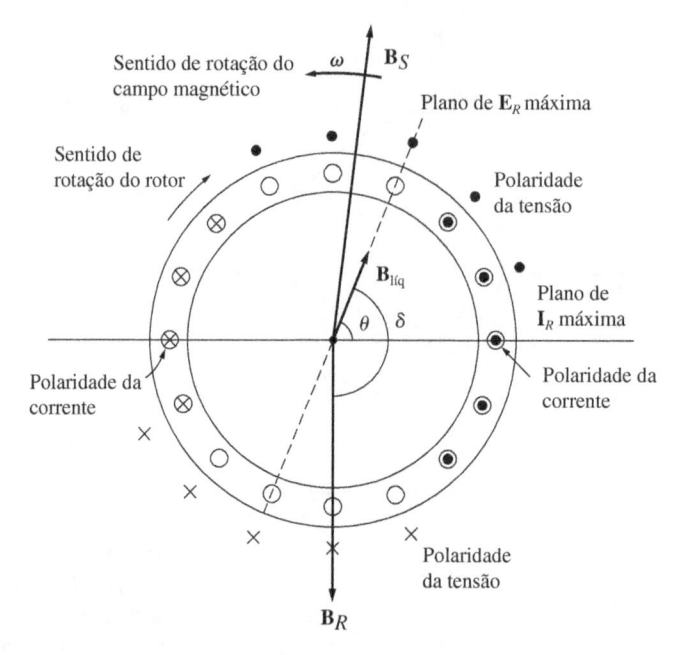

FIGURA 9-10
Quando o rotor do motor é forçado a girar de forma retrógrada, o ângulo γ entre $\mathbf{B}_R$ e $\mathbf{B}_S$ aproxima-se de 180°.

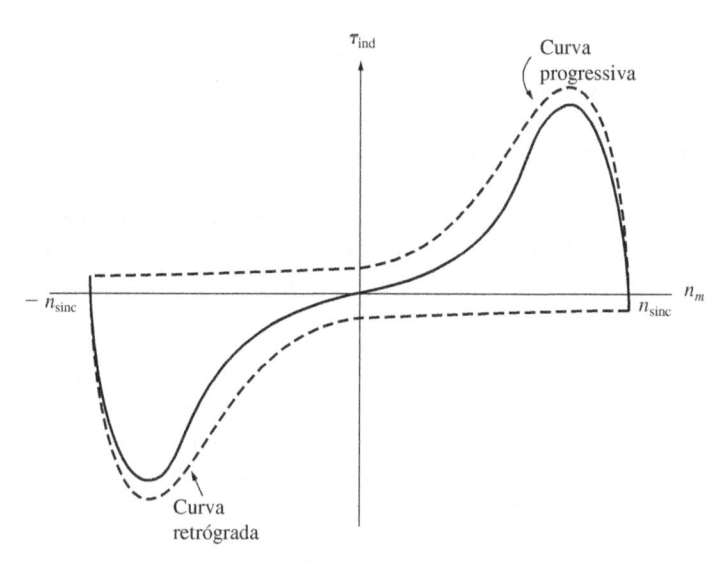

FIGURA 9-11
A característica de conjugado *versus* velocidade de um motor de indução monofásico, levando em consideração a limitação de corrente sobre o campo magnético girante retrógrado causada pela presença do campo magnético girante progressivo.

A teoria do campo cruzado dos motores de indução monofásicos

A teoria do campo cruzado dos motores de indução monofásicos trata o motor de indução desde um ponto de vista totalmente diferente. Essa teoria ocupa-se das tensões e correntes que o campo magnético estacionário do estator pode induzir nas barras do rotor quando este está em movimento.

Considere um motor de indução monofásico com um rotor que foi levado até a velocidade de operação por meio de algum método externo. Esse motor está mostrado na Figura 9-12a. As tensões são induzidas nas barras desse rotor, com a tensão de pico ocorrendo nos enrolamentos que passam diretamente abaixo dos enrolamentos do estator. Por sua vez, essas tensões produzem um fluxo de corrente no rotor que, devido à sua elevada reatância, está atrasada em relação à tensão em quase 90°. Como o rotor está girando próximo da velocidade síncrona, esse intervalo de tempo de 90° na corrente produz um deslocamento *angular* de quase 90° entre o plano da tensão de pico do rotor e o plano da corrente de pico. O campo magnético resultante do rotor está mostrado na Figura 9-12b.

O campo magnético do rotor é menor do que o campo magnético do estator devido às perdas no rotor, mas eles diferem entre si em aproximadamente 90° *tanto*

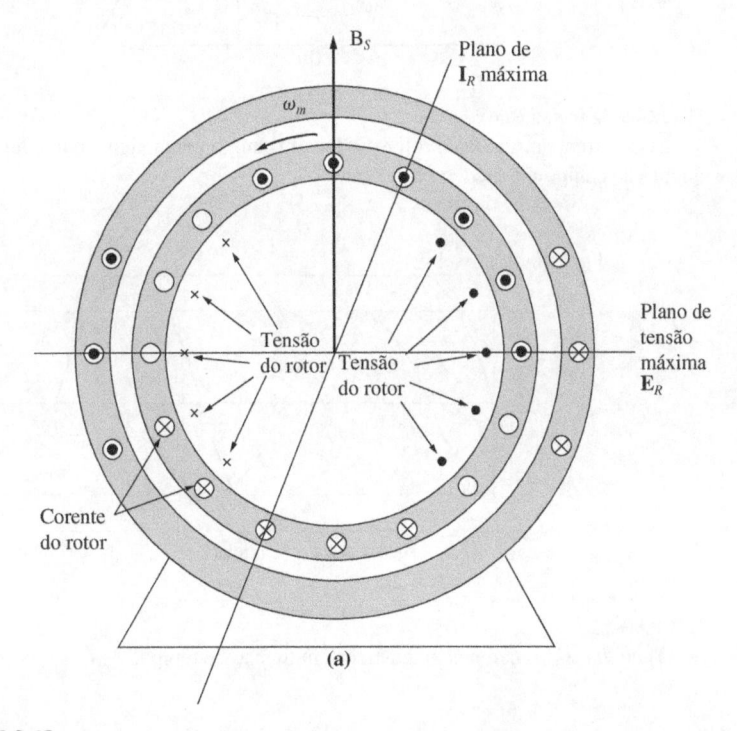

FIGURA 9-12
(a) O desenvolvimento de conjugado induzido em um motor de indução monofásico, como é explicado pela teoria do campo cruzado. Se o campo do estator estiver pulsando, ele induzirá tensões nas barras do rotor, como está mostrado pelas marcas dentro do rotor. Entretanto, a corrente do rotor está atrasada em aproximadamente 90° em relação à tensão do rotor e, se o rotor estiver girando, a corrente de pico do rotor ocorrerá em um ângulo diferente daquele da tensão do rotor.

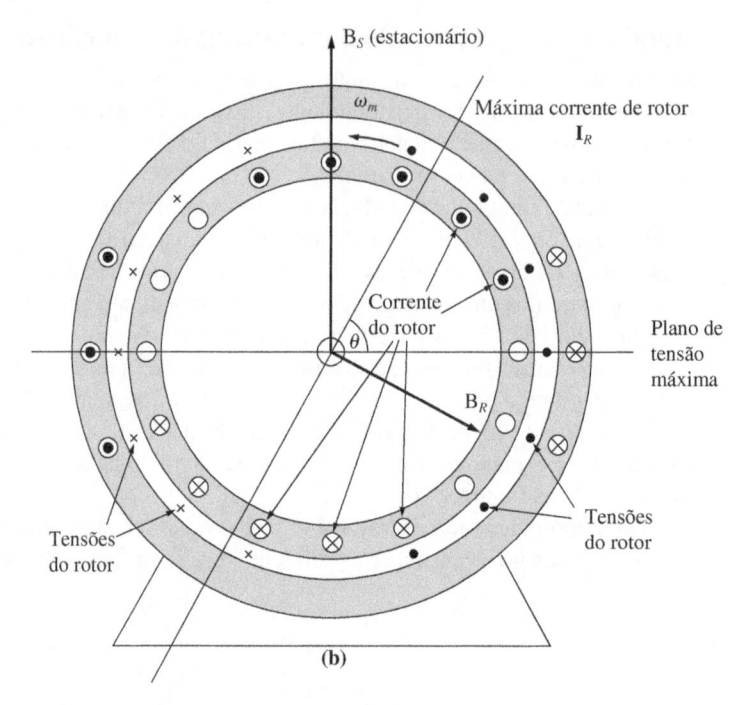

FIGURA 9-12 (conclusão)
(b) Essa corrente atrasada de rotor produz um campo magnético em um ângulo diferente do ângulo do campo magnético do estator.

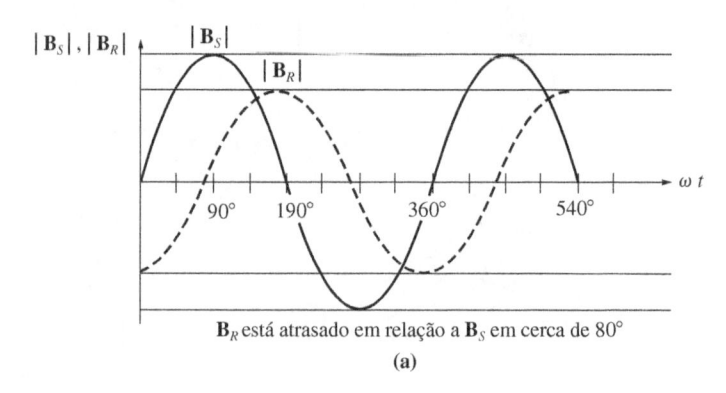

FIGURA 9-13
(a) Os *módulos* dos campos magnéticos em função do tempo.

no espaço como no tempo. Se esses dois campos magnéticos forem adicionados em instantes diferentes, veremos que o campo magnético total do motor está girando no sentido anti-horário (veja a Figura 9-13). Com um campo magnético presente no

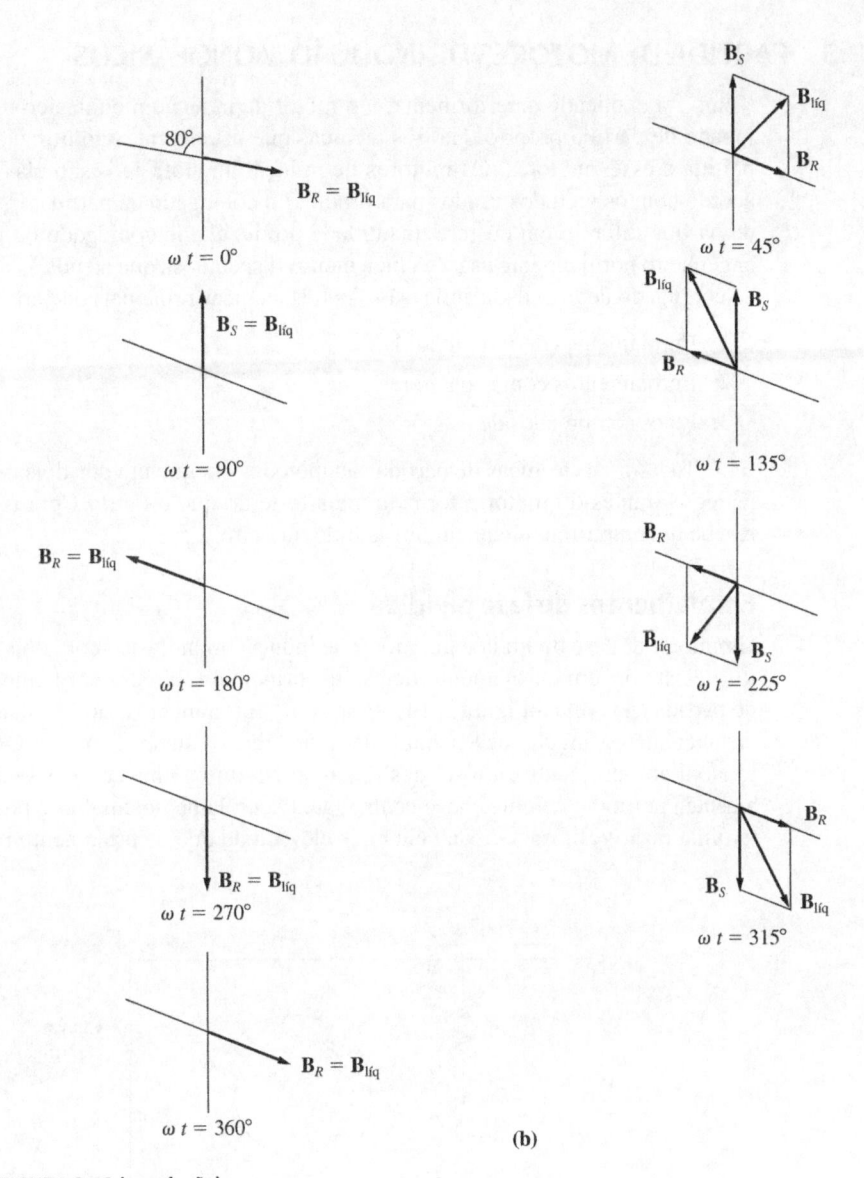

FIGURA 9-13 *(conclusão)*
(b) A soma vetorial dos campos magnéticos do rotor e do estator em diversos instantes, mostrando um campo magnético líquido resultante que gira no sentido anti-horário.

motor, o motor de indução desenvolverá um conjugado líquido resultante no sentido do movimento e esse conjugado manterá o rotor girando.

Se o rotor do motor tivesse sido inicialmente posto a girar no sentido horário, então o conjugado resultante seria horário e novamente manteria o rotor girando.

9.3 PARTIDA DE MOTORES DE INDUÇÃO MONOFÁSICOS

Como foi explicado anteriormente, um motor de indução monofásico não tem conjugado de partida próprio. Há três técnicas que usualmente são utilizadas para dar partida a esses motores. Os motores de indução monofásicos são classificados de acordo com os métodos usados para produzir o conjugado de partida. Essas técnicas de partida diferem em custo e quantidade produzida de conjugado de partida. Um engenheiro normalmente usa a técnica menos dispendiosa que atenda às necessidades de conjugado de uma dada aplicação. As três técnicas principais de partida são

1. Enrolamentos de fase dividida
2. Enrolamentos com capacitores
3. Polos sombreados de estator

Todas essas técnicas de partida são métodos em que um dos dois campos magnéticos girantes do motor é tornado mais forte do que o outro. Com isso, o motor recebe um empurrão inicial em um sentido ou outro.

Enrolamentos de fase dividida

Um motor de fase dividida é um motor de indução monofásico com dois enrolamentos de estator: um enrolamento de estator principal (*P*) e um enrolamento auxiliar de partida (*A*) (veja a Figura 9-14). Esses dois enrolamentos são instalados com um distanciamento angular de 90 graus elétricos sobre o estator do motor. O enrolamento auxiliar é projetado para ser desligado do circuito a uma certa velocidade, que é ajustada por meio de uma chave centrífuga. O enrolamento auxiliar é projetado para ter uma razão resistência/reatância mais elevada do que o enrolamento principal, de

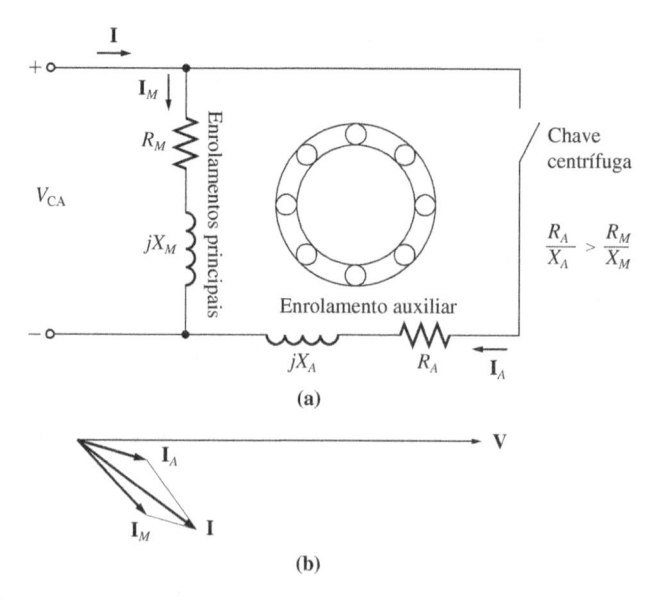

FIGURA 9-14

(a) Um motor de indução de fase dividida. (b) As correntes do motor na partida.

modo que a corrente no enrolamento auxiliar estará *adiantada* em relação à corrente do enrolamento principal. Usualmente, a razão *R/X* mais elevada é conseguida usando um fio mais fino no enrolamento auxiliar. Pode-se usar um fio mais fino porque o enrolamento auxiliar funciona somente na partida e, portanto, não haverá corrente plena circulando continuamente nele.

Para compreender a função do enrolamento auxiliar, consulte a Figura 9-15. Como a corrente do enrolamento auxiliar está adiantada em relação à corrente do

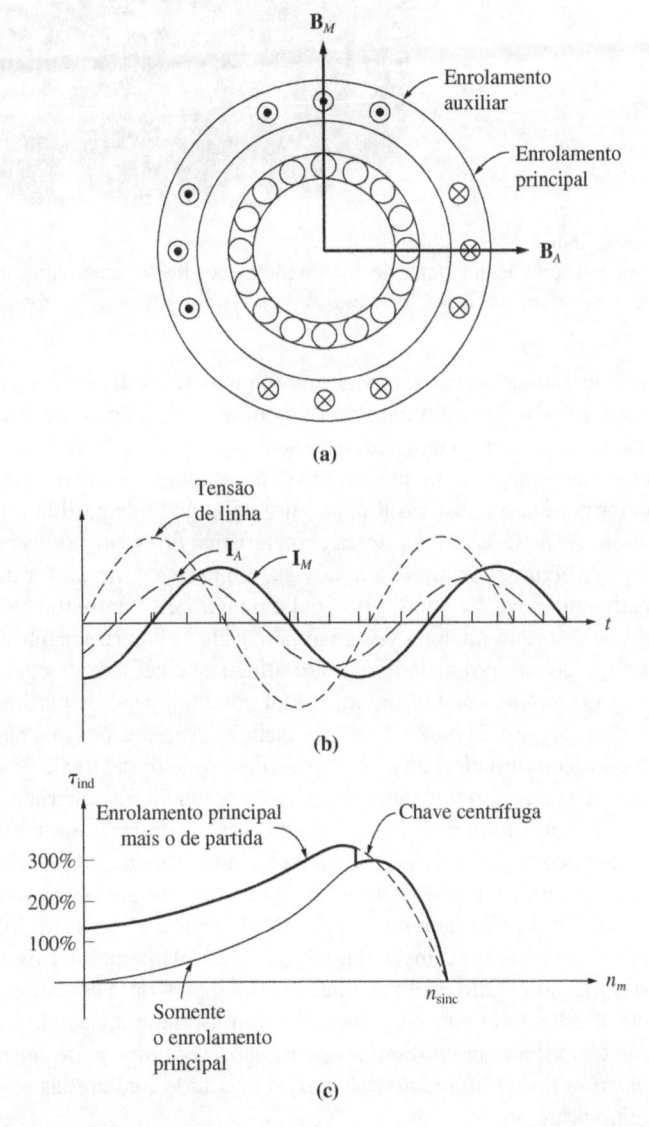

FIGURA 9-15
(a) Relação entre os campos magnéticos principal e auxiliar. (b) O pico de I_A ocorre antes do pico de I_P, produzindo uma rotação resultante anti-horária dos campos magnéticos. (c) A característica resultante de conjugado *versus* velocidade.

FIGURA 9-16
Vista em corte de um motor de fase dividida, mostrando os enrolamentos principal e auxiliar além da chave centrífuga. *(Cortesia de Westinghouse Electric Corporation.)*

enrolamento principal, o pico do campo magnético $\mathbf{B}_A$ ocorre antes do pico do campo magnético $\mathbf{B}_P$. Como o pico de $\mathbf{B}_A$ ocorre antes do pico de $\mathbf{B}_M$, haverá uma rotação resultante do campo magnético no sentido anti-horário. Em outras palavras, o enrolamento auxiliar faz com que um dos campos magnéticos girantes opostos do rotor seja maior do que o outro, produzindo um conjugado de partida líquido para o motor. A Figura 9-15c mostra uma típica característica de conjugado *versus* velocidade.

A Figura 9-16 mostra uma vista em corte de um motor de fase dividida. Vê-se facilmente o enrolamento principal e o auxiliar (o enrolamento auxiliar é o que tem fios de diâmetro menor). Vê-se também a chave centrífuga que desliga o enrolamento auxiliar do circuito quando o motor atinge a velocidade de operação.

Os motores de fase dividida têm um conjugado de partida moderado com uma corrente de partida baixa. Eles são usados em aplicações que não exigem conjugados de partida muito elevados, como ventiladores, sopradores e bombas centrífugas. Estão disponíveis em tamanhos da faixa de potência fracionária e são bem baratos.

Em um motor de fase dividida, o pico de corrente no enrolamento auxiliar sempre ocorre antes do pico de corrente no enrolamento principal e, portanto, o pico do campo magnético do enrolamento auxiliar sempre ocorre antes do pico do campo magnético do enrolamento principal. O sentido de rotação do motor depende de o ângulo espacial do campo magnético do enrolamento auxiliar estar 90° à frente ou 90° atrás do ângulo do enrolamento principal. Como esse ângulo pode ser invertido de 90° adiantado para 90° atrasado simplesmente trocando as ligações do enrolamento auxiliar, então *o sentido de rotação do motor pode ser invertido trocando as conexões do enrolamento auxiliar*, e deixando inalteradas as conexões do enrolamento principal.

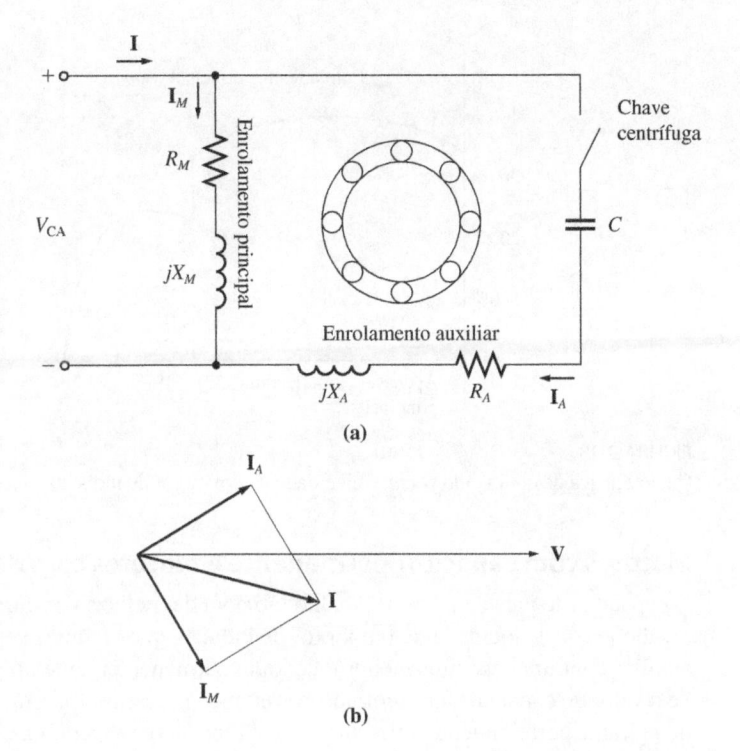

FIGURA 9-17
(a) Um motor de indução com capacitor de partida. (b) Ângulos das correntes na partida desse motor.

Motores com capacitor de partida

Em algumas aplicações, o conjugado de partida do motor de fase dividida não é suficiente para dar partida à carga no eixo do motor. Nesses casos, motores com capacitor de partida podem ser usados (Figura 9-17). No motor com capacitor de partida, um capacitor é colocado em série com o enrolamento auxiliar do motor. Pela escolha apropriada do valor do capacitor, a força magnetomotriz da corrente de partida do enrolamento auxiliar poderá ser ajustada para ser igual à força magnetomotriz da corrente do enrolamento principal e o ângulo de fase da corrente no enrolamento auxiliar poderá ser tal que a corrente estará adiantada de 90° em relação à corrente do enrolamento principal. Como os dois enrolamentos estão fisicamente separados de 90°, uma diferença de fase entre as correntes de 90° produzirá no estator um campo magnético girante uniforme simples e o motor irá se comportar exatamente como se ele estivesse partindo com uma fonte de potência trifásica. Nesse caso, o conjugado de partida do motor pode ser superior a 300% do seu valor nominal (veja a Figura 9-18).

Motores com capacitor de partida são mais caros do que os motores de fase dividida e são usados em aplicações em que um conjugado elevado de partida é absolutamente necessário. Aplicações típicas desses motores são em compressores, bombas, ar condicionado e em outros tipos de equipamento cujas partidas ocorrem com carga (veja a Figura 9-19).

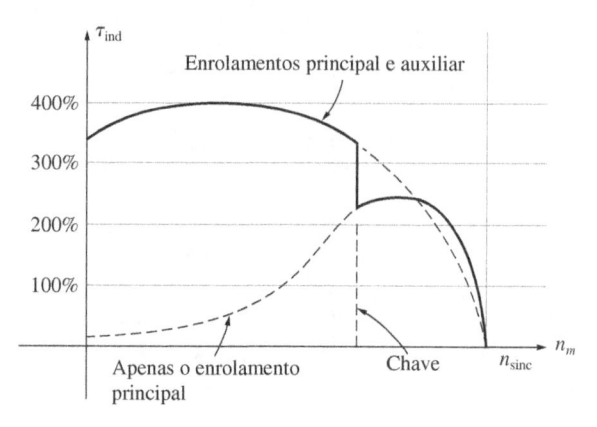

FIGURA 9-18
Característica de conjugado *versus* velocidade de um motor de indução com capacitor de partida.

Motores com capacitor permanente e motores com dois capacitores

O capacitor de partida faz um trabalho tão bom de melhoria da característica de conjugado *versus* velocidade de um motor de indução que algumas vezes o enrolamento auxiliar com um capacitor menor é deixado permanentemente no circuito do motor. Se o valor do capacitor for escolhido corretamente, esse motor terá um campo magnético girante perfeitamente uniforme para alguma carga específica e ele se comportará exatamente como um motor de indução trifásico naquele ponto. Esse motor é denominado motor com *capacitor permanente* (Figura 9-20). Os motores de capacitor permanente são mais simples do que os motores com capacitor de partida, porque a chave de partida não é necessária. Para cargas normais, eles são mais eficientes, tendo um fator de potência mais elevado e um conjugado mais suave do que os motores de indução monofásicos ordinários.

Entretanto, os motores com capacitor permanente têm um *conjugado de partida mais baixo* do que os motores com capacitor de partida, porque o capacitor deve ser dimensionado com um certo valor para poder equilibrar as correntes do enrolamento permanente e do auxiliar em condições normais de carga. Como a corrente de partida é muito maior do que a corrente de carga normal, um capacitor que equilibra as fases com cargas normais deixará essas fases muito desequilibradas nas condições de partida.

Se forem necessários o maior conjugado de partida e a melhor condição de operação, dois capacitores poderão ser usados com o enrolamento auxiliar. Um motor como esse é denominado *motor com dois capacitores* (Figura 9-21). O capacitor de valor mais elevado está presente no circuito apenas durante a partida, quando assegura que as correntes do enrolamento principal e do auxiliar sejam aproximadamente equilibradas, permitindo conjugados de partida muito elevados. Quando o motor atinge a velocidade de operação, a chave centrífuga abre e apenas o capacitor permanente é mantido no circuito do enrolamento auxiliar. O capacitor permanente tem o valor correto para manter equilibradas as correntes, para a carga normal de funcionamento do motor. Em um motor como esse, o capacitor permanente tem um valor de 10 a 20% do valor do capacitor de partida.

Capítulo 9 ♦ Motores monofásicos e para aplicações especiais **583**

(a)

Vista explodida de um motor monofásico de uso geral, com partida a capacitor, totalmente fechado com ventilação externa (TFVE) e carcaça 56.

- Tampa traseira
- Carcaça do estator
- Capacitor de partida
- Tampa do capacitor
- Parafuso para montagem da tampa do capacitor
- Chave de partida estacionária
- Placa de terminais
- Tampa dianteira
- Chaveta
- Rotor
- Chave centrífuga
- Parafusos e porcas de montagem
- Ventilador
- Tampa defletora
- Parafuso para Montagem da Tampa Defletora

(b)

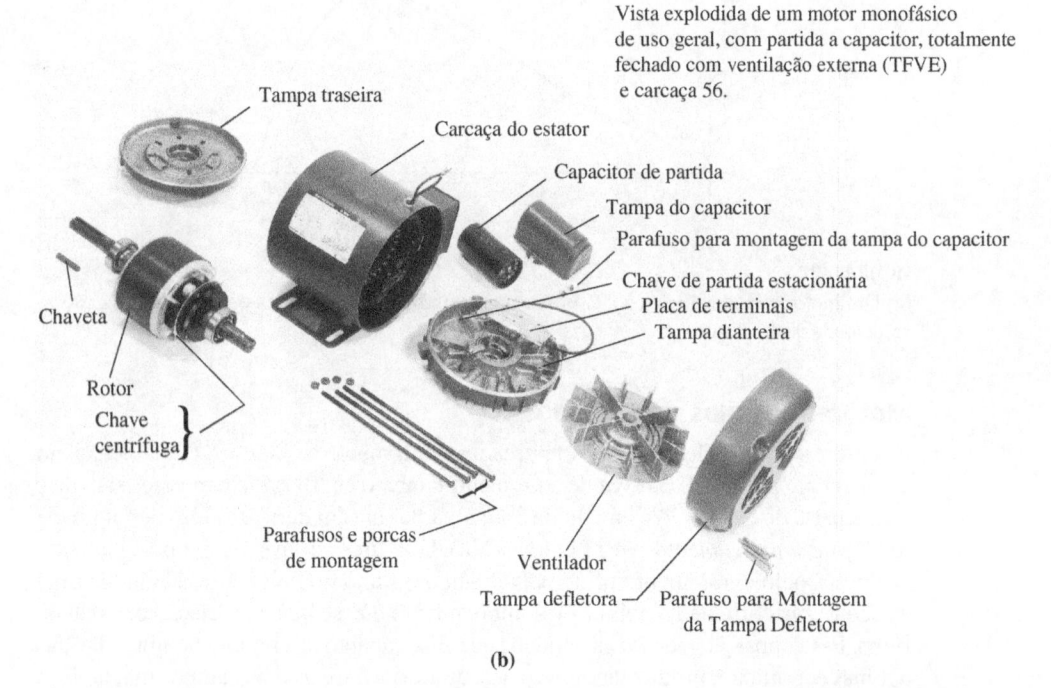

FIGURA 9-19
(a) Um motor de indução com capacitor de partida. (*Cortesia de Emerson Electric Company.*) (b) Vista explodida de um motor de indução com capacitor de partida. *(Cortesia de Westinghouse Electric Corporation.)*

O sentido de rotação de qualquer motor do tipo que usa capacitor pode ser invertido trocando as ligações de seu enrolamento auxiliar.

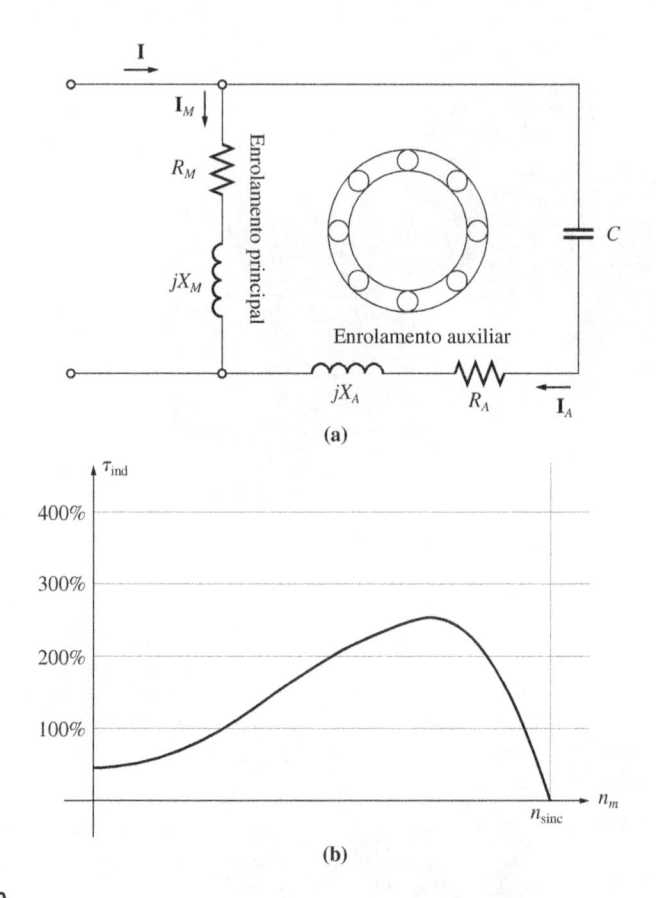

FIGURA 9-20
(a) Um motor de indução de capacitor permanente. (b) A característica de conjugado *versus* velocidade deste motor.

Motores de polos sombreados

Um motor de indução de polos sombreados é um motor de indução com apenas um enrolamento principal. Em vez de ter um enrolamento auxiliar, ele tem polos salientes e uma parte de cada polo é envolvida com uma bobina em curto-circuito denominada *bobina de sombreamento* (veja Figura 9-22a). Um fluxo variável no tempo é induzido nos polos pelo enrolamento principal. Quando o fluxo do polo varia, ele induz uma tensão e uma corrente na bobina de sombreamento que se *opõe* à variação original de fluxo. Essa oposição *retarda* as variações de fluxo abaixo das regiões sombreadas das bobinas e, portanto, produz um ligeiro desequilíbrio entre os dois campos magnéticos opostos girantes. A rotação resultante é no sentido que vai da parte não sombreada para à parte sombreada da face polar. A característica de conjugado *versus* velocidade de um motor de polos sombreados está mostrada na Figura 9-22b.

Os polos sombreados produzem menos conjugado de partida do que qualquer outro tipo de sistema de partida para motor de indução. São muito menos eficientes e têm um escorregamento muito maior do que outros tipos de motores de indução monofásicos. Esses polos são usados somente em motores muito pequenos (1/20 HP

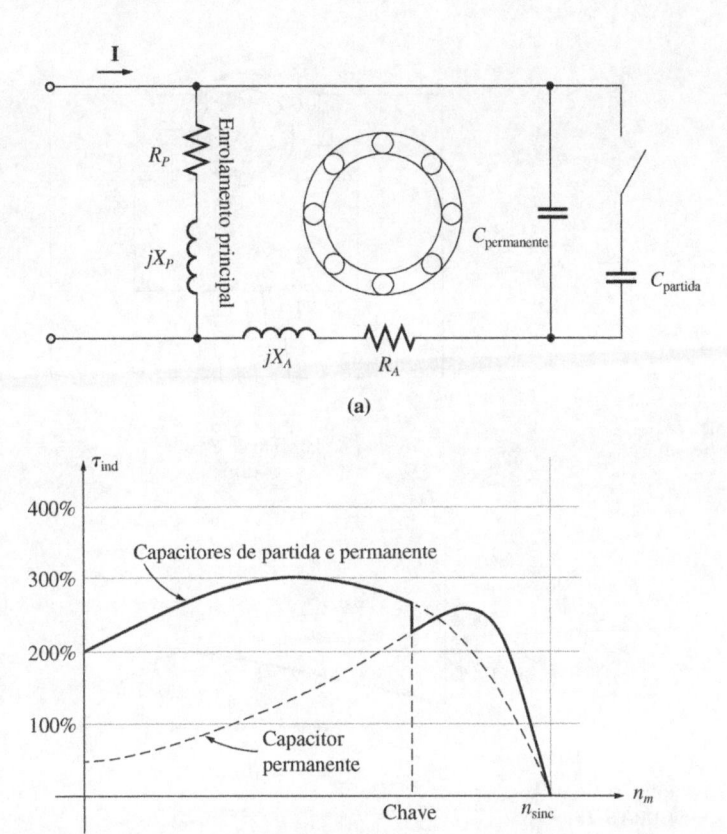

FIGURA 9-21
(a) Um motor de indução de dois capacitores. (b) A característica de conjugado *versus* velocidade deste motor.

e menos) com exigências muito baixas de conjugado de partida. Nos casos em que é possível usá-los, os motores de polos sombreados constituem a opção mais barata disponível.

Como os motores de polos sombreados dependem de uma bobina de sombreamento para produzir seu conjugado de partida, não há uma maneira fácil de inverter o sentido de rotação de um motor como este. Para também dispor de inversão, é necessário instalar duas bobinas de sombreamento em cada uma das faces polares e seletivamente colocar em curto-circuito uma ou outra dessas bobinas de sombreamento. Veja as Figuras 9-23 e 9-24.

Comparação de motores de indução monofásicos

Os motores de indução monofásicos podem ser classificados de melhor a pior em termos de suas características de partida e operação:

1. De dois capacitores
2. Com capacitor de partida

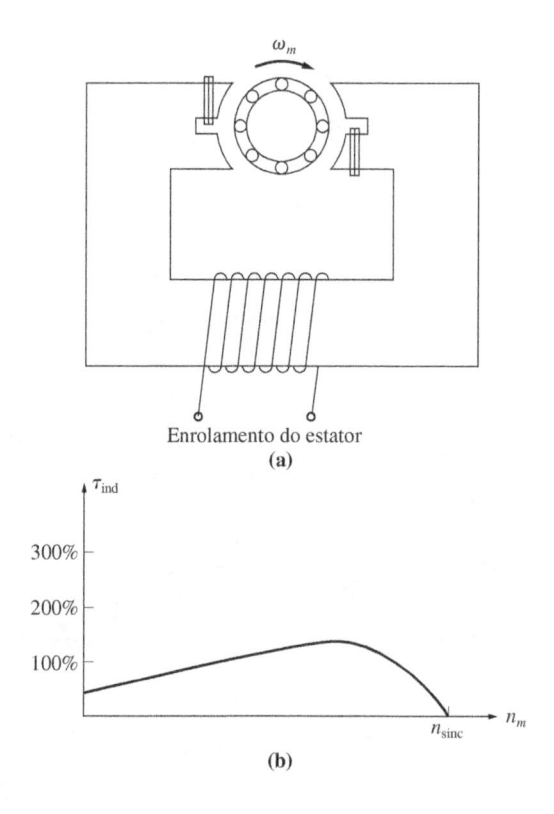

FIGURA 9-22
(a) Um motor de indução de polos sombreados. (b) A característica de conjugado *versus* velocidade desse motor.

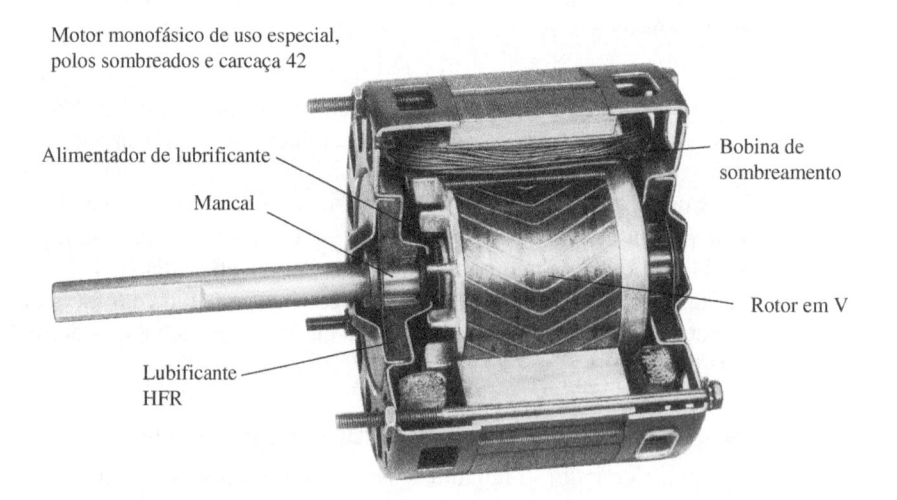

FIGURA 9-23
(a) Vista em corte de um motor de indução de polos sombreados. *(Cortesia de Westinghouse Electric Corporation.)*

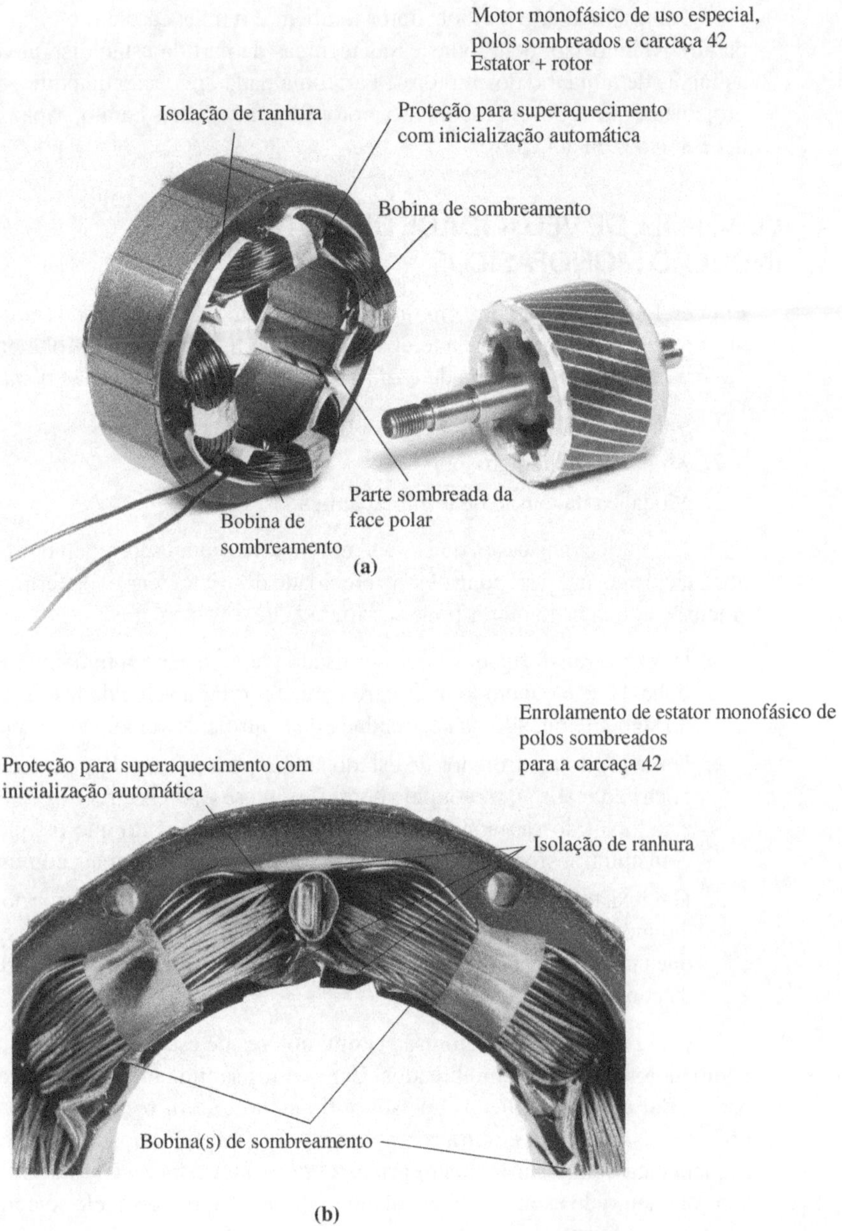

FIGURA 9-24
Vista detalhada da construção de um motor de indução de polos sombreados. *(Cortesia de Westinghouse Electric Corporation.)*

3. De capacitor permanente
4. De fase dividida
5. De polos sombreados

Naturalmente, o melhor motor também é o mais caro e o pior motor é o mais barato. Além disso, nem todas essas técnicas de partida estão disponíveis em todas as faixas de tamanho dos motores. Para uma dada aplicação qualquer, o engenheiro projetista é quem deverá escolher o motor disponível mais barato, capaz de atender às necessidades da aplicação.

9.4 CONTROLE DE VELOCIDADE DE MOTORES DE INDUÇÃO MONOFÁSICOS

Em geral, a velocidade dos motores de indução monofásicos pode ser controlada do mesmo modo que a velocidade dos motores de indução de múltiplas fases. Para os motores com rotor de gaiola de esquilo, as seguintes técnicas estão disponíveis:

1. Variação da frequência do estator.
2. Mudança do número de polos.
3. Mudança da tensão de terminal aplicada V_T.

Na prática, nos casos que envolvem motores com escorregamento muito elevado, a técnica usual para controlar a velocidade é variar a tensão de terminal do motor. A tensão aplicada ao motor pode ser alterada de três maneiras:

1. Um autotransformador pode ser usado para ajustar continuamente a tensão de linha. Esse é o método mais caro para controlar a velocidade por tensão. É usado somente quando há necessidade de controle de velocidade muito suave.
2. Um circuito controlador de estado sólido pode ser usado para reduzir a tensão eficaz aplicada ao motor pelo controle de fase CA. Os circuitos de controle com estado sólido são consideravelmente mais baratos do que os que funcionam com autotransformadores e estão se tornando cada vez mais comuns.
3. Um resistor pode ser inserido em série com o circuito de estator do motor. Esse é o método mais barato de controle de velocidade, mas tem a desvantagem de que uma potência considerável é perdida no resistor, reduzindo a eficiência total de conversão de potência.

Outra técnica é também usada com motores de escorregamento muito elevado, como motores de polos sombreados. Em vez de usar um autotransformador separado para variar a tensão aplicada ao estator do motor, *o próprio enrolamento do estator pode ser usado como autotransformador*. A Figura 9-25 mostra uma representação esquemática de um enrolamento principal de estator com diversas derivações. Como o enrolamento do estator está envolvendo um núcleo de ferro, ele se comporta como um autotransformador.

Quando a tensão plena de linha V é aplicada ao enrolamento principal por inteiro, o motor de indução opera normalmente. Em vez disso, suponha que a tensão plena de linha seja aplicada à derivação 2, a derivação central do enrolamento. Então, uma tensão idêntica será induzida na metade superior do enrolamento por ação de transformador e a tensão total no enrolamento será o dobro da tensão de linha aplicada. A tensão total aplicada ao enrolamento foi efetivamente dobrada.

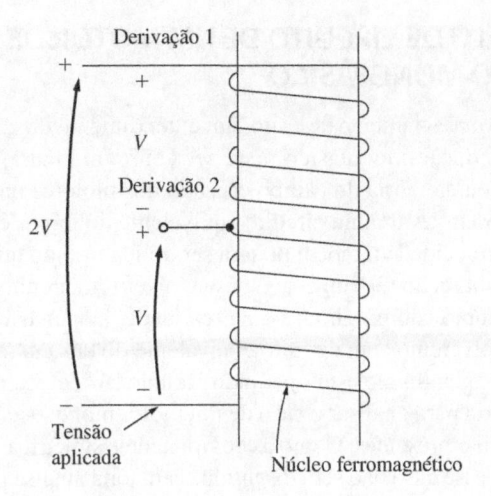

FIGURA 9-25
Uso de um enrolamento de estator como autotransformador. Se a tensão V for aplicada à derivação central do enrolamento, a tensão total no enrolamento será $2V$.

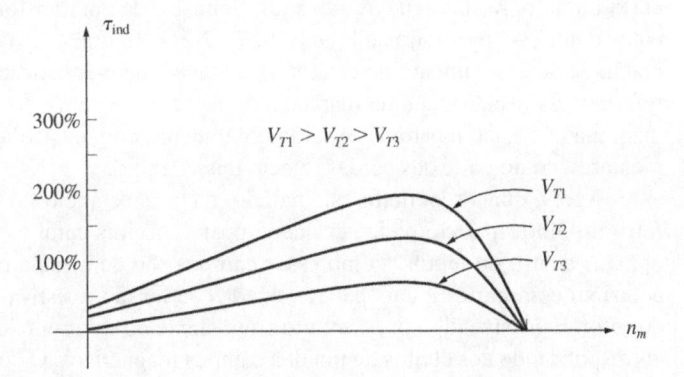

FIGURA 9-26
A característica de conjugado *versus* velocidade de um motor de indução de polos sombreados quando a tensão de terminal é variada. O aumento de V_T pode ser obtido elevando a tensão sobre o enrolamento inteiro ou, então, trocando a conexão passando-a para uma derivação inferior do enrolamento do estator.

Portanto, quanto menor for a fração de enrolamento que recebe a tensão de linha aplicada, maior será a tensão total no enrolamento inteiro e maior será a velocidade do motor para uma dada carga (veja a Figura 9-26).

Essa é a abordagem padrão utilizada para controlar a velocidade dos motores monofásicos em muitas aplicações de ventiladores e sopradores. Esse controle de velocidade tem a vantagem de ser bem barato, porque os únicos componentes necessários são derivações no enrolamento principal do motor e uma chave comum de polos múltiplos. Outra vantagem é que o autotransformador não consome potência do mesmo modo que ocorre com resistores em série.

9.5 O MODELO DE CIRCUITO DE UM MOTOR DE INDUÇÃO MONOFÁSICO

Como foi previamente descrito, um entendimento do conjugado induzido em um motor de indução monofásico pode ser conseguido através da teoria do duplo campo girante ou da teoria do campo cruzado dos motores monofásicos. Ambas as abordagens podem levar a um circuito equivalente do motor e a característica de conjugado *versus* velocidade também poderá ser obtida usando qualquer um dos métodos.

Esta seção restringe-se a desenvolver um circuito equivalente com base na teoria do duplo campo girante – na realidade, a apenas um caso especial dessa teoria. Desenvolveremos um circuito equivalente do *enrolamento principal* de um motor de indução quando ele está operando isolado. A técnica das componentes simétricas é necessária para analisar o caso de um motor monofásico com o enrolamento principal e o auxiliar presentes. Como as componentes simétricas estão além dos objetivos deste livro, esse caso não será discutido. Para uma análise mais detalhada dos motores de indução, veja a Referência 4.

A melhor maneira de iniciar a análise de um motor de indução monofásico é examinando o motor quando ele está parado. Nesse momento, o motor assemelha-se simplesmente a um transformador monofásico com o seu circuito secundário em curto-circuito. Assim, seu circuito equivalente é o de um transformador. Esse circuito equivalente está mostrado na Figura 9-27a. Nessa figura, R_1 e X_1 são a resistência e a reatância do enrolamento do estator. A reatância de magnetização é X_M e os valores referidos da resistência e da reatância do rotor são R_2 e X_2. As perdas no núcleo da máquina não estão mostradas e serão combinadas com as perdas mecânicas e suplementares, como parte das perdas rotacionais do motor.

Agora, quando o motor está parado, recorde-se que o fluxo pulsante no entreferro do motor parado pode ser decomposto em dois campos magnéticos iguais e opostos dentro do motor. Como esses campos são de mesma intensidade, cada um contribui com partes iguais para as quedas de tensão resistiva e reativa no circuito do rotor. É possível dividir o circuito equivalente do rotor em duas seções, cada uma correspondendo aos efeitos de um dos campos magnéticos. O circuito equivalente do motor, incluindo a separação dos efeitos devidos aos campos magnéticos progressivo e retrógrado, está mostrado na Figura 9-27b.

Agora, suponha que o rotor do motor comece a girar por meio de um enrolamento auxiliar e que o enrolamento seja desconectado quando a velocidade de funcionamento do motor for atingida. Como foi deduzido no Capítulo 8, a resistência efetiva do rotor de um motor de indução depende do valor do movimento relativo existente entre os campos magnéticos do rotor e do estator. Entretanto, há dois campos magnéticos (progressivo e retrógrado) nesse motor, sendo que o movimento relativo é diferente para cada um deles.

Para o campo magnético *progressivo*, a diferença por unidade entre a velocidade do rotor e a velocidade do campo magnético é o escorregamento s, sendo o escorregamento definido da mesma forma que no motor de indução trifásico. Portanto, a resistência do rotor na parte do circuito associada com o campo magnético progressivo é $0{,}5 R_2 / s$.

O campo magnético progressivo gira na velocidade n_{sinc} e o campo magnético retrógrado gira na velocidade $-n_{\text{sinc}}$. Portanto, a diferença total de velocidade por

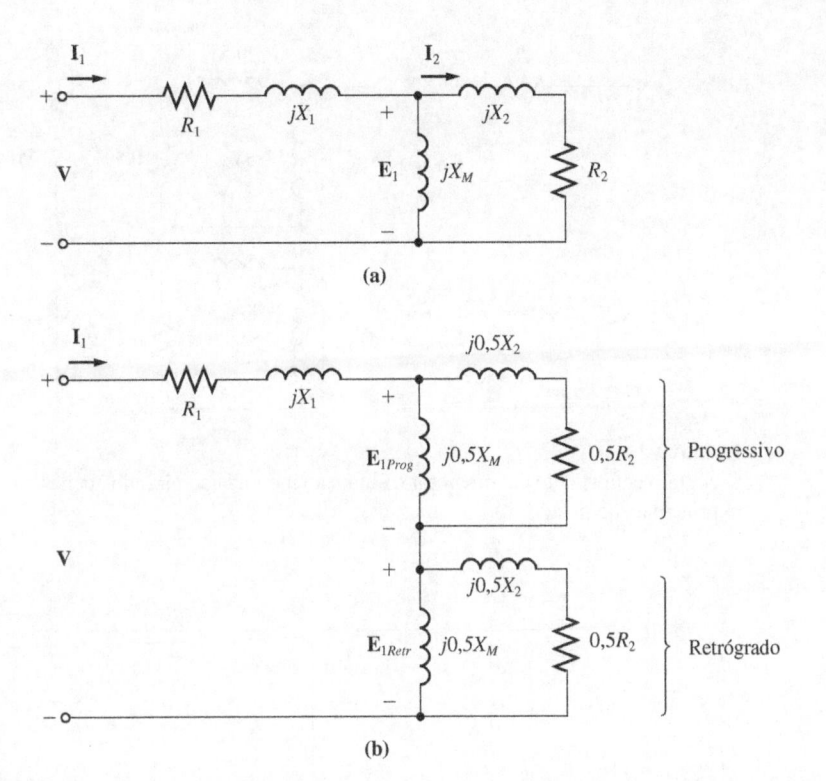

FIGURA 9-27
(a) O circuito equivalente de um motor de indução monofásico com o rotor parado. Somente seu enrolamento principal está energizado. (b) O circuito equivalente em que os efeitos dos campos magnéticos progressivo e retrógrado foram separados.

unidade (com base em n_{sinc}) entre os campos magnéticos progressivo e retrógrado é 2. Como o rotor está girando com uma velocidade s menor do que o campo magnético progressivo, a diferença total de velocidade por unidade entre o rotor e o campo magnético retrógrado é $2 - s$. Portanto, a resistência efetiva do rotor na parte do circuito associada ao campo magnético retrógrado é $0{,}5R_2/(2 - s)$.

O circuito equivalente final do motor de indução está mostrado na Figura 9-28.

Análise de circuito com o circuito equivalente do motor de indução monofásico

O circuito equivalente do motor de indução monofásico da Figura 9-28 é similar ao circuito equivalente trifásico, exceto pelo fato de que estão presentes ambas as componentes progressiva e retrógrada de potência e conjugado. As mesmas relações genéricas de potência e conjugado que se aplicavam aos motores trifásicos também podem ser aplicadas às componentes progressiva e retrógrada do motor monofásico. A potência e o conjugado líquidos da máquina serão as *diferenças* entre as respectivas componentes progressivas e retrógradas.

O diagrama do fluxo de potência de um motor de indução está repetido na Figura 9-29 para facilitar a consulta.

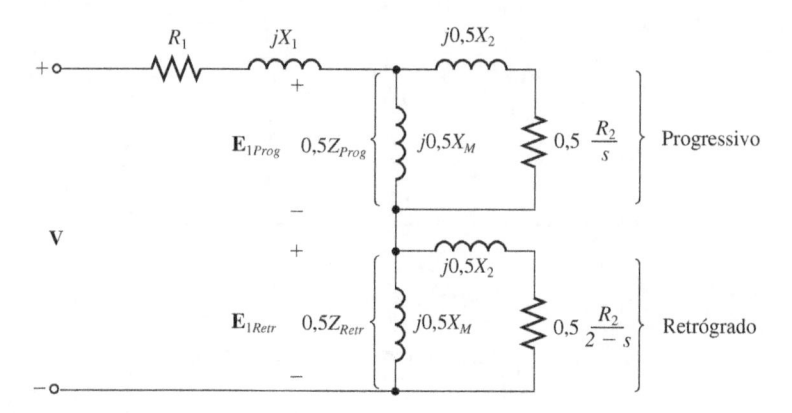

FIGURA 9-28
O circuito equivalente de um motor de indução monofásico girando apenas com o enrolamento principal energizado.

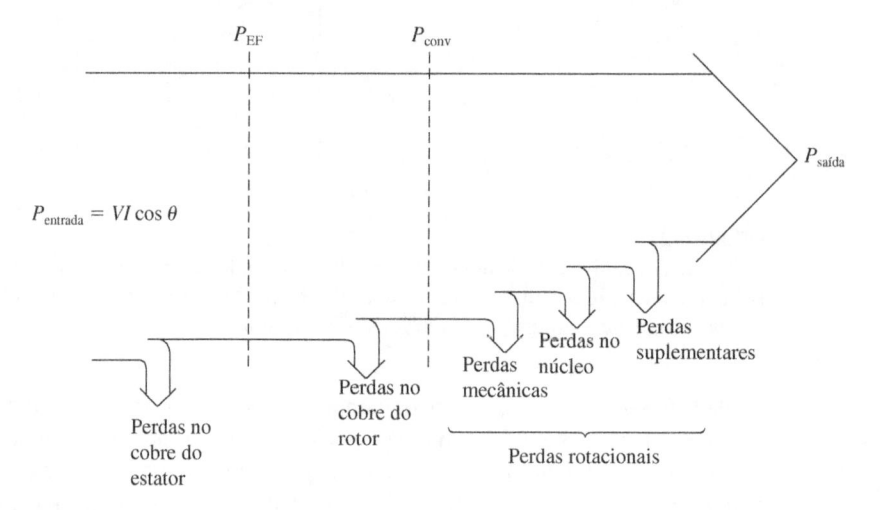

FIGURA 9-29
O diagrama de fluxo de potência de um motor de indução monofásico.

Para tornar mais simples o cálculo da corrente de entrada do motor, é costume definir as impedâncias Z_{Prog} e Z_{Retr}, em que Z_{Prog} é uma impedância única que equivale a todos os elementos de impedância do campo magnético progressivo e Z_{Retr} é uma impedância única que equivale a todos os elementos de impedância do campo magnético retrógrado (veja a Figura 9-30). Essas impedâncias são dadas por

$$Z_{Prog} = R_{Prog} + jX_{Prog} = \frac{(R_2/s + jX_2)(jX_M)}{(R_2/s + jX_2) + jX_M} \qquad (9\text{-}5)$$

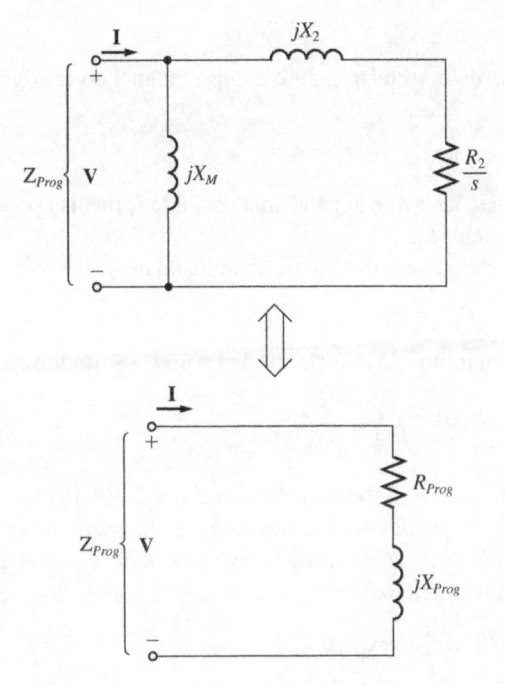

FIGURA 9-30
Uma combinação em série de R_{Prog} e jX_{Prog} é o equivalente Thévenin dos elementos de impedância do campo magnético progressivo e, portanto, R_{Prog} deve consumir a mesma potência que R_2/s consumiria para uma dada corrente.

$$Z_{Retr} = R_{Retr} + jX_{Retr} = \frac{[R_2/(2-s) + jX_2](jX_M)}{[R_2/(2-s) + jX_2] + jX_M} \quad (9\text{-}6)$$

Em termos de Z_{Prog} e Z_{Retr}, a corrente que circula no enrolamento do estator do motor de indução é

$$\mathbf{I}_1 = \frac{\mathbf{V}}{R_1 + jX_1 + 0{,}5\,Z_{Prog} + 0{,}5\,Z_{Retr}} \quad (9\text{-}7)$$

A potência no entreferro por fase de um motor de indução trifásico é a potência consumida na resistência do circuito de rotor $0{,}5R_2/s$. De modo semelhante, a potência progressiva de entreferro de um motor de indução monofásico é a potência consumida por $0{,}5R_2/s$ e a potência retrógrada de entreferro do motor é a potência consumida por $0{,}5R_2/(2-s)$. Portanto, a potência de entreferro do motor poderia ser calculada determinando primeiro as potências no resistor progressivo $0{,}5R_2/s$ e no resistor retrógrado $0{,}5R_2/(2-s)$. A seguir, calcula-se a diferença entre elas.

A parte mais difícil desse cálculo é a determinação em separado das correntes que circulam nos dois resistores. Felizmente, é possível simplificar esse cálculo. Observe que, entre os elementos de circuito que compõem a impedância equivalente Z_{Prog}, o *único* resistor presente é o R_2/s. Como Z_{Prog} é equivalente àquele circuito, qualquer potência consumida por Z_{Prog} deve ser consumida também pelo circuito original e, como R_2/s é o único resistor no circuito original, seu consumo de potência deve ser igual ao da impedância Z_{Prog}. Portanto, a potência de entreferro para o campo magnético progressivo pode ser expressa como

$$P_{\text{EF, Progr}} = I_1^2(0,5\, R_{Prog}) \tag{9-8}$$

De modo similar, a potência de entreferro para o campo magnético retrógrado pode ser expressa como

$$P_{\text{EF, Retr}} = I_1^2(0,5\, R_{Retr}) \tag{9-9}$$

A vantagem dessas duas equações é que apenas uma corrente I_1 precisa ser calculada para determinar ambas as potências.

A potência de entreferro total em um motor de indução monofásico é, portanto,

$$P_{\text{EF}} = P_{\text{EF, Progr}} - P_{\text{EF, Retr}} \tag{9-10}$$

O conjugado induzido em um motor de indução trifásico pode ser obtido da equação

$$\tau_{\text{ind}} = \frac{P_{\text{EF}}}{\omega_{\text{sinc}}} \tag{9-11}$$

em que P_{EF} é a potência líquida de entreferro dada pela Equação (9-10)

As perdas no cobre do rotor podem ser obtidas como a soma das perdas no cobre do rotor devido ao campo magnético progressivo e as perdas no cobre do rotor devido ao campo magnético retrógrado.

$$P_{\text{PCR}} = P_{\text{PCR, Progr}} + P_{\text{PCR, Retr}} \tag{9-12}$$

As perdas no cobre do rotor de um motor de indução trifásico eram iguais ao movimento relativo por unidade entre os campos do rotor e do estator (o escorregamento) vezes a potência de entreferro da máquina. De modo similar, as perdas progressivas no cobre do rotor de um motor de indução monofásico são dadas por

$$P_{\text{PCR, Progr}} = sP_{\text{EF, Progr}} \tag{9-13}$$

e as perdas retrógradas no cobre do rotor do motor são dadas por

$$P_{\text{PCR, Retr}} = sP_{\text{EF, Retr}} \tag{9-14}$$

Como essas duas perdas de potência do rotor ocorrem em frequências diferentes, as perdas totais de potência no rotor são simplesmente a sua soma.

A potência convertida da forma elétrica para a forma mecânica em um motor de indução monofásico é dada pela mesma equação de P_{conv} do motor de indução trifásico. Essa equação é

$$P_{\text{conv}} = \tau_{\text{ind}}\omega_m \tag{9-15}$$

Como $\omega_m = (1 - s)\omega_{\text{sinc}}$, essa equação também pode ser expressa como

$$P_{\text{conv}} = \tau_{\text{ind}}(1 - s)\omega_m \tag{9-16}$$

Da Equação (9-11), $P_{\text{EF}} = \tau_{\text{ind}}\omega_{\text{sinc}}$, temos que P_{conv} pode ser expressa como

$$P_{\text{conv}} = (1 - s)P_{\text{EF}} \tag{9-17}$$

Como no caso do motor de indução trifásico, a potência de saída no eixo não é igual a P_{conv}, porque as perdas rotacionais também devem ser subtraídas. No modelo de motor de indução monofásico usado aqui, as perdas no núcleo, as mecânicas e as perdas suplementares devem ser subtraídas de P_{conv} para obter $P_{\text{saída}}$.

Capítulo 9 ♦ Motores monofásicos e para aplicações especiais

EXEMPLO 9-1 Um motor de indução de fase dividida, 1/3 HP, 110 V, 60 Hz e seis polos, tem as seguintes impedâncias:

$$R_1 = 1,52 \, \Omega \qquad X_1 = 2,10 \, \Omega \qquad X_M = 58,2 \, \Omega$$
$$R_2 = 3,13 \, \Omega \qquad X_2 = 1,56 \, \Omega$$

As perdas no núcleo desse motor são 35 W, ao passo que as perdas mecânicas por atrito e ventilação e as suplementares totalizam 16 W. O motor está operando em tensão e frequência nominais com o seu enrolamento de partida em aberto e o escorregamento do motor é de 5 por cento. Encontre as seguintes grandezas nessas condições:

(a) A velocidade em rotações por minuto

(b) A corrente do estator em ampères

(c) O fator de potência do estator

(d) $P_{entrada}$

(e) P_{EF}

(f) P_{conv}

(g) τ_{ind}

(h) $P_{saída}$

(i) τ_{carga}

(j) Eficiência

Solução

As impedâncias progressiva e retrógrada desse motor para um escorregamento de 5% são

$$Z_{Prog} = R_{Prog} + jX_{Prog} = \frac{(R_2/s + jX_2)(jX_M)}{(R_2/s + jX_2) + jX_M} \tag{9-5}$$

$$= \frac{(3{,}13\,\Omega/0{,}05 + j1{,}56\,\Omega)(j58{,}2\,\Omega)}{(3{,}13\,\Omega/0{,}05 + j1{,}56\,\Omega) + j58{,}2\,\Omega}$$

$$= \frac{(62{,}6\angle 1{,}43°\,\Omega)(j58{,}2\,\Omega)}{(62{,}6\,\Omega + j1{,}56\,\Omega) + j58{,}2\,\Omega}$$

$$= 39{,}9\angle 50{,}5°\,\Omega = 25{,}4 + j30{,}7\,\Omega$$

$$Z_{Retr} = R_{Retr} + jX_{Retr} = \frac{[R_2/(2-s) + jX_2](jX_M)}{[R_2/(2-s) + jX_2] + jX_M} \tag{9-6}$$

$$= \frac{(3{,}13\,\Omega/1{,}95 + j1{,}56\,\Omega)(j58{,}2\,\Omega)}{(3{,}13\,\Omega/1{,}95 + j1{,}56\,\Omega) + j58{,}2\,\Omega}$$

$$= \frac{(2{,}24\angle 44{,}2°\,\Omega)(j58{,}2\,\Omega)}{(1{,}61\,\Omega + j1{,}56\,\Omega) + j58{,}2\,\Omega}$$

$$= 2{,}18\angle 45{,}9°\,\Omega = 1{,}51 + j1{,}56\,\Omega$$

Esses valores serão usados para determinar a corrente, a potência e o conjugado do motor.

(a) A velocidade síncrona do motor é

$$n_{sinc} = \frac{120 f_{se}}{P} = \frac{120(60\,\text{Hz})}{6\,\text{polos}} = 1200\,\text{rpm}$$

Como o motor está operando com um escorregamento de 5%, sua velocidade mecânica é

$$n_m = (1-s)n_{sinc}$$

$$n_m = (1 - 0{,}05)(1200 \text{ rpm}) = 1140 \text{ rpm}$$

(b) A corrente de estator desse motor é

$$\mathbf{I}_1 = \frac{\mathbf{V}}{R_1 + jX_1 + 0{,}5 Z_{Prog} + 0{,}5 Z_{Retr}} \quad (9\text{-}7)$$

$$= \frac{110 \angle 0° \text{ V}}{1{,}52 \; \Omega + j2{,}10 \; \Omega + 0{,}5(25{,}4 \; \Omega + j30{,}7 \; \Omega) + 0{,}5(1{,}51 \; \Omega + j1{,}56 \; \Omega)}$$

$$= \frac{110 \angle 0° \text{ V}}{14{,}98 \; \Omega + j18{,}23 \; \Omega} = \frac{110 \angle 0° \text{ V}}{23{,}6 \angle 50{,}6° \; \Omega} = 4{,}66 \angle -50{,}6° \text{ A}$$

(c) O fator de potência do motor é

$$FP = \cos(-50{,}6°) = 0{,}635 \text{ atrasado}$$

(d) A potência de entrada desse motor é

$$P_{entrada} = VI \cos \theta$$
$$= (110 \text{ V})(4{,}66 \text{ A})(0{,}635) = 325 \text{ W}$$

(e) A potência progressiva de entreferro é

$$P_{EF,\, Progr} = I_1^2 (0{,}5 \, R_{Progr}) \quad (9\text{-}8)$$
$$= (4{,}66 \text{ A})^2 (12{,}7 \; \Omega) = 275{,}8 \text{ W}$$

e a potência retrógrada de entreferro é

$$P_{EF,\, Retr} = I_1^2 (0{,}5 \, R_{Retr}) \quad (9\text{-}9)$$
$$= (4{,}66 \text{ A})2(0{,}755 \text{ V}) = 16{,}4 \text{ W}$$

Portanto, a potência de entreferro total do motor é

$$P_{EF} = P_{EF,Progr} - P_{EF,Retr} \quad (9\text{-}10)$$
$$= 275{,}8 \text{ W} - 16{,}4 \text{ W} = 259{,}4 \text{ W}$$

(f) A potência convertida da forma elétrica para a mecânica é

$$P_{conv} = (1 - s) P_{EF} \quad (9\text{-}17)$$
$$= (1 - 0{,}05)(259{,}4 \text{ W}) = 246 \text{ W}$$

(g) O conjugado induzido no motor é dado por

$$\tau_{ind} = \frac{P_{EF}}{\omega_{sinc}}$$

$$= \frac{259{,}4 \text{ W}}{(1200 \text{ rotações/min})(1 \text{ min}/60 \text{ s})(2\pi \text{ rad/rotação})} = 2{,}06 \text{ N} \cdot \text{m}$$

(h) A potência de saída é dada por

$$P_{saída} = P_{conv} - P_{rot} = P_{conv} - P_{núcleo} - P_{mec} - P_{suplem}$$
$$= 246 \text{ W} - 35 \text{ W} - 16 \text{ W} = 195 \text{ W}$$

(i) O conjugado de carga do motor é dado por

$$\tau_{carga} = \frac{P_{saída}}{\omega_m}$$

$$= \frac{195 \text{ W}}{(1140 \text{ rotações/min})(1 \text{ min}/60 \text{ s})(2\pi \text{ rad/rotação})} = 1{,}63 \text{ N} \bullet \text{m}$$

(j) Finalmente, a eficiência do motor nessas condições é

$$\eta = \frac{P_{\text{saída}}}{P_{\text{entrada}}} \times 100\% = \frac{195 \text{ W}}{325 \text{ W}} \times 100\% = 60\%$$

9.6 OUTROS TIPOS DE MOTORES

Dois outros tipos de motores – motores de relutância e motores de histerese – são usados em certas aplicações de propósitos especiais. Em relação aos motores que foram discutidos anteriormente, eles são diferentes em relação à forma construtiva do rotor, mas usam a mesma estrutura de estator. Como os motores de indução, eles podem ser construídos com estatores monofásico ou trifásico. Um terceiro tipo de motor para aplicações especiais é o motor de passo. Um motor de passo requer um estator de múltiplos polos, mas não necessita uma fonte de potência trifásica. O último motor para aplicações especiais a ser discutido é o motor CC sem escovas, o qual, como o nome sugere, funciona com uma fonte de potência CC.

Motores de relutância

Um *motor de relutância* é um motor que usa conjugado de relutância para o seu funcionamento. O conjugado de relutância é o conjugado induzido em um objeto de ferro (como um alfinete) na presença de um campo magnético externo, levando o objeto a se alinhar com o campo magnético externo. Esse conjugado ocorre porque o campo externo induz um campo magnético interno no ferro do objeto. Daí surge um conjugado entre os dois campos que faz girar o objeto até que ele esteja alinhado com o campo externo. Para que um conjugado de relutância seja produzido no objeto, ele deve se orientar segundo eixos cujos ângulos correspondem aos ângulos entre polos adjacentes do campo magnético externo.

Um diagrama esquemático simples de um motor de relutância de dois polos está mostrado na Figura 9-31. Pode-se mostrar que o conjugado aplicado ao rotor desse motor é proporcional a sen 2δ, em que δ é o ângulo elétrico entre os campos magnéticos do rotor e do estator. Portanto, o conjugado de relutância de motor é máximo quando o ângulo entre os campos magnéticos do rotor e do estator é 45°.

Um motor de relutância simples do tipo mostrado na Figura 9-31 é um *motor síncrono*. Nesse motor, o rotor acompanhará perfeitamente o campo magnético do estator enquanto o conjugado máximo do motor não for excedido. Como um motor normal síncrono, ele não tem conjugado de partida e não arrancará por si próprio.

Um *motor de relutância com partida própria*, que irá operar na velocidade síncrona até que seu conjugado máximo de relutância seja excedido, pode ser construído modificando o rotor de um motor de indução, como está mostrado na Figura 9-32. Nessa figura, o rotor tem polos salientes para funcionar em regime permanente como um motor de relutância e também tem enrolamentos amortecedores de partida. O estator desse motor pode ser de estrutura monofásica ou trifásica. A característica de conjugado *versus* velocidade desse motor, que é algumas vezes denominado *motor de indução síncrono*, está mostrada na Figura 9-33.

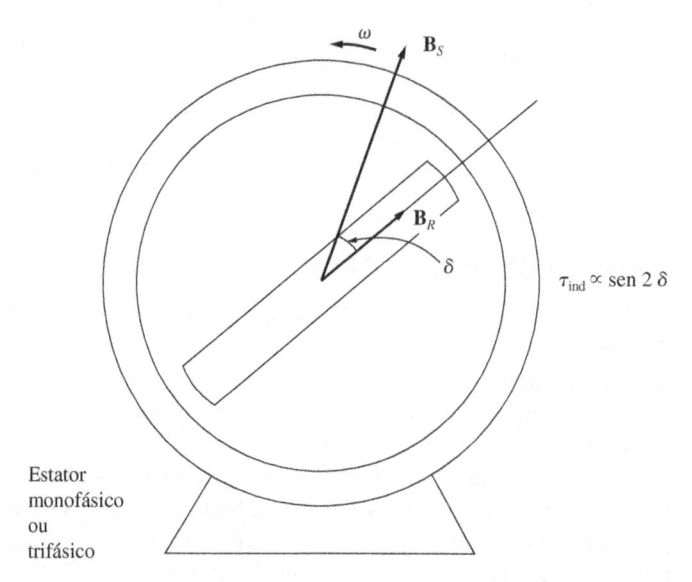

FIGURA 9-31
O conceito básico de um motor de relutância.

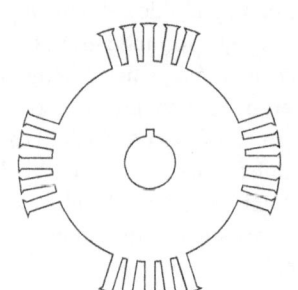

FIGURA 9-32
A estrutura do rotor de um motor de relutância "de indução síncrono" ou com partida própria.

Uma variação interessante da ideia de motor de relutância é o motor de nome comercial Synchrospeed, que é fabricado nos Estados Unidos pela MagneTek, Inc. O rotor desse motor está mostrado na Figura 9-34. Ele utiliza "guias de fluxo" para aumentar o acoplamento entre faces polares adjacentes e, portanto, para aumentar o conjugado máximo de relutância do motor. Com essas guias de fluxo, o conjugado máximo de relutância é aumentado para aproximadamente 150% do conjugado nominal, em comparação com o pouco mais de 100% de um motor de relutância convencional.

Motores de histerese

Outro motor de aplicação especial emprega o fenômeno da histerese para produzir um conjugado mecânico. O rotor de um motor de histerese é um cilindro com uma superfície suave de material magnético sem dentes, protuberâncias ou enrolamentos. O estator do motor pode ser monofásico ou trifásico. No entanto, se for monofásico, deve-se usar um capacitor permanente com um enrolamento auxiliar para produzir

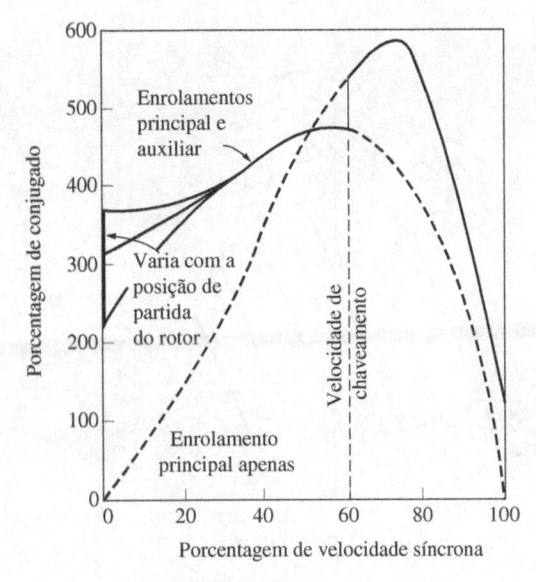

FIGURA 9-33
A característica de conjugado *versus* velocidade de um motor monofásico de relutância com partida própria.

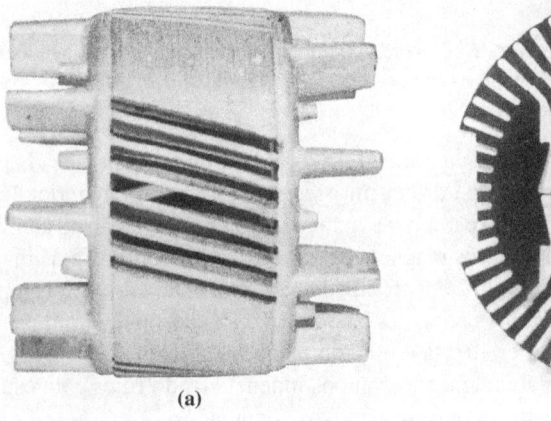

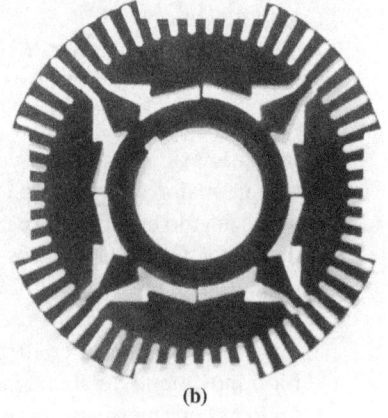

FIGURA 9-34
(a) Peça fundida de alumínio do rotor de um motor Synchrospeed. (b) Uma chapa laminada do motor. Observe as guias de fluxo que conectam os polos adjacentes. Essas guias aumentam o conjugado de relutância do motor (*Cortesia de MagneTek, Inc.*).

um campo magnético tão suave quanto possível, porque isso reduz grandemente as perdas do motor.

A Figura 9-35 mostra o funcionamento básico de um motor de histerese. Quando uma corrente trifásica (ou monofásica, com enrolamento auxiliar) é aplicada ao estator do motor, um campo magnético girante aparece dentro da máquina. Esse campo magnético girante magnetiza o metal do rotor induzindo polos dentro dele.

Quando o motor está operando abaixo da velocidade síncrona, há duas fontes de conjugado dentro dele. A maior parte do conjugado é produzida por histerese. Quando o campo magnético varre a superfície do rotor, o fluxo do rotor não pode acom-

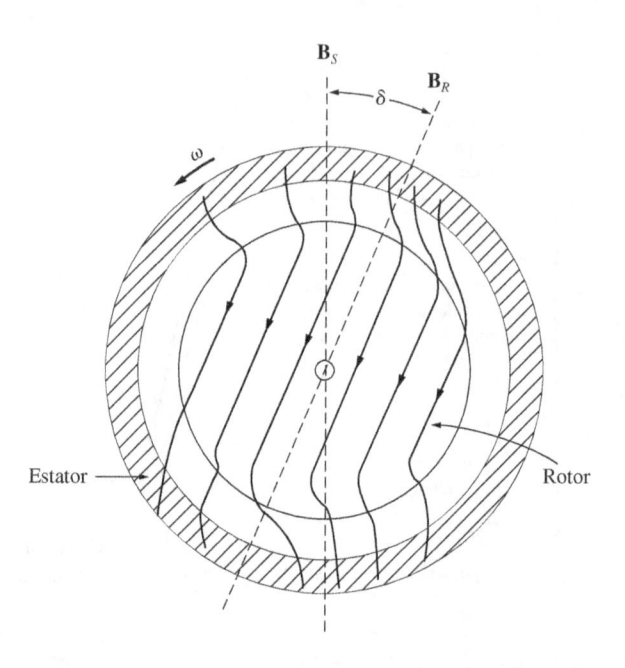

FIGURA 9-35
A construção de um motor de histerese. A componente principal de conjugado deste motor é proporcional ao ângulo entre os campos magnéticos do rotor e do estator.

panhá-lo exatamente, porque o metal do rotor tem uma perda elevada por histerese. Quanto maiores forem as perdas intrínsecas por histerese do material do rotor, maior será o ângulo de atraso do campo magnético do rotor em relação ao campo magnético do estator. Como os campos magnéticos do rotor e do estator estão em ângulos diferentes, um conjugado finito será produzido no motor. Além disso, o campo magnético do estator induz correntes parasitas no rotor e essas correntes produzem um campo magnético próprio, incrementando ainda mais o conjugado do rotor. Quanto maior for o movimento relativo entre os campos magnéticos do rotor e do estator, maiores serão as correntes parasitas e os respectivos conjugados.

Quando o motor alcança a velocidade síncrona, o fluxo do estator cessa de varrer o rotor, que passa a se comportar como um ímã permanente. Nesse momento, o conjugado induzido no motor é proporcional ao ângulo entre os campos magnéticos do rotor e do estator. O valor máximo desse ângulo é determinado pela histerese do rotor.

A característica de conjugado *versus* velocidade de um motor de histerese está mostrada na Figura 9-36. Como o valor da histerese em um rotor em particular é uma função apenas da densidade de fluxo do estator e do material de que é feito, o conjugado de histerese do motor é aproximadamente constante para qualquer velocidade entre zero e n_{sinc}. O conjugado devido à corrente parasita é aproximadamente proporcional ao escorregamento do motor. Esses dois fatos em conjunto são responsáveis pela forma da característica de conjugado *versus* velocidade do motor de histerese.

Como o conjugado de um motor de histerese em qualquer velocidade inferior à síncrona é maior do que o seu conjugado síncrono máximo, um motor de histerese

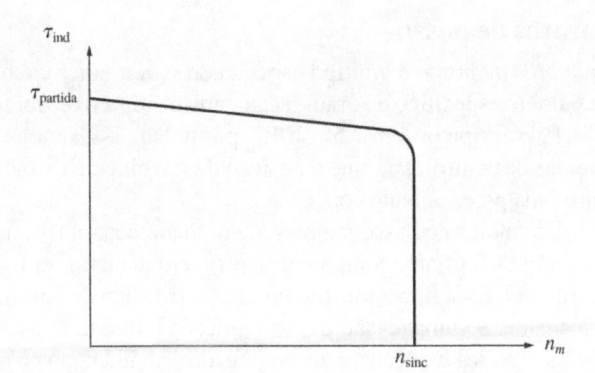

FIGURA 9-36
A característica de conjugado *versus* velocidade de um motor de histerese.

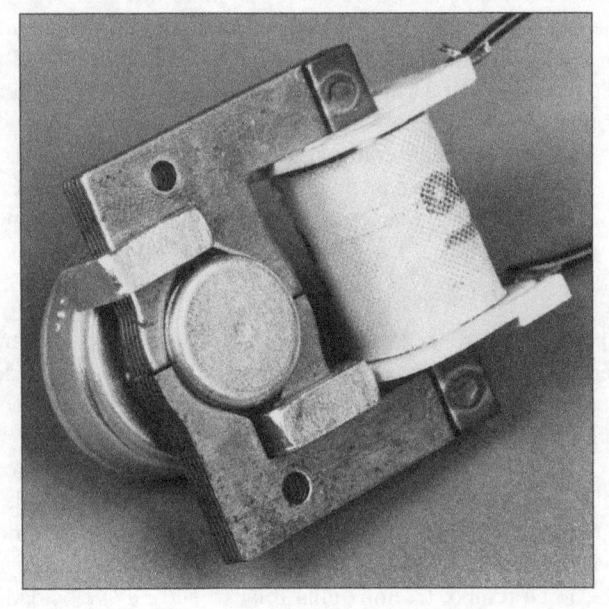

FIGURA 9-37
Um pequeno motor de histerese com um estator de polos sombreados, adequado para um relógio elétrico. Observe os polos sombreados do estator. (*Stephen J. Chapman*)

é capaz de acelerar qualquer carga que ele consiga manter girando em funcionamento normal.

Um motor de histerese muito pequeno pode ser construído com um estator de polos sombreados, obtendo-se assim um motor síncrono pequeno de baixa potência e partida própria. Esse motor está mostrado na Figura 9-37; é utilizado comumente como mecanismo para acionar relógios elétricos. Portanto, um relógio como esse estará sincronizado com a frequência de linha do sistema de potência e o relógio resultante será tão exato (ou inexato) quanto a frequência do sistema de potência à qual ele está conectado.

Motores de passo

Um *motor de passo* é um tipo especial de motor síncrono que é projetado para girar um número específico de graus a cada pulso elétrico recebido em sua unidade de controle. Passos típicos têm 7,5° ou 15° por pulso. Esses motores são usados em muitos sistemas de controle, porque a posição de um eixo ou de outros mecanismos pode ser controlada precisamente com eles.

Um motor de passo simples e a unidade de controle associada estão mostrados na Figura 9- 38. Para compreender o funcionamento do motor de passo, examine a Figura 9-39. Essa figura mostra um estator trifásico de dois polos com um rotor de ímã permanente. Se uma tensão CC for aplicada à fase *a* do estator e nenhuma tensão for aplicada às fases *b* e *c*, então um conjugado será induzido no rotor, fazendo com que ele se alinhe com o campo magnético $\mathbf{B}_S$ do estator, como está mostrado na Figura 9-39b.

Agora, assuma que a fase *a* é desligada e que uma tensão CC negativa é aplicada à fase *c*. O novo campo magnético do estator será girado de 60° em relação ao campo magnético anterior e o rotor do motor irá girar seguindo-o. Continuando com esse padrão de pulsos, é possível construir uma tabela que mostra a posição do rotor em função da tensão aplicada ao estator do motor. Se a tensão produzida pela unidade de controle mudar a cada pulso de entrada na ordem mostrada na Tabela 9-1, então o motor de passo avançará 60° a cada pulso de entrada.

Poderemos facilmente construir um motor de passo com um tamanho de passo menor se aumentarmos o número de polos do motor. A partir da Equação (3-31), temos que o número de graus mecânicos correspondentes a um dado número de graus elétricos é

$$\theta_m = \frac{2}{P}\,\theta_e \tag{9-18}$$

Como cada passo da Tabela 9-1 corresponde a 60 graus elétricos, o número de graus mecânicos deslocados por passo diminui com o aumento do número de polos. Por exemplo, se o motor de passo tiver oito polos, o ângulo mecânico do eixo do motor irá girar 15° a cada passo.

Se usarmos a Equação (9-18), a velocidade de um motor de passo poderá ser relacionada com o número de pulsos que chegam à sua unidade de controle por unidade de tempo. A Equação (9-18) dá o ângulo mecânico de um motor de passo em função do ângulo elétrico. Se calcularmos a derivada de ambos os lados dessa equação em relação ao tempo, teremos uma relação entre as velocidades de rotação elétrica e mecânica do motor:

$$\omega_m = \frac{2}{P}\,\omega_e \tag{9-19a}$$

ou
$$n_m = \frac{2}{P}\,n_e \tag{9-19b}$$

Como há seis pulsos de entrada por cada rotação elétrica, a relação entre a velocidade do motor em rotações por minuto e o número de pulsos por minuto torna-se

$$\boxed{n_m = \frac{1}{3P}\,n_{\text{pulsos}}} \tag{9-20}$$

em que n_{pulsos} é o número de pulsos por minuto.

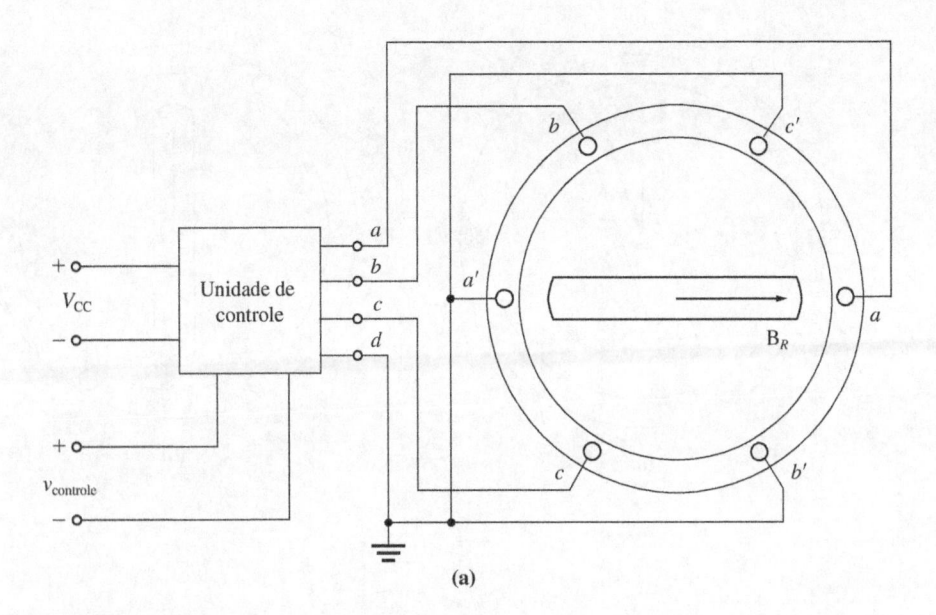

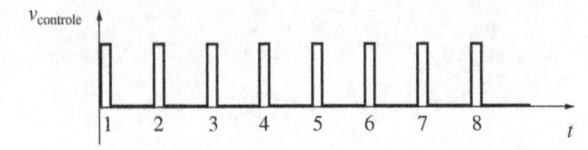

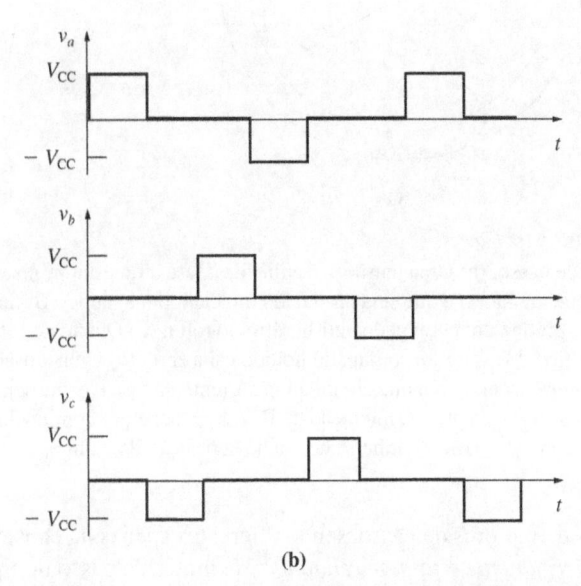

Número do pulso	Tensões das fases, V		
	v_a	v_b	v_c
1	V_{CC}	0	0
2	0	0	$-V_{CC}$
3	0	V_{CC}	0
4	$-V_{CC}$	0	0
5	0	0	V_{CC}
6	0	$-V_{CC}$	0

FIGURA 9-38

(a) Um motor de passo trifásico simples e sua unidade de controle. As entradas da unidade de controle consistem em uma fonte de tensão CC e um sinal de controle composto por um trem de pulsos. (b) Um diagrama da tensão de saída da unidade de controle quando está sendo aplicada uma série de pulsos de controle em sua entrada. (c) Uma tabela mostrando a tensão de saída da unidade de controle em função do número do pulso.

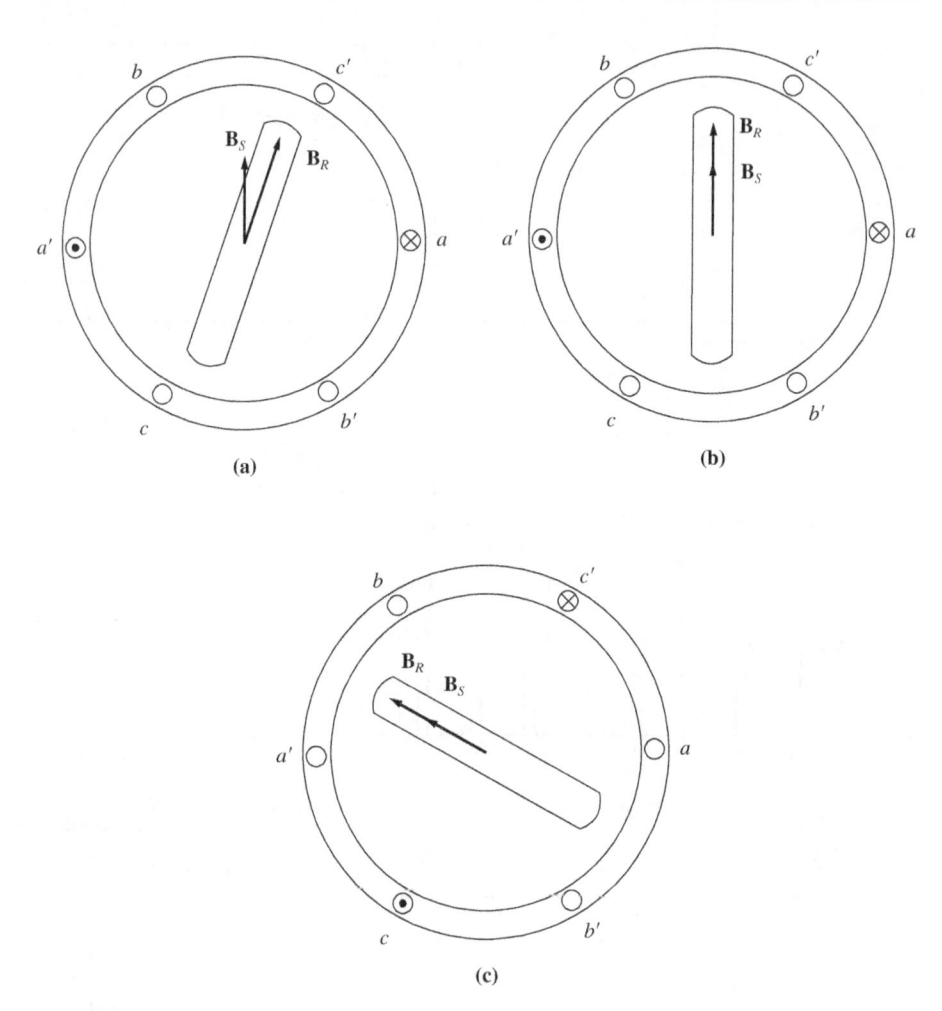

FIGURA 9-39
Funcionamento de um motor de passo. (a) Uma tensão V é aplicada à fase a do estator, fazendo com que circule uma corrente na fase a e que seja produzido um campo magnético $\mathbf{B}_S$ no estator. A interação de $\mathbf{B}_R$ e $\mathbf{B}_S$ produz um conjugado anti-horário no rotor. (b) Quando o rotor alinha-se com o campo magnético do estator, o conjugado líquido cai a zero. (c) Uma tensão $-V$ é aplicada à fase c do estator, fazendo com que circule uma corrente na fase c e que seja produzido um campo magnético $\mathbf{B}_S$ no estator. A interação de $\mathbf{B}_R$ e $\mathbf{B}_S$ produz um conjugado anti-horário no rotor, fazendo com que o rotor alinhe-se com a nova posição do campo.

Há dois tipos básicos de motores de passo, sendo diferentes apenas na construção do rotor: *tipo de ímã permanente* e *tipo de relutância*. O motor de passo do tipo de ímã permanente tem um rotor de ímã permanente, ao passo que o motor de passo do tipo de relutância tem um rotor ferromagnético que não é um ímã permanente. (O rotor do motor de relutância descrito antes nesta seção é do tipo de relutância.) Em geral, o motor de passo do tipo de ímã permanente pode produzir mais conjugado do que o motor de passo do tipo de relutância, porque o conjugado do motor de ímã

TABELA 9-1
Posição do rotor em função da tensão, em um motor de passo de dois polos

Número do pulso de entrada	Tensões das fases			Posição do rotor
	a	b	c	
1	V	0	0	0°
2	0	0	−V	60°
3	0	V	0	120°
4	−V	0	0	180°
5	0	0	V	240°
6	0	−V	0	300°

permanente é devido ao campo magnético permanente do rotor e também devido aos efeitos de relutância.

Os motores de passo do tipo de relutância são construídos frequentemente com um enrolamento de estator de quatro fases no lugar do enrolamento trifásico descrito anteriormente. Um enrolamento de estator de quatro fases reduz os passos entre os pulsos de 60 para 45 graus elétricos. Como foi mencionado anteriormente, o conjugado de um motor de relutância varia segundo sen 2δ, de modo que o conjugado de relutância entre os passos será máximo para um ângulo de 45°. Portanto, um dado motor de passo do tipo de relutância pode produzir mais conjugado com um enrolamento de estator de quatro fases do que com um enrolamento de estator trifásico.

A Equação (9-20) pode ser generalizada e aplicada a todos os motores de passo, independentemente do número de fases dos seus enrolamentos de estator. Em geral, se o estator de um motor tiver N fases, então $2N$ pulsos serão necessários para cada rotação elétrica do motor. Portanto, a relação entre a velocidade do motor em rotações por minuto e o número de pulsos por minuto torna-se

$$n_m = \frac{1}{NP} n_{\text{pulsos}} \qquad (9\text{-}21)$$

Os motores de passo são muito úteis em sistemas de controle e posicionamento porque o computador que executa o controle pode conhecer tanto a *velocidade* quanto a *posição* exatas do motor de passo, sem a necessidade de receber informações vindas do eixo do motor. Por exemplo, se um sistema de controle enviar 1200 pulsos por minuto para o motor de passo de dois polos mostrado na Figura 9-38, então a velocidade do motor será exatamente

$$n_m = \frac{1}{3P} n_{\text{pulsos}} \qquad (9\text{-}20)$$

$$= \frac{1}{3(2 \text{ polos})}(1200 \text{ pulsos/min})$$

$$= 200 \text{ rpm}$$

Além disso, se a posição inicial do eixo for conhecida, então o computador poderá determinar o ângulo exato do eixo do rotor em qualquer tempo futuro, simplesmente contando o número total de pulsos que ele enviou à unidade de controle do motor de passo.

EXEMPLO 9-2 Em uma dada aplicação, um motor de passo trifásico de ímã permanente deve ser capaz de controlar a posição de um eixo em passos de 7,5° e deve ser capaz de operar com velocidades de até 300 rpm.

(a) Quanto polos esse motor deve ter?

(b) Com que velocidade os pulsos de controle deverão ser recebidos pela unidade de controle do motor, se ele operar a 300 rpm?

Solução

(a) Em um motor de passo trifásico, cada pulso faz a posição do rotor avançar 60 graus elétricos. Isso corresponde a 7,5 graus mecânicos. Isolando P na Equação (9-18), obtém-se

$$P = 2\frac{\theta_e}{\theta_m} = 2\left(\frac{60°}{7,5°}\right) = 16 \text{ polos}$$

(b) Isolando n_{pulsos} na Equação (9-21), obtém-se

$$n_{\text{pulsos}} = NPn_m$$
$$= (3 \text{ fases})(16 \text{ polos})(300 \text{ rpm})$$
$$= 240 \text{ pulsos/s}$$

Motores CC sem escovas

Os motores CC convencionais têm sido usados tradicionalmente em aplicações nas quais as fontes de tensão CC estão disponíveis, como em aeronaves e automóveis. Entretanto, pequenos motores CC desses tipos apresentam diversas desvantagens. A principal delas é o faiscamento e o desgaste excessivos das escovas. Motores CC, de pequeno porte e velozes, são pequenos demais para comportarem enrolamentos de compensação e interpolos, de modo que a reação de armadura e os efeitos $L\,di/dt$ tendem a produzir faiscamento em suas escovas de comutação. Além disso, a elevada velocidade de rotação desses motores causa um desgaste aumentado das escovas e requer manutenção regular a cada poucos milhares de horas. Se os motores forem usados em um ambiente de baixa pressão atmosférica (como uma aeronave voando em altitudes elevadas), então o desgaste das escovas poderá ser tão intenso que as escovas deverão ser substituídas com menos de uma hora de operação!

Em algumas aplicações, a manutenção regular exigida pelas escovas desses motores CC pode ser inaceitável. Considere, por exemplo, um motor CC de um coração artificial – a manutenção regular exigiria a abertura do tórax do paciente. Em outras aplicações, as faíscas das escovas podem criar um risco de explosão, ou ruído inaceitável de radiofrequência. Para todos esses casos, há necessidade de um motor CC pequeno e veloz que seja altamente confiável e que tenha baixo ruído e vida útil longa.

Nos últimos 25 anos, foram desenvolvidos motores desse tipo pela combinação de um circuito eletrônico de chaveamento de estado sólido e de um pequeno motor especial, muito semelhante a um motor de passo de ímã permanente e que tem um sensor para determinar a posição do rotor. Esses motores são denominados *motores CC sem escovas,* porque operam com uma fonte de potência CC, mas não têm comutadores nem escovas. Um diagrama de um pequeno motor CC sem escovas está mostrado na Figura 9-40 e uma fotografia de um motor CC sem escovas típico está mostrada na Figura 9-41. O rotor é similar a um motor de passo de ímã permanente, exceto pelo fato de que os polos não são salientes. O estator pode ter três ou mais fases (no exemplo mostrado na Figura 9-40, há quatro fases).

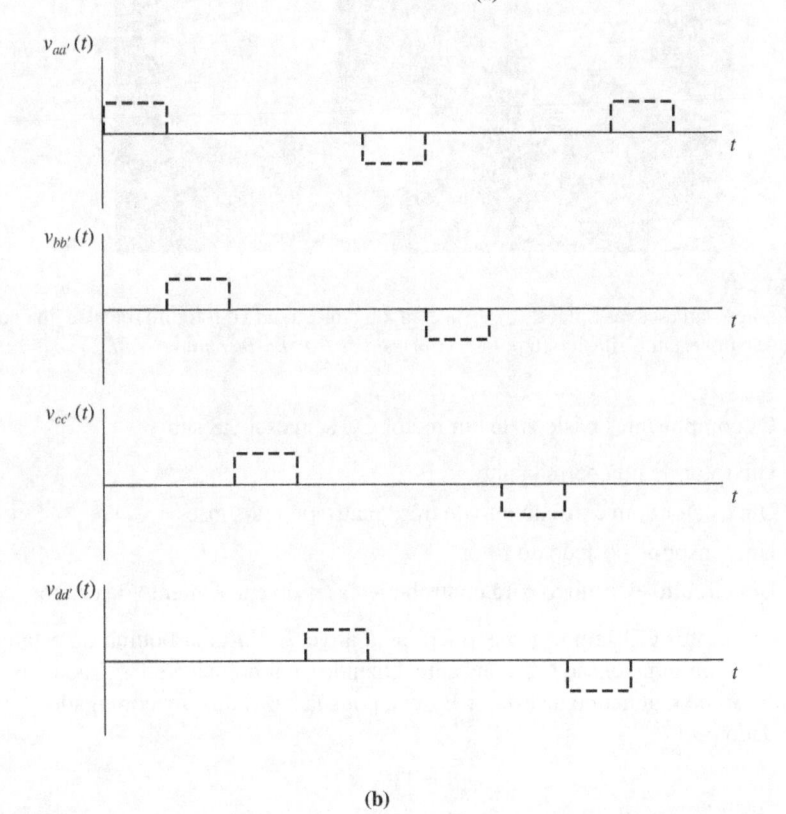

FIGURA 9-40
(a) Um motor CC sem escovas simples e sua unidade de controle. As entradas da unidade de controle consistem em uma fonte de potência e em um sinal proporcional à posição atual do rotor. (b) As tensões aplicadas às bobinas do estator.

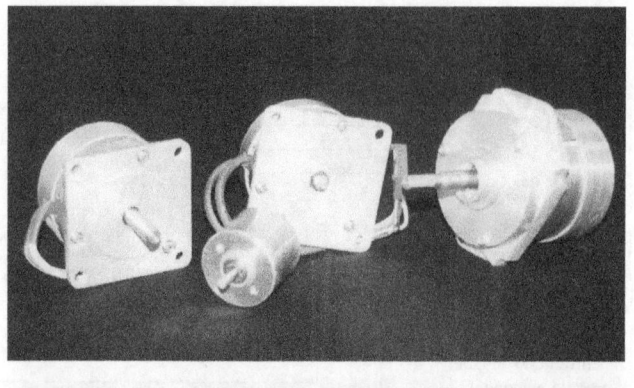

(a)

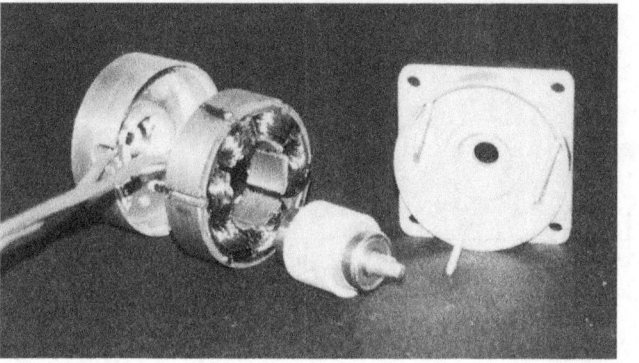

(b)

FIGURA 9-41
(a) Motores sem escovas típicos. (b) Vista explodida mostrando o rotor do rotor de ímã permanente e um estator trifásico (6 polos). (*Cortesia de Carson Technologies, Inc.*)

Os componentes básicos de um motor CC sem escovas são

1. Um rotor de ímã permanente
2. Um estator com enrolamento de três, quatro ou mais fases
3. Um sensor de posição do rotor
4. Um circuito eletrônico para controlar as fases do enrolamento de estator

Um motor CC sem escovas opera pela ativação de uma bobina de estator de cada vez, com uma tensão CC constante. Quando uma bobina é energizada, ela produz um campo magnético de estator $\mathbf{B}_S$, que por sua vez induz um conjugado no rotor que é dado por

$$\tau_{ind} = k\mathbf{B}_R \times \mathbf{B}_S$$

Isso tende a alinhar o rotor com o campo magnético do estator. No instante mostrado na Figura 9-40a, o campo magnético $\mathbf{B}_S$ do estator aponta para a esquerda, ao passo que o campo magnético $\mathbf{B}_R$ do rotor aponta para cima, produzindo um conjugado anti-horário no rotor. Como resultado, o rotor irá girar para a esquerda.

Se uma bobina *a* permanecesse energizada o tempo todo, o rotor giraria até que os dois campos magnéticos estivessem alinhados e então pararia, exatamente como um motor de passo. A chave do funcionamento de um motor CC sem escovas é que ele tem um *sensor de posição*, de modo que o circuito de controle sabe quando o rotor está quase alinhado com o campo magnético do estator. Nesse momento, a bobina a é desligada e a bobina b é ligada, fazendo com que o rotor volte a ter novamente um conjugado anti-horário e continue a girar. Esse processo continua indefinidamente com as bobinas sendo ligadas na ordem $a, b, c, d, -a, -b, -c, -d$, etc., de modo que o motor gira continuamente.

A eletrônica do circuito de controle pode ser usada para controlar a velocidade e o sentido de rotação do motor. O resultado líquido de um motor construído desse modo é que ele opera a partir de uma fonte de potência CC, com controle total sobre a velocidade e o sentido de rotação.

Os motores CC sem escovas estão disponíveis apenas em tamanhos pequenos, até em torno de 20 W, apresentando diversas vantagens nessa faixa de potências disponíveis. Algumas das vantagens principais são:

1. Relativa alta eficiência.
2. Longa vida e elevada confiabilidade.
3. Manutenção mínima ou inexistente.
4. Ruído de radiofrequência (RF) muito baixo, quando comparado com o de um motor CC com escovas.
5. Velocidades muito elevadas são possíveis (acima de 50.000 rpm).

A principal desvantagem é que um motor CC sem escovas é mais caro que um motor CC com escovas comparável.

9.7 SÍNTESE DO CAPÍTULO

Os motores CA descritos nos capítulos anteriores necessitavam de potência elétrica trifásica para funcionar. Entretanto, em muitas residências e empresas de pequeno porte, as fontes de energia elétrica são somente monofásicas, impedindo que esses motores sejam usados. Neste capítulo, foram descritos diversos motores capazes de operar com fontes de potência monofásica.

O primeiro motor descrito foi o motor universal. Um motor universal é um motor série CC adaptado para funcionar com uma alimentação CA, sendo a sua característica de conjugado *versus* velocidade similar à de um motor CC série. O motor universal tem um conjugado muito elevado, mas sua regulação de velocidade é muito pobre.

Motores de indução monofásicos não têm conjugado de partida próprio. No entanto, tão logo atinjam a velocidade de operação, suas características de conjugado *versus* velocidade são quase tão boas quanto as dos motores trifásicos de tamanho comparável. A partida pode ser obtida acrescentando um enrolamento auxiliar, cuja corrente tem um ângulo de fase diferente daquele do enrolamento principal, ou então usando polos de estator com partes sombreadas.

O conjugado de partida de um motor de indução monofásico depende do ângulo de fase entre a corrente no enrolamento primário e a corrente no enrolamento auxiliar, sendo que o conjugado máximo ocorre quando o ângulo alcança 90°. Como o modelo de fase dividida propicia apenas uma pequena diferença de fase entre os enrolamentos principal e auxiliar, seu conjugado de partida é modesto. Os motores com capacitor de partida têm um enrolamento auxiliar com aproximadamente 90° de deslocamento de fase, de modo que apresentam elevados conjugados de partida. Os motores com capacitor permanente, que têm capacitores menores, apresentam conjugados de partida intermediários entre o do motor de fase dividida e o do motor com capacitor de partida. Os motores de polos sombreados têm um deslocamento de fase efetivo muito pequeno e portanto um baixo conjugado de partida.

Os motores de relutância e de histerese são motores CA, para aplicações especiais, que funcionam na velocidade síncrona sem haver necessidade de enrolamentos no rotor como ocorre nos motores síncronos. Além disso, eles podem acelerar até a velocidade síncrona por si próprios. Os estatores desses motores podem ser monofásicos ou trifásicos.

Os motores de passo são motores usados para girar de um ângulo fixo a posição de um eixo ou algum outro dispositivo mecânico. Esse giro (ou passo) de valor fixo ocorre sempre que um pulso de controle é recebido. Eles são largamente utilizados em sistemas de controle para o posicionamento de objetos.

Os motores CC sem escovas são similares aos motores de passo com rotor de ímã permanente, exceto por conterem um sensor de posição. Esse sensor é usado para desligar uma bobina energizada de estator quando o rotor está quase alinhado com ela, de modo que o rotor mantém-se girando com uma velocidade que é definida pela eletrônica de controle. Os motores CC sem escovas são mais caros que os motores CC comuns, mas requerem menos manutenção e têm confiabilidade elevada, longa vida útil e baixo ruído de radio frequência (RF). Eles estão disponíveis apenas em tamanhos pequenos (20 W e menos).

PERGUNTAS

9.1 Que modificações são necessárias para que um motor CC série seja adaptado para operar com uma fonte CA de potência?

9.2 Por que a característica de conjugado *versus* velocidade de um motor universal ligado a uma fonte de potência CA é diferente da característica de conjugado *versus* velocidade do mesmo motor ligado a uma fonte de potência CC?

9.3 Por que um motor de indução monofásico não é capaz de dar partida por si próprio sem o uso de enrolamentos auxiliares especiais?

9.4 Como o conjugado induzido é produzido em um motor de indução monofásico (a) de acordo com a teoria do duplo campo girante e (b) de acordo com a teoria do campo cruzado?

9.5 Como um enrolamento auxiliar propicia um conjugado de partida para os motores de indução monofásicos?

9.6 Como o deslocamento de fase da corrente é obtido no enrolamento auxiliar de um motor de indução de fase dividida?

9.7 Como o deslocamento de fase da corrente é obtido no enrolamento auxiliar de um motor de indução com capacitor de partida?

9.8 Como o conjugado de partida de um motor com capacitor permanente pode ser comparado com o de um motor com capacitor de partida de mesmo tamanho?

9.9 Como o sentido de rotação pode ser invertido no motor de indução de fase dividida e no motor com capacitor de partida?

9.10 Como é produzido o conjugado de partida de um motor de polos sombreados?

9.11 Como ocorre a partida de um motor de relutância?

9.12 Como um motor de relutância pode operar com velocidade síncrona?

9.13 Que mecanismos produzem o conjugado de partida em um motor de histerese?

9.14 Que mecanismo produz o conjugado síncrono em um motor de histerese?

9.15 Explique o funcionamento de um motor de passo.

9.16 Qual é a diferença entre um motor de passo do tipo de ímã permanente e um do tipo de relutância?

9.17 Qual é o distanciamento ótimo entre as fases de um motor de passo do tipo de relutância? Por quê?

9.18 Quais são as vantagens e desvantagens dos motores CC sem escovas, quando comparados com os motores CC comuns com escovas?

PROBLEMAS

9.1 Um motor de indução de 120 V, 1/4 HP, 60 Hz, quatro polos e fase dividida, tem as seguintes impedâncias:

$$R_1 = 2,00\ \Omega \qquad X_1 = 2,56\ \Omega \qquad X_M = 60,5\ \Omega$$
$$R_2 = 2,80\ \Omega \qquad X_2 = 2,56\ \Omega$$

Para um escorregamento de 0,05, as perdas rotacionais do motor são 51 W. Pode-se assumir que as perdas rotacionais são constantes dentro da faixa de funcionamento normal do motor. Para um escorregamento de 0,05, encontre os valores das seguintes grandezas desse motor:

(a) Potência de entrada

(b) Potência de entreferro

(c) P_{conv}

(d) $P_{saída}$

(e) τ_{ind}

(f) τ_{carga}

(g) Eficiência total do motor

(h) Fator de potência do estator

9.2 Repita o Problema 9-1 para um escorregamento de 0,025.

9.3 Suponha que é dada a partida no motor do Problema 9-1, mas ocorre uma falha e o enrolamento auxiliar abre-se quando o motor atinge 400 rpm enquanto está acelerando. Quanto conjugado induzido o motor é capaz de produzir somente com o seu enrolamento principal? Assumindo que as perdas rotacionais permanecem sendo de 51 W, esse motor continuará acelerando ou perderá velocidade? Demonstre sua resposta.

9.4 Use o MATLAB para calcular e plotar a característica de conjugado *versus* velocidade do motor do Problema 9-1, ignorando o enrolamento de partida.

9.5 Um motor de indução de 220 V, 1,5 HP, 50 Hz, seis polos e de partida com capacitor, tem as seguintes impedâncias no enrolamento principal:

$$R_1 = 1,30\ \Omega \qquad X_1 = 2,01\ \Omega \qquad X_M = 105\ \Omega$$
$$R_2 = 1,73\ \Omega \qquad X_2 = 2,01\ \Omega$$

Para um escorregamento de 0,05, as perdas rotacionais do motor são de 291 W. Pode-se assumir que as perdas rotacionais são constantes dentro da faixa de funcionamento normal do motor. Para um escorregamento de 5%, encontre os valores das seguintes grandezas desse motor:

(a) Corrente de estator
(b) Fator de potência do estator
(c) Potência de entrada
(d) P_{EF}
(e) P_{conv}
(f) $P_{saída}$
(g) τ_{ind}
(h) τ_{carga}
(i) Eficiência

9.6 Encontre o conjugado induzido do motor do Problema 9-5 quando ele está operando com um escorregamento de 5% e sua tensão de terminal é *(a)* 190 V, *(b)* 208 V e *(c)* 230 V.

9.7 Que tipo de motor você escolheria para executar cada uma das seguintes tarefas? Por quê?

(a) Aspirador de pó
(b) Refrigerador
(c) Compressor de ar condicionado
(d) Ventilador de ar condicionado
(e) Máquina de costura de velocidade variável
(f) Relógio elétrico
(g) Furadeira elétrica

9.8 Em uma aplicação em particular, um motor de passo trifásico deve ser capaz de dar passos de 10° de incremento. Quantos polos ele deve ter?

9.9 Quantos pulsos por segundo devem ser fornecidos à unidade de controle do motor do Problema 9-8 para que ele consiga girar com uma velocidade de 600 rpm?

9.10 Construa uma tabela mostrando a relação entre o tamanho do passo e o número de polos, para motores de passo trifásicos e de quatro polos.

REFERÊNCIAS

1. Fitzgerald, A. E. e C. Kingsley, Jr.: *Electric Machinery*, McGraw-Hill, Nova York, 1952.
2. National Electrical Manufacturers Association, *Motors and Generators*, Publicação MG1-1993, NEMA, Washington, 1993.
3. Werninck, E. H. (ed.): *Electric Motor Handbook*, McGraw-Hill, London, 1978.
4. Veinott, G. C.: *Fractional and Subfractional Horsepower Electric Motors*, McGraw-Hill, Nova York, 1970.

apêndice

A

Circuitos trifásicos

Atualmente, quase toda a geração de energia elétrica e a maioria da transmissão de energia elétrica no mundo ocorrem na forma de circuitos CA trifásicos. Um sistema de potência CA trifásico consiste em geradores trifásicos, linhas de transmissão e cargas. Os sistemas de potência CA têm uma grande vantagem sobre os sistemas CC porque seus níveis de tensão podem ser mudados usando transformadores, permitindo assim reduzir as perdas de transmissão, como foi descrito no Capítulo 2. Os sistemas de potência CA *trifásicos* têm duas grandes vantagens em relação aos sistemas de potência monofásicos: (1) é possível obter mais potência por quilograma de metal de uma máquina trifásica e (2) a potência entregue a uma carga trifásica é constante durante todo o tempo, em vez de pulsar, como ocorre nos sistemas monofásicos. Os sistemas trifásicos também tornam mais fácil o uso de motores de indução, porque permitem que a partida deles ocorra sem necessidade de enrolamentos auxiliares de partida.

A.1 GERAÇÃO DE TENSÕES E CORRENTES TRIFÁSICAS

Um gerador trifásico consiste em três geradores monofásicos, com tensões iguais que diferem entre si em 120° no ângulo de fase. Cada um desses três geradores pode ser ligado a uma de três cargas idênticas por um par de fios, sendo que o sistema de potência resultante será como o mostrado na Figura A-1c. Esse sistema consiste em três circuitos monofásicos que são diferentes entre si em 120° no ângulo de fase. A corrente que flui para cada carga pode ser obtida da equação

$$I = \frac{V}{Z} \tag{A-1}$$

$$v_A(t) = \sqrt{2}\, V \operatorname{sen} \omega t \text{ V}$$
$$\mathbf{V}_A = V \angle 0° \text{ V}$$

$$v_B(t) = \sqrt{2}\, V \operatorname{sen} (\omega t - 120°) \text{ V}$$
$$\mathbf{V}_B = V \angle -120° \text{ V}$$

$$v_C(t) = \sqrt{2}\, V \operatorname{sen} (\omega t - 240°) \text{ V}$$
$$\mathbf{V}_C = V \angle -240° \text{ V}$$

(a)

(b)

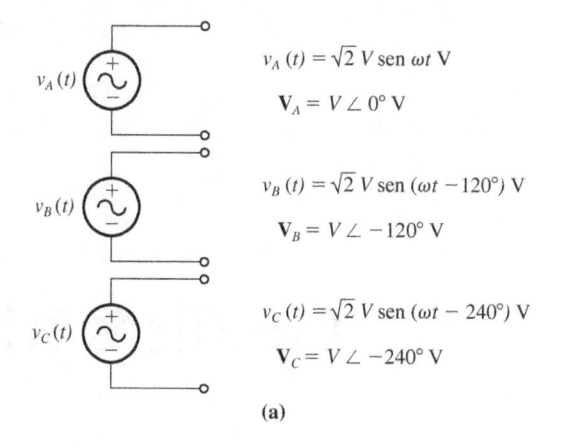

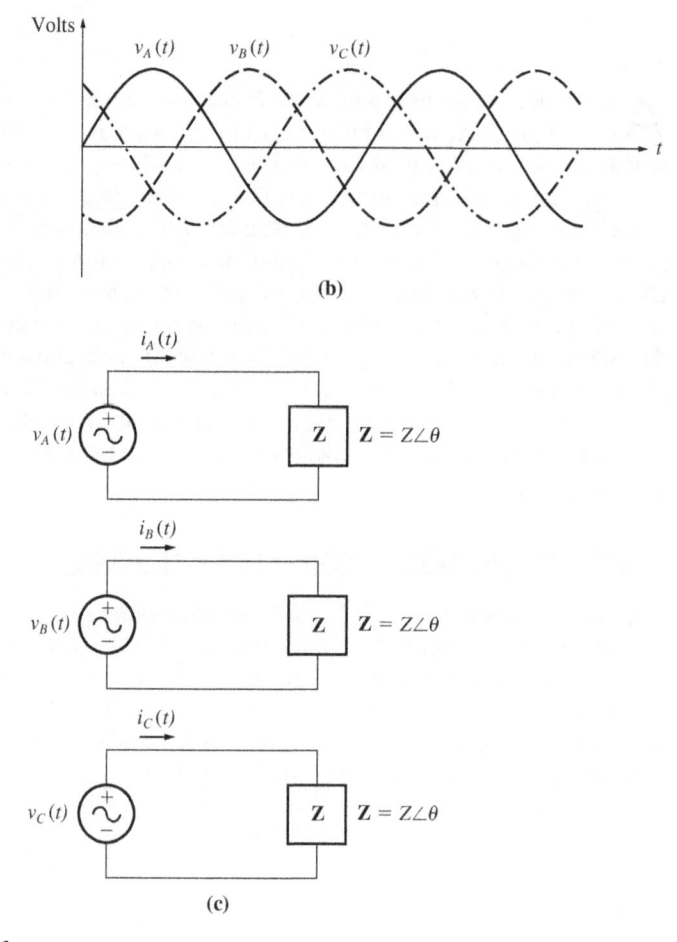

(c)

FIGURA A-1
(a) Um gerador trifásico, consistindo em três fontes monofásicas iguais que diferem de 120° em fase. (b) As tensões de cada fase do gerador. (c) As três fases ligadas a três cargas idênticas.

(d)

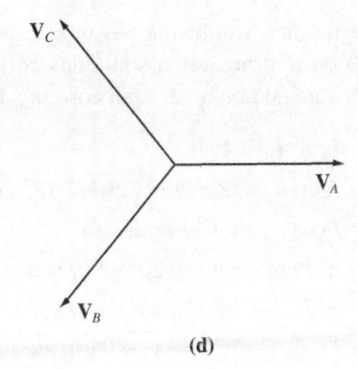

FIGURA A-1 (*conclusão*)
(d) Diagrama fasorial mostrando as tensões de cada fase.

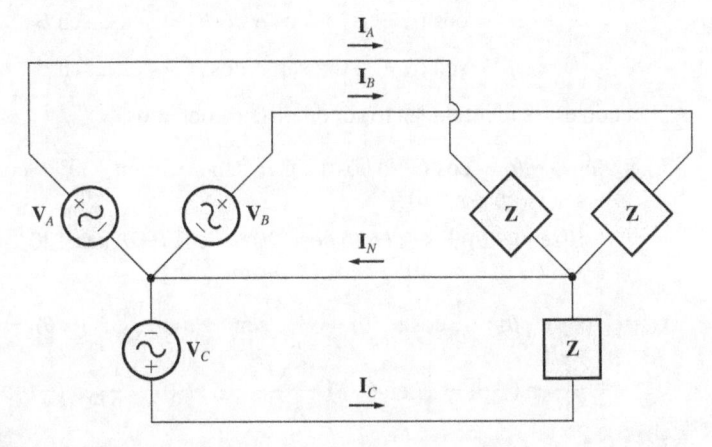

FIGURA A-2
Os três circuitos ligados em conjunto com um neutro comum.

Portanto, as correntes que circulam nas três fases são

$$\mathbf{I}_A = \frac{V\angle 0°}{Z\angle \theta} = I\angle -\theta \tag{A-2}$$

$$\mathbf{I}_B = \frac{V\angle -120°}{Z\angle \theta} = I\angle -120° - \theta \tag{A-3}$$

$$\mathbf{I}_C = \frac{V\angle -240°}{Z\angle \theta} = I\angle -240° - \theta \tag{A-4}$$

É possível ligar em conjunto as terminações negativas desses três geradores monofásicos e as cargas, de modo que compartilhem uma linha comum de retorno (denominada *neutro*). O sistema resultante está mostrado na Figura A-2; observe que agora apenas *quatro* fios são necessários para fornecer a potência desses três geradores às três cargas.

Qual é o valor da corrente que está circulando no fio neutro mostrado na Figura A-2? A corrente de retorno será a soma das correntes que circulam em cada carga individual do sistema de potência. Essa corrente é dada por

$$\mathbf{I}_N = \mathbf{I}_A + \mathbf{I}_B + \mathbf{I}_C \tag{A-5}$$
$$= I\angle{-\theta} + I\angle{-\theta - 120°} + I\angle{-\theta - 240°}$$
$$= I\cos(-\theta) + jI\,\text{sen}(-\theta)$$
$$\quad + I\cos(-\theta - 120°) + jI\,\text{sen}(-\theta - 120°)$$
$$\quad + I\cos(-\theta - 240°) + jI\,\text{sen}(-\theta - 240°)$$
$$= I\,[\cos(-\theta) + \cos(-\theta - 120°) + \cos(-\theta - 240°)]$$
$$\quad + jI\,[\text{sen}(-\theta) + \text{sen}(-\theta - 120°) + \text{sen}(-\theta - 240°)]$$

Relembrando as identidades trigonométricas elementares, temos:

$$\cos(\alpha - \beta) = \cos\alpha\cos\beta + \text{sen}\,\alpha\,\text{sen}\,\beta \tag{A-6}$$
$$\text{sen}(\alpha - \beta) = \text{sen}\,\alpha\cos\beta - \cos\alpha\,\text{sen}\,\beta \tag{A-7}$$

Aplicando essas identidades trigonométricas, obtemos

$$\mathbf{I}_N = I[\cos(-\theta) + \cos(-\theta)\cos 120° + \text{sen}(-\theta)\,\text{sen}\,120° + \cos(-\theta)\cos 240°$$
$$\quad + \text{sen}(-\theta)\,\text{sen}\,240°]$$
$$\quad + jI[\text{sen}(-\theta) + \text{sen}(-\theta)\cos 120° - \cos(-\theta)\,\text{sen}\,120°$$
$$\quad + \text{sen}(-\theta)\cos 240° - \cos(-\theta)\,\text{sen}\,240°]$$
$$\mathbf{I}_N = I\left[\cos(-\theta) - \frac{1}{2}\cos(-\theta) + \frac{\sqrt{3}}{2}\text{sen}(-\theta) - \frac{1}{2}\cos(-\theta) - \frac{\sqrt{3}}{2}\text{sen}(-\theta)\right]$$
$$\quad + jI\left[\text{sen}(-\theta) - \frac{1}{2}\text{sen}(-\theta) - \frac{\sqrt{3}}{2}\cos(-\theta) - \frac{1}{2}\text{sen}(-\theta) + \frac{\sqrt{3}}{2}\cos(-\theta)\right]$$
$$\mathbf{I}_N = 0\,\text{A}$$

Desde que as três cargas sejam iguais, a corrente de retorno no neutro será zero! Um sistema de potência trifásico, no qual os três geradores têm tensões exatamente iguais com uma defasagem de 120° e no qual todas as cargas são idênticas, é denominado *sistema trifásico equilibrado* ou *balanceado*. Nesse sistema, na realidade, o neutro é desnecessário e poderíamos usar apenas *três* em vez dos seis fios originais.

SEQUÊNCIA DE FASES. A *sequência de fases* de um sistema de potência trifásico é a ordem na qual ocorrem os picos de tensão das fases individuais. Diz-se que o sistema de potência trifásico ilustrado na Figura A-1 tem a sequência de fases *abc* porque os picos de tensão das três fases ocorrem na ordem *a*, *b*, *c* (veja a Figura A-1b). O diagrama fasorial de um sistema de potência com uma sequência de fases *abc* está mostrado na Figura A-3a.

Também é possível ligar as três fases de um sistema de potência de modo que os picos de tensão das fases ocorram na ordem *a*, *c*, *b*. Diz-se que esse tipo de sistema de potência tem a sequência de fases *acb*. O diagrama fasorial de um sistema de potência com uma sequência de fases *acb* está mostrado na Figura A-3b.

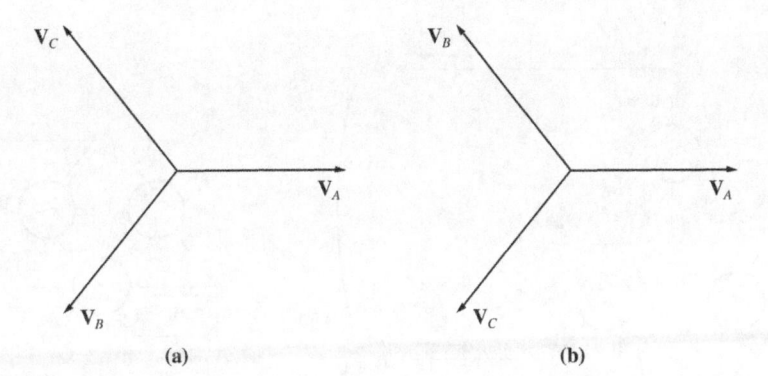

FIGURA A-3
(a) As tensões de fase de um sistema de potência com uma sequência de fases *abc*. (b) As tensões de fase de um sistema de potência com uma sequência de fases *acb*.

O resultado obtido anteriormente é igualmente válido para ambas as sequências de fase *abc* e *acb*. Em ambos os casos, se o sistema de potência for equilibrado, a corrente que circulará no neutro será 0.

A.2 TENSÕES E CORRENTES EM UM CIRCUITO TRIFÁSICO

Uma conexão como a mostrada na Figura A-2 é denominada ligação em estrela ou Y, porque ela se assemelha à letra Y. Outra conexão possível é a ligação em triângulo ou delta (Δ), na qual os três geradores são ligados de modo que o terminal positivo de um é ligado no terminal negativo do seguinte. A ligação em Δ é possível porque é nula a soma das três tensões $\mathbf{V}_A + \mathbf{V}_B + \mathbf{V}_C = \mathbf{0}$. Desse modo, não haverá correntes de curto-circuito circulando quando as três fontes forem ligadas.

Cada gerador e cada carga de um sistema de potência trifásico podem ser ligados em Y ou em Δ. Em um sistema de potência, o número de geradores e cargas, ligados em Y ou em Δ, pode ser qualquer um.

A Figura A-4 mostra geradores trifásicos ligados em Y e em Δ. As tensões e correntes de uma dada fase são denominadas *grandezas de fase* e as tensões entre as linhas e as correntes das linhas conectadas aos geradores são denominadas *grandezas de linha*. As relações entre as grandezas de linha e as de fase para um dado gerador ou carga dependem do tipo de conexão usado com aquele gerador ou carga. Essas relações serão exploradas agora para cada uma das ligações em Y e Δ.

Tensões e correntes na ligação em Y

Um gerador trifásico ligado em Y (ou estrela), com uma sequência de fases *abc* e conectado a uma carga resistiva, está mostrado na Figura A-5. As tensões de fase desse gerador são dadas por

$$\mathbf{V}_{an} = V_\phi \angle 0°$$
$$\mathbf{V}_{bn} = V_\phi \angle -120° \quad\quad (A\text{-}8)$$
$$\mathbf{V}_{cn} = V_\phi \angle -240°$$

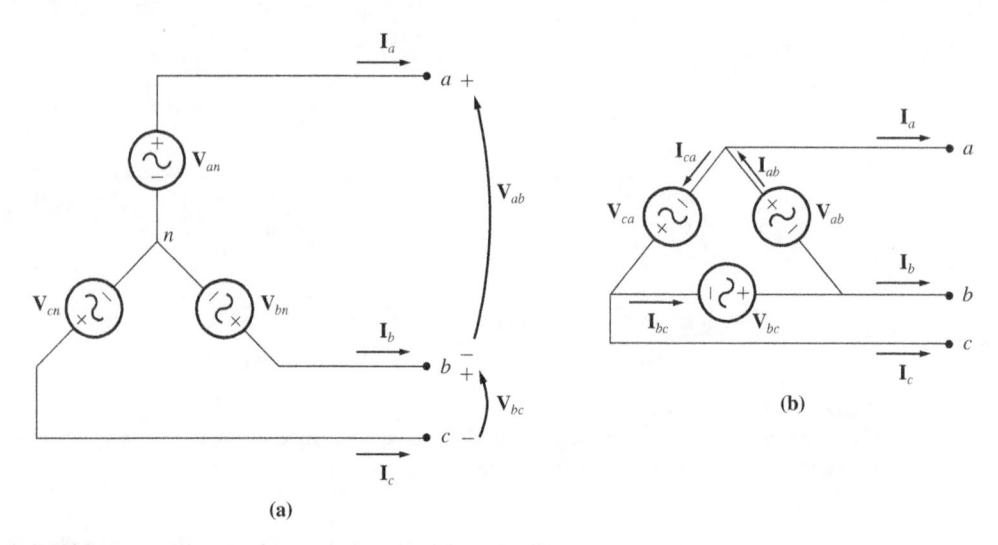

FIGURA A-4
(a) Ligação em Y. (b) Ligação em Δ.

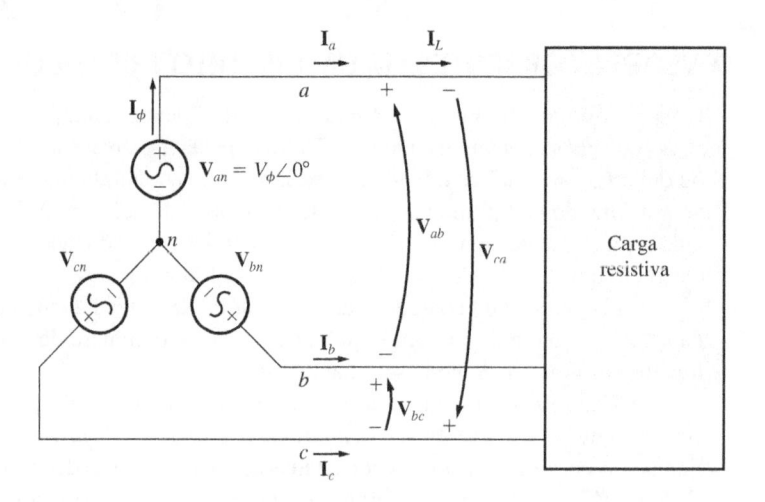

FIGURA A-5
Um gerador ligado em Y com carga resistiva.

Como foi assumido que a carga conectada a esse gerador é resistiva, a corrente em cada fase do gerador estará no mesmo ângulo que a tensão. Portanto, a corrente em cada fase será dada por

$$\mathbf{I}_a = I_\phi \angle 0°$$
$$\mathbf{I}_b = I_\phi \angle -120° \quad \quad (A\text{-}9)$$
$$\mathbf{I}_c = I_\phi \angle -240°$$

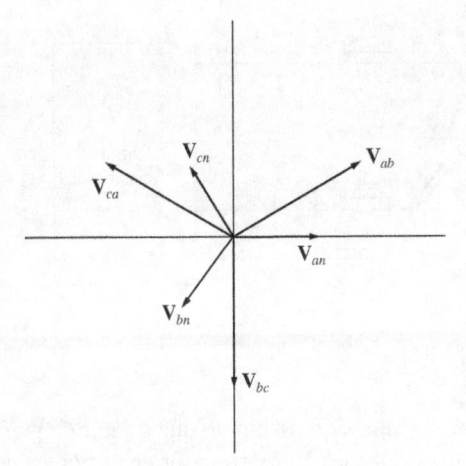

FIGURA A-6
Tensões de linha (linha a linha) e de fase (linha ao neutro) para a ligação em Y da Figura A-5.

Da Figura A-5, é óbvio que a corrente em qualquer linha é a mesma que a corrente na respectiva fase. Portanto, para uma ligação Y, temos

$$I_L = I_\phi \quad \text{Ligação em Y} \tag{A-10}$$

A relação entre as tensões de linha e de fase é mais complexa. Pela lei de Kirchhoff das tensões, a tensão linha a linha V_{ab} é dada por

$$\begin{aligned}
\mathbf{V}_{ab} &= \mathbf{V}_a - \mathbf{V}_b \\
&= V_\phi \angle 0° - V_\phi \angle -120° \\
&= V_\phi - \left(-\frac{1}{2}V_\phi - j\frac{\sqrt{3}}{2}V_\phi\right) = \frac{3}{2}V_\phi + j\frac{\sqrt{3}}{2}V_\phi \\
&= \sqrt{3}V_\phi \left(\frac{\sqrt{3}}{2} + j\frac{1}{2}\right) \\
&= \sqrt{3}V_\phi \angle 30°
\end{aligned}$$

Portanto, a relação entre as tensões de linha a linha e da linha ao neutro (fase) em um gerador ou carga ligados em Y é

$$V_{LL} = \sqrt{3}V_\phi \quad \text{Ligação em Y} \tag{A-11}$$

Além disso, há uma defasagem de 30° entre as tensões de linha e as tensões de fase. A Figura A-6 mostra um diagrama fasorial das tensões de linha e de fase para a ligação em Y da Figura A-5.

Observe que, nas ligações em Y com a sequência de fases *abc*, como a da Figura A-5, a tensão em uma linha está *adiantada* em relação à respectiva tensão de fase em 30°. Nas ligações em Y com a sequência de fases *acb*, a tensão em uma linha está *atrasada* em relação à respectiva tensão de fase em 30°. A demonstração dessa relação é o objetivo de um problema no final deste apêndice.

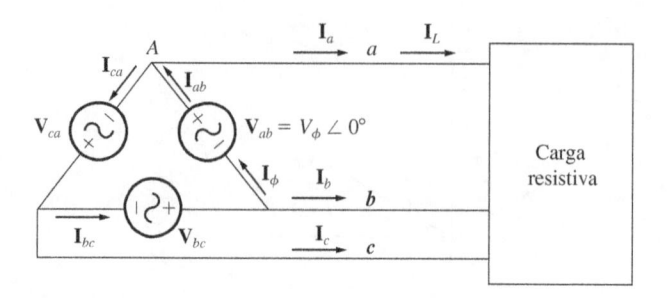

FIGURA A-7
Um gerador ligado em Δ com uma carga resistiva.

Embora, para a ligação em Y, tenha sido assumido que o fator de potência era unitário quando foram deduzidas as relações entre as tensões e correntes de linha e de fase, essas relações na realidade são válidas para qualquer fator de potência. A suposição de cargas com fator de potência unitário permitiu que a matemática desse desenvolvimento ficasse mais fácil.

Tensões e correntes na ligação em Δ

Um gerador trifásico ligado em Δ (ou triângulo) e conectado a uma carga resistiva está mostrado na Figura A-7. As tensões de fase desse gerador são dadas por

$$\mathbf{V}_{ab} = V_\phi \angle 0°$$
$$\mathbf{V}_{bc} = V_\phi \angle -120° \quad \text{(A-12)}$$
$$\mathbf{V}_{ca} = V_\phi \angle -240°$$

Como a carga é resistiva, as correntes de fase são dadas por

$$\mathbf{I}_{ab} = I_\phi \angle 0°$$
$$\mathbf{I}_{bc} = I_\phi \angle -120° \quad \text{(A-13)}$$
$$\mathbf{I}_{ca} = I_\phi \angle -240°$$

No caso da ligação Δ, é óbvio que a tensão linha a linha entre quaisquer duas linhas é a mesma que a tensão na respectiva fase. *Em uma ligação em Δ*, temos

$$\boxed{V_{LL} = V_\phi} \quad \text{ligação em } \Delta \quad \text{(A-14)}$$

A relação entre a corrente de linha e a corrente de fase é mais complexa. Ela pode ser encontrada aplicando a lei de Kirchhoff das correntes a um nó da ligação em Δ. Aplicando essa lei de Kirchhoff ao nó A, obtemos a equação

$$\mathbf{I}_a = \mathbf{I}_{ab} - \mathbf{I}_{ca}$$
$$= I_\phi \angle 0° - I_\phi \angle -240°$$
$$= I_\phi - \left(-\frac{1}{2}I_\phi + j\frac{\sqrt{3}}{2}I_\phi\right) = \frac{3}{2}I_\phi - j\frac{\sqrt{3}}{2}I_\phi$$

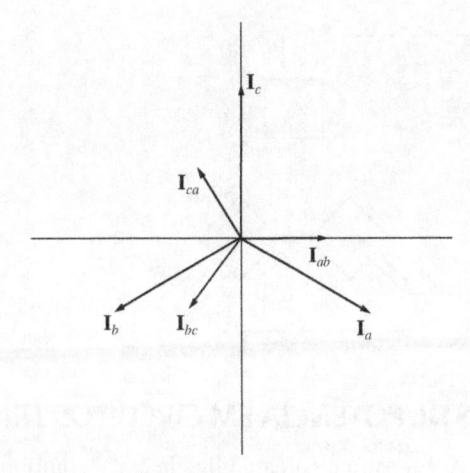

FIGURA A-8
Correntes de linha e de fase para a ligação em Δ da Figura A-7.

TABELA A-1
Resumo de relações matemáticas para ligações em Y e em Δ

	Ligação em Y	Ligação em Δ
Tensão	$V_{LL} = \sqrt{3}\, V_\phi$	$V_{LL} = V_\phi$
Corrente	$I_L = I_\phi$	$I_L = \sqrt{3}\, I_\phi$
Sequência de fases *abc*	$\mathbf{V}_{ab}$ está adiantada em relação a $\mathbf{V}_a$ em 30°	$\mathbf{I}_a$ está atrasada em relação a $\mathbf{I}_{ab}$ em 30°
Sequência de fases *acb*	$\mathbf{V}_{ab}$ está atrasada em relação a $\mathbf{V}_a$ em 30°	$\mathbf{I}_a$ está adiantada em relação a $\mathbf{I}_{ab}$ em 30°

$$= \sqrt{3}I_\phi \left(\frac{\sqrt{3}}{2} - j\frac{1}{2} \right)$$
$$= \sqrt{3}I_\phi \angle -30°$$

Portanto, a relação entre as correntes de linha e de fase, em um gerador ou carga ligados em Δ, é dada por

$$\boxed{I_L = \sqrt{3}I_\phi} \quad \text{ligação em } \Delta \qquad (A\text{-}15)$$

e a defasagem entre as correntes de linha e as respectivas correntes de fase é 30°.

Observe que, nas ligações em Δ com a sequência de fases *abc*, como a mostrada na Figura A-7, a corrente em uma linha está *atrasada* em relação à respectiva corrente de fase de 30° (veja Figura A-8). Nas ligações em Δ com a sequência de fases *acb*, a corrente de uma linha está *adiantada* em relação à respectiva corrente de fase em 30°.

As relações de tensão e corrente para fontes de potência e cargas ligadas Y e em Δ estão resumidas na Tabela A-1.

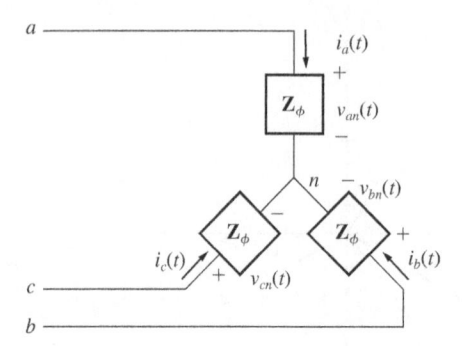

FIGURA A-9
Uma carga ligada em Y equilibrada.

A.3 RELAÇÕES DE POTÊNCIA EM CIRCUITOS TRIFÁSICOS

A Figura A-9 mostra uma carga ligada em Y equilibrada cuja impedância de fase é $\mathbf{Z}_\phi = Z\angle\theta°$. Se as tensões trifásicas aplicadas a essa carga forem dadas por

$$v_{an}(t) = \sqrt{2}V \operatorname{sen} \omega t$$
$$v_{bn}(t) = \sqrt{2}V \operatorname{sen}(\omega t - 120°) \quad \text{(A-16)}$$
$$v_{cn}(t) = \sqrt{2}V \operatorname{sen}(\omega t - 240°)$$

então as correntes trifásicas que circulam na carga serão dadas por

$$i_a(t) = \sqrt{2}I \operatorname{sen}(\omega t - \theta)$$
$$i_b(t) = \sqrt{2}I \operatorname{sen}(\omega t - 120° - \theta) \quad \text{(A-17)}$$
$$i_c(t) = \sqrt{2}I \operatorname{sen}(\omega t - 240° - \theta)$$

em que $I = V/Z$. Quanta potência está sendo fornecida pela fonte à carga?

A potência instantânea fornecida para uma fase qualquer da carga é dada pela equação

$$p(t) = v(t)i(t) \quad \text{(A-18)}$$

Portanto, a potência instantânea fornecida para cada uma das fases é

$$p_a(t) = v_{an}(t)i_a(t) = 2VI \operatorname{sen}(\omega t) \operatorname{sen}(\omega t - \theta)$$
$$p_b(t) = v_{bn}(t)i_b(t) = 2VI \operatorname{sen}(\omega t - 120°) \operatorname{sen}(\omega t - 120° - \theta) \quad \text{(A-19)}$$
$$p_c(t) = v_{cn}(t)i_c(t) = 2VI \operatorname{sen}(\omega t - 240°) \operatorname{sen}(\omega t - 240° - \theta)$$

Há uma identidade trigonométrica afirmando que

$$\operatorname{sen} \alpha \operatorname{sen} \beta = \frac{1}{2}[\cos(\alpha - \beta) - \cos(\alpha - \beta)] \quad \text{(A-20)}$$

Aplicando essa identidade às Equações (A-19), obtemos novas expressões para a potência em cada uma das fases da carga:

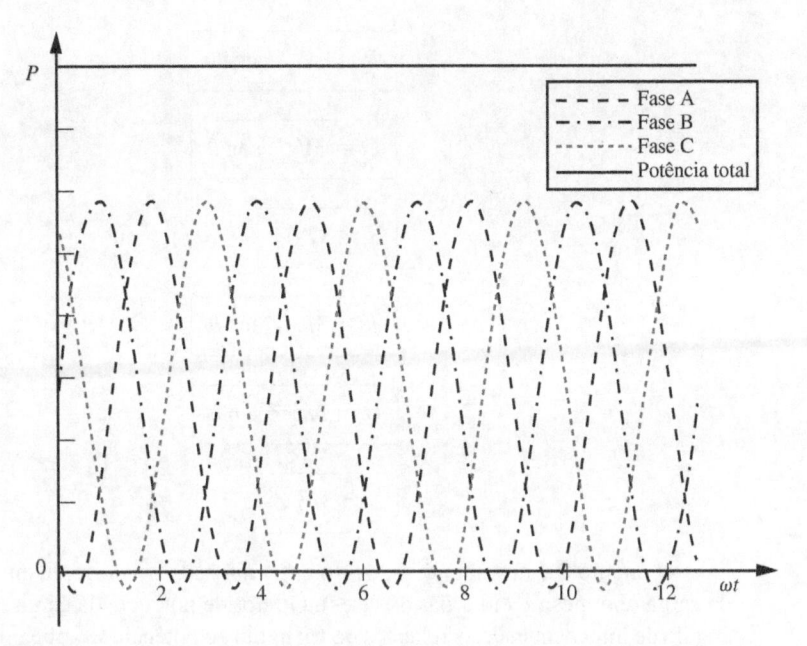

FIGURA A-10
Potência instantânea nas fases *a*, *b* e *c*, além da potência total fornecida à carga.

$$p_a(t) = VI[\cos\theta - \cos(2\omega t - \theta)]$$
$$p_b(t) = VI[\cos\theta - \cos(2\omega t - 240° - \theta)] \quad \text{(A-21)}$$
$$p_c(t) = VI[\cos\theta - \cos(2\omega t - 480° - \theta)]$$

A potência total fornecida à carga trifásica total é a soma das potências fornecidas para cada uma das fases individuais. A potência fornecida por cada fase consiste em uma componente constante mais uma componente pulsante. Entretanto, *as componentes pulsantes das três fases cancelam-se porque estão defasadas de 120° entre si* e a potência total fornecida pelo sistema de potência trifásico é constante. Essa potência é dada pela equação:

$$p_{tot}(t) = p_A(t) + p_B(t) + p_C(t) = 3VI\cos\theta \quad \text{(A-22)}$$

Na Figura A-10, a potência instantânea nas fases *a*, *b* e *c* está mostrada em função do tempo. Observe que *a potência total fornecida a uma carga trifásica equilibrada mantém-se constante todo o tempo*. Em comparação com as fontes de potência monofásicas, uma das principais vantagens de um sistema de potência trifásico é o fato de ele fornecer potência constante.

Equações de potência trifásica envolvendo grandezas de fase

As Equações (1-60) a (1-66) de potência monofásica aplicam-se a *cada fase* de uma carga trifásica ligada em Y ou em Δ, de modo que as potências ativa, reativa e aparente fornecidas a uma carga trifásica equilibrada são dadas por

$$P = 3V_\phi I_\phi \cos \theta \qquad (A\text{-}23)$$

$$Q = 3V_\phi I_\phi \operatorname{sen} \theta \qquad (A\text{-}24)$$

$$S = 3V_\phi I_\phi \qquad (A\text{-}25)$$

$$P = 3I_\phi^2 Z \cos \theta \qquad (A\text{-}26)$$

$$Q = 3I_\phi^2 Z \operatorname{sen} \theta \qquad (A\text{-}27)$$

$$S = 3I_\phi^2 Z \qquad (A\text{-}28)$$

O ângulo θ é novamente o ângulo entre a tensão e a corrente em qualquer fase da carga (é o mesmo em todas as fases). O fator de potência da carga é o cosseno do ângulo de impedância θ. As relações do triângulo de potência se aplicam aqui também.

Equações de potência trifásica envolvendo grandezas de linha

Também é possível deduzir expressões para a potência de uma carga trifásica equilibrada em termos das grandezas de linha. Esse desenvolvimento deve ser feito separadamente paras as cargas ligadas em Y e em Δ, porque as relações entre as grandezas de linha e de fase são diferentes para cada tipo de conexão.

Para uma carga ligada em Y, a potência consumida por uma carga é dada por

$$P = 3V_\phi I_\phi \cos \theta \qquad (A\text{-}23)$$

Para esse tipo de carga, temos $I_L = I_\phi$ e $V_{LL} = \sqrt{3}V_\phi$, de modo que a potência consumida pela carga também pode ser expressa como

$$P = 3\left(\frac{V_{LL}}{\sqrt{3}}\right) I_L \cos \theta$$

$$\boxed{P = \sqrt{3}V_{LL} I_L \cos \theta} \qquad (A\text{-}29)$$

Para uma carga ligada em Δ, a potência consumida pela carga é dada por

$$P = 3V_\phi I_\phi \cos \theta \qquad (A\text{-}23)$$

Para esse tipo de carga, temos $I_L = \sqrt{3}I_\phi$ e $V_{LL} = V_\phi$, de modo que a potência consumida pela carga também pode ser expressa em termos de grandezas de linha como

$$P = 3V_{LL}\left(\frac{I_L}{\sqrt{3}}\right) \cos \theta$$
$$= \sqrt{3}V_{LL} I_L \cos \theta \qquad (A\text{-}29)$$

Essa equação é exatamente a mesma que foi obtida para uma carga ligada em Y, de modo que a Equação (A-29) dá a potência de uma carga trifásica equilibrada em termos das grandezas de linha *independentemente da ligação da carga*. As potências reativa e aparente da carga em termos das grandezas de linha são

$$Q = \sqrt{3} V_{LL} I_L \operatorname{sen} \theta \tag{A-30}$$

$$S = \sqrt{3} V_{LL} I_L \tag{A-31}$$

É importante ter claro que os termos cos θ e sen θ das Equações (A-29) e (A-30) são o cosseno e o seno do ângulo entre a tensão de *fase* e a corrente de *fase*, e não o ângulo entre a tensão de linha a linha e a corrente de linha. Lembre-se de que há uma defasagem de 30° entre as tensões de linha a linha e de fase em uma conexão em Y, e também entre as correntes de linha e de fase em uma conexão em Δ. Portanto, é importante não usar o cosseno do ângulo entre a tensão linha a linha e a corrente de linha.

A.4 ANÁLISE DE SISTEMAS TRIFÁSICOS EQUILIBRADOS

Se um sistema de potência trifásico for equilibrado, então será possível determinar as tensões, as correntes e as potências em diversos pontos do circuito com um *circuito equivalente por fase*. A Figura A-11 ilustra essa ideia. A Figura A-11a mostra um gerador ligado em Y fornecendo potência a uma carga ligada em Y por meio de uma linha de transmissão trifásica.

Em um sistema equilibrado como esse, um fio neutro pode ser inserido sem nenhum efeito sobre o sistema, já que nenhuma corrente circula nesse fio. A Figura A-11b mostra esse sistema com o fio extra inserido. Observe também que todas as fases são *idênticas*, exceto por uma defasagem de 120° no ângulo de fase. Portanto, é possível analisar um circuito constituído de *uma fase e o neutro* e os resultados dessa análise serão válidos também para as outras duas fases, desde que a defasagem de 120° seja incluída. Esse circuito por fase está mostrado na Figura A-11c.

Entretanto, há um problema relacionado com essa abordagem: ela requer que uma linha neutra esteja disponível (conceitualmente, pelo menos) para propiciar um caminho de retorno para a corrente das cargas até o gerador. Isso funciona bem com as fontes e cargas ligadas em Y, mas não é possível usar um neutro com as fontes e cargas ligadas em Δ.

De que forma essas fontes e cargas ligadas em Δ podem ser incluídas em um sistema de potência para serem analisadas? A forma padrão é transformando as impedâncias por meio da transformação Y–Δ da teoria elementar de circuitos. Para o caso especial de cargas equilibradas, a transformação Y–Δ afirma que uma carga ligada em Y–Δ, constituída de três impedâncias iguais, cada uma de valor Z, é totalmente equivalente a uma carga ligada em Y constituída de três impedâncias, cada uma de valor Z/3 (veja a Figura A-12). Essa equivalência significa que as tensões, correntes e potências fornecidas às duas cargas não poderão ser distinguidas entre si de nenhum modo que seja externo à própria carga.

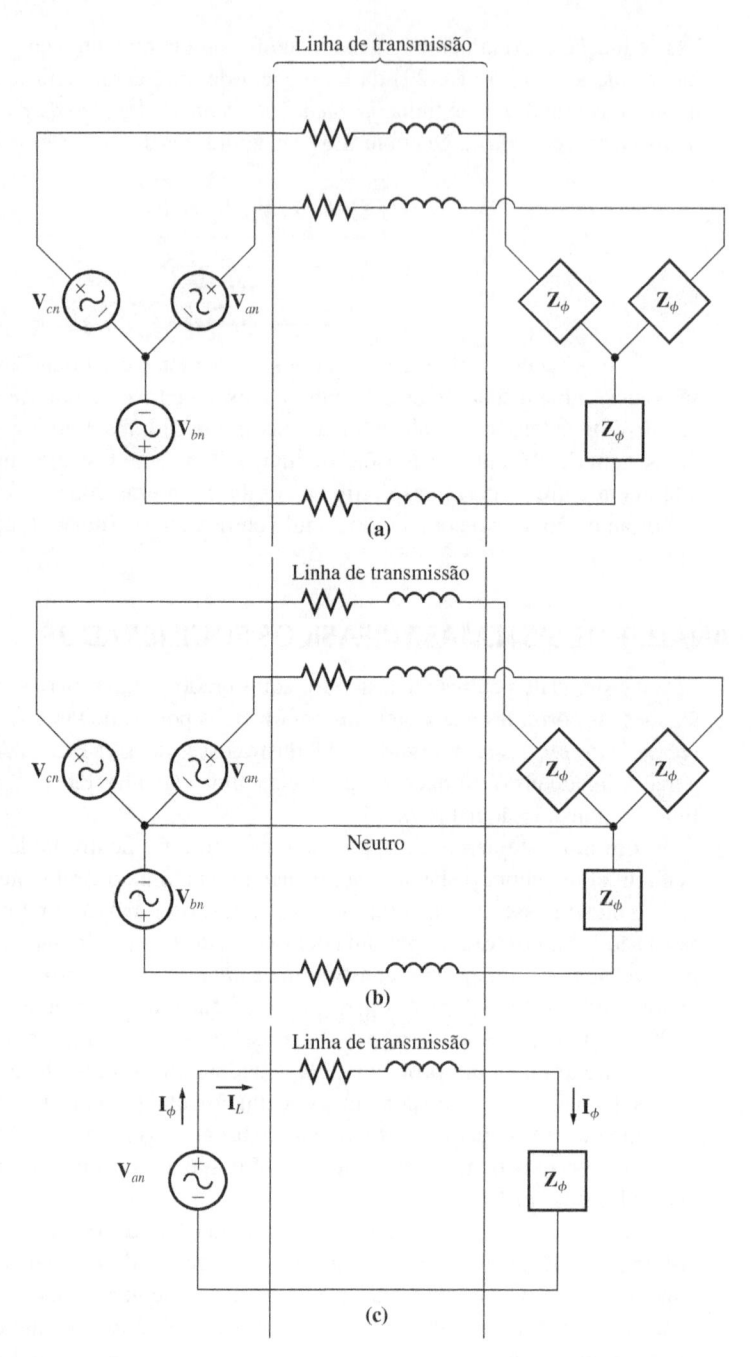

FIGURA A-11
(a) Um gerador e uma carga ligados em Y. (b) Sistema com um neutro inserido. (c) O circuito equivalente por fase.

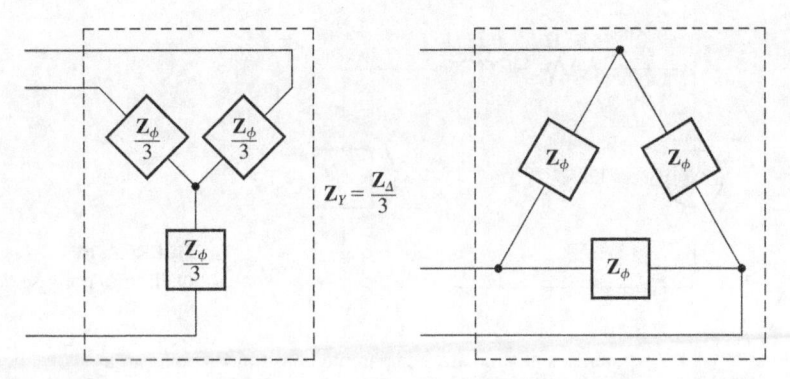

FIGURA A-12
A transformação Y–Δ. Um impedância ligada em Y de Z/3 Ω é totalmente equivalente a uma impedância ligada em Δ de Z Ω para o caso de qualquer circuito que seja conectado aos terminais dessas cargas.

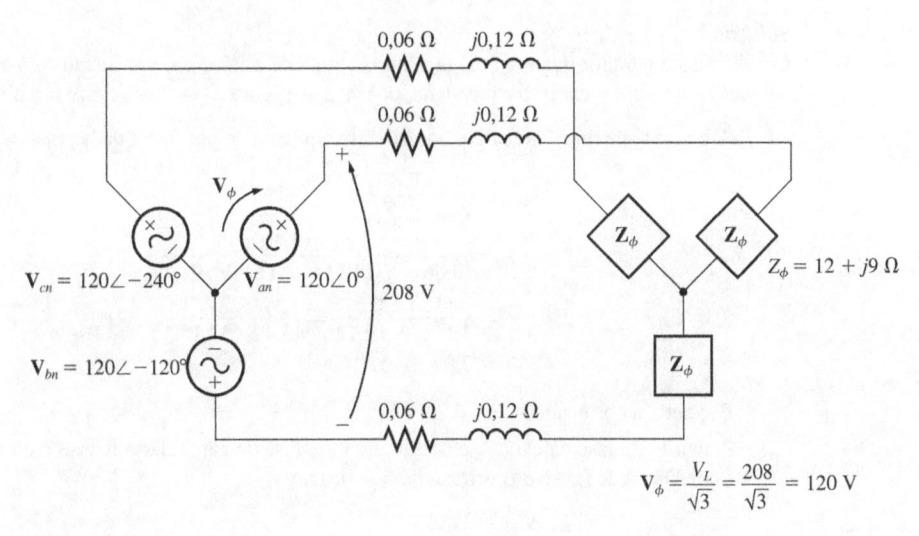

$$Z_Y = \frac{Z_\Delta}{3}$$

$$V_\phi = \frac{V_L}{\sqrt{3}} = \frac{208}{\sqrt{3}} = 120 \text{ V}$$

FIGURA A-13
O circuito trifásico do Exemplo A-1.

Se as fontes ou cargas ligadas em Δ contiverem fontes de tensão, então os valores dessas fontes de tensão deverão ser alterados de acordo com a Equação (A-11) e o efeito da defasagem de 30° também deverá ser incluído.

EXEMPLO A-1 Um sistema de potência trifásico de 208 V está mostrado na Figura A-13, consistindo em um gerador trifásico ideal de 208 V, ligado em Y e conectado por meio de uma linha de transmissão trifásica a uma carga ligada em Y. A linha de transmissão tem uma impedância de $0,06 + j0,12$ Ω por fase e a carga tem uma impedância de $12 + j9$ Ω por fase. Para este sistema de potência simples, encontre

(a) A corrente de linha I_L
(b) As tensões de linha e de fase V_{LL} e $V_{\phi L}$ da carga

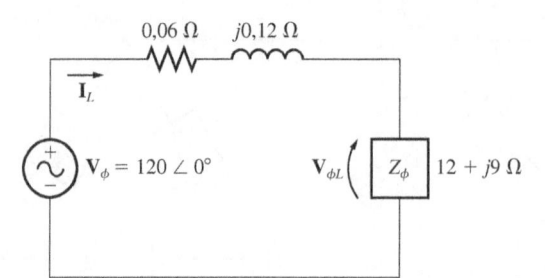

FIGURA A-14
O circuito por fase do Exemplo A-1.

(c) As potências ativa, reativa e aparente consumidas pela carga
(d) O fator de potência da carga
(e) As potências ativa, reativa e aparente consumidas pela linha de transmissão
(f) As potências ativa, reativa e aparente consumidas pelo gerador
(g) O fator de potência do gerador

Solução
Como tanto o gerador quanto a carga desse sistema de potência estão ligados em Y, é muito simples construir um circuito equivalente por fase. A Figura A-14 mostra esse circuito.

(a) A corrente de linha que circula no circuito equivalente por fase é dada por

$$\mathbf{I}_{\text{linha}} = \frac{\mathbf{V}}{\mathbf{Z}_{\text{linha}} + \mathbf{Z}_{\text{carga}}}$$

$$= \frac{120 \angle 0°\ \text{V}}{(0{,}06 + j0{,}12\ \Omega) + (12 + j9\ \Omega)}$$

$$= \frac{120 \angle 0°}{12{,}06 + j9{,}12} = \frac{120 \angle 0°}{15{,}12 \angle 37{,}1°}$$

$$= 7{,}94 \angle -37{,}1°\ \text{A}$$

Portanto, a corrente de linha é 7,94 A.

(b) A tensão de fase da carga é a tensão em uma fase da carga. Essa tensão é o produto da impedância de fase e da corrente de fase da carga:

$$\mathbf{V}_{\phi L} = \mathbf{I}_{\phi L} \mathbf{Z}_{\phi L}$$
$$= (7{,}94 \angle -37{,}1°\ \text{A})(12 + j9\ \Omega)$$
$$= (7{,}94 \angle -37{,}1°\ \text{A})(15 \angle 36{,}9°\ \Omega)$$
$$= 119{,}1 \angle -0{,}2°\ \text{V}$$

Portanto, a tensão de fase da carga é

$$V_{\phi L} = 119{,}1\ \text{V}$$

e a tensão de linha da carga é

$$V_{LL} = \sqrt{3} V_{\phi L} = 206{,}3\ \text{V}$$

(c) A potência ativa consumida pela carga é

$$P_{\text{carga}} = 3 V_\phi I_\phi \cos \theta$$
$$= 3(119{,}1\ \text{V})(7{,}94\ \text{A}) \cos 36{,}9°$$
$$= 2270\ \text{W}$$

A potência reativa consumida pela carga é

$$Q_{carga} = 3V_\phi I_\phi \text{ sen } \theta$$
$$= 3(119,1 \text{ V})(7,94 \text{ A}) \text{ sen } 36,9°$$
$$= 1702 \text{ var}$$

A potência aparente consumida pela carga é

$$S_{carga} = 3V_\phi I_\phi$$
$$= 3(119,1 \text{ V})(7,94 \text{ A})$$
$$= 2839 \text{ VA}$$

(d) O fator de potência é

$$FP_{carga} = \cos \theta = \cos 36,9° = 0,8 \text{ atrasado}$$

(e) A corrente da linha de transmissão é $7,94 \angle -37,1$ A e a impedância da linha é $0,06 + j0,12$ Ω ou $0,134 \angle 63,4°$ Ω por fase. Portanto, as potências ativa, reativa e aparente consumidas na linha são

$$P_{linha} = 3I_\phi^2 Z \cos \theta \qquad \text{(A-26)}$$
$$= 3(7,94 \text{ A})^2 (0,134 \text{ Ω}) \cos 63,4°$$
$$= 11,3 \text{ W}$$

$$Q_{linha} = 3I_\phi^2 Z \text{ sen } \theta \qquad \text{(A-27)}$$
$$= 3(7,94 \text{ A})^2 (0,134 \text{ Ω}) \text{ sen } 63,4°$$
$$= 22,7 \text{ var}$$

$$S_{linha} = 3I_\phi^2 Z \qquad \text{(A-28)}$$
$$= 3(7,94 \text{ A})^2 (0,134 \text{ Ω})$$
$$= 25,3 \text{ VA}$$

(f) As potências ativa e reativa fornecidas pelo gerador são a soma das potências consumidas pela linha e pela carga:

$$P_{ger} = P_{linha} + P_{carga}$$
$$= 11,3 \text{ W} + 2270 \text{ W} = 2281 \text{ W}$$

$$Q_{ger} = Q_{linha} + Q_{carga}$$
$$= 22,7 \text{ var} + 1702 \text{ var} = 1725 \text{ var}$$

A potência aparente do gerador é a raiz quadrada da soma dos quadrados das potências ativa e reativa:

$$S_{ger} = \sqrt{P_{ger}^2 + Q_{ger}^2} = 2860 \text{ VA}$$

(g) Do triângulo de potência, o ângulo θ do fator de potência é

$$\theta_{ger} = \text{arctg} \frac{Q_{ger}}{P_{ger}} = \text{arctg} \frac{1725 \text{ var}}{2281 \text{ W}} = 37,1°$$

Portanto, o fator de potência do gerador é

$$FP_{ger} = \cos 37,1° = 0,798 \text{ atrasado}$$

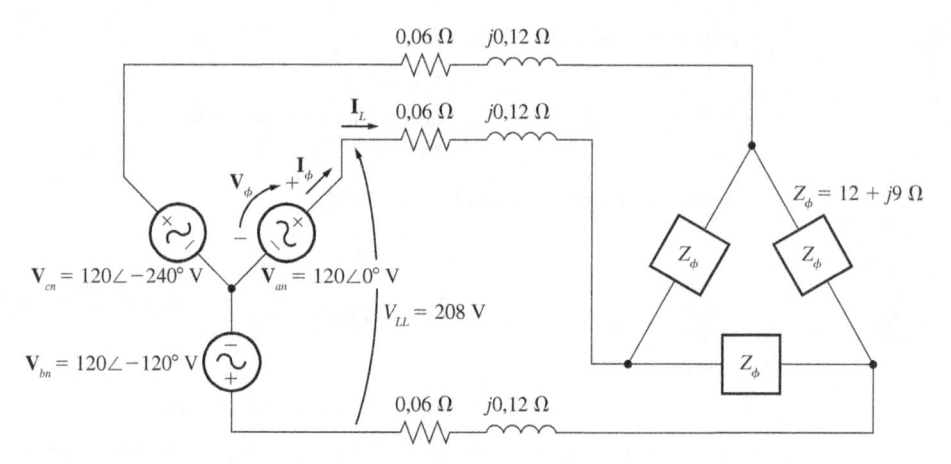

FIGURA A-15
O circuito trifásico do Exemplo A-2.

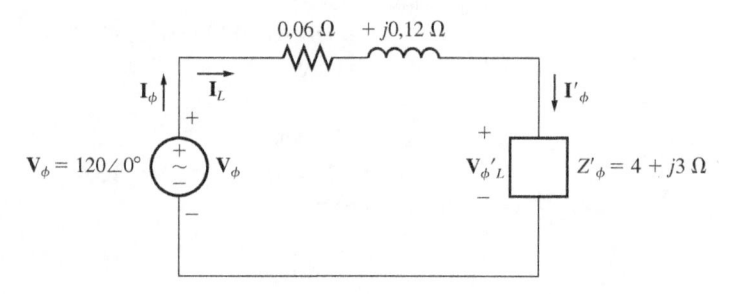

FIGURA A-16
O circuito por fase do Exemplo A-2.

EXEMPLO A-2 Repita o Exemplo A-1 para uma carga ligada em Δ, com todo o restante permanecendo inalterado.

Solução
Este sistema de potência está mostrado na Figura A-15. Como a carga deste sistema de potência está ligada em Δ, ela deve ser transformada primeiro para uma forma equivalente em Y. A impedância de fase da carga ligada em Δ é $12 + j9\ \Omega$, de modo que a impedância de fase equivalente da respectiva forma em Y é

$$Z_Y = \frac{Z_\Delta}{3} = 4 + j3\ \Omega$$

O circuito equivalente resultante por fase do circuito está mostrado na Figura A-16.

(a) A corrente de linha que flui no circuito equivalente por fase é dada por

$$\mathbf{I}_{\text{linha}} = \frac{\mathbf{V}}{\mathbf{Z}_{\text{linha}} + \mathbf{Z}_{\text{carga}}}$$

$$= \frac{120\angle 0° \text{ V}}{(0{,}06 + j0{,}12 \text{ }\Omega) + (4 + j3 \text{ }\Omega)}$$

$$= \frac{120\angle 0°}{4{,}06 + j3{,}12} = \frac{120\angle 0°}{5{,}12\angle 37{,}5°}$$

$$= 23{,}4\angle -37{,}5° \text{ A}$$

Portanto, a corrente de linha é 23,4 A.

(b) A tensão de fase da carga equivalente em Y é a tensão em uma fase da carga. Essa tensão é o produto da impedância de fase e da corrente de fase da carga:

$$\mathbf{V}'_{\phi L} = \mathbf{I}'_{\phi L}\mathbf{Z}'_{\phi L}$$
$$= (23{,}4\angle -37{,}5° \text{ A})(4 + j3 \text{ }\Omega)$$
$$= (23{,}4\angle -37{,}5° \text{ A})(5\angle 36{,}9° \text{ }\Omega) = 117\angle -0{,}6° \text{ V}$$

A carga original estava ligada em Δ. Portanto, a tensão de fase da carga original é

$$V_{\phi L} = \sqrt{3}\,(117 \text{ V}) = 203 \text{ V}$$

e a tensão de linha da carga é

$$V_{LL} = V_{\phi L} = 203 \text{ V}$$

(c) A potência ativa consumida pela carga equivalente em Y (que é igual à potência da carga real) é

$$P_{\text{carga}} = 3V_\phi I_\phi \cos\theta$$
$$= 3(117 \text{ V})(23{,}4 \text{ A}) \cos 36{,}9°$$
$$= 6571 \text{ W}$$

A potência reativa consumida pela carga é

$$Q_{\text{carga}} = 3V_\phi I_\phi \operatorname{sen}\theta$$
$$= 3(117 \text{ V})(23{,}4 \text{ A}) \operatorname{sen} 36{,}9°$$
$$= 4928 \text{ var}$$

A potência aparente consumida pela carga é

$$S_{\text{carga}} = 3V_\phi I_\phi$$
$$= 3(117 \text{ V})(23{,}4 \text{ A})$$
$$= 8213 \text{ VA}$$

(d) O fator de potência da carga é

$$\text{FP}_{\text{carga}} = \cos\theta = \cos 36{,}9° = 0{,}8 \text{ atrasado}$$

(e) A corrente da linha de transmissão é $23{,}4\angle -37{,}5°$ A, e a impedância da linha é $0{,}06 + j0{,}12$ Ω ou $0{,}134\angle 63{,}4°$ Ω por fase. Portanto, as potências ativa, reativa e aparente consumidas na linha são

$$P_{\text{linha}} = 3I_\phi^2 Z \cos\theta \tag{A-26}$$
$$= 3(23{,}4 \text{ A})^2(0{,}134 \text{ }\Omega) \cos 63{,}4°$$
$$= 98{,}6 \text{ W}$$

$$Q_{linha} = 3I_\phi^2 Z \operatorname{sen} \theta \tag{A-27}$$
$$= 3(23,4\ A)^2(0,134\ \Omega)\operatorname{sen} 63,4°$$
$$= 197\ var$$

$$S_{linha} = 3I_\phi^2 Z \tag{A-28}$$
$$= 3(23,4\ A)^2(0,134\ \Omega)$$
$$= 220\ VA$$

(f) As potências ativa e reativa fornecidas pelo gerador são a soma das potências consumidas pela linha e pela carga:

$$P_{ger} = P_{linha} + P_{carga}$$
$$= 98,6\ W + 6571\ W = 6670\ W$$
$$Q_{ger} = Q_{linha} + Q_{carga}$$
$$= 197\ var + 4928\ VAR = 5125\ var$$

A potência aparente do gerador é a raiz quadrada da soma dos quadrados das potências ativa e reativa:

$$S_{ger} = \sqrt{P_{ger}^2 + Q_{ger}^2} = 8411\ VA$$

(g) Do triângulo de potência, o ângulo θ do fator de potência é

$$\theta_{ger} = \operatorname{arctg} \frac{Q_{ger}}{P_{ger}} = \operatorname{arctg} \frac{5125\ var}{6670\ W} = 37,6°$$

Portanto, o fator de potência do gerador é

$$FP_{ger} = \cos 37,6° = 0,792\ atrasado$$

A.5 DIAGRAMAS UNIFILARES

Como vimos neste capítulo, um sistema de potência trifásico equilibrado tem três linhas conectando cada fonte com cada carga, uma para cada uma das fases do sistema de potência. As três fases são todas semelhantes, com tensões e correntes iguais e defasadas entre si de 120°. Como as três fases são todas basicamente as mesmas, é costume desenhar os sistemas de potência de uma forma simples por meio de uma *única linha* que representa as três fases do sistema de potência real. Esses *diagramas unifilares* proporcionam uma forma compacta de representar as interconexões de um sistema de potência. Tipicamente, os diagramas unifilares incluem todos os componentes principais de um sistema de potência, tais como geradores, transformadores, linhas de transmissão e cargas, sendo as linhas de transmissão representadas por uma única linha. As tensões e os tipos de conexões de cada gerador e de cada carga são mostrados usualmente no diagrama. Um sistema de potência simples está mostrado na Figura A-17, juntamente com o respectivo diagrama unifilar.

A.6 UTILIZANDO O TRIÂNGULO DE POTÊNCIA

Se for possível assumir que as linhas de transmissão de um sistema de potência têm impedância desprezível, então será possível realizar um simplificação importante nos

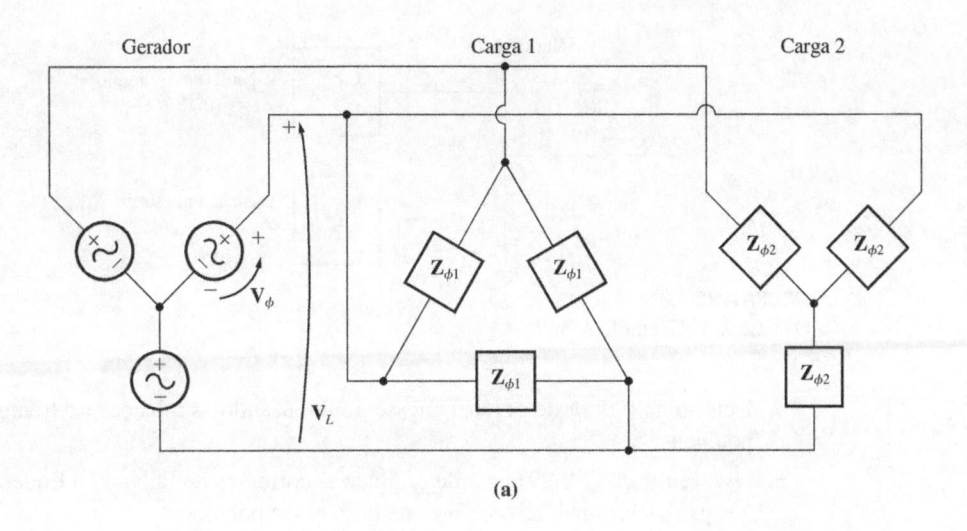

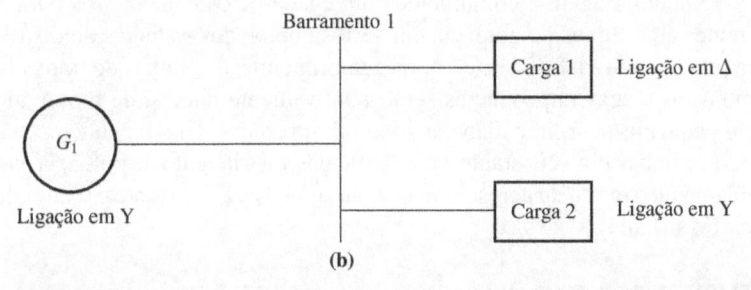

Apêndice A ♦ Circuitos trifásicos **633**

FIGURA A-17
(a) Um sistema de potência simples com um gerador ligado em Y, uma carga ligada em Δ e outra carga ligada em Y. (b) O respectivo diagrama unifilar.

cálculos das correntes e potências trifásicas. Essa simplificação depende do uso das potências ativa e reativa de cada carga para determinar as correntes e os fatores de potência em vários pontos do sistema.

Por exemplo, considere o sistema de potência simples mostrado na Figura A-17. Se assumirmos que a linha de transmissão desse sistema de potência não apresenta perdas, então a tensão de linha no gerador será a mesma que a tensão de linha nas cargas. Se a tensão do gerador for especificada, então poderemos encontrar a corrente e o fator de potência em qualquer ponto do sistema de potência como segue:

1. Determine a tensão de linha no gerador e nas cargas. Como foi assumido que a linha de transmissão não apresenta perdas, essas duas tensões serão iguais.
2. Determine as potências ativa e reativa de cada carga do sistema de potência. Poderemos usar a tensão de carga conhecida para realizar esse cálculo.
3. Encontre as potências totais ativa e reativa fornecidas para todas as cargas além do ponto que está sendo examinado.

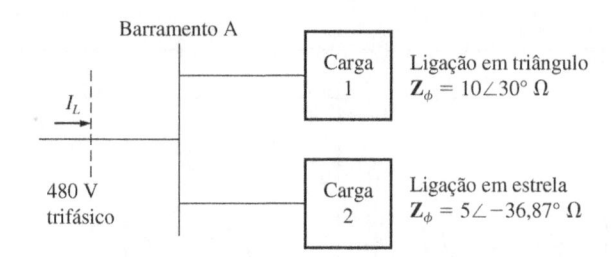

```
        Barramento A
              |
              ├──────[ Carga 1 ]  Ligação em triângulo
   I_L |     |                    $Z_\phi = 10\angle 30°\ \Omega$
   ───→|     |
              |
   480 V    |
   trifásico├──────[ Carga 2 ]  Ligação em estrela
                                 $Z_\phi = 5\angle -36{,}87°\ \Omega$
```

FIGURA A-18
O sistema do Exemplo A-3.

4. Determine o fator de potência nesse ponto, usando as relações do triângulo de potência.
5. Use a Equação (A-29) para determinar as correntes de linha ou a Equação (A-23) para determinar as correntes de fase, nesse ponto.

Essa abordagem é comumente empregada pelos engenheiros para estimar as correntes e os fluxos de potência em vários pontos dos sistemas de distribuição em uma planta industrial. Nesse caso, os comprimentos das linhas de transmissão serão bem curtos e suas impedâncias serão relativamente baixas, de modo que os erros serão pequenos se as impedâncias forem desprezadas. Um engenheiro pode tratar a tensão de linha como constante e usar o método do triângulo de potência para calcular rapidamente o efeito do acréscimo de uma carga sobre a corrente e o fator de potência totais do sistema.

EXEMPLO A-3 A Figura A-18 mostra o diagrama unifilar de um pequeno sistema de distribuição industrial de 480 V. O sistema de potência fornece uma tensão de linha constante de 480 V e a impedância das linhas de distribuição é desprezível. A carga 1 está ligada em triângulo com uma impedância de fase de $10\angle 30°\ \Omega$ e a carga 2 está ligada em estrela com uma impedância de fase de $5\angle -36{,}87°\ \Omega$.

(a) Encontre o fator de potência total do sistema de distribuição.
(b) Encontre a corrente de linha total fornecida ao sistema de distribuição.

Solução
Assume-se que as linhas desse sistema não têm impedâncias, de modo que não haverá quedas de tensão dentro do sistema. Como a carga 1 está ligada em triângulo, sua tensão de fase será 480 V e, como a carga 2 está ligada em estrela, sua tensão de fase será $480/\sqrt{3} = 277$ V.

A corrente de fase da carga 1 é

$$I_{\phi 1} = \frac{480\ \text{V}}{10\ \Omega} = 48\ \text{A}$$

Portanto, as potências ativa e reativa da carga 1 são

$$P_1 = 3V_{\phi 1}I_{\phi 1}\cos\theta$$
$$= 3(480\ \text{V})(48\ \text{A})\cos 30° = 59{,}9\ \text{kW}$$
$$Q_1 = 3V_{\phi 1}I_{\phi 1}\operatorname{sen}\theta$$
$$= 3(480\ \text{V})(48\ \text{A})\operatorname{sen} 30° = 34{,}6\ \text{kvar}$$

A corrente de fase da carga 2 é

$$I_{\phi 2} = \frac{277 \text{ V}}{5 \text{ }\Omega} = 55{,}4 \text{ A}$$

Portanto, as potências ativa e reativa da carga 2 são

$$P_2 = 3V_{\phi 2}I_{\phi 2} \cos \theta$$
$$= 3(277 \text{ V})(55{,}4 \text{ A}) \cos(-36{,}87°) = 36{,}8 \text{ kW}$$
$$Q_2 = 3V_{\phi 2}I_{\phi 2} \sin \theta$$
$$= 3(277 \text{ V})(55{,}4 \text{ A}) \sin(-36{,}87°) = -27{,}6 \text{ kvar}$$

(a) As potências ativa e reativa fornecidas pelo sistema de distribuição são

$$P_{tot} = P_1 + P_2$$
$$= 59{,}9 \text{ kW} + 36{,}8 \text{ kW} = 96{,}7 \text{ kW}$$
$$Q_{tot} = Q_1 + Q_2$$
$$= 34{,}6 \text{ kvar} - 27{,}6 \text{ kvar} = 7{,}00 \text{ kvar}$$

Do triângulo de potência, o ângulo de impedância efetiva θ é dado por

$$\theta = \text{arctg} \frac{Q}{P}$$
$$= \text{arctg} \frac{7{,}00 \text{ kvar}}{96{,}7 \text{ kW}} = 4{,}14°$$

Portanto, o fator de potência do sistema é

$$\text{FP} = \cos \theta = \cos(4{,}14°) = 0{,}997 \text{ atrasado}$$

(b) A corrente total de linha é dada por

$$I_L = \frac{P}{\sqrt{3}V_L \cos \theta}$$
$$I_L = \frac{96{,}7 \text{ kW}}{\sqrt{3}(480 \text{ V})(0{,}997)} = 117 \text{ A}$$

PERGUNTAS

A-1 Que tipos de conexões são possíveis com geradores e cargas trifásicos?

A-2 O que se entende pelo termo "equilibrado" em um sistema de potência trifásico equilibrado?

A-3 Qual é a relação existente entre as tensões e correntes de fase e de linha em uma ligação em estrela (Y)?

A-4 Qual é a relação existente entre as tensões e correntes de fase e de linha em uma ligação em triângulo (Δ)?

A-5 O que é a sequência de fases?

A-6 Escreva as equações de potências ativa, reativa e aparente para um circuito trifásico, em termos de grandezas de linha e também de fase.

A-7 O que é uma transformação Y–Δ?

PROBLEMAS

A-1 Três impedâncias de $4 + j3\ \Omega$ são ligadas em Δ e conectadas a uma linha de potência trifásica de 208 V. Encontre I_ϕ, I_L, P, Q, S e o fator de potência dessa carga.

A-2 A Figura PA-1 mostra um sistema de potência trifásico com duas cargas. O gerador ligado em Δ está produzindo uma tensão de linha de 480 V e a impedância de linha é $0,09 + j0,16\ \Omega$. A carga 1 está ligada em Y, com uma impedância de fase de $2,5\angle 36,87°\ \Omega$, e a carga 2 está ligada em Ω com uma impedância de fase de $5\angle -20°\ \Omega$.

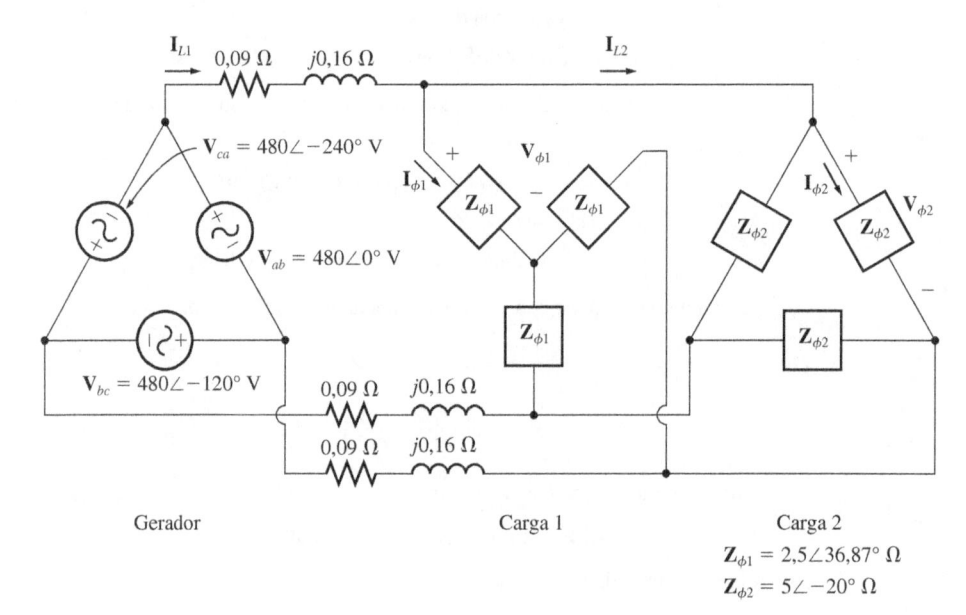

FIGURA PA-1
O sistema do Problema A-2.

(a) Quais as tensões de linha das duas cargas?
(b) Qual é a queda de tensão nas linhas de transmissão?
(c) Encontre as potências ativa e reativa fornecidas a cada carga.
(d) Encontre as perdas de potências ativa e reativa na linha de transmissão.
(e) Encontre a potência ativa, a potência reativa e o fator de potência fornecidos pelo gerador.

A-3 A Figura PA-2 mostra o diagrama unifilar de um sistema de potência simples, consistindo em um único gerador de 480 V e três cargas. Assuma que as linhas de transmissão deste sistema de potência não apresentem perdas e responda às seguintes perguntas.

(a) Assuma que a Carga 1 está ligada em Y. Quais são a tensão e a corrente de fase dessa carga?
(b) Assuma que a Carga 2 está ligada em Δ. Quais são a tensão e a corrente de fase dessa carga?
(c) Quando a chave está aberta, quais são os valores das potências ativa, reativa e aparente fornecidas pelo gerador?
(d) Quando a chave está aberta, qual é a corrente de linha I_L total?
(e) Quando a chave está fechada, quais são os valores das potências ativa, reativa e aparente fornecidos pelo gerador?

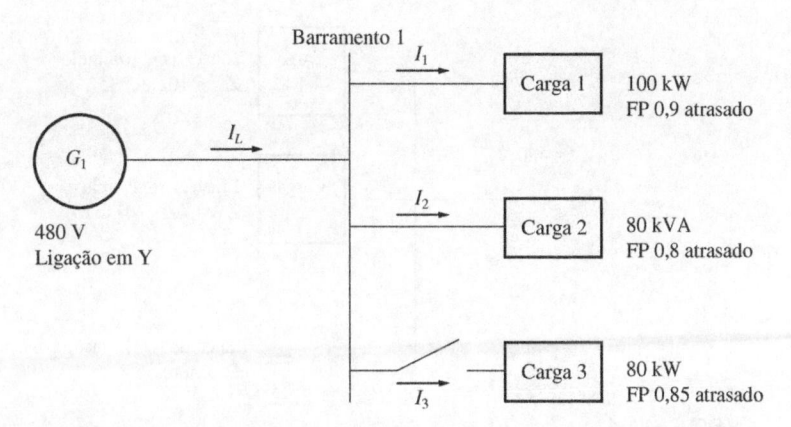

FIGURA PA-2
O sistema de potência do Problema A-3.

 (f) Quando a chave está fechada, qual é a corrente de linha I_L total?
 (g) Como a corrente de linha I_L total compara-se com a soma das três correntes individuais $I_1 + I_2 + I_3$ (não é soma fasorial)? Se elas não forem iguais, por que não?

A-4 Prove que a tensão de linha de um gerador ligado em Y, com uma sequência de fases *acb*, está atrasada de 30° em relação à respectiva tensão de fase. Desenhe um diagrama fasorial mostrando as tensões de fase e de linha desse gerador.

A-5 Encontre os valores e os ângulos para as tensões e correntes de linha e fase da carga mostrada na Figura PA-3.

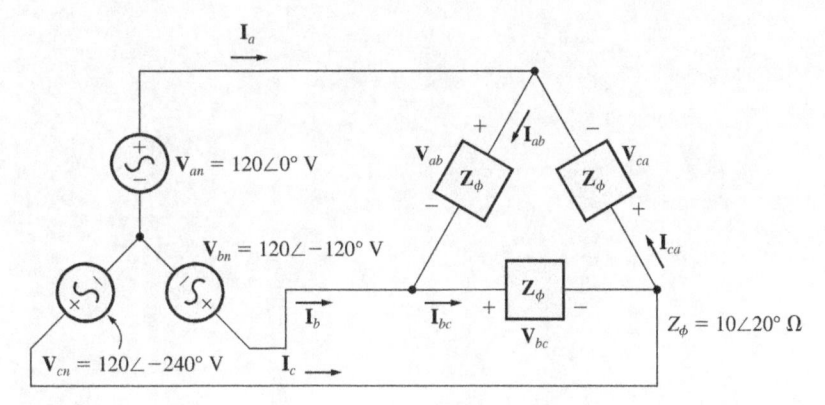

FIGURA PA-3
O sistema do Problema A-5.

A-6 A Figura PA-4 mostra o diagrama unifilar de um pequeno sistema de distribuição de 480 V de uma planta industrial. Um engenheiro que trabalha na planta deseja calcular a corrente que deverá ser fornecida pela companhia de energia elétrica, com e sem o banco de capacitores ligado ao sistema. Para os propósitos deste cálculo, o engenheiro assumirá que as linhas do sistema têm impedância zero.

 (a) Quando a chave mostrada está aberta, quais são as potências ativa, reativa e aparente do sistema? Encontre a corrente total fornecida pela companhia de energia elétrica ao sistema de distribuição.

```
                    ┌──────┬─────────────────────────
                  ┌─┤ Carga│ Ligação em triângulo
                  │ │  1   │ $Z_\phi = 10\angle 30°\ \Omega$
                  │ └──────┴─────────────────────────
                  │
       $V_T = 480$ V │
                  │ ┌──────┬─────────────────────────
                  ├─┤ Carga│ Ligação em estrela
      ──→         │ │  2   │ $Z_\phi = 4\angle 36,87°\ \Omega$
      $I_L$       │ └──────┴─────────────────────────
                  │
                  │       ╱
                  │      ╱
                  ├──┤├──── Banco de    Ligação em estrela
                  │       capacitores   $Z_\phi = 5\angle -90°\ \Omega$
```

FIGURA PA-4
O sistema do Problema A-6.

(b) Repita a parte *(a)* com a chave fechada.

(c) O que aconteceu com a corrente total fornecida pela companhia de energia elétrica quando a chave foi fechada? Por quê?

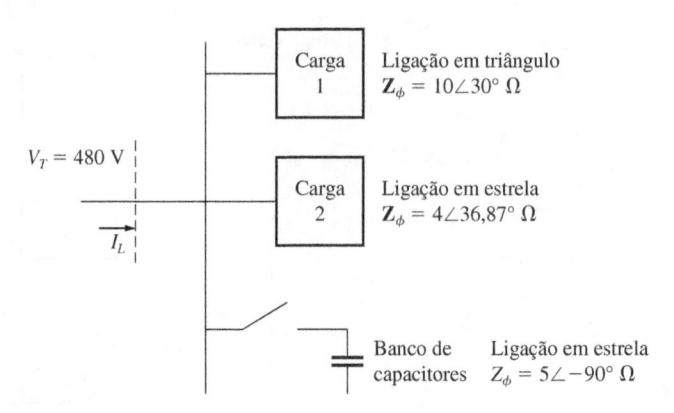

REFERÊNCIAS

1. Alexander, Charles K., e Matthew N. O. Sadiku: *Fundamentals of Electric Circuits,* McGraw-Hill, 2000.

apêndice

B

Passo de uma bobina e enrolamentos distribuídos

Como foi mencionado no Capítulo 3, a tensão induzida em uma máquina CA será senoidal somente se as componentes harmônicas da densidade de fluxo do entreferro forem eliminadas. Este apêndice descreve duas técnicas usadas pelos projetistas para remover as harmônicas das máquinas.

B.1 O EFEITO DO PASSO DE UMA BOBINA NAS MÁQUINAS CA

Na máquina CA simples da Seção 3.4, as tensões de saída das bobinas do estator eram senoidais porque a distribuição da densidade de fluxo no entreferro era senoidal. Se a distribuição da densidade de fluxo do entreferro não fosse senoidal, as tensões de saída do estator também não seriam senoidais; elas teriam a mesma forma não senoidal da distribuição de fluxo.

Em geral, a distribuição da densidade de fluxo no entreferro de uma máquina CA não é senoidal. Os projetistas de máquinas fazem o melhor possível para obter distribuições de fluxo senoidais, mas, naturalmente, nenhum projeto é perfeito. A distribuição de fluxo real consistirá em uma componente fundamental senoidal mais as harmônicas. Essas componentes harmônicas do fluxo geraram componentes harmônicas nas tensões e correntes do estator.

As componentes harmônicas das tensões e correntes do estator são indesejáveis, de modo que foram desenvolvidas técnicas para removê-las das tensões e correntes de saída de uma máquina. Uma técnica importante para eliminar as harmônicas é pelo uso de *enrolamentos de passo encurtado* ou *fracionário*.

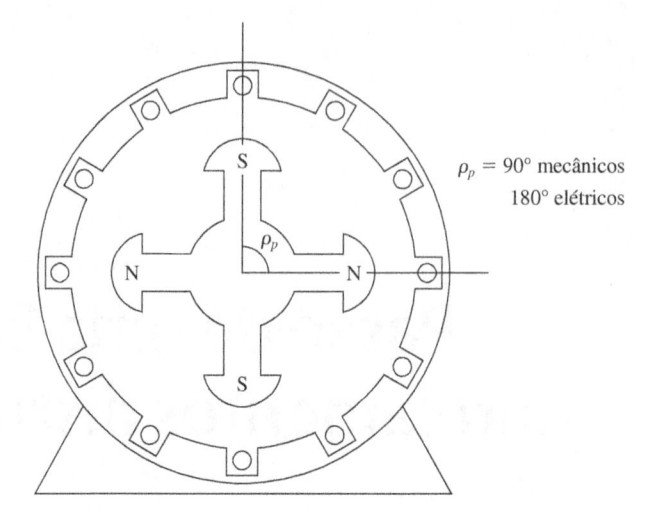

FIGURA B-1
O passo polar de uma máquina de quatro polos é 90 graus mecânicos ou 180 graus elétricos.

O passo de uma bobina

O *passo polar* é a distância angular entre dois polos adjacentes de uma máquina. O passo polar de uma máquina em *graus mecânicos* é

$$\rho_p = \frac{360°}{P} \quad \text{(B-1)}$$

em que ρ_p é o passo polar em *graus mecânicos* e P é o número de polos da máquina. Independentemente do número de polos da máquina, um passo polar sempre é de 180 *graus elétricos* (veja a Figura B-1).

Se a bobina do estator ocupar o mesmo ângulo que o passo polar, ela será denominada *bobina de passo pleno*. Se a bobina do estator ocupar um ângulo menor do que o passo polar, ela será denominada *bobina de passo encurtado* ou *fracionário*. Frequentemente, o passo de uma bobina de passo encurtado é expresso como uma fração que indica a parte do passo polar que é ocupada por ela. Por exemplo, um passo polar de 5/6 abarca cinco sextos da distância entre dois polos adjacentes. Alternativamente, o passo de uma bobina de passo encurtado em graus elétricos é dado pelas Equações (B-2):

$$\rho = \frac{\theta_m}{\rho_p} \times 180° \quad \text{(B-2a)}$$

em que θ_m é o ângulo mecânico coberto pela bobina em graus e ρ_p é o passo polar da máquina em graus mecânicos, ou

$$\rho = \frac{\theta_m P}{2} \times 180° \quad \text{(B-2b)}$$

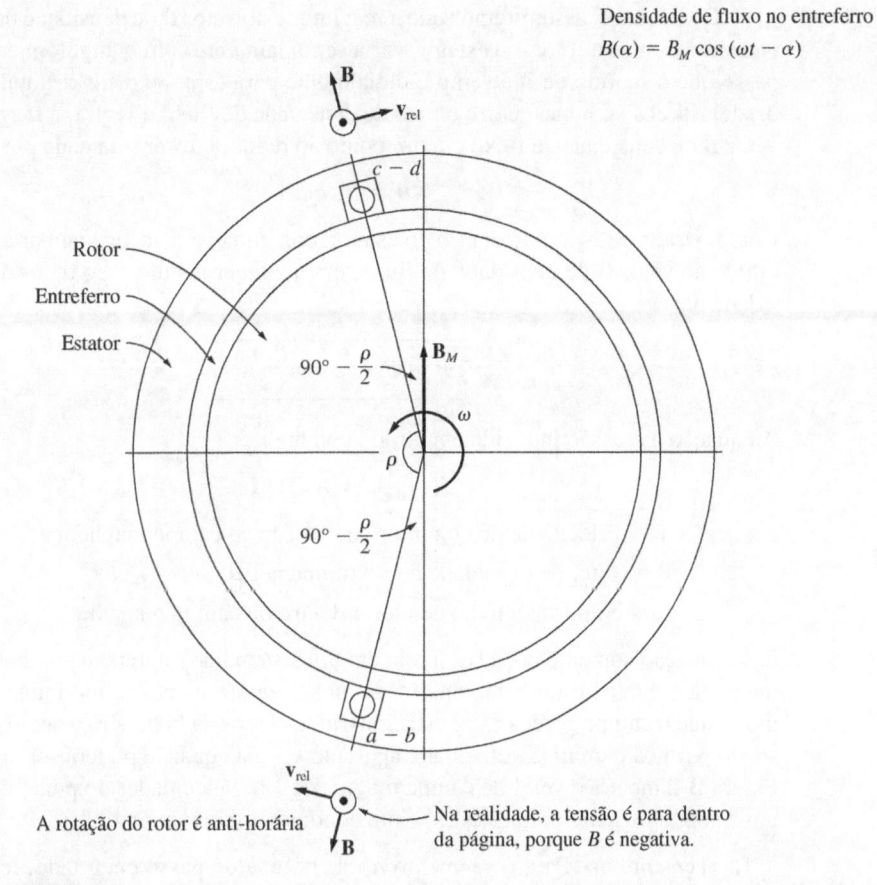

Densidade de fluxo no entreferro
$$B(\alpha) = B_M \cos(\omega t - \alpha)$$

FIGURA B-2
Um enrolamento encurtado de passo ρ. Os vetores de densidade de fluxo magnético e de velocidade nos lados da bobina. As velocidades são de um referencial no qual o campo magnético está estacionário.

em que θ_m é o ângulo mecânico coberto pela bobina em graus e P é o número de polos da máquina. Na prática, a maioria das bobinas de estator tem um passo encurtado, porque um enrolamento de passo encurtado proporciona alguns benefícios importantes que serão explicados mais adiante. Os enrolamentos que utilizam bobinas de passo encurtado são denominados *enrolamentos encurtados*.

A tensão induzida de um enrolamento de passo encurtado

Que efeito o passo encurtado tem sobre a tensão de saída de uma bobina? Para descobrir, examine a máquina simples de dois polos mostrada na Figura B-2, que tem um enrolamento de passo encurtado. O passo polar dessa máquina é 180° e o passo de bobina é ρ. Quando o campo magnético é girado, a tensão induzida nessa bobina pode ser obtida determinando as tensões em cada lado da bobina, exatamente da mesma forma que na seção anterior. A tensão total será simplesmente a soma das tensões individuais dos lados.

Como antes, assumiremos que a magnitude do vetor **B** de densidade de fluxo no entreferro, entre o rotor e o estator, varia senoidalmente com o ângulo mecânico, ao passo que o sentido de **B** é sempre radialmente para fora. Se α for o ângulo medido desde a direção em que ocorre o pico de densidade de fluxo do rotor, a magnitude do vetor **B** de densidade de fluxo em um ponto ao redor do rotor será dada por

$$B = B_M \cos \alpha \tag{B-3a}$$

Como o rotor está girando dentro do estator, com uma velocidade angular ω_m, a magnitude do vetor **B** de densidade de fluxo, em qualquer ângulo α ao redor do *estator*, é dada por

$$\boxed{B = B_M \cos (\omega t - \alpha)} \tag{B-3b}$$

A equação da tensão induzida em um fio condutor é

$$e_{\text{ind}} = (\mathbf{v} \times \mathbf{B}) \cdot \mathbf{l} \tag{1-45}$$

em que $\mathbf{v}$ = velocidade do condutor em relação ao campo magnético
$\mathbf{B}$ = vetor de densidade de fluxo magnético
$\mathbf{l}$ = comprimento do condutor dentro do campo magnético

Essa equação somente pode ser usada em um sistema de referência no qual o campo magnético parece estar estacionário. Se nos "sentarmos no campo magnético", de modo que o campo pareça estar estacionário, os lados da bobina parecerão estar passando por nós com uma velocidade aparente $\mathbf{v}_{\text{rel}}$ e a equação poderá ser aplicada. A Figura B-2 mostra o vetor de campo magnético e as velocidades do ponto de vista de um campo magnético estacionário e um condutor em movimento.

1. *Segmento ab*. Para o segmento *ab* da bobina de passo encurtado, temos $\alpha = 90° + \rho/2$. Assumindo que **B** aponta radialmente para fora a partir do rotor, o ângulo entre **v** e **B** no segmento *ab* é 90°, ao passo que o produto **v** × **B** aponta na direção de **l**. Portanto,

$$\begin{aligned} e_{ba} &= (\mathbf{v} \times \mathbf{B}) \cdot \mathbf{l} \\ &= vBl \quad \text{apontando para fora da página} \\ &= -vB_M \cos \left[\omega_m t - \left(90° + \frac{\rho}{2} \right) \right] l \\ &= -vB_M l \cos \left(\omega_m t - 90° - \frac{\rho}{2} \right) \end{aligned} \tag{B-4}$$

em que o sinal negativo vem do fato de que, na realidade, **B** está apontando para dentro e não como supos-se, que ele estava apontando para fora.

2. *Segmento bc*. A tensão no segmento *bc* é zero, porque o produto **v** × **B** é perpendicular a **l**. Portanto,

$$e_{cb} = (\mathbf{v} \times \mathbf{B}) \cdot \mathbf{l} = 0 \tag{B-5}$$

Apêndice B ♦ Passo de uma bobina e enrolamentos distribuídos

3. *Segmento cd.* Para o segmento *cd*, temos que o ângulo $\alpha = 90° - \rho/2$. Assumindo que **B** aponta radialmente para fora a partir do rotor, o ângulo entre **v** e **B** no segmento *cd* é 90°, ao passo que o produto **v** × **B** aponta na direção de **l**. Portanto,

$$e_{dc} = (\mathbf{v} \times \mathbf{B}) \cdot \mathbf{l}$$
$$= vBl \quad \text{apontando para fora da página}$$

$$e_{ba} = -vB_M \cos\left[\omega_m t - \left(90° - \frac{\rho}{2}\right)\right] l$$

$$= -vB_M l \cos\left(\omega_m t - 90° + \frac{\rho}{2}\right) \quad \text{(B-6)}$$

4. *Segmento da.* A tensão no segmento *da* é zero, porque o produto **v** × **B** é perpendicular a **l**. Assim,

$$e_{ad} = (\mathbf{v} \times \mathbf{B}) \cdot \mathbf{l} = 0 \quad \text{(B-7)}$$

Portanto, a tensão total na bobina será

$$e_{ind} = e_{ba} + e_{dc}$$

$$= -vB_M l \cos\left(\omega_m t - 90° - \frac{\rho}{2}\right) + vB_M l \cos\left(\omega_m t - 90° + \frac{\rho}{2}\right)$$

Usando identidades trigonométricas, temos

$$\cos\left(\omega_m t - 90° - \frac{\rho}{2}\right) = \cos(\omega_m t - 90°)\cos\frac{\rho}{2} + \operatorname{sen}(\omega_m t - 90°)\operatorname{sen}\frac{\rho}{2}$$

$$\cos\left(\omega_m t - 90° + \frac{\rho}{2}\right) = \cos(\omega_m t - 90°)\cos\frac{\rho}{2} - \operatorname{sen}(\omega_m t - 90°)\operatorname{sen}\frac{\rho}{2}$$

$$\operatorname{sen}(\omega_m t - 90°) = -\cos \omega_m t$$

Portanto, a tensão total resultante é

$$e_{ind} = vB_M l \left[-\cos(\omega_m t - 90°)\cos\frac{\rho}{2} - \operatorname{sen}(\omega_m t - 90°)\operatorname{sen}\frac{\rho}{2} \right.$$
$$\left. + \cos(\omega_m t - 90°)\cos\frac{\rho}{2} - \operatorname{sen}(\omega_m t - 90°)\operatorname{sen}\frac{\rho}{2}\right]$$

$$= -2vB_M l \operatorname{sen}\frac{\rho}{2}\operatorname{sen}(\omega_m t - 90°)$$

$$= 2vB_M l \operatorname{sen}\frac{\rho}{2}\cos \omega_m t$$

Como $2vB_M l$ é igual a $\phi\omega$, a expressão final da tensão em uma espira simples é

$$\boxed{e_{ind} = \phi\omega \operatorname{sen}\frac{\rho}{2}\cos \omega_m t} \quad \text{(B-8)}$$

Esse é o mesmo valor de tensão de um enrolamento de passo pleno, exceto pelo termo sen $\rho/2$. Costuma-se definir esse termo como o *fator de passo* k_p da bobina. O fator de passo de uma bobina é dado por

$$\boxed{k_p = \operatorname{sen} \frac{\rho}{2}} \qquad \text{(B-9)}$$

Em termos do fator de passo, a tensão induzida em uma bobina de uma única espira é

$$e_{\text{ind}} = k_p \phi \omega_m \cos \omega_m t \qquad \text{(B-10)}$$

A tensão total de uma bobina de passo encurtado de N espiras é, portanto,

$$e_{\text{ind}} = N_C k_p \phi \omega_m \cos \omega_m t \qquad \text{(B-11)}$$

e sua tensão de pico é

$$E_{\max} = N_C k_p \phi \omega_m \qquad \text{(B-12)}$$

$$= 2\pi N_C k_p \phi f \qquad \text{(B-13)}$$

Portanto, a tensão eficaz de qualquer fase desse estator trifásico é

$$E_A = \frac{2\pi}{\sqrt{2}} N_C k_p \phi f \qquad \text{(B-14)}$$

$$= \sqrt{2}\pi N_C k_p \phi f \qquad \text{(B-15)}$$

Observe que, para uma bobina de passo pleno, temos $\rho = 180°$ e a Equação (B-15) reduz-se ao mesmo resultado de antes.

Para máquinas com mais de dois polos, a Equação (B-9) dará o fator de passo quando o passo da bobina p for em graus elétricos. Se o passo da bobina for dado em graus mecânicos, então o fator de passo poderá ser obtido com

$$\boxed{k_p = \operatorname{sen} \frac{\theta_m P}{2}} \qquad \text{(B-16)}$$

Problemas de harmônicos e enrolamentos de passo encurtado

Há uma boa razão para usar enrolamentos de passo encurtado e ela diz respeito ao efeito apresentado pela distribuição não senoidal da densidade de fluxo nas máquinas reais. Pode-se compreender esse problema examinando a máquina mostrada na Figura B-3. Essa figura mostra uma máquina síncrona de polos salientes cujo rotor está varrendo a superfície do rotor. Como a relutância do caminho do campo magnético é *muito menor* imediatamente abaixo da região central do rotor do que nas regiões laterais (entreferro menor no centro), o fluxo está fortemente concentrado nesse ponto e a densidade de fluxo é muito elevada. A tensão induzida resultante no enrolamento está mostrada na Figura B-3. *Observe que ela não é senoidal – estão presentes muitas componentes harmônicas de frequência.*

Como a forma de onda resultante é simétrica em torno do centro do fluxo do rotor, não há *harmônicas pares* presentes na tensão de fase. Entretanto, todas as harmônicas de índices ímpares (terceira, quinta, sétima, nona, etc.) *estão* presentes na

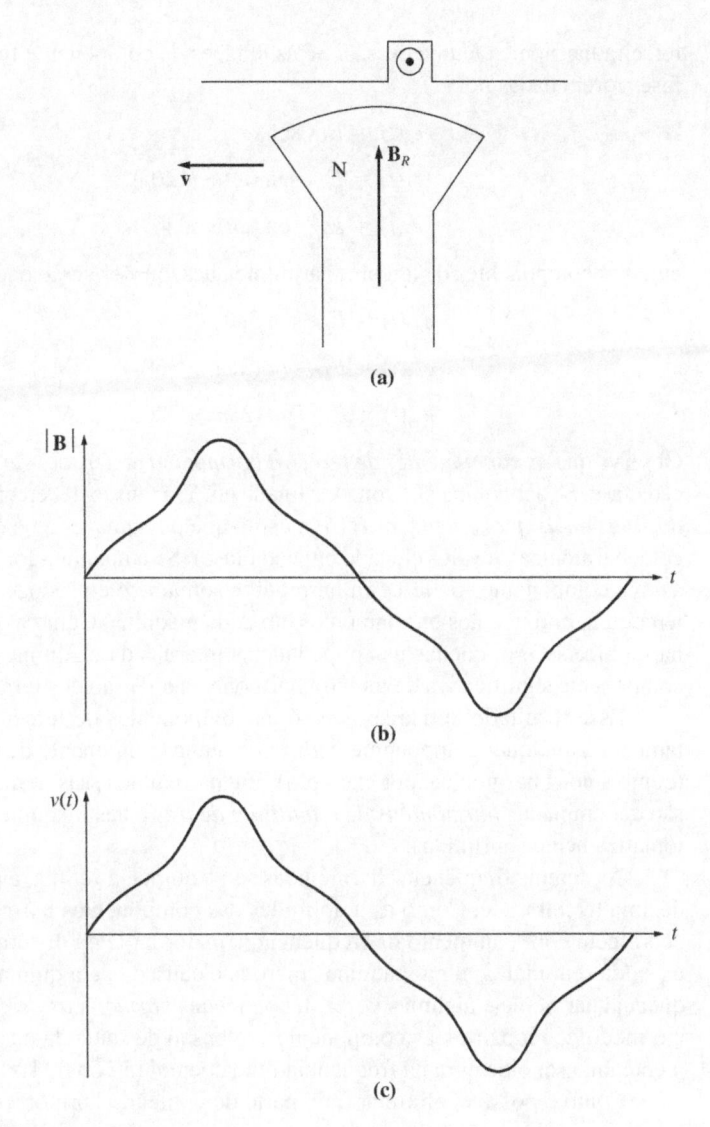

FIGURA B-3
(a) Um rotor ferromagnético passando por um condutor do estator. (b) A distribuição da densidade de fluxo do campo magnético em função do tempo em um ponto da superfície do estator. (c) A tensão induzida resultante no condutor. Observe que a tensão é diretamente proporcional à densidade de fluxo magnético em qualquer instante.

tensão de fase em certo grau e precisam ser levadas em consideração no projeto das máquinas CA. Em geral, quanto maior o índice de uma dada componente harmônica de frequência, menor será a amplitude de sua tensão de fase na saída. Desse modo, além de um certo ponto (acima da nona harmônica ou tanto), os efeitos das harmônicas superiores podem ser ignorados.

Quando as três fases são ligadas em Y ou Δ, algumas das harmônicas desaparecem da saída da máquina como resultado da ligação trifásica. A componente de terceira harmônica é uma dessas. Se as tensões da componente fundamental nas três fases forem dadas por

$$e_a(t) = E_{M1} \operatorname{sen} \omega t \quad \text{V} \tag{B-17a}$$

$$e_b(t) = E_{M1} \operatorname{sen} (\omega t - 120°) \quad \text{V} \tag{B-17b}$$

$$e_c(t) = E_{M1} \operatorname{sen} (\omega t - 240°) \quad \text{V} \tag{B-17c}$$

então as componentes de terceira harmônica das tensões serão dadas por

$$e_{a3}(t) = E_{M3} \operatorname{sen} 3\omega t \quad \text{V} \tag{B-18a}$$

$$e_{b3}(t) = E_{M3} \operatorname{sen} (3\omega t - 360°) \quad \text{V} \tag{B-18b}$$

$$e_{c3}(t) = E_{M3} \operatorname{sen} (3\omega t - 720°) \quad \text{V} \tag{B-18c}$$

Observe que *as componentes de terceira harmônica da tensão são todas idênticas* em cada fase. Se a máquina síncrona for ligada em Y, a tensão de terceira harmônica *entre dois terminais quaisquer* será zero (mesmo que possa haver uma componente de terceira harmônica de valor elevado em cada fase). Se a máquina for ligada em Δ, então as três componentes de terceira harmônica somam-se e produzem uma corrente de terceira harmônica nos enrolamentos em Δ da máquina. Como as tensões de terceira harmônica sofrem quedas nas impedâncias internas da máquina, novamente não há componente significativa de terceira harmônica na tensão dos terminais.

Esse resultado aplica-se não só às componentes de terceira harmônica, mas também a qualquer componente *múltipla* de uma componente de terceira harmônica (como a nona harmônica, por exemplo). Em particular, essas frequências harmônicas são denominadas *harmônicas de n múltiplo de três* e nas máquinas trifásicas são automaticamente suprimidas.

As demais frequências harmônicas são a quinta, a sétima, a décima primeira, a décima terceira, etc. Como as amplitudes das componentes harmônicas das tensões decrescem com o aumento da frequência, a maior parte da distorção real que ocorre na saída senoidal de uma máquina síncrona é causada pela quinta e pela sétima frequência harmônica, algumas vezes denominadas *harmônicas de grupo*. Se houvesse um modo de reduzir essas componentes, a tensão de saída da máquina seria basicamente uma senoide pura na frequência fundamental (50 ou 60 Hz).

Como é possível eliminar uma parte do conteúdo harmônico da tensão de terminal do enrolamento?

Uma maneira é fazer com que a distribuição do fluxo no próprio rotor seja aproximadamente senoidal. Embora isso possa auxiliar na redução do conteúdo harmônico da tensão de saída, é possível que não se possa ir suficientemente longe dessa forma. Um etapa adicional utilizada consiste em projetar a máquina com enrolamentos de passo encurtado.

A chave para compreender o efeito dos enrolamentos de passo encurtado sobre a tensão produzida no estator de uma máquina está em que o ângulo elétrico da *n*-ésima harmônica é *n* vezes o ângulo elétrico da componente fundamental de frequência. Em outras palavras, se uma bobina abarcar 150 graus elétricos na sua frequência fundamental, então ela abarcará 300 graus elétricos na frequência da segunda harmônica, 450 graus elétricos na frequência da terceira harmônica e assim por diante. Se ρ representar o ângulo elétrico abrangido pela bobina na sua frequência *fundamental* e v for o índice (ou número) da harmônica que está sendo analisada, então a bobina abrangerá $\nu\rho$ graus elétricos na frequência daquela harmônica. Portanto, o fator de passo da bobina para a frequência da harmônica pode ser expresso como

$$k_p = \operatorname{sen} \frac{\nu\rho}{2} \qquad \text{(B-19)}$$

A consideração importante a ser feita aqui é que o *fator de passo de um enrolamento é diferente para cada frequência harmônica*. Por meio de uma escolha adequada do passo da bobina, é possível eliminar quase completamente as componentes de frequências harmônicas da saída da máquina. Agora, poderemos ver como as harmônicas são suprimidas analisando um exemplo simples.

EXEMPLO B-1 Um estator trifásico de dois polos tem bobinas com um passo de 5/6. Quais são os fatores de passo para as harmônicas presentes nas bobinas da máquina? Esses passos auxiliam na eliminação do conteúdo harmônico da tensão gerada?

Solução
O passo polar em graus mecânicos dessa máquina é

$$\rho_p = \frac{360°}{P} = 180° \qquad \text{(B-1)}$$

Portanto, o ângulo de passo mecânico dessas bobinas é cinco sextos de 180°, ou 150°. Da Equação (B-2a), temos que o passo resultante em graus elétricos é

$$\rho = \frac{\theta_m}{\rho_p} \times 180° = \frac{150°}{180°} \times 180° = 150° \qquad \text{(B-2a)}$$

O ângulo de passo mecânico é igual ao ângulo de passo elétrico apenas porque essa máquina é de dois polos. Para qualquer outro número de polos, os ângulos não seriam os mesmos.

Portanto, os fatores de passo para a fundamental e as frequências harmônicas ímpares de ordem mais elevada (lembre-se de que as harmônicas pares não estão presentes) são

Fundamental: $\qquad k_p = \operatorname{sen} \dfrac{150°}{2} = 0{,}966$

Terceira harmônica: $\qquad k_p = \operatorname{sen} \dfrac{3(150°)}{2} = -0{,}707$ (Essa é uma harmônica de n múltiplo de três que não está presente na saída trifásica.)

Quinta harmônica: $\qquad k_p = \operatorname{sen} \dfrac{5(150°)}{2} = 0{,}259$

Sétima harmônica: $\qquad k_p = \operatorname{sen} \dfrac{7(150°)}{2} = 0{,}259$

Nona harmônica: $\qquad k_p = \operatorname{sen} \dfrac{9(150°)}{2} = -0{,}707$ (Essa é uma harmônica de n múltiplo de três que não está presente na saída trifásica.)

A terceira e a nona componente harmônica não são muito suprimidas com esse passo de bobina, mas isso não é importante, porque, de qualquer forma, elas não aparecem nos terminais da máquina. Entre os efeitos das harmônicas de n múltiplo de três e os efeitos do passo da bobina, temos que as *terceira, quinta, sétima e nona harmônicas ficam relativamente suprimidas quando comparadas com a frequência fundamental*. Portanto, o uso de enrolamentos de passo encurtado reduz drasticamente o conteúdo harmônico da tensão de saída da máquina causando apenas um pequeno decréscimo de tensão na frequência fundamental.

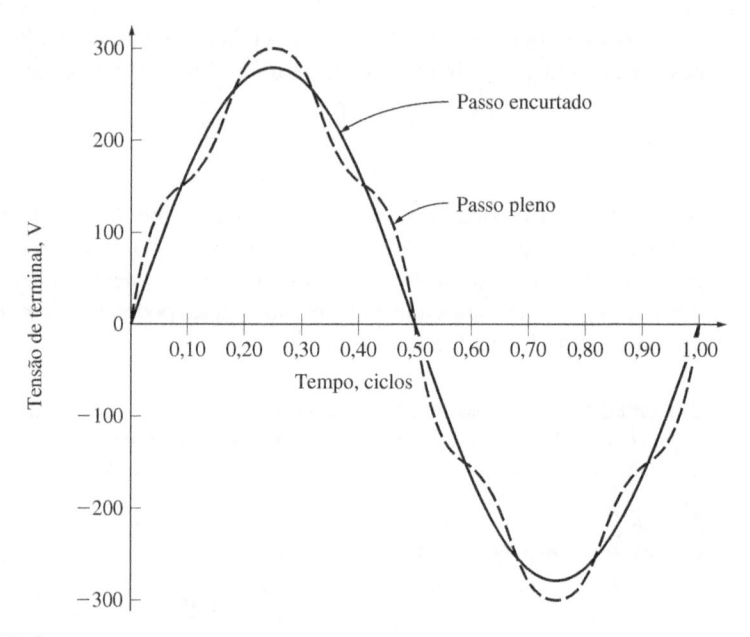

FIGURA B-4
A tensão de saída de um gerador trifásico com enrolamentos de passo pleno e de passo encurtado. Embora a tensão de pico do enrolamento de passo encurtado seja ligeiramente menor do que a tensão do enrolamento de passo pleno, a forma de sua tensão de saída assemelha-se muito mais à de uma senoide.

A tensão de terminal de uma máquina síncrona está mostrada na Figura B-4, tanto para os enrolamentos de passo pleno quanto para enrolamentos com um passo de $\rho = 150°$. Observe que os enrolamentos de passo encurtado produzem visivelmente uma grande melhoria na qualidade da forma de onda.

Deve-se observar que há certos tipos de harmônicas de frequência mais elevada, denominadas *harmônicas de ranhura*, que não podem ser eliminadas variando o passo das bobinas do estator. Essas harmônicas de ranhura serão discutidas juntamente com os enrolamentos distribuídos na Seção B.2.

B.2 ENROLAMENTOS DISTRIBUÍDOS EM MÁQUINAS CA

Na seção anterior, assumimos implicitamente que os enrolamentos associados com cada fase de uma máquina CA estavam concentrados em um único par de ranhuras na superfície do estator. Na realidade, os enrolamentos associados com cada fase são quase sempre distribuídos entre diversos pares adjacentes de ranhuras, porque é simplesmente impossível colocar todos os condutores em uma única ranhura.

Nas máquinas CA reais, a fabricação dos enrolamentos do estator é bem complicada. Os estatores das máquinas CA normais consistem em diversas bobinas em cada fase, distribuídas em ranhuras ao redor da superfície interna do estator. Em máquinas maiores, cada bobina é uma peça pré-moldada consistindo em diversas espiras, sendo cada espira isolada das outras e do próprio estator (veja a Figura B-5).

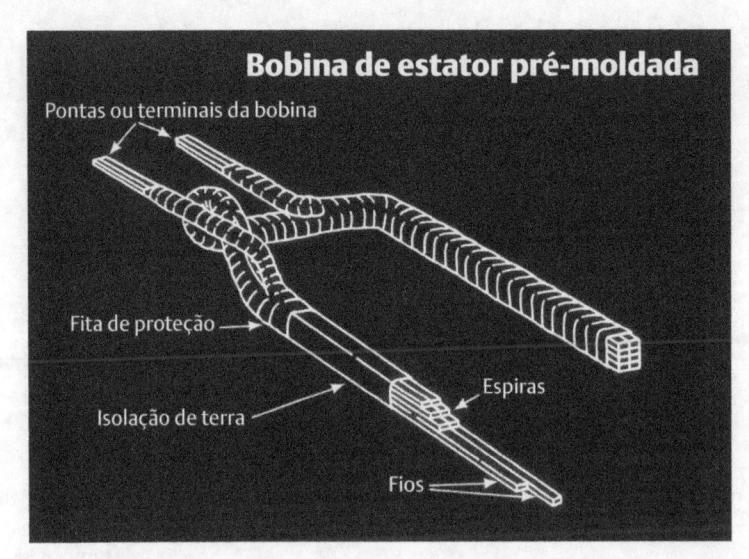

FIGURA B-5
Uma típica bobina pré-moldada de estator. (*Cortesia de General Electric Company.*)

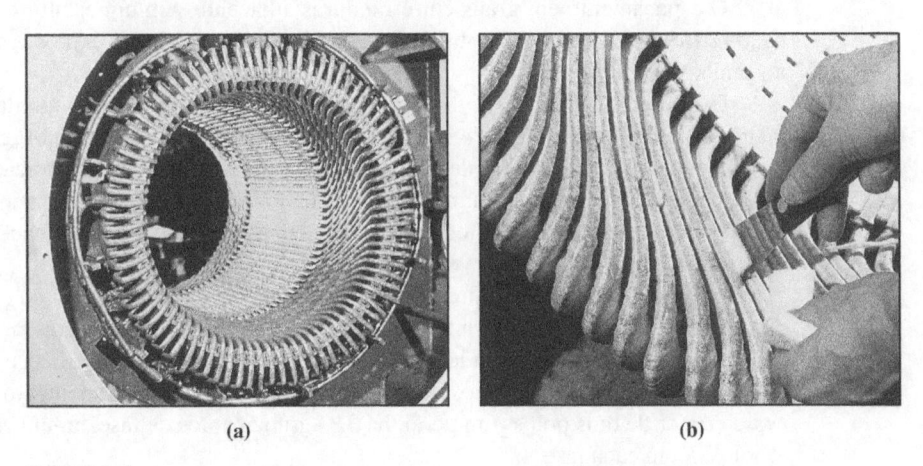

FIGURA B-6
(a) Um estator de uma máquina CA com bobinas de estator pré-moldadas. *(Cortesia de Westinghouse Electric Company.)* (b) Uma vista em detalhe das terminações das bobinas em um estator. Observe que um lado da bobina está mais para fora em uma ranhura e o outro lado está mais para dentro na outra ranhura. Essa forma permite que um tipo padrão simples de bobina seja usado em todas as ranhuras do estator. (*Cortesia de General Electric Company.*)

A tensão em qualquer espira simples é muito pequena e tensões razoáveis podem ser produzidas somente colocando muitas dessas espiras em série. Normalmente, o grande número de espiras é dividido fisicamente entre diversas bobinas, que são colocadas em ranhuras igualmente distanciadas ao longo da superfície do estator, como está mostrado na Figura B-6.

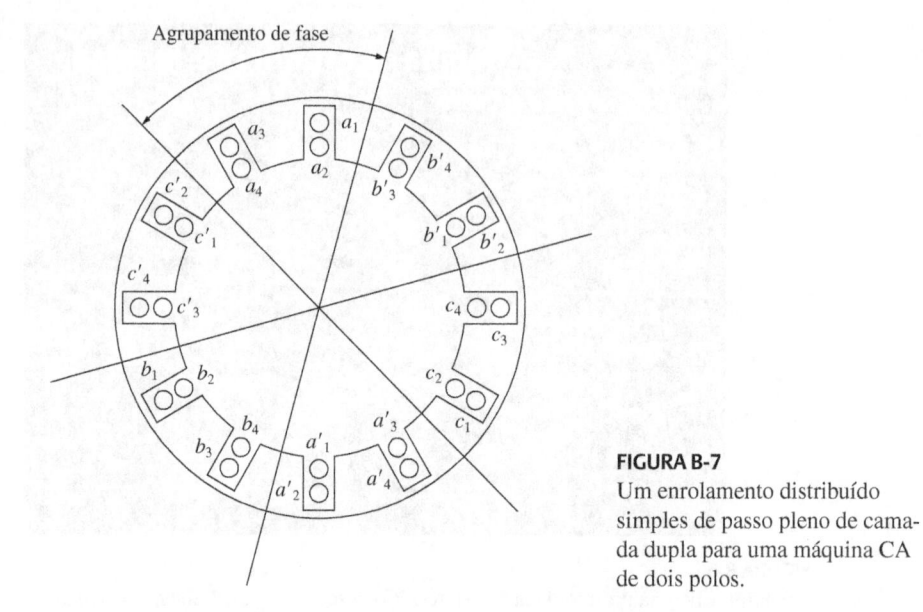

FIGURA B-7
Um enrolamento distribuído simples de passo pleno de camada dupla para uma máquina CA de dois polos.

O espaçamento em graus entre ranhuras adjacentes em um estator é denominado *passo de ranhura* γ do estator. O passo de ranhura pode ser expresso em graus mecânicos ou elétricos.

Exceto em máquinas muito pequenas, as bobinas do estator são montadas normalmente em *enrolamentos de camada dupla*, como está mostrado na Figura B-7. Usualmente, os enrolamentos de camada dupla são mais facilmente fabricados (menos ranhuras para um dado número de bobinas) e têm conexões de terminais mais simples do que os enrolamentos de camada única. Portanto, sua fabricação é bem menos cara.

A Figura B-7 mostra o enrolamento distribuído de passo pleno de uma máquina de dois polos. Nesse enrolamento, há quatro bobinas associadas a cada fase. Todos os lados de bobina de uma dada fase são encaixados em ranhuras adjacentes e são conhecidos como *agrupamentos de fase*. Observe que há seis agrupamentos de fase nesse estator de dois polos. Em geral, há $3P$ agrupamentos de fase em um estator de P polos, P em cada fase.

A Figura B-8 mostra um enrolamento distribuído que usa bobinas de passo encurtado ou fracionário. Observe que esse enrolamento ainda tem agrupamentos de fase, mas que dentro de uma ranhura individual as fases das bobinas podem estar misturadas. O passo das bobinas é 5/6 ou 150 graus elétricos.

O fator de distribuição

A divisão do número total de espiras necessárias em bobinas separadas permite um uso mais eficiente da superfície interna do estator e propicia uma resistência estrutural mais elevada, porque as ranhuras abertas na estrutura do estator podem ser menores. Entretanto, o fato de que as espiras que compõem uma dada fase estão em ângulos diferentes significa que suas tensões serão menores do que poderia ser esperado se fosse de outro modo.

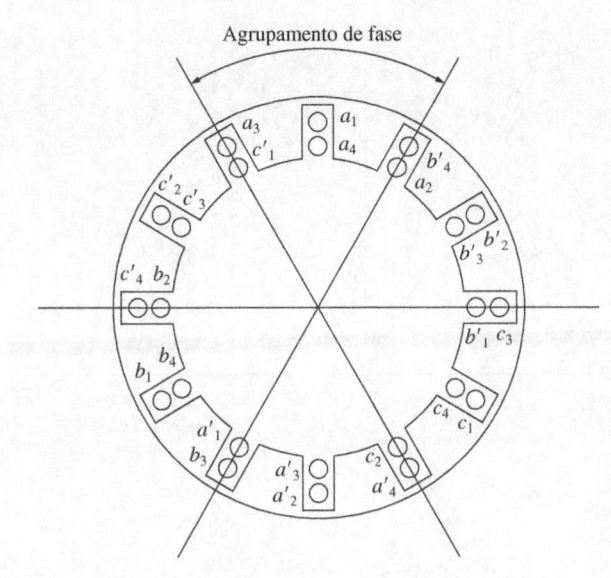

FIGURA B-8
Um enrolamento CA de camada dupla e passo encurtado para uma máquina CA de dois polos.

Para ilustrar esse problema, examine a máquina mostrada na Figura B-9. Essa máquina tem um enrolamento de camada única, com o enrolamento de estator de cada fase (cada agrupamento de fase) distribuído entre três ranhuras distanciadas 20° entre si.

Se a bobina central da fase *a* tiver inicialmente uma tensão dada por

$$\mathbf{E}_{a2} = E \angle 0° \text{ V}$$

então as tensões nas outras duas bobinas da fase *a* serão

$$\mathbf{E}_{a1} = E \angle -20° \text{ V}$$
$$\mathbf{E}_{a3} = E \angle 20° \text{ V}$$

A tensão total na fase *a* será dada por

$$\mathbf{E}_a = \mathbf{E}_{a1} + \mathbf{E}_{a2} + \mathbf{E}_{a3}$$
$$= E \angle -20° + E \angle 0° + E \angle 20°$$
$$= E \cos(-20°) + jE \operatorname{sen}(-20°) + E + E \cos 20° + jE \operatorname{sen} 20°$$
$$= E + 2E \cos 20° = 2{,}879\, E$$

Essa tensão na fase *a* não é bem o que seria esperado se todas as bobinas de uma dada fase tivessem sido concentradas na mesma ranhura. Então a tensão E_a teria sido igual a $3E$, e não $2{,}879E$. A razão entre a tensão real em uma fase de um enrolamento distribuído e o valor esperado no caso de um enrolamento concentrado, para o mesmo número de espiras, é denominada *fator de distribuição* do enrolamento. O fator de distribuição é definido como

$$k_d = \frac{V_\phi \text{ real}}{V_\phi \text{ esperada sem distribuição}} \tag{B-20}$$

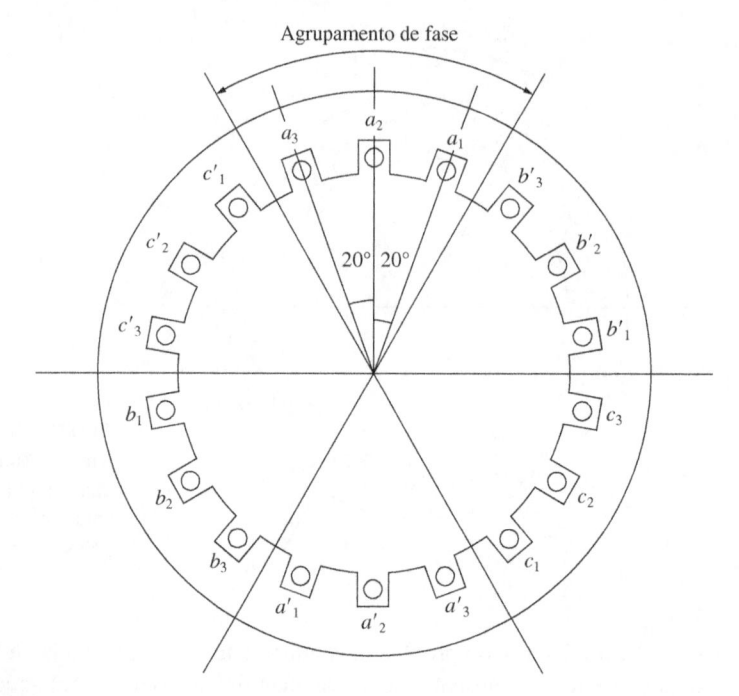

FIGURA B-9
Um estator de dois polos com um enrolamento de camada única constituído de três bobinas por fase, cada uma distanciada de 20°.

O fator de distribuição da máquina da Figura B-9 é, portanto,

$$k_d = \frac{2{,}879E}{3E} = 0{,}960 \tag{B-21}$$

O fator de distribuição é um modo conveniente de expressar o efeito de diminuição de tensão causado pela distribuição espacial das bobinas de um enrolamento de estator.

Para um enrolamento com n ranhuras por agrupamento de fase, distanciadas de γ graus, pode-se demonstrar (veja Referência 1) que o fator de distribuição é dado por

$$\boxed{k_d = \frac{\operatorname{sen}(n\gamma/2)}{n \operatorname{sen}(\gamma/2)}} \tag{B-22}$$

Observe que, no exemplo anterior com $n = 3$ e $\gamma = 20°$, o fator de distribuição torna-se

$$k_d = \frac{\operatorname{sen}(n\gamma/2)}{n \operatorname{sen}(\gamma/2)} = \frac{\operatorname{sen}[(3)(20°)/2]}{3 \operatorname{sen}(20°/2)} = 0{,}960 \tag{B-22}$$

que é igual ao resultado anterior.

Tensão gerada com a inclusão dos efeitos de distribuição

A tensão eficaz em uma bobina simples de N_C espiras e fator de passo k_p foi determinada anteriormente como

$$E_A = \sqrt{2}\pi N_C k_p \phi f \qquad \text{(B-15)}$$

Se uma fase de estator consistir em i bobinas, cada uma com N_C espiras, então um total de $N_P = iN_C$ espiras estará presente na fase. A tensão presente na fase será simplesmente a tensão devido às N_P espiras, todas na mesma ranhura, vezes a redução de tensão causada pelo fator de distribuição, de modo que a tensão da fase será

$$\boxed{E_A = \sqrt{2}\pi N_P k_p k_d \phi f} \qquad \text{(B-23)}$$

Para facilitar o uso, algumas vezes o fator de passo e o fator de distribuição de um enrolamento são combinados em um único *fator de enrolamento* k_e, o qual é dado por

$$\boxed{k_e = k_p k_d} \qquad \text{(B-24)}$$

Aplicando essa definição à equação da tensão de uma fase, obtemos

$$\boxed{E_A = \sqrt{2}\pi N_P k_e \phi f} \qquad \text{(B-25)}$$

EXEMPLO B-2 O estator de uma máquina síncrona trifásica, de dois polos e ligada em Y, é usado para construir um gerador. As bobinas são de camada dupla, com quatro bobinas de estator por fase, distribuídas como está mostrado na Figura B-8. Cada bobina consiste em 10 espiras. Os enrolamentos têm um passo elétrico de 150°, como mostrado. O rotor (e o campo magnético) está girando a 3000 rpm e o fluxo por polo nesta máquina é 0,019 Wb.

(a) Qual é o passo de ranhura desse estator em graus mecânicos? Em graus elétricos?

(b) Quantas ranhuras são ocupadas pelas bobinas do estator?

(c) Qual é a tensão de fase em uma das fases do estator dessa máquina?

(d) Qual é a tensão de terminal da máquina?

(e) Qual é a redução que o enrolamento de passo encurtado dá para a componente de quinta harmônica, em relação à redução verificada na sua componente fundamental?

Solução

(a) O estator tem 6 agrupamentos de fase com 2 ranhuras por agrupamento, totalizando portanto 12 ranhuras. Como o estator inteiro abrange 360°, o passo de ranhura desse estator é

$$\gamma = \frac{360°}{12} = 30°$$

Esse valor é do passo elétrico e também do passo mecânico, porque trata-se de uma máquina de dois polos.

(b) Como há 12 ranhuras e 2 polos no estator, há 6 ranhuras por polo. Um passo de bobina de 150 graus elétricos é 150°/180° = 5/6, de modo que as bobinas devem ocupar 5 ranhuras do estator.

(c) A frequência dessa máquina é

$$f = \frac{n_m P}{120} = \frac{(3000 \text{ rpm})(2 \text{ polos})}{120} = 50 \text{ Hz}$$

Da Equação (B-19), temos que o fator de passo da componente fundamental da tensão é

$$k_p = \text{sen} \frac{\nu \rho}{2} = \text{sen} \frac{(1)(150°)}{2} = 0{,}966 \qquad \text{(B-19)}$$

Embora os enrolamentos de um dado agrupamento de fase estejam distribuídos em três ranhuras, as duas ranhuras laterais têm cada uma apenas uma bobina dessa fase. Portanto, o enrolamento ocupa essencialmente duas ranhuras completas. O fator de distribuição do enrolamento é

$$k_d = \frac{\text{sen }(n\gamma/2)}{n \text{ sen }(\gamma/2)} = \frac{\text{sen}[(2)(30°)/2]}{2 \text{ sen }(30°/2)} = 0{,}966 \qquad \text{(B-22)}$$

Assim, a tensão em uma única fase desse estator é

$$E_A = \sqrt{2}\ \pi N_P k_p k_d \phi f$$
$$= \sqrt{2}\ \pi (40 \text{ espiras})(0{,}966)(0{,}966)(0{,}019 \text{ Wb})(50 \text{ Hz})$$
$$= 157 \text{ V}$$

(d) A tensão de terminal dessa máquina é

$$V_T = \sqrt{3} E_A = \sqrt{3}(157 \text{ V}) = 272 \text{ V}$$

(e) O fator de passo para a componente de quinta harmônica é

$$k_p = \text{sen} \frac{\nu \rho}{2} = \text{sen} \frac{(5)(150°)}{2} = 0{,}259 \qquad \text{(B-19)}$$

Como o fator de passo da componente fundamental da tensão é 0,966 e o fator de passo da componente de quinta harmônica da tensão é 0,259, a componente fundamental diminui 3,4%, ao passo que a componente de quinta harmônica diminui 74,1 por cento. Portanto, a componente de quinta harmônica da tensão diminui 70,7% a mais do que diminui a componente fundamental.

Harmônicas de ranhura

Embora os enrolamentos distribuídos ofereçam vantagens em relação aos enrolamentos concentrados, em termos de resistência mecânica do estator, utilização e facilidade de construção, o uso de enrolamentos distribuídos introduz um problema adicional ao projeto da máquina. A presença de ranhuras uniformes na periferia interna do estator causa variações regulares na relutância e no fluxo ao longo da superfície do estator. Essas variações regulares produzem componentes harmônicas de tensão denominadas *harmônicas de ranhura* (veja a Figura B-10). Harmônicas de ranhura ocorrem em frequências determinadas pelo espaçamento entre ranhuras adjacentes e são dadas por

$$\boxed{\nu_{\text{ranhura}} = \frac{2MR}{P} \pm 1} \qquad \text{(B-26)}$$

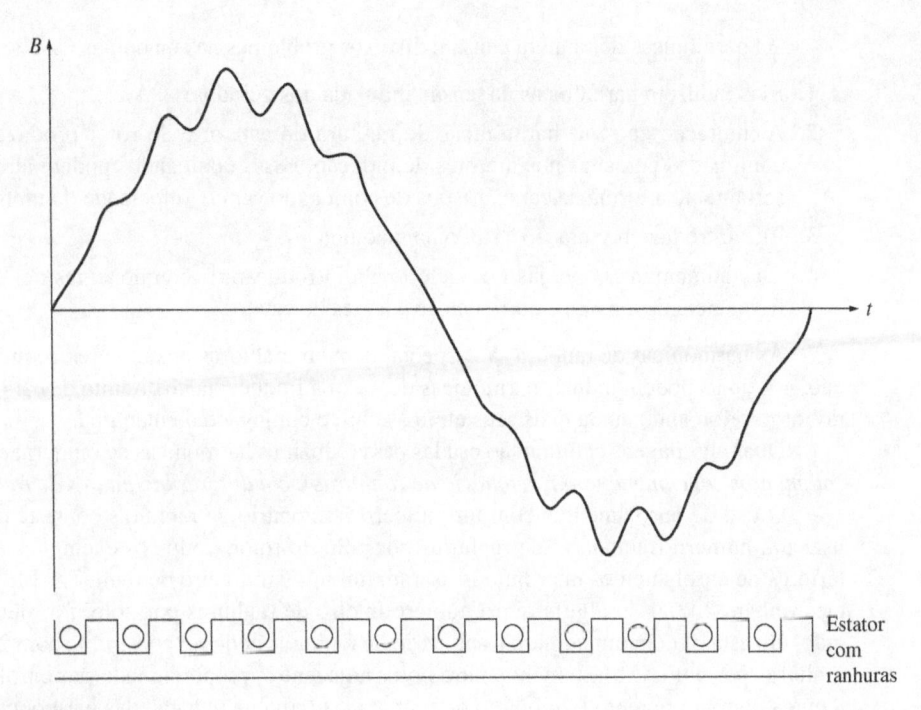

FIGURA B-10
As variações de densidade de fluxo no entreferro devido às harmônicas de ranhura. A relutância de cada ranhura é maior do que a relutância da superfície de metal entre as ranhuras, de modo que as densidades de fluxo são menores diretamente acima das ranhuras.

em que $v_{ranhura}$ = índice (ou número) da componente harmônica

R = número de ranhuras do estator

M = um número inteiro

P = número de polos da máquina

O valor $M = 1$ corresponde às harmônicas de ranhura de frequência mais baixa, que são também as que causam mais problemas.

Como essas componentes harmônicas são determinadas pelo espaçamento *entre ranhuras adjacentes de bobina*, variações no passo de bobina e na distribuição não podem reduzir esses efeitos. Independentemente do passo de uma bobina, ela *deve* iniciar e terminar em uma ranhura e, portanto, o espaçamento da bobina é um inteiro múltiplo do espaçamento básico que causa as harmônicas de ranhura.

Por exemplo, considere o estator de uma máquina CA de seis polos e 72 ranhuras. Nessa máquina, as duas harmônicas de frequência mais baixa e mais difíceis de manipular são

$$v_{ranhura} = \frac{2MS}{P} \pm 1 \qquad (B-26)$$
$$= \frac{2(1)(72)}{6} \pm 1 = 25 \text{ e } 23$$

Em uma máquina de 60 Hz, essas harmônicas são de 1380 e 1500 Hz.

As harmônicas de ranhura causam diversos problemas nas máquinas CA:

1. Elas induzem harmônicas na tensão induzida dos geradores CA.
2. A interação entre as harmônicas de ranhura do estator e do rotor produzem conjugados parasitas nos motores de indução. Esses conjugados podem afetar seriamente a forma da característica de conjugado *versus* velocidade do motor.
3. Elas introduzem vibração e ruído na máquina.
4. Elas aumentam as perdas no núcleo pela introdução de componentes de alta frequência de tensões e correntes nos dentes do estator.

As harmônicas de ranhura são especialmente trabalhosas nos motores de indução, nos quais podem induzir harmônicas de mesma frequência no circuito de campo do rotor, reforçando ainda mais seus efeitos sobre o conjugado da máquina.

Duas abordagens comuns são usadas para reduzir as harmônicas de ranhura: *enrolamentos com um número fracionário de ranhuras* e *condutores inclinados de rotor*.

O uso de enrolamentos com um número fracionário de ranhuras consiste em usar um número fracionário de ranhuras por polo do rotor. Todos os exemplos anteriores de enrolamentos distribuídos usaram um número inteiro de ranhuras, isto é, eles tinham 2, 3, 4 ou algum outro número inteiro de ranhuras por polo. Por outro lado, um estator com um número fracionário de ranhuras pode ser construído com 2½ ranhuras por polo. O afastamento entre polos adjacentes, proporcionado por enrolamentos com um número fracionário de ranhuras, auxilia na redução das harmônicas de grupo e também de ranhura. Essa forma de redução das harmônicas pode ser usada em qualquer tipo de máquina CA. As harmônicas de um número fracionário de ranhuras são explicadas detalhadamente nas Referências 1 e 2.

Outra forma de abordagem, muito mais comum, para reduzir as harmônicas de ranhura é *inclinando* os condutores do rotor da máquina. Essa forma é usada basicamente em motores de indução. Os condutores do rotor de um motor de indução recebem uma leve torção, de forma que, quando uma extremidade de um condutor está debaixo de uma ranhura, a outra extremidade está debaixo de uma ranhura vizinha. Essa forma construtiva do rotor está mostrada na Figura B-11. Como um condutor simples de rotor vai desde uma ranhura de bobina até a próxima (uma distância correspondente a um ciclo elétrico completo da frequência harmônica mais baixa de ranhura), haverá cancelamento das componentes de tensão devido às variações de fluxo das harmônicas de ranhura.

B.3 SÍNTESE DO APÊNDICE

Nas máquinas reais, frequentemente, as bobinas do estator têm passo encurtado ou fracionário, o que significa que elas ocupam completamente o espaço que vai de um polo magnético até o próximo. Se um enrolamento de estator for construído com passo encurtado, então ocorrerá uma ligeira redução na tensão de saída, mas, ao mesmo tempo, haverá uma drástica atenuação das componentes harmônicas da tensão, resultando em uma tensão muito mais suave na saída da máquina. Um enrolamento de estator que usa bobinas de passo encurtado é frequentemente denominado *enrolamento encurtado*.

Determinadas harmônicas de alta frequência, denominadas harmônicas de ranhura, não podem ser suprimidas com bobinas de passo encurtado. Nos motores de indução, essas harmônicas são especialmente causadoras de problemas. Elas podem

FIGURA B-11
Um rotor de motor de indução exibindo a inclinação de condutores. A inclinação dos condutores do rotor é simplesmente igual à distância entre uma ranhura de estator e a seguinte. (*Cortesia de MagneTek, Inc.*)

ser reduzidas usando enrolamentos de ranhuras fracionárias ou inclinando os condutores do rotor.

Os estatores de máquinas CA reais não têm simplesmente uma bobina para cada fase. Para obter tensões razoáveis de uma máquina, diversas bobinas devem ser usadas, cada uma com um grande número de espiras. Esse fato faz com que os enrolamentos fiquem distribuídos em uma certa extensão da superfície do estator. A distribuição dos enrolamentos de estator de uma fase reduz a tensão de saída em um valor que é dado pelo fator de distribuição k_d, mas torna mais fácil a colocação física de um número maior de enrolamentos na máquina.

PERGUNTAS

B.1 Por que são usados enrolamentos distribuídos em vez de enrolamentos concentrados nos estatores de máquinas CA?

B.2 *(a)* O que é o fator de distribuição de um enrolamento de estator? *(b)* Qual é o valor do fator de distribuição em um enrolamento de estator concentrado?

B.3 O que são enrolamentos encurtados? Por que eles são usados na fabricação de um estator CA?

B.4 O que é passo? O que é o fator de passo? Como eles se relacionam entre si?

B.5 Por que as componentes de terceira harmônica de tensão não são encontradas nas saídas das máquinas CA trifásicas?

B.6 O que são harmônicas de *n* múltiplo de três?

B.7 O que são harmônicas de ranhura? Como elas podem ser reduzidas?

B.8 Como a distribuição (e o fluxo) de força magnetomotriz pode ser tornada mais aproximadamente senoidal em uma máquina CA?

PROBLEMAS

B.1 Um armadura de estator trifásico com duas ranhuras é enrolada para funcionar com dois polos. Se enrolamentos de passo encurtado tiverem de ser usados, qual será a melhor escolha possível para o passo do enrolamento para que as componentes de quinta harmônica de tensão sejam eliminadas?

B.2 Deduza a relação do fator de distribuição de enrolamento k_d da Equação (B-22).

B.3 Uma máquina síncrona trifásica de quatro polos tem 96 ranhuras de estator. As ranhuras contêm um enrolamento de camada dupla (duas bobinas por ranhura) com quatro espiras por bobina. O passo da bobina é 19/24.

(a) Encontre o passo de ranhura e de bobina em graus elétricos.

(b) Encontre os fatores de passo, de distribuição e de enrolamento dessa máquina.

(c) Quão satisfatoriamente esse enrolamento elimina a terceira, quinta, sétima, nona e décima primeira harmônicas? Na sua resposta, não deixe de levar em consideração os efeitos do passo da bobina e também os da distribuição dos enrolamentos.

B.4 Um enrolamento trifásico de quatro polos do tipo camada dupla deve ser instalado em um estator de 48 ranhuras. O passo dos enrolamentos do estator é 5/6 e há 10 espiras por bobina nos enrolamentos. Todas as bobinas de cada fase estão ligadas em série e as três fases estão ligadas em Δ. O fluxo por polo na máquina é 0,054 Wb e a velocidade de rotação do campo magnético é 1800 rpm.

(a) Qual é o fator de passo desse enrolamento?

(b) Qual é o fator de distribuição do enrolamento?

(c) Qual é a frequência da tensão produzida no enrolamento?

(d) Quais são as tensões resultantes de fase e de terminal do estator?

B.5 Um gerador síncrono trifásico, ligado em Y e de seis polos, tem seis ranhuras por polo no seu enrolamento de estator. O próprio enrolamento é de passo encurtado e camada dupla com oito espiras por bobina. O fator de distribuição é $k_d = 0{,}956$ e o fator de passo é $k_P = 0{,}981$. O fluxo no gerador é 0,02 Wb por polo e a velocidade de rotação é 1200 rpm. Qual é a tensão de linha produzida pelo gerador nessas condições?

B.6 Uma máquina síncrona trifásica, ligada em Y, 50 Hz e dois polos, tem um estator com 18 ranhuras. Suas bobinas formam um enrolamento de passo encurtado de camada dupla (duas bobinas por ranhura). Cada bobina tem 60 espiras e o passo das bobinas do estator é 8/9.

(a) Que valor de fluxo seria necessário para produzir uma tensão de terminal (linha a linha) de 6 kV?

(b) Quão efetivas são as bobinas com esse passo na redução da quinta componente harmônica de tensão? A sétima componente harmônica de tensão?

B.7 Que passo de bobina poderia ser usado para eliminar completamente a sétima componente harmônica de tensão na armadura (estator) de uma máquina CA? Em um enrolamento de oito polos, qual é o número *mínimo* de ranhuras que seria necessário para conseguir exatamente esse passo? Que faria esse passo à quinta componente harmônica de tensão?

B.8 Um gerador síncrono trifásico de 13,8 kV, ligado em Y, 60 Hz e 12 polos, tem 180 ranhuras de estator, com um enrolamento de camada dupla e oito espiras por bobina. O passo de bobina do estator é 12 ranhuras. Os condutores de todos os agrupamentos de fase de uma dada fase estão ligados em série.

(a) Que valor de fluxo por polo seria necessário para obter uma tensão de terminal (linha) a vazio de 13,8 kV?

(b) Qual é o fator de enrolamento k_e dessa máquina?

REFERÊNCIAS

1. Fitzgerald, A. E. e Charles Kingsley, Jr. *Electric Machinery*. Nova York: McGraw-Hill, 1952.
2. Liwschitz-Garik, Michael e Clyde Whipple. *Alternating-Current Machinery*. Princeton, N.J.: Van Nostrand, 1961.
3. Werninck, E. H. (ed.). *Electric Motor Handbook*. London: McGraw-Hill, 1978.

apêndice C

Teoria dos polos salientes das máquinas síncronas

O circuito equivalente de um gerador síncrono, desenvolvido no Capítulo 4, é de fato válido apenas para máquinas construídas com rotores cilíndricos e não para máquinas construídas com rotores de polos salientes. Da mesma forma, a expressão da relação entre o ângulo de conjugado δ e a potência fornecida pelo gerador [Equação (4-20)] é válida apenas para rotores cilíndricos. No Capítulo 4, ignoramos os efeitos devidos às saliências nos rotores e assumimos que a teoria simples do rotor cilíndrico poderia ser aplicada. De fato, essa suposição não é ruim quando se trabalha com o regime permanente, mas é bem pobre quando queremos analisar o comportamento transitório de geradores e motores.

O problema com o circuito equivalente simples dos motores de indução é que ele ignora o efeito do *conjugado de relutância* sobre o gerador. Para compreender essa ideia, consulte a Figura C-1. Essa figura mostra um rotor de polos salientes sem enrolamentos dentro de um estator trifásico. Se um campo magnético de estator for produzido como está mostrado na figura, então ele induzirá um campo magnético no rotor. Como é *muito mais* fácil produzir um fluxo ao longo do eixo do rotor do que ortogonal ao eixo, então o fluxo induzido no rotor irá se alinhar com o eixo do rotor. Como há um ângulo entre o campo magnético do estator e o campo magnético do rotor, um conjugado será induzido no rotor, o qual tenderá a alinhar o rotor com o campo do estator. O valor desse conjugado é proporcional ao seno do dobro do ângulo entre os dois campos magnéticos (sen 2δ).

Como a teoria do rotor cilíndrico das máquinas síncronas ignora o fato de que é mais fácil produzir um campo magnético em algumas direções do que em outras (isto é, ignora o efeito dos conjugados de relutância), essa teoria não é exata quando rotores de polos salientes estão envolvidos.

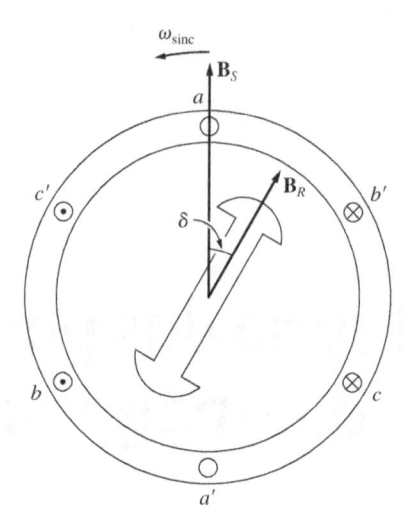

FIGURA C-1
Um rotor de polos salientes, ilustrando a ideia do conjugado de relutância. Um campo magnético é induzido no rotor pelo campo magnético do estator e um conjugado é produzido no rotor que é proporcional ao seno do dobro do ângulo entre os dois campos.

C.1 DESENVOLVIMENTO DO CIRCUITO EQUIVALENTE DE UM GERADOR SÍNCRONO DE POLOS SALIENTES

Como no caso da teoria do rotor cilíndrico, há quatro elementos no circuito equivalente de um gerador síncrono:

1. A tensão gerada interna E_A do gerador
2. A reação de armadura do gerador síncrono
3. A autoindutância do enrolamento do estator
4. A resistência do enrolamento do estator

Na teoria dos polos salientes dos geradores síncronos, o primeiro, o terceiro e o quarto elementos permanecem os mesmos, mas o segundo elemento que trata da reação de armadura deve ser modificado para explicar o fato de que é mais fácil produzir fluxo em algumas direções do que em outras.

Essa modificação dos efeitos da reação de armadura será desenvolvida a seguir. A Figura C-2 mostra um rotor de dois polos salientes girando no sentido anti-horário no interior de um estator de dois polos. O fluxo desse rotor é denominado B_R e aponta para cima. Usando a equação da tensão induzida em um condutor que se desloca na presença de um campo magnético, temos

$$e_{ind} = (v \times B) \cdot l \qquad (1\text{-}45)$$

A tensão nos condutores da parte superior do estator será para fora da página, positiva, e a tensão nos condutores na parte inferior do estator será para dentro da página. O plano de tensão induzida máxima estará diretamente abaixo do polo do rotor em qualquer instante.

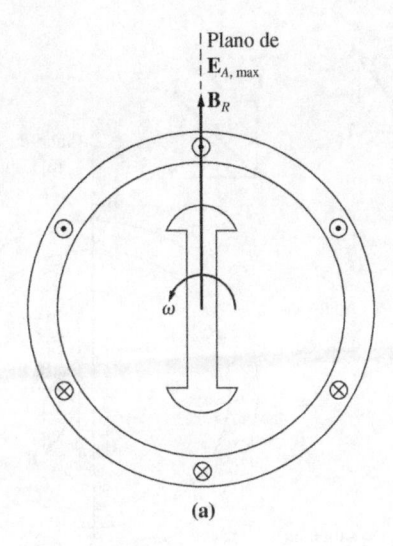

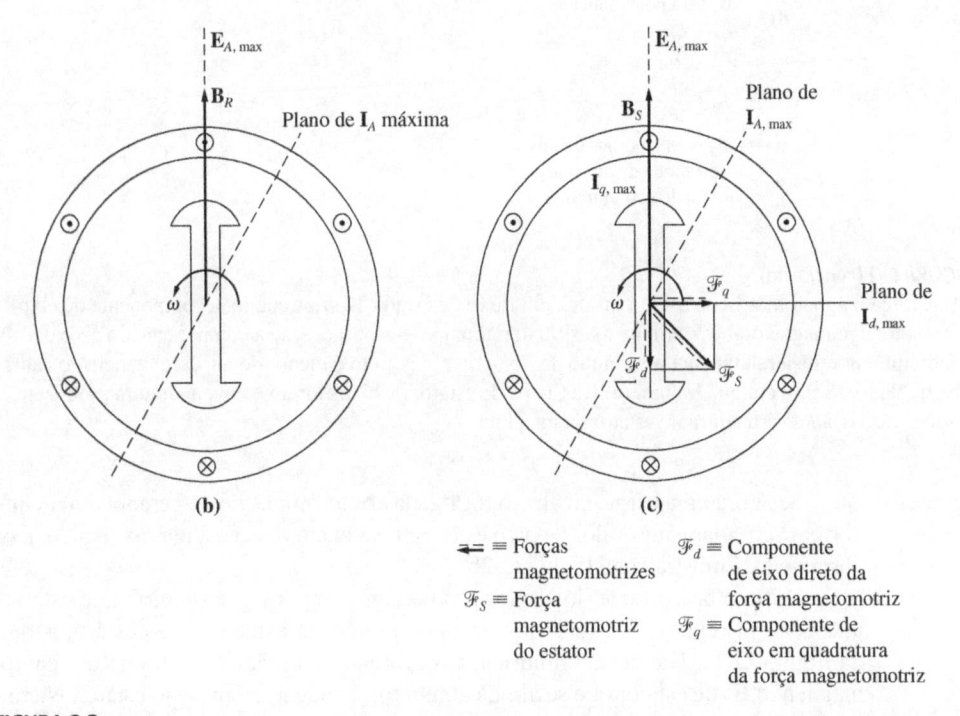

Apêndice C ♦ Teoria dos polos salientes das máquinas síncronas **661**

(a)

(b)

(c)

⇌ ≡ Forças magnetomotrizes
$\mathscr{F}_S$ ≡ Força magnetomotriz do estator
$\mathscr{F}_d$ ≡ Componente de eixo direto da força magnetomotriz
$\mathscr{F}_q$ ≡ Componente de eixo em quadratura da força magnetomotriz

FIGURA C-2
Os efeitos da reação de armadura em um gerador síncrono de polos salientes. (a) O campo magnético do rotor induz uma tensão no estator cujo valor de pico ocorre nos condutores imediatamente abaixo das faces polares. (b) Se uma carga em atraso for conectada ao gerador, então uma corrente de estator circulará cujo valor de pico ocorre em um ângulo atrasado em relação a $\mathbf{E}_A$. (c) Essa corrente de estator $\mathbf{I}_A$ produz uma força magnetomotriz no estator da máquina.

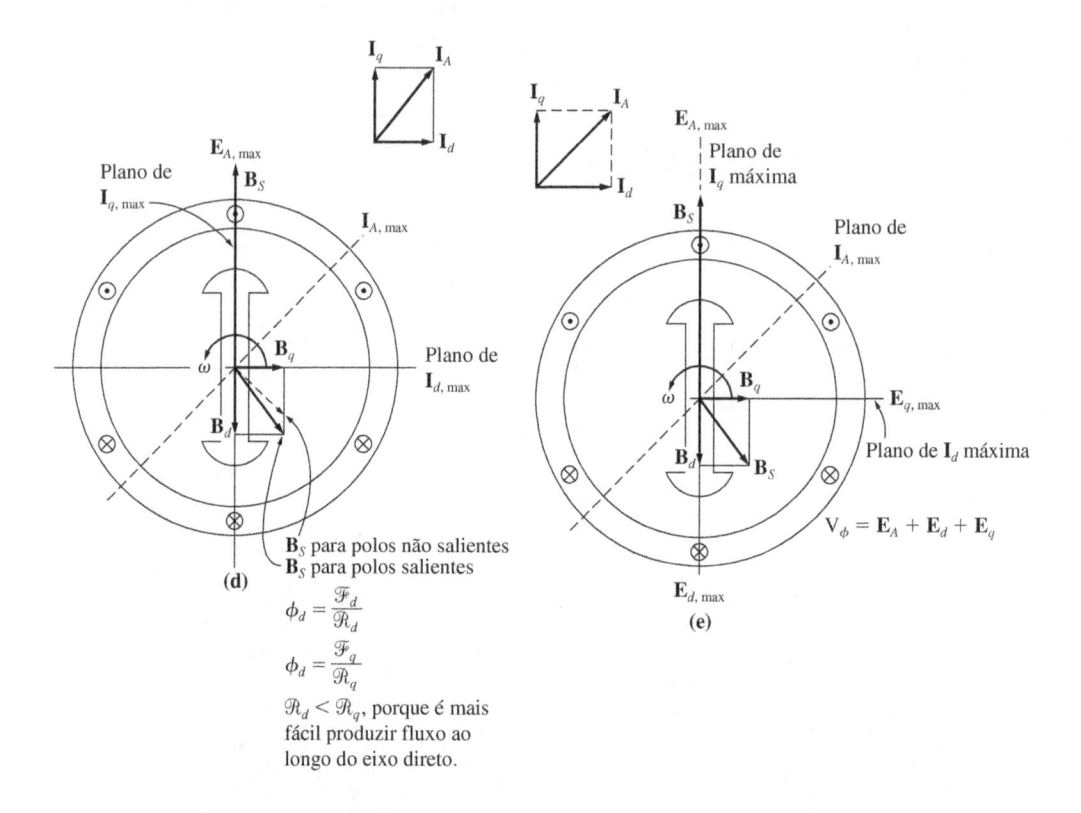

FIGURA C-2 (conclusão)
(d) A força magnetomotriz do estator produz um fluxo de estator $\mathbf{B}_S$. Entretanto, a componente de eixo direto da força magnetomotriz produz mais fluxo por ampère-espira do que a componente do eixo em quadratura, porque a relutância do caminho de fluxo do eixo direto é menor do que a relutância do caminho de fluxo do eixo em quadratura. (e) Os fluxos de estator de eixos direto e em quadratura produzem tensões de reação de armadura no estator da máquina.

Se agora uma carga em atraso for ligada aos terminais desse gerador, então uma corrente circulará cujo valor de pico estará atrasado em relação à tensão de pico. Essa corrente está mostrada na Figura C-2b.

O fluxo de corrente do estator produz uma força magnetomotriz que está $90°$ atrasada em relação ao plano da corrente de pico do estator, como está mostrado na Figura C-2c. Na teoria cilíndrica, essa força magnetomotriz produz um campo magnético $\mathbf{B}_S$ de estator que se alinha com a força magnetomotriz do estator. Na realidade, entretanto, é mais fácil produzir um campo magnético na direção do rotor do que em uma direção perpendicular a ele. Portanto, iremos decompor a força magnetomotriz do estator em uma componente paralela e outra perpendicular ao eixo do rotor. Cada uma dessas forças magnetomotrizes produz um campo magnético, mas mais fluxo é produzido por ampère-espira ao longo do eixo do que perpendicularmente (*em quadratura*) ao eixo.

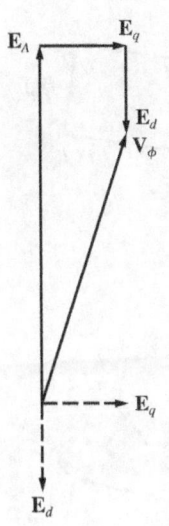

FIGURA C-3
A tensão de fase do gerador é simplesmente a soma da sua tensão gerada interna mais a tensão da reação de armadura.

O campo magnético resultante do estator está mostrado na Figura C-2d, comparado com o campo previsto pela teoria do rotor cilíndrico (polos não salientes).

Agora, cada componente do campo magnético do estator produz uma tensão própria no enrolamento do estator devido à reação de armadura. Essas tensões de reação de armadura estão mostradas na Figura C-2e.

A tensão total no estator é, portanto,

$$\mathbf{V}_\phi = \mathbf{E}_A + \mathbf{E}_d + \mathbf{E}_q \tag{C-1}$$

em que $\mathbf{E}_d$ é a componente de eixo direto da tensão de reação de armadura e $\mathbf{E}_q$ é a componente de eixo em quadratura da tensão de reação de armadura (veja a Figura C-3). Como no caso da teoria do rotor cilíndrico, cada tensão de reação de armadura é *diretamente proporcional à sua corrente de armadura* e está *atrasada de 90°* em relação à corrente do estator. Portanto, cada tensão de reação de armadura pode ser modelada como

$$\mathbf{E}_d = -jx_d\mathbf{I}_d \tag{C-2}$$

$$\mathbf{E}_q = -jx_q\mathbf{I}_q \tag{C-3}$$

e a tensão total de estator torna-se

$$\mathbf{V}_\phi = \mathbf{E}_A - jx_d\mathbf{I}_d - jx_q\mathbf{I}_q \tag{C-4}$$

Agora, devemos incluir a resistência e a autorreatância de armadura. Como a autorreatância de armadura X_A independe do ângulo do rotor, ela é normalmente acrescentada às reatâncias de reação de armadura de eixo direto e de eixo em quadratura para produzir a *reatância síncrona direta* e a *reatância síncrona em quadratura* do gerador:

$$\boxed{X_d = x_d + X_A} \tag{C-5}$$

$$\boxed{X_q = x_q + X_A} \tag{C-6}$$

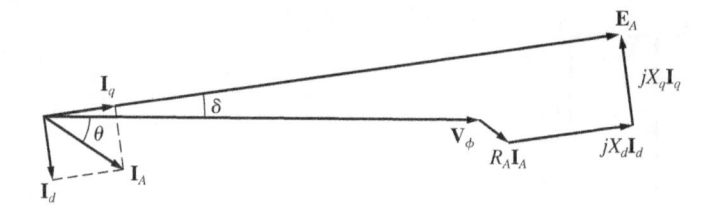

FIGURA C-4
O diagrama fasorial de um gerador com polos salientes.

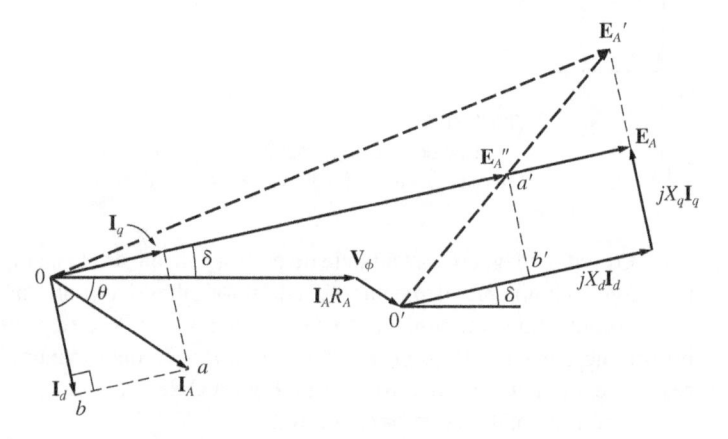

FIGURA C-5
Construção do diagrama fasorial sem nenhum conhecimento prévio de δ. A tensão $\mathbf{E}_A''$ está no mesmo ângulo que $\mathbf{E}_A$ e $\mathbf{E}_A''$ poderá ser determinada usando apenas dados obtidos nos terminais do gerador. Portanto, o ângulo δ pode ser encontrado e a corrente pode ser decomposta nas componentes d e q.

A queda de tensão na resistência de armadura é simplesmente a resistência de armadura vezes a corrente de armadura $\mathbf{I}_A$.

Portanto, a expressão final para a tensão de fase em um motor síncrono de polos salientes é

$$\mathbf{V}_\phi = \mathbf{E}_A - jX_d\mathbf{I}d - jX_q\mathbf{I}_q - R_A\mathbf{I}_A \tag{C-7}$$

e o diagrama fasorial resultante está mostrado na Figura C-4.

Observe que esse diagrama fasorial requer que a corrente de armadura seja decomposta em componentes em paralelo e em quadratura com $\mathbf{E}_A$. Entretanto, o *ângulo* entre $\mathbf{E}_A$ e $\mathbf{I}_A$ é δ + θ, que usualmente *não é conhecido* antes de se construir o diagrama. Normalmente, somente o ângulo θ do fator de potência é conhecido antecipadamente.

É possível construir o diagrama fasorial sem o conhecimento prévio do ângulo δ, como está mostrado na Figura C-5. As linhas cheias da Figura C-5 são as mesmas linhas mostradas na Figura C-4, ao passo que as linhas tracejadas mostram o diagrama como se a máquina tivesse um rotor cilíndrico com reatância síncrona X_d.

O ângulo δ de $\mathbf{E}_A$ pode ser encontrado usando dados obtidos nos terminais do gerador. Observe que o fasor $\mathbf{E}''_A$, dado por

$$\mathbf{E}''_A = \mathbf{V}_\phi + R_A \mathbf{I}_A + jX_q \mathbf{I}_A \tag{C-8}$$

é colinear com a tensão gerada interna $\mathbf{E}_A$. Como $\mathbf{E}''_A$ é determinada pela corrente nos terminais do gerador, o ângulo δ pode ser determinado conhecendo-se a corrente de armadura. Após sabermos qual é o ângulo δ, a corrente de armadura poderá ser decomposta nas componentes direta e em quadratura e a tensão gerada interna poderá ser determinada.

EXEMPLO C-1 Um gerador síncrono de 480 V, 60 Hz, conectado em Δ e quatro polos, tem uma reatância de eixo direto de 0,1 Ω e uma reatância de eixo em quadratura de 0,075 Ω. Sua resistência de armadura pode ser ignorada. A plena carga, o gerador fornece 1200 A com um fator de potência de 0,8 atrasado.

(a) Encontre a tensão gerada interna $\mathbf{E}_A$ desse gerador a plena carga, assumindo que ele tem um rotor cilíndrico de reatância X_d.

(b) Encontre a tensão gerada interna $\mathbf{E}_A$ do gerador a plena carga, assumindo que ele tem um rotor de polos salientes.

Solução

(a) Como esse gerador está ligado em Δ, a corrente de armadura a plena carga é

$$I_A = \frac{1200 \text{ A}}{\sqrt{3}} = 693 \text{ A}$$

O fator de potência da corrente é 0,8 atrasado, de modo que o ângulo de impedância θ da carga é

$$\theta = \arccos 0{,}8 = 36{,}87°$$

Portanto, a tensão gerada interna é

$$\mathbf{E}_A = \mathbf{V}_\phi + jX_S \mathbf{I}_A$$
$$= 480 \angle 0° \text{ V} + j(0{,}1 \text{ Ω})(693 \angle -36{,}87° \text{ A})$$
$$= 480 \angle 0° + 69{,}3 \angle 53{,}13° = 524{,}5 \angle 6{,}1° \text{ V}$$

Observe que o ângulo de conjugado δ é 6,1°.

(b) Assuma que o rotor é de polos salientes. Para decompormos a corrente em componentes de eixo direto e de eixo em quadratura, é necessário que conheçamos a *direção* de $\mathbf{E}_A$. Essa direção pode ser determinada a partir da Equação (C-8):

$$\mathbf{E}''_A = \mathbf{V}_\phi + R_A \mathbf{I}_A + jX_q \mathbf{I}_A \tag{C-8}$$

$$= 480 \angle 0° \text{ V} + 0 \text{ V} + j(0{,}075 \text{ Ω})(693 \angle -36{,}87° \text{ A})$$
$$= 480 \angle 0° + 52 \angle 53{,}13° = 513 \angle 4{,}65° \text{ V}$$

A direção de $\mathbf{E}_A$ é δ = 4,65°. A componente de eixo direto da corrente é, portanto,

$$I_d = I_A \operatorname{sen}(\theta + \delta)$$
$$= (693 \text{ A}) \operatorname{sen}(36{,}87 + 4{,}65) = 459 \text{ A}$$

e a componente de eixo em quadratura da corrente é

$$I_q = I_A \cos(\theta + \delta)$$
$$= (693\text{ A}) \cos(36{,}87 + 4{,}65) = 519\text{ A}$$

Combinando esses valores e os ângulos, temos

$$\mathbf{I}_d = 459 \angle -85{,}35°\text{ A}$$
$$\mathbf{I}_q = 519 \angle 4{,}65°\text{ A}$$

A tensão gerada interna resultante é

$$\mathbf{E}_A = \mathbf{V}_\phi + R_A \mathbf{I}_A + jX_d \mathbf{I}_d + jX_q \mathbf{I}_q$$
$$= 480 \angle 0°\text{ V} + 0\text{ V} + j(0{,}1\ \Omega)(459 \angle -85{,}35°\text{ A}) + j(0{,}075\ \Omega)(519 \angle 4{,}65°\text{ A})$$
$$= 524{,}3 \angle 4{,}65°\text{ V}$$

Observe que o *módulo de* $\mathbf{E}_A$ não é muito afetado pelos polos salientes, mas o *ângulo* de $\mathbf{E}_A$ é bem diferente com polos salientes do que sem polos salientes.

C.2 EQUAÇÕES DE CONJUGADO E POTÊNCIA EM UMA MÁQUINA DE POLOS SALIENTES

A potência de saída de um gerador síncrono de rotor cilíndrico, como função do ângulo de conjugado, foi dada no Capítulo 5 como

$$P = \frac{3V_\phi E_A \operatorname{sen} \delta}{X_S} \quad (4\text{-}20)$$

Nessa equação, assumiu-se que a resistência de armadura era desprezível. Fazendo a mesma suposição, qual é a potência de saída de um gerador de polos salientes em função do ângulo de conjugado? Para descobrir, vamos nos referir à Figura C-6. A potência de saída de um gerador síncrono é a soma da potência devido à corrente de eixo direto mais a potência devido à corrente de eixo em quadratura:

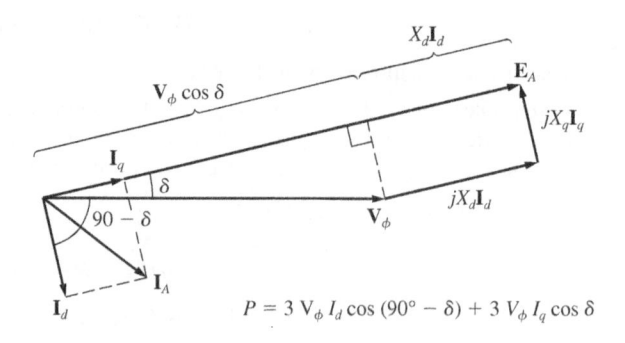

FIGURA C-6
Determinação da potência de saída de um gerador síncrono de polos salientes. As correntes $\mathbf{I}_d$ e $\mathbf{I}_q$ contribuem à potência de saída, como está mostrado.

$$P = 3 V_\phi I_d \cos(90° - \delta) + 3 V_\phi I_q \cos \delta$$

$$P = P_d + P_q \qquad \text{(C-9)}$$
$$= 3V_\phi I_d \cos(90° - \delta) + 3V_\phi I_q \cos \delta$$
$$= 3V_\phi I_d \operatorname{sen} \delta + 3V_\phi I_q \cos \delta$$

Da Figura C-6, temos que a corrente de eixo direto é dada por

$$I_d = \frac{E_A - V_\phi \cos \delta}{X_d} \qquad \text{(C-10)}$$

e a corrente de eixo em quadratura

$$I_q = \frac{V_\phi \operatorname{sen} \delta}{X_q} \qquad \text{(C-11)}$$

Substituindo as Equações (C-10) e (C-11) na Equação (C-9), obtemos

$$P = 3V_\phi \left(\frac{E_A - V_\phi \cos \delta}{X_d}\right) \operatorname{sen} \delta + 3V_\phi \left(\frac{V_\phi \operatorname{sen} \delta}{X_q}\right) \cos \delta$$
$$= \frac{3V_\phi E_A}{X_d} \operatorname{sen} \delta + 3V_\phi^2 \left(\frac{1}{X_q} - \frac{1}{X_d}\right) \operatorname{sen} \delta \cos \delta$$

Como $\delta \cos \delta = \frac{1}{2} \operatorname{sen} 2\delta$, essa expressão reduz-se a

$$\boxed{P = \frac{3V_\phi E_A}{X_d} \operatorname{sen} \delta + \frac{3V_\phi^2}{2}\left(\frac{X_d - X_q}{X_d X_q}\right) \operatorname{sen} 2\delta} \qquad \text{(C-12)}$$

O primeiro termo dessa expressão é o mesmo que a potência em uma máquina de rotor cilíndrico e o segundo termo é a potência adicional, originária do conjugado de relutância da máquina.

Como o conjugado induzido no gerador é dado por $\tau_{ind} = P_{conv}/\omega_m$, o conjugado induzido na máquina pode ser expresso como

$$\boxed{\tau_{ind} = \frac{3V_\phi E_A}{\omega_m X_d} \operatorname{sen} \delta + \frac{3V_\phi^2}{2\omega_m}\left(\frac{X_d - X_q}{X_d X_q}\right) \operatorname{sen} 2\delta} \qquad \text{(C-13)}$$

O conjugado induzido de um gerador de polos salientes em função do ângulo de conjugado δ está plotado na Figura C-7.

PROBLEMAS

C-1 Um gerador síncrono de 13,8 kV, 50 MVA, FP 0,9 atrasado, 60 Hz, quatro polos e ligado em Y, tem uma reatância de eixo direto de 2,5 Ω, uma reatância de eixo em quadratura de 1,8 Ω e uma resistência de armadura de 0,2 Ω. Pode-se assumir que as perdas por atrito, ventilação e suplementares são desprezíveis. A característica de circuito aberto do gerador é dada pela Figura P4-1.

(a) Qual é o valor da corrente de campo necessário para tornar V_T igual a 2300 V quando o gerador está funcionando a vazio?

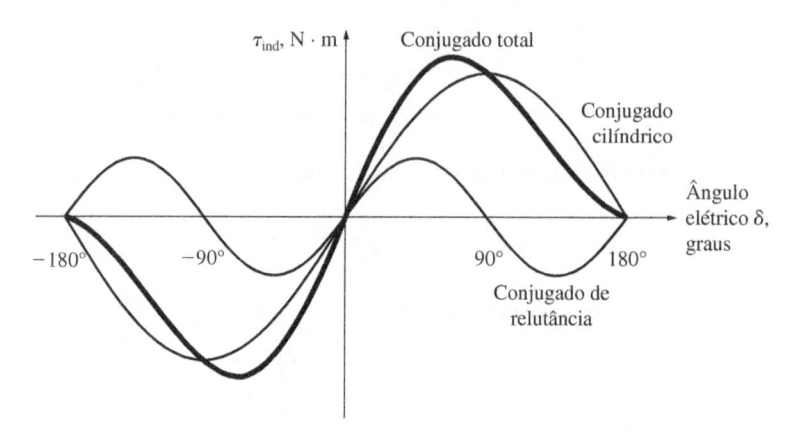

FIGURA C-7
Gráfico de conjugado *versus* ângulo de conjugado para um gerador síncrono de polos salientes. Observe a componente de conjugado devido à relutância do rotor.

    (b) Qual é a tensão gerada interna dessa máquina quando ela está operando nas condições nominais? De que forma o valor de E_A compara-se com o do Problema 4-2b?

    (c) Que fração da potência a plena carga do gerador é devido ao conjugado de relutância do rotor?

C-2 Um gerador trifásico acionado com turbina a água, de 14 polos e ligado em Y, tem especificações nominais de 120 MVA, 13,2 kV, FP 0,8 atrasado e 60 Hz. Sua reatância de eixo direto é 0,62 Ω e sua reatância de eixo em quadratura é 0,40 Ω. Todas as perdas rotacionais podem ser ignoradas.

    (a) Que valor de tensão gerada interna seria necessário para que esse gerador operasse nas condições nominais?

    (b) Qual é a regulação de tensão do gerador nas condições nominais?

    (c) Faça um gráfico da curva de potência *versus* ângulo de conjugado para esse gerador. Para que ângulo δ, a potência do gerador é máxima?

    (d) De que forma a potência máxima de saída do gerador iria se comparar com a potência máxima disponível, caso seu rotor fosse cilíndrico?

C-3 Suponha que uma máquina de polos salientes seja usada como motor.

    (a) Desenhe o diagrama fasorial de uma máquina síncrona de polos salientes que é usada como motor.

    (b) Escreva as equações que descrevem as tensões e correntes desse motor.

    (c) Prove que o ângulo de conjugado δ entre E_A e V_ϕ do motor é dado por

$$\delta = \text{arctg}\, \frac{I_A X_q \cos\theta - I_A R_A \,\text{sen}\,\theta}{V_\phi + I_A X_q \,\text{sen}\,\theta + I_A R_A \cos\theta}$$

C-4 Se a máquina do Problema C-1 estiver operando como *motor* em condições nominais e *se a corrente de campo for zero*, que o conjugado máximo poderá ser obtido no seu eixo sem que haja deslizamento de polos?

apêndice D

Tabelas de constantes e fatores de conversão

Constantes

Carga do elétron	$e = -1,6 \times 10^{-19}$ C
Permeabilidade do vácuo	$\mu_0 = 4\pi \times 10^{-7}$ H/m
Permissividade do vácuo	$\epsilon_0 = 8,854 \times 10^{-12}$ F/m

Fatores de conversão

Grandeza	Unidade	Equivalência
Comprimento	1 metro (m)	= 3,281 pés
		= 39,37 polegadas
Massa	1 quilograma (kg)	= 0,0685 *slugs*
		= 2,205 libras massa (lbm)
Força	1 newton (N)	= 0,2248 libras força (lbf)
		= 7,233 *poundals*
		= 0,102 kg (força)
Conjugado (Torque)	1 newton-metro (N • m)	= 0,738 libras-pés (lb • pé)
Energia	1 joule (J)	= 0,738 pés-libras (pé • lb)
		= 3,725 $\times 10^{-7}$ HP-hora (HP • h)
		= 2,778 $\times 10^{-7}$ quilowatt-hora (kWh)
Potência	1 watt (W)	= 1,341 $\times 10^{-3}$ HP
		= 0,7376 pé • libra-força/s
	1 HP	= 746 W
Fluxo magnético	1 weber (Wb)	= 10^8 maxwells (linhas)
Densidade de fluxo magnético	1 tesla (T)	= 1 Wb/m^2
		= 10.000 gauss (G)
		= 64,5 quilolinhas/polegada^2
Intensidade de campo magnético	1 A • e/m	= 0,0254 A • e/polegada
		= 0,0126 oersted (Oe)

apêndice

D

Tabela de constantes e fatores de conversão

Índice

A

Ação de gerador, 34–35
Aceleração, 4, 6
Aceleração angular, 4, 7
Acionamentos de frequência variável
    para a partida do motor síncrono, 292
    para o controle de velocidade do motor de indução, 367, 370, 372–379
Agrupamento de fase, 650
Ajuste de frequência, 373–374
Alteração do número de polos, 363–367
Alternadores, 191. *Veja também* Geradores síncronos
Anéis coletores, 193–194
Anéis de curto-circuito, 293, 310
Ângulo de conjugado, 199, 206–208
Ângulo de fator de potência, 91, 331–332
Ângulo de impedância
    em circuitos CA monofásicos, 48–52
    modelo de circuito para o motor de indução, 384
Ângulo interno, 199, 206
Aquecimento. *Veja também* Sobreaquecimento
    efeitos sobre a isolação de um transformador, 139
    efeitos sobre a isolação de uma máquina, 139, 182, 183, 454
    especificações nominais de geradores CA e, 252–253
Arco elétrico, 435
Armaduras. *Veja* Rotores
Autoindutância, 201

Autotransformadores
    características básicas, 109–111
    controle de velocidade com, 588
    impedância interna, 115–116
    relações de tensão e corrente, 111–112
    vantagem de potência aparente nominal, 112–115
Autotransformadores abaixadores, 109, 110
Autotransformadores elevadores, 109, 110
Autotransformadores variáveis, 115

B

Barramento infinito, 233–238
Bobinas. *Veja também* Enrolamentos
    construção nos rotores de máquinas CC, 421–423
    harmônicas e, 639, 644–648
    passo, 640–641 (*Veja também* Bobinas de passo encurtado)
Bobinas de estator pré-moldadas, 648–649
Bobinas de passo encurtado ou fracionário
    com enrolamentos distribuídos, 650, 651
    definição, 422, 640
    descrição, 640–641
    supressão de harmônicas usando, 639, 644–648
    tensão induzida, 641–644
Bobinas de passo pleno, 421, 640
Bobinas de rotor, 421–423
Bobinas de rotor pré-moldadas, 421, 422
Bobinas de sombreamento, 584–587

C

Caminhos de corrente nos enrolamentos do rotor, 424–427
Campo magnético coercitivo, 492, 494
Campos magnéticos
    efeitos sobre fios condutores de corrente, 33–38
    lei de Faraday, 28–32
    motores de indução, 330–331, 570–573, 575–577, 590–591
    rotação em máquinas CA, 160–169
    modelo de circuito, 11–15
    princípios básicos, 8–12
Campos magnéticos girantes, 160–169
Capacitor
    motor síncrono como, 289, 290
    tensão *versus* corrente no, 389, 390
Característica de terminal
    gerador CC composto cumulativo ou aditivo, 544–548
    gerador CC composto diferencial ou subtrativo, 549–551
    gerador CC de excitação independente, 528–530
    gerador CC em derivação, 537–540
    gerador CC série, 541–542
    motor CC série, 470–472, 495–496
Característica de um circuito aberto ou a vazio
    geradores síncronos, 198, 208–209
    motores CC em derivação, 490–491

Característica descendente de frequência *versus* potência, 229, 242–244
Características de conjugado *versus* velocidade
  com resistência de rotor aumentada em máquinas síncronas, 392–393
  dedução para o motor de indução, 328–343
  efeito da mudança das ligações de estator, 366
  efeito das variações de resistência, 371, 482–483, 485–486
  efeito do controle da tensão nos motores em derivação, 484
  máquina primária ou motriz, 236–237
  máquinas CA, 186
  modificação nos motores de indução, 310
  motor CC série, 496
  motor com partida a capacitor, 582
  motor de polos sombreados, 586
  motor de relutância de partida própria, 599
  motores CC compostos, 501–503
  motores CC em derivação, 470–472
  motores de histerese, 600, 601
  motores de indução monofásicos, 571–574, 579
  motores síncronos, 275–277
  motores universais, 566–568
  para frequências variáveis, 368–370, 375–378
  região de geração da máquina de indução, 388
  regulação de velocidade como medida rudimentar, 464–465
  sistema Ward-Leonard, 516
  variações em motores de indução, 343–353
Características de curto-circuito, 209–210
Carcaça (máquina CC), 449
Carcaças, 452
Carga reativa, 391

Cargas adiantadas, 288
Cargas capacitivas, 51, 52
Cargas desequilibradas, 118–119
Cargas indutivas, 51–52
Chaves, 510–511
Chaves com mola, 510–511
Chaves de botoeira, 510–511
Circuito equivalente por fase
  análise de sistema com, 625, 626
  geradores síncronos, 202, 204
Circuito limitador de corrente, 524
Circuitos CA, potência de entrada, 46–52
Circuitos CA monofásicos, 46–52
Circuitos de aceleração/desaceleração, 524
Circuitos de controle baseados em tiristores, 517–519, 588
Circuitos de partida para motor de indução magnética, 359–362
Circuitos de partida/parada, 521–522
Circuitos de regulação de velocidade, 522–523
Circuitos equivalentes
  gerador CC, 527, 528
  gerador CC composto cumulativo ou aditivo, 543
  gerador CC composto diferencial ou subtrativo, 548
  gerador CC de excitação independente, 528, 529
  gerador CC em derivação ou *shunt*, 535
  gerador CC série, 541
  gerador síncrono, 198–203
  gerador síncrono de polos salientes, 660–666
  motor CC, 467–468
  motor CC composto, 501
  motor CC série, 495
  motor de indução, 315–321, 380–387
  motor de indução monofásico, 590–597
  motor síncrono, 272–273
  transformador real, 86–94
Circuitos trifásicos
  análise, 625–632

  gerador de potência elétrica, 613–616
  relações de potência, 622–625
  tensões e correntes na ligação estrela (Y), 617–620
  tensões e correntes na ligação triângulo, 620–621
Classes de projeto. *Veja* Classificação
Classes de sistemas de isolação, 182, 261, 454–455
Classificação. *Veja também* Especificações nominais
  construção do rotor, 345–350
  isolação, 182, 261, 454–455
Componentes harmônicas de fluxo, 118–120, 639, 644–648, 654–656
Composto cumulativo ou aditivo, 500
Comutação
  bobinas de rotor, 421–423
  em uma espira em rotação, 410
  enrolamento autoequalizado, 432, 433
  enrolamento imbricado, 424–427
  enrolamento ondulado, 427–431
  máquina CC simples de quatro espiras, 416–421
  problemas nas máquinas CC reais, 433–438
  soluções para os problemas, 439–444
  tipos de ligação de enrolamento, 423–424
Condensador, motor síncrono como, 289, 290
Condição de rotor bloqueado ou travado, 317
Condutores, 34–35, 421
Condutores inclinados de rotor, 656, 657
Conexões de conjugado do tipo usado em ventilador, 366
Conexões de potência constante, 366
Conjugado
  de enrolamentos amortecedores, 294–296
  de relutância, 597, 659, 660

Índice **673**

dedução para o motor de indução, 329–339
em uma espira de fio em rotação, 156–160, 411–413
fatores de conversão, 669
geradores síncronos, 207–208, 244–245, 274
geradores síncronos de polos salientes, 666–667
induzido em máquinas CC, 40–41, 447–448, 468
induzido em motores CC em derivação, 471
induzido no motor CC série, 493–495
máquinas CC lineares, 40–41
motores de indução, 311–313, 321–328, 594
motores de passo do tipo de relutância, 605
motores síncronos, 274–277
princípios básicos, 5–6, 7
produzido em máquinas CA, 160–169, 178–181
Conjugado máximo, 336
motores de indução, 330, 332, 336, 338–339
motores síncronos, 276–277
Conjugado máximo como gerador, 388
Conjugado máximo em geradores síncronos, 245
Conjugado ou torque desenvolvido, 325
Conjugado ou torque induzido
efeitos da variação da resistência de campo, 480–481, 483
em uma espira em rotação, 156–160, 411–413
geradores síncronos, 207–208, 244–245, 274
geradores síncronos de polos salientes, 667, 668
máquinas CA, 158, 159, 178–181
máquinas CC, 40–41, 447–448, 468
motor CC em derivação ou *shunt*, 471
motor CC série, 493–495

motores de indução, 325, 329–336, 594
motores síncronos, 274–275, 277, 290, 294
Constantes, 669
Construção do comutador, 452
Contatos normalmente abertos, 510–511
Contatos normalmente fechados, 511
Controladores
com sistemas de barramento infinito, 236–237
função na máquina primária ou motriz, 229–230
impacto sobre geradores CA que operam em conjunto, 238, 242
Controladores de estado sólido
controle de velocidade de motores CC, 517–524
controle de velocidade de motores de indução, 370, 372–379
para partida de motores síncronos, 292
Controle de velocidade
abordagens para motores de indução, 363–371
acionamentos de estado sólido para, 370, 372–379
motor CC composto cumulativo ou aditivo, 505
motor CC em derivação, 479–490
motor CC série, 499
motores de indução monofásicos, 588–589
motores síncronos, 276
motores universais, 567
sistema Ward-Leonard, 514–517, 519
vantagens do motor CC, 464–465
Controles da tensão de armadura
princípios básicos, 483–484
sistema Ward-Leonard, 514–517, 519
usando resistência de campo, 485–486
Convenção do ponto ou da marca, 70–71, 83–85, 500

Correção do fator de potência, 285–289
Corrente
em circuitos CA monofásicos, 48
geração trifásica, 613–616
letras de código de partida de motores de indução, 357–359
limites do motor de indução, 394
na ligação em estrela (Y), 617–620
na ligação em triângulo, 620–621
problemas de partida, 42–44
produção de fluxo magnético, 11–12
Corrente CA, 2, 26–28, 67
Corrente CC
comportamento em materiais ferromagnéticos, 21–24
primeiros sistemas de distribuição de energia elétrica baseados em, 66–67
problemas de partida, 42–44
Corrente comum, 109
Corrente de campo
aumento em geradores síncronos em paralelo, 237, 238, 242
especificações nominais de um gerador, 253, 255
fontes em máquinas CA, 152, 194–195, 196
gerador CC composto cumulativo ou aditivo, 543
gerador CC composto diferencial ou subtrativo, 549
geradores CC de excitação independente, 528, 530
impacto da variação em motores síncronos, 280–285
máquinas CC, 468–469
motor CC composto, 500
motores CC em derivação ou *shunt*, 476
razão de curto-circuito, 212
relação com a resistência de campo, 216
relação com a tensão gerada interna, 198, 204

relação com o fluxo em geradores síncronos, 208–209
Corrente de campo equivalente, 476, 531
Corrente de excitação
  como porcentagem de plena carga, 89
  modelo para transformadores, 87
  transformadores monofásicos reais, 83, 84
Corrente de magnetização, 81–83, 389
Corrente de perdas no núcleo, 81, 83, 87
Corrente de regime permanente durante uma falta elétrica, 249
Corrente em série (autotransformador), 109
Corrente subtransitória durante uma falta elétrica, 248–249
Corrente transitória durante uma falta elétrica, 249
Corrente transitória inicial, 139–140
Curta duração, limites de operação de geradores síncronos, 260
Curto-circuito, proteção contra, 361
Curto-circuito em geradores síncronos, 246–250
Curva V do motor síncrono, 281
Curvas de dano térmico, 260, 261
Curvas de magnetização
  características básicas, 21–23
  geradores CC em derivação, 539
  geradores síncronos, 198
  máquinas CC, 468–469
  máquinas de indução, 316, 317, 389, 390
  material ferromagnético típico, 492, 493
  transformadores ideais, 85
Curvas de saturação, 21–23, 28

D

Densidade de fluxo dos campos magnéticos
  fatores de conversão, 669

  nas máquinas CA, 163–164, 169–170
  nos polos do motor CCIP, 492, 494
  princípios básicos, 9–12
Derivações, 108–109, 131
Desequilíbrios de carga, 118–119
Deslocamento de escovas, 439
Deslocamento de fase, 120
Deslocamento do plano neutro, 433–435
Desmagnetização, 492
Diagrama de frequência *versus* potência, 234
Diagramas de capacidade, 254–259
Diagramas de fluxo de potência
  máquinas CA, 185–186
  máquinas CC, 456–457
  motores de indução, 321–322, 592
Diagramas fasoriais
  fluxo de potência em máquinas síncronas, 297
  geradores síncronos, 202–205
  geradores síncronos de polos salientes, 664
  motores síncronos, 277, 278
  para duas sequências de fases, 617
  transformadores, 100–103
Diagramas unifilares, 632, 633
Distribuição da densidade de fluxo no entreferro, 639
Domínios em materiais ferromagnéticos, 27–28

E

Edison, Thomas, 66
Efeitos de espraiamento, 14–15
Eficiência
  máquinas CA, 184
  motores CC, 524–526
  motores de indução, 354–357
  relação com o fator de potência de motores síncronos, 288
  transformadores, 101–107
Enfraquecimento de fluxo, 435–436, 439, 442, 443
Enrolamento auxiliar, 578–580
Enrolamento terciário, 66

Enrolamentos
  amortecedores, 248, 293–297
  bobinas de rotor e, 421–423
  conexão com os segmentos do comutador, 423–424
  de compensação, 443–444
  de geradores síncronos, 192, 252–253, 260
  de passo encurtado, 422, 639–648
  distribuídos, 648–656
  fase dividida, 578–580
  isolação, 454–455
  perdas no cobre, 455–456
  tipos principais em máquinas CC, 451
Enrolamentos autoequalizadores, 432, 433
Enrolamentos com número inteiro de ranhuras, 656
Enrolamentos com um número fracionário de ranhuras, 656
Enrolamentos comuns, 109
Enrolamentos de armadura
  bobinas e, 421–423
  corrente máxima aceitável, 252–253, 260
  definição, 192, 451
  perdas no cobre, 455
Enrolamentos de camada dupla, 422, 650
Enrolamentos de campo. *Veja também* Enrolamentos de estator
  corrente máxima aceitável, 253, 260
  definição, 192, 451
  desligamento na partida do motor, 294, 296
  perdas no cobre, 455
Enrolamentos de entrada, 66
Enrolamentos de estator
  como autotransformador, 588–589
  construção típica, 648–650
  definição, 192
  distribuídos, 648–656
  métodos para o controle de velocidade, 363–367
  motores de indução, 308, 321
  motores de passo do tipo de relutância, 605

Enrolamentos de estator de quatro fases, 605
Enrolamentos de rotor. *Veja* Enrolamentos de armadura
Enrolamentos de saída, 66
Enrolamentos do primário
  definição, 66
  em um transformador ideal, 69
  fluxo de dispersão, 79
  na construção de um transformador, 67
Enrolamentos do secundário
  definição, 66
  fluxo de dispersão, 79–80
  na construção do transformador, 67
  no transformador ideal, 69
Enrolamentos duplos (duplex), 423
Enrolamentos em série (autotransformador), 109
Enrolamentos encurtados, 422, 641
Enrolamentos imbricados, 424–428, 432
Enrolamentos múltiplos (multiplex), 424, 431–432
Enrolamentos múltiplos de estator, 364–367
Enrolamentos ondulados, 428–432
Enrolamentos progressivos, 423, 431
Enrolamentos retrógrados, 423, 431
Enrolamentos simples (simplex), 423, 431
Enrolamentos triplos (triplex), 424
Ensaio a vazio ou de circuito aberto, 90–92, 208–209
Ensaio a vazio ou sem carga, 380–382
Ensaio CC, 382–383
Ensaio de curto-circuito, 91–92, 209–210
Ensaio de rotor bloqueado ou travado, 382–385
Entreferros, 14–15, 449
Entrepolos, 439–442, 444, 452
Envolvido, transformador de núcleo, 67, 68

Equalizadores, enrolamentos, 425–427
Escalares, 3
Escorregamento (motores de indução)
  princípios básicos, 313–314
  relação com a resistência do rotor, 339
  relação com a tensão, 317–318, 320
  variações na característica de conjugado *versus* velocidade, 332
Escorregamento de rotor. *Veja* Escorregamento
Escovas
  características básicas, 193–194, 410, 420
  efeitos dos problemas de comutação, 435, 438, 454
  nas máquinas CC reais, 421, 452–454
  tensão nas, 418
Especificações nominais. *Veja também* Classificação
  geradores síncronos, 251–260
  motores de indução, 393–394
  motores síncronos, 298–299
  transformadores, 134–139
Espira de fio em rotação
  conjugado induzido, 156–160, 411–413
  tensão CC de uma, 409–410
  tensão induzida em, 153–156, 404–409
Estatores
  campo magnético girante em, 160–169
  desenvolvimento do projeto de, 355
  motores de indução, 308
  perdas no cobre, 184, 321, 322, 324
  tensão de pico, 177
Estatores de dois polos, 173–176, 363, 364
Excitatriz piloto, 195, 196
Excitatriz sem escovas, 194–196, 292

F

Faces polares, 449, 451
Faces polares chanfradas, 451
Faces polares excêntricas, 451
Faltas nos geradores síncronos, 246–250
Fase dividida, motores de indução, 578–580
Fase fantasma, 127
Fasores, representação impressa, 3
Fator de distribuição, 650–652
Fator de enrolamento, 653
Fator de passo, 422, 644, 647
Fator de potência
  em circuitos CA monofásicos, 51–52
  ensaio de rotor bloqueado ou travado, 384
  no modelo do transformador, 91–92, 101–103
  rotor do motor de indução, 331–332
Fator de potência atrasado, 101–102
Fator de potência de um circuito aberto ou a vazio, 91
Fator de serviço, 260
Fatores de conversão, 669
Fatores de potência adiantados, 298–299
Fatores para conversão de comprimentos, 669
Fatores para conversão de energia, 669
Fatores para conversão de força, 669
Fatores para conversão de massa, 669
Fluxo
  cálculo, 10–17
  comportamento em materiais ferromagnéticos, 21–24, 26–28
  dispersão, 14–15, 79–80, 86–87
  distribuição em máquinas CA, 169–172
  lei de Faraday, 28–32
  máximo em transformadores, 139–140
  médio por espira, 78
  motor CC série, 493, 495
  no núcleo do motor de indução, 367

relação com a força
   magnetomotriz, 12–14
relação com a intensidade do
   campo, 9–10
Fluxo concatenado, 31, 77–78
Fluxo mútuo, 79, 80
Fluxo por polo, 446, 447
Fluxo residual
   definição, 27
   em geradores CC em derivação,
      535, 536
   em máquinas CCIP, 492
Força induzida em condutores,
   33–35
Força magnetomotriz
   cálculo, 11–13
   coercitiva, 27
   comportamento em materiais
      ferromagnéticos, 21
   gerador CC composto
      cumulativo, 543
   gerador CC composto
      diferencial, 547–549
   geradores CC de excitação
      independente, 530–531
   geradores síncronos de polos
      salientes, 662
   máquinas CA, 169–172
   máquinas CC, 468, 475–476
   motor CC composto, 500
   transformadores monofásicos
      reais, 83–85
Frenagem por inversão de fases,
   337
Frequência
   controle de velocidade pela
      variação da, 367–370, 372–
      378
   especificações nominais de
      geradores síncronos, 251–252
   especificações nominais de
      transformadores, 134–135
   redução na partida do motor,
      291–292
   relação com a potência em
      geradores síncronos, 230
Frequência a vazio ou sem carga,
   234–235
Frequência de linha. *Veja*
   Frequência
Frequência do rotor, 314

Fusíveis, 510, 511, 521
Fusível limitador de corrente, 521

G

Gerador CC composto cumulativo
   ou aditivo, 543–547
Gerador CC composto diferencial
   ou subtrativo, 547–551
Gerador hipercomposto, 545
Geradores. *Veja também os tipos
   específicos de geradores*
   diagramas de fluxo de potência,
      185
   indução, 388–393
   máquinas lineares CC como,
      41–42
   princípios básicos, 1–2, 8–9,
      34–35
   regulação de tensão, 186,
      215–216
   sistema Ward-Leonard, 516–
      517
   trifásicos, 613–616
Geradores CC
   características básicas, 527
   circuitos equivalentes, 528
   composto cumulativo ou
      aditivo, 543–547
   composto difcrencial ou
      subtrativo, 547–551
   de excitação independente,
      528–534
   em derivação ou *shunt*, 534–
      540
   em série, 540–542
   sistema Ward-Leonard, 516–
      517
   tipos principais, 526
Geradores compostos normais,
   545
Geradores entrando em paralelo,
   226
Geradores eólicos, 392
Geradores hipocompostos, 545
Geradores para soldagem a arco
   elétrico, 542
Geradores síncronos
   características de potência na
      operação em paralelo, 229–
      233

circuito equivalente para polos
   salientes, 660–666
construção, 192–195
definição, 191
determinação do circuito
   equivalente, 198–202
diagrama fasorial, 202–205
enrolamentos amortecedores,
   296
equações de conjugado e de
   potência para polos salientes,
   666–667
especificações nominais, 251–
   260
motores síncronos e, 297–299
operação em paralelo com
   outros geradores de mesmo
   tamanho, 237–244
operação em paralelo em
   sistemas de potência de grande
   porte, 233–237
operando isolado, 213–224
parâmetros do modelo, 208–213
potência e conjugado, 205–208
procedimentos na operação em
   paralelo, 228–229
requerimentos da operação em
   paralelo, 226–228
rotores cilíndricos *versus* de
   polos salientes, 659
tensão gerada interna, 197–198
transitórios, 244–250
velocidade de rotação, 197
visão geral da operação em
   paralelo, 224–226
Grandezas de fase, 617, 623–624
Grandezas de linha, 617, 624–625
Grandezas elétricas em negrito, 3
Grupo de fase, 650
Guias de fluxo, 598

H

Harmônicas de grupo, 646
Harmônicas de *n* múltiplo de três,
   646
Harmônicas de ranhura, 648,
   654–656
Histerese, 26–27, 77, 78

Índice

I

Ímãs de terras raras, 492
Ímãs permanentes, 28
Impedância
  autotransformadores, 115–116
  definição, 72
  desprezando ao usar o triângulo de potência, 632, 634
  em um transformador ideal, 72–73
  equivalente Thevenin, 335
  interna da máquina, 210
  modelo de circuito do motor de indução, 382, 384, 592–593
  modelo do circuito de rotor, 318–319
Impedância aparente, 72–73. *Veja também* Impedância
Impedância de entrada, 382
Indutância de dispersão, 86, 87
Indutores, 359
Intensidade de campo magnético, 9–10, 21–23, 669
Inversão do sentido de rotação de um campo magnético, 167–168
Isolação
  efeitos do sobreaquecimento sobre, 139, 182, 183, 454
  em autotransformadores, 114–115
  enrolamentos de máquinas CA, 182, 183, 260
  enrolamentos de máquinas CC, 454–455

J

Joelho da curva de saturação, 21

L

Lâminas, 31
Lei de Ampère, 8–10
Lei de Faraday, 28–32, 77, 80, 367
Lei de Kirchhoff das tensões
  circuito equivalente do gerador síncrono, 200–201
  circuito equivalente do motor síncrono, 272–273, 289
  gerador CC em derivação, 535, 539
  gerador CC série, 541
  geradores CC de excitação independente, 529
  máquinas CC lineares, 37–39
  motor CC composto, 500
  motor CC série, 493
  motores CC de excitação independente e em derivação, 469, 471
  transformadores, 101–102
Lei de Lenz, 29–30
Lei de Newton, 6–7, 37–38
Lei de Ohm, 11–12
Letras de código, 357, 358
Ligação em derivação curta, 544
Ligação em triângulo aberto, 126–129
Ligação estrela (Y), 617–620, 624
Ligação estrela aberta – triângulo aberto, 130–131
Ligação estrela-estrela (Y-Y), 118–120
Ligação estrela-triângulo
  na partida de motores de indução, 358, 359
  transformadores trifásicos, 120–121
Ligação Scott-T, 131, 132
Ligação T trifásica, 131, 133
Ligação triângulo, 620–621, 624
Ligação triângulo-estrela, 121–122
Ligação triângulo-triângulo, 123
Ligações de conjugado constante, 366
Ligações de neutro
  sistemas de potência trifásicos, 615–616, 625
  transformadores trifásicos, 119
Limite de estabilidade dinâmica, 245–246
Limite de estabilidade estática, 207, 246
Linha de entreferro, 209

M

Máquinas CA
  conjugado induzido, 160–169, 178–181
  efeitos do passo de bobina, 639–648
  enrolamentos distribuídos, 648–656
  força magnetomotriz e distribuição de fluxo, 169–172
  isolação de enrolamento, 182, 183
  modelos de espira simples, 153–160
  perdas e fluxos de potência, 182–186
  tensão induzida, 172–178
  visão geral, 152–153
Máquinas CC
  bobinas de rotor, 421–423
  como geradores, 41–42
  como motores, 38–41
  comutação em uma máquina simples de quatro espiras, 416–421
  conjugado induzido, 40–41, 447–448
  construção, 449–455
  curva de magnetização, 468–469
  definição, 404
  enrolamentos autoequalizados em, 432, 433
  enrolamentos imbricados em, 424–428
  enrolamentos ondulados em, 428–432
  fluxo de potência e perdas, 455–457
  modelo linear básico, 36–38
  modelo para espira simples, 404–413
  partida, 37–40, 42–44
  problemas de comutação, 433–438
  soluções para os problemas de comutação, 439–444
  tensão gerada interna, 445–447
Máquinas CC de quatro espiras, 416–421
Máquinas CC lineares
  como geradores, 41–42
  como motores, 38–42
  modelo básico, 36–38
  partida, 37–40, 42–44

Máquinas de excitação simples, 316. *Veja também* Motores de indução
Máquinas de indução, definição, 152, 307
Máquinas elétricas, 1–2
Máquinas primárias
 para geradores CC, 527
 para geradores síncronos, 192, 205, 229–230, 236–237
 tipos externos para partida de motor, 292
Máquinas síncronas, 152, 192
Mary Ann de pernas longas, gerador, 527
Materiais ferromagnéticos
 comportamento magnético, 21–24
 definição, 9–10
 perdas de energia, 26–28
 permeabilidade, 10, 13–15, 21–24, 25
MATLAB, programas
 campo magnético girante, 168–169
 característica de conjugado *versus* velocidade do motor de indução, 342–343, 351–353
 característica de terminal do gerador síncrono, 223–224
 controle de velocidade do motor CC em derivação, 488–489
 curva de conjugado *versus* velocidade do motor CC em derivação, 478–479
 curva de conjugado *versus* velocidade do motor CC série, 498–499
 curva de magnetização de um transformador, 136–138
 curva V do motor síncrono, 284–285
 curvas de magnetização, 469
 fluxo no núcleo, 16–17
 regulação de tensão em função da carga, 106–107
 velocidade de uma máquina CC linear, 46
Medições. *Veja* Unidades de medida

Método das três lâmpadas, 227, 228
Método dos polos consequentes, 363–364
Modelos aproximados de transformador, 89
Modelos de espira de fio. *Veja* Espira de fio em rotação
Modulação de largura de pulso, 372–375
Momento de inércia, 7
Motor CC composto cumulativo ou aditivo, 501–502
Motor CC composto diferencial ou subtrativo, 502–503
Motor em derivação estabilizado, 491
Motor para relógio, 600
Motor síncrono de dois polos, 271–272
Motor Syncrospeed, 598, 599
Motores. *Veja também tipos específicos de motores*
 diagramas de fluxo de potência, 185
 máquinas CC lineares como, 38–42
 princípios básicos, 1–2, 8–9, 34–35
 regulação de velocidade, 186, 464–465
Motores CC
 análise não linear do motor em derivação, 475–476
 aplicações comuns, 464–465
 características de terminal do motor CC em derivação, 470–472
 circuito de campo aberto no motor em derivação, 490–491
 circuitos equivalentes, 467–468
 compostos, 500–505
 controle de velocidade, 479–490, 514–524
 definição do tipo em derivação, 470
 eficiência, 524–526
 em série, 493–500, 566
 excitação independente, 469–470, 483
 fonte de potência CA para, 566

 ímãs permanentes, 491–493
 partida, 505–514
 princípios básicos, 40–41, 464–466
 sem escovas, 606–609
Motores CC em derivação
 análise não linear, 475–476
 características de terminal, 470–472
 circuitos de campo aberto, 490–491
 com resistência de partida, 506
 controle de velocidade, 479–490
Motores CC série, 493–500, 566
Motores com capacitor de partida, 581–583
Motores com capacitor permanente, 582–584
Motores com dois capacitores, 582–583
Motores de histerese, 598–601
Motores de indução
 circuito equivalente, 315–321, 380–387
 como geradores, 388–393
 construção, 309–311
 controle de velocidade, 363–371
 especificações nominais, 393–394
 evolução do projeto, 353–357
 harmônicas de ranhura em, 656
 monofásicos (*veja* Motores de indução monofásicos)
 obtento as características de conjugado *versus* velocidade, 328–343
 partida, 343–344, 357–362
 potência e conjugado, 321–328
 princípios básicos, 311–315
 variações na característica de conjugado *versus* velocidade, 343–353
Motores de indução de partida suave, 350, 378
Motores de indução monofásicos
 com capacitor permanente, 582–584
 com partida a capacitor, 581–583

comparação de tipos, 585–588
controle de velocidade, 588–589
de dois capacitores, 582–583, 585
fase dividida, 578–580
modelo de circuito, 590–597
polos sombreados, 584–587
problemas de partida, 569–570
teoria do campo cruzado, 575–577
teoria do campo girante duplo, 570–573, 590
Motores de passo, 597, 602–606
Motores de passo de ímã permanente, 604–605
Motores de passo do tipo de relutância, 604, 605
Motores de polos sombreados, 584–587
Motores de relutância, 597–598
Motores de relutância de partida própria, 597–599
Motores para aplicações especiais
motores de histerese, 598–601
motores de passo, 597, 602–606
motores de relutância, 597–598
sem escovas, 606–609
Motores síncronos
características de conjugado *versus* velocidade, 275–277
correção do fator de potência, 285–289
efeito das variações de carga, 277–280
efeito das variações na corrente de campo, 280–285
especificações nominais, 298–299
geradores síncronos *versus*, 297–299
motores de passo, 602–606
partida, 290–297
princípios básicos, 271–275
Motores síncronos de relutância, 597
Motores síncronos sobre-excitados, 282, 288–289
Motores síncronos subexcitados, 282
Motores universais, 566–568

N

NEMA, classe de projeto A, 345, 346, 349
NEMA, classe de projeto B, 346–349
NEMA, classe de projeto C, 346–349
NEMA, classe de projeto D, 346, 347, 350
NEMA, classe de projeto F, 351
NEMA, classes de isolação, 182, 261, 454–455
NEMA, eficiência nominal, 355, 356
NEMA, Norma MG1-1993, 455
Norma IEEE 112, 355, 380
Norma IEEE 113, 525
Notação, 3
Núcleo envolvente, transformador de, 67, 68

O

Operação em paralelo de geradores CA
característica de potência, 229–233
com sistemas de potência de grande porte, 233–237
para geradores de mesmo tamanho, 237–244
procedimentos, 228–229
requerimentos, 226–228
vantagens, 224–226

P

Padrão de conjugado elevado de partida, 377, 378
Padrão de conjugado para ventilador, 379
Partida
corrente transitória inicial em transformadores, 139–140
máquinas CC lineares, 37–40, 42–44
motores CC, 505–514
motores de indução, 343–344, 357–362
motores de indução monofásicos, 578–588
motores síncronos, 290–297
Partida com ligação direta à linha, 357, 359–361
Passo, 423, 427
Passo de ranhura, 650
Passo do comutador, 423, 427
Passo polar, 640
Peças polares, 449
Perda de campo, circuito de proteção, 521
Perdas. *Veja* Perdas de energia
Perdas de energia
compensação de, 83
em núcleos ferromagnéticos, 26–28, 31
funções do transformador e, 67
geradores síncronos, 194, 205, 206, 253
máquinas CA, 182–185
máquinas CC, 455–458, 524–526
motores de indução, 321–322, 324–326, 380
motores de indução monofásicos, 592, 594
motores síncronos, 288
nos primeiros sistemas de distribuição de energia elétrica, 66
nos transformadores reais, tipos principais, 86, 101–103
redução, 31–32, 354–355
Perdas de potência. *Veja* Perdas de energia
Perdas de transmissão, 66–67
Perdas elétricas, 184, 455–456. *Veja também* Perdas no cobre
Perdas mecânicas
geradores síncronos, 205, 206
máquinas CA, 184–185
máquinas CC, 456
motores CC, 525
Perdas nas escovas, 456
Perdas no cobre
impacto sobre a eficiência do transformador, 101–103
máquinas CA, 184
máquinas CC, 455–456, 524

motores de indução, 321, 322, 324–326, 594
no comportamento de um transformador real, 86
no ensaio a vazio ou sem carga, 380
Perdas no cobre do estator
máquinas síncronas CA, 184
motores de indução, 321, 322, 324
Perdas no cobre do rotor
máquinas síncronas CA, 184
motores de indução, 321, 324–326, 594
Perdas no núcleo
geradores síncronos, 205, 206
máquinas CA, 184
máquinas CC, 456, 525
motor de indução, 322, 324
princípios básicos, 26–28, 31
Perdas por atrito
máquinas CA, 184
máquinas CC, 456
motores de indução, 321
Perdas por corrente parasita
definição, 28
impacto na eficiência do transformador, 101–103
máquinas CA, 184
motores de indução, 321
no comportamento de transformadores reais, 86
redução, 31–32
Perdas por histerese
definição, 28
efeito das excursões de força magnetomotriz, 28, 29
impacto sobre a eficiência de um transformador, 101–103
máquinas CA, 184
motores de indução, 321
no comportamento de transformadores reais, 86
Perdas por queda de tensão nas escovas, 525
Perdas por ventilação
máquinas CA, 184–185
máquinas CC, 456
motores de indução, 321
Perdas rotacionais, 322, 380–382
Perdas rotacionais a vazio ou sem carga, 185, 525

Perdas suplementares
geradores síncronos, 205, 206
máquinas CA, 185
máquinas CC, 456
Perdas variadas. *Veja* Perdas suplementares
Período de regime permanente, 248
Período subtransitório, 248
Período transitório, 248
Permeabilidade
comportamento em materiais ferromagnéticos, 21–25
princípios básicos, 10, 21
variação com o fluxo existente, 14–15
Permeabilidade do ferro, 10, 27
Permeabilidade magnética. *Veja* Permeabilidade
Permeabilidade relativa, 10
Permeância, 13–14
Placas de identificação
motores de indução, 298–299, 393–394
Placas de identificação de motores de indução de alta eficiência, 393–394
Plano neutro magnético, 433–434
Polaridade
em um transformador ideal, 70–71
força magnetomotriz, 12–13
lei de Lenz, 29–31
transformadores monofásicos reais, 83
Polos de comutação, 439–442
Polos deslizantes, 277
Polos salientes em máquinas CC, 452
Posição angular, 3
Potência
circuitos trifásicos, 613, 622–625
em circuitos CA monofásicos, 46–52
em máquinas CC lineares, 38–42
em um transformador ideal, 71–72
ensaio de rotor bloqueado ou travado, 384
fatores de conversão, 669

geradores síncronos, 205–208, 229–233, 245, 254–255
geradores síncronos de polos salientes, 666–667
ligação em triângulo aberto de um transformador, 127–129
limites para o motor de indução, 394
motores de indução, 321–328, 369
no sistema por unidade, 95
perdas em máquinas CA, 182–186
princípios básicos, 7–9
Potência aparente
autotransformadores, 112–115
em circuitos CA monofásicos, 49–52
em circuitos trifásicos, 625
especificações nominais de transformador, 138–139
geradores síncronos, 252–253, 255
ligação triângulo aberto em um transformador, 127–129
no transformador ideal, 72
Potência ativa
circuitos CA monofásicos, 48–52
geradores síncronos, 205–206, 254
transformador ideal, 71–72
variação em máquinas síncronas, 297
Potência complexa, 50–52
Potência de entreferro, 321, 324, 333, 593–594
Potência de entreferro por fase, 593
Potência de entreferro progressiva, 593–594
Potência de entreferro retrograda, 593, 594
Potência instantânea em circuitos CA monofásicos, 47, 48
Potência inversa, proteção contra fluxo de, 235
Potência máxima em geradores síncronos, 245
Potência mecânica, 457
Potência mecânica desenvolvida, 324

Potência reativa
  em circuitos CA monofásicos, 49–52
  em circuitos trifásicos, 625
  em um transformador ideal, 72
  expressão para geradores síncronos, 206, 255
  ligação de transformadores em triângulo aberto, 129
  na operação em paralelo de geradores CA, 238, 242
  relação com a tensão de terminal nos geradores síncronos, 230–231, 242
  requerimentos de um motor de indução, 388, 389
  variação em máquinas síncronas, 297
  versus tensão de terminal em um barramento infinito, 233–234, 236–237
Princípios do movimento de rotação, 3–9
Princípios dos circuitos magnéticos, 11–15
Proteção, circuitos de, 521

Q

Queda de tensão nas escovas, 467
Queda de velocidade, 229, 242–244

R

Rampas de aceleração, 378
Rampas de desaceleração, 378
Razão ou relação de curto-circuito, 212
Reação de armadura
  geradores síncronos de polos salientes, 660, 663–664
  geradores síncronos de rotor cilíndrico, 198, 199–201
  máquinas CC, 433–436, 439
  motores CC de ímã permanente, 492
  motores CC em derivação ou *shunt*, 471–472, 476
Reatância
  ensaio de rotor bloqueado ou travado, 385
  equivalente Thévenin, 335
  geradores síncronos, 201, 210–211, 250
  geradores síncronos de polos salientes, 660, 663–664
  modelo para transformadores, 87, 98
  motor universal, 567
  motores de indução, 316, 318, 344–346
  rotor *versus* estator, 385
Reatância de dispersão, 344–346
Reatância síncrona, 201, 210–211
Reatância síncrona direta, 663
Reatância síncrona em quadratura, 663
Reatância síncrona não saturada, 211
Reatância subtransitória durante uma falta elétrica, 250
Reatância transitória durante uma falta, 250
Recuperação de energia, 391–392
Recuperação do campo magnético residual, 536
Rede de energia elétrica, comportamento de geradores na, 233–237
Rede nacional de energia elétrica, comportamento de geradores na, 233–237
Redução de tensão nominal, 135, 367
Refletir ou referir, 73
Região de escorregamento baixo, 332
Região de escorregamento elevado, 332
Região de escorregamento moderado, 332
Regiões não saturadas, 21
Regra da mão direita, 12–13, 161
Regulação de tensão
  geradores, 186, 215–216
  geradores CC, 527
  transformadores, 98–103, 108–109
Regulação de tensão a plena carga, 100–101
Regulação de velocidade, 186, 464–465
Reguladores de tensão, 109
Relação de corrente, 83–86
Relação de espiras
  derivações e, 108–109
  motores de indução, 317, 320
  no transformador ideal, 69, 70, 320
Relação de tensão
  no transformador, 78–81
  transformadores trifásicos, 118, 120, 122, 123
Relés
  perda de campo, 491, 513–514
  retardo de tempo, 361–362, 511–512
  símbolos para, 511
Relés sensores de contratensão, 513
Relógios elétricos, 600
Relutância, 12, 14
Resistência crítica, 537
Resistência de campo
  controle de velocidade pela variação da, 480–483
  efeito sobre a tensão de terminal do gerador CC, 537
  em motores CC, 525
Resistência de estator, 382–383
Resistência do rotor
  controle de velocidade pela variação da, 370
  efeitos sobre os geradores de indução, 392–393
  ensaio CC, 382–383
  ensaio de rotor bloqueado ou travado, 385
Resistência e resistor
  acréscimo no controle de velocidade do motor CC em derivação, 484–486
  controle de velocidade de motor CC baseado em, 480–486
  controle de velocidade pela variação da, 370, 371
  de drenagem, 545, 546
  ensaio CC, 382–383
  ensaio de rotor bloqueado ou travado, 385
  equivalente Thévenin, 335
  geradores de indução, 392–393
  geradores síncronos, 201, 211–212

modelo para transformadores, 87, 98
motores de indução, 316, 318
na partida de um motor CC, 506–510
na partida de um motor de indução, 359, 361
no controle de velocidade do motor de indução, 588
Resistências de partida, 506–510
Resistores de drenagem, 545, 546
Rotores
  características básicas em geradores síncronos, 192
  classes padronizadas de projeto NEMA, 346, 347, 349–350
  condutores inclinados, 656, 657
  construção em máquinas CC, 452
  desenvolvimento de projetos, 355
  efeitos do projeto sobre as características do motor de indução, 345–348, 392–393
  enrolamentos amortecedores, 293–297
  modelo de circuito para motor de indução, 317–320
  perdas no cobre, 184, 321, 324–326, 594
  polos salientes (*Veja* Rotores de polos salientes)
  tipos de motor de indução, 309–311
Rotores bobinados, 310, 311, 344, 392–393
Rotores de barras profundas, 346–348
Rotores de gaiola
  características básicas, 308–310
  efeitos do projeto sobre as características do motor de indução, 345–348
  letras de código de partida, 357, 358
Rotores de gaiola dupla de esquilo, 348
Rotores de ímã permanente, 608–609
Rotores de polos não salientes, 169, 170, 192

Rotores de polos salientes cilíndricos *versus*, 659
  circuito equivalente de máquina, 660–666
  conjugado e potência de máquina, 666–668
  definição, 169, 192
  ilustrados, 170, 193

S

Sapatas polares, 449
Seção de eletrônica de alta potência, 522
Seção de eletrônica de baixa potência, 522–524
Segmentos de comutador, 410, 420–421
Sensores de posição, 606, 609
Sequência de fases, 226–228, 616
Sincroscópio, 228–229
Sistema de medição por unidade, 94–99, 123–126
Sistema Internacional (SI), 2–3, 669
Sistema Ward-Leonard, 514–517, 519
Sistemas de controle de dois quadrantes, 517, 518
Sistemas de controle de quatro quadrantes, 517–519
Sistemas de potência trifásicos
  abordagem usando o triângulo de potência, 632–635
  análise, 625–632
  diagramas, 632, 633
  vantagens, 613
Sobreaquecimento. *Veja também* Aquecimento
  geradores síncronos, 252–253, 260
  máquinas CA, 182, 183
  máquinas CC, 454–455
  transformadores, 139
Sobrecarga, circuito de proteção de tempo inverso, 521
Sobrecarga, circuito de proteção estático instantâneo, 521
Sobrecarga, proteção
  acionamentos de frequência variável de estado sólido, 378

motores de indução, 361
símbolos, 511
Sobretemperatura, circuito de proteção, 521
Subtensão, proteção contra, 361, 378, 521

T

Tensão. *Veja também* Tensão de terminal
  controle de velocidade pela variação da, 370–378
  em circuitos CA monofásicos, 48
  em uma espira de fio em rotação, 153–156, 404–409
  Equivalente Thévenin, 333–335
  especificações nominais do gerador síncrono, 251–252
  especificações nominais do transformador, 134–135
  funções do transformador de, 2, 67
  geração inicial de tensão (escorvamento) no gerador em derivação, 535–537
  geração inicial de tensão (escorvamento) no gerador síncrono, 389–391
  geração trifásica, 613–616
  induzida em bobinas de passo encurtado, 641–644
  induzida em um condutor dentro de um campo magnético, 34–37
  induzida nas máquinas CA, 172–178
  interna gerada, 197–198, 445–447, 468, 476
  limites em um motor de indução, 394
  na transmissão de energia elétrica, 67, 76–77
  nas escovas de uma máquina CC simples, 418
  nas ligações em estrela (Y), 617–620
  nas ligações em triângulo, 620–621

Índice **683**

no sistema por unidade, 95
produzida em motores de
  indução, 311–312
queda nas escovas, 467
redução na partida de um
  motor, 358–359
variação no controle de
  velocidade de um motor CC
  em derivação, 483–485
Tensão comum, 109
Tensão de linha. *Veja* Tensão
Tensão de terminal
  controle em geradores de
    indução, 388–390
  corrigindo a variação em
    geradores síncronos, 216
  determinação em geradores
    síncronos, 201, 204
  efeito das variações de carga
    em geradores de indução,
    391
  efeito das variações de carga
    em geradores síncronos, 215,
    230–231
  gerador CC composto
    cumulativo ou aditivo, 546
  gerador CC composto
    diferencial ou subtrativo, 549
  gerador CC de excitação
    independente, 529–530
  gerador CC em derivação, 538,
    540
  máquina CC simples de quatro
    espiras, 420
  máquinas CA ligadas em
    estrela *versus* máquinas
    ligadas em triângulo, 177
  redução na partida de um
    motor, 358–359
  redução no controle de
    velocidade de um motor de
    indução, 367, 588
  relação com a potência reativa
    em geradores síncronos, 231,
    242
Tensão em série
  (autotransformador), 109
Tensão gerada interna
  geradores síncronos, 197–198
  máquinas CC, 445–447, 468,
    476

Tensão induzida
  bobinas de passo encurtado,
    641–644
  condutor deslocando-se em um
    campo magnético, 34–35
  em uma espira em rotação,
    153–156, 404–409
  enrolamentos amortecedores,
    294
  lei de Faraday, 28–32
  máquinas CA, 172–178
  máquinas CC, 445–447
  motores de indução, 311–312,
    317–320
Tensões de terceira harmônica,
  118–120, 646
Tensões $L\,di/dt$, 436–438
Teorema de Thévenin, 333–335
Teoria do campo cruzado,
  575–577
Teoria do duplo campo girante,
  570–573, 590
Tesla, Nicola, 353
Test Procedure for Polyphase
  Induction Motors and
  Generators, 355
Trabalho, princípios básicos, 7
Transformador com mudança de
  derivação sob carga, 109
Transformador da unidade de
  geração, 68
Transformador de equilíbrio, 131
Transformador principal, 131
Transformador TCUL, 109
Transformadores
  aplicações especiais, 140–142
  autotransformadores, 109–116,
    588
  corrente transitória inicial,
    139–140
  derivações, 108–109
  determinação de circuitos
    equivalentes, 86–94
  dispositivos ideais, 69–77
  eficiência, 101–107
  especificações nominais, 134–
    139
  lei de Faraday, 28–32
  medições por unidade, 94–99,
    123–126
  motores de indução como,
    316–317

operação monofásica, 77–86
placas de identificação 140, 141
princípios básicos, 2, 8–9,
  66–67
regulação de tensão, 98–103,
  108–109
tipos de ligações trifásicas,
  118–123, 126–131
tipos e construção, 67–69
visão geral trifásica, 116
Transformadores abaixadores, 77
Transformadores de corrente, 69,
  141–142
Transformadores de distribuição,
  69
Transformadores de
  instrumentação, 140–142
Transformadores de potência,
  67–69. *Veja também*
  Transformadores
Transformadores de potencial,
  69, 141
Transformadores de subestação,
  69
Transformadores elevadores, 77
Transformadores ideais
  análise de circuitos contendo,
    73
  características básicas, 69–71
  curva de magnetização, 85
  potência em, 71–72
  transformadores monofásicos
    reais como, 85–86
Transformadores monofásicos,
  116, 117
Transformadores trifásicos
  formas de construção de, 116,
    117
  medições por unidade, 123–126
  métodos de ligação de dois
    transformadores, 126–133
  tipos de ligação entre primário
    e secundário, 118–123
Transitórios, 244–250
Triângulo de potência, 51–52,
  632–635

U

Unidades de medidas
  aceleração, 6

campo magnético, 9, 10
conjugado, 6
densidade de fluxo, 10
fatores de conversão, 669
fluxo concatenado, 31
força, 6
força magnetomotriz, 11–12
intensidade de campo
 magnético, 10
permeabilidade, 10
potência, 7
potência aparente, 50
potência ativa, 31, 48
potência reativa, 49
relutância, 12–13
sistema por unidade, 94–99
trabalho, 7

velocidade angular e aceleração
 angular, 4
visão geral, 2–3
Unidades do SI, 2–3, 669
Unidades do sistema métrico,
 2–3, 669
Unidades inglesas, 2–3, 669
Unidades padrões, 2–3, 669

V

Variações de carga
 gerador CC composto
  cumulativo, 544–545
 gerador CC em derivação,
  537–538
 gerador de indução, 391

gerador síncrono operando
 isolado, 214–216
geradores síncronos em
 paralelo, 230–231
motor síncrono, 277–280
Velocidade, 5
Velocidade, representação, 4
Velocidade angular, 3–4
Velocidade angular
 unidimensional, 3
Velocidade de base, 367–370
Velocidade de escorregamento,
 313
Velocidade em disparada, 491
Velocidade nominal, 251–252
Velocidade síncrona, 363
Vetores, 3